国家出版基金项目
NATIONAL PUBLICATION FOUNDATION

"十三五"国家重点出版物出版规划项目

BACTERIOLOGICAL ANALYTICAL MANUAL

美国FDA食品微生物检验指南

（第八版）

美国食品与药物管理局（FDA）| 著 |

蒋　原　祝长青　徐幸莲 | 主译 |

中国轻工业出版社

图书在版编目（CIP）数据

美国 FDA 食品微生物检验指南：第八版/美国食品与药物管理局（FDA）著；蒋原，祝长青，徐幸莲主译. —北京：中国轻工业出版社，2020. 1
国家出版基金项目“十三五”国家重点出版物出版规划项目
ISBN 978-7-5184-1317-1

Ⅰ. ①美…　Ⅱ. ①美…　②蒋…　③祝…　④徐…　Ⅲ. ①食品微生物-食品检验-美国-指南　Ⅳ. ①TS207. 4-62

中国版本图书馆 CIP 数据核字（2017）第 033427 号

This publication is a translation of the U. S. Food and Drug Administration's Bacteriological Analytical Manual（BAM）and is a collection of procedures preferred by analysts in U. S. Food and Drug Administration laboratories for the detection in food and cosmetic products of pathogens（bacterial, viral, parasitic, plus yeast and mold）and of microbial toxins. The translation was prepared on October 2018, and reflects updates and the current version of the BAM at the time that the translation was prepared, which is available on the U. S. Food and Drug Administration's website at https://www. fda. gov/food/foodscienceresearch/laboratorymethods/ucm2006949. htm. The U. S. Food and Drug Administration was not involoved in this translation and its accuracy is solely the responsibility of Nanjing Xiaozhuang University.

责任编辑：伊双双　　责任终审：唐是雯　　整体设计：锋尚设计
策划编辑：伊双双　　责任校对：晋　洁　　责任监印：张　可

出版发行：中国轻工业出版社（北京东长安街 6 号，邮编：100740）
印　　刷：北京富诚彩色印刷有限公司
经　　销：各地新华书店
版　　次：2020 年 1 月第 1 版第 1 次印刷
开　　本：787×1092　1/16　印张：36. 5
字　　数：1150 千字
书　　号：ISBN 978-7-5184-1317-1　定价：240. 00 元
邮购电话：010-65241695
发行电话：010-85119835　　传真：85113293
网　　址：http://www. chlip. com. cn
Email:club@ chlip. com. cn
如发现图书残缺请与我社邮购联系调换
130816K1X101ZYW

BAM 委员会

（2016 年 10 月更新）

成员	机构	任职期限
Karen Jinneman，主席	ORA	2016—2019 年
William Burkhardt	CFSAN	2016—2019 年
Maureen Davidson	CVM	2016—2019 年
Peter Feng	CFSAN	2016—2019 年
Beilei Ge	CVM	2016—2019 年
Greg Gharst	ORA	2016—2019 年
Thomas Hammack	CFSAN	2016—2019 年
Sunee Himathongkham	OFVM	2016—2019 年
Julie Kase	CFSAN	2016—2019 年
Pat Regan	ORA	2016—2019 年

《美国 FDA 食品微生物检验指南（第八版）》
翻译委员会

翻译指导委员会

周光宏　刘秀梅　华　春　周骏贵　张　征　殷厚德

主　译

蒋　原　祝长青　徐幸莲

副主译

邵景东　杨　军　徐振东

译　者（按姓氏笔画排序）

马兴宇　王　翔　王虎虎　王周平　王毅谦　方　昕　孔晓雪　石建华　帅江冰
卢行安　刘　宁　刘金华　刘培海　刘新梅　杨庆贵　李丙祥　李晓红　扶庆权
连　雪　肖　震　吴世嘉　吴瑜凡　何　江　何翠华　邱皓璞　余晓峰　沈　赟
宋尚新　张　驰　张　霞　张明哲　张晓峰　陈　颖　陈　潇　陈秀娟　陈雨欣
陈国强　易海华　周　阳　周　峰　周红霞　郑　晶　郑海松　房保海　郝炎辉
赵　晗　赵丽青　段　诺　洪　颖　姜英辉　祝素珍　莫　瑾　夏天兰　郭桂萍
唐　静　唐　震　唐泰山　凌　睿　陶　莉　黄　明　黄玉坤　曹际娟　韩　伟
韩衍青　蒋鲁岩　程　欣　游欣欣　曾　静　雷质文　薛　峰　霍小燕　魏海燕

审　校

肖　震　郭桂萍　马群飞　薛茂云　崔生辉　郭云昌　巫　强　杨爱萍　徐　进
罗兆飞　赵贵明　李朝辉　贲爱玲　孙　军　梁成珠　张秀丽　吕敬章　张聿琳
郑文杰　田　静　肖进玲　徐宝才　孙京新　苗　丽　胡文彦　裴晓燕　郝丽玲

《美国 FDA 食品微生物检验指南》(BAM)简介

微生物检测方法

检测方法正向着快速、经济、简便、精确的检测需求发展，食品微生物安全对检测方法的改进需求尤为突出。经典的检测一般包括许多步骤——样品中微生物复苏、增菌、挑取纯培养菌落，然后结合微生物形态学、生物化学、免疫学及基因技术进行鉴定，有时，还需要进行毒性和毒理的动物接种实验。经常会出现这样的情况：食品保质期比检测协议所规定的检测时间要短，一般通过改良培养基和压缩培养时间来缩短检测时间。自动化逐渐取代人工检测，另外也可以通过生化方法（例如：脂肪酸、核酸），或者生物标记的生物物理方法，或者基因指纹图谱进行间接鉴定，而这些鉴定方法无需分离活的菌落。这些方法只需数小时，甚至几分钟的实时检测，而不再是几天，因此被称为“快速法”，这些方法已经逐渐取代传统方法。

检测专家有多种理由认为：复苏、增菌、分离、鉴定这些传统方法应当继续保留。并且，快速检测和实时检测前也必须进行培养，以便得到足够数量的微生物。当然，食品中有许多物质能干扰生化或者分子学检测，此外，根据法律和强制管理规定，以及为了以后新的生物特性的溯源要求，必须提供分离的活菌株的数量和感染能力的信息。由于无法比较这两种方法的灵敏度，一般将原先的方法作为假阳性和假阴性的判定标准，而快速检测方法则根据检测结果是阳性或者阴性来判定：阴性结果是可信的，而阳性结果需要另一种方法进行确认。

《美国 FDA 食品微生物检验指南》

美国食品与药物管理局（U. S. Food and Drug Administration，FDA）的《美国 FDA 食品微生物检验指南》（*Bacteriological Analytical Manual*，BAM）是美国检测人员的首选方法。FDA 实验室检测食品、化妆品中的病原菌（细菌、病毒、寄生虫、霉菌和酵母）及微生物毒素，手册的内容反映了上述方法的发展历史，除了附录 1 中的一些快速方法（含废止的方法），所有这些在用的方法都经过了 FDA 内外专家的评审。当然，并不是所有方法都经过充分的合作研究，很多时候，因为无法准备相同的试样（如寄生虫包囊），导致合作研究无法进行。其他情况下，FDA 在使用一个方法前都会进行严格的验证。

最初（1965年版），FDA仅将BAM规定为参考和标准，然而，随着这些方法逐渐流传，对BAM文本的需求逐渐扩大，于是决定正式发布BAM，经过8次主要修订和一些小的勘误，从1976年第4版开始，美国分析化学家协会（AOAC）将BAM进行发布和出版。1998年，第8版修订A版不仅有纸质文本，也有了电子版本（CD-ROM版）。2000年，BAM在FDA/CFSAN网站正式上线，从此开始持续更新，因而BAM版本编号中断。2009年，BAM的内容被转移到当前FDA网址，每一章都有上次修订的日期以及联系方法。

1998 年第八版修订 A 版介绍

食品微生物检测方法持续大幅更新改进。第八版（1995）《美国 FDA 食品微生物检验指南》（BAM-8）相对于 1992 年版，有了许多改进和更新，附录 1 完全修订。添加了三章：贝类中甲肝病毒的聚合酶链式反应（PCR）检测与定量（26A 章），干酪中磷酸酶的初筛方法（27 章），聚合酶链式反应检测食物中产肠毒素霍乱弧菌（28 章）。本次出版（BAM - 8A），下列章节有修订和添加：弯曲菌（7 章），霉菌和酵母（18 章），寄生虫（19 章），葡萄球菌肠毒素（13 章）；此外，快速方法更新表在附录 1 中，MPN 表修订表在附录 2 中，培养基的变化以及第八版的勘误在附录 3 中。另有一个包含 BAM-8 到 BAM-8A 变化的汇总表。

对于食品、饮料和化妆品以及它们的包装容器、包装材料以及生产环境的微生物检测，FDA 推荐使用 1~28 章[①]。附录为商品化试剂盒的清单，这些方法未必经过 FDA 评估，附录清单中的方法也不推荐。

如需检测 BAM 未收录的生物体或者微生物毒素，或者一些有特殊加工处理需要的样品，使用者可以参考美国分析化学家协会（AOAC）《官方分析方法》（*Offical Methods of Analysis*，OMA）、《乳制品标准检测方法》（*Standard Methods for the Examination of Dairy Products*）、《贝类和海产品推荐检测规程》（*Recommended Procedures for the Examination of Seawater and Shellfish*）、美国公共卫生协会（APHA）的《食品微生物检测方法概要》（*Compendium of Methods for the Microbiological Examination of Foods*），以及环境保护署（EPA）的《水分析标准方法》（*Standard Methods for Water Analysis*）。美国 FDA 与 AOAC、EPA、国际乳品联合会（IDF/FIL）密切合作，邀请食品法典委员会、国际标准化组织（ISO）参与。但是，并不是所有 BAM 的方法都已经过这些组织的合作评估。

文本经过美国 FAD 内外专家评审，外部专家有 P. Entis、J. Smith、M. Doyle、N. Stern、R. Twedt、S. Tatini、R. Labbe、M. Eklund、M. Cousin、L. Eveland、R. Richter、J. Kabara、M. Curiale，以及美国国家食品加工商协会的成员。经过美国 FDA 微生物专家评审，针对内容和实际，形成了有价值的建议，已经被 Meredith A. Grahn 团队采纳。

BAM 第八版由美国 FDA 技术编辑部，食品安全和应用营养学中心的 Lois A. Tomlinson 和 Dorothy H. Hughley 共同负责修订和出版。第八版修订 A 版，由 CFSAN/FDA 专项研究技术办公室 Robert I. Merke 博士负责修订和出版。

---

① 29 章为新增章节，此处应为 29 章。——译者注

1998 年第八版修订 A 版，更新和修正

修订内容	修订日期
介绍	3 月，6 月 12 日
章节	
1. 食品样品	4 月 3 日
2. 显微检测	11 月
4. 大肠杆菌和大肠菌群计数	9 月 2 日到 2 月 13 日
4A. 致泻性大肠埃希氏菌检测	9 月 2 日，9 月 9 日，12 月 12 日，7 月 13 日，7 月 14 日
5. 沙门氏菌	4 月 3 日，9 月 5 日，12 月 5 日，6 月 6 日，12 月 7 日，2 月 11 日，11 月 11 日，8 月 12 日，2 月 14 日，5 月 14 日，12 月 15 日，8 月 16 日
6. 志贺氏杆菌	10 月，2 月 13 日
7. 弯曲杆菌	3 月 1 日
8. 耶尔森氏鼠疫杆菌	8 月 7 日
9. 弧菌	5 月 4 日
10. 单核细胞增生李斯特菌	1 月 3 日，2 月 13 日，1 月 16 日，3 月 17 日
12. 金黄色葡萄球菌	3 月 16 日
13A. 金黄色葡萄球菌肠毒素	3 月 11 日
14. 蜡样芽孢杆菌	1 月 1 日，2 月 12 日
19A. 环孢子虫的检测（已存档）	6 月 17 日
19B. 环孢子虫的分子检测方法	6 月 17 日
18. 酵母、霉菌和真菌毒素	4 月
21A. 罐头食品	11 月
23. 化妆品的微生物检验	8 月 1 日，5 月 16 日，1 月 17 日
24. 基因探针检测食品中的病原菌（已存档，10 月 10 日）	10 月 10 日
26B. 甲肝病毒检测的多个实验室验证——3 级验证，附件（新的章节，2014 年 1 月）	1 月 14 日
28. 聚合酶链式反应检测食物中产肠毒素霍乱弧菌	3 月 12 日
29. 克罗诺杆菌（新的章节，2012 年 3 月）	3 月 12 日
附录	
1. 快速方法（已存档，10 月 10 日）	1 月 1 日，10 月 10 日
2. 最大可能数（MPN）	2 月 6 日，10 月 10 日
3. 食品和饲料中微生物病原体的分析方法验证指南（第二版）	9 月 11 日
4. 当前与 FDA 相关食品（饲料）微生物检测方法的确认目录	4 月 12 日

续表

修订内容	修订日期
培养基	
M28a. 弯曲菌增菌肉汤（Bolton 配方）	12 月
M29a. Abeyta-Hunt-Bark（AHB）	12 月
M30d. 生化鉴定用改良半固体培养基	3 月 1 日
M52. 增菌肉汤，pH7.3±0.1	9 月
M61. HE 琼脂	8 月 10 日
M79. 改良 Letheen 肉汤	8 月 1 日
M103. 半固体动力试验培养基	9 月
M152a. 胰酪胨大豆琼脂，含 $MgSO_4$ 和 NaCl（TSAMS）	5 月 4 日
M154b. 1%氯化钠和 24%甘油胰蛋白酶肉汤	5 月 4 日
M156. 改良胰酪胨大豆肉汤	1 月 2 日
M179. 木糖赖氨酸脱氧胆盐（XLD）琼脂	1 月 2 日，8 月 10 日
M188a. 通用预增菌肉汤（不含柠檬酸铁铵）	12 月 7 日
M189. 纤维二糖多黏菌素（CC）琼脂	5 月 4 日
M190. 创伤弧菌琼脂（VVA）	5 月 4 日
M191. 副溶血性弧菌蔗糖琼脂（VPSA）	5 月 4 日
M192. 缓冲蛋白胨水（BPW）	9 月 5 日
M192a. 含丙酮酸脱氢酶的改良缓冲蛋白胨水（nBBPW）和吖啶黄-头孢磺啶-万古霉素（ACV）添加剂	9 月 9 日
M193. Dey-Engley 肉汤	12 月 5 日
M194. 头孢克肟亚碲酸盐-山梨醇麦康凯琼脂（TC-SMAC）	9 月 9 日，8 月 10 日
M195. STEC 心浸出液血琼脂，含丝裂霉素 C（SHIBAM）（新，10 月 12 日）	10 月 12 日
M196. mEndo 培养基（BD #274930）（新，2 月 13 日）	2 月 13 日
M197. LES Endo 培养基（BD #273620）	2 月 13 日
M198. mTEC 琼脂（BD #233410）（新，2 月 13 日）	2 月 13 日
试剂	
R11. Butterfield 磷酸盐缓冲液	2 月 13 日
R90. 蛋白胨吐温稀释剂（PTS）	5 月 4 日
R91. 0.5%脱氧胆酸钠无菌水溶液（吞线试验）	5 月 4 日
R92. 10%十二烷基硫酸钠（SDS）	5 月 4 日
R93. 十二烷基硫酸钠（SSC/SDS）	5 月 4 日
R97. 0.5%蛋白胨稀释液（新，2 月 13 日）	2 月 13 日
BAM 用户咨询	

译者序

食品作为人类生活的必需品，其消费方式在新常态下呈现出全球化趋势。随着国际交往的增多与信息技术的发展，消费者从国外或网络购买国外食品成为常态；同时，中国生产的许多特色食品也颇受全球消费者的喜爱。近年来，我国进出口食品贸易量不断增长，与此同时，相关的食品安全问题也备受消费者关注。食品微生物污染是贯穿整个食品链并影响食品质量和安全的重要因素之一，也是最难以防控的危害因子。由于微生物检验周期冗长，技术要求高，给微生物检验人员带来了挑战。选择先进成熟的检测标准和方法，是评价和保证食品安全的先决条件。

《美国 FDA 食品微生物检验指南》（*Bacteriological Analytical Manual*，BAM）是美国食品与药物管理局（Food and Drug Administration，FDA）的官方检测方法。1965 年 BAM 诞生之初，FDA 仅将其定为内部使用参考方法，随着这些方法被逐渐接受并广泛使用，世界各国对 BAM 的认可度越来越高。1976 年，美国分析化学家协会（AOAC）决定将 BAM 正式发布，其后版本持续进行更新。我国在 20 世纪 80 年代曾组织编译过此手册，但是随着技术发展、产品更新以及自动化仪器的应用，BAM 的内容有了很大的变化。上海海关、南京海关、张家港海关、苏州海关、镇江海关与南京晓庄学院、南京市产品质量监督检验院、南京市食品药品监督检验院、江苏省肉类生产与加工质量安全控制协同创新中心等单位组织专家团队，以 1998 年 BAM 第八版修订 A 版作为蓝本进行编译，部分章节已追溯更新至 2018 年 10 月，力求做到本书的资料最全、内容最新。本书的翻译和出版也得到了“食源性疾病监测、溯源与预警技术研究（2017YFC1601500）”项目、“食品微生物检验参考物质研究与评价（2017YFC1601400）”项目以及“水产品加工过程中危害因素的识别与脱除技术研究（2015BAD17B02）”项目的支持。

本书可以作为食品安全检验监管部门和食品企业质量保证部门制定或实施微生物检测的工作指南，还可作为我国大专院校食品科学与工程、食品质量与安全、农产品质量安全等专业的教学参考资料。

本书从翻译到出版历经数年，译者为多年从事我国食品安全检测与监管的人员，翻译团队多次校对，精益求精，力求最大程度符合原文。鉴于该书涉及的学科较广，各种专业术语繁多，限于译者水平，差错或疏漏在所难免，敬请读者提出宝贵建议，以便再版时完善。

译者

2019 年 7 月

中文版使用说明

《美国 FDA 食品微生物检验指南》（*Bacteriological Analytical Manual*，BAM）是美国食品与药物管理局（U. S. Food and Drug Administration，FDA）的官方检测方法。BAM 在国内曾被译为《细菌学分析手册》，并以此名为大众所熟知，但考虑到 BAM 中不仅包含细菌的内容，还包括病毒、寄生虫、酵母、霉菌和微生物毒素的检验方法，遂将此次 BAM 中文版的书名定为《美国 FDA 食品微生物检验指南》。本译文以 1998 年 BAM 第八版修订 A 版作为蓝本，更新至 2018 年 10 月，章节的修订内容都标识在方法的首页，所有章节的英文原版具体信息可通过网址链接进行查阅（http：//www. fda. gov/Food/FoodScienceResearch/LaboratoryMetho-ds/ucm2006949. htm）。对于不经常使用的方法和附录，美国 FDA 已将其纳入归档方法，如第 11、13A、13B、24 章和附录 1，为了本书的完整性及便于读者参考，除 24 章至翻译完成时仍无法找到原文遂内容缺失外，本书均保留了以上归档章节的内容。此外，为了便于读者与原文对照参考，本书翻译时尽可能保留了原文的体例。另外需要说明的是由于 BAM 原文中部分章节的极少数插图非常模糊无法编辑，个别仪器的图片无法找到进行完善，故此译著出版时对该类图片进行了省略，如有需要可通过上述网址查阅。

BAM 自面世以来，经过了持续的完善与修订，对部分章节进行了增加与取消，此外还根据章节内容的不同进行了归类，因此导致原版目录中章节号码的跳跃。为了读者更方便地使用此书，本次翻译特别按照章节序号的阿拉伯字母顺序重新排序（24 章缺失）。为了方便读者更好地使用和理解，在此特别附上 BAM 原版目录，具体如下。

章节序号	标题	作者
	总体指导方针或规程	
1	取样和均匀性食品样品的制备	W. H. ANDREWS（已退休） T. S. HAMMACK
2	食品镜检以及显微镜的维护与使用	J. R. BRYCE P. L. POELMA（已退休）
3	需氧菌平板计数	L. J. MATURIN（已退休） J. T. PEELER（已退休）
25	食源性疾病相关食品的研究	G. J. JACKSON（已退休） J. M. MADDEN（已退休） W. E. HILL（已退休） K. C. KLONTZ

续表

章节序号	标题	作者
	致病微生物检验方法	
4	大肠杆菌和大肠菌群计数方法	P. FENG S. D. WEAGANT（已退休） M. A. GRANT（已故） W. BURKHARDT
4A	致泻性大肠埃希氏菌检测	P. FENG S. D. WEAGANT（已退休） K. JINNEMAN
5	沙门氏菌	W. H. ANDREWS（已退休） H. WANG A. JACOBSON T. S. HAMMACK
6	志贺氏菌	W. H. ANDREWS（已退休） A. JACOBSON
7	弯曲菌	J. M. HUNT（已退休） C. ABEYTA T. TRAN（已退休）
8	小肠结肠炎耶尔森氏菌	S. D. WEAGANT（已退休） P. FENG J. T. STANFIELD（已退休）
9	弧菌	ANGELO DEPAOLA JR. C. A. KAYSNER（已退休）
28	聚合酶链式反应检测食物中产肠毒素霍乱弧菌	W. H. KOCH（已退休） W. L. PAYNE（已退休） T. A. CEBULA（已退休）
10	食品和环境样品中单核细胞增生李斯特菌的检测和计数方法	A. D. HITCHINS（已退休） KAREN JINNEMAN YI CHEN
12	金黄色葡萄球菌	R. W. BENNETT G. A. LANCETTE（已退休）
14	蜡样芽孢杆菌	S. M. TALLENT E. J. RHODEHAMEL（已退休） S. M. HARMON（已退休） N. BELAY（已退休） D. B. SHAH（已退休） R. W. BENNETT
16	产气荚膜梭菌	E. J. RHODEHAMEL（已退休） S. M. HARMON（已退休） Contact：R. W. BENNETT
17	肉毒梭菌	H. M. SOLOMON（已退休） T. LILLY，Jr. （已退休）

续表

章节序号	标题	作者
	致病微生物检验方法	
18	酵母、霉菌和霉菌毒素	V. TOURNAS M. E. STACK（已退休） P. B. MISLIVEC（已故） H. A. KOCH R. BANDLER
19	食品中的寄生虫	J. W. BIER（已退休） G. J. JACKSON（已退休） A. M. ADAMS R. A. RUDE（已退休）
19A	新鲜食品中环孢子虫和隐孢子虫的检测方法 ——聚合酶链式反应（PCR）及镜检分离鉴定法	P. A. ORLANDI C. FRAZAR L. CARTER D. T. CHU（已退休）
19B	新鲜食品中卡氏环孢子虫分子检测方法 ——实时荧光 PCR	H. R. MURPHY S. ALMERIA A. J. da SILVA
26A	贝类中甲肝病毒的聚合酶链式反应（PCR）检测与定量	B. B. GOSWAMI（已退休）
26B	食品中甲肝病毒的检测	J. W. WILLIAMS-WOODS G. HARTMAN W. BURKHARDT
29	克罗诺杆菌	Y. CHEN Keith Lampel Thomas Hammack
	微生物毒素检测方法	
13B	葡萄球菌肠毒素检测方法	S. TALLENT R. W. BENNETT J. M. HAIT
15	蜡样芽孢杆菌腹泻肠毒素	R. W. BENNETT
	其他方法	
20A	牛乳中的违禁物质	L. J. MATURIN（已退休）
20B	快速高效液相色谱法测定牛乳中的磺胺二甲嘧啶	J. D. WEBER（已退休） M. D. SMEDLEY
21A	罐头食品的检验	W. L. LANDRY A. H. SCHWAB G. A. LANCETTE（已退休）
21B	顶部空间气体分析修定法（使用 SP4270 积分器）	W. L. LANDRY M. J. URIBE
22A	金属容器的完整性检测	R. C. LIN（已退休） P. H. KING（已退休） M. R. JOHNSTON（已退休）

续表

章节序号	标题	作者
	其他方法	
22B	玻璃容器的完整性检测	R. C. LIN（已退休） P. H. KING（已退休） M. R. JOHNSTON（已退休）
22C	软性和半刚性食物容器的完整性检测	G. W. ARNDT. JR. （NFPA）
22D	容器完整性的检测——术语和参考文献	R. C. LIN P. H. KING M. R. JOHNSTON
23	化妆品的微生物检验	J. HUANG A. D. HITCHINS（已退休） T. T. TRAN（已退休） J. E. McCARRON
27	干酪中磷酸酶的初筛方法	G. C. ZIOBRO
	附录	
附录 2	连续稀释中的最大可能数	R. BLODGETT（已退休）
附录 3	食品和饲料中微生物病原体的分析方式验证指南（第二版）	
附录 4	当前与 FDA 相关食品（饲料）微生物检测方法的确认目录	T. HAMMACK
存档方法	免责声明：以下方法和附录已归档，仅作参考。其他有关信息，请联系 BAM 理事会主席：Karen Jinneman。 11 单核细胞增生李斯特菌的血清分型 13A 金黄色葡萄球菌肠毒素——玻片双重扩散和基于 ELISA 的检测方法 13B 食品中金黄色葡萄球菌肠毒素的电泳和免疫印迹分析 24 基因探针检测食品中的病原菌 附录 1 快速方法	
培养基目录及其配制 试剂目录及其配制		

目 录

美国 FDA BAM 介绍了食品和化妆品的微生物检测首选方法。AOAC 出版的早期版本为活页形式，后来改为光盘形式。现在 BAM 已经在线向公众开放。自早期版本以来，一直进行不断的修订。从光盘版（1998 年第八版修订 A 版）开始，更新清单在 BAM 简介中可以找到。此外，大多数章节的修订历史记录，以及每一章的电子邮件联系方法都放在方法的开头部分。以前版本中的章节数量得以继续保留。如有建议，请联系 Karen Jinneman。

1 取样和均匀性食品样品的制备

2003 年 4 月

作者：Wallace H. Andrews，Thomas S. Hammack。

修订历史：

- 2003 年 4 月　修订 A. 1. a 沙门氏菌样品采集。

本章目录

用于检验的样品的数量和状态对检验结果具有重要意义。如果样品抽取不正确或抽取时胡乱操作导致所采集的样品不具有代表性，实验室结果就变得毫无意义。因为对整批食品的判定是以这批食品中的小样为基础的，所以必须统一采用已经确立的取样程序。由于致病菌或毒素在食品中含量相当小，或者根据相关细菌含量的法定标准对整批食品进行处理时，样品的代表性就非常重要。

从指定食品批次中抽取代表性样品所需的样品数量必须具有统计学意义。每一批的组成和特性影响总样品的均匀性和一致性。根据食品是否为固态、半固态、黏质、液态，取样人员在取样时，必须依照《调查操作手册》（*Investigations Operation Manual*）[5]来确定正确的统计学取样方案。参考文献[6]中详细讨论了取样和取样计划。

只要可能，将样品以原始未开启的包装状态送至实验室。如果样品是散装或因包装太大难以运送，则在无菌条件下抽取一部分代表性样品装于灭菌容器中。取样过程必须使用灭菌取样设备和应用无菌取样技术。用高压蒸汽灭菌锅或干燥箱对单个包装的不锈钢勺、叉、铲、剪等进行灭菌。使用丙烷喷灯或将用具浸于乙醇中然后点燃的灭菌方式，不仅危险而且灭菌也不充分。

使用的容器应清洁、干燥、防渗漏、广口、无菌且大小适于所抽取的样品。例如防渗漏的塑料瓶、金属罐等容器可以很好地密封。玻璃瓶因其有可能破裂并污染食品，应尽可能避免使用。对于干态物质，可使用无菌的金属盒、罐、袋或具有适当闭合装置的套袋。无菌塑料袋（只用于干态、非冷冻食品样品）和塑料瓶也是有用的样品容器。需要注意的是，塑料袋不要装得过满或被刺破。用带有标识的胶带将每一样品单元予以标识。由于油性笔的油墨有可能渗透进塑料样品容器中，因此不要在塑料容器上用油性笔写字。只要有可能，每种样品的取样量应至少有 100g。

以尽可能接近最初储存条件的情况将样品送交实验室。采集液态样品时，另取额外样品用于温度对照。在采样时和实验室接样时，检查对照样品的温度。记录所有样品抽取和到达实验室的时间和日期。不易腐败、室温下抽取的干态样品和罐头样品不需冷藏。冷冻或冷藏产品需在刚性结构的经认可的保温容器中运送，使其到达实验室时不会发生变化。将抽取的冷冻样品装于预冷却的容器中。

将容器放入冰箱中进行充分冷却。任何时候，冷冻样品要始终保持冷冻状态。将冷藏样品（贝类和贝类产品除外）置于0~4℃的冰中冷藏，装于能维持0~4℃温度的样品箱中运送到实验室。不要将冷藏样品冷冻。除另有规定外，冷藏样品应在抽取后36h内检验。去壳、未冷冻的贝类和有壳贝类样品的抽取和储存应使用特殊条件。将去壳贝类样品立即塞进碎冰之中直到检验；保持有壳贝类样品在冰点以上且10℃以下。冷藏贝类和有壳贝类样品在抽取后6h内检验，最迟不得超过24h。关于样品处理和运送的更详细资料可见于《调查操作手册》[5]和《实验室程序手册》（*Laboratory Procedures Manual*）[3]。《调查操作手册》[5]中包含了各种微生物的取样方案。下面是一些常用的取样方案。

A. 取样方案

1. 沙门氏菌属

a. 样品采集

由于食品中沙门氏菌事件的不断发生，美国国家委员会和国际组织[6,7]已对沙门氏菌的取样方案予以关注。每一个委员会都建议根据食品分类不同决定抽样数量。一般来说，取样的设计或食品类别取决于：①消费者人群的敏感性（如老年人、体弱者、婴幼儿）；②食品在加工过程中或在家庭烹调中存在可能杀死沙门氏菌的环节；③食品的历史。取样方案的选择主要根据上述前2条。决定是否取样时，食品的历史是重要的，即食品是否有过被污染的历史。就本文所讨论的沙门氏菌取样方案而言，3类食品类别的定义如下。

Ⅰ类食品——在取样到食用之间通常没有杀死沙门氏菌的加工过程，预期供老年人、体弱者和婴幼儿食用的食品。

Ⅱ类食品——在取样到食用之间通常没有杀死沙门氏菌的加工过程的食品。

Ⅲ类食品——在取样到食用之间通常有杀死沙门氏菌的加工过程的食品。

在某些情况下，有可能不能完全执行取样方案，而确定可疑样品中是否含有沙门氏菌又是重要的。所以，分析人员应当尽可能对所关注的食品多做些分析样品。例如，Ⅰ类食品60个分析样品，Ⅱ类食品30个分析样品，Ⅲ类食品15个分析样品。除第5章另有所指的情况之外，上述单个25g分析样品可以合并成375g的混合样。以下是分析人员可能遇到的一些实例。

1）样品的数量和质量是正确的。

每一个样品都必须混匀，以保证在抽取25g分析样品之前的均匀性。除在第5章中另有所指的情况之外，分析样品可以合并（15个25g的分析样品合并成375g）。样品应当在肉汤（样品：肉汤=1：9）中预增菌。

2）样品的数量正确，但几个样品已经损坏，不能用。

例如，15袋450g（1磅）袋装的意大利面制品被送检，但是其中的5袋已损坏而无法使用。这种情况下，分析人员只有10个完整的包装。每一个完整包装中的内容物应当在抽取分析样品之前混匀以保证其均匀性。由于需要一个375g的合成样，就从10个完整包装中抽取10个37.5g的分析样品，用于合并为混合样。如第5章所述，将合成样与预增菌培养基以1：9的比例混合(375g样品/3375mL预增菌培养基)。

3）样品的数量不正确，但样品的总质量大于完成样品分析的所需量。

例如，一块4500g的干酪送检，由于干酪属于Ⅱ类食品，必须检验30个25g的分析样品。分析人员应从干酪的不同位点随机抽取分析样品。当食品中存在沙门氏菌时，如果分析的是两个375g的混合样而不是单个的25g样品（分析人员曾将整块干酪当成单个样品），将提高沙门氏菌的检出几率。

4）样品的量少于必需量。

例如，一袋226g重的袋装杏仁送检。杏仁属于Ⅱ类食品。Ⅱ类食品需要30个25g分析样品（750g），所以，按照抽样计划所需的杏仁量是不可能完成检验的。这种情况下，分析人员应当将所有杏仁按照样品：肉汤=1：9（226.8g样品/2041mL预增菌培养基）的比例进行检验。

在上述举例中，如果杏仁总量少于 2 个混合样（750g）但多于 1 个合成样，那么分析人员就应该检验 1 个完整混合样和 1 个部分混合样。组成混合样的分析样品应当随机从杏仁包装的各部位抽取，2 个混合样均应当以样品：肉汤=1∶9 的比例进行预增菌。

当对成品产品进行监管和/或确定产品是否符合规定时，这个抽样方案既可用于抽取成品产品，也可以应用于抽取工厂原料样品。此方案不适用于工厂抽取不同加工阶段生产线上的样品，因为这些样品不一定能代表正在加工的整批食品。抽样中涉及的实用技术详见《调查操作手册》[5]。

抽取的一个样品单元最少为 100g，通常是产品的一个完整包装。随机抽取样品单元以保证样品的整批代表性。当使用容器盛放样品时，在样品抽取过程中将 1 个在相同取样条件下暴露的容器作为对照。从大体积容器中取样且所需样品单元数多于容器数时，每个容器不止放置 1 个样品单元。当容器容量小于 100g 时，1 个样品单元将包含可能不止 1 个容器（例如，4 个容器各盛放 25g 样品组成 1 个样品单元）。

每类食品要抽取的样品单元数如下：Ⅰ类食品 60 个样品单元；Ⅱ类食品 30 个样品单元；Ⅲ类食品 15 个样品单元。将抽取的所有样品都送交实验室检验。建议实验室先检验易腐样品。

b. 样品分析

实验室按照本手册或 AOAC《官方分析方法》[2]中的方法检验每个样品是否存在沙门氏菌。从 100g 样品单元中随机抽取 25g 分析样品。当样品单元由多个容器组成的时候，在抽取 25g 分析样品之前将各容器内容物在无菌条件下充分混合。为减少分析工作量，可以合并分析样品。合并样品的最大量是 375g，即 15 个分析样品。对不同类别食品进行检验的合并样品的最少数为：Ⅰ类食品 4 个合并样品；Ⅱ类食品 2 个合并样品；Ⅲ类食品 1 个合并样品。对每个 375g 合并样品而言，都是将整个 375g 进行沙门氏菌检验。

将剩余样品仍保留在灭菌容器中。易腐样品和支持微生物生长的样品需冷藏保存。每一批样品的检测过程都需要做分析对照。只有所有合成样品的分析结果都是沙门氏菌阴性时，整个抽样批次才是可接受的。如果分析对照结果为沙门氏菌阴性，只要 1 个或 1 个以上合成样的结果检出沙门氏菌，则不接受该批食品。除非环境对照是沙门氏菌阳性，否则不得重新抽样。对于所有分离出的阳性沙门氏菌都要做分群测定。处理这些培养物的详细信息见第 5 章。管理部门的处理建议可能是以沙门氏菌分群结果为基础的，在处理前并不需要明确的血清学分型。

c. 进口食品

这些抽样计划应用于供人食用的进口食品。

d. 对食品产品进行分类以便抽样

按上述抽样规则，食品可分为 3 个类别用于法检取样，并根据其工业产品编码顺序和名称列于类别表中[4]。表中的食品并不一定意味着这些食品可能存在沙门氏菌。Ⅰ类食品：在取样到食用之前通常没有杀死沙门氏菌的加工过程，旨在供老人、体弱者和婴幼儿食用的食品。Ⅱ类食品：在取样到食用之前通常没有杀死沙门氏菌的加工过程的食品。举例如下。

工业产品编码	
2	消费前未经烹调的粉碎谷物产品（麸皮和麦芽）
3	面包、面包卷、圆面包、加糖面包、饼干、夹有蛋羹和奶油的甜品以及糖衣
5	早餐谷物及其他方便早餐食物
7	椒盐脆饼干、炸薯片以及其他点心
9	黄油和黄油产品，巴氏消毒乳以及直接消费的原料液体牛乳和液体牛乳产品，直接消费的巴氏或非巴氏消毒的浓缩乳制品，直接消费的乳粉和乳粉制品，酪蛋白、酪蛋白酸钠以及乳清
12	干酪和干酪制品
13	巴氏消毒乳制成的冰淇淋以及相关经过巴氏消毒后的制成品，直接消费的原料冰淇淋混合物以及相关非巴氏消毒的产品

续表

14	直接消费的巴氏和非巴氏消毒的人造乳制品
15	巴氏消毒蛋及蛋制品，食用前不经过烹调的非巴氏消毒蛋及蛋制品
16	罐装和腌渍鱼，脊椎动物和其他鱼类制品；直接消费的新鲜和冷冻原料贝类以及甲壳类制品；直接消费的熏鱼、贝类和甲壳类
17	肉类和肉制品，禽及禽制品，明胶（调味的和非调味的大宗商品）
20~22	新鲜、冷冻以及罐装水果和果汁、浓缩果汁和饮料；直接消费的干果；果酱、凝胶、果脯和黄油
23	坚果、坚果制品、可食用种子，以及直接消费的可食用种子产品
24	蔬菜汁、蔬菜芽，可食用的未经加工的蔬菜
26	直接消费不需深加工的油类；人造黄油
27	调味品（包括蛋黄酱），沙拉调料，以及食醋
28	香料、调味品和提取物
29	软饮料和水
30	饮料主剂
31	咖啡和茶
33	糖果（含或不含巧克力；含或不含坚果）和口香糖
34	巧克力和可可制品
35	消费前不需烹制的布丁混合物以及明胶产品
36	糖浆、糖和蜂蜜
37	即食的三明治，炖肉，肉汤和酱料
38	汤类
39	精制沙拉
54	营养添加剂，如维生素、矿物质、蛋白质和灭活干酵母

Ⅲ类食品：在取样到食用之间通常有杀死沙门氏菌的加工过程的食品。举例如下。

工业产品编码	
2	食用前需要烹制的全谷物和碾碎的谷物制品（玉米粉和所有类型的面粉）和供人类使用的淀粉制品
3	制作蛋糕、甜面包、面包和面包卷的干混合物
4	通心粉和面条产品
16	新鲜和冷冻的鱼；脊椎动物（不包括那些生料）；新鲜和冷冻贝类及甲壳类（不包括直接食用的生贝类和甲壳类）；其他水生动物（包括蛙腿、海螺、鱿鱼）
18	食用前需要烹制的蔬菜蛋白产品（人造肉）
24	食用前需要烹制的新鲜蔬菜、冷冻蔬菜、脱水菜、腌渍和加工蔬菜制品
26	植物油、植物油料、植物起酥油
35	食用前需要烹制的干甜食混合物、布丁混合物和凝乳酶制品

2. 需氧菌平板计数、大肠菌群、粪大肠菌群、大肠杆菌（包括肠道致病菌株）、葡萄球菌、弧菌、志贺氏菌、耶尔森氏菌、蜡样芽孢杆菌、弯曲菌和产气荚膜梭菌

a. 样品采集

对每批食品而言，随机抽取 10 个 226g 的小样（或零售包装）。不要通过打碎或切割的方式从较大包装中抽取 226g 的小样。抽取完整的零售包装作为小样，即使它大于 226g。

b. 样品分析

按照现行规程对样品进行分析。

B. 设备和材料

1. 均质器：有几种类型可选择。使用具有几个速度或变阻器的均质器。“高速均质器”的定义是指在底部具有 4 个瓣状的锋利不锈钢刀片的均质罐，旋转速率能够达到 10000~12000r/min。通过刀片的旋转将固态样品打成匀浆。韦林氏搅切器或同等产品可满足这些要求。

2. 无菌玻璃或金属高速均质杯：1000mL，带盖，耐受 121℃、60min 灭菌。

3. 天平：可称量 2000g，感量 0.1g。

4. 无菌烧杯：250mL，铝箔封口。

5. 无菌刻度吸管：1.0mL 和 10.0mL。

6. Butterfield 磷酸盐缓冲液：分装（90±1）mL 于瓶中灭菌。

7. 无菌刀、叉、刮刀、剪刀、镊子、勺子、压舌板（用于样品处理）。

C. 样品的接收

1. FDA 检验员或调查员抽取官方食品样品。样品送达实验室时，分析人员应立刻记录其物理状况。如果不能立即检验样品，应按照下文所述的要求保存样品。对样品检验无论是为了执法的目的或为了食源性疾病暴发的调查，还是为了细菌学研究，都要严格遵循本指南所述的建议。

2. 抽样容器的状况。检查抽样容器有无明显的结构缺陷。仔细检查塑料袋和塑料瓶有无裂缝、漏孔和被刺破的痕迹。如果采用塑料瓶盛装采集样品，检查塑料瓶有无裂痕、瓶盖有无松动。如果用的是塑料袋，注意缠线不要将塑料袋弄破。如果出现上述的 1 个或多个缺陷造成的交叉污染，样品将无法进行检验，此种情况要通知取样部门（见下文第 6 条）。

3. 标记和记录。注意做到每一个样品都有符合完整记录的采样报告（格式 FD-464）和带有样品编号、采样官员姓名和采样日期的官方封示（格式 FD-415a）。给每一个样品一个单独的编号，单独检验，除非是按照本章前面所述将样品做成混合样。

4. 坚持抽样方案。大多数食品是根据几个特别设计的抽样方案当中的一个来抽样的。然而要检验沙门氏菌的食品，抽样是根据专为此菌以统计学为基础设计的抽样方案而进行的。根据食品和要进行的分析类型的不同，确定食品是否按照最合适的抽样方案抽样。

5. 保存。如果可能，实验室接样后应立即进行检验。如果不能及时检验，应将冷冻样品在-20℃条件下保存至检验。非冷冻的易腐样品在 0~4℃冷藏，但不得超过 36h。不易腐烂样品、罐头样品或低水分样品保存于室温直至检验。

6. 通知取样部门。如果由于不能满足以上条件而导致样品不能检验，则应通知取样部门重新抽取并获得有效样品，同时降低这种情况再次发生的可能。

D. 解冻

使用无菌技术对样品进行处理。在处理或检验样品之前，清洁直接工作区域及其周围区域，另外用市售消毒剂擦洗直接工作区域。在检验之前最好不要将冷冻样品解冻。如果需要软化冷冻样品以获得检验所用部分，要在原始容器或实验室接收时所用的容器中解冻。尽可能避免将样品转移到另一个容器中解冻。通常，冷冻样品可在 2~5℃不超过 18h 解冻。需要快速解冻时，可将样品在 45℃以下不超过 15min 的条件下解冻。在较高温度下解冻时，要在温控水浴中不停地晃动样品。

E. 混合

任何食品样品中都有不同程度的微生物分布不均匀性。为保证更均匀的分布，液态样品要充分摇匀。对于干态样品，如果可行，在从 100g 或更多的干态样品中抽取分析样品之前，用灭菌勺或其他工具进行混合。用 50g 的干态或液态食品分析样品进行需氧菌平板计数和大肠菌群的 MPN 值。也可采用其他大小的分析样品（例如，25g 用于沙门氏菌检验），这取决于将要进行的特定分析。BAM 推荐使用所适合的分析样品量和稀释液量。如果包装内容物明显不均匀（例如，冷冻餐点），混合整个内容物，从中抽取分析样品，或者，最好是根据检验目的，分别检验食品不同的部分。

F. 称重

去除高速均质杯皮重，无菌和精确称量未解冻（如果是冷冻的话）的食品于杯中。如果整个样品量少于所需量，称取相当于一半的样品量，并调整稀释液或肉汤的量。均质杯中样品的总体积必须要完全没过旋转刀片。

G. 需要微生物计数的样品的均质和稀释

1. 除了坚果仁以外的所有食品。加 450mL 的 Butterfield 磷酸盐缓冲液于装有 50g 样品的均质杯中，均质 2min。这就是 10^{-1}稀释液。立刻使用带有所需量正确刻度的吸管将原始均质液进行稀释。吸管所移取的量不得少于吸管总量的 10%，例如，不要使用容量大于 10mL 的吸管去做1mL操作，对于 0. 1mL 的操作来说，不要使用容量大于 1mL 的吸管。除非另有规定，所有稀释都采用吸取前一稀释度的稀释液 10mL 加入 90mL 灭菌稀释液的做法。以 30cm 的幅度，在7s 之内，剧烈振摇 25 次。从开始均质到所有稀释度被加入合适的培养基中，时间不得超过 15min。

2. 一剖两瓣的和较大颗粒的破碎坚果仁。无菌称取 50g 分析样品于灭菌螺口瓶中，加入 50mL Butterfield 磷酸盐缓冲液，以 30cm 的幅度剧烈振荡 50 次，得到 10^{0}稀释液。静置 3~5min，在进行系列稀释和接种前再以 30cm 的幅度振荡 5 次。

3. 坚果仁粗粉。无菌称取 10g 分析样品于灭菌螺口瓶中，加入 90mL Butterfield 磷酸盐缓冲液，以 30cm 的幅度剧烈振荡 50 次，获得 10^{-1}稀释液。静置 3~5min，在系列稀释和接种前再以 30cm 的幅度振荡 5 次。

参考文献

[1] American Public Health Association. 1985. Laboratory Procedures for the Examination of Seawater and Shellfish, 5th ed. APHA, Washington, DC.

[2] AOAC INTERNATIONAL. 1995. Official Methods of Analysis, 16th ed. AOAC INTERNATIONAL, Arlington, VA.

[3] Food and Drug Administration. 1989. Laboratory Procedures Manual. FDA, Rockville, MD.

[4] Food and Drug Administration. 1978. EDRO Data Codes Manual. Product Codes: Human Foods. FDA, Rockville, MD.

[5] Food and Drug Administration. 1993. Investigations Operations Manual. FDA, Rockville, MD.

[6] International Commission on Microbiological Specifications for Foods. 1986. Microorganisms in Foods. 2. Sampling for Microbiological Analysis: Principles and Specific Applications, 2nd ed. University of Toronto Press, Toronto, Ontario, Canada.

[7] National Academy of Sciences. 1969. An Evaluation of the *Salmonella* Problem. National Academy of Sciences, Washington, DC.

2 食品镜检以及显微镜的维护与使用

2001 年 1 月

作者：John R. Bryce，Paul L. Poelma。

更多信息请联系 Guodong Zhang。

修订历史：

- 2000 年 11 月　修订。

本章目录

若某种食品引起了疑似食物中毒，或怀疑某种食品已经腐败变质，应将这种食品的原始样本或梯度稀释液进行涂片镜检。仅仅在载玻片上进行的细菌革兰氏染色反应和细菌细胞形态学鉴定，可能并不能满足检测的需求。即使某种食品中存在的微生物经过加热可能已经被灭活，但镜检也是必须要做的：在载玻片上观察到大量的革兰氏阳性球菌，可能表明葡萄球菌肠毒素的存在，而加热仅能灭活金黄色葡萄球菌（*Staphylococcus aureus*），却无法分解这种毒素；若在冷冻食品样本中出现大量革兰氏阳性芽孢杆菌，则表明可能存在产气荚膜梭菌（*Clostridium perfringens*），该菌是对低温十分敏感的微生物；此外，也可能还存在诸如肉毒梭状芽孢杆菌（*Clostridium botulinum*）及蜡样芽孢杆菌（*Bacillus cereus*）等其他一些革兰氏阳性芽孢杆菌。当采用镜检来检测可疑样品中各种革兰氏阴性杆菌时，在分析过程中应兼顾微生物的感染症状及潜伏期，并选择一种特异性的检测方法来分离如下一个或多个属的微生物：沙门氏菌属（*Salmonella*）、志贺氏菌属（*Shigella*）、大肠埃希氏杆菌属（*Escherichia*）、耶尔森氏菌属（*Yersinia*）、弧菌属（*Vibrio*）或者弯曲菌属（*Campylobacter*）。

Ⅰ 食品的直接镜检（蛋类食品除外）

A. 设备和材料

1. 玻璃载玻片：25mm×75mm，上面有可以做标记的区域；每个单独的混合食品样品（10^{-1}梯度稀释）用一个载玻片。
2. 接种环：ϕ3~4mm，铂铱或镍铬合金，B&S 规格的 No. 24 或 No. 26。
3. 革兰氏染色液（R32）。

4. 显微镜：油镜（95×~100×）和 10×目镜。
5. 镜头油。
6. 甲醇。
7. 二甲苯。

B. 方法

准备混合食品样品的涂片（10^{-1}梯度稀释）。晾干涂片并用中火固定涂片（可以将涂片在 Bunsen 火焰喷灯或 Fisher 火焰喷灯上快速通过 3~4 次）。对于高糖食品，建议采用如下方法：晾干涂片并用甲醇固定 1~2min，排干多余的甲醇，然后用火焰干燥或晾干。在染色之前要冷却到室温。对于那些高脂肪食品，涂片需要脱脂。脱脂的方法为：将涂片浸没在二甲苯中 1~2min；排干二甲苯，用甲醇洗涤，排干甲醇，晾干。然后用革兰氏染色（R32）的方法染色涂片。使用配有油镜（95×~100×）和 10×目镜的显微镜，根据柯勒照明调整照明系统。每个涂片至少观察 10 个视野，注意某些微生物的特殊形态，特别是梭菌属、革兰氏阳性球菌和革兰氏阴性杆菌的形态。

II 蛋类食品的直接镜检[2]

A. 设备和材料

1. 显微镜：10×目镜和油镜（1.8mm 或 90×~100×）。
2. 玻璃载玻片：25mm×75mm 或 50mm×75mm。
3. 细菌移液管和金属注射器：最小刻度 0.01mL。
4. 苯胺油亚甲蓝染色剂（R49）。
5. 0.1mol/L 氢氧化锂（R39）。
6. 0.85%（无菌）生理盐水(R63)。
7. Butterfield 磷酸盐缓冲液（R11）。
8. 二甲苯。
9. 95%乙醇。

B. 液态或冷冻状态蛋品镜检的方法

1. 冷冻状态的蛋品应尽快融化，从而避免微生物在样品融化过程中大量繁殖。在低于 45℃的温控水浴锅中连续搅拌 15min。使用细菌移液管或金属注射器将 0.01mL 未稀释的蛋品转移到洁净干燥的载玻片上。在 $2cm^2$的范围内均匀涂布蛋品（最佳的涂抹直径为 1.6cm）。在每一个涂片上滴一滴水，以便均匀地涂抹样品。

2. 将涂片置于水平桌面，35~40℃晾干。浸没于二甲苯 1min，然后浸没于 95%乙醇 1min。用苯胺油亚甲蓝染色剂染色涂片 1min（10~20min 为最佳，最多浸染 2h，切勿过度染色）。将载玻片反复浸入盛水的烧杯中洗涤，并在观察之前彻底晾干（避免污染）。在 10~60 个视野计数微生物。计算平均每个视野内的微生物数量，乘以 2 倍的显微因子（因为涂抹范围为 $2cm^2$）。后续操作及显微镜的观察注意事项参见《乳制品标准检测方法》中微生物直接镜检部分[1]。最终的结果以"每克蛋品中的细菌（或细菌凝块）数"来表示。

C. 蛋粉样品镜检的方法

1. 充分混合样品；在无菌条件下将 11g 蛋粉样品盛入带有玻璃塞或螺纹盖的已灭菌广口瓶中，制备成 1：10的稀释度：添加 99mL 的稀释液或者无菌生理盐水和 1 汤匙无菌小玻璃珠（可以用 0.1mol/L 氢氧化锂作为稀释剂，来溶解那些比较难溶的食品，例如整个鸡蛋或蛋黄）。充分且快速摇晃装有 1：10 稀释液的广口瓶

25次（在大约1ft① 弧形范围内上下或前后方向摇晃7s），以确保蛋品完全溶解且均匀分布。最终要确保广口瓶中无气泡。

2. 取1：10或1：100稀释度的蛋粉样品液0.01mL，涂抹在一个干净的显微镜载玻片$2cm^2$范围内。操作方法可参见上文蛋品的直接镜检部分。以每个区域微生物的平均数乘以2倍的显微因子（因为涂抹范围为$2cm^2$），再根据1：10或1：100的稀释度乘以10或100。最终的结果以“每克蛋品中的细菌（或细菌凝块）数”来表示。

Ⅲ 显微镜的维护与使用

A. 注意事项

1. 切勿用口吹气的方法除去镜头上的灰尘，因为微量的唾液也会腐蚀镜头。

2. 如果利用加压空气来除尘，则需要使用一个内联过滤器来除去空气中的油及其他污染物。

3. 请勿使用干镜头纸擦拭镜头。

4. 切勿用面巾纸清理镜头，因为其中的玻璃纤维会划伤镜头。可以使用亚麻布或鹿皮擦拭镜头，但与镜头纸相比较为不便。勿将吸水纸误认为镜头纸，因为前者是绝不能用于清理镜头的。按照仪器厂商的建议选择除了水以外的清洗溶剂。乙醇可以溶解用于固定镜头的黏合剂。少量的二甲苯常用来清理严重的污染，比如残留的油斑。

5. 请勿将观察镜筒暴露在外，始终要用防尘塞、目镜、物镜或其他合适装置来封闭。

6. 避免直接触碰镜头。尤其是物镜，即使轻微的指纹也能严重降低成像质量。

7. 切勿尝试拆卸光学元件来对其清洗。内置的光学元件并不需要定期的清洗，若有必要应由专业人员进行操作。

8. 在使用油镜时，应选择生产厂商指定的镜头油。不要在普通物镜上使用镜头油，因为镜头油可能会溶解这类镜头的安装胶。

9. 显微镜停用时，请使用防尘罩。切勿将显微镜置于极端的温度和湿度中。工作区域应保持超过60%的相对湿度，存贮区要尽可能地保持空气循环。在高湿环境中，光学元件应保持洁净并置于含有干燥剂的密闭容器中，避免霉菌生长。

10. 请勿使用显微镜辅台的光圈来调节亮度。

B. 清洁

1. 显微镜的主体部分

使用蘸有乙醇或肥皂水的抹布擦拭显微镜的主体部分。可以使用凡士林或显微镜制造厂商推荐的润滑剂涂抹显微镜上的滑动部分。

2. 镜头和光学元件

1）沙砾和灰尘能划伤镜头及其表面的光学涂层。

2）用洗耳球来清理灰尘。

3）对于照明元件，要用哈气来润湿其表面，然后用镜头纸擦拭。呼气的主要成分为水，因此是不会损坏照明元件的。

4）对于比较脏的镜头，则要使用镜头清洁剂（例如，柯达生产的试剂就可以很方便地从相机供应商处购买）。此外，对于顽固的污渍，可以使用少量的二甲苯来清除。

---

①1ft＝0.3048m。——译者注

5）采用如下方法恰当地清理显微镜镜头及其他光学元件。不能用一张平整的镜头纸在镜头上用力地往返擦拭，而是将一片镜头纸多次折叠形成多层褶皱，从而清理镜头表面的污垢。请勿将手接触到要用于擦拭镜头的那部分镜头纸；手上的油脂会通过反复地接触镜头纸而转移到其表面上。可以在镜头纸上使用少量的镜头清洗液，用沾染的方式清除镜头表面吸附的污垢，同时要防止清洗液进入镜头与显微镜主体安装处的缝隙。轻轻地擦拭那些无法用洗耳球吹净的顽固污垢。如有必要，另取一片新的镜头纸按上述方法反复清理，在清理的过程中可以稍加压力来除去残留的油脂污垢。照明元件的清理则采用前文所述的方法（哈气和镜头纸）。

C. 装置调节

实验人员可以遵循生产厂商的推荐方法来调节显微镜装置。实验人员通常可以适当粗调机械装置的松紧程度。而照明装置和目镜的调节方法会在后文详述。

Ⅳ 复式显微镜的调试及照明

根据使用者瞳距来调整目镜。调整瞳距这项设置仅适用于双目镜显微镜，而其他方面的设置同时适用于单目及双目显微镜。瞳距调整的方法为：缩进或拉宽两目镜中心点之间的距离进而匹配使用者双眼中心的位置。

为每一只眼睛的最佳观察距离调整显微镜。目镜或装目镜的镜筒通常是可以调整的。将样品载玻片放在显微镜的观察台上，打开照明装置并用低放大倍数进行对焦。用一张卡片盖住已完成对焦的一个目镜，同时双眼睁开，用微调旋钮进行调整，让另一只眼睛也能对焦样品。在不断注视远处目标或无限远的时候（可以采用凝视，就好像眼睛能“透视墙壁”一样），放松视力是十分重要的。因为在尝试用眼睛将目标“调整”到一个比无限远稍微近的那一点的时候，会引起视觉疲劳。当在载玻片上某一特定点上获得了清楚且可放松进行观察的焦距时，将卡片盖到另一个目镜上，但此时需要使用调焦圈将未遮盖的目镜对焦到载玻片上相同的点上。采用上述方法方可轻松进行观察。

眼睛与目镜之间的直线距离也是非常重要的。若眼睛距离目镜过近或过远，观察的范围将会相应地缩小且样品可能会稍微模糊。先从几英尺远的地方慢慢地向目镜移动，直到观察到最为宽广且清晰的视野。此时，观察者的瞳孔到镜头的距离就是显微镜的视点距离或出瞳距离。

显微镜的对焦（以及对每一只眼睛的调节）可以对普通的近视眼或远视眼进行校正，即不必戴眼镜即可使用显微镜。甚至是中度的散光也不会影响使用者对于大多数显微镜的使用。然而，对于某些极度散光、具有其他视觉障碍或者喜欢戴眼镜的使用者来说，还是应该戴上眼镜。眼镜是否具有散光校正功能很容易确定，可以将眼镜置于一个胳膊长的距离，然后在每次通过镜头观察样品的时候旋转眼镜。倘若用另一个镜头同样这样做的时候，样品的长度和宽度发生改变，那么这就是有散光校正，因此在使用显微镜的过程中建议戴上眼镜。某些特别高端的目镜本身具有一个比较长的出瞳距离，当使用者戴眼镜操作显微镜的时候就很容易调节其所需的额外距离。这一类目镜很容易通过生产厂商来确定。

充分利用显微镜最佳的分辨率及照明，常使用一种称之为柯勒照明的技术。

注意：生产厂商可能预设了某些无法更改的参数（生产厂商设置的参数可能无法改变）。

在观察载物台上的载玻片时，使用低倍的（2×~10×）物镜，并使用粗调和微调进行对焦。低倍放大提供了一个更宽广的观察视野，对于寻找样品来说较为容易。与高倍镜相比，低倍镜同时具有更长的观察距离，这也避免了因为物镜过低而压碎载玻片的意外发生，因此使得观察更为安全。

某些显微镜可能在聚光器中装有辅助的内开式（或外开式）镜头。按照生产厂商的建议合理配合各种物镜来使用内/外开式镜头。使用粗调和微调来对焦样品。在显微镜的底部，关合照明灯（视野里）的可变光圈（如果有光圈）以获得柯勒照明，同时通过垂直调节聚光器来对准焦距。使用聚光器上的调中螺丝或把手来将焦距圈调至视野中央。如果调中螺丝或把手没有安装在聚光器上，那么其可能装在底部接近照明灯光圈的附近。打开照明灯光圈，直到其正好穿过视野范围。在聚光器的辅助镜头没有恰当设置以前，某些显微镜的低放大倍数物镜可能没有这项功能。

如果显微镜没有照明灯光圈，那么就放置一张带小孔的纸片于开着的照明灯上方，然后按照前文所述的调整来聚焦纸片的内部边缘。这里所述的并非指的是那些具有反射镜和外部光源的显微镜，但原理大同小异。如果可能的话，尽量遵循生产厂商的建议来校准灯丝。

接下来要设置显微镜辅台的光圈。这项设置对于成像的分辨率和对比度来说至关重要。可以通过移除目镜并通过镜筒直接观察的方法，将显微镜辅台的光圈打开或关闭到视野的 2/3 大小。如果不移除目镜也可以粗略地进行设置：完全打开显微镜辅台的光圈，在通过显微镜观察的过程中逐渐接近它，直到图像的清晰度激增。这应该是接近 2/3 的位置；这项操作可以通过稍加练习来掌握，同时也可以在刚开始的时候通过移除目镜并直接通过镜筒观察的方法来进行二次确认，更换目镜。如果光线太强，则要使用变阻器（如果装有）来降低光强度，或者加装减光镜或其他滤镜。不要用显微镜辅台光圈控制亮度。如果光圈缩小或打开的范围过大，则会降低分辨率。尽管缩小光圈可以提高对比度，但是其影响分辨率，并且会因为衍射光线和干涉条纹的存在而产生不真实的图像。

用每一个物镜来重复柯勒照明的过程。

相差显微镜的使用也要遵循上述基本步骤。不要使用显微镜辅台的光圈，而要将相位环和环状光圈调成一致。请参考生产厂商的说明书。建议使用一个绿色的滤光器。

参考文献

[1] American Public Health Association. 1985. Standard Methods for the Examination of Dairy Products, 16th ed. Chapter 10. APHA, Washington, DC.

[2] Official Methods of Analysis of AOAC International (2000) 17th ed., AOAC International, Gaithersburg, MD, USA, Official Method 940. 37F.

3 需氧菌平板计数

2001年1月
作者：Larry Maturin, James T. Peeler。
更多信息请联系 Guodong Zhang。

本章目录

需氧菌平板计数（APC）的目的是检测产品中携带的微生物数量。美国分析化学家协会（AOAC）[3]和美国公共卫生协会（APHA）[1]已经制定出食品中需氧菌平板计数（APC）的具体步骤。传统平板计数法（下面做简要说明）可以检测冷藏、冷冻、半成品和加工食品，该方法符合 AOAC 的法定分析方法（Offical Methods of Analysis，见 966. 23 节），将最适菌落计数范围[10]规定为 25~250（见 966. 23C）。自动螺旋平板计数方法可以用来检测食品和化妆品[5]（下面做简要说明），与 AOAC 法定分析方法一致（见 977. 27 节）。标准平板计数操作细节见附录 2，随着第 16 版《乳制品标准检测方法》[2]的调整，相关平板计数的数据处理和报告准则也做出了相应变化，同时也符合国际乳品联合会[6]（IDF）的规程。

Ⅰ 传统平板计数方法

A. 设备和材料

1. 工作区域：大小适合的水平桌面，室内洁净，采光和通风良好，无尘，无杂乱气流。倾注平板期间，使用沉降法检测工作区域空气中的微生物密度，每个平板不超过 15 个菌落（平板暴露 15min）。
2. 存储空间：防护设备和用品需存储于无尘、防虫的空间。
3. 培养皿：玻璃或塑料制品（大于 15mm×90mm）。
4. 吸管和洗耳球（不得用嘴吸取）或移液器：15mL、10mL（具 0. 1mL 刻度）。
5. 稀释瓶：6oz①（160mL），硼硅玻璃制品，具橡胶塞或塑料螺帽。

①1oz=0. 0296L。——译者注

6. 放置吸管和培养皿的容器（能够提供适当保护）。
7. 水浴锅：用于琼脂保温，(45±1)℃。
8. 培养箱：(35±1)℃；(32±1)℃（牛乳）。
9. 菌落计数器：暗视野，配合相应的光源和网格板。
10. 计数器。
11. 空白稀释液：(90±1)mL Butterfield 磷酸盐缓冲液（R11）；(99±2)mL 牛乳。
12. 平板计数琼脂（标准方法）（M124）。
13. 冰箱：用于保存 0~5℃样品；牛乳（0~4.4℃）。
14. 低温冰箱：用于保存-20~-15℃样品。
15. 相应量程的水银温度计：精度由国家标准与技术研究院（NIST）检定。

B. 操作方法：冷藏、冷冻、半成品及加工食品

分别用灭菌吸管准备 10^{-2}、10^{-3}、10^{-4}及其他 10 倍递减的样品匀液（见第 1 章样品制备），取 10mL 样品匀液加入到 90mL 稀释液中，稀释时避免产生泡沫。摇匀时，振幅为 30cm（1ft），7s 内振摇 25 次。每个稀释度吸 1mL 样液到已经标记的平板中，每个稀释度接种 2 个平板。如果稀释瓶在吸取液体到平板前静置超过3min，则需再次以 30cm 振幅、7s 内振摇 25 次。必须在开始稀释后 15min 内，倾注 12~15mL 平板计数琼脂［冷却至(45±1)℃］于每块平板内。对于牛乳样品，分别做一个琼脂空白对照、稀释液空白对照以及用吸管吸水做吸管空白对照。每个稀释度倾注两块平板。若样品易潮解，如面粉、淀粉，应立即倾注平板。每个系列样品都需要做琼脂空白对照和稀释液空白对照。接种完成后，立即在水平桌面上混合稀释液和琼脂，方法是左右交替旋转和来回摇动。待琼脂凝固后，倒置平板，35℃培养（48±2)h。倾注平板和琼脂未凝固时，不要堆积平板。

C. 需氧菌平板计数（APC）特殊情况的计算和报告准则

法定分析方法[3]未提供计算和报告准则，但第 16 版的《乳制品标准检测方法》[2]介绍了详细的准则。为了保持一致，采用美国公共卫生协会（APHA）的准则作为参考[6,8]。用两块平行平板报告所有需氧菌的数目[2]。对于牛乳样品[2]，当平行平板菌落数少于 25 个时，作为需氧菌估计值[2]报告；当平行平板菌落数多于 250 个时，也作为需氧菌估计值[2]报告，其原因是菌落数超出 25~250 个范围，不能准确反映样品中细菌的数量：稀释因素可能放大原本含菌较少（少于 25 个）的样品中的菌落数，而数目较多（大于 250 个）时，一方面不易计数，另一方面可能抑制某些细菌的生长，导致数目降低。少于 25 个和多于 250 个菌落以需氧菌平板计数估计值（EAPC）报告。使用以下准则。

1. 正常平板（25~250 个）。选择无蔓延菌落生长的平板，统计菌落总数（CFU），包括细小菌落。记录稀释倍数和菌落数。

2. 菌落数大于 250CPU 的平板。如果所有稀释度平板的菌落数（CFU）都超过 250，统计有典型菌落生长平板的菌落数[2]，只记录最接近 250 的平板上的菌落数，其他平板都记作“多不可计”（TNTC）。用需氧菌平板计数估计值（EAPC）替代需氧菌平板计数（APC），表明该数据是从菌落数 25~250 这一范围之外的平板估计所得（见 D.3）。

3. 蔓延生长。蔓延生长菌落通常有以下三种情况：1）链状菌落：菌落之间没有明显界限，一般由一个细菌簇形成；2）在平板底和琼脂之间形成水膜样菌落；3）在琼脂的边缘或表面形成水膜样菌落。如果选择的平板出现过量的菌落蔓延生长，以至于 a）被蔓延生长覆盖的地方，以及由于蔓延菌落生长造成的抑制生长面积超过平板面积的 50%，或者 b）由于蔓延菌落生长造成的抑制生长面积超过平板面积的 25%，这样的平板报告为“蔓延菌落”。当有必要计数以上 a）和 b）以外的蔓延生长菌落时，将三种不同类型的菌落分别计数。对于第一种类型，如果仅有一条链，将它作为一个菌落计数；如果有来源不同的几条链，将每条链作为一个菌落计

数，不要把链上生长的各个菌落分开计数。第二和第三种类型的蔓延生长形成易于鉴别的菌落，即按一般菌落计数，将计数的蔓延生长菌落数同正常菌落数目相加，计算平板菌落数。

4. 无菌落生长平板计数。如果所有稀释度的平板都没有菌落，则 APC 报告为小于 1 乘以样品的最低稀释倍数，并将这个数标上星号，表示这个数值是每个平板从 25~250 以外估计而来。当平板出现样品污染或其他异常，记录结果为实验室意外。

D. 计算和记录数字（见参考文献 [6] 和 [8]）

在计算需氧菌平板计数（APC）时，为了避免在精密度和准确度方面产生误差，只报告前两位有效数字。在转换成需氧菌平板计数（SPC）时，修约成两位有效数字。对于牛乳样品，当所有稀释度均无菌落生长时，报告需氧菌平板计数（APC）的估计值为小于 25。当第三位数是 6、7、8、9 时，则进位且第二位数向右全部归零；当第三位数是 1、2、3、4 的时候则舍去；如果第三位数是 5，第二位数是奇数即进位，第二位数是偶数则舍去。

举例

实际计算数目	需氧菌平板计数（APC）
12700	13000
12400	12000
15500	16000
14500	14000

1. 菌落数在 25~250CFU 的平板

a. 计算需氧菌平板计数（APC）：

$$N = \frac{\sum C}{[(1 \times n_1) + (0.1 \times n_2)] \times d}$$

式中 N——每克（毫升）样品中菌落数目；

$\sum C$——所有平板菌落数之和；

n_1——第一个稀释度的平板数目；

n_2——第二个稀释度的平板数目；

d——开始计数的稀释倍数（第一个稀释度）。

举例

1 : 100	**1 : 1000**
232，244	33，28

$$N = \frac{(232+244+33+28)}{[(1\times2) + (0.1\times2)] \times 10^{-2}}$$

$$=537/0.022$$

$$=24409$$

$$\approx 24000$$

b. 如果同一个稀释度的平行平板上细菌数既有在 25~250 的，也有在此范围之外的，则选用在 25~250 范围内的数目。

2. 菌落数都小于 25CFU 的平板

当两个稀释度的平板菌落数都小于 25 时，记录平板上的实际数目，以 25 乘以最低稀释倍数得出数字，用小于这个数字作为结果报告。

举例

菌落		
1∶100	**1∶1000**	**EAPC/mL(g)**
18	2	<2500
0	0	<2500

3. 菌落数都大于 250CFU 的平板

如果连续 2 个稀释度的平板上菌落数都超过 250（但是少于 100/cm^2），则需氧菌平板计数估计值（EAPC）采用最接近 250 的数值乘以稀释倍数。

举例

菌落		
1∶100	**1∶1000**	**EAPC/mL(g)**
TNTC	640	640000

注：TNTC：多不可计；EAPC：需氧菌平板计数估计值。

4. 蔓延生长平板和实验室事故

记作蔓延生长（SPR）或实验室事故（LA）。

5. 菌落平均数超过 100CFU/cm^2的平板

需氧菌平板计数估计值（EAPC）用最高稀释倍数扩大 100 倍，再乘以平板面积。下面例子中的平均数值超过 110/cm^2。

举例

菌落		
1∶100	**1∶1000**	**EAPC/mL（g）**[b]
TNTC	7150[a]	>6500000
TNTC	6490[b]	>5900000

a 平板面积为 65cm^2。b 平板面积为 59cm^2。

II 螺旋平板计数法

螺旋平板计数（SPLC）可以检测牛乳、食物和化妆品中的微生物，该方法是美国公共卫生协会(APHA)[2]和美国分析化学家协会（AOAC）[3]的法定方法。在这个方法中，液体样品由机械接种针接种到旋转的琼脂平板表面，当接种针从旋转着的平板中心向周围移动时，接种量逐渐减少。微生物浓度由平板上的菌落数量决定，且这些菌落生长在平板易于计数和区分的部位。一次接种可以测定浓度在 500~500000/mL 的微生物。如果怀疑微生物浓度过高则可以加大稀释倍数。

A. 设备和材料

1. 螺旋接种仪：螺旋系统仪器公司（Old Georgetown Road，Bethesda，MD 20814）。
2. 螺旋菌落计数器：带有与接种量对应网格的特制培养皿。
3. 吸取液体用的真空泵：2~4L 真空瓶和 50~60cm 汞柱真空源。
4. 一次性小烧杯：5mL。
5. 培养皿：塑料或玻璃，150mm×15mm 或 100mm×15mm。
6. 平板计数琼脂（标准方法）（M124[4]）。

7. 计算器：可选，推荐便宜的袖珍电子计算器。
8. 聚乙烯袋（储存制备好的平板）。
9. 市售次氯酸钠溶液：NaClO 含量大约 5%（漂白剂）。
10. 无菌稀释液。
11. 注射器：带医用单向阀（鲁尔接口），用来清除接种针顶端的阻塞物（容量不限）。
12. 工作区域、储藏空间、电冰箱、温度计、计数器、培养箱，参照传统的平板计数方法。
13. 市售次氯酸钠溶液（5.25%）。

B. 琼脂平板的准备

推荐使用带有无菌传输装置的全自动加注仪浇注平板。与在开放实验室内由人工浇注平板相比，该系统浇注琼脂的量基本相等，且污染的几率也非常小。如有可能，建议配合使用层流净化罩。所有平板中倾注的琼脂量应相同，使其厚度相等，以便接种针末端保持相同的接触角度。琼脂平板在冷却期间应保持水平。

一般使用以下方法倾注平板：将灭菌琼脂预先冷却至 60~70℃，使用全自动加注仪或人工倾注相同体积的琼脂（大约 15mL/100mm 平板；50mL/150mm 平板）于每块平板中，待琼脂在水平桌面上凝固后（平板码放高度不得超过 10 块），将平板放入聚乙烯塑料袋中，袋口扎紧或热封，倒置，0~4.4℃储存。接种前，将准备好的平板恢复至室温。

C. 样品准备

如第 1 章所述，选取结缔组织和脂肪颗粒含量少的样品。

D. 螺旋接种仪说明

使用螺旋接种仪在准备好的琼脂表面接种，待接种溶液中的微生物含量应当在 500~500000/mL。操作人员经简单培训后，每小时可以接种 50 个平板。在一定的范围内，无需使用稀释瓶、吸管和其他的辅助设备。只需很小的实验台，且调试仪器的时间不超过 2min。接种仪在琼脂表面接种的样品数量随着阿基米德螺旋线逐渐减少，并且已知平板上任意部分的样品接种量。培养后，菌落在螺旋线上生长。如果平板上的菌落相互间隔明显，在网格上统计菌落数目，并精确测量相关区域的样品体积。用指定区域内的菌落数除以该区域内的样品体积，得出样品中微生物的数值。研究表明，这种方法适用于牛乳[4]和其他食品[7,10]。

E. 接种程序

必要时，每天要检查接种针末端的角度（利用真空，保持显微镜盖玻片面向接种针；如果盖玻片和平台相距 1mm 左右，接种针顶端要适当调整）。在接种和冲洗过程中用真空泵吸取液体。在接种样品前，先用次氯酸钠溶液冲洗接种针顶端 1s，接着用灭菌稀释液冲洗 1s，两次接种之间的清洗程序可以最大程度地减少交叉污染。冲洗完毕后，用真空泵将样品吸到聚四氟乙烯管的顶端，供给双通道阀门。当样品管和加样器充满样品时，关闭加样器阀门。将琼脂平板置于平台上，将接种针放在琼脂表面，启动仪器。接种时，在平板盖上做好标记。接种完成后，将接种针从琼脂表面抬起，螺旋接种仪自动停止工作。将平板盖好后从平台上取走，复位接种针，接着用次氯酸钠溶液和灭菌稀释液进行真空清洗，然后重新接种样品，翻转平板并迅速置于 (35±1)℃培养箱中培养 (48±3)h。

F. 无菌操作

用无菌稀释液检查螺旋接种仪在接种每系列样品时的无菌状态。

注意：制备好的平板应避免表面被菌落污染，勿低于室温（以免水从琼脂内渗出），也勿过分干燥，以免出现大面积皱褶和玻璃样变化。琼脂表面应没有水珠，且琼脂厚度相差不超过 2mm，0～4.4℃中储存不超过 1 个月。管道中流量减少表明系统堵塞。清除障碍：卸下注射器阀门，插入带医用单向阀（鲁尔接口）的手持式注射器，用适量的水和压力冲洗；黏附在系统管壁上的残留物可以用酒精清除；顽固残留物可用重铬酸钾溶解后，再清洁冲洗。

G. 网格计数

1. 说明。100mm 和 150mm 两种规格培养皿使用同一个计数网格，100mm 培养皿配备有蒙片。将计数网格分成 8 个相等的楔形，楔形从外向内被 4 条弧线分割，并有 1、2、3、4 标记，弧形内的其他线条是为了方便计数。一个计数单元是指楔形的两个弧线内的部分，里面的数字（图 3-1）是其在楔形内计数单元的编号。螺旋接种仪每次以相同的路径在琼脂平板内加注样品，在螺旋平板网格内的菌落数目与样品接种体积有关，当用网格从边缘向中间计数菌落时，样品的体积也逐渐增多。

2. 校准。螺旋接种仪附带的操作说明书对网格不同部分的样品体积的计算方法有详细尽说明，网格区域常数也经过了制造商的检查，确保正确。为了验证这些数值，在 $10^3 \sim 10^6$ 个细菌/mL 的浓度范围内，选择 11 个细菌浓度，制成 1∶1 细菌悬浊液（选用未蔓延生长的）。所有平板（35±1）℃培养（48±3）h，计算每个稀释度浓度。使用计数规则 20（见下文 H 中描述），计数每个螺旋平板表面的菌落，记录菌落数和网格内计数单元编号。用每个指定计数单元内的细菌数值，除以相应的螺旋平板需氧细菌浓度，得出指定网格内的接种体积，公式如下：

$$\text{接种体积（mL）}=\frac{\text{网格内细菌数量}}{\text{需氧细菌浓度（APC）（个/mL）}}$$

$$\text{接种体积}=\frac{30+31\text{（菌落数）}}{4.1\times10^4\text{（细菌数/mL）}}=0.0015\text{mL}$$

为了检查接种器接种的总体积，将接种针接种的全部样品称量，用 5mL 塑料杯收集，置于分析天平（±0.2mg）上称重。

$$\frac{30+31\text{（菌落数）}}{0.0015\text{mL}}=4.1\times10^4$$

H. 螺旋计数的核查和报告

“20 计数规则”。培养后，在视野内调整平板，将其置于计数网格中心。选择任何一个楔形区域，从计数单元边缘向中心数菌落，直到 20 个菌落，继续计数该计数单元内的所有剩余菌落。在这一个计算步骤中，如 3b（图 3-1）中的数字，是从计数单元外部边缘起到指定弧线的区域内计数而来。通过计数相对的楔形区域来降低样品成分的不规则性带来的影响。图 3-1 中的螺旋接种平板做了微生物计数方法的示范。分别统计平板内相对楔形计数单元的两个数值 30 和 31，黑色区域内的样品体积是 0.0015mL。用两个数值之和除以所有被计数的计数单元内的体积，计算得到微生物数量。如图 3-1 所示。

如果楔形的这 4 个计数单元内的菌落总数不足 20，则计数整个平板的菌落总数。如果在第二、第三和第四个计数单元内，数字超过 75（含第 20 个菌落），这样计算得到的菌落总数一般偏低。因为菌落密集造成融合，而导致误差。在这种情况下，统计整个圆周相邻的 8 个计数单元内的数字，并统计至少 50 个菌落。例如，某个楔形内最初 2 个计数单元包含 19 个菌落，而且第三个计数单元包含第 20 个和第 76 个（或更多），统计整个圆周相邻的 8 个楔形第一、第二计数单元内的数字，计算被统计的计数单元的体积，用来除菌落数。

如果整个平板的菌落数少于 20 个，报告“螺旋平板计数（SPLC）估计值小于 500/mL”；如果菌落数在楔形的第一个计数单元内超过 75，则报告“螺旋平板计数（SPLC）估计值大于 500000/mL”。由于接种错误导致菌落分布不规则的螺旋平板无需统计，这样的平板作为实验室意外事件（LA）报告。如果菌落蔓延生长至整个平板，则弃用。如果菌落蔓延生长至平板的一半，则统计那些无蔓延菌落生长区域内且正常分布的菌落。

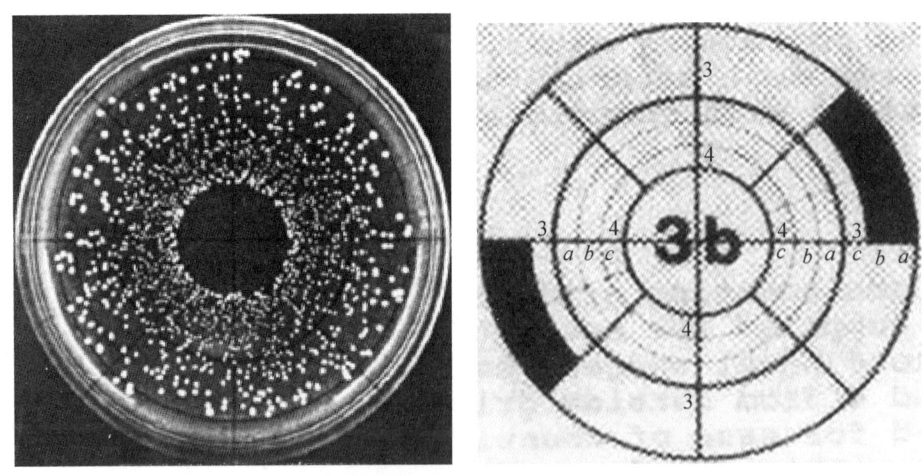

图 3-1　10cm 平板区域（3b）

除去检测到有抑菌物质的样品、过多蔓延菌落生长和实验室事故，计算螺旋平板计数（SPLC）。根据本章Ⅰ. D 进行数字取舍，报告螺旋平板计数（SPLC/mL）或螺旋平板计数（SPLC/mL）估计值。

参考文献

[1] American Public Health Association. 1984. Compendium of Methods for the Microbiological Examination of Foods, 2nd ed. APHA, Washington, DC.

[2] American Public Health Association. 1993. Standard Methods for the Examination of Dairy Products, 16th ed. APHA, Washington, DC.

[3] Association of Official Analytical Chemists. 1990. Official Methods of Analysis, 15th ed. AOAC, Arlington, VA.

[4] Donnelly, C. B., J. E. Gilchrist, J. T. Peeler, and J. E. Campbell. 1976. Spiral plate count method for the examination of raw and pasteurized milk. *Appl. Environ. Microbiol.* 32: 21~27.

[5] Gilchrist, J. E., C. B. Donnelly, J. T. Peeler, and J. E. Campbell. 1977. Collaborative study comparing the spiral plate and aerobic plate count methods. *J. Assoc. Off. Anal. Chem.* 60: 807~812.

[6] International Dairy Federation. 1987. Milk and Milk Products: Enumeration of Microorganisms—Colony Count at 3°C. Provisional IDF Standard 100A. IDF, Brussels, Belgium.

[7] Jarvis, B., V. H. Lach, and J. M. Wood. 1977. Evaluation of the spiral plate maker for the enumeration of microorganisms in foods. *J. Appl. Bacteriol.* 43: 149~157.

[8] Niemela, S. 1983. Statistical evaluation of Results from Quantitative Microbiological Examinations. Report No. 1, 2nd ed. Nordic Committee in Food Analysis, Uppsala, Sweden.

[9] Tomasiewicz, D. M., D. K. Hotchkiss, G. W. Reinbold, R. B. Read, Jr., and P. A. Hartman. 1980. The most suitable number of colonies on plates for counting. *J. Food Prot.* 43: 282~286.

[10] Zipkes, M. R., J. E. Gilchrist, and J. T. Peeler. 1981. Comparison of yeast and mold counts by spiral, pour, and streak plate methods. *J. Assoc. Off. Anal. Chem.* 64: 1465~1469.

4 大肠杆菌和大肠菌群计数方法

2002年9月，2017年7月更新

作者：Peter Feng，Stephen D. Weagant，Michael A. Grant，William Burkhardt。

修订历史：

- 2017年7月　第4章Ⅰ.E，粪大肠菌群和大肠杆菌确证试验，EC管的培养温度从45.5±0.2℃改为44.5±0.2℃。部分原因是由于在45.5±0.2℃下，对照菌株ATCC25922在生长过程中发酵乳糖产生酸和气体的能力较差。使用44.5±0.2℃也是为了与“贝类和贝类肉制品的检测方法”（见Ⅳ）以及其他国际组织用于大肠杆菌检测的条件保持一致。
- 2013年2月　修订了贝类分析方法，以符合海水和贝类的APHA检查，第4版。
- 2013年2月　水分析中添加了膜过滤法。

本章目录

大肠埃希氏菌（*Escherichia coli.*），以前常称大肠杆菌（*Bacterium coli*），于1885年由德国儿科医生Theodor Escherich[14,29]发现，广泛存在于人类和温血动物的肠道中，是人类和动物肠道中的优势菌群，是维持健康宿主部分生理功能必需的肠道菌[9,29]。

大肠埃希氏菌属肠杆菌科（Enterobacteriaceae）[15]，肠杆菌科包括许多属，其中常见的有致病菌沙门氏菌（*Salmonella*）、志贺氏菌（*Shigella*）和耶尔森氏菌（*Yersinia*）。虽然大多数大肠埃希氏菌为非致病菌，但是当宿主免疫力降低或细菌侵入肠道的外组织或器官时，其可引起肠外感染。某些血清型可产生毒素，为致病性大肠埃希氏菌，可引起人类腹泻（见4A章）。

1892年，Shardinger建议将大肠杆菌作为粪便污染的指标。因为大肠杆菌广泛存在于人类和动物的粪便中，而在其他地方少见。再者，大肠杆菌能发酵葡萄糖（之后改为乳糖）产生气体，与已知的非产气致病菌容易区别开来。因此，大肠杆菌的存在已成为水和食品在近期受到粪便污染的指标，它的检出意味着可能存在致病菌。但是，肠道中的柠檬酸盐菌（*Citrobacter*）、克雷伯氏菌（*Klebsiella*）和肠杆菌也能发酵乳糖，并且与大肠杆菌的表型特征非常相似，从而使得将大肠杆菌作为健康威胁的指标在实际应用中很复杂。于是，用“大肠菌群”（coliform）这个术语来描述这一类肠道菌。大肠菌群不是一个分类学上的定义，而是一个工作定义，指的是一群在35℃培养48h产酸产气的、兼性厌氧的革兰氏阴性杆菌。1914年，美国公共卫生处（US. Public Health Service，PHS）将大肠菌群计数作为更具卫生学意义的标准。

虽然大肠菌群很容易检测到，但不一定与粪便污染有关系，因为其在自然环境样品中也常存在[6]。于是，引入了粪大肠菌群作为粪便污染的指标。粪大肠菌群首先由Eijkman[12]提出，是大肠菌群的亚群，能在高温下生长并发酵乳糖，因此也称为耐热大肠菌群。粪大肠菌群的检测，除水、贝类、贝类养殖水在44.5℃[1,3,30]进行，其他所有食品都在45.5℃进行。粪大肠菌群包含绝大部分大肠杆菌，但其他肠道菌如克雷伯氏菌在相同温度下也能发酵乳糖，因此克雷伯氏菌也被列入粪大肠菌群。在粪大肠菌群检测条件下检出克雷伯氏菌减弱了粪大肠菌群与粪便污染的相关性。所以，大肠杆菌再次作为粪便污染的一个重要指标，一定程度上也是因为快速鉴定大肠杆菌新方法的使用，使检测大肠杆菌相对容易了。

现在，大肠杆菌、大肠菌群和粪大肠菌群这三种类型都可以作为污染指标，只是应用不同。大肠菌群常用作水或食品加工过程中卫生状况的指标，粪大肠菌群用作贝类和贝类养殖水的卫生指标，大肠杆菌作为近期粪便污染或不卫生处理过程的指标。几乎所有检测大肠杆菌、总大肠菌群或粪大肠菌群的方法都是基于发酵乳糖[4]。最近似数法（MPN）是一种统计学方法，包括近似确证和完全验证。在检测过程中，样品要进行系列稀释，然后接种至肉汤培养基中。实验操作要记录发酵乳糖产气的阳性管数，然后再进行下两步实验，利用阳性结果查统计表（见附录2），估计细菌的数量。仅前两步用于检测大肠菌群和粪大肠菌群，所有三步用于检测大肠杆菌。3管MPN法用于检测大部分食品。在海水分析中，每个稀释度不应少于3管（推荐5管），在某些情况下一个稀释系列不少于12管也可以接受［详情见：FDA《国家贝类卫生计划　操作手册》（*National Shellfish Sanitation Program*，*Manual of Operations*）2009年修订版。DHHS/PHS/FDA，Washington，DC］。同样，双壳贝类检验时应使用多个MPN稀释系列，每个稀释度不少于5管，见本章Ⅳ部分内容。还有一个10管MPN法是用来测试瓶装水或预计不是严重污染的样品[3]。柑橘汁的大肠杆菌检验见本章Ⅴ部分内容。

另外还有一种固体平板计数法检测大肠菌群，使用VRBA培养，其含有中性红作为pH指示剂，当发酵乳糖时产生粉红色菌落。还有一种膜过滤法检测大肠菌群和粪大肠菌群，主要根据测定发酵乳糖形成的乙醛来检验。本章还包括上述利用荧光底物检测大肠杆菌的试验方法[18]、检测贝类的特殊方法、一种简单的瓶装水检测方法和一种结合果汁HACCP规则的检测大量柑橘类水果汁中大肠杆菌的方法。

Ⅰ 大肠菌群、粪大肠菌群和大肠杆菌的传统检测方法

A. 设备和材料

1. 水浴箱：循环系统确保温度维持在（45.5±0.2）℃。贝类检验的水浴温度为（44.5±0.2）℃。水浴箱中的水应高于试管中培养基的液面。

2. 插入型温度计：1~55℃，大约长 55cm，精度为 0.1℃，必须经美国国家标准技术研究所（NIST）或等同部门检测合格。

3. 培养箱：(35±1.0)℃。对贝类检验，培养箱温度是（35±0.5)℃

4. 电子天平：感量 0.1g，称量范围大于 2kg。

5. 均质器和均质杯（见第 1 章）。

6. 无菌吸管：1.0mL 和 10.0mL。

7. 无菌器皿（用于样品处理，见第 1 章）。

8. 无菌稀释用带盖玻璃瓶。

9. 菌落计数器（带放大镜）或同等产品。

10. 长波紫外灯（365nm)：不超过 6W。

11. pH 计。

B. 培养基和试剂

1. 煌绿乳糖胆盐（BGLB）肉汤，2%（M25）。

2. 月桂基胰蛋白胨（LST）肉汤（M76）。

3. 乳糖肉汤（M74）。

4. EC 肉汤（M49）。

5. Levine 伊红美蓝（L-EMB）琼脂（M80）。

6. 胰蛋白胨（色氨酸）肉汤（M164）。

7. MR-VP 肉汤（M104）。

8. Koser 柠檬酸盐肉汤（M72）。

9. 平板计数琼脂（标准方法）（M124）。

10. Butterfield 磷酸盐缓冲液（R11）或同等稀释液（贝类除外）。

注意：这一配方被美国公共卫生协会（APHA）称为“缓冲稀释液”（1970 年）。《贝类和海产品推荐检测规程》（第四版），p14~15，APHA，Washington，DC。

11. 靛基质试剂（R38）。

12. VP 试验试剂（R89）。

13. 革兰氏染色液（R32）。

14. 甲基红指示剂（R44）。

15. 紫红胆汁琼脂（VRBA）（M174）。

16. VRBA-MUG 琼脂（M175）。

17. EC-MUG 培养基（M50）。

18. 月桂基胰蛋白胨 MUG（LST-MUG）肉汤（M77）。

19. 0.5%蛋白胨稀释液（R97）。

C. MPN 法——用于大肠菌群、粪大肠菌群和大肠杆菌的计数

称取 50g 样品加入无菌高速均质杯中（见第 1 章和现行 FDA 合规程序中关于样品大小和组成的指导书）。冷冻样品在 2~5℃解冻（≤18h），但不要融化。加入 450mL Butterfield 磷酸盐缓冲液，搅拌 2min。如果样品量小于50g，称取一半样品加入足够体积的无菌稀释液，制成 1：10 的样品液。均质杯中的液体应完全覆盖刀片。

用 Butterfield 磷酸盐缓冲液或同等缓冲液将样品制成一系列 10 倍递增的样品稀释液，稀释倍数根据大肠菌群对样品的污染情况而定。以 30cm 弧形振摇 25 次或涡旋混合 7s。使用至少 3 个连续稀释度，从每个稀释管中

分别接种 1mL 试样到 3 个 LST 管中进行 MPN 法检验（某些情况下每个稀释度可能需要 5 管，见本章Ⅳ部分内容）。也可以使用乳糖肉汤。为提高精度，使用 1mL 或 5mL 吸管接种。不要用吸管移取小于总体积 10% 的液体，例如不能用 10mL 的吸管移取 0.5mL 的液体。以一定的角度，使吸管的尖部紧靠试管壁，15min 内将所有液体接种在适当的培养基中。

将接种的 LST 管放置（35±0.5）℃培养，检查和记录在（24±2）h 时倒管内产气的试管，即发酵管内有气体聚集或轻敲试管后有气泡逸出。未产气的试管继续培养 24h，在（48±3）h 时检查和记录产气情况，对所有产气的试管进行确证试验。

D. MPN 法——大肠菌群确证试验

将所有 LST 或乳糖肉汤产气管用接种环接种一环到煌绿乳糖胆盐（BGLB）肉汤中，如果有菌膜存在应避免接种菌膜（可以用无菌的木棒进行上述操作）。置 BGLB 试管于（35±0.5）℃培养（48±3）h，观察产气情况，记录 3 个稀释度所有 BGLB 肉汤管的产气管数。按 BGLB 肉汤产气管数查 MPN 表（见附录 2），计算出大肠杆菌的 MPN 值。

E. MPN 法——粪大肠菌群和大肠杆菌确证试验

从产气 LST 或乳糖肉汤产气管中接种一环培养物到 EC 肉汤管中（也可以使用木制接种棒）。将所有接种的 EC 肉汤管放入带盖水浴箱中，44.5℃培养（24±2）h，检查产气情况。如果不产气，继续培养至（48±2）h，检查产气情况。按产气管数，查 MPN 表计数出粪大肠菌群 MPN 值。继续大肠杆菌分析，按以下 F 部分进行。EC 肉汤 MPN 方法可用于海水和贝肉类的粪大肠菌群检测，因该方法符合推荐方法[1]。

F. MPN 法——大肠杆菌的完全测定

进行大肠杆菌完全测定前，轻轻摇匀产气的 EC 肉汤试管，取产气管的培养物划线接种于伊红美蓝平板（L-EMB），（35±0.5）℃培养 18~24h。检查 L-EMB 平板上有无具黑色中心的有金属光泽或无金属光泽的扁平菌落。挑取 5 个可疑菌落接种到 PCA 斜面培养基上，（35±0.5）℃培养 18~24h，进行进一步检测。

注意：检测 5 个可疑菌落中任何一个为大肠杆菌，都可以确证 EC 肉汤管为阳性。因此，并非 5 个菌落都必须检测。

革兰氏染色：所有革兰氏染色阴性的培养物，都应进行以下 IMVIC 生化反应检测短杆菌，并重新接种到 LST 肉汤进行产气确证试验。

吲哚试验：将 PCA 斜面纯培养物接种到胰蛋白胨肉汤中，（35±0.5）℃培养（24±2）h，加靛基质试剂 0.2~0.3mL。上层出现明显红色即为靛基质阳性反应。

VP 试验：将纯培养物接种到 MR-VP 肉汤中，（35±0.5）℃培养（48±2）h，以无菌操作移取培养物 1mL 至 13mm×100mm 试管中，加入 0.6mL α-萘酚溶液、0.2mL 40%KOH 溶液和少许肌酸结晶。振摇试管后静置 2h。如出现玫瑰红色，为VP阳性反应。

甲基红试验：在 VP 试验完后，试管中 MR-VP 培养物剩余部分继续在（35±0.5）℃培养（48±2）h；滴加 5 滴甲基红溶液，培养物若变为明显红色为甲基红试验阳性，若变为黄色则为阴性反应。

柠檬酸盐试验：接种少量纯培养物到 Koser 柠檬酸盐肉汤中，避免接种过量产生浑浊。（35±0.5）℃培养 96h。培养物明显混浊为阳性反应。

发酵乳糖产气试验：接种纯培养物到 LST 肉汤中，35 培养（48±2）h。产气（发酵管内培养基被排出产生气泡）或轻轻摇动试管产生气泡为阳性反应。

结果报告：所有培养物（a）在 35℃培养 48h 发酵乳糖产酸产气；（b）革兰氏阴性，无芽孢杆菌；（c）IMVIC 试验为++--（生物型 1）或-+--（生物型 2）为大肠杆菌。再根据 EC 肉汤中阳性管数（连续 3 个稀释度）查 MPN 表（见附录2）计算出每克（毫升）样品的大肠杆菌 MPN 值。

注意：可以选用 API20E 或 VITEK 生化分析鉴定大肠杆菌，替代 IMVIC 生化试验。使用 PCA 斜面上的培养物进行生化试验应按照生产厂商说明操作。

G. 大肠菌群固体培养基测定法

按照生产厂家说明制备紫红胆汁琼脂（VRBA），冷却至 48℃时备用。为在平板上获得单菌落，需要将样品按照上述 I.C所述进行均质并 10 倍稀释，每个稀释度分别移取 2 个 1mL 样品液到 2 个灭菌平皿中，根据细菌可能受损的程度，采用两种倾注平板方法的任一种将样品接种到培养皿上[1]。

取 10mL 冷却至 48℃的 VRBA 培养基加入平皿中，小心旋转平皿，将培养基与样品液充分混匀。待琼脂凝固后，再加入 5mL VRBA 培养基覆盖平板表层，以防止细菌蔓延生长。如果细菌细胞受损严重，需要复苏修复。取 8~10mL 冷却至 48℃的胰蛋白胨大豆琼脂，将培养基与样品液充分混匀，在室温中放置（2±0.5）h，再加入 8~10mL 冷却至 48℃的 VRBA 培养基覆盖平板表层。

将凝固后的平板 35℃倒置培养 18~24h。检测乳制品时，放置 32℃培养 18~24h[2]，用带光源的放大镜检查平板。选用有 25~250 个菌落的平板，计数平板上出现的典型大肠菌群。典型菌落为紫红色，菌落周围有红色的胆盐沉淀环，菌落直径为 0.5mm 或更大。为了确证大肠菌群，从 VRBA 平板至少挑取 10 个典型菌落接种于 BGLB 肉汤内，35℃培养 24h 和 48h，观察产气情况。

注意：将出现产气的 BGLB 肉汤管判为大肠菌群阳性。对形成菌膜的阳性管应进行革兰氏染色，以便挑除革兰氏阳性、发酵乳糖的杆菌。

食品均质样易于堵塞过滤器，因此膜过滤（MF）最适合分析水样；但是，MF 也可用于不含微量颗粒物质的液体食品样品，例如瓶装水（见本章第Ⅲ部分 MF 方法的应用）。每克样品中的大肠菌群数量等于经最后证实为阳性的试管百分比乘以 VRBA 上的可疑菌落，再乘以稀释倍数。

另外一种方法：大肠杆菌可以与大肠菌群进行区别，在每毫升 VRBA 覆盖琼脂中加入 100μg MUG，经培养后，大肠杆菌在长紫外灯下出现蓝色荧光（详见Ⅱ部分 LST-MUG）

H. 膜过滤（MF）法检测大肠菌群：见第Ⅲ部分瓶装水的检测方法

由于大多数食品容易黏在膜上，因此，MF 法最适合分析水样；但是，MF 也可用于不含微量颗粒的液体食品，例如瓶装水（见本章第Ⅲ部分 MF 方法的应用）。

Ⅱ LST-MUG 法检测冷藏和冷冻食品中的大肠杆菌（双壳类软体动物制品除外）

LST-MUG 法原理基于 β-葡萄糖苷酶（GUD）能将 4-甲基伞形酮-β-D-葡萄糖苷（MUG）降解成 4-甲基伞形酮 MU。在长波（365nm）紫外灯下时，MU 在菌落周围培养基显示出蓝色荧光，非常容易辨别。95%以上的大肠杆菌产生 β-葡萄糖苷酶（包括一些不产气的菌株），而大肠杆菌 O157：H7（EHEC）不产生此酶[11,17]。虽然 β-葡萄糖苷酶阳性的 O157：H7 变异确实存在[24,26]，但还是经常通过 β-葡萄糖苷酶来区别大肠杆菌与大肠杆菌 O157：H7。肠杆菌科中除了一部分志贺氏菌（44%~58%）和沙门氏菌（20%~29%）[18,27]含有此酶以外，其他细菌都不含有此酶。然而，从公共卫生角度来分析，并不认为通过 β-葡萄糖苷酶来检测致病菌出现意外是一个缺陷。β-葡萄糖苷酶的活性是受催化抑制影响的[8]，有些大肠杆菌即使携带有编码这个酶的 *uid*A 基因[19]，β-葡萄糖苷酶也为阴性。但是，研究表明，大约 96%的大肠杆菌为 β-葡萄糖苷酶阳性而不需要此酶的诱导[27]。

除一些培养基（如 EMB 培养基）含有一些荧光物质，会掩盖 MU 荧光外，MUG 能加入几乎任何培养基中进行大肠杆菌检测。当 MUG 加入 LST 中后，大肠菌群可以通过发酵乳糖产气进行检测，大肠杆菌可以通过在长紫外灯光下观察荧光进行检测，这样可以在 24h 内进行大肠杆菌近似鉴定[18,28]。LST-MUG 法已经被 AOAC 作为对除贝类外的冷藏和冷冻食品进行大肠杆菌检测（Official Final Act）[28]。见本章第Ⅳ部分 D 使用 MUG 检测贝肉的预防措施，更多有关 MUG 检测的信息请联系：Dr. Peter Feng，FDA，CPSAN，College Park，MD，20740；240-402-1650。

注意：观察 LST-MUG 试管的荧光时，应在黑暗处长波（365nm）紫外灯下。手提式 6W 的紫外灯完全可以满足要求且非常安全。当使用更大功率的紫外灯时，如 15W 紫外灯，应戴上防紫外线的眼镜和手套。同时，在采用 MUG 方法前，检测所有玻璃试管是否本身含有荧光。有时将二氧化铈加入玻璃中进行质量控制，在紫外灯下会产生荧光，干扰 MUG 检测。因此，在 MUG 反应中，将阳性菌株和阴性菌株进行对照非常必要。

A. 设备和材料：见前文 Ⅰ. A

1. 玻璃试管：新的、一次性（100mm×16mm）。
2. 杜氏小管：新的、一次性（50mm×9mm），用于产气收集。
3. 长波紫外灯：不超过 6W。

B. 培养基和试剂：见前文 Ⅰ. B

C. LST-MUG 法近似检测大肠杆菌

除了用 LST-MUG 肉汤代替 LST 肉汤外，样品制备和检测过程与前文 Ⅰ. C. 所述相同，需用 β-葡萄糖苷酶阳性大肠杆菌（ATCC 25922）作阳性对照。此外，还要培养一管产气肠杆菌（ATCC 13048）或肺炎克雷伯氏菌标准菌株作阴性对照，以便区分只能生长而不产生荧光的样品和既能生长又能产生荧光的样品。35℃ 培养 24h 至（48±2）h，检查产气和混浊的试管，然后于暗处在长波（365nm）紫外灯下观察荧光，呈现蓝色荧光的为大肠杆菌假定阳性。Moberg[28] 研究表示，使用荧光方法，24h 判定大肠杆菌的准确度为 83%～95%，48h 后判定准确度为 96%～100%[28]。所有假定阳性的试管需进一步证实实验，接种一环假定阳性试管的培养物到L-EMB 培养基上，35℃ 培养（24±2）h，之后的操作方法与前文 Ⅰ. F 所述相同。根据 3 个连续稀释度上确认的产生荧光的管数计算大肠杆菌 MPN 值。

Ⅲ 瓶装水的检测方法

瓶装水的消耗量在全球范围内迅速升高，仅在美国，1988 年就消耗了 36 亿加仑①瓶装水［国际瓶装水协会（International Bottled Water Association），Alexandria，VA］。不像饮用水那样由美国环保局（EPA）监管，瓶装水在美国法律中被定义为食品，是由 FDA 监管（Federal Rigister. 1995. 21CPR Part 103 et al. bererages：bottled water，final rule. 60（218）57076-57130）。FDA 定义瓶装水为“装在密封瓶或其他容器中供人类消费的水，除一些安全抗菌剂外不含有任何添加剂。”以及，在限制范围内，有些被添加了氟化物。瓶装水可以是一种饮料，或作为其他饮料的一种成分。这些法规不适用于软饮料或其他相似饮料。除“瓶装水”或“饮用水”外，在 FDA 21 CFR 103 节也定义了不同类型的瓶装水来满足一定的标准。这些定义包括“自流井水”“地下水”“矿物质水”“纯化或纯净水”“瓶装苏打水”“泉水”和“井水”。另外美国药典定义“无菌水”为经无菌检测后合格的水。

在瓶装水中，大肠菌群并不一定是致病菌，而且很少检测出，但是可以作为一个卫生指标或可能受到微生物污染的指标。统计表明，大肠菌群是瓶装水质量控制中一个非常有用的指标，但有些国家也检测其他微生物的数量作为瓶装水的质量指标。在现有瓶装水质量标准下，FDA 已经基于大肠菌群检测水平建立了微生物质量

①1gal（美制）= 3. 79L。——译者注

要求。这些水平的含菌量可通过膜过滤法或 10 管 MPN 法（10 个 10mL 分析单位）获得。详细的标准方法可联系 Peter Feng 博士（FDA，CFSAN，College Park，MD，20740：240-402-1650）。

A. 设备和材料

1. 培养箱：(35±0.5)℃。
2. 膜过滤器：由玻璃、塑料或不锈钢制成，用铝箔或者纸包裹后，高压灭菌。
3. 紫外灭菌室，进行滤器灭菌。
4. 过滤管或真空瓶，用于放置过滤漏斗。
5. 真空源（电动真空泵或水泵）。
6. 滤膜：无菌白色或隔栅，直径 47mm，孔径 0.45μm（或等同产品），用于细菌计数。
7. 平皿：无菌，塑料的，50mm×12mm，带盖。
8. 无齿镊子，用于转移滤膜。

B. 培养基

1. 月桂基胰蛋白胨（LST）肉汤（M76）。
2. 煌绿乳糖胆盐（BGLB）肉汤（M25）。
3. mEndo 培养基（M196）。
4. LES Endo 琼脂（M197）。

C. 10管 MPN 法——大肠菌群近似检测和验证

瓶装水的常规检测：取 100mL 样品水，从中取 10mL 加入含 10mL 双料 LST 肉汤的试管中，共 10 管。35℃培养（24±2）h，观察生长情况和是否产气，产气的根据是发酵管中的培养基被排出或轻轻摇动试管产生气泡。如果为阴性管，继续培养 24h，观察是否产气。

确证实验：将产气的 LST 管轻轻摇匀，用直径 3.0~3.5mm 的无菌接种环接种一环或几环到 BGLB 肉汤中。也可用木制小钩接种，插入液面下 2.5cm 处。将接种的 BGLB 肉汤放置 35℃培养（48±2）h，检查产气情况。根据“水和污水的标准检测方法”（9221.Ⅲ）p9~52 10 管 MPN 表计数出大肠菌群的 MPN 值[3]。

注意：如果样品被检测出含有大肠菌群（无论浓度多少），都要按照本章Ⅰ.F. 概述部分的步骤进行检测以确定是否含有大肠杆菌。瓶装水中不允许含有大肠杆菌。

D. 膜过滤法检测大肠菌群

过滤样品液 100mL，将膜转移到 M-Endo 培养基（M196）中或 LES Endo 琼脂（M197）上，(35±0.5)℃培养 22~24h。低倍显微镜计数，大肠菌群为红色菌落或暗红色菌落，并有绿色金属光泽，有时菌落中心或整个菌落显金属光泽。

确证实验：如果滤膜上有金属光泽的菌落数量在 5~10 个，则分别挑取所有菌落，接种到 LST 肉汤中，(35±0.5)℃培养 48h。滤膜上有金属光泽的菌落数量在 10 个以上时，随机选取 10 个菌落，分别接种到 LST 肉汤中，任何 LST 肉汤中产气的培养物，再转接到 BGLB 肉汤中，(35±0.5)℃培养 48h。BGLB 肉汤中产气的试管，确证为大肠菌群，计数出每 100mL 样品液中所有大肠菌群数。注意：1998 年第 20 版标准方法 p.9~60 允许同时接种到 LST 肉汤或 BGLB 肉汤中培养。但是，由于 BGLB 有强抑制性，以上所述样品由 LST 再转接到 BGLB 中培养的方法被认为有更好的灵敏度。

注意：如果样品被检测出含有大肠菌群（无论浓度多少），都要按照本章Ⅰ.F 概述部分的步骤进行检测以确定是否含有大肠杆菌。瓶装水中不允许含有大肠杆菌。

Ⅳ 贝类和贝类肉制品的检测方法

针对国产和进口双壳贝类的 FDA 官方细菌学 分析程序在美国公共卫生协会（APHA）于 1970 年出版的《贝类和海产品推荐检测规程（第四版）》中有充分且恰当的描述。此方法包括传统的 5 管 MPN 法检测大肠菌群和粪大肠菌群，和标准菌落总数计数法（见 APHA 1970 年第四版《贝类和海产品推荐检测规程》第Ⅲ部分）。本方法适用于检测双壳贝类、新鲜去壳肉、新鲜去壳冷冻肉和半壳冷冻双贝类，不适合检测甲壳动物（螃蟹、龙虾和小虾），或经过加工（如裹面包屑、去壳、预煮和加热）的贝肉（见本章 Ⅰ.C 部分）。许多方法用于检测环境水和贝类养殖水中的粪大肠菌群。如，mTEC 琼脂（M198）作为计数海水和江河水中粪大肠菌群的膜过滤培养基非常合适。过滤 100mL 的水后，过滤漏斗需要用约 20mL PBS 溶液清洗 2 次，将过滤膜转移到 mTEC 琼脂上 44.5℃ 培养 22~24h。所有黄色、黄绿色、黄褐色的菌落都应计为粪大肠菌群。只有培养皿上少于 80 个菌落的培养皿参与计数。环境水的检测此处不做详细介绍，因为环境水的检测由美国 EPA 操作，而贝类养殖水的质量控制是美国各个州贝类控制当局的职责[20]。

A. 样品的制备

随机挑选 10~12 个贝类，从中称取 200g 贝肉液体或贝肉，用 200mL 无菌磷酸盐缓冲液或 0.5%蛋白胨稀释液（R97）均质 2min，得到 1∶2 的样品稀释液。泥土中贝类样品的分析需在均质后 2min 内开始，用 0.5%无菌蛋白胨稀释液或无菌磷酸盐缓冲液进行系列样品稀释。

B. MPN 法——大肠菌群近似检测和验证

取分装有 10mL 乳糖肉汤（M74）或月桂基胰蛋白胨（LST）肉汤（M76）的试管，进行 5 管 MPN 分析，每个稀释度接种 5 管，接种方法如下。

取 5 支试管，每管加入 2mL 均质液（相当于 1g 贝类）；

取 5 支试管，每管加入 2mL1∶10 稀释液（相当于 0.1g 贝类）；

取 5 支试管，每管加入 2mL1∶100 稀释液（相当于 0.01g 贝类）；

取 5 支试管，每管加入 2mL1∶1000 稀释液（相当于 0.001g 贝类）；

若结果不确定时，需进一步稀释。将试管置于 35±0.5℃ 培养，根据本章 Ⅰ.C 进行操作，并按照 Ⅰ.D 中大肠菌群、粪肠菌群和大肠杆菌的常规方法进行验证。但结果报告时，此处是每 100g 样品中的 MPN 值，而不是 1g 样品中的 MPN 值。

C. MPN 法——贝肉中粪大肠菌群的近似检测和验证

近似计数的检验方法同前文第Ⅱ部分。

确证实验：从阳性的 LST 肉汤接种一环到 EC 肉汤，置于带盖的水浴箱中，(44.5±0.2)℃ 培养（24±2）h。EC 肉汤中产气的管为确证的粪大肠菌群，根据前文的方法计算出每 100g 的 MPN 值。

D. MPN 法——EC-MUG 法检测贝肉中大肠杆菌

前文的 MUG 法也可用于检测贝肉中的大肠杆菌，但需稍做修改。这是因为贝肉中含有天然的 β-葡萄糖苷酶[32]，例如：将牡蛎肉样品直接接种到 LST-MUG 培养基在 MPN 法近似检测中会产生假阳性荧光反应。因此，在贝肉中大肠杆菌的检测中，加 MUG 试剂到 EC 肉汤中（44.5±0.2）℃培养，按传统 5 管进行粪大肠菌群确证实验。然后在长波紫外灯下进行荧光检验，同时得到大肠杆菌的 MPN 计数。

材料和试剂见前文的 Ⅰ.A 和 Ⅰ.B，可用商品化的脱水的培养基。也可配制培养基，将 MUG 加入到 EC 肉汤中（0.05g/L，M50）。以下几个厂家的 MUG 可以使用：Marcor Development Corp.，Carlstadt，NJ；Biosynth

International，Itasca，IL；Sigma Chemical Co.，St. Louis，MO and Hach Chemical，Loveland，CO.。每管5mL，分装于新玻璃试管（100mm×16mm），并加入一个新的一次性倒管（50mm×9mm）。121℃高压灭菌EC-MUG肉汤管15min；室温下可保存一周，冰箱可保存一个月以上。

贝类中粪大肠菌群的检测，应以EC-MUG肉汤替代EC肉汤，其他操作方法与上文Ⅳ. C相同。检测EC-MUG肉汤中的荧光需做3个对照，一管以大肠杆菌作阳性对照，一管以产气肠杆菌（*Enterobacter aerogenes*，ATCC 13048）或肺炎克雷伯氏菌（*K. pneumoniae*）作荧光阴性对照，一管未接种管作为EC-MUG培养基批次对照。待检测样品、阳性对照、空白对照同时置于（44.5±0.2）℃培养24h，按上文所述LST-MUG法检测荧光。注意有些大肠杆菌（<10%）不产气，但MUG荧光呈阳性。大肠杆菌MPN计算中包括了所有荧光阳性的管数。用所有稀释度荧光阳性的管数通过本手册附录2中的表格计算100g样品中大肠杆菌的MPN值。

注意：如果分析是为了测定是否符合大肠杆菌的限量要求，必须证实MUG阳性管中是否存在大肠杆菌。

Ⅴ 柑橘类水果汁中大肠杆菌的检测方法

大肠杆菌的检测用于识别果汁是否受到污染，或验证未经高温杀菌的果汁加工过程中HACCP的有效性（21 CFR Part 120，Vol. 66，No. 13，January 19，2001）。通常用于检测大肠杆菌的标准方法是MPN法，但是由于果汁偏酸性（pH3.6~4.3），干扰实验，而且仅允许检测3.33mL样品，因此该方法用于检测果汁中的大肠杆菌并不是那么令人满意。并不像大多数检测大肠杆菌的方法，需要许多步骤，以下方法很简单，可检测10mL样品，命名为改良ColiComplete（CC）法，是AOAC官方方法992.30的改良，即用MUG法检测大肠杆菌（LST-MUG法）。

A. 设备和材料

1. 水浴箱：（44.5±0.2）℃，水平面高于培养基表面。
2. 培养箱：（35.5±0.5）℃。
3. 长波（约365nm）紫外灯：<6W。

B. 培养基和试剂

1. 通用预增菌肉汤（UPEB）（M188）。
2. EC肉汤（M49）。
3. ColiComplete（CC）测试片（#10800）——Biocontrol，Bellview，WA。

C. 样品制备、增菌和鉴定

无菌条件下，接种10mL果汁到90mL UPEB增菌液中，混匀，（35±0.5）℃培养24h，做2个平行试验。增菌后，接种1mL UPEB增菌液到9mL含CC测试片的EC肉汤中，放置水浴箱中（44.5±0.2）℃培养24h，同时以MUG阳性的大肠杆菌和MUG阴性的肺炎克雷伯氏菌或产气肠杆菌（ATCC 13048）试管作对照，在暗处检查是否有荧光，两管中的任一管有蓝色荧光即可认为存在大肠杆菌。

注意：CC测试片上含有β-D-半乳糖苷酶（X-gal），当被β-半乳糖苷酶裂解会产生蓝色，这个反应类似于乳糖发酵产酸产气反应，因此蓝色的存在可指示含有大肠菌群。

Ⅵ 其他检测大肠菌群和大肠杆菌的方法

大肠菌群和大肠杆菌还有许多其他计数方法，其中几种方法使用荧光试剂如MUG或其他发光底物，用于食品中大肠菌群和大肠杆菌的假设实验和确证实验。这些方法有 Petrifilm 法、HGMF/MUG 法[13]、CC[16]、Colilert（AOAC 991.15）法等，大部分都已经通过协作研究评价并被 AOAC 官方采纳。许多改良的膜过滤法用于检测大肠菌群、粪大肠菌群和大肠杆菌，其中一部分用于牛乳和乳制品的检测，大部分用于饮用水、环境水和贝类养殖水的检测。

参考文献

[1] American Public Health Association. 1970. Recommended Procedures for the Examination of Seawater and Shellfish, 4th ed. APHA, Washington, DC.

[2] American Public Health Association. 1992. In: Marshall, R. T. (ed). Standard Methods for the Examination of Dairy Products, 16th ed. APHA. Washington, DC.

[3] American Public Health Association. 1998. Standard Methods for the Examination of Water and Wastewater, 20th ed. APHA, Washington, DC.

[4] American Public Health Association. 1992. Compendium of Methods for the Microbiological Examination of Foods, 3rd ed. APHA, Washington, DC.

[5] Brenner, K. P., C. C. Rankin, M. Sivaganesan, and P. V. Scarpino. 1996. Comparison of the recoveries of *Escherichia coli* and total coliforms from drinking water by the MI agar method and the U. S. Environmental protection agency-approved membrane filter method. *Appl. Environ. Microbiol.* 62: 203~208.

[6] Caplenas, N. R. and M. S. Kanarek. 1984. Thermotolerant non-fecal source *Klebsiella pneumoniae*: validity of the fecal coliform test in recreational waters. *Am. J. Public Health.* 74: 1273~1275.

[7] Ciebin, B. W., M. H. Brodsky, R. Eddington, G. Horsnell, A. Choney, G. Palmateer, A. Ley, R. Joshi, and G. Shears. 1995. Comparative evaluation of modified m-FC and m-TEC media for membrane filter enumeration of *Escherichia coli* in water. *Appl. Environ. Microbiol.* 61: 3940~3942.

[8] Chang, G. W., J. Brill, and R. Lum. 1989. Proportion of beta-glucuronidase-negative *Escherichia coli* in human fecal samples. *Appl. Environ. Microbiol.* 55: 335~339.

[9] Conway, P. L. 1995. Microbial ecology of the human large intestine. In: G. R. Gibson and G. T. Macfarlane, eds. p. 1-24. Human colonic bacteria: role in nutrition, physiology, and pathology. CRC Press, Boca Raton, FL.

[10] Dege, N. J. 1998. Categories of bottled water. Chapter 3, In: D. A. G. Senior and P. R. Ashurst (ed). Technology of Bottled Water. CRC Press, Boca Raton, Florida.

[11] Doyle, M. P. and J. L. Schoeni. 1987. Isolation of *Escherichia coli* O157 : H7 from retail meats and poultry. *Appl. Environ. Microbiol.* 53: 2394~2396.

[12] Eijkman, C. 1904. Die garungsprobe bei 46° als hilfsmittel bei der trinkwasseruntersuchung. *Zentr. Bakteriol. Parasitenk. Abt. I. Orig.* 37: 742.

[13] Entis, P. 1989. Hydrophobic grid membrane filter/MUG method for total coliform and *Escherichia coli* enumeration in foods: collaborative study. *J. Assoc. Off. Anal. Chem.* 72: 936~950.

[14] Escherich, T. 1885. Die darmbakterien des neugeborenen und sauglings. *Fortshr. Med.* 3: 5-15-522, 547~554.

[15] Ewing, W. H. 1986. Edwards and Ewing's Identification of *Enterobacteriaceae*, 4th ed. Elsevier, New York.

[16] Feldsine, P. T., M. T. Falbo-Nelson, and D. L. Hustead. 1994. ColiComplete Substrate-supporting disc method for confirmed detection of total coliforms and *Escherichia coli* in all foods: comparative study. *J. Assoc. Off. Anal. Chem.* 77: 58~63.

[17] Feng, P. 1995. *Escherichia coli* serotype O157 : H7: Novel vehicles of infection and emergence phenotypic variants. *Emerging Infectious Dis.* 1: 16~21.

[18] Feng, P. C. S. and P. A. Hartman. 1982. Fluorogenic assays for immediate confirmation of *Escherichia coli*. *Appl. Environ. Microbiol.* 43: 1320~1329.

[19] Feng, P., R. Lum, and G. Chang. 1991. Identification of *uid*A gene sequences in beta-D-glucuronidase (-) *Escherichia coli*. *Appl. Environ. Microbiol.* 57: 320~323.

[20] FDA. 1998. Fish and Fisheries Products Hazards and Control Guide. 2nd ed. Office of Seafood, CFSAN, U. S. FDA, Public Health Service, Dept. Health and Human Services, Washington DC.

[21] Frampton, E. W. and L. Restaino. 1993. Methods for *E. coli* identification in food, water and clinical samples based on beta-glu-

curonidase detection. *J. Appl. Bacteriol.* 74：223～233.

[22] Geissler，K.，M. Manafi，I. Amoros，and J. L. Alonso. 2000. Quantitative determination of total coliforms and *Escherichia coli* in marine waters with chromogenic and fluorogenic media. *J. Appl. Microbiol.* 88：280～285.

[23] Grant，M. A. 1997. A new membrane filtration medium for simultaneous detection and enumeration of *Escherichia coli* and total coliforms. *Appl. Environ. Microbiol.* 63：3526–4530.

[24] Gunzer，F.，H. Bohm，H. Russmann，M. Bitzan，S. Aleksic，and H. Karch. 1992. Molecular detection of sorbitol fermenting *Escherichia coli* O157 in patients with hemolytic uremic syndrome. *J. Clin. Microbiol.* 30：1807～10.

[25] Hartman，P. A. 1989. The MUG（glucuronidase）test for *Escherichia coli* in food and water，pp. 290–308. In：Rapid Methods and Automation in Microbiology and Immunology. A. Balows，R. C. Tilton，and A. Turano（eds）. Brixia Academic Press，Brescia，Italy.

[26] Hayes，P. S.，K. Blom，P. Feng，J. Lewis，N. A. Strockbine，and B. Swaminathan. 1995. Isolation and characterization of a β-D-glucuronidase-producing strain of *Escherichia coli* O157：H7 in the United States. *J. Clin. Microbiol.* 33：3347～3348.

[27] Manafi，M. 1996. Fluorogenic and chromogenic enzyme substrates in culture media and identification tests. *Int. J. Food Microbiol.* 31：45～58.

[28] Moberg，L. J.，M. K. Wagner，and L. A. Kellen. 1988. Fluorogenic assay for rapid detection of *Escherichia coli* in chilled and frozen foods：collaborative study. *J. Assoc. Off. Anal. Chem.* 71：589～602.

[29] Neill，M. A.，P. I. Tarr，D. N. Taylor，and A. F. Trofa. 1994. *Escherichia coli*. In Foodborne Disease Handbook，Y. H. Hui，J. R. Gorham，K. D. Murell，and D. O. Cliver，eds. Marcel Decker，Inc. New York. pp. 169～213.

[30] Neufeld，N. 1984. Procedures for the bacteriological examination of seawater and shellfish. In：Greenberg，A. E. and D. A. Hunt（eds）. 1984. Laboratory Procedures for the Examination of Seawater and Shellfish，5th ed. American Public Health Association. Washington，DC.

[31] Rippey，S. R.，W. N. Adams，and W. D. Watkins. 1987. Enumeration of fecal coliforms and *E. coli* in marine andestuarine waters：an alternative to the APHA-MPN approach. *J. Water Pollut. Control Fed.* 59：795～798.

[32] Rippey，S. R.，L. A. Chandler，and W. D. Watkins. 1987. Fluorometric method for enumeration of *Escherichia coli* in molluscan shellfish. *J. Food Prot.* 50：685–690，710.

[33] Warburton，D. W. 2000. Methodology for screening bottled water for the presence of indicator and pathogenic bacteria. *Food Microbiol.* 17：3～12.

[34] Weagant，S. D. and P. Feng. 2001. Comparative evaluation of a rapid method for detecting *Escherichia coli* in artificially contaminated orange juice. *FDA Laboratory Information Bulletin* #4239，17：1～6.

[35] Weagant，S. D. and P. Feng. 2002. Comparative Analysis of a Modified Rapid Presence-Absence Test and the standard MPN Method for Detecting *Escherichia coli* in Orange Juice. *Food Microbiol.* 19：111～115.

4A 致泻性大肠埃希氏菌检测

2011 年 2 月， 2017 年 10 月更新

作者：Peter Feng，Stephen D. Weagant，Karen Jinneman。

修订历史：

- 2017年10月　Q.1.c, 用于确认 O157：H7菌株的5P PCR 和 LIB 3811方法已被删除并存档。此外，要求在所有 O157：H7菌株上进行脉冲场凝胶电泳（PFGE）和全基因测序（WGS）。
- 2017年10月　R.1.c，关于分离 STEC 添加了其他说明和警示说明。具体而言，增加了挑取菌落数量，并有特定说明。
- 2016年8月　将 Lightcycler 的检测方法存档，由 AB7500快速平台替换。对以下内容进行了较大修改：K，食品中大肠杆菌 O157：H7血清型筛选方法；L，设备和材料；M，培养基和试剂；N，样品制备及增菌步骤；O，实时 PCR 筛选。
- 2015年11月　R：13价悬液芯片：新 SETCT 分子生物学血清分型和毒性分析方案替代2价 STEC 分子生物学血清分型方案，当13价方案的检测试剂可以获得时，则将2价方案存档。
- 2014年7月　N：加入新的多叶产品（除芫荽叶和欧芹叶）的样品制备方法，修订了芫荽叶和欧芹叶的样品制备方法。
- 2013年7月　R：STEC 分子生物学血清分型方案，加入悬液芯片鉴定 STEC O 血清组的内容。
- 2012年12月　R：非 O157产志贺氏毒素大肠杆菌（STEC）检测由可选修改为必做。所有*Stx1*和*Stx2* PCR 结果阳性，但*uidA* 结果阴性的样品，必须进行附加实验直至分离出产志贺氏毒素大肠杆菌。在 R. 1. a 中加入了 SHIBAM 琼脂以利于从富集样品中分离 STEC 株。
- 2011年2月　M：表4A-2中增加引物；Q：增加5P 多重 PCR 用于确认O157：H7分离株。
- 2009年7月　修订 M 部分，增加实时 PCR 筛选方法。

本章目录

大肠埃希氏菌是人体肠道中的一种优势菌群，兼性厌氧，通常对人体无害，但有一部分致病性大肠埃希氏菌可引起人类腹泻疾病，被称作致泻性大肠埃希氏菌[28]，一般也称致病大肠杆菌。它们的分类是基于独特的毒力因子，并且可以只根据这些特性进行鉴别。因此，致病性大肠杆菌的分析通常需要在检测毒力因子之前首先将菌株鉴定为大肠杆菌。致病性大肠埃希氏菌包括产肠毒素大肠埃希氏菌（ETEC）、肠道致病性大肠埃希氏菌（EPEC）、肠出血性大肠埃希氏菌（EHEC）、肠侵袭性大肠埃希氏菌（EIEC）、肠黏附性大肠埃希氏菌（EAEC）、弥散黏附性大肠埃希氏菌（DAEC），可能还有其他尚未确认特性的菌株[21,28]。这些类型中只有前四种在食物或水中可引起疾病。这四种大肠杆菌的特性和症状将在下面讨论，并在表4A-1中总结。

ETEC 被认为是引起腹泻的主要原因，而且发病症状为水性腹泻，有轻微或没有发烧症状。ETEC 传染病普遍发生于不发达国家。但在美国也曾发生因食用过期干酪、墨西哥风味食品和生食蔬菜而引起的突然性爆发。ETEC 的发病是由一些肠毒素的产物导致。ETEC 可产生不耐热肠毒素（LT），其大小（86ku）、序列、抗原免疫性和功能与霍乱毒素（CT）很相似。ETEC 还产生一种小分子（4ku）耐热毒素（ST），可耐煮沸 30min。ST 有几种变体，其中 ST1a 和 STp 在从人体和动物中分离出的大肠杆菌中均有发现，而 ST1b 和 STh 仅在人体中分离得到。ETEC 对于成人的最小致病剂量为 10^8 个细菌；但是对于儿童、老人或是体弱的人最小致病剂量更低。由于它的致病性需要高数量的细菌，所以除非在食物中发现大量的大肠杆菌，否则不用分析 ETEC。同样，如果检测到 ETEC，应当进行计数以评定被污染食品的潜在风险。LT 的产物可以用 Y-1 肾上腺细胞试验[28]检测或用反向乳胶凝集试验和 ELISA 方法（见附录 1）检测其生物型。ST 的产物也可通过 ELISA 或幼鼠试验[35]检测。LT 和 ST 的基因均已测序，PCR[37,41]和基因探针试验（见 24 章）也已实现。通常也可以用基因探针/菌落杂交方法分析平板培养基上的菌落，以进行食品中的 ETEC 计数。

EIEC 类似于志贺氏菌，而且能够侵入人体肠黏膜上皮细胞生长繁殖，具有侵袭性，引起痢疾形式的腹泻[7]。像志贺氏菌一样，没有任何已知的动物宿主，因此 EIEC 的主要来源是已被感染的人体。志贺氏菌的致病剂量很低，在菌量为 10 到几百个的范围即可致病，通过对已被感染的志愿者的研究实验，表明对于健康的成年人来说菌量至少为 10^6 个才能引起疾病。不同于典型的大肠杆菌，EIEC 是无动力的，不能脱去赖氨酸的羧基，且不发酵乳糖，所以不产气。EIEC 的致病性主要是侵入并破坏肠黏膜上皮细胞组织。侵袭性生物型由高分子质量质粒编码，可通过 HeLa 或 Hep-2 组织培养细胞侵袭试验来检测[7,25]，也可通过 PCR 和侵袭基因特异性探针试验来检测（见第 24 章）。

EPEC 能够引起严重水样腹泻疾病，而且在发展中国家是引起婴幼儿腹泻的主要原因。EPEC 的爆发主要是由食用受污染的饮用水和一些肉制品引起的。通过志愿者研究实验，健康成年人的 EPEC 致病剂量估计为 10^6 个。EPEC 的致病性主要是由紧密黏附素蛋白（由 *eae* 基因编码）导致黏附和皮损病变[14]；另外由一个质粒编码的蛋白质，即 EPEC 黏附因子（EAF），能使细菌局部黏附在肠道细胞上[36]。EAF 可通过喉癌细胞（Hep-2）进行检测，*eae* 基因可通过 PCR 进行检测[28]。

EHEC 是导致出血性肠炎（HC）或出血性腹泻的主要因素，并可能进一步发展为致命的溶血性尿毒综合征（HUS）。EHEC 的典型特征是产生 Vero 毒素或志贺氏毒素（*Stx*）。虽然 Stx1 和 Stx2 常见于人类疾病中，但 Stx2 存在一些变体。产 Stx 毒素的大肠杆菌有很多血清型，但只有那些导致出血性肠炎的大肠杆菌被定义为 EHEC 菌。其中 O157：H7 是典型的 EHEC 菌，与世界范围内很多疾病都有关[3,13,19,28]。O157：H7 的致病剂量为 10~100 个细胞，而其他血清型的 EHEC 没有传染剂量的数据。EHEC 主要污染食物、水源，包括未煮熟的牛肉[3,13]、未消毒的牛乳[31]、冷冻三明治[19]、饮用水[34]、未经高温消毒的苹果汁[2]、芽菜和蔬菜[4,17]等。EHEC O157：H7 和大肠杆菌的典型区别是缓慢或不发酵山梨醇，且没有葡萄糖苷酸酶活性（见第 4 章，LST-MUG 详述），因此这些特性常用于从食物中分离该菌。Stx1 和 Stx2 的检测可以通过 Vero 或 HeLa 组培细胞的毒素试验或用商品化的 ELISA 或 RPLA 试剂盒（见附录 1）。stx1、stx2 特异性基因探针（见第 24 章）、PCR 试验和 EHEC 的其他标记性特征都可用来检测 EHEC[12,15]（见表 4A-1）。

表 4A-1 致病性大肠杆菌亚群的一些特征和症状

特征/症状	ETEC	EPEC	EHEC	EIEC
毒素	LT/ST[a]	-	志贺氏毒素或 Vero 毒素（Stx or VT）	-
侵袭性	-	-	-	+
紧密黏附素	-	+	+	-
肠溶血素	-	-	+	-
粪便	水样	水样，血性	水样，血性严重	黏液样，血性
发热	低	+	-	+
粪检白细胞	-	-	-	+
寄生的肠道	小肠	小肠	结肠	结肠，更低的小肠
血清学	多种	O26，O111 或其他	O157：H7，O26，O111 或其他	多种
I_D^b	高	高	低	高

a LT，不耐热肠毒素；ST，耐热肠毒素。
b I_D，致病剂量。

致病性大肠杆菌的分离与鉴定（除出血性大肠杆菌 O157 ：H7）

虽然致病性大肠杆菌是根据其特有的产毒特性进行鉴定的，但对于食品中这类致病菌的分析需要先进行大肠杆菌的分离和鉴定，然后再检测其产毒特性。以下的检测方法是用于从食品中富集并分离致病性大肠杆菌的通用方法[25]。

A. 设备和材料

1. 天平：≥2kg，灵敏度 0.1g。
2. 搅拌机：器皿或相同样式最低转速 8000r/min，容积 1L 的玻璃或金属罐。
3. 培养箱：(35±0.5)℃和（44±1)℃。
4. 培养皿：20mm×150mm。
5. 移液管：巴斯德。
6. pH 试纸：范围 6.0~8.0。

B. 培养基

1. 胰蛋白胨磷酸盐（TP）肉汤（M162）。
2. 脑心浸出液（BHI）肉汤（M24）。
3. Levine 伊红美蓝（L-EMB）琼脂（M80）。
4. 麦康凯琼脂（M91）。
5. 三糖铁（TSI）琼脂（M149）。
6. 血琼脂基础（BAB）（M21）。
7. 胰蛋白胨（色氨酸）肉汤（M164）。
8. 溴甲酚紫肉汤（M26）中分别加入 0.5%的葡萄糖、核糖醇、纤维二糖、山梨醇、阿拉伯糖、甘露醇和乳糖。
9. 尿素肉汤（M171）。

10. 赖氨酸脱羧酶肉汤（M87）。
11. 氰化钾（KCN）肉汤（M126）。
12. MR-VP 肉汤（M104）。
13. 吲哚亚硝酸盐培养基（M66）。
14. 醋酸盐琼脂（M3）。
15. 黏液酸盐肉汤（M105）。
16. 黏液酸盐对照肉汤（M106）。
17. 丙二酸盐肉汤（M92）。
18. Koser 柠檬酸盐肉汤（M72）。

C. 试剂（有机、无机、生化试剂）

1. 10%碳酸氢钠溶液（无菌）（R70）。
2. β-半乳糖苷酶试剂（R53）。
3. 磷酸盐缓冲液（PBS）（无菌）（R60）或 Butterfield 磷酸盐缓冲液（BPBW）（R11）。
4. 靛基质试剂（R38）。
5. VP 试验试剂（R89）。
6. 氧化酶试剂（R54）。
7. 亚硝酸盐检测试剂（R48）。
8. 无菌重石蜡油（R46）。
9. 革兰氏染色液（R32）。

D. 计数

样品收到后迅速冷却，检测前不要冷冻，除非必须冷冻保存的样品。应尽快检测样品。如需计数，称取25g样品加入225mL PBS 或 BPBW 进行均质，用 PBS 或 BPBW 进行10倍稀释，并接种到麦康凯琼脂上，分离出单菌落。经35℃培养20h后，挑出菌落，用特异性毒素基因探针进行菌落杂交试验（见第24章）。当分离平板上的大肠杆菌数量为总细菌数的10%以上，并且大肠杆菌含量大于10^3个/g时，此方法是最有效的。

E. 致病性大肠杆菌的增菌培养

此处提到的方法可以进行致病性大肠杆菌的定性检测。无菌操作称取25g样品，加入225mL BHI 肉汤（稀释因子1∶10）。如有需要，根据样品实际情况，其规格可不限于25g，只要按比例调整稀释液即可。混匀或短暂拍打均质，室温孵育10min，期间应按时摇动，静置10min自然沉降。小心将溶液移入一无菌容器中，35℃培养3h以修复受损细胞。将溶液转移到含225mL双倍浓度TP肉汤的无菌容器中，(44.0±0.2)℃培养20h，在L-EMB琼脂或麦康凯琼脂上划线，35℃培养20h。

F. 选择性培养

典型的乳糖发酵菌在L-EMB琼脂上有黑色中心，扁平，有或没有金属光泽。在麦康凯琼脂上典型菌落呈砖红色。乳糖不发酵型在这两种琼脂上显无色或淡粉色。

注意：EIEC不发酵乳糖，其他类型的致病性大肠杆菌中也可能有非典型的乳糖阴性菌。因此，应选取20个菌落做进一步的性质研究（10个典型菌落和10个非典型菌落）。

G. 常规生化筛选和鉴定[8, 30]

按照第4章所述方法进行大肠杆菌生化和形态学鉴定。然而，由于许多肠道细菌也能在TP增菌肉汤中生长，加上不产气，无动力，缓慢或不发酵乳糖的大肠杆菌必须被考虑到，因此需要进行补充试验。以下描述了一些新的或修改的试验方法。

1. 初步筛选

将可疑菌落接种至 TSI 琼脂、BAB 斜面、胰蛋白胨肉汤、阿拉伯糖肉汤、尿素肉汤中，35℃培养 20h。排除 H_2S 阳性、尿素酶阳性、不发酵阿拉伯糖、吲哚试验阴性的菌落。挑取 TSI 培养物悬浮于 0.85%生理盐水中，加入 ONPG 检测管中，35℃培养 6h，黄色为阳性反应，排除 ONPG 阴性、产气的培养物。一些产碱殊异株（如不产气埃希氏菌）为 ONPG 阴性。

2. 二次筛选（除非另有说明，35℃培养48h）

培养物的鉴定可按照第 4 章表 1① 进行补充试验，以对埃希氏菌属进行细分。由于目前并不清楚这些额外的菌种是否对人类有明显致病性，所以需对典型反应的大肠杆菌做进一步试验。为区分大肠杆菌与志贺氏菌，应检验不产气、无动力、缓慢发酵乳糖的细菌，进行赖氨酸脱羧酶试验、黏多糖酶试验和醋酸盐试验。宋内氏志贺氏菌（*Shigella sonnel*）可在同一增菌肉汤中生长，不产气，无动力，也是吲哚阴性，缓慢发酵或不发酵乳糖。第 4 章表 2② 总结了大肠杆菌的生理生化特性。

另外，可用 API20E 或自动化的 VITEK 生化反应系统来鉴定大肠杆菌。

H. 产肠毒素大肠埃希氏菌（ETEC）的检测

当食物中的大肠杆菌总数超过 10^4个/g 时，采用 LT 和 ST 的 DNA 探针（第 24 章），通过菌落杂交分析方法对 ETEC 进行计数。如需测试生物学活性，则可用 Y-1 组织培养[28]检测 LT，ST 可通过幼鼠实验检测[28]（试验具体步骤参见 BAM 1998 年版第八版修订 A 版第 4 章）。也有与 PCR 测试等同的商业性 RPLA 和 ELISA 方法用于检测 LT 和 ST 毒素（附录 1）[41]。

I. 肠侵袭性大肠埃希氏菌（EIEC）的检测

如果怀疑某分离物是 EIEC，则该分离物潜在的侵袭性可通过 Sereny 实验或 Guinea 猪角膜结膜炎实验进行检测[28]（Sereny 实验步骤见 BAM 1998 年版第八版修订 A 版第 4 章）。分离物的潜在侵袭性实验也可通过上述的 HeLa 组织培养细胞检测[25]，或用吖啶橙胞外染色技术，使 HeLa 单层细胞内的细菌着色[26]。另外，EIEC 的 *invA* 基因序列与志贺氏菌很相似，因此用于志贺氏菌的 DNA 探针（第 24 章）和 PCR（第 28 章）检测也适用于 EIEC。

警告：由于 EIEC 和志贺氏菌在探针和 PCR 反应中都是阳性，因此最关键的是应首先确定细菌是大肠杆菌。

J. 肠道致病性大肠埃希氏菌（EPEC）的检测

EPEC 菌的鉴定基础是 3 个重要特性：黏附脱落损伤（A/E）、细胞局部黏附和无志贺氏毒素（Stx）产物。最后一个特性也用于从 EHEC 菌中区分 EPEC。作为表型特征，A/E 反应和局部黏附可用 HEP-2 或 Hela 组织细胞进行检测，*stx* 基因缺失可用 EHEC 的方法进行检测（如下）。也可用含有局部黏附性基因和 *eae* 基因（编码紧密黏附素 Intimin 产生 A/E 表型）的 EAF 质粒进行 PCR 和探针试验。

注意：*eae* 基因有几个不同变种，有些 EPEC 株携带与 EHEC 血清型相同的 *eae* 变体。所以，这些试验可检测这 2 种病原菌。EPEC 的特征毒力实验见 Nataro 和 Kaper 1998 版[28]。

K. 食品中大肠杆菌 O157 ：H7 血清型筛选方法

在前文中，从食品样品中筛选 O157：H7 可以用 SmartCycler Ⅱ 或 LightCycler® 2.0 平台[17,18,42]。这些方法采

---

①原文中未见该表。——译者注

②原文中未见该表。——译者注

用改良丙酮酸盐缓冲蛋白胨水（mBPWp），其中含有的几种抑菌剂可有效抑制正常菌群和非目标竞争菌生长，但可供食品中存活的O157：H7细胞（包括其他STEC）生长并可检测到<1CFU/g。mBPWp增菌液可改良一些复杂基质如什锦色拉、芽菜等食品中致病性大肠杆菌的修复[32,38]。

SmartCycler Ⅱ系统的实时PCR方法[16,17,42]是特异性针对*stx1*、*stx2*基因和uidA+93单核苷酸多态性的基因编码β-D-葡萄糖苷酸酶（GUD）[11]。+93 SNP在O157：H7和产*Stx*的O157：H-中高度保守，可用于O157：H7菌株的精确鉴定[9]。实时PCR方法中的*stx*1和*stx*2也可检测其他STEC菌株，其中一些是已知的人类致病菌（见本章R部分内容）。

这些方法在使用时偶尔会出现+93 *udi*A不呈阳性或延迟阳性（高*Ct*值），特别是含有高数量普通大肠杆菌的样品。普通大肠杆菌不含+93 *udi*A SNP，所以+93 *udi*A探针检测不到，但它确定含有*udiA*基因，所以PCR引物可以扩增。我们推测样品中含有的大量普通大肠杆菌消耗了试剂，影响了像*udi*A SNP这类精确目标的扩增结果。为修正这个问题，针对O157抗原的*wzy*基因设计特异性引物，用于代替+93 *udi*A SNP进行O157：H7的检测。O157的*wzy*引物与*stx*1和*stx*2引物结合起来，也采用高通量的AB7500平台扩增。尽管O157的*wzy*引物可以检测所有的O157血清型菌株，包括非STEC或无致病性的非H7菌株，但其中许多菌株可能已被选择性增菌培养基抑制，所以不会影响PCR结果。同时检测样品中的*stx*和O157标志物可以很好地指示O157：H7菌株的存在。AB7500在FERN实验室中已有效检测多种食品。

经BAM理事会和FDA批准，将本章中的LightCycler检测方法存档并替换为ABI 7500 Fast平台，后者同样具有高通量分析检测的能力。

应当注意的是，当采用多重PCR方法检测混合培养物时，比如食品或环境样品增菌肉汤，多个检测目标从不同的菌株中扩增出来，这种情况并不多见。因此，确认PCR阳性样品是否在同一株菌中包含所有的目标物（*stx*和O157）是非常关键的。确认实验包括将PCR阳性样品用不同培养基平板培养以分离单菌落并进行生化检测、血清分型和遗传学分析。如果PCR结果只有*stx*阳性，按照本章R部分中STEC分离株的规程操作。最好对分离株再次用PCR方法检测*stx1*和*stx2*基因，以确认其潜在毒性。

注意：如果用户没有实时PCR设备，可采用P部分的培养分离方法。

L. 设备和材料

1. 天平：1~500g，灵敏度0.1g。
2. 增菌用无菌玻璃容器。
3. 可选：拍打式均质器及配套250mL塑料均质袋。
4. 可装200g样品（用于检测多叶状产品）的大自封塑料袋。
5. 培养箱：(36±1)℃和（42±1)℃。
6. 培养皿：20mm×150mm。
7. 微型离心管：0.5~2.0mL。
8. 锥形离心管：50.0mL。
9. 微量移液器：如0.5~20μL、20~200μL、200~1000μL。
10. 微型离心机：离心力15000×*g*。
11. 移液器：1~10mL。
12. 移液器枪头：0.2~1000μL，防气溶胶枪头。
13. 漩涡混合器。
14. 滤纸。
15. 水浴或100℃加热模块。
16. SmartCycler Ⅱ PCR仪（Cepheid，Sunnyvale，CA），可达到下述循环反应参数和对FAM、TET、Texas

Red、Cy5 dyes 染料序列的实时检测。

17. SmartCycler PCR 反应管（最小反应体积 25μL）和 PCR 循环反应支架。

18. Applied Biosystems 7500 快速实时 PCR 仪：SDS version 1.4 版本，Applied Biosystems，Thermo-Fisher Scientific Brand。

19. AB 7500 Fast 96 孔板：AB# 4346906。

20. 7500 Fast 光学贴膜：AB# 4311971。

21. 8 联排管或选择 tp 板：AB# 4311971。①

22. ABI 7500 Fast 反应板架：96 孔盘或 8 联排管专用。

23. 冰盒及冰。

24. 无菌钳。

25. 手套。

M. 培养基和试剂

1. 改良丙酮酸盐缓冲蛋白胨水（mBPWp）及吖啶黄-头孢磺啶-万古霉素（ACV）添加剂（M192a）。

2. 表 4A-2 和表 4A-3 所列 STEC/O157 引物和探针用于实时 PCR。

a. 引物——表 4A-2 或 4A-3 中所列引物各 10μmol/L 工作液：储液和工作液可用商业合成的脱盐纯化引物（Fisher/Genosys 或等效者）加入无菌蒸馏水配制成适当浓度。储存于-70~-20℃非自动除霜冰箱中。

b. 探针——表 4A-2 或 4A-3 中所列探针各 10μmol/L 工作液：双杂交探针应购买 RP HPLC 级纯化并按照表 2 和表 3 中所述进行标记。储液和工作液可用商业合成的分子级探针加入无菌蒸馏水配制。工作液应等量分装成小包装并冷冻避光储存（-70~-20℃）避免荧光基团降解。

c. 外源内部扩增质控（IAC）

Smart Cycler 平台：（IAC）序列全长如美国专利 0060166232 所述：cgcatgtggt cacagccctg acgaagctgt catcaagttc ataatgacat cgatatgggt gccgttcgag cagtttagcc ctaaatcacc ctaccggcag acgtatgtca cattcaccag ggagacgcat gagattggat gctgttgtgc gccctcaaca atgtaacgaa tggctgcatc gtctcgcgaa tattgtcgta ccatcatctg acttggctca tgtctgcaag aggcttcgca ctgggctttatg 已知量的储液的效价可提供可靠的 25~35 个 PCR 循环 *Ct* 值。

将商业合成的 IAC 的 DNA 序列制成储液，并配制成可在 25~35 个 PCR 循环出现 *Ct* 值的浓度。

注意：引物、探针和内部质控的组分都可以作为冻干颗粒产品用在 SmartCycler Ⅱ 或 IAC 全长模板上（BioGX，Birmingham，AL）。

表 4A-2　SmartCycler Ⅱ 平台所用引物/探针序列

引物[a]	GenBank 登录号	碱基数	5′→3′序列
Stx1F934	M19473	26	gTg gCA TTA ATA CTg AAT TgT CAT CA
Stx1R1042	M19473	21	gCg TAA TCC CAC ggA CTC TTC
Stx2F1218	X07865	24	gAT gTT TAT ggC ggT TTT ATT TgC
Stx2R1300	X07865	26	Tgg AAA ACT CAA TTT TAC CTT Tag CA
UidAF241	AF305917	21	CAg TCT ggA TCg CgA AAA CTg
UidAR383	AF305917	22	ACC AgA CgT TgC CCA CAT AAT T
IAC55F2		17	ATg ggT gCC gTT CgA gc
IAC186R[b,c]		19	Cga gaC gAT gCa gCC aTT C

①此处原文的货号有问题，20 与 21 相同。——译者注

续表

探针[a]	GenBank 登录号	碱基数	5′→3′序列
Stx1P990	M19473	31	TxRd-TgA TgA gTT TCC TTC TAT gTg TCC ggC AgA T-BHQ2
Stx2P1249	X07865	25	6FAM-TCT gTT AAT gCA ATg gCg gCg gAT T-BHQ1
UidAP266	AF305917	15	TET-ATT gAg CAg CgT Tgg-MGB/NFQ
ICP-Cy5[b,c]		26	Cy5- TCT CAT gCg TCT CCC Tgg TgA ATg Tg-BHQ2

a 引物/探针名称包括目标基因（*stx1*、*stx2* 或 *uid*A），正向引物（F）、反向引物（R）或探针（P），5′碱基在第二列对应的基因核苷酸中的位置。

b,c 内部质控（IAC）引物和探针来自美国专利 0060166232，引用文献：Nordstrom，et al. 2007. Development of a multiplex real-time PCR assay with an internal amplification control for the detection of total and pathogenic *Vibrio parahaemolyticus* bacteria in oysters. *Appl. Environ. Microbiol.* 73：5840~5847 [14] 以及 Angelo DePaola，et al. 2010. Bacterial and Viral Pathogens in Live Oysters：2007 United States Market Survey. *Appl. Environ. Microbiol.* 76：2754~2768 [15]。

AB7500 Fast 平台：TaqMan®外源内部阳性质控（Applied Biasystems，Carlsbad，CA. #4308323）。

表 4A-3　AB 7500 Fast 平台所用引物和探针序列

引物[a]	GenBank 登录号	碱基数	5′→3′序列
stx1F934	M19473	26	gTg gCA TTA ATA CTg AAT TgT CAT CA
stx1R1042	M19473	21	gCg TAA TCC CAC ggA CTC TTC
Stx2F1218	X07865	24	gAT gTT TAT ggC ggT TTT ATT TgC
Stx2R1300	X07865	26	Tgg AAA ACT CAA TTT TAC CTT Tag CA
wzyF1831	AF061251	24	CTC gAT AAA TTg CgC ATT CTA TTC
wzyR1936	AF061251	23	CAA TAC ggA gAg AAA Agg ACC AA
探针[a]	GenBank 登录号	碱基数	5′→3′序列
stx1P990	M19473	31	Cy5-TgA TgA gTT TCC TTC TAT gTg TCC ggC AgA T-BHQ2
stx2P1249	X07865	25	TAMRA-TCT gTT AAT gCA ATg gCg gCg gAT T-BHQ2
wzyP1881	AF305917	25	6FAM-ACT TAg Tgg CTg ggA ATg CAT Cgg C-BHQ1

a 引物/探针名称包括目标基因（*stx1*、*stx2* 或 *uid*A）、正向引物（F）、反向引物（R）或探针（610LC、670LC、705LC 或 FL P），5′碱基在第二列对应的基因核苷酸中的位置。

3. 实时 PCR 所用附加试剂取决于采用的实时平台。

a. SmartCycler Ⅱ平台-OmniMix-HS 或 SmartMix HM PCR 微球试剂（Cepheid，Sunnyvale，CA. 也可通过 Fisher 购买）。

b. AB 7500 Fast 平台-Express qPCR Supermix Universal Taq（Inritrogen，Carlsbad，CA. #11785200）。

4. 头孢克肟亚碲酸盐-山梨醇麦康凯琼脂（TC-SMAC）（M194）。

5. 选择性显色琼脂。

R & F®大肠杆菌 O157：H7 琼脂（R&F®实验室，Downers Grove，IL），按照厂商说明配制。Rainbow® O157 琼脂（BIOLOG，Hayward，CA），按照厂商说明配制，含有 10mg/L 新生霉素及 0. 8mg/L 亚碲酸钾，用于高菌落背景情况。

6. Levine 伊红美蓝（L-EMB）琼脂（M80）（只用于 R 部分）。

7. 含酵母浸出液胰酪胨大豆琼脂（TSAYE）（M153）。

8. Butterfield 磷酸盐缓冲液（R11）：pH 7. 2±0. 2，高压灭菌。

9. 无菌蒸馏水：分子级或等效产品。

10. 生理盐水（0. 85% NaCl）。

11. 靛基质试剂（R38）。

12. 大肠杆菌测试板——含有 GUD 的荧光底物 MUG 和 GAL 的发色底物 X-gal（BioControl，Bellevue，WA）。
13. O157 抗体和 H7 抗体乳胶凝集试剂（Remel，Lenexa，KS 或等效试剂）。
14. API 20E 或 VITEK GNI（BioMerieux，St. Louis，MO）。
15. STEC 心浸出液血琼脂，含丝裂霉素 C（SHIBAM）（M195）。

N. 样品制备及增菌步骤

1. 样品制备

a. 多叶产品（除芫荽叶和欧芹叶）：200g 样品中加入 450mL 1×mBPWp，不要混合或拍击。

b. 芫荽叶和欧芹叶：25g 样品中加入 225mL 1×mBPWp，不要混合或拍击。

c. 果汁、牛乳或其他混浊饮料样品：取样品 200mL 在清洁离心机中 10000×*g* 离心 10min。弃去上清液后将沉淀重悬于 225mL mBPWp 中。

d. 瓶装水或其他不混浊液体：称取 125mL 加入 125mL 2×mBPWp 中。同样，此法可用于离心无法得到可见颗粒沉淀的液体。

e. 所有其他食品：称取 25g 食品加入 225mL mBPWp 中。混合或进行必要的拍击。

2. 增菌

混合液于（37±1）℃静置培养 5h，然后每 225mL mBPWp 中加入 1mL ACV 添加剂（见 M. 1），（42±1）℃静置过夜培养（18~24）h。

增菌质控菌株：465-97 USDA（$stx1^-$，$stx2^-$，$uidA^+$）。如果没有 465-97 也可使用 ATCC 43890（$stx1^+$，$stx2^-$，$uidA^+$）、ATCC 43888（$stx1^-$，$stx2^-$，$uidA^+$）。

注意：这些菌株都没有 *stx* 基因，不能在 PCR 中用作质控。

可选：当怀疑有 O157：H7 污染时，尤其是在有高含量竞争微生物的食品如芽菜或生肉中，在筛选前进行免疫磁珠分离（IMS）会有所帮助。有几种 IMS 方法可供选择，包括 Dynabeads® 大肠杆菌 O157 抗体（Invitrogen Corp.，Carlsbad，CA）和 Pathatrix 免疫磁分离系统大肠杆菌 O157 试剂盒（Matrix MicroScience Ltd.，UK），其中一些已经在食品中做过测试。IMS 可在 5h 或过夜增菌液中进行（取决于采用的 IMS 系统）。将最终的 IMS 磁珠悬液（约 100μL）按照下面 O 部分所述进行接种和实时 PCR 检测。关于样品增菌液进行 IMS 的具体细节，请联系 Karen Jinneman，FDA-PRLNW（karen. jinneman@ fda. hhs. gov）。

O. 实时 PCR 筛选

下面描述了两种设备平台的实时 PCR 和数据分析方案，SmartCycler II 和 AB 7500 Fast。请联系 Karen Jinneman，FDA-PRLNN（Karen. jinneman @ FDA. hhs. gov）。使用其他平台和方案必须先经过验证。如果不具备增菌肉汤实时 PCR 筛选的设备和/或试剂，可参考 P 部分用于所有增菌液的培养检测。

1. DNA 模板制备

a. 取 1mL 过夜增菌液至微型离心管中，12000×*g* 离心 3min。

b. 弃上清液，用 1mL 0. 85% NaCl 重悬沉淀。

c. 12000×*g* 离心 3min。

d. 弃上清液，用 1mL 无菌水重悬沉淀。

e. 置于水浴或 100℃加热模块中保持 10min。

f. 12000×*g* 离心 1min，取上清液保存作为 DNA 模板（应冷冻保存于-20℃以下，用于后续 PCR 检测）。

g. 制备该模板的 1∶10 稀释液，取 1μL 用于实时 PCR 检测。

h. 对于纯培养（包括对照物的培养），可按照上面 a~g 步骤，将 1mL 肉汤培养物或琼脂平板菌落重悬于 0. 85%生理盐水。模板冷冻保存于-20℃以下待用。

2. PCR 对照

a. PCR 阳性对照包括大肠杆菌 O157：H7 制备的模板，如 ATCC 43895（EDL933）或 ATCC 43894，均含有三个目标基因（*stx*1⁺、stx2⁺及 *uid*A⁺）。

b. 如果反应中没有加入内部扩增对照，应制备一个反应管，其中加有 1μL EDL 933 对照模板的 1：10 稀释液和 1μL 食品样品增菌液模板的 1：10 稀释液。

c. 每次实验都应有不加模板（水）的阴性对照管。

3. Smart Cycler Ⅱ——反应步骤和数据分析方案

反应步骤

a. 按照表 4A-4 所列 STEC/O157 反应成分和终浓度制备 PCR 反应混合液。将化冻试剂和反应管都置于冰上。也可根据 STEC/O157 CSR 微球和 OmmiMix HS 或 SmartMix HM 微球的试剂说明制备 PCR 反应混合液。

b. 每个 SmartCycler 管加入 24μL 反应混合液，轻盖。

c. 加入 1μL 样品或对照模板，将盖子盖紧。

d. 短暂离心使所有液体沉至管底，置于热循环器上。

e. 在 SmartCycler Ⅱ上创建“运行”。将每个运行反应设定唯一标识名称，选择染料 FTTC25，按照下面所述选择两步 PCR 方案，并在 SC 模块上分配适当的位置。

步骤	条件
预活化	95℃，60s
40 循环	94℃，10s（荧光检测关闭）
	63℃，40s（荧光检测打开）

表 4A-4 Smart Cycler Ⅱ方案扩增反应组分[a]

体积/rxn	组分	终浓度/(μmol/L)
补足至 25μL[b]	无菌蒸馏水	
0.625μL	引物 stx1F934（10μmol/L 工作液）	0.25
0.625μL	引物 stx1R1042（10μmol/L 工作液）	0.25
0.625μL	引物 stx2F1218（10μmol/L 工作液）	0.25
0.375μL	引物 IAC55F（10μmol/L 工作液）	0.15
0.625μL	引物 stx2R1300（10μmol/L 工作液）	0.25
0.625μL	引物 uidAF241（10μmol/L 工作液）	0.25
0.625μL	引物 uidAR383（10μmol/L 工作液）	0.25
0.375μL	引物 IAC186R（10μmol/L 工作液）	0.15
0.375μL	探针 stx1PTxRd990（10μmol/L 工作液）	0.15
0.0625μL	探针 stx2PFAM1249（10μmol/L 工作液）	0.025
0.25μL	探针 uidAPTET-MGB266（10μmol/L 工作液）	0.1
0.375μL	探针 ICPCy5（10μmol/L 工作液）	0.15
	IAC 模板 DNA[c]	
0.5 微球	OmniMix-HS 或 SmartMix-HS	
1~5μL	模板（样品或对照）	

a 所有引物、探针和 IC DNA 引物及探针均在 STEC/O157 CSR 微球中冻干。

b 无菌蒸馏水的加量由样品模板的体积来估算。

c 美国专利 0060166232 所述的内部质控核苷酸全长（252bp）。IAC 模板的量需根据储液浓度调整，以使循环阈值在没有抑制剂的情况下报告在 25~35 个 PCR 循环。

定性数据分析

在 Smart Cycler Ⅱ仪器上设置 FAM、TET、TxRd 和 Cy5 分析通道[32]。如果记录结果之前有所改变则应升级分析设置。

注意：内部质控（IC）的循环阈值（*Ct*）是 CSR 特定的（*Ct* = 25 ~ 35）。如果阴性对照管的内部质控（Cy5，channel 4）*Ct* 除了在 15 个荧光单位外一直没有出现，请联系方法开发者。可能会发布 Cy5 的推荐特定值的人工调整阈值。

用途：测定

分析曲线：原始

阈值设定：手动

荧光单位手动阈值：15.0

最少自动循环数：5

最多自动循环数：10

最少有效循环数：3

最多有效循环数：60

背景扣除：开

平均 Boxcar 循环数：0

最少背景循环数：5

最多背景循环数：40

覆盖阈值的原始荧光曲线记作“POS”，达到阈值的循环数如结果图所示（图 4A-1A）。阴性结果记作“NEG”。FAM、TET、TxRd 及 Cy5 通道分别关联 *stx*2、+93 *uid*A、*stx*1 及 IC。结果也可以用图形表示。例如，图 4A-1B 表示了带有 3 个目标基因的大肠杆菌 O157：H7 分离株 EDL 933 的 4 个通道结果图。

Views	Site ID	Protocol	Sample ID	Sample Type	Notes	Status	stx2 Std/...	stx2 Ct	uidA Std/...	uidA Ct	stx1 Std/R...	stx1 Ct	IC Std/...	IC Ct
Results Table														
Analysis Settings	A4	EHEC-...	-2	UNKN	4321099	OK	POS	24.40	POS	27.30	POS	24.58	POS	25.74
Protocols	A5	EHEC-...	-2	UNKN	4321099	OK	POS	24.52	POS	27.16	POS	24.86	POS	25.74
4 PLEX	A6	EHEC-...	-3	UNKN	4321099	OK	POS	27.92	POS	31.53	POS	28.33	POS	26.36
	A7	EHEC-...	-3	UNKN	4321099	OK	POS	27.77	POS	31.71	POS	28.26	POS	26.25

A. 表格形式的结果

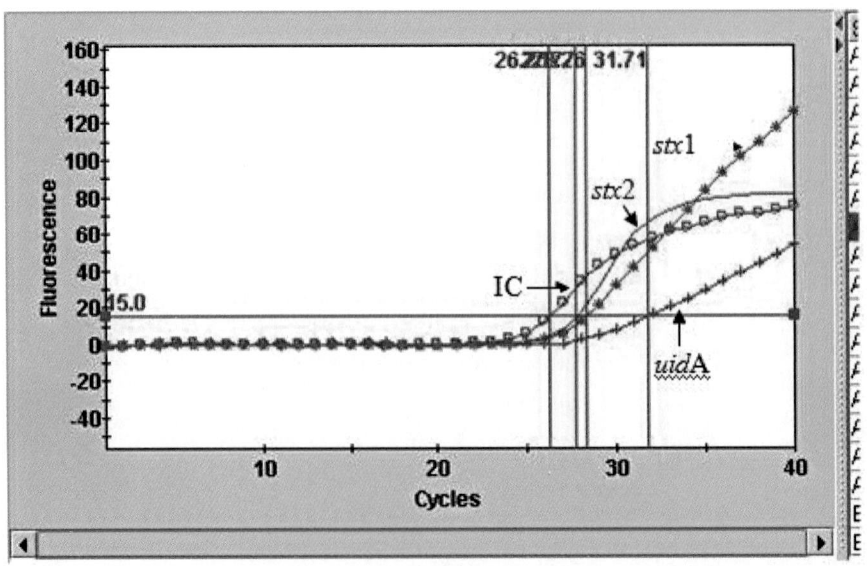

B. 图形格式的结果

图 4A-1 Smart Cycler Ⅱ输出结果举例

4. AB 7500 Fast（SDS ver. 1. 4）

反应步骤：

a. 按照表 4A-5 所列 STEC O157 反应成分和终浓度制备 PCR 反应混合液。

b. 每个反应管加入 28μL 反应混合液。

c. 加入 2μL 样品或对照模板，使终体积为 30μL。

d. 将反应管盖紧或仔细封好板，避免孔间交叉污染。

e. 将 8 联管或 96 孔板短暂离心，使所有液体沉至管底。

f. 将反应管置于 AB 7500 Fast 设备上。

注意：确保使用适当的 96 孔板或 8 联管。

表 4A-5　AB 7500 Fast 方案扩增反应组分

体积/rxn	组分	终浓度/(μmol/L)
0. 75μL	引物 stx1F934（10μmol/L 工作液）	0. 25
0. 75μL	引物 stx1R1042（10μmol/L 工作液）	0. 25
0. 75μL	引物 stx2F1218（10μmol/L 工作液）	0. 25
0. 75μL	引物 stx2R1300（10μmol/L 工作液）	0. 25
0. 90μL	引物 wzyF1831（10μmol/L 工作液）	0. 25
0. 90μL	引物 wzyR1936（10μmol/L 工作液）	0. 25
0. 60μL	探针 stx1P990 Cy5（10μmol/L 工作液）	0. 20
0. 45μL	探针 stx2P1249 TAMRA（10μmol/L 工作液）	0. 15
0. 45μL	探针 wzyP1881 FAM（10μmol/L 工作液）	0. 15
3. 00μL	内部阳性质控引物/探针混合液[a]	
0. 60μL	IPC DNA[a]	
15μL	Express qPCR Supermix Universal[b]	
0. 06μL	ROX 染料[b]	
3. 04μL	分子级用水	
2. 0μL	模板（样品或对照）	
30μL	总反应体积	

a 包括在 TaqMan® 外源内部阳性质控试剂盒中（Applied Biosystems, Carlsbad, CA. #4308323）。
b 包括在 Express qPCR Supermix Universal Taq 中（Invitrogen, Calrsbad, CA. #11785200）。

g. 在 AB 7500 Fast（SDS ver. 1. 4）上创建新文档。

i. 每个运行反应设定唯一的名称

ii. 设置运行参数，包括

方法（Assay）：标准曲线（绝对定量）[Standard Curve（Absolute Quantitation）]。

容器（Container）：96 孔（96-Well Clear）。

运行模式（Run Mode）：Fast 7500。

iii. 按下文所述从高亮的检测器选择窗口加入合适的检测器用于大肠杆菌检测。注意分配颜色以快速目视判读结果［如果检测器还没有创建，在 AB 7500 Fast 设备的新建文档上使用“New Detector”（新检测器）选项］。

检测器参数设置

Targct Name（目标物）	Reporter（报告基团）	Quencher（淬火）	Color（颜色）
*stx*1	Cy5	none（无）	Red（红）
*stx*2	TAMRA	none（无）	Blue（蓝）
wzy	FAM	none（无）	Green（绿）
IPC	VIC	none（无）	Black（黑）

iv. 选择 ROX 作为参照染料，然后按“Finish”（结束）建成文档。

v. 下一个界面用于设置样品板。

vi. 在“Plate”（反应板）标题下，将使用的位点高亮，右键使用检查工具以关联每个位点的所有四个检测器。

vii. 高亮单个样品位点，输入样品信息。

viii. 输入样品信息后，点击“Instrument tab”（设备标签）。

ix. 输入大肠杆菌 O157/STEC 方法的仪器设置，如下：

第 1 阶段：95.0℃，1min

第2 阶段：45 循环

　第 1 步：94℃，10s

　第 2 步：63℃，40s

样品体积：30μL

运行模式：快速 7500

预定采集：第 2 阶段，第 2 步（63.0@0：40）

x. 确定后，运行“Start”（开始）。

xi. 出现提示时，点击“Sare and Continue”（保存并继续）。

xii. 为本实验室的每个方案保存 SDS 文件。运行时间约为 1h。

AB 7500 Fast 定性数据分析及结果观察

a. 从“Result”（结果）标题下选择“Analysis”（分析），然后从下拉菜单中选择“Analysis Settings”（分析设置）。

b. 将所有检测器的“Analysis Settings”设为

“Manual Ct Threshold”（手动 CT 阈值）0.05

“Manual Baseline”（手动基线）设置为循环数 **3** 和 **15**，并点击“OK”

c. 点击“Analysis”下拉菜单中的“Analyze”（开始分析）

d. 从“Analysis”下拉菜单中选择“Display”（显示）然后点“Ct”，在结果报告板中观察 Ct 结果。见图 4A-2 中“Report”（报告）界面。

实时 PCR 结果阐释（Smart Cycler Ⅱ和 ABI 7500）

应确保每个 PCR 反应中阳性质控的所有特定目标基因都是阳性；IC 的有效结果可以是阳性或阴性，PCR 阴性质控的所有特定目标基因都是阴性且针对 IC 是阳性。举例分析如下：

阴性样品：

全部三个目标基因- *stx*1、*stx*2 及+93 *uid*A SNP 或 O157（*wzy*）（取决于设备平台）均为“阴性”（无 Ct 值），且内部质控（IC）为阳性，证明反应有效。样品为阴性，无需进一步分析。

可疑 O157 阳性样品：

注意：在 SmartCycler 方法中，如果+93 *uid*A SNP 或 O157（*wzy*）为阳性，或结合 *stx*1、*stx*2 二者中的一个或同时为阳性，则进行 P 部分的大肠杆菌 O157：H7 培养分离和确证实验。注意 O157 非 H7 菌株也会出现 O157（*wzy*）阳性结果，但+93 uidA SNP 结果为阴性。

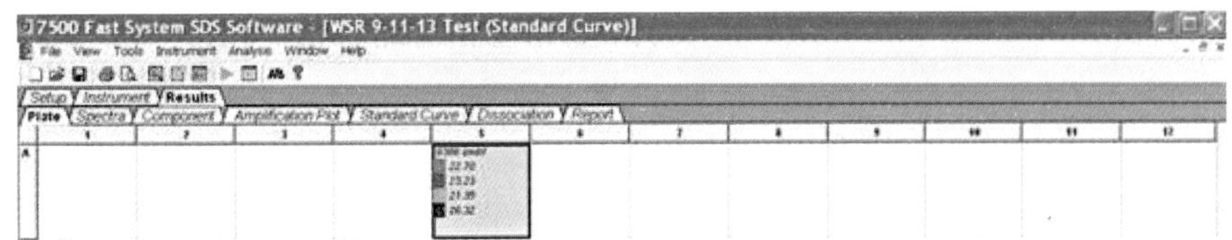

“反应板”（Plate）标题的界面

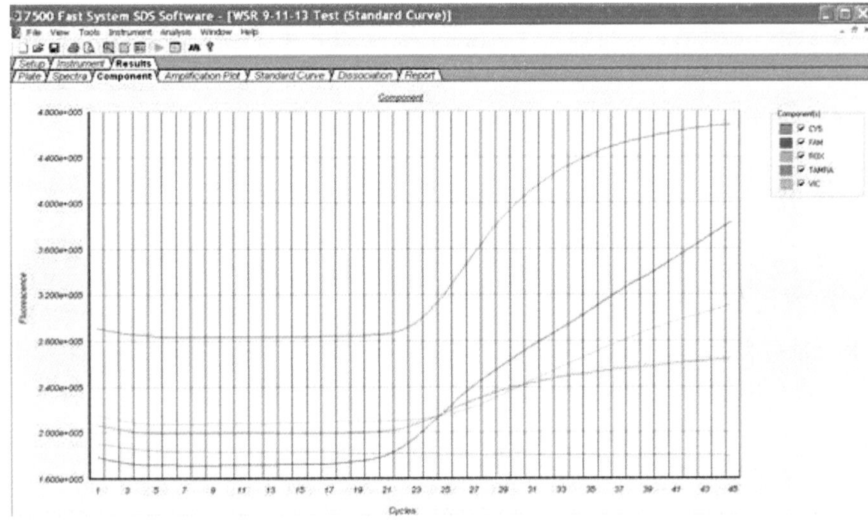

“组分”（Component tab）标题的界面

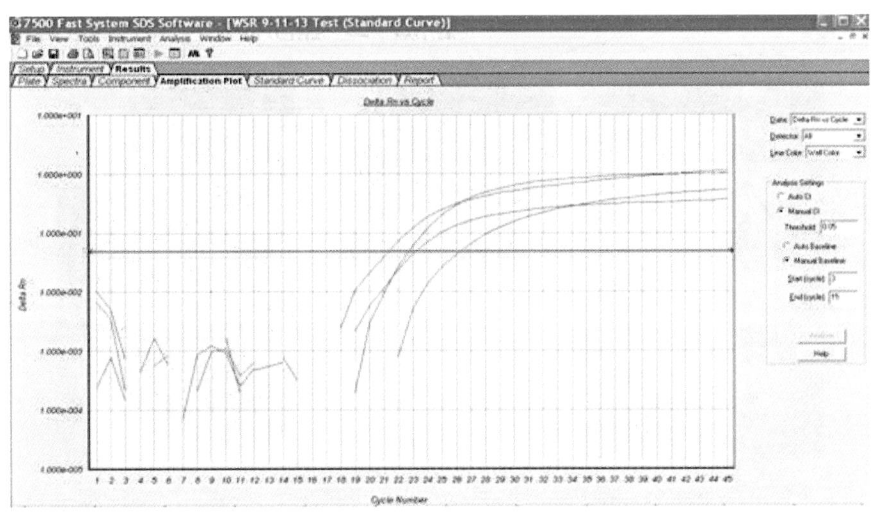

“扩增图谱”（Amplification Rlot）的界面

Well	Sample Name	Detector	Task	Ct	StdDev Ct	Quantity	Mean Qty	StdDev Qty	Filtered	Tm
A5	6366 undil	stx1	Unknown	22.7004	0.232					
A5	6366 undil	stx2	Unknown	23.2532	0.0543					
A5	6366 undil	wzy	Unknown	21.354	0.126					
A5	6366 undil	IPC	Unknown	26.3158	0.0471					

“报告”（Report）的界面

图 4A-2 AB 7500 Fast 结果输出举例

注意：在 SmartCycler 方法中，如果+93 *uid*A SNP 或 O157（*wzy*）为阴性，但 *stx*1 和 *stx*2 有一个或二者均为阳性，则可能+93 *uid*A SNP 未能有效扩增，可能原因是样品中的普通大肠杆菌含量较高。继续进行 P 部分的大肠杆菌 O157：H7 培养分离，同时按照 R 部分所述进行非 O157 STEC 的分离。

可疑 STEC 阳性样品：

如果+93 *uid*A SNP 或 O157（*wzy*）为阴性，但 *stx*1 和 *stx*2 为阳性，则样品中可能含有非 O157STEC。见 R 部分的进一步描述及分离方法。

注意：可能会出现一个或多个目标基因为阳性结果时 IC 为阴性的情况，因为目标基因的扩增可能与 IC 形成试剂的竞争。在这类情况下，只要目标基因的扩增达到阈值，可证明 PCR 反应成功，检测仍然有效。继续进行 P 或 R 部分，分别进行 O157：H7 或 STEC 的分离。但是如果所有的目标基因以及添加的食品对照或 IC 均为阴性，则 PCR 检测无效。应检查反应过程并重新检测，或按照 P 部分所述进行划线分离培养。

P. 培养分离和疑似分离筛选

实时 PCR 检测为疑似阳性样品的过夜增菌液需要进行培养确认。同样，没有进行实时 PCR 检测的样品也要做培养分离实验。

1. 分离步骤

a. 隔夜样品增菌液用 Butterfield 磷酸盐缓冲液（R11）进行连续稀释，用适当的稀释度（通常用 0.05mL10^{-2}和 10^{-4}稀释液可得到 100～300 个单菌落）平行涂布头孢克肟亚碲酸盐-山梨醇麦康凯琼脂（TC-SMAC）和一个显色平板（Rainbow®琼脂 O157 或 R&F®大肠杆菌 O157：H7 琼脂）。也可以进行平板划线。

b. 将平板置于（37±1）℃培养 18～24h。TC-SMAC 上典型的 O157：H7 菌落为无色或灰白/灰色，有烟熏色中心，直径 1～2mm。山梨醇发酵细菌如大部分大肠杆菌呈粉色至红色菌落。在 Rainbow®琼脂 O157 或 R&F®大肠杆菌 O157：H7 琼脂上，大肠杆菌 O157：H7 呈黑色至蓝黑色菌落。

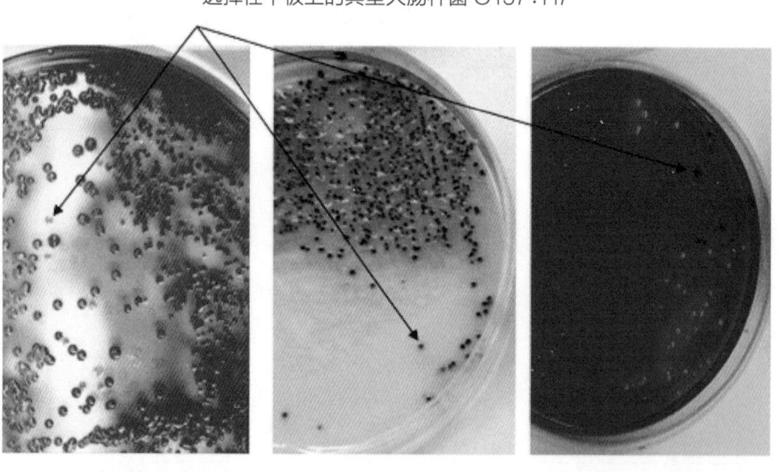

图 4A-3 典型大肠杆菌 O157：H7 在 TC-SMAC、Rainbow®琼脂 O157 及 R&F®大肠杆菌 O157：H7 琼脂上的特征

c. 将分离平板上的可疑菌落每个挑取一部分，用乳胶凝集实验（Remel 试剂盒）进行 O157 抗体检测，以筛选典型菌落。

d. 挑取所有从分离平板上筛选出来的典型阳性菌落（如果多于 10 个则取 10），划线 TSA 平板进行纯化。

e. 在 TSA 平板上划线生长最浓的区域放置一个大肠菌群测试片（CC，BioControl，Bellevue，WA）。在另一个 TSAYE 平板上接种一个 MUG 阳性的大肠杆菌作为阳性对照。（37±1）℃培养 18～24h。测试片由于半乳糖苷酶（X-gal）而显色，由于葡萄糖苷酸酶（MUG）而发荧光。阳性对照在测试片上及周围呈蓝色（指示大肠菌群），在长波（365nm）紫外灯下测试片周围发蓝色荧光（指示大肠杆菌）。大肠杆菌 O157：H7 为 X-gal 阳性、MUG 阴性。

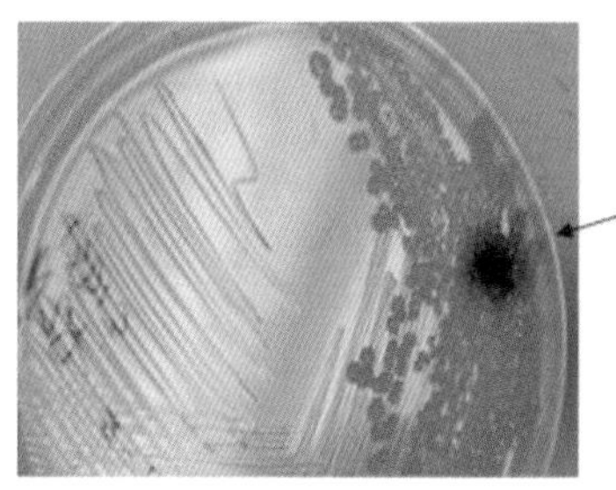

紫外灯（365nm）下，大肠杆菌O157：H7为MUG阴性，不产生荧光，其他大肠杆菌为MUG阳性，产生荧光。

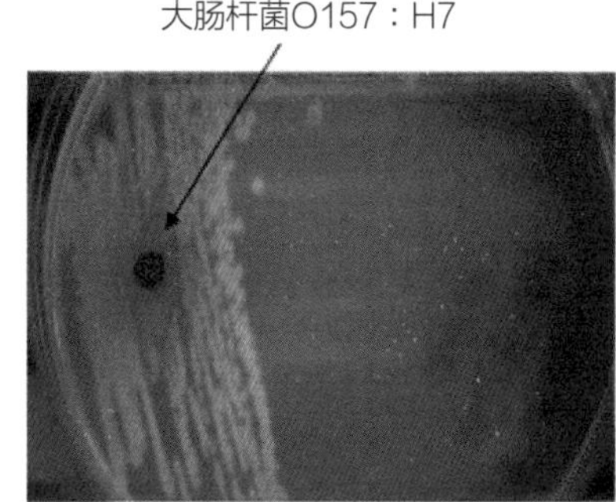

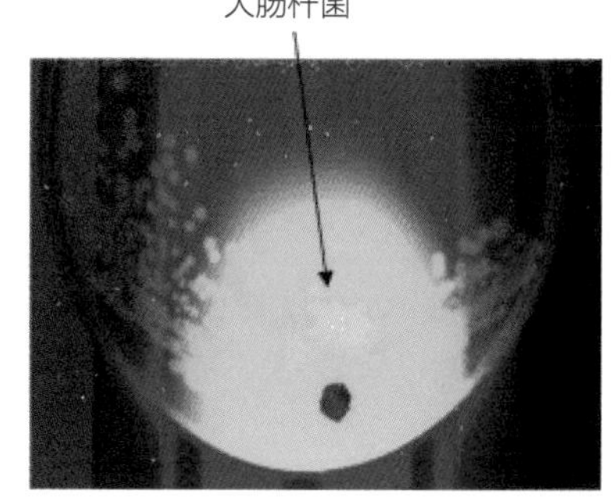

图 4A-4 大肠杆菌及大肠杆菌 O157：H7 在大肠菌类测试片上的检测结果

f. 抽样吲哚试验：从 TSAYE 平板上抽检菌落至浸湿靛基质试剂的滤纸上。大肠杆菌 O157：H7 为吲哚阳性。

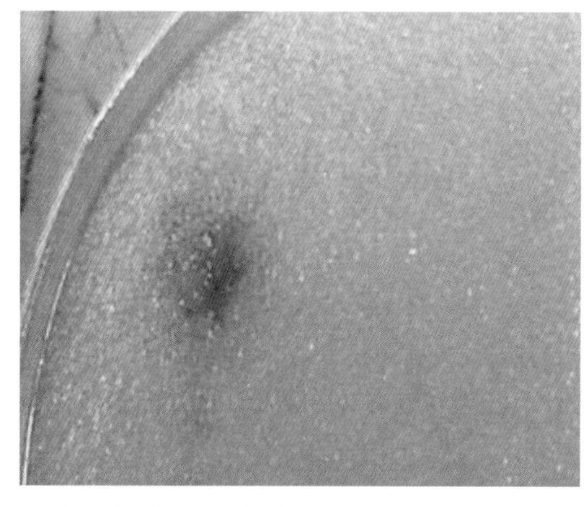

图 4A-5 典型大肠杆菌 O157：H7 的吲哚阳性结果

Q. 分离确证实验

对于典型的 X-gal 阳性、MUG 阴性及吲哚阳性菌落，应将 TSAYE 上的单菌落进行如下确证实验。

a. 应用商品化的抗血清按照厂商说明检验 O157 和 H7 抗原是否存在。RIM 大肠杆菌 O157：H7 乳胶凝集试剂（Remel，Lenexa，KS，800-255-6730）或等效产品都能获得满意结果。

注意：如果分离株为 O157 和 H7 阳性，则证明该分离株为 O157：H7 型。但如果分离株为 O157 阳性、H7 阴性，则继续进行以下步骤的确证实验，因为有可能是一种非运动型的突变体（O157：NM），所以需要通过 PCR 检测来验证其潜在毒性。分离株也可用血平板传代培养以诱导其运动性然后再次进行 H7 检测。

警告：应确保分离株检测时使用了试剂盒内提供的对照乳胶，以排除大肠杆菌自凝集菌株，这类菌与试剂均会发生反应。进行试验时，应先用 O157 试剂进行检测，然后再用 H7 乳胶凝集试剂，因为其他的非 O157 型大肠杆菌也会与 H7 抗原发生反应。

b. 用 API 20E 或 VITEK 检测 O157 和 H7 阳性菌株的方法与检测大肠杆菌相同。

注意：经鉴定为大肠杆菌的分离株如果是山梨醇阴性、吲哚阳性、MUG 阴性、O157 和 H7 血清学阳性，则可确证为大肠杆菌 O157：H7 阳性。

c. 确认为 O157：H7 的分离株及 O157 阳性、H7 阴性的分离株，需要重新检验其潜在毒性。可采用实时 PCR 方法对增菌液进行筛选（Smart Cycler Ⅱ或 AB 7500）。

注意：携带 *stx* 的 O157：H7 和O157：NM 分离株应视为致病菌。但不携带 *stx* 或其他 EHEC 毒力因子的 O157：NM 菌株可能为非致病菌。许多大肠杆菌 O157 血清型携带 H7 之外的抗原（如 H3、H12、H16、H38、

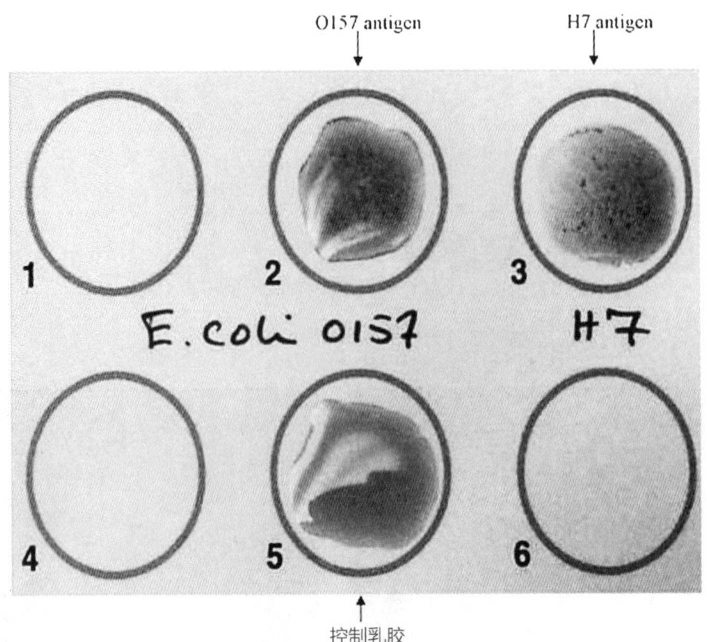

图 4A-6 典型大肠杆菌 O157：H7 的乳胶凝集结果

H45 等)，这些通常不携带 EHEC 毒力因子。但其中的 NM 变种已经获得纯化[10]。

d. 应采用 PulseNet 脉冲场凝胶电泳（PFGE）对分离株进行进一步的性质研究。用标准化 Genome Trakr 方法对所有已经确认的菌株进行全基因测序（WGS)，并将数据提交给 Genorne Trakr。

R. 非 O157 STEC 筛选方法

大约 300 种 STEC 血清型携带 *stx1* 和 *stx2* 基因及其等位基因，但许多都与疾病无关且可能存在于健康人体的肠道菌群中。O 部分所述实时 PCR 方法也可以检测这些 STEC 菌株。因此，实时 PCR 结果为+93 *uid*A 阴性而 *stx*1 和/或 *stx*2 阳性时，只说明样品可能含有 STEC，但不能理解为致病性 STEC。

总的来说，EHEC 是 STEC 的一种，由致病株组成，其中 O157：H7 最为典型（血清致病型 A)[20]。世界范围内已有几种为人熟知的致病 EHEC 菌株，如 O26、O111、O121、O103、O145、O45 等（血清致病型 B)。过去 FDA 的管理定位只聚焦在 O157：H7，但其管理的产品中任何致病性 STEC 的存在都很有意义，因此很有必要用附加实验分离出 STEC。已将 EHEC 从那些与疾病无关可能不致病的 STEC 菌株中区分出来。以下部分详述了非 O157sTEC 的分离和确证步骤并提供了检出 STEC 的后续指南。

注意：N 和 O 部分所述增菌步骤和实时 PCR 筛选方法用于检测和修复其他非 O157STEC 菌株也是有效的。参看 K~O 部分必要的设备、培养基和试剂、样品制备、增菌和实时 PCR 筛选步骤。

1. 分离步骤

经实时 PCR 检测可能是 STEC 阳性（一个或两个 *stx* 基因均为阳性）的样品，其样品过夜增菌液需要进行培养确认实验。同样，未进行实时 PCR 筛选的样品由于缺少仪器检测，也应按此进行培养分离。

a. 样品过夜增菌液用 Butterfield 磷酸盐缓冲液（R11）进行连续稀释，用适当的稀释度（通常用 0.05mL 10^{-2}和 10^{-4}稀释液可得到 100~300 个单菌落）平行涂布 L-EMB（M80）和一个显色平板，如 P 部分所述。也可以进行平板划线。

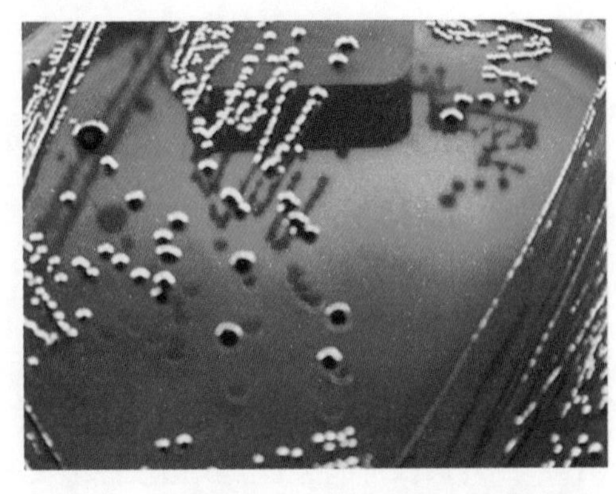

图 4A-7 大肠杆菌在 L-EMB 平板上的典型特征

含丝裂霉素 C 的 STEC 心浸出液血琼脂（SHIBAM，M195）也可作为附加琼脂平板使用（Lin *et al.*，2012）。SHIBAM 联合使用改良的来自 Sugiyama 等（2001）（加入丝裂霉素 C）和 Kimura 等（1999）（最佳洗血和基础琼脂）的 Beutin's 羊血琼脂，可以更好地分离产志贺氏毒素大肠杆菌。大部分 STEC 都产肠溶血素，在 SHIBAM 平板上显示溶血，容易与背景菌落区分开（图 4A-8）。应注意某些大肠杆菌产 α-溶血素，这与 STEC 的肠溶血素不同。在血琼脂平板上，产 α-溶血素的大肠杆菌菌落带有大的清晰的溶血带（图 4A-9，右图），这与肠溶血素不同（图 4A-8）。SHIBAM 可从 Hardy Diagnostics（Catalog #A146）购买或制备（M195）。

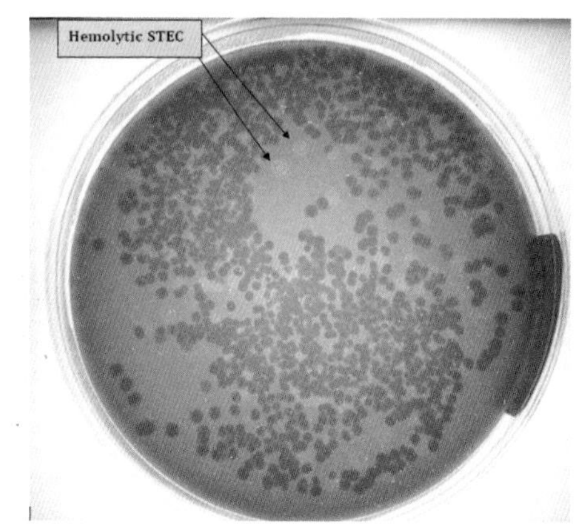

图 4A-8 芫荽叶中的溶血性 STEC 在 SHIBAM 平板背景菌落中的典型特征

注：照片于透光台上光照条件下拍摄以增强溶血带亮度。

b. 将平板置于（37±1）℃培养 18～24h。L-EMB 平板上典型的大肠杆菌菌落呈黑色中心，扁平，带或不带金属光泽。在 SHIBAM 上，STEC 菌落呈灰色至白色，扁平，有或没有清晰溶血带，从狭窄至几毫米大小（图 4A-8）。

大肠杆菌 O157 :H7 和其他 STEC 菌株在选择性和特异性琼脂上的一般形态

	TC-SMAC（山梨糖醇）	O157 显色培养基	R&F O157 肠杆菌 O157	科玛嘉 O157 显示培养基	L-EMB	SHIBAM
O157：H7	中性灰色护林中心	黑色或灰色	黑色到深蓝色	淡紫色的	暗紫色中心带或不带绿色光泽	白色溶血圈
非 O157 STEC	粉红色到棕褐色	多种颜色：从蓝色到紫色	带褐色中心的绿色到深绿色	蓝到蓝绿色	暗紫色中心带或不带绿色光泽	白色带或不带溶血圈

c. 挑取 L-EMB 平板上的典型大肠杆菌和 SHIBAM 平板上的溶血菌落（共 10 个），在带有大肠菌类测试片的 TSAYE 平板上划线（见 P. 1. e）。大肠杆菌为 X-gal 阳性，但 MUG 可能为阳性或阴性。

注意：有些非典型大肠杆菌不发酵乳糖，在添加乳糖的培养基如 L-EMB 上不出现典型菌落，X-gal 为阴性。例如：某些 STEC O121：H19 即为此种表型。如果实时 PCR 筛选为 *stx* 基因阳性，但从不同平板上获得的典型菌落未能确证为 STEC，建议从 L-EMB 上挑取几个非典型菌落划线至 TSAYE+CC。不考虑 X-gal 和 MUG 反应，用吲哚试验检测菌落并用实时 PCR 检测 *stx* 基因。按照 R. 2 继续进行确证实验。

d. 用吲哚试验检测 X-gal 阳性分离株（P 部分 1. f）。

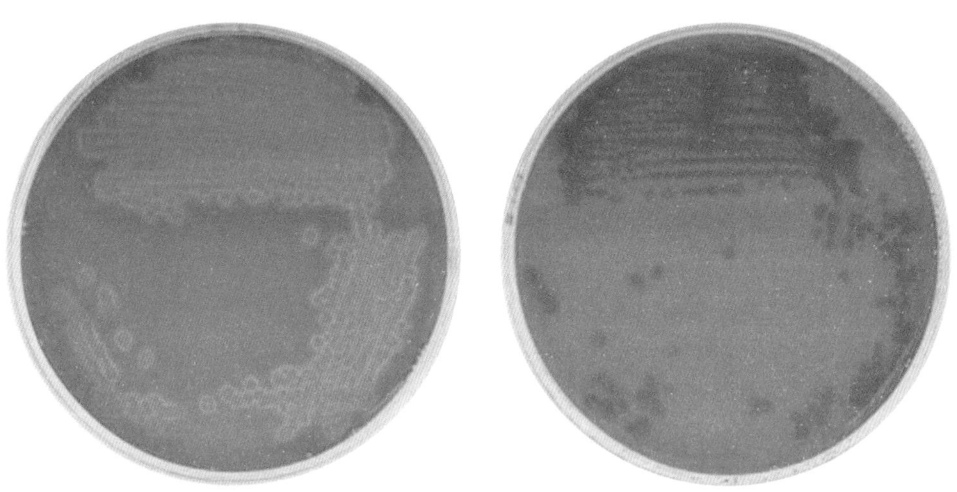

图 4A-9 溶血性 O45 STEC 菌株（左）和非致病性大肠杆菌（ATCC 8739）（右）在 SHIBAM 平板上的典型特征

注：照片于透光台上光照条件下拍摄以增强溶血带亮度。

请注意：ATCC 25922 在 SHIBAM 平板上为溶血性（很可能是由于 α-溶血）。

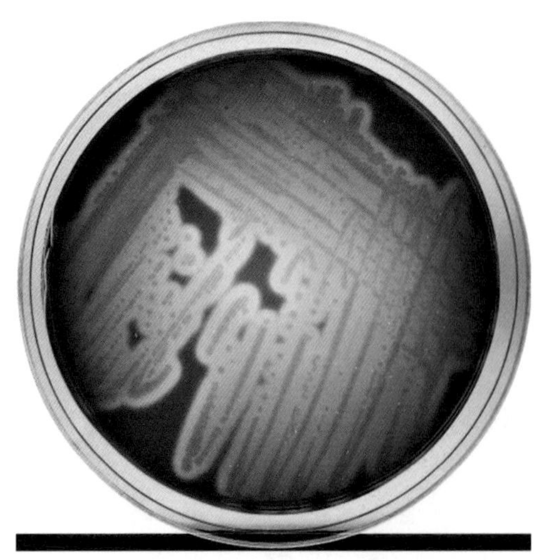

图 4A-10 SHIBAM 平板溶血举例

注：由一株带有 α-溶血素（α-*hly*）基因的大肠杆菌形成。应注意其溶血带比携带肠溶血素基因的菌株所形成的要宽（图 4A-9，4A-10）。α-溶血素常见于尿路致病性大肠杆菌和几种 ETEC，EPEC 和 STEC 菌株。

2. 分离确认实验

确认分离株在 L-EMB 平板上为典型大肠杆菌或 SHIBAM 平板上的溶血性（或其他典型特征），并且为 X-gal 阳性、MUG 阳性或阴性及吲哚阳性。

a. 用 API 20E 或 VITEK 鉴定大肠杆菌分离株，按照厂商说明。

b. 重新检测大肠杆菌分离株以确认 stx 基因的存在（见 Q. c）。

c. 可以用脉冲场凝胶电泳（PFGE）进行进一步的分离株性质研究。可采用标准脉冲网 PFGE 方案[1]。

d. 使用标准化的 GenomeTrakr 方法进行全基因组测序（WGS）。将数据提交给 GenomeTrakr，其他生物信息学程度可用于健康风险分析。

注意：选中的血清型 STEC 会造成严重疾病，因此鉴定 STEC 菌株的血清型很重要。STEC 菌株上的黏附因子也会导致严重疾病，因此，必须对黏附因子基因进行检测，以便进行致病潜力评估。所有这些数据都可以从 WGS 数据的生物信息学分析中获得。其他：13 价悬液芯片用于鉴定 11 种与临床最相关的 STEC 菌株 O 血清型（O26，O45，O91，O103，O104，O111，O113，O121，O128，O145 和 O157），以及检测两个黏附因子基因（*eae* 和 *aggR*）的存在。一般是由这 11 种 O 型中的某一种可疑致病因子引起爆发，13 价试验可用于筛选大量分离株以鉴定病原体。有关 13 价的信息，请联系：Julie Kase，CFSAN。FDA 大肠杆菌鉴定（ECID）阵列也被用于获取血清型和黏附基因的数据，用于健康风险分析[21]。

如有问题，请联系：Peter Feng，CFSAN（240-402-1650）。

参考文献

[1] Beutin, L., Zimmermann, S., Gleier, K. (1996) Rapid Detection and Isolation of Shiga-Like Toxin (Verocytotoxin) -Producing Escherichia coli by Direct Testing of Individual Enterohemolytic Colonies from Washed Sheep Blord Agar Plates in the VIZC-RPLA Assay. J. Clin Micro., 34, 2812~2814.

[2] Centers for Disease Control and Prevention. 2007. PNL05. Standard Operating Procedure for PulseNet PFGE of *E. coli* O157 : H7, *Salmonella* serotypes and *Shigella sonnei*.

[3] Centers for Disease Control and Prevention. 1996. Outbreak of *Escherichia coli* O157 : H7 infections associated with drinking unpasteurized commercial apple juice. *Morbid. Mortal. Weekly Rep.* 45: 44.

[4] Centers for Disease Control and Prevention. 1993. Update: Multistate outbreak of *Escherichia coli* O157 : H7 infections from ham-

burgers-Western United States, 1992-1993. *Morbid. Mortal. Weekly Rep.* 42: 258~263.

[5] Como-Sebetti, K., K. S. Reagan, S. Alaire, K. Parrott, C. M. Simonds, S. Hrabowy et al. 1997. Outbreaks of *Escherichia coli* O157 : H7 infection associated with eating alfalfa sprouts- Michigan and Virginia, June-July 1997. *Morbid. Mortal. Weekly Rep.* 46: 741~744.

[6] Doyle, M. P. and J. L. Schoeni. 1987. Isolation of *Escherichia coli* O157 : H7 from retail fresh meats and poultry. *Appl. Environ. Microbiol.* 53: 2394~2396.

[7] Doyle, M. P. and V. V. Padhye. 1989. *Escherichia coli*, p. 235-277. In M. P. Doyle (ed.), Foodborne Bacterial Pathogens, Marcel Dekker, Inc. New York, NY.

[8] Ewing, W. H. 1986. Edwards and Ewing's Identification of *Enterobacteriaceae*, 4th ed. Elsevier, New York.

[9] Feng, P. 1993. Identification of *Escherichia coli* serotype O157 : H7 by DNA probe specific for an allele of *uidA* gene. *Mol. Cell. Probes* 7: 151~154.

[10] Feng, P., P. I. Fields, B. Swaminathan, and T. S. Whittam. 1996. Characterization of non-motile variants of *Escherichia coli* O157 and other serotypes by using an antiflagellin monoclonal antibody. *J. Clin. Microbiol.* 34: 2856~2859.

[11] Feng, P. and K. A. Lampel. 1994. Genetic Analysis of *uid*A Expression in Enterohaemorrhagic *Escherichia coli* Serotype O157 : H7. *Microbiology.* 140 (Pt 8): 2101~7.

[12] Feng P. and S. R. Monday. 2000. Multiplex PCR for detection of trait and virulence factors in enterohemorrhagic *Escherichia coli* serotypes. *Mol. Cell. Probes.* 14: 333~337.

[13] Griffin, P. M. and R. V. Tauxe. 1991. The epidemiology of infections caused by *Escherichia coli* O157 : H7, other enterohemorrhagic *E. coli* and the associated hemolytic uremic syndrome. *Epidemiol. Rev.* 13: 60~98.

[14] Hicks, S., G. Frankel, J. B. Kaper, G. Dougan, and A. D. Phillips. 1998. Role of intimin and bundle-forming pili in enteropathogenic *Escherichia coli* adhesion to pediatric intestinal tissue in vitro. *Infect. Immun.* 66: 1570~1578.

[15] Itoh, Y., Y. Sugita-Konishi, F. Kasuga, M. Iwaki, Y. Hara-Kuda, N. Saito, Y. Noguchi, H. Konuma, and S. Kumagai. 1998. Enterohemorrhagic *Escherichia coli* O157 : H7 present in radish sprouts. *Appl. Environ. Microbiol.* 64: 1532~1535.

[16] Jinneman, K. C., K. J. Yoshitomi and S. D. Weagant. 2003. Multiplex Real-Time PCR Method to Identify Shiga Toxins, *stx*1 and *stx*2 and *E. coli* O157 : H7serogroup. *Appl. Environ. Microbiol.* 69: 6327~6333.

[17] Jinneman, K. C., K. J. Yoshitomi, and S. D. Weagant. 2003. Multiplex real-time PCR protocol for the identification of shiga toxins, *stx*1 and *stx*2, and *E. coli* O157 : H7/H- serogroup. Laboratory Information Bulletin. #4299.

[18] Karmali, M. A. 1989. Infection by verotoxin-producing *Escherichia coli. Clin Microbiol. Rev.* 2: 15~38.

[19] Karmali MA, Mascarenhas M, Shen S, Ziebell K, Johnson S, Reid-Smith R, Isaac-Renton J, Clark C, Rahn K, Kaper JB. 2003. Association of genomic O island 122 of Escherichia coli EDL 933 with verocytotoxin-producing Escherichia coli seropathotypes that are linked to epidemic and/or serious disease. *J. Clin. Microbiol.* 41 (11): 4930~40.

[20] Kimura, N., A. Kozaki, T. Sasaki, and A. Komatsubara. 1999. Basic Study of Beutin's Washed Sheep Blood Agar Plate Used for Selective Screening of Verocytotoxin - producing/Enterohemorrhagic Escherichia coli (VTEC/EHEC). Kansenshogaku Zasshi., 73: 318~327.

[21] Lacher DW, Gangiredla J, Patel L, Elkins CA, Feng PCH. 2016. Use of the Escherichia coli identification microarray for characterizing the health risks of Shiga toxin-producing E. coli isolated from foods. J. *Food Prot.* 79: 1656~1662.

[22] Lin, A., L. Nguyen, J. A. Kase, I. Son, and C. R. Lauzon. 2012. Isolation of STECs from Fresh Produce using STEC Heart Infusion Washed Blood Agar with Mitomycin-C. FDA Laboratory Information Bulletin. #4519.

[23] Mehlman, I. J. 1984. Coliforms, fecal coliforms, *Escherichia coli* and enteropathogenic *E. coli.* p. 265 ~ 285. In M. L. Speck (ed.), Compendium of Methods for the Microbiological Examination of Foods, 2nd ed. American Public Health Assoc. Washington, D. C.

[24] McGowan, K. L., E. Wickersham, and N. A. Strockbine. 1989. *Escherichia coli* O157: H7 from water. (Letter). Lancet. I: 967~968.

[25] Mehlman I. J., A. Romero, J. C. Atkinson, C. Aulisio, A. C. Sanders, W. Campbell, J. Cholenski, J. Ferreira, E. Forney, K. O'Brian, M. Palmieri, and S. Weagant. 1982. Detection of invasiveness of mammalian cells by *Escherichia coli*: collaborative study. *J Assoc. Off. Anal. Chem.* 65: 602~7.

[26] Miliotis, M. D. and P. Feng. 1993. In Vitro staining technique for determining invasiveness in foodbrone pathogens. FDA LIB 3754.

[27] Monday, S. R., A. Beisaw and P. C. H. Feng. 2007. Identification of Shiga toxigenic seropathotypes A and B by multiplex

PCR. Mol. Cell. Probes 21: 308~311.

[28] Nataro, J. P. and J. B. Kaper. 1998. Diarrheagenic *Escherichia coli. Clin. Microbiol. Rev.* 11: 132~201.

[29] Neill, M. A., P. I. Tarr, D. N. Taylor, and A. F. Trofa. 1994. *Escherichia coli*, p. 169 ~ 213. *In* Y. H. Hui, J. R. Gorham, K. D. Murell, and D. O. Cliver (ed.), Foodborne Disease Handbook, Marcel Dekker, Inc. New York, NY.

[30] Orskov, F. 1984. *Escherichia*, p. 420~423. *In* N. R. Krieg and J. G. Holt (ed.) Bergey's Manual of systematic Bacteriology, vol. 1 Williams and Wilkins Co., Baltimore, MD.

[31] Riley, L. W., R. S. Remis, S. D. Helgerson, H. B. McGee, J. G. Wells, B. R. Davis, R. J. Herbert, G. S. Olcott, L. M. Johnson, N. T. Hargett, P. A. Blake, and M. L. Cohen. 1983. Hemorrhagic colitis associated with a rare *Escherichia coli* serotype O157: H7. *N. Engl. J. Med.* 308: 681~685.

[32] Sugiyama, K., K. Inoue, and R. Sakazaki. 2001. Mitomycin-supplemented washed blood agar for the isolation of Shiga toxin-producing *Escherichia coli* other than O157: H7. *lett. Appl. Micro.* 33: 193~195.

[33] Sowers, E. G., J. G. Wells, and N. A. Strockbine. 1996. Evaluation of commercial latex reagents for identification of O157 and H7 antigens of *Escherichia coli. J. Clin. Microbiol.* 34: 1286~1289.

[34] Swerdlow, D. L., B. A. Woodruff, R. C. Brady, P. M. Griffin, S. Tippen, H. D. Donnell, Jr., E. Geldreich, B. J. Payne, A. Neyer, J. G. Wells, K. D. Greene, M. Bright, N. Bean, and P. A. Blake. 1992. A waterborne outbreak in Missouri of *Escherichia coli* O157: H7 associated with bloody diarrhea and death. *Ann. Intern. Med.* 117: 812~819.

[35] Thompson M. R., H. Brandwein, M. LaBine-Racke, and R. A. Giannella. 1984. Simple and reliable enzyme-linked immunosorbent assay with monoclonal antibodies for detection of *Escherichia coli* heat-stable enterotoxins. *J. Clin. Microbiol.* 20: 59~64.

[36] Tobe, T., T. Hayashi, C-G. Han, G. K. Schoolnik, E. Ohtsubo, and C. Sasakawa. 1999. Complete DNA sequence and structural analysis of the enteropathogenic *Escherichia coli* adherence factor. *Infect. Immun.* 67: 5455~5462.

[37] Tsen, H-Y., W-R. Chi, and C-K. Lin. 1996. Use of novel polymerase chain reaction primers for the specific detection of heat-labile toxin I, heat-stable toxin I and II enterotoxigenic *Escherichia coli* in milk. *J. Clin. Microbiol.* 59: 795~802.

[38] Weagant, S. D. and A. J. Bound. 2001. Comparison of Methods for Enrichment and Isolation of *Escherichia coli* O157: H7 from Artificially Contaminated Salad Mixes. Laboratory Information Bulletin, LIB 4258, Aug. 2001.

[39] Weagant, S. D. and A. J. Bound. 2001. Evaluation of techniques for enrichment and isolation of *Escherichia coli* O157: H7 from artificially contaminated sprouts. *International Journal of Food Microbiology*, 71: 87~92.

[40] Weagant, S. D., J. L. Bryant, and K. C. Jinneman. 1995. An improved rapid technique for isolation of *Escherichia coli* O157: H7 for foods. *J. Food Prot.* 58: 7~12.

[41] Weagant, S. D., K. C. Jinneman, and J. H. Wetherington. 2000. Use of multiplex polymerase chain reaction for identification of enterotoxigenic *Escherichia coli*. FDA LIB 4227.

[42] Yoshitomi, K. J., K. C. Jinneman, and S. D. Weagant. 2003. Optimization of 3'-Minor Groove Binder-DNA probe for the rapid detection of *Escherichia coli* O157: H7 using real-time PCR. *Mol. and Cell. Probes.* 17: 275~280.

5 沙门氏菌

2018 年 7 月更新

> **注意：**如果你正在查找 BAM 第5章：沙门氏菌（2007 年 12 月版），该章已通过引用并入美国联邦法规（CPR）21卷第16部分和第118部分：联邦注册最终规则（2009年7月9日，74FR33030）：鸡蛋生产、储存和运输过程中肠炎沙门氏菌的预防，请使用这些版本的 BAM 手册中有关沙门氏菌的章节和附录1：食源性致病菌快速检测方法。这两个文件也可以作为一个组合文件。
>
> 以下内容是 BAM 第5章沙门氏菌的最新版本。

作者：Wallace H. Andrews，Hua Wang，Andrew Jacobson，Thomas Hammack。

修订历史：

- 2018年7月　修订了 C. 7部分，包括未包含在 C. 23和 C. 27中的蔬菜。
- 2018年3月　添加实时定量 PCR 确认沙门氏菌分离方案，并验证叶状农产品、草本植物和芽菜的预富集变化；从修订的 C. 7中去除蔬菜；在 C. 23部分验证有效预增菌肉汤变化。
- 2016年8月　添加了沙门氏菌动画书（Flipbook）——运用图片说明，帮助分析人员检测和鉴定沙门氏菌（在 BAM 第5章沙门氏菌方法中使用的平板培养基和生化管上生长的）[①]。参见 E 部分（由明尼苏达州农业部实验室 Matthew J.Forstner 制作）。
- 2015年12月　E. 沙门氏菌的鉴定中增添了3. c：国家血清研究所步骤。
- 2014年5月　更新了沙门氏菌属鉴定的 VITEK 方法。
- 2014年2月　替代了带壳蛋中沙门氏菌检测和分离部分，增加了验证数据及附加参考材料。
- 2012年8月，2011年11月　提供第5章沙门氏菌和附录1（已归档）2009年以来的 PDF 版本。该内容已通过引用并入美国联邦法规（CPR）21卷第16部分和第118部分：联邦注册最终规则（2009年7月9日，74FR33030）：鸡蛋生产、储存和运输过程中肠炎沙门氏菌的预防。
- 2011年11月　增加了 C 部分内容：用于沙门氏菌分离的食品样品制备——绿叶蔬菜和香草类。
- 2011年2月　删除了附录1食源性致病菌快速检测方法的链接。
- 2007年12月　补充了曼密苹果浆检测方法，修改了 D 部分。
- 2006年6月　修改了带壳蛋和液态全蛋检测方法。
- 2003年4月　修改了蛙腿、干酪、凝干酪、酪蛋白酸钠、野兔胴体检测方法，补充了猪耳朵和狗咬胶检测方法，删除了 A. 25机械搅拌器。
- 2001年10月25日　将 C. 19橘子汁检测方法应用延伸到苹果汁和苹果酒的检测。
- 1999年12月，2000年3月，2000年8月；2000年11月14日最终修订（对于修订的总结请参阅本章引言）。如要获取旧版，请联系 Thomas Hammack。

本章目录

---

①本书未收录。——译者注

沙门氏菌的检测方法在本版本（BAM 第八版）中引入了几个变化。第一个变化是推广使用氯化镁孔雀绿（RV）肉汤，既可以检测沙门氏菌含量高的食品，又可以检测沙门氏菌含量低的食品。在以前的版本中，RV 肉汤被建议用于虾类的检测。依据 AOAC 研究的结果[5~8]，RV 肉汤既可用于检测沙门氏菌含量高的食品，又可用于检测沙门氏菌含量低的食品。RV 肉汤替代了亚硒酸盐胱氨酸（SC）肉汤，用于检测除瓜尔豆胶外的所有食品。此外，RV 肉汤中含有活性干酵母，从而取代了月桂醇胰蛋白胨肉汤。四硫磺酸盐（TT）增菌肉汤（继续作为第二种选择性增菌培养基。然而，TT 肉汤可以在 43℃ 培养检测含菌量高的食品，在 35℃ 培养检测含菌量低的食品，包括瓜尔豆胶。

第二个变化，包括预增菌过程冷藏培养和低水分食品选择性增菌培养直到 72h。这样，样品检测的时间最迟星期三或星期四可以开始，周末也不用加班。

第三个变化，缩短了在赖氨酸铁琼脂（lysine iron agar，LIA）斜面上的培养时间，在以前的版本（BAM 第七版）中，三糖铁琼脂（triple sugar iron agar，TSI）和 LIA 斜面在 35℃ 培养的时间分别分别为（24±2）h 和（48±2）h。未公开的一些资料表明，48h 后观察 LIA 斜面结果没有任何诊断意义。对 193 个 LIA 斜面进行试验，培养（24±2）h 后，所有的斜面都给出了确定的结果。继续培养 24h 后，试验的结果没有明显改变。所以，TSI 和 LIA 斜面培养时间现在改为培养（24±2）h。

第四个变化，带壳蛋类表面消毒步骤的改变。在以前的版本（BAM 第七版）中，蛋壳表面消毒的方法是在 0.1% 的 $HgCl_2$ 溶液中浸泡 1h，然后在 70% 乙醇溶液中浸泡 30min。根据美国环境保护署（Environmental Protection Agency）的规定，$HgCl_2$ 被归入有害废弃物，且处理费用非常昂贵。在这个版本（BAM 第八版）中，蛋壳表面的消毒只需通过浸泡在 3：1 溶液（3 份 70% 乙醇或异丙醇和 1 份碘/碘化钾溶液）中10s以上即可。

第五个变化，蛋类样品的制备。在检测前，蛋的内容物（蛋黄和蛋白）需进行完全混匀，然后取 25g（mL）加到 225mL 含硫酸亚铁的胰酪胨大豆肉汤中。

本章包含对瓜尔豆胶的检测方法。瓜尔豆胶样品和增菌肉汤以 1：9（样品：肉汤）的比例进行混合，得到的混合物非常黏，不易被吸管吸出。然而，添加纤维素酶到预增菌培养基中后，吸管容易吸出混合物。

由于最近橘子汁相关事件的爆发，橘子汁（巴氏消毒或非巴氏消毒）检验方法也包括在本章中。

从选择性平板上挑选菌落的说明详见方法中的内容，如果选择性平板上没有典型的或可疑的菌落，建议挑取几个非典型菌落接种到 TSI 和 LIA 斜面上。这个建议基于在过去的几年中，FDA 的科学家们从某些食品特别是从海产品中分离出的沙门氏菌培养物，高达 4% 为非典型沙门氏菌。

最后，自从 BAM 第七版发行以来，已对 3 种在 BAM 中建议采用的选择性平板琼脂（亚硫酸铋琼脂、HE 琼脂和 XLD 琼脂）和 3 种相对新的琼脂（EF-18、xylose lysine Tergitol 4 和 Rambach agars），进行了相对有效性的比较。结果[9]表明，用一种或几种新的培养基来取代 BAM 中推荐的培养基没有优势。因此，BAM 第七版中建议的选择性平板琼脂联合使用保留不变。

A. 设备和材料

1. 均质器和无菌均质杯（见本书第 1 章）。
2. 无菌 500mL 螺帽广口瓶、无菌 500mL 长颈锥形瓶、无菌 250mL 烧杯、适宜体积的无菌玻璃或纸质漏斗以及适宜容积的容纳复合样品的容器。
3. 无菌弯曲玻璃涂布棒或塑料涂布棒。
4. 电子天平：精度 0.1g，最大量程 2000g。
5. 电子天平：精度 5mg，最大量程 120g。
6. 培养箱：（35±2）℃。
7. 冷藏培养箱或实验室冰箱：（4±2）℃。
8. 水浴锅：（49±1）℃。

9. 水浴锅：循环、温控，(43±0.2)℃。
10. 水浴锅：循环、温控，(42±0.2)℃。
11. 无菌药匙或其他转移食品的合适工具。
12. 无菌培养皿：15mm×100mm，玻璃或塑料的。
13. 1mL 无菌吸管，刻度 0.01mL；5mL 和 10mL 无菌吸管，刻度 0.1mL。
14. 接种针和接种环（直径 3mm）：材料可为镍铬铁合金、铂铱合金、镍铬合金金属丝或无菌塑料接种针或接种环。
15. 无菌试管或培养管：16mm×150mm 和 20mm×150mm；血清学鉴定管：10mm×75mm 或 13mm×100mm。
16. 试管或培养管架。
17. 旋涡混合器。
18. 无菌剪刀、大剪刀、解剖刀及镊子。
19. 灯：用于观察血清生化反应。
20. 费舍尔或本生灯。
21. pH 试纸：pH 6~8，最大变色刻度 0.4 pH 单位。
22. pH 计。
23. 无菌塑料袋：28cm×37cm，易拉口（在 C.16、C.17 中，检测蛙腿和兔胴体时用）。
24. 塑料烧杯：4L，能耐高压灭菌，用于振荡培养过程中盛放固定塑料袋。
25. 海绵：无菌（Nasco cat # B01299WA），或等效产品。
26. 拭子：无菌，棉花头。

B. 培养基和试剂

培养基和试剂的制备，参考 AOAC 方法中 967.25~967.28[1]。

1. 乳糖肉汤（M74）。
2. 脱脂乳粉（M111）。
3. 亚硒酸盐胱氨酸（SC）肉汤（M134）。
4. 四硫磺酸盐（TT）增菌肉汤（TTB）（M145）。
5. 氯化镁孔雀绿（RV）肉汤（M132），注：RV 肉汤必须用单独的组分制备。不接受商业配方。
6. 木糖赖氨酸脱氧胆盐（XLD）琼脂（M179）。
7. HE 琼脂（M61）。
8. 亚硫酸铋（BS）琼脂（M19）。
9. 三糖铁（TSI）琼脂（M149）。
10. 胰蛋白胨（色氨酸）肉汤（M164）。
11. 胰酪胨大豆肉汤（M154）。
12. 胰酪胨大豆胰蛋白肉汤（M160）。
13. MR-VP 肉汤（M104）。
14. 西蒙氏柠檬酸盐琼脂（M138）。
15. 尿素肉汤（M171）。
16. 尿素肉汤（快速）（M172）。
17. 丙二酸盐肉汤（M92）。

18. 赖氨酸铁琼脂（LIA）（M89）。
19. 赖氨酸脱羧酶肉汤（M87）。
20. 半固体动力试验培养基（M103）。
21. 氰化钾（KCN）肉汤（M126）。
22. 酚红碳水化合物肉汤（M121）。
23. 溴甲酚紫碳水化合物肉汤（M130）。
24. 麦康凯琼脂（M91）。
25. 营养肉汤（M114）。
26. 脑心浸出液（BHI）肉汤（M24）。
27. 5%木瓜蛋白酶溶液（M56a）。
28. 1%纤维素酶溶液（M187）。
29. 胰蛋白胨血琼脂基础（M166）。
30. 通用预增菌肉汤（UPB）（M188）。
31. 通用预增菌肉汤（不含柠檬酸铁铵）（M188a）。
32. 缓冲蛋白胨水（BPW）（M192）。
33. Dey-Engley 肉汤（M193）。
34. 无水亚硫酸钾粉末。
35. 200mg/L 次氯水，含 0.1%十二烷基硫酸钠（R12a）。
36. 70%乙醇溶液（R23）。
37. 靛基质试剂（R38）。
38. VP 试剂（R89）。
39. 磷酸肌酸晶体。
40. 40%KOH 溶液（R65）。
41. 1mol/L 氢氧化钠溶液（R73）。
42. 1mol/L 盐酸（R36）。
43. 1%煌绿溶液（R8）。
44. 0.2%溴甲酚紫溶液（R9）。
45. 甲基红指示剂（R44）。
46. 无菌蒸馏水。
47. 正十六烷基硫酸钠（R78）。
48. Triton X-100（R86）。
49. 0.85%无菌生理盐水（R63）。
50. 福尔马林生理盐水（R27）。
51. 沙门氏菌多价菌体（O）抗血清。
52. 沙门氏菌多价鞭毛（H）抗血清。
53. 沙门氏菌菌体（O）群抗血清：A、B、C_1、C_2、C_3、D_1、D_2、E_1、E_2、E_3、E_4、F、G、H、I、Vi 和其他相应血清。
54. 沙门氏菌 Spicer-Edwards 鞭毛（H）血清。

C. 沙门氏菌分离样品的制备

除非特殊说明，以下方法均以 25g 样品作为检验单位，样品与肉汤培养液的比例为 1∶9。根据样品的组成成分不同，添加足够的肉汤培养基保持 1∶9 的比例。对不需准确称量检测的样品如蛙腿等，需采用特殊的方法。

1. 干蛋黄、干蛋白、干全蛋、液体牛乳（脱脂牛乳、含2%脂肪牛乳、全脂牛乳和酪乳）和制备的粉状混合物（蛋糕、甜饼、炸面圈、饼干和面包）、婴儿配方食品、口食或软管进食的含蛋食品

检验前，最好不要解冻冷冻样品。如果冷冻样品必须解冻来获得待检部分，尽可能缩短解冻的时间，使竞争性微生物的增长最小，并减小对沙门氏菌的损伤。解冻可在45℃以下进行，置于能控温的水浴锅内，振荡 15min 或在 2~5℃解冻 18h。无菌称取 25g 样品，放入无菌带螺旋帽的广口瓶中（500mL）或其他合适的容器内。对于非粉末状的样品，加入 225mL 无菌的乳糖肉汤；对于粉末状的样品，先加入约 15mL 无菌乳糖肉汤，用无菌玻璃棒、药匙或舌状压器搅拌，使其均匀悬浮，再加入 3 份无菌乳糖肉汤，体积分别为 10mL、10mL和 190mL，使总量为 225mL。充分搅拌，直到样品完全悬浮，无块状物。小心地盖紧瓶盖，室温静置（60±5）min。旋涡振荡混匀，用 pH 试纸检测 pH，必要时用 1mol/L NaOH 或 HCl 调整 pH 至 6.8±0.2。盖紧盖子并充分混匀，测定最终 pH。将瓶盖松开约 1/4 圈，置于 35℃培养（24±2）h。按照下文 D.1~11 所述步骤继续进行试验。

2. 蛋类

a. 带壳蛋[10~11]：不包括蛋壳有缺口、破裂的或破碎的蛋类。除去蛋壳表面附着的物质。用 3∶1（3 份70%乙醇∶1 份碘/碘化钾溶液）混合溶液消毒，可将 700mL100%乙醇用无菌水稀释定容至 1000mL 或将700mL 95%乙醇用无菌水稀释定容至 950mL 来制备 70%乙醇。制备碘/碘化钾溶液：用 200~300mL 无菌蒸馏水溶解 100g 碘化钾，添加 50g 碘，缓慢加热不断搅拌直到溶解，将碘/碘化钾溶液用无菌蒸馏水稀释定容至1000 mL，储存于黄色带塞玻璃瓶中暗处保存备用。制备消毒溶液：将 250mL 碘/碘化钾溶液加至 750mL 70%乙醇溶液中，混合均匀。消毒溶液浸泡蛋类至少 10s。取出蛋类晾干。每个禽厂抽取 50 个样品，每个样品由 20 个蛋组成。手上戴手套，无菌敲破蛋类至 4L 无菌烧杯或其他合适的容器，不同样品之间更换手套。用戴手套的手使用无菌工具彻底混匀样品，样品之间更换手套。样品混合至蛋黄和蛋清完全混合。每 20 个蛋组成的样品中加入 2L 胰蛋白胨大豆肉汤（TSB，室温），用无菌器具混合均匀，35℃培养（24±2）h 进行预增菌。按照下文 D.1~11 所述步骤继续进行试验。

b. 液态全蛋（均匀状）：将 15 份 25mL 检测样品混合成 375mL 混合物置于 6L 锥形瓶中。室温（20~24℃）静置（96±2）h。（96±2）h 后，如上所述添加3375mL无菌含硫酸亚铁的 TSB，并漩涡混合均匀。室温静置（60±5）min。漩涡混匀，必要时，调整 pH 至 6.8±0.2，35℃培养（24±2）h。按下文 D.1~11 所述继续检测。

c. 煮熟的蛋（鸡蛋、鸭蛋或其他种类的蛋）：如果蛋壳完整，如上所述消毒蛋壳，无菌剥离蛋壳，无菌捣碎蛋黄和蛋白，称取 25g 加入到无菌的 500mL 锥形瓶或其他的适宜容器内，加入 225mL TSB（不含硫酸亚铁），摇匀，按上述方法继续检测。

3. 脱脂乳粉

a. 速溶型：无菌称取 25g 样品加入无菌的烧杯（250mL）或其他适宜的容器内。使用灭菌的玻璃或纸质漏斗（包扎后经高压灭菌）将 25g 分析样品缓慢倾入装有 225mL 灭菌煌绿水的 500mL 锥形瓶或其他适宜的容器中。也可以将 25g 分析样品混合，将混合物缓慢倾入相应比例体积的灭菌的煌绿水表面。煌绿水按每1000mL灭菌蒸馏水中加入 2mL 1%的煌绿染液进行配制。盛有样品的容器室温静置（60±5）min，旋松塞子，不需混匀和调整 pH，35℃培养（24±2）h。按照下文 D.1~11 所述步骤继续进行试验。

b. 非速溶：按上述速溶脱脂乳粉的检测方法进行，但不允许将多个 25g 分析样品混合。

4. 全脂乳粉

按上述速溶脱脂乳粉的检测方法进行，但不允许将多个 25g 分析样品混合。

5. 酪蛋白

a. 干酪：无菌称取 25g 样品加入无菌的 250mL 烧杯或其他适宜的容器内，用灭菌的玻璃或纸质漏斗（包扎后经高压灭菌）将 25g 分析样品缓慢地倾入装有 225mL 灭菌的通用增菌肉汤的 500mL 锥形瓶或其他适宜的容器中。也可将多个 25g 分析样品混合倒入含有相应比例肉汤的容器内。将样品容器静置（60±5）min，旋松塞子，不需混匀或调整 pH，35℃培养（24±2）h。按照下文 D. 1～11 所述步骤继续进行试验。

b. 凝干酪：无菌称取 25g 样品加入无菌的 250mL 烧杯或其他适宜的容器内，用灭菌的玻璃或纸质漏斗（用带卷好，能耐受高压灭菌）将 25g 分析样品缓慢地倾入装有 225mL 灭菌乳糖肉汤的 500mL 锥形瓶或其他适宜的容器中。也可将多个25g分析样品混合倒入含有相应比例肉汤的容器内。将样品容器静置（60±5）min，旋松塞子，不需混匀或调整 pH，35℃培养（24±2）h。按照下文 D. 1～11 所述步骤继续进行试验。

c. 酪蛋白酸钠：无菌称取 25g 样品加入无菌的带螺旋帽的广口瓶（500mL）或其他适宜的容器内，添加 225mL 无菌的乳糖肉汤混匀。多个 25g 分析样品可以混合。旋紧瓶盖，室温下静置（60±5）min，然后摇匀，用 pH 试纸检测 pH；必要时，将 pH 调整至 6. 8±0. 2。将瓶盖松开约 1/4 圈，置于 35℃培养（24±2）h。按照下文 D. 1～11 所述步骤继续进行试验。

6. 豆粉

按上述凝干酪的方法进行检测，但多个 25g 分析样品不能混合。

7. 生鲜、冷冻或干燥产品

检测前最好不要解冻。如果冷冻样品必须解冻以获得检测部分，需在 45℃以下进行，置于能自动控温的水浴锅内持续振荡，解冻时间小于 15min，或在 2～5℃、18h 以内解冻。

a. 含蛋制品（面条、蛋卷、空心粉、意大利面条）、干酪、生面团、调制沙拉（火腿、蛋、鸡肉、金枪鱼、火鸡）、新鲜的、冷冻的或干的水果和蔬菜、坚果果仁和甲壳类动物（虾、蟹、小龙虾、海蟹虾、大龙虾）以及鱼：无菌称取 25g 样品，置于无菌的均质器内。加入 225mL 无菌的乳糖肉汤均质 2min。然后无菌转移均质混合物至无菌的广口带有旋螺帽的锥型瓶（500mL）或其他适宜的容器中，旋紧瓶盖，室温静置（60±5）min。旋涡振荡混匀，用 pH 试纸测 pH，必要时，调整 pH 至 6. 8±0. 2。混匀后将瓶盖松开约 1/4 圈，于 35℃培养（24±2）h。按照下文 D. 1～11 所述步骤继续进行试验。

b. 疏菜：无菌称取 25g 样品置于无菌广口瓶或其他合适的容器中。加入 225mL 通用预增菌肉汤（M188）均质混匀。35±2. 0℃培养 24±2h。按以下 D. 1～11 所述步骤继续进行试验。

8. 干酵母（活性和无活性酵母）

无菌称取 25g 样品，置于灭菌带螺旋帽的广口瓶（500mL）或其他适宜的容器内，加入 225mL 灭菌的胰酪胨大豆肉汤（TSB），充分混匀形成悬液，旋紧瓶盖，室温下静置（60±5）min。摇匀，用 pH 试纸测 pH。必要时，调整 pH 至 6. 8±0. 2。将瓶盖旋松约 1/4 圈，于 35℃培养（24±2）h。按照下文 D. 1～11 所述步骤继续进行试验。

9. 糖霜和点心混合食品

无菌称取 25g 样品，置于灭菌带螺旋帽的广口瓶（500mL）或其他适宜的容器内，加入 225mL 灭菌的营养肉汤，充分混匀，盖紧瓶塞。室温下静置（60±5）min，摇匀，用 pH 试纸测 pH。必要时，调整 pH 至 6. 8±0. 2。将瓶盖旋松约 1/4 圈，置于 35℃培养（24±2）h。按照下文 D. 1～11 所述步骤继续进行试验。

10. 调味品

a. 黑胡椒、白胡椒、芹菜种子或芹菜叶片、红辣椒粉、茴香、红辣椒、皱叶欧芹片、迷迭香、芝麻、百里香和蔬菜片：无菌称取 25g 样品，置于灭菌带螺旋帽的广口瓶（500mL）或其他适宜的容器内，加入 225mL 灭菌的胰酪胨大豆肉汤（TSB），充分混匀形成悬液，旋紧瓶盖，室温下静置（60±5）min。摇匀，用 pH 试纸测 pH。必要时，调整 pH 至 6. 8±0. 2。将瓶盖旋松约 1/4 圈，于 35℃培养（24±2）h。按照下文 D. 1～11 所述步骤继续进行试验。

b. 洋葱片、洋葱粉和大蒜片：无菌称取25g样品于灭菌的带螺旋帽的广口瓶（500mL）或其他适宜的容器内，用含K_2SO_3的TSB（1000mL TSB中加入5g K_2SO_3，最终浓度为5g/L）进行样品的预增菌。将K_2SO_3加入TSB中，于500mL锥形瓶中分装225mL TSB，121℃高压灭菌15min。灭菌后，无菌测定其体积，必要时调整体积至225mL。将225mL含有K_2SO_3的TSB加入样品中混匀，按以上C. 10a步骤继续进行试验。

c. 多香果粉、肉桂、丁香及薄荷调味料：目前还没有方法可以中和这4种调料的毒性。将它们稀释至无毒的程度后，再进行检测。检测多香果粉、肉桂和薄荷时，样品与肉汤的比例为1∶100，丁香与肉汤的比例为1∶1000；检验叶状调味品时，由于是脱水产品，可吸收部分肉汤，在实际检测中样品与肉汤的比例大于1∶10。检测这些调味品时，按以上C. 10a进行，保持推荐的样品与肉汤的比例。

11. 糖果和糖衣（包括巧克力）

无菌称取25g样品于灭菌的均质器内，加入225mL复溶的脱脂乳粉，均质2min，再无菌操作转移均质混合物到无菌带螺旋帽的广口瓶（500mL）或其他适宜的容器内，盖紧瓶塞，室温下静置（60±5）min。摇匀，用pH试纸测pH，必要时，调整pH至6.8±0.2。加入0.45mL 1%亮绿水溶液，混匀，将瓶盖松开约1/4圈，置于35℃培养（24±2）h。按照下文D. 1~11所述步骤继续进行试验。

12. 椰子

无菌称取25g样品于灭菌带螺旋帽的广口瓶（500mL）或其他合适的容器内，加入225mL灭菌乳糖肉汤，摇匀，旋紧瓶盖，室温下静置（60±5）min。混匀，用pH试纸检测pH；必要时，调整pH至6.8±0.2。加入2.25mL蒸汽灭菌（15min）过的正十六烷基硫酸钠（R78）溶液，混匀，也可用蒸汽灭菌（15min）过的Triton X-100（R86）。这些表面活性剂要使用最少的量，以刚好产生气泡为宜，聚乙二醇辛基苯基醚（R86）滴上2~3小滴即可。将瓶盖松开约1/4圈，置于35℃培养（24±2）h。按照下文D. 1~11所述步骤继续进行试验。

13. 食品染料和食品色素

对于pH在6.0或以上的染料（10%水悬浮液），按上述干全蛋方法（上文C. 1）进行检测。对于沉淀染料或pH低于6.0的染料，无菌操作称取25g样品，放入灭菌的带螺旋帽的500mL广口瓶内，加入225mL不含煌绿的TTB肉汤混匀，盖紧瓶塞，室温下静置（60±5）min。用pH计调整pH至6.8±0.2，加入2.25mL 1%的煌绿溶液，摇匀，将瓶盖松开约1/4圈，置于35℃培养（24±2）h。按照下文D. 3~11所述步骤继续进行试验。

14. 明胶

无菌称取25g样品，放入灭菌的带螺旋帽的500mL广口瓶或其他合适的容器内。加入225mL灭菌的乳糖肉汤和5mL 5%木瓜蛋白酶水溶液，混合均匀，盖紧瓶盖，35℃孵育（60±5）min。转动混匀，用试纸测定pH。必要时，调整pH至6.8±0.2。将瓶盖旋松1/4圈，置于35℃培养（24±2）h，按照下文D. 1~11所述步骤继续进行试验。

15. 肉、肉代替品、肉副产品、动物材料、腺体制品和粗粉（鱼、肉、骨）

无菌称取25g样品放入灭菌的均质器中。加入225mL灭菌的乳糖肉汤，均质2min。再无菌转移均质混合物到灭菌的带螺旋帽的500mL广口瓶或其他合适的容器内。盖紧瓶盖，室温下静置60min。如果混合物为粉状、渣滓或已粉碎的，则不用均质。对这些不需要均质的样品，加入乳糖肉汤，并充分混匀；盖紧瓶盖，室温下静置（60±5）min。

转动混匀，用试纸测定pH。必要时，调整pH至6.8±0.2。加入2.25mL蒸汽灭菌(15min)过的正十六烷基硫酸钠（R78），混匀。也可用蒸汽灭菌（15min）过的Triton X-100。这些表面活性剂要使用最少的量，以刚好产生气泡为宜，实际用量取决于试验材料的成分。分析粉状腺体制品时，不需要用表面活性剂。将瓶盖旋松1/4圈后，将样品混合物置于35℃培养（24±2）h。按照下文D. 1~11所述步骤继续进行试验。

16. 蛙腿（此方法用于美国国内和进口的所有蛙腿检验）

将15对蛙腿放入灭菌塑料袋内，并用灭菌乳糖肉汤浸没，样品和乳糖肉汤比例为1∶9（见上文A. 23~24）。如果估计单个腿的平均质量在25g或以上，则只需检查每15对蛙腿的1条腿。将样品袋放入大塑料烧杯或其他合适的容器中，混合均匀，室温静置（60±5）min；转动混匀，用pH试纸检测pH。必要时，调整pH至6.8±0.2。将盛有蛙腿样品和乳糖肉汤的塑料袋放入塑料烧杯或其他适宜的容器中。35℃培养（24±2）h。按照下文 D. 1~11 所述步骤继续进行试验。

17. 野兔胴体（此方法用于美国国内和进口的所有野兔胴体）

将野兔胴体放入灭菌塑料袋内，将塑料袋放入烧杯或其他适宜的容器中。按样品与乳糖肉汤 1∶9（g/mL）的比例加入乳糖肉汤（见上文 A. 23~24），旋涡混匀，室温静置（60±5）min；再旋涡混匀，用试纸检测 pH。必要时，调整 pH 至 6. 8±0. 2。35℃培养（24±2）h。按照下文 D. 1~11 所述步骤继续进行试验。

18. 瓜尔豆胶

无菌称取 25g 样品到灭菌烧杯（250mL）或其他合适容器中。制备 1. 0%纤维素酶溶液（加 1g 纤维素酶到 99mL 无菌水中），分装到 150mL 的试剂瓶中（纤维素酶溶液在 2~5℃最长可保存 2 周）。加 225mL 无菌乳糖肉汤和 2. 25mL 无菌 1. 0%纤维素酶溶液于 500mL 无菌带螺旋盖的广口瓶或其他合适容器中。用磁力搅拌器剧烈搅拌纤维素酶/乳糖肉汤混合物时，通过无菌玻璃漏斗迅速倒入 25g 待检样品。旋好瓶盖，室温下静置（60±5）min。旋松瓶盖，无需调整 pH，35℃培养（24±2）h，按照下文 D. 1~11 所述步骤继续进行试验。

19. 橘子汁（无论是否经巴氏消毒）、苹果酒（无论是否经巴氏消毒）和苹果汁（经巴氏消毒）

无菌状态下将 25mL 样品加入到含有 225mL 通用预增菌肉汤（R188）的灭菌的带螺旋帽的 500mL 广口瓶或其他合适的容器内，充分摇匀，盖紧瓶塞，室温下静置（60±5）min。无需调整 pH，旋松瓶盖，35℃培养（24±2）h。按照下文 D. 1~11 所述步骤继续进行试验（按低含量微生物处理）。

20. 猪耳朵和其他类型的狗咬胶

从每个样品单元中挑出 1 片（尺寸小的可挑 2~3 片）置于无菌的塑料袋中。将塑料袋置于大烧杯或其他合适的容器内，按样品与肉汤 1∶9 的比例（g/mL）（见上文 A. 23~24）加入无菌乳糖肉汤，浸没样品。旋涡充分混匀，室温下静置（60±5）min。用试纸测定 pH。必要时，调节 pH 至 6. 8±0. 2。加入已蒸汽灭菌过（15min）的正十六烷基硫酸钠（R78）或已蒸汽灭菌过（15min）的聚乙醇辛基苯基醚（R86），最大浓度为 1%。例如，如果加入 225mL 乳糖肉汤，表面活化剂最大加入量是 2. 25mL。控制表面活性剂的使用剂量，至刚刚起泡沫即可。将样品混合物置于 35℃培养箱培养（24±2）h。按照下文 D. 1~11 所述步骤继续进行试验。

21. 哈密瓜

在检测前，最好不要解冻样品。如果冷冻样品必须解冻以获得分析部分，则在 45℃条件下于控温水浴锅内连续振荡解冻小于 15min 或在 2~5℃条件下解冻 18h。

对粉碎水果或切开的水果来说，无菌称取 25g 样品到无菌均质器中，加入 225mL 无菌 UPB，均质2min。无菌转移均质混合物至无菌带螺帽广口瓶（500mL）或其他适宜容器中，旋紧螺帽，室温下静置(60±5) min。不需调整 pH。混合均匀，旋松螺帽 1/4 圈，将样品混合物置于 35℃培养（24±2）h。按照下文 D. 1~11 所述步骤继续进行试验。

对整个哈密瓜来说，即使有可见的灰尘，也不要清洗。检验不做处理的哈密瓜。

将哈密瓜放入无菌塑料袋中，加入足够通用预增菌肉汤（R188），允许哈密瓜漂浮。UPB 的用量可以是哈密瓜质量的 1. 5 倍。例如，1500g 哈密瓜可能需要大约 2250mL UPB。必要时，加入更多的肉汤。将盛有哈密瓜和 UPB 的塑料袋放入 5L 的烧杯或其他适宜的容器中，以便培养过程中盛放。允许塑料袋折叠末端的口形成安全、封闭但不是不透气的培养环境。

室温下静置（60±5）min。无需调整 pH。将装有哈密瓜的塑料袋微开，35℃培养（24±2）h。按照下文 D. 1~11 所述步骤继续进行试验。

22. 芒果

在检测前，最好不要解冻样品。如果冷冻样品必须解冻以获得分析部分，则在 45℃条件下于控温水浴锅内连续振荡解冻小于 15min 或在 2~5℃条件下解冻 18h。

对于粉碎的或切开的水果，无菌称取 25g 样品到无菌均质器中，加入 225mL 无菌 BPW，均质 2min。无菌转移均质混合物至无菌带螺帽广口瓶（500mL）或其他适宜容器中，旋紧螺帽，室温下静置（60±5）min。必要时，调整 pH 至 6.8±0.2。混合均匀，旋松螺帽 1/4 圈，将样品混合物置于 35℃ 培养（24±2）h。按照下文 D.1~11 所述步骤继续进行试验。

对整个芒果来说，即使有可见的灰尘，也不要清洗。检验不做处理的芒果。

将芒果放入无菌塑料袋中，加入足够 BPW，允许芒果漂浮。BPW 的量可以是芒果质量的 1.0 倍。例如，500g 芒果需要大约 500mL BPW。必要时，加入更多的肉汤。将盛有芒果和 BPW 的塑料袋放入 5L 的烧杯或其他适宜的容器中，以便培养过程中盛放。

室温下静置（60±5）min，必要时调整 pH 至 6.8±0.2。将装有芒果的塑料袋微开，35℃ 培养（24±2）h。按照下文 D.1~11 所述步骤继续进行试验。

23. 西红柿

对粉碎的或切开的水果，无菌称取 25g 样品到无菌搅拌器中，加入 225mL 无菌 BPW，均质 2min。无菌转移均质混合物至无菌带螺帽广口瓶（500mL）或其他适宜容器中，旋紧螺帽，室温下静置（60±5）min。必要时，调整 pH 至 6.8±0.2。混合均匀，旋松螺帽 1/4 圈，将样品混合物置于 35℃ 培养（24±2）h。按照下文 D.1~11 所述步骤继续进行试验。

对整个西红柿来说，即使有可见的灰尘，也不要清洗。检验不做处理的西红柿。

将西红柿放入无菌塑料袋或其他适宜的容器（铝箔包被的无菌烧杯亦可应用）中，加入足够的通用预增菌肉汤（M188），允许西红柿漂浮。UPB 的用量可以是西红柿质量的 1.0 倍。例如，300g 西红柿需要大约300mL 的通用预增菌肉汤（M188）。必要时，加入更多的肉汤。将盛有西红柿和 UPB 的塑料袋（如果用到）放入 5L 的无菌烧杯（烧杯大小依据西红柿大小而定）或其他适宜的容器中，以便培养过程中盛放。允许塑料袋折叠末端的口形成安全、封闭但不是不透气的培养环境。

室温下静置（60±5）min。不需调整 pH。将塑料袋微开，35℃ 培养（24±2）h。按照下文 D.1~11 所述步骤继续进行试验。

24. 环境检验

用无菌拭子或海绵对环境表面进行取样。将拭子/海绵放入含有足够 DE 肉汤的无菌取样袋或等同物中，DE 肉汤应能够覆盖拭子/海绵。

将拭子/海绵放于含有冷冻凝胶冰袋的隔热运输容器中进行运输，保证样品低温，但非冷冻。如果样品不能立即进行处理，于（4±2）℃冷藏。冷藏（48±2）h 内开始样品检验。将拭子/海绵加入到装有 225mL 乳糖肉汤的无菌带螺帽广口瓶（500mL）或其他适宜容器中，充分混匀内含物。盖紧瓶盖，室温下静置(60±5)min。旋涡充分混匀，用试纸检测 pH。必要时，调整 pH 至 6.8±0.2。35℃ 培养（24±2）h。按照下文 D.1~11 所述步骤继续进行试验。

25. 紫花苜蓿种子和绿豆

无菌称取 25g 紫花苜蓿种子或绿豆，放于无菌 500mL 锥形瓶中。无菌将 225mL 乳糖肉汤加到样品中，充分振动锥形瓶。用无菌铝箔盖住锥形瓶口，室温下静置（60±5）min。必要时，调整培养物的 pH 至 6.8±0.2。35℃ 培养（24±2）h。按照下文 D.1~11 所述步骤继续进行试验（作为微生物含量高的食品对待）。

26. 曼密苹果浆

如果为冷冻样品，样品必须解冻以获得分析部分。恒温水浴锅中，控制温度低于 45℃，连续搅拌解冻不超过 15min，或在 2~5℃ 条件下解冻 18h。

对怀疑被伤寒沙门氏菌污染的曼密苹果浆，无菌称取 25g 样品放于无菌带螺帽广口瓶（500mL）或其他适宜容器中。加入 225mL 无菌不含柠檬酸铁铵的 UPB 肉汤，旋涡混合，然后旋紧瓶塞，室温下静置(60±5)min。不需调整 pH，混合均匀，旋松 1/4 圈瓶塞。35℃ 培养（24±2）h。按照下文 D.1~11 所述步骤继续进行试验（作为微生物含量低的食品对待）。

对未怀疑被伤寒沙门氏菌污染的曼密苹果浆，无菌称取 25g 样品放于无菌带螺帽广口瓶（500mL）或其他适宜容器中。加入 225mL 无菌 UPB 肉汤，旋涡混合，然后旋紧瓶塞，室温下静置（60±5）min。不需调整 pH，混合均匀，旋松 1/4 圈瓶塞。35℃培养（24±2）h。按照下文 D. 1～11 所述步骤继续进行试验。

27. 绿叶蔬菜和香草类（菠菜、莴苣、芫荽、皱叶欧芹、意大利芹菜、刺芹、卷心菜和罗勒）

无菌称取 25g 样品于灭菌广口锥形瓶或其他合适容器中。加入 225mL 乳糖肉汤，手动混合样品，顺时针和反时针摇动锥形瓶各 25 次，室温下静置（60±5）min，测定 pH。必要时用 1mol/L HCl 或者 1mol/L NaOH 调整 pH，（35±2. 0）℃培养（24±2）h，按照下文 D. 1～11 所述步骤继续进行试验。

D. 沙门氏菌的分离

1. 拧紧瓶盖并轻轻振荡培养过的样品混合物。

怀疑被伤寒沙门氏菌污染的瓜尔豆胶和食品：吸取 1mL 样品混合液，加到 10mL SC 肉汤中，另取 1mL 样品混合液到 10mL TTB 中，混匀。

所有其他食品：吸取 0. 1mL 样品混合液到 10mL RV 培养基中，另取 1mL 样品混合液到 10mL TTB 中，混匀。

2. 选择性增菌培养按如下步骤进行。

含菌量高的食品：RV 培养基在（42±0. 2）℃（水浴、循环的、温度可调）中培养（24±2）h。TTB 在（43±0. 2）℃（水浴、循环的、温度可调）中培养（24±2）h。

含菌量低的食品（瓜尔豆胶和怀疑被 *S. Typhi* 污染的食品除外）：RV 培养基在（42±0. 2）℃（水浴、循环的、温度可调）中培养（24±2）h。TTB 在（35±2）℃（水浴、循环的、温度可调）中培养（24±2）h。

瓜尔豆胶和怀疑被伤寒沙门氏菌污染的食品：SC 和 TTB 在 35℃培养（24±2）h。

3. 混合（如果是试管，涡旋式混合），用 3mm 直径的接种环，满环（10μL）划线接种 TTB 于亚硫酸铋（BS）琼脂、XLD 琼脂和 HE 琼脂平板上。BS 琼脂平板于划线接种的前一天制备好，避光室温保存备用。

4. 再用 3mm 直径的接种环，从 RV 培养基（样品为含菌量高的食品和菌量低的食品）和 SC 肉汤（样品为瓜尔豆胶）取满环（10μL），划线接种于上述平板上。

5. 对于冷藏食品的预增菌和低水分食品的选择性增菌（仅 SC 肉汤和 TTB）方法，参考官方检测方法 994. 04[1]。选择这种检测方法，最迟可从星期四开始检测，周末不用加班。

6. 选择性平板置于 35℃培养（24±2）h。

7. 检查平板中可疑沙门氏菌菌落的存在。

典型的沙门氏菌菌落形态

（24±2）h 培养后，从每个选择性平板上挑取 2 个或以上菌落。典型的沙门氏菌菌落特征如下。

a. HE 琼脂：菌落呈蓝绿色至蓝色，带或不带黑色中心。许多沙门氏菌培养物可呈现大的、平滑的、黑色中心或为几乎全部黑色的菌落。

b. 木糖赖氨酸去氧胆酸盐（XLD）琼脂：粉红色菌落，带或不带黑色中心。许多沙门氏菌培养物可有大的、平滑的、黑色中心或为几乎全部黑色的菌落。

c. 亚硫酸铋（BS）琼脂：呈褐色、灰色或黑色的菌落，有时带有金属光泽。菌落周围的培养基开始通常呈褐色，但随着培养时间的延长而变为黑色，并有所谓的晕环效应。

如果典型菌落出现在经（24±2）h 培养后的 BS 琼脂上，则挑取 2 个或更多个典型菌落。不论 BS 琼脂平板在培养（24±2）h 后是否挑取过菌落，BS 平板均需再培养（24±2）h。培养（48±2）h 后，如果 BS 平板上出现典型菌落，则挑取 2 个或更多个菌落；如果只在经过（24±2）h 培养的 BS 平板上挑取了菌落，且接种到三糖铁（TSI）琼脂和赖氨酸琼脂（LIA）后呈现非典型反应，则视培养物不是沙门氏菌。对 TSI 琼脂和 LIA 反应的详细解释，参见下文的 D. 9 和 D. 10。

非典型的沙门氏菌菌落形态

不存在典型的或可疑的沙门氏菌菌落时，按如下步骤检查非典型的沙门氏菌菌落。

a. HE 和 XLD 琼脂：某些非典型的沙门氏菌在 HE 和 XLD 琼脂上呈黄色菌落，带或不带黑色中心。HE 和 XLD 琼脂平板经（24±2）h 培养后，若没有典型的沙门氏菌菌落，则挑取 2 个或更多个非典型的沙门氏菌菌落。

b. BS 琼脂：某些非典型菌株产生绿色菌落，其周围培养基稍显或不呈暗色。如果 BS 琼脂平板培养（24±2）h 后，没有出现典型菌落，则不挑取任何菌落，继续培养（24±2）h。如果经（48±2）h 培养后，仍没有典型或可疑的菌落出现，则挑取 2 个或更多个非典型的菌落。

参考的对照培养物

除了阳性对照培养物（典型沙门氏菌）外，建议参考另外 3 个沙门氏菌培养物来辅助在选择性平板上选择非典型沙门氏菌。这些对照培养物为乳糖阳性、H_2S 阳性的沙门氏菌（ATCC 12325），乳糖阴性、H_2S 阴性的沙门氏菌（ATCC 9842），或者乳糖阳性、H_2S 阴性的沙门氏菌（ATCC 29934）。这些菌种可从美国菌种保藏中心（American Type Culture Collection，ATCC）购买到（10801 University Boulevard，Manassas，VA 20110-2209）。

8. 用灭菌接种针轻轻地接触每个菌落正中心部位，接种 TSI 斜面，斜面上划线，并穿刺底层。不需灼烧接种针，穿刺接种 LIA 底层两次，然后接种 LIA 斜面。由于赖氨酸脱羧反应需严格厌氧条件，因此 LIA 斜面必须有深的柱体（4cm）。将已挑过菌落的选择性平板于 5~8℃保存。

9. 将 TSI 琼脂和 LIA 斜面于 35℃分别培养（24±2）h。当进行斜面培养时，拧松试管帽以保持需氧条件，从而防止过量的 H_2S 产生。在 TSI 中，典型的沙门氏菌培养物使斜面呈碱性（红色），底层呈酸性（黄色），产生或不产生 H_2S（琼脂变黑色）。在 LIA 中，典型的沙门氏菌培养物其试管底层呈碱性（紫色）反应。只有试管底层呈明显黄色时才认为有酸性（阴性）反应。不要单纯根据其试管底层产生褪色反应就排除它。在 LIA 中，大多数沙门氏菌培养物皆产生 H_2S；一些非沙门氏菌培养物产生砖红色反应。

10. 在 LIA 中所有底层呈碱性反应的培养物，无论其在 TSI 琼脂中反应如何，应全部保留作为可疑的沙门氏菌分离物对待，并进一步做生化和血清学试验。在 LIA 中呈酸性底层反应和在 TSI 琼脂中呈斜面碱性、底层酸性的培养物，均视为可疑的沙门氏菌分离物，应进一步做生化和血清学试验。在 LIA 中呈酸性底层和在 TSI 琼脂中呈酸性斜面和酸性底层的培养物，可视为非沙门氏菌培养物而弃去。对疑似阳性的 TSI 琼脂培养物，剩余检测可按下文 D. 11 所述进行，来确定是否为沙门氏菌，包括亚利桑那沙门氏菌（*S. arizonae*）。如果 TSI 琼脂中的培养物没有呈现沙门氏菌典型反应（斜面碱性、底层酸性），再从没有疑似阳性培养物生长的选择性平板上另外挑取可疑菌落，按 D. 8 接种于 TSI 琼脂和 LIA 斜面。

11. 生化和血清学鉴定试验。

a. 如果存在可疑沙门氏菌，从 RV 培养基（瓜尔豆胶则为 SC 肉汤）划线分离的选择性琼脂平板上挑取 3 个疑似阳性 TSI 琼脂培养物，从 TTB 划线分离的选择性平板上挑取 3 个疑似阳性 TSI 琼脂培养物，进行生化和血清学鉴定试验。

b. 如果 3 个疑似阳性的 TSI 琼脂培养物不是从一组选择性琼脂平板分离出的，则对其他已分离到的疑似阳性的 TSI 琼脂培养物进行生化和血清学鉴定试验。对所分析的每个 25g 分析单元或 375g 复合物，至少应检查 6 个 TSI 琼脂培养物。

E. 沙门氏菌的鉴定

1. 混杂培养物

对呈混杂菌的 TSI 琼脂培养物，皆应划线接种于麦康凯（MC）琼脂、HE 琼脂或 XLD 琼脂，于 35℃培养（24±2）h。检查平板上是否存在可疑沙门氏菌。

a. 麦康凯（MC）琼脂上菌落的形态：典型菌落透明、无色，有时带有暗色中心。沙门氏菌有时会清除其他细菌引起的胆盐沉淀。

b. HE 琼脂上菌落的形态：见上述 D. 7. a。

c. XLD 琼脂上菌落的形态：见上述 D. 7. b。按上述 D. 7，转种至少 2 个可疑沙门氏菌菌落到 TSI 琼脂和 LIA 斜面上，接上文 D. 9 所述步骤继续进行检测。

2. 纯培养物

a. 尿素酶试验（常规）：用灭菌接种针，接种每个疑似阳性 TSI 琼脂斜面培养物于尿素肉汤试管中。偶尔也会有未接种的尿素肉汤管变紫红色（试验阳性），因而应将未接种的该肉汤试管作为对照，于 35℃ 培养 (24±2)h。

b. 可选的尿素酶试验（快速）：用 3mm 直径接种环，自每一疑似阳性的 TSI 琼脂斜面培养物中取 2 环转种到快速尿素肉汤管中，(37±0.5)℃ 水浴中培养 2h。弃去所有呈阳性结果的培养物，保留所有呈阴性反应的（培养基不变色）培养物，用于进一步研究试验。

3. 血清学多价鞭毛（H）试验

a. 此时或之后，可按以下 E. 5 所述进行多价鞭毛（H）试验。从每个尿素酶阴性的 TSI 琼脂斜面培养物接种到以下任一肉汤：①脑心浸出液（BHI）肉汤，于 35℃ 培养 4~6h，直到可见的培养物出现（供当日试验用），或②胰胳胨大豆肉汤（TSB），于 35℃ 培养（24±2)h（供次日试验用）。在 5mL 肉汤培养物中加 2.5mL 甲醛生理盐水溶液。

b. 选两个以甲醛处理的肉汤培养物，进行沙门氏菌多价鞭毛（H）抗血清试验。在 10mm×75mm 或13mm×100mm 血清学试管内，加入 0.5mL 经适度稀释的沙门氏菌多价鞭毛（H）抗血清，再加入 0.5mL 待测抗原进行检验。并以 0.5mL 甲醛生理盐水溶液同 0.5mL 甲醛处理的抗原混合好，制成盐水对照。将各混合物于48~50℃条件下水浴孵育，每隔 15min 观察一次，并于 1h 内检测出最终结果。

阳性反应：检验混合物中凝集，而对照管中不凝集。

阴性反应：检验混合物中不凝集，对照管中也不凝集。

非特异反应：检验混合物与对照管中皆出现凝集。对出现这类结果的培养物，需用 Spicer-Edwards 抗血清检验培养物。

c. 国家血清研究所步骤。采用国家血清研究所沙门氏菌多价鞭毛（H）抗血清进行多价鞭毛（H）试验。沙门氏菌在非选择性琼脂培养基上生长过夜。Swarm 琼脂是最适合 H 抗原生长的培养基，如果 H 抗原在非选择性琼脂培养基上能够表达，则也可以进行血清分型。在玻片上或塑料培养皿（15mm×100mm）中加一小滴抗血清（约 0.20μL）。用接种环挑取几个菌落，在玻片上与抗血清充分搅拌混匀。细菌的数量应足以形成明显混浊。倾斜玻片或培养皿 5~10s。明显的可见凝集认为是阳性反应，而均质乳状混浊则为阴性反应。反应迟缓或微弱凝集则视为阴性反应。同时必须使用生理盐水（0.85%，pH7.4）进行阴性对照。

4. Spicer-Edwards 血清试验

用这个实验可代替多价（H）血清试验，也可用来对与多价（H）血清产生非特异性凝集反应的培养物进行检验。按 E. 3. b 所述，进行 Spicer-Edwards 抗原检验。当结果是阳性鞭毛检验时，需按以下 E. 5. a~c 进行另外的生化试验；如果两种经过甲醛处理的培养物皆为阴性，则按上文 E. 3. a 对另外的四种肉汤培养物进行血清学检验。如果可能的话，按 E. 5. a~c 进行附加的生化试验，会获得 2 个阳性培养物。如果所有来自尿素酶阴性反应样品的 TSI 培养物的（H）血清检验结果阴性，则按以下 E. 5. a~c 进行附加的生化试验。

5. 尿素酶阴性培养物试验

a. 赖氨酸脱羧酶肉汤：如果所做的 LIA 试验是满意的，则不需重复试验。如果培养物呈现不确定的 LIA 反应，则以赖氨酸脱羧酶肉汤进行赖氨酸脱羧酶的最终确定。将少量可疑沙门氏菌 TSI 琼脂斜面培养物接种至赖氨酸脱羧酶肉汤管。将试管帽旋紧，置于 35℃ 培养（48±2)h，每隔 24h 检查一次。沙门氏菌如果呈现碱性反应，会使整个培养基呈紫色；如果呈阴性反应，则使整个培养基呈黄色。如果培养基出现褪色现象（既不呈现紫色也不呈现黄色），可加入几滴 0.2%溴甲酚紫溶液，重新观察试管的反应。

b. 酚红卫矛醇肉汤或含有 0.5%卫矛醇的溴甲酚紫肉汤基础液：从 TSI 琼脂上取少量培养物接种至肉汤管中。试管帽不用旋紧，置于 35℃培养（48±2）h，但 24h 后观察反应。大多数沙门氏菌呈阳性，表现为内部发酵管中产气和培养基变酸（黄色），产酸可被解释为阳性反应。阴性反应为倒管内无气体产生，整个培养基呈红色（酚红作为指示剂）或紫色（溴甲酚紫作为指示剂）。

c. 胰蛋白胨（或色氨基酸）肉汤：将少量 TSI 琼脂培养物接种到肉汤管中，置于 35℃培养（24±2）h，并按以下所述进行试验。

1）氰化钾（KCN）肉汤：用 3mm 接种环移取 24h 色氨酸肉汤培养物转种到 KCN 肉汤管中。加热试管以便用涂蜡软塞密封试管。35℃培养（48±2）h，但 24h 后开始观察反应。有生长者（有混浊）为阳性。大多数沙门氏菌在此培养基中不能生长，即无混浊现象。

2）丙二酸盐肉汤：用 3mm 接种环移取 24h 色氨酸肉汤培养物转种到丙二酸盐肉汤管中。因偶尔会出现未接种的丙二酸盐肉汤在存放期间变蓝（阳性反应）现象，所以应有未接种的丙二酸盐肉汤管作对照。35℃培养（48±2）h，但在培养 24h 后开始观察反应。大多数沙门氏菌培养物在此肉汤中为阴性反应（绿色或不变色）。

3）吲哚试验：转种 5mL 24h 培养的色氨酸肉汤培养物到空试管中，加入0.2~0.3mL 靛基质试剂，大多数沙门氏菌培养物为阴性反应（在肉汤表面无深红色）。记录呈橘色和粉色变化的中间型为±反应。

4）沙门氏菌血清学鞭毛（H）试验：如果未做多价鞭毛（H）试验（E.3）或 Spicer-Edwards 鞭毛（H）试验（E.4），可任选其一进行检验。

5）吲哚试验阳性和血清学鞭毛（H）试验阴性，或者 KCN 试验阳性和赖氨酸脱羧酶试验阴性的任何培养物，作为非沙门氏菌予以去除。

6. 沙门氏菌血清学菌体（O）试验

（用已知沙门氏菌培养物同所有抗血清做预试验）。

a. 多价菌体（O）试验：用蜡笔在每个玻璃或塑料平板（15mm×100mm）内侧划出 2 个约 1cm×2cm 的区域。可使用商品化的分区载玻片，用 2mL 生理盐水洗脱乳化 TSI 斜面或胰蛋白胨血琼脂基础（无血）24~48h 培养物，用 3mm 接种环移取培养物。加 1 滴菌悬液于用蜡笔标出的每一矩形区域的上部。在其中一个区域的下部加 1 滴生理盐水。在另一区域加 1 滴沙门氏菌多价菌体（O）抗血清。再以干净灭菌的接种环或接种针将一个区域内的菌悬液和生理盐水混合。在另一区域内，将菌悬液和抗血清液混合。将混合液前后倾斜移动 1min，并在良好照明下对着黑暗背景观察，任何程度的凝集都视为阳性反应。多价菌体（O）试验结果分类如下。

阳性反应：检验混合物中发生凝集，而盐水对照中不凝集。

阴性反应：检验混合物中不凝集，盐水对照中也不凝集。

非特异性反应：检验混合物和盐水对照中皆发生凝集，需按 Edwards 和 Ewing 肠杆菌科鉴定中所述进一步做生化和血清学试验。

b. 菌体（O）群试验：按上述 E.6.a 试验，如可获得各群菌体（O）抗血清（包括 Vi），可代替沙门氏菌多价菌体（O）抗血清来检验。特殊处理的培养物呈 Vi 凝集反应阳性，可参照 AOAC《官方分析方法》967.28B 进行试验。记录与单独菌体（O）抗血清呈阳性凝集的培养物为该群菌体抗血清阳性；不能与菌体（O）群抗血清发生反应者，记录为该群菌体（O）抗血清阴性。

7. 补充生化试验

按表 5-1 中 1~11 项试验，对培养物呈典型沙门氏菌反应者，进行沙门氏菌分类。如 25g 分析样品中有一个 TSI 琼脂培养物被归类为沙门氏菌，则该 25g 分析样品的其他 TSI 琼脂培养物就无需进一步试验。沙门氏菌鞭毛（H）试验明显阳性但不具有沙门氏菌生化特性的培养物，应对培养物做纯化分离（按 E.1 所述）和重新检验，按上述 E.2 开始重新试验。

表 5-1 沙门氏菌的生化和血清学反应

试验或底物	结果		沙门氏菌反应[a]
	阳性	阴性	
1. 葡萄糖（TSI）	黄色底部	红色底部	+
2. 赖氨酸脱羧酶琼脂（LIA）	紫色底部	黄色底部	+
3. H_2S（TSI 和 LIA）	黑色	无黑色	+
4. 尿素酶	紫-红色	无颜色变化	-
5. 赖氨酸脱羧酶肉汤	紫色	黄色	+
6. 酚红卫茅醇肉汤	黄色和/或不产气	不产气或无颜色变化	+[b]
7. KCN 肉汤	生长	不生长	-
8. 丙二酸盐肉汤	蓝色	无颜色变化	-[c]
9. 吲哚试验	溶液表面为紫色	溶液表面为黄色	-
10. 多价鞭毛试验	凝集	不凝集	+
11. 多价菌体试验	凝集	不凝集	+
12. 酚红乳糖肉汤	黄色和/或不产气	不产气；无颜色变化	-[c]
13. 酚红蔗糖肉汤	黄色和/或不产气	不产气；无颜色变化	-
14. VP 试验	粉色至红色	无颜色变化	-
15. 甲基红试验	弥漫红色	弥漫黄色	+
16. 西蒙氏柠檬酸盐	生长，蓝色	不生长，无颜色变化	v

a +，≥90%阳性（1~2d 内）；-，≥90%阴性（1~2d 内）；v，不稳定。

b 大部分亚利桑那沙门氏菌阴性。

c 大部分亚利桑那沙门氏菌阳性。

对表 5-1 中 1~11 项目，不呈典型沙门氏菌反应和因此不能归为沙门氏菌的培养物，进行以下补充试验。

a. 酚红乳糖肉汤或紫色乳糖肉汤

1）从每个尚未分类的 24~48h TSI 琼脂斜面上挑取少许培养物，接种到肉汤管中，35℃培养（48±2）h，但在 24h 后开始观察变化。

阳性反应：产酸（黄色）和在倒立发酵管内产气。只要产酸就视为阳性反应。大多数沙门氏菌为阴性结果，即在倒立发酵管内没有气体形成，整个培养基呈红色（含酚红指示剂）或紫色（含溴甲酚紫指示剂）。

2）除在 TSI 琼脂斜面上产酸和在 LIA 中呈阳性反应，或丙二酸盐肉汤试验呈阳性的培养物外，乳糖检验为阳性的培养物都以非沙门氏菌处理。要判断它们是否为亚利桑那沙门氏菌，需对这些培养物做进一步试验。

b. 酚红蔗糖肉汤或紫色蔗糖肉汤：按上述 E. 7 中 a. 1）所述的程序进行，除了那些培养物在 TSI 琼脂斜面上产酸和在 LIA 中呈阳性反应者外，呈蔗糖试验阳性结果者皆作为非沙门氏菌弃去。

c. MR-VP 肉汤：对每个未分类的 TSI 琼脂斜面上的可疑沙门氏菌培养物，挑取少许，接种到 MR-VP 肉汤管中，置于 35℃培养（48±2）h。

1）在室温下按下述方法进行 Voges-Proskauer（VP）试验：移取 1mL 48h 培养物于试管中，并将剩余的 MR-VP肉汤于 35℃再培养 48h。加入 0.6mL α-萘酚溶液于试管中并振摇；加 40%KOH 溶液 0.2mL，并振摇。为了加快反应速度，加少许肌酸结晶。4h 后观察结果：阳性反应为整个培养基由粉红色转变至红宝石色。绝大多数沙门氏菌 VP 试验阴性，即整个肉汤不呈粉红色至红色变化。

2）甲基红试验：吸取 5mL 经 96h 培养的 MR-VP 肉汤于试管中，加入 5~6 滴甲基红指示剂，立即观察结果。绝大多数沙门氏菌培养物呈阳性结果，即在培养基中呈弥散性红色。明显的黄色为阴性结果。对 KCN 阳性、VP 试验阳性及甲基红试验为阴性的培养物，皆可作为非沙门氏菌弃去。

d. 西蒙氏柠檬酸盐培养基：在未被归类的 TSI 琼脂斜面上，用接种针蘸取培养物，划线接种于柠檬酸盐琼脂斜面上，并穿刺底层。置于35℃培养（96±2）h，按下述方法读取结果。

阳性反应：能生长，通常伴随颜色由绿色变蓝色。大多数沙门氏菌培养物为枸橼酸盐阳性。

阴性反应：不生长或微弱生长，而且不变色。

e. 培养物的分类

凡具有表5-1中反应模式的培养物，归类为沙门氏菌。凡具有表5-2所列任何一项结果的培养物，作为非沙门氏菌弃去。对任何培养物，当不能按表5-1的分类表明确地鉴定为沙门氏菌，或也不能根据表5-2所列试验反应排除为非沙门氏菌，可按"Edwards和Ewings肠杆菌科鉴定"所述的补充试验进一步分类[2]。若2个TSI琼脂培养物皆不能按生化试验证实为沙门氏菌，则对该25g检验样品中保留的尿素酶阴性TSI琼脂培养物按E.5进行生化试验。

表5-2 非沙门氏菌培养物排除标准

反应或底物	结果
1. 尿素酶	阳性（紫-红色）
2. 吲哚实验	阳性（表面紫色）
多价H血清实验	阴性（不凝集）
或吲哚实验	阳性（表面紫色）
Spicer-Edwards鞭毛试验	阴性（不凝集）
3. 赖氨酸脱羧酶	阴性（黄色）
KCN肉汤	阳性（生长）
4. 酚红乳糖肉汤	阳性（黄色和/或产气）[a]
5. 酚红蔗糖肉汤	阳性（黄色和/或产气）[a,b]
6. KCN肉汤	阳性（生长）
VP试验	阳性（粉红至红色）
甲基红试验	阴性（弥漫黄色）

a 丙二酸盐肉汤阳性的培养物，需进一步检验以确定是否为亚利桑那沙门氏菌。

b 在LIA上有典型的沙门氏菌反应特征的培养物不要弃去，需进一步检验，以确定是否为沙门氏菌的种。

8. 疑似沙门氏菌属的鉴定

可应用5种商品化的生物化学系统（API 20E、Enterotube Ⅱ、Enterobacteraceae Ⅱ、MICRO-ID或Vitek 2 GN）中的任一种作为常规生化鉴定的代替物，对食源性沙门氏菌属进行鉴定。按本节鉴定所述，检验人员根据自己实验室的情况选择一种商品试剂盒或生化鉴定系统。商业化的生化试剂盒不能用来代替血清学试验[1]。组配试剂盒提供和准备了试剂盒所需试剂。参照AOAC《官方分析方法》中978.24（API 20E、Enterotube Ⅱ和Enterobacterlaceae Ⅱ）、989.12（MICRO-ID）和方法2011.17（Vitek 2 GN），接种每个组合单元，并按规定的时间与温度进行培养，通过实时PCR确认沙门氏菌分离株。加试剂，观察与记录结果。参照上述文献[1]将疑似培养物鉴定为沙门氏菌或非沙门氏菌属。

为对疑似沙门氏菌的培养物进行确证，尚需进行沙门氏菌菌体（O）血清学试验（上述E.6）和沙门氏菌鞭毛（H）血清试验（上述E.3），或进行Spicer-Edwards氏鞭毛（H）试验（上述E.4）。并按下列指导原则对培养物进行分类：

a. 用商品化试剂盒归类为疑似沙门氏菌的培养物，若沙门氏菌菌体（O）血清学试验阳性且沙门氏菌鞭毛（H）血清学试验阳性，则报告为沙门氏菌。

b. 用商品化试剂盒归类为非沙门氏菌的培养物，参照AOAC标准[1]将培养物归类为非沙门氏菌，应作为非沙门氏菌予以排除。

c. 凡不符合a或b的培养物，应按上述E.2~7中规定的附加试验或按Ewing[2]规定的附加试验进行分类，或送至标准分类实验室进行血清定型与鉴定。

9. 鞭毛（H）试验阴性培养物的处理

如果某些鞭毛反应阴性的培养物的生化反应强烈表明其为沙门氏菌，则表明阴性鞭毛（H）凝集可能是非运动性微生物或鞭毛抗原未充分形成的结果。按如下方法对此培养物继续进行检验：从 TSI 斜面挑取少量的培养物，接种于动力试验培养基平板中，在距平板边缘 10mm 处一次穿刺 2~3mm 深，不要刺到平板底或接种到其他任何部位。置于 35℃培养 24h。如果细菌游散生长至 40mm 或更远，按下述方法再试验：用 3mm 接种环转种一环游散至最远处的培养物至胰酪胨大豆胰蛋白肉汤中。重复沙门氏菌多价鞭毛（H）试验（按上述 E. 3 方法）或做 Spicer-Edwards 鞭毛（H）血清学试验（E. 4）。如果培养物经第一个 24h 培养后无动力，于 35℃再培养 24h；如果仍无动力，则置于 25℃再培养 5d。如果上述试验仍为阴性，则把该培养物定为无动力菌株。如果依据生化反应，鞭毛（H）阴性培养物被怀疑为沙门氏菌，应将培养物送至 FDA 实验室做进一步的鉴定和/或血清学分型。

FDA Denver Laboratory

Attention Sample Custodian

Denver Federal Center，Building 206th Avenue & Kipling Streets

Denver，CO 80225-0087

（以上地址 2004 年 10 月 1 日之前有效）

除了 FDA 之外，实验室应该再联系一个参考实验室进行沙门氏菌的血清学分型。

10. 血清学分型培养物的提交

除非另有说明，需提交 1 株自来每个检验样品单元的每个菌体群的分离物。培养物要放在 BHI 琼脂斜面的试管（13mm×100mm 或 16mm×125mm）内提交，试管的螺旋帽应拧紧以确保安全。试管上标有样品编号、子样品（分析单元）编号和菌株编码。提交每一个样品的收集报告副本（Collection Report）FD-464 或进口样品报告副本（Import Sample Report）FD-784。将培养物置于加盖官方 FDA 铅封的培养容器内，将此培养物的记录（上述 E. 11）放于运输箱内，但不要放在加 FDA 铅封的容器内。为每个样品提交有关的备忘录或附上信件，以便提高报告结果速度。按病原媒介运输要求制备需运输的培养物[3]。根据文献[4]标记次级运输容器。以能获得的最快的邮递服务方式运输容器。仅对那些出于法律行为考虑进行血清学分型的样品保留备份培养物。

微生物实验室在邮递需进行血清学分型的沙门氏菌分离物时应遵循下列原则：分离自 NRL、WEAC、SRL 和 ARL 的分离物需要在 ARL 进行血清分型。地址为：

Arkansas Regional Laboratory

3900 NCTR Road Building 26

Jefferson，AR 72079

Attention：Gwendolyn Anderson

Tel # 870-543-4621

Fax# 870-543-4041

分离自 SAN、PRL-SW 和 DEN 的分离物需在 DEN 进行血清分型。地址为：

Denver District Laboratory

6th Avenue & Kipling Street

DFC Building 20

Denver，CO 80225-0087

Attention：Doris Farmer

Tel # 303-236-9604

Fax # 303-236-9675

参考文献

[1] AOAC INTERNATIONAL. 2000. Official Methods of Analysis, 17th ed., Methods 967.25 - 967.28, 978.24, 989.12, 991.13, 994.04, and 995.20. AOAC INTERNATIONAL, Gaithersburg, MD.

[2] Ewing, W. H. 1986. Edwards and Ewing's Identification of Enterobacteriacae, 4th ed. Elsevier, New York.

[3] Federal Register. 1971. 36 (93): 8815 (secs d, e, and f).

[4] Federal Register. 1972. 37 (191): 20556 (sec. 173.388 (a)).

[5] Jacobson, A. P., Hammack, T. S. and W. H. Andrews. 2008. Evaluation of sample preparation methods for the isolation of Salmonella from alfalfa and mung bean seeds with the BAM Salmonella culture method. *J. AOAC Int.* 91: 1083~1089.

[6] Jacobson, A. P., Gill, V. S., Irvin, K. A., Wang, H., and T. S. Hammack. 2012. Evaluation of methods to prepare samples of leafy green vegetables for preenrichment with the Bacteriological Analytical Manual Salmonella culture method. *J. Food Prot.* 75: 400~404.

[7] June, G. A., P. S. Sherrod, T. S. Hammack, R. M. Amaguana, and W. H. Andrews. 1995. Relative effectiveness of selenite cystine broth, tetrathionate broth, and Rappaport-Vassiliadis medium for the recovery of *Salmonella* from raw flesh, and other highly contaminated foods: Precollaborative study. *J. AOAC Int.* 78: 375~380.

[8] Hammack, T. S., R. M. Amaguana, G. A. June, P. S. Sherrod, and W. H. Andrews. 1999. Relative effectiveness of selenite cystine broth, tetrathionate broth, and Rappaport-Vassiliadis medium for the recovery of *Salmonella* from foods with a low microbial load: *J. Food Prot.* 62: 16~21.

[9] June, G. A., P. S. Sherrod, T. S. Hammack, R. M. Amaguana, and W. H. Andrews. 1996. Relative effectiveness of selenite cystine broth, tetrathionate broth, and Rappaport-Vassiliadis medium for the recovery of *Salmonella* from raw flesh, highly contaminated foods, and poultry feed: Collaborative study. *J. AOAC Int.* 79: 1307~1323.

[10] Hammack, T. S., R. M. AMaguana, and W. H. Andrews. 2001. Rappaport-Vassiliadis medium for the recovery of *Salmonella* from foods with a low microbial load: Collaborative study. *J. AOAC Int.* 84: (1) 65~83.

[11] Hammack, T. S., Valentin-Bon, I. E., Jacobson, A. P., and W. H. Andrews. 2004. Relative effectiveness of the Bacteriological Analytical Manual method for the recovery of Salmonella from whole cantaloupes and cantaloupe rinses with selected preenrichment media and rapid methods. *J. Food Prot.* 67: 870~877.

[12] Hammack, T. S., Johnson, M. L., Jacobson, A. P., and W. H. Andrews. 2006. Effect of sample preenrichment and preenrichment media on the recovery of Salmonella from Cantaloupes, mangoes, and tomatoes. *J. AOAC Int.* 89: 180~184.

[13] Sherrod, P. S., R. M. Amaguana, W. H. Andrews, G. A. June, and T. S. Hammack. 1995. Relative effectiveness of selective plating agars for the recovery of *Salmonella* species from selected high-moisture foods. *J. AOAC Int.* 78: 679~690.

[14] Zhang, G., E. Thau, E. Brown, and T. Hammack. 2013. Comparison of a novel strategy for the detection and isolation of *Salmonella* in shell eggs with the FDA bacteriological analytical manual method. *Poultry Science.* 92: 3266~3274.

[15] Zhang, G., E. Brown, and T. Hammack. 2013. Comparison of different preenrichment broths, egg: preenrichment broth ratios, and surface disinfection for the detection of Salmonella enterica subsp. *enterica* serovar Enteritidis in shell eggs. *Poultry Science.* 92: 3010~3016.

[16] Wang, H., Gill, V. S., Irvin, K. A., Bolger, C. M., Zheng, J., Dickey, E. E., Duvall, R. E., Jacobson, A. P., and T. S. Hammack. 2012. Recovery of Salmonella from internally and externally contaminated whole tomatoes using several different sample preparation procedures. *J. AOAC Int.* 95: 1452~1456.

6 志贺氏菌

2001年1月

作者：Wallace H. Andrews，Andrew Jacobson。

修订历史：

- 2013年2月　修改D. 1志贺氏菌增菌方法；恒温水浴培养取代普通培养箱培养。
- 2012年6月　修复表6-1。
- 2000年5月和10月　章节修改。

本章目录

志贺氏菌虽然通常被认为是水源性致病菌，但它也是一些高级灵长类包括人类特有的食源性致病菌。经常由于食品从业人员较差的个人卫生而导致志贺氏菌在人体之间传播。土豆沙拉、贝类、新鲜蔬菜等食品经常在运输过程中污染志贺氏菌。

志贺氏菌分为四个群：A群：又称痢疾志贺氏菌（*S. dysenteriae*），通称志贺氏痢疾杆菌；B群：又称福氏志贺氏菌（*S. flexneri*），通称福氏痢疾杆菌；C群：又称鲍氏志贺氏菌（*S. boydii*），通称鲍氏痢疾杆菌；D群：又称宋内氏志贺氏菌（*S. sonnei*），通称宋内氏痢疾杆菌。志贺氏菌在生化上很难和大肠杆菌区别开来。根据DNA的同源性，Brenner认为志贺氏菌和大肠杆菌属于同一个种，但是在肠杆菌科里志贺氏菌是革兰氏阴性、兼性厌氧、不产孢子、无动力的杆菌。志贺氏菌在2d内不分解赖氨酸或者发酵乳糖。能够利用葡萄糖和其他的糖类，产酸但不产气。然而由于和大肠杆菌很相似，经常也有例外，例如一些变种也利用葡萄糖和甘露醇产气；或是既不利用柠檬酸盐也不利用丙二酸盐作为唯一生长碳源，在氰化钾培养基上不生长。

A. 设备和材料

1. 同沙门氏菌（第5章）。
2. 水浴锅；(42.0±0.2)℃和（44.0±0.2)℃。
3. 厌氧罐。
4. 厌氧产气袋/包。
5. 厌氧指示剂。

B. 培养基

1. 新生霉素志贺氏菌增菌肉汤（M136）。
2. 胰蛋白胨大豆肉汤（TSYE）（M157）。
3. 麦康凯琼脂（M91）。
4. 三糖铁（TSI）琼脂（M149）。
5. 尿素肉汤（M171）。
6. 半固体动力培养基（M103）。
7. 氰化钾（KCN）肉汤（M126）。
8. 丙二酸盐肉汤（M92）。
9. 1%蛋白胨肉汤（M92）。
10. MR-VP 肉汤（M104）。
11. 克氏柠檬酸盐琼脂（M39）。
12. 牛肉浸液琼脂（M173）。
13. 溴甲酚紫肉汤（M26）。
14. 醋酸盐琼脂（M3）。
15. 黏液酸盐肉汤（M105）。
16. 黏液酸盐对照肉汤（M106）。
17. 鸟氨酸脱羧酶基础培养液（M44）。
18. 赖氨酸脱羧酶基础培养液（M44）。

C. 试剂和染色液

1. 靛基质试剂（R38）。
2. VP 试剂（R89）。
3. 1mol/L NaOH 溶液（R73）。
4. 1mol/L 盐酸（R36）。
5. 甲基红指示剂（R44）。
6. 0.85%无菌生理盐水（R63）。
7. 新生霉素。
8. A、A_1、B、C、C_1、C_2、D 群志贺氏菌多价抗血清和 1~4 型 A-D 菌抗血清。
9. 革兰氏染色液（R32）。

D. 增菌

志贺氏菌有两种增菌方法。第一种是常规方法，但增菌涉及一种特殊的志贺氏菌增菌液：将新生霉素加到增菌液中以提高选择性。样品在下文所述增菌条件下进行培养，然后接种到麦康凯琼脂上，典型菌落进行生化和血清学鉴定来确定是否为志贺氏菌。

第二种方法利用 DNA 杂交法，DNA 旋转酶在闭合环状 DNA 中导致负超螺旋。但是据报道，新生霉素会抑制 DNA 旋转酶，因此在志贺氏菌增菌液中添加新生霉素不适合用 DNA 杂交法来鉴定志贺氏菌，因为 DNA 杂交法可以在大量竞争菌存在的情况下鉴定志贺氏菌，而增菌液中不必含有如新生霉素这样的选择性成分，实际上它们会起反作用。因此，如果使用 DNA 杂交，推荐使用含 0.6%酵母浸出液的胰酪胨大豆肉汤（TSBYE）。

1. 常规增菌方法

a. 宋内氏志贺氏菌的增菌：无菌称取 25g 样品到 225mL 志贺氏菌增菌液中，新生霉素的最终质量浓度为 0.5μg/mL。室温放置 10min 并定时振荡。将上清液倒入 500mL 灭菌三角瓶中。如果必要，用 1mol/L NaOH 溶液或 1mol/L 盐酸调节 pH 至 7.0±0.2。将三角瓶放入厌氧罐中，并放入厌氧产气袋（根据厌氧罐的体积使用制造商推荐的型号）和无氧指示剂。置于 44.0℃ 水浴培养 20h 后，振荡摇匀培养液，接种到麦康凯琼脂上，35.0℃ 培养 20h。

b. 其他志贺氏菌的增菌：增菌方法同上，只是增菌液中新生霉素的最终质量浓度为 3.0μg/mL，并且在厌氧罐中于 42.0℃ 水浴培养。

2. DNA 杂交法

称取 25g 样品到 225mL TSYE 增菌液中，室温放置 10min 并定期摇晃。取上清液倒入 500mL 灭菌三角瓶中。如有必要，用 1mol/L NaOH 或 1mol/L HCl 调节 pH 至 7.0±0.2，35~37℃ 增菌培养 20~24h。

E. 志贺氏菌的分离

1. 常规增菌方法

检查麦康凯分离琼脂，志贺氏菌在麦康凯分离平板上呈粉红色半透明，有或没有粗糙边缘。将可疑菌落分别接种到葡萄糖发酵管、三糖铁斜面、赖氨酸脱羧酶、半固体动力琼脂和胰蛋白胨上，35℃ 培养 48h，但是在培养 20h 后开始检查。将有下述特征的培养物丢弃：有动力、产 H_2S、产气、赖氨酸脱羧阳性以及发酵蔗糖或乳糖。关于吲哚试验，44.0℃ 增菌呈阳性的也弃之。所有 42.0℃ 增菌的可疑菌落，无论阳性还是阴性，都应该保存以进行鉴定。

2. DNA 杂交法

操作方法见第 24 章所述。

F. 生化鉴定

志贺氏菌的生化特性总结如下：革兰氏阴性杆菌；以下生化反应阴性：H_2S，尿素酶，葡萄糖，动力，赖氨酸脱羧酶，蔗糖，乳糖（2d），肌醇，核糖醇，KCN，水杨苷，丙二酸盐，柠檬酸盐；甲基红阳性。挑取志贺氏菌阳性菌落接种到牛肉浸液琼脂斜面，用多价血清或者表 6-1 中所列 32 个血清型的生化特性来进行鉴定。如果这些试验都无法鉴定，那么存在以下两种可能：①这些种还没有被国际志贺氏菌分类委员会所接受，可以向美国疾病预防与控制中心（CDC）或者世界卫生组织（WHO）的志贺氏菌参考实验室寻求帮助。②可能是大肠杆菌。这时可附加醋酸盐和黏酸盐的生化鉴定。志贺氏菌在这些生化反应中都是阴性，而大肠杆菌至少有一种是阳性（表 6-2）。

表 6-1 志贺氏菌血清分型的生化反应[a]

亚群血清型	甘露醇	%+	半乳糖醇	%+	木糖	%+	鼠李糖	%+	棉子糖	%+	甘油糖原	%+	吲哚	%+	鸟氨酸脱羧酶	%+
亚群 A																
痢疾志贺氏菌																
1	−	0	−	0	−	0	−	0	−	0	+或(+)	100	−	0	−	0
2	−	0	−	0	−	0	+	98	−	0	(+)或+	98	+	100	−	0
3	−	0	−	0	−	0	−	0	−	0	(+)或+	100	−	0	−	0
4	−	0	−	0	−	0	−	0	−	0	(+)或+	100	−	0	−	0
5	−	0	+或(+)	100	−	0	−	0	−	0	+或(+)	100	−	0	−	0
6	−	0	−	0	−	0	−	0	−	0	−或(+)	38	−	0	−	0
7	−	0	−	0	−	0	(+)或+	90	−	0	−	0	+	100	−	0
8	−	0	−	0	+或(+)	96	−	8	−	0	+或(+)	100	+	100	−	0
9	−	0	−	0	−	0	−	0	−	0	+或(+)	100	−	0	−	0
10	−	0	−	0	+	100	−	0	−	0	−	0	−	0	−	0
亚群 B																
福氏志贺氏菌																
1	+	95	−	0	−	0	−	0	D	89	−	0	−或+	35	−	0
2	+	99	−	0	−	0	−	0	D	77	−	0	−或+	44	−	0
3	+	98	−	0	−	0	D	12	D	88	−	0	+或−	88	−	0
4	+	99	−	0	−	0	D	23	D	82	−	0	+或−	55	−	0
4	−	0	−	0	D	71	−或+	48	−	3	−	0	+	98	−	0
5	+	99	−	0	−	0	−	S	D	72	−	0	+	95	−	0
6	+	>99	D	80	−	4	−	6	−	0	D	88	−	0	−	0
6[b]	+	100	D	86	D	75	−	0	−	0	+或(+)	100	−	0	−	0
6[b]	−	0	+或(+)	100	−	0	−	0	−	0	(+)	100	−	0	−	0

续表

亚群血清型	甘露醇	%+	半乳糖醇	%+	木糖	%+	鼠李糖	%+	棉子糖	%+	甘油糖原	%+	吲哚	%+	鸟氨酸脱羧酶	%+
亚群 C 鲍氏志贺氏菌																
1	+	100	–	1	+或(+)	97	–	0	–	0	(+)或+	96	–	0	–	0
2	+	100	–	1	–	0	–	0	–	0	+或(+)	100	–	0	–	0
3	+	100	D	75	D	86	–	0	–	0	+或(+)	91	–	0	–	0
4	+	99	–或(+)	28	–	0	–	0	–	0	+或(+)	100	–	0	–	0
5	+	100	–	0	(+)	94	–	0	–	0	D	61	+	100	–	0
6	+或(+)	100	(+)或+	100	+	100	–	0	–	0	(+)或+	100	–	0	–	0
7	+	100	–	0	+	98	–	0	–	0	(+)或+	98	+	100	–	0
8	+	100	–	0	+	94	–	0	–	0	(+)或+	100	–	0	–	0
9	+	95	–	0	–	0	D	80	–	0	(+)或–	82	+	100	–	0
10	+	94	+	100	D	84	–	0	–	0	(+)或+	100	–	0	–	0
11	+	100	–或(+)	34	+或(+)	100	–	0	–	0	(+)或+	100	+	100	–	0
12	+	100	–或(+)	14	–	0	–	0	–	0	–或+	14	–	0	–	0
13	+	100	–	0	–	0	–	0	–	0	(+)或–	63	+	100	+	100
14	–或+	29	–	0	(+)或+	100	–	0	–	0	+或(+)	100	–	0	–	0
15	+	90	–	0	–	0	–	0	–	0	(+)或–	64	+	100	–	0
亚群 D 宋内氏志贺氏菌	+	99	–	1	–	1	+或(+)	98	D	84	D	46	–	0	+	>99

a +，≥，90%阳性（1~2d 内）；–，≥90%阴性；+ 或 –，多数为阳性；– or +，多数为阴性；（+）阳性延迟；D，有不同反应［+，（+），–］。

b 一些 O 型福氏志贺氏菌（Newcastle 和 Manchester 生物型）培养后会发酵底物产生气体；而其他志贺氏菌抑制产气。

注意：表中的百分比是+和（+）反应相结合的结果。

资料来源：Ewing，W. H. 1986. Edwards and Ewing's Identification of Enterobacteriaceae，4th ed.，pp. 146~147. Elsevier，New York。经允许可引用。

表6-2 志贺氏菌和大肠杆菌在醋酸盐、柠檬酸盐、黏液酸盐培养基上的反应[a,b]

种属	醋酸钠	%+	(%+)	克氏柠檬酸盐	%+	(%+)	黏液酸钠	%+	(%+)
痢疾志贺氏菌	-	0	0	-	0	0	-	0	0
福氏志贺氏菌	-	0	0	-	0	0	-	0	0
鲍氏志贺氏菌	-	0	0	-	0	0	-	0	0
宋内氏志贺氏菌	-	0	0	-	0	0	D	6.4	(30.3)
大肠杆菌	+或(+)	83.8	(9.7)	D	15.8	(18.4)	+	91.6	(1.4)
A-D 菌	+或(+)	89.6	(4.7)	D	75	(12.5)	D	29.5	(27.9)

a +，≥90%阳性（1~2d 内）；-，≥90%阴性；+或-，多数为阳性；-或+，多数为阴性；(+）阳性延迟；D，有不同反应［+，(+)，-］。

b 来自参考文献[2]，经允许可引用。

G. 血清学鉴定

将在牛肉浸液琼脂斜面上培养 24h 的菌种加到 3mL 0.85%无菌生理盐水中制成菌悬液。用蜡笔在培养皿上画 9 个 3cm×1cm 的矩形，按照以下实验报告在每个矩形上加入数滴菌悬液、抗血清和生理盐水。

矩形	菌悬液	多价抗血清								生理盐水
		A	A_1	B	C	C_1	C_2	D	A~D	
1	+	+								
2	+		+							
3	+			+						
4	+				+					
5	+					+				
6	+						+			
7	+							+		
8	+								+	
9	+									+

用接种针将矩形内物质混匀，注意不要将矩形间物质混在一起。将培养皿振动 3~4min 以加速凝集。按下述方法记录凝集情况：0=不凝集；1+=很少发现凝集；2+=50%出现凝集；3+=75%出现凝集；4+=完全出现凝集。用单价血清再次检测在多价血清中出现的阳性（2+，3+，4+）菌悬液。如果是阴性，将菌悬液加热 30min以去除荚膜抗原。再用多价抗原检测，如是阳性，则再用单价血清检测。由于只是暂定的血清型，某些志贺氏菌用现有血清检测时有可能出现阴性反应。因此建议：如果出现疑似志贺氏菌爆发的症状，需将食品中获得的培养物送到 CDC 或 WHO 志贺氏菌实验室进行确证。

参考文献

[1] Brenner, D. J. 1984. Family I. *Enterobacteriaceae*, pp. 408-420. *In*: Bergey's Manual of Systematic Bacteriology, Vol. 1. N. R. Krieg (ed). Williams & Wilkins, Baltimore.

[2] Ewing, W. H. 1986. Edwards and Ewing's Identification of *Enterobacteriaceae*, 4th ed. Elsevier, New York.

[3] Mehlman, I. J., Romero, A., and Wentz, B. A. 1985. Improved Enrichment for Recovery of Shigella sonnei from Foods. J. Assoc. Off. Anal. Chem. 68 (3): 552~555.

[4] Sanzey, B. 1979. Modulation of gene expression by drugs affecting deoxyribonucleic acid gyrase. J. Bacteriol. 136: 40~47.

7 弯曲菌

2001年1月

作者：Jan M. Hunt，Carlos Abeyta，Tony Tran。

修订历史：

- 2000年12月29日　更新和校订。
- 2001年3月8日　培养基改良。

本章目录

从食物和水中分离弯曲菌

在美国，弯曲菌（*Campylobacter*）被认为是导致肠道疾病的最主要的致病菌之一[20,26]。不同种的弯曲菌会导致轻度或者严重的腹泻，常伴随有血性腹泻。从人体分离得到的弯曲菌中，空肠弯曲菌（*C. jejuni*）、大肠弯曲菌（*C. coli*）和红嘴鸥弯曲菌（*C. lari*）三种占所有弯曲菌种群的99%，其中 *C. jejuni* 占90%。近年来，陆续从感染人群中分离得到了其他种的弯曲菌[7,17,18,23,26,27]。

弯曲菌群具有高度感染性。根据宿主的易感性和环境压力造成的菌体损伤，空肠弯曲菌的感染剂量为500~10000个菌[4,6,7,20,27]。只有嗜常温的胎儿弯曲菌（*C. fetus*）感染性较低。耐热（42℃）的弯曲菌如空肠弯曲菌会时常感染致病。感染者表现为脑膜炎、肺炎、流产等症状，严重的会导致格林-巴利综合征[6,20]。有报道称从感染者身上也分离得到了在42℃条件下生长的耐热胎儿弯曲菌[17]。

多种野生和家养动物，特别是鸟类的肠道中都携带有弯曲菌。它们同人类一样，可作为临时性的无病症携带者，该现象在发展中国家广泛存在。每年，70%的弯曲菌感染都与接触或食用了被人类或动物的废弃物污染的食物和水有关，主要包括未经高温消毒的牛乳、肉类、家禽、贝类、水果和蔬菜[1,8~11,17,19,20,22,25,26]。

空肠弯曲菌能在4℃缺氧、潮湿的环境下生存2~4周，通常在除原料乳之外的过期产品中存在。它们在-20℃条件下能存活2~5个月，但是在室温下仅能存活几天[5,8~11,20]。较其他大多数细菌而言，弯曲菌对于环境条件的影响更为敏感，如暴露于空气、干燥、低pH、加热、冷冻和长时间储存都会破坏其菌体。较老的和受损伤的菌体逐渐地变为球状并且难以生长[5,20]。氯高铁血红素和木炭等淬灭剂能够吸收培养基中的氧气并造成微需氧环境，而在微需氧环境下能显著地增加弯曲菌的复活率[2,14~16,21,25,28]。

弯曲菌是微需氧、菌体细小且弯曲的革兰氏阴性杆菌（1.5~5μm），呈螺旋式运动，通常菌体聚合成为Z

字形[20,24]。Harvey[13]和 Barret 等[3]对弯曲菌属进行了分类鉴定。对于弯曲菌的 PCR 分类鉴定方法也有所报道[12,18,30]。

若需获得更多的信息，请联系：Carlos Abeyta，FDA，PRLNW，Bothell，WA 98041-3012；电话：（425）483-4890。

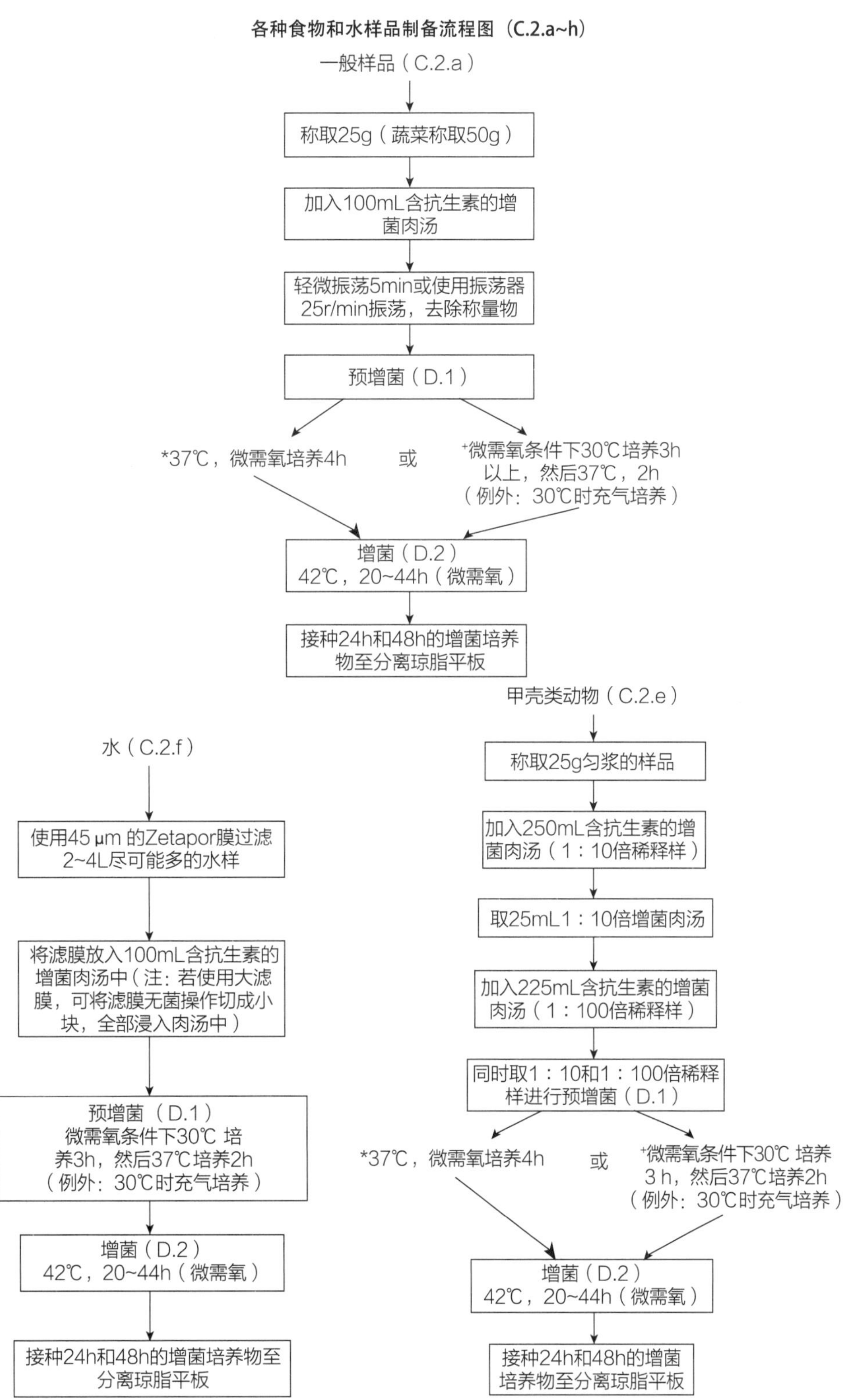

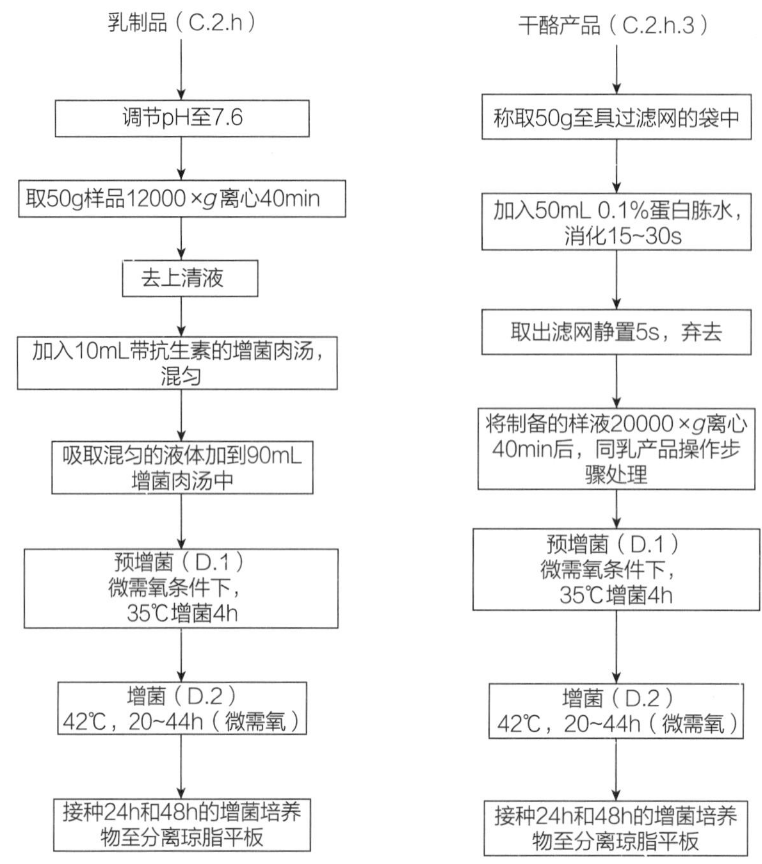

A. 设备和材料

1. 电子天平：最大量程 6000g，感量 0.1g；最大量程 200g，感量 0.0001g。
2. 灭菌均质袋：容量 400mL 和 3500mL；400mL 带滤网的灭菌均质袋（其他类型和大小的均质袋参见文献[16]、[21] 和 [22]）。
3. 不锈钢支架和篮子。
4. 振荡器。
5. 冷冻离心机：最大转速 20000×*g*。
6. 无菌的聚丙烯或不锈钢离心瓶（250mL）和离心管（50mL）。
7. 具过滤网或过滤纱布的无菌大漏斗（用于过滤袋不能处理的甲壳类动物或肉类）。
8. 记号笔。
9. 50mL 灭菌圆锥形离心管。
10. 5~10mL 无菌带螺盖的塑料管。
11. 1mL 灭菌冻存管。
12. 相差显微镜：100×油镜、63×暗视野或 1000×光学显微镜。
13. 载玻片：盖玻片和浸镜油。
14. 混合气体（5%O_2，10%CO_2，85%N_2）和真空泵（图 7-1）。
15. 微需氧培养系统

a. 厌氧培养罐或培养袋

1）带真空表和空气调节阀的气罐，能够连接气瓶/真空组件或产气袋。3.4L 的培养罐（Difco 1950-30-2 或 Oxoid HP11）能用于上述两种系统。

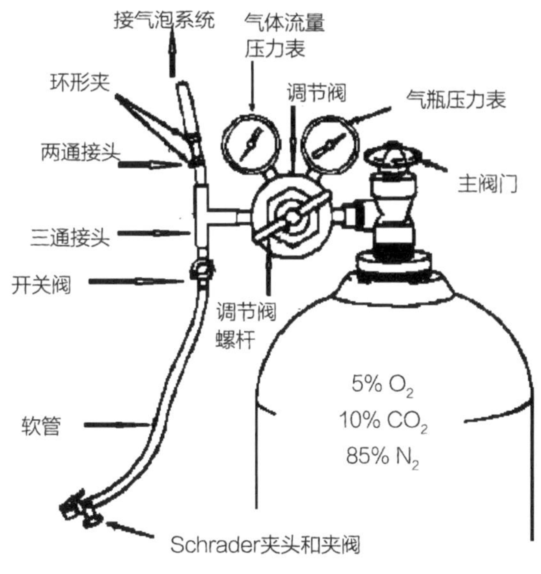

图 7-1 气瓶系统

2)不带测压表或者阀门的厌氧培养罐［2. 5L BBL 或者 EM Diagnostics（Remel，Lenexa，KS 66215）和9. 5L BBL］，用于使用产气袋（2. 5L 产气袋，如：Oxoid N025A 或者 BBL 和 EM gas paks）的培养系统。

3)2. 5L 和 5. 5L 矩形厌氧培养罐：International Bioproducts，800－729－7611 或 Mitsubishi Gas Chemical America，212-752-4620。

4)0. 4L 厌氧培养袋或者矩形厌氧培养罐（International Bioproducts 或 Mitsubishi Gas Chemical America），用于放入 2 个平板培养。EM Diagnostics 生产的产气袋可用于 1 个平板的培养。

5)密封袋，可用热封机封口的密封袋，≥12″×16″。

b. 弯曲菌培养气体产生袋

3. 4L 培养罐用 Oxoid BR56 或 CN035A，2. 5L 和 9. 5L 培养罐可用 Oxoid CN025A、Difco 1956-24-4、BBL 71040（或 71034）或 EM Diagnostics 53013678，矩形培养罐可用 Mitsubishi 10-04，装 2 个平板的袋子使用 Mitsubishi 20-04，装 1 个平板的袋子使用 EM Diagnostics53-13699。

Oxoid CNO25A、Mitsubishi 和 EM 产气袋不需要使用水作催化。

警告：只有无水的产气系统适用于 A. 15. a. 3） 和 A. 15. a. 4）。若将 OXOID BR56、BBL 或 DIFCO 产气包应用于矩形厌氧培养罐可能会产生爆炸。

c. 厌氧气瓶（仅限一个）可与 9. 5L 的 BBL 厌氧培养罐配合使用。每个产气袋能降低罐中 5%的氧气含量，并能产生促进弯曲菌生长的气体。各种产气袋，无论是否需要水催化，都可以用于该培养罐培养弯曲菌。

16. 恒温培养箱：(25±2)℃、(30±2)℃、(37±2)℃以及（42±1)℃。

17. 水浴锅（具振荡功能最佳）：30～42℃；或者大肠菌水浴培养箱：37 和42℃。振荡水浴时，若使用 250mL 或 500mL 的充气烧瓶，需要配有相应的烧瓶夹。振荡水浴培养系统可以用于产气系统和充气烧瓶系统。静置培养仅能用于产气系统。

18. 振荡空气培养箱或者带振荡平台的空气培养箱（可替代振荡水浴摇床）。

19. 振荡充气培养瓶或充气培养袋系统（图 7-2）。

a. 充气培养袋：金属聚酯袋（Associated Bag Company，Milwaukee，Wi.，800-926-6100），100mL 增菌液使用 6″×8″的袋子，250mL 增菌液使用 8″×10″的袋子，如需要可使用更大的袋子。未灭菌的袋子可辐照灭菌。如使用未灭菌的袋子，应单独将 Bolton 肉汤或者未加抗生素的李斯特菌增菌肉汤加入袋中作为质控样。

b. 灭菌真空瓶：250mL 和 500mL，装有橡皮塞并带有抽真空用的管子。具体组装和使用方法见 BAM 第七版（1992 年）第 7 章。

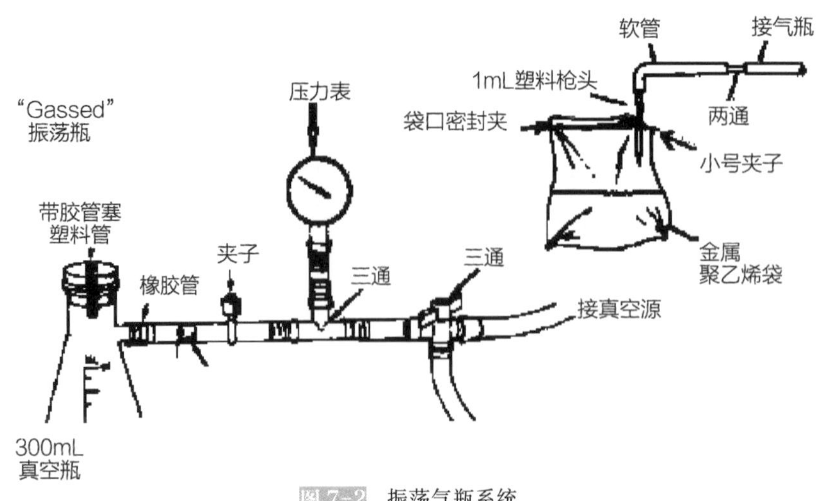

图 7-2 振荡气瓶系统

20. 充气泡系统（图 7-3），两种气体输送阀系统可供选择。

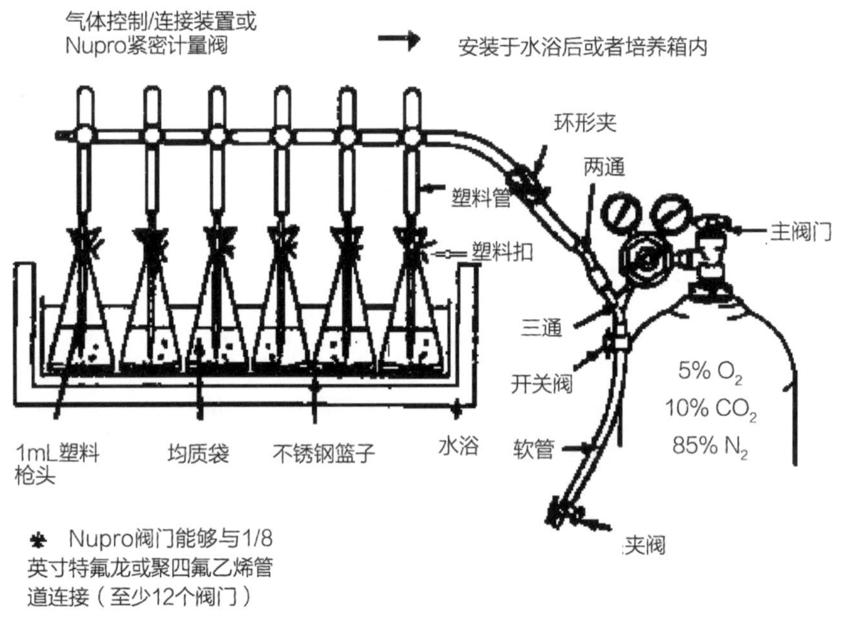

图 7-3 充气包系统

a. 带 Y 形管的气体控制/连接装置：可放置 6～12 个培养瓶的底座（AFC International, Inc., Downers Grove, IL; 800-952-3293）。使用方法见 D.3，组装方法见 F.1。

1) 塑料活塞扣：用于锁住排水阀。

2) 塑料连接管：内径 3/16″。

b. 压力阀：接口尺寸为 1/8″，能够与 1/8″的聚四氟乙烯管相接。长为 2～4in①、内径为 3/16″的塑料连接管数根（取决于所需连接的阀门数量）。使用和安装方法见 D.3 和 F.1，这些材料可联系当地的阀门供应商获得，或联系 Indianapolis Valved and Fitting 公司（Indianapolis, IN; 317-248-2468）以获得最近的供应商的信息。

c. 增菌肉汤培养容器：可选择下列两者之一，

①1in = 2.54cm。——译者注

1)400mL 或更大的均质袋或者带滤网的均质袋、封口带和不锈钢篮子。

2)250mL 或 500mL 的烧瓶，用锡箔纸包住瓶口并灭菌。$2ft^2$ 的封口膜和卡环或者带夹子的平台。设备的说明、装配和使用可参见 BAM 第七版（1992）第 7 章。

d. 灭菌枪头：1mL。

21. 水处理装置

a. Zetapor 过滤器：45μm（Cuno，Meriden，CT，800-243-6894；不可替换），47~293mm（视过滤装置大小定），高压灭菌。

b. 用于 47mm 过滤装置的材料

1)灭菌的聚四氟乙烯涂层的 47mm 硼硅酸盐玻璃滤器和滤器夹。

2)多种用于多样品培养的平台，能同时进行 6~12 个样品培养。

3)真空瓶：1~4L，如使用歧管，则插入带有 6~8in 塑料管的橡皮塞，并在橡胶管上连接软管，软管的另一端连接真空源。

c. 用于 90mm、142mm、293mm 过滤装置的材料

1)90mm、142mm、293mm 过滤装置，顶部带有 3ft 长度的软管，灭菌后使用。

2)真空瓶，4~6L，装配及使用参照 A. 21. b. 3）执行，软管附属于真空瓶塞上并连接于滤器出口端的情况除外。

B. 培养基和试剂

1. 培养基

a. 弯曲菌增菌肉汤（M28a）：Oxoid AM7526、Malthus Diagnostics LAB-135、Malthus Diagnostics、North Ridgeville，OH；216-327-2585；脱脂马血；抗生素（Oxoid NDX131 或者 Malthus Diagnostics X131）。抗生素需单独制备，灭菌后添加，见 G. 1。

b. 弯曲菌分离琼脂

1)Abeyta-Hunt-Bark（AHB）琼脂（M29a）：见 G. 2。

2)改良弯曲菌无血选择性琼脂基础（mCCDA）（M30a）：见 G. 2。

c. 未添加抗生素的 AHB 琼脂：见 G. 2。

d. 心浸出液琼脂（HIA）（M59）。

e. 0. 1%蛋白胨稀释液（R56）。

f. 用于生化鉴定的改良半固体培养基：见 G. 5。

中性红试验、甘氨酸试验、氯化钠试验、半胱氨酸盐酸盐试验、硝酸钾试验。

g. 三糖铁（TSI）琼脂斜面（M149）。

h. 改良的 OF 葡萄糖培养基（M116）：含葡萄糖和不含葡萄糖的培养基各配一半。

i. 麦康凯琼脂（M91）

j. 运输用培养基。

k. 添加或未添加抗生素的 Cary-Blair 运送培养基（M31）或 A-H 斜面，添加有 5%的无菌的胎牛血清或冻融马血清，见 G. 2。

l. 保存用培养基

1)培养保存用改良半固体培养基（M30c）：用于短期培养保存，见 G. 4。

2)冻存培养基(M30b)：用于长期保存，见 G. 3。

2. 生化试剂

a. 马尿酸盐（R33）和茚三酮（R47）反应试剂。

b. 萘啶酸和头孢菌素。

c. 过氧化氢：3%。

d. 过滤牛血清（FBS），0.22μm 膜过滤。

e. 氧化酶试剂，建议使用液态试剂（R54）。

f. 革兰氏染色液（R32），复染色使用 0.5%的石炭酸品红。

g. 亚硝酸盐检测试剂 A 和 B（R48）。

h. 醋酸铅。

i. 弯曲菌检测试剂条［Oxoid，DR150，Hardy Diagnostics 800-266-2222（www.hardydiagnostics.com）］，或者弯曲菌警示试剂条［Cat. No. 9800（94 tests）或 9801（22 tests），Neogen Corporation，800-234-5333 或 www.neogen.com］。

j. 无菌水：1~2L；70%乙醇或 1000mg/L 次氯酸盐溶液。

C. 样品制备

1. 背景信息

冷藏条件下，弯曲菌在食物中，特别是在密闭容器中的食物（生乳除外）中可以存活 1~3 周，但是不能增殖。在-20℃冷冻时其数量会降低两个数量级，但是存活菌保存 5 个月以上仍具活性。样品包装一旦打开就应该马上进行弯曲菌的检测，新鲜的氧气将会加重伤害已经弱化的弯曲菌。

微需氧细菌产生氧气中和酶的能力会下降，特别是在细菌受到外界环境影响的情况下。为解决该问题，可以在培养基中添加一些混合的氧气吸收物质，如 FBP、氯高铁血红素、血和/或木炭。制备好的培养基在存储过程中会不断地吸收氧气，所以应尽可能地使用新鲜配制的培养基。也可将制备好的基础增菌培养基密封在严实的容器中，并避光保存最多 2 个月（氯高铁血红素为光敏感物质）。含有 FPB 的琼脂不使用时应保存在避光、冷冻的条件下。

当存在大量其他背景物质（微生物群落较多）时，需要使用样品的最初制备液以及 1∶10 的稀释液进行增菌培养。样品一经稀释，抗生素的效果就更加明显，弯曲菌能够更加有效地利用低含氧空气。若预计会有其他大量杂菌，则需要制备1∶10稀释度的增菌液。

2. 样品的制备

添加 2 管抗生素添加剂和 50mL 冻融马血清于 1000mL Bolton 肉汤中，或者所需添加的抗生素可以单独制备（见 G.1）。

a. 除 D.2~D.8 所列产品的其余所有样品（b~h）

将带过滤网的均质袋固定在金属支架上，并用金属夹等工具将其固定以防止在称量过程中袋子掉落。称取 25g 样品（如果是水果或蔬菜，取 50g）置于均质袋中，再加入 100mL 增菌肉汤。将均质袋取下，放入篮子等物品中防止倾斜，轻柔摇晃 5min，或使用均质器 25r/min 均质。

均质结束后静置 5min。取出过滤网并在均质袋上方停留数秒使其沥干。如未使用过滤网，可将样品在灭菌均质袋中均质后，将内容物用灭菌纱布过滤，滤液放入培养袋或培养瓶中。若使用金属聚酯袋进行培养，应在称样前在袋中放置一个过滤网袋。

注意：当分析检测如鸡肉沙拉之类的酸性食品样品时，应在过滤清洗完样品后使用 2mol/L 的氢氧化钠将肉汤 pH 调节至 7.4。

b. 龙虾仁和蟹爪

称取 50~100g 放入均质袋中，如上操作。

c. 净膛畜体或难以分割成 25g 的样品（如整只兔子、龙虾或整块的野味肉）

将样品放入 3500mL 的培养袋或者其他类型的均质袋中，加入 200mL 0.1%的蛋白胨水。将袋口封紧，均质 2~3min。将袋子倾斜，使液体移至袋中的一端。将袋子底部使用 1000mg/L 的次氯水或 70%的乙醇消毒，并用无菌水冲洗。无菌操作将袋底部剪开，将液体通过灭菌纱布过滤倒入一个250mL的离心瓶中，16000×g离心15min。弃去上清液，用10mL 0.1%的蛋白胨水悬浮沉淀，吸取3mL于100mL肉汤中。

d. 液态蛋黄或全蛋混合物

将两个样品各25g混合制成混合样。称取25g混合样于125mL肉汤中。轻轻搅拌之后，再移取25mL于另一100mL肉汤中。分别对以上1∶6和1∶48两种稀释度的增菌液进行分析。

e. 甲壳类动物及外壳

至少应取12个样品作为一个代表性样品进行检测（APHA，1970，《贝类和海产品推荐检测规程》）。根据样品大小，取100~200g去壳的肉或水样放入灭菌搅拌机或其他合适的灭菌容器中，低速混匀60s。取25g混合均匀的样品放入培养袋或500mL培养瓶中，加入225mL增菌肉汤。从中取25mL加入另一瓶225mL增菌肉汤中。分析1∶10和1∶100的增菌液。

若增菌过程中培养液产生气泡，应将其转移至新的培养袋或者500mL培养瓶中。如果是在充气袋或者充气罐振荡培养系统中培养，应使用（6×10）in的金属化聚酯袋或者真空培养瓶进行培养。使用厌氧培养罐培养时，每个培养瓶或培养袋中增菌液的量应减少到125mL，因此需要将增菌液分装成两份。为保证弯曲菌的正常培养，应防止气体大量渗入培养体系中。

f. 水

取2~4L水样，每升氯化水样中加入5mL 1mol/L的硫代硫酸钠。

将少量体积的水样使用47mm直径的45μm Zetapor滤膜过滤。该滤膜应带有正电荷，带有负电荷的革兰氏阴性细菌能更有效地结合在带正电荷的滤膜上。

过滤大量水样特别是较为混浊的水样时，应使用90mm或更大直径的滤膜。

若滤器堵塞，戴上无菌手套，将过滤装置放置在经过高压灭菌的器皿上，拧开过滤器，使用无菌镊子以无菌方式将滤膜取出。将滤膜放入增菌肉汤（见下文）。在过滤器中装入新的滤膜，重新组装，并继续过滤。必要时，应使用尽可能多的滤膜过滤样品。

当检测海水或者含盐量高的水样时，应使用100~1000mL（根据滤器大小）灭菌的磷酸盐缓冲液冲洗过滤后的滤膜，以使大量的盐分洗脱。每一个用于盐水分析的滤膜都应使用该液体冲洗。不能让滤膜完全变干，应将滤膜迅速放入增菌肉汤中。弯曲菌对干燥和高盐的条件较为敏感。

将滤膜放入装有肉汤的增菌罐中。当使用大滤膜时，可将滤膜无菌剪切成小块，并保证滤膜完全浸入肉汤中。

使用厌氧培养罐增菌时，每份增菌液应不多于125mL。若增菌液体积较大，应将增菌液分成几份进行培养。

g. 棉签拭子

将10mL增菌肉汤放入50mL由锡箔纸盖住的锥形烧瓶中。每个烧瓶放1个棉签拭子，将棉签拭子上部的棍子部分折断，弃去。重新盖上盖子，不要盖太紧。将烧瓶放入厌氧培养罐中。如在厌氧培养罐中放两层烧瓶，中间应隔一层硬纸板，并且纸板边缘及下部应留有空隙以保证空气流通。

h. 乳，冷冻乳制品

1）鲜乳：在采样地点进行鲜乳采样时，应使用无菌的工具吸取被采集部分在pH6~8的pH试纸上进行检测。如果样品pH低于7.6，用灭菌的1~2mol/L NaOH调节样品pH至7.5±0.2后立即送往实验室，再测试pH，如有必要，用灭菌的1~2mol/L NaOH调节pH至7.5±0.2。取50g样品，20000×g离心40min，弃上清液。用10mL增菌肉汤溶解沉淀，并转移至90mL增菌肉汤中。

2）其他乳制品和冰淇淋：参照鲜乳检测步骤调节pH。称取50g样品，20000×g离心40min，弃上清液。用10mL增菌肉汤溶解沉淀，并转移至90mL增菌肉汤中。

冰淇淋以及其他冷冻乳制品：无菌操作下，先融化，称量前去除糖块或其他固体成分。

3）干酪：称取 50g 放入过滤袋中，加入 50mL 0.1%蛋白胨水，浸泡 15~30s。取出过滤衬套，沥干 5s，弃去。同鲜乳操作，离心并将沉淀溶于肉汤中。

4）鲜乳滤网或过滤器（挤乳过程中用于过滤固体的网布）：称取 50g 样品至 100mL 肉汤中。

D. 预增菌和增菌（改良 Park 和 Humphrey 的方法）

1. 预增菌

a. 4h 预增菌

已知被污染或生产时间在 10d 之内的样品，或者对于乳制品样品，将培养液在微需氧条件下 37℃预增菌 4h。

b. 5h 预增菌

若样品的冷冻时间超过 10d，则使用 5h 预增菌法。所有水和贝壳类样品均需进行 5h 预增菌。

微需氧条件下，30℃培养 3h，然后 37℃培养 2h。

注意：除非使用非振荡水浴充气培养系统（D.3），否则应在 30℃进行培养。30℃条件下静置充气培养的增菌过程能促进厌氧菌的生长。而在微需氧条件下 37℃培养，能有效地增加严重受损的菌体的复活几率。

c. 两种预增菌方法的相关条件

培养袋的振荡速率一般设定为 50~60r/min，培养瓶转速设定为 175~200r/min。

2. 增菌（微需氧，D.3）

预增菌后，将水浴培养温度调节至 42℃，或者直接将样品置于 42℃培养箱。如若检测胎儿弯曲菌（*C. fetus*），则保持在 37℃培养。振荡培养增菌 23~24h，甲壳类动物样品培养应增加 4h。乳制品应总计培养 48h。静置培养应培养 28~29h，甲壳类动物样品应培养 48h。检测 *C. fetus* 应振荡培养 48h 或静置培养 52h。

3. 改良的增菌培养法

可选的三种产生微需氧条件的增菌方法：第一种是将混合气体直接通入增菌肉汤中，第二种是在微需氧气体条件下振荡培养增菌，第三种是将增菌液放入具微需氧气体条件的厌氧培养罐中增菌培养。

第一种增菌方法也可同时配合振荡法进行培养。

第二种方法所使用的是热封的已充入微需氧条件气体的金属化的聚酯袋或者排空空气并充入微需氧条件气体的培养瓶。

第三种方法是排出厌氧培养罐中的空气，并向其中充入微需氧条件的气体，或者使用弯曲菌培养产气包进行培养。当前两种方法条件不能满足时可使用该方法。但是如果使用的是 50mL 长颈烧瓶进行培养（如检测棉签拭子），则不能使用该方法，而是应用培养罐系统。

培养罐系统简述如下。

a. 充气系统

使用两层培养袋可防止增菌液的泄漏（振荡培养时可将外层袋子取下），在外层袋子中加入 10mL 水可有效地达到热传递的效果。将培养袋放入不锈钢篮子中（4~6 个/篮），在篮子的空余空间用装满水的瓶子填充。将 1 个 1mL 的塑料枪头末端插入袋子中，迅速系紧袋口，同时将留在袋口的枪头上端接上充气管。

打开气瓶阀，并将气体压力调节至 4~6lb，这样能以每秒 2~3 个气泡的速率往袋子内填充气体（图 7-1 和图 7-3）。确保枪头的 2/3 插入至增菌肉汤中，将充气管口系紧，并放置于篮子中保持袋口向上的状态。在培养过程中适当地补充水以保持周边水浴的水位稍高于袋中的水位。

使用锥形烧瓶的充气系统方法参见 BAM（第七版，1992）第 7 章。

b. 振荡瓶（袋）系统（使用空气振荡培养箱进行振荡袋的培养）

1）振荡袋系统

松开气瓶上的卡环，取下连接气瓶的软管，插入双向的内径 3/16″的软管。打开气瓶阀，将气体压力调节至 2lb。软管的另一端接上灭菌的 1mL 塑料枪头。为保证枪头无菌，将枪头末端插入无菌培养袋中（图 7-1 和

图 7-2)。每个袋子（金属聚酯袋）需使用一个新的灭菌枪头。

用封口机将袋口热封。在袋子上端剪一个小口，挤压排出袋中液面上的空气。将枪头插入袋口并打开开关阀，将袋中肉汤上方的部分充满培养气体。按以上操作排空每个袋子中的空气并充入培养气体，每个袋子重复两次，最终将袋中充满培养气体，快速热封或者扎紧袋口。将充满气体的袋子并排放入篮子中。将篮子置于培养箱的振荡板上，设定转速为 175~200r/min。

2)振荡烧瓶系统

参考 BAM（第七版，1992）第 7 章。

c. 充气罐系统

将培养袋上部系紧后放入培养气罐。每个袋子中的肉汤体积不能超过 125mL。如使用 5.5L 的长方形气盒，在气盒中放入一个较深的托盘用于放置培养袋。

1)产气袋：每个 9.5L 的 BBL 培养罐中放入 3 个 BBL 弯曲菌产气袋或 EM 厌氧。如使用小罐，每罐放一个袋子，如 3.4L 的 Difco 和 Oxoid 的培养罐，使用 Difco 或 Oxoid 3.4L 培养罐专用的产气袋，气袋需要水作为催化剂。如使用 2.5L 的方形盒，则使用 1 个不需要水作为催化剂的产气袋。5.5L 的方形盒需要使用 3 个产气袋或 1 个 9.5L BBL 罐使用的厌氧产气袋。

2)气瓶和抽真空：在培养罐盖紧盖子后，在盖子上接上真空管和真空阀，打开抽真空装置抽真空直至罐中气压达到 15~20in 汞柱。拔下管子，必要时将罐盖压紧。打开气瓶的主阀门，调节气压至 6~8lb（图 7-1）。将气管连接至盖子上的另一个进气阀，打开压力校准器开关并将罐内气压加至 5~10lb。拔除气罐并关闭校准阀。重复排气和充气步骤两次，最终将袋中充满气体。若需要打开盖子，需先使用接种环手柄或类似大小的工具顶住罐盖上的排气阀，将气体排至正常气压后再开盖。

3)培养罐的保存和维护：若罐盖上的真空校准阀与硬物发生撞击，可能会影响其校准值。应将校准阀重新校准调零后再使用。

不使用时应将培养罐盖打开并放置于通风干燥的地方以防止罐内产生霉菌。在使用后，应用 70%的乙醇进行清洁和消毒，在储存前风干。

若培养罐有漏气的情况，可按如下操作进行检查：罐体是否有裂缝，盖子上的橡胶圈或密封圈是否破裂或丢失，阀杆部分是否有损坏。更换阀杆时，使用工具将气阀杆卡住，逆时针旋转退出阀杆。将新阀杆尖头部分朝下插入阀门中，并顺时针旋转至底。

4)阳性控制：弯曲菌阳性菌株应在-70℃条件下的冷冻剂中保存。若菌株需要经常使用，可将菌株在半固体培养基中室温下保存（见 G.4）。阳性菌株可从 ATCC 购买。实验室必须保存的阳性菌株为：*C. jejuni*（ATCC 33560），*C. coli*（ATCC 33559），*C. lari*（ATCC 35211）和 *C. fetus*（ATCC 27374）。

使用灭菌的棉签拭子接种冷冻的阳性对照品。将棉签拭子接触阳性对照品的部分无菌操作剪下，放入增菌肉汤，或者将棉签拭子直接涂布琼脂平板，微需氧条件下培养。

如需将培养物冻存，应首先将大量的培养物接种至无抗生素的 Abeyta-Hunt-Bark（AHB）琼脂上。42℃微需氧条件下培养 24h，*C. fetus* 使用 37℃培养。制备足够的冷冻剂，以保证每个平板能够加入 1mL。戴上手套，分别吸取 1mL 冷冻液加至每个平板。用灭菌的涂棒将菌体刮下，将洗下的菌液转移至灭菌试管中，吸取 0.5mL 菌液至冷冻管或者灭菌的聚丙烯尖底离心管中，-70℃冷冻保存。将冷冻管放入乙醇-干冰浴中能有效地降低冰箱振动的影响，但是乙醇能消除管壁上的标识，因此应将标签标识在管子顶部或者使用不受乙醇影响的标签。

若使用半固体培养基保存菌种，应接种菌体至培养基表面，稍微松开管盖在微需氧条件下培养 24h。参照上文的不同情况选择不同的培养温度。培养后将盖子拧紧并避光保存。该方法最多能保存两个月。

注意：转运培养物时，用灭菌棉签涂下在含或不含抗生素的 Abeyta-Hunt-Bark（AHB）琼脂上的培养物，将棉签接触培养物的部分折下并放入含有灭菌 Cary-Blair 运送培养基的带旋盖的转运培养管中，拧紧盖子。或者接种培养物至转运管装的 AHB 琼脂斜面上，琼脂中可添加 5%的冻融马血和抗生素。

E. 分离、鉴定及确证

1. 分离

挑取培养 24h 和 48h 的增菌液接种于 Abeyta-Hunt-Bark 或者改良的 CCDA 琼脂平板上，并将增菌液使用 0.1%的蛋白胨水稀释 100 倍，同时接种于上述平板培养基中。贝类、鸡蛋或者其他的已经进行了稀释增菌的培养液则直接接种增菌液。挑取两环接种物接种至每个平板，使用划线法将其分离。将平板避光保存。

可使用厌氧培养罐（平板占用体积不要超过罐体积的 1/2）或者密闭的 4mm 厚的厌氧塑料培养袋，也可使用微需氧工作站进行增菌培养。应及时将培养袋封口，可采用热封、卷口或密封胶带等方法，并尽快进行微需氧培养。使用培养罐时，可使用排气或充气的方法，或者使用弯曲菌产气袋，或带一个厌氧袋的 9.5L 的 BBL 厌氧罐（参见 D. 3. c 充气罐系统）。使用培养袋时，用软管连接进气管和排气管。当真空度设定得非常低时，剪开袋角，排空气体，重复两次，并用胶袋密封。将培养基在 42℃ 培养 24~48h，24h 时观察生长情况。若检验胎儿弯曲菌，应于 37℃ 培养 48~72h。接种后的平板应置于 37~42℃ 培养，而嗜热弯曲菌在温度较高的情况下生长更为迅速。

注意：准备琼脂平板时，应将刚倾注的平板在超净工作台下干燥过夜。若必须当天使用的平板应将其放入 42℃ 培养箱中数小时。不要打开培养皿盖干燥。干燥时间过短只能使培养基表面干燥，培养时会抑制弯曲菌的生长。

2. 鉴定

弯曲菌菌落在琼脂培养基上呈现黏稠、向划线方向两边蔓延生长、扁平透明、边缘光滑不规则的白色圆形菌落。每个平板选取一个典型的菌落涂片观察。在载玻片上接种有菌落的位置滴一滴生理盐水或者缓冲液，将菌均匀涂布。盖上盖玻片，在 63 倍光学显微镜暗视野下或者 1000 倍相差显微镜油镜下观察。若不能对菌落进行及时的鉴定，应将平板置于 4℃ 微需氧环境下保存。

若没有前两种仪器，应进行以下涂片试验：使用 0.1mL 对比染色剂将结晶紫加到生理盐水或缓冲液中配制成质量/体积比为 50/100mL 的溶液，滴至载玻片上接种菌的位置，将待测菌均匀涂布。3~5min 后，制片并于 1000 倍光学显微镜下用油镜观察。同时涂片阳性菌株作为对照。弯曲菌的细胞应为弯曲状，长 1.5~5μm，常连成长短不一的类似锯齿状的链状结构。大部分刚从平板上接种的菌细胞具有运动性，并且呈螺旋状运动，不过也有将近 10%的菌不具有运动性。较老的菌细胞运动性降低并呈球状。涂片观察完成后，应及时对显微镜和使用过的手套进行消毒，并及时洗手。

若菌落呈现弯曲菌典型形态，再次将菌落接种到不含抗生素的 AHB 琼脂平板上，每个菌接种两个平板。选择菌落生长较少的一个平板进行确证试验。微需氧环境下 42℃（胎儿弯曲菌 37℃）划线培养 24~48h。另一个平板 4℃ 保存备用。必要时，可将二代接种的培养物再次接种以获得纯的单菌落。1~2 个平板的培养可使用小培养袋或培养罐。

3. 确证

选取再次接种到 AHB 平板上生长的菌落进行过氧化氢酶和氧化酶试验。在玻片上滴一滴 3%的过氧化氢溶液，用接种环挑取菌落与过氧化氢溶液混合，在 30s 内出现气泡的为阳性。将滤纸用氧化酶试剂湿润后，用铂丝接种环挑取分离良好的菌落涂布。如果在 10s 内出现紫红色、紫色或深蓝色为阳性反应。所有的弯曲菌均应呈现氧化酶阳性结果。

注意：巧克力琼脂平板上生长的弯曲菌菌落会出现假阴性结果。

4. 生化鉴定

所有的测试都应使用以下对照菌株：空肠弯曲菌（用于马尿酸盐和其他试验）和红嘴鸥弯曲菌（抗生素抗性试验和马尿酸盐试验）。若进行胎儿弯曲菌鉴定，应同时使用胎儿弯曲菌的阳性对照菌株。

表 7-1 生化反应表[a]

种类	空肠弯曲菌	空肠弯曲菌德莱亚种（*C. jejuni* subsp. *doylei*）	大肠弯曲菌	红嘴鸥弯曲菌	胎儿弯曲菌胎儿亚种（*C. fetus* subsp. *fetus*）	*C. hyo-intestinalis*	"乌普萨拉弯曲菌"（*C. upsaliensis*）[b]
25℃生长	-	±	-	-	+	D	-
35~37℃生长	+	+	+	+	+	+	+
42℃生长	+	±	+	+	D	+	+
硝酸盐还原	+	-	+	+	+	+	+
3.5%氯化钠	-	-	-	-	-	-	-
H_2S 试验（醋酸铅试剂条）	+	+	+	+	+	+	+
H_2S，TSI 琼脂斜面	-	-	D	-	-	+[c]	-
过氧化氢酶试验	+	+	+	+	+	+	-
氧化酶试验	+	+	+	+	+	+	+
麦康凯琼脂生长	+	+	+	+	+	+	-
运动性（涂片法）	+（81%）	+	+	+	+	+	+
1%甘氨酸生长试验	+	+	+	+	+	+	+
葡萄糖利用	-	-	-	-	-	-	-
水解马尿酸盐试验	+	+	-	-	-	-	-
抗萘啶酮酸盐试验	S[d]	S	S	R	R	R	S
先锋霉素抗性试验	R	R	R	R	S[e]	S	S

a +，90%或者更多的菌落呈阳性反应；-，90%或者更多的菌落呈阴性反应；D，11%~89%的菌落呈阳性反应；R，具有抗性；S，具敏感性。

b 建议名称。

c 在新鲜配制的 TSI 斜面（<3d）上产生少量的硫化氢。

d 有报道空肠弯曲菌对萘啶酮酸具抗性。

e 有报道胎儿弯曲菌胎儿亚种对先锋霉素具抗性。

注意：豚肠弯曲菌在氢气环境下生长相当旺盛，而在氧气、二氧化碳和氮气混合气体的环境下生长相当缓慢。应使用不含有催化剂的 Campy Pak gas 气囊进行该菌种的分析。乌普萨拉弯曲菌不在 FDA 培养基上生长，因其对抗生素敏感。

资料来源：T. J. Barret，C. M. Patton and G. K. Morris（1988），Lab. Med. 19：96~102。

a. 革兰氏染色

使用 0.5%石炭酸品红作为复染剂。弯曲菌为革兰氏染色阴性菌。

b. 马尿酸盐水解试验

从不含抗生素或非选择性培养基平板上用 2mm 接种环挑取足够多的菌落置于含 0.4mL 1%马尿酸盐的试管（13×100mm）中。37℃水浴中培养 2h。小心加入 0.2mL 茚三酮试剂（R47），摇动，并再温浴10min，观察结果。深紫色为阳性；淡紫色或无颜色变化为阴性。只有空肠弯曲菌是马尿酸盐水解阳性。

马尿酸盐溶液可冷藏保存 1 个月，茚三酮试剂可冷藏保存 3 个月。

c. 三糖铁（TSI）高层斜面反应

大量挑取血平板上菌落穿刺并划线接种 TSI 高层斜面（M149）。微需氧环境下 35~37℃培养 5d。80%的大肠弯曲菌和少量的红嘴鸥弯曲菌在斜面下层产硫化氢；空肠弯曲菌不产硫化氢。所有的弯曲菌均产碱。斜面配制后能冷藏保存 7d。

d. 葡萄糖利用试验

从血平板上挑取菌落穿刺接种到含有 OF 培养基（M116）的小管中。每个小管接种 3 次，每个待测菌接种两管，一管为添加有葡萄糖的培养基，另一管为只有基础成分的培养基。微需氧环境下 35~37℃ 培养 4d。弯曲菌不利用葡萄糖或者其他糖，管内应无变化。

e. 弯曲菌检测试剂条或弯曲菌警示试剂条（见 B. 2. i）

按照操作说明检测分离琼脂平板或 AHB 琼脂平板上的 1~2 个菌落。该试剂条鉴定结果是初步结果，不能替代生化鉴定。该试剂条并非血清学鉴定试剂条，如通过其他检测鉴定为弯曲菌，而该试剂条检测为阴性结果，它可能属于弯曲菌的其他种。

f. 使用稀释培养物进行的试验

挑取生长菌落接种至 5mL 0. 1%的蛋白胨水，混合均匀，调节菌液浓度至 1 个麦氏单位。使用该菌液进行以下试验。

1)抗生素抑制试验：将已制备的菌液涂布接种于不含抗生素的 AHB 琼脂平板。并在同一平板中不同位置（分两边）各放置一片分别浸有萘啶酮酸和先锋霉素溶液的 5~6mm 直径的滤纸片。微需氧环境下37℃培养 24~48h。纸片边缘出现未有任何细菌生长的区域说明对该抗生素敏感。

2)温度耐受试验：划线接种稀释培养物至 AHB 培脂平板上，接种三个平板。分别于 25、35~37℃ 和 42℃ 微需氧环境下培养 3d。有菌落生长表明耐温阳性。

3)麦康凯琼脂（M91）上的生长试验：本试验不能鉴定空肠弯曲菌、大肠弯曲菌和红嘴鸥弯曲菌，但是能鉴别弯曲菌的其他种。划线接种菌悬液至麦康凯琼脂上。微需氧环境下 37℃ 培养 3d。观察阳性和阴性结果。麦康凯琼脂平板配制后不能放置超过 3d。

4)改良半固体培养基（见 G. 5）中的生长试验：在添加有以下生化试剂的培养基表面接种 0. 1mL 菌悬液，微需氧下 37℃ 培养 3d，硝酸盐培养基培养 5d。若有生长，应是仅在培养基表面以下较狭窄区域形成生长带。

1%甘氨酸：有菌落生长为阳性。

3. 5%氯化钠：有菌落生长为阳性。

半胱氨酸产硫化氢：接种半胱氨酸培养基，并在培养基上方悬挂一根醋酸铅条，不要盖紧盖子。醋酸铅条若出现黑色或微弱的黑色为阳性反应。

硝酸盐还原试验：培养 5d 后向培养基中加入亚硝酸盐检测试剂 A 和 B（R48）。呈现红色为阳性反应。

F. 充气泡系统装置的组装（适用于两种体系）

1. 气体控制/连接装置

将鲁尔接口插入排气阀并拧紧接口，用两根直径 3/16″的小管连接进气门和 Y 型管，并将 Y 型管跟气瓶相连。管子长度由从出口阀门到培养袋（瓶）的距离决定。将管子切成小段与排气管相连，并将培养容器固定。管中气体的流动量通过进气阀门控制，不使用的排气口应关紧阀门。通过连接管相连能连接更多的装置，这些装置同样也能在 42℃ 的振荡空气摇床培养箱中进行培养。培养箱应能允许连接管穿过其外壁向培养系统提供气体。可另接一连接管用于 37℃ 培养。

2. 具阀门的终端控制系统

根据阀门的设计安排聚四氟乙烯管的长度，留出一个带阀门的排气口。根据阀门到增菌容器的距离确定所需剪切的四氟乙烯管的长度。在每个排气口末端连接一个 2″长直径 3/16″的连接管，并配有开关阀，用于连接 1mL枪头。将组装好的充气培养系统放置在平板上置于水浴箱中或者卡紧并悬浮于水浴箱中。这些装置同样也能在 42℃ 的振荡空气摇床培养箱中进行培养。培养箱应能允许连接管穿过其外壁向培养系统提供气体。可另接一连接管用于 37℃ 培养。

G. 培养基

1. 弯曲菌增菌培养基（Bolton formula），Oxoid AM-7526 或 Malthus Diagnostics Lab-135

a. 基础增菌肉汤

肉胨 10g、水解酪蛋白 5g、酵母浸膏 5g、NaCl 5g、氯化血红素 0.01g、丙酮酸钠 0.5g、α-酮戊二酸1g、焦亚硫酸钠 0.5g、无水碳酸钠 0.6g，蒸馏水 1000mL。调节 pH 至 7.4±0.2。

1000mL 水中加入 27.61g 组分，浸泡 10min 至溶解，调 pH 至 7.4，分装至螺口瓶中 121℃ 灭菌 15min。待培养基冷却后盖紧瓶盖。在使用前添加 50mL 马血和 10mL 过滤除菌的乙醇-水溶液（50：50，体积比）复溶的添加剂（Oxoid NDX131 或者 Malthus Diagnostics X-131）。若没有该添加剂，则应加入 4mL 抗生素溶液（每种抗生素分开配制）。

注意：可使用两性霉素 B 替代放线菌酮。

将培养基干粉存放于盖紧盖子的容器内，并放置于阴凉干燥处以防止氧气的进入和过氧化物的形成，能抑制微需氧微生物的生长。配制好的培养基能保存 1 个月（最好仅保存 2 周）。

b. 冻融马血

将采到的新鲜血冷冻保存。轻轻地摇匀血细胞，倒入 40mL 至灭菌的一次性 50mL 离心管中，-20℃ 冷冻。解冻，并再一次冷冻，可使细胞充分溶解。保存时间最多 6 个月。未使用的部分可以反复冷冻。

c. 弯曲菌增菌培养肉汤添加剂（每个添加成分独立配制。头孢哌酮钠、万古霉素和 FBP 保存寿命较短。应在使用前适量配制。少量体积的溶液可使用 0.22μm 滤膜的注射器式过滤器进行过滤除菌）

头孢哌酮钠（Sigma Cat. No. C4292）：将 0.5g 头孢哌酮钠充分溶解于灭菌蒸馏水中定容至 100mL。使用 0.22μm 的过滤器过滤除菌。4℃ 可保存 5d，-20℃ 保存 14d，-70℃ 可保存 5 个月。使用无菌的塑料管或塑料瓶保存。每升培养基中添加 4mL 抗生素溶液，其终质量浓度为 20mg/L。

甲氧苄氨嘧啶乳酸盐（Sigma Cat. No. T0667）：100mL 蒸馏水中溶解 0.66g 甲氧苄氨嘧啶，过滤除菌。4℃ 可保存 1 年。每升培养基中添加 4mL 抗生素溶液，其终质量浓度为 20mg/L。

甲氧苄氨嘧啶（Sigma Cat. No. T7883）：在 0.05mol/L 的 HCl 中加入 0.5g 三甲基吡啶，50℃ 搅拌溶解，用蒸馏水定容至 100mL。每升培养基中添加 4mL 抗生素溶液，其终质量浓度为20mg/L。

万古霉素：0.5g 溶解到 100mL 蒸馏水中过滤除菌。4℃ 可保存 2 个月。每升培养基中添加 4mL 抗生素溶液，其终质量浓度为 20mg/L。

放线菌酮：1.25g 溶解至 20~30mL 无水乙醇中并加水定容至 100mL。过滤除菌。4℃ 可保存一年。每升培养基中添加 4mL 抗生素溶液，其终质量浓度为 50mg/L。可用两性霉素 B 代替放线菌酮。

2. 分离培养基

a. Abeyta-Hunt-Bark（AHB）琼脂（M29a）

心浸出液琼脂 40g、酵母膏 2g，蒸馏水 1000mL。121℃ 高压灭菌 15min。调节 pH 至 7.4±0.2。待培养基冷却后加入以下选择性试剂。

准备琼脂平板时，应将刚倾注的平板在超净工作台下干燥过夜。若是必须当天使用的平板，应将其放入 42℃ 培养箱中几个小时。不要打开培养皿盖干燥。即使非常短暂的表面干燥也会抑制弯曲菌的生长。

1）头孢哌酮钠：称取 0.8g 溶解至 100mL 蒸馏水中，过滤除菌。每升琼脂培养基中添加 4mL 抗生素溶液，或 1L 肉汤培养基中添加 6.4mL。其终质量浓度为 32mg/L。

2）利福平：称取 0.25g 缓慢加入到 60~80mL 无水乙醇中，振荡使其充分溶解后用蒸馏水定容至 100mL。-20℃ 可保存 1 年。每升培养基中添加 4mL 抗生素溶液，其终质量浓度为 10mg/L。

3）两性霉素 B（Sigma Cat. No. A9528）：称取 0.05g 溶解至 100mL 蒸馏水中，过滤除菌。-20℃ 可保存 1 年。每升培养基中添加 4mL 抗生素溶液，其终质量浓度为 2mg/L。

4) FBP：称取 6.25g 丙酮酸钠溶解于 10~20mL 蒸馏水中，再加入 6.25g 硫酸亚铁和 6.25g 亚硫酸钠。完全溶解后用蒸馏水定容至 100mL，过滤除菌。在 1L 琼脂培养基中加入 4mL FBP。FBP 具光敏感性和能快速吸收氧气的性质。应即需即配。10~25mL FBP 能使用 0.22μm 过滤器过滤除菌。配制的溶液马上冻存-70℃能保存 3 个月，-20℃能保存 1 个月。

b. 改良弯曲菌无血选择性琼脂基础（mCCDA）（M30a）

CCDA 琼脂基础（OXOID）45.5g、酵母膏 2g，蒸馏水 1000mL。121℃高压灭菌 15min。调节 pH 至 7.4±0.2。冷却培养基后添加头孢哌酮钠、4mL 利福平溶液和 4mL 两性霉素 B。见 AHB 琼脂添加说明（G.2.a）。

3. 冻存培养基

Bolton 基础肉汤（9.5mL）、1mL 胎牛血清（0.22μm 过滤）和 1mL 甘氨酸（10%），使用前混合均匀。

4. 培养保存用半固体培养基（M30c）

弯曲菌增菌肉汤（Bolton，Oxoid AM-7526）27.6g、琼脂 1.8g、柠檬酸钠 0.1g、蒸馏水 1000mL。调节 pH 到 7.4±0.2。煮沸。分装 16×125mL 螺旋帽试管，每支 10mL。121℃灭菌 15min。储存过程中，螺旋帽要旋紧。不要添加抗生素和马血。

5. 用于生化鉴定的改良半固体培养基

基础培养基：不含血和抗生素的弯曲菌增菌肉汤（Bolton）27.6g，琼脂 1.8g，蒸馏水 1000mL。

生化药剂如下：

0.2%中性红溶液：将 0.2g 中性红充分溶解于 10mL 无水乙醇后，用 ddH_2O 定容至 100mL。

煮沸基础培养基：250mL 分装成 4 份。3 份培养基中加入 2.5mL 中性红，再加入甘氨酸、NaCl 和半胱氨酸-HCl。没有加入中性红的培养基中加入硝酸钾。每份培养基调节 pH 至 7.4±0.2。分装带螺旋帽的试管，每支 10mL。121℃高温灭菌 15min。

1) 硝酸钾（10g/L）：于无中性红的 250mL 半固体培养基中加入 2.5g。

2) 甘氨酸（10g/L）：于含有中性红的 250mL 半固体培养基中加入 2.5g。

3) NaCl（30g/L）：于含有中性红的 250mL 半固体培养基中加入 7.5g。

4) 半胱氨酸-HCl（0.2g/L）：于含有中性红的 250mL 半固体培养基中加入 0.05g。

致谢

本文的完成非常感谢 Norman Stern、Eric Line、Gerri Ransom、Irene Wesley 和 Sharon Franklin，U.S. Department of Agriculture；Mabel Ann Nickelson，Centers for Disease Control；Eric Bolton，Public Health Laboratory，Preston，Eng。同样非常感谢以下 FDA 人事部专家给予的帮助和指导：Chuck Kaysner 和 Karen Jinneman，SPRC and the PRL-NW microbiology team，Bothell，WA；Robert Merker，CFSAN，Washington，DC；David Ware，SERL.

参考文献

[1] Abeyta，C. and C. A. Kaysner. 1987. Incidence and survival of thermophilic campylobacters from shellfish growing waters：media evaluation. International Workshop on*Campylobacter*，*Helicobacter*，and Related Organisms. Abstract，p. 11.

[2] Bark，D.，B. Jay，C. A. Abeyta，Jr. 1996. Enhancement of Recovery by Removal of Blood from the Standard Campylobacter Protocol. IAMFES 83rd Annual Meeting，Poster #58.

[3] Barrett，T. J.，C. M. Patton and G. K. Morris. 1988. Differentiation of *Campylobacter* species using phenotypic characterization. *Lab. Med.* 19：96~102.

[4] Black，R. E.，M. M. Levine，M. L. Clements，T. P. Hughes and M. J. Blaser. 1988. Experimental *Campylobacter jejuni* infection in humans. *J. Infect. Dis.* 157：472~479.

[5] Blaser，M. J.，H. L. Hardesty，B. Powers and W. L. Wang. 1980. Survival of *Campylobacter fetus* subsp. *jejuni* in biological

milieus. J. Clin. Microbiol. 27：309~313.

[6] Blaser, M. J., G. P. Perez, P. F. Smith, C. M. Patton, F. C. Tenover, A. J. Lastovica and W. L. Wang. 1986. Extra intestinal *Campylobacter jejuni* and *Campylobacter coli*infections：host factors and strain characteristics. *J. Infect. Dis.* 153：552~559.

[7] Butzler, J. P. 1984. Campylobacter Infection in Man and Animals. CRC Press, Boca Raton, FL.

[8] Castillo, A. and E. F. Escartin. 1994. Survival of *Campylobacter jejuni* on sliced watermelon and papaya. *J. Food Prot.* 57：166~168.

[9] Clark, A. G. and D. H. Bueschkens. 1986. Survival and growth of *Campylobacter jejuni* in egg yolk and albumen. *J. Food Prot.* 49：135~141.

[10] Doyle, M. P. and J. L. Schoeni. 1986. Isolation of *Campylobacter jejuni* from retail mushrooms. *Appl. Environ. Microbiol.* 51：449~450.

[11] Fricker, C. R. and R. W. A. Park. 1989. A two year study of the distribution of thermophilic campylobacters in human, environmental and food samples from the Reading areawith particular reference to toxin production and heat - stable serotype. *J. Appl. Bacteriol.* 66：477~490.

[12] Harmon, K., G. Ransom and I. Wesley. 1997. Differentiation of *Campylobacter jejuni* and *C. coli* by Multiplex Polymerase Chain Reaction. To be published.

[13] Harvey, S. M. 1980. Hippurate hydrolysis by *Campylobacter fetus. J. Clin. Microbiol.* 11：435~437.

[14] Humphrey, T. J. 1986. Injury and recovery in freeze- or heat-damaged *Campylobacter jejuni. Lett. Appl. Microbiol.* 3：81~84.

[15] Hunt, J. M., D. W. Francis, J. T. Peeler and J. Lovett. 1985. Comparison of methods for isolating *Campylobacter jejuni* from raw milk. *Appl. Environ. Microbiol.* 50：535~536.

[16] Hutchinson, D. N. and F. J. Bolton. 1984. Improved blood free medium for the isolation of *Campylobacter jejuni* from faecal specimens. *J. Clin. Pathol.* 37：956~957.

[17] Klein, B. S., J. M. Vergeront, M. J. Blazer, P. Edmonds, D. J. Brenner, D. Janssen and J. P. Davis. 1986. *Campylobacter* Infection Associated with Raw Milk. *JAMA.* 225：361~364.

[18] Linton, D., R. J. Owen and J. Stanley. 1996. Rapid identification by PCR of the genus *Campylobacter* and of five *Campylobacter* species enteropathogenic for man and animals. *Res. Microbiol.* 147：707~718.

[19] Mathewson, J. J., B. H. Keswick and H. L. DuPont. 1983. Evaluation of filters for recovery of *Campylobacter jejuni* from water. *Appl. Environ. Microbiol.* 46：985~987.

[20] Nachamkin, I., M. J. Blaser and L. S. Tompkins, eds. 1992. *Campylobacter jejuni* Current Status and Future Trends. American Society for Microbiology, Washington D. C.

[21] Park, C. E. and J. W. Sanders. 1989. Sensitive enrichment procedure for the isolation of *Campylobacter jejuni* from frozen foods. Vth International Workshop on*Campylobacter* Infections, Abstract #79.

[22] Park, C. E. and G. W. Sanders. 1992. Occurrence of thermotolerant campylobacters in fresh vegetables sold at farmers' outdoor markets and supermarkets. *Can. J. Microbiol.* 38：313~316.

[23] Patton, D. M., N. Shaffer, P. Edmonds, T. J. Barrett, M. A. Lampert, C. Baker, D. M. Perlman and D. Brenner. 1989. Human disease associated with " *Campylobacterupsaliensis*" (catalase-negative or weakly positive *Campylobacter* species) in the United States. *J. Clin. Microbiol.* 27：66~73.

[24] Smibert, R. M. 1984. Genus II. *Campylobacter*, pp. 111 - 118. *In*：Bergey' s Manual of Determinative Bacteriology, Vol. 1, N. R. Kreig and J. G. Holt (eds). Williams & Wilkins, Baltimore.

[25] Stern, N. and E. Bolton. 1994. Improved Enrichment Recovery of *Campylobacter* spp. from Broiler Chicken Carcasses. IAMFIS 81rst Annual Meeting, ABSTR. #29.

[26] Tauxe, R. V., N. Hargrett - Bean, C. M. Patton and I. K. Wachsmuth. 1988. *Campylobacter* isolates in the United States, 1982-1986. *Morbid. Mortal. Weekly Rep.* 37：1~13.

[27] Tee, W., B. N. Anderson, B. C. Ross and B. Dwyer. 1987. Atypical campylobacters associated with gastroenteritis. *J. Clin. Microbiol.* 25：1248~1254.

[28] T. T. Tran and J. J. Yin. 1997. A Modified Anaerogen System for Growth of *Campylobacter* spp. *J. of Rapid and Automation in Microbiology.* 5：139~149.

[29] Wesley, R. D. and J. Bryner. 1989. Re-examination of *Campylobacter hyointestinalis* and *C. fetus*. International Workshop on *Campylobacter* Infections. Abstract, p. 122.

[30] Winters, D. K. and M. F. Slavik. 1995. Evaluation of a PCR based assay for specific detection of *Campylobacter j.*

8 小肠结肠炎耶尔森氏菌

2001 年 1 月， 2017 年 10 月更新

作者： Stephen D. Weagant, Peter Feng, J. T. Stanfield。

修订历史：

- 2017年10月 对 F. 鉴定中说明内容进行修改，理顺步骤。

本章目录

小肠结肠炎耶尔森氏菌（*Yersinia enterocotitica*）及与其相似的细菌在自然界普遍存在，常常可以从土壤[2,18]、水[2,10,17]、动物[2,18]以及各类食物[5,6,15]中分离出来。该菌包括一群在生化上多种多样的群体，这个群体可以在冷藏的温度下生长（运用冷增菌法可以富集此类细菌就是一个有力的证据）。根据它们在生物化学上的多样性和 DNA 的相关性，可以将这个群体的成员分为 4 类：小肠结肠炎耶尔森氏菌、中间耶尔森氏菌（*Y. intermedia*）、弗氏耶尔森氏菌（*Y. frederiksenii*）和克氏耶尔森氏菌（*Y. kristensenii*）[9]。在修订本中，耶尔森氏菌属增加到 11 种类型，其中有 3 类对人类有潜在的致病性：鼠疫耶尔森氏菌（*Y. pestis*）、假结核耶尔森氏菌（*Y. pseudotuberculosis*）和小肠结肠炎耶尔森氏菌。小肠结肠炎耶尔森氏菌是最重要的食源性致病菌。

基于菌体抗原的热稳定性，小肠结肠炎耶尔森氏菌以及相关菌株可以用血清进行分型。Wauters[51]将小肠结肠炎耶尔森氏菌及相关菌株分为 54 个血清型，Aleksic 和 Bockemuhl [1]将其简化为 18 个血清型，其中包括小肠结肠炎耶尔森氏菌。目前，已经鉴定的具有致病性的菌株血清组有 O∶1，2a，3；O∶2a，3；O∶3；O∶8；O∶9；O∶4，32；O∶5，27；O∶12，25；O∶13a，13b；O∶19；O∶20；O∶21。因此，具有致病性的菌株也分为很多血清型，其中，在人类中主要流行的血清型是 O∶3、O∶8、O∶9 和 O∶5，27。

已经证实食用了被小肠结肠炎耶尔森氏菌污染的食物、动物废弃物和非绿色水源会导致人类生病[5,6,17]。这种微生物可以在冷藏温度生长，因为污染物可能在食物制造场所[5]或者在家里，冷藏食物是潜在传播媒介[6]。

在肠道病变菌种中，耶尔森氏菌的致病机制是复杂的，它作为一种研究模型，用于理解许多肠道致病菌的感染过程。它们包括大量的染色体和质粒的决定因子。染色体决定因子包括：入侵宿主细胞（小肠结肠炎耶尔森氏菌的 *ail* 因子和假结合耶尔森氏菌的 *inv* 因子）、铁配位与摄入蛋白（*irps*）以及热稳定肠毒素（ystA）。带有 70kb 的毒力质粒（小肠结肠炎耶尔森氏菌的 pYV 和假结核耶尔森氏菌的 pIB1）包括：耶尔森氏菌属外蛋白

(*yops*)、低钙应答(*lcr*)、耶尔森氏菌属附着蛋白(*yadA*),还有许多其他质粒基因[38]的温度依赖转录调节基因(*virF*)。

大量的毒力试验可用来辨别具有潜在致病能力的小肠结肠炎耶尔森氏菌。小肠结肠炎耶尔森氏菌以及相关的类似菌株可以在体外产生耐热外毒素(ST),这种外毒素类似于大肠埃希氏菌的外毒素[12],可以用将培养物的滤出液对乳鼠进行胃内注射的方法来进行检测。然而,耶尔森氏菌属只能在低于30℃的情况下才能在体外产生ST。从环境中分离到的许多耶尔森氏菌株可以产生这种蛋白质,可是一些有完整毒力的小肠结肠炎耶尔森氏菌却不能产生这种蛋白质。近来的研究表明,一个ST基因的特定亚型——*stA*亚型与小肠结肠炎耶尔森氏菌的致病性具有更密切的相关性[44]。但是,ST在耶尔森氏菌属的致病过程中究竟起到什么作用,这一点仍然不太明确。

可以使人患上耶尔森氏鼠疫杆菌肠道病的耶尔森氏菌属带有一个70kb的质粒[19,29,56],它具有许多与毒力相关的特性:在35~37℃时能够在特定的培养基中产生自身凝集[8,30];在钙缺陷的培养基中出现生长抑制[19];在35~37℃可以结合结晶紫染料;对人血清的抗性增强[39];在35~37℃可以产生一系列外膜蛋白[41];可以导致豚鼠或者小鼠患上结膜炎(豚鼠角膜实验)[49,56];腹腔注射活菌,可以导致成年鼠与幼鼠死亡[8,14,43,45]。通过凝胶电泳或者DNA克隆杂交技术[22]来检测与毒力相关的质粒。最近的研究表明,仅仅有质粒的存在还不足以使耶尔森氏菌属的毒力完全表达[21,42,48]。某些质粒介导的毒力的强度例如对小鼠的致死性和导致结膜炎的发生是可变的,这种强度的变化依赖于细菌染色体所携带的基因以及血清型[39~41,46],这一点表明染色体的基因与耶尔森氏菌属的毒力也是有关联的。

致病性耶尔森氏菌同样可以感染哺乳动物细胞,例如在组织培养时可以感染Hela细胞[29]。然而,失去一些毒力的菌株仍然可以感染Hela细胞,因为对哺乳动物细胞的感染性是由染色体上的位点编码的。已经证实,两个染色体上的基因*inv*和*ail*,它们编码侵染哺乳动物细胞的表型[36~37]。将这些基因位点转入大肠杆菌,可以使大肠杆菌获得同样的侵染表型[36]。这种*inv*基因使得耶尔森氏菌对多种组织培养细胞系具有很高的侵染性[36]。但是,DNA印迹(Southern blotting)分析表明,在具有组织培养侵染性和不具有组织培养侵染性的菌株中都存在*inv*基因序列[37,46]。虽然这一点表明小肠结肠炎耶尔森氏菌的*inv*基因与其侵染性没有直接的联系,但是有遗传学的证据表明*inv*基因在不具侵染性的菌株中是非功能性的[40]。而*ail*基因在细胞侵染方面则表现出更高的宿主专一性,并且它只存在于致病性小肠结肠炎耶尔森氏菌中。在致病菌株中,所有有毒力的小肠结肠炎耶尔森氏菌都具有组织培养侵染性,并且都携带有*ail*基因[36,41]。因此,*ail*基因位点可能是小肠结肠炎耶尔森氏菌的基本染色体毒力因子[37,46]。从食品样品中分离出来的菌株中,DNA克隆杂交技术和PCR试验可以用来检测这些与致病性相关的基因是否存在[16,35,38]。

与小肠结肠炎耶尔森氏菌相比,假结核耶尔森氏菌不常见,多从动物身上,偶尔也能从土壤、水和食品里分离到[18,50]。除了蜜二糖、棉子糖、水杨苷以外,假结核耶尔森氏菌菌株的生化反应几乎没有变化。血清学上(根据热稳定的O抗原),假结核耶尔森氏菌可以分为6个血清型,每个血清型都包括致病株。据Gemski[20]报道,含有一种70kb质粒的Ⅲ型血清的菌株以及Ⅱ型血清的菌株对成年鼠有致死性。已经证实人类的耶尔森氏鼠疫杆菌肠道病与假结核耶尔森氏菌所含有的70kb的质粒具有相关性[38,42]。

已经证实假结合耶尔森氏菌的染色体上也有毒力基因[24~25]。假结核耶尔森氏菌和小肠结肠炎耶尔森氏菌的*inv*基因是同源的,都编码侵袭哺乳动物细胞的侵袭因子。将*inv*基因转入大肠杆菌K-12,会使大肠杆菌获得侵袭性表型[25]。*inv*基因受温度调节[23,27],它编码一个103ku的蛋白质——侵袭素,这种侵袭素可以接合哺乳动物细胞上的特定受体,使得假结合耶尔森氏菌便捷地侵入宿主组织[26]。虽然关于假结核耶尔森氏菌毒力的检测试验没有关于小肠结肠炎耶尔森氏菌的检测试验那么丰富,但是,通过DNA克隆杂交技术和PCR可以检测假结核耶尔森氏菌的组织细胞侵袭性和带有质粒的分离物[38]。

鉴定有潜在毒力的小肠结肠炎耶尔森氏菌核假结核耶尔森氏菌在体外最方便的检测方法是通过小高凸起克隆阵型接合刚果红染料的方法,在35~37℃时生长而在26℃时不生长。

许多动物模型用于评估耶尔森氏菌属对人类的毒力。这些模型包括豚鼠角膜结膜炎（豚鼠角膜试验）、兔小肠结肠炎、沙鼠以及乳鼠和成年鼠的致死率试验[38]。用耶尔森氏菌菌株对成年鼠进行腹腔注射之前，用铁、螯合铁以及去铁敏 B 处理实验鼠，可以增加实验鼠对感染的敏感性[45]。

A. 设备和材料

1. 培养箱：温度保持在（10 ± 1）℃，±（35~37）℃。
2. 搅拌器：混合器 8000r/min，500~1000mL 的瓶子。
3. 无菌培养皿：15mm×100mm。
4. 显微镜：900×，带发光器。
5. 一次性硼硅酸盐试管：10mm×75mm；13mm×100mm。
6. 可放置 13mm×100mm 试管的金属架。
7. 涡流混合仪。

B. 培养基

1. 蛋白胨山梨醇胆汁肉汤（PSBB）（M120）。
2. 麦康凯琼脂（用混合的胆汁盐；BBL 的 Mac 琼脂和 DIFCO 的 Mac CS 也可以）（M91）。
3. CIN 琼脂（M35）。
4. 溴甲粉紫肉汤（M26）。分别添加下列糖类，每种糖类的质量浓度都是 0.5%：甘露醇、山梨醇、纤维二糖、核糖醇、肌糖、蔗糖、鼠李糖、棉子糖、乙糖、水杨苷、木糖、海藻糖。
5. 克氏尿素琼脂（M40）（平板或斜面）。
6. 苯丙氨酸脱氨酶琼脂（M123）（平板或斜面）。
7. 动力培养基（M103）。在高压灭菌前，每升溶液加 5mL 1%的 2，3，5-三苯基四唑氯化物。
8. 1%胰蛋白胨肉汤（M164）。
9. MR-VP 肉汤（M104）。
10. 西蒙氏柠檬酸盐琼脂（M138）。
11. 牛肉浸液肉汤（M173）。
12. 胆盐七叶苷琼脂（M18）。
13. 厌氧卵黄琼脂（M12）。
14. API 20E 或者 Vitek GNI。
15. 含酵母浸出液胰蛋白胨大豆琼脂（TSAYE）（M153）。
16. 赖氨酸精氨酸铁琼脂（LAIA）（M86）。
17. 补充 0.5%鸟氨酸的脱羧酶基础培养液（M44）。
18. 刚果红 BHI 琼脂糖（CRBHO）培养基（M41）。
19. 吡嗪酰胺酶琼脂斜面（M131）。
20. PMP 肉汤（M125）。
21. β-D-葡萄糖苷酶试验（见本章末尾的操作指南）。

C. 试剂

1. 革兰氏染色液（R32）。
2. VP 试剂（R89）。
3. 10%的氯化铁蒸馏水溶液（R25）。

4. 氧化酶试剂（R54）。
5. 0.5%无菌生理盐水（R66）。
6. 靛基质试剂（R38）。
7. 0.5%的 KOH 溶液混合 0.5%的 Nacl 溶液，新鲜制备。
8. 无菌石蜡油（R46）。
9. API 20E 系统或者 Vitek 系统，GNI 卡片（bioMerieux）。
10. 1%硫酸亚铁铵。

D. 增菌

推荐采用下列简化程序从食品、水和推荐的环境样品中分离耶尔森氏菌。

1. 收到样品后立即开始检验，或者将样品于4℃冷藏（建议检验前不要冷冻样品，虽然耶尔森氏菌可以从冷冻食品中检验出来）。无菌称取 25g 样品到 225mL PSBB 中。均质 30s，于 10℃培养 10d。

2. 如果怀疑样品污染耶尔森氏菌的程度较高，则在肉汤培养前分别吸取 0.1mL 涂布麦康凯琼脂[15,55]和 CIN 琼脂[47,54]的同时，吸取 1mL 样品溶液到 9mL 碱处理液（0.5%的氢氧化钾混合 0.5%的 NaCl 溶液[4]）中，混合 2~3s，再分别吸取 0.1mL 涂布于麦康凯琼脂和 CIN 琼脂。30℃培养平板 1~2d。

3. 10d 后，取出增菌肉汤，充分混合。挑取一环增菌液混入 0.1mL 碱液（0.5%的氢氧化钾混合 0.5%的 NaCl 溶液），混合 2~3s[4]。接着各取一环分别接种麦康凯平板和 CIN 平板。移取 0.1mL 事先混匀的增菌液混入 1mL 碱液（0.5%的氢氧化钾混合 0.5%的 NaCl 溶液），混合 5~10s，再同前操作。将平板在 30℃培养 1~2d。

E. 分离耶尔森氏菌

培养 1~2d 后观察麦康凯琼脂平板（图 8-1），排除红色和黏液状的菌落，选择小（直径1~2mm）、扁平、无色或者淡红色的菌落。

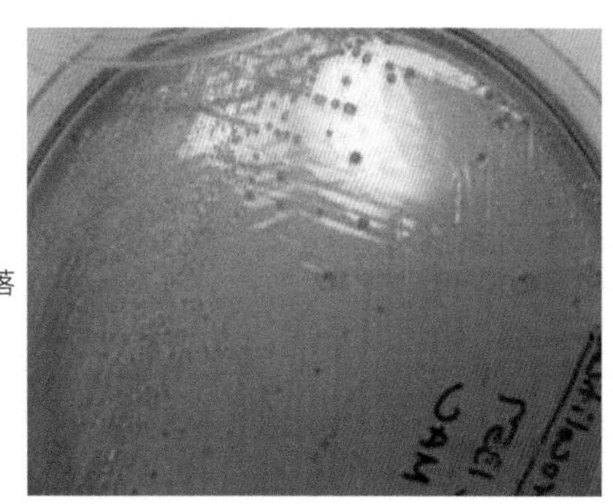

图 8-1 麦康凯琼脂上的小肠结肠炎耶尔森氏菌

培养 1d 后观察 CIN 琼脂平板（图 8-2）。选择小的（直径 1~2mm）中心深红色的菌落，轮廓鲜明，周围有清晰的无色透明带。

用接种针将所选择的可疑菌落穿刺接种到 LAIA 斜面[53]（图 8-3）、克氏尿素琼脂平板（图 8-4）或斜面以及胆盐七叶苷琼脂平板（图 8-5）或斜面。室温培养 48h。在 LAIA 斜面产碱、底部产酸、不产生气体和硫化氢（KA--）且尿素阳性的菌落可以初步推断是耶尔森氏菌。排除那些在 LAIA 上产生硫化氢或者产气的培养物，同时也排除尿素阴性的培养物，优先注意那些不水解（没有发黑的）七叶苷的典型菌落。

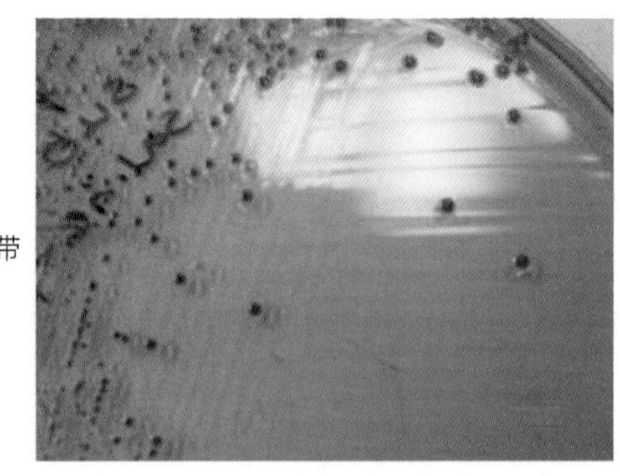

图 8-2　YSA(CIN)琼脂上的小肠结肠炎耶尔森氏菌

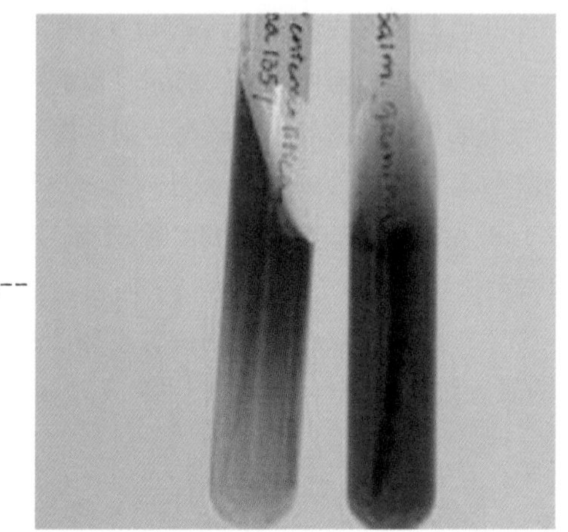

图 8-3　LAIA 斜面

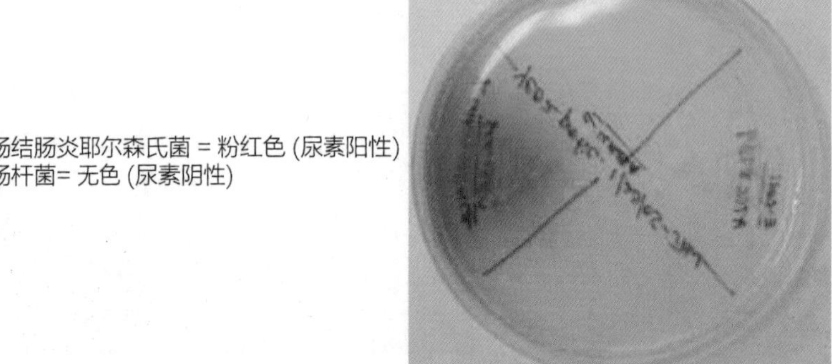

图 8-4　克氏尿素琼脂

F. 鉴定

从 LAIA 斜面上挑取菌落，划线接种 TSAYE 平板，室温培养。用 TSAEY 上的生长物来检查培养纯度、氧化酶试验、革兰氏染色。挑取 TSAEY 上的菌落接种于含有蛋黄的琼脂培养基，如厌氧蛋黄（AEY）琼脂，室温有氧培养 2~5d，用于脂肪酸反应。挑取 TSAYE 上的可疑菌落，接种以下生化试验培养基，室温培养 3d（除了动力试验培养基和 MR-VP 肉汤培养基需要在 35~37℃ 培养 24h）。

1. 脱羧酶基础培养液（M44）：分别添加 0.5%的赖氨酸、精氨酸、乌氨酸；上层覆盖无菌石蜡油。
2. 苯丙氨酸脱氨酶琼脂（M123）。
3. 半固体动力试验培养基（图 8-6）（M103）：于 22~26℃ 和 35~37℃分别培养。

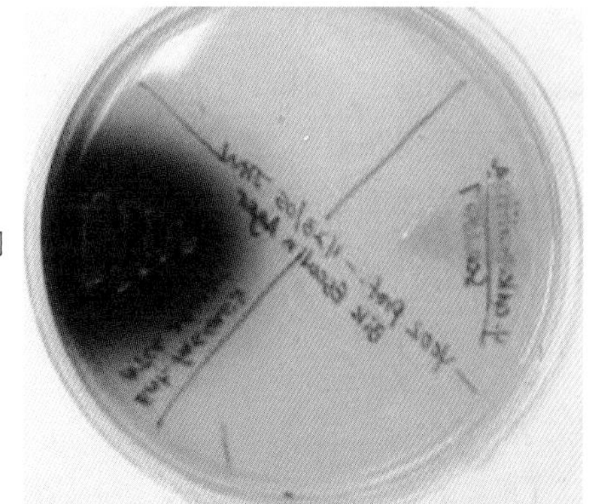

图 8-5　胆汁七叶苷琼脂

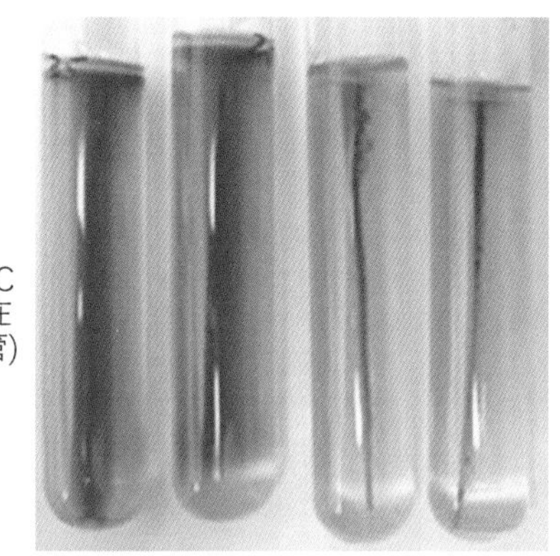

图 8-6　加了 TTC 的动力试验培养基

4. 胰蛋白胨肉汤（M164）。

5. 吲哚试验（见本章末尾的操作指南）。

6. MR-VP 肉汤（M104）：室温培养用于自身凝集试验（见 H.1），接着做 VP 试验（48h）（见本章末尾的操作指南）；35~37℃培养用于自身凝集试验（见 H.1）。

7. 溴甲酚紫肉汤（M26）：分别添加下列糖类，每种糖类的质量浓度都是 5g/L：甘露醇、山梨醇、纤维二糖、核糖醇、肌糖、蔗糖、鼠李糖、棉子糖、乙糖、水杨苷、海藻糖和木糖。

8. 西蒙氏柠檬酸盐琼脂（M138）。

9. 牛肉浸液肉汤（M173）。

10. 根据实验操作手册用 API 20E 系统或者 Vitek GNI 进行耶尔森氏菌的生化鉴定。一般情况下，这些系统可以将耶尔森氏菌准确鉴定到属而不能将其准确鉴定到种[3,32]。用传统的生化试验对可疑菌株进行种的确定或分型。生化试验对于耶尔森氏菌属和种的鉴定是很重要的，包括发酵蔗糖、鼠李糖、棉子糖和乙糖，并且可以利用柠檬酸盐（表 8-1）。对生物型比较重要的生化试验有水杨苷、木糖、海藻糖发酵试验，以及 VP 试验和脂肪酶、七叶苷、β-D-葡萄糖苷酶和吡嗪酰胺酶（表 8-2）的发酵试验。

11. 吡嗪酰胺酶试验（48h）（见本章末尾的操作指南）。

12. β-D-葡萄糖苷酶试验（30℃，24h）（见本章末尾的操作指南）。

13. 脂肪酶试验：菌落如果生长在带有卵黄的培养基上，例如厌氧卵黄琼脂，则可能表现出脂肪酶活性。出现油状、有晕光、珍珠状且周围有沉淀环、外围还有清晰带的菌落就是阳性反应。

G. 解释

耶尔森氏菌是氧化酶阴性、革兰氏染色阴性的杆菌。用表 8-1 和表 8-2 来鉴别耶尔森氏菌菌落的种和生物型。目前只知道小肠结肠炎耶尔森氏菌 1B、2、3、4 和 5 生物型有致病性。这些生物型和小肠结肠炎耶尔森氏菌 6 型以及克氏耶尔森氏菌不能迅速（24h 之内）水解七叶苷和发酵水杨苷（表 8-1 和表 8-2）。但是小肠结肠炎耶尔森氏菌和克氏耶尔森氏菌相对稀少。它们可以通过不发酵蔗糖以及吡嗪酰胺酶阳性区分出来[28]。将分离出来的小肠结肠炎耶尔森氏菌 1B、2、3、4 和 5 生物型进行下一步的致病性检验。

H. 致病性检验

1. 自凝集试验

MR-VP 管室温培养 24h，细菌生长使培养基混浊。MR-VP 在 35~37℃ 培养，可以观察到细菌在管壁和/或管底部有自凝集（成团）现象，上清液澄清（图 8-7）。产生这种现象的菌落可能携带有致病质粒。如果在这两个温度下产生其他形式的自身凝集则视为阴性。

• 在 MRVP肉汤中于 25 ℃培养，小肠结肠炎耶尔森菌呈现混浊生长(左边试管)；于 35 ℃培养时细菌自身凝集，聚集在管底(右边试管)

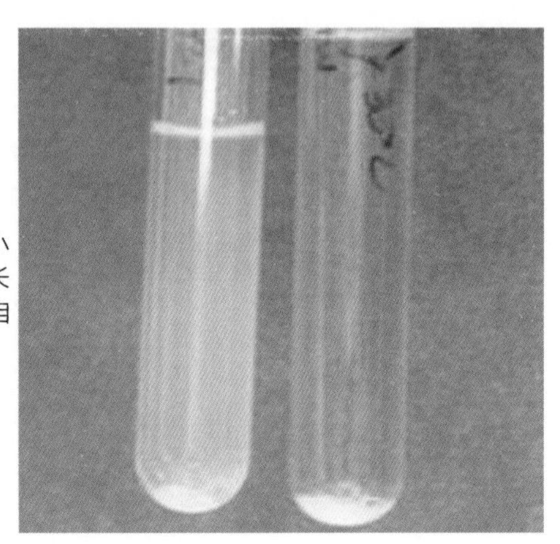

图 8-7　MRVP 凝集试验

2. 凝集培养

在 30℃ 以上培养或者在实验室长期培养传代，决定耶尔森氏菌属致病性的质粒可以自然丢失。因此，及时迅速的冻存可疑菌落对于保护质粒的含量有重要意义。接种牛肉浸液肉汤室温培养 48h。加入 10% 的灭菌甘油（例如，加 0.3mL 甘油到 3mL 牛肉浸液肉汤中），立即冻存 。推荐-70℃保存。

3. 低钙反应刚果红琼脂糖毒力试验

在 BHI 肉汤里培养待检菌种。25~27℃ 过夜培养。用生理盐水 10 倍递增稀释到 1000CFU/mL。分别吸取 0.1mL 稀释液涂布到两块刚果红琼脂平板。一块在 35℃ 培养，另一块在 25℃ 培养。于 24h 和 48h 观察平板。有可能携带质粒的小肠结肠炎耶尔森氏菌的菌落为针尖大小、圆形、凸起、红色不透明。而不带质粒的小肠结肠炎耶尔森氏菌的菌落为较大、不规则、扁平、半透明（图 8-8）。

4. 腹腔注射被右旋糖苷铁和去铁敏 B 预处理过的成年鼠

体外毒力实验（见本章 H.1~3）如果呈阳性的话，可以当作被检菌株具有致病性的有力证据。这些结果可以通过生物实验证实，即腹腔注射感染已用右旋糖苷铁、铁螯合的含铁细胞和去铁敏 B 处理过的成年鼠。这个实验的详细内容可以在别的资料[13,53]中查询，因为很少有实验室具有可以进行生物检定的设备，因此简洁起见，在此省略。

5. 感染性

在体外进行的 Hela 细胞分析可以用来观察耶尔森氏菌菌落的潜在感染性[33,34]。吖啶橙常常被用来给被感染的 Hela 单层细胞染色，然后再用荧光显微镜观察细胞内的耶尔森氏菌[33,34]。这种体外染色技术可以用来鉴定小肠结肠炎耶尔森氏菌和假结合耶尔森氏菌的感染性[16]。

- 携带质粒的小肠结肠炎耶尔森氏菌的菌落为针尖大小、圆形、凸起、红色不透明
- 不带质粒的小肠结肠炎耶尔森氏菌的菌落为较大、不规则、扁平、半透明

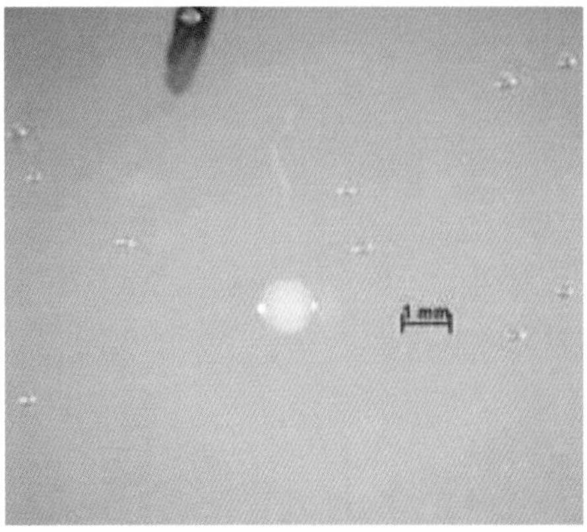

图 8-8 小肠结肠炎耶尔森氏菌在 CRBHO 上于 35℃生长 24h

I. 说明

对于小肠结肠炎耶尔森氏菌和假结核耶尔森氏菌，任何一个致病性实验（见 H. 1~4）呈阳性都可当作被检菌株具有致病性的有力证据。

J. 假结核耶尔森氏菌

一般来说，除了从乙糖、棉子糖和水杨苷中产酸有些差异外，所有的假结合耶尔森氏菌菌株在生化反应上基本相同。假结合耶尔森氏菌的热稳定 O 抗原还用来作为亚型分类的依据。目前，一共有 6 种血清型，分别用罗马数字Ⅰ~Ⅳ来表示。血清型Ⅰ、Ⅱ、Ⅲ和Ⅳ具有亚型，但是一种血清型的抗血清会和亚型有交叉反应，反之亦然。将即便是不加工脂肪酶的第Ⅱ和Ⅲ血清型的菌株喂给成年鼠也会有致死性。对 Hela 细胞具有侵袭性的菌株都是七叶苷阳性的。这与对 Hela 细胞具有侵袭性的小肠结肠炎耶尔森氏菌相反。假结合耶尔森氏菌携带一个 41~48MD 的质粒，并且可以在 37℃产生自身凝集。已经证实人患的耶尔森氏鼠疫杆菌肠道病和一种质粒的存在有关[38]。

1. 增菌

无菌称取 25g 样品到 225mL PMP 肉汤中[17]，均质 30s，4℃培养 3 周。分别在第 1、2、3 周时，将培养物充分混合。吸取 0. 1mL 培养物到 1mL 碱液（0. 5% KOH 溶液混合 0. 5% NaCl 溶液）中，混合 5~10s。接着分别挑取一环划线接种于麦康凯琼脂平板和 CIN 琼脂平板。再从增菌肉汤中分别挑取一环直接接种于麦康凯琼脂平板和 CIN 琼脂平板，于室温下培养平板。

2. 分离与鉴别

继续如上 E~H 操作，记录生化反应差异（表 8-1）。显而易见，假结核耶尔森氏菌是鸟氨酸阴性、山梨醇阴性和蔗糖阴性。

耶尔森氏菌鉴定试验操作指南

苯丙氨酸脱氨酶琼脂试验：滴 2~3 滴 10%氯化铁溶液到琼脂斜面的菌苔上，变绿即为阳性反应。

吲哚试验：加 0. 2~0. 3mL 靛基质试剂。肉汤表面呈深红色即为阳性反应。

VP 试验：加 0. 6mL α-萘酚，充分振摇。加含有肌氨酸的 0. 2mL 40% KOH 溶液，振摇。4h 后观察结果，培养基里出现粉红至宝石红的颜色即为阳性反应。

吡嗪酰胺酶试验：细菌在吡嗪酰胺酶斜面上于室温培养后，在斜面上加 1mL 新鲜配制的 1%硫酸铁铵溶液。在 15min 内变粉红即为阳性反应（图 8-9）。这表明吡嗪酰胺酶生化酶产生了吡嗪酰胺酸。

表 8-1　耶尔森氏菌的生化特性[a][2，9，10，52]

反应	耶尔森氏菌										
	鼠疫耶尔森氏菌	假结核棒状耶尔森氏菌	小肠结肠炎耶尔森氏菌	中间耶尔森氏菌[b]	弗氏耶尔森氏菌	克氏耶尔森氏菌	阿氏耶尔森氏菌（*Y. aldovae*）	罗氏耶尔森氏菌（*Y. rohdei*）	莫氏耶尔森氏菌（*Y. mollaretii*）	伯氏耶尔森氏菌（*Y. bercovieri*）	鲁氏耶尔森氏菌（*Y. ruckeri*）
赖氨酸	-	-	-	-	-	-	-	-	-	-	-
精氨酸	-	-	-	-	-	-	-	-	-	-	-
鸟氨酸	-	-	+[a]	+	+	+	+	+	+	+	+
室温 22~26℃动力试验	-	+	+	+	+	+	+	+	+	+	+
35~37℃动力试验	-	-	-	-	-	-	-	-	-	-	-
尿素	-	+	+	+	+	+	+	+	+	+	-
去氨基苯基丙氨酸	-	-	-	-	-	-	-	-	-	-	-
甘露醇	+	+	+	+	+	+	+	+	+	+	+
山梨醇	+/-	-	+	+	+	+	+	+	+	+	-
纤维二糖	-	-	+	+	+	+	-	+	+	+	-
核糖醇	-	-	-	-	-	-	-	-	-	-	-
肌糖	-	-	+/-（+）	+/-（+）	+/-（+）	+/-（+）	+	-	+/-	-	
蔗糖	-	-	+[a]	+	+	-	-	+	+	+	-
鼠李糖	-	+	-	+	+	-	+	-	-	-	-
棉子糖	-	+/-	-	+	-	-	-	+/-	-	-	-
蜜二糖	-	+/-	-	+	-	-	-	+/-	-	-	-

西蒙氏柠檬酸盐	−	−	−	+/−	+/−	−	−	+	−	−	+
V-P	−	−	+/− (+)	+	+	−	+	−	−	−	−
吲哚	−	−	+/−	+	+	+/−	−	−	−	−	−
水杨苷	+/−	+/−	+/−	+	+	− (+/−)	−	−	+/−	(+)	
七叶苷	+	+	+/−	+	+	−	+	−	(+)	(+) /−	−
脂肪酶	−	−	+/−	+/−	+/−	+/−	+/−	−	−	−	
吡嗪酰胺酶	−	−	+/−	+	+	+	+	+	+	+	

a +，室温培养 3d 后阳性；(+)，室温培养 7d 后阳性。

b 中间耶尔森氏菌中的一些菌株西蒙氏柠檬酸盐、鼠李糖和蜜二糖或棉子糖是阴性。

c 有一些 5 型菌株是阴性的。

表 8-2　小肠结肠炎耶尔森氏菌分型方案[a]

生化反应	不同生物型的反应[b]						
	1A	1B	2	3	4	5	6
脂肪酶	+	+	−	−	−	−	−
七叶苷/水杨苷（24h）	+/−	−	−	−	−	−	−
吲哚	+	+	(+)	−	−	−	−
木糖	+	+	+	+	−	V	+
海藻糖	+	+	+	+	+	−	+
吡嗪酰胺酶	+	−	−	−	−	−	+
β-D-葡萄糖苷酶	+	−	−	−	−	−	−
VP	+	+	+	+/−[c]	+	(+)	−

a 以 Wauters 为基础[51]。
b ( )，延迟反应；V，可变反应。
c 生物型 O:3 发现于日本。

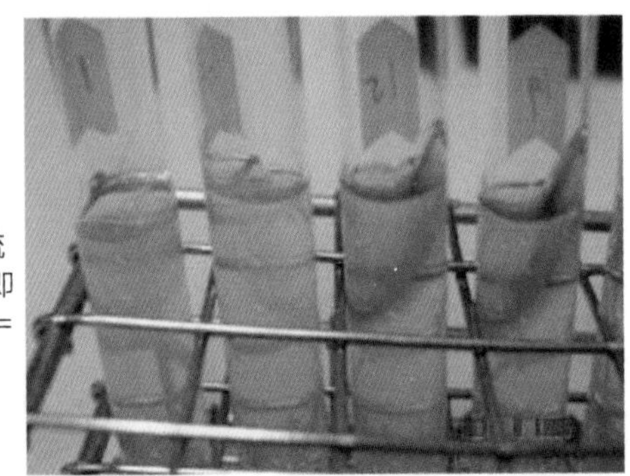

• 在斜面上加1mL新鲜配制的1%硫酸铁铵溶液，在15 min内变粉红即为阳性(右边两管=阳性，左边两管=阴性)。

图 8-9　吡嗪酰胺酶试验

β-D-葡萄糖苷酶试验：加 0.1g 4-硝基苯基-β-D-葡（萄）糖苷酶到 100mL 0.666mol/L NaH_2PO_4溶液（pH6）中。溶解，过滤除菌。用生理盐水乳化培养物，使麦氏浊度达到 3。加 0.75mL 培养物到 0.25mL 测试培养基中。于 30℃过夜培养，出现明显黄色为阳性反应。

参考文献

[1] Aleksic, S., and J. Bockemuhl. 1984. Proposed revision of the Wauters et al. antigenic scheme for serotyping of *Yersinia enterocolitica*. J. Clin. Microbiol. 20: 99~102.

[2] Aleksic, S., A. Steigerwalt, J. Bockemuhl, G. Huntley-Carter, and D. J. Brenner. 1987. *Yersinia rohdei* sp. nov. isolated from human and dog feces and surface water. Int. J. Syst. Bacteriol. 37: 327~332.

[3] Archer, J R, R F Schell, D R Pennell and P D Wick. 1987. Identification of Yersinia spp. with the API 20E system. J Clin Microbiol. 25 (12): 2398~2399.

[4] Aulisio, C. C. G., I. J. Mehlman, and A. C. Sanders. 1980. Alkali method for rapid recovery of *Yersinia enterocolitica* and *Yersinia pseudotuberculosis* from foods. Appl. Environ. Microbiol. 39: 135~140.

[5] Aulisio, C. C. G., J. M. Lanier, and M. A. Chappel. 1982. *Yersinia enterocolitica* O: 13 associated with outbreaks in three southern states. J. Food Prot. 45: 1263.

[6] Aulisio, C. C. G., J. T. Stanfield, S. D. Weagant, and W. E. Hill. 1983. Yersiniosis associated with tofu consumption: serological, biochemical and pathogenicity studies of *Yersinia enterocolitica* isolates. J. Food Prot. 46: 226~230.

[7] Aulisio, C. C. G., J. T. Stanfield, W. E. Hill, and J. A. Morris. 1983. Pathogenicity of *Yersinia enterocolitica* demonstrated in

the suckling mouse. J. Food Prot. 46: 856~860.

[8] Aulisio, C. C. G., W. E. Hill, J. T. Stanfield, and R. L. Sellers, Jr. 1983. Evaluation of virulence factor testing and characteristics of pathogenicity in *Yersinia enterocolitica*. Infect. Immun. 40: 330~335.

[9] Bercovier, H., D. J. Brenner, J. Ursing, A. G. Steigerwalt, G. R. Fanning, J. M. Alonso, G. P. Carter, and H. H. Mollaret. 1980. Characterization of *Yersinia enterocolitica* sensu stricto. Curr. Microbiol. 4: 201~206.

[10] Bercovier, H., A. G. Steigerwalt, A. Guiyoule, G. Huntley-Carter, and D. J. Brenner. 1984. *Yersinia aldovae* (Formerly *Yersinia enterocolitica*-like group X2): a new species of enterobacteriaceae isolated from aquatic ecosystems. Int. J. Syst. Bacteriol. 34: 166~172.

[11] Bhaduri, S., C. Turner-Jones, and R. V. Lachica. 1991. Convenient agarose medium for simultaneous determination of the low-calcium response and congo red binding by virulent strains of *Yersinia enterocolitica*. J. Clin. Microbiol. 29: 2341~2344.

[12] Boyce, J. M., E. J. Evans, Jr., D. G. Evans, and H. L. DuPont. 1979. Production of heat-stable methanol-soluble enterotoxin by *Yersinia enterocolitica*. Infect. Immun. 25: 532~537.

[13] Buchrieser, C., S. D. Weagant and C. W. Kaspar, 1994. Molecular characterization of *Yersinia enterocolitica* by pulsed-field gel electrophoresis and hybridization of DNA fragments to *ail* andpYV *probes*. Appl. and Environ. Microbiol. 60: 4371~4379.

[14] Carter, P. B., and F. M. Collins. 1974. Experimental *Yersinia enterocolitica* infection in mice: kinetics of growth. Infect. Immun. 9: 851~857.

[15] Doyle, M. P., M. B. Hugdahl, and S. L. Taylor. 1981. Isolation of virulent *Yersinia enterocolitica* from porcine tongues. Appl. Environ. Microbiol. 42: 661~666.

[16] Feng, P. 1992. Identification of invasive *Yersinia* species using oligonucleotide probes. Mol. Cell. Probes 6: 291~297.

[17] Fukushima, H., K. Saito, M. Tsubokura, and K. Otsuki. 1984. *Yersinia* spp. in surface water in Matsue, Japan. Zentralbl. Bakteriol. Abt. 1 Orig. B. Hyg. Kranhenhaushyg. Betreibshyg. Praev. Med. 179: 235~247.

[18] Fukushima, H., M. Gomyoda, S. Ishikua, T. Nishio, S. Moriki, J. Endo, S. Kaneko, and M. Tsubokura. 1989. Cat-contaminated environmental substances lead to *Yersinia pseudotuberculosis* infections in children. J. Clin. Microbiol. 27: 2706~2709.

[19] Gemski, P., J. R. Lazere, and T. Casey. 1980. Plasmid associated with pathogenicity and calcium dependency of *Yersinia enterocolitica*. Infect. Immun. 27: 682~685.

[20] Gemski, P., J. R. Lazere, T. Casey, and J. A. Wohlhieter. 1980. Presence of a virulence-associated plasmid in *Yersinia pseudotuberculosis*. Infect. Immun. 28: 1044~1047.

[21] Heesemann, J., B. Algermissen, and R. Laufs. 1984. Genetically manipulated virulence of *Yersinia enterocolitica*. Infect. Immun. 46: 105~110.

[22] Hill, W. E., W. L. Payne, and C. C. G. Aulisio. 1983. Detection and enumeration of virulent *Yersinia enterocolitica* in food by DNA colony hybridization. Appl. Environ. Microbiol. 46: 636~641.

[23] Isberg, R., A. Swain, and S. Falkow. 1988. Analysis of expression and thermoregulation of the *Yersinia pseudotuberculosis inv* gene with hybrid protein. Infect. Immun. 56: 2133~2138.

[24] Isberg, R., D. L. Voorhis, and S. Falkow. 1987. Identification of invasin: a protein that allows enteric bacteria to penetrate cultured mammalian cells. Cell 50: 769~778.

[25] Isberg, R., and S. Falkow. 1985. A single genetic locus encoded by *Yersinia pseudotuberculosis* permits invasion of cultured animal cells by *Escherichia coli* K-12. Nature 317: 262~264.

[26] Isberg, R., and J. M. Leong. 1988. Cultured mammalian cells attach to the invasin protein of *Yersinia pseudotuberculosis*. Proc. Natl. Acad. Sci. USA 85: 6682~6686.

[27] Isberg, R. 1989. Determinants for thermoinducible cell binding and plasmid-encoded cellular penetration detected in the absence of *Yersinia pseudotuberculosis* invasin protein. Infect. Immun. 57: 1998~2005.

[28] Kandolo, K., and G. Wauters. 1985. Pyrazinamidase activity in *Yersinia enterocolitica* and related organisms. J. Clin. Microbiol. 21: 980~982.

[29] Kay, B. A., K. Wachsmuth, and P. Gemski. 1982. New virulence-associated plasmid in *Yersinia enterocolitica*. J. Clin. Microbiol. 15: 1161~1163.

[30] Laird, W. J., and D. C. Cavanaugh. 1980. Correlation of autoagglutination and virulence of *Yersinia*. J. Clin. Microbiol. 11: 430~432.

[31] Lee, W. H., P. P. McGrath, P. H. Carter, and E. L. Eide. 1977. The ability of some *Yersinia* enterocolitica strains to invade HeLa cells. Can. J. Microbiol. 23: 1714-1722.

[32] Linde, H.-J. H. Neubauer, H. Meyer, S. Aleksic, and N. Lehn. 1999. Identification of *Yersinia* Species by the Vitek GNI Card. J. Clin. Microbiol.. 37: 211~214.

[33] Miliotis, M. D. 1991. Acridine orange stain for determining intracellular enteropathogens in HeLa cells. J. Clin. Microbiol. 29: 830~832.

[34] Miliotis, M. D. , and P. Feng. 1992. In vitro staining technique for determining invasiveness in foodborne pathogens. FDA Laboratory Information Bulletin, March, 9 (3): 3754.

[35] Miliotis, M. D. , J. E. Galen, J. B. Kaper, and J. G. Morris. 1989. Development and testing of a synthetic oligonucleotide probe for the detection of pathogenic *Yersinia* strains. J. Clin. Microbiol. 27: 1667~1670.

[36] Miller, V. A. , and S. Falkow. 1988. Evidence of two genetic loci in *Yersinia enterocolitica* that can promote invasion of epithelial cells. Infect. Immun. 56: 1242~1248.

[37] Miller, V. , J. J. Farmer III, W. E. Hill, and S. Falkow. 1989. The *ail* locus is found uniquely in *Yersinia enterocolitica* serotypes commonly associated with disease. Infect. Immun. 57: 121~131.

[38] Minnich, S. A. , M. J. Smith, S. D. Weagant and P. Feng. 2001. Yersinia, Chapter 19, pp. 471-514. In *Foodborne Disease Handbook*, *2nd Ed.* , *Vol.* 1. Y. H. Hui, M. D. Pierson, J. R. Gorham (Eds.) Marcel Dekker, Inc. New York.

[39] Pai, C. H. , and L. DeStephano. 1982. Serum resistance associated with virulence in *Yersinia enterocolitica*. Infect. Immun. 35: 605~611.

[40] Pierson, D. E. , and S. Falkow. 1990. Nonpathogenic isolates of *Yersinia enterocolitica* do not contain functional *inv*-homologous sequences. Infect. Immun. 58: 1059~1064.

[41] Portnoy, D. A. , S. L. Moseley, and S. Falkow. 1981. Characterization of plasmids and plas mid-associated determinants of *Yersinia enterocolitica*pathogenesis. Infect. Immun. 31: 775~782.

[42] Portnoy, D. A. , and R. J. Martinez. 1985. Role of plasmids in the pathogenicity of *Yersinia* species. Curr. Top. Microbiol. Immunol. 118: 29~51.

[43] Prpic, J. K. , R. M. Robins-Brown, and R. B. Davey. 1985. In vitro assessment of virulence in *Yersinia enterocolitica* and related species. J. Clin. Microbiol. 22: 105~110.

[44] Ramamurthy T, Yoshino K, Huang X, Balakrish Nair G, Carniel E, Maruyama T, Fukushima H, Takeda T. 1997. The novel heat-stable enterotoxin subtype gene (ystB) of Yersinia enterocolitica: nucleotide sequence and distribution of the yst genes. Microbial Pathogenesis. 23: 189~200.

[45] Robins-Brown, R. , and K. Prpic. 1985. Effects of iron and desferrioxamine on infections with *Yersinia enterocolitica*. Infect. Immun. 47: 774~779.

[46] Robins-Brown, R. , M. D. Miliotis, S. Cianciosi, V. L. Miller, S. Falkow, and J. G. Morris. 1989. Evaluation of DNA colony hybridization and other techniques for detection of virulence in *Yersinia* species. J. Clin. Microbiol. 27: 644~650.

[47] Schiemann, D. A. 1982. Development of a two-step enrichment procedure for recovery of *Yersinia enterocolitica* from food. Appl. Environ. Microbiol. 43: 14~27.

[48] Schiemann, D. A. 1989. *Yersinia enterocolitica* and *Yersinia pseudotuberculosis*, pp. 601~672. *In*: Foodborne Bacterial Pathogens. M. Doyle (ed) . Marcel Dekker, New York and Basel.

[49] Sereny, B. 1955. Experimental *Shigella* keratoconjunctivitis. Acta Microbiol. Acad. Sci. Hung. 2: 293~296.

[50] Tsubokura, M. , K. Otsuki, K. Sato, M. Tanaka, T. Hongo, H. Fukushima, T. Maruyama, and M. Inoue. 1989. Special features of distribution of *Yersinia pseudotuberculosis* in Japan. J. Clin. Microbiol. 27: 790~791.

[51] Wauters, G. 1981. Antigens of *Yersinia enterocolitica*, pp. 41~53. *In*: *Yersinia enterocolitica*. E. J. Bottone (ed) . CRC Press, Boca Raton, FL.

[52] Wauters, G. , M. Janssens, A. G. Steigerwalt, and D. J. Brenner. 1988. *Yersinia molleretii* sp. nov. and *Yersinia bercovieri* sp. nov. , formerly called *Yersinia enterocolitica* biogroups 3A and 3B. Int. J. Syst. Bacteriol. 38: 424~429.

[53] Weagant, S. D. 1983. Medium for the presumptive identification of *Yersinia enterocolitica*. FDA Laboratory. Appl Environ Microbiol. 45 (2): 472~473.

[54] Weagant, S. D. and P. Feng. 2001. Yersinia, Chapter 41, pp. 421~428. *In Compendium of Methods for the Microbiological Examination of Foods*. *4th Ed.* , F. Pouch Downes and Keith Ito (Eds.) American Public Health Assoc. Washington, D. C.

[55] Weissfeld, A. S. , and A. C. Sonnenwirth. 1982. Rapid isolation of *Yersinia* spp. from feces. J. Clin. Microbiol. 15: 508~510.

[56] Zink, D. L. , J. C. Feeley, J. G. Wells, C. Vanderzant, J. C. Vickery, W. D. Roof, and G. A. O'Donovan. 1980. Plasmid-mediated tissue invasiveness in *Yersinia enterocolitica*. Nature 283: 224~226.

9 弧菌

2004 年 5 月

作者: Charles A. Kaysner, Angelo DePaola, Jr。

修订历史：2004 年 5 月大幅改写第 9 章。

本章目录

Ⅰ. 引言

弧菌（*Vibrio*）是革兰氏阴性无芽孢菌，形状多为杆状或弯曲杆状。大多数弧菌的一端有鞭毛，在液体培养基中可运动。大多数弧菌能产生氧化酶和过氧化氢酶，并且发酵葡萄糖不产气[7]。霍乱弧菌（*V. cholerae*）、副溶血性弧菌（*V. parahaemolyticus*）和创伤弧菌（*V. vulnificus*）被证实是可导致人类疾病的病原[54,78,79,90,101]。拟态弧菌（*V. mimicus*）[24,103,111]公认是与霍乱弧菌具有相似特征（发酵蔗糖能力除外）的病原[103]。弧菌属的其他种类，如溶藻弧菌（*V. alginolgticus*）[51]、河弧菌（*V. fluvialis*）[71]、弗氏弧菌（*V. furnissii*）[15]、麦氏弧菌（*V. metschnikovii*）[39,70]和霍氏弧菌（*V. hollisae*）在特殊条件下可导致人类疾病[1,39,96]。在因食用生的或未煮熟的贝类[96]所引起的传染病中，弧菌导致的疾病占有重要比例。佛罗里达州的一家研究机构在一份关于食用生的贝类产生的疾病的调查报告中，由高到低将致病频率进行了排序：副溶血性弧菌、非 O1/O139 霍乱弧菌、创伤弧菌、霍氏弧菌、河弧菌、O1 霍乱弧菌[64,72]。

本章中充实了一些内容，其中包括着重强调的分子生物学方法，如用于鉴定致病弧菌种类的 DNA 菌落杂交和 PCR 技术。随着这些新方法的加入，一些传统老方法不再是强调的重点。对于一些方法，由于在某个步骤中需要使用有危险性的或难以获得的试剂（如 O/129 试剂），这类方法也不再使用，但可能会在文中或表格中提及。在分子检测技术方面取得的进展，例如实时 PCR 技术，这些方法已得到验证，将纳入本章的网络版本中。

A. 霍乱弧菌

霍乱弧菌[6]，弧菌属的典型菌种，是霍乱疾病暴发和流行的直接源头[34,54,126]。具有多种生化特征和抗原类型。因大多数培养基中存在的痕量钠离子可满足霍乱弧菌的生长需求[6]，所以霍乱弧菌能够与弧菌属的其他弧菌区分开，拟态弧菌除外。霍乱肠毒素（CT）是霍乱疾病的主要致病因子。一个可遗传的致病性基因岛 VPI（弧菌毒力岛）包含多数导致霍乱疾病的基因，并被证实可调节霍乱肠毒素（CT）基因[55]。从流行霍乱病例中分离的大多数霍乱弧菌菌株都含有一个共同的菌体抗原并包含 O1 血清属[54]。目前有超过 150 种已知的抗原类型已得到鉴定。在 O1 抗血清类型中的稻叶型或小川型血清中凝集的菌株，被证实是人类病原体。一般认为仅 O1 血清属与霍乱流行病有关。然而，直到 1993 年印度、孟加拉国爆发霍乱，当时是新型的、未知的血清属，O139 型[3]被发现。在以前记录的众多霍乱典型症状病例中也只有 O1 型血清属。除了 O 型抗原和存在多聚糖荚膜外，这种血清组与第七次世界大流行的霍乱弧菌菌株十分相似[10]。O139 型菌株已成为孟加拉地区的地方性疾病，也许引起第八次霍乱大流行[34,117]。

与临床菌株的生化特征相同或近似，但不能与 O1 或 O139 血清发生凝集的霍乱弧菌被称为非 O1/O139 型霍乱弧菌[34,53,54]。这些血清学不同的菌株大量生长在河口地区。有证据指出非 O1/O139 株偶尔与类霍乱的腹泻疾病有关[22,73,83,96,105]，却极少有爆发。实际上，在对一例霍乱爆发的研究中发现，非 O1/O139 株产生的渗透因子与霍乱肠毒素在生物学和免疫学上无法区别。一些非 O1/O139 株也可侵入并产生热稳定的毒素，并导致易感个体的败血症感染[83,85,93,99]。大多数菌株不产生霍乱肠毒素，这是与 O1/O139 流行性霍乱弧菌的主要区别。

B. 拟态弧菌

拟态弧菌[24,102]与食用生肉或未煮熟的海鲜食品而导致的腹泻疾病有关[96]。在霍乱弧菌检测中，有时能分离出来拟态弧菌，拟态弧菌不发酵蔗糖，可以与其他病原体区分开。这种弧菌在柠檬酸钠-硫代硫酸钠-氯化钠-蔗糖（TCBS）琼脂平板上为绿色菌落，在不含 NaCl 的大多数普通培养基中可以生长。少数的拟态弧菌发现含有霍乱毒素基因[111]，菌株在培养分析中产生了霍乱肠毒素，并且 PCR 扩增能检测到 *ctx* 基因。

C. 副溶血性弧菌

副溶血性弧菌[36,81]是引起佛罗里达州[64]因食用海鲜而导致细菌性腹泻的主要原因，也可能是美国在一定情况下引发败血病的主要原因。它是嗜盐性的河口生物，在所有适宜的沿海水域都可发现此菌[27,52,101]。在适宜的区域，在一年中的温暖月份，季节性出现在贝类动物和人类传染病中。在像佛罗里达州这种亚热带地区，疾病则可全年发生。所有的菌株都有 H 抗原，虽然有许多的菌株无法归类[81,101]，但到目前为止，已经记载了 12 种 O 抗原（菌体抗原）和超过 70 种 K 抗原（荚膜抗原）。大多数临床分离的副溶血性弧菌可通过产生耐热直接溶血素（TDH）与周围其他菌株区别开，称作神奈川现象[82,120]。*tdh* 基因已被克隆和排序[86,87]。现在利用 DNA 探针可检测到分离出的副溶血性弧菌毒力基因[42,77,87]。耐热溶血素（TRH）与 TDH 有 60%同源性，也与引起肠胃炎的菌株有关[45,46]。目前，还没有在生物体外的实验中得到过 TRH。临床中许多副溶血性弧菌菌株可产生 TDH 和 TRH[8,106]。Taniguchi 等描述了一种热不稳定溶血素 TLH，是在副溶血性弧菌中发现的，而不存在于其他菌种中。可以用 PCR 和基因探针方法检测副溶血性弧菌中的 *tlh*、*tdh* 和 *trh* 基因[8,37,49,76,77]。

D. 创伤弧菌

创伤弧菌[33]是美国食用海产品致死的主要原因，并一直与 Gulf 海岸牡蛎有关联[90,104]，在 TCBS 琼脂上有与副溶血性弧菌相似的特征，但能用几个生化反应区分，包括β-半乳糖苷酶反应。因食用海产品而导致的食源性疾病和海洋环境下的伤口感染，表明创伤弧菌可导致败血病。近来，基因探针检测[29,134]、PCR反应、脂肪酸分析法和酶联免疫反应都可用于检测和鉴定这种病原菌。

E. 其他弧菌

从人类粪便和肠胃炎病人体内已分离得到以下几种弧菌，食用贝类为主要感染源[96]。麦氏弧菌因缺少细胞色素氧化酶[7]而区别于其他弧菌。河弧菌新种（现在被归属于弗氏弧菌）的一些菌株（Ⅱ型）能够发酵D-葡萄糖产气。霍氏弧菌为嗜盐弧菌，在TCBS琼脂上很难生长，在一些霍氏弧菌菌株中检测到了致病副溶血性弧菌的变体。

F. 其他弧菌的区别

表9-1给出了因食用水产品导致人类疾病的弧菌的典型特征。可在一些刊物中找到此类图表，如Baumann和Schubert[7]、Elliot等[31]、McLaughlin[78]和West等[131]。

表9-1 海产品中常见人类致病弧菌的生化特征[a, b]

试验项目		溶藻弧菌	霍乱弧菌	河弧菌	弗氏弧菌	霍氏弧菌	麦氏弧菌	拟态弧菌	副溶血性弧菌	创伤弧菌	嗜水气单细胞[c]	类志贺氏邻单胞[c]
TCBS琼脂		Y	Y	Y	Y	NG	Y	G	G	G	Y	G
mCPC琼脂		NG	P	NG	NG	NG	NG	NG	NG	Y	NG	NG
CC琼脂		NG	P	NG	NG	NG	NG	NG	NG	Y	NG	NG
AGS		KA	Ka	KK	KK	Ka	KK	KA	KA	KA	KK	nd
氧化酶		+	+	+	+	+	−	+	+	+	+	+
精氨酸二氢酶		−	−	+	+	−	+	−	−	−	+	+
鸟氨酸脱羧酶		+	+	−	−	−	−	+	+	+	−	+
赖氨酸脱羧酶		+	+	−	−	−	+	+	+	+	V	+
NaCl溶液中生长	0g/L NaCl溶液	−	+	−	−	−	−	+	−	−	+	+
	30g/L NaCl溶液	+	+	+	+	+	+	+	+	+	+	+
	60g/L NaCl溶液	+	−	+	+	+	+	−	+	+	+	−
	80g/L NaCl溶液	+	−	V	+	−	V	−	+	−	−	−
	100g/L NaCl溶液	+	−	−	−	−	−	−	−	−	−	−
42℃生长		+	+	V	−	nd	V	+	+	+	V	+
产酸	蔗糖	+	+	+	+	−	+	−	−	−	V	−
	D-纤维二糖	−	−	+	−	−	−	−	V	+	+	−
	乳糖	−	−	−	−	−	−	−	−	+	V	−
	阿拉伯糖	−	−	+	+	+	−	−	+	−	V	−
	D-甘露糖	+	+	+	+	+	+	+	+	+	V	−
	D-甘露醇	+	+	+	+	−	+	+	+	V	+	−
	ONPG	−	+	+	+	−	+	+	−	+	+	−
	VP试验	+	V	−	−	−	+	−	−	−	+	−

续表

试验项目		溶藻弧菌	霍乱弧菌	河弧菌	弗氏弧菌	霍氏弧菌	麦氏弧菌	拟态弧菌	副溶血性弧菌	创伤弧菌	嗜水气单细胞[c]	类志贺氏邻单胞[c]
灵敏度	10μg O/129	R	S	R	R	nd	S	S	R	S	R	S
	150μg O/129	S	S	S	S	nd	S	S	S	S	R	S
	明胶酶	+	+	+	+	−	+	+	+	+	+	−
	尿酶	−	−	−	−	−	−	−	V	−	−	−

a 摘自 Elliot 等文献[31]。

b 缩写：TCBS，硫代硫酸盐-柠檬酸盐-胆盐-蔗糖；mCPC，改良的纤维二糖多黏菌素 B 黏菌素；CC，纤维二糖多黏菌素；AGS，精氨酸葡萄糖斜面琼脂；Y，黄色；NG，不生长；S，灵敏的；nd，不定；G，绿色；V，菌株中可变的；R，抗性的；P，紫色；V，可变的；KK，斜面产碱/底层产碱；KA，斜面产碱/底层产酸；Ka，斜面产碱/底部产弱酸。

c 嗜水气单胞菌（*Aeromonas hydrophila*）、类志贺氏邻单胞菌（*Plesiomonas shigelloides*）。

Ⅱ 污染物的分布和来源

A. 霍乱弧菌

霍乱发病期和恢复期病人的粪便中含有大量的霍乱弧菌 O1[34,54]。该病主要通过粪-口途径传播，间接通过污染水进行传播[30,78,80,116,126,130]。人与人之间的直接传播是不常见的。用人的粪便作为肥料或用受污染的水对蔬菜进行保鲜供应市场也许会污染食品[30,57,58,80,94]。在一些国家和美国，霍乱爆发的原因被归结为食用生的、未煮熟的、污染的或二次污染的水产品。据报道，在美国很难从自然环境和食物中分离产毒的 O1 血清型霍乱弧菌，并且尚无分离到 O139 血清型霍乱弧菌的报道。与此相反，非 O1/O139 菌株则很容易从河口水源和贝类动物中分离[5,126]。有证据表明，在温带沿海地区的盐水、河口以及盐碱沼泽中生长的原生植物含有 O 型霍乱弧菌，这对公共健康造成了威胁[11,126]。包括澳大利亚和美国的沿岸地区，霍乱弧菌 O1 型菌株引起的疾病已成为世界许多地区的地方病[19,127]。

B. 副溶血性弧菌

在全世界温带地区的沿海水域和海产品中经常可分离得到这类菌株。它是日本食源性疾病的主要致病菌[89]，因为那里的居民常食用生鱼。在美国，食用牡蛎[88,96]而引发的肠胃炎也与副溶血性弧菌有关[57]。在美国，一些食品如螃蟹、虾和龙虾与日本的鱼不同，它们在食用前都已煮过。一些处理不当的做法，如冷冻不适当、加热不充足、交叉污染或二次污染都可能是疾病暴发的原因。1997 年的西海岸[17]、1998 年的纽约和德克萨斯州[18]的副溶血性弧菌爆发就可能与生吃牡蛎有关。在西海岸得到的临床菌株是尿素酶阳性的，同时含有 *tdh* 和 *trh* 基因。德克萨斯州和纽约得到的菌株则是尿素酶阴性，O3：K6 血清型，仅含 *tdh* 基因。这个菌株已成为流行菌株，也是亚洲最常见的菌株[10,23,74,135]。

C. 创伤弧菌

这种侵袭性菌株——创伤弧菌——能够导致败血症休克[63,90,118]，是美国部分地区和其他国家沿海水域的常见生物[60,90,122,124]。据报道，在美国每年创伤弧菌导致 20~40 例败血病，对肝病患者可造成 50% 的死亡率并且存在血清中铁含量升高的情况[104]。在回顾病例时发现生吃牡蛎和败血病有密切关联，几乎所有的病例都发生在海湾沿岸水域。创伤弧菌也是海洋环境下伤口感染的元凶[90]。这种嗜盐性细菌可生长于含 NaCl 的培养基中；

推荐用 0.5%的最小浓度。虽然黏多糖外壳与毒力有关，但并未识别出可信的标记物。大多数实验无法区分环境菌株和临床菌株[79,108,132]。

D. 其他嗜盐弧菌

副溶血性弧菌、霍乱弧菌、创伤弧菌、溶藻弧菌、河弧菌、弗氏弧菌、麦氏弧菌和霍氏弧菌都能够从沿海水域、沉淀物和温带河口的海洋生物中获得[7]，这些弧菌都是当地环境中的一般生物，季节性出现，与人类疾病有关[12,96]。

Ⅲ 分离方法

弧菌和其他革兰氏阴性菌一样，生长需要相对高浓度的胆盐。兼性厌氧，在碱性环境下能很好地生存。用碱性培养基能很容易地从食物中分离弧菌。常用碱性蛋白胨水（APW）来分离这几种弧菌。

副溶血性弧菌在高盐浓度自然环境中生长说明，直到美国开始利用添加盐的培养基对食物和粪便进行检测，这种弧菌导致的疾病才被记录在案。用于检测副溶血性弧菌生化反应的培养基应含 2%或 3%的 NaCl。创伤弧菌生长至少需要 0.5%的 NaCl。用于细胞转移或稀释的稀释液必须含 NaCl；例如，磷酸盐缓冲液（PBS）[31]。

TCBS 琼脂[31]是从海产品中分离霍乱弧菌、副溶血性弧菌和其他弧菌的常用培养基。这种培养基适合大多数弧菌生长并抑制其他非弧菌菌株生长[65]。近来用于分离创伤弧菌的选择性培养基配方被证明是有效的。改良的纤维二糖多黏菌素（mCPC）[31]和 CC[44]琼脂能够区分创伤弧菌和其他弧菌。霍乱弧菌（除典型生物型）可在 mCPC 琼脂中生长，大多数副溶血性弧菌和其他弧菌则无法生长。为使纯化鉴定简便，快速诊断工具 API 20E 可代替许多的鉴定生化培养基[31,92]。另外，DNA 探针或 PCR 能够用于检测创伤弧菌和副溶血性弧菌[29,41]。

Ⅳ 总则

A. 样品的保存

取样后应立即冷藏保存（7 ~10℃），并尽快检验。为最大限度地保障弧菌的存活和复苏，应避免与冰直接接触。弧菌会因迅速冷冻而损伤，但在室温条件下，海洋食品中的副溶血性弧菌可迅速生长[20,21]。虽然已公认弧菌在冷、热极端条件下非常脆弱，但在适当冷藏下仍可提高其存活率[13,14,16,38,50,95]。如样品需要冷冻保存，条件允许的话，推荐使用-80℃。

贝类样品应依照美国公共卫生组织（American Public Health）推荐的程序操作[4]。样品取 10~12 只，在无菌条件下去壳，然后搅碎，高速搅拌 90s。用含 NaCl 的溶液如 PBS 稀释，用于制备稀释液。

为更方便地保存和分析从样品中获得的众多菌落，推荐使用下列方法。相比于传统生化实验可检测的少量菌落，此方法采用基因探针方法可分析由样品中分离的多个菌落。在灭菌的 96 孔反应板中加入 100μL/孔的 APW。用灭菌的牙签或木条从选择培养基上挑取多个疑似弧菌的单菌落分别加到孔中。记录接种样品，(35 ± 2)℃培养 3~5h 或过夜。用 48 针微孔板复制器将微孔中的样品复制/转移至一个琼脂平板上用于基因探针分析。转接后，无菌操作向每孔加入 100μL TSG（TSB-1% NaCl-24% 丙三醇）。此板用锡箔纸或塑料薄膜包裹两层，然后放置到-80~-72℃以保存培养物。需要时，将微孔板部分解冻，转移孔中的培养物或复制到一个新的微孔板或试管培养基中。可在琼脂培养基如 T_1N_3上划线来纯化细菌。

B. 基于遗传学的方法

这些新技术的优势是在检测和鉴定方面更为快速，有相应仪器的实验室已经将其掌握。基于 PCR 技术的鉴定需要 1 个工作日[5,8,9,35,41,66,67,107,109,119,125]，而基因探针方法，包括本章提到的方法，需 1~2d 检测时间[29,37,42,61,69,76,77,87,97,100,133,134,136,137]。传统的定性检测和最大可能数（MPN）技术则需要 4~7d 完成[31]。商业化的碱性磷酸酯酶（AP）标记的探针可从一个样品中鉴定副溶血性弧菌、隐藏 *tdh* 基因的副弧菌株以及创伤弧菌。一套商业化 AP-标记的探针足够用于大约 200 个滤膜，菌落转移可采用便宜的滤纸（Whatman 541）。

地高辛（dig）标记的扩增探针[97]也可用于这三种菌株的检测。dig 探针的优点是：（a）能够在一般实验室中制备；（b）价格便宜；（c）每个探针分子有更多的报告基团；（d）在反向互补链也被标记的情况下，制备了二倍的探针拷贝；（e）探针溶液可多次使用；（f）所有 dig 探针的杂交和洗涤温度是相同的；（g）尼龙膜上的探针可剥离，并与另外的探针杂交；（h）可用尼龙膜在琼脂表面转移等，例如把复苏的细胞从非选择性培养基转移至选择和分离培养基。然而杂交次数大大多于 AP-探针，而且尼龙膜比滤纸昂贵。

C. 操作建议

培养弧菌的琼脂平板应多于一个，因为菌株的生长特征可能会有多种变化。与人类健康有关的弧菌在 T_1N_3 琼脂上都可生长良好。在表型和遗传型分析时，要有阴性和阳性菌株做对照，以确保反应的质量控制。

D. 培养基、试剂、耗材和设备

培养基和试剂

1. 碱性蛋白胨水（APW）（M10）。
2. AKI 培养基（M7）。
3. 精氨酸葡萄糖斜面琼脂（AGS）（M16）。
4. 血琼脂（5%绵羊红细胞）（M20）。
5. 酪蛋白氨基酸-酵母浸膏-盐离子肉汤（CAYE）（M34）。
6. 改良的纤维二糖多黏菌素 B 黏菌素（mCPC）琼脂（M98）。
7. 纤维二糖多黏菌素（CC）琼脂（M189）。
8. 1%NaCl 动力试验培养基（M103）。
9. 氧化酶试剂（R54）。
10. 蛋白胨吐温稀释剂（PTS）（R90）。
11. 磷酸盐缓冲液（PBS）（R59）。
12. 50U 多黏菌素 B 板（Difco 或其他品牌等效产品）（R64）。
13. 0.85%生理盐水（R63）。
14. 2% NaCl 溶液（R71）。
15. 0.5%脱氧胆酸钠无菌水溶液（R91）。
16. 硫代硫酸盐柠檬酸盐胆盐蔗糖（TCBS）琼脂（M147）。
17. T_1N_1 和 T_1N_3 琼脂（1%胰蛋白胨，含 1%或 3% NaCl）（M163）。
18. T_1N_0、T_1N_3、T_1N_6、T_1N_8、T_1N_{10} 肉汤。
19. 胰酪胨大豆琼脂，含 $MgSO_4$ 和 3% NaCl（TSAMS）[32]；胰酪胨大豆肉汤（TSB）；胰酪胨大豆琼脂（TSA）（M152），加 2% NaCl。
20. TSB-1%NaCl-24%丙三醇。
21. 尿素肉汤（M171）［或克氏尿素琼脂（M40）加入 2% NaCl 溶液（R71）］。
22. 霍乱弧菌 O1 和 O139 多价血清。
23. VET-RPLA TD920A 肠毒素检测试剂盒（Oxoid，Inc.）。
24. 副溶血性弧菌蔗糖琼脂（VPSA）（M191）。

25. 创伤弧菌琼脂（VVA）（M190）。

26. API 20E 诊断条和试剂（BioMerieux）。

必需的探针、试剂、仪器和原料

1. 可加热到 65℃的摇床水浴（需要的温度：42、54、55℃和 65℃）。

2. 室温摇床。

3. 微波炉。

4. 长波紫外照射箱或紫外交联仪（254nm 波长）。

5. 耐热袋（和密封器）或带盖的塑料桶（300~500mL 容量）。

6. 带盖的 96 孔微量加样板。

7. 8 或 12 通道的微量移液器。

8. 48 针复制器。

9. Whatman 541 滤膜，85mm（特殊直径，Whatman 产品 1541~085）。

10. Whatman #3 或等效的吸收滤膜或衬垫。

11. 尼龙膜（MagnaGraph 转移膜）（正电荷），82mm（Osmonics，Inc，Westboro，MA，gridded-NJOHG08250，plain-NJOHY08250）。

12. 玻璃纤维网筛，购买五金店的家用纱窗也可[59]。

13. 无菌涂布棒。

14. 无菌牙签或木制涂抹棒。

15. 玻璃皮氏培养皿，100mm。

16. 溶菌液（0.5mol/L NaOH，1.5mol/L NaCl）（Maas Ⅰ）（R94），增加到试剂目录。

17. 中和液（1.0mol/LTris-HCl 加入 2.0mol/L NaCl，pH 7.0），用于尼龙膜（Maas Ⅱ）（R95）。

18. 2mol/L 醋酸铵缓冲液（用于 AP-探针和 541 滤膜）（R1），修改醋酸铵含量。

19. 1×SSC、5×SSC、20×SSC（标准柠檬酸盐溶液）（R77），按比例校正至 1×SCC、5×SCC、20×SSC。

20. 1×SSC-1% SDS（十二烷基硫酸钠）和 3×SSC-1% SDS（R93），现配。

21. 10%十二烷基肌氨酸钠溶液（R96），现配。

22. 10%（十二烷基硫酸钠）（SDS）（R92），现配。

23. 1mol/L Tris，pH 7.5（Trizma 碱；Sigma Cat. No. T1503）。

24. 1mol/L Tris，pH 9.5（Trizma 碱；Sigma Cat. No. T1503）。

25. 3mol/L NaCl。

26. 1mol/L $MgCl_2$。

27. 蛋白酶 K 储液（20mg/mL）。

28. 杂交溶液（BSA，SDS，PVP 加入 5×SSC 中）（用于 AP-探针）。

29. NBT/BCIP 显色剂［硝基氯化四唑蓝/5-溴代-4-氯化-3-磷酸吲哚］，甲苯胺盐，Roche 诊断试剂 Cat. No. 1697471（用于比色度测试）。

30. Dig 缓冲液 1、2、3 和 4[97]。

31. 10mmol/L Tris-HCl，1mmol/L EDTA，pH 8.0。

32. 阻断剂（Roche 诊断试剂 Cat. No. 1096176）

33. 洗液 A 和 B[97]。

34. Anti-Dig AP［抗地高辛碱性磷酸酶，Fab 片段］（Roche 诊断试剂 Cat. No. 1093274）。

35. dig-11-dUTP（Roche 诊断试剂 Cat. No. 1093088）。

36. CSPD Roche 诊断试剂 Cat. No. 1755633（用于化学发光测试）。

E. 注意事项

目前尚没有一种对霍乱弧菌进行增菌的良好的选择性营养肉汤。然而，由于其繁殖迅速，短期培养即可有效分离。培养 6~8h，APW 可提供适合的养料，但对于某些样品来说，在较长的培养期内其他竞争菌的生长可能超过霍乱弧菌。虽然过夜培养（16~18h）不是很好，但却有利于在工作日进行样品分析。如果按步骤处理产品，加热、冷冻、干燥或稀释等，推荐过夜培养来充分复苏受损细胞。生牡蛎样品在 APW 中 42℃孵育 6~8h 来分离霍乱弧菌被证明是有效的，推荐使用此方法[26]。然而，DePaola 和 Hwang[28] 发现用营养丰富的培养基培养 18~21h 来代替6~8h 可提高 O1 型霍乱弧菌的复苏。因此，推荐在 APW 培养 6~8h 及过夜培养后都进行划线。推荐生牡蛎和 APW 的比例为 1∶100[28]。

F. 试验方法

1. 霍乱弧菌

a. 增菌和平板培养

1) 称 25g 样品加入到广口瓶（大概 500mL 容量）中。像海产品或蔬菜这样的样品需用无菌剪刀剪成碎块。

2) 加入 225mL APW，与样品高速混匀 2min。

3) 在 APW 中 35±2℃培养 6~8h。如果样品已被用一些方法处理过则还需过夜培养。对生牡蛎，还要用一个烧瓶加入 25g 样品和 2475mL APW，42±0.2℃水浴 18~21h[28,31]。如果需要，也可用 MPN 方法定量。

4) 准备 TCBS 琼脂平板以及改良的 CPC 或 CC 琼脂。

5) 用 3mm 接种环从 APW 增菌液的表层薄膜沾取一环接种到 TCBS（和 mCPC 或 CC）平板上，划线分离单菌落。

6) TCBS 于 35±2℃过夜培养（18~24h）。mCPC 和 CC 平板 39~40℃过夜培养。如果无法 39~40℃培养，也可选择 35~37℃，因为分离培养首先取决于配方中的抗生素，而后是温度的高低。

7) TCBS 上霍乱弧菌的典型菌落特征是：菌落较大（2~3mm），光滑、黄色、略扁平、中心不透明、边缘半透明。

8) mCPC 或 CC 琼脂上霍乱弧菌的典型特征是：菌落较小，光滑，不透明，绿色到紫色，延长培养后背景为紫色。

9. 为进行生化鉴定，从平板中挑取菌落接种至非选择性培养基（T_1N_1、T_1N_3或 TSA-2%NaCl 琼脂）上纯化培养。35±2℃过夜培养，然后用分离出来的单菌落进行鉴定。

10) 从每个平板上取 3 个或更多的典型菌落转接至 T_1N_1 琼脂斜面或穿刺动力试验培养基，35±2℃过夜培养。

b. 筛选和确认

1) 精氨酸葡萄糖斜面琼脂（AGS）：将 T_1N_1琼脂上可疑的菌落划线接种到 AGS 并穿刺底层。松动试管帽口 35±2℃过夜培养。霍乱弧菌和拟态弧菌斜面产碱（紫色），底部产酸（黄色），因精氨酸未被水解。不产气和 H_2S。

2) 盐耐受试验：将 T_1N_1培养的菌落转接 T_1N_0和 T_1N_3试管肉汤各一支。35±2℃过夜培养。霍乱弧菌和拟态弧菌可在无盐条件下生长。

3) 黏丝实验[110]：该试验有利于对霍乱弧菌的阳性可疑菌株做假设实验。从 T_1N_1琼脂上取一较大菌落，加一小滴 5%脱氧胆酸钠无菌水溶液制成菌悬液。60s 内细胞溶解（混浊消失）并且 DNA 成线状，从玻片上挑取一接种环溶菌液可拉出 2~3cm 的黏丝。

4) 氧化酶反应 P：用铂金丝（不能使用镍铬合金丝）或木制涂布棒将过夜培养的 T_1N_1培养物转移到氧化酶试剂浸透的滤纸上（1% *N*，*N*，*N*，*N'*-四甲基对苯二胺 · 2HCl）。10s 内出现深紫色现象视为阳性。也可加入

一滴试剂到 T_1N_1 斜面培养基或琼脂平板上。霍乱弧菌和拟态弧菌都是氧化酶反应阳性。

5）血清学凝集实验：将黏丝实验判定的可疑霍乱弧菌进行菌体或 O 抗原血清分型，可成为重要的流行病学依据。O1 组的两个重要血清型 Ogawa 和 Inaba，以及 O139 血清组被认为是人类病原体。O1 的两种血清型发现于古典型霍乱弧菌和埃尔托生物型，O139 血清组只存在于埃尔托生物型。

ⅰ. 在一个培养皿内或 2×3in 载玻片上，用蜡笔划出三个大小约 1cm×2cm 的区域，向每个标记区域内滴 1 滴 0.85%生理盐水。将 T_1N_1 培养物用无菌接种环或接种针接种到一个区域的生理盐水中制成菌悬液，其他区域同上。检查自凝集。

ⅱ. 加 1 滴霍乱弧菌的 O1 多价血清至一个区域的菌悬液中，用无菌接种环或接种针混合。加 1 滴抗 O139 血清到另一个区域（第三区）。

ⅲ. 将混合物前后倾斜混匀，在暗色背景下观察。迅速、激烈的凝集是阳性反应。

ⅳ. 如果阳性，分别用 Ogawa 和 Inaba 进行抗血清测试。Hikojima 血清型和两种抗血清都有反应。

ⅵ. Inaba 和 Ogawa 抗体、O1 抗原都已商业化（例如，Columbia Diagnostics Inc.，Springfield，VA）。同样，O139 血清也已商业化。不凝集菌落应报告为非 O1/O139 型霍乱弧菌。

c. 生化实验

表 9-2 显示了鉴定霍乱弧菌的基本特征。霍乱弧菌与其他蔗糖阳性弧菌的区别是能够生长在不加 NaCl 的 1%胰蛋白胨培养基上。API 20E 诊断试剂条已成功应用到鉴定和确认分离株[92]。在此可以使用微孔板系统保存可疑菌株。

d. 埃尔托生物型和古典生物型菌株的区别

古典生物型很少见到，以下为区分其和埃尔托生物型的可选方法。

1）β-溶血试验：区分 O1 型霍乱弧菌的最普通也可能是最简单的方法，是在绵羊血琼脂中检测其 β-溶血能力。埃尔托生物型菌株能发生 β-溶血现象，而古典生物型菌株不产溶血素。将检测菌点种至血平板表面，35±2℃ 培养 18~24h。β-溶血现象是环绕在菌落周围有一个清晰的溶血区域。

2）多黏菌素 B 敏感性试验：将可疑菌株划线接种到 T_1N_1 琼脂平板，加 50U 多黏菌素 B 板到平板表面。倒置平板，35±2℃ 过夜培养并记录结果。古典生物型菌对其敏感（抑制带直径>12mm）；埃尔托生物型则对其有抗性。如果可疑菌株生长在含多黏菌素 B 的 mCPC 琼脂上，则可认为是埃尔托生物型。

e. 肠毒素的检测

从食品或环境中分离得到的霍乱弧菌大多并不产霍乱毒素（CT），也就不会有剧毒。鉴定为霍乱弧菌或拟态弧菌的菌落应检测其是否产 CT 或含 *ctx* 基因[111]。

1）Y-1 鼠肾上腺细胞试验[98]：许多实验表明 CT 会刺激腺苷酸环化酶产生环腺苷酸，从而最终影响到细胞的活性。在 Y-1 细胞实验中，CT 可促进伸长的纤维原细胞转化为圆形折光细胞。

菌株细胞的维持和传代、微孔检测板的制备和试验操作及阐释见本指南的第 4 章——大肠杆菌和大肠菌群计数方法。

ⅰ. 将检测菌落由 T_1N_1 斜面培养基接种到 CAYE 肉汤试管中，30±2℃ 过夜培养。

ⅱ. 从每个菌落的 CAYE 肉汤中接种 10 ~50mL 到锥型瓶中，振荡培养 18h。离心，将上清液用 0.22μm 的滤膜过滤。冷冻的滤液可储存一周。

ⅲ. 每种滤液取 25μL 的样液 2 份，一份 80℃ 加热 30min，另一份不加热，加到微孔检测板中。除了已知的产毒素和不产毒素的培养物滤液，还要加入 0.025mL 1.0ng/mL 和 0.1ng/mL 的 CT 标准液。作为非特异性反应的对照，用抗 CT 血清处理待测滤液可在细胞周围产生抑制。

2）CT 的免疫测定：目前已有商业化的免疫检测方法，用于检测霍乱弧菌和拟态弧菌培养物滤液中的 CT（VET-RPLA，Oxoid，Inc. Ogdensburg，NY）。

将待测菌株接种到 AKI 培养基，35±2℃，100r/min 振荡培养 18h。取 5~7mL，8000×*g* 离心 10min。上清液

用 0.2μm 滤膜过滤除菌或直接使用。根据试剂盒厂商的要求，用 96 孔微量反应板检测上清液或滤液。将 96 孔板于室温静置过夜培养。

3）其他毒素：其他毒素对人类疾病的意义很少被人们了解，并且不推荐使用常规检测方法检测。Madden 等[53]也证实了某些临床分离株对幼兔具有致病性。McCardell 等[75]发现非 O1/O139 型霍乱弧菌可产生一种热不稳定的溶细胞素，对Y-1鼠肾上腺和中国鼠卵巢细胞具有细胞毒性，静脉注射成年鼠后可迅速致死，并使兔回肠产生积液[112]。如需要，也可检测培养物中的热稳定肠毒素（ST）[75,121]或细胞毒素[83,100]。

f. 用聚合酶链式反应检测霍乱毒素基因[67]

CT 基因可能存在于霍乱弧菌和拟态弧菌中，但无法在实验室条件下表达。因此推荐使用像 PCR 扩增 *ctx* 基因这样的基因分析方法来进行检测。这种方法可更快地出具结果，而且比表型分析简单。

1）霍乱毒素 PCR 引物，溶液浓度为 10pmol/μL。

ⅰ. 正向引物 5′-tga aat aaa gca gtc agg tg-3′。

ⅱ. 反向引物 5′-ggt att ctg cac aca aat cag-3′。

PCR 产物片段大小为 777bp。

2）APW 增菌液。用前述制备的样品培养 6～21h 后的 APW 增菌液，取 1mL 在 1.5mL 离心管中煮沸 10min 制备粗溶菌液，溶解产物可直接用于 PCR 或-20℃备用。对于可疑的霍乱弧菌和拟态弧菌的菌落和对照培养物，接种到 1mL APW 中，35±2℃培养 18h，然后进行煮沸步骤。

3）为减少 PCR 试剂的交叉污染，推荐制备 PCR 反应混合试剂（PCR master mix）并分装，放置-20℃备用。Master mix 包含所有扩增反应所需试剂，除了 *Taq* 聚合酶和溶菌液（模板）。最终的反应物包含：10mmol/L Tris-HCl，pH 8.3；1.5mmol/L $MgCl_2$；dATP、dTTP、dCTP、dGTP 各 200μmol/L；2%～5%（体积分数）APW 溶菌液（模板）；引物各 0.5μmol/L 以及 2.5 U *Taq* 聚合酶，反应体系 100μL。一般的反应体系为 25～100μL。将 *Taq* 酶和模板加入反应混合试剂中，分装至 0.6mL 微量离心管。一些热循环反应可能需要加入石蜡油来覆盖反应液（50～70μL）。反应条件如下：

热循环步骤	时间/min	温度/℃
预变性	3	94
变性	1	94
引物退火	1	55
引物延伸	1	72
最后延伸	3	72
循环数：不少于 35		

4）PCR 产物的琼脂糖凝胶电泳分析：将 10μL 的 PCR 产物和 6×Loading buffer 混合，加到 1.5%～1.8%的琼脂糖凝胶（含 1μg/mL 的溴化乙啶）孔中。凝胶浸泡到 1×TBE 缓冲液中。恒压 5～10V/cm 进行电泳。用 UV 照射成像，与分子质量 Marker 的条带做比较。引物扩增的 *ctxAB* 的片段大小为 777bp。可用 Polaroid 底片对凝胶成像存档。每次 PCR 反应都应有阳性对照、阴性对照和试剂空白对照。

探针技术也已被开发用于检测 *ctxAB* 基因[133]。地高辛标记的探针利用克隆杂交技术也可对 PCR 扩增产物中的 *ctxAB* 基因进行检测。探针制备、针对可疑菌株菌落斑点的杂交条件以及清洗方法按照 Roche 公司技术资料上的描述进行[97]。

5）检测结果报告：霍乱弧菌的检测结果报告应包含对菌落的生物化学和血清学的鉴定结果以及肠毒性结果。鉴定到种所必需的特征如表 9-2 所示。

表 9-2 鉴定霍乱弧菌和副溶血性弧菌所必需的生化特征

生化特征	阳性反应	百分率/%
革兰氏阴性无芽孢杆菌	+	100
氧化酶反应	+	100
黏丝	±	100
L-赖氨酸脱羧酶反应	+	100
L-精氨酸双水解酶反应	-	0
L-乌氨酸脱羧酶反应	+	98.9
1%胰蛋白胨肉汤生长[a]	+	99.1[b]/0[c]

a 不加 NaCl。
b 霍乱弧菌（和拟态弧菌）。
c 副溶血性弧菌。
资料来源：Hugh 和 Sakazaki[48]。

G. 其他弧菌——副溶血性弧菌

在此介绍副溶血性弧菌定量的三个方法。首先是许多实验室常用的 MPN 法，此方法的步骤和创伤弧菌的几乎一样。第二是用疏水性栅格滤膜法（HGMF）进行膜过滤的方法[32]。第三是直接平板计数法，用 DNA 探针确定副溶血性弧菌的菌落总数[76]和病原菌株（包含 TDH）[77]。另外，TRH 基因探针方法和 PCR 确认分析[8]也包含在内。

1. 海产品：增菌、分离和计数

a. 称取 50g 海产品搅碎：鱼类取表面组织、鳃和内脏。贝类样品包括贝肉和体液。通常采集 12 只动物样品，高速搅拌 90s，取 50g 均匀混合物用于分析。对于甲壳类动物，如小虾，如果可能应使用整只；如果太大，选择包含鳃和内脏的中心位置。注：同创伤弧菌。

b. 加 450mL PBS 稀释液，8000r/min 混匀 1min，作为 1∶10 样品稀释液。如有必要，用 PBS 进行 1∶100、1∶1000、1∶10000 或更高倍数的稀释。

1）对于贝类软体动物，采集 12 只动物样品。与等体积的 PBS 混匀 90s（1∶2 稀释）[4]。取 1∶2 的匀浆 20.0g（考虑到 1∶2 稀释液中的气泡不利于精确量取体积，因此推荐按质量取样）加入到 80mL PBS 中，得到 1∶10 的稀释液。另外再按 10 倍梯度稀释制备稀释液（如 1mL 1∶10 稀释液加入 9.0mL PBS 获得 1∶100 稀释液）。

2）对于经过加工的产品，如加热、干燥和冷冻，将 3 份 10mL 的 1∶10 稀释液接种到 3 支含有 10mL 的 2 倍浓度的 APW 试管中。这样每管含有 1g 样品。同样，从1∶10、1∶100、1∶1000 和 1∶10000 的稀释液中各取 3 份 1mL 液体接种到 10mL 的单倍浓度的 APW 中。如果预计副溶血性弧菌含量较高，检测梯度可从 1∶10 的样品稀释液开始。

c. APW 培养基 35±2℃ 过夜培养。

d. 对显示生长的 3 个最高稀释度的 APW 试管，用 3mm 接种环在距离液面以下 1cm 内蘸取一环增菌液，在 TCBS（以及 mCPC，创伤弧菌用 CC 琼脂）平板上划线分离。

e. TCBS 平板 35±2℃（mCPC 或 CC 在 39~40℃或 35~37℃）过夜培养。

副溶血性弧菌表现为圆形、不透明、绿色或蓝色的菌落，在 TCBS 琼脂上直径为 2~3mm。与之竞争的溶藻弧菌是大的、不透明的、黄色菌落。大多数副溶血性弧菌不在 mCPC 和 CC 琼脂上生长。如果生长，菌落因缺少纤维二糖发酵而呈紫绿色。

按前文所述，分离纯化单菌落并接种到微孔板中冷冻保存。

2. 筛选和确认

a. 生物化学鉴定：除非特别说明，本部分所有培养基都要加 2%或 3% NaCl。在此可选择使用 API 20E 诊断条[92]。API 20E 需用 2% NaCl 制备可疑培养物的菌悬液。

1) 筛选副溶血性弧菌（和创伤弧菌），按前文所述使用 AGS、T_1N_0和 T_1N_3肉汤。35±2℃培养 18~24h。

2) 用接种针从 TCBS 琼脂上转移 2 个或更多的可疑菌落到精氨酸葡萄糖斜面培养基（AGS）。在斜面上划线，底部穿刺，35±2℃松盖过夜培养。副溶血性弧菌和创伤弧菌在斜面上都产碱性产物（紫色），底部产酸（黄色）（精氨酸双水解酶阴性），但在 AGS 上不产气或 H_2S。

3) 将菌落接种到 TSB 和 TSA 斜面培养基（补充 2% NaCl）上，35±2℃过夜培养。这些培养物作为原料提供给其他实验，如革兰氏染色和镜检。副溶血性弧菌和创伤弧菌都是氧化酶反应阳性，革兰氏阴性，多形生物，两端有弯曲或直的鞭毛。

4) 穿刺接种到动力实验培养基，穿刺深度约 5cm，35±2℃过夜培养。一个圆形的生长晕沿穿刺线长出即为阳性。副溶血性弧菌和创伤弧菌都具有动力。

5) 副溶血性弧菌和创伤弧菌在 T_1N_3上生长，在 T_1N_0上不生长。只有嗜盐菌才需要做进一步实验。

只有运动型革兰氏阴性杆菌在 AGS 培养基底部产酸、斜面产碱，不产气或 H_2S，并且只有嗜盐的菌落才需要做进一步实验。

6) 副溶血性弧菌和创伤弧菌的鉴定特征见表 9-1。

副溶血性弧菌和创伤弧菌在生化方面的表型相似，但能从 β-半乳糖苷试验（ONPG）、盐耐受性、纤维二糖和乳糖反应（表 9-1）的差别上区分。通过特有的生物学特性，副溶血性弧菌和创伤弧菌能够与大多数干扰的海洋性弧菌和其他海洋性微生物相区分。

所有的副溶血性弧菌分离株都应该检测是否存在尿素酶，检测可使用添加 2% NaCl 的尿素肉汤或添加终浓度为 2% NaCl 的克氏尿素琼脂，或用 API 20E。由美国西海岸和亚洲国家获得的临床菌株以尿素酶阳性株为主。尿素酶的产生与 *tdh* 和/或 *trh* 基因有关[2,49,62,88,91,114,115]。尿素酶反应对筛选潜在致病菌有重要价值[62]。

将可疑菌落接种到尿素肉汤-3% NaCl 或接种到 Christensen-尿素-NaCl 琼脂平板或斜面。35±2℃培养 18~24h。

尿素酶产物在培养基上显粉红色（碱性）。

阴性培养物应该再培养 24h，可检测出少见的迟缓产生尿素酶的菌株。

当菌落经生化鉴定最终被确定是副溶血性弧菌时，查阅初始增菌肉汤的阳性稀释管数，用 3 管 MPN 检索表（附录 2）确定最终菌落数。

7) 也可用后文所述 DNA 探针杂交或 PCR 方法鉴定副溶血性弧菌或创伤弧菌。

b. 疏水性栅格滤膜计数法（HGMF）[25,32]：仪器、滤器和详细说明书可以由圣地亚哥认证中心 QA 实验室获得。

1) 用蛋白胨吐温稀释液（PTS）制备海产品样品 1：10 稀释液，高速搅拌 60s。以灭菌稀释液作为载体，取 1.0mL 或其他体积的匀液进行 HGMF 过滤。用镊子无菌操作将疏水性栅格滤膜从过滤仪器上转移到胰酪胨大豆琼脂（含 $MgSO_4$ 和 NaCl）平板（TSAMS，M152a）表面。35±2℃培养 4h。如果预计副溶血性弧菌含量较高，可继续制备 10 倍稀释液。

2) 用镊子在无菌条件下将疏水性栅格滤膜从 TSA 平板转移到干燥的副溶血性弧菌蔗糖琼脂（VPSA）平板（M191）的表面。倒置平板，42℃培养 18~20h。

3) 在 VPSA 平板上，副溶血性弧菌的菌落应为绿色到蓝色，填满至少一半的方格。这是一种推测计数。应鉴定至少五个典型菌落。其他菌通常由于发酵蔗糖而呈黄色。确认了的方格数比例应与典型菌落总数相乘，计算每克海产品的 MPN 数。例如，5 个可疑菌落中有 3 个经生化反应确认为副溶血性弧菌，那么应将可疑菌落总数乘以 0.6 来估算副溶血性弧菌的密度。创伤弧菌的菌落也呈绿色或蓝色。DNA 探针可区分它们[29,61,76,134]。

c. 血清学分型[47,81]：副溶血性弧菌有三种抗原：H、O 和 K。H 抗原是副溶血性弧菌的共有抗原，在血清学分型中意义不大。K 或荚膜抗原在 100℃加热 1h 或 2h 即可从菌体上去除。这个过程可使耐热的 O 抗原或菌体抗原暴露出来。因为 K 抗原会掩盖 O 抗原，所以在对 O 抗原做凝集测试前，应先加热去除 K 抗原。

目前已知有 12 个 O 群，超过 70 种 K 抗原[47]。有 5 种 K 抗原被发现与两个 O 群抗原的产生有关；因此，公认有 76 种血清型（表 9-3）。这些血清型的血清学检测还并未用于鉴定副溶血性弧菌，因为它们会与许多其他海洋生物发生交叉反应。然而随着食品安全研究的迅猛发展，血清学检测已成为流行病研究的重要工具。

表 9-3　副溶血性弧菌的抗原列表（1986）[a]

O 群	K 抗原
1	1，25，26，32，38，41，56，58，64，69
2	3，28
3	4，5，6，7，27，30，31，33，37，43，45，48，54，57，58，59，65
4	4，8，9，10，11，12，13，34，42，49，53，55，63，67
5	5，15，17，30，47，60，61，68
6	6，18，46
7	7，19
8	8，20，21，22，39，70
9	9，23，44
10	19，24，52，66，71
11	36，40，50，51，61
12	52
总数 12	65

a 此抗原表首先由 Sakazaki 等制定[101]。后来由副溶血性弧菌的血清学研究机构（日本）进行了扩展；K 抗原 2、14、16、29、35 和 62 被该机构排除[47]。

注：K 抗原 4、5、6、7、8、9、19 和一个以上的 O 群一起出现。

在日本目前已经有了商业化的副溶血性弧菌抗血清诊断试剂盒，可从 Nichimen 公司获得，地址：1185 Avenue of the Americas. 31st Floor，New York，NY 10036；（212）719~1000，或 Accurate Chemical and Science 公司：San Diego，CA 800-255-9378。因为血清昂贵，大多数实验室并不推荐，CDC 有能力做血清学实验。

d. 致病性检测：Kato 等[56]发现从肠道感染病人的粪便中分离的副溶血性弧菌在一种特殊的高盐人血琼脂中可发生溶血现象，然而从海产品和海水中分离的副溶血性弧菌却无此现象。后来 Wagatsuma[128]改进了这种特殊的血琼脂来避免副溶血性弧菌在血琼脂（5%绵羊红细胞）上的普通溶血现象带来的混淆。这种琼脂被命名为 Wagatsuma 琼脂，这种特殊的溶血现象被称为神奈川现象。这种培养基使用人、狗和绵羊血制备。

对人类致病的副溶血性弧菌的神奈川反应几乎都是阳性，而从海产品中分离的则几乎都为阴性[81,82,101,102,106]。另外，在对动物的大量调查后发现，神奈川溶血素是副溶血性弧菌的首要毒力因子[82,120]。神奈川实验或 *tdh* 基因探针杂交都能可靠地验证食品中致病株的存在。因为获得新鲜血液比较困难，而且神奈川现象和 *tdh* 基因有密切关联，所以推荐使用本章介绍的 DNA 探针技术来确定副溶血性弧菌的潜在毒性，用以代替非神奈川实验。

副溶血性弧菌的溶血素基因检测

碱性磷酸酶和地高辛标记的 DNA 探针可用于副溶血性弧菌的鉴定。热不稳定的溶血素基因 *tlh* 在所有的副溶血性弧菌中都有发现，但弧菌的其他种中则没有[123]，DNA 探针由此来进行鉴定。两种 DNA 探针的效果是一样的。DNA 探针已被用于检测与致病株相关的热稳定性直接血溶素基因 *tdh*[87]和热稳定性相关血溶素基因 *trh*[46]。

碱性磷酸酶（AP）标记的 tlh 探针[76]已有商业试剂，可用于 Whatman 541 菌落吸附。AP-*tlh* 和 AP-*tdh* 探针[77]的杂交和检测步骤在下文中说明，杂交和洗涤温度为 54℃。根据 Bej 等[8]报道的引物扩增出 PCR 产物，可构建地高辛标记的 *tlh* 和 *trh* 探针。Tdh 探针是用 Nishibuchi 等[87]报道的寡聚核苷酸探针设计引物，由 *tdh*1 做正向引物，tdh4（tdh4c）的反向互补链为反向引物。PCR 扩增时，按照 Roche 公司[97]描述的方法用地高辛标记探针。这些扩增片段的大小如下：450bp *tlh*、424bp *tdh* 和 500bp *trh*。

1）碱性磷酸酶标记的寡聚核苷酸探针（AP-*tlh* 和 AP-*tdh*）[76,77]

探针可在冰箱中保存 1~2 年；勿冰冻。

探针的碱基序列	
种特异性热不稳定溶血素（*tlh*）	AP-标记 5′-Xaa agc gga tta tgc aga agc act g -3′ （X 表示 AP-标记）
热稳定性直接溶血素（*tdh*），神奈川溶血素	AP-标记 5′-Xgg ttc tat tcc aag taa aat gta ttt g-3′

探针可从如下地点购买：DNA Technology ApS，Science Park Aarhus，Gustav Wledsd Vej 10，DK-8000，Aarthus C，Denmark。电话：45 86 20 33 88，传真：45 86 20 21 21，e-mail：oligo@ dnatech. aau. dk.

2）样品的制备和稀释与 MPN 法步骤相同。另外，除了接种到 VVA（M190）和 55℃的杂交温度[29]，其余样品的制备和杂交条件与创伤弧菌的同步定量一样。只是在使用前，应在 35℃条件下彻底干燥 T_1N_3 M161（和 VVA）琼脂平板（倒置，盖子要留缝隙）1h。这是一个非选择性琼脂。

ⅰ. 采集 10~12 只牡蛎肉，加入等重 PBS 高速匀浆 90s，制成均质混合物（1∶1 稀释液）[4]。

ⅱ. 用灵敏度为 0. 01g 的天平直接从匀浆机内去皮称取 0. 20g 的牡蛎 PBS 匀浆混合液（即 0. 1g 或代表-1 稀释度的牡蛎组织）加入到 T_1N_3平板上。吸取 100μL 的-1、-2 和-3 稀释度的稀释液到 T_1N_3平板上。对于从 12 月至次年 3 月收获的贝类动物，接种-1 和-2 稀释度就足够了，5—10 月的产品接种-1、-2 和-3 稀释度。检测限为 10CFU/g。

ⅲ. 对于除了牡蛎外的海产品，由于均质时产生碎片，应使用 1∶10 初始稀释液。接种 100μL 1∶10 稀释液到 T_1N_3表面。此检测限是 100CFU/g。

ⅳ. 用无菌涂抹棒在 T_1N_3琼脂平板上均匀涂布接种物。干燥的平板和接种物的均匀涂布是分离获得足够菌落的重点。

ⅴ. 平板 35±2℃培养 18~24h。所有的平板都应用于菌落吸附和杂交，除非有杂菌混合生长。

3）滤膜的准备

ⅰ. 用标记好的（样品编号，稀释度）#541 Whatman 滤膜（85mm）覆盖 T_1N_3（和 VVA）平板 1~30min。对用于检测 tdh 的平板，应对滤膜和平板做好标记，以用于排列比对和后续的菌落回收。将平板保存于冰箱。将滤膜有菌落的一面朝上，转移到塑料或玻璃的皮氏培养皿盖子上（含 1mL 溶菌液）。将带滤膜的玻璃培养皿放在微波（全功率）下加热 15~20s，时间则是看微波的瓦数；旋转带滤膜的培养皿并重复使用微波加热。滤膜应是热的，几乎完全干燥但未变棕色。警告：当使用新的或不同的微波炉，应密切注意微波时间，以免加热太久而使滤膜起火。一次最多微波 6 个滤膜。

ⅱ. 在圆形容器中用醋酸铵（每个滤膜 4mL）浸泡中和滤膜，室温摇动 5min。

ⅲ. 用 1×SSC 缓冲液简单冲洗#541 Whatman 滤膜 2 次（每个滤膜 10mL）。10 个滤膜可放在一个容器中（干燥和保存也是如此）。

ⅳ. 蛋白酶 K 处理。

在塑料容器中用蛋白酶 K 溶液可处理 30 个滤膜，每个滤膜 10mL，在 42℃条件下摇动（50r/min）30min，用于破坏自然产生的碱性磷酸盐并分解细菌蛋白。

ⅴ. 用 1×SSC 缓冲液清洗滤膜 3 次，每个滤膜 10mL，室温摇动（50r/min）10min（滤膜的干燥和保存也按此方法处理）。

4)杂交

ⅰ. 将滤膜放置塑料袋中进行杂交缓冲液浸泡，54℃摇动（50r/min）30min（创伤弧菌是55℃）。每袋最多放5个滤膜，加入10~15mL缓冲液。

ⅱ. 将缓冲液从袋子中倒出，加入预先加温过的缓冲液，每个滤膜10mL。将探针加到装有滤膜的袋子中（终浓度0.5pmol/mL），54℃摇动温育1h（创伤弧菌55℃）。此温度是杂交和洗涤步骤的临界点。

ⅲ. 用1×SSC-1% SDS（对于 *tlh*）或3×SSC-1% SDS（对于 *tdh*）清洗滤膜2次，每个滤膜10mL，54℃（创伤弧菌55℃）摇动，每次10min。在塑料容器中，用1×SSC清洗滤膜5次，室温摇动（100r/min），每次5min。

5)显色

ⅰ. 在培养皿中加入20mL NBT/BCIP溶液。放入滤膜（最多5个），室温摇床避光培养。每30min查看阳性对照的变化；反应完成通常需要1~2h。

ⅱ. 用自来水（10mL/滤膜）清洗3次以终止反应，每次10min。不要使滤膜见光，以免其继续显色。计算紫色或棕色斑点，分别和一系列对照样品做比较。在黑暗或醋酸盐中保存。

ⅲ. 通过比对显色的滤膜与相应的平板，活化 *tdh* 阳性菌落。用灭菌接种环从琼脂表面选取有阳性信号的涂布区域，划线接种TCBS琼脂平板。用 *tlh* 和 *tdh* 探针检测5~10个菌落来确定致病性的副溶血性弧菌。

6)用地高辛标记探针进行副溶血性弧菌定量的滤膜制备[97]

ⅰ. 用于制备地高辛标记探针的扩增所需的引物序列和PCR合成条件如下。

基因	编码蛋白	位置	序列
tlh	热不稳定溶血素[8]	L-TLH	5′-aaa gcg gat tat gca gaa gca ctg-3′
		R-TLH	5′-gct act ttc tag cat ttt ctc tgc-3′
tdh	热稳定直接溶血素（神奈川溶血素）[87]	tdh-1	5′-cca tct gtc cct ttt cct gcc-3′
		tdh-4c	5′-cca cta cca ctc tca tat gc-3′
trh	热稳定相关溶血素[8]	VPTRH-L	5′-ttg gct tcg ata ttt tca gta tct-3′
		VPTRH-R	5′-cat aac aaa cat atg ccc att tcc g-3′

ⅱ. 热循环条件如下。

	tlh 和 *trh*		*tdh*	
	温度	时间	温度	时间
预变性	94℃	3min	94℃	10min
变性	94℃	1min	94℃	1min
退火	60℃	1min	58℃	1min
延伸	72℃	2min	72℃	1min
持续延伸	72℃	3min	72℃	10min
保温	8℃	不定	8℃	不定
	25个循环		25个循环	

ⅲ. 如果要用三种副溶血性弧菌的地高辛标记探针杂交，应接种三份预标记滤膜。*tlh* 探针能确定副溶血性弧菌的密度，*tdh* 和 *trh* 杂交能确定致病菌株的密度。分别按数量/g报告结果。虽然膜没有灭菌，但小心操作不会影响分析结果。

ⅳ. 按前文所述方法制备样品稀释液。100μL 混合物（0.2g 的 1∶2 牡蛎组织匀浆）直接接种至 T_1N_3琼脂平板上标记的尼龙膜。一种探针用一个过滤膜。通常 -1、-2、-3 的稀释度就足够了。最低检测限是 100/g（牡蛎是 10/g）。用灭菌 L 型涂布棒轻轻涂布膜表面的接种物。

ⅴ. T_1N_3平板在 35±2℃条件下培养 3h。用镊子将滤膜转移到 TCBS 琼脂平板上，35±2℃过夜培养。

ⅵ. 培养后，估算绿色菌落数量，并进行下一步杂交。如无绿色菌落则不用杂交。可以使用微量检测板系统对可疑菌落检测，用无菌牙签挑取绿色菌落接种到平板孔中。

ⅶ. 将滤膜有菌落的一面朝上放到含 4mL 溶菌液（Mass Ⅰ）的吸收垫上，使膜上的菌落被溶解，室温放置 30min。也可用微波微热 20s。

ⅷ. 然后用镊子将膜转移到含 4mL 中和液（Maas Ⅱ）的吸收垫上，室温放置 30min。

ⅸ. 用纸或毛巾简单把膜吸干，然后在 254nm 紫外光源下或紫外交联仪中，将 DNA 与膜交联 3min。

7)第一天，用 dig-探针杂交和比色或化学发光测试[97]

ⅰ. 65℃摇动水浴。

ⅱ. 将膜转移到耐热的、可密封的袋子或带盖塑料容器中。可将膜背靠背叠放起来，每对之间隔着一层玻璃纤维网[59]。

ⅲ. 用预杂交液覆盖叠放的膜，65℃浸泡 1h。

ⅳ. 将膜从袋子或容器中取出，用预杂交液浸湿的实验用软棉纸擦拭每个膜，以去除多余的培养物（该步骤为选作试验，主要依据菌落大小来决定是否进行）。

ⅴ. 用预杂交液覆盖叠放的膜，65℃浸泡 2h。预杂交时间更长也可。

ⅵ. 将双链 dig-探针煮沸 10min。

ⅶ. 将预杂交液倒出，趁热加入探针，65℃下杂交过夜。

8)第二天，洗涤和检测步骤

ⅰ. 杂交后，将探针溶液放入耐热塑料管中冷冻保存。保存时间可达一年。

ⅱ. 将膜移到塑料盘中用洗涤液 A 洗涤两遍（叠放），室温摇动（50~100r/min），每次 5min。

ⅲ. 用预热的洗涤液 B 在袋子或容器中浸洗膜两遍，65℃，每遍 15min。

ⅳ. 将 0.25g 粉状封闭试剂加到 50mL 的 Genius Dig 缓冲液 1 中，剧烈搅动并微波或 65℃水浴使其溶解，制成 Genius Dig 缓冲液 2，每 10min 摇动一次直到溶解，然后冷却至室温。

9)比色度测试（方案 1），或可选择下述方案 2

ⅰ. 制备染色剂，在 10mL 的 Dig 缓冲液 3 中加入一片 NBT/BCIP 或 0.2μLNBT/BCIP 封闭液。

ⅱ. 倒出抗体溶液。将 Dig 缓冲液 1 倒入塑料盘中覆盖滤膜，室温摇动（50r/min）15min（塑料盘或袋子要充分清洗并未接触过 Dig 抗体）。

ⅲ. 倒出 Dig 缓冲液 1 并重新加入 Dig 缓冲液 1，室温摇动浸泡 15min。

ⅳ. 倒出缓冲液 1，用 Dig 缓冲液 3 室温浸泡 3min。

ⅴ. 每 2~4 个膜加入大约 10mL NBT/BCIP 显色剂。膜可以背靠背放置（有菌落的一面朝外）。室温避光保存在袋子或培养皿中。当颜色显出时不要晃动容器。几分钟后颜色的沉淀物开始形成，通常 12h 后完成，但3~4h 就很明显了。

ⅵ. 与对照斑点比较，一旦发现到期望的颜色斑点，用 50mL Dig 缓冲液 1 清洗 5min 终止反应。数出紫色到棕色的斑点，计算每克样品的菌落数量。

ⅶ. 用 Dig 缓冲液 4 简单冲洗固色后，膜可保存在湿润的袋子中。

ⅷ. 探针的去除。

尼龙膜可以剥离探针，如果需要还可重新加入探针。这种特点在 Roche 诊断学手册上略叙过[97]。

10)化学发光检测（方案 2）

ⅰ. 将 CSPD 试剂预热至室温。

ⅱ. 将膜从袋子或容器中移到培养皿中，用 Dig 缓冲液 1 室温浸泡 1min。

ⅲ. 在容器/袋子中用 Dig 缓冲液 2 浸泡，室温摇动（50r/min）1h。封闭时间更长也可。

ⅳ. 排干 Dig 缓冲液 2。

在 Dig 缓冲液 2 中加抗 dig 碱性磷酸酶，比例为 1∶5000（每 25mL Dig 缓冲液 2 加 5μL dig 抗体），然后浸泡滤膜。

ⅴ. 室温 50r/min 摇动 30min。

ⅵ. 用 95%乙醇擦拭醋酸纤维档案夹。将膜放到醋酸纤维上，每 100cm^{2}膜上加 0.5mL CSPD。擦拭醋酸纤维的外表面，放入装有 X 光胶片的盒中。按照商业说明书曝光（通常不超过 1h）成像。

11）副溶血性弧菌的多重 PCR 检测[8]

副溶血性弧菌的多重 PCR 分析是一种对可疑菌株进行鉴定的可选步骤。

将菌种接种到 TSB-2% NaCl 中 35±2℃过夜培养，制备模板。取 1mL 15000×*g* 离心 3min。用生理盐水洗涤菌体两次。用 1.0mL dH_2O 重悬菌体，煮沸 10min。模板-20℃保存备用。使用引物如下：

三种引物设计[8]

种特异性 *tlh* 基因（450bp），同上	L-TL	5′-aaa gcg gat tat gca gaa gca ctg-3′
	R-TL	5′-gct act ttc tag cat ttt ctc tgc-3′
trh 基因（500bp），同上	VPTRH-L	5′-ttg gct tcg ata ttt tca gta tct-3′
	VPTRH-R	5′-cat aac aaa cat atg ccc att tcc g-3′
tdh 基因（270bp）	VPTDH-L	5′-gta aag gtc tct gac ttt tgg ac-3′
	VPTDH-R	5′tgg aat aga acc ttc atc ttc acc-3′

推荐的 PCR 试剂如下：

试剂	反应体积（终浓度同上）
dH_2O	28.2μL
10×Buffer $MgCl_2$	5.0μL
dNTPs	8.0μL
引物混合物（6 条引物）	7.5μL
模板	1.0μL
Taq 聚合酶	0.3μL
总体积	50.0μL

PCR 反应条件如下：

	温度	时间
变性	94℃	3min
	94℃	1min
退火	60℃	1min
延伸	72℃	2min
最后延伸	72℃	3min
保温	8℃	不定
	25 个循环	

12）PCR 产物的琼脂糖凝胶电泳

将 10μL PCR 产物和 2μL 6×Loading gel 混合并加到 1.5%～1.8% 琼脂糖凝胶孔中（包含 1μg/mL 溴化乙啶），浸至 1×TBE 中。用 5～10V/cm 恒压电泳。用 UV 照射成像，与分子质量 Marker 的条带做比较分析。可用 Polaroid 底片对凝胶成像存档。每次 PCR 反应都要加入阳性、阴性和试剂空白对照。

H. 创伤弧菌——鉴定和定量方法

这里介绍两种分离和定量创伤弧菌的分析方法。第一种是最大可能数（MPN）定量，用生化特征、DNA 探针杂交或 PCR 方法鉴定可疑分离菌株。第二种方法包括两种平板法，一种是使用探针杂交鉴定菌株，此法在一些实验室使用并被证明与 MPN 法同样有效[29,134]。另外一种是用气相色谱分析比较脂肪酸结构的技术，该技术已被成功用于鉴定创伤弧菌[68]。

以海产品为例。

1. 增菌、分离和定量

a. 参照副溶血性弧菌的试验步骤，将样品用 PBS 制备 1∶10 初始稀释液。用 PBS 做 10 倍梯度稀释。按以下步骤制备牡蛎 1∶10 稀释液：称 20g 牡蛎匀浆加到无菌瓶中，加入 PBS，最终质量为 100g，摇晃混合。可按体积继续进行 10 倍稀释（加 1mL 1∶10 稀释液到 9.0mL PBS 中制备 1∶100 稀释液）。

b. 取 3 份 1mL 稀释液接种到 10mL APW 的试管中，共三份。

如果预计菌量较低，直接从搅拌机中取 2g 样品（1g 牡蛎）接种到 100mL APW 中，共 3 份，35±2℃ 培养 18～24h。

c. 对显示生长的 APW 试管，用直径 3mm 的接种环在距离液面以下 1cm 内蘸取一环增菌液，在 mCPC 或 CC 选择培养基平板上划线。39～40℃ 过夜培养（如果无法达到 39～40℃，35～37℃ 也可）。在这两种平板上，典型菌落为圆形、平坦、不透明、黄色，直径 1～2mm。

d. 依据以上创伤弧菌的鉴定，将 APW 阳性稀释管数检索 3 管-MPN 表（附录 2）做最终菌落定量。

2. 分离株的生化鉴定

除非另有说明，这一部分的培养基都含 0.5% NaCl。如果用 DNA 探针或 PCR 方法进行确证，则不需要进行 5～7 步的试验。

a. 用接种针从 mCPC 或 CC 琼脂平板上挑取 2 个或更多的可疑菌落接种到含 2% NaCl 的 TSA 平板上，划线分离。

b. 将单菌落接种到生化培养基上。生化试验包括筛选反应、AGS、氧化酶反应、动力实验和耐盐性实验，参照副溶血性弧菌生化鉴定步骤。

c. 也可以使用 API 20E 诊断试剂条进行鉴定。用 2% NaCl 溶液悬浮菌落。根据表 9-1 区分创伤弧菌和副溶血性弧菌的生化特征。

3. 种特异性溶细胞素基因 *vvhA* 的 DNA 探针鉴定[29,134]

碱性磷酸酶标记的寡聚核苷酸序列：5′-Xga gct gtc acg gca gtt gga acc a-3′。

探针的来源与副溶血性弧菌相同。

a. 样品的制备和稀释与 MPN 法相同，除了干燥的创伤弧菌琼脂（VVA）是平板培养基，其他与副溶血性弧菌的 AP-探针杂交方法相同。

b. 用灵敏度为 0.01g 的天平直接从匀浆机中去皮称取 0.20g 牡蛎（即 0.1g 牡蛎组织使用 PBS 混合匀浆，形成-1 稀释度），加入到 VVA 平板上。

c. 吸取 100μL -1 和-2 稀释度的稀释液到标记好的 VVA 平板上。对于 12 月至次年 3 月的产品，接种-1 和-2 稀释度即可，5—10 月份的夏季月份产品要做-1、-2 和-3 稀释度。

d. 用无菌涂布棒将 VVA 平板上的牡蛎接种物涂布均匀。干燥的平板和接种物分布均匀是菌落分离的关键。

将平板置于35±2℃培养18~24h。典型创伤弧菌在VVA上的特征是1~2mm大小、黄色、不透明菌落（煎蛋形状）。

e. 接种对照菌株有助于菌落的计数，从而挑选平板进行菌落吸附，以及挑选菌落进行鉴定和保存。

f. 尽量选择典型菌落数在25~250个的平板用于菌落吸附和单菌落挑选。如果难以估计，可以增加稀释度。从平板上吸附菌落时如果混有杂菌或没有典型菌落，可能导致检测不出结果。

g. 按前文所述方法将吸附了菌落的Whatman #541滤膜进行细胞溶解和中和。可以使用微量检测平板系统做多重菌落反应。

h. 滤膜的准备和蛋白酶K的处理参照副溶血性弧菌的步骤。

4. 创伤弧菌的DNA探针法定量检测

除杂交和洗涤滤膜的温度是55℃外，杂交的其他步骤与副溶血性弧菌相同。其他所有步骤包括比色度测试都相同。

5. 创伤弧菌的PCR确认[41]。

a. MPN法获得的分离菌株可用PCR确认。

b. PCR检测*vvhA*所用的引物或计数用的dig标记探针（519碱基扩增子）来自溶细胞素基因上785~1303的碱基，引物如下：

Vvh-785 F	5′-ccg cgg tac agg ttg gcg ca-3′
Vvh-1303 R	5′-cgc cac cca ctt tcg ggc c-3′

c. 推荐反应试剂。

反应试剂	反应体积（终浓度同上）
dH_2O	28.2μL
10×Buffer $MgCl_2$	5.0μL
dNTPs	8.0μL
引物混合物（6条引物）	7.5μL
模板	1.0μL
*Taq*聚合酶	0.3μL
总体积	50.0μL

d. PCR反应条件。

	温度	时间
变性	94℃	10min
	94℃	1min
退火	62℃	1min
延伸	72℃	1min
最终延伸	72℃	10min
保温	8℃	不定
	25个循环	

e. PCR产物的琼脂糖凝胶电泳分析。将10μL PCR产物和2μL 6×Loading gel混合加到1.5%~1.8%琼脂糖凝胶（含1μg/mL溴化乙啶）的孔中，1×TBE浸泡。5~10V/cm恒压电泳。紫外照射成像，与分子质量Marker的条带做比较。可用Polaroid底片对凝胶成像存档。每次PCR反应都应加阳性、阴性和试剂空白对照。

f. 将菌种接到 TSB-2% NaCl 培养基上，35±2℃过夜培养，制备模板。取1mL培养物 15000×*g* 离心 3min。用生理盐水洗涤菌体两次。用 1.0mL dH_2O 重悬菌体，煮沸 10min。模板可-20℃保存使用。

g. 用 dig-*vvh* 基因探针定量创伤弧菌的方法中，除了使用 VVA 平板外，其余方法与副溶血性弧菌的直接平板法相同。杂交和洗涤温度都是 65℃。

Ⅵ 微生物调查结果的说明

1. 在公共健康方面，食品和水中产肠毒素的霍乱弧菌或拟态弧菌（虽然很少见）的污染成为了重要的检测方向。污染的食品应被全部扣留不得销售，通知相关卫生部门，并进行流行病调查。每个样品的血清型、生物型和产肠毒素结果都要上报。

2. 从海产品中分离副溶血性弧菌并不少见。副溶血性弧菌是一种常见的腐生寄生生物，生长在海洋环境中，在温暖的夏季月份繁殖[27,52]。在这段时期里，从沿海区域捕获的大多数海产品中都可轻易复苏这种生物。可通过神奈川测试或 *tdh* 基因检测来区别副溶血性弧菌的有毒菌株和无毒菌株[120]。大多数情况下，神奈川阴性的副溶血性弧菌菌株不会导致人类肠胃炎。神奈川阳性菌株或含 *tdh* 和/或 *trh* 基因的菌株会涉及公共健康。加热处理的产品不含可培养状态的副溶血性弧菌，否则表明在生产实践或后期加工过程中存在重大问题。

3. 夏季，波斯湾海岸和大西洋中部的贝类动物经常带有创伤弧菌，从温暖的河口地区也分离到了高含量的菌落[118]。创伤弧菌在西海岸的贝类中很少见。大多数分离菌株都被证明有潜在毒性。研究发现，临床上，环境和食品中的分离菌株对老鼠有高毒性[60,90,113,124]，但即使在较高致病风险（肝病）的老鼠之间也很少相互传染。然而，这些致病风险仍应引起重视，不要在创伤弧菌繁殖的月份中生食贝类，通常是 5—10 月[84,104]。和副溶血性弧菌一样，加热处理后的产品不应含有有活性的创伤弧菌，其分离菌株的发现很有意义。

Ⅶ 致谢

感谢 FDA 曾经为本章做出贡献的作者：Robert M. Twedt（已退休）、Joseph M. Madden（已退休）、Elisa L. Elliot 和 Mark L. Tamplin。

参考文献

[1] Abbott, S. L., and J. M. Janda. 1994. Severe gastroenteritis associated with *Vibrio hollisae* infections: Report of two cases and review. Clin. Infect. Dis. 18: 310~312.

[2] Abbott, S. L., C. Powers, C. A. Kaysner, Y. Takeda, M. Ishibashi, S. W. Joseph and J. M. Janda. 1989. Emergence of a restricted bioserovar of *Vibrio parahaemolyticus* as the predominant cause of *Vibrio*-associated gastroenteritis on the West Coast of the United States and Mexico. J. Clin. Microbiol. 27: 2891~2893.

[3] Albert, M. J. 1994. *Vibrio cholerae* O139 Bengal. J. Clin. Microbiol. 32: 2345~2349.

[4] American Public Health Association. 1970. Recommended procedures for the examination of seawater and shellfish. 4th ed. American Public Health Association, Washington, DC.

[5] Arias, C. R., E. Garay and R. Aznar. 1995. Nested PCR method for rapid and sensitive detection of *Vibrio vulnificus* in fish, sediments, and water. Appl. Environ. Microbiol. 61: 3476~3478.

[6] Baumann, P., A. L. Furniss, and J. V. Lee. 1984. Genus I. *Vibrio* Pacini 1854, 411[AL]. *In* Bergey's Manual of Systematic Bacteriology (eds. N. R. Krieg and J. G. Holt) The Williams & Wilkins Co., Baltimore/London.

[7] Baumann, P., and R. H. W. Schubert. 1984. Family II. Vibrionaceae, p. 516-550. *In* N. R. Krieg, and J. G. Holt (eds.), Bergey's manual of systematic bacteriology, 1st ed. Williams & Wilkins Co., Baltimore/London.

[8] Bej, A. K., D. P. Patterson, C. W. Brasher, M. C. L. Vickery, D. D. Jones, and C. A. Kaysner. 1999. Detection of total and hemolysin-producing *Vibrio parahaemolyticus* in shellfish using multiplex PCR amplification of *tlh*, *tdh* and *trh*. J. Mi-

crobiol. Meth. 36：215~225.

[9] Bej, A. K. , A. L. Smith III, M. C. L. Vickery, D. D. Jones, and M. H. Mahbubani. 1996. Detection of viable *Vibrio cholerae* in shellfish using PCR. Food Test. Anal. Dec/Jan：16~21.

[10] Berche, P. , C. Poyart, E. Abachin, H. Lelievere, J. Vandepitte, A. Dodin, and J. M. Fournier. 1994. The novel epidemic strain O139 is closely related to the pandemic strain O1 of *Vibrio cholerae*. J. Infect. Dis. 170：701~704.

[11] Blake, P. A. , D. T. Allegra, J. D. Snyder, T. J. Barrett, L. McFarland, C. T. Caraway, J. C. Feeley, J. P. Craig, J. V. Lee, N. D. Puhr, and R. A. Feldman. 1980. Cholera -- a possible endemic focus in the United States. N. Engl. J. Med. 302：305~309.

[12] Blake, P. A. , R. E. Weaver, and D. G. Hollis. 1980. Diseases of humans (other than cholera) caused by vibrios. Ann. Rev. Microbiol. 34：341~367.

[13] Boutin, B. K. , A. L. Reyes, J. T. Peeler, and R. M. Twedt. 1985. Effect of temperature and suspending vehicle on survival of *Vibrio parahaemolyticus* and *Vibrio vulnificus*. J. Food Protect. 48：875~878.

[14] Bradshaw, J. G. , D. W. Francis, and R. M. Twedt. 1974. Survival of *Vibrio parahaemolyticus* in cooked seafood at refrigeration temperatures. Appl. Microbiol. 27：657~661.

[15] Brenner, D. J. , F. W. Hickman-Brenner, J. V. Lee, A. G. Steigerwalt, G. R. Fanning, D. G. Hollis, J. J. Farmer III, R. E. Weaver, S. W. Joseph, and R. J. Seidler. 1983. *Vibrio furnissii* (formerly aerogenic biogroup of *Vibrio fluvialis*), a new species isolated from human feces and the environment. J. Clin. Microbiol. 18：816~824.

[16] Bryan, P. J. , R. J. Steffan, A. DePaola, J. W. Foster, and A. K. Bej. 1999. Adaptive response to cold temperatures in *Vibrio vulnificus*. Curr. Microbiol. 38 (3)：168~175.

[17] Centers for Disease Control. 1998. Outbreak of *Vibrio parahaemolyticus* infections associated with eating raw oysters -- Pacific Northwest, 1997. MMWR 47 (22)：457~462.

[18] Centers for Disease Control. 1999. Outbreak of *Vibrio parahaemolyticus* infection associated with eating raw oysters and clams harvested from Long Island Sound -- Connecticut, New Jersey, and New York, 1998. MMWR 48 (3)：48~51.

[19] Colwell, R. R. , R. J. Seidler, J. Kaper, S. W. Joseph, S. Garges, H. Lockman, D. Maneval, H. Bradford, N. Roberts, E. Remmers, I. Huq, and A. Huq. 1981. Occurrence of *Vibrio cholerae* O1 in Maryland and Louisiana estuaries. Appl. Environ. Microbiol. 41：555~558.

[20] Cook, D. W. 1997. Refrigeration of oyster shellstock：Conditions which minimize the outgrowth of *Vibrio vulnificus*. J. Food Protect. 60：349~352.

[21] Cook, D. W. , and A. D. Ruple. 1989. Indicator bacteria and Vibrionaceae multiplication in post-harvest shellstock oysters. J. Food. Protect. 52：343~349.

[22] Craig, J. P. , K. Yamamoto, Y. Takeda, and T. Miwatani. 1981. Production of a cholera-like enterotoxin by a *Vibrio cholerae* non-O1strain isolated from the environment. Infect. Immun. 34：90~97.

[23] Daniels, N. A. , B. Ray, A. Easton, N. Marano, E. Kahn, A. L. McShan, L. Del Rosario, T. Baldwin, M. A. Kingsley, N. D. Puhr, J. G. Wells, and F. J. Angulo. 2000. Emergence of a new *Vibrio parahaemolyticus* serotype in raw oysters-A prevention quandary. JAMA. 284：1541~1545.

[24] Davis, B. R. , G. R. Fanning, J. M. Madden, A. G. Steigerwalt, H. B. Bradford Jr. , H. L. Smith Jr. , and D. J. Brenner. 1981. Characterization of biochemically atypical *Vibrio cholerae* strains and designation of a new pathogenic species, *Vibrio mimicus*. J. Clin. Microbiol. 14：631~639.

[25] DePaola, A. , L. H. Hopkins, and R. M. McPhearson. 1988. Evaluation of four methods for enumeration of *Vibrio parahaemolyticus*. Appl. Environ. Microbiol. 54：617~618.

[26] DePaola, A. , M. L. Motes, and R. M. McPhearson. 1988. Comparison of the APHA and elevated temperature enrichment methods for recovery of *Vibrio cholerae* from oysters：Collaborative study. J. Assoc. Off. Anal. Chem. 71：584~589.

[27] DePaola, A. , L. H. Hopkins, J. T. Peeler, B. Wentz, and R. M. McPhearson. 1990. Incidence of *Vibrio parahaemolyticus* in U. S. coastal waters and oysters. Appl. Environ. Microbiol. 56：2299~2302.

[28] DePaola, A. , and G-C. Hwang. 1995. Effect of dilution, incubation time, and temperature of enrichment on cultural and PCR detection of *Vibrio cholerae* obtained from the oyster *Crassostrea virginica*. Molec. Cell. Probes. 9：75~81.

[29] DePaola, A. , M. L. Motes, D. W. Cook, J. Veazey, W. E. Garthright, and R. Blodgett. 1997. Evaluation of an alkaline phosphatase-labeled DNA probe for enumeration of *Vibrio vulnificus* in Gulf Coast oysters. J. Microbiol. Meth. 29：115~120.

[30] Dobosh, D. , A. Gomez-Zavaglia, and A. Kuljich. 1995. The role of food in cholera transmission. Medicina 55：28~32.

[31] Elliot, E. L., C. A. Kaysner, L. Jackson, and M. L. Tamplin. 1995. *Vibrio cholerae*, *V. parahaemolyticus*, *V. vulnificus* and other *Vibrio* spp, p. 9.01 - 9.27. *In* FDA Bacteriological Analytical Manual, 8th ed. AOAC International, Gaithersburg, MD.

[32] Entis, P., and P. Boleszczuk. 1983. Overnight enumeration of *Vibrio parahaemolyticus* in seafood by hydrophobic grid membrane filtration. J. Food Protect. 46: 783~786.

[33] Farmer, J. J., III. 1980. Revival of the name *Vibrio vulnificus*. Int. J. Syst. Bacteriol. 30: 656.

[34] Faruque, S. M., M. J. Albert, and J. J. Mekalanos. 1998. Epidemiology, genetics, and ecology of toxigenic *Vibrio cholerae*. Microbiol. Molec. Biol. Rev. 62: 1301~1314.

[35] Fields, P. I., T. Popovic, K. Wachsmuth, and O. Olsvik. 1992. Use of polymerase chain reaction for detection of toxigenic *Vibrio cholerae* O1strains from the Latin American cholera epidemic. J. Clin. Microbiol. 30: 2118~2121.

[36] Fujino, T. 1951. Bacterial food poisoning. Saishin Igaku 6: 263~271.

[37] Gooch, J. A., A. DePaola, C. A. Kaysner, and D. L. Marshall. 2001. Evaluation of two direct plating methods using nonradioactive probes for enumeration of *Vibrio parahaemolyticus* in oysters. Appl. Environ. Microbiol. 67: 721~724.

[38] Guthrie, R. K., C. A. Makukutu, and R. W. Gibson. 1985. Recovery of *Vibrio cholerae* O1 after heating and/or cooling. Dairy Food Sanit. 5: 427~430.

[39] Hansen, W., J. Freney, H. Benyagoub, M. N. Letouzey, J. Gigi, and G. Wauters. 1993. Severe human infections caused by *Vibrio metschnikovii*. J. Clin. Microbiol. 31: 2529~2530.

[40] Hickman, F. W., J. J. Farmer III, D. G. Hollis, G. R. Fanning, A. G. Steigerwalt, R. E. Weaver, and D. J. Brenner. 1982. Identification of *Vibrio hollisae* sp. *nov.* from patients with diarrhea. J. Clin. Microbiol. 15: 395~401.

[41] Hill, W. E., S. P. Keasler, M. W. Trucksess, P. Feng, C. A. Kaysner, and K. A. Lampel. 1991. Polymerase chain reaction identification of *Vibrio vulnificus* in artificially contaminated oysters. Appl. Environ. Microbiol. 57: 707~711.

[42] Hill, W. E., A. R. Datta, P. Feng, K. A. Lampel, and W. L. Payne. 1995. Identification of food-borne bacterial pathogens by gene probes, p. 24.01-24.33. Food and Drug Administration Bacteriological Analytical Manual, 8th ed. AOAC International, Gaithersburg, MD.

[43] Hlady, W. G., R. L. Mullen, and R. S. Hopkins. 1993. *Vibrio vulnificus* from raw oysters. Leading cause of reported deaths from foodborne illness in Florida. Flor. J. Med. Assoc. 80: 536~538.

[44] Hoi, L., I. Dalsgaard, and A. Dalsgaard. 1998. Improved isolation of *Vibrio vulnificus* from seawater and sediment with cellobiose-colistin agar. Appl. Environ. Microbiol. 64: 1721~1724.

[45] Honda, S., I. Goto, I. Minematsu, N. Ikeda, N. Asano, M. Ishibashi, Y. Kinoshita, M. Nishibuchi, T. Honda, and T. Miwatani. 1987. Gastroenteritis due to Kanagawa negative *Vibrio parahaemolyticus*. Lancet I: 331~332.

[46] Honda, T., Y. Ni, and T. Miwatani. 1988. Purification and characterization of a hemolysin produced by a clinical isolate of Kanagawa phenomenon-negative *Vibrio parahaemolyticus* and related to the thermostable direct hemolysin. Infect. Immun. 56: 961~965.

[47] Hugh, R., and J. C. Feeley. 1972. Report (1966-1970) of the subcommittee on taxonomy of vibrios to the International Committee on Nomenclature of Bacteria. Int. J. Syst. Bacteriol. 2: 123~126.

[48] Hugh, R., and R. Sakazaki. 1972. Minimal number of characters for the identification of *Vibrio* species, *Vibrio cholerae* and *Vibrio parahaemolyticus*. Public Health Lab. 30: 133~137.

[49] Iida, T., K-S. Park, O. Suthienkul, J. Kozawa, Y. Yamaichi, K. Yamamoto, and T. Honda. 1998. Close proximity of the *tdh*, *trh* and *ure* genes on the chromosome of *Vibrio parahaemolyticus*. Microbiology 144: 2517~2523.

[50] Jackson, H. 1974. Temperature relationships of *Vibrio parahaemolyticus*. *In* T. Fujino, G. Sakaguchi, R. Sakazaki, and Y. Takeda (eds.), International Symposium on *Vibrio parahaemolyticus*. Saikon Publishing Company. pp139~146.

[51] Ji, S. P. 1989. The first isolation of *Vibrio alginolyticus* from samples which caused food poisoning. Chin. J. Prevent. Med. 23: 71~73.

[52] Kaneko, T., and R. R. Colwell. 1973. Ecology of *Vibrio parahaemolyticus* in Chesapeake Bay. J. Bacteriol. 113: 24~32.

[53] Kaper, J., H. Lockman, R. R. Colwell, and S. W. Joseph. 1979. Ecology, serology, and enterotoxin production of *Vibrio cholerae* in Chesapeake Bay. Appl. Environ. Microbiol. 37: 91~103.

[54] Kaper, J. B., J. G. Morris Jr., and M. M. Levine. 1995. Cholera. Clin. Microbiol. Rev. 8: 48~86.

[55] Karaolis, D. K., J. A. Johnson, C. C. Bailey, E. C. Boedeker, J. B. Kaper, and P. R. Reeves. 1998. A *Vibrio cholerae* pathogenicity island associated with epidemic and pandemic strains. Proc. Natl. Acad. Sci. U. S. A. 95 (6): 3134~3139.

[56] Kato, T., Y. Obara, H. Ichinoe, K. Nagashima, A. Akiuama, K. Takitawa, A. Matsuchima, S. Yamai, and Y. Miyamoto. 1965. Grouping of *Vibrio parahaemolyticus* with a hemolysis reaction. Shokuhin Eisae Kankyu 15: 83~86.

[57] Kaysner, C. A. 2000. *Vibrio* species. *In* B. M. Lund, A. D. Baird-Parker, and G. W. Gould (eds.), The Microbiological Safety and Quality of Food. Vol. II. Chapter 48. Aspen Publishers, Gaithersburg, MD. pp1336~1362

[58] Kaysner, C. A., and W. E. Hill. 1994. Toxigenic *Vibrio cholerae* O1 in food and water, p. 27~39. *In* I. K. Wachsmuth, P. A. Blake, and O. Olsvik (eds.), *Vibrio cholerae* and Cholera: New Perspectives on a Resurgent Disease. ASM Press, Washington, DC.

[59] Kaysner, C. A., S. D. Weagant, and W. E. Hill. 1988. Modification of the DNA colony hybridization technique for multiple filter analysis. Molec. Cell. Probes 2: 255~260.

[60] Kaysner, C. A., C. A. Abeyta, Jr., M. M. Wekell, A. DePaola, Jr., R. F. Stott, and J. M. Leitch. 1987. Virulent strains of *Vibrio vulnificus* isolated from estuaries of the U. S. West Coast. Appl. Environ. Microbiol. 53: 1349~1351.

[61] Kaysner, C. A., C. Abeyta Jr., K. C. Jinneman, and W. E. Hill. 1994. Enumeration and differentiation of *Vibrio parahaemolyticus* and *Vibrio vulnificus* by DNA-DNA colony hybridization using the hydrophobic grid membrane filtration technique for isolation. J. Food Protect. 57: 163~165.

[62] Kaysner, C. A., C. Abeyta Jr., P. Trost, J. H. Wetherington, K. C. Jinneman, W. E. Hill, and M. M. Wekell. 1994. Urea hydrolysis can predict the potential pathogenicity of *Vibrio parahaemolyticus* strains isolated in the Pacific Northwest. Appl. Environ. Microbiol. 60: 3020~3022.

[63] Kim, J. J., K. J. Yoon, H. S. Yoon, Y. Chong, S. Y. Lee, C. Y. Chon, and I. S. Park. 1986. *Vibrio vulnificus* septicemia: Report of four cases. Yonsei Med. J. 27: 307~313.

[64] Klontz, K. C., L. Williams, L. M. Baldy, and M. Campos. 1993. Raw oyster-associated *Vibrio* infections: Linking epidemiologic data with laboratory testing of oysters obtained from a retail outlet. J. Food Protect. 56: 977~979.

[65] Kobayashi, T., S. Enomoto, and R. Sakazaki. 1963. A new selective isolation medium for the vibrio group on modified Nakanishi's medium (TCBS agar). Jpn. J. Bacteriol. 18: 387-392.

[66] Kobayashi, K., K. Seto, S. Akasaka, and M. Makino. 1990. Detection of toxigenic *Vibrio cholerae* O1 using polymerase chain reaction for amplifying the cholera enterotoxin gene. Kansenshogaku Zasshi 64: 1323~1329.

[67] Koch, W. H., W. L. Payne, and T. A. Cebula. 1995. Detection of enterotoxigenic *Vibrio cholerae* in foods by the polymerase chain reaction, p. 28.01-28.09. *In* FDA Bacteriological Analytical Manual, 8th ed. AOAC International, Gaithersburg.

[68] Landry, W. L. 1994. Identification of *Vibrio vulnificus* by cellular fatty acid composition using the Hewlett-Packard 5898A Microbial Identification System: Collaborative study. J. A. O. A. C. Int. 77: 1492~1499.

[69] Lee, C., L-H. Chen, M-L. Liu, and Y-C. Su. 1992. Use of an oligonucleotide probe to detect *Vibrio parahaemolyticus* in artificially contaminated oysters. Appl. Environ. Microbiol. 58: 3419~3422.

[70] Lee, J. V., T. J. Donovan, and A. L. Furniss. 1978. Characterization, taxonomy, and emended description of *Vibrio metschnikovii*. Int. J. Sys. Bacteriol. 28: 99~111.

[71] Lee, J. V., P. Shread, A. L. Furniss, and T. N. Bryant. 1981. Taxonomy and description of *Vibrio fluvialis* sp. *nov.* (synonym Group F Vibrios, Group EF6). J. Appl. Bacteriol. 50: 73~94.

[72] Levine, W. C., and P. M. Griffin. 1993. *Vibrio* infections on the Gulf Coast: results of first year of regional surveillance and the Gulf Coast *Vibrio* Working Group. J. Infect. Dis. 167: 479~483.

[73] Madden, J. M., W. P. Nematollahi, W. E. Hill, B. A. McCardell, and R. M. Twedt. 1981. Virulence of three clinical isolates of *Vibrio cholerae* non O-1serogroup in experimental enteric infections in rabbits. Infect. Immun. 33: 616~619.

[74] Matsumoto, C., J. Okuda, M. Ishibashi, M. Iwanaga, P. Garg, T. Rammamurthy, HC. Wong, A. DePaola, Y. B. Kim, M. J. Albert, and M. Nishibuchi. 2000. Pandemic spread of an O3: K6 clone of *Vibrio parahaemolyticus* and emergence of related strains evidenced by arbitrarily primed PCR and toxRS sequence analyses. J. Clin. Microbiol. 38: 578~585.

[75] McCardell, B. A., J. M. Madden, and D. B. Shah. 1985. Isolation and characterization of a cytolysin produced by *Vibrio cholerae* serogroup non-O1. Can. J. Microbiol. 31: 711~720.

[76] McCarthy, S. A., A. DePaola, D. W. Cook, C. A. Kaysner, and W. E. Hill. 1999. Evaluation of alkaline phosphatase- and digoxigenin-labeled probes for detection of the thermolabile hemolysin (*tlh*) gene of *Vibrio parahaemolyticus*. Lett. Appl. Microbiol. 28: 66~70.

[77] McCarthy, S. A., A. DePaola, C. A. Kaysner, W. E. Hill, and D. W. Cook. 2000. Evaluation of nonisotopic DNA hybridization methods for detection of the tdh gene of *Vibrio parahaemolyticus*. J. Food Protect. 63: 1660~1664.

[78] McLaughlin, J. C. 1995. *Vibrio*, p. 465-474. *In* P. R. Murray, E. J. Baron, M. A. Pfaller, F. C. Tenover, and R. H. Yolken (eds.), Manual of Clinical Microbiology, 6th ed. ASM Press, Washington.

[79] McPherson, V. L., J. A. Watts, L. M. Simpson, and J. D. Oliver. 1991. Physiological effects of the lipopolysaccharide of *Vibrio vulnificus* on mice and rats. Microbios 67: 141~149.

[80] Mintz, E. D., T. Popovic, and P. A. Blake. 1994. Transmission of *Vibrio cholerae* O1. *In* I. K. Wachsmuth, P. A. Blake, and O. Olsvik (eds.), *Vibrio cholerae* and cholera: Molecular to global perspectives. ASM press, Washington, DC.

[81] Miwatani, T., and Y. Takeda. 1976. *Vibrio parahaemolyticus*: A causative bacterium of food poisoning. Saikon Publishing Co., Ltd., Tokyo.

[82] Miyamoto, Y., T. Kato, Y. Obara, S. Akiyama, K. Takizawa, and S. Yamai. 1969. In vitro hemolytic characteristic of *Vibrio parahaemolyticus*: its close correlation with human pathogenicity. J. Bacteriol. 100: 1147~1149.

[83] Morris, J. G., Jr. 1994. Non-O1group *Vibrio cholerae* strains not associated with epidemic disease. *In* I. K. Wachsmuth, P. A. Blake, and O. Olsvik (eds.), *Vibrio cholerae* and cholera: Molecular to global perspectives. ASM Press, Washington.

[84] Mouzin, E., L. Mascola, M. P. Tormey, and D. E. Dassey. 1997. Prevention of *Vibrio vulnificus* infections: assessment of regulatory educational strategies. JAMA 278: 576~578.

[85] Newman, C., M. Shepherd, M. D. Woodard, A. K. Chopra, and S. K. Tyring. 1993. Fatal septicemia and bullae caused by non-O1 *Vibrio cholerae*. J. Am. Acad. Dermatol. 29: 909~912.

[86] Nishibuchi, M., and J. B. Kaper. 1985. Nucleotide sequence of the thermostable direct hemolysin gene of *Vibrio parahaemolyticus*. J. Bacteriol. 162: 558~564.

[87] Nishibuchi, M., W. E. Hill, G. Zon, W. L. Payne, and J. B. Kaper. 1986. Synthetic oligodeoxyribonucleotide probes to detect Kanagawa phenomenon-positive *Vibrio parahaemolyticus*. J. Clin. Microbiol. 23: 1091~1095.

[88] Nolan, C. M., J. Ballard, C. A. Kaysner, J. Lilja, L. B. Williams, and F. C. Tenover. 1984. *Vibrio parahaemolyticus* Gastroenteritis: An outbreak associated with raw oysters in the Pacific Northwest. Diag. Microbiol. Infect. Dis. 2: 119~128.

[89] Okabe, S. 1974. Statistical review of food poisoning in Japan, especially that by *Vibrio parahaemolyticus*. *In* T. Fujino, G. Sakaguchi, R. Sakazaki, and Y. Takeda (eds.), International Symposium on *Vibrio parahaemolyticus*. Saikon Publishing Co., Ltd., Tokyo. pp. 5~8.

[90] Oliver, J. D. 1989. *Vibrio vulnificus*, p. 569~600. *In* M. P. Doyle (ed.), Foodborne Bacterial Pathogens. Marcel Dekker, Inc., New York.

[91] Osawa, R., T. Okitsu, H. Morozumi, and S. Yamai. 1996. Occurrence of urease-positive *Vibrio parahaemolyticus* in Kanagawa, Japan with specific reference to the presence of thermostable direct hemolysin (TDH) and TDH-related hemolysin genes. Appl. Environ. Microbiol. 62: 725~727.

[92] Overman, T. L., J. F. Kessler, and J. P. Seabolt. 1985. Comparison of API20E, API Rapid E and API Rapid NFT for identification of members of the family *Vibrionaceae*. J. Clin. Microbiol. 22: 778~781.

[93] Pal, A., T. Ramamurthy, R. K. Bhadra, T. Takeda, T. Shimada, Y. Takeda, G. B. Nair, S. C. Pal, and S. Chakrabarti. 1992. Reassessment of the prevalence of heat-stable enterotoxin (NAG-ST) among environmental *Vibrio cholerae* non-O1strains isolated from Calcutta, India, by using a NAG-ST DNA probe. Appl. Environ. Microbiol. 58: 2485~2489.

[94] Popovic, T., Ø. Olsvik, P. A. Blake, and K. Wachsmuth. 1993. Cholera in the Americas: Foodborne aspects. J. Food Protect. 56: 811~821.

[95] Reily, L. A., and C. R. Hackney. 1985. Survival of *Vibrio cholerae* during cold storage in artificially contaminated seafoods. J. Food Sci. 50: 838~839.

[96] Rippey, S. R. 1994. Infectious diseases associated with molluscan shellfish consumption. Clin. Microbiol. Rev. 7: 419~425.

[97] Roche Diagnostics Corp. (formerly Boehringer Mannheim Corp.) 1992. The Genius™ System User's Guide for Filter Hybridization. Version 2. Indianapolis, IN. 79 pages.

[98] Sack, D. A., and R. B. Sack. 1975. Test for enterotoxigenic *Escherichia coli* using Y-1 adrenal cells in miniculture. Infect. Immun. 11: 334~336.

[99] Safrin, S., J. G. Morris Jr., M. Adams, V. Pons, R. Jacobs, and J. E. Conte Jr. 1988. Non O1 *Vibrio cholerae* bacteremia: Case report and review. Rev. Infect. Dis. 10: 1012~1017.

[100] Said, B., S. M. Scotland, and B. Rowe. 1994. The use of gene probes, immunoassays and tissue culture for the detection of toxin in *Vibrio cholerae* non-O1. J. Med. Microbiol. 40: 31~36.

[101] Sakazaki, R., S. Iwanami, and H. Fukumi. 1963. Studies on the enteropathogenic, facultatively halophilic bacteria, *Vibrio*

parahaemolyticus. I. Morphological, cultural and biochemical properties and its taxonomic position. Jpn. J. Med. Sci. Biol. 16: 161~188.

[102] Sakazaki, R., and T. Shimada. 1986. *Vibrio* species as causative agents of food-borne infection. *In* R. K. Robinson, ed., Developments in Food Microbiology. 2nd. Ed. Elsevier Applied Science Publishers, New York, NY.

[103] Shandera, W. X., J. M. Johnston, B. R. Davis, and P. A. Blake. 1983. Disease from infection with *Vibrio mimicus*, a newly recognized *Vibrio* species. Ann. Intern. Med. 99: 169~173.

[104] Shapiro, R. L., S. Altekruse, L. Hutwagner, R. Bishop, R. Hammond, S. Wilson, B. Ray, S. Thompson, R. V. Tauxe, P. M. Griffin, and the Vibrio Working Group. 1998. The role of Gulf Coast oysters harvested in warmer months in *Vibrio vulnificus* infections in the United States, 1988-1996. J. Infect. Dis. 178: 752~759.

[105] Sharma, C., M. Thungapathra, A. Ghosh, A. K. Mukhopadhyay, A. Basu, R. Mitra, I. Basu, S. K. Bhattacharaya, T. Shimada, T. Ramamurthy, T. Takeda, S. Yamasaki, Y. Takeda, and G. B. Nair. 1998. Molecular analysis of non-O1 non-O139 *Vibrio cholerae* associated with an unusual upsurge in the incidence of cholera-like disease in Calcutta, India. J. Clin. Microbiol. 36: 756~763.

[106] Shirai, H., H. Ito, T. Hirayama, Y. Nakamoto, N. Nakabayashi, K. Kumagai, Y. Takeda, and M. Nishibuchi. 1990. Molecular epidemiologic evidence for association of thermostable direct hemolysin (TDH) and TDH-related hemolysin of *Vibrio parahaemolyticus* with gastroenteritis. Infect. Immun. 58: 3568~3573.

[107] Shirai, H., M. Nishibuchi, T. Ramamurthy, S. K. Bhattacharya, S. C. Pal, and Y. Takeda. 1991. Polymerase chain reaction for detection of the cholera enterotoxin operon of *Vibrio cholerae*. J. Clin. Microbiol. 29: 2517~2521.

[108] Simpson, L. M., V. K. White, S. F. Zane, and J. D. Oliver. 1987. Correlation between virulence and colony morphology in *Vibrio vulnificus*. Infect. Immun. 55: 269~272.

[109] Skangkuan, Y. H., Y. S. Show, and T. M. Wang. 1995. Multiplex polymerase chain reaction to detect toxigenic *Vibrio cholerae* and to biotype *Vibrio cholerae* O1. J. Appl. Bacteriol. 79: 264~273.

[110] Smith Jr., H. L. 1970. A presumptive test for vibrios: The " string" test. Bull. W. H. O. 42: 817~819.

[111] Spira, W. M., and P. J. Fedorka-Cray. 1984. Purification of enterotoxins from *Vibrio mimicus* that appear to be identical to cholera toxin. Infect. Immun. 45: 679~684.

[112] Spira, W. M., R. Sack, and J. L. Froehlich. 1981. Simple adult rabbit model for *Vibrio cholerae* and enterotoxigenic *Escherichia coli* diarrhea. Infect. Immun. 32: 739~743.

[113] Stelma, G. N., Jr., A. L. Reyes, J. T. Peeler, C. H. Johnson, and P. L. Spaulding. 1992. Virulence characteristics of clinical and environmental isolates of *Vibrio vulnificus*. Appl. Environ. Microbiol. 58: 2776~2782.

[114] Suthienkul, O., M. Ishibashi, T. Iida, N. Nettip, S. Supavej, B. Eampokalap, M. Makino, and T. Honda. 1995. Urease production correlates with possession of the *trh* gene in *Vibrio parahaemolyticus* strains isolated in Thailand. J. Infect. Dis. 172: 1405~1408.

[115] Suzuki, N., Y. Ueda, H. Mori, K. Miyagi, K. Noda, H. Horise, Y. Oosumi, M. Ishibashi, M. Yoh, K. Yamamoto, and T. Honda. 1994. Serotypes of urease producing *Vibrio parahaemolyticus* and their relation to possession of *tdh* and *trh* genes. Jpn. J. Infect. Dis. 68: 1068~1077.

[116] Swerdlow, D. L., E. D. Mintz, M. Rodriguez, E. Tejada, C. Ocampo, L. Espejo, K. D. Greene, W. Saldana, L. Seminario, R. V. Tauxe, J. G. Wells, N. H. Bean, A. A. Ries, M. Pollack, B. Vertiz, and P. A. Blake. 1992. Waterborne transmission of epidemic cholera in Trujillo, Peru: Lessons for a continent at risk. Lancet 340: 28~32.

[117] Swerdlow, D. L., and A. A. Ries. 1993. *Vibrio cholerae* Non-O1-the eighth pandemic? Lancet 342: 382~383.

[118] Tacket, C. O., F. Brenner, and P. A. Blake. 1984. Clinical features and an epidemiological study of *Vibrio vulnificus* infections. J. Infect. Dis. 149: 558~561.

[119] Tada, J., T. Ohashi, N. Nishimura, Y. Shirasaki, H. Ozaki, S. Fukushima, J. Takano, M. Nishibuchi, and Y. Takeda. 1992. Detection of the thermostable direct hemolysin gene (*tdh*) and the thermostable direct hemolysin-related hemolysin gene (*trh*) of *Vibrio parahaemolyticus* by polymerase chain reaction. Molec. Cell. Probes 6: 477~487.

[120] Takeda, Y. 1983. Thermostable direct hemolysin of *Vibrio parahaemolyticus*. Pharmac. Ther. 19: 123~146.

[121] Takeda, Y., T. Peina, A. Ogawa, S. Dohi, H. Abe, G. B. Nair, and S. C. Pal. 1991. Detection of heat-stable enterotoxin in a cholera toxin gene-positive strain of *Vibrio cholerae* O1. FEMS Microbiol. Lett. 80: 23~28.

[122] Tamplin, M. L. 1992. The seasonal occurrence of *Vibrio vulnificus* in shellfish, seawater and sediment of United States coastal waters and the influence of environmental factors on survival and virulence, 87 pp. *In* Final Report. Saltonstall-Kennedy Pro-

gram. National Marine Fisheries Service, Washington, D. C.

[123] Taniguchi, H., H. Hirano, S. Kubomura, K. Higashi, and Y. Mizuguchi. 1986. Comparison of the nucleotide sequences of the genes for the thermolabile hemolysin from *Vibrio parahaemolyticus*. Microb. Pathogenesis. 1: 425~432.

[124] Tison, D. L., and M. T. Kelly. 1986. Virulence of *Vibrio vulnificus* strains from marine environments. Appl. Environ. Microbiol. 51: 1004~1006.

[125] Varela, P., M. Rivas, N. Binsztein, M. L. Cremona, P. Herrmann, O. Burrone, R. A. Ugalde, and A. C. C. Frasch. 1993. Identification of toxigenic *Vibrio cholerae* from the Argentine outbreak by PCR for *ctxA*1 and *ctxA*2-*B*. FEBS Lett. 315: 74~76.

[126] Wachsmuth, I. K., P. A. Blake, and O. Olsvik. (eds.) 1994. *Vibrio cholerae* and cholera: Molecular to Global Perspectives. ASM Press, Washington, DC.

[127] Wachsmuth, K., O. Olsvik, G. M. Evins, and T. Popovic. 1994. Molecular epidemiology of cholera, p. 357~370. *In* I. K. Wachsmuth, P. A. Blake, and O. Olsvik (eds.), *Vibrio cholerae* and Cholera: Molecular to Global Perspectives. ASM Press, Washington.

[128] Wagatsuma, S. 1968. On a medium for hemolytic reaction of *Vibrio parahaemolyticus*. Media Circ. 13: 159~162.

[129] Warnock, I. I. I., EW, and T. L. MacMath. 1993. Primary *Vibrio vulnificus* septicemia. J. Emerg. Med. 11: 153~156.

[130] Weber, J. T., E. D. Mintz, R. Canizares, A. Semiglia, I. Gomez, R. Sempertegui, A. D'avila, K. D. Greene, N. D. Puhr, D. N. Cameron, F. C. Tenover, T. J. Barrett, N. H. Bean, C. Ivey, R. V. Tauxe, and P. A. Blake. 1994. Epidemic cholera in Ecuador: Multidrug-resistance and transmission by water and seafood. Epidemiol. Infect. 112: 1~11.

[131] West, P. A., P. R. Brayton, T. N. Bryant, and R. R. Colwell. 1986. Numerical taxonomy of vibrios isolated from aquatic environments. Int. J. Syst. Bacteriol. 36: 531~543.

[132] Wright, A. C., L. M. Simpson, and J. D. Oliver. 1981. Role of iron in the pathogenesis of *Vibrio vulnificus* infections. Infect. Immun. 34: 503~507.

[133] Wright, A. C., Y. Guo, J. A. Johnson, J. P. Nataro, and J. G. Morris Jr. 1992. Development and testing of a nonradioactive DNA oligonucleotide probe that is specific for *Vibrio cholerae* cholera toxin. J. Clin. Microbiol. 30: 2302~2306.

[134] Wright, A. C., G. A. Miceli, W. L. Landry, J. B. Christy, W. D. Watkins, and J. G. Morris Jr. 1993. Rapid identification of *Vibrio vulnificus* on nonselective media with an alkaline phosphatase-labeled oligonucleotide probe. Appl. Environ. Microbiol. 59: 541~546.

[135] Wong, HC, S. H. Liu, T. K. Wang, C. L. Lee, C. S. Chiou, D. P. Liu, M. Nishibuchi, and B. K. Lee. 2000. Characteristics of *Vibrio parahaemolyticus* O3: K6 from Asia. Appl. Environ. Microbiol. 66: 3981~3986.

[136] Yamamoto, K., T. Honda, T. Miwatani, S. Tamatsukuri, and S. Shibata. 1992. Enzyme-labeled oligonucleotide probes for detection of the genes for thermostable direct hemolysin (TDH) and TDH-related hemolysin (TRH) of *Vibrio parahaemolyticus*. Can. J. Microbiol. 38: 410~416.

[137] Yoh, M., K. Miyagi, Y. Matsumoto, K. Hayashi, Y. Takarada, K. Yamamoto, and T. Honda. 1993. Development of an enzyme-labeled oligonucleotide probe for the cholera toxin gene. J. Clin. Microbiol. 31: 1312~1314.

10 食品和环境样品中单核细胞增生李斯特菌的检测与计数方法

2017年3月

作者：Anthony D. Hitchins，Karen Jinneman，Yi Chen。

修订历史：

- 2017年3月　增加环境样品
- 2016年1月　在单核细胞增生李斯特菌的定性和定量检测中增加了更具体的样品前处理和分析设置说明。
- 2016年1月　重组和编辑了所有章节。
- 2013年2月　更新表10-1、培养基 M52，更新李斯特增菌缓冲液（BLEB）。
- 2011年11月　添加单核细胞增生李斯特菌的 PCR 验证试验和从格氏李斯特菌中分离李斯特属细菌。
- 2011年4月　E,添加亨利光学系统有关李斯特属细菌检验的图表描述；更新了单核细胞增生李斯特菌风险评估和指南的参考文献。
- 2002年8月　J，增加 MPN 全部管阳性情况的说明。
- 2001年4月　H，CAMP 试验：更新 ATCC 的地址和网页链接。

本章目录

李斯特菌属有 6 个种：单核细胞增生李斯特菌（*Listeria. monocytogenes*）、英诺克李斯特菌（*L. innocua*）、西尔李斯特菌（*L. seeligeri*）、威尔斯李斯特菌（*L. welshimeri*）、绵羊李斯特菌（*L. ivanovii*）和格氏李斯特菌（*L. grayi*）（表 10-1）。格氏李斯特菌[28,40]和绵羊李斯特菌[13,27]各含有 2 个亚种，在此不做详细划分。1999 年，Rocourt[41]使用最新细菌分类法替代了以前的分类法[11,43]。近年来，许多新物种被提出。然而，这些新物种并不被广泛采用，并且刚被提出的新物种标准菌株的数量非常有限。绵羊李斯特菌与单核细胞增生李斯特菌是老鼠和其他动物的病原菌。然而，只有单核细胞增生李斯特菌与人类李斯特菌病相关，由绵羊李斯特菌和西尔李斯特菌引起的李斯特菌病在人类感染病例中非常罕见。近年来，食品中单核细胞增生李斯特菌的普遍出现[42]以及感染食源性李斯特菌病[47,48]的风险已受到人们的广泛关注。因此，本篇重点介绍食品中单核细胞增生李斯特菌的检测与计数，以及食品加工环境中单核细胞增生李斯特菌的检测。

该标准方法和备选的快速方法将用于对食品中的单核细胞增生李斯特菌进行检测、分离和计数。通常检测样品的规格是 25g，可以是独立包装，也可以是混合样品的一部分。

此外，经 AOAC《官方分析方法》批准的快速检测试剂盒（带有配套增菌培养基），可以选择性地用于检测李斯特菌污染物的存在。将从选择性培养基或阳性增菌液中分离得到的单核细胞增生李斯特菌可疑菌落在非选择性平板上纯化培养，并利用传统检测方法或试剂盒检测法进行菌株鉴定。可疑菌落也可通过特异性检测试剂盒或 PCR 方法进行快速鉴定，并确定是否为单核细胞增生李斯特菌。单核细胞增生李斯特菌亚型的分离鉴定需进行血清型鉴定和脉冲场凝胶电泳（PFGE）。单核细胞增生李斯特菌分离菌可选的致病性检测的内容在本章 H 部分进行了描述。

留样中单核细胞增生李斯特菌的阳性样品菌落计数，可以选用不同的选择培养基并结合 MPN 计数法，利用李斯特菌属缓冲肉汤（BLEB）选择性增菌后再在不同选择性鉴别培养基上涂布。

A. 设备和材料

FDA 并没有限定任何商业性质的产品清单，效果相仿的产品都可以使用。

1. 无菌棉签：下列或类似

· 3M™涤纶棉签（置于 10mL D/E 缓冲肉汤，产品编号 RS96010DE，www. mmm. com）。

· Puritan 干棉签（产品编号 Catalog# 25-806 1PC，25-8062 PC，www. puritanmedproducts. com）。

· World Bioproducts PUR-Blue™聚氨酯棉签（干的或置于 10mL D/E 缓冲肉汤，产品编号 BLU-10DE 和 BLU-DRY，www. worldbioproducts. com）。

· Healthlink®转运干涤纶棉签（产品编号 4159BX，www. hardydiagnostics. com）。

2. 无菌棉签：下列或类似

· World Bioproducts EZ Reach™聚氨酯海绵取样品（干的或置于 10mL D/E 缓冲肉汤，产品编号 EZ-10DE-PUR 和 EZ-DRY-PUR，www. worldbioproducts. com）。

· Nasco Whirl-Pak®干海绵纤维探针（产品编号 B01475WA，www. enasco. com）。

· 3M™海绵纤维棒（干的或置于 10mL D/E 缓冲肉汤，产品编号 SSL10DE 和 SSL100，www. mmm. com）。

干的采样品应该用 D/E 缓冲肉汤浸润，或直接使用湿润的采样品，由于环境表明可能有消毒剂残留，因此建议使用不少于 10mL 的 D/E 肉汤。

3. 电子天平：感量为 0. 1g。

4. 培养箱：30℃、35℃。

5. 水浴锅：80 ± 2℃。

6. 光学显微镜：带 100×物镜的油镜。

7. 匀浆器和罐：均质器和均质袋。

8. 涡旋振荡器。

B. 培养基和试剂

FDA 并没有限定任何商业性质的产品清单，效果相仿的产品都可以使用。

1. 缓冲李斯特菌增菌肉汤（BLEB）（M52）。
2. 盐酸吖啶黄。
3. 萘啶酸钠盐溶液。
4. 放线菌酮。
5. 纳他霉素。
6. Dey-Engley 肉汤（M193）。
7. 牛津培养基（OXA）（M118）。
8. PALCAM 琼脂（M118a）。

9. 改良牛津李斯特菌选择性琼脂（MOX）（M103a）。

10. 含七叶苷和三价铁（M82）的 LPM 培养基（M81）。

11. R&F 单核细胞增生李斯特菌生物显色培养基（R&F Laboratories，Downers Grove，IL）（M17a）。

12. ALOA 培养基（M10a）。

13. 李斯特菌显色琼脂（Oxoid Ltd，Basingstoke，England）（M40b）。

14. 单核细胞增生李斯特菌快速检测培养基（BioRad Laboratories Inc.）（M131a）。

15. CHROMagar 李斯特菌显色培养基（CHROMagar，Paris，France）（M40a）。

16. 大豆胰蛋白胨琼脂，含 0.6% 酵母浸出液（TSAYE）（M153）。

17. 绵羊血琼脂（M135）。

18. 3% H_2O_2溶液用于触酶试验（R12）。

19. 革兰氏染色液。

20. 动力试验培养基（MTM，Difco）（M103）。

21. 含 0.6% 酵母浸出液的大豆胰蛋白胨肉汤（TSBYE）（M157）。

22. 溴甲酚紫碳水化合物发酵肉汤基础（M130），含葡萄糖（0.5%）、七叶苷、麦芽糖、鼠李糖、甘露醇和木糖。

23. 0.85%无菌生理盐水（R63）。

24. 荧光抗体（FA）缓冲液（Difco）。

25. 李斯特菌分型血清 1 型（Difco cat. # 223031）和 4 型（Difco cat. # 223041）。

26. 李斯特菌抗血清试剂盒（Denka Seiken product #294616）。

27. 选做内容：硝酸盐还原培养基（M108）和硝酸盐检测试剂（R48）。

注意：可以选用成分相同的不同公司的产品。

C. 质控菌株

1. 单核细胞增生李斯特菌 ATCC 19115。
2. 英诺克李斯特菌 ATCC 33090。
3. 西尔李斯特菌 ATCC 35967。
4. 绵羊李斯特菌 ATCC 19119。
5. 马红球菌（*Rhodococcus equi*）ATCC 6930。
6. 金黄色葡萄球菌（*Staphylococcus aureus*）ATCC 25923 或 ATCC 49444。

D. 样品前处理

样品的运输和储藏应该维持该产品建议的储藏条件。收到样品后需要尽快对样品进行检测分析。如果样品检测被延误，冷冻产品需要及时冷冻（-20±5）℃保存；对于非易腐、罐装的或水分含量较低的食品，需要室温储存；对于冷藏或解冻的易腐食品，检测前需要放在冷藏（4±2）℃条件下储存。

基本的检测分析方法包括：①定性检测（每个样品分析单元的检测限<1CFU）；②定量检测。

1. 定性检测

a. 独立样品的分析：对于固体、半固体和液体样品需要称取 25g 代表样品至 225mL 含有丙酮酸盐的 BLEB 培养基中（未添加选择性添加剂）（M52）[10,26]；充分震荡混匀后，像 E 部分或 F 部分中描述的那样进行增菌培养。有些样品可能需要不同的样品准备程序，如浸泡和漂洗。取 50g 代表性样品留样保存，以备用于致病菌的定量检测。如果是非冻品，需要 5℃储存；如果是冻品，则储存在无霜的冷冻冰箱中。如果有附加说明，需要参考合适的取样指导手册进行操作。

b. 混合样品的分析：混合样品用于将多个组分形成单个样品进行分析检测，不同混合样品的检测程序需要参考合适的取样指导文件进行。一般来说，两个混合样品需要包含 10 小份样品（液体、乳状、固体）。在每份小份样品中各称取 50g 或 50mL 代表样品制成一个混合样品，然后加入 250mL 未添加选择性添加剂的 BLEB 培养基（M52）中，充分震荡混匀。这 50g 混合样品（相当于 25g 食品样品加 25mL BLEB 基础培养基）被添加至 200mL BLEB 基础培养基中。按照 E 部分和 F 部分中的描述将混合样品接种。取 100mL 混合样品留样，用于致病菌的定量检测，最适储藏温度 5℃，不能低于 0℃。

c. 环境样品：当对干燥表面进行取样时，应将棉签（棉花，聚酯或聚氨酯）或海绵（纤维素或聚氨酯）预先润湿在 10mL Dey- Engley 肉汤中。棉签通常储存在管式容器中，海绵通常储存在袋式容器中。取样前，将棉签压在内管壁上或挤压袋中的海绵以除去多余的肉汤。使用牢固且均匀的压力垂直擦拭环境表面（大约 10 次），然后翻转采样器并使用另一侧水平（大约 10 次）和对角线（大约 10 次）擦拭。将采样器放回容器时，确保将其浸入 Dey-Engley 肉汤中。取样湿表面时，应使用干的棉签或海绵，取样后立即放入 Dey-Engley 肉汤中。由棉花制成的或头部较大的拭子比一般拭子能更好地吸收液体。对于不适用于 A 部分中提到的常规尺寸棉签/海绵采集的样品，请参阅适用的采样符合性指导文件获取说明。取样后至分析前，棉签/海绵可以在 4℃保存在 Dey-Engley 肉汤中长达 48h。然后将拭子/海绵和 Dey-Engley 肉汤加入到不含选择性添加剂（M52）的含有丙酮酸盐的 90mL BLEB 培养基（或更多以完全浸没拭子或海绵）中。海绵和 Dey-Engley 肉汤也可以加入到 225mL BLEB 培养基中。挤压拭子/海绵，将其收集的肉汤加入到增菌肉汤中。按照 E 或 F 节所述继续增菌培养。

d. 结果分析：从增菌液中分离并鉴定出一个或多个单核细胞增生李斯特菌即表明分析样品中单核细胞增生李斯特菌是存在的，并且每个分析样品、环境棉拭子或棉球样本中单核细胞增生李斯特菌的污染量≥1 CFU。

2. 食品的定量检测

菌落计数一般选用 MPN 法和平板涂布法，在本章 J 部分有详细介绍。检测样品通常是先进行定性检测分析，对阳性结果样品的留样部分进行菌落计数。对于爆发性的检测情况，所有的样品都需要进行直接计数检测，详细内容可以参考本章 J 部分内容，并选用合适的抽样指导文件。

E. 增菌过程

1. 均质后的食品样品在添加了丙酮酸盐的 BLEB 培养基（M52）[43]中培养，30℃条件下培养 4h。

2. 无菌条件下对三种选择性添加剂进行过滤除菌，并添加至含有丙酮酸盐的预增菌培养物 BLEB（M52）中，得到终浓度为 10mg/L 的吖啶黄、40mg/L 的放线菌酮以及 50mg/L 的萘啶酸钠盐溶液。

3. 充分混匀含有添加剂的增菌液，30℃条件下继续培养 24~48h。

F. 可供选择的筛选方法

下面的筛选方法可以用于样品中李斯特菌的筛选。按照生产厂家包装上的使用说明进行操作，确保这些方法都符合《AOAC 官方方法》（*AOAC INTERNATIONAL Official Methods*）协议（见 F. 1）。这些试剂盒需要在 AOAC《官方分析方法》（OMA）中提及，并且仅仅被批准用于特殊食品基质的检测。试剂盒之间各不相同。对于其他未经过验证的食品基质，进行内部验证是非常必要的。利用该产品检测得出的阴性结果可以直接采信，不需要再进行进一步的验证试验。利用快速筛选方法得出的阳性结果必须在选择性平板上划线培养进行确认，并将经证实的菌株利用 G. 1 部分介绍的操作程序鉴定到种的水平。

F1. 李斯特菌属快速筛选方法

1. AOAC 官方方法 993. 09. 特定食品中李斯特菌脱氧核糖核酸杂交分析试剂盒（GENE-TRAK *Listeria* Assay）[3,16]

（该方法适用于乳制品、肉制品和海产品）

协同研究：牛乳（2%）、布利（Brie）干酪、熟蟹肉、法兰克福香肠、烤牛肉、生猪肉糜。

前协同研究：蟹肉、生虾、切达（Cheddar）干酪、农家（Cottage）干酪、冰激凌、巧克力牛乳、脱脂乳粉、鱼排、生猪肉糜、发酵香肠、生火鸡肉糜。

2. AOAC 官方方法 993.03. 特定食品中李斯特菌单克隆抗体酶联免疫吸附试验方法试剂盒（*Listeria*-Tek）[4,17,31]

（该方法适用于乳制品、海产品和肉制品）

协同研究：法兰克福香肠、真空包装烤牛肉、布利干酪、牛乳（2%）、生冻虾仁、熟冻蟹肉。

前协同研究：蟹肉、冰激凌、牛乳、巧克力牛乳、脱脂乳粉、生鱼肉、熟牛肉、腌制火腿、生腊肠、生牡蛎、生鸡肉、生火鸡肉。

3. AOAC 官方方法 995.22. 特定食品中李斯特菌多克隆酶免疫分析法筛选法试剂盒（TECRA *Listeria* Visual Immunoassay）[5,29]

[该方法适用于乳制品、海产品、禽肉制品、肉制品（不包括生牛颈肉肉糜）、多叶蔬菜]

协同研究：鱼排、冰激凌、生菜、鸡肉、火鸡肉肉糜。

前协同研究：蟹肉、虾、软质干酪、巧克力牛乳、脱脂乳粉、生牛肉、烤牛肉、法兰克福香肠、大腊肠、牡蛎、鸡肉。

4. AOAC 官方方法 2002.09. 特定食品中利用 TECRA 李斯特菌增菌肉汤检测李斯特菌的 TECRA 李斯特菌免疫分析方法[32,5,29]

（该方法适用于生肉制品和加工肉制品、可培养和不可培养的乳制品）

注意：该方法基于 995.22，但对增菌方式进行了调整，省略了放线菌酮和附加食品。

协同研究：鱼排、火鸡、生牛肉糜、冰淇淋、生菜。

5. AOAC 官方方法 996.14. 特定食品中李斯特菌克隆酶免疫测定法（EIA）[6,19]

（该方法适用于乳制品、红肉制品、猪肉、禽肉产品、水果、坚果仁、海产品、意式面食、蔬菜、干酪、动物膳食、巧克力、蛋、骨粉、环境表面）

协同研究：脱脂乳粉、冰淇淋、生禽肉、生虾、熟制烤牛肉、青豆。

前协同研究：蟹肉、软质干酪、干蛋、蛋液冻结物、牛乳、巧克力牛乳、生鱼肉、骨粉、生牛肉、生猪肉、扇贝、巧克力、坚果、意大利面、生鸡肉、卷心菜沙拉。

6. AOAC 官方方法 997.03. 特定食品中李斯特菌可视免疫沉淀反应分析（VIP）[7,20]

（该方法适用于乳制品、红肉制品、猪肉、禽和禽肉制品、海产品、水果、蔬菜、坚果仁、意式面食、巧克力、蛋、骨粉、环境表面）

协同研究：脱脂乳粉、冰淇淋、生禽肉、生虾、熟制烤牛肉、青豆、环境表面。

7. AOAC 官方方法 999.06. 特定食品中李斯特菌酶联荧光免疫法（ELFA）—— 全自动酶联荧光免疫系统（VIDAS）荧光筛选法[8,21]

（该方法适用于乳制品、蔬菜、海产品、生猪肉和禽肉制品、加工肉制品和禽肉制品）

协同研究：冰淇淋、青豆、鱼肉、火鸡、干酪、烤牛肉。

8. AOAC 官方方法 2004.06. 特定食品中李斯特菌改良的全自动酶联荧光免疫系统（VIDAS）筛选方法[36]

（该方法适用于乳制品、蔬菜、海产品、生猪肉和禽肉制品、加工肉制品和禽肉制品）

协同研究：布利干酪、冰淇淋、鱼肉、青豆、烤牛肉。

9. AOAC 官方方法 2010.02. 特定食品中李斯特菌 VIDAS LSX 筛选分析检测方法[35]

（该方法适用于乳制品、蔬菜、海产品、生猪肉和禽肉制品、加工肉制品和禽肉制品）

协同研究：香草冰淇淋、切达干酪、生牛肉肉糜、冷冻青豆、熟火鸡肉、熟虾肉。

10. AOAC 官方方法 2013.10. 特定食品和环境表面李斯特菌 VIDAS UP 李斯特菌（LPT）检测试剂盒[36]

[该方法适用于熟火腿（25g 和 125g）、意大利辣香肠（25g）、牛肉热狗（25g）、鸡块（25g）、鸡肝肉酱

(25g)、碎牛肉（125g）、熟火鸡肉（125g）、熟虾肉（25g）、熏制鲑鱼（25g）、整个哈密瓜、袋装什锦色拉（25g）、花生酱（25g）、黑胡椒（25g）、香草冰淇淋（25g）、鲜干酪（25g 和 125g）、不锈钢制品、塑料制品、陶瓷制品及混凝土的环境表面]

查看表 2A－D 中的补充数据，可以得到有关 J. AOAC Int. 协同研究的详细结果。详见网址：http：// aoac. publisher. ingentaconnect. com/content/aoac/jaoac。

F2. 单核细胞增生李斯特菌快速筛选方法

请注意这些方法不能筛选李斯特菌属，因此该方法不适于对李斯特菌属进行鉴定。

11. AOAC 官方方法 2003. 12. 特定食品中单核细胞增生李斯特菌 BAX® 自动检测系统[9]

[该方法适用于乳制品、水果和蔬菜（萝卜除外）、海产品、生肉制品和加工肉制品、禽肉]

协同研究：法兰克福香肠、软质干酪、熏制鲑鱼、碎牛肉、萝卜、豌豆。

12. AOAC 官方方法 2004. 02. 特定食品中单核细胞增生李斯特菌酶联荧光免疫检测方法（ELFA）VIDAS LMO2 筛选分析方法[33]

（该方法适用于乳制品、蔬菜、海产品、生肉制品和禽肉制品、加工肉制品和禽肉制品）

协同研究：香草冰淇淋、布利干酪、焦化烤牛肉、冷冻青豆、冻罗非鱼。

13. AOAC 官方方法 2013. 11. 特定食品中单核细胞增生李斯特菌 VIDAS（LMX）检测试剂盒[37]

[该方法适用于熟火腿（25g 和 125g）、发酵香肠（25g）、肝脏肉酱（25g）、再制干酪（25g）、香草冰淇淋（25g）、熟虾肉（25g）、烟熏白鱼（25g）、冷冻菠菜（25g）、花生酱（25g）、熟火鸡肉（25g 和125g）、鲜干酪（125g）、碎牛肉（125g）]

G. 分离程序

1. 增菌至 24h 和 48h 时，挑取 BLEB 分别划线接种含七叶苷的选择性分离培养基和显色的选择性琼脂各一块，每一个类别的产品目录清单见 G. 1. A 部分和 G. 1. B 部分。平板培养 48h，分别在 24h 和 48h 查看平板上的菌落情况。

A. 添加七叶苷的李斯特菌选择性琼脂

a. 牛津培养基（OXA）[18]（M118）。35℃ 培养 24h 后，典型的李斯特菌生长为直径 1mm、带黑色晕圈的黑色菌落。培养 48h 后，典型的李斯特菌生长为直径 2～3mm、带有黑色晕圈且中间凹陷的黑色菌落。

b. PALCAM 琼脂[50]（M118a）。除了平板的背景颜色是红色的以外，李斯特菌的培养条件和外观形态与牛津培养基相同。

c. 改良牛津李斯特菌选择性琼脂（MOX）[46]（M103a）。李斯特菌的培养条件和外观形态与牛津培养基相同。

d. LPM 培养基[30]（M81）。培养基中增加了七叶苷和 Fe^{3+}，在 30℃ 培养后，李斯特菌典型菌落的颜色由灰色变为蓝色，菌落表面呈现毛玻璃状。

B. 单核细胞增生李斯特菌和绵羊李斯特菌显色琼脂

a. R&F 单核细胞增生李斯特菌生物显色培养基（R&F LMCPM）[39,25]（M17a）。将平板置于 35℃ 培养，单核细胞增生李斯特菌和绵羊李斯特菌生长为直径 1～3mm、表面光滑、凸起的蓝色或绿色菌落，并带有淡淡的蓝色或绿色晕圈。其他所有的李斯特菌会长成直径 1～2mm、表面光滑、凸起的白色菌落，没有晕圈。

b. 单核细胞增生李斯特菌快速检测培养基（M131a）：将平板置于 37℃ 培养，单核细胞增生李斯特菌和绵羊李斯特菌均生长为直径 1～3mm、表面光滑、凸起的蓝色或绿色菌落。典型菌落在快速检测培养基的红色背景下呈现为黑色，当背景植物群将背景颜色改变为黄色时菌落呈现蓝色或绿色。此外，绵羊李斯特菌的周围带有黄色晕圈。但是，在区分单核细胞增生李斯特菌和绵羊李斯特菌时需要特别小心，因为在一些食品中背景植物群可以将平板的某些区域颜色改变为黄色，这样会使单核细胞增生李斯特菌和绵羊李斯特菌出现相同的表现。其他所有的李斯特菌会长成直径1～2mm、表面光滑、凸起的白色菌落，没有黄色晕圈。

c. ALOA 培养基[44,49]（M10a）或 Oxoid 李斯特菌显色琼脂（OCLA）（M40b）。将平板置于 37℃培养，所有的李斯特菌均表现为直径 1~3mm 的蓝色或绿色菌落。此外，单核细胞增生李斯特菌和绵羊李斯特菌的菌落周围有不透明的白色晕圈。

d. CHROMagar 李斯特菌显色培养基[1]（M40a）。除了平板的背景颜色是淡蓝色以外，李斯特菌的培养条件和外观表现和 ALOA 培养基一样。

作为已批准的快速检测方法，利用制造商推荐的选择性分离平板来辅助检测单核细胞增生李斯特菌和伊氏李斯特菌的检测也是可以接受的。

注意：在 R&F LMCPM（M17a）和单核细胞增生李斯特菌快速检测培养基（131a）单一琼脂中都使用磷脂酰肌醇特异性磷脂酶 C（PI-PLC）作为色原体指示剂。具有 PI-PLC 活性的李斯特菌、单核细胞增生李斯特菌和伊氏李斯特菌在这些琼脂上将呈现蓝绿色，而其他李斯特菌属物种在外观上呈白色，不会出现蓝绿色。ALOA 培养基和 CHROMagar 李斯特菌显色培养基，其原理均基于色原体能够检测到具有特定 β-葡糖苷酶活性的李斯特菌属，因此，所有李斯特菌属物种在这些琼脂上将呈现蓝绿色。单核细胞增生李斯特菌和伊氏李斯特菌具有特异性的磷脂酶，因而在菌落周围形成不透明白色晕环。

2. 从每一个七叶苷平板上挑选 5 个典型菌落，在 TSAYE（M153）平板上划线纯化，30℃培养 24~48h。如果利用单核细胞增生李斯特菌和伊氏李斯特菌的显色培养基，则需要挑选 2 个典型菌落划线培养。如果平板不用来做运动性检测，可以置于 35℃培养。

3. 如果菌落数量足够，可将剩余菌落在 5%绵羊血琼脂（M135）平板上穿刺培养，35℃培养 24~48h。

H. 鉴定程序

TSAYE 平板上生长的纯菌落的鉴定可以按照下面介绍的传统方法进行检测（H. 1. a~e）。此外，快速生化鉴定试剂盒和 PCR 分析方法也可用于种水平的菌落鉴定（H. 2. a~c）。

检测 TSAYE 平板上直径 1~3mm、菌体表面光滑、凸起的白色典型菌落。在此阶段利用亨利斜透射照明[23]的方法观察菌落是有效的（图 10-1），但并不是强制性的。

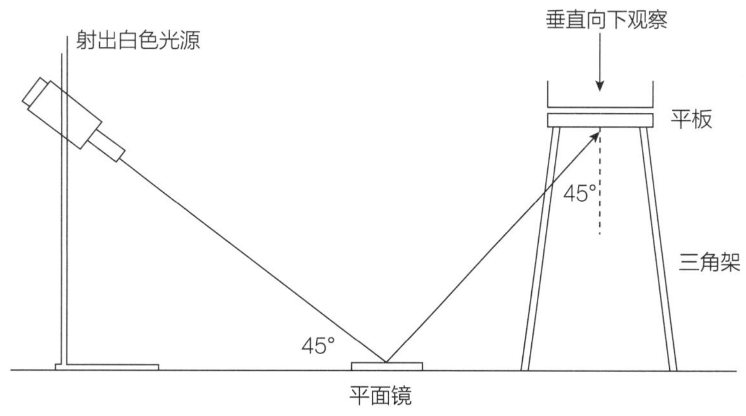

图 10-1 亨利光学系统菌落验证示意图

1. 标准鉴别方法

a. 溶血反应

从 TSA 上挑取较多量菌落刺种于倾注较厚并干燥好的 5% 羊血琼脂平板（用前检查湿度）。将平板底面划分为 20~25 个小格，每格刺种一个菌落，并刺种阳性对照菌（绵羊李斯特菌和单核细胞增生李斯特菌）和阴性对照菌（英诺克李斯特菌），35℃培养 24~48h。穿刺时尽量接近底部，但不要触到底面，同时避免琼脂破裂。

单核细胞增生李斯特菌和西尔李斯特菌在刺种点周围产生狭小的透明溶血环，英诺克李斯特菌无溶血环，绵羊李斯特菌产生大的透明溶血环。如果在 TSA-YE 平板上观察到混合培养物，则需要利用分离的菌落再次重复溶血试验。

CAMP 试验：解决可疑反应时需要借助 CAMP 试验。CAMP 试验菌株是从菌种保藏库获得，包括 ATCC、Manassas、VA（http：//www. atcc. org）。

ⅰ. 将β-溶血金黄色葡萄球菌［FDA strain ATCC 49444（CIP 5710；NCTC 7428）或 ATCC 25923］和马红球菌（ATCC 6939；NCTC 1621）在绵羊血琼脂上轻轻地垂直划线。

ⅱ. 分别将检测菌株在金黄色葡萄球菌和马红球菌之间划平行线，但不能接触，35℃培养 24~48h。图 10-2 展示了 CAMP 试验血平板上划线菌株的分布。

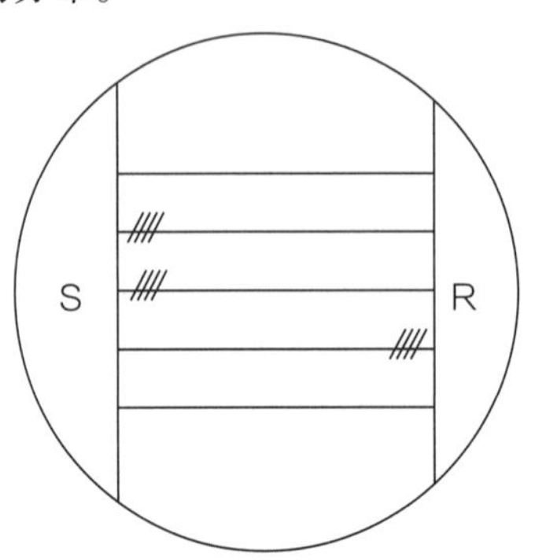

图 10-2 单核细胞增生李斯特菌的 CAMP 试验：绵羊血琼脂平板接种示意图水平线代表接种的 5 个检测株；垂直线代表金黄色葡萄球菌（S）和马红球菌（R）；舱口线代表（图解形式）溶血增强区域

ⅲ. 检测平板垂直线区域的溶血现象。单核细胞增生李斯特菌和西尔李斯特菌的溶血性在金黄色葡萄球菌生长线附近加强，绵羊李斯特菌在马红球菌生长线附近加强，其他菌株无溶血性或不产生反应（表 10-1）。

ⅳ. 此外，该实验比较简单，在羊血琼脂平板上金黄色葡萄球菌的培养物可以促进单核细胞增生李斯特菌和西尔李斯特菌的溶血性；浸满β-溶血金黄色葡萄球菌的圆盘也是为了观察溶血现象（REMEL，Lenexa，KS）。

表 10-1 李斯特菌菌种鉴别表

菌株种类	发酵实验						
	甘露醇	鼠李糖	木糖	致病性[a]	β-溶血[b]	金黄色葡萄球菌增强的溶血反应（S）	马红球菌增强的溶血反应（R）
单核细胞增生李斯特菌	−	+[c]	−	+	+	+	−[d]
绵羊李斯特菌[e]	−	−	+	+	+	−	+
英诺克李斯特菌	−	V[f]	−	−	−	−	−
威尔斯李斯特菌	−	V	+	−	−	−	−
西尔李斯特菌	−	−	+	−	+[g]	+	−
格氏李斯特菌[h]	+	V	−	−	−		

a 小白鼠毒力试验。

b 羊血琼脂穿刺培养。

c 一些与动物的李斯特菌病相关的单核细胞增生李斯特菌三代菌株不能利用鼠李糖。

d 极少数的菌株出现 S+和 R+。R 与绵羊李斯特菌的阳性反应更不明显。

e 绵羊李斯特菌有两个亚种，其中绵羊李斯特菌 *ivanovii* 亚种可以利用核糖，而绵羊李斯特菌 *londiniensis* 亚种不能利用核糖。

f V，超过 10%的可变生物型存在这种特性反应。

g 比较弱的溶血反应，西尔李斯特菌可能不出现溶血反应。

h 格氏李斯特菌包含两个亚种，其中格氏李斯特菌 *murrayi* 亚种可以利用硝酸盐，而格氏李斯特菌 *grayi* 亚种不能利用硝酸盐。

b. 运动性测试：从 TSAYE 平板上挑取生长良好的典型菌落，涂于洁净载玻片上，用 0.85%生理盐水制成湿涂片，在相差显微镜的油镜下观察。选择一个生长良好的菌落来制备适当浓度的悬液，要分散均匀。李斯特菌为细小的短杆状，有轻微的旋转和翻滚运动；同已知培养物比较可知，球状、大的杆状或快速泳动的杆状细菌都不是李斯特菌。此外，还可以从 TSAYE 平板上挑取菌落在 MTM（M103）上穿刺培养，室温（20～25℃）培养 7d。每天观察，直到菌落生长现象比较明显时结束。李斯特菌具有运动性，表现为典型的伞状生长模式。

c. 过氧化氢酶试验：利用 1 滴 3%的过氧化氢溶液进行典型菌落的过氧化氢酶检测，李斯特菌属表现为触酶试验阳性。

d. 革兰氏染色：利用在 TSAYE 平板上生长 16～24h 后的培养物进行观察。所有的李斯特菌均为革兰氏阳性短杆菌，但如果培养时间过长染色时会发生不同变化，细胞也会呈现球菌样。此时，细胞染色涂片会趋向于形成厚的栅栏状，被当作类白喉菌排除。

e. 糖酵解试验：挑取典型菌落接种一管 TSBYE 培养基，培养后可进行糖发酵试验，或接种其他测试培养基，35℃培养 24h。这些培养物可置于 4℃冰箱保存数天，并作为接种物多次使用。

ⅰ. 将 TSBYE 平板培养物接种于含 0.5% 糖类（葡萄糖、七叶苷、麦芽糖、甘露醇、鼠李糖和木糖）的紫色肉汤中（带有杜汉氏发酵管），35℃培养 7d。

ⅱ. 李斯特菌阳性反应产酸不产气，培养基变为黄色；所有的李斯特菌都表现葡萄糖、七叶苷、麦芽糖阳性；除了格氏李斯特菌的甘露醇反应呈阳性外，其余李斯特菌都呈阴性。若 OXA、PALCAM 琼脂、改良牛津李斯特菌选择性琼脂以及含七叶苷和三价铁的 LPM 培养基上的纯化物着色明显，则可省略七叶苷发酵试验。详细的结果分析可以查阅表 10-1。

f. 选做内容：硝酸盐还原试验：李斯特菌中只有默氏李斯特菌可以还原硝酸盐，因此本实验可将其与格氏李斯特菌区别开。

ⅰ. 将 TSBYE 平板培养物接种到硝酸盐肉汤（M108）中，35℃培养 5d。

ⅱ. 加入 0.2mL 试剂 A，再加入 0.2mL 试剂 B（R48），充分混匀，如出现紫红色，则表明存在亚硝酸盐，即说明硝酸盐减少；如无颜色变化，则加入少量锌粉后放置 1h，若出现红色，表明硝酸盐依然存在，未被细菌降解。

ⅲ. 另一种检测方法：加入 0.2mL 试剂 A，再加入 0.2mL 试剂 C，充分混匀，如出现橘红色，则表明硝酸盐已被还原为亚硝酸盐；如无颜色变化，则加入少量锌粉后放置 1h，若出现橘红色，表明硝酸盐依然存在，未被细菌降解。

g. 选做内容：所有李斯特菌吲哚试验、氧化酶试验、尿素酶试验以及有机硫化物的产 H_2S 试验（H_2S 是在微 ID 试验盒中由硫代硫酸盐/酯产生的）都是阴性，甲基红与 VP 试验阳性，以上试验可任意选择。环丝菌（*Brochothrix*）与李斯特菌在种属上很相近，但是它不能在 35℃条件下生长，没有运动性。丹毒丝菌（*Erysipelothrix*）与库特氏菌（*Kurthia*）为无芽孢的革兰氏阳性杆菌，在李斯特菌分析中很少见，但在其他地方可以发现[11,43]。

h. 选做内容：小鼠毒力试验：传统的李斯特菌致病性试验是 Anton 结膜炎试验（兔子）、小鼠接种试验以及鸡胚接种试验。小鼠抵抗力测定试验推荐采用腹腔注射（i. p.），可提高试验敏感性[38]。单核细胞增生李斯特菌的临床分离菌株不再需要进行动物致病性实验，而食品分离株可以选做。当分离菌株满足本章中列举的所有判定标准时，可判定为单核细胞增生李斯特菌。

生化特性和致病性试验数据见表 10-1。所有的数据收集都必须在种类和亚型确定之前完成，非典型的李斯特菌菌株的存在增加了菌株鉴定的难点。例如，一些无事实证明的参考资料用于溶血性英诺克李斯特菌的分离；某些单核细胞增生李斯特菌和威尔斯李斯特菌的生化反应表现为鼠李糖阴性；某些西尔李斯特菌分离菌株有较弱的溶血反应，容易与非溶血李斯特菌相混淆。有时，异常李斯特菌菌株很难分离到种的水平（详细信息可见 BAM 用户指导书中关于非典型性溶血李斯特菌分离株的鉴定部分，请见本章文后“附加信息”）。如果分离到异常李斯特菌，可以联系 Karen Jinneman。

2. 可选的快速鉴定方法

纯菌菌落的快速鉴定可以利用商业化试剂盒法或实时荧光 PCR 方法，按照厂家的产品说明书进行接种和结果判读。

a. 李斯特菌 API 检测方法（bioMerieux，Durham，NC）：在进行菌落鉴定时需要增加 β-溶血试验[12]。CAMP 检测项目是可选项。

b. 李斯特菌鉴定系统 Micro-ID（Remel，Lenexa，KS）：需要增加 β-溶血试验和 CAMP 检测项目[2,22]。

c. 自动化革兰氏阳性鉴定卡片 VITEK 2（bioMerieux，Hazelwood，MO）：需要增加 CAMP 检测项目和 β-溶血试验[38]。

d. 实时荧光 PCR 快速检测方法：需要增加 β-溶血试验（12）。CAMP 检测项目是可选项。

- 协定 1：利用实时 PCR 法同时测定李斯特菌和单核细胞增生李斯特菌①。
- 附件 1：单一实验室验证（SLV）——混合酶分离的单个 *Ct* 值②。
- 附件 2：多个实验室验证（MLV）——实验室分离的单个 *Ct* 值③。
- 李斯特菌的种属鉴别包括单核细胞增生李斯特菌、英诺克李斯特菌、绵羊李斯特菌、西尔李斯特菌、威尔斯李斯特菌。格氏李斯特菌的鉴别还没有通过该方法的验证。被鉴定为李斯特菌但不是单核细胞增生李斯特菌的分离菌落可以通过 H. 1. a~e 或 H. 2. a~c 中的操作步骤进行种的鉴定。

此外，F. 2 部分中列出的 AOAC OMA 单核细胞增生李斯特菌快速检测方法也可用于纯菌落的鉴定。利用检测试剂盒，分离菌落可以从纯培养物、OXA 培养基或其他的选择性分离琼脂上获取并进行鉴定。分离的纯培养菌落通过以上实验，如果被鉴定为单核细胞增生李斯特菌，则需要保留作为后期的标准参照物。

I. 单核细胞增生李斯特菌分离株的分型

已经通过鉴定证实的单核细胞增生李斯特菌分离菌株需要进行血清学分型和遗传性分类。

1. 血清学分型

血清学是解决流行病学问题的重要手段。从病人和环境中获得的单核细胞增生李斯特菌多数为 1 型或 4 型，其中 90% 以上的分离株可以利用商业化血清进行分型。但是，除威尔斯李斯特菌外，所有非致病性李斯特菌与单核细胞增生李斯特菌具有相同的一个或多个菌体抗原[43]。因此，血清学分型不能代表所有的特征，因此不能只利用血清学分型来鉴别单核细胞增生李斯特菌。

利用商业化血清（Difco Type 1 cat #223031 and Type 4 cat #223041）在最低限度上将分离菌株划分为 1 型、4 型或其他血清型（3 型、5 型、6 型等）。将 TSB-YE 培养物接种到酪蛋白胨肉汤中，35℃培养 24h，该温度下鞭毛（H）抗原表达能力降低。然后再接种到酪蛋白胨琼脂斜面，35℃培养 24h，用 3mL 的荧光抗体（FA）缓冲液冲洗琼脂斜面，并将洗液转移到带螺帽的无菌试管（16mm×125mm），80℃水浴加热 1h，1600×*g* 离心 30min，除去 2. 2~2. 3mL 的上清液，用残留的缓冲液将底部的菌体沉淀再次悬浮，按照试剂盒说明进行血清稀释和凝集试验。

完整的血清学特性的检测也可以参照其他的试剂盒（Denka Seiken product #294616）进行。单核细胞增生李斯特菌分离菌株的纯培养物需要在非选择性琼脂（如 BHI 琼脂）上培养，35℃培养 24h。平板上的纯培养物需要进行重悬，加热灭活，然后按照抗血清制造商的建议进行凝集试验。

2. 遗传学分类

按照 PulseNet 的标准操作协议，利用脉冲场凝胶电泳法（PFGE）得到的食品和环境中的分离菌株应送到

①协定 1 详见相关网址：https：//www. fda. gov/Food/FoodScienceResearch/LaboratoryMethods/ucm279532. htm。——译者注
②附件 1 详见相关网址：https：//www. fda. gov/downloads/Food/FoodScienceResearch/LaboratoryMethods/UCM279534. pdf。——译者注
③附件 2 详见相关网址：https：//www. fda. gov/downloads/Food/FoodScienceResearch/LaboratoryMethods/UCM279535. pdf。——译者注

PulseNet（CDC，Atlanta，GA）。保留所有的分离菌株用于后期的分型技术研究。

J. 计数（必做）

若食品样品出现单核细胞增生李斯特菌检测阳性，就需要用保存样进行菌落计数。计数时需要将 MPN 法与直接平板计数法相结合。

MPN 法操作步骤：

a. 称取 25g 保留食品样品的混样至 225mL 预热的 BLEB 培养基中（添加或不添加丙酮酸盐，直接加入选择性试剂）。

b. 将样品进行稀释，挑选 4 个合适的稀释度（使得每个独立的稀释液中含有的样品量为 10、1、0.1g 和 0.01g），每个稀释度 3 个平行试管，进行 MPN 计数。

c. 按照 E 部分中描述的，将所有的试管进行培养。

d. 48h 后参照 G 部分中的描述划线分离菌落，并参考 G~H 部分进行验证。此外，利用 F 部分中列举的已获批准的快速检测方法对每一个增菌液进行筛选，并按照 G~H 部分的分离和鉴定步骤对阳性结果进行确认。

e. 参考 BAM 附录 2 中的表格，根据单核细胞增生李斯特菌阳性结果的试管数量判读检测结果。

f. 如果 MPN 计数法中所有的试管均为阳性，计数结果可以参考直接平板计数法。

g. 当几个稀释度试管重复数量需要增加时，应该缩小检测的置信区间。增加1mL样品与 BLEB 的混合液，并用多通道移液器或机器在 96 孔板上进行稀释。如果试管的数量大于 3 或者不同的稀释度试管的数量不相等，需要使用 AOAC 验证过的 MPN 计数方法：http：//www.aoac.org/imis15_ prod/Programs/07trad02LCFMPNC alculator. zip。

直接平板计数法操作步骤：

h. 对于固体食品，称取 25g 保留的食品样品的匀浆至 225mL 预热的 BLEB 培养基中（不添加丙酮酸盐或选择性试剂）。制备 10 倍梯度稀释液。某些食品样品可能需要不同的样品制备和稀释方法，需要参考合适的操作文件。

i. 从 G 部分列出的不同单核细胞增生李斯特菌显色平板中挑选一种，同时吸取 1mL 液体食品样品或 1mL 固体食品样品的匀浆，涂布 3~5 块平板进行计数。

j. 如果菌落数较多而无法计数，则需要利用保留样品再次制备样品的 10 倍梯度稀释液，并直接进行平板计数操作。

k. 每个平板挑选 5 个典型菌落进行鉴定。

l. 此外，第 3 章中谈到的螺旋平板计数方法也可以用于直接平板计数。

参考文献

[1] Anonymous. 2001. Validation certificate for alternative method according to the standard EN ISO 16140：2003. http：//www.chromagar.com/fichiers/1450365640CHR_ 21_ 01_ 12_ 01_ en_ V2013. pdf.

[2] AOAC Official Method 992.18.2000. MICRO-ID Listeria. Chapter 17.10.02，pp. 141-144 In：Official Methods of Analysis of AOAC INTERNATIONAL. 17th Edition. W. Horwitz（ed.）. Volume 1. Agricultural Chemicals，Contaminants and Drugs. AOAC INTERNATIONAL，Gaithersburg，MD.

[3] AOAC Official Method 993.09.2000. Listeria in dairy products，seafoods，and meats. Colorimetric deoxyribonucleic acid hybridization method（GENE-TRAK Listeria Assay）. Chapter 17.10.04，pp. 147~150 In：Official Methods of Analysis of AOAC INTERNATIONAL. 17th Edition. W. Horwitz（ed.）. Volume 1. Agricultural Chemicals，Contaminants and Drugs. AOAC INTERNATIONAL，Gaithersburg，MD.

[4] AOAC Official Method 994.03.2000. Listeria monocytogenes in dairy products，seafoods，and meats. Colorimetric monoclonal enzyme-linked immunosorbent assay method（Listeria-Tek）. Chapter 17.10.05，pp. 150~152 In：Official Methods of Analysis of AOAC INTERNATIONAL. 17th Edition. W. Horwitz（ed.）. Volume 1. Agricultural Chemicals，Contaminants and Drugs. AOAC

INTERNATIONAL, Gaithersburg, MD.

[5] AOAC Official Method 995. 22. 2000. Listeria in foods. Colorimetric polyclonal enzyme immunoassay screening method (TECRA Listeria Visual Immunoassay [TLVIA]). Chapter 17. 10. 06, pp. 152~155 In: Official Methods of Analysis of AOAC INTERNATIONAL. 17th Edition. W. Horwitz (ed.). Volume 1. Agricultural Chemicals, Contaminants and Drugs. AOAC INTERNATIONAL, Gaithersburg, MD.

[6] AOAC Official Method 996. 14. 2000. Assurance Polyclonal Enzyme Immunoassay Method. Chapter 17. 10. 07, pp. 155~158 In: Official Methods of Analysis of AOAC INTERNATIONAL. 17th Edition. W. Horwitz (ed.). Volume 1. Agricultural Chemicals, Contaminants and Drugs. AOAC INTERNATIONAL, Gaithersburg, MD.

[7] AOAC Official Method 997. 03. 2000. Visual Immunoprecipitate Assay (VIP). Chapter 17. 10. 08, pp. 158~160 In: Official Methods of Analysis of AOAC INTERNATIONAL. 17th Edition. W. Horwitz (ed.). Volume 1. Agricultural Chemicals, Contaminants and Drugs. AOAC INTERNATIONAL, Gaithersburg, MD.

[8] AOAC Official Method 999. 06. 2000. Enzyme Linked Immunofluorescent Assay (ELFA) VIDAS LIS Assay Screening Method. Chapter 17. 10. 09, pp. 160~163. In: Official Methods of Analysis of AOAC INTERNATIONAL. 17th Edition. W. Horwitz (ed.). Volume 1. Agricultural Chemicals, Contaminants and Drugs. AOAC INTERNATIONAL, Gaithersburg, MD.

[9] AOAC Official Method 2003. 12. 2005. Evaluation of BAX® Automated System for the Detection of Listeria monocytogenes in Foods. Chapter 17. 10. 10, pp. 222~225. In: Official Methods of Analysis of AOAC INTERNATIONAL. 18th Edition. W. Horwitz (ed.). AOAC INTERNATIONAL, Gaithersburg, MD.

[10] Asperger, H., H. Heistinger, M. Wagner, A. Lehner and E. Brandl. 1999. A contribution of Listeria enrichment methodology-growth of Listeria monocytogenes under varying conditions concerning enrichment broth composition, cheese matrices and competing microflora. Microbiology 16: 419~431.

[11] Bille, J., J. Rocourt, and B. Swaminathan. 1999. Listeriae, Erysipelothrix, and Kurthia, pp. 295 ~ 314. In: Manual of Clinical Microbiology. 7th Edition. P. R. Murray (ed.). American Society for Microbiology, Washington, DC.

[12] 2008draft. Bille, J. B. Catimel, E. Bannerman, C. Jacquet, M. N. Yersin, I. Camiaux, D. Monget and J. Rocourt. 1992. API Listeria, a new and promising one-day sysem to identify Listeria isolates. Appl. Environ. Microbiol. 58 (6): 1857~1860.

[13] Boerlin et al. 1992. L. ivanovii subsp. londoniensis subsp. novi. Int. J. Syst. Bacteriol. 42: 69~73.

[14] Blodgett, R. 2006. Appendix 2. Most Probable Number from Serial Dilutions. In U. S. Food and Drug Administration Bacteriological Analytical Manual Online.

[15] Christie, R., N. E. Atkins, and E. Munch-Petersen. 1944. A note on the lytic phenomenon shown by group Bstreptococci. Aust. J. Exp. Biol. Med. Sci. 22: 197~200.

[16] Curiale, M. S., T. Sons, L. Fanning, W. Lepper & D. McIver. 1994. Deoxyribonucleic acid hybridization method for the detection of Listeria in dairy products, seafoods, and meats: collaborative study. J. AOAC INTERNATIONAL 77: 602~617.

[17] Curiale, M. S., W. Lepper & B. Robison. 1994. Enzyme-linked immunoassay for detection of Listeria monocytogenes in dairy products, seafoods, and meats: collaborative study. J. AOAC INTERNATIONAL77: 1472~1489.

[18] Curtis, G. D. W., R. G. Mitchell, A. F. King, and J. Emma. 1989. A selective differential medium for the isolation of Listeria monocytogenes. Lett. Appl. Microbiol. 8: 95~98.

[19] Feldsine, P. T., A. H. Lienau, R. L. Forgey, and R. D. Calhoon. 1997. Assurance polyclonal enzyme immunoassay (EIA) for detection of Listeria monocytogenes and related Listeria species in selected foods: collaborative study. J. AOAC INTERNATIONAL 80: 775~790.

[20] Feldsine, P. T., A. H. Lienau, R. L. Forgey & R. G. Calhoon. 1997. Visual immunoprecipitate assay (VIP) forListeria monocytogenes and related Listeria species detection in selected foods: collaborative study. J. AOAC INTERNATIONAL 80: 791~805.

[21] Gangar, V., M. S. Curiale, A. D'Onorio, A. Schultz, R. L. Johnson, and V. Atrache. 2000. VIDAS® Enzyme-linked immunofluorescent assay for detection of Listeria in foods: collaborative study. J. AOAC INTERNATIONAL 83: 903~918.

[22] Higgins, D. L., and B. J. Robison. 1993. Comparison of MICRO-ID Listeria method with conventional biochemical methods for identification of Listeria isolated from food and environmental samples: collaborative study. J. AOAC INTERNATIONAL 76: 831~838.

[23] Hitchins, A. D. 1998. Listeria monocytogenes. Chapter 10. In: G. J. Jackson (Coordinator) Bacteriological Analytical Manual. 8th Edition. Revision A. AOAC INTERNATIONAL, Gaithersburg, MD.

[24] Hitchins, A. D., and R. E. Duvall. 2000. Feasibility of a defined microflora challenge method for evaluating the efficacy of foodborne Listeria monocytogenes selective enrichments. J. Food Protect. 63: 1064~1070.

[25] Jinneman, K., J. M. Hunt, C. A. Eklund, J. S. Wernberg, P. N. Sado, J. M. Johnson, R. S. Richter, S. T. Torres, E. Ayotte,

S. J. Eliasberg, P. Istafanos, D. Bass, N. Kexel-Calabresa, W. Lin,, and C. N. Barton. 2003. Evaluation and Interlaboratory Validation of a Selective Agar for Phosphatidylinositol-Specific Phospholipase C Activity Using Chromogenic Substrate to Detect Listeria monocytogenes from Foods. J. Food Protect. 66: 441~445.

[26] Johnson, J. M., K. Jinneman, G. Stelma, B. G. Smith, D. Lye, J. Messer, J. Ulaszek, L. Evsen, S. Gendel, R. W. Bennett, B. Swaminathan, J. Pruckler, A. Steigerwalt, S. Kathariou, S. Yildirim, D. Volokhov, A. Rasooly, V. Chizhikov, M. Wiedmann, E. Fortes, R. E. Duvall, and A. D. Hitchins. 2004. Natural Atypical Listeria innocuaStrains with Listeria monocytogenes Pathogenicity Island 1 Genes. Appl. Environ. Microbiol. 70: 4256~4266.

[27] Jones, D., and H. P. R. Seeliger. 1986. International committee on systematic bacteriology. Subcommittee the taxonomy of Listeria. Int. J. Syst. Bacteriol. 36: 117~118.

[28] Jones, D. 1992. Current classification of the genus Listeria. In: Listeria 1992. Abstracts of ISOPOL XI, Copenhagen, Denmark. p. 7~8.

[29] Knight, M. T., M. C. Newman, M. Joseph - Benziger Jr., J. R. Agin, M. Ash, P. Sims, and D. Hughes. 1996. TECRA Listeria Visual Immunoassay [TLVIA] for detection of Listeria in foods: collaborative study. J. AOAC INTERNATIONAL 79: 1083~1094.

[30] Lee, W. H., and D. McClain. 1986. Improved L. monocytogenes selective agar. Appl. Environ. Microbiol. 52: 1215~1217.

[31] Mattingly, J. A., B. T. Butman, M. C. Plank, and R. J. Durham. 1988. A rapid monoclonal antibody-based ELISA for the detection of Listeria in food products. J. AOAC INTERNATIONAL 71: 669~673.

[32] Official Methods of Analysis of AOAC INTERNATIONAL AOAC INTERNATIONAL, Gaithersburg, MD, USA Official Method 2002. 09.

[33] Official Methods of Analysis of AOAC INTERNATIONAL AOAC INTERNATIONAL, Gaithersburg, MD, USA Official Method 2004. 02.

[34] Official Methods of Analysis of AOAC INTERNATIONAL AOAC INTERNATIONAL, Gaithersburg, MD, USA Official Method 2004. 06.

[35] Official Methods of Analysis of AOAC INTERNATIONAL AOAC INTERNATIONAL, Gaithersburg, MD, USA Official Method 2010. 02.

[36] Official Methods of Analysis of AOAC INTERNATIONAL AOAC INTERNATIONAL, Gaithersburg, MD, USA Official Method 2012. 02.

[37] Official Methods of Analysis of AOAC INTERNATIONAL AOAC INTERNATIONAL, Gaithersburg, MD, USA Official Method 2013. 10.

[38] Official Methods of Analysis of AOAC INTERNATIONAL AOAC INTERNATIONAL, Gaithersburg, MD, USA Official Method 2013. 11.

[39] Restaino, L., E. W. Frampton, R. M. Irbe, G. Schabert, and H. Spitz. 1999. Isolation and detection of Listeria monocytogenes using fluorogenic and chromogenic substrates for phosphatidylinositol-specific phospholipase C. J. Food Protect. 62: 244~251.

[40] Rocourt, J., P. Boerlin, F. Grimont, C. Jacquet, and J-C. Piffaretti. 1992. Assignment of Listeria grayi andListeria murrayi to a single species, Listeria grayi, with a revised description of Listeria grayi. Int. J. Syst. Bacteriol. 42: 171~174.

[41] Rocourt, J. 1999. The genus Listeria and Listeria monocytogenes: phylogenetic position, taxonomy, and identification. In: Listeria, Listeriosis and Food Safety. E. T. Ryser and E. H. Marth (Eds). 2nd edition, pp. 1~20. Marcel Dekker, Inc., New York, NY.

[42] Ryser, E. T., and E. H. Marth. 1999. Listeria, Listeriosis and Food Safety. 2nd edition. Marcel Dekker, Inc., New York, NY.

[43] Seeliger, H. P. R., and D. Jones. 1986. Listeria. pp. 1235~1245. In: Bergey's Manual of Systematic Bacteriology, Vol. 2, 9th ed. P. H. A. Sneath, N. S. Mair, M. E. Sharpe, and J. G. Holt (Eds). Williams & Wilkins Co., Baltimore, MD.

[44] Shaw S., Nundy D. and Blais B.: Performance of the ALOA medium in the detection of hemolytic Listeriaspecies in food and environmental samples. Laboratory Services Division, Canadian Food Inspection Agency, Ottawa, Ontario, Canada K1A 0C6.

[45] Stelma, G. N., Jr., A. L. Reyes, J. T. Peeler, D. W. Francis, J. M. Hunt, P L. Spaulding, C. H. Johnson, and J. Lovett. 1987. Pathogenicity testing for L. monocytogenes using immunocompromised mice. J. Clin. Microbiol. 25: 2085~2089.

[46] USDA/FSIS. 1999. Isolation and identification of Listeria monocytogenes from red meat, poultry, egg and environmental samples. Ch. 8. Microbiology Laboratory Guidebook. 3rd Edition, Revision 2.

[47] US FDA/CFSAN. 2008. Guidance for Industry: Control of Listeria monocytogenes in Refrigerated or Frozen Ready-To-Eat Foods (Draft Guidance). (accessed 04/14/2011).

[48] US DHHS/FDA/CFSAN and USDA/FSIS. 2003. Listeria monocytogenes Risk Assessment: Quantitative Assessment of Relative Risk to Public Health from Foodborne Listeria monocytogenes among Selected Categories of Ready-to-Eat Foods. (accessed 04/14/2011).
[49] Vlaemynck G., Lafarge V., Scotter S. (2000): Improvement of the detection of Listeria monocytogenes by the application of ALOA, a diagnostic, chromogenic isolation medium. Journal of Applied Microbiology, 88: 430~441.
[50] Van Netten et al. 1989. Liquid and solid selective differential media for the detection and enumeration of Listeria monocytogenes. Int. J. Food Microbiol. 8: 299~316.
[51] Wang, S-Y. and A. D. Hitchins. 1994. Differential enrichment kinetics of severely and moderately injuredListeria monocytogenes cell fractions of heat injured populations. J. Food Safety 14: 259~279.

附件

1. BAM 关于非典型性溶血李斯特菌分离菌株鉴定的用户指南

某些非典型性溶血李斯特菌属菌落在单一的碳水化合物检测实验中，不能利用 L-鼠李糖和 D-木糖产生酸，需要通过附加试验来证实是否是单核细胞增生李斯特菌。提出这个建议的原因是已经至少有一个天然的溶血性李斯特菌菌株得到证实，其不能轻易地通过常规测试进行分类[4]。选定的与分类学相关的常见和典型表型的李斯特菌见表 1，包括难以形成物种的表现型，比如单核细胞增生李斯特菌和英诺克李斯特菌的混合体[7]。尽管分离到这样菌株的概率相对较低，但是在种类确定方面确实是一个问题。

表 1　李斯特菌属表现型分类学

种类	表现型[a]	注释和参考文献
单核细胞增生李斯特菌	Hly^+，Rha^+，Xyl^-	标准生物型；[2]，[3]，[5]
	Hly^+，**Rha^-**，Xyl^-	罕见生物型；[6]，[9]
	Hly^-，Rha^+，Xyl^-	罕见生物型；[1]，[5]
英诺克李斯特菌	Hly^-，Rha^+，Xyl^-	普通生物型；[2]，[3]，[5]
	Hly^-，**Rha^-**，Xyl^-	普通生物型；[2]，[3]，[5]
	Hly^+，Rha^-，Xyl^-	类混合体菌株；[4]，[7]
	Hly^+，Rha^+，Xyl^-	未报道
类英诺克李斯特菌	**Hly^+，Rha^-，Xyl^-**	标称溶血性英诺克李斯特菌；[3][b]
西尔李斯特菌	Hly^+，Rha^-，Xyl^+	标准生物型；[2]，[3]，[5]
	Hly^+，Rha^-，**Xyl^-**	罕见生物型；[8]
	Hly^-，Rha^-，Xyl^+	未报道

a 表现型缩写：Hly=溶血；Rha=分解 L-鼠李糖产酸；Xyl=分解 D-木糖产酸。加粗的缩写表明是罕见生物型。

b 事实上，如果利用 AccuProbe 和 Gene-Trak 检测单核细胞增生李斯特菌特异性 r-RNA 的结果为阴性，FSIS[3]需要再通过 **Hly^+**、Rha^-、Xyl^-表现型来判断是否为溶血性英诺克李斯特菌。西尔李斯特菌有一种罕见的生物型[8]具有相同的表现型，但不需要为了排除 Hly^+、**Rha^-**、Xyl^-表现型的单核细胞增生李斯特菌而做进一步分型确认（L. V. Cook）。

异常菌落鉴定最简单的方式是看一下分离菌株是 DIM 阴性（单核细胞增生李斯特菌）还是 DIM 阳性（其他的李斯特菌属）。用于检测萘酰胺酶活性的 DIM［差异性/类英诺克李斯特菌/单核细胞增生李斯特菌］比色试验是李斯特菌属 API（bioMerieux，Inc）检测试验内容的一部分。传统菌落鉴定方面 DIM 的鉴定结果受到普遍认可，因为在 BAM 中 API 检测试剂盒是鉴定单核细胞增生李斯特菌的指定选择。尽管现在还没有关于单核细胞增生李斯特菌 DIM 阳性的报道，但是表现为 DIM 阳性的 DIM 阴性物种确实存在。因此，DIM 阳性表明分离菌落不是单核细胞增生李斯特菌，但是 DIM 阴性仅仅是推测单核细胞增生李斯特菌的一种方法。

单核细胞增生李斯特菌鉴定的首选方法是 DNA 探针检测方法，该方法针对保守序列设计特异性探针，建立单核细胞增生李斯特菌 r-RNA 检测方法。目前为止还没有报道过出现漏检情况。检测过程中可以选用商业化检测试剂盒（Gene-Trak Inc. 或 GenProbe Inc.）。

利用 r-RNA 方法设计 DNA 探针检测任何一个特异性李斯特菌或捐献这种异常菌株至李斯特菌方法研究实验室（*Listeria* Methods Research Laboratory）时可以联系 Karen. Jinneman@ fda. hhs. gov 寻求帮助。

参考文献

[1] ATCC. 1987. Listeria monocytogenes. Catalogue of Bacteria & Bacteriophages. 17th Ed. p. 124. American Type Culture Collection, Manassas VA.

[2] BAM Chapter 10: Detection and Enumeration of Listeria monocytogenes (accessed 04/15/2011).

[3] FSIS method for the isolation and identification of Listeria monocytogenes from processed meat and poultry products (PDF, 2.0 Mb): Chapter 8. 07 from the USDA FSIS Microbiology Laboratory Guidebook (accessed 04/15/2011).

[4] Johnson, J., K. Jinneman, G. Stelma, B. G. Smith, D. Lye, J. Messer, J. Ulaszek, L. Evsen, S. Gendel, R. W. Bennett and A. D. Hitchins. 2000. Atypical Hemolytic Strain of Listeria Difficult to Speciate by a Battery of Accepted Methods. Abstract. AOAC Intl. Ann. Mtg., Philadelphia, PA. p. 24.

[5] Rocourt, J. 1999. The genus Listeria and Listeria monocytogenes: phylogenetic position, taxonomy, and identification. pp. 1～20. In E. T. Ryser and E. H. Marth (eds) Listeria, Listeriosis, and Food Safety, Marcel Dekker, Inc., New York and Basel.

[6] Siragusa, G. R., J. S. Dickson, and E. K. Daniels. 1993. Isolation of Listeria spp. from feces of feedlot cattle. J. Food Protect. 56: 102～105, 109.

[7] Johnson, J., Jinneman, K., Stelma, G., Smith, B. G., Lye, D., Messer, J., Ulaszek, J., Evsen, L., Gendel, S., Bennett, R. W., Swaminathan, B., Pruckler, J., Steigerwalt, A., Kathariou, S., Yildirim, S., Duvall, R. E., and Hitchins, A. D. 2003. Discovery of a Hemolytic Listeria innocua Strain. FDA Science Forum Abstracts. Page 163, No. P-PO-1.

[8] The api Listeria system for the identification of Listeria. Numerical profiles list. Kit package insert. bioMérieux SA Paris, France.

[9] Wiedmann, M., Bruce, J. L., Keating, C., Johnson, A. E., McDonough, P. L., and Batt, C. A. 1997. Ribotypes and virulence gene polymorphisms suggest three distinct Listeria monocytogenes lineages with differences in pathogenic potential. Infect. & Immun. 65: 2707～2716.

2.《有害病菌名录（第二版）》（Bad Bug Book, 2nd Edition） 查看李斯特菌章节内容

《有害病菌名录（第二版）》于 2012 年发布，提供了当前引起食源性疾病的大多数已知试剂的信息。

本书的每一个章节都是关于能够引起食品污染和疾病的病原菌（细菌、病毒或寄生虫）或生物毒素，其中包含了引起相关疾病的主要病原菌的科技信息。

每一个章节都提供了一些非技术性信息的日常用语，并且非常清楚地阐述了一些难点和相应的解决办法。

手册上提供的信息都是非常简洁和常用的，主要侧重于实际应用，旨在作为一个综合性的科学或临床参考。

《有害病菌名录》是由美国卫生与人类服务部食品与药物管理局（FDA）食品安全和应用营养中心（CFSAN）出版的。

11 单核细胞增生李斯特菌的血清分型

2001年1月

作者：Reginald W. Bennett，Robert E. Weaver。

本章目录

在单核细胞增生李斯特菌的日常检验中，尽管血清型的鉴定不是必需的，但是在流行病学研究和环境污染追踪方面，确定流行的单核细胞增生李斯特菌的血清型是非常有意义的。早期，科学家试图鉴定单核细胞增生李斯特菌的血清型，由于与其他种的微生物存在交叉反应而没有成功[1]。因此，血清型的检测应在培养和生化鉴定完成之后进行（见第10章）。由Gray和Killinger审阅的"李斯特菌的血清型分析"[4]包括凝集反应、沉淀反应和补体结合试验，以及自动化荧光抗体技术，该类技术以单克隆和多克隆抗体为基础[5]，通过流式细胞仪[3]和快速酶联免疫反应试剂盒进行检测，已经成功用于食品中李斯特菌的检验（见第10章）。但是，这些血清诊断系统针对李斯特属的所有种，而不能有效区分单核细胞增生李斯特菌。

本章介绍了单核细胞增生李斯特菌血清型的鉴定过程，以单核细胞增生李斯特菌的鞭毛抗原和菌体抗原为基础[2]，通过抗原抗体的凝集反应来确定单核细胞增生李斯特菌的血清型。

A. 设备和材料

1. 台式离心机：1600×g。
2. 冰箱：4~6℃。
3. 加热器。
4. 接种针。
5. 试管：6mm×50mm。
6. 试管架：适用于6mm×50mm试管。
7. 移液器：适用于25μL、50μL、100μL。
8. 水浴锅：48℃。
9. 无菌载玻片。

B. 培养基和试剂

1. EB动力培养基（M48）。
2. 胰蛋白胨磷酸盐肉汤（TPB）（M168）。

3. 37%甲醛溶液。
4. 含0.5%甲醛的生理盐水。
5. 0.85%无菌生理盐水（R63）。
6. 麦氏No.3比浊管（R42）。
7. O抗原血清。
8. H抗原血清。

C. 培养基和试剂的配制

1. EB动力培养基：取10mL培养基分装于18mm×125mm试管，或类似的螺旋盖试管中，4℃冰箱保存。
2. 胰蛋白胨磷酸盐肉汤（TPB）：取8mL培养基分装于16mm×125mm试管，或类似的螺旋盖试管中。
3. 含0.5%甲醛的生理盐水：在0.85%的生理盐水中加入甲醛溶液，使甲醛的终浓度为0.5%（体积分数）。
4. 麦氏No.3比浊管：将3.0mL 1%的二氯化钡（$BaCl_2$）溶液与97mL 1%的硫酸（H_2SO_4）溶液充分混匀。
5. H抗原血清和O抗原血清：按照产品说明书进行稀释。
6. 菌体细胞（待测抗原）：按照图11-1的程序准备待测单核细胞增生李斯特菌菌体细胞。

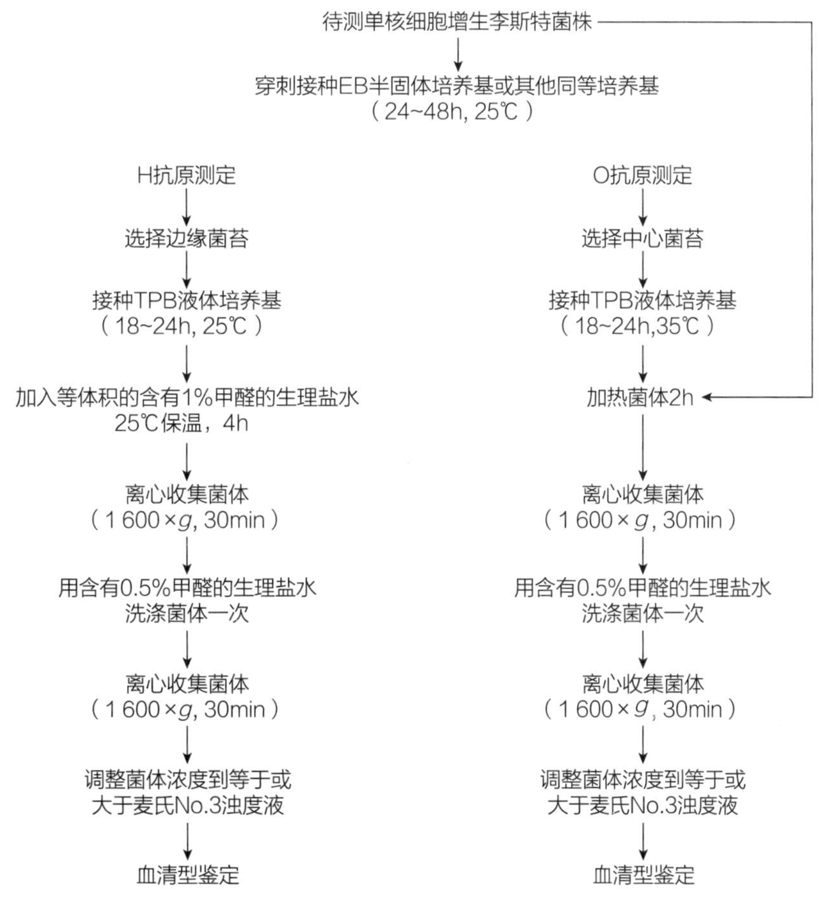

图11-1 基于O抗原和H抗原的单核细胞增生李斯特菌血清诊断方案

D. 鉴定过程

在进行血清型鉴定时，应先鉴定H抗原，后鉴定O抗原，因为特异性的O抗原与H抗原是紧密相关的。单核细胞增生李斯特菌O抗原和H抗原的关系如表11-1所示。

表 11-1 单核细胞增生李斯特菌 O 抗原和 H 抗原的关系

H 抗原	O 抗原
A	1a（1/2a）
	3a
	[1a（1）；1a（1，2）；3a（4）][b]
C	1b（1/2b）[a]；3b
	[4a（7，9）；4b（5，6）；4b（6）；4d（8）][b]
D	2（1/2c）[a]
	3C

a Seeliger 和 Donker-Voet 命名。

b 方括号代表 O 抗原抗血清和 H 抗原抗血清均是可以获得的。

注：针对 H 抗原的抗血清同样有效。

1. H 抗原的常规鉴定

如果鉴定 H 抗原和 O 抗原，需将活化的待测菌株用接种针垂直穿刺接种于 EB 动力培养基，25℃培养24~48h。鉴定程序和菌体细胞处理过程参见图 11-1。典型的单核细胞增生李斯特菌在 EB 动力培养基上呈伞状生长（图 11-2）。挑取生长在 EB 动力培养基（或其他类似培养基）伞状菌苔边缘的菌体，接种于 TPB 液体培养基或其他相近培养基，25℃培养 18~24h。

在 TPB 培养液中加入 37%甲醛溶液，使甲醛的终体积分数为 0.5%（在 8mL 的培养液中加入 0.04mL 37%甲醛溶液），25℃处理菌体细胞 4h。离心收集菌体，1600×*g* 离心 30min。重悬菌体细胞于含 0.5%甲醛的生理盐水中，调整菌体细胞浓度≥麦氏 No. 3 浊度液，该菌悬液为标准菌悬液。同样，可以用经甲醛处理的单核细胞增生李斯特菌 TPB 菌悬液进行 H 抗原凝集反应，其凝集反应结果与经含 0.5%甲醛生理盐水洗涤的标准菌悬液相同。

在 6mm×50mm 试管中分别加入 100μL 经稀释的 H 抗血清 A、C 和 D，与等体积经甲醛处理的菌悬液充分混匀，同时用 0.85%无菌生理盐水代替抗血清作为阴性对照，48℃水浴保温。

在 48℃水浴保温 1h 之后，用肉眼观察是否有凝集反应发生。如果凝集反应发生，则形成沉淀，且上清液与阴性对照一样清澈（或更清澈）。用手指轻敲试管，重新悬浮沉淀物。典型的凝集反应如图 11-3 所示。

图 11-2 单核细胞增生李斯特菌穿刺接种于 EB 动力培养基，呈典型的伞状结构

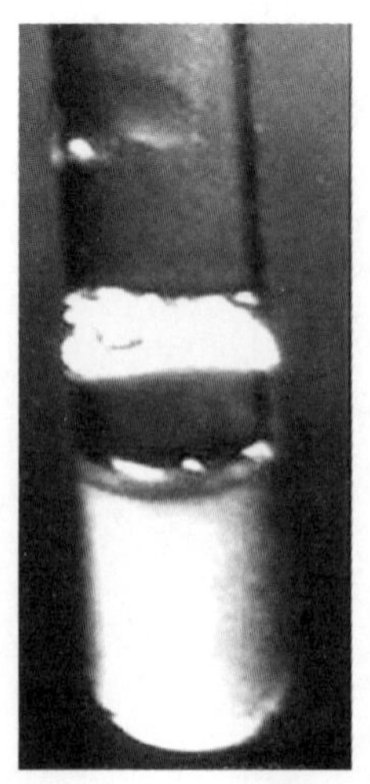

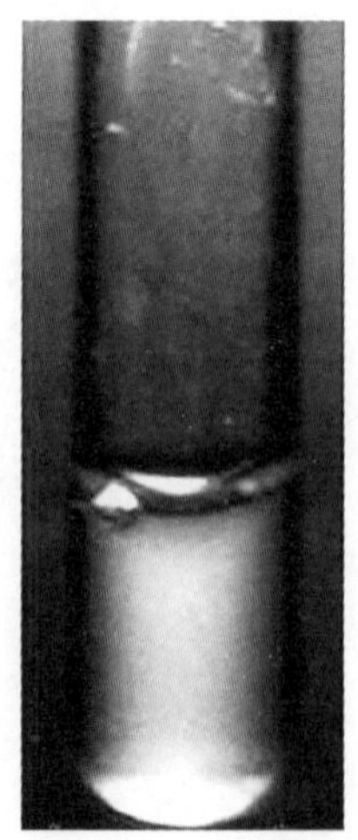

图 11-3 单核细胞增生李斯特菌 H 抗原试管法凝集反应

左管出现微小颗粒的凝集反应，右管内容物质地均匀。

2. O 抗原的常规鉴定

如果没有进行鞭毛血清诊断，则用接种针从琼脂斜面或类似培养基上挑取菌落接种 TPB 培养基试管中。如果正在确定鞭毛抗原和菌体抗原，请参阅基于 H 和 O 因子的常规单核细胞增生李斯特菌血清学诊断方案。通过离心（1600×g，30 分钟）收集细胞（抗原）。在 TPB 培养基中中洗涤菌体一次用于玻片凝集试验。或用 0. 5%的生理盐水洗涤一次用于试管凝集测试。

玻片凝集试验，将菌体溶于极少量的 0. 5%生理盐水中，制备成细胞悬浊液（细胞浊度大于或等于麦氏 No. 3）。取 25μL 抗血清置于载玻片上，与等体积的菌体抗原充分混合，同时将 25μL 细胞悬浊液与 25μL 生理盐水混合作为阴性对照。将抗血清和细胞混合在一起，同时来回摇动载玻片。

在靠近灯光的黑色背景下观察凝集反应，典型的阳性（凝集）和阴性（光滑）反应如图 11-4 所示。如果反应不明显或不能产生可见的凝集，则进行更加明显且敏感的试管凝集测试。用于 O 抗原常规血清分型的试管与用于测试 H 抗原因子的试管相同。将试管在 48℃水浴中孵育 2h 并冷藏过夜，或在 48℃水浴中孵育过夜，用于菌体血清分型。

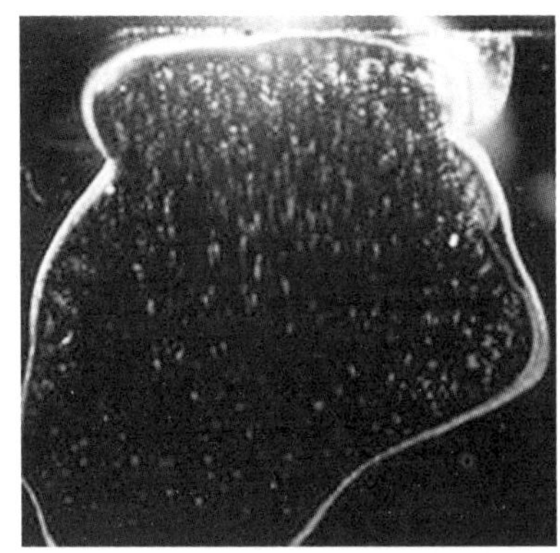
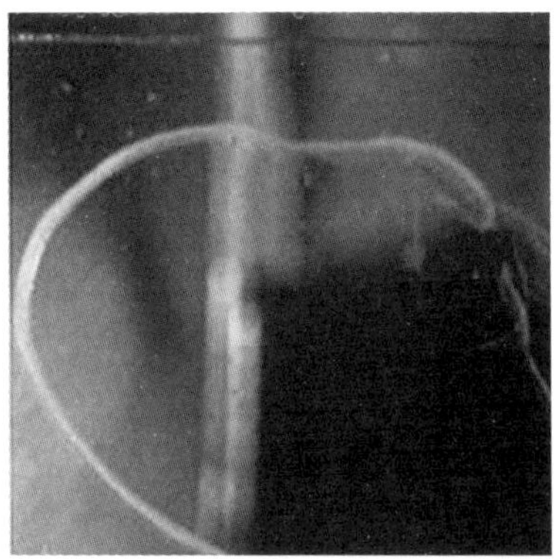

图 11-4 单核细胞增生李斯特菌 O 抗原玻片法凝集反应
左图显示典型的阳性凝集反应，右图显示典型的阴性反应。

参考文献

[1] Bennett, R. W. 1986. Detection and quantitation of Gram-positive nonsporeforming pathogens and their toxins. *In*: 1985 IFT Basic Symposium Series, Microorganisms and Their Toxin-Developing Methodology. N. J. Stern and M. D. Pierson (eds). Marcel Dekker, New York.

[2] Bennett, R. W. 1988. Production of flagellar (H) and somatic (O) subfactor antibodies to *Listeria monocytogenes*. IFT Abstracts, 1988: 176.

[3] Donnelly, C. W., and G. Baigent. 1985. Use of flow cytometry for the selective identification of *Listeria monocytogenes*. ASM Abstracts, p. 254.

[4] Gray, M. L., and H. H. Killinger. 1966. *Listeria monocytogenes* and *Listeria* infections. Bacteriol. Rev. 30: 309~382.

[5] Mattingly, J. A., B. T. Butman, M. C. Plank, and R. J. Durham. 1988. A rapid monoclonal antibody-based ELISA for the detection of *Listeria* in food products. J. Assoc. Off. Anal. Chem. 71: 679~681

12 金黄色葡萄球菌

2001 年 1 月

作者：Reginald W. Bennett，Gayle A. Lancette。

修订历史：

2016 年 3 月　将金黄色葡萄球菌培养温度由 35℃改为 35~37℃。

本章目录

金黄色葡萄球菌（*Staphylococcus aureus*）对热处理和几乎所有的消毒剂都很敏感。因此，如果食品和食品加工设备中存在该细菌或其肠毒素，就表明卫生状况较差。金黄色葡萄球菌可引起严重的食物中毒，它已成为食物中毒事件中主要的致病因子，所导致的个人和家庭食物中毒事件比报道记载的更多。检测食物中是否含有金黄色葡萄球菌或其肠毒素，可以确认金黄色葡萄球菌是否为食源性疾病的致病因子，确定该食物是否为金黄色葡萄球菌食物中毒的潜在来源，并证明后期过程中的污染是由于人接触造成的或是由被污染的食品接触面造成的。因此，必须谨慎判断食品中是否含有金黄色葡萄球菌。食品中存在大量金黄色葡萄球菌能够预示加工处理不充分或环境卫生较差，但不能充分证明该食品就会引起食物中毒，必须证实分离的金黄色葡萄球菌产生了肠毒素。相反，检测时产生了足量肠毒素的少量的金黄色葡萄球菌却能引起食物中毒。因此，检测者在分析食品中的金黄色葡萄球菌时要考虑各种因素。

根据检测目的和被检物的性质来确定金黄色葡萄球菌是采用定性方法检测还是定量方法检测。加工食品可能含有少量低活性细菌，必须采用如下所述的相应方法对食品中的金黄色葡萄球菌进行分析，如果食品污染了金黄色葡萄球菌，食品加工企业负责人要承担法律责任。以下金黄色葡萄球菌的分析方法已经进行了实验室间的协作研究，可以提供适用于 FDA 要求的各种类型的信息，这些信息将在本章中列出。

在观察凝固酶试验的正确方法和意义上一直存在很大的分歧，研究结果表明，记录为 1+、2+、3+的微弱凝固酶反应很少与其他相关金黄色葡萄球菌标准一致，多数人认为，凝固酶反应 4+对确认金黄色葡萄球菌是毫无疑问的。凝固酶反应小于 4+的金黄色葡萄球菌可疑菌株必须用其他的试验证实，如厌氧葡萄糖发酵、溶葡球菌酶灵敏度、耐热核酸酶试验。研究了 100 株产肠毒素和 51 株不产肠毒素金黄色葡萄球菌在 B-P 琼脂上的菌落形态、溶葡球菌酶灵敏度、耐热核酸酶试验和凝固酶试验、葡萄糖和甘露醇发酵反应，在所有的试验中，产肠毒素和不产肠毒素的金黄色葡萄球菌的变化率≤12%。这项研究表明这些试验都不能区分葡萄球菌是否产毒。

I. 平板直接计数

本方法适用于能检出100个以上金黄色葡萄球菌的食品的检测，这符合参考文献［1］的方法。

A. 仪器和设备

1. 与常规平板计数相同的基础设备（第3章）。
2. 烘干琼脂平板表面的干燥箱或培养箱。
3. 灭菌L形玻棒，直径3~4mm，长15~20cm，顶端火烧抛光呈L形，长45~55mm。

B. 培养基和试剂

1. Baird-Parker培养基（M17）。
2. 胰酪胨大豆琼脂（TSA）（M152）。
3. 脑心浸出液（BHI）肉汤（M24）。
4. 含EDTA的凝固酶兔血浆。
5. 甲苯胺蓝-DNA琼脂（M148）。
6. 溶葡球菌酶（Schwartz-Mann，Mountain View Ave.，Orangeburg，NY 10962）。
7. 胰蛋白胨酵母浸出液琼脂（M165）。
8. 灭菌液体石蜡。
9. 0.02mol/L磷酸盐缓冲液（R61），含1% NaCl。
10. 过氧化氢酶试验（R12）。

C. 样品制备

见第1章。

D. 金黄色葡萄球菌的分离培养

1. 选择不同浓度的稀释液共1mL，分别加入三块Baird-Parker平板（如接种量分别为0.3、0.3、0.4mL）。用灭菌L棒涂布整个平板。将平板正置直到接种液被琼脂完全吸收（在完全干燥的平板上约10min）。如水分未完全吸收，可将平板正置于培养箱内约1h，等水分蒸发后反转平皿置于35~37℃温箱培养24~48h。菌落数大于200CFU的较低稀释度平板除外。选择菌落数在20~200CFU的平板，选择具有典型菌落的、稀释度最大的平板。金黄色葡萄球菌单菌落为圆形、光滑、突起、湿润、直径2~3mm，颜色呈灰色到黑色，边缘为淡色，周围有一浑浊带，在外层有一透明圈。用接种针接触菌落，有奶油树胶的硬度。有些食品和乳制品中，偶然会有非脂肪溶解的类似菌落，但周围没有浑浊带和透明圈。长期保存的冷冻或干燥食品中所分离的菌落比典型菌落所产生的黑色较淡些，外观可能粗糙干燥。

2. 菌落计数和记录。如果选择性平板上有几种菌落都类似金黄色葡萄球菌，则分别计算和记录每一类型的菌落数。当最低稀释度的平板的菌落数<20CFU时，仍可使用。如果平板上的菌落数>200CFU，其中有些菌落具有典型金黄色葡萄球菌的外观，同时在其高倍稀释度未出现典型菌落，也可用这些平板进行金黄色葡萄球菌计数，但不能把非典型菌落计算在内。选择一个以上典型菌落，进行凝固酶试验。将凝固酶阳性的菌落所代表的3个平板上的菌落数相加，乘以样品稀释倍数，以此结果报告所查食品中的金黄色葡萄球菌数。

E. 凝固酶试验

挑取金黄色葡萄球菌可疑菌，加入含 0.2~0.3mL BHI 肉汤的试管中，使其完全乳化。挑取一环 BHI 肉汤悬浮液接种于 TSA 斜面，将 BHI 肉汤悬浮液和 TSA 斜面 35℃ 培养 18~24h。TSA 斜面室温保存，凝固酶试验可疑时可做重复实验备用。在 BHI 肉汤培养液中加入 0.5mL 含 EDTA 的凝固酶，充分混匀，35℃ 培养，6h 内定期观察凝集块形成。试管倾斜或翻转时，凝集块仍留在原处，完全坚硬结块，才能确定金黄色葡萄球菌阳性。部分凝结，凝集反应 2+和 3+，必须进一步检验。同时以已知阳性和阴性葡萄球菌菌株作对照。对所有可疑菌进行革兰氏染色，显微镜观察。如果需要快速检测，可用乳胶凝集试验代替凝固酶试验。

F. 辅助试验

1. 过氧化氢酶试验。将 TSA 斜面上的菌落置于玻片或平板上，观察气泡产生，说明结果。

2. 厌氧发酵葡萄糖。接种于含 0.5%葡萄糖的碳水化合物培养基。迅速以接种环接种，使接种体到达管底。用无菌液体石蜡密封表面，厚度至少 25mm。37℃ 培养 5d。若整个试管变黄，说明在厌氧条件下产酸，表示存在金黄色葡萄球菌，同时进行对照实验（阳性和阴性及培养基对照）。

3. 厌氧发酵甘露醇。以甘露醇作为碳水化合物培养基，重复步骤 2。金黄色葡萄球菌一般发酵甘露醇，但也有少数不发酵。同时进行对照实验。

4. 溶葡球菌酶灵敏度。挑取单菌落，置于 0.2mL 磷酸盐缓冲液中使其乳化。移一半悬浮液至另一个试管（13mm×100mm）中，与 0.1mL 磷酸盐缓冲液混合作对照。在最初的试管里加入 0.1mL 溶葡球菌酶（溶解于含 1% NaCl 的 0.2mol/L 磷酸盐缓冲液），使溶葡球菌酶的质量浓度为 25μg/mL。将两根试管在 35℃ 培养 2h 以上。如果试验混合物由混浊变澄清，实验结果为阳性；如果 2h 内没有澄清，实验结果为阴性。金黄色葡萄球菌一般为阳性。

5. 耐热核酸酶试验。本试验与凝固酶试验一样明确，但主观性更小，因为其涉及颜色从蓝到亮红的变化。它不能替代凝固酶试验，可作为辅助试验，特别是凝固酶反应程度为 2+时。取 3mL 甲苯胺蓝-DNA 琼脂平铺于载玻片上，待琼脂凝固后，在琼脂上打成直径 2mm 的小洞（每个载玻片上 10~12 个），移去小洞中的琼脂片。加入 0.01mL 加过热（沸水浴 15min）的供凝固酶试验的肉汤至所制备载玻片上的小洞中。将载玻片置保湿培养箱中，35℃ 培养 4h。小洞周围形成至少扩展 1mm 的浅粉红色晕圈为阳性反应。

葡萄球菌和微球菌的某些典型反应可能有助于它们的鉴定，如表 12-1 所示。

表 12-1 金黄色葡萄球菌、表皮葡萄球菌（*S. epidermidis*）和微球菌的典型特征[a]

特征	金黄色葡萄球菌	表皮葡萄球菌	微球菌
过氧化氢活性	+	+	+
凝固酶	+	-	-
耐热核酸酶	+	-	-
溶葡球菌酶灵敏度	+	+	-
厌氧发酵葡萄糖	+	+	-
厌氧发酵甘露醇	+	-	-

a +，多数菌株（90%以上）为阳性；-，多数菌株（90%以上）阴性。

Ⅱ 金黄色葡萄球菌的最大可能值检测法

金黄色葡萄球菌的最大可能数（MPN）检测法适用于预计含有少量金黄色葡萄球菌和带有大量竞争菌的食品的常规监测。

A. 仪器和设备

与平板直接计数法相同。

B. 培养基和试剂

与平板直接计数法相同，加上含 10% NaCl 和 1%丙酮酸钠的胰酪胨大豆肉汤（TSB，M154a）。

C. 样品制备

与平板直接计数法相同。

D. MPN 判断

选 3 个连续的稀释度，从每个稀释度分别取 1mL 样品稀释液，接种 3 管含 10%NaCl 和 1%丙酮酸钠的胰酪胨大豆肉汤，样品的最高稀释度必须达到能获得阴性终点，35℃培养（48±2）h。用 3mm 接种环，从有细菌生长的（混浊）试管中移取 1 环，划线接种于表面干燥的 Baird-Parker 培养基平板，35℃培养 48h，以获得单菌落。如果生长物在管底或侧面，划线前要摇匀试管。从每个有菌落生长的平板上至少挑取 1 个可疑菌落，加入 BHI 肉汤（见上述直接计数法 D、E），继续验证和确认步骤（见上述直接计数法 E、F）。根据附录 2 的表格确定 MPN 值，报告金黄色葡萄球菌的 MPN 值。

参考文献

[1] AOAC INTERNATIONAL. 1995. Official Methods of Analysis, 16th ed., sec. 975. 55. AOAC INTERNATIONAL, Arlington, VA.

[2] AOAC INTERNATIONAL. 1995. Official Methods of Analysis, 15th ed., sec. 987. 09. AOAC INTERNATIONAL, Arlington, VA.

[3] Bennett, R. W., M. Yeterian, W. Smith, C. M. Coles, M. Sassaman, and F. D. McClure. 1986. *Staphylococcus aureus* identification characteristics and enterotoxigenicity. *J. Food Sci.* 51: 1337~1339.

[4] Sperber, W. H., and S. R. Tatini. 1975. Interpretation of the tube coagulase test for identification of *Staphylococcus aureus*. *Appl. Microbiol.* 29: 502~505.

13A 金黄色葡萄球菌肠毒素——玻片双重扩散和基于 ELISA 的检测方法

2011年3月

作者：Reginald W. Bennett，Jennifer M. Hait。

修订历史：

- 2011年3月　可疑食品样品和培养分离物的初步筛选推荐使用 VIDAS SET2方案。TECRA 多价系统用于确证试验，TECRA 单价试剂盒可用于识别特定葡萄球菌肠毒素血清型。Jennifer M. Hait 现在是此方法的合作者。
- 2011年2月　最初的 web 版本的方法。

本章目录

金黄色葡萄球菌和其他葡萄球菌所产生的代谢产物中，目前对消费者危害最大的是肠毒素[5,16,30]。金黄色葡萄球菌肠毒素是某些葡萄球菌菌株在不同的环境中所产生的碱性蛋白质，包括在食物中产生的肠毒素。虽然中间葡萄球菌（*S. inlermedius*）和猪葡萄球菌（*S. hyicus*）也已被证明能产生肠毒素[1]，但这些结构同源、毒理相似的蛋白质主要是由金黄色葡萄球菌产生。通常被认为是动物病原菌的中间葡萄球菌[39,44]，可从引起食物中毒的奶油混合物和人造奶油中被分离出来[15,32]。据报道，在宴请中至少有一次食物中毒事件是由凝固酶阴性的表皮葡萄球菌引起的[20]。这些事件表明，产肠毒素的不仅仅是金黄色葡萄球菌，其他葡萄球菌也产生肠毒素，如果它们在食品中大量存在，应考虑可能是引起食物中毒事件爆发的原因。

如果在食品中存在大量的产肠毒素葡萄球菌，那么食品被摄入后，它们所产生的肠毒素足以引起食物中毒。葡萄球菌引发的食物中毒最常见的症状，通常在摄入受污染的食物 2~6h 后，包括恶心、呕吐、急性虚脱和腹部绞痛。五种常见的肠毒素血清型为 SEA、SEB、$SEC_{1,2,3}$、SED 和 SEE，SEG、SEH 和 SEI 血清型也有报道，均有催吐作用。类似 SE 的 SEJ-SEU 血清型未被证实有催吐活性[42]。不同血清型在组成和生物活性上相似但抗原性不同，且在血清学上鉴定为分离蛋白。金黄色葡萄球菌肠毒素为单链蛋白，相对分子质量在 26000~29000[16]。其对胰蛋白酶和胃蛋白酶等蛋白水解酶具有抗性，使得它们能够完整通过消化道[16]。

目前，对于肠毒素致病的最小剂量仍不太清楚。然而，食物中毒事件[19,28]和人体耐受研究(27)均表明人体在吸收至少 100ng 的 A 型肠毒素后才会发病。在葡萄球菌引起的食源性疾病中，A 型肠毒素最常见[23]。玻片凝胶双向扩散技术要求每克食物中至少含有 30~60ng 肠毒素。色谱净化浓缩技术用于被测标本中毒素的浓缩，从而可以进行血清学分析[4]。

玻片法经国际组织 AOAC 批准[4]，是评估其他新检测方法的通用标准。其他检测食物提取物的方法的敏感度应至少与玻片法相同，它需要将从 100g 食品中提取的大约 600mL 的提取液体浓缩到只有 0. 2mL。较低灵敏度的方法不适用。

一些技术如放射免疫技术、凝集技术、酶联免疫技术需要的食物提取物浓度较低，因此更省时，更灵敏。乳胶凝集技术[16]作为一种血清学技术检测葡萄球菌肠毒素的前景广阔。几种 ELISA 方法[26,28,30,32,37,38,39]被推荐应用于检测食物中的肠毒素，但是除了多价 ELISA 方法[7,9]外，其他 ELISA 方法的特异性并没有得到广泛研究。在所有的 ELISA 方法中，“双抗体夹心法”是可选方法，因为所用单价或多价试剂都已商品化，可以购买到，既可用来做毒素筛查又可用来做特异血清型鉴定[22]。一种自动酶联免疫荧光分析法（ELFA）已得到开发并且商业化。这种方法已通过灵敏度和特异性评估，在对各种食物中的葡萄球菌肠毒素进行鉴定时已被证明是一种有效的血清学方法[14]。其他应用于鉴定食物中葡萄球菌肠毒素的方法有 T 细胞增殖实验[35]和聚丙烯酰胺凝胶电泳（PAGE）结合免疫印迹法[2]。

从食品中检测及分离产生肠毒素的葡萄球菌，有助于确定食物中肠毒素的潜在来源。在所有实验室检测肠毒素产物的方法中，半固体琼脂方法[22]得到国际组织 AOAC 的认可，它操作简单，需要的条件不多，常规试验设备即可。另一简单方法是利用 pH5. 5 的脑心浸出液（BHI）肉汤[14]。鉴定食物中肠毒素的主要问题是微量浓度的肠毒素就足以导致食物中毒，巴斯德杀菌法及热处理程序会导致大部分毒素血清学失活，因此，如果所用的方法缺乏足够的灵敏度来探测活性毒素[6]，就可能出现假阴性结果。

本章介绍了常规可疑葡萄球菌培养技术、从食物中分离提取肠毒素的程序及选用的血清学检测方法［玻片凝胶双向扩散凝集试验、两种手工酶联免疫方法（Tecra™，Transia™）、一种自动化定性酶联免疫荧光分析法（ELFA™，Vidas™）和十二烷基硫酸钠-聚丙烯酰胺凝胶电泳（SDS-PAGE）-免疫印迹法］，用以从分离纯菌和食物提取物中检测葡萄球菌肠毒素。

最初被推荐用于食品中金黄色葡萄球菌肠毒素检测的常规方法是生物梅里埃公司的 VIDAS 葡萄球菌肠毒素试剂盒（SET2），再使用 TECRA 葡萄球菌肠毒素可视免疫鉴定试剂盒（SETID）进行确认。建议使用两种不同的多价 ELISA 检测试剂盒。一些新开发的方法被用来恢复热加工食品提取物中热变性毒素的血清学活性[3,10,11,12,18,41,44]。但是，目前的毒素检测法（上文所述）的灵敏度足以检出经热处理后剩余未变性的毒素，而无需上述这样的处理[2]。

建议优先进行 VIDAS SET2 多价检测，通过与抗体的 Fab′区反应来确定食品或者培养物中存在的葡萄球菌肠毒素 SEA-SEE，这被看做是一种完美多元化的检测方法。第二代抗体是通过使用 SEA-SEE 葡萄球菌肠毒素单克隆抗体混合物，并在除去抗体黏性 Fc 区进行优化捕获和检测，通过减少可能导致假阳性反应的非特异性结合来增强特异性[17,18]。

注意：执行这些程序需要极端谨慎。葡萄球菌肠毒素具有很强的毒性，可能产生气溶胶，操作应在适当的防护设施中进行，如生物安全柜。

Ⅰ 层析法分离食物中的毒素用于玻片双重扩散实验

A. 设备和材料

1. 冷藏柜或冷冻室：羧甲基纤维素（CMC）提取柱需要在约 5℃条件下使用，首先是因为该提取柱允许运行过夜。用冷冻室或冷藏柜储存的食物材料和提取物，无需冰箱。

2. 韦氏均质器或 Omni 混合机：将食物磨成泥浆以充分提取肠毒素。Omni 混合机（DuPont）可以很方便地将食物磨碎并直接倒入不锈钢离心管。

3. pH 计：提取过程中的 pH 和所使用的缓冲溶液的 pH 是很重要的。调整 pH 范围在±0. 1以内。

4. 冷冻离心机：在 5℃，食物提取物用高速冷冻离心机——如 Sorvall RC-2B 型冷冻离心机离心，它可以达到 20000r/min 的转速。越低的离心速率，越难使提取物澄清。

5. 羧甲基纤维素（CMC）：提取物通过羧甲基纤维素柱吸收被部分纯化，Whatman CM 22 柱，0. 6meq/g（H. Reeve Angel，Inc.，9 Bridewell Place，Clifton，NJ）。可溶性提取剂通过这一步消除。

6. 离心管：使用 285mL 不锈钢离心瓶（sorvall No. 530）。

7. 磁力搅拌器：磁力搅拌器能保持检测样本在调整 pH、分离等操作时处于被搅动状态。

8. 过滤布：在程序各个阶段，食物通过放在漏斗里的多层粗滤材料上，如粗棉布，进行过滤。在放入漏斗之前润湿粗布可以减少食物的附着。粗滤材料可以允许流液快速通过且能有效滤除食物微粒、氯仿层等。

9. 层析管（带有旋塞阀或手指控制夹的橡胶管附件）：食品中的肠毒素通过羧甲基纤维素部分被纯化，在一个层析管中洗脱。为此，推荐使用标识 19mm 柱，例如，chromaflex 带有旋塞阀的普通层析管，尺寸 234（Kontes Glass Co.，Vineland，NJ）。

10. 聚乙二醇（PEG）：食物的提取物使用 PEG 浓缩（Carbowax 20000；Union Carbide Corp.，Chemical Division，230 North Michigan Ave.，Chicago，IL 60638）。

11. 冷冻干燥机：食物提取液最后通过冷冻干燥法浓缩，这样就可以很方便地把体积减少到 0. 2mL，从而获得提取物。

12. 透析管：使用平面宽 1~1/8in、平均孔径 4. 8nm 的纤维素半透膜（12000~14000mol wt 除外）。

13. 分液漏斗：需要各种大小的分液漏斗用于 $CHCl_3$萃取，并连接有层析柱。

14. 玻璃纤维：玻璃纤维用于制成色谱柱理想的堵头。

15. 氯仿：食物提取物使用$CHCl_3$进行萃取（有些时候需进行多次）以除去脂质和其他干扰，将提取液浓缩至小体积的物质。

注意：氯仿是危险的。戴上手套，避免皮肤接触，并在通风柜中进行萃取操作。

B. 试剂

1. 0.2mol/L $NaH_2PO_4 \cdot H_2O$。
2. 0.2mol/L Na_2HPO_4。
3. H_3PO_4（0.005、0.05mol/L）。
4. Na_2HPO_4（0.005、0.05mol/L）。
5. NaCl（晶体）。
6. 1mol/L（或0.1mol/L）NaOH。
7. 1mol/L（或0.1mol/L）HCl。

C. 材料和试剂的准备

1. 聚乙二醇（PEG）

每70mL蒸馏水加入30g PEG（20000mol wt）制成30g/100mL PEG溶液。切取足够容纳待浓缩的食物匀浆长度的透析袋（1/8in宽），将透析袋放于蒸馏水中浸泡，并换水两次，以去除表层甘油。在透析袋一端紧挨着打两个结，在透析管内注入蒸馏水后紧捏没有打结一端挤压充满的液囊以查看是否漏水。倒尽液体，放入蒸馏水中备用。

2. 磷酸钠缓冲溶液

a. 磷酸盐缓冲液：pH5.7，0.2mol/L（储备液）。配制：将0.2mol/L $NaH_2PO_4 \cdot H_2O$（27.60g加入1L水中）溶液加入0.2mol/L Na_2HPO_4（28.39g加入1L水中）溶液中，得到最终pH5.7的缓冲溶液。

b. 0.005mol/L磷酸盐缓冲液：按比例（1+39）用水稀释0.2mol/L、pH5.7的缓冲液（储备液）。用0.005mol/L H_3PO_4调整pH至5.7。

c. 0.2mol/L磷酸盐缓冲液，pH6.4（储备液）：将0.2mol/L $NaH_2PO_4 \cdot H_2O$溶液加入到0.2mol/L Na_2HPO_4溶液中，得到最终pH6.4的缓冲溶液。

d. 0.05mol/L磷酸盐-氯化钠缓冲溶液，pH6.5：添加氯化钠（11.69g/L）到pH6.4、0.2mol/L磷酸盐缓冲液（储备液）中，得到0.2mol/L NaCl，pH约6.3。用水按比例（1+3）稀释，用0.05mol/L H_3PO_4或0.05mol/L Na_2HPO_4调整pH至6.5。

3. 储液器（分液漏斗）

将60cm长的橡胶管一端接在大小合适的分液漏斗的颈部，另一端接于层析柱上3号橡皮塞的玻璃管。将分离漏斗悬置于层析管上方的铁架台环形圈上。

4. 羧甲基纤维素（CMC）柱

在250mL的烧杯中，将1g CMC悬浮于100mL pH 5.7的0.005mol/L磷酸盐缓冲液。用0.005mol/L H_3PO_4调整CMC悬浮液的pH。间歇搅拌悬浮液15min，再测pH，如需要，将pH重新调至5.7。将悬浮液倒入1.9cm的层析试管，让CMC微粒沉淀。通过活塞放出液体，至CMC沉淀物上留下1in的液体。将松散的玻璃纤维塞置于CMC上。用pH 5.7、0.005mol/L的磷酸盐缓冲液流过层析柱至洗出液清澈（150~200mL）。测定最后一次冲洗的pH，如不是5.7则继续冲洗至pH5.7。留足够的缓冲液，没过CMC微粒以及玻璃纤维塞，以防止层析柱变干。

D. 从食品中提取并层析分离肠毒素（图 13A-1）。

100g 食品+500mL 0.2mol/L NaCl⟶调整 pH 至 7.5⟶16300×*g* 离心 10min
30g/100mL PEG 中透析浓缩至 15~20mL⟶调整 pH 至 7.5⟶32800×*g* 离心 10min
$CHCl_3$ 萃取并离心⟶加 40 倍体积 0.005mol/L pH 5.7 H_3PO_4⟶过 0.005mol/LpH5.7 磷酸
盐缓冲液平衡的 CM22 柱过滤⟶0.05mol/L NaCl（pH6.5）洗脱肠毒素⟶30g/100mL PEG
浓缩洗脱液⟶$CHCl_3$ 萃取冻干⟶复溶至 0.15~0.2mL⟶血清学检测肠毒素（玻片实验）

图 13A-1　食品中肠毒素的提取及血清学检测示意图

注意：此程序和其他可能会产生病原微生物气溶胶的操作，应在经认可的生物安全柜中进行。

在 100g 食品中加入 500mL 0.2mol/L NaCl 溶液，置于韦氏高速均质器研磨3min。Omni 混合机用于较少量样品。若食物具有高度缓冲能力，用 1mol/L NaOH 或 HCl 调整 pH 至 7.5；若食物具有弱的缓冲能力（如奶油蛋羹），则用 0.1mol/L NaOH 或 HCl 调整 pH 至 7.5。静置食物浆 10~15min，重检 pH，如有必要应重新调整。

将食物匀浆倒入两个 285mL 的不锈钢离心管。在 5℃、16300×*g* 离心力的条件下离心 20min。也可用较低速较长时间离心，但分离某些食物效果不佳。富含脂肪的食物须在低温下离心，否则效果不佳。将浮在上面的液体通过覆有粗布或其他适合的过滤材料的漏斗轻轻倒入 800mL 烧杯中。用 125mL 0.2mol/L NaCl 溶液混合残渣 3min 再得到食物浆。如有需要，调整 pH 至 7.5。在 5℃、27300×*g* 离心力下离心 20min。将上浮液过滤，得到的滤液与原液合并混合在一起。

将混合滤液倒入透析袋，使透析袋于 5℃条件下浸在 30g/100mL PEG 中直到体积减少到 15~20mL 以下（通常是过夜）。将透析袋从 PEG 中取出，用冷自来水彻底冲洗以去除黏在袋上的 PEG。浸入蒸馏水 1~2min，再浸入 0.2mol/L NaCl 数分钟后，将袋内容物倒入一个小烧杯。

冲洗囊内壁，同时用手指上下触击外壁以清除黏在附管壁上的残留物。反复冲洗至洗液清澈，用量尽可能少。

调整提取液的 pH 至 7.5，32800×*g* 离心 10min。将上层液体轻轻倒入量筒测量体积。将提取液和等量或略少的 $CHCl_3$ 倒入分液漏斗。通过 90°的翻转，剧烈地振荡 10 次。5℃，16300×*g* 离心 $CHCl_3$ 和提取液混合物 10min。将液体层倒回分液漏斗，从分液漏斗底部吸走 $CHCl_3$ 层并丢弃。测量水层的体积，用 pH5.7 的 40 倍体积的 0.005mol/L 磷酸盐缓冲液稀释，用 0.005mol/L H_3PO_4 或 0.005mol/L Na_2HPO_4 调整 pH 至 5.7。将稀释液置于 2L 的分液漏斗中。

将盛有液体的分液漏斗顶端塞子松松地置于顶部，按紧层析管顶部的塞子，打开分离漏斗的活塞。通过调节层析管底部活塞让液体在 5℃条件下以 1~2mL/min 的速率滤过 CMC 柱，过柱一个晚上即可。如果液体整晚未滤尽，继续过滤直至液面达到玻璃纤维层时停止。如已滤尽，用 25mL 的蒸馏水再水化。

过滤完成后，用 100mL 0.005mol/L 磷酸盐缓冲液冲洗 CMC 柱（1~2mL/min），当液面达到玻璃纤维层时停止，抛弃洗液。用 pH6.5、200mL 0.05mol/L 磷酸盐缓冲液（0.05mol/L 磷酸盐-0.05mol/L NaCl 缓冲液，pH 6.5）在室温条件下以 1~2mL/min的流速洗脱肠毒素。最后在层析管上加压挤出 CMC 中剩余的液体。

将洗脱液置于透析袋中。将袋置于 5℃30g/100mL 的 PEG 中浓缩至近干。取出透析袋清洗。将透析袋浸泡在 pH7.4 的 0.2mol/L 磷酸盐缓冲溶液中。用 pH 7.4~7.5 的 0.01mol/L 磷酸盐缓冲液清洗液囊 5 次，每次2~3mL。取出浓缩物。用 $CHCl_3$ 萃取浓缩物溶液，重复萃取至沉淀物变得松散，分散在 $CHCl_3$ 层粗棉布里。

将提取物放在约 15cm 的透析袋中，把透析袋放在 30g/100mL PEG 中，至所有液体从袋中析出（通常过夜）。将袋从 PEG 中取出，用自来水冲洗表面再放到蒸馏水中 1~2min。移出内容物，每次用 1mL 蒸馏水冲洗透析袋内部，保持用量少于5mL。将涮洗液置于试管（18mm×100mm）或其他大小合适的容器并冻干。将冻干的样品溶解于尽量少的生理盐水中（0.1~0.15mL）。用玻片法检查肠毒素。

Ⅱ 玻片凝胶双扩散试验

A. 设备和材料

1. 试管：25mm×100mm 和 20mm×150mm。
2. 培养皿：15mm×100mm 和 20mm×150mm，灭菌。
3. 试剂瓶：40Z（10Z=28.35g）。
4. 显微镜载玻片：预清洗玻璃，3in×1in（7.62cm×2.54cm）。
5. 吸管：无菌，1mL、5mL 和 10mL，带刻度。
6. 离心管：50mL。
7. 灭菌的玻璃涂布棒。
8. 电工胶带：0.25mm 厚，10.1mm 宽（Scotch Branch，3M Co.，Electro-Products Divisions，St，Paul MN 55011）。
9. 塑料模板（图 13A-2）。
10. 有机硅油脂，高真空（Dow Corning Corp.），Midland，MI 48640。
11. 合成海绵。
12. 木质涂抹棒。
13. 玻璃管：外径 7mm 玻璃管，用于制作细吸管和低速吸管。
14. 巴斯德吸管或一次性的 30μL 或 40μL 吸管（Kensington Scientific Corp.，1165-67th St，Oakland，CA94601。
15. 染色罐（Coplin 或 Wheaton）。
16. 台灯。
17. 培养箱：35±1℃。
18. 热电板。
19. 灭菌器（阿诺德），流动蒸汽。
20. 均质器及灭菌均质器罐。
21. 高速离心机。
22. 间隔计时器。

B. 培养基和试剂

1. 7%脑心浸出液（BHI）琼脂（M23）。
2. 琼脂：细菌学级，0.2%。
3. 凝胶扩散琼脂：1.2%（R28）。
4. Baird-Parker 培养基（M17）。
5. 营养琼脂斜面（M112）。
6. 灭菌蒸馏水。
7. Butterfield 磷酸盐缓冲液（R11）。
8. 灭菌的 0.2mol/L NaCl 溶液（R72）。
9. 灭菌生理盐水（抗血清稀释）（R63）。
10. 噻嗪红 R 染色液（R79）。
11. 玻片保存液（R69）。
12. 麦氏 No.1 比浊管（R42）。
13. 抗血清和参考肠毒素（Toxin Technology Inc.，7165 Curtiss Are.，Sarasota，FL34231）。

C. 材料和培养基制备

1. 7%脑心浸出液（BHI）琼脂

调整脑心浸出液肉汤至 pH5.3，每升肉汤添加 7g 琼脂［7g/L］，并微沸溶解。分装 25mL 每份到25mm×200mm 试管中并在高压灭菌器内 121℃灭菌 10min。使用前，将无菌培养基倒入标准的培养皿。

2. 麦氏 No. 1 比浊管

制备麦氏 No. 1 标准浊度[31]。将 1 份 10g/L $BaCl_2$与 99 份 1%（体积分数）H_2SO_4混合而成。溶剂为蒸馏水。

3. 1.2%凝胶扩散琼脂

按下列配方用蒸馏水中制备基础琼脂：氯化钠 8.5g/L；巴比妥钠8g/L；硫柳汞 1∶10000（结晶，Eli Lilly and Co.，Terre Haute，IN.）。调整 pH 至 7.4。每升加入 12g 纯化专用琼脂（Difco 产，最终质量浓度为 12g/L）。在阿诺德灭菌器（常压蒸汽灭菌器）中熔化混合琼脂并在蒸笼中通过 2 层标准滤纸趁热过滤（Whatman No. 1 或同等产品），分装 15~20mL 至 4oz 处方瓶中（重复熔化两次以上，可能会破坏已纯化的琼脂）。

4. 噻嗪红 R 染色液

用 1.0%（体积分数）的醋酸溶液配制 1g/L 的噻嗪红 R 染色液。

5. 制备玻片

在玻片的两端缠绕双层电工塑料绝缘胶带，中间留下 2.0cm 的空间。胶带缠绕方法如下：用一块胶带（9.5~10mm 长）从玻片下表面边缘 0.5mm 处开始紧紧缠绕玻片两圈。用浸湿 95%乙醇的粗棉布擦净胶带之间的部分，并用粗棉布擦干。按如下方法在胶带之间的部分铺上一层 2g/L 的琼脂；熔化 2g/L 的微生物级琼脂，保持在 55℃或更高，置于螺帽瓶中。将烧杯放置在热板上调整到 65~85℃，将玻片置于其上方，在两胶带之间倾注或涂抹 2g/L 的琼脂。让过剩的琼脂流到烧杯里。将收集在烧杯中的琼脂倒回原来的容器以便再用。擦拭干净玻片的下表面。将玻片放置在盘中，在洁净的空气中干燥（例如，培养箱）。

注意：如果玻片不干净，琼脂层将滚落而无法均匀覆盖。

6. 玻片的装配

准备制作 Casman et al.[21]所描述的塑料模板（见图 13A-2 的详述）。在模板与琼脂接触面涂抹一层硅油薄膜，即带有较小孔的那面。在胶带之间加入熔化并冷却到 55~60℃的 0.4mL 12g/L 的凝胶扩散琼脂，立即将涂有硅油层的模板放置在融化琼脂和胶带边缘上。将模板的一个边缘放置在一边的胶带上，持另一端轻轻放在另一端胶带上。不久后琼脂凝固，将装配好的玻片放在准备好的培养皿中（C.7，下文）。给玻片贴上标签，包括号码、日期和其他信息。

7. 为装配玻片准备培养皿

每一个 20mm×150mm 培养皿中放 2 条浸透蒸馏水的合成海绵（约 0.5in 宽×0.5in高×2.5in 长）。保持必要的高湿度。每个培养皿可以放置 2~4 片装配的玻片。

8. 回收使用过的载玻片和模板

清洁玻片，而不除去胶带；用自来水冲洗，刷去琼脂凝胶，在洗涤剂溶液中煮沸 15~20min。用流动的热水冲洗约 5min，再在蒸馏水中煮沸。将玻片靠在试管架或同类器具上，置于培养箱中烘干。如果玻片不能均匀涂上热的 2g/L 的琼脂，表明它们不够清洁，必须重新清洗。清洁时避免塑胶模板过度受热或接触塑料溶剂。将模板放在盘子中，倒入热的洗涤剂溶液浸泡 10~15min。使用软尼龙刷子，以消除残余的有机硅油。继而分别用自来水、蒸馏水和 95%乙醇冲洗，用毛巾擦干。

9. 用于玻片凝胶扩散实验的溶解试剂的说明

肠毒素及其抗血清为冻干制品。用生理盐水溶解抗血清。用 pH 为 7.0 含 3g/L 蛋白胨的生理盐水或含 3.7g/L BHI 肉汤的生理盐水溶解参考肠毒素。配制品在玻片凝胶扩散试验中应产生微弱但明显的参考沉淀线。沉淀线可以被增强（E.3，见下文）。

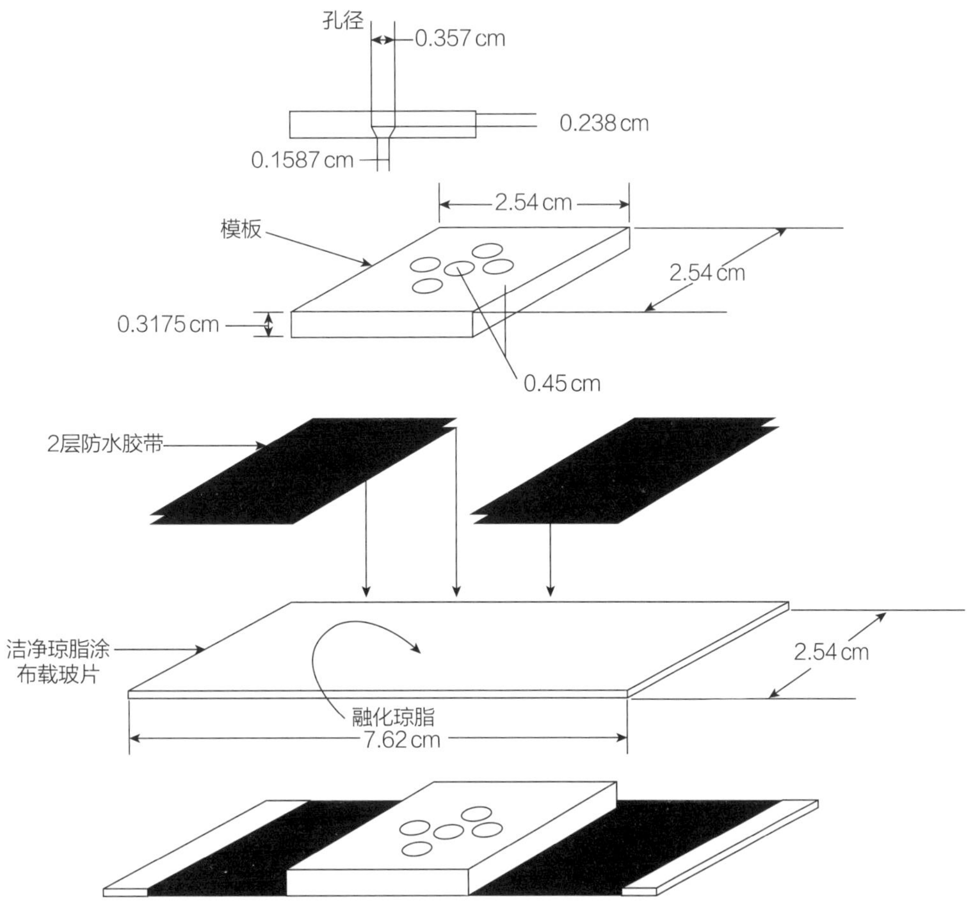

图 13A-2 玻片装配的详细图解与塑料模板详图

D. 葡萄球菌菌落的计数和鉴别程序

用检测凝固酶阳性葡萄球菌的程序检测食品（见第 12 章）。产肠毒素分离株的检测在下文 E 中描述。当检测疑为由葡萄球菌引起食物中毒爆发的食品时，不论如何，推荐下面的方法。

1. 葡萄球菌计数/g

将食品与 0.2mol/L 灭菌 NaCl 溶液高速混合均质 3min（将 20g 食品加入 80mL 0.2mol/L NaCl 溶液，或 100g 加入 400mL，或不论多少质量均按 1∶5 稀释）。按如下方式进行 10 倍梯度稀释：1 份 1∶5 稀释样加 1 份 Butlerfield 磷酸盐缓冲液制成 10^{-1}稀释样品，进一步稀释至 10^{-2}、10^{-3}、10^{-4}、10^{-5}、10^{-6}。每个稀释度取 0.1mL 样液接种到准备好的 Baird-Parker 培养基平板上，用灭菌的 L 形玻璃棒涂布开。翻转平板在 35℃ 时培养 48±2h，选取菌落数在 30~300 且分布均匀的平板，计数菌落数量。计算葡萄球菌/g：总计数×样品稀释倍数×10。

2. 产肠毒素葡萄球菌计数/g

注意菌落形态、着色数量和其他形态特征的变化。统计并记录每一类型的菌落数量。挑取 2 个或 2 个以上每一类型的菌落接种到营养琼脂线斜面或者类似介质。按照后面 E 所述方法检测葡萄球菌肠毒素。计算产肠毒素葡萄球菌/g：产肠毒素葡萄球菌菌落数×样品稀释倍数×10。

注意：要测定食品中存在产肠毒素菌，在 1∶5 稀释样品中添加足够的 0.2mol/L NaCl 溶液，以取得 1∶6 稀释样品。例如，额外添加 100mL 0.2mol/L NaCl 溶液至含有食物样品和 400mL 0.2mol/L NaCl 溶液的 1∶5 稀释样品中。

3. 肠毒素的产生

在本方法中 Casman 和 Bennett[19] 描述了肠毒素的产生，葡萄球菌在 BHI 半固体琼脂（pH5.3）上培养很简单，并不需要特别的仪器。从营养琼脂斜面取一环生长物添加到 3~5mL 无菌蒸馏水或生理盐水中。

悬浮液的浊度应等于麦氏 No. 1 比浊管的浊度（约 3.00×10^8 菌体/mL）。用 1.0mL 灭菌吸管移取 4 滴水化菌悬液，用灭菌的涂布棒涂布于整个 BHI 琼脂平板表面，在 35℃时培养。培养 48h 后获得表面生长良好的培养物。当培养物 pH 上升至 8.0 或更高，用木制涂抹棒或其他等效工具将培养皿中的培养物转移到 50mL 离心管内。高速离心（32800×*g*、10min）除去琼脂和菌体。通过填注玻片凝胶扩散装置上的孔检测上清液中的肠毒素（见下文 E）。

E. 玻片凝胶扩散试验

准备记录单，在记录单上绘制与模板相对应的孔的图案，标识每个孔中的内容物，并按玻片号给图以相应编号。

1. 添加反应物（图 13A-3）

将适当稀释的肠毒素抗体（抗血清）填充在中央孔中，在外围上方的孔中填充相应的参考肠毒素（如果使用菱形模板）；将检样填充在毗邻加有参考肠毒素的孔中。如果是用双价系统，在下方的孔中填充其他参考毒素。使用参考毒素和抗血清（抗体），应预先平衡，使浓度达到在各自孔之间中间位置产生沉淀线。

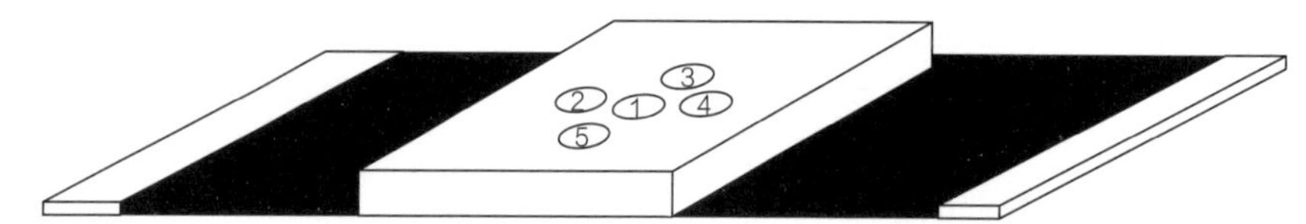

图 13A-3 为同时存在 2 种不同血清型的肠毒素的检测系统（双价检测系统）进行准备试验，或进行检测前稀释试验（单价检测系统）时，抗血清和相应的参考肠毒素的排列方式

为得到最高的灵敏度（见上文 C. 9），调整反应试剂的稀释度，以产生明显但微弱的沉淀线。准备仅填充参考毒素和抗毒素的控制玻片。用巴斯德吸管（通过拉长外径 7mm 玻璃管制成）或一次性的 30μL 或40μL吸管填充反应物至凸液面。用细玻璃棒探针将所有孔上的泡沫除去。将玻璃管拉伸至非常细制成毛细吸管，截成 2.5in 的长度，用火焰熔化末端。最好在暗的背景下填充和消除泡沫。将毛细管插入所有孔，以捕获可能不明显的气泡。检测前，将玻片置于放置有潮湿的海绵条保湿的培养皿中，在室温下放置 48~72h 或在 37℃ 放置 24h。

2. 玻片判读

将模板滑动到一边。如有必要清洁，立即将玻片浸泡在水中并擦净底部，然后按如下所述染色。将玻片置于光源上方并衬以黑暗的背景仔细观察。通过与沉淀参考线的合并来识别沉淀线（图 13A-4）。实验样品中肠毒素浓度过高将抑制参考沉淀线的形成，因而必须稀释测试样品，重新测试。图 13A-5 显示，按图 13A-3 排列方式测试制备的反应物时，由于肠毒素过量，引起典型的沉淀线抑制现象。图 13A-6 显示稀释的反应物形成了典型的沉淀线。对于经验不足的分析者来说，偶尔出现的非典型沉淀线可能很难解释。其中最常见的非典型的反应是形成的沉淀线与毒素无关，而是实验样品中其他抗原造成的。这种情形的例子显示在图 13A-7 中。

图 13A-5 显示，当使用的检样中分别含有质量浓度为 10μg/mL 和 4μg/mL 的肠毒素时，对参考沉淀线的形成产生抑制作用。图 13A-5B~E 显示了当使用的检样中所含肠毒素浓度连续降低时所产生的参考沉淀线样式。图 13A-5F 显示了在玻片实验控制系统下看到的参考沉淀线的典型形式。

3. 玻片的染色

将玻片浸泡在噻嗪红 R 染色剂中染色 5~10min 以增强沉淀线的分辨力，并仔细观察。当反应物被调整到仅能产生模糊可见的沉淀线时，这种增强处理是必要的。Crowle[23] 描述了染色的程序。当保存玻片时，做些许改进。将玻片立即浸泡在水中，漂洗掉玻片上残留的反应液，分别在下列每种染液槽中浸泡 10min：1%（体积分数）醋酸配制的 1g/L 噻嗪红 R 染色剂；1%（体积分数）醋酸；1%（体积分数）醋酸；含 10g/L 甘油的 1%

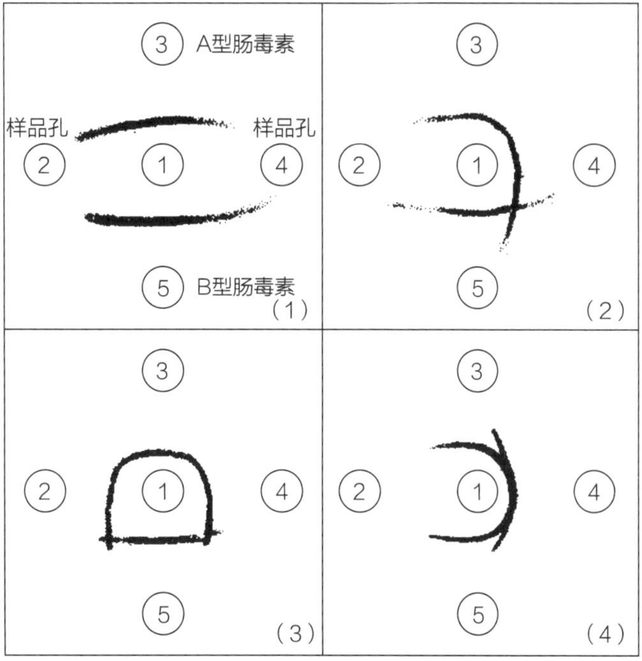

图 13A-4　采用双价检测系统的玻片凝胶扩散试验

在孔 1 中加入葡萄球菌肠毒素 A 型和 B 型抗血清；在孔 3 和孔 5 中加入已知的参考肠毒素。分别产生 A 型和 B 型参考沉淀线。制备的实验样品分别加入孔 2 和孔 4 中。四个反应解释如下：(1) 抗血清和检样孔之间无沉淀线产生，表示没有 A 型和 B 型肠毒素存在；(2) 孔 4 的样品沉淀线与 A 型肠毒素参考线合并（测试样品沉淀线与 B 型肠毒素参考线相交），表示孔 2 中没有肠毒素 A 和 B，孔 4 中存在肠毒素 A，不存在肠毒素 B；(3) 两个测试样孔都含肠毒素 A，不含肠毒素 B；(4) 孔 2 的测试样品中不含肠毒素 A 和 B，孔 4 的测试样品中含有肠毒素 A 和 B。

3
2 ○ ○ ○ 4
5

A　B　C　D　E　F

图 13A-5　检样中葡萄球菌肠毒素的含量对产生的参考沉淀线的影响

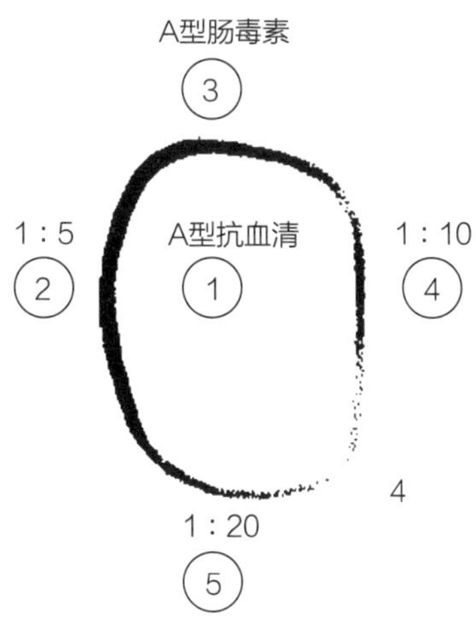

图 13A-6　采用单价检测系统的玻片凝胶双扩散实验，
检测不同稀释度制备检样中的金黄色葡萄球菌肠毒素

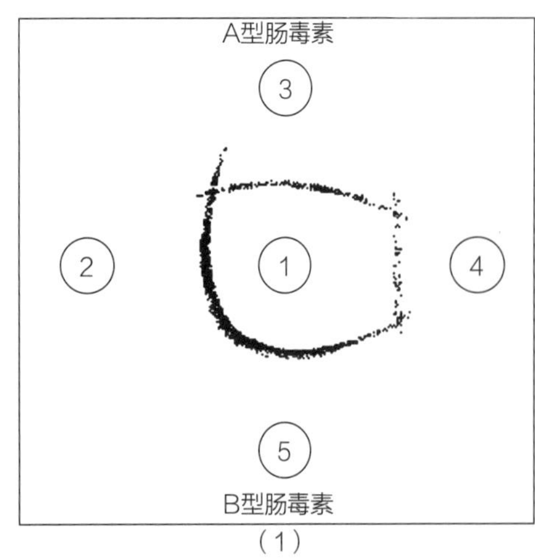

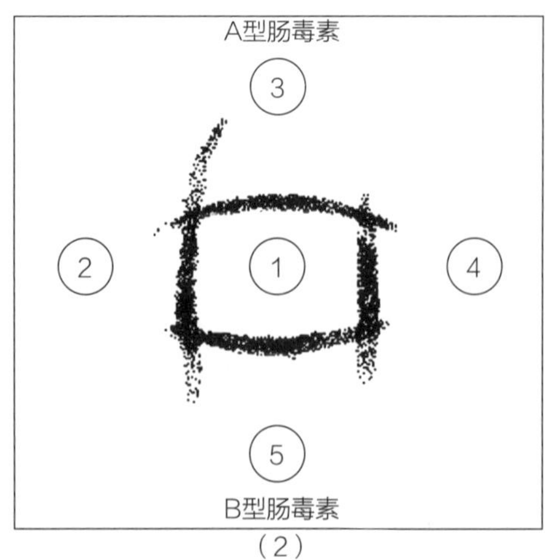

图 13A-7 金黄色葡萄球菌肠毒素玻片凝胶扩散试验显示，由其他抗原与抗肠毒素抗体产生的非特异性（非典型）沉淀线的沉淀模式

在图（1）中，孔 4 中制备检样产生的非典型反应呈现非特异性沉淀线（与参考肠毒素 A 和 B 不一致的沉淀线），与参考肠毒素沉淀线交叉。在图（2）中，2 个制备检样（孔 2 和孔 4）不含肠毒素 A 和 B，但产生了非特异性沉淀线，与肠毒素 A 和 B 参考沉淀线交叉。

（体积分数）醋酸。倒出多余的液体，将玻片置于 35℃ 培养箱中干燥，作为永久保存的材料。在储存较长时间后，将玻片浸在水中才能看到沉淀线。

Ⅲ 用 ELISA 法检测从食物中抽提出的肠毒素

A. 常规预防措施

对于未加工的食品或发酵食品，以及实验室中葡萄球菌生长的培养液，在提取或收集培养液后检查其中是否含有过氧化物酶，该酶影响结果判读的准确性。检测方法：在未处理过的微孔板上（无葡萄球菌肠毒素抗体）加 50μL 样品至 50μL ELISA 试剂盒底物试剂中，静置 10min。如果颜色变为蓝色（或蓝绿色），则样品含有内源性过氧化物酶，必须消除其活性。如果样品无色（或保持起始颜色不变），可以用 ELISA 法检测其中的肠毒素。为消除内源性氧化物酶活性，配制 300g/L 的叠氮化钠溶液并加 1mL（300g/L 叠氮化钠）至 4mL 的待测样品中（叠氮化钠终质量浓度为 60g/L））。将样品和叠氮化钠溶液混合，额外加入样品添加剂，室温下静置 1~2min。再次检测样品的过氧化物酶活性（50μL 叠氮钠处理的样品加 50μL ELISA 试剂盒底物试剂），按上述操作。如果结果无色（或保持起始颜色不变），则可用 ELISA 分析过氧化物酶失活的样品中的肠毒素。警告：使用适当的安全废物容器处理含有叠氮化钠的检样，因为这是一种危险的物质。

当检测的加工食品存在明显缺陷，导致微生物生长产生过氧化物酶时，那么在用 ELISA 检测葡萄球菌肠毒素前，先用上述方法检测是否存在过氧化物酶并使内源性过氧化物酶失活。

B. 步骤

注意：未加工的食品（如蔬菜），见上述常规预防措施。其他食品遵循下文 B. 4. 中的说明。

1. 牛乳和乳粉

取 25g 乳粉，加入 125mL 0. 25mol/L pH 为 8. 0 的 Tris 溶液，混合均匀。液体牛乳与乳粉还原乳同样处理。对于牛乳样品（5. 0mL），确保 pH 为 7~8；然后加入 50μL 样品添加剂（在 TECRA™ 试剂盒里）。为使提取物比较清澈，用浓 HCl 将 pH 调至 4. 0。样品于（1000~3000）×g 离心至少 10min。轻轻倒出提取液，吸取 5mL 样品提取液注入内有预湿脱脂棉的聚丙烯注射器管中。收集洗脱液，调节 pH 至 7. 0~8. 0（用 pH 试纸）；再加入 50μL 添加剂（试剂盒中提供），彻底混合均匀。

2. 脱水食品成分

取 25g 样品，加入 125mL 0.25mol/L pH 为 8 的 Tris 溶液，在均质器中高速搅拌 3min。（1000~3000）×*g* 离心 10min 后取提取液，并收集提取液。从放入预湿的脱脂棉的塑料注射器中移出活塞，小心注入提取溶液并收集洗脱液。取 5mL 洗脱液，将 pH 调至 7.0~8.0；再加入 50μL 样品添加剂，彻底混合均匀。

3. 干酪

取 25g 干酪放入 50mL 水中高速搅拌 3min 混合均匀，用浓 HCl 将 pH 调至 4（用 pH 试纸），（1000~3000）×*g* 离心 10min。移去活塞，在塑料注射器中放入预湿的脱脂棉，取 5mL 样品提取液至注射器中，插入活塞缓慢压出溶液并收集洗脱液。取 5mL 洗脱液，加入 NaOH，将 pH 调至 7.0~8.0；再加入 50μL 样品添加剂，彻底混合均匀。

4. 其他食品

除上述食品外，按以下操作制备样品：取 25g 样品放入 50mL 0.25mol/L pH 为 8 的 Tris 溶液中，高速均质 3min 混合均匀。在台式离心机中（1000~3000）×*g* 离心 10min；移去活塞，在塑料注射器中放入预湿的脱脂棉，取 5mL 样品提取液至注射器中，插入活塞缓慢压出溶液并收集洗脱液。取 5mL 洗脱液，如有必要将 pH 调至 7.0~8.0；再加入 50μL 样品添加剂，混合均匀。

注意：制备的食品提取液要立即检测。

C. 检测方法与步骤

1. 200μL TECRA 检测试剂盒样品提取液。
2. 500μL VIDAS 或 Transia 检测试剂盒样品提取液。

Ⅳ 目测 ELISA：多价（A-E 型）初筛检测食品中的毒素和鉴别葡萄球菌肠毒素

这种直观的免疫学方法提供了一种快速（4h）、灵敏［≥1.0ng/mL（g）］、具有特异性，同时能初筛检测出 A-E 型葡萄球菌肠毒素的方法，但是这个方法不能辨别出单一特定血清型的毒素。这种 ELISA 方法以“三明治”的结构完成，这种商品化的试剂盒如 3M 公司的多价 TECRA 试剂盒 SETVIA96，以及针对 SEA、SEB、SED 和 SEE 特定血清型的单价试剂盒 SIDVIA72。这个方法首先被 AOAC 国际采用[13]。

A. 仪器和器材

试剂盒中提供的材料

1. 抗-SET 抗体包被活动微孔条（48 或 96 孔）。
2. 稳固的微孔条支架。
3. 方法说明书手册。
4. 比色计。
5. 操作步骤。

用户需准备的材料及仪器

1. 脱脂棉。
2. 移液器 50~200μL；5~20μL。
3. 塑料吸头。
4. 35~37℃ 培养箱。
5. 塑料密封薄膜或可密封的塑料容器。
6. 均质器：Waring 搅拌器（或同等功能的仪器）用于制备食物提取液。

7. pH 试纸（0~14）。
8. 离心机和离心瓶。
9. 塑料洗瓶（500mL）。
10. 一次性塑料注射器（25mL）。
11. 微孔板混合器（可选）。
12. 酶标仪（可选，推荐使用双波长）。
13. 聚丙烯管（12mm×75mm）。
14. 聚乙二醇（PEG，摩尔相对分子质量 15000~20000）。
15. 透析袋（摩尔相对分子质量 12000~14000 除外）。
16. 天平。
17. 广口烧杯（250mL）。

B. 试剂

试剂盒中提供的材料

1. 浓缩洗液。
2. 样品添加剂。
3. 阳性与阴性对照。
4. 酶结合物稀释液、冻干酶结合物。
5. 底物稀释液、冻干底物。
6. 终止液。

使用者准备的试剂

1. Tris 缓冲液（0.25mol/L；30.28g/L，pH 8.0）。
2. NaOH 溶液（1.0mol/L NaOH）。
3. HCl。
4. 去离子水或蒸馏水。
5. 次氯酸钠。

C. 准备材料和试剂

1. BHI 肉汤培养基，pH5.5。

2. 注射器型过滤器（适用于食品）。准备一次性塑料注射器（25mL），内充 0.5cm 厚的脱脂棉，抽吸大约 5mL 蒸馏水过柱以确保密封性。之后用以过滤 5mL 用试剂盒中添加剂处理的食品提取液。

3. 配制洗液。用去离子水或蒸馏水在试剂瓶中稀释浓缩洗液至 2L（按试剂盒说明），用该洗液洗涤微孔以及必要时稀释阳性对照。

4. 配制酶结合物溶液。室温下将酶结合物稀释液加入到酶结合物中，缓慢溶解混匀。该溶液即为所介绍的“重组酶结合物”。

5. 制备底物工作液。将底物稀释液加入到底物中，使用前确保溶质全部溶解，并置于室温下保存。

D. 常规预防措施

• 注意试剂盒的有效期，并在此日期前使用该试剂盒。小心准备所有试剂，并将稀释试剂的日期写在试剂瓶外标签上，一般稀释后 56d 内有效。所有组分不用时置于 2~8℃ 冷藏。禁止冷冻。

• 该试剂盒的所有组成成分需配套使用，不同批号的试剂盒中的试剂不可混用。

- 每个样品需更换吸头，注意孔与孔之间不要交叉污染。用于分装酶结合物和底物的塑料槽必须分开。
- 每次实验都需加阴性对照与阳性对照。
- 准备装有 2%（体积分数）次氯酸钠溶液的槽，用于处理含毒素的样品。
- 每次用后将不用的微孔条置于塑料袋中密封保存。

E. 实验室中由可疑葡萄球菌产生的含肠毒素产物

见上文肠毒素的产生。

F. 多价目测 ELISA 检测肠毒素

典型双抗体“三明治”夹心 ELISA 图解如图 13A-8 所示。

取出足够检测用量的抗-SET 抗体包被的微孔条，允许每个食物样品 1 孔，阴性对照 1 孔，阳性对照 1 孔。如有其他阳性食品样品或阴性对照，则需准备额外的包被孔。每个孔中加入洗液，并置室温（20~25℃）下 10min。迅速颠倒板架倒掉洗液，正面朝下在纸巾上拍打数次以清除剩余液体。

移取 200μL 对照以及样品（食物提取液或培养液）至不同孔中，在记录纸（试剂盒提供）上记下每个样品的位置，轻拍微孔支持架，确保检测孔中样品均匀分布并接触孔壁上的检测材料。可选用微孔板振荡器振荡 30s。为防止蒸发，用塑料薄膜或封口机（Dynex Technologies，Inc.，14340 Sullyfield Circle，Chantilly，VA 20151-1683）封住微孔板，置于 35~37℃ 培养箱内 2h。用塑料洗瓶中的洗液均衡洗涤微孔方法如下：将活动的微孔条紧紧压入支持架中，迅速颠倒支持架，将溶液倒入含 2%（体积分数）次氯酸钠的水槽中。正面朝下，在纸巾上拍打数次以去除剩余液体。再用洗液将微孔加满，重复以上操作 2~3 次或更多。最后倒空微孔。

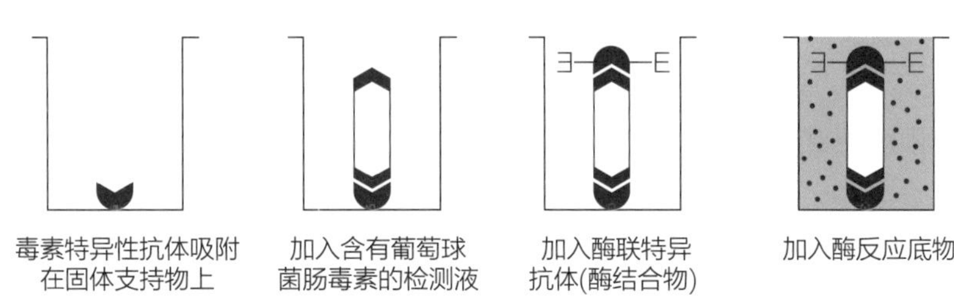

图 13A-8 典型双抗体“三明治”夹心 ELISA 图解

每个孔中加入 200μL 酶结合物，盖上盖子，室温下（20~25℃）孵育 1h。按上述方法倒空微孔中的液体，并用洗液漂洗 5 次。

每个孔中加入 200μL 底物，室温下（20~25℃）放置至少 30min，直到阳性对照吸光度大于 1.0 或者颜色深于比色仪上的 4 号色板。孔的边缘出现颜色集中效应，为精确结果，读数前轻拍板的一边使溶液混合均匀。每孔加入 20μL 终止液，轻拍板的一边使溶液混合均匀。实验操作至此完成，用目测法或微孔板阅读仪器获取结果。

G. ELISA 结果说明

1. 目测法

将微孔板置于白色背景下，用试剂盒提供的比色卡比较每个测试孔，阳性质控和阳性对照食品应该为深绿色，表明所有反应物都是有效的。如果阴性质控颜色明显比比色卡上的阴性颜色深，则表明漂洗不充分，应重新实验。

以下情况可断定样品为阳性结果：

（1）阴性质控的颜色与比色卡上阴性区域的颜色一致；

（2）样品比比色卡上阴性区域的颜色更绿或更蓝。

以下情况可断定样品肠毒素为阴性结果：

（1）阴性质控的颜色与比色卡上阴性区域的颜色一致；

（2）样品与比色卡上阴性区域的颜色一致或更淡。

2. 酶标仪检测吸光度法

用酶标仪检测样品在 414±10nm 的吸光度，设置双波长检测空白孔以消除空气影响，设置参考波长为 490±10nm。基于过氧化物酶体系的 ELISA，特征性波长设置为 A405～490nm 或者 A414～492nm。设置单波长检测空白对照孔，孔中含 200μL 底物（试剂盒提供）或水。阳性对照的吸光度应大于 1.0，证明所有反应物有效。如果阴性对照的吸光度大于 0.200，证明洗板不充分，必须重复实验。可参照试剂盒中的指南解决问题。

吸光度>0.200 的样品为阳性。

吸光度≤0.200 的样品为阴性。

一般来说，培养液中如含有肠毒素，其吸光度会远远大于 0.200。有些种类的金黄色葡萄球菌产生内源过氧化物酶，可用叠氮化钠抑制其活性。

H. 推荐的对照

1. 阳性毒素质控

在聚丙烯试管中，将试剂盒中的阳性质控溶液用洗液按 1∶100 稀释（50μL 至 5mL 洗液中），每一次实验都要设置该阳性质控，用以证明所有试剂都有效，并且操作正确。剩余未使用的毒素对照样品丢弃到次氯酸钠溶液中。

2. 阴性毒素质控

使用试剂盒中的阴性质控溶液，无需稀释，一般每孔添加 200μL。

3. 阳性食物质控（可选）

将试剂盒中适量的阳性质控溶液加入到已知肠毒素阴性的食品中作为阳性食品质控。与待测样品同样提取与分析。

4. 阴性食品质控（可选）

用与待检样品相同类型的不含毒素的食品作为对照，与待测样品进行同样处理，这样可以确保充分漂洗微孔，且食物中没有干扰检测结果的成分。与待测样品采用同样的条件进行提取与分析。

V VIDAS®葡萄球菌肠毒素2（SET2），使用 VIDAS 进行自动蛋白检测，利用 ELFA（酶联免疫荧光检测）技术对食品中的葡萄球菌肠毒素进行定性检测

该试剂盒购自 biomerieux Inc. Box 15969，Durham，NC27704-0969，Tel（1）919-620-2000，Fax（1）919-620-2211。

建议先做多价检测，确定食品和培养分离物中是否存在葡萄球菌肠毒素 SEA～SEE，该方法得到 AOAC 批准（AOAC Offical Method 2007. 06VIDAS SET 2 for Detection of Staphylococcal Enterotoxins in Select Foods，Find Action，2010）

A. 特殊设备

试剂盒中提供的试剂和材料

1. 30 条 SET2 检测条

SET 检测试剂条是含 10 个孔的聚丙烯条，以箔封口及贴有标签纸。第一个孔为加样孔，最后一个孔是一个清晰的小光学比色皿，用于免疫荧光检测，中间的 8 个孔包含反应所需的各种试剂（见表 13A-1）。

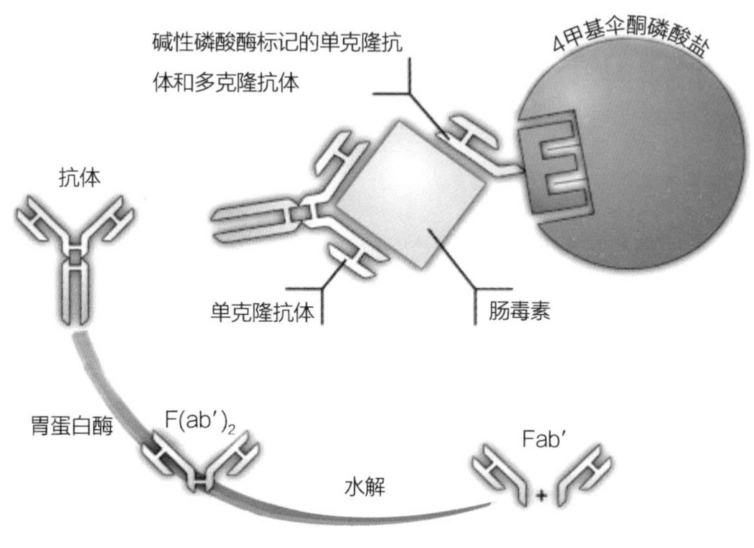

图13A-9 VIDAS ELFA技术示意图

表13A-1 SET检测条说明

孔	试剂
1	样品孔：0.5mL食品提取液加入该孔
2	预漂洗液（0.4mL）：含有1g/L叠氮化钠的TBS-吐温
3-4-5-7-8-9	漂洗液（0.6mL）：含有1g/L叠氮化钠的TBS-吐温
6	酶连抗体（0.4mL）：含有1g/L叠氮化钠的碱性磷酸酶标记的多克隆抗体
10	含底物（0.3mL）的比色杯：含有1g/L叠氮化钠的4-甲基-伞形酮磷酸盐

注：SET试剂条上印有条形码，包括检验名称、批号和试剂盒有效期。说明书中包括试验标识、批号和校准参数。

2. 30支SET2包被针

生产时SET包被针内壁包被了抗肠毒素抗体。

3. 标准液1瓶（3mL）

含有1g/L叠氮化钠和蛋白质稳定剂的纯化的金葡菌肠毒素B（5ng/mL）。**警告：小心操作。**

4. 阳性质控液1瓶（6mL）

含有1g/L叠氮化钠和蛋白质稳定剂的纯化的金葡菌肠毒素B（5ng/mL）。控制范围标注在标签上。**警告：小心操作。**

5. 阴性质控液1瓶（6mL）

含有1g/L叠氮化钠的TBS-吐温。

6. 浓缩的萃取缓冲液1瓶（55mL）

含有1g/L叠氮化钠的2.5mol/L TRIS-1g/100mL吐温缓冲溶液。

使用者需准备的材料

1. 移液管（最小可量取0.5mL）。
2. 塑料吸头（量取500μL）。
3. 离心管/过滤管（bioMerieux产品号：30550）或塑料注射器（20mL）——可选。
4. 均质器。
5. pH试纸（0~14）。
6. 离心机。

7. 离心杯。

8. 聚乙二醇（摩尔相对分子质量 15000~20000）。

9. NaOH 溶液（1.0mol/L NaOH）。

10. 盐酸。

11. 次氯酸钠。

12. 渗析袋：平宽 32mm 或相当材料。

B. 常规预防措施、建议和注意事项

1. 警告和预防措施

a. VIDAS 仪器日常清洁与消毒、操作程序见仪器操作手册。

b. 试剂包含 1g/L 叠氮化钠，可与铅或铜制品反应生成易爆金属叠氮化物。若在含铅或铜的管道系统中处理含叠氮化钠的液体，需用大量的水冲洗，避免聚集，产生易爆金属叠氮化物。

c. 阳性质控液和标准液包含纯化的金黄色葡萄球菌肠毒素，处理时要戴好保护手套并多加小心。如不小心咽下应立即就医。

d. 试剂盒中所有成分按具有潜在生物危害性材料处理，所有用过的试剂以及其他被污染的材料应采用可靠的方式处理。

2. 储存和处理

a. VIDAS SET 试剂盒 2~8℃储存。

b. 不要冷冻试剂。

c. 未使用的试剂重新置于 2~8℃储存。

d. SPR 自封式储存袋干燥剂上的指示剂应当为蓝色，如果颜色变为粉红色，则剩余的检测条不能再使用；拿出所需 SPR 后，袋子需重新密封，以保证剩余检测条的稳定性。

e. 若储存得当，试剂盒中的成分在有效期前都可保持稳定。超过有效期后不能再使用。

3. 方法的限制性规定

a. 不能使用混合试剂或将不同批号的试剂混用。

b. 将检测条插入仪器前先置于室温下回温。

c. 质控、标准液、样品在使用前要混匀以保证重现性。

d. 错误的样品处理方法或储存会导致不正确的结果。

4. 详细性能特征

VIDAS SET2 方法检测金黄色葡萄球菌 A、B、C_1、C_2、C_3、D、E 型肠毒素的灵敏度为最少 1ng/mL。

C. 制备质控和待检食品样品的具体步骤

除了这里描述的食品提取步骤，试剂盒生产商还提供多种食品提取步骤。准备的食品提取液要立即检测。

1. 推荐的质控

a. 阳性毒素质控：移取试剂盒中的质控试剂 500μL。每次实验必须设置阳性质控以证明所有试剂的有效性并且操作正确。

b. 阴性毒素质控：取试剂盒中的阴性质控溶液 500μL 至检测条中，无需稀释。

c. 阳性食品质控（可选）：将试剂盒中适量的阳性质控溶液加入到已知肠毒素阴性的食品中作为阳性食品质控。与待测样品采用同样的提取和分析条件。

d. 阴性食品质控（可选）：用与待检样品相同类型的不含毒素的食品作为质控，与待测样品进行同样的处理，这样可以确保充分漂洗微孔，且食物中没有干扰检测结果的成分。与待测样品采用同样的提取和分析

条件。

2. 从食品中提取毒素的方法

见上文从食品中提取毒素用于 ELISA 检测的方法部分。

D. VIDAS 方法步骤

注意：每个试剂盒的标准曲线必须经常更新，并将数据记录在电脑中，自动用于结果分析。标准曲线可以与每个 SET_2 工作表同时运行，或者使用储存在电脑中的标准曲线。可参见 VIDAS 操作手册。

1. 将 VIDAS 金葡菌肠毒素试剂盒从冰箱中拿出，置于室温下回温约 30min。
2. 从试剂盒中取出所需组分，其余放回，于 2~8℃继续储存。
3. 在提供的空白处，将样品编号标记在 SET 检测试剂条上。
4. 输入正确的检验信息，创建一个工作列表。键入检测代码 SET，再输入需检测的数量。如果检测标准液，输入“S”（在 mini VIDAS 上键入“S1”）作为样品名称。标准样可以在工作列表任意位置。bioMerieux 推荐校正标准两次，详情参照 VIDAS 操作手册。
5. 吸取标准液、对照或样品各 0.5mL，放入 SET 检测试剂条样品孔中。
6. 按工作列表将 SET 检测试剂条和 SET SPRs 放入 VIDAS 相应的位置上，检查并确保 SPRs 上写有 3 个字母检验代码的彩色标签与检测条相匹配。
7. 使用过的 SPRs 和检测试剂条应丢入适宜处理具有生物危害性的物品的容器中。

E. 质量控制

每个试剂盒中都提供阳性和阴性质控以确定试剂盒的性能。每批新的试剂盒均应使用阳性和阴性质控进行检测，以证明运输和储存过程未影响其性能。实验室明确规定每次校正时必须测定质控。所提供的标准品可直接使用，但使用前需充分混合，再加入试剂条的样本孔。

将预期的阳性质控值范围标注在小瓶标签上。如果阳性质控的结果不在此范围内，结果不能采用。注：如果标准品数值超过范围，检测值可根据另一个标准重新计算。详见 VIDAS 操作手册。

F. 结果解释

每个样本检测经过两次机器读取比色孔的荧光值，第一次读取的数值是 SPR 未插入底物时容器和底物的本底值；第二次读数是 SPR 内壁的酶结合物与底物反应后的结果。该数值减去本底后得到相对荧光值（RFV），每个样品的检测值都是样品的 RFV 与标准品的比值。将检测样品和质控样品的检测值与储存在计算中的一组阈值作比较。表 13A-2 所示为阈值和结果解释。

表 13A-2 阈值和结果解释

检测阈值	解释
≤0.13	阴性
≥0.13	阳性

打印报告内容包括试验类型、样本号、日期和时间、试剂盒批号及有效期、每个样品的 RFV、检测值和相应结果。

检测值低于下限表示样品未检出肠毒素，若大于或等于阈值上限则报告为阳性结果。

背景本底数值超过预定的临界值（提示底物有轻微污染）时，结果不能采用，可用原标本重复试验。

如果某批试剂盒的试剂条没有相应的标准对照，结果亦为无效。对此，可用相同批号的试剂条做双份标准，结果可根据新储存的标准重新计算。详见 VIDAS 操作手册。

Ⅵ Transia™免疫酶标法检测葡萄球菌肠毒素

此方法适用于食品样品和培养基上清液中五个不同血清群（A~E）葡萄球菌肠毒素的检测。该试剂盒由法国 Transia-Diffchamb S. A. Lyon 公司生产，美国 Idetek 公司（Sunnyvale，CA.）销售。

A. 特殊仪器

试剂盒中提供的材料和试剂

1. S70796 TRANSIA 检测板：1 块板由数根试剂条组成。
2. 包被管：被 A、B、C、D 和 E 型肠毒素单克隆抗体的混合物激活，包装在填充了干燥剂的塑料袋中。
3. 参考订单号 724B：20 管包装。
4. 瓶 1：阴性质控 1：备用。
5. 瓶 2：阳性质控（50×）：10ng/mL 的 A、B、C、D 和 E 型葡萄球菌肠毒素混合液。使用前，50 倍稀释。

注意：操作时需戴手套。

6. 瓶 3：洗液（30×）：用蒸馏水稀释 30 倍。
7. 瓶 4：酶联抗体，结合过氧化物酶的单克隆和多克隆金黄色葡萄球菌肠毒素二抗。准备好溶液备用。
8. 瓶 5：底物。
9. 瓶 6：显色液。
10. 瓶 7：终止液，备用。

试剂盒中没有的仪器

1. 天平和称重容器。
2. 均质器，混合器。
3. 手套。
4. 刻度吸管。
5. 磁力搅拌器和搅拌子。
6. 离心管。
7. 滤纸（Whatman 或相当材料）。
8. 离心机（最小 1500×g）。
9. 涡旋振荡器。
10. pH 计或 pH 试纸：范围 0~14。
11. 干净的玻璃器具。
12. 试管架。
13. 100~1000μL 移液器以及吸头。
14. Eppendorf 型分液器：5mL 和 2.5mL 分液器吸头。
15. 振荡器（约 60r/min）。
16. 1L 烧杯。
17. 塑料洗瓶。
18. 吸水纸。
19. 盆或其他容器：耐苏打水或漂白剂。
20. 酶标条。

21. 渗析袋（临界阈值 12000~14000u）。

22. 分光光度计，具有 450nm 滤光片（可选择酶标仪）。

23. 未激活的（无抗体）可拆装微孔条（塑料孔，Immulon 2®微孔条目录，#011-010-6302，Dynatech 实验室）或相当材料。

24. 酶标仪（具有 450nm 滤光片）。

B. 试剂

1. 聚乙二醇，摩尔相对分子质量为 15000~20000。
2. 去污剂溶液。
3. TRIS 缓冲液：0.25mol/L，pH8.0。

准备样品所需试剂

1. 蒸馏水。
2. 提取缓冲液：0.25mol/L TRIS 缓冲液，pH8.0。
3. 调节 pH 用的 6mol/L NaOH 和 6mol/L HCl。
4. 聚乙二醇（摩尔相对分子质量最小 15000~20000）溶于蒸馏水，配制成 0.3g/mL 溶液，用于透析样品以达到适当质量浓度。

净化材料和试剂的去污剂

漂白粉或 1mol/L 苏打水。

C. 预备试剂

1. 提取缓冲液

制备 1L 提取缓冲液：在大约 800mL 蒸馏水中加入 30.28g TRIS 羟甲基-氨基甲烷，调节 pH 至 8.0 并定容至 1L。

2. 调 pH 用溶液

a. 氢氧化钠溶液（NaOH）6mol/L：溶解 NaOH 240g 至 1L 蒸馏水中。

b. 盐酸溶液（HC1）6mol/L：溶解 218.76g HC1 至 1L 蒸馏水中。

3. 聚乙二醇溶液

溶解 30g 聚乙二醇（PEG）至 100mL 蒸馏水中或使用片状 PEG。

4. 去污剂

漂白剂：将浓缩的漂白剂 50mL 加入到 950mL 水中。

1mol/L NaOH：溶解 40g NaOH 至 1L 蒸馏水中。

D. 警告与建议

1. 试剂盒应在 2~8℃保存。
2. 使用前请认真阅读试剂盒说明书。
3. 肠毒素具有潜在危险，会引起食物中毒。建议检测时使用手套。
4. 使用过的所有材料和试剂需用漂白剂或 NaOH 处理。
5. 禁止用嘴吸移液管。
6. 严格遵守孵育时间。
7. 万一相关试剂不慎溅到眼睛或皮肤，请立即用大量的水冲洗。
8. 可向制造商索取一个安全数据表。

E. 制备质控样品和从待检食品中提取肠毒素的步骤

除了此节描述的食品提取方法，制造商还提供了多种其他食品提取方法。

注意：制备的食品提取液要立即进行检测。

1. 推荐的质控

a. 阳性毒素质控：在聚丙烯小管中，将 10μL 阳性对照加入 500μL 洗液中。每次检测都必须设置阳性对照，以证明所有试剂都有效，并且操作正确。将剩余未使用的已稀释阳性对照液丢入次氯酸钠溶液中。

b. 阴性毒素质控：使用试剂盒中的阴性对照。无需稀释，每次使用时吸取 500μL。

c. 阳性食品质控（可选）：将试剂盒中适量的阳性对照溶液加入到已知肠毒素阴性的食品中作为阳性食品对照。与待测样品进行同样程序的提取与分析。

d. 阴性食品质控（可选）：用与待检样品相同类型的不含毒素的食品作为对照，与待测样品进行同样处理，这样可以确保这种对照成分漂洗微孔，且食物中没有干扰检测结果的成分。与待测样品采用同样的提取与分析条件。

2. 从食品中提取毒素（见上文：用于 ELISA 检测的从食品中提取肠毒素的方法）

3. 酶联免疫检测，Transia™

使用建议：

a. 使用前 1h 将所有试剂与样品放置于室温下（18~25℃）；

b. 用手或振荡器混匀每个小瓶中的试剂；

c. 使用后将试剂重新放入 2~8℃冰箱保存；

d. 不同批号的试剂盒中的试剂禁止混用；

e. 漂洗阶段非常重要：漂洗时，要直接冲洗到小管底部；

f. 酶联免疫实验的孵育阶段需振荡（大约 600r/min）。

F. 酶联免疫检测

见酶联检测流程图（图 13A-10）。

a. 将检测所需的小管从袋子中拿出，放至管架上；

预备：

1 管阴性质控（瓶 1）；

1 管阳性质控（瓶 2）；

每个样品 1 管。

b. 将未使用的小管与干燥剂一起装回塑料袋中并密封；

c. 在工作表上记下涉及的待测样品的位置，并且标记在试管上用以区分（ENRCOM 180）；

d. 配制漂洗液（瓶 3）：用蒸馏水将漂洗液稀释 30 倍，混合均匀后转移到塑料洗瓶中；

e. 配制阳性质控：将 40μL 阳性质控 50 倍浓缩液（瓶 2）用 2mL 漂洗液稀释，混合均匀（配制的阳性质控液稍大于所需的体积，防止吸取过程中过少的质控液体积导致吸液误差）；

f. 用微量移液器加质控与样品：每管 500μL，每次都需更换吸头；

g. 室温（18~25℃）下振荡孵育 15min。

注意：第一次孵育时间由 15min 增加到 60min，可提高肠毒素检出率。

h. 漂洗小管 3 次：将管中液体倒入水池中，将漂洗液加入小管底部，用力洗涤后倒出，重复 3 次。管口向下扣在吸水纸上以清除剩余液体。

i. 每个试管中加入 500μL 酶联受体（瓶 4）。

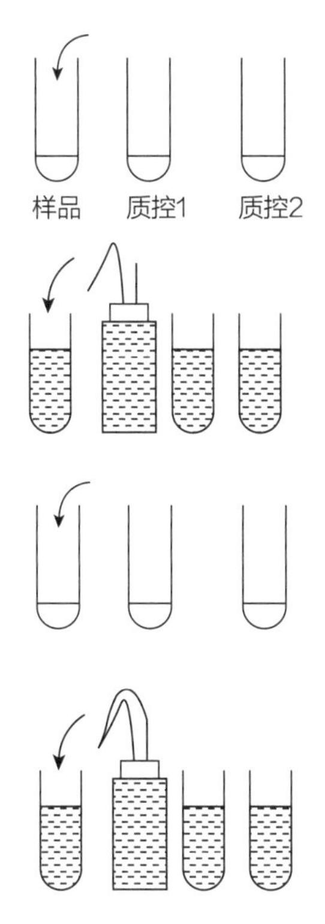

图 13A-10 酶联免疫吸附试验检测图解

j. 室温（18~25℃）下振荡孵育 15min。

k. 按上述方法漂洗试管 5 次，然后将漂洗液放回 2~8℃保存。

l. 准备底物-显色液混合液（瓶 5 和瓶 6）：如有 *n* 管，用 *n*×300μL 底物加 *n*×300μL 显色液，混合均匀。

m. 每个试管中加入 500μL 底物-显色液混合液。

注意：也可单独添加底物和显色液：先加入 250μL 底物（瓶 5），再加入 250μL 显色液（瓶 6）。

n. 室温（18~25℃）下振荡孵育 30min。

o. 用分光光度计或酶标仪检测结果时，用微量分液器加入 500μL 终止液（瓶 7）至所有管中。

G. Transia™检测确认

阳性对照（PC）的光密度值需大于或等于 0.40；阴性对照（NC）的光密度值需小于或等于 0.25。如果质控的光密度值检测值达到上述要求，结果被认为有效；反之则需重复实验。

H. 结果解释

1. 分光光度计结果

在 λ=450nm 下以空气为背景读取光密度值。如果没有测量小管的分光光度计，可将管中液体转移至 1cm 光径的比色皿中再读取光密度值。

2. 酶标仪

在 FDA，使用酶标仪在 450nm 波长处读取每个样品的光密度值。加入终止液后吸取 200μL 待测样品，移至酶标条微孔的底部，酶标条固定在酶标条架上（Dynatech Laboratories，Inc.）。将含有样品提取液的微孔板架放入酶标仪中读取吸光度，结果打印在工作表上。

定义：

阳性阈值：

• 光密度值大于或等于阳性阈值时判断样品为阳性。

• 光密度值低于阳性阈值时判断为阴性。该样品不含肠毒素或所含肠毒素水平低于所用方法的检测限水平。

• 若提取液的光密度值略低于阳性阈值（在阴性质控+0.15 至阳性阈值之间），可用 0.3g/mL PEG（阈值 12000~14000u）透析以浓缩提取液。若再次检测的光密度值增加则说明样品中含少量肠毒素。

注意：某些食品样品包含过氧化物酶、A 蛋白或内源性物质，可能会影响该方法的结果，但假阳性几率低且不稳定。

I. 毒素血清型的确定

如有必要，可使用 AOAC 方法确定毒素的血清型。请使用以下批准的方法之一：玻片凝胶双重扩散试验，前文所述 TECRA ELISA 方法或 VIDAS 葡萄球菌肠毒素Ⅱ试剂盒。

参考文献

[1] Adesiyun，A. A.，S. R. Tatini，and D. G. Hoover. 1984. Production of enterotoxin（s）by *Stap-hylococcus hyicus*. Vet. Microbiol. 9：487~495.

[2] Anderson，J. E.，R. R. Beelman and S. Doores. 1996. Persistence of serological and biological activities of staphylococcal enterotoxin A in canned mushrooms. J. Fd. Prot. 59：1292h~1299.

[3] Anderson，J. E. 1996. Survival of the serological and biological activities of staphylococcal enterotoxin A in canned mushrooms. UMI Dissertation Services，Ann Arbor，Michigan.

[4] Association of Official Analytical Chemists. 1990. Official Methods of Analysis，15th ed. AOAC，Gaithersburg，MD.

[5] Baird-Parker，A. C. 1990. The staphylococci：An Introduction. J. Appl. bacterial Symp. Suppl. 15~85.

[6] Bennett，R. W.，and M. R. Berry，Jr. 1987. Serological reactivity and in vivo toxicity of *Staphylococcus aureus* enterotoxins A and D in selected canned foods. J. Food Sci. 52：416~418.

[7] Bennett，R. W.，and V. Atrache. 1989. Applicability of visual immunoassay for simultaneous indication of staphylococcal enterotoxin serotype presence in foods. ASM Abstracts，p. 28.

[8] Bennett，R. W.，D. L. Archer，and G. Lancette. 1988. Modified procedure to eliminate elution of food proteins under seroassay for staphylococcal enterotoxins. J. Food Safety 9：135~143.

[9] Bennett，R. W.，M. Ash，and V. Atrache. 1989. Visual screening with enzyme immunoassay for staphylococcal enterotoxins in foods：an interlaboratory study. AOAC Abstracts，p. 72.

[10] Bennett，R. W. 1992. The biomolecular temperament of staphylococcal enterotoxins in thermally processed foods. J. Assoc. Off. Anal. Chem. 75：6~12.

[11] Bennett，R. W.，K. Catherwood，L. J. Luckey and N. Abhayaratna. 1993. Behavior and serological identification of staphylococcal enterotoxin in thermally processed mushrooms. *In*：S. Chang，J. A. Buswell and S. Chiu（eds.）. Mushroom Biology and Mushroom Products. Chapter 21（p. 193-207）. The Chinese University Press，Hong Kong.

[12] Bennett，R. W. 1994. Urea renaturation and identification of staphylococcal enterotoxin. *In*：R. C. Spencer，E. P. Wright and S. W. B. Newsom（eds.）RAMI-93. Rapid Methods and Automation in Microbiology and Immunology. Intercept Limited，Andover，Hampshire，England.

[13] Bennett，R. W. and F. McClure. 1994. Visual screening with immunoassay for staphylococcal enterotoxins in foods：Collaborative study. JAOAC International. 77：357~364.

[14] Bennett，R. W. and R. N. Matthews. 1995. Evaluation of polyvalent ELISA's for the identification of staphylococcal enterotoxin in foods. AOAC International Abstracts 1995：17-B-016.

[15] Bennett, R. W. 1996. Atypical toxigenic *Staphylococcus* and Non - *Staphylococcus aureus* species on the Horizon? An Update. J. Food Protection. 59: 1123~1126.

[16] Bergdoll, M. S. 1990. Staphylococcal food poisoning. *In* Foodborne Diseases. D. O. Cliver (Ed.) Academic Press, Inc. San Diego, CA. p. 86~106.

[17] Breckinridge, J. C., and M. S. Bergdoll. 1971. Outbreak of foodborne gastroenteritis due to a coagulase negative enterotoxin producing staphylococcus. N. Engl. J. Med. 248: 541~543.

[18] Brunner, K. G. and A. C. L. Wong. 1992. *Staphylococcus aureus* growth and enterotoxin production in mushrooms. J. Food Sci. 57: 700~7033.

[19] Casman, E. P., and R. W. Bennett. 1963. Culture medium for the production of staphylococcal enterotoxin A. J. Bacteriol. 86: 18~23.

[20] Casman, E. P., R. W. Bennett, A. E. Dorsey, and J. A. Issa. 1967. Identification of a fourth staphylococcal enterotoxin--enterotoxin D. J. Bacteriol. 94: 1875~1882.

[21] Casman, E. P., R. W. Bennett, A. E. Dorsey, and J. E. Stone. 1969. The microslide gel double diffusion test for the detection and assay of staphylococcal enterotoxins. Health Lab. Sci. 6: 185~198.

[22] Chen Su, Yi and A. C. L. Wong. 1997. Current perspectives on detection of staphylococcal enterotoxins. J. Fd. Prot. 60: 195~202.

[23] Crowle, A. J. 1958. A simplified micro double-diffusion agar precipitin technique. J. Lab. Clin. Med. 52: 784~787.

[24] Dangerfield, H. G. 1973. Effects of enterotoxins after ingestion by humans. Presented at the 73rd Annual Meeting of the American Society for Microbiology. May 6~11, Miami Beach, FL.

[25] Evenson, M. L., M. W. Hinds, R. S. Berstein, and M. S. Bergdoll. 1988. Estimation of human dose of staphylococcal enterotoxin A from a large outbreak in staphylococcal food poisoning involving chocolate milk. Int. J. Food Microbiol. 7: 311~316.

[26] Freed, R. C., M. L. Evenson, R. F. Reiser, and M. S. Bergdoll. 1982. Enzyme-linked immunosorbent assay for detection of staphylococcal enterotoxins in foods. Appl. Environ. Microbiol. 44: 1349~1355.

[27] Genigeorgis, C. A. 1989. Present state of knowledge on staphylococcal intoxication. Int. J. Food Microbiol. 9: 327~360.

[28] Kauffman, P. E. 1980. Enzyme immunoassay for staphylococcal enterotoxin A. J. Assoc. Off. Anal. Chem. 63: 1138~1143.

[29] Khambaty, F. M., R. W. Bennett, and D. B. Shah. 1994. Application of pulsed field gel electrophoresis to the epidemiological characterization of *Staphylococcus intermedius* implicated in a food-related outbreak. Epidemiol. Infect. 113: 75~81.

[30] Kuo, J. K. S., and G. J. Silverman. 1980. Application of enzyme-linked immunosorbent assay for detection of staphylococcal enterotoxins in foods. J. Food Prot. 43: 404~407.

[31] McFarland, J. 1907. The nephelometer: an instrument for estimating the number of bacteria in suspensions used for calculating the opsonic index and for vaccines. J. Am. Med. Assoc. 49: 1176~1178.

[32] Notermans, S., H. L. Verjans, J. Bol, and M. Van Schothorst. 1978. Enzyme-linked immunosorbent assay (ELISA) for determination of *Staphylococcus aureus* enterotoxin type B. Health Lab. Sci. 15: 28~31.

[33] Notermans, S., R. Boot, and S. R. Tatini. 1987. Selection of monoclonal antibodies for detection of staphylococcal enterotoxin in heat processed foods. Int. J. Food Microbiol. 5: 49~55.

[34] Oda, T. 1978. Application of SP - Sephadex chromatography to the purification of staphylococcal enterotoxins A, B, C_2. Jpn. J. Bacteriol. 33: 743~752.

[35] Rasooly, L., R. Noel, D. B. Shah and A. Rasooly. 1997. In vitro assay of *Staphylococcus aureus* enterotoxin activity in food. Appl. Environ. Microbiol. 63: 2361~2365.

[36] Raus, J., and D. N. Love. 1983. Characterization of coagulase-positive *Staphylococcus intermedius* and *Staphylococcus aureus* isolated from veterinary clinical specimens. J. Clin. Microbiol. 18: 789~792.

[37] Saunders, G. C., and M. L. Bartlett. 1977. Double-antibody solid-phase enzyme immunoassay for the detection of staphylococcal enterotoxin A. Appl. Environ. Microbiol. 34: 518~522.

[38] Simon, E., and G. Terplan. 1977. Nachweis von staphylokokken enterotoxin B Mittles ELISA - test. Zentralbl. Veterinaemed. Reihe B. 24: 842~844.

[39] Stiffler-Rosenberg, G., and H. Fey. 1978. Simple assay for staphylococcal enterotoxins A, B, and C: modification of enzyme-linked immunosorbent assay. J. Clin. Microbiol. 8: 473~479.

[40] Talan, D. A., D. Staatz, E. J. Goldstein, K. Singer, and G. D. Overturf. 1989. *Staphylococcus intermedius* in canine gingiva and canine - inflicted human wound infections: laboratory characterization of a newly recognized zoonotic pathogen. J.

Clin. Microbiol. 27: 78~81.

[41] Tatini, S. R. 1976. Thermal stability of enterotoxins in food. J. Milk Food Technol. 39: 432~438.

[42] Thompson, N. E., M. S. Bergdoll, R. F. Meyer, R. W. Bennett, L. Miller, and J. D. MacMillian. 1985. Monoclonal antibodies to the enterotoxins and to the toxic shock syndrome toxin produced by *Staphylococcus aureus*, pp. 23~59. *In*: Monoclonal Antibodies, Vol. II, A. J. L. Macario and E. C. Macario (eds). Academic Press, Orlando, FL.

[43] Thompson, N. E., M. Razdan, G. Kunstmann, J. M. Aschenbach, M. L. Evenson, and M. S. Bergdoll. 1986. Detection of staphylococcal enterotoxins by enzyme-linked immunosorbent assay and radioimmunoassays: comparison of monoclonal and polyclonal antibody systems. Appl. Environ. Microbiol. 51: 885~890.

[44] Van der Zee, H. and K. B. Nagel. 1993. Detection of staphylococcal enterotoxin with Vidas automated immunoanalyzer and conventional assays. *In* 7th International Congress on Rapid Methods and Automation in Microbiology and Immunology. RAMI-93. Conference Abstracts 1993. PI127, p38.

13B 葡萄球菌肠毒素检测方法

作者：Sandra M. Tallent, Reginald W.Bennett, Jennifer M.Hait。

修订历史：

- 2017年6月　将新的章节13B 添加至 BAM。
- 2018年1月　CDC APHIS/CDC 表4的超链接更正。

本章目录

葡萄球菌食物中毒（SFP）是由于食用了被足量肠毒素污染的食物而导致的中毒。SFP 的症状在进食后 2~8h 内出现，包括恶心、呕吐、伴有或不伴有腹泻的腹部绞痛，一般在 24~48h 内消失（Argudin et al.，2010）。由于误诊和未报告的轻微暴发，受 SFP 影响的人数仅为估计值。除了免疫功能受损的人群，特别是老年人和非常年轻的人住院治疗，其他很少有患者住院治疗（Scallan 等，2011）。

20%~30%人的皮肤和黏膜上长期存在葡萄球菌，60%的人间歇性存在（Kluytmans et al.，2005）。食品污染的主要来源，一般认为是由感染产肠毒素性葡萄球菌的食品加工人员直接接触产品或表面而造成。像奶牛这样的动物也可以携带葡萄球菌而成为污染源，从而污染牛乳和乳制品。最后，存在于环境中的葡萄球菌可以转移到食品中，从而作为潜在污染源（Gutiérrez 等，2012）。

与 SFP 相关的食品包括加工食品、肉类、家禽、乳制品和烘焙食品。一旦受到污染，就可能导致葡萄球菌的生长和肠毒素的产生，特别是没能保持抑制生长的良好生产条件（冷藏条件或热杀灭步骤，如巴氏杀菌）（Gutiérrez 等，2012）。金黄色葡萄球菌肠毒素是热稳定的，除非长时间暴露在高温下，即在 121℃（250℉）、15ld/in^2 下高压灭菌 60min，否则不会变性

葡萄球菌肠毒素（SEs）是具有超抗原活性的热原外毒素。肠毒素是对热和蛋白酶具有抗性的球状蛋白质，分子大小平均约为 25ku。据估计，能够引起疾病的毒素的量非常低。与巧克力牛乳有关的一次暴发检测到 0.5ng/mL的 SEA（Evenson 等，1988 年），在与乳粉有关的暴发中检测到 0.38ng/mL 的 SEA（Asao 等，2003 年）。

经典 SES（SE-SEE）和非经典 SES、SEG、SEH、SEI、SER 和 SET 都具有一级证实的催吐活性。SElJ SElQ、SElS、Selu 和 SElV 类肠毒素的催吐活性尚待证实。所有肠毒素和类肠毒素基因都位于包括噬菌体、致病性岛、质粒或转座子在内的可移动遗传元件上（Argudin 等，2012）。

检测 SES 对于保障食品安全和供应非常重要。SE 检测方法依赖于市售的多价酶联免疫分析（ELISA）或带有检测 SEA-SEE 抗体的酶联荧光免疫分析（EFLA）。单价方法对 SEA-SEE 具有特异性，可以用来区分这些类

型。该方法需要在分析之前从可疑食物中提取肠毒素。该方法的灵敏度和选择性随着食品提取物的透析浓缩而提高，有时为了节约时间可能需要在没有浓缩的情况下进行初步测试。但是，在分析之前应对所有乳制品进行透析浓缩（Hennekinne 等，2012）。

警告：葡萄球菌肠毒素毒性很高，可能产生气溶胶的操作应在经过检验的生物安全柜（BSC）中进行。葡萄球菌肠毒素（SEA、SEB、SEC、SED 和 SED）是选择（因子）试剂。科学家必须遵循疾病预防控制中心制定的指导方针：HTTPS：//www-StastTest. Gov/Faq-Gualal. HTML。

A. 特种设备和材料

1. 温度控制室或冰箱（2~8℃）。
2. 搅拌机或均质器。
3. 培养箱（35~37℃）。
4. 分析天平和称重盘。
5. 透析用托盘。
6. pH 计。提取过程中的 pH 和提取中使用的缓冲液的 pH 是重要的。在±0. 1pH 单位内进行调整。
7. 2~8℃冷冻离心机。
8. 避免毒素吸附的玻璃或聚丙烯中的实验器皿。
9. 用于离心后收集残渣的过滤布。一般用几层润湿的粗棉布取代。
10. 分液漏斗。
11. 透析袋：截留分子质量 6000~8000u（例如带封口的 Spectra/Por ©），宽 23±2mm。
12. 真空锥形管过滤装置（0. 22μm 膜），如 Steriflip（EMD Millipore）。建议用于培养液上清液过滤，作为避免肠毒素气雾化的安全措施。
13. 生物安全柜。

B. 试剂

注：试剂盒厂商可能需要不同的缓冲液或溶剂。

1. 0. 2mol/L 磷酸盐缓冲液（PBS，pH7. 3）将 9g NaCl 和 3. 58g Na_2HPO_4 溶解于 1L 蒸馏水中（NaCl/Na_2HPO_4 为 145mmol/L/10mmol/L）。使用 HCl 调整 pH 为 7. 2±0. 2。
2. 氯化钠（NaCl）。
3. 磷酸钠（Na_2HPO_4）。
4. 聚乙二醇（PEG，相对分子质量 20000）：每 70mL 蒸馏水加入 30g PEG，制备 30%PEG 溶液。
5. 1mol/L（或 0. 1mol/L）NaOH。
6. 1mol/L（或 0. 1mol/L）HCl。

C. 透析袋的制备

取适当长度的透析袋，以能够装入食物提取物浓缩液为宜。浸泡于蒸馏水，经过两次换水除去甘油涂层。使用膜封口或者打结封闭端口。将透析袋中装满蒸馏水，紧闭端口，通过挤压来测试泄漏。将空的透析袋放入蒸馏水中，待用。

D. 食品中肠毒素的提取

注意：该操作过程可能产生致病微生物或肠毒素的气溶胶，应在经过检验的生物安全柜中进行。

1. 尽量在搅拌器中均质整个食品或来自产品的具有代表性的样品，使食品中的所有 SE 均匀分布。

a. 带皮干酪，取干酪样品 10%皮和 90%干酪。

b. 对于干燥产品，使用等量的水与产品混合或遵循厂商的说明。

2. 在玻璃烧杯中称重 25g 样品，并将样品转移到带有 40mL 蒸馏水的搅拌器中，然后高速搅拌 3min，形成均浆。液体样品无需加水，直接进入步骤 3。

3. 常温下摇晃样品 30min，使毒素扩散。

4. 用 0.1mol/L HCl 将混合物酸化至 pH 3.5~4。注：如果 pH 降低到 3 以下，则必须重新制备 25g 样品。

5. 将酸化浆液转移到 50mL 丙烯管中。5℃下 3130r/min 离心 20min。也可以在较低的转速下离心较长时间，但是对某些食物可能无效。应当在冷藏温度下离心，否则无法分离脂肪。

6. 将上清液通过粗棉布或装有其他合适过滤材料的分液漏斗，倒入 800mL 烧杯中。如果上清液不够清澈，则需再次离心，并通过粗棉布过滤液体。检测 pH 在 3.5~4.5。如果 pH 合适，用 0.1mol/L NaOH 中和混合物，得到 pH 在 7.4~7.6。

7. 如果 pH>4.5，则需重复酸化；但如果 pH<3 或 pH>9，则重需新处理 25g 食物样品。

8. 若样品数量足够，可用于重复测试，可以取出等分试样，使用经过验证的测定方法进行筛选（参见 H 部分）。如果筛选结果为阴性，则将剩余的提取物进行透析浓缩，再次检测。

E. 提取物透析浓缩

1. 将提取液置于制备的透析袋中。将封闭的透析袋放入托盘，浸入 300g/L PEG 中。保持在 5℃，直到体积减少到 15~20mL 或更少。整个过程可能需要 24~72h（如果过夜后体积未见减少，则在托盘中添加粉末状 PEG）。从 PEG 中取出透析袋，用清水彻底冲洗，清除粘在透析袋上的 PEG。将透析袋在蒸馏水中浸泡 1~2min，倒入小烧杯内。

2. 用 2~3mL 蒸馏水（乳和乳制品用 PBS）冲洗透析袋内，用手指在透析袋外壁上下滑动，挤出黏附在管内的液体。重复冲洗直到冲洗液清澈为止。尽量浓缩以减少浓缩液体积。

3. 调整提取液 pH 至 7.4~7.6。

4. 如果在 3~5℃下储存，应在 48h 内检测浓缩提取物，否则，在测试之前，将提取物在-18~20℃下冷冻，检测前在 3~5℃下完全解冻。一些测试，如 VIDAS SET2 需要立即分析。

F. 从细菌培养物中检测 SE

怀疑产生肠毒素的葡萄球菌可在 TSB 或 BHI 等营养液中预增菌。

1. 将 2 个或 3 个形态相似的菌落转移到 10mL 营养液中。

2. 在 35~37℃细菌恒温摇床中隔夜培养。

3. 10℃下 3500r/min 离心 5min。

4. 使用具有 0.22μm 膜的过滤器或其他封闭系统的无菌真空过滤器过滤上清液，避免形成肠毒素气溶胶。此操作必须在生物安全柜中进行，以确保检验员安全。

5. 培养上清液中可能有高浓度的 SE，在试剂盒的线性范围之外可能需要用 PBS 稀释。

G. 报告结果

食品中葡萄球菌肠毒素阳性检测结果应该报告给由疾控中心（CDC）管理的联邦选择试剂计划：填写 APHIS/CDC 表 4，HTTPS：//www-SelpTest. Gov/Ford4. HTML。

阳性结果应报告为：检出的葡萄球菌肠毒素/xg(mL) 产品。阳性结果应报告：以未检测出葡萄球菌肠毒素/xg(mL) 产品。

H. 注意

要求该试剂盒的测肠毒素检出下线为 0.05ng/g，具有较高的相对灵敏度（>90%）和相对特异性（>90%）。

该肠毒素检测试剂盒的检测下线为 0.05ng/g，具有高水平的相对灵敏度（>90%）和相对特异性(>90%)。在该方法中提及商品名或商业产品仅用于科学研究，并不是 FDA 的推荐或认可。常用于 SE 检测的有两种方法，一类是多价试剂盒，包括 AOAC 批准的 Vidas SET2（bioMerieux，Inc），这是一种检测 SEA-SEE 的自动化多价酶联荧光检测（EFLA）（AOAC 官方方法 2007.06 VIDAS SET2 检测部分食品的金黄色葡萄球菌肠毒素，仲裁方法，2010）。Vidas Set2 的当前目录号是 30705；Ridascreen SET Total（R-Biopharm AG）是在包被多价抗体的孔中进行的手动酶联免疫测定。多价 Ridascreen 检测葡萄球菌肠毒素 SEA-SEE 试剂盒，通过由欧盟参考实验室主持的凝血酶阳性葡萄球菌的对比试验和第三方研究的验证，被欧洲标准化委员会（CEN）的建议授权为 ISO 19020 标准。另一类单价试剂盒 Ridascreen Set A、B、C、D、E（R-Biopharm AG）也可以使用，但该试剂盒尚未通过第三方验证。Set Total 多价试剂盒的目录号是 R4105（96 孔）或 R4106（48 孔）。SET A、B、C、D、E 单价试剂盒的目录号是 R4101。

干扰

非特异性反应可能发生在含有内源酶（如乳过氧化物酶或碱性磷酸酶）的食品，这些酶干扰了采用碱性磷酸酶作为检测酶的试剂盒，如 Vidas SET2（Vernozy-Rozand 等，2005）。建议所有阳性结果用另一种使用不同检测酶的方法来证实。在 VIDAS SET2 中，一种替代方法是使用乳过氧化物酶的 RIDASCREN SET Totak 试剂盒。

可以采用热处理去除样品中的内源性碱性磷酸酶，方法如下：

- 将 600μL 浓缩提取物移至试管中。
- 80℃加热 2min。
- 待浓缩液冷却后，再次进行 VIDAS SET2 测定。但可能会出现肠毒素的丢失。

如果怀疑 Ridascreen 试剂盒或使用乳过氧化物酶的其他试剂盒结果不准确，可以将 100μL 浓缩提取物移至试管中各加入 50μL 的底物和染色剂溶液，混合并观察蓝绿色。如果出现蓝绿色，则表明样品中存在内源性乳过氧化物酶，干扰了测定。因此，必须使用其他检测方法。

参考文献

[1] Argudin，MA，Mendoza，MC，and Rodicio MR. Food Poisoning and *Staphylococcus aureus* Enterotoxins. *Toxins* 2010，2，1751-1773.

[2] Argudin，MA，Mendoza，MC，Gonzάalez-Hevia，MA，Bances，M，Guerra，B，and Rodicio MR. Genotypes，Exotoxin Gene Content，and Antimicrobial Resistance of *Staphylococcus aureus* Strains Recovered from Foods and Food Hanglers. *AEM* 2012 78 2930-2935.

[3] Asao，T，Kumeda，Y，Kawai，T，Shibata，T，Oda，H，Nakazawa，H，and Lozaki，S. An extensive outbreak of staphylococcal food poisoning due to low-fat milk in Japan：estimate of of entertoxin A in the incriminated milk and powdered skim milk. *Epidemiol. Infect.*，2003，130，33-40.

[4] Centers for Disease Control/National Institutes of Health. Biosafety in Microbiological and Biomedical Laboratories. Fifth Edition，2007，Evenson，ML，Hinds，MW，Bernstein，RS，Befgdoll，MS. Estimation of human dose of staphylococcal enterotoxin A from a large outbreak of staphylococcal food poisoning involving chocolate milk. *Int J Food Microbiol* 1988，31，311-316.

[5] Gutiérrez，D，Delgado，S，Vάzquez-Sάnchez，D，Martinez，B，Caba，ML，Rodriguez，A，Herrera，JJ，and Garcia，P. Incidence of *Staphylococcus aureus* and Analysis of Associated Bacterial Communities on Food Industry Surfaces. AEM 2012，78，8547-8554.

[6] Hennekinne，JA，Ostyn，A，Fuillier，F，Hervin，S，Prufer，AL，and Dragacci，S. How Should Staphylococcal Food Poisoning Outbreaks be Characterized? Toxins，2010，2，2106-2116.

[7] Hennekinne, JA, De Buyser, MA, and Dragacci, S. *Staphylococcus aureus* and its food poisoning toxins: characterization and outbreak investigation. FEMS Microbiol Rev, 2012, 36, 815-836.

[8] Kluytmans, JAJW, and Wertheim, HFL. Nasal carriage of *Staphylococcus aureus* and prevention of nosocomial infections. Infection 2005, 33, 3 - 8.

[9] Scallan E, Hoekstra RM, Angulo FJ, Tauxe RV, Widdowson M-A, Roy SL, *et al.* Foodborne illness acquired in the United States—major pathogens. *Emerg. Infect. Dis.* 2011 Jan. http://www.cdc.gov/EID/content/17/1/7.htm

[10] Vernozy-Rozand, C., Mazuy-Cruchaudet, C., Bavai, C. and Richard, Y. (2004), Comparison of three immunological methods for detecting staphylococcal enterotoxins from food. *Lett App Microbiol*, 2004, 39, 490 - 494. doi: 10.1111/j.1472-765X.2004.01602.x

14 蜡样芽孢杆菌

2001年1月；2012年2月更新

作者：Sandra M. Tallent，E. Jeffery Rhodehamel，Stanley M. Harmon，Reginald W. Bennett。

修订历史：

- 2012年1月：更新一种可以选择的显色培养基——Bacara 琼脂，用以检测和计数食品中的蜡样芽孢杆菌。

本章目录

蜡样芽孢杆菌（*Bacillus cereus*）是一种能够形成芽孢的需氧菌，一般存在于土壤、蔬菜以及一些食品原料和加工食品中。通常如果每克食品中含有蜡样芽孢杆菌超过 10^6CFU，就可能会导致食物中毒。这种情况一般是在食物做熟后没有进行妥善冷藏而放置数小时后易发生。

由蜡样芽孢杆菌引起的中毒事件中所涉及的食品主要有：熟肉和熟菜、米饭、炒饭、调料、蛋羹、汤类及生的蔬菜。食用了被蜡样芽孢杆菌污染的食物所引起的中毒症状有两种，一种是大家所熟知的腹痛和非出血性腹泻症状，其潜伏期通常为 4~16h，病症一般持续 12~24h；另一种表现为严重的恶心和呕吐，而腹泻症状不常见，该症状一般是在食用了被蜡样芽孢杆菌污染的食物 1~5h 内发作。

目前一般用 MYP 琼脂作为接种蜡样芽孢杆菌的标准培养基，但它没有选择性，其他菌群不能受到抑制，这可能会掩饰试样中存在的蜡样芽孢杆菌。Bacara 是一种能够产生颜色且具有选择性的筛选琼脂培养基，它能抑制背景中其他菌群的生长而促进蜡样芽孢杆菌的生长，有助于蜡样芽孢杆菌的鉴别。这种显色培养基已被用于蜡样芽孢杆菌的计数，并被建议取代 MYP 琼脂。典型的蜡样芽孢杆菌在 Bacara 培养基上为大小一致的橙红色菌落，在其周围被一沉淀环所围绕。该培养基能够识别蜡样芽孢杆菌菌群中所有种类的芽孢杆菌：如苏云金芽孢杆菌（*B. thuringiensis*）、蜡样芽孢杆菌、炭疽杆菌（*B. anthracis*）、蕈状芽孢杆菌（*B. mycoides*）以及韦氏芽孢杆菌（*B. Weihenstephanensis*）。生化测试是鉴定蜡样芽孢杆菌种水平的必要手段。目前已有预制好的 Bacara 平板培养基出售。或者购买非预制好的 Bacara 培养基，这种培养基已被装在烧瓶中，加入随培养基附带提供的 2 种试剂即可制成。这种培养基为专有制剂，并不以脱水形式出售。

Ⅰ 食品中蜡样芽孢杆菌的检验

A. 采样

如果待检食品的量较大，可分别从可疑样品的不同部分取样 50g，因污染可能呈不均匀分布，这样取样比较有代表性。如果食品呈粉末状或小的颗粒状，那么应该在采样前充分混匀。

B. 样品的运送与储存

样品应放置在保温的容器中运送，并放入充足的凝胶型致冷剂维持温度在 6℃ 或更低，尽快送到实验室。实验室接收样品后，应将样品保存在 4℃ 条件下并尽快检验。如果样品在送到后 4d 内不能进行检验，应迅速将样品冷冻保存于-20℃ 条件下直到开始检验，检验前于室温下解冻后按常规方法进行检验。在用于冰做制冷剂运输的过程中要避免其融化。脱水食品可以在室温下储存和运送，无需冷藏。

Ⅱ 食品中蜡样芽孢杆菌的计数与确证

A. 设备和材料

1. 请参阅本指南的第 1 章，食品的均质处理。
2. 移液管：1、5mL 和 10mL，刻度单位为 0.1mL。
3. 玻璃涂布棒（曲棍球杆形）：直径 3~4mm，涂布面积 45~55mm。
4. 培养箱：(30±2)℃ 和 (35±2)℃
5. 菌落计数器。
6. 黑色记号笔。
7. 大、小煤气灯。
8. 接种环：24 号镍铬合金丝或白金丝，直径 2~3mm。
9. 旋涡振荡器。
10. 显微镜：载玻片，盖玻片。
11. 培养管：13mm×100mm，灭菌处理。
12. 试管：16mm×125mm，或点滴板。
13. 瓶子：100mL，灭菌处理。
14. 厌氧培养罐：BBL GasPak™ 厌氧产品，配有 H_2 及 CO_2 产气包和催化剂。
15. 水浴锅：(45±2)℃（用于加热琼脂）。
16. 水浴锅：(100±2)℃（用于熔化 Bacara 琼脂）。
17. 试管架。
18. 染色架。
19. 无菌培养皿：15mm×100mm。

B. 培养基和试剂

1. Bacara 琼脂平板：预制显色培养平板购自 AES Chemunex（Cranbury，NJ）。
2. 甘露醇卵黄多黏菌素（MYP）琼脂平板（M95）。
3. 50%卵黄乳液（M51）。
4. 胰酪胨大豆多黏菌素肉汤（M158）。
5. 用于 MYP 琼脂的多黏菌素 B 溶液（0.1%）及胰酪胨大豆多黏菌素肉汤（0.15%）（见 M95 和 M158）。

6. 酚红葡萄糖肉汤（M122）。
7. 酪氨酸琼脂（M170）。
8. 溶菌酶肉汤（M90）。
9. VP 培养基（M177）。
10. 硝酸盐肉汤（M108）。
11. 营养琼脂（用于蜡样芽孢杆菌）（M113）。
12. 动力培养基（用于蜡样芽孢杆菌）（M100）。
13. 胰酪胨大豆羊血琼脂（M159）。
14. 亚硝酸盐检测试剂（R48）。
15. Butterfield 磷酸盐缓冲液（R11）于瓶中定容到（450±5）mL 和（90±2）mL，灭菌备用。
16. VP 试剂（R89）。
17. 肌酸晶体。
18. 革兰氏染色液（R32）。
19. 品红染色液（R3）。
20. 甲醇。
21. 含 0.1%葡萄糖的脑心浸出液肉汤，用于肠毒素测试（第 15 章）。

C. 试样制备

在无菌条件下称取 50g 试样到灭菌的均质杯中，加入 450mL Butterfield 磷酸盐缓冲液（1：10 稀释），高速均质 2min（18000~21000r/min）。对样品进行 10^{-2}~10^{-6}倍系列稀释。取 10mL 均质后的样品加入到 90mL 对照稀释液中（1：10 稀释），剧烈摇动混合均匀，持续稀释直到 10^{-6}倍。

D. 蜡样芽孢杆菌平板计数

将每一稀释度的样品分别接种 2 个 Bacara 或 MYP 琼脂平板（包括 1：10 倍稀释样品）。每个平板接种 0.1mL，用灭菌玻璃涂布棒将稀释样品均匀涂于琼脂平板表面。30℃培养 18~24h，观察菌落周围产生的沉淀环，这表明有卵磷脂酶产生。蜡样芽孢杆菌在 Bacara 培养基中显橙红色；在 MYP 琼脂平板中通常显粉红色，如继续培养，粉色会更加明显（图 14-1）。

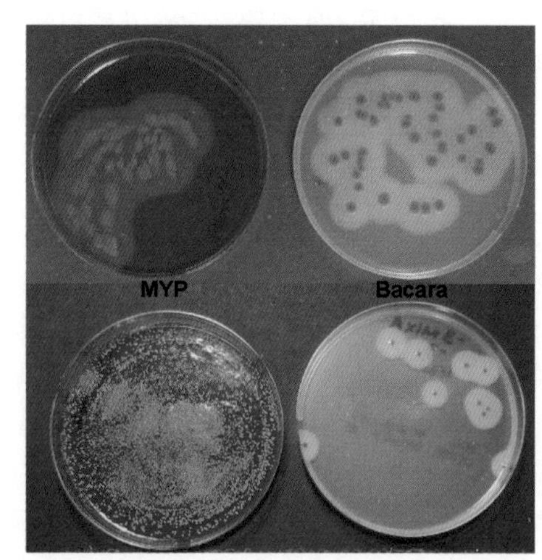

图 14-1　生长在 MYP 琼脂平板上的蜡样芽孢杆菌菌落呈粉红色并且卵磷脂酶阳性，但其他杂菌没有受到抑制，会对蜡样芽孢杆菌造成干扰。生长在 Bacara 琼脂平板上的蜡样芽孢杆菌呈橙红色且卵磷脂酶阳性，其他杂菌受到抑制

如果菌落特征不明显，可继续培养 24h。选择含有 15~150 个橙红色菌落（Bacara 琼脂平板）或粉红色菌落（MYP 琼脂平板）并有卵磷脂酶产生（菌落周围产生沉淀环）的平板进行计数。可以用黑色记号笔在平板底部划分几个区域，这样可以方便对那些典型的蜡样芽孢杆菌菌落进行计数，本步骤是对疑似蜡样芽孢杆菌菌落的计数。从 Bacara 琼脂平板或 MYP 琼脂平板上挑取 5 个或更多个疑似蜡样芽孢杆菌的菌落，一个菌落接种到营养琼脂斜面培养基保存起来，一个菌落接种到含 0.1%葡萄糖的脑心浸出液肉汤中用于肠毒素测试（第 15 章）。生长在 Bacara 或 MYP 琼脂平板上的典型菌落必须通过下文 F 和 H 部分所述的生化检测进行确证。

样品中蜡样芽孢杆菌的数量(CFU/g)是基于确证为阳性蜡样芽孢杆菌的菌落数和形态学上疑似为蜡样芽孢杆菌菌落数的比例计算得出。例如 10^{-4}倍稀释样品中的平均菌落数为 65，进行确证实验的 5 个菌落中有 4 个被确证为蜡样芽孢杆菌，则该样品中蜡样芽孢杆菌的数量为（CFU/g）65×4/5×10000×10=5200000（注：稀释系数比样品稀释倍数高 10 倍是因为取了 0.1mL 用于试验）。

E. 蜡样芽孢杆菌最大可能数（MPN）

如样品中蜡样芽孢杆菌数较少，建议使用最大可能数法（MPN）对蜡样芽孢杆菌进行计数。这种方法常用于检测存在大量其他竞争菌的食品和脱水食品。在脱水食品中可能存在大量的潜在孢子，它们在营养条件具备的情况下会萌发。

选用三管法测定最大可能数，即吸取样品的 10^{-1}、10^{-2} 和 10^{-3} 倍稀释液，每个稀释度接种到 3 管胰酪胨大豆多黏菌素肉汤中，每管接种 1mL（如预计蜡样芽孢杆菌的数量超过 10^3 个/g，则其他的稀释度也需要测试）。将接种管在 30±2℃ 条件下孵育 48±2h，会观察到试管内培养物浊度增加，这是蜡样芽孢杆菌生长的典型性状。从长菌的试管中取培养物划线接种于分离琼脂平板（Bacara 或 MYP）上，30℃ 培养 24～48h。从琼脂平板上挑取 1 个或多个橙红色（Bacara 琼脂平板）或粉红色（MYP 琼脂平板）的卵磷脂酶阳性的菌落到含 0.1% 葡萄糖的脑心浸出液肉汤中用于肠毒素测试（第 15 章），并接种到营养琼脂斜面上保存起来。生长在 Bacara 或 MYP 琼脂平板上的典型菌落必须通过下文 F 和 H 部分所述的生化检测进行确证。

根据每个稀释度确证为蜡样芽孢杆菌的管数来计算样品中蜡样芽孢杆菌的最大可能数（个/g，见附录 2）。生化检测对于将菌落鉴定到种的水平是必要的，但是，除蜡样芽孢杆菌以外的其他芽孢杆菌也能携带肠毒素。

F. 蜡样芽孢杆菌的确证

从 MYP 琼脂平板挑取 5 个或多个粉红色的卵磷脂酶阳性菌落到营养琼脂斜面培养基上，30℃ 培养 24h。从琼脂斜面挑取菌落制作革兰氏染色涂片，镜下观察。蜡样芽孢杆菌为大的革兰氏阳性杆菌，呈短的或长的链状；芽孢呈椭圆形，位于菌体中央或偏一端，但不使菌体膨大。从每一斜面用直径 3mm 的接种环刮取一环培养物到装有 0.5mL 灭菌磷酸盐缓冲液的试管（13mm×100mm）中，用旋涡振荡器使培养物悬浮于稀释液中。将悬浮液接种到确证培养基中，同时接种蜡样芽孢杆菌 ATCC 14579 和短芽孢杆菌 ATCC 64 分别作为阳性对照及阴性对照。

1. 酚红葡萄糖肉汤

用直径 2mm 的接种环取一环培养物接种于 3mL 酚红葡萄糖肉汤中，于 GasPak 厌氧培养罐中 35℃ 厌氧培养 24h。用力摇动试管观察菌液浊度及颜色变化从而判断菌液生长情况。菌液颜色由红色变为黄色表示在缺氧的条件下葡萄糖已被分解产生了酸。部分试管中的颜色变化可能是由红色到橙色/黄色，甚至在未接种的对照管中亦如此，这是由于 GasPak 厌氧培养罐中产生的 CO_2 使培养基的 pH 降低所致。

2. 硝酸盐肉汤

用直径 3mm 的接种环取一环培养物接种于 5mL 硝酸盐肉汤中，35℃ 培养 24h。对亚硝酸盐进行检测：分别加入 0.25mL 亚硝酸盐检测试剂 A 和 C 于培养物中，如在 10min 内出现橙色，表明硝酸盐已经被还原为亚硝酸盐。

3. 改良的 VP 培养基

用直径 3mm 的接种环取一环培养物接种于改良的 5mL VP 培养基中，35℃ 培养（48±2）h。吸取 1mL 培养物到 16mm×125mm 试管中，加入 0.6mL α-萘酚溶液（R89）及 0.2mL 40% 氢氧化钾（R89）。摇动，加入少许肌酸晶体，室温放置1h后观察，如有粉色或紫色产生即为阳性，表明有 3-羟基丁酮产生。

4. 酪氨酸琼脂

用直径 3mm 的接种环取一环培养物接种于酪氨酸琼脂斜面上，涂满斜面。35℃ 培养 48h。如观察到菌落周围的培养基出现澄清透明区表明酪氨酸已经被分解。对于有明显生长迹象但呈阴性反应的斜面，在确定为阴性之前共需要培养 7d。

5. 溶菌酶肉汤

用直径 2mm 的接种环取一环培养物接种于含有 0.001%溶菌酶的 2.5mL 营养肉汤中。同时接种 2.5mL 不含溶菌酶的营养肉汤作为阳性对照。35℃培养 24h。观察培养物在含溶菌酶的肉汤及不含溶菌酶的营养肉汤中的生长情况。对于反应呈阴性的管应继续培养 24h 再观察才可丢弃。

6. MYP 琼脂

如在上面的 MYP 琼脂平板实验得到的结果非常明确而且没有其他微生物的干扰出现，或先前已经接种于 Bacara 培养平板上，本步骤可以省略。在平板底部用记号笔将其划分成 6 个相等的部分，并将每个部分做好标记。取一接种环（直径 2mm）的培养物轻轻接种于 MYP 琼脂表面 $4cm^2$ 的预先标记区内。待接种物充分吸收后，35℃培养 24h。查看菌落周围是否有沉淀环出现，如有沉淀环则表明有卵磷脂酶产生。如甘露醇没有被发酵则菌落及其周围培养基呈粉红色（呈黄色表明甘露醇已被发酵产酸）。蜡样芽孢杆菌在 MYP 琼脂上通常为卵磷脂酶阳性而甘露醇阴性。

G. 不同确证试验的结果记录

满足下面这些条件的细菌可初步鉴定为蜡样芽孢杆菌：①产生大的革兰氏阳性杆菌，形成芽孢，芽孢不突出菌体；②在 MYP 琼脂上产生卵磷脂酶，不能使甘露醇发酵；③能在厌氧条件下生长，并能够利用葡萄糖产酸；④能将硝酸盐还原成亚硝酸盐（少数菌株不能）；⑤产生乙酰基乙醇（V-P 阳性）；⑥分解 L-酪氨酸；⑦能在 0.001%溶菌酶存在的情况下生长。

这些基本特征为蜡样芽孢杆菌菌群中其他菌所共有，包括根样生长的蕈状芽孢杆菌，能产生杀虫晶体的苏云金芽孢杆菌及哺乳动物病原菌炭疽杆菌。尽管如此，可以通过确定每种菌的具体特征将这些菌同蜡样芽孢杆菌区分开。具体试验如下文所述，这些试验比较有效而且可以在多数实验室里很容易地进行。对于那些产生非典型结果的菌株，在被确定为蜡样芽孢杆菌之前还需要做进一步的试验分析。

H. 蜡样芽孢杆菌菌群中各种菌的鉴别试验（表 14-1）

下面的试验可以用来将典型的蜡样芽孢杆菌从芽孢杆菌菌群的其他菌中鉴别出来，包括蕈状芽孢杆菌、苏云金芽孢杆菌和炭疽芽孢杆菌。

1. 动力试验

取一接种环（直径 3mm）培养 24h 的培养物悬液，从中央穿刺接种于 BC 动力试验培养基中，30℃培养 18~24h，观察菌株沿穿刺线的生长情况。具有动力的菌株从穿刺线向培养基内呈弥蔓性生长，无动力性菌株则沿穿刺线生长。也可在营养琼脂斜面培养基表面加 0.2mL 灭菌蒸馏水，再接种一环（直径 3mm）培养物悬液，30℃培养 6~8h。从营养琼脂斜面底部蘸取一环液体培养物，在载玻片上滴一滴无菌水，将所取培养物悬于水滴中，盖上盖玻片，立即在显微镜下观察其动力性。对试验菌是否具有动力性进行判断，绝大多数蜡样芽孢杆菌和苏云金芽孢杆菌依赖其周生鞭毛具有动力性，而炭疽芽孢杆菌和除少数蕈状芽孢杆菌外都不具有动力性。少数蜡样芽孢杆菌也不具有动力性。

表 14-1　芽孢杆菌属大细胞种第Ⅰ群的不同特性

特性	蜡样芽孢杆菌	苏云金芽孢杆菌	蕈状芽孢杆菌	韦氏芽孢杆菌	炭疽芽孢杆菌	巨大芽孢杆菌（*B. megaterium*）
革兰氏染色	+[a]	+	+	+	+	+
过氧化氢酶	+	+	+	+	+	+
运动性	+/-[b]	+/-	-[c]	+	-	+/-
还原硝酸盐	+	+	+	+	+	-[d]

续表

特性	蜡样芽孢杆菌	苏云金芽孢杆菌	蕈状芽孢杆菌	韦氏芽孢杆菌	炭疽芽孢杆菌	巨大芽孢杆菌（*B. megaterium*）
分解酪氨酸	+	+	+/−	+	−[d]	+/−
溶菌酶抗性	+	+	+	+	+	−
卵黄反应	+	+	+	+	+	−
厌氧利用葡萄糖	+	+	+	+	+	−
VP	+	+	+	+	+	−
甘露醇产酸	−	−	−	−	−	+
溶血作用（绵羊红细胞）	+	+	+	ND[e]	−[d]	−
已知致病性[f]/特点	产生肠毒素	产生毒素晶体，对昆虫有致病性	根状生长	在6℃能生长，在43℃不能生长	对人和动物有致病性	

a +，90%～100%菌株呈阳性。
b +/−，50%菌株呈阳性。
c −，90%～100%菌株呈阴性。
d −，多数菌株为阴性。
e ND，不确定。
f 见H部分，蜡样芽孢杆菌检测方法的局限性。

2. 根状生长试验

向灭菌平皿（15mm×100mm）内倒入18～20mL营养琼脂，室温干燥1～2d。用接种环（直径2mm）向每个平板中心小心地接种一环培养24h的培养物悬液。待培养物吸收后，30℃培养48～72h，检查根状生长情况。根状生长菌落的特征为具有长的毛发样或根状结构，从接种点向周围延伸数厘米。粗糙星系状生长的为蜡样芽孢杆菌，同蕈状芽孢杆菌的根状生长具有明显的区别，这是蕈状芽孢杆菌所具有的特征。这个种的大多数菌不具有运动性。

3. 溶血试验

用记号笔将平板底部划分成6～8等份，并将每部分做好标记。取一接种环（直径2mm）培养24h的培养物悬液，轻轻接种于胰酪胨大豆羊血琼脂表面4cm^{2}的预先标记区域内（在一块平板上可以同时做6份或更多份的培养物试验）。将平板35℃培养24h。对溶血试验结果进行观察，蜡样芽孢杆菌通常具有强烈的溶血性，在其菌落周围呈现2～4mm大小直径的β完全溶血的溶血环。大多数苏云金芽孢杆菌和蕈状芽孢杆菌也具有β溶血性，炭疽芽孢杆菌培养24h后一般不具有溶血性。

4. 毒蛋白晶体试验

用接种环（直径3mm）接种一环培养24h的培养物悬液到营养琼脂斜面上，然后30℃培养24h后室温放置2～3d。用无菌蒸馏水制备显微涂片，晾干并让载玻片通过煤气灯的火焰进行轻微的热固定。将载玻片置于染色架上浸于甲醇中，停留30s后取出倾去甲醇，晾干。将载玻片重新放回染色架并完全浸于0.5%品红染色液或TB石炭酸品红液中，用小的煤气灯从下面对载玻片温和加热，直到略见蒸汽。

放置1～2min后，重复一遍上述步骤，放置30s后倾去染料，并用干净的自来水充分冲洗，晾干玻片置油镜下观察有无游离芽孢和染成黑色菱形（钻石样）的毒蛋白晶体。毒蛋白晶体一般稍小于孢子。一般培养3～4d以上的苏云金芽孢杆菌都含有丰富的毒蛋白晶体，但是只有将芽孢体裂解后通过染色的方法才能观察到。因此，除非观察到游离的芽孢，否则培养物应在室温下继续放置几天再重新检验毒蛋白晶体。苏云金芽孢杆菌产生的毒蛋白晶体通常可以用染色法检测到，它们或是游离的晶体，或是孢子壁内的聚合包涵体。蜡样芽孢杆菌和蜡样芽孢杆菌属中的其他菌均不产生毒蛋白质晶体。

5. 菌株的耐寒性试验

为了确定菌株的耐寒性，准备 2 个 TSA 划线平板。一块板在 6℃培养 28d，第二块板在 43℃培养 4d。韦氏芽孢杆菌在 6℃的条件下能生长，但在 43℃的条件下不会生长。

6. 试验结果的解释

根据试验结果，那些被鉴定为蜡样芽孢杆菌的菌株具有活跃的动力性及强的溶血性，不会形成根状菌落，也不产生有毒的蛋白晶体。但不具有动力性的蜡样芽孢杆菌也很常见，少数蜡样芽孢杆菌具有较弱的溶血性。这些不致病的蜡样芽孢杆菌能够通过具有对青霉素和 γ 噬菌体的抗性而同炭疽芽孢杆菌区分开。警告：那些不具有运动性和非溶血性的疑似为炭疽芽孢杆菌的菌株应呈交给病理学实验室或疾病预防控制中心进行鉴定或高压灭菌销毁。一些含晶体的苏云金芽孢杆菌变种及源自蕈状芽孢杆菌的非根状生长变异菌株不能够通过培养试验的方法与蜡样芽孢杆菌区分开。

7. 蜡样芽孢杆菌检测方法的局限性

上面介绍的方法主要用于食品中蜡样芽孢杆菌的日常检验。文中 F 部分及表 14-1所推荐的确证试验，在某些情况下可能不足以将蜡样芽孢杆菌从食品中偶尔遇到的相似菌区分开。这些相似菌包括：①昆虫病原菌苏云金芽孢杆菌，它能产生有毒的晶体蛋白；②蕈状芽孢杆菌，该菌在琼脂培养基上生长为根状菌落；③炭疽芽孢杆菌，一种著名的动物致病菌，无动力性。除苏云金芽孢杆菌目前用于食物和饲料作物中昆虫的防治之外，其余两种菌在食物的常规检验中很少遇到。文中所介绍的检验方法足以将典型的蜡样芽孢杆菌同芽孢杆菌属中的其他菌区分开。然而，对于一些非典型蜡样芽孢杆菌其检测结果是非常易变的，对于这些菌株非常有必要做进一步的鉴定测试。

参考文献

[1] Stenfors, Arnesen LP, Fagerlund A, Granum PE. (2008) From Soil to gut: Bacillus cereus and its food poisoning toxins. FEMS Microbiol Rev. 32: 579~606.

[2] Tallent, SM, KM Kotewicz, EA Strain and RW Bennett. 2012. Efficient Isolation and Identification of Bacillus cereus Group Journal of AOAC International, 95 (2): 446~451. Available as PDF (278 Kb).

[3] Anonymous. (1993) 2nd Ed., International Organization for Standardization, Geneva, Switzerland, MethodISO 793.

15 蜡样芽孢杆菌腹泻肠毒素

2001年1月

作者：Reginald Bennett。

本章目录

蜡样芽孢杆菌是一种普遍存在于土壤、蔬菜和许多原材料以及加工食品中的好气性芽孢菌。食用含有大量蜡样芽孢杆菌的食品（10^6/g或更多）可能导致食物中毒，尤其是当食物在食用前几个小时没有经过很好的冷藏时，极易发生。煮熟的肉类和蔬菜、煮的或炒的米饭、香草酱、奶油蛋羹、汤和生芽苗菜都曾引发过该病的爆发[1]。由食用蜡样芽孢杆菌污染的食物所导致的食物中毒主要有两种症状。一种是大家都比较了解的腹痛和腹泻，它有4~16h的潜伏期，并有12~24h的持续症状[4,5]。另一种就是饭后1~5h急性发作的恶心和呕吐，而腹泻并不常见。

虽然某些生化及培养特性对蜡样芽孢杆菌的鉴定是必要的[4]，但需要确定该可疑的蜡样芽孢杆菌是否具有产肠毒素的特性，才能确认其是否会对公众健康造成危害。有证据表明，腹泻毒素可以通过血清学方法来进行确证；用体外培养的方法，使用特定的抗体可以检测到培养液中存在的毒素。然而用血清学方法检测呕吐型肠毒素仍有待完善。本章提供了一种检测疑似芽孢杆菌的常规培养方法，采用半固体琼脂培养基和血清学方法（玻片凝胶双扩散试验）来鉴别肠毒素。

A. 设备和材料

1. 试管：25mm×100mm和20mm×150mm。
2. 培养皿：15mm×100mm和20mm×150mm，无菌。
3. 摇瓶：4oz。
4. 显微镜载玻片：预清洗，3in×1in（7.62cm×2.54cm）。
5. 滴管：无菌，1、5和10mL。
6. 离心管：50mL。
7. 无菌玻璃涂布器。
8. 电工胶带：0.25mm厚，19.1mm宽（3M公司MN 55011）。
9. 塑料模板（图15-1）。
10. 硅润滑脂：高真空（Dow Corning公司MI8640）。
11. 合成海绵。

12. 木涂抹棒。
13. 玻璃管：7mm，用作毛细吸管去除气泡。
14. 巴斯德吸管或一次性的 30μL 或 40μL 滴管（Kensington Scientific 公司，CA 94601）。
15. 染色缸。
16. 台灯。
17. 培养箱，(35±1)℃。
18. 电热板。
19. 蒸汽消毒器。
20. 均质器和无菌均质罐（见第 1 章）。
21. 高速离心机。
22. 定时器。

B. 培养基和试剂

1. 脑心浸出液（BHI）肉汤（M24）。
2. 葡萄糖：无水葡萄糖。
3. 1.2%凝胶扩散琼脂（R28）。
4. 营养琼脂斜面（M112）。
5. 无菌蒸馏水。
6. Butterfield 磷酸盐缓冲液（R11）。
7. 常规无菌生理盐水（抗血清稀释液）（R63）。
8. 噻嗪红 R 染色液（R79）。
9. 染色玻片保存液：1%醋酸和 1%甘油（R69）。
10. 麦氏 No.1 比浊管（R42）。
11. 肠毒素抗血清和标准参考肠毒素。

C. 材料与培养基的制备

1. BHIG，0.1%。调整含 0.1%葡萄糖的 BHI pH 为 7.4。取 30mL 于 125mL 摇瓶中，121℃高压 10min。

2. 麦氏 No.1 比浊管。将 1 份 1%的氯化钡溶液和 99 份 1%的硫酸溶液混合[5]。

3. 1.2%凝胶扩散琼脂玻片。用蒸馏水准备如下琼脂基础液：0.85%氯化钠；0.8%戊巴比妥钠；硫柳汞 1∶10000（结晶）。调节 pH 至 7.4。添加 1.2%凝胶扩散琼脂。使用阿诺德灭菌器融化琼脂混合物，趁热用双层滤纸过滤；取一小部分（15~25mL）在 4oz 的瓶中分装（重熔两次以上可能会破坏纯化琼脂）。

4. 噻嗪红 R 染色。用 1%醋酸溶液制备 0.1%噻嗪红 R 染色液。

5. 玻片的准备。用电工塑料绝缘带缠绕玻片两侧两层，留下 2cm 的中心空间。空间中心区用纱布蘸 95%乙醇擦拭，并用干棉布擦干。玻片上表面中心区用 0.2%的琼脂覆盖：熔化 0.2%生物级琼脂，并在螺口瓶中保持在 55℃以上，拧紧瓶盖。将烧杯置于调整到 65~85℃的电热板上，将玻片置于烧杯上，倾注 0.2%琼脂到玻片中心区，让多余的琼脂流入烧杯。收集在烧杯里的琼脂再倒回原来的容器以备再用。擦拭玻片的下表面，放进托盘并在无尘环境干燥（例如，培养箱）。注意：如果玻片不干净，琼脂将会滚滑下来。

6. 玻片安装的准备。按 Casman 等的描述方法准备塑料模板[2]（图 15-1）。在模板要接触琼脂的一面（有较小孔的一面）涂一层薄硅润滑脂薄膜。在两个绝缘带之间倒 0.4mL 左右的熔融并冷却至 55~60℃的 1.2%扩散琼脂。立刻将涂布硅润滑脂薄膜的塑料模板放在两个绝缘带之间融化的琼脂上。先放一端，然后另一端轻轻贴绝缘带边缘放下。琼脂凝固后将玻片放在培养皿中（见下文 C.7），并标注编号、日期或其他信息。

7. 培养皿的准备。为保持需要的高湿度，在每个 20mm×150mm 的培养皿中放置两条浸透蒸馏水的海绵（约 1/2in 宽，1/2in 高，2~1/2in 长）。每个培养皿可以放 2~4 个玻片。

8. 玻片和塑料板的再利用。清洁玻片时，不用去除绝缘胶带，用自来水冲、刷去除琼脂凝胶，在洗涤剂溶液中煮 15~20min，然后用热水冲洗约 5min，再在蒸馏水中煮沸。最后放在试管架或类似物上，在培养箱里烘干。如果玻片无法均匀地涂上热的 0.2%琼脂，则表明没有被彻底的洗净，需要重新清洗。清洗塑料模板时，避免过热或用塑料溶剂。在放有模板的容器中倒入热的洗涤剂溶液，浸泡塑料模板 10~15min。使用软尼龙刷去除残余的硅润滑脂。依次用自来水、蒸馏水和 95%乙醇冲洗。在毛巾上晾干模板。

9. 玻片凝胶试验溶解试剂配制指南。肠毒素和它们的抗血清是冻干状态的。用生理盐水复水抗血清。复水肠毒素的生理盐水含 0.3%的蛋白胨，pH 7.0，或含 0.37%脱水 BHI 肉汤，pH 7.0。这些制剂在玻片凝胶扩散试验中应产生微弱但清晰的参考线，这些线也可能会增强（见下文 E.3）。

D. 蜡样芽孢杆菌的菌落计数和选择程序

应用检测蜡样芽孢杆菌的方法对食品进行检验（见第 14 章）。对产肠毒素菌落的检测见下文 E 部分所述。

肠毒素的产生。在提到的产生肠毒素的方法中，在 BHIG 培养基（0.1%葡萄糖，pH 7.4）中接种蜡样芽孢杆菌并用摇床培养是一个很简单的方法。加一环斜面培养物到 3~5mL 无菌蒸馏水或生理盐水中。用 1mL 灭菌吸头接种该水悬浮液 0.5mL（约 3 亿细菌/mL）至 BHIG 培养基。浊度应相当于麦克法兰浊度计 1。摇瓶在（3±2）℃，以 84~125r/min 培养 12h 得到良好的表面生长物。将培养液倒入 50mL 离心管。通过高速离心去除微生物菌体（32800×*g* 离心 10min）。通过玻片凝胶扩散试验检查上清液中是否存在毒素，如下文 E 部分所述。

E. 玻片凝胶扩散试验

准备记录表，并在记录表上绘制模板孔图案，记录每个孔的所加之物，并给记录上的模板孔图案分配一个数字使之与和玻片上的数字相对应。

1. 加入试剂（图 15-2）

在中央孔加入适当的抗毒素稀释液（抗血清），并在上面的孔里加相应的同源参考肠毒素（如果使用菱形图案排列模式）；将待测的材料加入与参考毒素相邻的孔中。之前平衡参考肠毒素和抗毒素（抗血清）的浓度，使沉淀线在两孔之间约一半的地方生成。调整试剂的稀释度，得到微弱但明确的沉淀线，以达到最大灵敏度（见 C.9 的溶解试剂指南）。制备只有毒素和抗毒素的质控玻片。

2. 装配载玻片

用巴斯德移液管（制备出约 7mm 直径的玻璃管）或一次性的 30μL 或 40μL 吸头填充试剂到小孔形成凸面状。插入细玻璃棒从每个小孔中去除气泡。就像做毛细管那样，把玻璃管拉成很细，截断成 2~1/2in 的长度，并在火焰中熔化末端。填充和去除气泡最好在黑色背景中进行。每个孔都插入细玻璃棒以去除可能不可见的气泡。将玻片放入有潮湿海绵条保湿的带盖培养皿中，室温放置 48~72h，或 37℃放置 24h。

3. 读取玻片

通过滑动到一侧取下塑料模板。如果有必要，将玻片马上浸入水中并擦拭底部；然后染色，操作如下。通过上方光源和衬托黑暗背景检查玻片。通过与参考毒素沉淀线的结合识别沉淀线（图 15-3）。如果待测液中的毒素浓度过高，会抑制沉淀线的形成；测试液必须进一步稀释并重新试验。图 15-4 中小图 A 显示了典型的由于毒素浓度偏高导致的沉淀线生成受到抑制。图 15-5 显示了典型沉淀线的形成。图 15-6 显示了一条稀释的沉淀线。有时，一个没有经验的分析师很难对非典型沉淀线的形成作出解释。最常见的一种非典型的反应是测试液中的其他抗原引起的沉淀线形成，而与毒素无关（图 15-7）。

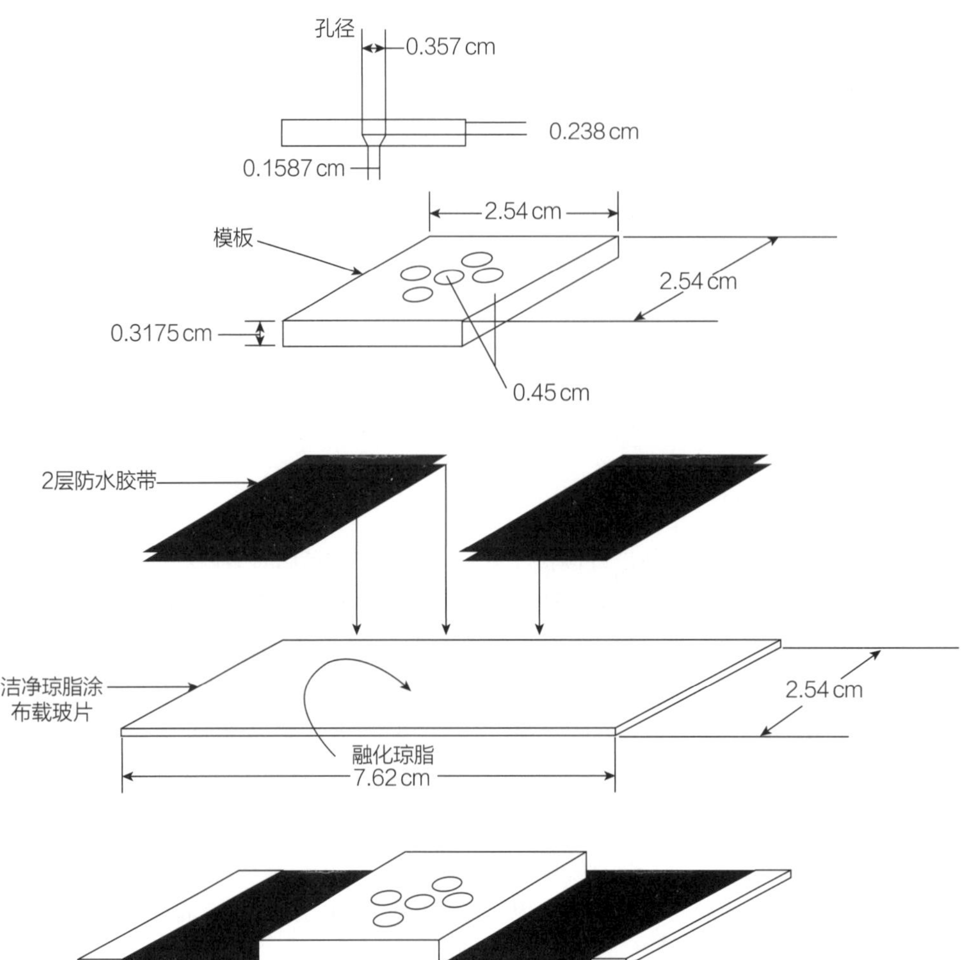

图 15-1 塑料模板的规格及显微玻片装配图

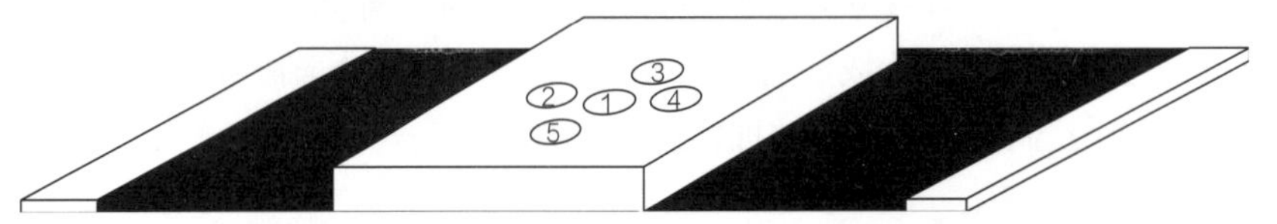

图 15-2 蜡样芽孢杆菌腹泻抗原血清学鉴定试剂排布

1—蜡样芽孢杆菌抗血清 2—待测物 3—蜡样芽孢杆菌参考毒素 4,5—待测物

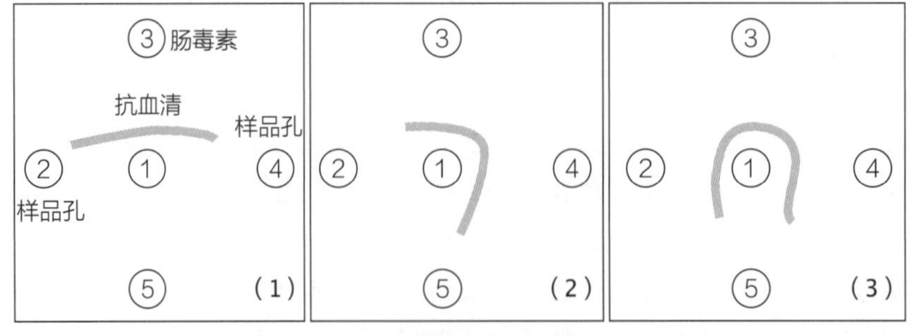

图15-3 载玻片凝胶扩散试验毒素检测系统

蜡样芽孢杆菌致泻性抗原抗血清在孔①；已知参考肠毒素是在孔③以产生参考沉淀线；待测物在孔②和孔④。反应分析如下：(1) 在待测物和血清之间无沉淀线——无蜡样芽孢杆菌毒素；(2) 孔 4 和参考毒素有贯通沉淀线线——在孔 4 中有肠毒素的存在；(3) 孔 2 和孔 4 及参考肠毒素均有贯通沉淀线——在孔 2 和孔 4 中有肠毒素的存在。

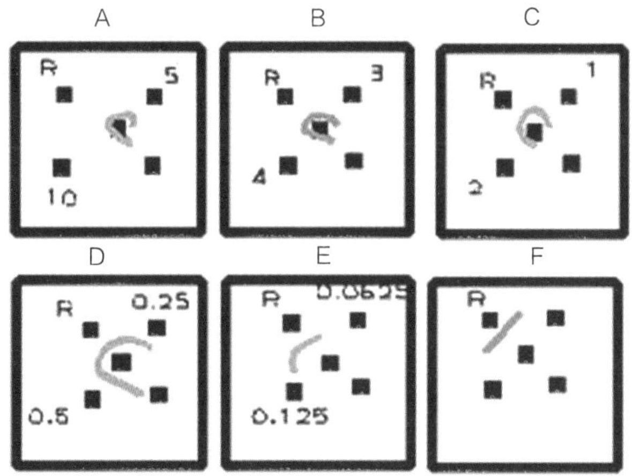

图 15-4 蜡样芽孢杆菌肠毒素浓度对沉淀线形成的影响

A—当分别使用 10μg 肠毒素/mL 和 5μg 肠毒素/mL 时，沉淀线的形成受到抑制

B~E—递减肠毒素浓度加入时，沉淀线的模式 F—凝胶扩散试验质控系统典型的沉淀线

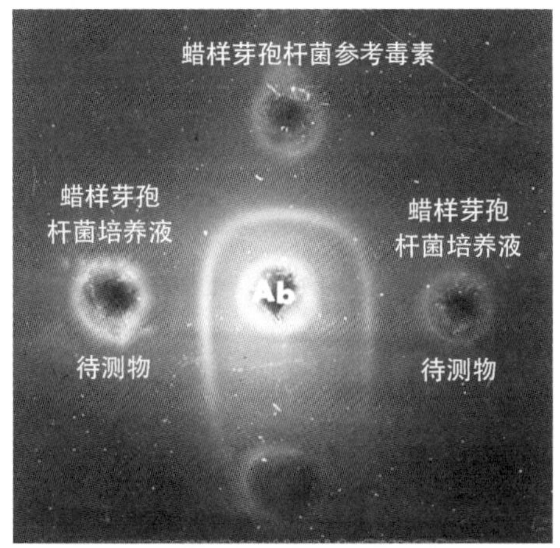

图 15-5 玻片凝胶扩散试验中腹泻毒素抗原抗体形成的沉淀线

反应说明：蜡样芽孢杆菌培养液（右、左和相邻的参考毒素）与参考毒素形成贯通的沉淀线说明培养液中含有腹泻毒素。

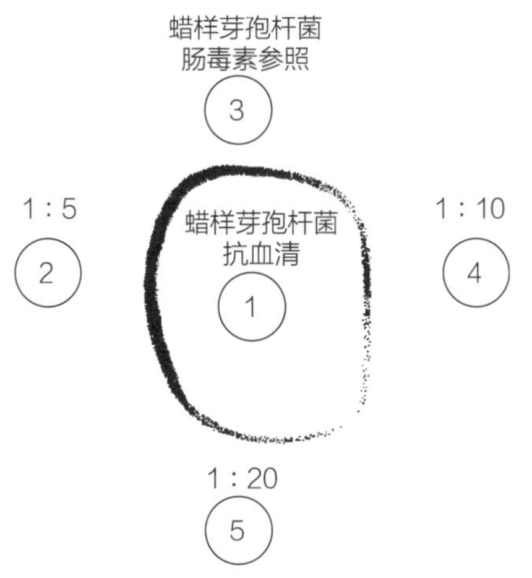

图 15-6 玻片凝胶扩散试验中蜡样芽孢杆菌培养液稀释液形成的典型沉淀线

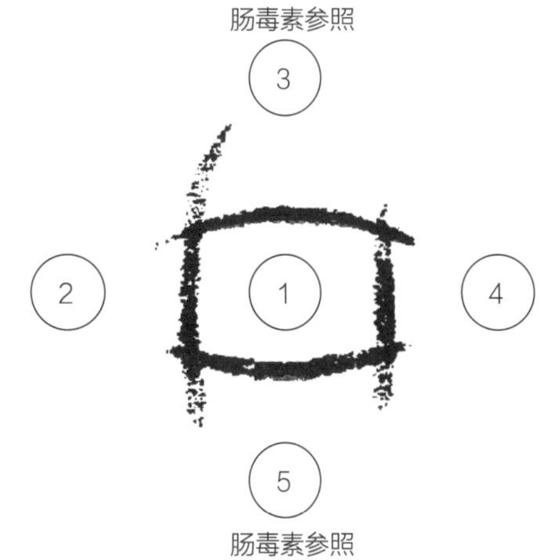

图 15-7 蜡样芽孢杆菌肠毒素在玻片凝胶扩散试验中由于其他抗原和非毒素抗体反应所形成的非典型沉淀模式

孔②和孔④是肠毒素阴性的，但有非特异沉淀线形成，这些沉淀线与参考毒素产生的沉淀线相交叉。

4. 玻片染色

将玻片浸入噻嗪红 R 染色液中 5～10min 以增强沉淀线，然后检查。即使对试剂的稀释度进行调整后，沉淀线仍然很弱，则染色是十分必要的。利用 Crowle[3] 描述的方法进行染色。当玻片需要保留时，稍做修改。将玻片立刻插入水中以冲洗掉玻片上残留的反应液，然后依次将玻片浸入以下溶液各 10min：含 0.1%噻嗪红 R 染色液的 1%醋酸溶液，1%醋酸溶液，含 1%甘油的 1%醋酸溶液。排掉玻片上多余液体后，放入 35℃培养箱干燥，作为永久的记录。经过长时间的存储，沉淀线可能看不见了，浸入水中则又可见到。

参考文献

[1] Bennett, R. W., and S. M. Harmon. 1988. *Bacillus cereus* food poisoning. *In*: Laboratory Diagnosis of Infectious Diseases: Principles and Practice, Vol. I, pp. 83～93. A. Balows, W. J. Hausler, Jr., M. Ohashi, and A. Turano (eds). Springer-Verlag, New York.

[2] Casman, E. P., R. W. Bennett, A. E. Dorsey, and J. E. Stone. 1969. The micro-slide gel double diffusion test for the detection and assay of staphylococcal enterotoxins. *Health Lab. Sci.* 6: 185～198.

[3] Crowle, A. J. 1958. A simplified micro double-diffusion agar precipitin technique. *J. Lab. Clin. Med.* 52: 784.

[4] Lancette, G. A., and S. M. Harmon. 1980. Enumeration and confirmation of *Bacillus cereus* in foods: collaborative study. *J. Assoc. Off. Anal. Chem.* 63: 581～586.

[5] McFarland, J. 1907. The nephelometer: an instrument for estimating the number of bacteria in suspensions used for calculating the opsonic index and for vaccines. *J. Am. Med. Assoc.* 49: 1176.

16 产气荚膜梭菌

2001 年 1 月

作者： E. Jeffery Rhodehamel， Stanley M. Harmon

更多信息请联系 Reginald Bennett。

本章目录

肉类或家禽在烹调时加热不完全或储藏时冷冻不彻底，产气荚膜梭菌（*Clostridium perfringens*）可能引发食物中毒。在生肉、家禽肉、干燥汤粉、酱料、新鲜蔬菜及调味料中可以检出少量该菌，因为某些菌株的芽孢可以耐受 100℃的高温长达 1h 之久，因此，食物中存在产气荚膜梭菌可能是不可避免的。而且，在烹调过程中由于含氧量的大大降低，产气荚膜梭菌可以在此条件下繁殖。在烹调过程中存活下来的芽孢可能会在冷藏不适当的熟食中发芽并迅速生长。因此，当临床与流行病调查证据表明产气荚膜梭菌是引起食物中毒爆发的病因时，此时每克食品中产气荚膜梭菌的数量可达数十万个或更多。

通常食用被产气荚膜梭菌污染的食物 8~15h 后发病。病症表现为：强烈腹痛、胀气、腹泻（恶心、呕吐比较少见）。该现象是由于产气荚膜梭菌在肠道内芽孢形成过程中产生一种蛋白质肠毒素造成的。这种肠毒素可以在其芽孢形成培养基中检测出来。产气荚膜梭菌菌株产生肠毒素的能力与其能引起食物中毒具有很高的相关性。然而，对于该菌种的一些不同菌株而言，产生芽孢的能力是不一样的。

Ⅰ 样品制备

当食物被冷冻或者较长时间的冷藏，而没有采取特殊的措施以预防其失活时，产气荚膜梭菌的细胞（繁殖体）就无法生存，这样就导致难以确定爆发的食物中毒是由该菌引起的。针对不能立即检测的样品，我们推荐将样品保存于装有甘油-氯化钠溶液的缓冲液中，在冷冻状态下储存或运输到实验室中。具体方法如下。

A. 抽样

抽取食物的整体部分（如：整块肉、整只禽、肉汁等），或者对疑似污染样品的不同部分抽取代表性的样品，每个部分抽取 25g，因为污染可能分布不均匀。

B. 样品的运输与储存

在无法冷藏的情况下，样品的运输及检测需要迅速执行。若条件允许，在检测前将样品置于 10℃环境下保存，若不能在 8h 内进行样品检测或者样品需要长途运输至实验室进行分析，需将样品存放于装有无菌甘油-氯化钠缓冲液的瓶中，并立即冷冻至-30～-20℃，运输途中配以干冰。具体方法如下：以无菌的方法制备样品后储存或运输。取 25g 样品（肉丝、蔬菜丝、鸡肉末等），将其置于 150mL 无菌容器中，如塑料广口瓶，加入 25mL 甘油-氯化钠缓冲液，排尽空气，使样品与缓冲液充分混匀。对于液体样品（如牛肉汤汁、肉汤等），应加入双料甘油-氯化钠缓冲液，之后混匀。在运输过程中，按照前文提到的步骤处置样品，还要使包装好的样品与干冰充分接触以达到尽可能保持低温的目的，运输途中保持样品存放在此温度下。检测时将样品在室温下融化，并将样品与缓冲液转移至无菌罐中，加入 200mL 蛋白胨稀释液，然后开始检测流程。将样品存放于如涂料罐或 Nalgene 瓶时，要在瓶中充入 CO_2气体。因为，样品能吸收 CO_2气体，会使自身的 pH 下降，进而使产气荚膜梭菌的生存能力减弱。所以，在检测之前应将样品储藏在-30～-20℃的温度下，尽快处理样品（几天内），不宜储藏太久。

Ⅱ 活菌计数培养及确认

A. 设备与材料

1. 移液管：1.0mL、10mL，且分别具有 0.1mL、1mL 刻度。
2. 菌落计数器。
3. 高速搅拌器（均质机）、玻璃器皿和 1L 玻璃烧杯或者金属带盖容器，保证每个样品都有相应容器。
4. 厌氧培养装置：BBL GasPak 厌氧罐，配备 GasPak 产 H_2 和 CO_2 装置和催化剂的 Oxoid 厌氧罐。
5. 恒温培养箱：35℃。
6. 培养皿若干：15mm×100mm。
7. 接种环：3mm。
8. 恒温水浴锅：46±0.5℃。
9. 反相被动乳胶凝集试剂盒（RPLA），用于检测肠毒素（Oxoid USA. Columbia，MD）。

B. 培养基和试剂

1. 胰蛋白胨亚硫酸盐环丝氨酸（TSC）琼脂（M169）。
2. 50%卵黄乳液（M51）。
3. 碎肝肉汤（M38）或改良的庖肉培养基（M43），碎肝肉汤更佳。
4. 巯基乙酸液体培养基（FTG）（M146）。
5. 改良含铁牛乳培养基（M68）。
6. 乳糖明胶培养基（用于产气荚膜梭菌）（M75）。
7. 产芽孢肉汤（用于产气荚膜梭菌）（M140）。
8. 动力硝酸盐缓冲培养基（用于产气荚膜梭菌）（M102）。
9. Spray 发酵培养基（用于产气荚膜梭菌）（M141）。
10. 改良 AE 芽孢培养基（M5）。
11. 改良 Ducan-Strong（DS）芽孢培养基（M45）。
12. 蛋白胨稀释液（R56）。

13. 亚硝酸盐检测试剂（R48）。

14. 甘油缓冲液（R31）。

15. 革兰氏染色液（R32）。

16. 发酵测试片：15cm 饱和瓦特曼（Whatman）31 号滤纸。带有 0.2%溴酚蓝指示剂，以 NaOH 调整 pH 至 8.0~8.5，风干后使用。

17. 0.04%溴酚蓝指示剂：（R10）。

C. 培养与分离过程

准备革兰氏染色样品，从中挑选出较大的革兰氏阳性杆菌。

活的产气荚膜梭菌平板计数。应用产气荚膜梭菌的计数纸片，无菌条件下，称取待检样品 25g 于灭菌空瓶中，加入 225mL 蛋白胨稀释液（1∶10 稀释度），以均质机低速搅动 1~2min，使其均质化。在低通风量条件下，制备均质液，并用蛋白胨稀释液稀释。通过加入 10~90mL 不等的空白蛋白胨稀释液，将均质液的稀释度调整至 10^{-1}~10^{-6}。每次加入稀释液时都要使其与均质液混匀。在无菌培养皿中加入 6~7mL 不加卵黄乳液的 TSC 琼脂，一定要使琼脂均匀地铺在培养皿底部。琼脂凝固后，将制备好的稀释液加入到培养皿中心，再加入 15mL 不加卵黄乳液的 TSC 琼脂，轻轻旋转使其与稀释液混匀并均匀地分布在培养基内。

也可以用 L 形玻璃棒将 0.1mL 样品稀释液均匀地涂布于含有卵黄乳液的 TSC 琼脂上。将培养皿水平静置 5~10min。然后，将 10mL 不含卵黄乳液的 TSC 琼脂覆盖在最上层。含卵黄乳液的 TSC 琼脂最适用于同时含有其他还原亚硫酸盐和产气荚膜梭菌的食品。当培养基充分凝固时，将其置于无菌厌氧罐中培养，培养条件为 35℃，20~24h（对于含有卵黄乳液的 TSC 琼脂要培养 24h）。培养结束，取出培养皿，用肉眼观察其生长情况和有无黑色菌落生成。挑选生长 20~200 个黑色菌落的培养皿。用菌落计数器计数黑色菌落，并计算每克食品中产气荚膜梭菌的个数。产气荚膜梭菌在含有卵黄乳液的培养基中呈现黑色，并通常有 2~4mm 宽的白色沉淀环（卵磷脂酶作用的结果），之后进行确认实验（具体方法参见下文 D 中内容）。

在沸水浴或水蒸气中对要接种的肉汤进行 10min 的加热，之后迅速冷却，无需振荡。接种 3~4 管肉汤培养液，每管接种 2mL 1∶10 稀释度的稀释液，作为培养基计数的备份。35℃恒温培养箱培养 24~48h，忽略产气荚膜梭菌平板计数是否为阳性。

D. 初步确认实验

从可计数的培养皿中（具有 20~200 个黑色菌落）挑选 10 个典型菌落，将其分别接种于排气并冷却的巯基乙酸液体培养基中，35℃培养 18~24h。取培养物涂片，做革兰氏染色，镜检，检查培养物的纯度和细菌形态。产气荚膜梭菌是革兰氏阳性、粗短的梭状芽孢杆菌。如果确认存在产气荚膜梭菌污染，可取污染物划线接种于含有卵黄乳液的 TSC 琼脂上，35℃厌氧培养 24h。培养基表面的产气荚膜梭菌呈现 2~4mm 淡黄色沉淀环（凝集素激酶的作用）。当使用 TSC 琼脂培养基直接计数检测不出时，该方法也可用于将产气荚膜梭菌从碎肝汤培养基中分离。

含铁牛乳培养基的检测。取生长旺盛的巯基乙酸液体培养基培养液 1mL 接种于含铁牛乳培养基中，以 46℃水浴培养，2h 后，观察有无“暴烈发酵”现象。该现象的显著特征为：牛乳快速凝集并伴随乳状凝块浮现于培养基表面。对产生这种现象的培养基，应该采取措施，防止过度发酵而污染水浴锅。基于此现象，不要使用过短的试管发酵。对于 5h 内不发酵的培养基可以视为阴性。某些产气荚膜梭菌的培养基可能会经过 6h 或更长时间的培养才能发酵，此时需要对样品进一步验证才能确定样品是否为阳性。产气荚膜梭菌的某些菌属在此培养基中会产生相同的反应，但这些菌属在乳糖凝胶培养基中不能液化凝胶，可以用于区分。快速的“暴烈发酵”依赖于菌属和发酵前最初的菌数，因此，该方法只适用于生长活跃的培养物。含铁牛乳培养基检测具有一定的实际意义，但是，要对引起食物中毒的菌群进行分离鉴定，还要以最终检验为依据。下面介绍完全确认试验。

E. 完全确认试验

用 2mm 接种环取巯基乙酸液体培养基纯培养物，或取 TSC 琼脂培养基上分离的单个菌落穿刺接种于动力硝酸盐缓冲培养基和乳糖明胶培养基。并进行重复穿刺以确保充分接种，之后立即以温水冲洗接种环（大烧杯接冲洗液），防止冲洗液溅出。35℃培养 24h。检查乳糖明胶培养基，若发现产气和培养物由红变黄，表明乳糖发酵并产酸。将试管置于 5℃冷藏 1h，检查明胶液化情况。如果培养基是固态的，需要 35℃再培养 24h，重复检查明胶是否液化。

取 1mL 巯基乙酸液体培养基的培养物接种于产芽孢肉汤中，35℃培养 24h。取培养液进行革兰氏染色，在显微镜下检查有无芽孢。如果需要对分离物做进一步鉴定，应将其置于 4℃培养。

产气荚膜梭菌不能运动。能运动的菌株沿着穿刺线生长并呈扩散式。无运动能力的菌株仅沿着穿刺线生长。

产气荚膜梭菌将硝酸盐转化为亚硝酸盐。加入 0. 5mL 试剂 A 和0. 2mL试剂 B 于动力硝酸盐缓冲培养基中以检测亚硝酸盐的存在。5min 内出现紫色。如果不出现颜色变化，则加入少许金属锌粉，放置几分钟。若加入锌粉仍不出现颜色变化，表明硝酸盐已经完全还原成亚硝酸盐，亚硝酸盐又被分解成了氨和氮。如果变为紫色，表明菌株不能还原硝酸盐。

培养基检测结果。无运动能力、革兰氏阳性、在 TSC 琼脂培养基上产生黑色菌落、能够还原硝酸盐为亚硝酸盐、乳糖发酵产酸产气、48h 内液化明胶的杆菌，可初步确认为产气荚膜梭菌。可疑为产气荚膜梭菌但又不符合上述特征的，必须做进一步试验。

对不能液化明胶或在其他方面不典型的培养物要接种于巯基乙酸液体培养基，35℃培养 24h，进行涂片，做革兰氏染色，检查培养物纯度及典型的细胞形态。

将 0. 1mL 巯基乙酸液体培养基纯培养物接种到 1%水杨苷、含 1%棉子糖以及不含碳水化合物的 PY 培养基各 1 管，35℃培养 24h，观察产酸产气的情况。以 2mm 接种环（仅使用铂金环）挑取培养物至溴酚蓝指示剂中，检测产酸情况。没有一点颜色变化或只产生一点淡绿色表明产酸。或者取 0. 1mL 培养物于试管中，加入 1~2 滴 0. 04%溴酚蓝指示剂，检查是否产酸。出现淡绿色或黄色表明产酸。再培养 48h 检查产酸情况。大多数产气荚膜梭菌不发酵水杨苷，但同它密切相关的梭状芽孢杆菌能迅速发酵水杨苷产酸产气。

产气荚膜梭菌通常可以发酵棉子糖产酸，但梭状芽孢杆菌通常不发酵棉子糖。在未发酵糖类时，培养基 pH 有细微变化。

从食品中分离出来的某些梭状芽孢杆菌属具有一些和产气荚膜梭菌不同的生化特征。

副产气荚膜梭菌（*C. paraperfringens*）与细巴氏芽孢梭菌（*C. baratii slender*）的细胞较细长，它们在烹调肉和含有碳水化合物物的食品中呈现较大的球形，不适宜在亚硝酸盐中生长，产生极少的卵磷脂酶，不能水化明胶。

不同梭菌（*C. absonum*）或者梭状芽孢杆菌（*C. sardiniensi*）初期培养物具有很弱的移动性，可使明胶缓慢液化，产生大量卵磷脂酶，亚硝酸盐产量小或培养 18h 后消失。

隐藏梭菌（*C. celatum*）和副产气荚膜梭菌相似，它们大多数生长在试管底部，生长缓慢。所有记载的隐藏梭菌均是从排泄物中分离出来的。隐藏梭菌不同于副产气荚膜梭菌，它可以使卵磷脂酶失活，能够发酵淀粉产酸。

样品中产气荚膜梭菌的计数，基于被证实为产气荚膜梭菌菌落的百分数。例如：10^{-4}稀释的培养皿中，平均有 85 个菌落，10 个菌落中，有 8 个被证实为产气荚膜梭菌。那么，每克食品中产气荚膜梭菌的数量为 85×（8/10）×10000＝680000。注意：用含卵黄的 TSC 平板计数时的稀释倍数比用不含卵黄的平板计数时的稀释倍数高 10 倍。

F. 芽孢与肠毒素的培养过程

若分离出的菌株需要立即对出芽与肠毒素进行检测，则需按照上述操作进行再次培养。需要被运输至另一实验室或短期储存的培养物，需在煮沸过的肉汤中35℃培养 24h，之后室温存放 24h。4℃条件下保存肉汤培养基，将肉汤培养基摇匀，分别移取 0.5mL 至装有 10mL 新鲜蒸馏的巯基乙酸液体培养基的试管中（2 管），水浴（75℃）10min。加热第一支试管，然后恒温箱 35℃培养 18h。恒温箱 35℃培养第二支试管 4h，之后取该试管培养物接种于 AE 芽孢培养基中。为得到最好的结果，可以移取 0.75mL 液体硫乙醇酸培养物接种至 15mL 改良 AE 芽孢培养基或改良 Duncan-Strong 芽孢培养基中培养，培养物要置于 35℃厌氧罐或恒温箱中培养 18~24h。

利用显微镜分阶段观察培养物中芽孢的形成情况。观察染色片，每个观察视野少于 5 个芽孢的，即可以认定为没有良好的芽孢形成能力。

用离心机离心一部分出芽培养物，时间 15min，转速 10000×*g*。通过反相被动乳胶凝集试剂盒（RPLA）来测定上清液中肠毒素的含量。

17 肉毒梭菌

2001年1月
作者： Haim M. Solomon, Timothy Lilly, Jr。
更多信息请联系 Shashi Sharma。

本章目录

肉毒梭菌（*Clostridium botulinum*）是一种厌氧、杆状、产芽孢的细菌，产生一种神经毒害的蛋白质。在一定的条件下，这种细菌可以在食品中生长并产生毒素。当含有毒素的食品被摄取，就会导致一种严重的食品中毒——肉毒中毒。尽管这种中毒很少发生，但它的死亡率却很高。1899—1990年，美国有962次肉毒中毒事件发生[2]，导致2320例病例和1036例死亡。引起这些中毒事件的毒素种类已被确定，其中384次为A型毒素，106次为B型毒素，105次为E型毒素，3次为F型毒素。其中有两次食物中毒涉及两种毒素——A型和B型。

由于报道有限，C 型和 D 型毒素是否会导致肉毒中毒仍然不能确定，有人猜测这些毒素不能轻易被人体肠道吸收。但是，除了没有被彻底研究的 F 型毒素和 G 型毒素外，所有其他类型的毒素都是导致动物肉毒中毒的重要致病因子。

各类型肉毒梭菌的抗原可用他们产生的毒素与同源的抗毒素发生完全中和反应来识别。一种特异的毒素与异源的抗毒素之间不发生或极少发生交叉中和发应。经验证，抗原类型有 A~G 共 7 类。A、B、E、F、G 五种类型的肉毒梭菌培养物分别只产生一种类型的毒素，因此可以通过产生的毒素确定它们的抗原类型。而 C 型和 D 型的肉毒梭菌培养物由于分别产生不止一种毒素，且这些毒素至少含有一个通用的组分，因此 C 型和 D 型的毒素和抗毒素，相互之间会发生交叉发应。C 型肉毒梭菌主要产生 C_1 毒素，其次是 D 毒素和 C_2 毒素，或者只产生 C_2 毒素；D 型肉毒梭菌主要产生 D 毒素，以及少量的 C_1 毒素和 C_2 毒素。肉毒梭菌单个菌株产生复合毒素的情况比之前了解的要更加普遍。E 型肉毒梭菌和 F 型肉毒梭菌之间存在轻微的交叉中和现象。最近发现，肉毒梭菌的一个菌株产生了以 A 型毒素为主，同时含有少量 F 型毒素的混合物。

除了毒素类型以外，肉毒梭菌根据培养物特征和生理生化特征可以分为几个常规群。产 C 型和 D 型毒素的培养物在凝固的蛋清或肉类上不能水解蛋白，且有共同的代谢途径，因此能将它们和其他的型区分开来。所有产 A 型毒素的培养物、部分产 B 型毒素和 F 型毒素的培养物都是水解蛋白的。所有 E 型菌株和其余的 B 型菌株和 F 型菌株都是非水解蛋白型，而且具有与 C 型和 D 型等非水解蛋白类群不同的碳水化合物代谢途径。对产 G 型毒素菌株的研究还不够充分，因而描述不够详尽。

肉毒梭菌广泛存在于土壤和海洋、湖泊的沉积物中。许多调查人员发现在水生环境中有 E 型细菌，并将这些 E 型细菌和多例 E 型肉毒中毒事件关联起来，从而追踪到正是这些 E 型细菌污染了鱼和其他海产品。由于土壤污染导致的食物中毒中最常见的是 A 型和 B 型肉毒梭菌。在美国，A 型和 B 型细菌污染家庭罐装蔬菜最常见，而在欧洲，A 型和 B 型细菌对肉制品的污染也是食源性疾病的重要来源。

预防肉毒中毒的措施包括减少微生物污染、酸化和降低湿度等，而且只要有可能，务必要杀死食品中所有的肉毒梭菌芽孢。热处理是最常用的方法。妥善加工的罐头食品将不会含有活的肉毒梭菌。由于商业化罐装更具有防污染安全意识，对热处理的控制也更好，因此家庭罐装食品比商业化的罐装食品更易污染肉毒梭菌。

有可能食物中有活的肉毒梭菌但并不导致肉毒中毒。细菌不生长，就没有毒素产生。尽管很多食物有适合肉毒梭菌生长的营养环境，但并非都能提供必需的厌氧环境。许多罐头食品如各种肉类和鱼类罐头，能够提供营养和厌氧环境。但如果产品自然或人为产酸（或低 pH），水分活度低，NaCl 浓度高，$NaNO_2$浓度高，含有其他防腐剂，或者上述两个或两个以上因素结合，则在能提供营养和厌氧环境的食品中肉毒梭菌也不会生长。冷藏并不能抑制非水解蛋白菌株的生长和毒素的产生，除非温度能够准确地控制在 3℃以下。肉毒中毒最常见的是食品虽然进行了防腐败的加工处理，但并未冷藏或未冷冻。

水解蛋白的菌株最适宜的生长和产毒温度约为 35℃，非水解蛋白菌株为 26~28℃。非水解蛋白的 B、E 和 F 型菌株可以在冷藏温度（3~4℃）产毒素。非水解蛋白菌株产生的毒素只有被胰蛋白酶激活才表现出最大的潜在毒性，而水解蛋白菌株产生的毒素则常常以完全（或接近完全）活化的形式体现。这些差异对流行病学和在实验室中对肉毒中毒爆发的判断非常重要。肉毒中毒的临床诊断可以通过鉴别病人血、粪便和呕吐物中的肉毒毒素来证实。样品必须在病人的肉毒抗毒素产生前收集。对中毒食物的鉴别对于防止发生更多的肉毒中毒非常重要。参见第 21A 章罐装食品的检验。

临床上第一例 6 周至 1 周岁婴儿的肉毒中毒于 1976 年诊断。这类由婴儿肠道内肉毒梭菌的生长和产毒导致的肉毒中毒更甚于通过消化含肉毒毒素的食物导致的肉毒中毒。这类中毒常由 A 型或 B 型肉毒梭菌引起，但也有少数病例由其他型肉毒梭菌引起。婴儿的肉毒中毒已在美国大多数州和除非洲以外的所有人口稠密的大陆得到证实[1]。

婴儿肉毒中毒几乎总是发生便秘，并且常常在之后几天到几周发生神经麻痹的典型症状。疾病的严重程度各异。有些婴儿仅出现轻度的虚弱、无力和食欲不振，不需要住院治疗。许多则表现出严重的症状，如吮吸、吞咽和哭泣的减弱，全身性肌无力，咽反射能力减弱等。某些婴儿出现的全身性肌无力和对头部控制的丧失会导致病人看起来“松懈”。有一些住院病例发生了呼吸窘迫的现象，但多数都会最终康复。因此，这一类型的肉毒中毒死亡率较低（2%）。痊愈通常需要至少几周的住院治疗[1]。

众所周知，蜂蜜是肉毒梭菌芽孢的来源，目前已知与一些婴儿肉毒中毒病例有关。对蜂蜜的研究显示，超过 13%的被检样品中含有少量的肉毒梭菌芽孢[3]。正因为如此，FDA、疾病控制和预防中心（CDC）和美国儿科学会建议对一周岁以内的婴儿不要喂食蜂蜜。

小鼠试验法是检测活性毒素的一种有效方法。该方法有三个步骤：毒素筛选，毒素含量测定，最后用单价抗毒素进行毒素中和试验。其中每个检测步骤需要 2 天时间。

近来，为检测 A、B、E、F 型肉毒梭菌及其产生的毒素已建立了快速、可替代的体外试验方法。培养物中产生的毒素可以用 ELISA 方法（如 DIG-ELISA 扩增 ELISA）检测。由于这些方法检测的是毒素抗原，因此具有生物活性和不具生物活性的毒素都可以检测。ELISA 检测需要一天时间。用 PCR 技术可以对毒素基因进行检测。该方法需要将肉毒梭菌的芽孢或营养体进行过夜培养，然后进行一天的 PCR 分析。体外检测阳性的样品用小鼠生物法进行确认。

Ⅰ 小鼠生物测定法检测肉毒梭菌毒素

A. 设备和材料

1. 冰箱。
2. 清洁的干毛巾。
3. 煤气灯。
4. 灭菌开罐器。
5. 灭菌研钵和杵。
6. 灭菌镊子。
7. 灭菌吸管。
8. 机械移液管装置（不能用嘴吸移液管）。
9. 灭菌试管（至少有一些是螺帽试管）。
10. 厌氧罐。
11. 接种环。
12. 培养箱：35℃和 28℃。
13. 灭菌的样品保存罐。
14. 试管架。
15. 显微镜载玻片。
16. 显微镜：相差显微镜或明视野显微镜。
17. 灭菌培养皿：100mm。
18. 离心管。
19. 高速冷冻离心机。
20. 胰酶（1∶250；Difco；Detroit；MI）。
21. 灭菌注射器：1mL 和 3mL。
22. 小白鼠：16~24g（日常检测可多达 34g）。
23. 鼠笼、饲料、水瓶等。
24. 微孔滤膜：孔径 0.45μm。

B. 培养基和试剂

1. 碘酒（4%碘溶于70%乙醇）（R18）。
2. 碎肝肉汤（M38）或庖肉培养基（M42）。
3. 胰蛋白胨葡萄糖酵母浸出液肉汤（TPGY）（M151）或含胰蛋白酶的TPGY（TPGYT）（M151a）。
4. 肝脏-牛肉-卵黄琼脂（M84）或厌氧卵黄琼脂（M12）。
5. 灭菌的磷酸盐凝胶缓冲液，pH6.2（R29）。
6. 无水乙醇。
7. 革兰氏染色液（R32），结晶紫（R16）或亚甲蓝染色液（R45）。
8. 无菌生理盐水（R63）。
9. A~F型单价抗毒素（从CDC获得）。
10. 胰蛋白酶溶液（从Difco 1∶250制备）。
11. 1mol/L NaOH溶液（R73）。
12. 1mol/L盐酸（R36）。

C. 样品制备

初步检查。未开罐的罐装食品不需冷藏，其他样品在检测前必须冷藏，但有严重膨胀和有爆炸危险的罐装食品也必须冷藏。检验前记录产品名称、生产厂家、样品来源、包装类型和大小、标记、产品的生产批号、产品编码和包装状态。对包装进行清洁并标记实验室标识码。

固体和液体食品。无菌操作将固体食品移到灭菌研钵中，加等量的磷酸盐凝胶缓冲液，用无菌杵研磨，以备接种。亦可用无菌镊子取小块的食品样品直接放入增菌肉汤。液体食品直接用无菌吸管接种到培养基中。留存样：接种样品后，取留存样放入无菌样品瓶，冷藏备用。

罐头样品开罐（见第21A章）。检查样品的外观和气味。记录腐败的任何迹象。在任何情况下都不能品尝产品。记录观察结果。

D. 活的肉毒梭菌的检测

1. 富集

将增菌培养基煮沸10~15min，以排除溶解于培养基中的氧，迅速冷却，切勿摇动。

固体样品接种1~2g，液体样品接种1~2mL。每个样品接种两管庖肉培养基，置35℃培养。

同上接种两管TPGY肉汤，置28℃培养。当质疑样品中的肉毒梭菌为非水解蛋白的B、E或F型时，可以用TPGYT替代。

接种时将接种物慢慢接入肉汤液面之下直至试管底部。培养5d后，检查培养物的浊度、产气、肉粒的消化程度并注意产生的气味。

培养物经革兰氏染色后在显微镜下观察，或以湿片在高倍相差显微镜下观察。观察菌体形态，注意是否有典型的梭菌细胞、是否形成芽孢、产孢相对程度和芽孢生成部位。典型的梭菌细胞形态像网球球拍。同时对每个培养物按F中的程序做毒素检测。通常5d培养后可达到活跃生长期，肉毒毒素的浓度最高。如果培养5d的增菌液中没有细菌生长，应再培养10d以检出可能迟缓出芽的肉毒梭菌。为了分离纯培养物，在芽孢浓度最高时将富集培养物收集起来，冷藏保存。

2. 分离纯培养

如果芽孢形成良好，肉毒梭菌较易从混合富集培养物中或从最初样品中分离。

预处理。取1~2mL富集培养物或留存样品置于灭菌螺旋帽试管中，加入等量过滤除菌的无水乙醇，混匀，室温放置 1h。或者，将 1~2mL 富集培养物或样品加热（80℃，10~15min）以破坏营养体。对非蛋白分解型肉毒梭菌不能用加热处理。

平板接种。用接种环取 1~2 环经乙醇或加热处理的培养物或样品在肝脏-牛肉-卵黄琼脂和/或厌氧卵黄琼脂上划线接种以得到单菌落。必要时可将培养物稀释后划线分离单菌落。接种前将琼脂平板进行干燥以免菌落分散。将划线平板置于厌氧条件下（35±1）℃培养 48h。厌氧罐或 GasPak 系统可保证达到厌氧环境，也可应用其他类似系统。

E. 典型肉毒梭菌菌落的挑选

挑选。在每个平板上挑取 10 个单个典型菌落。肉毒梭菌菌落为隆起或扁平，光滑或粗糙，常蔓延生长并有不规则边缘。在卵黄培养基上用斜射光检查时，菌落表面通常呈虹彩样，亦称珠色层。彩带常向外延伸，继而菌落产生不规则形。除珠色层外，在 C、D 和 E 型肉毒梭菌菌落周围通常有一个宽度为 2~4mm 的黄色沉淀晕。A 型和 B 型菌落的沉淀晕一般较窄。由于梭菌属的其他一些细菌虽不产生毒素，但能形成与肉毒梭菌的形态特征相似的菌落，因此挑选产毒菌落比较困难。

接种。用接种环将每个挑选的菌落接种到灭菌肉汤中。将 E 型肉毒梭菌接种到 TPGY 肉汤，其他型的肉毒梭菌接种到碎肝肉汤或疱肉培养基。按 D. 1 中的描述培养至少 5d。按下述 F 的描述进行产毒检测。按下述F. 3 的描述检测毒素的类型。

纯培养物的分离。重新在两个卵黄平板上将产毒的培养物划线培养。一个平板在 35℃厌氧培养，另一个在 35℃需氧培养。如果只有厌氧平板生长典型菌落，而需氧平板不生长，则培养物可能是纯的。如果从一个以上挑选菌落中未能分离到肉毒梭菌，则说明样品中肉毒梭菌的含量可能很低。重复增菌过程可以增加分离出纯培养物的概率。纯培养物的保存方法是将产孢的纯培养物用玻璃珠冷冻或者冻干。

F. 肉毒毒素的检测和鉴定

1. 食物样品的制备

将部分样品进行培养以检测活的肉毒梭菌，再取部分样品进行毒素试验，剩余样品保存于冰箱。对于含有悬浮固体的样品，冷冻离心后将上清液用于毒素分析。对于固体食物样品，用等量的 pH6. 2 磷酸缓冲液浸泡，然后用预冷的研钵和杵研磨，冷冻离心研磨物，取上清液做毒素分析。对可能盛过疑似有毒食品的空容器，用少量磷酸盐凝胶缓冲液冲洗，缓冲液应尽可能少以免过于稀释而检测不出毒素。为避免或减少老鼠的不正常死亡，注射老鼠前用微孔滤膜将上清液过滤。对于非蛋白水解酶样品或培养物，过滤后用胰蛋白酶处理。

2. 食物样品或培养物中毒素的检测

胰酶处理。如果样品中含有非水解蛋白类型的毒素，需要进行胰酶激活。因此，测毒素前，对部分食物上清液、液体食品或 TPGY 培养物要用胰蛋白酶处理。对 TPGYT 培养物不用胰酶处理，因为 TPGYT 培养基含有胰酶，进一步的处理会降解培养物中已经完全激活的毒素。胰酶处理步骤如下：用 1mol/L NaOH 或 1mol/L HCl 调节上清液的 pH 到 6. 2，取每种待检上清液 1. 8mL 加 0. 2mL 饱和胰酶水溶液，35~37℃孵育 1h，间或轻轻摇动（饱和胰酶溶液的制备：取 0. 5g 1：250 Difco 胰酶到一个洁净的试管中，加 10mL 蒸馏水，不时摇动，加热溶解。若检测人员对胰酶过敏，需要戴上面罩）。

毒素测定。样品分为胰酶处理样和未处理样，进行平行检测。将未经胰酶处理和经胰酶处理的样品液或培养物分别用磷酸盐凝胶缓冲液做 1：5、1：10 和 1：100 稀释。将小白鼠分为相同的两组，一组进行胰酶未处理样测定，另一组进行胰酶处理样测定。胰酶未处理样测定方法：用 1. 0mL 或 3. 0mL 带有 5/8in 针的 25 号注射器，取上述未稀释和不同稀释度的液体各 0. 5mL 分别给小白鼠作腹腔注射。胰酶处理样做同样处理。此外，取 1. 5mL 未经胰酶处理的样品上清液或培养物 100℃处理 10min，冷却后分别取 0. 5mL 注射两只小白鼠。这两只小白鼠不应死亡，因为即便注射液中有肉毒毒素，经过加热处理后肉毒毒素已被灭活。

定时观察所有小白鼠 48h，检查是否有肉毒中毒症状，记录症状和死亡情况。小白鼠中毒的典型症状通常在 24h 内出现，典型症状是：毛发竖立、呼吸困难、四肢瘫痪；继而呼吸呈风箱式、腰部凹陷，宛若蜂腰；最终死于呼吸麻痹。没有肉毒中毒临床症状的小白鼠死亡，不足以推断接种物中含有肉毒毒素，因为有时死亡是由于接种液中存在其他化学物质或由于外伤所致。

48h 观察后，如果除那些注射了热处理注射液的小白鼠外，所有其他接种小白鼠均死亡，则用更高稀释度的上清液或培养物重复毒素测定实验。务必得到杀死小白鼠的稀释度和不杀死小白鼠的稀释度，从而获知最小致死剂量（MLD）以估计毒素含量。最小致死剂量包含在杀死所有接种小白鼠的最高稀释度中，利用这些数据可以计算 MLD/mL 的数值。

3. 毒素类型

用无菌生理盐水（**不要用丙三醇溶液**）溶解冻干的 A、B、E、F 四种单价抗毒素并稀释至每 0.5mL 1IU。制备足量的抗毒素溶液。采用给出较高 MLD 值的含毒样品，未经胰酶处理的和经过胰酶处理的样品均可。将该含毒样品稀释，稀释倍数至少覆盖 10、100、1000 倍 MLD，并低于上述毒力的终点值。若胰酶处理的样品具有最强的致死性，则需要制备新鲜的经胰酶处理的测试液，因为胰酶的持续作用可能破坏毒素。

先用单价抗毒素注射小白鼠，30min 或 1h 后，再腹腔注射含毒素样品。每个稀释度的含毒样品注射两只被特异性单价抗毒素保护的小白鼠。同时用每一稀释度的样品注射两只未注射抗毒素的小白鼠作对照。对未知毒素类型的样品，需制备 4 种单价抗毒素（A、B、E 和 F），含毒素样品按 3 个稀释度稀释，则一个样品总共需要 30 只小白鼠（每种抗毒素需 6 只小白鼠，则 4 种抗毒素共需小白鼠 24 只，加含毒样品每个稀释度 2 只对照小白鼠共 6 只）。观察小白鼠中毒症状 48h，记录死亡情况。如发现毒素未被中和，再取 C、D 型抗毒素和A～F 型多价抗毒素重复上述试验。

Ⅱ 小鼠法筛查熏鱼中 E 型肉毒梭菌芽孢

A. 设备和材料

1. 每个样品 12 只小白鼠（16～24g，最大 34g），阳性样品需要 24 只或更多。
2. A、B、E 型抗血清。
3. 0.85%无菌生理盐水（R63）。
4. 胰酶（Difco）：1：250，5%溶液。
5. 注射器：1mL 和 3mL，5/8in，25 针。
6. 培养箱：28℃。
7. TPGY 培养基（M151）。
8. 水浴：37℃。
9. 磷酸盐凝胶缓冲液（R29）。
10. 冷冻离心机。
11. 水密性塑料袋。

B. 程序

培养。将每个熏鱼样品（依大小，由 1 条或多条组成，可以是真空包装的，也可以是散装的）装入水密性塑料袋，加入新鲜煮沸并冷却的 TPGY 培养基。注意：加入的 TPGY 培养基要完全没过鱼。尽可能地挤排出空气，然后将塑料袋封口。28℃培养 5d。培养期间要注意预防，因为塑料袋可能因为产气而破裂。

培养物处理。每个 TPGY 培养物取 20mL 7500×*g* 冷冻离心 20min。测定 TPGY 培养基的 pH，若超过 6.5，用 HCl 调节至 pH 6.0～6.2。冷藏过夜。

胰酶处理。取 3.6mL 培养物调节 pH 至 6.0~6.2，加入 0.4mL 5%胰酶溶液。35~37℃孵育 1h。除去沉淀，冷却至室温。胰酶处理过的提取物不能过夜冷藏。

毒素筛查。将未经胰酶处理的和经胰酶处理的培养物分别用磷酸盐凝胶缓冲液做 1∶5、1∶10 和 1∶100 稀释（注意：胰酶处理的培养物不能过夜存放）。每个稀释度样品（未经胰酶处理和经胰酶处理的培养物）分别取 0.5mL 腹腔注射两只小白鼠（每个样品共注射 12 只小白鼠）。定时观察所有小白鼠 48h，检查是否有肉毒中毒症状并做记录。如果小白鼠都未死亡，则终止试验。若有死亡，则说明样品可能含有毒素，需要进行确证。

中和试验进行确证。重新取部分含有最高致死剂量的培养物（未经胰酶处理的和经胰酶处理的培养物），用磷酸盐凝胶缓冲液做 1∶5、1∶10 和 1∶100 稀释（胰酶处理的样品不能过夜）。取无菌生理盐水 1∶5 稀释的 E 型抗血清 0.5mL 腹腔注射 6 只小白鼠。以 6 只未注射抗血清的小白鼠作对照。30min 后，将不同稀释度的含毒样品各取 0.5mL 腹腔注射上述已被抗血清保护的小白鼠，每个稀释度注射两只小白鼠。同时每一稀释度的样品注射两只未注射抗血清的小白鼠做对照。定时观察 48h。如果未获得抗血清保护的小白鼠死亡，而获得抗血清保护的小白鼠存活，则可以判定样品中存在 E 型肉毒毒素。如果所有获得 E 型抗血清保护的小白鼠均死亡，则需将样品稀释更高倍数重做上述确证试验，同时，用肉毒梭菌抗 A 和/或抗 B 血清重复上述确证试验。如果上述所有获得各种抗血清保护的小白鼠均死亡，则将含毒的培养物用干冰送至 FDA 微生物研究部（HFS-516，5100 Paint Branch Pkwy，College Park，MD 20740）做进一步检测，如果可能的话，将从含 E 型毒素的样品中分离鉴定培养物。

肉毒梭菌抗血清可从 Atlanta 的 CDC（GA 30333，USA）获取。冻干抗血清用无菌生理盐水 1∶5 稀释后进行小白鼠注射。

对该方法若有疑问请联系 Shashi Sharma，FDA，电话（301）-436-1570。

C. 肉毒毒素分析的常见注意事项

1. 前 24h 内对小白鼠症状和死亡的观察非常重要。因为典型的肉毒中毒，小白鼠会在 4~6h 内死亡，且 98%~99%的小白鼠会在 12h 内死亡。

2. 如果小白鼠在 24h 后才死亡，则死亡可疑，除非有典型的肉毒中毒症状出现。

3. 如果小白鼠注射 1∶2 或 1∶5 稀释的含毒样品后死亡，而注射更高稀释度的样品后未死亡，则死亡可疑，一般这种死亡为非特异性死亡。

4. 小白鼠可以在尾巴上做标记以代表不同稀释度。染料应不易去掉。

5. 注射了肉毒毒素的小白鼠在典型症状出现前可能会极度亢奋。

6. 小白鼠的饲料与水必须及时供应，不能干扰实验。

7. 溶解的抗毒素可冷藏保存 6 个月，可无限期冷冻保存。

8. TPGY 培养基较稳定，冷藏条件下可保存 2~3 周。

9. 使用疱肉培养基时，要彻底振荡试管，毒素可能粘在肉粒上。

10. 胰酶不要过滤。取 0.5g 胰酶溶于 10mL 蒸馏水，冷藏可保存 1 周。

D. 数据判读

注意：实验是针对鉴别食品中的肉毒毒素及/或肉毒梭菌设计。

1. 食物中发现毒素，表明未经充分加热处理的产品，食用后可能引起肉毒中毒。

2. 检出活的肉毒梭菌，但未检出肉毒毒素，不能证明此食物会导致肉毒中毒。

3. 食物中检出肉毒毒素，是肉毒中毒事件发生的必要条件。

4. 在消化道内可能发现摄入的微生物，但这些微生物一般被认为不会增殖，也不会在体内（除婴儿外）产生毒素。

5. 在低酸（如 pH>4.6）的罐头食物中发现肉毒毒素和/或肉毒梭菌，表明产品加热处理不足，或是在后处理发生渗漏因而被污染。

• 胀罐比平罐更有可能含有肉毒毒素，因为细菌在生长过程中产气。

• 平罐中发现毒素，暗示接缝处可能漏气。

• 罐头食物中的肉毒毒素通常由 A 型或水解蛋白 B 型菌株产生，因为水解蛋白菌株的芽孢能耐受较高的温度。

• 非水解蛋白的 B 型、E 型和 F 型菌株的芽孢通常只能耐受较低的温度，因而轻微的热处理就能杀死它们。

6. 用一种单价肉毒抗毒素来保护小白鼠免于肉毒中毒和死亡，能确认样品中肉毒毒素的存在并判断毒素的血清型。

7. 下述理由可以解释为什么用一种单价抗毒素保护的小白鼠发生死亡：

• 样品中毒素含量太高。

• 样品中有不止一种毒素。

• 发生其他原因的死亡。

有必要对有毒试样进行更高倍数的稀释，重做实验，同时用抗毒素的混合物替代单价抗血清。有些有毒样品本身耐热，所以经热处理的样品和未经热处理的样品都能导致小白鼠死亡，因此热稳定性的有毒物质可能会掩盖样品含有肉毒毒素的事实。

E. 肉毒梭菌实验室安全规范

1. 在实验室入口标示“生物危害”标志，并将进入实验室的人数降到最低。
2. 进入实验室的所有人员需穿试验服，戴安全眼镜。
3. 工作前和结束后用 1%次氯酸盐溶液擦拭实验室台面。
4. 不准用嘴移取任何液体。要使用机械移液器。
5. 尽可能用生物防护罩转移有毒样品。
6. 有毒样品用带有安全盖的密封离心机离心。
7. 所有的有毒物品亲自拿去高压灭菌，并务必做到立即灭菌。
8. 连续工作多个小时后或在周末不要一个人待在试验室或动物房。
9. 实验室宜设有公用洗涤池和脚踏开关的洗手装置。
10. 实验室有人从事毒素工作时，禁止饮食。
11. 在显要位置列出可以获得治疗性抗毒素的电话号码，以便在发生紧急情况时使用。这点非常重要！
12. 尽可能减少实验室的零乱，保持实验室整洁，仪器和其他物品使用后放回原位。

参考文献

[1] Arnon, S. S. 1987. Infant botulism, pp. 490-492. *In*: Pediatrics, 18th ed. A. M. Rudolph and J. I. E. Hoffman (eds). Appleton & Lange, Norwalk, CT.

[2] Centers for Disease Control. 1979. Botulism in the United States, 1899-1977. Handbook for epidemiologists, clinicians, and laboratory workers. DHEW Publ. No. (CDC) 74-8279, Washington, DC, plus additional reports by CDC at annual meetings of the Interagency Botulism Research Coordinating Committee (IBRCC).

[3] Hauschild, A. H. W., R. Hilsheimer, K. F. Weiss, and R. B. Burke. 1988. *Clostridium botulinum* in honey, syrups, and dry infant cereals. J. Food Prot. 51: 892~894.

Ⅲ 扩增 ELISA 程序（Amp-ELISA）检测培养物的 A、B、E 和 F 型肉毒毒素

对该方法若有疑问请联系 Joseph L. Ferreira（404 253-2216）。

本方法中 A、B、E 和 F 型肉毒毒素的检出限量为 10MLD/mL（0.12~0.25ng/mL）。产毒培养物可能比纯化的毒素更具抗原性，而且 ELISA 方法比小鼠生物法灵敏度高。TPGY 和 CMM 两种培养基都用于检测，因为两种培养基产生的毒素量有可能不同，而且 ELISA 阳性结果确认所用的小鼠生物法也要用到这两种培养基。

A. 设备和材料

1. 微孔板。
2. 可调微量移液器：0.1~2.0μL、2~20μL 和 50~200μL。
3. 8 通道或 12 通道微量移液器：50~200μL。
4. 移液器吸头：1mL、5mL 和 10mL。
5. 玻璃试管：13mm×100mm，15mm×150mm。
6. 培养箱：35℃。
7. 冷冻离心机。
8. 洗板机。
9. 微孔板混匀器。
10. 酶标仪：490nm 和 630nm。
11. 微孔板密封盖。
12. 多通道移液器贮液器。

B. 培养基和试剂

1. 胰酪蛋白胨葡萄糖酵母浸出液肉汤（TPGY）。
2. 疱肉培养基（CMM）。
3. 0.05mol/L 碳酸氢盐缓冲液：称取 $Na_2CO_3$0.8g、$NaHCO_3$1.47g，加入 500mL 蒸馏水，调节 pH 至 9.6。
4. 1%酪蛋白缓冲液：称取 10g 无维生素酪蛋白、NaCl 7.65g、Na_2HPO_4（无水）0.724g、$KH_2PO_4$0.21g，加入 900mL 蒸馏水，再加入 3mL 1mol/L 的 NaOH。加热至 80℃并不断搅拌溶解酪蛋白。测量溶液 pH，并用 1mol/L 的 NaOH 调节 pH 至 7.9，最后定量到 1L。121℃灭菌 20min。最终 pH 为 7.4~7.6。
5. 山羊 A 或 E 型抗毒素、兔 B 型抗毒素、马 F 型抗毒素。
6. 山羊 A、B、E 或 F 型生物素标记的抗毒素。
7. TBST 缓冲液：称取 Tris 6.04g、NaCl 8.76g，加入蒸馏水 900mL，溶解 Tris 和 NaCl，25℃用 2mol/L HCl 调节 pH 至 7.5，最后加入 50μL 吐温-20，定量至 1L。
8. 亲和素碱性磷酸酶结合物（Sigma）。
9. 扩增 ELISA 的底物系统（Gibco）。
10. 0.3mol/L H_2SO_4：取 1mL 浓硫酸（相对密度 1.84，纯度 96%~98%），加入到 59mL 蒸馏水中。
11. A、B、E 和 F 型肉毒毒素标准品（Metabiologics Inc.，Madison，WI）。

C. 扩增 ELISA 程序

1. 样品制备

将食物样品或从琼脂平板上分离的厌氧菌单菌落接种于 TPGY 培养基（无胰酶）和 CMM 培养基，分别置于 26℃和 35℃培养 5d。培养物在 4℃ 7000×*g* 离心30min，保留上清液。用 1mol/L NaOH 或 1mol/L HCl 调节上

清液 pH 至 7.4~7.6。样品和对照均做两个平行处理。对每个培养物上清液和 1∶5 的稀释液进行分析(1∶5 稀释：0.2mL 培养液加入 0.8mL 酪蛋白缓冲液)。

2. 微孔板制备

用碳酸氢盐缓冲液（包被液）分别稀释山羊 A、E、F 型抗毒素或者兔 B 型抗毒素，按附带的说明书进行稀释。根据被测样品准备微孔板所需反应孔数，向微孔板的每个反应孔内加入 100μL 稀释液。将包被好的微孔板放入 4℃冰箱内过夜，用薄膜覆盖以防干燥。

3. ELISA 分析

a. 从冰箱内取出微孔板，用 TBST 缓冲液洗涤 5 次，TBST 缓冲液漂洗时间 45s。用洗板机或其他机械装置时，要避免使用塑料挤瓶来冲洗。

b. 向每个反应孔加满酪蛋白缓冲液（约 300μL）来封闭微孔板，35℃孵育60~90min。在封闭微孔板的同时，制备样品和对照物的稀释液。

阴性对照：制备平行孔，加入除毒素之外所有的试剂（未稀释的无菌 CMM 和 TPGY 肉汤）。

阳性对照：将 A、B、E 和 F 型毒素标准品用无菌 CMM 和 TPGY 肉汤（pH7.6）稀释，终质量浓度为 2ng/mL（根据毒素类型不同，相当于 2~60LD_{50}/ng）。

c. 同上洗板 5 次，然后在反应孔中分别加入有毒样品和对照（每孔 100μL）。当加入试剂时，按从左到右顺序加入。

d. 35℃培养 2h。在培养的同时，根据说明书制备 A、B、E 和 F 型生物素标记的抗体试剂。

e. 同上用 TBST 缓冲液洗板 5 次。

f. 向反应孔加入生物素标记的抗体试剂（每孔 100μL），35℃孵育 60min。

g. 同上用 TBST 缓冲液洗板 5 次。

h. 向反应孔加入用酪蛋白缓冲液按照 1∶10000 比例稀释的链酶亲和素碱性磷酸酶结合物（每孔 100μL），35℃孵育 60min。

i. 用 TBST 缓冲液洗板 5 次，最后一次洗涤时应浸泡 10min 后再弃去洗液，然后将微孔板倒置在吸水纸拍打几次，去除残留的洗液。

j. 向每个反应孔加入 50μL Gibco 底物，然后将其放到振荡器上常温振荡（100r/min）孵育 12.5min。振荡停止后，再加入 50μL 的 Gibco 扩增剂，继续静止孵育约 10min。加入扩增剂后要立即将微孔板放入酶标仪中准备读数。分别读取 490nm 和 630nm 波长处的吸光度并计算微孔的吸光度。加入扩增剂后实际孵育时间取决于对照的吸光度（阳性对照吸光度≥1.0，阴性对照吸光度≤0.3）。一旦对照达到要求，2~15min 内可以随时停止反应，加入 50μL 0.3mol/L H_2SO_4终止反应，2h 后读取吸光度。

结果：当样品的吸光度值与阴性对照（未接种的无菌 CMM 和 TPGY 肉汤）的吸光度值的比值>2.0 时，判断样品为阳性。

D. 阳性 ELISA 结果的确认

ELISA 方法用于含有 A、B、E 和 F 型肉毒毒素样品的筛选。ELISA 结果阳性的样品必须用小鼠生物法进行验证。

E. 扩增 ELISA 流程

第 1 天

用 capture IgG 包被微孔板，4℃过夜。

第 2 天

1. 洗板，封闭，加入样品和对照，孵育 2h。

2. 洗板，加入生物素标记的 IgG，孵育 1h。
3. 洗板，加入 Extravidin 结合物，孵育 1h。
4. 加入 Gibco 底物，孵育 12.5min。
5. 加入 Gibco 放大剂，孵育 2~10min。
6. 酶标仪读数。

参考文献

[1] Ferreira, J L., Maslanka, S, Johnson, E., and Goodnough, M. 2003. Detection of botulinal neurotoxins A, B, E, and F by amplified enzyme-linked Immunosorbent assay: collaborative study. JAOAC International 86: 314~331.

[2] Solomon, H. and Lilly, T. 2001. FDA Bacteriological Analytical Manual. Chapter 17, *Clostridium botulinum*.

[3] Ferreira, J. L. 2001. Comparison of amplified ELISA and mouse bioassay procedures for determination of botulinal toxins A, B, E, and F. JAOAC International 84: 85~88.

上述方法的改进版见实验室信息通报（Laboratory Information Bulletin，LIB）No. 4292。LIB 描述了用地高辛标记的抗体 IgG 检测 A、B、E 和 F 型肉毒毒素的改进方法。它用地高辛标记的抗体 IgG 代替 Amp-ELISA 方法中生物素标记的 IgG，用抗地高辛辣根过氧化物酶（HRP）代替 Amp-ELISA 中的亲和素碱性磷酸酶，用 TMB 作为 HRP 酶的底物。

Ⅳ 用地高辛标记 IgG 的 ELISA 方法（DIG-ELISA）检测 A、B、E 和 F 型肉毒毒素

对该方法若有疑问请联系 J. L. Ferreira（FDA）404 253-2216、S. Sharma（FDA）301 436-1570、S. Maslanka（CDC）404 639-0895 *或* J. Andreadis（CDC）。

DIG-ELISA 方法是对 Amp-ELISA 方法的改进。它用地高辛标记的抗体 IgG 代替 Amp-ELISA 方法中生物素标记的 IgG，用抗地高辛辣根过氧化物酶（HRP）代替 Amp-ELISA 中的亲和素碱性磷酸酶，用 TMB 作为 HRP 酶的底物。本方法中 A、B、E 和 F 型肉毒毒素的检出限量约为 10MLD/mL（0.12~0.25ng/mL）。产毒培养物可能比纯化的毒素更具抗原性，而且 DIG-ELISA 方法比小鼠生物法灵敏度高。由于 TPGY 和 CMM 两种培养基产生的毒素量可能不同，因此两种培养基都用于实验。另外，ELISA 阳性结果需要用小鼠生物法确证，也要用到这两种培养基。无论是 DIG-ELISA 方法，还是 Amp-ELISA 方法，高毒培养物（>10000MLD/mL）都可能显示不止一种毒素类型阳性。一般情况下，单纯毒素类型的培养物 10 倍稀释可获得较高吸收值，而交叉类型则显示为阴性吸收值。不论是哪种情况，含毒样品必须用小鼠生物法确证。

A. 设备和材料

1. 微孔板。
2. 可调微量移液器：0.1~2.0μL、2~20μL 和 50~200μL。
3. 多通道加样器：8 或 12 通道，50~200μL。
4. 一次性移液吸头：规格 1、5、10mL。
5. 玻璃试管：13mm×100mm，15mm×150mm。
6. 培养箱：35℃。
7. 冷冻离心机。
8. 洗板机。
9. 微孔板振荡器。

10. 酶标仪：450nm 波长读数。

11. 微孔板密封盖。

12. 多通道吸管贮液器。

B. 培养基和试剂

1. 胰酪蛋白胨葡萄糖酵母浸出液肉汤（TPGY）。

2. 疱肉培养基（CMM）。

3. 0.05mol/L 碳酸氢盐缓冲液：称取 $Na_2CO_3$0.8g、$NaHCO_3$1.47g，加入 500mL 蒸馏水，调节 pH 至 9.6。

4. 1%酪蛋白缓冲液：称取 10.0g 无维生素酪蛋白、7.65g NaCl、0.724g 无水 Na_2HPO_4、0.21g KH_2PO_4，加入 900mL 蒸馏水和 3mL 1mol/L 的 NaOH。加热至 80℃并不断搅拌来溶解酪蛋白。测量溶液 pH，并用1mol/L的 NaOH 调节 pH 至 7.9，最后定量至 1L。121℃灭菌 20min。最终 pH 为 7.4~7.6。

5. 山羊 A、B、E 或 F 型地高辛标记的抗毒素。

6. PBST 缓冲液：取 1.2g 无水 Na_2HPO_4、0.22g $NaH_2PO_4 \cdot H_2O$、8.5g NaCl 溶于1L蒸馏水，调节 pH 至 7.5 制备 PBS 缓冲液。每升 PBS 中加入 50μL 吐温-20，121℃灭菌 20min。

10×PBST：取 12.0g Na_2HPO_4（无水）、2.2g $NaH_2PO_4 \cdot H_2O$、85.0g NaCl 溶于 1L 蒸馏水，调节 pH 至 7.5，每升 PBS 中加入 500μL 吐温-20。

1×PBST：将 100mL 10×PBST 加入 900mL 蒸馏水中，使用前混匀。

10×PBS 可从 GibCo 购买。

7. 抗-地高辛 HRP 多克隆抗体（Roche Applied Science）。

8. 四甲基联苯胺（Ultra-TMB）（Pierce）。

9. 0.5mol/L H_2SO_4。

10. 肉毒毒素复合标准品 A、B、E 和 F 型（Metabiologics Inc.，Madison，WI）。

C. DIG-ELISA 试验程序

1. 样品制备

a. **培养物样品的制备**：将食物样品或从琼脂平板上分离的厌氧单菌落接种于 TPGY（无胰酶）和 CMM 培养基，分别置于 26℃和 35℃孵育 5d。培养物在 4℃、7000×*g* 离心 30min，留取上清液，用 1mol/L NaOH 或 1mol/L HCl 调节 pH 至7.4~7.6。样品和对照的 TPGY 和 CMM 培养均各做两个平行处理。对每个培养物上清液和 1∶5 的稀释液进行分析（1∶5 稀释：0.2mL 培养液加入 0.8mL 酪蛋白缓冲液）。

b. **食物样品的制备**：如果食物样品有液体包装介质，则要将液体倒出，按照前面的方法离心去掉固体和/或脂肪，调节上清液/水层的 pH 至 7.4~7.6，然后直接用 ELISA 方法进行检测。如果食物样品是固体或半固体，则必须提取毒素，方法如下：取 20g 食物与 20mL 酪蛋白缓冲液用研钵磨碎或其他方法均匀混合。然后将食物-缓冲液匀浆（1∶2 稀释）在 4℃、7000×*g* 离心 30min。分离上清液，用1mol/L NaOH 或1mol/L HCl 调节 pH 至 7.4~7.6。有些食品（如蜂蜜）需要进行稀释以除掉 ELISA 抑制物。蜂蜜可按照 1∶5 比例稀释后进行检测。不含肉毒毒素的常规食品可以加入毒素标准品，配成含 2ng/mL（或 100 MLD/mL）标准毒素的食物-酪蛋白缓冲液匀浆，用于检测样品是否会抑制 ELISA。肉毒毒素的标准品用酪蛋白缓冲液稀释后作为对照。

2. 微孔板的制备

用碳酸氢盐缓冲液（包被液）分别稀释山羊 A、E、F 型抗毒素或者兔 B 型抗毒素，按附带的说明书进行稀释。根据被测样品准备微孔板所需反应孔数，向微孔板的每个反应孔内加入 100μL 稀释液。将包被好的微孔板放入 4℃冰箱内过夜，用薄膜覆盖以防干燥。

3. ELISA 操作步骤

a. 从冰箱内取出微孔板，用 PBST 缓冲液洗涤 5 次，TBST 缓冲液漂洗时间45s。用洗板机或其他机械装置时，要避免使用塑料挤瓶来冲洗。

b. 向每个反应孔加满酪蛋白缓冲液（约 300μL）来封闭微孔板，35℃孵育60~90 min。在封闭微孔板的同时，制备样品和对照物的稀释液。

阴性对照：阴性对照为未稀释的无菌 CMM、TPGY 肉汤和酪蛋白缓冲液，加入除毒素之外所有的试剂，每个对照做两个平行孔。酪蛋白缓冲液对照用做体系控制。

阳性对照：将 A、B、E 和 F 型毒素标准品用无菌 CMM 和 TPGY 肉汤稀释，终质量浓度为 2ng/mL。每个对照做两个平行孔。LD_{50}/ng 因毒素类型而异。

ELISA 食物抑制对照：从食物-酪蛋白缓冲液匀浆中离心得到上清液，加入一定量的 A、B、E 或 F 型毒素标准品，配成质量浓度为 2ng/mL 的溶液，这些溶液可用于形成峰值。每种毒素类型做两个平行孔。结果同阳性对照进行比较，确定样品是否抑制 ELISA。可将样品进一步进行稀释以除掉抑制性物质，但稀释会降低试验的灵敏度。

c. 同上洗板 5 次，然后在反应孔中分别加入有毒样品和对照（每孔 100μL）。加入试剂时要从微孔板的左边向右边加入。

d. 35℃孵育 2h。在孵育样品的同时，准备地高辛标记的抗肉毒毒素 A、B、E 和 F 型抗体。

e. 同上用 PBST 缓冲液洗板 5 次。

f. 向反应孔内加入已稀释的地高辛标记的山羊抗体（每孔 100μL），然后35℃孵育 60min。

g. 同上用 PBST 洗板 5 次。

h. 向反应孔内加入用酪蛋白缓冲液按照 1：5000 稀释的抗地高辛 HRP 多克隆抗体（每孔 100μL），然后35℃孵育 60min。

i. 用 PBST 缓冲液洗板 5 次，接着将微孔板倒置在吸水纸上拍打几次，去除残留的清洗液。

j. 向每个反应孔内加入 100μL TMB 溶液，35℃孵育 20~30min。阳性样品的反应孔中溶液颜色会变成蓝绿色，高毒样品在几分钟内就会出现颜色变化。加入 TMB 后样品的实际孵育时间（20~30min 内）取决于对照的吸光度值（阳性对照的吸光度≥1.0，阴性对照的吸光度≤0.39）。孵育结束后向每个反应孔内加入100μL 0.5mol/L 的 H_2SO_4终止反应，然后立即将微孔板放入酶标仪上，450nm 波长处读取吸光度值。

结果：当样品的吸光度值与阴性对照（未接种的无菌 CMM、TPGY 肉汤或阴性食品对照）的吸光度的比值>2.0 时，判断样品为阳性。在所有 ELISA 方法中，如果反应板没有充分漂洗，将导致背景吸光度值较高。

D. 阳性 ELISA 结果的确认

DIG-ELISA 方法是用来筛选含有 A、B、E、和/或 F 型肉毒毒素的 TPGY 和 CMM 培养物。某些食物基质可能会对试验有抑制，或者会产生假阳性。因此，结果为阳性的样品或者对 DIG-ELISA 检测方法有抑制的样品必须要用小鼠生物法进行确认。

E. DIG-ELISA 方法流程图

第 1 天

用 capture IgG 包被微孔板，4℃过夜。

第 2 天

1. 洗板，封闭，加入样品和对照，孵育 2h。
2. 洗板，加入地高辛标记的 IgG，孵育 1h。
3. 洗板，加入抗地高辛 HRP 结合物，孵育 1h。

4. 加入 TMB 底物，孵育 20~30min。
5. 用终止液终止反应。
6. 450nm 波长处测量吸光度值。

参考文献

[1] Ferreira, J L., Maslanka, S, Johnson, E., and Goodnough, M. 2003. Detection of botulinal neurotoxins A, B, E, and F by amplified enzyme-linked Immunosorbent assay: collaborative study. JAOAC International 86: 314~331.

[2] Solomon, H. and Lilly, T. 2001. FDA Bacteriological Analytical Manual. Chapter 17, *Clostridium botulinum*.

[3] Ferreira, J. L., Maslanka, S., Andreadis J. 2002. Detection of type A, B, E, and F *Clostridium botulinum* toxins using digoxigenin-labeled IgGs and the ELISA. FDA/ORA Laboratory Information Bulletin Vol. 18, Number 10, 4292: 1~10.

Ⅴ PCR 方法特异性检测 A、B、E、F 型肉毒梭菌

对该方法若有疑问请联系 Kathy E. Craven 或 Joseph L. Ferreira at FDA, ORA, Southeast Regional Laboratory, 60-8th Street, N. E., Atlanta, GA 30309. Telephone: (404) 253-1200; FAX: (404) 253-1210。

肉毒梭菌通常产生四种致病性神经毒素（A、B、E 和 F 型）中的一种。神经毒素类型的确定对于细菌鉴定尤为重要。本文建立了针对产 A、B、E、F 型神经毒素的肉毒梭菌和其他梭菌 24h 培养物进行检测的 PCR 方法。PCR 反应体系和反应条件经优化后可在一个 PCR 扩增仪上同时扩增 A、B、E 和 F 型。每对引物分别特异性针对相应的毒素类型。此外，本方法包含了一种去除 PCR 扩增抑制因子的 DNA 提取方法，是一种能快速、灵敏、特异性检测产毒素肉毒梭菌的检测方法。

由于肉毒神经毒素导致的神经性麻痹非常严重，当食源性中毒事件爆发时对肉毒毒素类型的快速诊断就非常必要。PCR 技术中可以通过一个 PCR 检测多重产毒类型[4,6]。针对毒素基因类型的 PCR 检测是检测厌氧培养 24h 的营养体，而 ELISA 检测则需培养 5d。PCR 方法也可以与小鼠生物法结合以检测毒素类型。例如，PCR 检测为 A 型的培养物需要用小鼠试验确认是否只产生 A 型毒素。

A. 设备和材料

1. PCR 仪。
2. 水平电泳装置。
3. 电泳不间断电源。
4. 加热板。
5. 培养箱：35℃。
6. 水浴：37℃ 和 60℃。
7. 冰箱：-20℃ 和-70℃。
8. 真空泵：可选。
9. 微波炉。
10. 接种环。
11. 1. 5mL 离心管和 PCR 反应管：0. 2mL 或 0. 5mL。
12. 微量可调移液器：0. 5~20μL、20~200μL 和 100~1000μL。
13. 防气溶胶吸头。
14. 小型离心机。
15. 紫外灯。

16. 凝胶成像系统。

B. 培养基和试剂

推荐使用分子生物学级试剂。

1. 胰蛋白胨葡萄糖酵母浸出液肉汤（TPGY）。
2. 磷酸盐缓冲液，pH 7.4（PBS）。
3. TE 缓冲液（pH 8.0）：10mmol/L Tris-HCl（pH 8.0）、1mmol/L EDTA（pH 8.0）。
4. 10mg/mL 蛋白酶 K 溶液：10mg 蛋白酶 K 用 1mL TE 溶解。
5. 10mg/mL 溶菌酶溶液：10mg 溶菌酶用 1mL TE 溶解。
6. 3mol/L 醋酸钠，pH 5.2。
7. 95%乙醇。
8. 脱氧核苷三磷酸（dATP，dCTP，dGTP，dTTP），储液中每种 dNTP 2.5mmol/L。
9. *Taq* DNA 聚合酶。
10. 10×PCR 缓冲液：500mmol/L KCl，100mmol/L Tris-HCl（25℃ pH 9.0），1.0% Triton X-100。
11. 15mmol/L $MgCl_2$。
12. 针对 A、B、E 和 F 型肉毒毒素的寡核苷酸引物，储液浓度 10μmol/L。
13. 轻质液体石蜡。
14. 去离子水，不含 RNase 和 DNase。
15. 10×TBE 电泳缓冲液：0.9mol/L Tris-硼酸盐、0.02mol/L EDTA，pH 8.3。
16. 琼脂糖：电泳级。
17. 溴化乙啶，10mg/mL。
18. 6×加样缓冲液。
19. DNA 分子质量标准（例如：100bp Ladder 或 123bp Ladder）。

C. 从疑似肉毒梭菌 TPGY 培养物中扩增神经毒素 A、 B、 E、 F 基因片段

样品制备和富集见本章第 I 部分小鼠生物测定法 D 部分。

1. DNA 提取程序

取灭菌的 TPGY 培养基 10mL，沸水浴 10min，迅速冷却至室温。用接种环接种疑似肉毒梭菌培养物至 TPGY 培养基，35℃过夜培养。移取 1.4mL 过夜培养物至灭菌小离心管，14000×*g* 离心 2min，去上清。用 1.0mL PBS（pH 7.4）洗菌体，14000 *g* 离心 2min ，去上清。加入 400μL PBS 和 10mg/mL 溶菌酶溶液100μL悬浮沉淀，37℃水浴 15min，每 5~7min 颠倒离心管。加入 10mg/mL 蛋白酶 K 溶液 10μL，60℃水浴 1h，每 10~15min 颠倒离心管。沸水浴 10min，14000×*g* 离心 2min。转移上清至灭菌的 1.5mL 小离心管。加入 3mol/L 醋酸钠 50μL 和 95%乙醇 1.0mL，颠倒混匀，-70℃（或-20℃）放置 30min。14000×*g* 离心10min，去上清。用 DNA 真空干燥仪干燥沉淀。用 200μL 灭菌的 TE 缓冲液溶解 DNA 沉淀，-20℃储存。

2. 可替代的 DNA 提取程序

沸水浴溶菌可以简化上述步骤。同上所述肉毒梭菌培养 24h。移取 1.4mL 培养物至灭菌小离心管。沸水浴 10min，14000×*g* 离心 2min，去沉淀。移取上清至灭菌小离心管中，-20℃储存。若细菌已充分溶菌，可用商品化 DNA 提取试剂盒如 Gene Clean Ⅱ（BIO 101，Inc.，La Jolla，CA）和 S&S Elu-Quick（Schleicher & Schuell，Keene，NH）提取 DNA。提取程序见试剂盒所附说明书。DNA 提取前，革兰氏阳性细菌的溶菌方法至关重要。用商品化试剂盒提取 DNA 时，除非进行 PCR 分析前已经测定了 DNA 的浓度，否则提取的 DNA 一定要稀释，以免由于加入了过多或过少的 DNA 导致假阴性的产生。建议用于 PCR 的 DNA 不超过 344ng。

注意：在 PCR 扩增前建议对 DNA 进行纯化，以除去抑制 PCR 的物质。简单的沸水浴不能除去培养物中所有的 PCR 抑制物质。就 TPGY 培养基本身而言，并未发现对 PCR 有抑制作用的成分。将蛋白酶 K 和溶菌酶合并使用的抽提程序可以完全裂解肉毒梭菌的细胞[2]。每 100μL PCR 反应体系所用 DNA 的适宜量为 0.34~5160ng。DNA 浓度超出该范围会导致假阴性结果。

本方法可以快速检测产 A、B、E 和 F 型毒素的梭菌菌株。培养物经 24h 培养后大约 4h 即可获得 PCR 结果。而 ELISA 方法和小鼠生物法都需要 5d 的产毒时间[3,5]。PCR 产物还可以通过待定类型寡核苷酸或多核苷酸探针来确认毒素基因分型。

3. 引物

引物序列来源于已发表的编码肉毒梭菌 A、B、E、F 型神经毒素结构基因的序列[1,3,7,8]。PCR 引物的正向（F）和反向（R）序列如下：

A 型　F 5′-GTG ATA CAA CCA GAT GGT AGT TAT AG -3′
　　　R 5′-AAA AAA CAA GTC CCA ATT ATT AAC TTT -3′
B 型　F 5′-GAG ATG TTT GTG AAT ATT ATG ATC CAG -3′
　　　R 5′- GTT CAT GCA TTA ATA TCA AGG CTG G -3′
E 型　F 5′- CCA GGC GGT TGT CAA GAA TTT TAT -3′
　　　R 5′- TCA AAT AAA TCA GGC TCT GCT CCC -3′
F 型　F 5′-GCT TCA TTA AAG AAC GGA AGC AGT GCT-3′
　　　R 5′- GTG GCG CCT TTG TAC CTT TTC TAG G -3′

4. PCR 反应体系

每个毒素类型用一个单独的 PCR 反应检测。PCR 反应体系为 100μL：1×PCR 缓冲液，2.5mmol/L $MgCl_2$，引物浓度各 0.5μmol/L，dNTP（dATP、dCTP、dGTP、dTTP）每种 200μmol/L，2.5 U *Taq* DNA 聚合酶，2μL DNA 模板）。如果有必要，可加入 50~70μL 灭菌石蜡油。有热盖的 PCR 仪不需要加石蜡油。若 PCR 反应体系减为 50μL，则模板的加入量应相应变为 1.0μL。

注意：建议在 PCR 体系中最后加入模板 DNA，以减少对 PCR 试剂的污染。每个反应都应包括阳性对照和阴性对照。阴性对照是加入了除模板 DNA 外的所有试剂。

5. PCR 反应程序

预变性 95℃ 5min，变性 94℃ 1min，退火 60℃ 1min，延伸 72℃ 1min，共 30 个循环，72℃ 延伸10min，4℃保存反应产物。

上述 PCR 反应可用复合 PCR 方式进行，但 PCR 产量较低[4]。由于引物对之间不兼容，四个引物对不能在同一个反应管中使用。

6. 凝胶电泳检测 PCR 产物

用 0.5×TBE 缓冲液制备含 0.5μg/mL 溴化乙啶的 1.2%~1.5g/100mL 琼脂糖凝胶。在 0.5×TBE 缓冲液中加入琼脂糖，用微波炉加热融化，制备胶板并冷却凝固。将 10μL 的 PCR 产物与约 2.0μL 6×加样缓冲液混合，点样，其中一孔加入 DNA 分子质量标准，以判断 PCR 产物的片段大小。10V/cm 恒压电泳，PCR 扩增片段在胶中移动并相互分离，电泳时间根据溴酚蓝的移动位置来确定。

用紫外灯观察片段大小，用凝胶成像系统记录电泳结果。各毒素基因的 PCR 扩增片断长度分别为：A 型，983bp；B 型，492bp；E 型，410bp；F 型，1137bp。

参考文献

[1] Binz, T., H. Kuranzono, M. Wille, J. Frevert, K. Wernars, and H. Niemann. (1990) *J. Biol. Chem.* 265, 9153~9158.
[2] Craven, K. E., J. L. Ferreira, M. A. Harrison, and P. Edmonds. (2002) JOAC 85 (5), 1025~1028.
[3] East, A. K., P. T. Richardson, D. Allaway, M. D. Collins, T. A. Roberts, and D. E. Thompson. (1992) *FEMS Microbiol.*

Lett. 75, 225~230.
[4] Ferreira, J. L., M. K. Hamdy, S. G. McCay, and B. R. Baumstark. (1992) *J. Rapid Methods and Automation in Microbio.* 1, 29~39.
[5] Ferreira, J. L., and R. G. Crawford. (1998) *J. Rapid Methods and Automation in Microbio.* 6, 289~296.
[6] Szabo, E. A., J. M. Pemberton, A. M. Gibson, M. J. Eyles, and P. M. Desmarchelier. (1994) *J. Appl. Bacteriol.* 76, 539~545.
[7] Whelan, S. M., M. J. Elmore, N. J. Bodsworth, T. Atkinson, and N. P. Minton. (1992) *Eur. J. Biochem.* 204, 657~667.
[8] Whelan, S. M., M. J. Elmore, N. J. Bodsworth, J. K. Brehm, T. Atkinson, and N. P. Minton. (1992) *Appl. Environ. Microbiol.* 58, 2345~2354.
[9] Wong, Phillip C. K. (1996) *J. Rapid Methods and Automation in Microbiol.* 4, 191~206.

18 酵母、霉菌和霉菌毒素

2001年4月

作者： Valerie Tournas, Michael E. Stack, Philip B. Mislivec, Herbert A. Koch, Ruth Bandler。

本章目录

显微镜可见的食源性酵母和霉菌（真菌）种类繁多，包含几百种。它们具有侵袭许多食物的能力，主要是因为其具有相对多样的环境适应力。尽管大多数的酵母和霉菌是专性需氧菌（生长需要自由氧），但是它们生长所需的酸/碱环境相当宽泛，pH 可从 2~9。生长温度范围也很广泛（10~35℃），少数种类能够低于或者高于上述范围生长。食源性霉菌对于湿度的需求相对较低，绝大多数种类能够在水分活度（a_w）0.85 或以下生长，但酵母通常需要较高的水分活度。

酵母和霉菌都能够导致不同程度的食品腐败和分解。它们能够随时侵袭并附着于各种食物上；它们侵袭收获前田间的或储存期的农作物，例如：谷物、坚果、豆类和水果。它们也能够生长在加工食品和食品混合物中。它们在食物中和表面的可检测性取决于食物种类、生物种类和入侵程度。被污染的食物可能被轻微污染、严重污染或完全腐败，在实际的生长中表现为不同大小和颜色的斑点、难察觉的疤痕、变黏、白色絮状菌丝体或有色产孢霉菌。霉菌侵袭可能产生异常的味道和气味。有时食物看起来未受真菌污染，但能检测到真菌。被酵母和霉菌污染的食物会给生产者、加工者和消费者造成实质的经济损失。

一些食源性真菌或酵母对人类和动物健康有害，因为它们能够产生有毒的代谢物，即真菌毒素。多数真菌毒素化学性质稳定，在食物加工过程中或者家庭烹饪中难以被破坏。即使生物体在食物处理过程中无法存活，它们产生的毒素依然存在。某些食源性霉菌和酵母也能够引起过敏反应，或者导致感染。虽然大部分食源性霉菌不具感染性，但是仍有一些种类能导致感染，特别是免疫力低下的人群，如老人、疲劳的人、艾滋病病毒感染个体和接受化学疗法或者抗生素治疗的人。

稀释平板法和直接平板计数法用于检测食品中的真菌。检测个体霉菌种类，包括大多数产毒霉菌，直接平板计数法比稀释平板法更有效；但是检测酵母稀释平板法效果更好。上述方法也可以确定霉菌的存在是由于外部污染还是内部的侵袭。利用无菌的稻水基质培养基检测产毒霉菌菌株产毒能力的方法也在这里进行介绍。

Ⅰ 食品中酵母和霉菌的计数——稀释平板法

A. 实验设备和材料

1. 样品均质制备的基本设备（和适宜的技术），见第 1 章。
2. 样品平板制备设备，见第 3 章。
3. 培养箱：25℃。
4. 阿诺德（Arnold）蒸汽室。
5. pH 计。
6. 水浴锅：(45±1)℃。

B. 培养基和试剂

培养基

1. 孟加拉红氯霉素（DRBC）琼脂（M183）。
2. 氯硝胺 18%甘油（DG18）琼脂（M184）。
3. 平板计数琼脂（PCA，标准方法）（M124）；用于酵母和霉菌计数时添加氯霉素 100mg/L。当有蔓延霉菌时此培养基无效。
4. 麦芽琼脂（MA）（M185）。
5. 麦芽提取物琼脂（用于酵母和霉菌培养）（MEAYM）（M182）。
6. 马铃薯葡萄糖琼脂（PDA），脱水；市售（M127）。

抗生素溶液

在霉菌培养基中加入抗生素以抑制细菌生长。选择氯霉素是因为它在高压灭菌条件下比较稳定。因为省去了过滤除菌步骤，培养基的制备更加简便快速。推荐的培养基中氯霉素的质量浓度是 100mg/L。如果细菌出现过度生长，配制培养基时在灭菌前加入 50mg/L 氯霉素，灭菌后倾倒平板时加入 50mg/L 过滤除菌的氯霉素。

配制氯霉素储存液：将 0.1g 氯霉素溶解到 40mL 蒸馏水中；灭菌前添加上述溶液到 960mL 培养基中。当氯霉素和氯四环素都需要使用时，灭菌前加入 20mL 上述氯霉素储存液到 970mL 培养基中。然后，配制氯四环素储存液，溶解 0.5g 氯四环素到 100mL 蒸馏水中，过滤除菌；每 990mL 灭菌后降温的培养基添加 10mL 氯四环素储存液。该储存液可在黑暗中冷却保存一个月。储存液需先恢复到室温，再加入到降温的培养基中。

C. 步骤

1. 样品制备

从样品中抽取 25~50g；通常，和小样品量相比，大样品量可提高检测的再现性和降低不一致性。分别根据各自的程序，检验单个样品或复合样品。添加适当体积的 0.1%蛋白胨水至样品稀释度为 10^{-1}，在匀浆拍打器中均质 2min。或者，也可混匀 30~60s，但是效率不高。在 0.1%蛋白胨水中对样品进行 1∶10（1+9）的稀释，10^{-6}的稀释度足够满足检测。

2. 样品的平板制作和培养

涂布平板法：用无菌吸管吸取每个稀释度的样品 0.1mL，加到提前倾注凝固的 DRBC 琼脂平板上，然后用无菌的弯曲玻璃棒涂布样品。当检测样品的水分活度低于 0.95 时首选 DG18 培养基。每个稀释度 3 个重复。

倾注平板法：用无菌的棉花塞吸管吸取 1.0mL 样品稀释液到 15mm×100mm 的培养皿（塑料或玻璃）中，立即倾倒 20~25mL 温度适宜的 DG18 琼脂。顺时针方向轻微旋转平皿混合样品，然后反时针方向旋转，注意避免溢到盖子上。加入样品稀释液后，1~2min 之内加入琼脂；否则，稀释液可能开始黏附到平皿底部（特别是样品富含淀粉且是塑料平皿的情况下），导致混合不均匀。每个稀释度做 3 个重复。

从制备第一个样品稀释液到涂布或者倾注最后一个平板，不要超过 20min（10min 更适宜）。注意：稀释样品的涂布平板法比倾注平板法好。当应用倾注平板法时，培养基表面真菌生长更快，并且经常遮掩下面的微生物，导致正确计数偏少。表面涂布平板时微生物均匀生长，使菌落更容易分离。DRBC 琼脂只能用于涂布平板法。

将平板置于 25℃黑暗培养。不要堆叠平板超过 3 个，不要倒置。注意：让平板不要受到干扰直到进行计数。

3. 平板计数

培养 5h 后平板计数。如果 5d 后没有生长，再培养 48h。不要在培养期结束之前进行菌落计数，因为处理平板会导致孢子二次生长，使最终计数无效。菌落平板的计数范围是 10~150 个菌落。如果主要是酵母，150 个菌落通常是适宜的。然而，如果有相当数量的霉菌存在，根据霉菌种类，计数上限可能降低。

结果报告根据三次计数平均值以菌落形成单位 CFU/g 或者 CFU/mL 表示。计数结果为两位有效数字。如果第三位是 6 或者大于 6，进一位（例如，456=460）；如果是 4 或者小于 4，舍去（例如，454=450）；如果第三位有效数字是 5，第二位是偶数，第三位舍弃（例如，445=440）；如果第三位有效数字是 5，第二位是奇数，进一位（例如，455=460）。当所有的稀释度平板都没有菌落时，报告霉菌和酵母数量（MYC）为小于 1×最低稀释度。

如果需要进一步分析并鉴定到种，需在 PDA 或者 MA 平板上分离单个菌落。

Ⅱ 食品中霉菌的计数——可用镊子处理的食品（干豆、坚果、香料、咖啡和可可豆等）的直接平板计数法

A. 仪器和材料

1. 冰箱：-20℃。
2. 无菌烧杯：300mL。
3. 无菌镊子。
4. 阿诺德蒸汽室。
5. 水浴锅：45±1℃。
6. 培养箱：25℃。

B. 培养基和试剂

1. 孟加拉红氯霉素（DRBC）琼脂（M183）。
2. 氯硝胺 18%甘油（DG18）琼脂（M184）。
3. 抗生素溶液（见上文）。

4. 次氯酸钠（市售漂白）溶液，10%。
5. 无菌蒸馏水。

C. 非表面消毒（NSD）食品检验

1. 样品和培养基制备

培养前，样品在-20℃放置 72h 以杀死可能影响检验的螨类和昆虫。

配制本章附件所述的 DRBC 琼脂。如果没有 DRBC 培养基，或者检验样品的水分活度小于 0.95，应用 DG18 琼脂培养基。培养基在用前 24h 之内配制。

2. 样品的平板制备和培养

取 50g 样品加到 300mL 无菌烧杯中。用 95%乙醇火焰灭菌的镊子将未动过的食品接种在凝固琼脂的表面，每个平板 5~10 样品项（取决于食品的大小），每个样品总共 50 样品项。

接种时交替使用几个火焰灭菌的镊子以免过热。不要接种明显发霉的样品，以免污染接种点。

3~5 个平板排列叠在一起，将样品编号并加上接种日期。平板在 25℃ 黑暗无干扰下培养 5d。如果培养5d 未生长，应再培养 48h 使受热或化学压力的细胞和孢子有足够的时间生长。

3. 平板计数

确定霉菌出现的比例。如果霉菌出现在所有 50 个样品项中，霉臭率是 100%；如果霉菌出现在 32 个样品项中，霉臭率是 64%。确定单独霉菌属种出现的比例。有经验的实验员能够利用低倍放大镜（10~30×）直接从培养基上识别曲霉属（*Aspergillus*）、青霉属（*Penicillium*）和大部分食源性霉菌属。

D. 表面消毒（surface-disinfected，SD）食品检验

在干净的无酸性物质的非不锈钢实验室水池中消毒，用自来水冲洗（防止氯气的产生）。穿戴乳胶手套，称取大约 50g 样品到无菌的 300mL 烧杯中。覆盖 10%氯溶液（市售漂白粉）2min，同时顺时针/反时针轻轻地持续搅拌烧杯内样品。轻轻倒出 10%氯溶液，然后用无菌水冲洗烧杯样品 1min，重复两次。样品制备、样品接种、培养和平板计数按照上述未表面消毒样品直接平板计数法。比较来自同一样品的未消毒和消毒处理的结果，以确定霉臭主要是由于表面污染还是内部入侵生长。在 PDA 或者 MA 上分离单个菌落。

Ⅲ 饮料中活酵母和非活性酵母的荧光显微定量程序

通过平板计数活酵母的方法上面已经描述。这里介绍计数饮料和其他液体样品中活酵母和非活性酵母的直接显微计数法。显微镜定量无需培养过程，因而减少了分析时间。所有的酵母都能计数，并能区分活的和死的酵母细胞。

A. 设备和材料

1. 标准注射器微孔盘式过滤器。
2. 微孔滤器：AABG，0.8μm，黑色，网格；直径 25mm。
3. 一次性注射器。
4. 吸管。
5. 镊子。
6. 吸水纸。
7. 显微镜载片和 24mm×24mm 的盖玻片。
8. 荧光显微镜；蓝色激发光；10×霍华德霉菌计数目镜或者其他的目镜格；20×或 40×物镜。

B. 试剂

1. 苯胺蓝：用 M/15 K_2HPO_4（M/15 相当于 11.6g/L）配制 1%的苯胺蓝溶液，用 K_3PO_4调节 pH 至 8.9。可以制备储存液；放置一段时间可以增加荧光性。

2. NaOH 溶液：25g NaOH 溶于 100mL 水中。

C. 可过滤液体样品的制备（例如：水和葡萄汁）

用微孔滤器（AABG，0.8μm，黑色，网格）过滤一定量（通常 10mL）的样品（滤器孔径可以增加或者减小，取决于污染的程度）。将微孔盘式滤器的柄附在注射器上。确保注射器是准确的。如果不是，移动活塞，将注射器接在滤器柄上，吸入 10mL 到注射器中。通过活塞和样品之间的 3mL 气垫挤压所有样品通过滤器，保持滤器柄垂直从而保障样品连续通过滤器。将滤器从滤器柄上移开，放置到显微镜载片上；网格应该和载片边缘平行以便于计数。

D. 无法过滤液体样品的制备（例如：橘子汁）

为了消除荧光显微镜的背景干扰，将 4mL 样品和 1mL 氢氧化钠（25g 溶解在100mL水中）混合。充分晃动并静置 10min。将微孔滤器（AABG，0.8μm，黑色，网格）放置在吸水纸上，通过滤器将 0.1mL 或者0.01mL（取决于污染的程度）样品涂布在纸上。当滤器表面干后，将滤器放到显微镜载片上，保持网格和载片平行以便于计数。

E. 显微镜计数程序

用一滴苯胺蓝覆盖过滤器，用玻璃棒或盖玻片在过滤器表面涂布苯胺蓝，而不污染过滤器其他部位。静置 5min，然后用 24mm×24mm的盖玻片覆盖。

使用发射蓝色荧光的荧光显微镜进行酵母计数。用 10×霍华德霉菌计数目镜或者其他的目镜格和 20×（或者 40×）物镜。计数目镜格中的 3 格。如果子细胞明显比母细胞小，计算芽殖酵母为 1 个细胞；如果它们在体积上差不多，计算为 2 个细胞。计算一个目镜范围内所有的酵母以及压到左边界和下边界的所有酵母。不要计算压右边界和上边界的酵母。

这种方法也能区分死的（热或者甲醛杀死的）和活的酵母。死的酵母表现一致的荧光，细胞膜可能是粒状的。活酵母细胞中，细胞壁着色明亮，比细胞膜清楚，细胞膜着色不显著，不均一。

F. 每毫升中酵母数目的计算

用物镜测微计测定 1 目镜格的面积。对于可过滤的样品，微孔滤器的工作面积是 380mm^2（不被垫圈覆盖的部分）。对于无法过滤的样品，工作面积就是全部过滤器面积。因为未使用垫圈，面积为491mm^2。

$$每毫升中酵母的数量=\frac{计数的酵母数量}{检测目镜格的数量}\times\frac{滤器工作面积}{一个目镜格面积}\times\frac{1}{液体的体积}$$

注意：对于无法过滤的液体，体积应仅包括样品净重而不包括所加氢氧化钠的体积（例如，80%过滤的总体积）。

关于方法的背景资料，包括死酵母和活酵母的图片，参见参考文献［8］：Koch 等。

Ⅳ 霉菌毒素的检测方法

A. 设备和材料

1. 锥形烧瓶：300mL，广口。

2. 棉花：非脱脂。
3. 短漏斗：直径 90~100mm。
4. 滤纸：直径 18cm；折叠（Schleicher & Schuell No. 588）。
5. 沸石：金刚砂。
6. 装备蒸气浴的通风橱：气流速率 100ft^3/min。
7. 搅拌器：高速，防爆。
8. 薄层层析设备或者高效液相色谱。
9. 培养箱：22~25℃。

B. 培养基和试剂

1. 长或短颗粒精白米。
2. 氯仿，用于萃取黄曲霉毒素、赭曲霉素、柄曲霉素、黄麦格霉素、黄变米霉素、棒曲霉素、青霉酸、橘霉素、T-2 毒素、玉米赤霉烯酮。
3. 萃取脱氧雪腐镰刀菌烯醇用的甲醇。
4. 适当的毒素标准品。
5. 5%次氯酸钠溶液。

C. 产生毒素

加 50g 稻米和 50mL 蒸馏水到 300mL 广口锥形烧瓶中。烧瓶用棉花封口，在 121℃和 15psi（0.103MPa）条件下高压灭菌 20min。无菌操作，分别在预冷的烧瓶内接种单霉菌分离物。在 22~25℃培养接种的烧瓶，直到表面弥漫生长，菌丝体弥漫至烧瓶底部（15~20d）。每个烧瓶加入 150mL 氯仿（如果毒素是脱氧雪腐镰刀菌烯醇则加入 150mL 甲醇），将短柄玻璃漏斗沿棉花塞侧面插入到烧瓶中（尽量减少孢子的扩散）。在通风橱的蒸汽浴中加热烧瓶直到溶剂开始沸腾（以下所有步骤均在通风橱中进行）。用压舌板压碎发霉的稻米，转移烧瓶中内容物到防爆搅拌器中，高速混匀 1min。用滤纸过滤搅拌器中的混合物到短柄玻璃漏斗中。收集滤出液到 300mL锥形烧瓶中。将碎稻米转移回搅拌器，加入100mL未加热的溶剂，高速搅拌1min。过滤后与之前的滤出液混合。向含滤出液的烧瓶中加入沸石，蒸发至 20~25mL。如果毒素分析不能立即进行，蒸干烧瓶储存在黑暗中。冲洗所有玻璃用具等，先用 5%次氯酸钠溶液再用肥皂和水冲洗。高压灭菌处理前用 5%次氯酸钠溶液浸透稻米 72h。

D. 毒素分析

应用合适的毒素标准品进行毒素的定性和定量分析。可采用参考文献［16］、［17］描述的薄层层析或者参考文献［15］描述的高效液相色谱检测从霉菌培养物中萃取的毒素。天然存在于食品和饲料中的毒素可以通过官方检测方法（参考文献［16］）进行检测。

参考文献

［1］Association of Official Analytical Chemists，1990. Official Method of Analysis，15th ed.，AOAC Arlington，VA.
［2］Barnett，H. L. 1960. Illustrated Genera of Imperfect Fungi，2nd ed. Burgess，Minneapolis.
［3］Beneke，E. S.，and A. L. Rogers. 1971. Medical Mycology Manual，3rd ed. Burgess，Minneapolis.
［4］Cole，R. J.（ed.）1986. Modern Methods in the Analysis and Structural Elucidation of Mycotoxins. Academic Press，Orlando，FL.
［5］Durackova，Z.，V. Betina，and P. Nemec. 1976. Systematic analysis of mycotoxins by thin-layer chromatography. J. Chromatogr.，116：141~154.

[6] Gilman, J. C. 1957. A Manual of Soil Fungi, 2nd ed. Iowa State University Press, Ames, IA.

[7] King, A. D. Jr, J. I. Pitt, L. R. Beuchat, and J. E. L. Corry (eds.) 1986. Methods for the Mycological Examination of Food. Plenum Press, New York.

[8] Koch, H. A., R. Bandler, and R. R. Gibson, 1986. Fluorescence microscopy procedure for quantitation of yeasts in beverages. Appl. Environ. Microbiol., 52: 599~601.

[9] Lodder, J. 1970. The Yeasts, a Taxonomic Study, 2nd ed. North-Holland Publishing Co., Amsterdam, The Netherlands.

[10] Milivec, P. B. 1977. The genus *Penicillium*, pp. 41 - 57. *In*: Mycotoxic Fungi, Mycotoxins, and Mycotoxicoses, Vol. 1. T. D. Wyllie and L. G. Morehouse (eds.). Marcel Dekker, New York.

[11] Pitt, J. I., A. D. Hocking, R. A. Samson and A. D. King, 1992. Recommended methods for mycological examination of foods, pp. 365- 368. *In*: Modern Methods in Food Mycology, R. A. Samson, A. D. Hocking, J. I. Pitt, and A. D. King (eds.). Elsevier, Amsterdam.

[12] Raper, K. B., and D. I. Fennell. 1965. The genus *Aspergillus*. William & Wilkins, Baltimore.

[13] Raper, K. B., and C. Thom. 1968. A Manual of the Penicillia. Hafner, New York.

[14] Rodricks, J. V., C. W. Hesseltine, and M. A. Mehlman, (eds.) 1977. Mycotoxins in Human and Animal Health. Pathotox, Park Forest South, IL.

[15] Samson, R. A., A. D. Hocking, J. I. Pitt and A. D. King, 1992. Modern Methods in Food Mycology. Elsevier, Amsterdam.

[16] Scott, P. M. 1995. Chapter 49, Natural Toxins. pp 49-1 to 49-49. Official Methods of Analysis, 16th ed. AOAC International, Gaithersburg, MD.

[17] Stack, M. E. 1996. Toxins, pp. 1033- 1045. *In*: Handbook of Thin-Layer Chromatography, 2nd ed., J. Sherma and B. Fried (eds.). Marcel Dekker, New York.

19 食品中的寄生虫

2001年1月

作者：Jeffrey W. Bier、George J. Jackson、Ann M. Adams，Richard A. Rude

更多信息请联系 Clarke Beaudry。

修订历史：

- 2012年11月，联系信息更新。

本章目录

人类在不知不觉中就随食物摄入了只有显微镜和肉眼可见的生物体。消化道对于大部分寄生虫来说是不适合寄居的，它们要么被消化，要么随粪便排出体外。然而，一些专性或兼性的寄生虫能够在人体内生存。虽然有多种寄生虫并不产生明显的临床症状，与疾病也无关联；但也有一些寄生虫能够引起轻微、中度或严重的疾病，甚至是永久性损伤。下面介绍用于检测食品和食品接触材料中寄生虫的几种方法。总的来说，这些方法大都比较繁琐，还需要进一步改进并建立辅助技术和快速方法。本文介绍了几种可供选择和检查鱼类和贝类的方法，但对于具鳍鱼类，目前只有对光检查一种方法。

消化法检测可食肉品中的哺乳动物类寄生虫

通过模拟哺乳动物胃的化学和温度条件，可从肉中将寄生虫释放出来，而且可降低非寄生虫的干扰。

A. 设备和材料

1. 天平：最小量程 250g。
2. 搅拌器或旋转摇床。
3. 水浴锅：(37±0.5)℃。
4. 烧杯：100mL、1500mL。
5. 锥形沉淀器和架子：1L，塑料材质，带可移动的塞子，如 Imhoff 的锥形沉淀器。
6. 黄色橡胶管：直径 2.4mm 和 9.5mm。
7. 管夹。
8. 显微镜：包括解剖镜和倒置显微镜。
9. 培养皿：塑料，各种规格。
10. 18 号滤网（美国标准滤网系列）：孔径 1mm，直径 204mm，高 51mm；其他可选的规格。
11. 聚丙烯托盘：长方形，大小约为 325mm×260mm×75mm。
12. 1L 左右的水桶。
13. pH 计。
14. 巴斯德吸管，或聚丙烯滴管。
15. 洗耳球：容积约 2mL。
16. 药匙。
17. 压舌板。
18. 其他材料：搅拌机、绞肉机、食品加工机、负压罩、铝箔、塑料包装、镊子、解剖针。

B. 试剂

1. 生理盐水（R63）。
2. 胃蛋白酶（实验室级）。
3. pH 参考溶液。
4. 高浓度盐酸。
5. 其他试剂：木瓜蛋白酶、乙醇、冰醋酸、甘油、乳酸酚、苯酚、福尔马林、卢戈氏碘液（R40）、太空醚。

C. 取样和样品制备

从 1kg 牛肉、猪肉或禽肉样品中称取 100g、从 1kg 鱼肉中称取 250g 作为检测样品。从大多数的哺乳动物肉、禽肉和鱼肉中取样时不需要进一步制备样品，可将这些样品撕碎或分割成 5 块甚至更多块数来增加表面积。结缔组织相对较多的样品，如蜗牛肉不容易消化，可采用以下方法促进消化：将 100g 样品与 750mL 生理盐水混合，然后在搅拌机中间歇搅拌 10 次。此方法可破坏肉眼可见的有机体，但一般不会影响显微可见的有机体。绞肉机的破坏性更小，但其并不适合某些食品，如蜗牛肉。破坏性最小的是先用木瓜蛋白酶初步消化后再用胃蛋白酶消化。

注意：某些容易扩散的病原可能存在于样品中，而且会因消化而释放出来。需要特别注意的是肉眼可见的绦虫包囊和显微可见的原虫包囊。当怀疑有这些病原存在时，消化和随后的样品处理均应在负压罩内进行，直到将可疑的消化物放到安全密封的盘子中。被污染的器皿使用后高压或焚烧处理。

D. 消化、沉淀和检查

将 15g 胃蛋白酶溶于 750mL 生理盐水，加入到 1500mL 烧杯中，然后加入制备好的样品，用高浓度的盐酸（大约 3mL）调节 pH 至 2。将烧杯放入事先调节温度至（37±0. 5）℃的摇床或水浴锅内，平衡 15min 后开始搅拌（约 100 r/min），再次检查并调节 pH。用铝箔纸盖上烧杯（如果用搅拌机，需在铝箔纸上打孔以穿过搅拌棒），继续孵育直至消化完全。不同样品所需要的消化时间不同，但不应超过 24h。

小心地将烧杯中的消化液通过滤网过滤到托盘中。用 250mL 生理盐水冲洗滤网上的残留物并将滤液收集到消化液中。检查冲洗后滤网上的残留物并记录结果。较大的寄生虫会保留在滤网上。用橡胶管代替沉淀器的塞子，用夹子夹住管子，小心地将托盘内的过滤物转移到沉淀器中。将未消化的样品或寄生虫用药匙、镊子或解剖针转移到平皿中。

沉淀 1h 后，放开夹子，将底部 50mL 的沉淀物收集到 100mL 烧杯中。用滴管将上清液转移到平皿中（消化液在透明度上会有差别，如果消化液太浓，用生理盐水稀释到澄清）。盖上平皿，检查肉眼可见的寄生虫；然后依次用解剖镜、倒置显微镜（带有相差的更佳）观察。计数，初步鉴定并记录下观察结果。计数所有的有机体，如果可能的话区分死的（不动的）和活的（运动的）有机体。对烧杯中所有的过滤物进行检查。轻度的污染可能需要重复采样以检出寄生虫。

结果解释和进一步鉴定

通常需要有关复苏有机体的详细信息，一方面用来区分寄生虫，另一方面用于确定所采用的鉴定其活性的标准是否准确。例如，蛔虫卵必须是含胚的，即：可以孵化出活的胚胎。一些原虫的卵囊必须脱去卵囊以确定其活力；冈地弓形体只有通过实验接种小鼠腹腔的方法才能鉴定其活力。下面给出了常用的复苏寄生虫的固定和染色方法概要，可以在后面的参考文献中查到：普通寄生虫学中的无脊椎动物[2]；动物寄生虫[11]；医学寄生虫学[10]；食品寄生虫学：方法、参考文献和专家指导[4,7]；寄生虫疾病的免疫学和血清学[8]；原虫[9]；线虫[3,16]；吸虫[1,14]；绦虫[15]；节肢动物[5]。

E. 固定和染色

原虫卵囊和蠕虫卵：用卢戈氏碘液（R40）对新鲜材料进行固定和染色，或者用荧光抗体染料（如果可能的话）对福尔马林固定的材料进行固定和染色。

线虫：在冰醋酸中固定，过夜，然后放入含 10%甘油的 70%乙醇中。从乙醇中取出，然后用甘油、乳酸酚或苯酚乙醇透明化后即可进行线虫的形态学研究。在保存之前，用 70%的酒精洗去透明液。对于线虫的详细鉴定需要进行切片和染色。

吸虫和绦虫：固定之前，在冷的蒸馏水中放置 10min，以使吸虫和绦虫伸展。在热的（60℃）10%福尔马林中固定吸虫。在延伸液中加入 10 倍体积的 70℃固定液来固定绦虫；或者将其反复浸入 70℃的水中，然后在乙醇、冰醋酸和福尔马林的混合液（85∶10∶5，V/V）中过夜。可保存于 70%乙醇中。通常吸虫染色后装片做永久保存，但一些需要切片和染色来做详细的鉴定。

棘头虫：放到水中以翻转吻突（一些吻突可能立即翻转；一些则需要几个小时。不应超过 8h），在 70%的乙醇蒸气中固定并加几滴冰醋酸。保存于固定液中或 70%乙醇中。棘头虫可染色后装片做永久保存，或者像线虫一样，在苯酚或甘油中透明化。

节肢动物：在热水中固定跳蚤、虱子、螨、苍蝇幼虫、桡脚类动物和其他寄生虫或寄生于食品的节肢动物。保存于 70%乙醇中。

有关样品制备的更多信息可联系 Clarke Beaudry。

F. 活力测定

蠕虫活力测定的主要依据是其自然的移动。观察生物体 10min 看其是否移动，如果未观察到自发的移动，用解剖针轻触，观察是否刺激其移动。来源于盐渍的样品需要先在 20 倍的生理盐水中平衡 3h，然后再做活力测定；渗透压可能会使虫体产生明显的移动。可培养的原虫需要在体外培养来测定活力。如果无法培养，染料排斥是确定活力的可选方法。

Ⅱ 具鳍鱼类中寄生虫的烛光检查

以下程序适用于具鳍鱼类中寄生虫的检查。烛光检查程序适用于被加工成鱼片、腰肉、鱼排、鱼块和鱼糜的新鲜或冷冻的白鱼肉。紫外（UV）灯程序适用于肉为深色的鱼和从鱼体分离下来的面包屑或面粉。

注意：该方法不适用于干鱼和整鱼。

A. 设备和材料

1. 锋利的刀子。

2. 光照检查台：工作台面为白色透明、丙烯酸塑料或透明度为 45%～60%的其他适合的材料，工作台面下为结实的结构以支撑光源；工作台面的长和宽应够大以方便检查完整的鱼片，例如面积 30cm×60cm，厚 5～7mm的鱼片。

3. 光源：色温为 4200K 的“冷白光”。推荐最少 2 个 20W 的荧光灯管。灯管和它们的电路结合处应防止光源长时间的加热。工作台面上的平均光强应在 1500～1800lx，也就是在丙烯酸界面中心以上 30cm 测量的光强度。光的分布比例为 3∶1∶0.1，也就是从光源直接出来的亮度应是外部视野的 3 倍，可视视野内外部极限的亮度不应比内部视野的极限亮度少 0.1。检测室的照明不应太亮以避免干扰寄生虫的检查，但也不要太暗而产生视觉疲劳。

B. 试剂

见上述Ⅰ.B.5 内容。

C. 样品制备

称量所有的样品并在分析报告表中记录质量。

鱼片：如果鱼片较大（200g 或多于 200g），制备 15 个分样，每个鱼片作为一个分样。如果鱼片较小（小于 200g），随机选择鱼片来制备 15 个分样，每个分样约为 200g。记录每个分样的质量。如果鱼片厚度大于 30mm，用刀切成厚度相同的 2 份（每份不超过 30mm 厚）。对 2 份鱼片按下述方法检验。如果鱼片厚度为20mm 或小于 20mm，对整个鱼片进行检验。

鱼块：从 2 块解冻并脱水的鱼块中随机分析 15 个分样。样品的制备同上述鱼片制备。注意分别观察添加到鱼块上的鱼糜中所含的寄生虫。

鱼排、鱼腰肉和鱼块：与鱼片的处理相同。

鱼糜：如果是冻成块状的，从 2 块解冻并脱水的鱼块中随机选择 15 个分样检验。处理方式与上述鱼片的处理相同。从冻块的不同部位取样。如果不是成块的，对 15～200g 的部分进行分析。不要对鱼酱做进一步的切割。

蘸上面包屑或面粉的油炸鱼：于适量的烧杯中室温下解冻处于冰冻的产品，加入热的（50℃）2%十二烷基硫酸钠溶液，每 300g 加入 100mL。玻璃棒搅拌1min。静置至少 10min 或静置至面包屑从鱼上分离。将每部分分别转移到10号滤网，10号滤网下面是40号滤网。用温的自来水轻轻冲洗面包屑，使其通过10号滤网。定时用紫外光检查40号滤网上的面包屑。寄生虫在该光照下会显现出荧光。在分析记录表上记录检测到的寄生虫。用自来水反向冲洗40号滤网以去除面包屑。用白光检查鱼的部分。如果鱼肉有颜色，则用紫外光检查。

D. 检查

鱼肉表面上的寄生虫显红色、褐色、奶油色或垩白色，鱼肉内部的寄生虫显示为阴影。将典型的寄生虫取出，记录大体位置、大小、鉴定结果和其他下文所描述的发现物。对于切碎的鱼肉，将其放在光照检查台上，铺开到20~30mm厚度检查。选择典型的寄生虫用于描述分析。

E. 深色鱼肉鱼的紫外灯检查

在台灯或类似光源下肉眼检查鱼的左右两面的每个部分（必要时包括去面包屑或去皮的鱼）。可以用有放大作用的台灯。按下述报告结果。在暗室中进行紫外灯检查。用反射的长波紫外灯（366nm波长）检查鱼的左右两面。在该波长下寄生虫会显示蓝色或绿色荧光。鱼骨和结缔组织虽然也会显蓝色，但可以从其分布和形状与寄生虫区分开来。骨头片段用探针刺时会显得很坚硬[6]。

注意：不要在眼睛没有任何防护的情况下直视直射的或反射的紫外线。当该辐射存在而且无法遮蔽时，要一直佩戴合适的护眼装置，例如有氧化铀镜片的护目镜、电焊护目镜等。同时皮肤尽可能不要暴露于紫外线辐射。

F. 寄生虫鉴定

按Ⅰ.F中所描述的方法固定寄生虫。

Ⅲ 挤压烛光检查：软体动物和半透明食品中寄生虫的检测

这些寄生虫可以像浅色肉的鱼和甲壳类动物中的有机体一样，通过透射光线下肉眼观察有机体的外部轮廓或他们的包囊进行检测。该方法的建立是为了检查大西洋浪蛤的内脏和肌肉中的异尖线虫，但也同样适合于其他食品和寄生虫。然而，并不是所有的寄生虫都能检测出[12]，可能是因为结缔组织形成的阴影而使一些寄生虫看不清楚。在海扇贝和大西洋花扇贝的线虫检查中，挤压烛光检查法比其他两种肉眼检查法检出了更多的线虫而且假阳性更低。

A. 设备和材料

1. 结合在一起的305mm×305mm的树脂玻璃片。将2片3/8in厚、边长为305mm（约12in）的正方形树脂玻璃片叠在一起连接到钢琴铰链上，用6个32-5/8in长的机器螺钉以3mm的间隔分开。如果没有合适的钢琴铰链，普通的1in铰链也可用于产生合适的距离。钢琴铰链反面的每个玻片表面末端留出3mm间隔。
2. 灯箱。
3. 刀子。
4. 标本瓶或标本罐。
5. 解剖针。
6. 平皿。

B. 试剂

1. 0.85%无菌生理盐水（R63）。

2. 冰醋酸。
3. 70%乙醇。

C. 方法

1. 将部分样品放到塑料盘内部。每次检查的数量依赖于样品的大小和厚度，大于100g的样品无需挤压。将圆柱形的样品（例如扇贝）切成纵向的两半以适合挤压。
2. 盖上盘子，用力挤压边缘。
3. 将盘子放到光照检查台上检查盘子每一边的寄生虫。肉中的寄生虫表现为阴影。
4. 用蜡笔在盘子上标记寄生虫的位置，然后打开盘子，用解剖镜检查以鉴定寄生虫。记录寄生虫的数量。
5. 将典型样品固定以确定类别（见Ⅰ.F）。

Ⅳ 机械分离沉淀法检测鱼肉中的寄生虫卵

该方法用来检查鱼片中异尖线虫的虫卵。其不适用于盐渍未脱骨的鱼，如盐渍鲱鱼，也不适用于像鲱鱼这样的品种。在食品加工器中，分样的质量不得超过200g，但可集中起来分析。

A. 材料

1. 食品加工器：Cuisinart Model DLC 10，Moulinex Model 663，或与之等效的设备。
2. 玻璃盘：350mm×25mm×60mm。
3. 烧杯：1000mL。
4. 白色荧光灯。
5. 紫外灯箱：波长小于365nm，或类似的灯。
6. 合适的护眼装置。
7. 玻璃棒。
8. 镊子。
9. 小瓶或小罐。
10. 固定剂。

B. 方法

在称量前先把鱼剥皮切片，然后放入装有塑料面团钩的食物加工器中。加入2倍于鱼片质量的35℃的水。间歇启动食物加工器直到肉被绞碎（1~2min）。放入烧杯中静置30~60s，然后吸取100mL上清，弃去其他。再加入水并搅拌；静置30~60s，再次吸取100mL上清，弃去其他（2×）。

将25mL左右的沉淀放入玻璃盘中，稀释到半透明或深度达到10mm（大约375mL）。检查、收集、计数寄生虫。用镊子搅动沉淀有助于发现寄生虫，在收集寄生虫时镊子也很有用。记录寄生虫的运动。收集并把典型寄生虫固定用于鉴定（见Ⅰ.F）。在高光强（大于500μW/cm^2）的短波光线（大约365μm）下检查寄生虫，寄生虫显现蓝色或黄绿色荧光。计数并记录。重复以上步骤直到样品全部检测完成。

Ⅴ 蔬菜中蠕虫和原虫的浓缩

蔬菜可通过接触动物或人类粪便，或者通过污水灌溉农田而被污染寄生虫[13]。下述方法适用于检测新鲜蔬菜中的寄生虫。该方法与从1%的水样中检测隐孢子虫类似，从蔬菜中回收估计在1%甚至更低（一个样品包括 5 个 1kg 的分样）。

A. 设备和材料

1. 天平。
2. 聚丙烯烧杯：1L。
3. 超声波水浴锅：容积 2L。
4. 大容量离心机：低速，带吊桶。
5. 聚丙烯离心管：50mL。
6. 聚丙烯滴管。
7. 培养皿：带 2mm 网格。
8. Z 载玻片。

B. 试剂

1. 卢戈氏碘液（R40）。
2. Sheather 溶液（500g 蔗糖，320mL 去离子水，6.5g 苯酚）。
3. 1、2、3 号洗涤液：
1 号：2.5%福尔马林，0.1% SDS，0.1%吐温-80；
2 号：1%吐温-80，1% SDS；
3 号：1%吐温-80。
4. 荧光抗体试剂盒。

C. 操作程序

分析前将蔬菜冷藏保存。将蔬菜分为以下几类：紧头类（卷心菜），取其外面 3 层叶子；松头类（生菜），将每片叶子剥下来；根类（胡萝卜），无需取样；花类（花椰菜），分成 50g 一组。将 1~1.5L 1 号洗涤液倒入超声水浴锅中并把 250g 蔬菜散放到里面，超声 10min。之后将蔬菜取出并晾干。重复上述步骤，直到将所有样品超声处理完毕。

将洗涤剂转移到烧杯中，然后全部分装到 50mL 离心管中，1200×*g* 离心10min。弃去沉淀表面的 1.5~2mL，将沉淀用滴眼管或塑料滴管转移到一个新的离心管中。每个离心管再用 1.5mL 2 号洗涤剂清洗 2 次，合并加入新的离心管中。再用 2 号洗涤剂洗涤沉淀 2 次，离心 2 次。用 3 号洗涤剂稀释到 10mL 并超声处理10min。然后加入 25mL Sheather 溶液清洗离心管和超声水浴中洗涤剂悬浮物表层。1200×*g* 离心 30min。从分层处吸取 7mL 液体到离心管中；用洗涤剂充满；然后 1200×*g* 离心 10min。弃去上清并用 3 号洗涤剂稀释，再 1200×*g* 离心 10min，重复 2 次。

蠕虫卵：将沉淀转移到有网格的培养皿中并加入 1mL 卢戈氏碘液。沉淀稀释后用倒置显微镜检测整个平皿。

原虫：用 3 号洗涤剂充分稀释后，将 100μL 透明液体加在多聚赖氨酸包被的载玻片上，该载玻片事先要用酸性酒精洗涤干净。

加入阳性和阴性对照样品来区分每个小格或载玻片，并使之风干。按厂家说明进行荧光抗体染色。在 200~300 倍的荧光显微镜下检查每个玻片并记录结果。如果样品为阳性，通过检查剩余悬浮液并估计其阳性数量来计算每千克食品样品中所存在的包囊数。如果样品为阴性，对剩下的沉淀进行染色检测。

参考文献

[1] Anderson, R. C., A. G. Chabaud, and S. Wilmot (eds). 1974 – 1983. CIH Keys to the Nematode Parasites of Vertebrates. Commonwealth Agriculture Bureau Farnham Royal, Bucks, England, UK.

[2] Barnes, R. D. 1987. Invertebrate Zoology. SCP Communications, New York.

[3] Chitwood, B. G., and M. B. Chitwood. 1974. Introduction to Nematology. University Park Press, Baltimore.

[4] Fayer, R., H. R. Gamble, J. R. Lichtenfels, and J. W. Bier. 1992. *In*: Compendium of Methods for the Microbiological Examination of Foods. American Public Health Association, Washington, DC.

[5] Food and Drug Administration. 1981. Technical Bulletin No. 1: Principles of Food Analysis for Filth, Decomposition and Foreign Matter. J. R. Gorham (ed). U. S. Government Printing Office, Washington, DC.

[6] Food and Drug Administration. 1984. Method for determination of parasites in finfish. p. V–30. *In*: Technical Bulletin No. 5: Macroanalytical Procedures Manual. Association of Official Analytical Chemists, Arlington, VA.

[7] Jackson, G. J. 1983. Examining food and drink for parasitic, saprophytic, and free – living protozoa and helminths. pp. 78 ~ 122. *In*: CRC Handbook of Foodborne Diseases of Biological Origin. M. Rechigl, Jr. (ed). CRC Press, Boca Raton, FL.

[8] Jackson, G. J., R. Herman, and I. Singer. 1969 & 1970. Immunity to Parasitic Animals, Vols 1 & 2. Appleton–Century–Crofts –Meredith, New York.

[9] Kudo, R. D. 1977. Protozoology. Charles C Thomas, Springfield, IL.

[10] Noble, E. R., and G. A. Noble. 1982. Parasitology: The Biology of Animal Parasites. Lea and Febiger, Philadelphia.

[11] Olsen, O. W. 1986. Animal Parasites, Their Life Cycles and Ecology. Dover Press, New York.

[12] Payne, W. L., T. A. Gerding, R. G. Dent, J. W. Bier, and G. J. Jackson. 1980. Survey of U. S. Atlantic Coast surf clam, *Spisula solidissima*, and surf clam products for anisakine nematodes and hyperparasitic protozoa. J. Parasitol. 66: 150 ~ 153.

[13] Rude, R. A., G. J. Jackson, J. W. Bier, T. K. Sawyer, and N. G. Risty. 1984. Survey of fresh vegetables for nematodes, amoebae, and *Salmonella*. J. Assoc. Off. Anal. Chem. 67: 613 ~ 615.

[14] Schell, S. C. 1985. Trematodes of North America. University of Idaho Press, Moscow, ID.

[15] Schmidt, G. D. 1985. Handbook of Tapeworm Identification. CRC Press, Boca Raton, FL.

[16] Yorke, W., and P. A. Maplestone. 1969. The Nematode Parasites of Vertebrates. Hafner, New York.

19A 新鲜食品中环孢子虫和隐孢子虫的检测方法——聚合酶链式反应（PCR）及镜检分离鉴定法

2004年10月

作者：Palmer A. Orlandi，Christian Frazar，Laurenda Carter，Dan-My T. Chu。

本章目录

A. 材料和设备

1. 过滤均质袋（400mL）：法国 Interscience，St Nom 公司。
2. Envirochek™取样容器：Pall Gelman Laboratory。
3. 摇床。
4. 漩涡式均质器。
5. 漩涡仪。
6. 分析过滤器（150mL）：美国 Nalgene 公司，Cat No. 130-4045。
7. 一次性过滤漏斗（25mm）：Whatman Biosciences。
8. Dynal L10 管：Prod. No. 740-03。
9. Dynal MPC®-1 ：Prod. No 120. 01。
10. Dynal MPC®-S ：Prod. No 120. 20。
11. 多头抽真空装置：Promega 公司（一次可做20个样品）。
12. FTA 滤膜：Whatman Biosciences。
13. 照片塑封膜：Scotch 公司。
14. 圆锥形离心管（250mL）。
15. 冷冻离心机：Sorvall RT7 或同类产品（适用于250mL 圆锥形离心管）。
16. 免疫荧光显微镜-配件如下：UV 1A 滤光器（激发滤光片，EX365/10；分色滤光片，DM440；吸收滤光片，BA-400；或同类产品。）微分干涉（DIC）。隐孢子虫卵囊：适用于观察经过异硫氰酸荧光素（FITC）染色的卵囊的配件（见表1）。

17. 载玻片和盖玻片。
18. 吸水纸。
19. 恒温箱：56℃。
20. 打孔机（直径6mm）：Whatman公司或同类产品。
21. 薄壁PCR管（0.65mL）。
22. 微量可调移液器。
23. PTC-200 PCR仪：MJ Research。
24. 横向凝胶电泳仪器和电力供应设备。
25. 凝胶分析成像系统。
26. 宝丽莱型667胶片。
27. UV紫外透照台。

B. 试剂

1. 水
a. 去离子水［用于洗涤样品（dH_2O）］。
b. 无菌去离子水（用于PCR程序）。
2. Envirochek™洗脱缓冲液：0.01mol/L Tris，pH 7.4；0.001mol/L EDTA；1% SDS。
3. 真空硅油。
4. 牛血清白蛋白（BSA）：Sigma，A-7030。
5. 助滤剂Celite：Sigma，C-8656。
6. 聚乙烯聚吡咯烷酮（PVPP）：Sigma，P-6755。
7. NET缓冲液：0.1mol/L Tris，pH 8.0，0.15mol/L NaCl，0.001mol/L EDTA。
8. NET-BSA缓冲液：含有1g/100mL BSA的NET缓冲液。
9. 含有20g/100mL助滤剂Celite的NET-BSA缓冲液。
10. 含有10g/100mL PVPP的dH_2O。
11. 抗隐孢子虫免疫磁珠试剂盒：美国Dynal生物公司。
12. 隐孢子虫/贾第鞭毛虫免疫荧光试剂盒：Strategic Diagnostics公司。
13. 0.1mol/L HCl。
14. 0.1mol/L NaOH。
15. 油镜专用油。
16. 指甲磨光器、石蜡等玻片封闭物。
17. FTA纯化缓冲液：Whatman公司。
18. FTA卡洗脱液：0.01mol/L Tris，pH 8.0；0.1mmol/L EDTA。
19. DNA引物：见PCR部分的表1。
20. HotStart*Taq*™Master Mix Kit：Qiagen公司。
21. 0.5×TAE电泳缓冲液。
22. 分析纯琼脂糖：美国Bio-Rad公司。
23. 溴化乙啶。
24. 6×凝胶上样缓冲液。

25. 100bp 和 25bp DNA 标志物：Invitrogen 公司。

26. *Vsp* Ⅰ 限制性内切酶：Promega 公司。

27. *Dra* Ⅱ 限制性内切酶：Hoffman-La Roche 公司。

28. NuSieve® 3∶1 琼脂糖：Biowhitaker Molecular Applications。

C. 可选试剂、设备和装置

1. LightCycler®-即用型 DNA Master SYBR Green Ⅰ 试剂盒：罗氏诊断。
2. LightCycler®毛细管：罗氏诊断。
3. LightCycler®系统：罗氏诊断。

D. 新鲜食品的处理方案

此方案适用于分析新鲜的绿叶样品（如生菜、中草药等）和浆果（如覆盆子）中的寄生虫卵囊污染，其他新鲜农产品可参照执行。

a. 将样品（10~25g 新鲜绿叶样品或 50g 新鲜浆果）放入过滤均质袋中，并加入 100mL dH_2O，封口。

b. 放至摇床，在室温中轻轻振荡 30min，每间隔 15min 将密封后的过滤均质袋转换一次方向。

c. 将上清倒至干净的 50mL 锥形离心管内，2000×*g* 离心 20min。

1. 分离新鲜食品清洗液中的环孢子虫（*Cyclospora*）卵囊

a. 吸取上清液（无干扰颗粒），总体积不超过 45mL。

b. 将余下的上清和沉淀混合。

c. 加入 2.5mL 20%助滤剂 Celite 到 NET-BSA 中（确保在加入样品之前加入助滤剂 Celite）。室温下，将样品在漩涡仪上混匀 15min。

d. 加入 1.0mL 10% PVPP。室温下，用漩涡仪混匀 15min。

e. 准备一个过滤器（150mL），移除过滤膜（0.45μm 或 0.2μm），但是保留 4 级过滤膜支持架与一个真空装置连接。

f. 用少量（约 10mL）NET 缓冲液将分析过滤器预湿。

g. 将含有样品的助滤剂 Celite/PVPP 混合液倒入与真空装置连接的过滤器。确保液体通过过滤隔膜，以去除悬液中的颗粒物和助滤剂 Celite 颗粒。避免吸附剂-寅式盐堵塞过滤器。

h. 用 10mL NET 缓冲液冲洗残留在壁上的样品悬液并倒入滤器中。然后，再用 10mL NET 缓冲液冲洗附着有助滤剂 Celite 和微粒物质的网膜。

i. 准备用于 FTA 过滤装置的样品，预留至多 10%的样品用于镜检。

j. 装配含有 FTA 滤膜的过滤漏斗，并连接到真空歧管。

k. 将 FTA 过滤装置预湿。

l. 将步骤 i 中的样品慢慢倾入过滤漏斗中，直到全部样品都通过 FTA 滤膜。

m. 保持过滤漏斗与真空管连接，用 10mL FTA 纯化试剂漂洗滤膜 2 次，然后用 10mL FTA 洗脱液漂洗 2 次。

n. 将过滤漏斗与真空管分开，拆除装置，56℃烘干 FTA 滤膜。

2. 分离新鲜食品清洗液中的隐孢子虫（Cryptosporidium）卵囊

a. 吸取上清液（无干扰颗粒），总体积不超过 10mL。

b. 将余下的上清和沉淀混合。注意：混合液不应超过 0.5mL，因为它会干扰随后免疫吸附隐孢子虫卵囊的步骤。

c. 按照抗隐孢子虫免疫磁珠试剂盒说明书操作（使用推荐的试管和磁性捕捉器）。

d. 室温下，用 0.1mL 0.1mol/L HCl，5min 洗脱捕获到的隐孢子虫卵囊。

e. 用 0.01mL 1mol/L NaOH 中和酸洗脱液。至多保存 10% 样品以备镜检。

f. 用 10mL NET 缓冲液稀释。

g. 以下步骤同 D. 1. j~n。

E. 果汁、果酒和牛乳中分离寄生虫卵囊

此方案适用于分析液体样本，如橙汁、苹果汁、苹果酒、苹果、牛乳和乳制品中的寄生虫卵囊。

1. 果汁、果酒和牛乳中分离环孢子虫卵囊

a. 调节 25mL 液体样品的酸碱值到 8.0。

b. 加入等体积的 NET 缓冲液并混匀。

c. 以下步骤同 D. 1. c~n。

2. 果汁、果酒和牛乳中分离隐孢子虫卵囊

直接取 10mL 果汁、果酒或牛乳样品，按照 D. 2. c~f 用抗隐孢子虫免疫磁珠试剂盒处理。

F. 水中分离寄生虫卵囊

此方案适用于分析特定水源（小溪、河、水库、静止的水、径流等）中的寄生虫卵囊。

a. 将一个独立的 Envirochek™ 取样容器所取的水样作为一个样品。确保流速不超过制造商规定的标准。

b. 10L 流水中收集一个水样样本过滤。

c. 用 125mL 洗脱液洗脱过滤器上捕获的污染物。用洗脱液冲洗过滤器后，密封，并按照生产商的推荐在漩涡仪（中速）至少混匀 5~10min。将洗脱液倒入 250mL 的圆锥形离心管中。

d. 重复步骤 F. c，合并洗脱液。

e. 以 1500×g~2000×g 离心 20min，让离心机自动慢慢停下（勿用制动装置）。

f. 以下步骤参照 D. 1 和 D. 2 来分别分离环孢子虫和隐孢子虫卵囊。

G. 玻片制备与镜检——环孢子虫

环孢子虫卵囊在紫外光下使用 UV-1A 滤光器可见钴蓝自体荧光，使用广谱滤光器则可见蓝绿色光。制备玻片（一式两份）和在紫外光下镜检步骤如下。

用显微镜测量卵囊，当卵囊完整时，卵囊大小在 8~10μm 的范围之内。

1. 玻片制备

将备用镜检的样品（D. 1. i）在 4℃、1500×g 离心 10~15min。吸取上清液与 0.5mL 沉淀混合，用枪头温和地将颗粒物质混匀。

a. 将真空硅油滴到盖玻片边缘。

b. 将 10μL 悬浮液涂到一干净载玻片上，盖上用硅油预处理过的盖玻片。

2. 镜检

a. 在紫外线下用 400 倍镜察看。环孢子虫卵囊会发出钴蓝色的自体荧光。应查看多个视野。因为，有时候由于玻片制备的原因，在单个视野中难以观察到卵囊。

b. 将显微镜从荧光镜调到明场或微分干涉镜。在 1000 倍镜下测量任何疑似环孢子虫卵囊的尺寸，并与标准比较。比较标准，证实疑似环孢子虫卵囊的内部结构。

c. 先用指甲磨光器将疑似阳性的玻片边缘磨光，然后用石蜡等封闭物封闭玻片。

d. 拍摄阳性样本，照片存档。

H. 玻片制备与镜检——隐孢子虫

a. 使用免疫磁珠分离（IMS）试剂盒和免疫荧光标记试剂盒处理含有隐孢子虫卵囊的样品洗液和其他液体

样本，以备镜检。

b. 将一份 IMS 处理样本（D. 2. e）按照生产商说明书用隐孢子虫/贾第鞭毛虫（*Giardia*）免疫荧光试剂盒标作 FITC 标记，在常规 DIC 模式和荧光模式下查看。

表 19A-1　荧光显微镜参数[a]

（入射光，光源-汞蒸汽灯，200W、100W 或者 50W）

激发滤光片	分色滤光片	吸收滤光片	抑制红光滤光片
KP500	TK510	K510 或 K530	BG38
FITC	TK510	K530	BG38
卤钨 50W 和 100W			
KP500	TK510	K510 或 K530	BG38
FITC	TK510	K530	BG38

a 取自隐孢子虫/贾第鞭毛虫免疫荧光试剂盒说明书。

I. PCR 分析

用巢式 PCR 法分别检测环孢子虫和隐孢子虫卵囊。用多重巢式 PCR 检测法区分鉴别人环孢子虫（*C. cayetanensis*）和其他相近的非人类致病寄生虫［如艾美尔球虫（*Eimeria* spp.）］。此法可以使用传统的热循环法，也可以用 Roche LightCycler®实时定量 PCR 法。

隐孢子虫检测同样使用巢式 PCR 法扩增。然而，要进一步鉴别隐孢子虫基因型需要使用限制性片段长度多态性（RFLP）分析。请注意以下部分：微小隐孢子虫（*C. parvum*）基因型 I 已经被重新命名为人隐孢子虫（*C. hominis*）；微小隐孢子虫基因型 Ⅱ（牛株）现被称为微小隐孢子虫（*C. parvum*）。

1. DNA 引物

表 19A-2 环孢子虫（种类）PCR 扩增 DNA 引物序列[a]

引物设计	引物种类	引物序列（5′→3′）	片段大小/bp	设计说明
F1E（正向）	环孢子虫和艾美尔球虫	TACCCAATGAAAACAGTTT	636	第一次扩增
R2B（反向）		CAGGAGAAGCCAAGGTAGG		
CC719（正向）	人环孢子虫	GTAGCCTTCCGCGCTTCG	298	第二次扩增
PLDC661（正向）	非洲绿猴环孢子虫、疣猴环孢子虫、狒狒环孢子虫	CTGTCGTGGTCATCGTCCGC	361	第二次扩增
ESSP841（正向）	艾美尔球虫	GTTCTATTTTGTTGGTTTCTAGGACCA	174	第二次扩增
CRP999（反向）	环孢子虫和艾美尔球虫	CGTCTTCAAACCCCCTACTGTCG		第二次扩增

a 所有的引物序列分别根据已经发表的 18S rRNA 基因序列推导而来。

表 19A-3　隐孢子虫（基因型）PCR 扩增 DNA 引物序列[a]

引物设计	引物种类	引物序列（5′→3′）	片段大小/bp	设计说明
ExCry1（正向）	隐孢子虫	GCCAGTAGTCATATGCTTGTCTC	844	第一次扩增
ExCry2（反向）		ACTGTTAAATAGAAATGCCCCC		
NesCry3（正向）	隐孢子虫	GCGAAAAAACTCGACTTTATGGAAGGG	590~593	第二次扩增
NesCry4（反向）		GGAGTATTCAAGGCATATGCCTGC		

a 所有的引物序列分别根据已经发表的 18S rRNA 基因序列而来。

2. 第一次 PCR 扩增的样品制备

a. 用打孔器从已干燥的 FTA 卡的标记点样区域钻取一小圆片（直径为 6mm）。清洗打孔器是没有必要的，因为通过打孔器造成的样本之间的交叉污染是微不足道的。但是，如果认为必要，研究人员可以用乙醇擦拭样本垫。

b. 将小圆片放入 0.65mL 薄壁 PCR 管底部。

c. 每管放入 50μL HotStart*Taq*™Master Mix。

d. 将准备好的预混试剂（表 19A-4）和适合的正、反向 DNA 引物（表 19A-2 和表 19A-3）放入 PCR 管中。

e. 每次 PCR 分析都需设阳性和阴性对照（表 19A-5）。

f. 温和混匀。

g. 按照相应热循环方案（表 19A-6 和表 19A-7）进行 PCR 扩增。

表 19A-4 常规 PCR 扩增的反应体系

成分		体积/μL[a]	最终浓度
FTA 滤膜（DNA 模板）			
HotStart*Taq*™Master Mix[b]		50.0	
预混试剂	$MgCl_2$，25mmol/L	2.0	2.0[c]
	正向引物，10μmol/L	2.0	0.2μmol/L
	反向引物，10μmol/L	2.0	0.2μmol/L
	无菌去离子水	44.00	

a 总体积 100μL。

b HotStartTaq™Master Mix 各成分的最终浓度为：200μmol/L dNTP、1.5mmol/L $MgCl_2$、2.5U HotStarTaq™ DNA 聚合酶。

c $MgCl_2$的最终浓度由 HotStartTaq™Master Mix 和 25mmol/L $MgCl_2$共同决定。

表 19A-5 PCR 扩增对照

对照类型		条件/卵囊
阴性对照-1		空白试剂-无滤膜
阴性对照-2		空白试剂+无污点，洗涤过的滤膜
阳性对照[a]	环孢子虫分析	人环孢子虫
		环孢子虫（NHP）[b,c]
		艾美尔球虫（*Eimeria* spp.）[d]
	隐孢子虫分析	人隐孢子虫（以前被称作为微小隐孢子虫基因型Ⅰ）[c]
		微小隐孢子虫（以前被称作微小隐孢子虫基因型Ⅱ（牛））
		贝氏隐孢子虫（*C. baileyi*）[c]
		蛇隐孢子虫（*C. serpentis*）[c]

a 只要条件允许，作为阳性对照的 FTA 滤膜应该至少含有 10^3 个卵囊。

b 非人类灵长目源性的环孢子虫卵囊。

c 无惯例可以遵循。

d 大多数艾美尔球虫卵囊均可。

表 19A-6 环孢子虫和艾美尔球虫卵囊聚合酶链反应热循环参数

	步骤	循环次数	温度和时间
常规 PCR	激活	1	95℃；15min
	扩增	35	变性：94℃；30s 退火：53℃；30s 延伸：72℃；90s
	最后延长	1	72℃；10min
巢式多重 PCR[a]	激活	1	95℃；15min
	扩增	25	变性：94℃；25s 退火：66℃；15s

a 这是一个严谨的二步扩增方案（在 66℃条件下同时进行退火和延伸）。同样，它不需要最后延伸步骤。

表 19A-7 隐孢子虫卵囊聚合酶链反应热循环参数

	步骤	循环次数	温度和时间
常规 PCR	激活	1	95℃；15min
	扩增	40	变性：94℃；45s 退火：53℃；75s 延伸：72℃；45s
	最后延长	1	72℃；7min
巢式 PCR	激活	1	95℃；15min
	扩增	35	变性：94℃；25s 退火：65℃；25s 延伸：72℃；25s
	最后延长	1	72℃；10min

3. 常规巢式 PCR 扩增鉴别区分环孢子虫和艾美尔球虫

a. 每管加入 25μL HotStartTaq™ Master Mix。

b. 所有管中均加入准备好的预混试剂（表 19A-8）。

c. 加入 1~3μL 第一次 PCR 产物。

d. 一定要包括第一次扩增反应中所有的阳性和阴性对照。

e. 温和混匀。

f. 按照表 19A-6 中相应的热循环方案进行 PCR 扩增。

表 19A-8 常规巢式 PCR 扩增鉴别区分环孢子虫和艾美尔球虫的反应体系

成分	体积/μL[a]	最终浓度
HotStartTaq™ Master Mix[b]	25.0	
$MgCl_2$，25mmol/L	1.0	2.0mmol/L[c]
CC719（正向引物），10μmol/L	1.0	0.2μmol/L
PDCL661（正向引物），10μmol/L	1.0	0.2μmol/L

续表

成分	体积/μL[a]	最终浓度
ESSP841（正向引物），10μmol/L	1.0	0.2μmol/L
CRP999（反向引物），10μmol/L	1.0	0.2μmol/L
无菌去离子水	19.00	
DNA 模板（初级 PCR 产物）	1.0	

a 总体积 50μL。

b HotStartTaq™ Master Mix 各成分的最终浓度为：200μmol/L dNTP、1.5mmol/L $MgCl_2$ 和 2.5 U HotStarTaq™ DNA 聚合酶。

c $MgCl_2$的最终浓度由 HotStartTaq ™ Master Mix 和 25mmol/L $MgCl_2$共同决定。

4. 可选——运用 Roche LightCycler® System 实时 PCR 扩增区分鉴别环孢子虫和艾美尔球虫

a. 将所需数量的玻璃毛细管放入一个预冷模块内（连同配套的离心适配器）。

b. 将准备好的预混试剂（表 19A-9）加入 0.65mL PCR 管中。

c. 加入 1μL 初级 PCR 扩增产物。

d. 一定要包括初级扩增反应中所有的阳性和阴性对照。

e. 温和混匀。

f. 将混合液吸入玻璃毛细管，盖上盖子，在台式微量离心机内短暂离心（3000r/min，5~10s）。

g. 将毛细管转移到 LightCycler® Capillaries 上。

h. 按照 LightCycler®热循环方案设置（表 19A-10）。

i. 利用熔解曲线分析识别实时病源（见表 19A-11）。

j. 为最后确认，可以从每个玻璃毛细管中回收样品。

k. 打开盖子，将毛细管倒置放入一个含有 5μL 胶加载试剂的 0.65mL PCR 管中，在台式离心机上短暂离心（3000r/min，5~10s）。

l. 根据说明进行琼脂糖凝胶电泳（I.6. b~f）。

表 19A-9 环孢子虫和艾美尔球虫实时巢式 PCR 扩增反应体系

成分	体积/μL[a]	最终浓度
LightCycler®-FastStart DNA Master SYBR Green	2.0	—
$MgCl_2$，25mmol/L	1.6	3.0mmol/L
CC719（正向引物），10μmol/L	1.0	0.5μmol/L
PDCL661（正向引物），10μmol/L	1.0	0.5μmol/L
ESSP841（正向引物），10μmol/L	1.0	0.5μmol/L
CRP999（反向引物），10μmol/L	1.0	0.5μmol/L
无菌去离子水	11.40	—
DNA 模板（初级 PCR 产物）	1.0	—

a 总体积 20μL。

表 19A-10 LightCycler®热循环参数——实时多重 PCR 扩增环孢子虫和艾美尔球虫

步骤	循环数	温度和时间	补充
热启动	1	95℃；10min	
扩增	30	变性：95℃；15s 退火：66℃；15s	单荧光收集

续表

步骤	循环数	温度和时间	补充
熔解曲线分析	1	95℃；15s 65℃；15s 98℃；0.1℃/s	连续荧光收集

表 19A-11　环孢子虫和艾美尔球虫熔解曲线分析实时多重 PCR 扩增结果

引物设计	引物种类	引物序列（5′→3′）	片段大小 bp	扩增温度 T_m/℃
CC719	人环孢子虫	GTAGCCTTCCGCGCTTCG	298	85℃
PLDC661	非洲绿猴环孢子虫（*C. cercopitheci*）、疣猴环孢子虫（*C. colobi*）、狒狒环孢子虫（*C. papionis*）	CTGTCGTGGTCATCGTCCGC	361	91℃
ESSP841	艾美尔球虫	GTTCTATTTTGTTGGTTTCTAGGACC/	174	81℃

5. 巢式 PCR 扩增区分鉴别隐孢子虫

a. 每管中加入 25μL HotStartTaq™Master Mix。

b. 所有管中均加入准备好的预混试剂（表 19A-12）。

c. 加入 1~3μL 初级 PCR 产物。

e. 一定要包括第一次扩增反应中所有的阳性和阴性对照。

f. 温和混匀。

g. 按照表 19A-7 中相应的热循环方案进行 PCR 扩增。

表 19A-12　隐孢子虫巢式扩增反应体系

成分	体积/μL[a]	最终浓度
HotStartTaq™Master Mix[b]	25.0	
$MgCl_2$，25mmol/L	1.0	2.0[c]
NesCry3（正向引物），10μmol/L	1.0	0.2μmol/L
NesCry4（反向引物），10μmol/L	1.0	0.2μmol/L
无菌去离子水	21.0	
DNA 模板（初级 PCR 产物）	1.0	

a 总体积 50μL。

b HotStartTaq ™Master Mix 各成分的最终浓度为：200μmol/L dNTP、1.5mmol/L $MgCl_2$、2.5 U HotStarTaq™DNA 聚合酶。

c $MgCl_2$的最终浓度由 HotStartTaq™Master Mix 和 25mmol/L $MgCl_2$共同决定。

6. 琼脂糖凝胶电泳

a. 将 10μL 巢式 PCR 产物与 2~3μL 凝胶上样缓冲液混合。

b. 将混合产物加入配制好的 1.5%琼脂糖凝胶（0.5×TAE 含有 0.2μg/mL 溴化乙啶）上。其中至少包括一条具有 100bp DNA 标志物的泳道，用以判断扩增片段大小。

c. 125V，运行至少 30min。

d. 在紫外线下能看到琼脂糖凝胶上的 PCR 产物条带。可以使用宝丽莱型 667 胶片拍摄凝胶作为结果记录［或者用一台数字系统，你可以在“material & methods”（材料和设备）中增加该设备］。

e. 用 F1E/R2B 引物扩增的环孢子虫 PCR 产物可能看不见；因此，只需用巢式 PCR 产物进行凝胶电泳。

f. 环孢子虫、艾美尔球虫和隐孢子虫 PCR 扩增产物的预期大小见表 19A-1 和表 19A-2。

7. 利用限制性片段长度多态性分析隐孢子虫巢式 PCR 产物以验证微小隐孢子虫的存在和区分人隐孢子虫和微小隐孢子虫

a. 巢式 PCR 产物在 590bp（基因型Ⅰ）或者 593bp（基因型Ⅱ）处有条带的推测为隐孢子虫阳性。

b. 根据使用限制性内切酶 *Vsp* Ⅰ和 *Dra* Ⅱ切割巢式 PCR 产物得到的限制性片段长度可以区分微小隐孢子虫和人隐孢子虫（*Vsp* Ⅰ），以及微小隐孢子虫、贝式隐孢子虫（*C. baileyi*）和蛇隐孢子虫（*C. sepentis*）（*Dra* Ⅱ）。

c. 使用 *Vsp* Ⅰ进行酶切：15μL 隐孢子虫巢式 PCR 扩增产物中加入一个单位 *Vsp* Ⅰ、2.0μL 10×内切酶缓冲液、0.2μL BSA 溶液，加无菌去离子水使总体积为 20μL。

d. 使用 *Dra* Ⅱ进行酶切：15μL 隐孢子虫巢式 PCR 扩增产物中加入一个单位 *Dra* Ⅱ、2.0μL 10×内切酶缓冲液，加无菌去离子水使总体积为 20μL。

e. 必须以相同方式将微小隐孢子虫和其他隐孢子虫种的阳性对照和其他样品一起进行酶切。

f. 37℃孵育至少 2h。

g. 用 0.5×TAE 和 0.2%溴化乙啶制备 3% NuSieve®琼脂糖凝胶，通过凝胶电泳分析酶切产物。

h. 将 10～15μL 酶切产物和 2～3μL 凝胶上样缓冲液混合后加入凝胶孔内。至少包括一个 25bp DNA 标志物，用以判断限制性片段的大小。

i. 125V（恒定电压），运行至少 45min。

j. 在紫外线下能看到琼脂糖凝胶上的限制性片段条带。可以使用宝丽莱型 667 胶片拍摄凝胶作为结果记录（或者一台数字系统）。

k. 隐孢子虫限制性片段长度的预期大小见表 19A-13。

表 19A-13　巢式 PCR 扩增和限制性片段长度多态性分析区分隐孢子虫

卵囊	PCR 扩增		限制性片段长度多态性切割产物/bp	
	初步片段长度/bp	巢式片段长度/bp	*Vsp* Ⅰ	*Dra* Ⅱ
人隐孢子虫（以前被称作微小隐孢子虫基因型Ⅰ）	844	593	503 和 90	—
微小隐孢子虫［以前被称作微小隐孢子虫基因型Ⅱ（牛）］	840	590	—	—
贝氏隐孢子虫	831	579	—	295 和 284[a]
蛇隐孢子虫	836	583	—	298 和 284[a]
鼠隐孢子虫（*C. muiris*）	—	—		
赖氏隐孢子虫（*C. wrairii*）	—	—		

a 在琼脂糖凝胶电泳中无区别。

参考文献

［1］Centers for Disease Control. 1997. Outbreak of cyclosporiasis—Northern Virginia-Washington D. C. -Baltimore, Maryland, Metropolitan area, 1997. *Morbid. Moral. Weekly Rep*. 46：689～691.

［2］Centers for Disease Control. 1998. Update：outbreak of cyclosporiasis—Ontario Canada, may 1998. *Morbid. Moral. Weekly Rep*. 47：806～809.

［3］Eberhard, M. L., A. J. da Silva, B. G Lilley, and N. J. Pieniazek. 1999. Morphological and molecular characterization of new *Cyclospora* species from Ethiopian monkeys：C. cercopitheci sp. n., C. colobi sp. n., and C. papionis sp. n. Emerg. Infect. Dis. 5：651～658.

［4］Herwaldt, B. L. 2000. *Cyclospora cayetanensis*：a review, focusing on the outbreaks of cyclosporiasis in the 1990's. *Clin. Inf. Dis*. 31：1040～1057.

［5］Herwaldt, B. L., M. -L. Ackers, and the *Cyclospora* Working Group. 1997. An outbreak in cyclosporiasis associated with imported raspberries. *N. Engl. J. Med.* 336: 1548～1556.

[6] Herwaldt, B. L. , M. J. Beach and the *Cyclospora* Working Group. 1997. The return of *Cyclospora* in 1997: another outbreak of cyclosporiasis in North America associated with imported raspberries. *Ann. Intern. Med.* 130: 210～220.

[7] Ho, A. Y. , A. S. Lopez, M. G. Eberhart, R. Levenson, B. S. Finkel, A. J. da Silva, *et al.* 2002 Outbreak of cyclosporiasis associated with imported raspberries, Philadelphia, Pennsylvania, 2000. *Emerg. Inf. Dis.* 8: 783～788.

[8] Jinneman, K. C. , J. H. Wetherington, W. E. Hill, A. M. Adams, J. M. Johnson, B. J. Tenge, N－L. Dang, R. L. Manger, and M. M. Wekell. 1998. Template preparation for PCR and RFLP of amplification products for the detection and identification of *Cyclospora* sp. and *Eimeria* spp. oocysts directly from raspberries. *J. Food Prot.* , 61: 1497～1503.

[9] Jinneman, K. C. , J. H. Wetherington, W. E. Hill, C. J. Omiescinski, A. M. Adams, J. M. Johnson, B. J. Tenge, N－L. Dang, R. L. Manger, and M. M. Wekell. 1999. Anoligonucleotide－ligation assay for the differentiation between *Cyclospora* and *Eimeria* spp. polymerase chain reaction amplification products. *J. Food Prot.* , 62: 682～685.

[10] Koumans, E. H. A. D. J Katz, J. M. Malecki, S. Kumar, S. P. Wahlquist, M. J. Arrowood, *et al.* 1998. An outbreak of cyclosporiasis in Florida in 1995: a harbinger of multistate outbreaks in 1996 and 1997. *Am J. Trop. Med. Hyg.* 59: 235～242.

[11] Lopez, A. S. , D. R. Dodson, M. J. Arrowood, P. A. Orlandi, A. J. da Silva, J. W. Bier, *et al.* 2001. Outbreak of cyclosporiasis associated with basil in Missouri in 1999. *Clin. Infec. Dis.* 32: 1010～1017.

[12] Lopez, F. A. , J. Manglicmot, T. M. Schimidt, C. Yeh, H. V. Smith, and D. A. Relman. 1999.

[13] Molecular characterization of *Cyclospora*－like organisms from baboons. *J. Infect. Dis.* 179: 670～676.

[14] Orlandi, P. A. and K. A. Lampel. 2000. Extraction－free, filter－based template preparation for the rapid and sensitive PCR detection of pathogenic parasitic protozoa. *J. Clin. Microbiol.* 38: 2271～2277.

[15] Orlandi, P. A. , D. －M. T. Chu, J. W. Bier, and G. J. Jackson. 2002. Parasites and the food supply. *Food Technology* 56: 72～81.

[16] Orlandi, P. A. , L. Carter, A. M. Brinker, A. J. da Silva, K. A. Lampel, and S. R. Monday. 2003. Targeting single nucleotide polymorphisms in the 18S rRNA gene to differentiate *Cyclospora* spp and *Eimeria* spp by multiplex PCR. *Appl. Environ Microbiol.* Submitted for publication.

[17] Ortega, Y. , C. R. Roxas, R. H. Gilman, N. J. Miller, L. Cabrera, C. Taquiri, and C. R. Sterling. 1997. Isolation of *Cryptosporidium parvum* and *Cyclospora cayetanensis* from vegetables collected in markets of an endemic region in Peru. *Am. J. Trop Med. Hyg.* 57: 683～686.

[18] Ortega, Y. , C. R. Sterling, R. H. Gilman, V. A. Cama, and F. Diaz. 1993. *Cyclospora* species－a new protozoan pathogen of humans. *N. Engl. J. Med.* 328: 1308～1312.

[19] Ortega, Y. , R. H. Gilman,and C. R. Sterling. 1994. A new coccidian parasite (Apicomplexa: Eimeriidae) from humans. *J. Parasitol.* 80: 625～629.

[20] Pieniazek, N. J. and B. L. Herwaldt. 1997. Reevaluating the molecular taxonomy: is human－associated *Cyclospora* a mammalian *Eimeria* species? *Emerg. Inf. Dis.* 3: 381～383.

[21] Relman, D. A. , T. M. Schmidt, A. Gajadhar, M. Sogin, J. Cross, K. Yoder, O. Sethabutr, and P. Echeverria. 1996. Molecular phylogenetic analysis of *Cyclospora*, the human intestinal pathogen, suggests that it is closely related to *Eimeria* species. *J. Infect. Dis.* 173: 440～445.

[22] Sherchand, J. B. , J. H. Cross, M. Jimba, S. Sherchand, M. P. Shrestha. 1999. Study of *Cyclospora cayetanensis* in health care facilities, sewage water and green leafy vegetables in Nepal. *Southeast Asian J. Trop. Med. Public Health* 30: 58～63.

[23] Slifko, T. R. , H. V. Smith, and J. B. Rose. 2000. Emerging parasite zoonoses associated with water and food. *Int. J. Parasitol.* 30: 1379～1393.

[24] Sturbaum, G. D. , Y. R. Ortega, R. H. Gilman, C. R. Sterling, L. Cabrera, and D. Klein. 1998. Detection of *Cyclospora cayetanensis* in wastewater. *Appl. Environ. Microbiol.* 64: 2284～2286.

[25] Sturbaum, G. D. , C. Reed, P. J. Hoover, B. H. Jost, M. M. Marshall, and C. R. Sterling. 2001. Species － specific, nested PCR－restriction fragment length polymorphism detection of single *Cryptosporidium parvum* oocysts. *Appl. Environ. Microbiol.* 67: 2665～2668.

[26] Wurtz, R. 1994. *Cyclospora*: a newly identified intestinal pathogen of humans. *Clin. Inf. Dis.* 18: 620～623.

[27] Yoder, K. E. , O. Sethabutr, and D. A. Relman. 1996. PCR－based detection of the intestinal pathogen *Cyclospora*, pp. 169～176. In D. H. Persing (*ed.*), PCR protocols for emerging infectious diseases, a supplement to diagnostic molecular microbiology: principles and applications. ASM Press, Washington, DC.

19B 新鲜食品中卡氏环孢子虫分子检测方法——实时荧光 PCR

作者：Helen R. Murphy, Sonia Almeria, Alexandre J. da Silva。

更多信息请联系 Helen Murphy。

修订记录：

- 2017年9月　修改了 FastDNA 旋转提取协议部分：从步骤 C 中删除重复文本。在步骤 G 中，“摇动”（shaking）一词已被“反转”（inverting）一词取代。
- 2017年9月　发布了已发布的期刊文章（PDF）和补充数据文件（PDF）。
- 2017年8月　添加 Basil 环孢子虫扩展报告、Parsley 环孢子虫扩展报告和 Carrot 环孢子虫扩展报告。
- 2017年8月　增加了罗勒和欧芹的矩阵扩展研究。
- 本方法结尾处提供六种附录（PDF 格式）。
- 新的 BAM 第19B 章；2017年6月：取代 BAM 第19A 章中关于在产品中检测卡氏环孢子虫的环孢子虫属方法的所有方面。

本章目录

卡氏环孢子虫（*Cyclospora cayetanensis*）是一种原生动物寄生虫，会通过水和食物传播，引起食源性人类腹泻疾病，通常称为环孢子虫病。该疾病在发达国家和发展中国家均有出现，具有一定的季节性。目前，卡氏环孢子虫是被认为唯一一种可以导致人类环孢菌病的孢子菌。在美国，环孢子虫病已经成为一个重要的公共卫生问题。自 20 世纪 90 年代中期以来爆发的食源性疫情，大都与进口新鲜农产品（如多叶蔬菜和浆果）的消费有关（Hall 等，2012；Herwaldt，2000）。据疾病控制和预防中心（Centers for Disease Control and Prevention）报道，在 2013—2015 年美国有多个地方爆发，其中有 1481 例患者感染（http://www.cdc.gov/parasites/cyclosporiasis/outbreaks/index.html）。被感染者会通过粪便将脱落的球形未孢子化卵囊（直径 8~10μm）排放到环境中。卵囊在环境中似乎需要一周或更长的时间来繁殖和感染（Ortega 和 Sanchez，2010），因此人与人之间不会进行传播。目前，卡氏环孢子虫的感染剂量也还不清楚。

卡氏环孢子虫的卵囊是不可培养的，这使得活性测定的应用不切实际。用目前已有的方法鉴定食物基质中的环孢子虫卵囊具有挑战性：①这些方法缺乏用于检测食物基质中的低浓度卵囊所需的灵敏度；②这些方法不允许区分与卡氏环孢子虫形态相同的环孢子虫属物种。2004 年建立了 PCR 分子检测的方法并在 FDA BAM 上发表，但是在实际使用过程中存在的技术性问题导致它的使用受到阻碍。在 2013—2015 年环孢子虫病暴发期间，FDA 由于缺乏经充分验证的敏感检测方法和用于源追踪的分子流行病学工具，忽略了对监测和暴发调查有关的监管监督，造成了很严重的影响（Abanyie 等，2015）。实时荧光 PCR 方法可以对已经改进和简化的 FDA 方法进行验证，并用于农产品中卡氏环孢子虫的收集和鉴定。尤其在疾病暴发的时候，该举动将允许 FDA 开始缩小研究差距并支持当食品被寄生虫污染时的监管行动。利用 PCR 方法对新鲜蔬菜中卡氏环孢子虫进行分子鉴定可分为以下步骤：①农产品淋洗；②淋洗液中 DNA 的分离；③PCR 方法的鉴定由于卵囊回收和 DNA 提取所需的某些试剂无法通过原来或替代制作商购得，使得 FDA BAM 19A 章“新食食品中环孢子虫和隐孢子虫的检测方法——聚合酶链式反应（PCR）及镜检分离鉴定法”（2004 年的方法）在 2012 年已经无法使用。此外，19A 章中的方法依赖于通过巢式 PCR 扩增进行分子鉴定，但是该方法耗时、费力且易于产生假阳性结果。这些因素迫切需要一种可用于新鲜农产品监管测试的替代方法。因此，在 2016 年 7 月结合新的优化实时 PCR 方法，开发并验证了用于检测新鲜农产品中卡氏环孢子虫的新的和改进的产品洗涤和 DNA 提取方案。该方法适用于检测绿叶蔬菜（如莴苣、香菜和罗勒）、柔软的水果（如覆盆子、黑莓或草莓等）以及整个蔬菜（如豆类或豌豆）中的卡氏环孢子虫。这种新方法已经在多实验室验证研究中对香菜和覆盆子进行了验证，并在基质延伸研究中用于切碎的胡萝卜、欧芹和罗勒。根据 OFVM《食品和饲料中微生物病原体检测分析方法验证指南》（*Cuidelines for the Validation of Analytical Methods for the Detection of Microbial Pathogens in Foods and Feeds*，第二版）进行验证，并由微生物学方法验证小组委员会（Microbiology Methods Validation Subcommittee）批准。MLV 于 2016 年 7 月 6 日获得批准，矩阵扩展研究于 2017 年 2 月 7 日和 6 月 16 日进行。

多实验室验证研究出版物：

这种新方法已经在多实验室验证研究中对香菜和覆盆子进行了验证，并在基质延伸研究中用于切碎的胡萝卜、欧芹和罗勒。根据 OFVM《食品和饲料中微生物病原体检测分析方法验证指南》（第二版）进行验证，并由微生物学方法验证小组委员会批准。MLV 于 2016 年 7 月 6 日获得批准，矩阵扩展研究于 2017 年 2 月 7 日和 6 月 16 日进行。

1. Article，PDF，Interlaboratory validation of an improved method for detection of *Cyclospora cayetanensis* in produce using a real-time PCR assay. 893Kb
2. Supplementary Data，PDF，384Kb

罗勒、欧芹和胡萝卜的扩展报告：

1. Cyclospora Basil Extention Report，PDF，65Kb.
2. Cyclospora Parsley Extention Report，PDF，66Kb.
3. Cyclospora Carrot Extention Report，PDF，67Kb.

Ⅰ 农产品的洗涤和 DNA 提取程序

该方法进行了改进，通过样本洗涤分离卡氏环孢子虫卵囊，随后从洗涤液中得到 DNA 模板，取代了 19A 章中基于 FTA 过滤器的检测方法。改进包括：产品洗涤溶液中使用 Alconox ®洗涤剂，显著提高了食品中寄生原生动物的回收率（Shields 等，2012），以及使用商业 DNA 提取试剂盒从食品洗涤碎屑颗粒中分离并制备 DNA 模板，然后进行 PCR 检测（Shields 等，2013）。

A. 实验室设施

为了消除由污染引起的阳性结果的可能性，可以在彼此隔离的区域中进行样品洗涤，DNA 提取和实时荧光

PCR 检测。建议使用以下工作区域来完成样本的洗涤和 DNA 提取，同时尽量减少污染的可能性：

1. 用于农产品洗涤的实验台。
2. 用于 DNA 提取程序的罩。

B. 材料和设备

1. InterscienceBagPage ®+ 400ml 过滤袋，500/包，货号 EW-36840-56（Cole-Parmer）。
2. Interscience Bag Clips，50/pk，Cat No. EW-36850-46（Cole-Parmer）。
3. 一次性血清移液管，5mL、25mL 或 50mL。
4. 将过滤袋放在托盘上洗涤［图 19B-1（3）］。
5. Stovall Belly Dancer 或类似的轨道混合平台。
6. 平台摇杆。
7. 15mL 和 50mL 锥形离心管，用于农产品的洗涤。
8. Sorvall Legend RT +冷冻离心机或同等产品（用于离心 15mL 和 50mL 锥形离心管）。
9. 2L（或更大）真空瓶连接到室内真空装置。
10. 短玻璃巴斯德吸管，用于真空抽吸洗涤上清液。
11. 清空 2mL FastPrep ®管和瓶盖，Cat nos 115076400 和 115064002（MP Biomedicals）。
12. 不含 Dnase 的 2. 0mL 微量离心管。
13. Fast Prep ®-24 仪器（MP Biomedicals）或类似的均质器。
14. 15mL 锥形离心管，用于 DNA 结合步骤。
15. 台式离心机，能够旋转 2. 0mL 管。
16. 移液器。
17. 耐气溶胶的微量移液器吸头。
18. 乳胶或丁腈手套。
19. 涡旋混合器。

C. 试剂

1. 粉状 Alconox ®实验室玻璃器皿清洁剂，零件号 EW-17775-0（Cole-Parmer）。

a. 1. 0%Alconox 原液（附件 1）。

b. 0. 1%Alconox 生产洗涤液（附件 1）。

2. 用于土壤的 Fast DNA ® SPIN 试剂盒，部件号 6560-200（MP Biomedicals）。
3. 用于 DNA 提取程序的 100%乙醇。
4. 用于生产洗涤程序的无菌无核酸酶去离子水。

D. 新鲜农产品样品的洗涤程序

下面描述的标准洗涤程序对于绿叶蔬菜和草本植物或较为结实的蔬菜是最佳的。重要的是要注意协议中描述的修改，并且要注意脆弱的基质（如树莓），如果处理不小心会释放大量的碎片或果胶。

注意：如下所述，使用制动设置为 6（在 0~9 的范围内）的摆动叶片转子进行洗涤溶液的离心以进行减速。

1. 在 Bag Page ®+滤袋（25g 新鲜农产品或 50g 新鲜浆果）中称量产品进行分析。

2. 将 100mL 0. 1% Alconox 加入到滤袋中的生产样品中。将袋子的底部平放在工作台上，开口边缘折叠在垂直支撑上［图 19b-1（1）］。包含绿叶蔬菜和较为结实的蔬菜（但不包含易碎的浆果）的袋子应用指尖轻轻挤压袋子顶部几次以除去大部分空气。装有浆果的袋子应密封，无需挤压，也不需要排出空气。用袋夹密封袋子。

3. 将装有绿叶蔬菜的密封袋平放在摇椅平台上的托盘中，密封的开口边缘支撑在托盘的侧面［图 19b-2（2）］，以防止在极少数情况下偶尔发生泄漏。袋子彼此叠放以便容纳所有袋子。在室温下以 85r/min（Stovall Belly Dancer 设定为 7.0，最大倾斜）搅拌 30min，15min 后翻转袋子。将装有浆果的袋子直立在托盘中［图 19B-1（3）］，以便用洗涤溶液更好地覆盖基质，并在平台摇杆上慢速摇动 30min。

4. 打开袋子并使用血清移液管将上清液从每个 Bag Page ®+滤袋的滤液侧转移到 2 个标记的 50mL 锥形离心管中。

5. 在摇摆桶转子中以 2000×g 离心 20min，将制动设置为 6（在 0~9 的范围内）进行减速，分离含有卵囊的洗涤碎片。

6. 在离心过程中，在每个过滤袋中向产品中再加入 100mL 0.1%的 Alconox，并将袋子从一侧到另一侧倾斜三到四次，以冲洗食品和袋子表面。将包含产品和冲洗溶液的袋子靠在垂直表面上，直到步骤 D.8 中需要。

7. 离心后，使用短管玻璃巴斯德吸管连接管子到过滤瓶并容纳真空吸出每个 50mL 管中除了大约 4mL 上清液之外的废物，而不会干扰洗涤碎屑颗粒。

8. 将来自每个 Bag Page ®+滤袋滤液侧的漂洗液转移到相应的两个 50mL 锥形管中，所述锥形管含有来自步骤 D.7 的第一洗涤碎屑颗粒。以 2000×g 离心 20min 以沉淀合并的洗涤液并冲洗碎片。离心后，从每个 50mL 管中中吸出除了大约 4mL 上清液之外的所有上清液，而不会干扰颗粒。

9. 通过在残留的洗涤液中用 5mL 血清移液管重新悬浮并转移到单个 15mL 锥形离心管中来汇集两个 50mL 锥形管洗涤碎片颗粒。依次用 2mL dH_2O 冲洗两个空的 50mL 管，并加入 15mL 管的内容物中。以 2000×g 离心 20min 以沉淀碎片。离心后，从 15mL 管中吸出大约 1mL 上清液。将碎片沉淀重悬于残留上清液的 15mL 管中，并转移至单个空的 2mL FastPrep 裂解管（不含珠）。用 0.4mL dH_2O 冲洗空的 15mL 管并加入 2mL 管的内容物中。如果重悬浮的颗粒和管冲洗液的总体积超过 2mL 管的容量，则将 2mL FastPrep 管中的一部分以 14000×g 离心 4min，吸出上清液而不干扰颗粒，然后加入剩余部分再次离心。

10. 将含有来自步骤 D.9 的洗涤碎片的 2mL Fast Prep 管以 14000×g 离心 4min。除了 100~200μL 上清液外，不吸干所有上清液而不干扰沉淀。注意：如果合并的碎片颗粒样品大于 850μL，则必须将样品转移至两个 2mL Fast Prep 裂解管。

11. 在 4℃下保存过夜，或按 E 部分所述进行，立即分离 DNA。

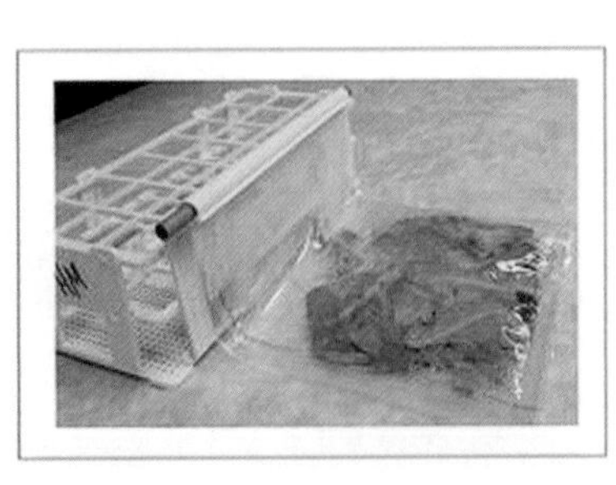

（1）　（2）　（3）

图 19B-1　农产品中环孢子虫的检测

E. 使用 FastDNA ® SPIN 土壤试剂盒从新鲜产品洗涤碎片颗粒中分离 DNA

使用 FastDNA 针对土壤的 SPIN 试剂盒，在实验室罩中从产品洗涤液中提取 DNA，遵循下面详述的修改说明。在开始之前，为 DNA 提取程序准备以下项目。

使用 FastDNA ® SPIN 土壤试剂盒从新鲜产品洗涤碎片颗粒中分离 DNA：

- 在 SWES-M 瓶洗液中加入 100mL 100%乙醇*。
- LysingMatrix E 管（含珠子）*。
- 2mL 微量离心管。
- 含有 1mL 重悬浮结合基质的 15mL 猎鹰管*。
- 捕集管中的旋转过滤器*。
- 第二组捕集管*。

*** FastDNA ® SPIN 土壤套装中提供的物品。**

改进的 FastDNA 自旋提取方案：

1. 组装待从洗涤程序步骤 D. 10 中提取的样品，并添加空的 FastPrep 管作为 DNA 提取对照。
2. 在步骤 E. 1 中小心地将来自 Lysing Matrix E 管（随 FastDNA Spin Kit 提供）的珠子转移到每个管中。
3. 加入 122μL MT 缓冲液。
4. 添加 978μL（或更少）磷酸钠缓冲液至最大填充高度；在管顶部留出至少 1. 0cm 的空气间隙，以实现有效的打珠（图 19B-2）。拧紧盖子。
5. 将样品转移至 FastPrep-24 珠粒打浆机并在 6. 5m/s（约 4000rpm）的设定下均化 60s。立即从仪器中取出含有试管的样品架，置于冰上 3min。将样品架返回到珠粒搅拌器中，并如上所述重复珠粒打浆和在冰上孵育。
6. 从样品架上取下试管，以 14000×g 离心 15min。
7. 将上清液转移到干净的 2mL 管中。加入 250μL PPS 并通过手动反转混合 10 次。
8. 以 14000×g 离心 5min，然后将上清液转移到含有 1. 0mL 重悬浮的结合基质的干净的 15mL Falcon 管中。

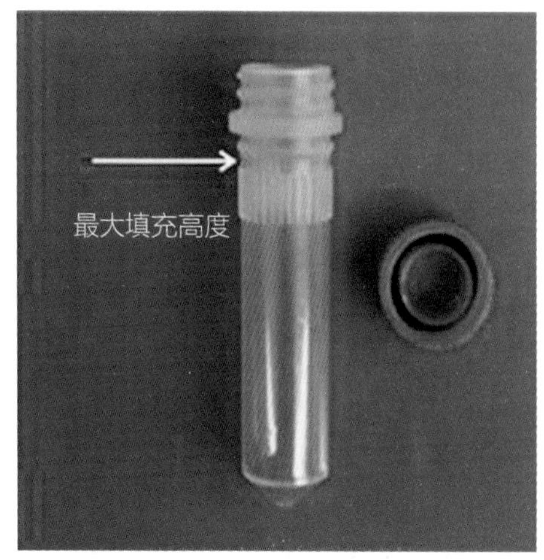

图 19B-2 离心管中最大填充高度

9. 放置在旋转器上或用手倒置 2min，然后使二氧化硅基质沉降 3min。在摆动桶转子中以 1000×g 短暂离心 15mL 管 1min。
10. 从每管中取出并丢弃 1. 4mL 上清液（可分两次，每次 700mL）。
11. 将基质重悬于剩余的上清液中，并将约 700μL 转移至捕获管中的 SPIN 过滤器。以 14000×g 离心 1min。清空捕集管并将任何剩余的重新悬浮的混合物添加到 SPIN 过滤器中并像以前一样旋转。再次清空捕集管。
12. 向每个过滤器中加入 500μL 制备的 SWES-M。通过上下移液轻轻重新悬浮。
13. 以 14000×g 离心 1min，清空捕集管并更换。
14. 以 14000×g 离心 2min 以干燥基质。丢弃捕集管并更换新的捕获管。
15. 在室温下将过滤器风干 5min。
16. 在旋转过滤器中向基质中加入 75μL DES。用小吸管尖轻轻搅拌重悬结合基质。在 55℃ 的加热块中孵育 5min。
17. 以 14000×g 离心 1min 以回收洗脱的 DNA，然后丢弃 SPIN 过滤器。
18. 在进行下述实时 PCR 检测步骤之前，将 DNA 样品在 4℃ 下储存最多 2d 或在-20 或-80℃ 下储存更长时间。

Ⅱ 环孢子虫实时 PCR 检测方法

该分析方法为卡氏环孢子虫的分子检测提供了实时 PCR 方法，取代了 FDA BAM 19a 章中的常规和实时 PCR 方法。下面描述的实时 PCR 方案提供了若干优点，包括提高了灵敏度、特异性和通量，缩短检测周期。此外，使用实时 PCR 方法可以最大限度地减少通常与常规巢式 PCR 相关的扩增子对实验室环境的污染。该方法是为 Applied Biosystems 7500 快速实时 PCR 系统开发的，用于检测食品样品中的卡氏环孢子虫，并基于疾病控制中心用于临床样品的方法（Qvarnstrom，2016；Verweij 等，2003）。实时 PCR 测定是靶向卡氏环孢子虫多拷贝 18S 核糖体 RNA 基因的双重反应，并使用内部扩增对照（Deer 等，2010）来监测潜在的基质衍生的反应抑制。该方法还提供可追踪的合成阳性对照，允许序列验证以识别由于无意的实验室污染引起的假阳性。

A. 实验室设施

卡氏环孢子虫实时 qPCR 测定非常敏感。为了消除由于污染导致的积极结果的可能性，必须为 qPCR 分析中的每个步骤设计单独的工作站，并采用有效的工作流程。

1. Mastermix 试剂、样品和阳性对照应始终存放在不同的位置，并使用干净的手套和清洁的实验室外套单独处理。处理和打开管子时应特别小心，以避免交叉污染。在打开之前，应始终将管涡旋并短暂离心。
2. 样品的稀释应在单独的清洁区域进行。
3. 应使用新鲜配制的 10%漂白剂溶液定期清洁表面、通风橱、移液管和其他设备，如果可能，紫外线灭菌 20min。设备应专用于一个工作站，不能从一个工作站转移到另一个工作站。应经常更换手套。必须始终使用气溶胶阻隔吸管尖端。
4. mastermix 准备工作站应与其他工作站严格分开。理想情况下，如果空间允许使用专用台式和理想情况下在正压力下的 PCR 罩，则该工作站应位于单独的房间内。应在该工作站上添加 mastermix 至 96 孔板或管条。在该区域的 NTC 反应中加入水。
5. 测试样品应在第二个专用清洁区域中添加到 mastermix 板中，优选在 PCR 罩中。
6. 应尽量小心处理阳性对照，并尽可能将其作为单独清洁专用区域的最后一步添加到反应板中。

B. 设备和用品

1. Applied Biosystems 7500 快速实时 PCR 系统，软件版本为 1.4、2.0 或 2.3，或更高版本。
2. 0.1mL 规格的 Applied BiosystemsMicroAmp ®快速 8 联排扩增管，MicroAmp ®光学 8-Cap 条，Cat Nos.4358293 和 4323032（Thermo Fisher Scientific）或等同物，或 0.1mL 规格的 Applied BiosystemsMicroAmp ®快速光学 96 孔反应板，MicroAmp ®光学黏合剂膜，Cat Nos 号 4346907 和 4311971（Thermo Fisher Scientific）或等同物。
3. 台式离心机，能够旋转 96 孔反应板或能够旋转 0.1mL 8 联排扩增管的小型离心机。
4. 台式离心机，能够旋转 1.5~2.0mL 管。
5. 移液器。
6. 气溶胶抗性微量移液器吸头。
7. 乳胶或丁腈手套。
8. 涡旋混合器。
9. 无 Dnase 的微量离心管，1.5mL，低残留。

C. 试剂

1. Qiagen QuantiFast Multiplex PCR Kit（400），目录号 204654。

2. 无菌无 Dnase TE 缓冲液，pH 7.5（商业制备或参见附录 2）。
3. 引物，500μmol/L 工作溶液（参见表 19b-1）。
4. 探针工作解决方案（见表 19b-2）。
5. IAC 靶标（HMultra130-synIAC），1E7 拷贝/μL，参见试剂订购和制备说明，D 部分。
6. 阳性对照（HMgBlock135m），5E2 拷贝/μL。参见试剂订购和准备说明，D 部分。
7. 阴性对照（水，包括在上面的 QuantiFast Multiplex PCR Kit 中）。

表 19B-1 引物名称和序列

	项目名称	序列
靶标引物	Cyclo250F	5′-TAGTAACCGAACGGATCGCATT-3′
	Cyclo350RN	5′-AATGCCACGGTAGGCCAATA-3′
内标（IAC 引物）	dd-IAC-f	5′-CTAACCTTCGTGATGAGCAATCG-3′
	dd-IAC-r	5′-GATCAGCTACGTGAGGTCCTAC-3′

表 19B-2 探针订购信息

	靶基因探针	内参基因（IAC）探针
项目名称	Cyclo281T	dd-IAC-Cy5
序列	5′-CCGGCGATAGATC ATTCAAGTTTCTGACC-3′	5′-AGCTAGTCGATGC ACTCCAGTCCTCCT-3′
5′端	/56-FAM/	/Cy5/
3′淬灭基团	ZEN-3′ Iowa Black® FQ	3′Iowa Black® RQ-Sp
3′端	/3IABkFQ/	/3IAbRQSp/

D. 试剂订购和准备说明

所有引物、探针和靶 DNA 均由 Integrated DNA Technologies（IDT），Coralville，IA 商业合成。

1. 引物

所有引物均从 IDT 中订购，标准化至工作浓度为 500μmol/L，并在-20°C 下储存。

引物订购说明：从 IDT 在线订购菜单页面选择“Custom DNA Oligos”（订购 DNA 寡核苷酸）。从“Normalization”（标准化）下拉菜单→选择“Create a custom formulation”（创建自定义配方）→选择“Full Product yield，to a specified μMolar concentration”（产品总产量，达到指定的 μMolar 浓度）→输入“500”并选择“IDTE 8.0 pH”→将标准化命名为“500μM”，保存。接下来，在“Oligo Entry”（寡核苷酸入口）页面上输入每种引物的引物选项，如下所示：

比例（Scale）	选择 25nmol 和 1μmol 之间的比例
标准化（Normalization）	500μM
纯化（Purification）	标准脱盐（Standard Desalting）

2. 探针

Taqman 型水解探针用于检测卡氏环孢子虫和 IAC 靶标。卡氏环孢子虫探针用 5′FAM 报告染料标记，并用内部 ZEN 猝灭剂和 3′IowaBlack © FQ 猝灭剂双重猝灭。IAC 探针用 5′Cy5 报告染料和 3′IowaBlack © RQ-Sp 猝灭剂标记。探针从 IDT 订购并水合至如下所述的工作浓度并储存在-20℃。

探针订购说明：通过选择“Custorn qPCR Probes”（自定义 qPCR 探针）从 IDT 在线订购菜单页面订购探针

→单击“Manually enter probes”（手动输入探针）→选择 250nmol 或 1μmol 刻度。输入探针核苷酸序列，并为表 19B-2 中的每个探针选择 **“5′Dye/3′Quencher”** 选项［不需要“Services”（服务）选项］。

探针工作溶液的制备：

100μMCyclo281T：通过在随附的 IDT 探针规格表中指定的体积加入 100μmol 终浓度，在无菌无酶无条件 TE 缓冲液中水合冻干探针。涡旋并短暂离心水合探针。

50μMdd-IAC-Cy5：通过在随附的 IDT 探针规格表上指定的体积加 2 倍，在无菌无酶无条件 TE 缓冲液中水合冻干的探针，终浓度为 100μmol。涡旋并短暂离心水合探针。

3. IAC 靶标

IAC 反应靶标（HMultra130-synIAC）是基于 Deer 等 2010 年开发的内部扩增对照的合成的 200bp 超微粒子 DNA 序列。

订购说明：从 IDT 在线订购菜单页面选择“Ultramer Oligos（up to 200 bases）”→在 Oligo Entry 页面上输入或选择以下内容：

商品名称：HMultra130-synIAC

规模：4nmol Ultramer™DNA Oligo

标准化：无

纯化：标准脱盐

TACAGCACCCTAGCTTGGTAGAATCGATCAGCTACGTGAGGTCCTACGACGATCGCCAAGCATGCCCTAGCTAAGA
TGCATCGATTGCTCATCACGTACGTTAGGTCGACTAGGAGGACTGGAGTGCATCGACTAGCTAAGATGGTTCGATT
GCTCATCACGAAGGTTAGGTCGACTACGAACGAGTCGTATTGCAGGTT

IAC 目标工作溶液的制备：根据附件 3 水合超微粉并在 TE pH7.5 稀释缓冲液中制备稀释液，以获得 1E7 拷贝/μL 的工作浓度。将稀释液储存在-20℃。

4. 阳性对照

阳性对照 DNA（HMgBlock135m）是由 IDT 合成的 998bp 双链合成 gBlocks Ⓡ基因片段。该序列对应于卡氏环孢子虫 18S rRNA 基因核苷酸 203~1200，但在该方案中使用的 Real-Time PCR 引物产生的扩增子内含有可追踪的突变（T885A 和 C886G）。

订购说明：从 IDT 在线订购菜单页面选择“gBlocks Gene Fragments”。在 gBlocks Ⓡ GeneFragments Entry 页面上输入以下项目名称和序列：

商品名称：HMgBlock135m

序列：

TTTATTAGATACAAAACCAACCCACTTTGTGGAGCCTTGGTGATTCATAGTAACCGAACGGATCGCATTTGGCTTTAG
CCGGCGATAGATCATTCAAGTTTCTGACCTATCAGCTTAGGACGGTAGGGTATTGGCCTACCGTGGCATTGACGGG
TAACGGGGAATTAGGGTTCGATTCCGGAGAGGGAGCCTGAGAAACGGCTACCACATCTAAGGAAGGCAGCAGGCG
CGCAAATTACCCAATGAAAACAGTTTCGAGGTAGTGACGAGAAATAACAATACAGGGCATTTAATGCTTTGTAATTGG
AATGATAGGAATTTAAAATCCTTCCAGAGTAACAATTGGAGGGCAAGTCTGGTGCCAGCAGCCGCGGTAATTCCAGC
TCCAATAGTGTATATTAGAGTTGTTGCAGTTAAAAAGCTCGTAGTTGGATTTCTGTCGTGGTCATCCGGCCTTGCCCG
TAGGGTGTGCGCCTGGGTTGCCCGCGGCTTTCTTCCGGTAGCCTTCCGCGCTTCGCTGCGTGCGTTGGTGTTCCG
GAACTTTTACTTTGAGAAAAATAGAGTGTTTCAAGCAGGCTTGTCGCCCTGAATACTGCAGCATGGAATAATAAGATA
GGACCTTGGTTCTATTTTGTTGGTTTCTAGGACCGAGGTAATGATTAATAGGGACAGTTGGGGGCATAGGTATTTAA
CTGTCAGAGGTGAAATTCTTAGATTTGTTAAAGACGAACTACTGCGAAAGCATTTGCCAAGGATGTTTTCATTAATCA
AGAACGACAGTAGGGGGTTTGAAGACGATTAGATACCGTCGTAATCTCTACCATAAACTATGCCGACTAGAGATAGG
GAAACGCCTACCTTGGCTTCTCCTGCACCTCATGAGAAATCAAAGTCTCTGGGTTCTGGGGGGAGTATGGTCGCAA
GGCTGAAACTTAAAGGAATTGACGGAGGGGCACCACCAGGCGTGGAGCCTGCGGCTTAATTTGACTCAACACGGG

单击“Add to Order”（添加到订单）→对“Terms and Disclosure”（条款和披露）弹出窗口中的所有问题回答“No”（否）→在签名框中键入您的姓名→接受条款和条件→单击“Add to Cart”（添加到购物车）。交付 1000g 的 gBlock。根据附件 4 水合 gBlock 并制备稀释液，以获得 5E2 拷贝/μL 的工作溶液浓度。阳性对照工作溶液可以在-20 或 4℃下储存。应该每 90d 从冷冻的 5E3 稀释液制备新鲜的工作溶液。

E. 反应设置和执行

必须为卡氏环孢菌靶反应和 IAC 靶反应制备引物/探针混合物。在组装混合物之前，简单地混合并离心所有试剂以重悬并降低内容物。

1. 引物/探针混合物（在-20℃黑暗中储存）

20X Ccay18S Pr/Pro（引物浓度 10μmol/L，探针浓度 2.0μmol/L probe）	
10.0μL 500μmol/L Cyclo250F	0.5μmol/L 最终浓度
10.0μL 500μmol/L Cyclo350RN	0.5μmol/L 最终浓度
10.0μL 100μmol/L Cyclo281T	0.1μmol/L 最终浓度
470μL TE	
500μL 终体积	

20X synIAC Pr/Pro（引物浓度 2.0μmol/L，探针浓度 4μmol/L，2E5 拷贝/μL synIAC 靶标基因）	
2μL 500μmol/L dd-IAC-f	100nmol/L 最终浓度
2μL 500μmol/L dd-IAC-r	100μmol/L 最终浓度
40μL 50μmol/L dd-IAC-Cy5	200nmol/L 最终浓度
10μL 1E7 拷贝数/μL HMultra130-synIAC	1E4/μL 最终浓度
446μL TE	
500μL 终体积	

2. 实时 PCR 反应混合物，用于 20μL 体积反应

所有样品和所有对照总是一式三份运行。

在组装反应混合物之前，简单地混合并离心所有试剂以重悬并降低内容物。下面的预混液公式。对于每次 qPCR 实验运行，准备足够的反应混合物以运行无模板对照（NTC），阳性对照和样品全部一式三份。计算在一个实验中运行的重复的总数（N），并在 $N+1$ 和 $N+3$ 之间制备一定体积的 mastermix，以确保所有重复的试剂都足够。

预混液成分	
	10.0μL 2X Qiagen QuantiFast 多重 PCR 预混液
	1.0μL 20X Ccay18S Pr/Pro Mix
	1.0μL 20X synIAC Pr/Pro Mix
	6.0μL H_2O（PCR 预混液试剂盒中提供）
	2.0μL 样本或对照
	20.0μL 总体积

将 18μL 反应混合物等分至每个反应孔或管中。向每个反应板孔或管中加入 2.0μL 样品或适当的对照（参见下文 E.3）。

3. 样本和质控

阴性对照	2.0μL H_2O（PCR 预混液试剂盒中提供）
DNA 对照	2.0μL
样本	2.0μL（1X 和¼稀释）
阳性对照	2.0μL HMgBlock135m（5E2 copies/μL）

在加入反应孔或试管之前，始终短暂涡旋并离心对照和样品。所有未知样本将在同样的初始实验运行中分析 1X 和¼稀释（对照品不以¼稀释度进行测试）。按照以下说明准备稀释的样品。

¼样品稀释方案：将 2.5μL 样品转移到含有 7.5μLTE 的干净微量离心管中。充分混合并短暂离心。

将样品和对照物加入反应孔或管中后，用黏合剂膜密封板或用盖条密封管条并以 400×g 离心 30s。使用预定义的方案模板运行 ABI 7500 快速实时 PCR 仪器中的板或 8 联排扩增管。

4. ABI 7500 快速仪器的实时 PCR 循环协议模板

在启动运行之前，每个实验室应定义一个协议模板，如附件 5 中所述，用于运行 v2.0 或 2.3 软件的 ABI Fast 仪器或用于运行仪器的附件 6 v1.4 软件。

5. 在 ABI 7500 快速仪器上运行方法

对于运行 v2.0 或 2.3 软件的 ABI Fast 仪器或运行 v1.4（或任何 v1.x）软件的仪器的附件 6，请遵循附件 5 中详述的运行方法。

当遵循附件 5 或 6 中的协议模板和运行方法的说明时，将以下软件分析设置应用于数据：

a. 手动阈值= 0.020（C. cayetanensis target）

b. 手动阈值= 0.010（IAC target）

c. 手动基线=6~15 个循环（两个靶标）

根据附件 5 或附件 6 中的说明保存运行文件和导出的结果数据文件，记录实验运行。导出并打印数据分析后的结果。

F. 结果解释

1. 阳性样本

a. 当初检、复检或重复样本中出现 Ccay18S 靶标阳性，且 $Ct \leq 38.0$ 时，结果判为阳性，此时不考虑 IAC 靶基因的阴阳性结果。

b. 未知样本或¼稀释样本的 3 个重复中只要有一个孔 Ccay18 靶标阳性，就可以判为阳性。

2. 样本的进一步分析

1 个或更多重复的样品，Ccay18S 靶反应超过阈值，*Ct*（s）> 38.0 且 IAC 目标反应为阴性或阳性：在 1X 和 1/4 稀释度下重新测试样品一次（一式三份）。

3. 阴性样本

如果样品 Ccay18S 所有重复的结果均为阴性，或者所有重复样本的 *Ct* 值没有满足 $Ct \leq 38.0$，且样品 IAC 目标反应产生的平均 *Ct* 值比 NTC 高不超过 3 个循环：样品确定是阴性，不需要进一步检测。

4. 无效结果

a. 如果 1 个或多个 NTC 样品或 DNA 提取对照样品的 Ccay18S 靶反应产生超过阈值的阳性结果，则实验运行无效并且必须重复。

b. 如果在重复无效的实验后，DNA 提取对照重复产生阳性结果并且 NTC 样品为阴性，则 DNA 提取过程中可能被污染。必须使用额外的食品样品（如果有的话）对所有样品重新进行 DNA 提取。

c. 如果 1 个或多个阳性对照样品 Ccay18S 未检出，则实验结果无效，必须重复。

5. 可疑结果

如果在初始测试时（或在需要时重新测试后），样品 Ccay18S 目标不产生 $Ct \leq 38.0$ 的重复，并且样品 IAC 目标未检出或产生比 NTC 高 3 个周期以上的平均 Ct 值：样品是可疑的→判读为 CFSAN SME。

6. qPCR 数据分析流程图

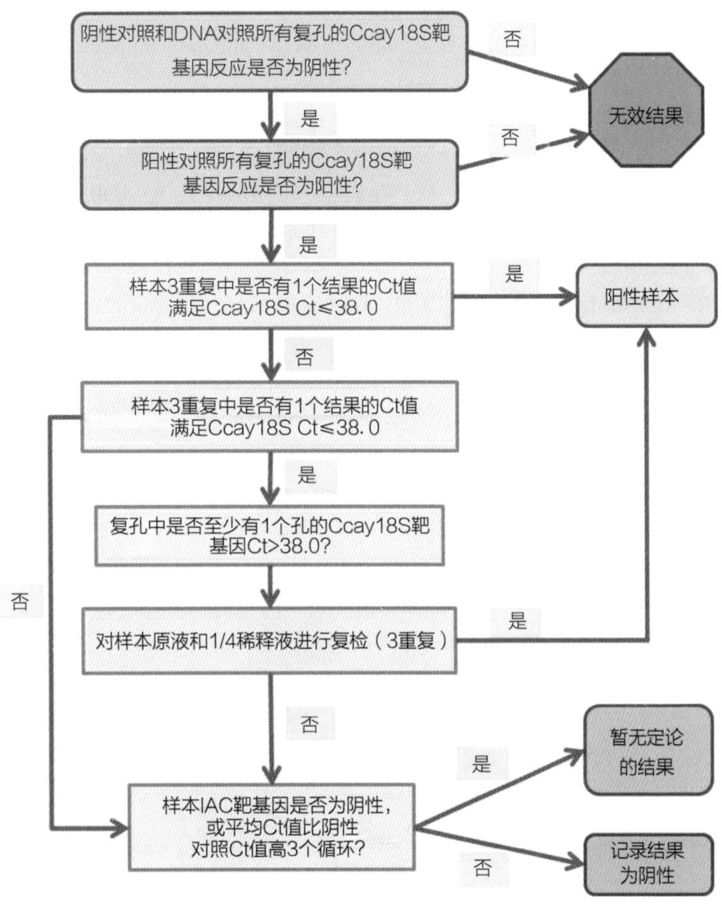

附件（PDF 格式）①

附件 1：Alconox® Produce Wash Solution Recipe

附件 2：Tris EDTA（TE）pH 7.5 Primer Dilution Buffer Recipe

附件 3：Preparation of the Internal Amplification Control（IAC）Target Working Solution

附件 4：Preparation of the Positive Control Target Working Solution

附件 5：ABI 7500 Fast v2.0 or 2.3 Method

附件 6：ABI 7500 Fast v1.4 Method

参考文献

[1] Abanyie, F., R. R. Harvey, J. R. Harris, R. E. Wiegand, L. Gaul, M. Desvignes-Kendrick, K. Irvin, I. Williams, R. L. Hall, B. Herwaldt, E. B. Gray, Y. Qvarnstrom, M. E. Wise, V. Cantu, P. T. Cantey, S. Bosch, A. J. da Silva, A. Fields, H. Bishop, A. Wellman, J. Beal, N. Wilson, A. E. Fiore, R. Tauxe, S. Lance, L. Slutsker, M. Parise, and the Multistate

①具体内容请参见 http://www.fda.Fov/Fovd/FoodScienceResearch/LaboratoryMethods/ucm553445.htm。——译者注

Cyclosporiasis Outbreak Investigation Team. 2015. 2013 multistate outbreaks of*Cyclospora cayetanensis* infections associated with fresh produce: focus on the Texas investigations. *Epidemiol. Infect.* 143: 3451 - 3458.

[2] Deer, D. M., K. A. Lampel, and N. Gonzalez-Escalona. 2010. A versatile internal control for use as DNA in real-time PCR and as RNA in realtime reverse transcription PCR assays. *Lett Appl Microbiol.* 50: 366-372.

[3] Hall, R. L., J. L. Jones, S. Hurd, G. Smith, B. E. Mahon, and B. L. Herwaldt. 2012. Population-based active surveillance for *Cyclospora* infection—United States, Foodborne Diseases Active Surveillance Network (FoodNet), 1997-2009. *Clin Infect Dis.* 54 Suppl 5: S411-417.

[4] Herwaldt, B. L. 2000. *Cyclospora cayetanensis*: a review, focusing on the outbreaks of cyclosporiasis in the 1990s. *Clin Infect Dis.* 31: 1040-1057.

[5] Ortega, Y. R., and R. Sanchez. 2010. Update on*Cyclospora cayetanensis*, a food-borne and waterborne parasite. *Clin Microbiol Rev.* 23: 218-234.

[6] Qvarnstrom, Y., T. Benedict, P. L. Marcet, R. E. Wiegand, F. Abanyie, R. Hall, B. L. Herwaldt, A. J. da Silva, 2017. Improved Molecular Detection of *Cyclospora cayetanensis* in Human Stool Specimens using UNEX DNA extraction and real-time PCR. Submitted for publication.

[7] Shields, J. M., J. Joo, R. Kim, and H. R. Murphy. 2013. Assessment of three commercial DNA extraction kits and a laboratory-developed method for detecting *Cryptosporidium* and *Cyclospora* in raspberry wash, basil wash and pesto. *J Microbiol Methods.* 92: 51-58.

[8] Shields, J. M., M. M. Lee, and H. R. Murphy. 2012. Use of a common laboratory glassware detergent improves recovery of *Cryptosporidium parvum* and *Cyclospora cayetanensis* from lettuce, herbs and raspberries. *Int J Food Microbiol.* 153: 123-128.

[9] Verweij, J. J., D. Laeijendecker, E. A. Brienen, L. van Lieshout, and A. M. Polderman. 2003. Detection of *Cyclospora cayetanensis* in travellers returning from the tropics and subtropics using microscopy and real-time PCR. *Int J Med Microbiol.* 293: 199-202.

20A 牛乳中的违禁物质

2001年1月

作者：Larry J. Maturin。

本章目录

有两种方法可以检测到牛乳中抑制微生物生长的物质：方法一是杯碟法，用藤黄微球菌作为检测物；方法二是纸片法，用嗜热脂肪芽孢杆菌做检测物。杯碟法是官方用来定量检测β-内酰胺残留物的[1]，这在AOAC《官方分析方法》第16章“乳制品”中有所描述[2]。分析者必须同时参照该书的第42章“饲料中的药物”来准备培养基和其他材料。下面简单描述一下整个方法。

Kramer等描述了用杯碟法检测乳粉中的青霉素[4]。同样的基础流程可以被运用于检测液态乳中的青霉素。普通的全脂乳被用作参照稀释剂来获得标准曲线，替代了原方法中用乳粉加缓冲溶液作空白稀释剂。全脂乳在使用前必须进行检测以保证其对测试物没有抑菌反应。牛乳样品必须在接收到的第一时间被检测，同时不需样品制备。在任何情况下都要保证牛乳样品的新鲜。如果牛乳样品被怀疑含有高于0.2U/mL水平的青霉素，样品在检测前需要用对照稀释液来稀释到大约0.05U/mL的浓度。方法的其他部分保持一致。纸片法是一种官方用来定性检测牛乳中抑制物质的方法[5]，它是由国际乳品联盟批准的牛乳中青霉素定性检测方法修改而来[6]。

Ⅰ 藤黄微球菌：杯碟法

A. 设备和材料

1. 不锈钢圆筒（牛津杯）：外径（8+0.1）mm，内径（6+0.1）mm，高（10+0.1）mm。

2. 圆筒分配器。

3. 培养皿：20mm×100mm，带外表有釉的瓷盖子，或者用有过滤垫的盖子来吸收水分。如若需要，可以用一次性塑料平板，使用时要稍稍掀起盖子让水分蒸发。

B. 培养基和试剂

1. 1 号抗生素培养基（M14），见附表。

2. 4 号抗生素培养基（M15），见附表。

3. 1%磷酸盐缓冲液（pH 6.0+0.1）。在蒸馏水中溶解 8.0g 磷酸二氢钾和2.0g磷酸氢二钾并定容到 1L。

4. 青霉素酶（β-内酰胺酶）（R55）。由 Difco 实验室提供。

5. 青霉素 G 的标准工作液。青霉素 G 的标准物质参见美国药典采用的标准物质。依标签制备和储存。制备储存母液时要仔细称量，环境相对湿度低于 50%，将少量称好的粉末稀释到合适的浓度。

6. 0.85%无菌生理盐水（R63）。

C. 藤黄微球菌的准备

藤黄微球菌（*Micrococcus luteus*）（ATCC 9341）来自于美国模式菌种收集中心（American Type Culture Collection）（10801 University Boulevard，Manassas，VA 20110-2209）。将菌种保存于 1 号培养基做成的琼脂斜面上，每两周转接一次。按下述过程制备菌悬液：采用划线接种法将待测菌接种于琼脂斜面，32~35℃培养 18~24h。用 1~2mL 无菌生理盐水将培养物洗脱，并将其转移至含有 300mL 抗生素 1 号培养基罗氏瓶内。用玻璃珠将菌悬液等量地涂布于整个培养基表面，32~35℃培养 18~24h。再用 50mL 生理盐水洗脱培养基表面生长物。在进行实际分析前，准备平板实验，确定培养基上所要加的菌悬液的最佳量，从而获得最好的抑制圈。通常，每 100mL 4 号抗生素培养基中接种 0.1~0.5mL 菌悬液。将此储存液保存在冰箱中，有效期为两周。

D. 培养皿的准备

每个培养皿中加入 10mL 1 号抗生素培养基，使培养基均匀分布并凝固成平面。融化 4 号抗生素培养基并降温到 48℃，加入最佳量菌悬液（见上述 C 部分内容），混匀。向每个培养皿中加 4.0mL 接种过的 4 号培养基。将平板围绕其圆心左右摇晃，使之分布均匀，待其冷却凝固。现配现用。

E. 绘制标准曲线

制备青霉素 G 标准储备溶液：准确称量一份青霉素标准品完全溶解于足量的磷酸盐缓冲液中（B.3），使溶液最终浓度为 1000U/mL。青霉素 G 标准储备溶液的有效期为 2d。用磷酸盐缓冲液和无抗生素的乳粉制备空白稀释剂，比例为每 1.0g 乳粉用 3mL 缓冲液。用空白稀释剂梯度稀释青霉素 G 标准储备溶液以获得浓度分别为 0.00625、0.0125、0.025、0.05、0.1 和 0.2U/mL 的标准溶液。参考浓度为 0.05U/mL。等距离放置 6 个圆筒在步骤 D 中准备好的含有培养基的培养皿上。在 3 个圆筒中加入 0.05U/mL 标准溶液，在另外 3 个圆筒中加入另一种浓度的标准溶液，依次间隔放置。每个浓度做三个平行重复。在曲线中，每个点用 3 个重复平板的数据，一共用到 15 个平板的数据。3 个含有最低浓度的平板（0.00625U/mL）用来做阴性对照；另外 12 个用来绘制标准曲线。因此，标准曲线上 0.05U/mL 浓度的点由 45 个测定的数据确定，曲线上其他几个浓度的点由 9 个测定的数据确定。

盖上盖子，30℃培养 16~18h。培养后，翻转培养皿来去掉圆筒。尽可能准确地测量抑制圈的直径（至少精确到 0.5mm）。计算各浓度标准溶液所产生的抑菌圈平均直径。同时，用 45 个 0.05U/mL 的值来校正曲线。

依据每组 0.05U/mL 浓度的平均值与校准值相同来修正每个点的平均值。例如：如果 45 个 0.05U/mL 浓度的读数平均值是 20mm，在 0.025U/mL 组 9 个 0.05U/mL 浓度的读数平均值是 19.8mm，则修正值为+0.2mm。

如果在 0.025U/mL 组 9 个 0.05U/mL 浓度的读数平均值是 17mm，那么其真实的值就是 17.2mm。以两个周期，在半对数坐标纸上绘制校正值，包括 0.05U/mL 的平均值，以浓度（U/mL）的对数为横轴（对数轴），抑制圈的直径为纵轴（算数轴）。构建通过这些点的最佳直线，或者使用下面的公式：

$$L=\frac{3a+2b+c-e}{5}$$

$$H=\frac{3a+2d+c-a}{5}$$

L 和 H 为计算出的标准反应曲线上的最低浓度（0.0125U/mL）和最高浓度（0.2U/mL）时抑制圈的直径；c 为用作参考浓度的 45 个抑制圈直径的平均值；a、b、d、e 为用来制作标准反应曲线的其他浓度的修正过的抑制圈直径平均值。

F. 样品的准备

精确称量 10g 干乳粉样品并加 30mL 磷酸盐缓冲液（B.3）。混匀。如果混合液中青霉素 G 的浓度超过 0.2U/mL，用稀释液（E）调整到大约 0.05U/mL。为了确认青霉素活性，取部分样品，加入青霉素酶的浓缩液（B. 4），每 10mL 样品加 0.5mL，并且放在 37℃孵育 30min。在培养皿中（要做三个重复），两个圆筒放入单位标准溶液。两个圆筒放未处理的样品，两个放青霉素酶处理过的样品。将培养皿放入培养箱，其他步骤同 E。未处理样品出现抑制圈和经过青霉素酶处理过的样品没有出现抑制圈视作青霉素 G 阳性。

G. 效价的测定

计算三个培养皿中标准品的平均读数和样品的平均读数。如果样品的抑制圈直径大于标准液，绘制曲线时将差异加到参考标准上。如果样品抑制圈的直径小于标准，绘制曲线时则在参考标准上减去差异。根据样品的抑制圈直径从曲线中读出其浓度。将这个浓度乘以稀释因子 4，最终得到以 U/g 为单位的青霉素 G 的浓度。如果样品粉末已经被稀释，最终计算时要选用正确的稀释因子。

H. 对照

在分析的过程中，分析者必须确保检测到的任何抗菌反应是来自样品而非周围环境（包括分析者）、设备或者使用的试剂。良好的实验操作需要合适的对照贯穿整个实验分析过程。这应该包括对结果准确度和精密度的对照。最低标准浓度（0.00625U/mL）是用来做阴性对照的。这个最低的浓度代表了药品稀释液的浓度低于能被检测到的最低限量。偶尔的，低浓度也会产生可测的抑制圈。高于 0.00625U/mL 的下一个浓度（0.0125U/mL）用来做阳性对照。分析的灵敏度通常在 0.01U/mL。对照稀释液只产生阴性检测结果。

Ⅱ 嗜热脂肪芽孢杆菌：纸片法——定性法

A. 设备和材料

1. PM 指示琼脂（M6）。
2. 无葡萄糖型胰蛋白胨大豆肉汤（M154）。
3. 胰蛋白胨大豆琼脂（M152）。
4. 有盖培养皿（A-3）。
5. 纸片，直径 12.7mm。
6. 青霉素酶（β-内酰胺酶）（R55）。
7. 对照纸片。每天准备新鲜的含 0.008U/mL 青霉素的牛乳作为阳性对照。

8. 90μL 移液枪以及合适的枪头。
9. 游标卡尺。
10. 细尖镊子。

B. 青霉素 G 的工作标准

准确称量 30mg《美国药典》中的固体青霉素 G 标准品，工作环境的相对湿度不高于 50%。将其溶解于足量的磷酸缓冲液中，使浓度达到 100~1000U/mL。0~4.4℃暗处保存，可使用 2d。

C. 嗜热脂肪芽孢杆菌的准备

嗜热脂肪芽孢杆菌（*B. stearothermophilus* var. *calidolactis*）（ATCC 10149）[5]来自美国模式菌种收集中心。将菌种保存于胰蛋白大豆琼脂斜面上，每周转接一次。按如下方法准备孢子悬浮液：接种 3 个 300mL 的锥形瓶，每瓶含有 150mL 无葡萄糖型胰蛋白大豆肉汤，置于（64±2）℃培养。定期做芽孢染色来确认孢子的形成程度。当足够的孢子成熟了（80%孢子形成，大约 72h 后），将孢子悬浮液离心 15min，转速为 5000r/min。去除上清液，重新溶解孢子于生理盐水，再离心。重复几次。最后一次，移除上清液，将孢子溶解于 30mL 生理盐水中并保持在 0~4.4℃。孢子悬浮液可以保持 6~8 个月。购买的孢子悬浮液也可以满足要求。定期检查孢子的发育程度。

D. 标准牛乳溶液的准备

用无抑制因子的牛乳稀释青霉素 G 储备液来制备标准牛乳溶液，最终青霉素的浓度为 0.008U/mL。保存于 0~4.4℃，不超过 2d，或将其小量分装并冻在冰箱里。冷冻的时间不能超过 6 个月。Difco 公司的 PM 阳性对照和青霉素标准均符合要求。

E. 培养皿的准备

加热 PM 指示琼脂，冷却到 64℃，加入之前准备的嗜热脂肪芽孢杆菌的孢子悬浮液（C）。调整接种液浓度，以使每毫升培养基含有 1×10^6个孢子。每个培养皿中倒入 6mL 培养基，使其冷却成平面。现配现用或将其储存在密封的塑料袋中，置于 0~4.4℃，可使用 5d。

F. 分析——筛选

使用 90μL 移液枪。枪头插紧，枪保持竖直，按下枪活塞至最底处。将枪插至混合均匀的样品液液面以下 1cm 处，缓慢释放活塞吸入液体。用干净、干燥的镊子在培养皿琼脂表面放置一个空纸片，用镊子轻压纸片以使其与琼脂表面接触良好。立即将样品转移到纸片上。将枪保持在离纸片中心 1cm 的高度，缓慢的压枪到最低点。当枪的活塞被完全压低时，枪头接触到纸片的中心。确保枪头离开时里面已经不含液体。按上述方法准备参照纸片，青霉素含量为 0.008U/mL。

或者，用干净干燥的镊子将纸片放在混匀的牛乳表面（摇原材料 25 次，静置除去泡沫。样品必须在摇匀后 3min 内吸取）。让牛乳通过毛细血管作用被纸片吸收。将纸片边缘放在无菌培养皿的表面以吸去多余的牛乳。迅速将纸片放在琼脂表面，轻压保证良好接触。将含有 0.008U/mL 青霉素的对照纸片如上放在琼脂表面。做好记号区分每个纸片或者记住它们摆放的位置（每个培养皿最多放 7 个纸片，周围 6 个中间 1 个）。

在翻转培养皿之前，借助灯光从底部观察纸片是否被完全均一地吸附了牛乳，同时保证没有牛乳超过纸片的边缘。翻转培养皿并将其放在（64±2）℃温箱中培养，直到在用了 0.008U/mL 对照的情况下（2.5~3.5h）得到清晰的抑制圈（16~20mm）。检查培养皿中纸片周围清晰的抑制圈（用游标卡尺测量）。14mm 的清晰抑制圈说明有抑制物质存在，抑制圈小于 14mm 视为阴性结果，抑制圈大于 16mm 可以确定为有抑制物存在。

G. 分析——确认

加热检测样品到82℃超过2min并冷却到室温。用90μL的移液枪或者干净干燥的镊子接触牛乳表面的纸片，让牛乳通过毛细作用被吸收。加0.05mL青霉素到5mL样品中并盖上纸片。将纸片放在无菌培养皿的表面以吸去多余的牛乳。迅速将纸片放在琼脂表面，轻压保证良好接触。将含0.008U/mL青霉素的参照纸片放在培养皿上，或者用移液枪（F）。翻转培养皿放在（64±2）℃中培养直到清晰的16~20mm抑制圈出现。检查培养皿中纸片周围清晰的大于16mm的抑制圈，说明抑制物质的存在。

H. 解释——待测牛乳筛选和确认试验的分析

检测将产生以下结果。

- 阴性结果（无抑制物）：含有未经处理的牛乳的纸片周围没有抑制圈。
- 阳性结果（有β-内酰胺残留物）：含有未经处理的牛乳的纸片周围有抑制圈，但是含有经青霉素酶处理的牛乳的纸片周围没有抑制圈。
- 不含β-内酰胺残留物，有其他抑制物质：在确认试验中，两个纸片均有尺寸相等的清晰的抑制区间。
- 既有β-内酰胺残留物，也有其他抑制物质：经青霉素酶处理的牛乳在纸片上呈现出直径小于4mm的未经处理的清晰的抑制圈。

青霉素阳性对照（用量为0.008U/mL）应当产生清晰的、可辨别的抑制圈（16~20mm）。如果阳性对照中没有出现抑制圈，说明试验的灵敏度不够，需要重做。

参考文献

[1] Code of Federal Regulations. 1976. Title 21, sec. 436. 105, U. S. Government Printing Office, Washington, DC.

[2] Association of Official Analytical Chemists. 1984. *Official Methods of Analysis*, 14th ed., secs 16. 163; 42. 299-42. 303. AOAC, Arlington, VA.

[3] Kabay, A. 1971. Rapid quantitative microbiological assay of antibiotics and chemical preservatives of a nonantibiotic nature. *Appl. Microbiol.* 22: 752~755.

[4] Kramer, J., G. G. Carter, B. Arret, J. Wilner, W. W. Wright, and A. Kirshbaum. 1968. Antibiotic residues in milk, dairy products and animal tissues: methods, reports and protocols. Food and Drug Administration, Washington, DC.

[5] Association of Official Analytical Chemists. 1982. Changes in methods. *J. Assoc. Off. Anal. Chem.* 65: 466~467.

[6] International Dairy Federation. 1970. Detection of penicillin in milk by a disk assay technique. International Dairy Federation, Brussels, Belgium.

20B 高效液相色谱法快速测定牛乳中的磺胺二甲嘧啶

2001年1月

作者：John D. Weber，Michael D. Smedley。

更多信息请联系 Justin Carr。

本章目录

本文建立了一种简单、相对快速的 HPLC 方法测定新鲜牛乳中的磺胺二甲嘧啶，限量可达十亿分之一（μg/L）级。采用氯仿提取牛乳中的磺胺，用分液漏斗分液，蒸去氯仿。用正己烷溶解脂肪残渣，磺胺二甲嘧啶溶在磷酸钾水溶液中，直接用液相色谱分析。

A. 设备和材料

1. 液相色谱 4 或 410 系列泵：配有 LC-95 紫外/可见检测器（Perkin-Elmer 公司，Instrument Div.，Norwalk，CT 06056），或相当者。
2. 柱加热器和能维持在（35±0.2）℃的控制器（Fiatron，Oconomowoc，WI 53066），或相当者。
3. 色谱柱：250mm×4.6mm，填料为 LC-18-DB（Supelco，Bellefonte，PA）。
4. 保护柱：长 2cm，LC-18-DB（Supelco）。
5. 预柱过滤器：直径 3mm 的过滤器板，0.5μm 孔径（Supelco）。
6. 旋转蒸发仪（Buchi Laboratory Techniques Ltd，Flawil，Switzerland），或相当者。
7. 涡旋混合器（Genie Scientific，Fountain Valley，CA），或相当者。
8. 能保持温度在-80~-50℃之间的冷冻机。
9. 50mL 具塞聚丙烯管（Fisher Scientific，Pittsburgh，PA）。
10. 微型称量漏斗（Radnoti Glass Technology，Inc.，Monrovia，CA），或相当者。
11. 1、2、5mL 的移液管，10、20mL 移液管各两支，A 级，或相当者。
12. 100mL 的容量瓶：6 个，A 级。
13. 实验用冰箱。
14. Eppendorf 移液器：10~100μL 和 100~1000μL，或相当者。
15. Eppendorf 可调移液器：正向调节，1~10mL，或相当者。

16. HPLC 溶剂过滤装置：容量为 1L、2L 和 4L。

17. Nylon-66 滤膜：孔径为 0.4μm。

18. 容积为 2L 的容量瓶，A 级。

19. 量筒：50mL 和 1L 各一个。

20. 中间容器：至少 3 个玻璃瓶，容积为 4L，带聚四氟乙烯塞子。注意：液相用的溶剂不适宜储存在塑料容器中。

21. Hewlett-Packard 模式 11C 型计算器，或相当者。

22. 玻璃移液管，5mL 两支（Fisher Scientific）。

23. 环圈、夹子或漏斗架以及其他实验室硬件。

对于重复分析，还需以下材料：

24. 分液漏斗：125mL，具玻璃塞子和聚四氟乙烯止水栓。

25. 短颈漏斗：直径 75mm。

26. 滤纸：12.5cm（Schleicher & Schuell）。

27. 梨形瓶：100mL，瓶颈 24/40 标准锥度，具塞（Kontes Glass Co.，Vineland，NJ）。

28. 巴氏吸管。

29. 玻璃自动进样瓶或玻璃试管。

B. 试剂

1. 磺胺二甲嘧啶标准品（Sigma Chemical Co.，St. Louis，MO）。

2. 磷酸二氢钾：HPLC 级。

3. 甲醇：HPLC 级。

4. 纯净水：经蒸馏、去离子化，HPLC 级。

5. 氯仿：B&J 或相当者（Burdick & Jackson，Muskegon，MI 49442）。

6. 正己烷：HPLC 级。

7. 溶液（水经蒸馏、去离子化）。

a. 磷酸二氢钾（PDP）溶液，0.1mol/L：称取 27.2g PDP，用水溶解并稀释至 2L，混匀，过 0.4μm Nylon-66 滤膜。溶液室温保存，并标明有效期为配制日期后 3 个月。本文中，PDP 溶液是指已过滤的 PDP 溶液。

b. 流动相：600mL 甲醇过 Nylon-66 滤膜，用 PDP 溶液稀释至 2L，混匀。流动相于室温保存，并标明有效期为 PDP 溶液配制日期后 3 个月。

c. 清洗液：用水将 1200mL 甲醇稀释至 2L，混匀，过 Nylon-66 滤膜，于室温保存，并标明有效期为配制日期后 3 个月。

d. 标准溶液：所有标准溶液的有效期为主溶液配制后的 3 个月。所有标准溶液保存在 10℃ 以下。注意：清洗后，用 0.1mol/L HCl 冲洗所有玻璃仪器以避免磺胺二甲嘧啶的交叉污染，然后依次用水和甲醇冲洗；将止水栓与分液漏斗分开冲洗。

1) 主溶液：室温下称取 100mg 磺胺二甲嘧啶标准品于玻璃称量瓶中，并转移至 100mL 容量瓶中，用甲醇溶解并稀释至刻度，混匀。

2) 磺胺二甲嘧啶溶液（10000ng/mL）：用 1mL 移液管移取 1mL 主溶液于 100mL 容量瓶中，用水稀释至刻度，混匀。

3) 磺胺二甲嘧啶溶液（1000ng/mL）：用 10mL 移液管移取 10mL 10000ng/mL 的磺胺二甲嘧啶溶液于 100mL 容量瓶中，用水稀释至刻度并混匀。

4) 标准曲线（按以下步骤配制）。

20μg/L 标准：用 20mL 移液管移取 20mL 浓溶液于 100mL 容量瓶中，用水稀释至刻度（注意：此溶液质量浓度为 200ng/mL，等同于 20μg/L 标准）。

10μg/L 标准：用 10mL 移液管移取 10mL 浓溶液于 100mL 容量瓶中，用水稀释至刻度。

注意：10mL 牛乳中待测物最终用 1mL PDP 定容，使待测组分的浓度变为 10 倍，所以，标准中 100ng/mL 的质量浓度等同于牛乳中 10μg/L 的质量浓度。样品和标准的进样体积均 100μL。

5μg/L 标准：用 5L 移液管移取 5mL 浓溶液于 100mL 容量瓶中，用水稀释至刻度。

表 20B-1　空白牛乳和添加水平为 5、10 和 20μg/L 的磺胺二甲嘧啶的回收率[a]

5μg/L		10μg/L		20μg/L		空白牛乳/（μg/L）
测定量/（μg/L）	回收率/%	测定量/（μg/L）	回收率/%	测定量/（μg/L）	回收率/%	
3.99	79.8	7.51	75.1	14.89	74.5	4.46
4.23	84.6	7.22	72.2	15.07	75.4	4.64
4.40	88.0	7.98	79.8	15.19	76.0	4.29
3.47	69.4	7.51	75.1	14.07	70.4	4.35
4.05	81.0	7.92	79.2	13.84	69.2	4.52
平均值	80.6		76.3		73.1	4.45
标准差	7.0		3.2		3.1	0.14
变异系数/%	8.7		4.2		4.2	3.1

a 5 份质控样中未检出磺胺二甲嘧啶。

资料来源：*J. Assoc. Off. Anal. Chem.* 72：445~447（1989）。

C. 样品保存

新鲜牛乳保存在 10℃以下冰箱。但是，如果牛乳在 2~3d 内不使用，应将其分装入聚丙烯管中并储存在-80℃条件下。如果没有-80℃冰箱，也应将样品冷冻保存在尽可能低的温度。分析样品前将冷冻的牛乳在自来水中缓慢解冻并混匀。一些样品在冷冻 1~2 年后仍可进行分析，但是牛乳在-15℃保存几个月后就会发生降解。

D. 分析方法

1. 提取方法

将一带有槽纹滤纸的 75mm 短颈漏斗放在通风橱中的铁架台或架子上，用5mL移液管取 5mL 氯仿淋洗滤纸，弃去洗液。在漏斗下放一个 100mL 梨形瓶接收液体，用 10mL 可调移液管将 10mL 牛乳加到 125mL 分液漏斗中，在此时加入标准以评价回收率（参见表 20B-1）。分别加入 50、100 和 200μL 浓溶液至分液漏斗内的 10mL 牛乳中，使加标样品分别为 5、10 和 20μg/L。用量筒向分液漏斗中加入 50mL 氯仿，塞上塞子，振摇1min，通过塞子小心地排气。重复振摇 1min，排气，然后继续振摇，排气并将漏斗静置 5min。

排气是一关键控制点。通过塞子排气很重要。注意：通过止水栓排气经常会使牛乳中的固体堵塞止水栓，导致氯仿不能顺利流出，通过塞子排气很好地解决了这个问题。

放出氯仿，并通过槽纹滤纸滤入 100mL 梨形瓶中。用 5mL 移液器取 5mL 氯仿清洗滤纸两次，收集洗液于同一梨形瓶中。

2. 制备样品用于 HPLC 检测

在旋转蒸发仪上于 32±2℃将梨形瓶中的氯仿蒸干，用另一 5mL 移液管加入 5mL 正己烷，塞上塞子，在涡旋混合器上涡旋 1min。用 100~1000μL 移液器立即加入 1mL PDP 溶液至梨形瓶中，在涡旋混合器上涡旋1min，至少在15min内涡旋 3~4 次。

接触时间是一关键控制点。接触时间和涡旋力度同等重要。注意：15min 左右可使回收率提高。时间更长，达 1h 也可以，但回收率不会得到改善。

用巴氏吸管将瓶底的水溶液层转移到自动进样瓶中，注意不要混入正己烷。若没有自动进样瓶，也可将 PDP 溶液转移到玻璃试管中。至此，样品可以进行分析。

3. 色谱分析（图 20B-1）

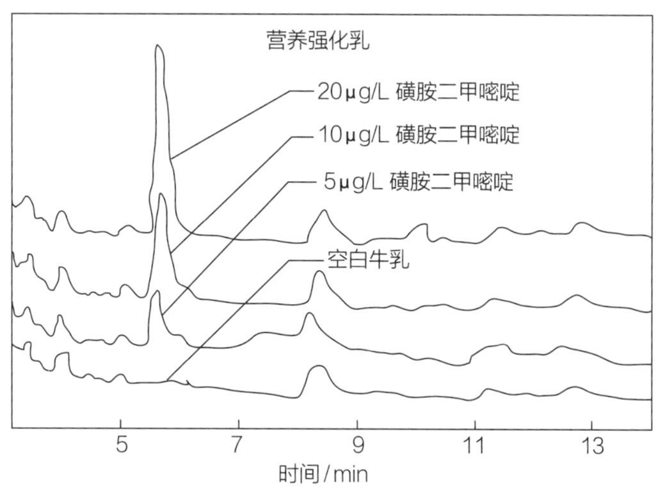

图 20B-1 空白牛乳和加标牛乳的色谱图

（在进样后前 3min 没有收集数据以节省电子数据储存空间）

在每批样品开始和结束时进标样，根据磺胺二甲嘧啶标准的峰高绘制标准曲线，按计算部分的公式计算样品质量浓度。

a. 色谱条件

柱温为 35±0.2℃，流速为 1.5mL/min，紫外检测器波长为 265nm。注意：应使用预先混合的流动相和等度泵，因为甲醇和 PDP 溶液比例的微小变化会导致磺胺二甲嘧啶保留时间的巨大偏差。进样前让泵系统在此条件下至少平衡 45min。设置运行时间为 15min，两次进样之间平衡 1min。注意：某些牛乳样品的流出峰可能会出现在下一色谱图中，但没有与磺胺二甲嘧啶的色谱峰共流出。如果分析中出现这种问题，可以延长运行时间。进样体积为 100μL。用冲洗溶液清洗自动进样器。设置灵敏度和自动记录器范围，使 20μg/L 标准产生 75%~90%的完全偏差。当天分析结束时，用冲洗溶液清洗柱子至少 45min 作为系统停止程序的一部分。

b. 色谱适宜性试验

标准曲线：将 5、10 和 20μg/L 磺胺二甲嘧啶标准各进 2 针，进样体积为100μL。根据峰高绘制的标准曲线的相关系数必须在 0.98 以上，若小于 0.98，则重复进标准。

计算：利用适用于磺胺二甲嘧啶标准溶液（浓度 vs 峰高）的最小二乘方获得 $Y=mX+b$ 的值，得出线性回归方程；方程中，Y=样品中磺胺二甲嘧啶的峰高，b 和 m 分别表示 y 轴截距和斜率，算出未知浓度 X。

E. 其他说明

- 如果新鲜牛乳需要存放 2d 或 3d 以上，将其分装入 50mL 聚丙烯管中，并存放于-50~-80℃条件下。
- 我们曾经用同一根 LC-18-DB 色谱柱分析 1000 个以上的样品和标准。
- 将密封的自动进样瓶中的样品放置在自动进样器（室温）中超过 24h 后进样分析，标准溶液的保留时间和峰高没有发生明显变化。

本方法已经经过 AOAC 协作研究机构的验证[4]，原来的单残留方法已被修改为同时测定新鲜牛乳中 10 种以上磺胺药物，检出限达 10μg/L[2]。其中 8 种药物已经通过另一家 AOAC 协作研究机构的验证[1]。

参考文献

[1] Smedley, M. D. 1994. Liquid chromatographic determination of multiple sulfonamide residues in bovine milk: collaborative study. *J. AOAC Int.* 77: 1112~1122.

[2] Smedley, M. D., and J. D. Weber. 1990. Liquid chromatographic determination of multiple sulfonamide residues in bovine milk. *J. Assoc. Off. Anal. Chem.* 73: 875~879.

[3] Weber, J. D., and M. D. Smedley. 1989. Liquid chromatographic determination of sulfamethazi-ne in milk. *J. Assoc. Off. Anal. Chem.* 72: 445~447.

[4] Weber, J. D., and M. D. Smedley. 1993. Liquid chromatographic method for determination of sulfamethazine residues in milk: collaborative study. *J. AOAC Int.* 76: 725~729.

21A 罐头食品的检验

2001 年 1 月

作者：Warren L. Landry， Albert H. Schwab， Gayle A. Lancette。
更多信息请联系 Steven Simpson。

本章目录

罐头食品腐败变质的发生率很低，但是如果发生就必须进行适当的调查。罐头腐败变质经常表现为胖罐。腐败变质过程中，罐头可能会从正常状态逐步发展为急跳罐、弹性罐、软胖罐、硬胖罐。然而，腐败变质不是罐头异常的唯一原因。灌装过满、罐盖勾扣不良或凹陷，或在冷却后封罐也可能导致胖罐。微生物引起的腐败变质，以及食品中的酸与罐体金属发生反应所产生的氢气，是导致胖罐的主要原因。夏季高温和高海拔也可能加重胖罐的程度。一些在罐头食品中生长的微生物，只要不产气，就不会引起罐体异常，但可导致食品腐败变质。

腐败变质通常是由于泄漏或热杀菌不足，微生物生长而引起的。泄漏的原因可能是罐体缺陷、穿孔或粗暴操作。受污染的冷却水有时会通过砂眼或密封不良的封口进入罐头内部，带入微生物，导致罐头腐败变质。杆菌和球菌的混合生长是发生泄漏的表现，通常通过检查罐体来证实。蒸煮不足；因温度计、量表不准或操作不当导致的杀菌锅运行不良；产品原料过度污染，常规操作不足以杀菌；产品配方或处理方式的改变，使产品更加黏稠或充填过分紧密，从而延长热穿透所需时间；或者有时在杀菌锅中形成意外的短路，都可能导致热杀菌不足。当罐内产品腐败，且没有活的微生物时，要么在加工之前就可能已经发生腐败变质，要么引起腐败变质的微生物在储存过程中已经死亡。

蒸煮不良的和泄漏的罐头都可能有潜在的健康危害，应予以特别关注。但是，在确定低酸罐头食品的潜在健康危害之前，必须掌握一些基本信息。如果发现肉毒梭菌（发现芽孢、毒素，或二者都有），那么危害自然是显而易见的。如果罐体完整无缺陷，从中只检出革兰氏阳性的耐热芽孢杆菌，除非证明有其他原因，否则应认为是热杀菌不良造成的。下这种结论时，必须确定罐体是完整无缺的（商业上可接受的封口，没有微小的漏隙），而且要确保其他可能导致热杀菌不足的因素，如干质量、产品配方等，都已经过评估。

检查罐头内容物时首选的工具是卫生开罐器，这种开罐器有一个可穿透罐身的装置，在一根金属杆的末端安装了一个可以滑动的三角形刀刃，可用螺丝固定在某个位置。相比于其他开罐器，这种开罐器的优点是不会损坏双重卷边，因此可避免影响下一步对罐头密封结构的检查。

表 21A-1　罐头食品检验的术语

罐外情况		**罐内壁情况**	
漏罐		正常	
瘪罐		剥落	
锈罐		轻度、中度或严重腐蚀	
突角		轻度、中度或严重变黑	
嵌镶		轻度、中度或严重生锈	
胖罐		机械损伤	
微小泄漏检测		**产品的气味**	**产品的汤汁**
密封卷边		腐烂味	混浊的
侧板		酸味	清澈的
接缝		酪酸味	有异物的
打穿代码		金属味	起泡的
砂眼		酸腐味	
		干酪味	
		发酵味	
		霉味	
		甜味	
		粪便味	
		硫磺味	
		异味	
固态产品	**液态产品**	**色泽**	**浓度**
消化的	混浊的	变暗的	黏的
软化的	清澈的	浅的	流动的
凝固的	有异物的	变色	黏滞的
未煮过的	起泡的		成黏丝的
煮得过久的			

平罐：罐头的底盖两端都凹入，即使一端在坚固平面上猛击，仍保持这种状态。

急跳罐：正常状态下罐头表现为平盖；当某一端在坚固平面上猛击时，一端弹出。在弹出的一端用力压迫时，此端又会弹进，罐头重新表现为平盖。

弹性罐：罐头的底或盖一端永久性膨出。在突出的这一端施加足够的压力就会弹进，但是另一端会弹出。

软胖罐：罐头的底盖两端都膨出，但不是很硬，用拇指施压就可以压进去。

硬胖罐：罐头的底盖两端都膨出，而且很硬，用拇指的压力不能使其凹陷。硬胖罐在罐头爆裂之前通常是“扣住的”。爆裂常常发生在与接缝相重迭的二重卷边处，或在接缝的中部。

要得到可信的结果，用于微生物学检验的罐头数量就要足够多。当腐败变质的原因清楚明了时，取 4~6 罐保温培养可能就够了。但在有些情况下，要确定腐败变质的原因，可能有必要取 10~50 罐进行保温培养。在一些特殊情况下，这些步骤仍可能得不到所需的全部信息，必须设计额外的检查来收集必需的数据。可能需要对未变质的罐头进行微生物学检验，以确定是否存在可繁殖但处于休眠状态的生物体。检验程序与用于变质食品的检验程序相同，只是检验的罐头数量和接种量必须增加。

A. 设备和材料

1. 培养箱：温度可控制在 30℃、35℃、55℃。
2. pH 计、电位计。
3. 显微镜、载玻片、盖玻片。
4. 开罐器、卫生开罐器和罐头打孔器：均为无菌状态。

5. 无菌有盖培养皿。
6. 无菌试管。
7. 无菌血清学吸量管、棉塞。
8. 无菌非锥形吸量管、棉塞（8mm 管用）。
9. 无菌的和未消毒的肥皂、水、刷子和毛巾。
10. 不褪色的记号笔。
11. 在罐头上做记号用的金刚石笔。
12. 检验盘（耐热玻璃盘或搪瓷盘）。

B. 培养基和试剂

1. 溴甲酚紫（BCP）葡萄糖肉汤（M27）。
2. 碎肝肉汤（M38）或庖肉培养基（CMM）（M42）。
3. 麦芽提取物肉汤（M94）。
4. 肝脏-牛肉琼脂（不含蛋黄）（LVA）（M83）。
5. 酸性肉汤（M4）。
6. 营养琼脂（NA）（M112）。
7. 亚甲蓝染色液（R45）、结晶紫染色液（R16）或革兰氏染色液（R32）。
8. 沙氏葡萄糖琼脂（SAB）（M133）。
9. 4%碘溶于 70%乙醇（R18）。

C. 罐头的准备

除去标签纸。用记号笔将罐底的编号抄写在罐身侧面，以便将发现的问题与罐头的代号对应起来。给标签纸编号，以便能够将标签纸贴回罐头的原位，通过标签纸上的污渍来确定罐体缺陷的部位。将罐头按代号分开，记录规格、代号、品名、状况、以及泄漏、砂眼或锈罐、瘪罐、突角或其他异常的证据，分别标注在标签纸上。将罐头按表 21A-1 描述的类别分组。在对罐头进行观察并分组之前，确保罐头处于室温。

D. 罐头及其内容物的检验

分类。注意：必须在室温下进行分类。

1. 罐头内容物取样

a. 软胖罐

立即对弹性罐、胖罐及有代表性数量（如有可能，至少 6 罐）的平罐和急跳罐进行分析检查。如有可能，每一类都预留一部分储存备用。将剩余的平罐和急跳罐（预留备用的除外）置于 35℃ 培养箱。在 14d 内每天检查。如发现异常或持续膨胀现象，就记录下来。如罐头发展为硬胖罐或膨胀不再继续发展，则对罐头内容物取样培养；若镜检发现典型的 C 型肉毒梭菌或革兰氏阳性杆菌，则检查是否形成 C 型肉毒毒素，并进行罐头检验的其他步骤。

b. 平罐和急跳罐

将罐头（预留备用的除外）置于 35℃ 培养箱。在 14d 内每天观察罐头是否持续膨胀。如发现膨胀，则按上面 1. a 所述操作。14d 后，从培养箱中取出平罐和急跳罐，如有可能，检查至少 6 罐（不必检查所有正常罐头）。罐头的培养温度不得高于 35℃。培养之后，将罐头重新置于室温，然后再进行分组。

2. 开罐

在尽可能无菌的环境下开罐。建议使用垂直式层流洁净工作台。

a. 硬胖罐、软胖罐和弹性罐

硬胖罐开罐前要在冰箱内冷却。用研磨性清洁剂、冷水、刷子、钢丝绒或研磨垫彻底擦洗未打码的罐盖及与其相邻的侧面。冲洗并用无菌毛巾擦干。用含有4%碘的70%酒精溶液浸泡准备打开的罐盖30min，再用无菌毛巾擦净。切忌火焰灭菌。严重膨胀的罐头可能将内容物喷出，而这些内容物可能是有毒的。采取适当防护措施预防这一危害，比如用无菌毛巾盖在罐头上或用无菌漏斗倒扣在罐头上。用火来消毒开罐刀，直至开罐刀几乎被烧红，或者使用预先消毒过的开罐刀，每罐分别用一把刀。胖罐被刺穿时，用定性检测法或后文描述的气相色谱法来检测顶隙中的气体。采用定性检测法时，将无菌试管口固定在打孔的位置，以获取释放出的气体；或者利用罐头穿孔的压力，将释放出的气体吸进注射器。在煤气灯火焰附近快速放开试管口再堵住，如有轻微爆破声，说明顶隙气体中含有氢气。立即将试管倒置于少量石灰水中，如有白色沉淀，说明顶隙气体中含有二氧化碳。在消毒过的一端开罐，开口大小应便于取样。

b. 急跳罐和平罐

用研磨性清洁剂、温水、刷子、钢丝绒或研磨垫彻底擦洗未打码的罐盖及与其相邻的侧面。冲洗并用无菌毛巾擦干。清洁之前轻轻摇晃罐头以使内容物混合均匀。将清洗过的一端浸泡在含有4% 碘的70% 酒精溶液中至少15min，再用无菌毛巾擦净。为确保无菌，在保护罩下面用火灼烧罐头消毒过的一端，直到碘溶液蒸发，罐端脱色，而且金属发热膨胀。灼烧罐端时注意不要吸入碘蒸汽。用火来消毒开罐刀，直至开罐刀几乎被烧红，或者使用预先消毒过的开罐刀，每罐分别用一把刀。在消毒过的一端开罐，开口大小应便于取样。

3. 取样检测

从罐头的中心位置取足够量的内容物接种到所要求的培养基上。使用无菌的常规吸量管或广口吸量管。使用无菌的刮刀或其他无菌设备转移固形碎片。应始终使用安全装置来操作吸液管。取样时，在无菌条件下将至少30mL 罐头内容物移至无菌的密闭容器中。如果剩余不足30mL，则将全部剩余的内容物移至无菌的密闭容器中，在4℃左右冷藏作为备用样。如有需要，用这些备用样进行复检或毒性检验。除非环境不允许，应对正常罐头抽样进行感官和物理检验（见下文5. b），包括检测pH、拆卸卷边检查。在工作表单上简要并完整地描述产品的外观、浓度和气味。如果检验员对罐头的腐烂气味不熟悉，应由另一名熟悉腐烂气味的检验员确认前者所做的感官评价。在对罐内产品进行描述的时候，异常现象均应描述，如罐内液面过低（说明有多低）、内容物明显过多过紧，以及其他异常特征。描述罐外及内壁的状况，包括泄漏、蚀刻、腐蚀的迹象等。

4. 物理检验

测量代表性数量的正常和异常罐头的净重。检测代表性数量的外观正常和异常罐头的干重、真空度和头顶隙[1]。对代表性数量的正常罐头和所有异常罐头，都要检查其金属罐的完整性，除非其严重突角，不适于做此项检验（见第22A 章）。警告：处理这些产品时始终要小心，因为即使外观正常的罐头，也有可能存在肉毒毒素。

5. 低酸食品（pH>4.6）的培养检验

如果对产品的pH 范围有疑义，在培养之前对代表性数量的正常罐头进行pH 检测。从每一罐取样，接种4 管肝泥肉汤或庖肉培养基，培养基预先加热至100℃（即沸腾），再快速冷却至室温，然后接种；同时接种4 管溴甲酚紫葡萄糖肉汤。每管接种1~2mL 液态产品或产品与水的混合物，或者1~2g 固态产品。按表21A-2 要求进行培养。

表21A-2　低酸食品（pH>4.6）检验中对不同培养基的培养时间

培养基	管数	温度/℃	培养时间/h
肝泥（庖肉）	2	35	96~120
肝泥（庖肉）	2	55	24~72
溴甲酚紫葡萄糖肉汤	2	55	24~48
溴甲酚紫葡萄糖肉汤	2	35	96~120

之后，在适当的时候，按第17 章所述，对那些不是平罐的罐头取样检测C 型肉毒梭菌毒素。

a. 镜检

取培养后的每罐内容物制备直涂片。干燥、固定，并用亚甲蓝、结晶紫或革兰氏染色液染色。如果产品是油性的，用滴管滴一点二甲苯在加热过的固定膜上，冲洗并染色。如果在制备过程中产品从玻片上被冲掉，则再用湿片法或悬滴法检验，或者在试验材料与肝泥肉汤的混悬液干掉之前进行检验。使用之前检查肝泥肉汤，以保证制作涂片的肉汤中没有细菌。在显微镜下检查，记录所见微生物的类型，估算视野中的微生物总数。

b. 罐头内容物的物理检验和感官检验

从罐中取走备用样后，用 pH 计检测剩余物的 pH。不要用 pH 试纸检测。将罐头内容物倒入检验盘。检查气味、颜色、浓度、质地及总质量。不要品尝产品。检查罐头内壁涂层是否变黑、脱锡，是否有蚀斑。

表 21A-3 低酸罐头食品培养过程

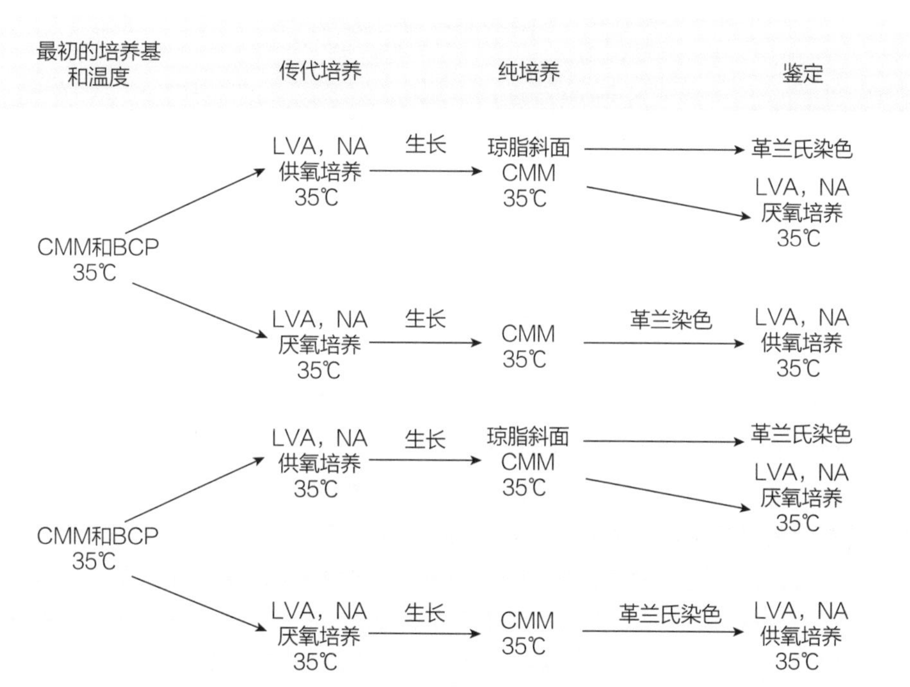

注：LVA，牛肝琼脂；NA，营养琼脂；CMM，庖肉培养基；BCP，溴甲酚紫葡萄糖肉汤。

表 21A-4 用于酸性食品（pH 4.6）的酸性肉汤和麦芽浸膏汤的培养

培养基	管数	温度/℃	培养时间/h
酸性肉汤	2	55	48
酸性肉汤	2	30	96
麦芽浸膏汤	2	30	96

E. 庖肉培养基（CMM）和溴甲酚紫葡萄糖肉汤（BCP）中的培养现象

在表 21A-2 所示的最长培养时间内不时检查培养中的培养基，观察是否有生长迹象。如果在庖肉培养基和溴甲酚紫葡萄糖肉汤两种培养基中都未见生长，则报告结果，丢弃培养物。如果发现生长物，从阳性管划线接种至 2 块肝泥琼脂（不加蛋黄）或营养琼脂平板。按表 21A-3 所示，一块平板进行需氧培养，一块平板进行厌氧培养。在 35℃条件下对庖肉培养基进行重培养，最长 5d，以备将来检测毒素时使用。取各种形态的代表性菌落，置于庖肉培养基，培养适当时间，即培养到生长物足够做传代培养。从用于厌氧培养的庖肉培养基肉汤中驱除氧气，对用于需氧培养的培养基则不要驱氧。得到纯分离物后，保存培养物，使其保持活性。

表 21A-5　酸性食品（pH4.6）的纯培养图解

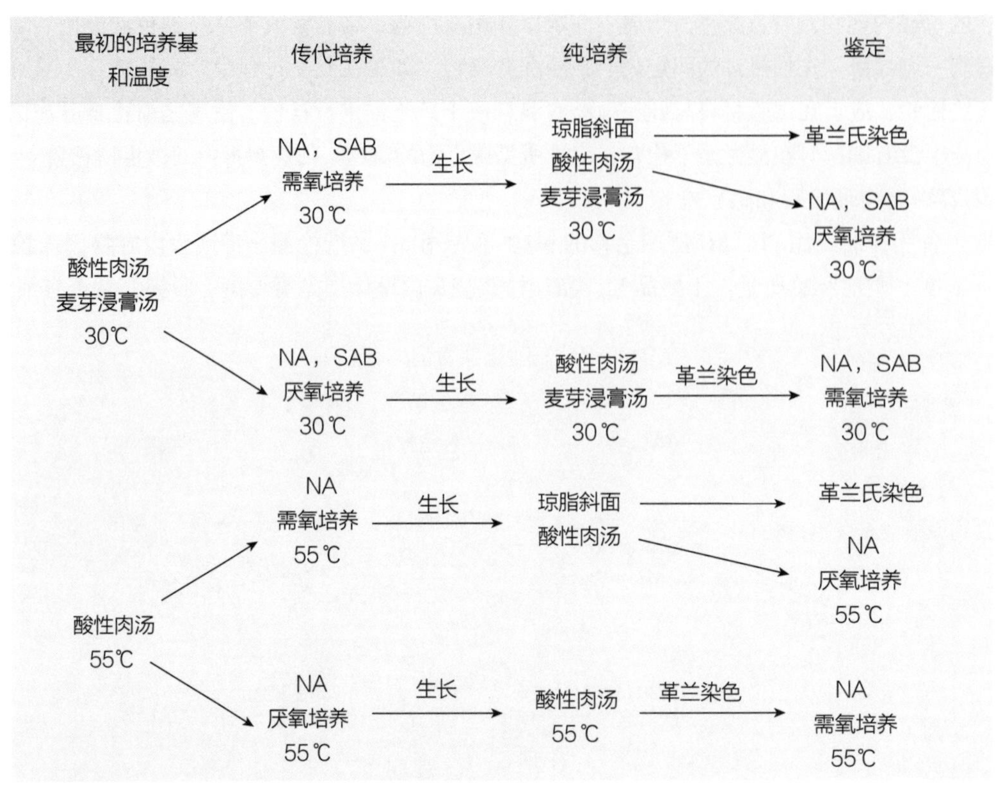

注：NA，营养琼脂；SAB，沙氏葡萄糖琼脂。

1. 如果只在溴甲酚紫葡萄糖肉汤中发现混合菌群，报告其形态种类

如果庖肉培养基中的混合菌群包括杆菌，则应按第 17 章所述检测庖肉培养基中的毒素。如果发现革兰氏阳性或革兰氏染色不定的杆菌，即典型的杆菌或梭菌，而不存在其他形态的菌，则应寻找以确定是否存在芽孢。在有些情况下，衰老的细胞可能表现为革兰氏阴性，仍应按革兰氏阳性对待。按第 17 章要求检测培养物中的毒素。

表 21A-6　按酸性的食品分类

低酸：pH>4.6	酸：pH≤4.6
肉	番茄
海产品	梨
乳	菠萝
肉菜的混合物和“特色食品” 意大利面汤	其他水果 德国泡菜 泡菜
蔬菜 芦笋 甜菜 南瓜 青豆 玉米 利马豆	浆果 柑橘 大黄

表 21A-7 导致各种蔬菜、水果高酸、低酸的腐败微生物

腐败类型	pH 分组	举例
嗜热菌		
平酸菌	≥5.3	玉米、豌豆
嗜热菌[a]	≥4.8	菠菜、玉米
硫化腐败菌[a]	≥5.3	玉米、豌豆
嗜温菌		
腐败厌氧菌[a]	≥4.8	玉米、芦笋
酪酸厌氧菌	≥4.0	番茄、梨
耐酸的平酸菌[a]	≥4.2	番茄汁
乳酸杆菌	3.7~4.5	水果
酵母菌	≤3.7	水果
霉菌	≤3.7	水果

a 导致食物腐败的是芽孢菌。

表 21A-8 低酸产品的腐败表现

细菌的分组	类别	表现
平酸菌	平罐	可能在储存过程中丧失真空
	产品	外观通常不变；pH 明显降低，有酸腐味；可能有轻微异味；有时液体混浊
嗜热厌氧菌	胖罐	可能胀破
	产品	发酵，有酸腐味、干酪味或酪酸味
硫化腐败菌	平罐	硫化氢气体被产品吸收
	产品	通常变黑；发出臭鸡蛋味
腐败厌氧菌	胖罐	可能胀破
	产品	可能部分消化；pH 略高于正常；发出典型的腐烂味
需氧芽孢菌	平罐或胖罐	一般不发生胖罐，除非是含有硝酸盐和糖的咸肉；凝固的炼乳，黑甜菜

表 21A-9 酸性产品的腐败表现

细菌的分组	类别	表现
嗜热嗜酸芽孢杆菌（平、酸番茄汁）	平罐	真空度少许变化
	产品	pH 轻度变化；有异味
酪酸厌氧菌（番茄和番茄汁）	胖罐	可能胀破
	产品	发酵，有酪酸味
非芽孢菌（大部分是乳类）	胖罐	通常会胀破，但膨胀可能受阻
	产品	酸味

表 21A-10 细菌性腐败的实验室诊断

	热杀菌不足	泄漏
罐	平罐或胖罐，卷边一般正常	胖罐；可能表现出常规缺陷[a]
产品外观	潮湿或发酵	发酵起泡；黏滞
气味	正常、有酸腐味或腐烂味，但一般各罐保持一致	发酸腐味、粪便味；一般各罐不同
pH	通常保持不变	变化很大

续表

	热杀菌不足	泄漏
镜检和培养物表现	培养物只出现芽孢杆菌 在 35℃ 和/或 55℃ 生长。可能在特殊培养基上，表现出典型特征，如对番茄汁使用酸性琼脂时 如果产品未经杀菌锅完全杀菌，那么杆菌、球菌、酵母或霉菌，或者这些菌的混合都有可能存在	混合培养物，一般为杆菌和球菌；只在常温下产生
历史	腐败通常局限于一个产品包装内的某一部分 对酸性产品，可能无法明确判断腐败的原因，因为在低压杀菌和泄漏的情况下也会发现类似的菌	分散性腐败

a 泄漏可能不是由于罐身缺陷，而是由于冷却水污染或粗鲁操作如罐身压扁机、粗糙的传送系统等其他因素造成的。

表 21A-11　部分商业罐头食品的 pH 范围

食品	pH 范围	食品	pH 范围
苹果汁	3.3~3.5	苹果酒	2.9~3.3
苹果	3.4~3.5	蛤	5.9~7.1
绿芦笋	5.0~5.8	鳕鱼	6.0~6.1
豆类		**玉米**	
甜豆	4.8~5.5	玉米糊	5.9~6.5
四季豆	4.9~5.5	玉米棒	6.1~6.8
利马豆	5.4~6.3	玉米粒	
大豆	6.0~6.6	盐水封装玉米罐头	
豆子炖肉	5.1~5.8	真空包装玉米	6.0~6.4
腌牛肉丁	5.5~6.0	加香料的山楂	3.3~3.7
甜菜根	4.9~5.8	**蔓越莓**	
黑莓	3.0~4.2	蔓越莓汁	2.5~2.7
蓝莓	3.2~3.6	蔓越莓酱	2.3
野草莓	3.0~3.3	黑醋栗汁	3.0
面包		枣	6.2~6.4
白面包	5.0~6.0	鸭	6.0~6.1
椰枣坚果面包	5.1~5.6	无花果	4.9~5.0
椰菜	5.2~6.0	法兰克福香肠	6.2~6.2
胡萝卜汁	5.2~5.8	什锦水果	3.6~4.0
胡萝卜块	5.3~5.6	醋栗	2.8~3.1
干酪		**葡萄柚**	
帕尔马（Parmesan）干酪	5.2~5.3	葡萄柚汁	2.9~3.4
洛克福（Roquefort）羊乳干酪	4.7~4.8	葡萄柚果肉	3.4
樱桃汁	3.4~3.6	葡萄柚块	3.0~3.5
鸡肉	6.2~6.4	葡萄	3.5~4.5
鸡肉面条	6.2~6.7	加香料的火腿	6.0~6.3
炒杂烩菜	5.4~5.6	加碱的玉米粥	6.9~7.9

续表

食品	pH 范围	食品	pH 范围
越橘	2.8~2.9	菠萝汁	3.4~3.7
草莓	3.0~3.9	菠萝片	3.5~4.1
甘薯	5.3~5.6	李子	2.8~3.0
番茄汁	3.9~4.4	马铃薯沙拉	3.9~4.6
番茄	4.1~4.4	**马铃薯**	
金枪鱼	5.9~6.1	马铃薯泥	5.1
芜菁叶	5.4~5.6	整个白马铃薯	5.4~5.9
蔬菜汁	3.9~4.3	西梅汁	3.7~4.3
什锦蔬菜	5.4~5.6	南瓜	5.2~5.5
醋	2.4~3.4	树莓	2.9~3.7
杨氏草莓	3.0~3.7	大黄	2.9~3.3
果酱	3.5~4.0	鲑鱼	6.1~6.5
果冻	3.0~3.5	沙丁鱼	5.7~6.6
柠檬汁	2.2~2.6	德国泡菜	3.1~3.7
柠檬	2.2~2.4	德国泡菜汁	3.3~3.4
酸橙汁	2.2~2.4	虾	6.8~7.0
罗甘莓	2.7~3.5	**汤**	
鲭鱼	5.9~6.2	豆汤	5.7~5.8
乳		牛肉汤	6.0~6.2
全牛乳	6.4~6.8	鸡肉面条汤	5.5~6.5
脱水乳	5.9~6.3	蛤汤	5.6~5.9
糖蜜	5.0~5.4	鸭汤	5.0~5.7
蘑菇	6.0~6.5	蘑菇汤	6.3~6.7
成熟的橄榄	5.9~7.3	面条汤	5.6~5.8
橙汁	3.0~4.0	牡蛎汤	6.5~6.9
牡蛎	6.3~6.7	豌豆汤	5.7~6.2
桃	3.4~4.2	菠菜汤	4.8~5.8
梨（西洋梨）	3.8~4.6	南瓜汤	5.0~5.8
豌豆	5.6~6.5	番茄汤	4.2~5.2
泡菜		海龟汤	5.2~5.3
小茴香泡菜	2.6~3.8	蔬菜汤	4.7~5.6
酸泡菜	3.0~3.5	**其他产品**	
甜泡菜	2.5~3.0	啤酒	4.0~5.0
西班牙甘椒（Pimento）	4.3~4.9	姜汁	2.0~4.0
菠萝		**人体产生的物质**	
菠萝碎	3.2~4.0	血浆	7.3~7.5

续表

食品	pH 范围	食品	pH 范围
十二指肠内容物	4.8~8.2	氧化镁乳剂	10.0~10.5
粪便	4.6~8.4	水	
胃内容物	1.0~3.0	蒸馏水，碳酸汽水	6.8~7.0
乳	6.6~7.6	矿泉水	6.2~9.4
唾液	6.0~7.6	海水	8.0~8.4
脊髓液	7.3~7.5	葡萄酒	2.3~3.8
尿	4.8~8.4		

2. 如果未检出毒素

如果未检出毒素，应将纯培养物寄往（美国）FDA 位于辛辛那提的办公室，以评估其耐热性。寄出的培养物应符合以下标准：

- 培养物来自密封完好的罐头，不存在泄漏问题，卷边符合商业要求（罐头两端的卷边都要检测，仅用肉眼观察是不够的）。
- 两管或两管以上呈阳性，且培养出的细菌具有相似的形态。

3. 用培养法检验酸性食品（pH 4.6 或以下）

从每个罐头中取 1~2mL 或 1~2g 产品，分别接种 4 管酸性肉汤和 2 管麦芽糖浸膏汤，步骤与检验低酸食品的步骤相同，按表 21A-4 所示培养。记录每管的变化情况，从有生长迹象的试管中取样涂片并染色。按表 21A-5所示，报告分离到的纯培养物类型。

F. 结果说明（见表 21A-6 ~ 表 21A-11）

a. 如果经过 35℃培养后仅检出产芽孢菌，且其耐热性与肉毒梭菌相同或不如肉毒梭菌，而罐头卷边符合要求，没有微小的泄漏，则表明罐头的热杀菌不足。因嗜热厌氧菌如丁酸梭菌（*C. thermobutylicum*）造成的腐败，可能表现为在庖肉培养基中经过 55℃培养，产气且发出干酪味。因肉毒梭菌（*C. botulinum*）、产芽孢梭菌（*C. sporogenes*）、产气荚膜梭菌（*C. perfringens*）造成的腐败，可能表现为在庖肉培养基中经过 35℃培养，产气且发出腐烂味，镜检可见杆状、芽孢状及梭状菌体。即使罐头产品中未检出毒素，也要检测培养物表面是否有肉毒毒素，因为罐头食品中如果存在有活性的肉毒梭菌芽孢，则提示有潜在的公共卫生危害，需召回所有相同代码的罐头产品。因同属平酸菌的嗜温菌［如耐酸芽孢杆菌（*Bacillus thermoacidurans*）或凝结芽孢杆菌（*B. coagulans*）］和/或嗜热菌［如嗜热脂肪芽孢杆菌（*B. stearothermophilus*）］造成的腐败，可能表现为高酸或低酸罐头食品接种于溴甲酚紫葡萄糖试管中经 35℃和55℃培养后产酸的现象。如果接种到试管的食品一开始就发生混浊，则不能从肉汤培养物的检验中得出确切结论。这种情况下，必须进行传代培养，以确定是否有细菌生长。

b. 酸性食品腐败通常是由无芽孢乳杆菌和酵母引起的。腐败的番茄或番茄汁罐头，外观并未膨胀，但内容物有异味，pH 降低或不变，是由需氧、嗜温和嗜热的产芽孢菌引起的。这种类型的腐败是个例外，通常 pH 低于 4.6 的产品不会因产芽孢菌而发生腐败。许多罐头食品中含有嗜热菌，它们在正常储存条件下不生长，但产品温度升高（50~55℃）时就会生长并导致腐败。耐酸芽孢杆菌和嗜热脂肪芽孢杆菌就是分别造成酸性食品和低酸食品平酸腐败的原因。在 55℃条件下培养不会引起罐头的外观改变，但罐内产品已产生异味，pH 降低或不变。番茄、梨、无花果和菠萝等食品发生的腐败有时可由巴斯德梭菌（*C. pasteurianum*）引起，巴斯德梭菌是一种会产生气体和丁酸气味的厌氧芽孢菌。丁酸梭菌是一种嗜热厌氧菌，导致产品胖罐并发出干酪味。因杀菌锅热分布不良而未经充分热加工的罐头通常既有不产芽孢菌的污染，也有产芽孢菌的污染，其腐败特征与泄漏导致的腐败相类似。

c. 菌群中发现有活力的杆菌和球菌混合存在，通常表明罐头发生泄漏。罐体检测可能不能证实微生物学检验结果，但有时必须假定罐头发生了泄漏。另一种可能是罐头未经杀菌锅热杀菌，这种情况下，可以预见会有很高的胖罐率。

d. 直接涂片显示产品中有混合菌群，大量可见的细菌菌体在培养基中却不生长，指示可能在封罐前就已发生腐败，腐败是由灌装前产品中的细菌生长引起的。这种产品可能 pH、气味、外观都不正常。

e. 如果找不到发生胖罐的罐头食品中有微生物生长的证据，那么胖罐可能是由于罐头内容物与罐头内壁发生化学反应、产生氢气引起的。产生氢气的比例是因储存时间长短和条件好坏而异的。嗜热厌氧菌也产气，而且由于细菌生长后分裂很快，嗜热细菌性腐败引起的胖罐很可能与氢气引起的假胖罐相混淆。产品的化学损坏可能导致二氧化碳增多。含糖和含一些酸的产品尤其可能发生这种反应，比如番茄酱、糖蜜、甜馅和高糖水果。当温度升高，这种反应会加速。

f. 如果罐头的真空度正常，罐内产品正常，直接涂片未见生物体，却从中分离出某种生物体，则应怀疑是实验室污染。为确认这种怀疑，在无菌条件下将生长中的生物体接种到另一个正常的罐头中，开口用焊接封闭，在 35℃ 条件下培养 14d。如果发生胖罐或产品有变化，则该生物体可能不是来自最初的样品。如果罐头仍未膨胀，在无菌条件下打开罐头，按前面描述的步骤做传代培养。如果培养出相同的生物体，而产品保持正常，可以认为该产品商业无菌，因为该生物体在正常的储存和销售条件下不生长。

附件：气相色谱法检测顶隙气体

罐头食品在储存过程中存在的主要气体是混合有少量二氧化碳和氢气的氮气。封装罐头时装入的氧气最初因罐内壁的腐蚀和/或产品的氧化而消耗。违背这种常规模式，可以成为罐内发生变化的重要指征，因为顶隙气体的成分不同，可辨别造成胖罐的原因是细菌性腐败、罐内壁腐蚀或是产品变质[2]。采用气相色谱法分析异常罐头食品的顶隙气体，已消除了不同气体假阴性结果的可能，使分析人员能够确定混合气体中各种气体的百分比。了解了这些气体的百分比，分析人员就可以对可能发生的罐头变质问题或细菌性腐败发出预警。这里介绍的快速气相色谱法可用于检测异常罐头食品顶隙气体中的二氧化碳、氧气、氮气和硫化氢气体。

用气相色谱法对 2352 个异常罐头进行分析，涉及 288 种产品，显示其中 256 个罐头中有可生长的微生物[3]。分析数据显示，如果顶隙气体中二氧化碳超过 10%，则指示有微生物生长。尽管罐内检出超过 10% 的二氧化碳，长时间在常温下储存仍可以导致自体灭菌，没有可生长的微生物。二氧化碳产生的量如果足够多，可能导致胖罐。在较高的温度下储存会加速这种反应。当内容物食品与卷边的金属发生化学反应，罐内会有氢气产生[3]。

A. 设备和材料

1. Fisher Model 1200 型气体分割器，有 2 个热导池和 2 个内嵌式柱子。柱 1 为6-1/2 ft×1/8in，铝皮包裹，配有 80~100 目 ColumpakTM PQ。柱 2 为 11ft×3/16in，铝皮包裹，配有 60~80 目的分子筛 13×（图 21A-1）。

注意：其他配有合适柱子、载气、检波器和记录仪或积分仪的气相色谱仪可能也适用于这种分析。

操作条件：柱温，75℃；衰减，64/256；载气，氩，进气压力为 40 bf/in^2（0.276MPa）；流速，以 26mL/min 的速度通过气体分割器，以 5mL/min 的速率通过冲洗线路；电桥电流，125mA；色谱柱模式，1 和 2；温度模式，柱；注射器温度，关闭。

注意：冲洗系统的安装。无论是从样品输出端口还是隔膜注入端口注入气体样品，由于未经过样品烘干管，都可能导致检测器灯丝损坏，并且在柱内积聚过多水汽。为避免这种情况，始终从样品输入端口注入样品气体。为避免交叉污染，在主氩气管外安装一个冲洗线路（图 21A-2），在注射器之间循环冲洗样品。

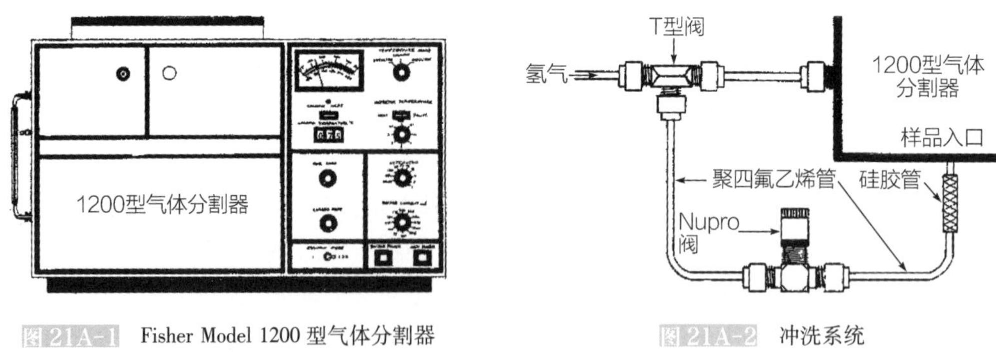

图 21A-1 Fisher Model 1200 型气体分割器

图 21A-2 冲洗系统

2. 带状图表记录器，满刻度偏转，转速设为 1cm/min，电压 1.5mV。

3. 罐头压穿器（图 21A-3）。

4. 无菌不锈钢气体钻孔器（图 21A-4）。

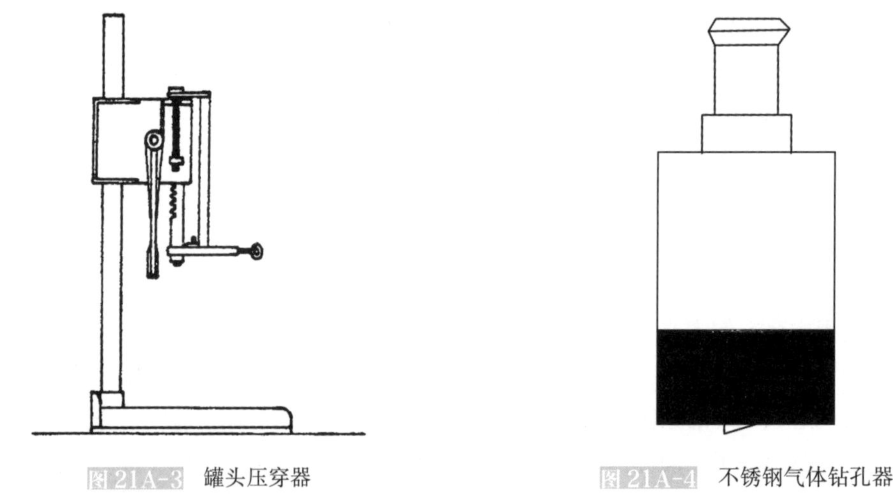

图 21A-3 罐头压穿器

图 21A-4 不锈钢气体钻孔器

5. 微型插管，左侧有三通阀门和母螺旋接口（Popper & Sons，Inc.，300 Denton Ave.，New Hyde Park，NY 11040），或同类产品（图 21A-5）。

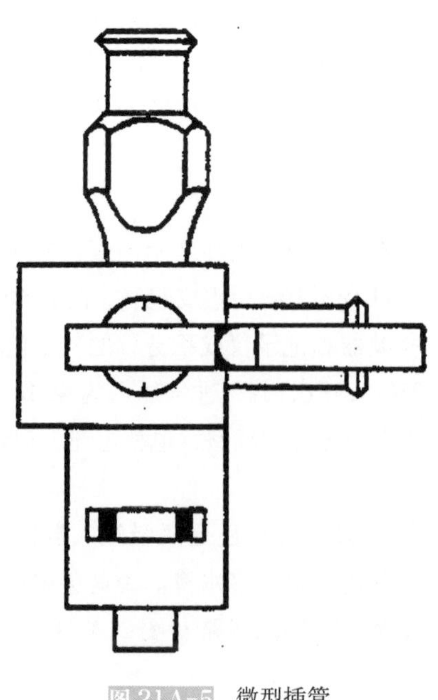

图 21A-5 微型插管

6. 10~50mL 的塑料一次性注射器，带最大量控制装置（图 21A-6）。注射器可以回收再利用。

气相色谱端帽

图 21A-6 带控制装置的塑料一次性注射器

7. 气相色谱仪和用来盖住注射器的帽子（Alltech Associates Inc., 202 Campus Drive, Arlington Heights, IL 60004），或同类产品（图 21A-6）。

8. 容量 1L 的玻璃或金属烧杯。

9. 3ft×1/8in 的塑料排气管。

10. 用于检测气体泄漏的肥皂液（“SNOOP” Nuclear Products Inc., 15635 Saranac Road, Cleveland, OH 44110），或同类产品。

11. 小弹簧节流夹，用来将排气管坠入烧杯中。

12. Nupro 管，调节冲洗流量的管，1/8in，Angle Pattern Brass（Alltech）公司生产，或同类产品（图 21A-2）。

13. 无缝、红色、耐高压硅橡胶管，管芯 1/8in 粗，管壁厚 3/16in（Arthur H. Thomas Inc., Vine St. at 3rd, Philadelphia, PA），或同类产品。

B. 气相色谱仪的校准

已知气体成分和百分比的校准气体可以通过商业渠道获得。通过分析纯气体和至少 2~3 种不同百分比的混合气体来构建校准曲线。以每种已知百分比的不同气体的峰高对应其百分比，画出线状图（图 21A-7）。

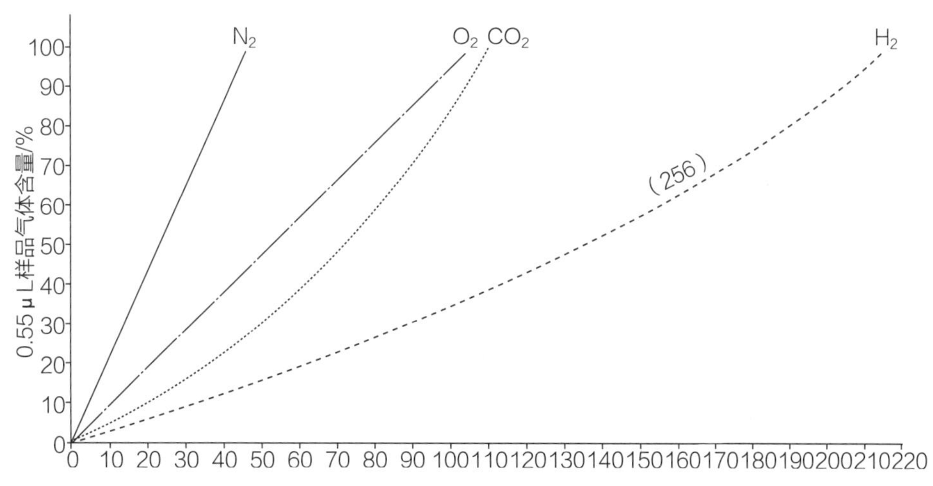

图 21A-7 气相色谱检测顶隙气体的校准曲线图（用纯气和未知混合气检测）

C. 材料的制备

准备图 21A-8 和图 21A-9 所示的气体收集装置。根据待检罐头的高度来调节气体收集装置的高度。将微型管的外卡口与罐头压穿器铜制滑块顶部的内卡口连接并锁住。将排气管的一头接入微型管的内卡口。将小弹簧节流夹夹在排气管的另一头，放入装了部分水的烧杯中。将一次性注射器与微型管的另一个内卡口连接。转动 2 通插销，使从钻孔器输入的气体流向一次性注射器。将无菌不锈钢气体钻孔器置于罐头压穿器铜制滑块底部的公端口位置。

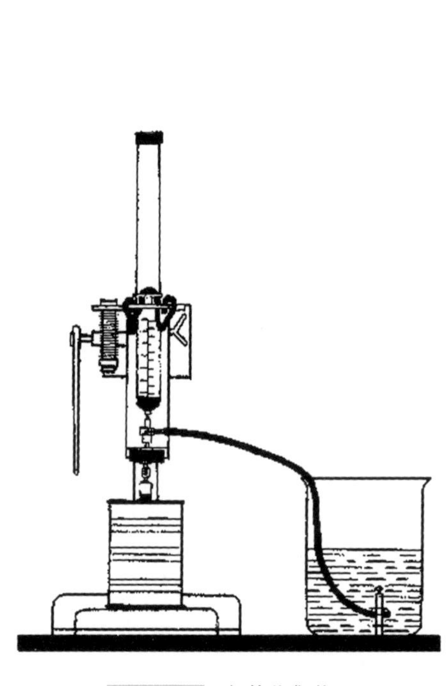

图 21A-8　气体收集装置

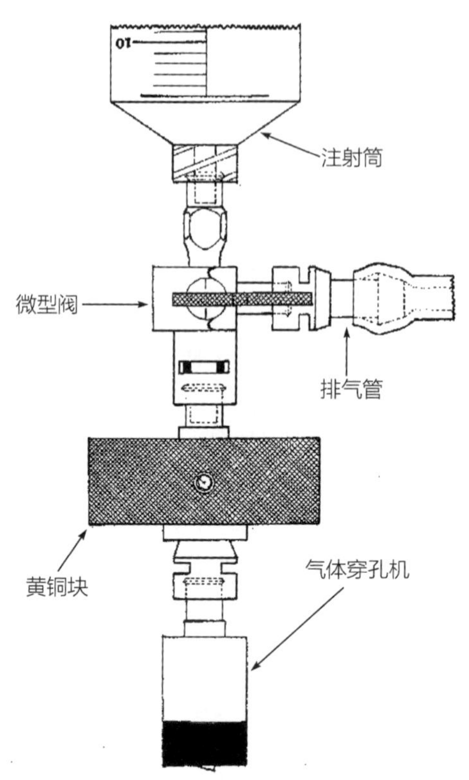

图 21A-9　气体收集装置（细节）

D. 顶隙气体的收集

将罐头置于气体压力下（待培养的罐头应先清洗和消毒）。降低把手，直到气体穿罐器刺穿罐头和卷边。保持在这个位置，直到收集到适当体积的气体（最少5mL）；然后转动 2 通插销，通过排气管释放多余的气体。松开把手，移开注射器，立即盖上帽子。适当标识注射器。

E. 将气体注入气相色谱仪

打开气相色谱仪和记录器。稳定 2h。确认冲洗线路已经接好，气体进样管已经打开，以保证进样环管的冲洗。打开记录器上的图表驱动。移开冲洗线路，打开注射器的帽子，立即将注射器与样品注入口连接。注入 5~10mL 气体，立即关闭气体取样管。移开注射器和注射器的帽子。重新将冲洗线路接入样品注入口，打开气体进样管，在下一次注入气体之前冲洗系统。观察色谱仪，当二氧化碳的峰已经记录下来，并且回到基线后，将衰减由 64 转换到 256。这样可使氢气的峰保留一定比例。氢气的峰回到基线后，将衰减再转换回 64。仪器将气体分离开之后（大约6min），测定未知样品中发现的每种气体的保留时间和峰高，与已知气体的保留时间和峰高进行比较，由标准曲线确定每种气体的百分比，该百分比通常与来自异常罐头食品的顶隙气体有关。色谱仪记录纸记下如图 21A-10 所示的谱图。对每个已检样品，每一种记录到的顶隙气体都要注入相应的对照气体再测一遍。

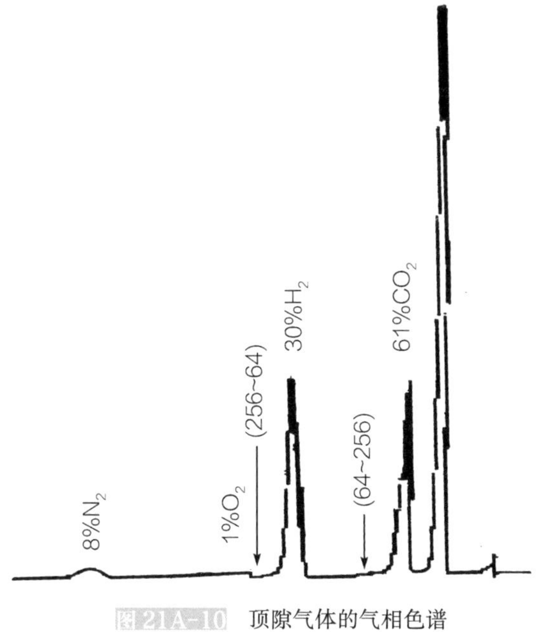

图 21A-10 顶隙气体的气相色谱

参考文献

[1] Association of Official Analytical Chemists. 1990. Official Methods of Analysis, 15th ed. AOAC, Arlington, VA.

[2] Vosti, D. C. , H. H. Hernandez, and J. G. Strand. 1961. Analysis of headspace gases in canned foods by gas chromatography. Food Technol. 15: 29~31.

[3] Landry, W. I. , J. E. Gilchrist, S. McLaughlin, and J. T. Peeler 1988. Analysis of abnormal canned foods. AOAC Abstracts.

21B 顶部空间气体分析修订法（使用SP4270积分器）

2001年1月
作者：Warren L. Landry，Margarito J. Uribe。
更多信息请联系 Steven Simpson。

本章目录

这部分可作为一个备选方法，适用于具有相应仪器和专业知识的实验室。

用SP4270积分器来代替条状记录器，可以节省分析人员用于复杂计算和检查仪器所消耗的时间，因为其不用持续监测仪器改变衰减，也不用在进样交替中暂停。使用积分器，分析人员只需要输入一些基础的说明和相关信息，最后就会得到一份具有分析者姓名、样本编号、色谱图以及检测气体浓度的报告。

A. 设备

1. 费舍尔气体分割器M1200，具有双热导检测器，并且配有双柱。柱1尺寸为6-1/2ft（1ft = 0.3048m）×1/8in，铝包装，填料为80-100目ColumpakTM PQ。柱2的尺寸是11ft×3/16in，铝包装，填料为60-80目13×分子筛。

提示：其他的气相色谱仪，配备适当的柱、载气、探测器和记录器或积分器也可适合这种分析。

操作条件

柱子温度：75℃

衰减：64

载气：氩，压力60psi（0.414MPa）

流量：41mL/min通过气体分离器，管路中流速5mL/min

桥电流：125mA

柱模式：1 和 2

温度模式：柱

注射器温度：关

2. 备用电源系统：SPS 200-117。

3. 光谱物理积分器：SP4270。

B. 积分器

打开系统后，输入日期和时间，进入对话框部分，输入系统和程序信息。

C. 校准进样的程序

按以前使用条状记录器的模式来使用气体分离器和积分器，得到下列成分的校准注射值。

VA（1）/VN（1）= 合成物百分比

VA（2）/VN（2）= CO_2百分比

VA（3）/VN（3）= H_2百分比

VA（4）/VN（4）= O_2百分比

VA（5）/VN（5）= N_2百分比

- 管路从进样口开始。
- 将校准气体移至进样口并注入 10mL 气体。
- 立即推动柱塞注入气体，按积分器上 INJ A 按钮。
- 移除校准气体并加上管路。
- 拔出柱塞，冲洗样品池。
- 在积分器计算校准后（约 4min）重复这些步骤，直到完成全部 14 个校准。

在校准进样完成后，积分器将计算并打印出以一元二次方程的最小二乘法计算的相关系数。校准完成后仪器即可使用。

通过以下说明，分析人员可以输入初始值、注射样品时所用的参考气体以及样品编号。积分器将打印出相关信息，这些信息最终将和样品报告一同递交。

D. 讨论

之前的经验表明系统结果虽然有一定线性，但并不充分。如果积分器采用非线性程序，就是使用二次方程来确定非线性曲线。

一系列的标准浓度被用来实现每个特定气体的低、中、高浓度，以确保精确性。校准次数可以减少，但可能会影响精确度。

分析人员应当认识到 SP4270 使用有三个功能的键盘。键盘的下半部分启动一个系统功能，上半部分代表数字/标点字符和希腊字母字符。

SHIFT 键用于键盘的三个功能间的切换。EDIT 指示灯——位于键盘右边——指出哪个功能正在被使用。

当输入例如 CO_2这种既有字母又有数字的字符时，积分器可以从程序中接受字母，但数字必须自行输入。

E. 积分器的操作条件

LEVEL = 1007

MN = 5.	REM FE = 1.	CH =“A”	PS = 1.
NM =“CALC”			
PH = 6.	PT = 12.	CA = 0.	
RN = 20.	IX = 1.	OD = 1.	
PH = 0.	TB = 0.	OZ = 5.	
LS = 2.	NY = 14.	SI = 1.	
SZ = 2.	RC = 14.	CI = 0.	

```
RA = 1.              SP = 1.

TT (1) = 0.01        TF (1) = "II"        TV (1) = 1.
TT (2) = 0.7         TF (2) = "II"        TV (2) = 0.
TT (3) = 3.5         TF (3) = "ER"        TV (3) = 1.

RT (1) = 0.55        CN (1) = "COMP"
RT (2) = 0.93        CN (2) = "CO2"
RT (3) = 1.8         CN (3) = "H2"
RT (4) = 2.4         CN (4) = "O2"
RT (5) = 2.91        CN (5) = "N2"

VA (1) = 0.001       VB (1) = 0.001       VC (1) = 0.001
VD (1) = 0.001       VE (1) = 0.001       VF (1) = 0.001
VG (1) = 0.001       VH (1) = 0.001       VI (1) = 0.001
VJ (1) = 0.001       VK (1) = 0.001       VL (1) = 0.001
VM (1) = 0.001       VN (1) = 0.001

VA (2) = 100.        VB (2) = 0.01        VC (2) = 0.01
VD (2) = 0.01        VE (2) = 10.         VF (2) = 25.
VG (2) = 43.1        VH (2) = 76.3        VI (2) = 30.17
VJ (2) = 0.01        VK (2) = 0.01        VL (2) = 0.01
VM (2) = 0.01        VN (2) = 0.01

VA (3) = 0.01        VB (3) = 1 00.       VC (3) = 0.01
VD (3) = 0.01        VE (3) = 90.         VF (3) = 75.
VG (3) = 50.9        VH (3) = 24.7        VI (3) = 9.83
VJ (3) = 0.01        VK (3) = 0.01        VL (3) = 0.01
VM (3) = 0.01        VN (3) = 0.01

VA (4) = 0.01        VB (4) = 0.01        VC (4) = 100.
VD (4) = 0.01        VE (4) = 0.01        VF (4) = 0.01
VG (4) = 0.01        VH (4) = 0.01        VI (4) = 0.01
VJ (4) = 10.         VK (4) = 25.         VL (4) = 50.
VM (4) = 75.         VN (4) = 30.13

VA (5) = 0.01        VB (5) = 0.01        VC (5) = 0.01
VD (5) = 100.        VE (5) = 0.01        VF (5) = 0.01
VG (5) = 0.01        VH (5) = 0.01        VI (5) = 0.01
VJ (5) = 90.         VK (5) = 75.         VL (5) = 50.
VM (5) = 25.         VN (5) = 9.87
```

22A 金属容器的完整性检测

2001年1月
作者：Rong C. Lin，Paul H. King，Melvin R. Johnston
更多信息请联系 Steven Simpson。

本章目录

食品包装容器的质量取决于它防止食品受到化学物质污染或微生物腐败的性能。合格的双侧或一侧接缝对于密封盖很重要，特别是位于交叉的接缝处；同时，罐头的状况也受到其他因素的影响。罐头泄漏、罐头处理或温度上升都会引起内容物腐败。渗出腐败主要发生于焊接不合格或是机械力破坏。在干馏或冷却操作中压力控制不当也会压迫接缝处，导致接缝损坏和后续的渗漏污染。然而，由于包装容器损坏导致污染的几率一般较低。

特殊食品的保藏是否适当也影响容器的状况。化学腐蚀会引起氢气膨胀或硫化物污染。另外，延长保存期的罐头在温度升高时腐蚀会加快并可能导致穿孔。不当的保存操作，如快速按压，可能会导致变形或接缝处损坏。罐头搬运设备上有非氯化处理的冷却水或过量的细菌也会导致后续污染而引起腐败，容器的野蛮处理也会导致渗漏污染。

虽然罐头食品腐败的发生率较低，但是仍然需要掌握发生污染时如何检查罐头的完整性。本章提供了接缝检查和渗漏检测的方法。

食品腐败的容器检查一般有产品的 pH 测定、罐头顶部的气体测定，以及产品的微生物学检验（参见第 21A 章）。分析结果若偏离正常样本可能说明容器内部发生改变，并有助于确定腐败的原因。

二重卷边由 5 层金属板（3 片锡焊罐的罐底接合部和罐身接缝有 7 层，电阻焊接罐的接合部有 6.3~6.4 层）相互扣锁或折叠强压而成，再加上一薄层密封填料。两次滚轮卷压成形，罐身接缝处用锡焊或电阻焊或胶黏剂黏接。锡焊罐除折叠或接合部区域是由 2 层金属板组成，罐身接缝由 4 层金属板组成，电阻焊罐和黏连罐的罐身接缝由 2 层或部分 2 层金属板组成（电阻焊罐的金属板是 1.3~1.4 倍厚）。（注意：许多国家禁止以铅焊密封食品罐头的接缝）焊接三片罐允许减少罐身接缝和二重卷边结合处的厚度。浅冲罐减少了罐身接缝和罐底封边，导致影响罐头完整性的区域减少。罐底（图 22A-1）由金属薄板冲压而成；罐底边缘卷曲，密封填料加入后在罐底形成注胶道

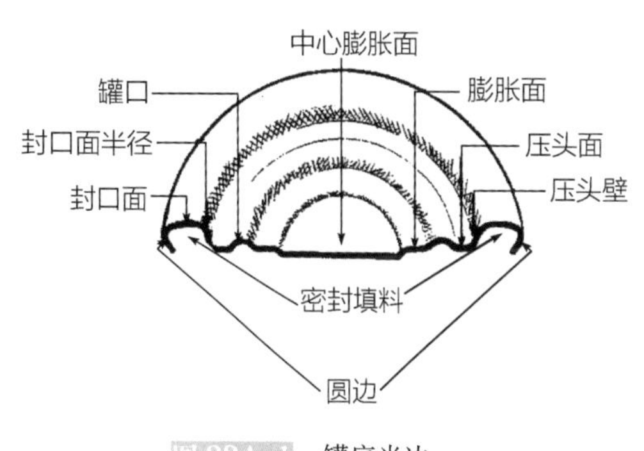

图 22A-1 罐底半边

（弯或平的区域）。注胶的罐底双重接缝到罐身后，密封填料填入折叠的二重卷边金属空隙间，形成真空密封。

A. 取样和样品量

产品检测和罐头检查所需的样品量取决于腐败类型和情况的复杂程度。当腐败的原因清楚，4~6 罐就够了。在更复杂的情况下，可能需要检测 50 罐或更多。从同一箱或同一批次取足够数量的正常罐头用于检测。

B. 预检测

除去标签，标记子编号，如果必要再做上密码编号。为同一个产品和包装容器检测标记相同的密码或子编号。在移动任何样品时，做好罐头外观完整性检测，发现是否有不合格品如漏罐、针孔或生锈、凹痕、弯曲以及其他外部变化。

按第 21A 章表 21A-1 将罐头分类为（a）平罐、（b）急跳罐、（c）弹性罐、（d）软胖罐和（e）硬胖罐。罐头扭曲后，试漏实验和二重卷边外观尺寸可能无效。需要检查这些罐头，然后撕开重新检查扭曲前可能存在的接缝缺陷。尽可能将代表各个分级的罐头另外保存，冷藏，以防止爆炸。

立即检测被分类为弹性罐、软胖罐和硬胖罐的罐头。不要培养。以不影响二重卷边的方式从未编码的罐盖取出样品，例如，用细菌学罐头开启器（图 22A-2）。如果罐头底部已经刺穿取了气体样本，穿刺点在罐盖中间，可以使用细菌学罐头开启器。如果穿刺点不在中间，使用金属切割刀移去罐盖。

图 22A-2 细菌学罐头开启器

C. 罐头检测

注意罐头的状况（内部和外部的）以及密封性。发现或感觉不正常、机械性破坏、穿孔、锈斑、凹痕。进行压力和/或真空测试，检查二重卷边和罐身接缝处有无微漏处。测量接缝面积，并拆开检查。注意二重卷边的情况（使用千分尺、接缝仪或接缝探照灯），化学法、仪器法、金相法和其他技术也可能会用到。

1. 视觉检测

使用手和眼睛。采用放大镜和适当的照明。用拇指和食指沿着缝合处的内部和外部定位任何不平整、不均匀和尖锐的部分。用目视和触觉检查所有导致泄露的问题（术语及定义，请查看本章最后的词汇表）。

- 锋利的缝
- 印码切口
- 快口或穿过
- 假封（虽然一些假封外部检查无法检测到）
- 凹痕
- 滑封（不完全缝合）
- 大塌边
- 跳封
- 在压头壁部位过度磨损
- 未装配的卷边
- 二重卷边固定绳切口
- 焊接过多

2. 微泄露测试

微泄露测试没有按灵敏度顺序列出，也没必要全部检测。每种测试都有它的优势和缺陷，主要依赖于特殊的条件设定。在一些例子中，某种测试可能是个人的偏爱。分析可以采用不同方法，过程均可接受。在做任何微泄露测试之前先做完所有的罐头二重卷边外部检查。参见二重卷边检测部分。

a.（美国）全国食品加工协会（NFDA，过去是国家罐头制造商协会）真空泄露测试[19]（图 22A-3）

该测试需要使用真空器，真空器接近于重现包含食品的罐头并密闭的环境。这种方法的支持者认为，使用真空检测罐头的泄漏情况比使用压力更有效。真空仪使用时需要去除缝隙周边的食品颗粒；压力会使得食物颗粒更深入泄露路径里。

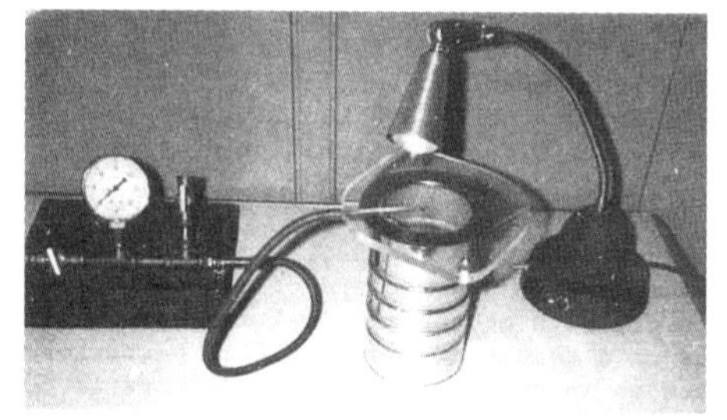

图 22A-3 真空缝隙检测仪（NFDA）

1）细菌学罐头开启器（图 22A-3）（Wilkens-Anderson Co.，4515 W. Division St.，Chicago，IL 60651），或同类产品

- 树脂玻璃板
- 塑料管
- 橡胶垫圈，以适应检测的容器
- 有口径的真空源
- 缓冲液，如 Triton X-100（R86）
- 外部光源，如高强度灯

2）步骤

清除罐头底部编码，调整好细菌学开罐器打开罐底，留下 1/4 的底部在外周。清空罐体，用水和清洁剂洗去缝合处的食物颗粒（可以在缝合处周围使用 UI 超声波清洗器洗去缝合处的食物小颗粒）。用湿润的介质和水增加 1in 厚度。将树脂玻璃板用管子连通，将湿橡胶垫圈放在容器的开口端。增加真空度直到真空指示器达到 15~25in。在容器中搅动水以去除因真空而产生的小气泡。慢慢地倾斜罐体，将整个缝合表面浸入水中，使光源通过玻璃树脂进入罐体以便更好地观察。涡旋倾斜的罐体使得所有表面物都能被观察到，并被水密封。根据孔洞的尺寸、泄漏的路径、压力差和检测水表面的张力，泡沫会呈现出更小或更大，频次更多或更少。释放真空时先关闭主要的真空阀，再打开进气阀。

b. 米德罐检测[1]（图 22A-4）

这个非破坏性试验能够确定两侧底部都缝合好的完整罐头的泄漏路径。这个方法主要用于用真空或非真空包装干燥或半干燥的产品。脱气水更好，当真空被压进罐体，气体溶解在水中会变成泡沫，会影响获得清晰的视野和看到泄漏的路径。该方法极少用于金属罐头的热处理项目。

图 22A-4 米德罐检测仪

1）米德罐（电瓶）材料，玻璃或塑料的

- 保护网，固定在米德罐周围
- 金属盖，在底边和进气口有橡胶垫圈，真空入口，以及顶部有真空计量器。
- 真空源
- 橡胶管
- 脱气水（用 25~30in 的真空泵脱气 8h 或过夜，备用）
- 凡士林或水龙头油脂
- 将罐头压在水底的设备或重物

2）步骤

准备足够的水浸没罐头。将罐头放入水中，如果需要，可以用器具或重物压住罐头。在周围用网保护罐子，将凡士林作为密封物涂布在橡胶垫片底部上方，放在罐子密封垫和密封胶之间。盖上盖子并旋紧增强密封性。将橡胶软管与真空管线相连。关闭进气口活塞，打开真空线路活塞。打开真空，并记录真空读数。观察泄漏或气泡散出容器。请注意泄漏点的位置。如果没有泄漏出现，调高真空再试。关闭真空，打开进气阀，释放真空。取下盖子，移除容器，标志泄漏点。

注意：请勿使用有缺陷或破碎的米德罐，压力可能会破坏罐体。始终在开真空之前把铁丝网保护装置放好。当一个罐头被认为有渗漏，那么在一个单孔上必然会不停地跑出气泡。除非渗漏很明显，否则一般需要观察 30s 以上。一般来说，在使用真空时总会看到一点气泡，是因为在两侧缝合处总有一些空气存在。不要被这些气泡迷惑住。

c. 空气压力检测[1]（图 22A-5）

为了检测由很小的针孔或穿孔引起的渗漏，或是侧边缝隙，空气压力测试是最便利和决定性的方法。该方法也有助于定位双侧的渗漏缝隙。在压力测试的过程中，双接缝处可能会被扭曲，产生假泄密或脱焊泄漏。因此，空气压力检测方法应与荧光素染色检测或渗透染料检测结合使用，以追踪能够通过双缝的实际泄漏路径。

图 22A-5 空气压力检测仪

1) 单材料容器（或多个容器）足测试仪，附带空气和水源

手动操作安装在空气线上的空气压力控制阀和压力表，在空气线上安装 2 个阀门，一个阀门加压，另一个阀门在测试过程中排出罐中的气体。

2) 步骤

样品的制备：用细菌学开罐器将罐头一端打开，使双缝保持完整。一般打开有厂家标志的底部，但是如果能获得足够的样本，可以将半数的罐头从包装口打开。移去其中的内容物，彻底洗干净罐头。将含有脂肪类或油类的罐头用热的洗涤剂和水清洗，或者用清洁剂和水煮沸它们。使用超声波清洗器除去双层缝合处的所有脂肪和油脂。烘干罐头，38~49℃至少 8h，再进行压力测试。

压力测试：从足测试仪顶部注入 2in 高的热水，将空气压力控制阀设置到要求的压力水平（最卫生的罐头为 20lb①）。安装测试开口抵住橡胶基底板，使侧缝向上，并且减压使得罐头正好有足够压力在原地。用 2 个螺帽压力栓固定在原位，这样在检测其他相同尺寸的罐头时就无需再调整了。关掉排气阀门，踩下脚踏板，将罐头逐步浸入水池。当罐头完全浸入，打开压力阀门装置，让空气冲进罐头。保持罐头在这个位置有足够长的时间，以保证检查到任何渗漏点。渗漏可能显示为稳定的大泡沫或断断续续的小泡沫。如果真有渗漏存在，关掉压力阀门，打开释放阀门释放罐体。松开足压力器，将罐头从水中拿出。将罐头 180°翻转抵住橡胶基底板，暴露出新的区域。重复压力测试。在所有渗漏区域做好标记以便进一步检查时用。不要超过 30 $1bf/in^2$（0.207MPa），因为到这个水平时，罐体可能会爆炸。压力测试后，使用荧光素试验以获得关于渗漏路径更多的信息，或当渗漏部位确定后剥去罐体缝线以进一步检测。

3) 总结

在压力测试中，需要特别注意交叉区域和罐头两侧双缝部位。同时也要注意侧缝区域和罐身真空和穿孔处。在测试中使用热水。干燥时，小的渗漏路径会打开；如果用冷水，罐头收缩又会导致路径闭合（注意：空气压力测试不能太急。一些小渗漏要花上好几秒才能出现，而且有些证据可能就是极小的断断续续的小气泡）。

d. 荧光素染色检测[1]

荧光素检测被用来检测所有种类容器的双缝部位、重叠部分、侧边线渗漏路径已经多年。对于检测一些真空包装卫生容器，荧光素检测特别有用。荧光素染色检测常用于检测在空气压力测试中没有渗漏的疑似罐头的微小渗漏路径。大多数种类的荧光素测试都是在模拟真空包装的条件下进行，如底部向里牵拉。

---

①1lb = 0.4536kg。——译者注

1)真空管，带放气阀，用于调节所需真空量

- 橡胶修正板，用于将容器连接在真空板上
- 紫外光（黑光灯，图 22A-6）

图 22A-6　荧光素染料测试用的紫外灯

荧光素染料溶液：混合 100mL 三甘醇、300mL 水、15g 丙三醇、3g湿介质［如 Triton X-100（R86）］和 3g 荧光素钠，分析级（Zyglo 染料溶液 ZL-4B 从 Magnaflux Corporation，Chicago，IL. 获得）。

2)步骤

样本制备。用细菌学开罐器打开罐头的一端，保持罐头二重卷边完整。一般打开有厂家标志的罐底，如果样本足够，可以将半数的罐头从底部打开。移去内容物后，用热的清洁剂和水清洗并完全晾干容器，或用清洁剂或水煮沸以去除二重卷边的脂肪和油脂。使用超声波除去缝隙中的小食物颗粒。

图 22A-7　用于荧光素染料检测的真空仪

真空仪（图 22A-7）。固定空的干燥的容器，垂直抵住被连接在真空线上的橡胶面板。一般来说，15～20in 真空用于大多数压力处理卫生容器。其他类型的容器，大多数使用取决于罐体嵌板韧性的真空，或固定罐头在染料浴中以覆盖需检测的缝隙和区域。检测需要 30min～2h，取决于检测容器的类型。微小的渗漏可能需要更长的检测时间。如果怀疑，需要时间检测证明有渗漏，可以每 30min 移动容器，采用紫外光检查内部荧光素的存在。因为荧光素在固定好的容器中会降解，每隔 15min 加入新的荧光素溶液。

容器检测。在真空测试的最后，用水彻底清洗残留在罐体外部的荧光素，然后擦干。务必注意不要将荧光素飞溅到容器口内。从外部用大量的溶液清洗后，撕开二重卷边，用紫外光观察内部是否含有荧光素。不能让湿的溶液在缝隙处进入内部，否则会出现假阳性结果。同时在剥离时要注意防止工具污染到荧光素。在真空试验后立即检测容器，不然荧光素溶液就不再发荧光了（图 22A-8）。

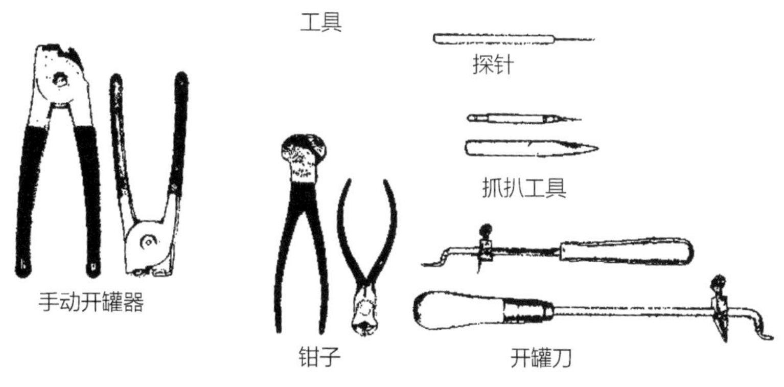

图 22A-8　拆卸和横断面剥除检查工具

3. 检测二重卷边[1,2]

注意：二重卷边检测（C.1）和容器完整性检测（C.2）样本报告格式参见 22C 章。

a. 在开罐前测量罐头盖的卷边宽度（长、高）、厚度和埋头

如果使用细菌学开罐器，可以在开罐后测量宽度和厚度。然而，要注意防止扭曲接缝处嵌板。当底被去掉则不能测量埋头。做拆卸试验并做接缝完整性评估记录。确认时使用接缝仪、探照技术或千分尺测量仪（或这 3 种都用），以确认二重卷边的形态。

b. 拆卸和横断面剥除检查

1) 材料（剥除工具，图 22A-8）

2） 步骤

图 22A-9　移去盖钩

注意：在除去盖上的拉钩之前和切开缝隙之后进行缝隙探照灯检查更方便。如果未编码的底部仍在罐头上，用细菌学开罐器除去。从罐头里清空内容物。清洗，干燥，使用之前描述的方法检测罐头渗漏情况。渗漏检测后，从二重卷边剪开 2 条 3/8in 宽的条，罐体内 1~1/4in，留下条的底部与罐头相连。一条应从缝合处逆时针方向取至少 1/2in；另一条取半圈或侧缝。这将为盖钩留下足够长的部分用于检测。从最接近于边缝处的切条顺时针方向移去留下的金属，直到整个盖钩被移去（图 22A-9 和 22A-10）。如果摇臂运动无法进行，就全部拉出来（图 22A-11），小心不要弄伤或切到手。特别是使用细菌学开罐器取下编码尾部时，要使它从侧边缝逆时针 90°连接住，这样罐头被剥离后仍能识别。接着用之前描述过的方法把罐底的编码切成条，并一同撕下来。

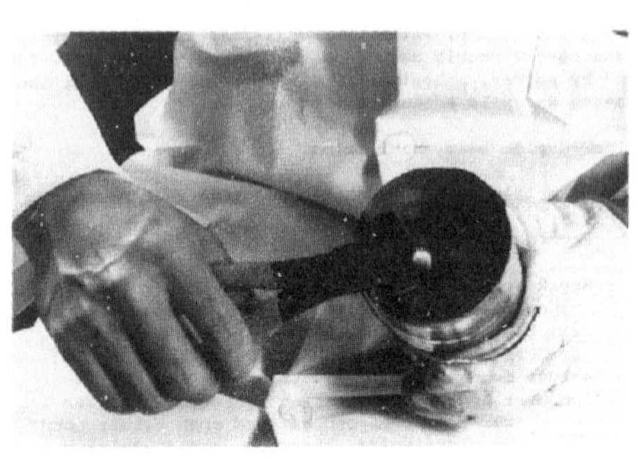

图 22A-10　移去盖钩（二选一操作）

拉掉盖钩后在留下底部金属的部位做好标记（大概离第二个金属条 1/2in 的部位）。测量身钩和盖钩。测量和评估皱纹来给盖钩的强度分级。测试 3 片焊锡罐的结合部位，查找皱纹和重合部分（交叉一侧的罐体拉钩低于另一侧的底部）。

观察二重卷边金属板断裂。检查二重卷边罐体内壁，检查罐体周边是否持续均匀。压脊是缝隙紧密度的很好的证据，但在一个好的罐头里不一定有这样的压脊。用胶带遮住盖钩和罐头的编码端，以便标识有问题的罐头。如果盖钩仍连着，就向内弯折防止切割伤。

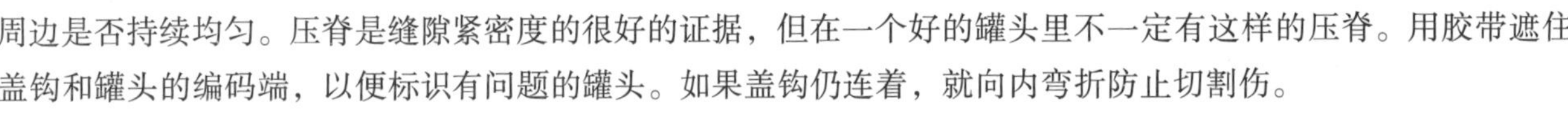

3) 总结

如之前提到的，待罐盖还是完整时测量埋头。测量胖罐往往没有意义，因为这可能是扩张引起的膨胀。然而，埋头很深的测量是有意义的，因为能反映真实的状况。

4. 罐身接缝检测

注意：食品一般包装在 2 种主要类型的罐头里：两片罐或三片罐。两片罐是浅冲罐，没有罐身接缝，只有一个二重卷边盖，因此叫两片。罐身接缝和叠接试验不适用于这些罐头。三片罐罐体由一个平板卷起并缝合成一个筒状。同时还有两个二重卷边盖，因此叫三片。这些缝隙用电阻焊、胶黏剂或锡焊相连，同时又有二重卷边，比较容易渗漏。

a. 焊接罐身接缝检测

1) 材料（剥除工具和罐身接缝开口器）

2) 步骤

图 22A-11　侧边开口器

打开并观察重叠处。注意焊接点和空隙，以及褪色和染色的锡焊。确认锡焊中的热破损和冷破损。观察卷边的重叠部位，查找问题。检查罐身接缝，用罐身接缝开口器将其与焊接接合点分开（图 22A-11）。将罐体固定在合适罐头直径的器具上，拉下开口器手柄，使罐头扩张，打开焊接带。观察边缝的焊接剂空隙、通道和褪色区域。

检查重叠部位的焊接处，以罐头内外和盖钩邻近重叠处过量的锡焊为特征，导致一些蠕动波纹或快口，切开重叠处，观察是否有多余的锡焊在重叠处。

3) 总结

盖钩与罐身接缝交叉的地方称接合部，大概有 3/8in 宽。理想的三片罐盖钩在接合部也不会减少，甚至在这个位置上是扁平的。大多数商业化三片罐，盖钩的长度在罐身接缝会不同程度地减小。盖钩在罐身接缝的缩短源于 2 个额外的罐身翻边的厚度。这些额外的金属层位于身钩下方远离侧缝，从而防止盖钩在身钩下被折起。

好的接合需要足够长的盖钩和身钩。因为盖钩经常在接合部变短形成铁舌，接合部经常以百分率来计算，从 100%（理想的）到 25%。如果接合减少的长度占盖钩的 1/4，则接缝盖钩的完整率为 75%。如果接合部的长度占盖钩的 1/2，则接缝盖钩的完整率为 50%。如果接合部的长度占盖钩的 1/4，则接缝盖钩的完整率为 25%。

蠕动折叠的严重情况导致在接合点有一些区域叠接，产生可能的泄漏点。这种情况经常有，但也不是总有，同时还伴随接合部位的铁舌。盖钩以二次冷轧底(2 CR)制成，可能看起来有皱纹，但这些皱纹可能是反向的皱纹，这并不表明接合松散。复合的皱纹不会让盖钩具有波浪式的切割边缘，不用确定紧密度。焊接污染表明先前重叠区有泄漏。重叠区泄漏也不一定都因为焊接不完全。也可能是焊接时冷淀物和热凝絮物。这些情况都可导致容器的渗漏。热凝絮物可根据锡焊相对光滑来辨认，它发生在锡焊操作时锡焊完全凝固前折叠打开。冷淀物使锡焊出现圆形斑点，如果这个点泄漏，这个区域颜色会加深。冷淀物可以发生在锡焊变硬后的任何时候。制造厂很难发现冷淀物，因为这些是制作后产生的。冷淀物常常由焊接点薄弱或制造技术差引起。

一般来说，如果压力测试显示渗漏是在接合区域，荧光素测试证明卷边区域有小孔，同时在接合处未发现任何二重卷边和折叠处有问题，那么最可能引起渗漏的原因就是卷边折叠区域的焊接问题。也有可能这个部位没有焊接。这种问题比焊接不好更容易检查出。渗漏路径可以通过荧光素路径或焊接变色加深来证实。罐身接缝常发生叫一种称作“岛”的情况。岛是罐身接缝上折叠的锡焊空隙的独立的区域，也没有未焊接孔，或破坏，直接通向罐头外部。这种情况也不能与渗漏必然联系在一起，但至少说明罐身接缝比较薄弱。

b. 焊接罐身接缝检测

1) 材料（剥离工具和罐身接缝开口器）

2) 步骤

检查翻边区域，查看翻边裂口、吹孔或焊接溅起的焊缝，以及鱼尾的搭接区域。注意：鱼尾是一片金属，它延伸超过折叠区的翻边，可能引起二重卷边困难。以上任何问题均可能导致渗漏。然而，这还需要有效的渗漏试验做依据。

c. 千分尺测量系统［21CPR113. 60（a）（1）］

1) 材料

使用测量二重卷边特制千分尺，精确到 0. 001in。确保正确调节千分尺。当千分尺设置为 0 的位置，要使微分筒上的零线对准固定套管上的纵刻线。如果偏离纵刻线超过 1/2 格，就调节它。

2) 步骤

将缝隙测量仪绕在罐体上，120 个部分至少 3 个点，绕着罐子的圆周，约从接合处的一侧起 1in（或至少离接合处 1/2in）。

测量以下 5 个尺寸：卷边厚度、卷边宽度（长度、高度）、身钩的长度、盖钩的长度和紧密度（从皱纹上观察）。

2 个可选测的数据是埋头深度和叠接率，通过以下公式计算：

Overlap = CH+BH+T−W

CH 代表盖钩的长度，BH 是身钩的长度，T 是盖子金属板厚度，W 是卷边宽度（长度、高度）。二重卷边紧密度（皱纹度）[2]的级别是通过测定盖钩的皱纹百分比来确定的（图 22A-12、22A-13）。图上显示盖钩紧密度在 0~100%，同时褶皱数量少于它。紧密度也能通过盖钩的平整度来说明；就是说盖钩不会体现为圆的。观察盖钩去掉切片缝能够发现问题（图 22A-14）。这个方法对于褶皱法是很好的确认，但并不能替代它。紧密度可以根据不在皱纹中的盖钩的比例或远离盖钩比例的数目来确定。所有的步骤都列在下面。百分率法最好。

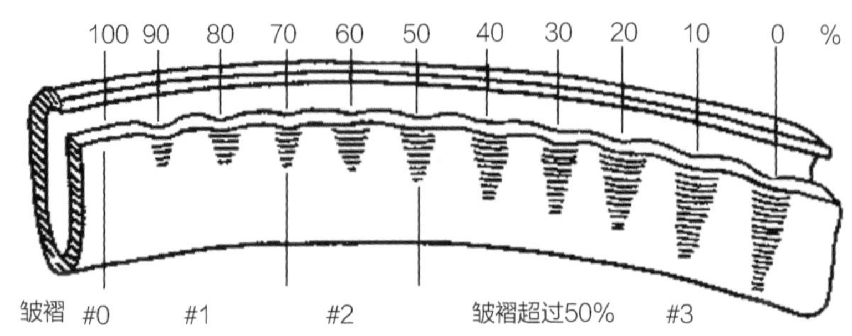

图 22A-12 紧密度（皱纹度）的百分率

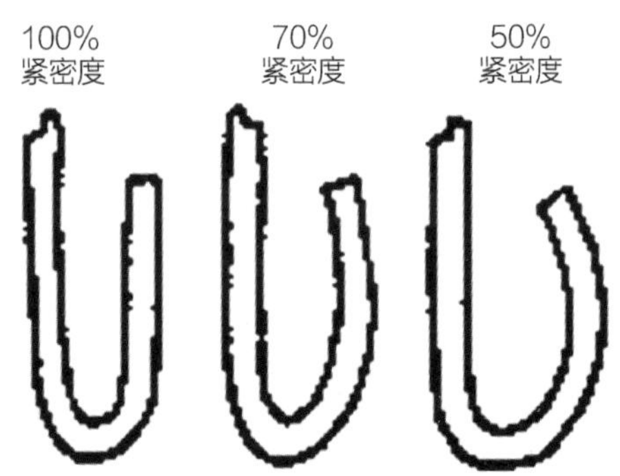

图 22A-13 平整盖钩的气密性评价

图 22A-14 照片左侧的韦科锯用于切割，照片右侧的仪器是用来检查二重卷边横截面的接缝投影仪

紧密度（用皱纹度来表示）：“0”代表光滑，无皱纹；“1”代表皱纹多达 1/3 边缘的距离；“2”代表皱纹多达 1/2 边缘的距离；“3”代表皱纹超过 1/2 边缘的距离。

盖钩紧密度等级用%来表示，不包括在皱纹度中（优选方法）：

100——相当于“0”

90——相当于“0”和“1”之间

70——相当于“1”

50——相当于“2”

<50——相当于“3”

根据先前描述的方法来测定接合点的等级。

测量自由空间以确定 2 片矩形罐身和 2 片椭圆形罐盖的接缝情况，如下所示：

FS=ST-（2BPT+3CPT）

其中，ST 是卷边厚度，BPT 是罐身的厚度，CPT 是罐盖的厚度。

注意：尚未建立此方法的详细说明。

d. 接缝投影测量系统［21CFR113. 60（a）（1）］

作为一种替代千分尺使用的方法，或作为验证，可以用接缝投影仪对二重卷边截面进行可视检查。剪取二重卷边的一段，使其一个金属条仍然附着在罐体上，然后将其放置在投影仪中。从投射到屏幕上的图像可以看出，卷边宽度、盖钩长度和重叠尺寸都可以通过一个专门经校准的卡尺测量出来。在某些情况下，还可以观察到一般的接缝形成和接缝的紧密度。接缝投影仪有利于关键接合部区域折叠的检查；这对于 10 号三片罐的检查尤其具有价值，因为它在这一点上十分容易泄漏。

1）材料

- 接缝投影仪（Wilkens-Anderson）（图 22A-14）
- 韦科锯（Wilkens-Anderson）（图 22A-14）
- 千分尺

2）步骤

需要获得 4 个必测的数据：身钩长、叠接率、卷边宽度以及紧密度（观察皱纹度）。3 个可选测量参数：宽度（长度、高度）、盖钩长度以及埋头深度。

在每个二重卷边选取 2 个不同位置（不包括交叉），以测量每个二重卷边的特征。用韦科锯切取二重卷边的横截面。将横截面的表面用细砂布擦拭，以确保其表面光亮，从而可以在屏幕上显示出清晰的图像。将擦拭好的断面在投影仪的一侧夹紧，观察投影面遮暗器，观察图像。将仪器的卡钳扳到指定位置。注意任何松动、紧密度和其他畸形。采用校准过的卡尺仔细地测量并记录图像上的宽度、盖钩、身钩和叠接部分。沿着二重卷边上所有 4 个不同的位置重复这个过程。为了正确地评价接缝的松动度，从罐体除去盖钩，从视觉上对皱纹的形成进行分级。在从二重卷边上除去盖钩以后，观察密封填料的缺乏或不连续性。打开图 22A-16 观察（在本章的结尾显示）。密封填料必须绕边盖形成完整一周（360°）。

叠接率可以用来同时衡量如何很好地将底钩和身钩重叠以及各拉钩在长度上如何更好地匹配。这也是身钩和盖钩之间现有的距离与钩和给定接缝相搭结的距离的比值。当接缝仪使用诺模图放置在屏幕上时，叠接率可以直接测量（图 22A-15）。叠接率可以由卷边长度、身钩、盖钩以及罐身和底盘厚度计算得到。

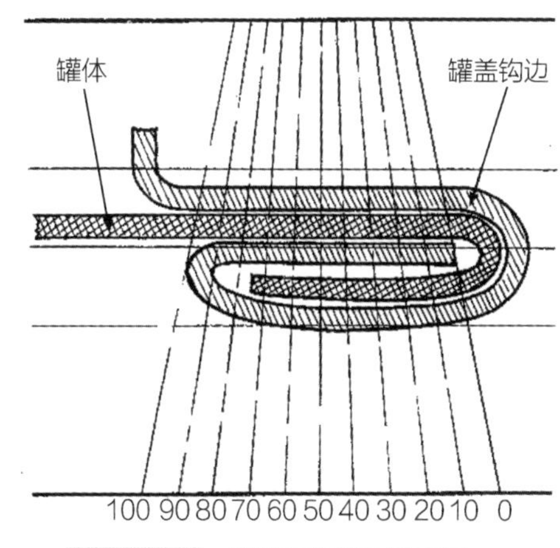

图 22A-15　使用接缝仪的诺模图

叠接率/% = 100×（BH+CH+EPT−W）/［W−（2EPT+BPT）］

其中，BH 是身钩长度，CH 是盖钩长度，EPT 是底盘的厚度，W 是卷边宽度（卷边高度、长度），BPT 是罐身厚度。每个测量值均使用最小值（W 使用最大值），从而得到接近最低可能的叠接率。重叠部分也可以根据上述方法，用经校准的千分之一英寸或毫米卡尺来测量。

将卡尺尽可能宽地打开，将诺模图卡放置在屏幕上。将诺模图卡放在适当的位置，从而使图像显示在屏幕上，并且诺模图的基准线与钩的镜像平行。调整诺模图的位置使零线处于图像中身钩半径的一边；然后将它向前或向后移动直到 100 线在底钩半径内。现在，移动诺模图，保持基准线与钩平行，并且不允许它向前或向后移动，直到零线在底钩的末端；读取身钩末端的诺模图。这个值就是叠接率。根据先前描述的方法来测定接缝的等级。

D. 方罐和椭圆罐的特殊测试（ William R. Cole，HACCP 程序的划分，FDA ）

沙丁油鱼通常被包装在一个浅的方形（或矩形）405×301×014 2-片（拉）铝罐中，有一个划痕，拉环式盖（也称为“四分之一磅”罐；图 22A-16）。体积较大的鱼被包装在一个椭圆形的 607×403×108 2-片（拉）铝罐中（也称为“一磅的椭圆形”；图 22A-17）。405 锡镀钢罐和 405 铝制拉罐，二者都没有拉环，也都可以使用。较长的西方沙丁鱼（沙丁鱼）是装在有 1/4 和 1-lb 单位的椭圆形和圆形的罐中。进口沙丁鱼包装容器的完整性检查与圆的卫生易拉罐的检查很像。本节的内容包括如何评价这些罐固有的不同和具体的问题。

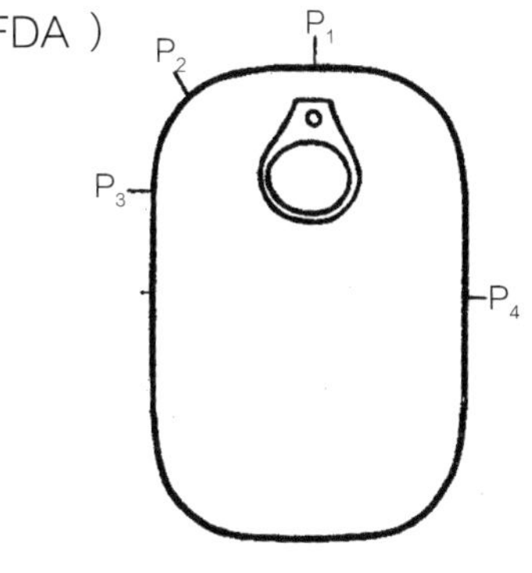

图 22A-16　测量点模型。一个“四分之一磅”沙丁鱼铝罐的二重卷边检查

P_1—接缝中心切割和/或千分尺测量点

P_2—盖钩（和罐壁）段数，与皱纹和压脊检查相关

这些罐具有的一个主要的完整性问题就是所谓的盖钩“铁舌”的形成，通常位于或靠近罐的 4 个拐角，从而在铁舌区域造成短重叠。另外一个因素就是拐角处的皱纹程度。如果将这种皱纹用于盖钩紧密度定级，则会出现低于大部分国内罐头制造商所制定的密封等级规格。然而，该盖钩从角落脱落的其余部分同时会有一个可以接受的紧密度等级。接下来将介绍目前关于 405 和 607 沙丁鱼铝浅冲罐的检查方法。

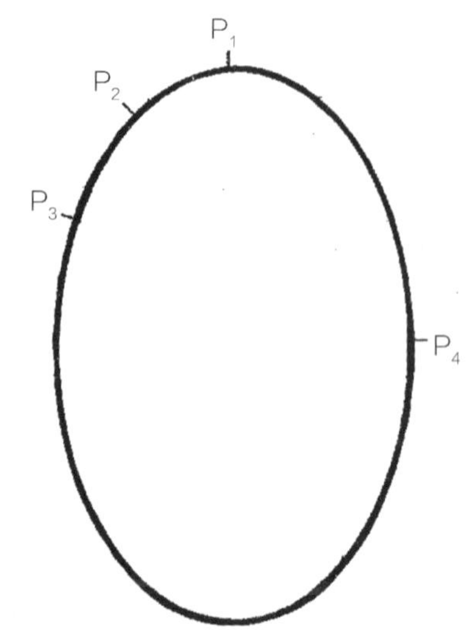

图 22A-17 测量点模型。一个“一磅的椭圆形的”沙丁鱼铝罐的二重卷边检查
P_1—接缝中心切割和/或千分尺测量点
P_2—盖钩（和罐壁）段数，与皱纹和压脊检查相关

1. 视觉检查

罐的视觉检查适用于 405 和 607 沙丁鱼浅冲罐。对于 405 罐，要警惕诸如在盖的拉环区域周围，以及拉环的底部和附着点出现包装中的微小泄露这类情况的发生。与 405 罐相关的主要闭合缺损是出现盖钩铁舌，通常位于或靠近罐的 4 个拐角。铁舌的原因之一是产品在卷边前伸出罐头翻边。视觉检查铁舌区域以作为产品在接缝过程中缺陷的证据。

2. 微泄露检测

国家食品加工协会（NFPA）真空泄漏测试[19]。罐头检查（微泄露检测，NFPA 真空泄漏测试），以上检查也适用于 405 和 607 的沙丁鱼罐头检测。

荧光素染色检测。用细菌学刀移除无盖的端部。检查盖子以及接头区域是否有泄漏现象，并评分。

3. 检测二重卷边

a. 总述

405×301×014（四分之一磅）矩形罐。千分尺的位置和/或接缝仪测量结果（如，圆的卫生罐的标准）可能足以充分解释 405 沙丁鱼铝浅冲罐的完整性。图 22A-17 表明了该模板作为 405 罐二重卷边检查的向导。四个点，P1~P4，被选择作为接缝位置（投影仪和/或千分尺）的测量点。P2 的位置被除去，并且用于皱纹和压脊存在的检查。长度、厚度、身钩和盖钩一般在 P3 的位置测量，并且记录下数据。关于皱纹和压脊的检查，要么从测量点之间除去盖钩部分，要么连同第一个罐一起将另一个罐完全除去。

607×403×108（1-lb）椭圆形罐。图 22A-18 表明了该模板作为 607 罐二重卷边检查的行业指南。四个点，P1~P4，被选择作为接缝位置（投影仪和/或千分尺）的测量点。与图 22A-17 一样，P2 代表盖钩和罐身的部分，被移除后用于紧密度和压脊存在的检查。

b. 沙丁鱼铝罐二重卷边检查数据表（607× 403× 108 和 405× 301× 014）

由于 405 和 607 罐共有的特征点被表示为潜在的问题区域，相对于铁舌、叠接率和紧密度，推荐的 5 点测量可以列入到表 22C-1 的最后一列，从而使这些点更容易被识别。然而，两种罐中 P1 位置的选择是为了提供一个通用的基准点（405 罐上 301 侧离拉环最近；607 罐上最靠近印码的点），这类似于 3 片罐容器的罐身接缝。P3 和其沿二重卷边直线对应的 3 个点可以普遍反映工业上采用的测量点。P2 和其他 3 个角点与邻近区域已经表明关于铁舌、低叠接率和低紧密度的潜在缺点。因此，表 22C-2 中显示的数据表允许将 2 套点获得的数据直接进行比较。如果视觉检查和微泄漏检测表明在接缝处出现一个特别薄弱的区域，二重卷边撕开就可以在特定的区域进行。

用一个细菌开罐器（图 22A-3），从容器的底部面板中心除去圆盘，其直径为 1~1-1/2in。然后，用金属刀具或锡剪除去大部分剩余的底部，留下大约 1/2in 的边框在容器外边缘。清空罐体，并用洗涤剂和温水清洗，必要时使用刷子。接下来，将洗涤剂和水在容器中煮沸，从而尽可能多地除去接缝中的残留物。或者将容器放入有洗涤剂的超声波清洗机中，在 38~49℃下清洗至少 2h。无论采用以上哪种方式，都要将清洗后的容器放入 38~49℃的烘箱中干燥至少 2h。

加入蒸馏水和润湿剂使其刚好覆盖整个盖的面积。在打开的容器底部放置连有管子的树脂玻璃板和湿润的橡胶垫圈。开始保持 5in 的真空，随后逐渐增加到最大为 20~22in。旋转容器中的水，以消除真空产生的小气泡。慢慢地倾斜罐体使 405 罐整个接缝表面和划分的区域浸入水中，让光源通过树脂玻璃进入到罐体上。

E. 现有的其他方法

1. 激光全息法

这种非破坏性的光学技术采用一种电子处理系统对密封容器进行泄漏检测。Wagner 等[21]对方法进行了研究，并用它成功地检测了植入心脏病患者体内的起搏器的密封完整性。

在真空或压力情况下，在一个密封室（图 22A-19）中向罐体施加一个预定大小的压力，对密封的罐头食品进行测试。当罐头表面响应所施加的应力而变形时，观察罐表面的条纹。条纹的全息显示图像由一个被部分激光束照亮的物体的反射激光束记录下来。在测试室内得到的罐体全息图像被记录在录像带上，并且还可以用液体栅胶卷曝光和显数。发生在罐体表面的条纹图案表明泄漏的相对大小。为了确定泄漏的位置，在测试室内对罐体缓慢地施加压力，接缝区域的图像被放大，应用边缘控制技术。图 22A-20 是一幅从电视视频监控中得到的图片。左边的罐在全息图中没有显示出条纹，因此是漏的。

图 22A-18 测试室

泄漏检测设备包括：氦氖激光（5mW 或 5W 的氩离子激光器）、测试室、记录和显示系统、光学元件。

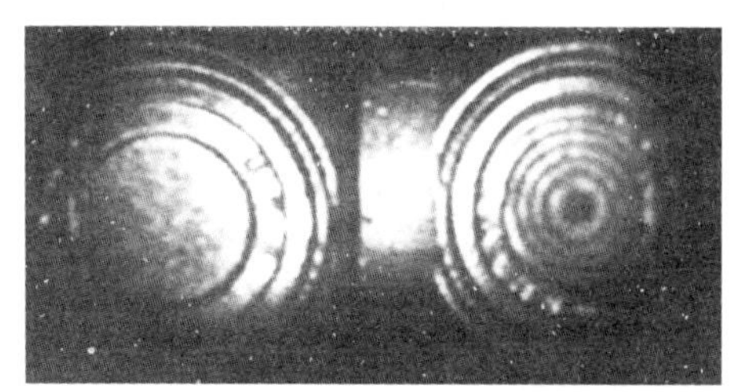

图 22A-19 全息显示的条纹图像

2. 氦泄漏测试（**U. S. Rhea 和 J. E. Gilchrist，FDA**）（注意：该测试方法为 AOAC 最终的实施方法 984.36，*Official Methods of Analysis*，15th ed.，1990）

在指定的时间里，将平底罐暴露在一个密闭的氦气罐中。先暴露在加压的氦气中的罐体观察到泄漏：胀罐是泄漏的象征；镶嵌的罐或者有真空的罐通常是不泄漏的。采用气相色谱分析罐中的顶空气体，以确定有氦气的存在。有大量内部气体的罐（如，干的或半干品）可被氦气的压力破坏，因此不适于使用这种方法检测。

因发生胀罐而鼓起的罐应先减压，如果有必要的话，将罐内的样品取出进行微生物检测。在重新密封后，此罐可以进行泄漏检测。胖罐可以抽取顶空气体进行气相色谱分析。氦泄漏试验检测孔可小至 1m。结果报告为氦存在于顶空气体中。

a. 设备和材料

- 气相色谱仪（图 22A-20）可以分离和测定氮气、氧气、氢气、氦气和二氧化碳（第 21A 章）
- 纸带记录仪或其他读出系统
- 针刺机（第 21A 章）
- 经过测试可达到 100psi①）的氦气照射罐（美国机械工程协会的油漆罐，10gal
- 配备入口和出口的微控制阀

图 22A-20 用于氦泄漏试验的气相色谱仪

①1psi=6.895kPa。——译者注

- 具有 2 级调节器的加压氦气罐
- 压力调节器
- 用于针刺机计时器的真空压力表和由氦气照射罐中自动释放氦气的电磁阀的结合物
- 氦气标准气体
- 氰基丙烯酸酯胶
- 细菌开罐器（图 22A-3）
- 橡胶盘：2-3/8×1/8in

b. 步骤

气相色谱仪的校准。由于气相色谱仪配备有进样环（0.5mL），注入 5.0mL 的经校准的氦气标准物质（建议浓度范围为 5%、15%、25%、50%、75%的氦气）。对于没有配备进样环的仪器，注入适当体积的标准气体。用相同体积的顶空气体样品进行分析。用氦气的浓度和氦气的峰高作图。根据仪器的质量特性，此图应当为近似线性或为连续的曲线。

图 22A-21 氦气暴露罐

氦气暴露罐（图 22A-21）。控制将氦气引入暴露罐的速度和罐体暴露在 45psi 压力氦气下的时间。定时器、电磁阀和游标尺微阀有助于此过程。从氦暴露罐上连接氦源。打开定时器以关闭出口阀。调节微阀的入口和出口，使其在游标尺上分别为 0.25 和 0.5。在这些设定的条件下，大约要花 20min 的时间才能使氦气罐达到45psi的压力。如有必要可进行轻微的调整。调整定时器使氦气罐内的氦气压力在 45psi 下保持 30min，并且时间对达到 45psi 是十分必要的。

图 22A-22 密封一个打开的罐

密封一个打开的罐（图 22A-22）。胀罐必须先减压并重新密封后才能暴露在氦气中。用针刺机释放压力，如有必要，按照第 21A 章所描述的，开一直径为 1.5in 的孔，将罐内样品取出用于微生物分析。用砂布压下任何高的卷边和开孔周围粗糙的区域。在开孔周围涂上胶（氰基丙烯酸酯），将直径为 2-3/8in（1/8in 厚）的橡胶盘压在所涂的胶上。小心除去所有的气泡。将重物（400mL 装满水的烧杯）压在橡胶盘上至少 1h，以使罐在暴露在氦气前有效地密封。

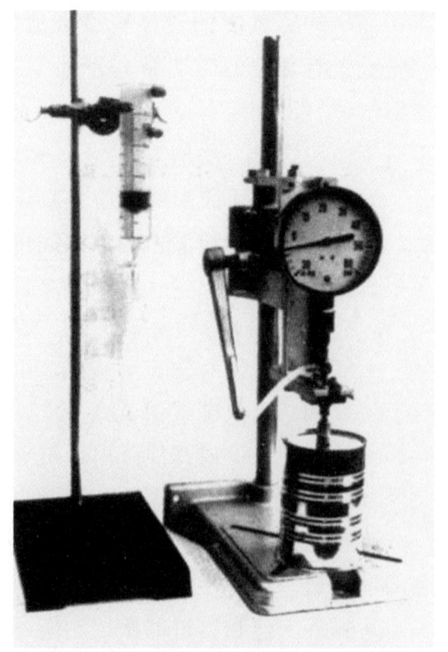

图 22A-23 罐穿孔机和气体收集装置

顶空气体收集和分析。经密封后的罐暴露于氦气后，对其进行视觉观察（第 21A 章，表 21A-1）。罐的穿刺操作如图 22A-24 所示。在穿刺前，关闭仪表阀，拉动注射器的活塞以从硅树脂管中取出空气。关闭注射阀，从注射器中排出空气。穿刺罐体并打开仪表阀以读取真空或压力。打开仪表阀和注射阀以释放注射器中的气体。如果气体样品>5.0mL，撤回至只有 5.0mL 并且注射进气相色谱的进样口。如果气体样品<5.0mL，迫使收集的气体重新回到罐中。关闭注射阀使气体保持在管道和罐内。使用注射器向罐内加入 40mL 空气，抽取注射器两次以混合气体。让注射器与大气压平衡，记录注射体积。将此稀释后的气体取样，注入气相色谱进行分析。将测得的氦气百分含量除以稀释因子，从而得到顶空气体中相应的氦气百分含量。使用以下公式：

稀释因子=（平衡的注射体积-40mL 空气+顶空体积）/（平衡的注射体积+顶空体积）

例如：（43-40+9）/（43+9）=12/52=0.23 稀释因子

罐内氦气/%=测量的氦气%/稀释因子

例如：5%氦气/0.23=罐内 22%氦气

通过穿刺罐体来测定其顶空体积以验证此罐还存在真空。还可以从注射器中吸取样品，同时测量一定的真空（英寸汞柱）和空气体积。

顶空体积=从注射器中取样的体积×30inHg①）/罐体测定的真空度（inHg）

例如：从罐中取出 6mL 空气，真空度为 20inHg：顶空体积=6mL×30inHg/20inHg=9mL

由于还要对罐体执行额外的工作，收集的气体可以在一个有盖的针筒中储存几个小时，这样不会明显改变其组成。

结果解释。将罐暴露于氦气以后，若罐内压力为 8psi 或氦气体积分数为 1%，报告该罐泄漏。将罐暴露于氦气以后，若罐内真空度为 5inHg 或氦气体积分数低于 1%，则报告该罐无泄漏。

①1inHg=3.386kPa。——译者注

22B 玻璃容器的完整性检测

2001年1月

作者： Rong C. Lin， Paul H. King， Melvin R. Johnston

更多其他信息请联系 Steven Simpson。

本章目录

几乎所有的玻璃容器包装的低酸性食品都是真空包装。目前，以下四种真空包装广泛应用于低酸性食品：旋开盖、压封旋开盖、压盖和螺旋盖（22B-1）。美国联邦法规21第113卷60页（a）（2）和（3）规定必须对容器的密封性进行检验。

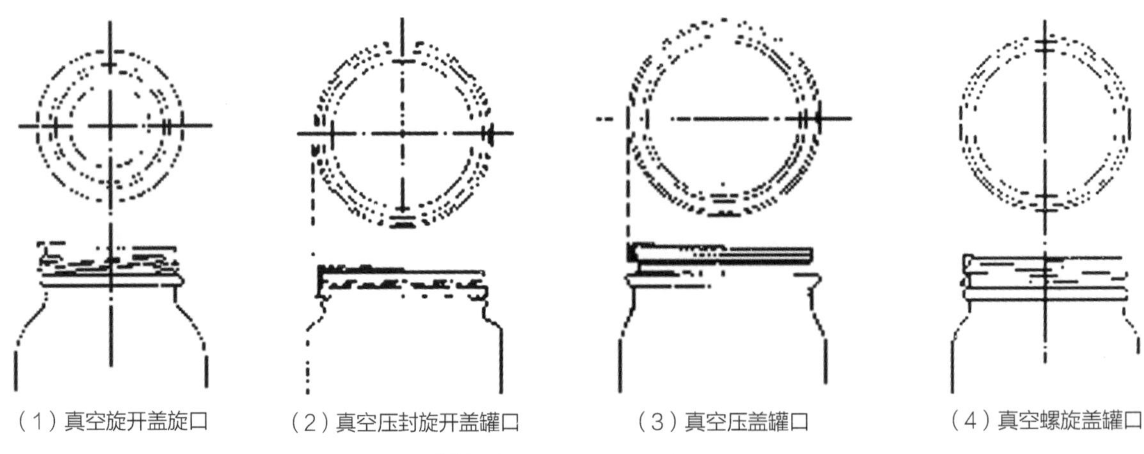

图22B-1　真空包装和玻璃罐口种类

A. 肉眼检验玻璃容器的缺陷

缺陷的属性见22D的术语部分。

- 斜盖
- 压坏盖爪
- 玻璃裂口
- 刺穿
- 翘盖
- 滑牙盖
- 玻璃罐口裂缝

B. 密封完整性检查

1. 真空

使用标准开关型真空计或美国标准量规第 12118 号真空压力计（图22B-2）。用水将穿刺设备的橡胶垫湿润，摇去多余的水。刺穿密封盖，用针尖贴近真空计，读出并记录真空度(0~30in)或压力（0~0.103MPa）。

图 22B-2 密封完整性检查真空计

2. 移去旋开盖或压封旋开盖型容器的扭矩（图 22B-3）

适当保护扭矩计上的罐子。缓缓地移去而不是快速冲撞。一只手逆时针旋开密封罐的盖子，避免对盖子有向下的压力。以英寸-磅记录开盖所需的最大扭矩。

图 22B-3 扭矩计

3. 旋开盖型的密封安全值（拉力）（图 22B-4）

在罐盖和罐身上以记号笔做垂直线。逆时针旋转罐盖直到破坏真空。重新将罐盖在罐口上封盖，直到复合垫圈和罐口接触及盖爪和罐口螺纹丝咬紧（或直到扭矩再达到 2in-lb，均匀用力，不要过分用力）。测量并记录，以 1/16in 为单位，测定 2 条直线的距离。如果盖子上的线在罐身上的线的右边认为安全值为正值，如果盖子上的线在罐身上的线的左边认为安全值为负值。

4. 旋开盖型的拧紧位置（图 22B-5）

在玻璃瓶罐口上标记罐颈直缝。测定从这一垂线到达位于和它最近的盖钩起始边的距离，以 1/16in 为测量单位。检查外观时，记录测量的拧紧位置，在罐颈直缝右边的为阳性（+），在左边的为阴性（-）。

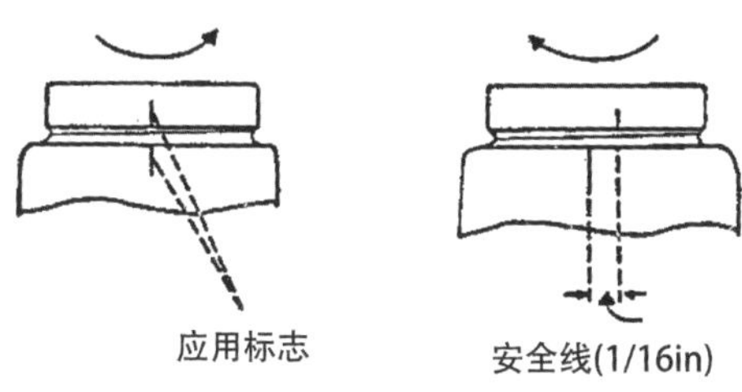

图 22B-4 旋开盖型密封安全性的评价

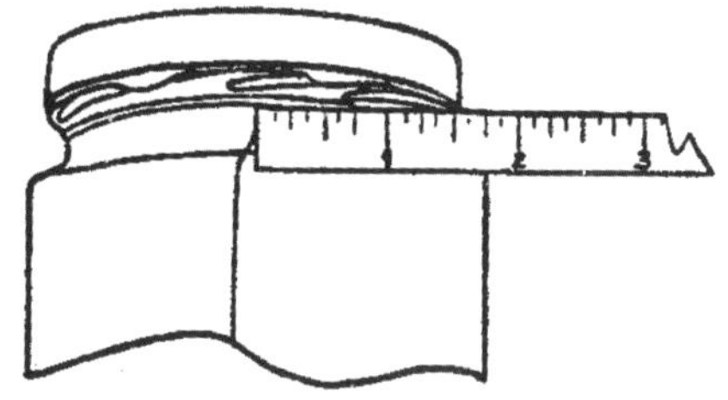

图 22B-5 旋开盖型拧紧位置检查

22C 软性和半刚性食物容器的完整性检测

2001年1月
作者：George W. Arndt，Jr. [美国消防协会（NFPA）]
更多信息请联系 Steven Simpson。

本章目录

软性和半刚性食物的外包装主要或部分为塑料制品。其封口采用热封或双锁边的形式。引起类似完整性问题需接受常规检测的主要有 4 种包装类型：卡纸袋、软口袋、带活动盖的塑料杯盘及带二重金属卷边密封的塑料罐头。

密封的目的是提供一个阻止微生物侵入和防止食物氧化降解的屏障。由于密封表面可能会黏附食物颗粒和水汽引起热封和二重卷边密封缺陷，因此密封完整性检查意义重大。在这类工艺中需执行关键控制。肉眼检查可以发现大部分缺陷。对于许多软性包装，可采用挤压法来确认密封强度。

A. 包装检查

注意包装状况（内部和外部）和封盖或封边的质量；观察和感觉整体异常情况、机械损坏、穿孔、畸形、压碎、折裂缝、起鳞和胀气。以包装材料或密封设备制造商建议的指标查验。按照说明执行拆卸步骤。注意包装和封口的状况。如有证据显示某个包装可能或已经失去密封性封条，或者包装内容物已有微生物生长，则需做进一步检查。

1. 肉眼检查

检查时要手眼并用。使用带适当照明的放大镜有助于检查。大拇指和食指摩搓密封处，感觉皱褶与折叠。手指摩搓平滑表面，感觉表面是否起鳞、粗糙及起皱。通过眼观手摸，判定包装是否有缺损。用记号笔标记缺损位置。密封口的肉眼检查标准参见图 22C-1。

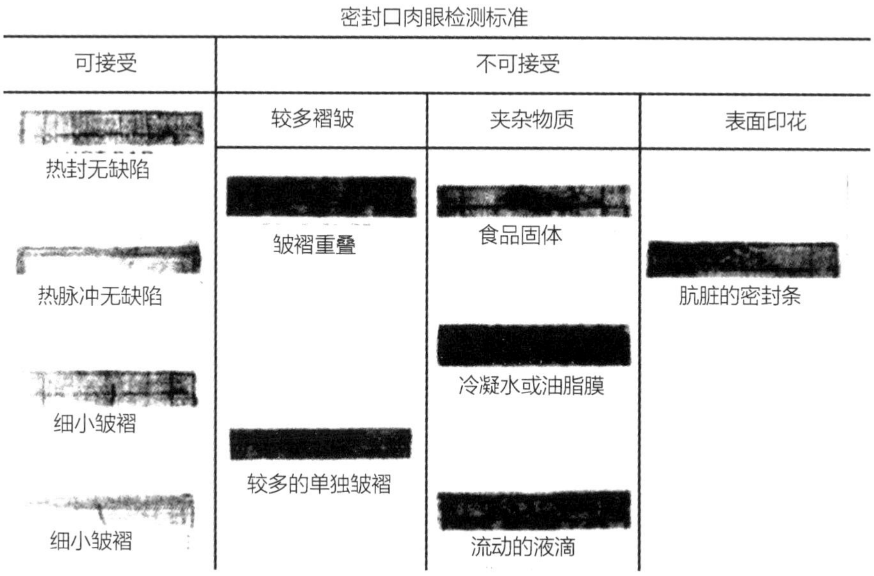

密封口肉眼检测标准

可接受	不可接受		
	较多褶皱	夹杂物质	表面印花
热封无缺陷	皱褶重叠	食品固体	肮脏的密封条
热脉冲无缺陷		冷凝水或油脂膜	
细小皱褶	较多的单独皱褶		
细小皱褶		流动的液滴	

图 22C-1 密封口的肉眼检查标准

(Courtesy of Brik Pak, Inc.)

2. 包装检查（见表 22C-1 和表 22C-2）

表 22C-1 食品塑料包装的检查方法a [5]

检查方法	包装类型			
	卡纸	软口袋	热封盖塑料包装	二重金属卷边的塑料包装
空气泄漏检查	O	O	O	O
生物检查	O	O	O	O
胀破检测	O	R	R	O
化学腐蚀	O	O	O	NA
挤压试验	R	O	O	O
分发（极限式）测试	O	O	O	O
染料渗透试验	R	O	R	O
电测试仪	O	NA	NA	NA
电解性	R	O	R	NA
气体泄漏检测	O	O	O	O
培养试验	R	R	R	R
光照检测	NA	O	O	O
机器视敏度	O	O	O	O
接触测试仪	O	O	O	R
缝合线范围投影	NA	NA	NA	R
声音	R	NA	R	R
抗张力（剥脱）检测	NA	R	R	NA
真空检查	NA	O	R	O
眼观检查	R	R	R	R

a 缩写：R，NFPA 公告 41- L 的推荐方法，软包装完整公告；O，商业一般承认应用的其他测试方法；NA，测试方法不适用于该包装风格。

表 22C-2　由美国食品加工业者协会（NFPA）提供的眼观包装缺陷一览表[5]

缺陷	包装类型			
	卡纸	软袋	热封盖塑料包装	二重金属卷边的塑料包装
磨损	+	+	+	+
起泡	−	+	−	−
封口烫坏	−	−	+	−
通道泄漏	−	+	+	−
密封暗影	−	+	−	−
密封压缩	−	+	−	−
密封污染	−	+	+	−
回旋	−	+	−	−
角凹痕	+	−	−	−
角泄漏	+	−	−	−
封口弯曲	−	+	−	−
压碎	+	−	+	+
密封缺损	−	−	+	−
变形	+	−	−	−
密封畸形	+	−	−	−
起鳞	+	+	+	+
压凸	−	+	−	−
折裂痕	−	+	+	+
异物（夹杂）	−	−	+	+
破裂	−	+	+	+
胶化	−	−	+	+
热褶	−	+	−	−
不完封	−	−	+	−
标签褶过	−	−	+	−
渗漏	−	+	−	−
拍打松散	+	−	−	−
畸形	−	−	+	+
密封不重合	−	−	+	+
未封合	−	+	−	−
凹口渗漏	−	+	−	−
刺破	+	+	+	+
封口蔓延	−	+	−	−
封口渗出	+	−	−	−
封口宽度变化	−	−	+	−
收缩纹	−	−	+	−
黏性密封	−	+	−	−
膨胀（胀包）	+	+	+	+

续表

缺陷	包装类型			
	卡纸	软袋	热封盖塑料包装	二重金属卷边的塑料包装
不平顺的压痕	-	-	+	-
不平顺的封口连接	-	+	-	-
圆饼畸形	-	+	-	-
封口不牢	+	-	-	-
皱纹	-	+	+	-

a +，该包装类型存在此缺陷；-，该包装类型不存在此缺陷。

a. 卡纸包装[20]

拆卸步骤：打开所有封口（除了包装顶端）；通过挤压包装，检查横断面（上部和下部）及边封（纵向和横向）的完整性及坚固性。如果包装有纵向密封条，拉下边封的重叠纸层。检查此处的气缝（约 1mm）。挤压包装，检查纵向密封条中应无泄漏或孔洞。

接着，在密封条对面剪开包装并倒空内容物。留出边封处，切开包装端头附近的折叠和包装下部以去掉大部分垂直的包装主体。观察每个垂直边角表面是否有洞孔、擦伤或磨损。注意包装的边角，尤其是端头封口下面和吸管洞或拉环附近。沿侧封中心将剩余包装剪成两半。清洗两片剩余的包装，用纸巾擦干。做好标记以识别包装。

密封质量的评价步骤依包装设计、制作和密封方式不同而有所区别。从送检包装的生产商处获取特定的步骤。例如，密封性评价可能由封口一端开始，非常缓慢而又仔细地将封口拉开。有些包装如果黏合体可以拉长至整个封口长度则封口是好的（换句话说，黏合膜可连续拉伸至纸和薄板完全分开之前的某处）。而另有一些包装，封口全长都可以看到纤维磨痕（即，分开的封口两边的区域都可见未修整的纸板）。这认为是 100% 的纤维磨痕，证明密封性很好。检查每个半块包装所有三处封口。要找的问题是缺少纤维磨痕（或过窄）、黏合体延展不足、“冷点”（在封口处无黏合体黏结）以及“脱焊”（黏合体融化但没有伸展或者无纤维磨痕）。对于纵向密封条型的包装，应根据生产商的说明附加测试（例如，中心位检查、热痕检查以及被拆开时铝箔外观检查）。

电解和染料渗透试验：本测试根据每个系统制造商获批生产步骤而有不同。联系各制造商获取建议步骤并依照执行。

b. 软口袋[20]

1）拆卸步骤

通过挤压包装的每个填充管或密封通道对其顶封及侧封进行紧密度检查。拐角和顶侧封交叉处是检查重点。可以快速查出明显缺陷。每个封口需准确撕开并评价其完整性。认真检查每个顶封及侧封的边缘，在密封区查找产品的蛛丝马迹。应无产品残留可见。

观察每个密封区的宽度。宽度必须与机器规格一致：例如，填充管道或封口的通道需要顶封和侧封至少有 1/16in。沿封口内缘查寻平滑的黏合封。打开每个包装检查顶封和侧封。眼观检查密封缺陷，如封口不重合、折叠裂纹、未黏合、密封移行等缺陷。如方便，可对密封做封口拉张强度及胀爆试验以撕开封口。观察每个密封的撕裂外观。应均匀撕开封口，这样包装一侧的箔及部分薄层可撕裂开，并黏附在包装另一侧的封口上。封口应外观粗糙并呈大理石纹样。如果金属箔裸露在整个封口上，则为密封充分的。按规定保留测试结果记录。

2）其他测试步骤

挤压试验。用手捏挤使得产品施力于封口内面。密封表面须是平滑的、平行的且无皱纹。检查所有密封部位，找寻产品泄漏或起鳞的迹象。包装在封口区外板层而非产品边出现起鳞的，需通过人工弯折可疑区 10 次进一步测试，并检查所有封口区是否存在泄漏或者封口区宽度过小。

封口弹力强度。结果用 lb/in 来表示，样本的平均值（即，从封口处切出三个相邻的样本）应不小于该材料及规定的限值。

爆包抗力测试。检查封口时将内压抗力作为衡量指标，在指定的测试条件下，持续 30s 应用均一的压力（应不低于该材料及规定的限值）。然后评价封口，保证完全闭合的封口仍然有效。

c. 热封盖的塑料包装[20]

容器完整性测试。形状饱满且密封的容器的剥落测试步骤。挤压来自同一模具的全套容器的外壁。挤压每个杯子使得盖子区凸出 1/8in。挤压时盖子不应该脱出包装。查看密封区在盖子封闭层是否出现褶纹。从第一套容器开始，眼观检查密闭区凸环的完整性（如果有凸环，凸环的完整性必须达到 90%以上）。移开下一套容器（每个模子一杯），以大约 45°角逐渐将每个盖子向后剥落。观察剥落区在盖子和杯子封口表面的普遍的霜白的外观。检查整个包装是否有洞、轧，甚至边缘的厚度、内表面的光滑度以及因脏模子或封口模具造成的任何畸形。

检漏试验步骤（可选）。本测试根据每个系统制造商获批的生产步骤而有不同。联系各制造商获取建议步骤并依照执行。

电解试验。塑料包装一般都不导低压电流，除非有孔洞存在。用电压表或安培表确定闭合回路的存在。如果可测到电流，则用染料溶液验证洞的存在。

染料渗透测定。用染料定位包装上的漏洞或者证明没有漏洞。

气压或真空检测。运用压力或真空作用于密闭包装以检测是否有洞或者观察压力或真空有无损耗。水下的真空检测可以通过观察是否有稳定的有许多小气泡的水流来判断包装是否有洞。

d. 二重金属卷边的塑料罐[20]

二重金属卷边的塑料罐的检测步骤在 21 章和美国联邦法规 21 第 113 卷已叙述。利用这些方法检测二重卷边金属端的塑料罐。对美国联邦法规 21 第 113 卷 60 页（a. 1. i. a 和 b）做如下改动。

B. 测微器测量体系

金属罐。规定测试：盖钩、罐身钩、宽度（长度、高度）、紧密度（检查皱纹）以及厚度。可选测试：重叠（通过计算）和锪孔。

二重金属卷边的塑料罐。除密封区检查外的规定测试，还有厚度和密封性。将焊缝厚度与塑料法兰、颈部和金属端（不含复合件）的计算厚度进行比较。可选测试：盖钩、埋头孔以及宽度（长度、高度）。

突出的封口接缝区

金属罐。规定测试：罐身钩、重叠、紧密度（检查皱纹），以及测微器检测的厚度。可选测试：宽度（长度、高度）、盖钩以及锪孔。

二重金属卷边的塑料罐。规定测试：重叠、罐身钩、锪孔、宽度（长度、高度）。可选测试：盖钩。

眼观检查二重金属卷边的塑料罐。规定测试：紧密度。在测量重叠时注上脊压及边压的压缩。除去整个盖以查验脊压的连续性。在美国联邦法规 21 第 113 卷第 60 页（a. 1. i. c）附加如下内容：二重金属卷边的塑料罐的脊压；双重卷边罐身全部内周侧的压痕。

C. 微漏测试

微漏测试方法不是按照灵敏度排序，所列也不是必须全部使用。因包装、设备、条件不同，每种测试方法都各有利弊，如果额外信息能够使不同包装的自然特性更清楚，那么选择的方法就是适合的。包装的材料、封闭或包装的方式不同，适合的测试方法也不同。参照包装或封口系统生产商推荐的测试方法或参见表 22C-1。所提供的常规方法均为分析人员提供检查步骤或选项。4 组软包装的眼观缺陷汇总参见图 22C-1。

微泄漏测试前先称量包装。标记好直接可以侦测到的缺陷（非水溶性记号笔），以便在微漏测试时和测试后更好地定位。所有结果、使用的方法及环境条件（温度、相对湿度）都要做好记录，并保存。这些测试必须在温度23±2℃、相对湿度（50±5）%的标准实验室环境下进行。如果没有条件，测试结果的报告上需带有测试时的温度及相对湿度[14]。

1. 漏气测试[5]（图22C-2）

a. 干燥法

1）材料

- 带控制器的压缩空气
- 针头、阀门、一些软管
- 压力表或流量表

2）步骤

用针头戳破容器壁，注射空气，每秒增加1lb/in^2（表压）直到标准压力。用于测试的标准压应不小于该包装未加限制时的爆包压力。观察压力表每60s内压损耗的情况。如果用了流量表，检查气流，气流可以反映被测试包装是否存在开口。染料测试一般用于找出干燥法看不见的漏气。在包装内注射气体产生内压，不要使其爆包。检查所有表面和封口是否漏气，观察流量表看包装中空气是否有丢失。

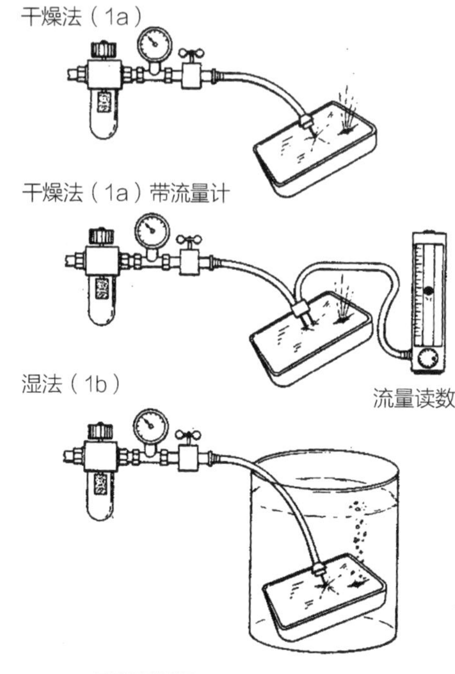

图22C-2 包装漏气测试

b. 湿法

1）材料

- 带调节器的压缩空气
- 针、阀门、一些软管
- 水
- 用于观察气泡的透明容器

2）步骤

在包装内注射气体产生内压，不要使其爆包。将包装浸入水中，检查可以看到的从同一处逸出的带气泡的水流。

c. 结果

阳性：从包装的一个或多个位置流出有气泡的稳定的水流。

阴性：包装中没有水泡逸出。

假阳性：水泡从针头进入包装的位点逸出，或者包装浸入水中后水泡只在包装表面出现。

假阴性：食品颗粒将有缺陷的包装可能逸出空气的洞堵上了，或者使用的气压不足以使得空气从包装的微洞通过。

2. 生物测试[5,21]（图22C-3）

生物测试的目的是将已密封的包装放入可转动的细菌发酵罐内在规定的时间内培养，看是否有细菌在包装内生长来检测包装是否有小孔。

取样品放入活的细菌溶液中，菌液浓度大于10^7/cm^3。包装外溶液的温度应维持进入包装的细菌快速生长。然而，并不希望细菌在包装外的液体中生长。细菌进入包装后必须能引起食品发酵，并且其不能是病原菌。包装在浸入水中时应被弯曲以暴露裂缝和缺口以便细菌的侵入。包装周围溶液维持的温度应能够让有缺陷包装内的细菌快速

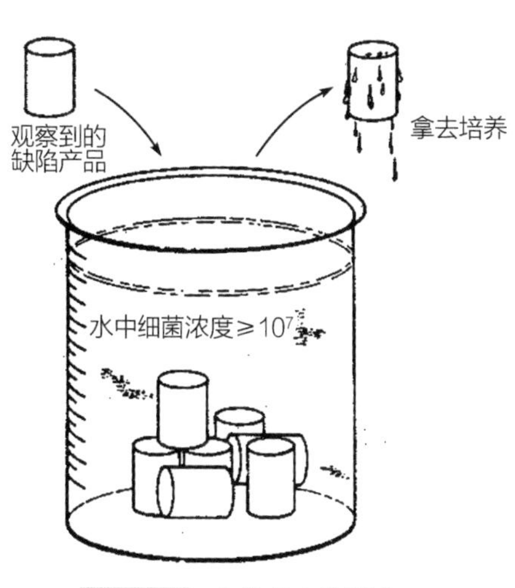

图22C-3 包装的生物测试

生长。生物测试后，包装应在35~38℃培养 3 周。该测试只能用于评价新的包装设计或者包装体系，不能作为例行的质量控制步骤。其他的一些方法更便宜、更简单，且一样可靠。

a. 材料

- 控温水浴和食品产气肠杆菌（*Enterobacter aerogeres*）搅拌溶液，pH 5.0。食品乳酸杆菌（*Lactobacillus cellobiosis*）溶液，pH<5.0
- 包装样品
- 放弯曲包装的装置
- 培养箱

b. 步骤

获得代表性样品。以大约 1.0×10^7/mL 的浓度混入活力菌。将样品浸入混合物中。搅动水浴及弯曲样品 30min。移去包装并灌入加氯水。32~38℃，样品保温 2 周。持续 3 周观察包装是否膨胀。在中间切开一半打开每个包装，留下一点连在一起并观察内容物是否变质。彻底清洗每个半片包装的内表面。将其进行染料测试以定位漏洞。

c. 结果

报告渗漏的位置。

3. 爆包测试[5]（图 22C-4 和 22C-5）

爆包测试的目的就是提供一种确定密封包装承受内部压力（PSIG）能力的手段。整个包装承受均一的压力，爆包一般揭示出最薄弱的点。限制性和非限制性爆包测试均可采用。受限制的爆包通过缩小包装膨胀时变大的包装封口的角来限制膨胀。通过限制，具有强劲封口的包装比弱封口的包装需要更大的内压才会爆包。因此，用限制性设备进行爆包测试时允许包装间有明显间隔。

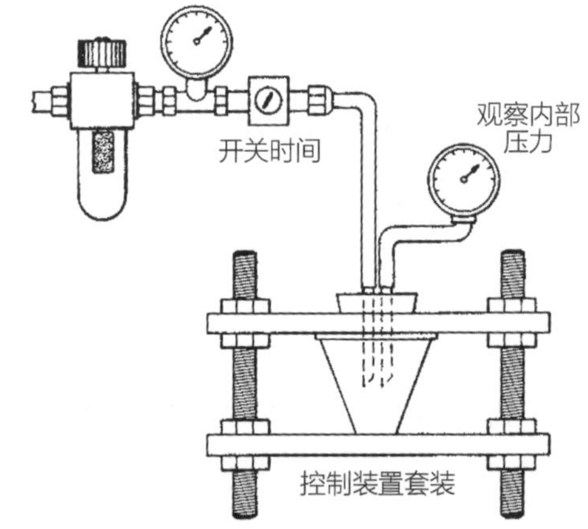

图 22C-4 爆包测试器

熔凝的封口要比软包装的壁更结实。爆包总是发生在熔凝封口附近。可剥落的封口比软包装的要薄弱，只需较小的压力就能导致受压爆包。对剥脱型封口的爆包测试应采用更小的压力和更长的时间。

动态爆包测试包括内压的稳定增加直至爆包发生。静态爆包测试包括内压平稳上升至小于爆包的压力，并且持续 30s。两种方法都被用于熔凝封口的包装。可剥落封口的爆包测试是以稳定的速率膨胀至低于爆包的一个压力点并持续 30s，接着增加一个 0.5lb/in^2（表压）的压力，再保持 30s。在持续的压力和时间指数下，观察密封区封口分离（剥落）的情况，直至爆包。

图 22C-5 袋气爆包测试器

a. 材料

- 压缩空气或水
- 调节阀
- 带有垫圈和压力管的针
- 带有计时器的螺线形电导管
- 压力指示器，数字的或带有摆动手柄的测量仪
- 限制装置（可选）

b. 步骤

使用空的密封包装或者割开并去除所填内容物的包装。将包装置于限制性的夹具内（如若使用）。用带有垫圈的针刺入包装并注入

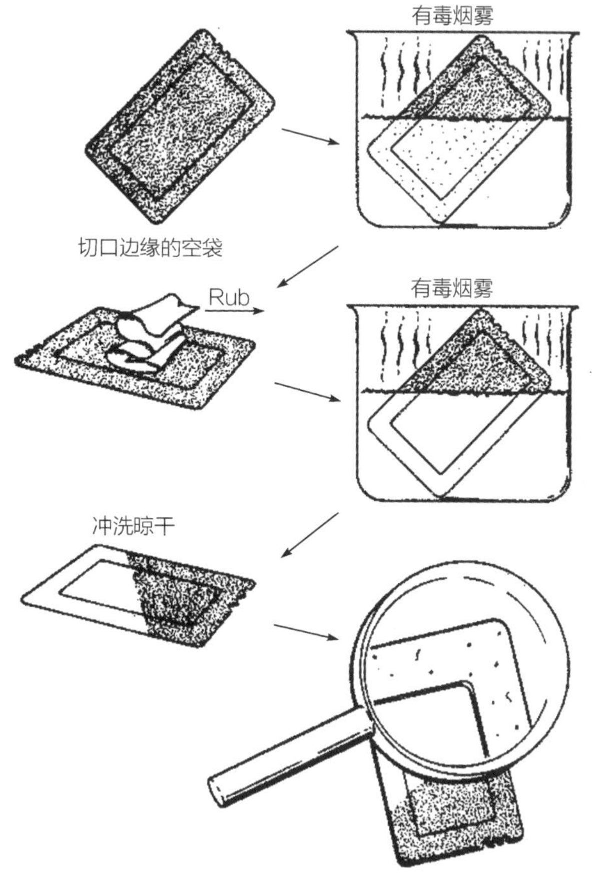

图 22C-6 包装封口的化学腐蚀

空气或水。以每秒 1lb/in^2（表压）的速度膨胀。

动态法。继续以每秒 1lb/in^2（表压）的速度膨胀直至爆包发生。记录失败时的内压。

静态法。以每秒 1lb/in^2（表压）的速度膨胀至特定的内压，并在特定的内压保持 30s。以通过或失败进行记录。

索引法。膨胀至 5lb/in^2（表压）并持续 30s，膨胀再增加 0.5lb/in^{2}并保持30s。继续增加并保持，直至爆包。检查可剥落封口的分离。报告爆包时的内压。

c. 结果

阳性：压力低于工作时的规定水平，表明包装有孔洞。

阴性：压力未低于工作时的规定水平。

假阳性：漏洞存在于将空气或水注入包装的位置，并且压力不能维持。

假阴性：有小漏洞存在，但它不引起压力显著减少。

4. 化学腐蚀[5]

腐蚀除去多层复合包装材料的覆盖层，暴露出具有聚烯烃热封的包装密封的封口。这就有利于在腐蚀之前的外表面和除去所有外层的封口区两者之间进行比较，从而检测出包装缺陷。

复合纸板包装。通过撕裂、磨损和化学行为将包装的外层除去以暴露原封不动的密封层。在腐蚀前拍照或者影印包装，通过照片比较被腐蚀的封口，以确定眼观缺陷的显著性。

a. 材料

- 带有自动调温器的加热器和水浴箱
- 3 个 1L 的硼硅酸玻璃烧杯

- 流动的自来水
- 量筒
- 自动搅拌装置（首选加热型）
- 平衡至 65℃的烘箱
- 纸巾
- 橡皮手套、防护眼镜、围裙、钳子
- 具有耐化学药品表面的通风橱

腐蚀厚纸板无菌包装所需化学药品：

盐酸（HCl）溶液，3.7mol/L

氯化铜的酸化溶液（$CuCl_2$）

水溶饱和碳酸钠溶液（Na_2CO_3）

溶液的准备。警告：总是将酸倒入水中，绝不能将水倒入酸中。

将 0.5L 浓盐酸倒入 1L 冷的蒸馏水中。缓缓倒入，因为当酸和水混合时会产生热。搅拌直至充分混合。盖上盖子防止蒸发。溶液即为 3.7mol/L HCl。

将 0.5L 浓盐酸倒入 1.5L 冷的蒸馏水中，加入 10g $CuCl_2$，搅拌直至充分混合。盖上烧杯使之在使用前达到室温。

将足够的 Na_2CO_3倒入容器中制成室温下的饱和溶液。搅拌后一些不溶的 Na_2CO_3应保留在烧杯底部。

b. 步骤

从包装离末端大约 1in 处横切封口。用剪刀刻横切端以标记多个样品。用手剥去将要被腐蚀的样品上的纸。将样品放入热的 HCl（65℃）溶液中处理 5min。用钳子移出样品并将其浸入 Na_2CO_3溶液以中和酸。用钳子将样品从 Na_2CO_3溶液中移出并用流动的自来水清洗。拉出位于纸板层和铝箔之间的聚烯烃层。

用一根玻璃搅拌棒操作样品，将其放入 $CuCl_2$溶液，致其完全浸入。搅拌时靠近观察以确保当金属薄层被溶解时，反应的产热不会损坏聚烯烃密闭层。从溶液中移出样品。

将样品浸入 Na_2CO_3溶液中以中和，然后用水清洗。轻压置于柔软吸水纸间的样品，将之放入 65℃的干燥炉中待其干燥。将酒精配制的染料溶液涂到封口的内外端（参见荧光素染料的配方，如上所述）。

观察墨汁散开的方式，检查存在于熔凝封口区的漏洞或者通道。用投影仪放大封口样品可以使眼观检查更精确。

蒸煮袋（图 22C-6）

a. 材料

- 两个 1L 的硼硅酸玻璃烧杯
- 流动的自来水
- 纸巾
- 橡皮手套，围裙
- 防护目罩，钳子
- 带有耐化学药品表面的通风橱
- 腐蚀蒸煮袋用的化学药品
- 6mol/L HCl 溶液，商品级
- 四氢呋喃（THF），商品级，稳定的

b. 步骤

切掉袋边缘，去除内容物。清洗袋内侧。使之干燥。将目的区内除了可疑区之外的所有区域切掉，邻近封口处留 1in。将样品泡入四氢呋喃（THF）以通过软化的胶带和/或油墨除去外面的聚合层。在通风橱内操作；

戴上防 THF 的防护手套（如果无法分离，继续下一步）。用 THF 和纸巾从铝箔上去除绝大部分油墨和胶黏剂。将余下的结构泡于通风橱内 6mol/L HCl 的溶液中以通过腐蚀去除铝箔。用水清洗密封层并用纸巾将之吸干。

5. 压缩试验[5]（图 22C-7）

将一个填满并密封的食品包装放在平坦的表面上，一边观察漏洞一边施加压力。

a. 材料

- 平坦的表面或传输带
- 密封的包装
- 重的扁平物或机械性的压力
- 计时器

b. 步骤

静态法。将密封包装放在扁平的表面，并将一个表面平坦的重物放在上面。过一段时间观察重物对包装封口完整性的影响。可能通过对传送带上移动的包装施加恒定质量来进行类似的检测。传送带运动的速率决定压缩时间。

动态法。用一台压力机以恒定的速率增加作用于包装上的力。观察造成包装爆包所需的最大的力。

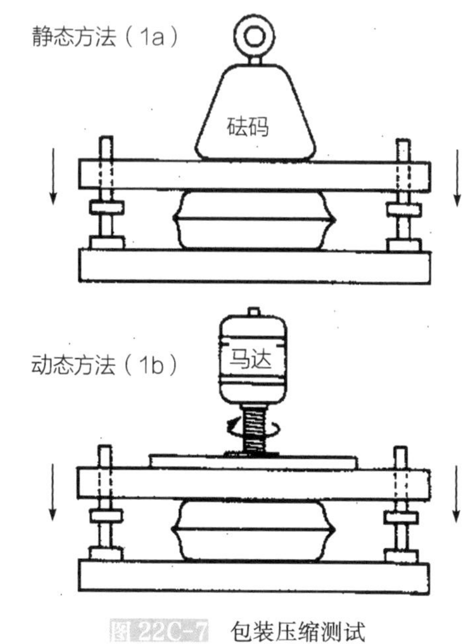

图 22C-7　包装压缩测试

挤压试验。运用手捏方式使产品挤压封口的内表面。检查所有的封口区以证实是否有泄漏或分层。包装在封口区外板层而非产品边出现起鳞的，应进一步通过人工弯折可疑区 10 次进行测试，并检查所有封口区是否存在泄漏或者宽度过小。

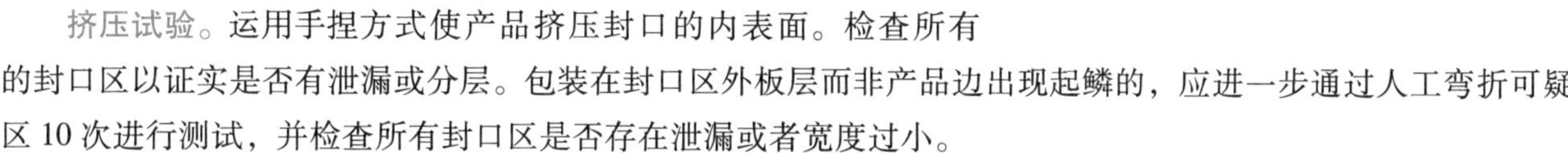

c. 结果

阳性：包装或其封口或接缝上形成孔洞，顶盘有可测出的运动或者压力表上有偏斜。

阴性：未丧失密封完整性，顶盘无可测出的运动或者压力表无偏斜。

假阳性：未丧失密封完整性，但包装未充满或弱包装缺陷不能通过测试。

假阴性：包装上有孔洞，但食物产品堵住了孔洞，允许包装内压力增加。

6. 分发（极限）试验[5]

以所设计的分发系统的典型水平，让包装受振动、压缩以及撞击。作为预处理方案，在预处理方案测试结束后检查包装。根据在常规分配中观察到的包装破损，进行缺陷的定量和描述。通过在包装系统中更改设计来消除易碎性。如有可能，所有样品在极限试验前应该在38℃培养 2 周（图 22C-8）。

a. 材料

- 用于测试的包装
- 点滴测试仪
- 振动台
- 压缩测试仪
- 标准实验室条件：(23±2)℃，相对湿度（50±5）%
- 用于容纳所有测试包装的 38℃的培养箱

b. 步骤

见 ASTM D-4169 运输容器和系统的性能测试标准[15]。

在机动驳船运输的案例中选用配送周期 6 的软包装。测试之前，将所有包装在 38℃培养 14d，并眼观检查缺陷。

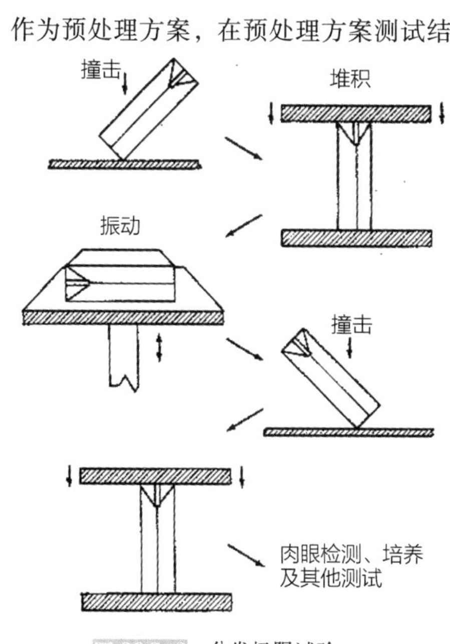

图 22C-8　分发极限试验

执行以下 10 步（参见 ASTM D-4169 第 9 节）[15]。

1）定义货运单位——被测试的货运单位是一个典型的托盘负荷。

2）建立保险水平——根据货运价值和货运量采用保险水平Ⅱ。

3）以保险水平Ⅱ决定接收标准：标准 1——没有产品损坏；标准 2——所有的包装状态良好。

4）选择配送周期（DC）——平板架运输将采用 DC-6。

5）写试验计划（在进行试验前必须确定 *X* 值）。为试验选择具有代表性的样品。样品条件为 23±1℃、相对湿度（50±2）%，与操作 D 4332[14]相一致。

6）执行试验应与第五步的试验计划相一致，如 ASTM 参照标准以及每一个配送的特定说明中所规定的。

7）评价结果——检查产品和包装以确定是否已经达到接收标准。

8）文件记录测试结果[16]——撰写报告，详细记录所有测试步骤。

9）全面报告所有采用的步骤。报告至少应包括第 10 步中所有的标准。

10）关于产品和航运单位的配送周期以及测试计划的保险水平和原理。

- 被测试的样品数
- 使用的条件
- 验收标准
- 推荐步骤的变化
- 测试后样本的状况

测试后检查所有不合格（阳性）包装以确定损坏的位置及原因。将所有测试中合格（阴性）的容器在 38℃ 培养 14d，并在进行本章所列的其他方法的破坏性测试之前眼观检查缺陷。

c. 结果

阳性：包装在测试步骤的任一阶段或在培养期丧失了密封的完整性。

测试类型	美国材料试验协会（ASTM）的方法	水平
处理[12]	D-1083	作用于从 *X* 英寸起的 2 个对立的基底边缘的一个冲击
堆积[10]	D-642	压缩到 *X* 磅（个体容器）[a]
震动[13]	D-999 方法 C	在 0.5g 高峰搜寻 3~100Hz，在 0.5g 高峰停留 10min
处理[11]	D-959	作用于从 *X* 英寸起的 2 个对立的基底边缘的一个冲击
处理[12]	D-1083	
处理[17]	D-997	
处理[18]	D-775	
堆积[10]	D-642	压缩到 *x* 磅（个体容器）[a]

a 替代全托盘载压试验，每个底层容器质量为 *x* 磅。

阴性：通过测试包装仍保持密封的完整性，培养后内容物没有显示微生物生长的证据。

假阳性：包装表现出有缺陷，但通过培养或染料渗透等确认性测试揭示出在极限试验中为丧失密封屏障。

假阴性：包装初期似乎通过测试，但后期培养时显示不合格。

7. 染料测试[5]

将染料或墨汁应用干净包装封口区或者失败包装可疑位置的内表面，并进行观察以确定染料或者墨汁是否流到外面（图 22A-24，图 22C-9，图 22C-10）。

只有 4、5、6、7 这几种包装破损情况，使得油墨进入包装，破坏无菌状态，然而，当开始出现 2、3 情况时，请小心检查机器设置。

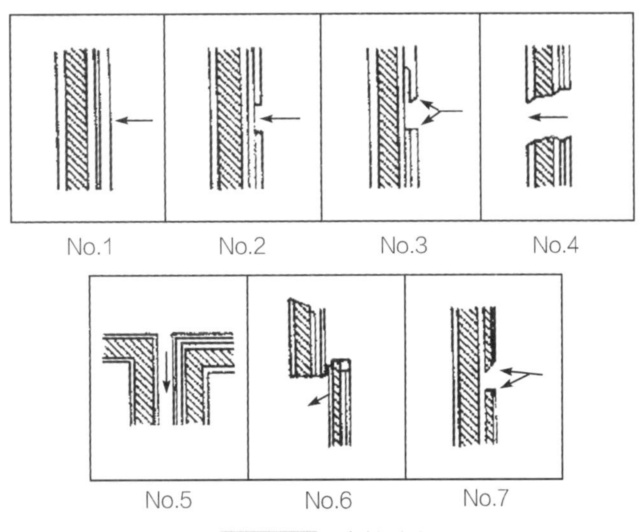

图22C-9　染料测试

电解试验（μA）	原因	破损可能原因	染料测试指示	包装密封
0	NO. 1	—	—	完好
0	NO. 2	压点、太锋利导致穿孔	无	完好
0	NO. 3	边角、折痕、擦伤	无	完好
0	NO. 4	边角、折痕	有	破损
0	NO. 5	罐体变形	有	破损
0	NO. 6	盖子变形	有	破损
0	NO. 7	压点、太锋利导致穿孔、边角、折痕、擦伤	有	破损

注：涂层材料必须剥离纸质内层，以显示油墨渗透性。

图22C-10　染料检测结果

（Courtesy of Brik Pak，Inc.）

a. 材料

- 一次性塑胶手套
- 染料溶液：1L异丙醇（溶剂）和5g若丹明（粉末）的混合物（或其他合适的染料溶液）
- 水槽
- 剪刀
- 干燥样品的烘箱
- 纸巾
- 放大镜或低倍显微镜

b. 操作步骤

1）打开并清空一个包装；清洗后擦干或用烘箱（82℃，15min）烘干。沿着封口或包装侧边可疑孔洞位置使用表面张力较小的染料溶液。由于毛细管作用，染液会流入孔洞处并向包装纸的对侧运动。待染料完全干燥，用剪刀剪开包装，仔细检查孔洞。

2）从底部剪开罐头、桶或碗（避开密封区域或双卷边），取出内容物。从中轴线剪开包装袋和纸质容器，留出一个链接点（以便检测两个末端），取出内容物。用含有温和去污剂的水清洗包装，经自来水充分漂洗后擦干。上下垂直颠倒包装，滴1滴染料溶液置于密封面的内侧。旋转包装使染料扩散至内部整条密封线周围。

警告：一些颜料能够或者可能致癌。若丹明B（Rhodamine B）是一种可能的致癌物质。戴上一次性塑胶手套避免皮肤与染料接触。

3）使染液充分干燥。缓慢并完全撕开密封线，观察到密封线表面霜状的白色物质即为染料。有些包装因为被剥落，所以一定要仔细检查其最里面的层压板是否被拉伸。

c. 结果

阳性：染料渗透入包装缺口，说明密封屏障丧失。

阴性：染料没有渗入包装（壁或密封线）。

假阳性：染液能溶解包装材料，在包装上产生了缺口，或染料偶然地飞溅到包装的外表面，认为有缺口或泄露而实际不存在。

假阴性（仅针对纸质包装）：染料渗透到了密封屏障层的缺口处却未到达包装外层的可视区域。

8. 测电仪

目的是检测液体食物在填入包装后的黏性变化（图 22C-11）。

微生物的发酵能引起静止液体的黏性发生变化。如果所有因素保持不变，冲击波在具有不同黏性的液体中会以不同的速率阻尼震动。将稳定存放的液体食品进行培养，并对每个包装进行无损检测可以识别已经受到微生物活动影响的容器。

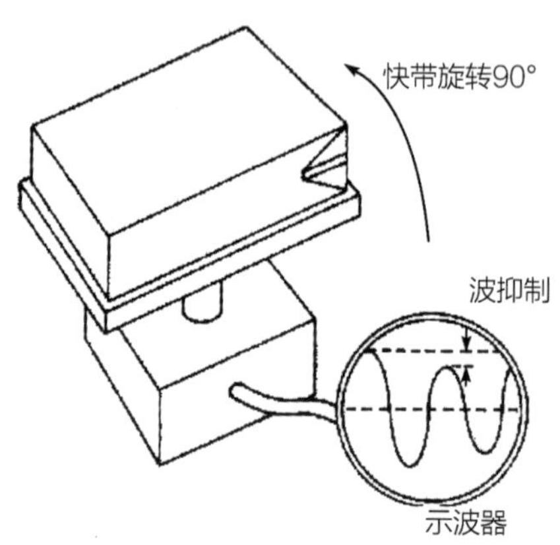

图 22C-11 测电仪

a. 材料

- 充满静止的、液态食物的包装，培养过的
- 电测试装置
- 限制待测包装的夹具

b. 步骤

从生产线上取出具代表性的样品，35℃培养 4d。将含有静止液体的包装放在限制装置上，将包装最大平面朝下。水平旋转 90°，迅速放回原位；仅限单次操作。运动产生一个冲击波。夹具保持包装高度稳定，最大限度减少外界干扰，并在包装受到冲击波时前后移动减少阻尼。移动受监测并在带报警器的示波器上显示。这个报警器能够对特定的液态食物产品比正常状态过快或过慢的缓冲减震进行报警。如果有任何疑问，用显微镜检查内容物并测定 pH 以确定是否腐败。

c. 结果

阳性：波缓冲地比平常更快或更慢，表明产品的黏性改变了。

阴性：波缓冲速率处于通过培养测试未显示微生物造成腐败的正常液态产品所测得的范围内。

假阳性：验收范围太窄，正常产品被错定为腐败产品。

假阴性：验收范围太宽，腐败产品被错定为是正常产品。

9. 导电性[5]

目的是通过检测电流的流量探测密封包装的孔洞。塑料往往是弱导电体。所以，没有孔洞的塑料食品包装将会对弱电流产生一个电阻。因此，这个方法可以用来探测塑料食品包装中的微小破坏。可探测到的低压电流往往表明密封阻挡层已经丧失。

a. 材料

- 1% NaCl 水溶液（盐水溶液）
- 剪刀
- 9V 电池，三条 12in 长的电线，9V 灯泡，或一个电子导仪（VOM 伏欧表）。将每条电线的末端绝缘体去除。从正极出来的电线连向灯泡，灯泡有一根电线作为探针，而负极出来的第二条电线作为另一个探针（图 22C-12）。
- 足够大能够淹没包装的塑料盆。

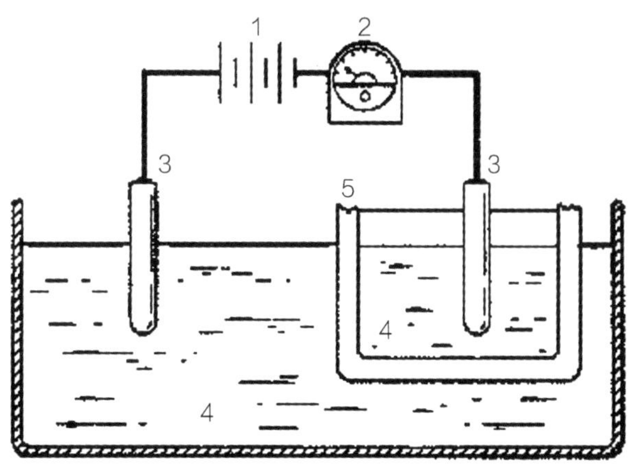

图 22C-12 一个检漏用电解槽
1—电源 2—电导仪或灯泡 3—电极
4—氯化钠溶液 5—半个包装袋

b. 步骤

取样品食品包装并用剪刀切断一端，无菌纸和邮袋包装可全剪除，仅留下沿着中轴的一边并折叠 180°到未剪切的一侧，形成两个相同的半块。洗样品时，除掉所有食物内容物和任何可能堵住孔洞的干的栓塞。建议但非必须用干燥炉 82℃干燥后，进行浸泡。如必要，纸巾擦拭剪切边缘，因为潮湿的边缘可能会导致假阳性结果。将样品置于盛有盐水的碗中，使样品部分填充盐水，将其直立并几近浸没。将电导计或带有一个探头的灯泡放进包装内，另一个探头放在包装外侧。将两个探头分别浸入各自的盐水中。以类似方法测试另外半个包装的电流。

c. 结果

阳性：电流存在表明密封阻挡层破坏了。

阴性：无电流表明存在着密封阻挡层。

假阳性：铝箔导电。刺破孔或内层部分破损露出铝箔层，而造成假阳性结果。染料测试可验证孔洞是否存在。湿气可能在包装切边间形成桥接，产生假阳性。

假阴性：干燥的产品可能会堵住包装上的小洞。如果该栓塞不能很快浸湿，当浸泡包装时，它们就不会导电。

10. 气体探测[5]

旨在用仪探测内部封装的气体泄漏的传感器来检测密封式包装的微缝。包装须是待测气体的阻隔，这样气体通过包装壁的外渗不会引起测试区空气中该气体正常浓度的升高。气体的浓度可能通过影响传感器而被检测到。该传感器可作为一个加热元件，其内部电阻变化与气体分子接触传感器时去除热量相关联。适合包装的测试气体包括氧气、氮气、氢气、二氧化碳和氦气。

a. 探测氦泄漏的步骤

从储气罐或空气分馏获得的气体可用于封包前取代食品包装内的顶部气体。包装内的气体浓度必须大于测试环境中该气体的浓度。气体测试有三种方式：美国 ASTM E493，由内向外示踪模式[6]；美国 ASTM E498，示踪探针测试模式[7]及 ASTM E499，探测器的探头测试模式[8]。轻度压挤包装可帮助气体分子通过微缝泄漏。

b. 结果

阳性：检测出环境中气体浓度大于大气中的正常浓度，表明样品包装的密封屏障被破坏。采用染料测试确认孔洞的位置。

阴性：检测的环境中该气体浓度未大于大气中的正常浓度，表明样品包装的密封性完好。

假阳性：检测气体的浓度超过了正常的背景水平，可能是由于试验区环境中测试气体的浓度本身偏高。测试样品之前和之后均对背景浓度进行测定。渗透性高的包装可能会流失气体。

假阴性：由于产品吸收、与包装内某成分发生反应或超过储藏期导致渗透性变高，内部气体浓度可能会下降。

11. 培养[5]

旨在通过将一个容器保持在理想温度环境和足够长的时间以保证微生物能够生长，并以此判定该包装是否丧失了密封阻隔作用。密封的完整性就是阻隔微生物进入包装的状态。微生物的滋生表明灭菌处理不充分或者密封阻隔的丧失。微生物的滋生可以通过产气、pH 变化、活的生物体生长或者食物外观的变化等观察到。

a. 材料

- 保温盒或者保温房间作为培养箱
- 带温度调节装置的加热器
- 储藏架
- 温度记录器
- 温度记录图
- 刀、剪刀
- pH 计
- 接种环及火焰
- 无菌培养皿和试管以及培养基

b. 步骤

获取一个典型的含有加工过产品的样品包装。眼观检查所有样品是否有缺陷。将包装放入培养器，按所建议的温度和时间进行培养。

将产品储存在培养箱中，温度调整在 35℃

- FDA 产品——14d
- USDA 产品——10d

储存在仓库中的产品

- 29~35℃，30d
- 21~29℃，60d
- 16~21℃，90d

眼观检查包装查看腐败的迹象。打开并检验所有包装（或者其中一些），查看微生物滋生、气味以及 pH 变化的可见迹象。如食物可能已经变质，绝不要品尝培养过的食物。无菌获取产品样本进行微生物学培养并确认食物变质的原因。对包装进行适当的完整性测试，以确认微漏是否存在。无害化处理产品。任何显示变质的产品或包装须经高压消毒处理后方可丢弃。

c. 结果

阳性：已经变质，伴随膨胀，腐败变味，产品 pH 异常，或者外观发生变化。

阴性：未发生变质

假阳性：产品特性的变化因化学反应或者酶的活动导致，并没有微生物的活动。

假阴性：因为经过商业无菌处理而不发生变质。

12. 光测试[5]

a. 红外线

旨在观察一个包装或者封口对热能（红外线）的吸收和透射的差异。红外线可被包装或封口吸收、透射以及反射。在可以自动检测并且灵敏度提高后，这些参数间的差异提供了一种直观的解释方法。

1）材料

- 红外线的灯或炉（27℃）
- 视觉红外线检测仪

2) 过程

在检测之前将样品暴露在红外线辐射下。

b. 激光

旨在测量不同包装相似表面相关位置的细小变化。因为它们在外界压力作用下会发生变化。软包装的顶部会有一些空气，在一个密闭的小室内，外作用压力的改变会使其发生褶曲。用装置固定住包装，这样分开的激光束能够分别照向两个包装的相同位置。反射的光线经由镜子和棱镜调配。激光有很明确的波长，不会因为反射而改变。然而，如果包装在褶曲的时候发生不同的移动，其中一束光线就会照射得比另外一束远。当调整光线时，反射表面位置的不同会导致被调整的光线步调不一致。这样的情况能被感知，从而被用来将没有以正常方式褶曲的包装分离出来。

1) 材料

- 配置小室和可读差异的方法的激光

2) 步骤

通过真空和非真空的转换，使包装在腔内褶曲。观察 2 个包装之间任何的差异，采用对照来判断哪个包装发生了泄漏。

c. 偏振光

目的在于观察可视光线通过透明和半透明的热封时透射的差异（图 22C-13）。偏振滤光片由玻璃表面或者塑料薄膜上微小的平行线组成，当两个偏振滤光片被旋转 90°时，就不会有光通过。在 0°的时候，两套光线平行，一个与两个偏振滤光片在一条线上的灯泡将显现出来。

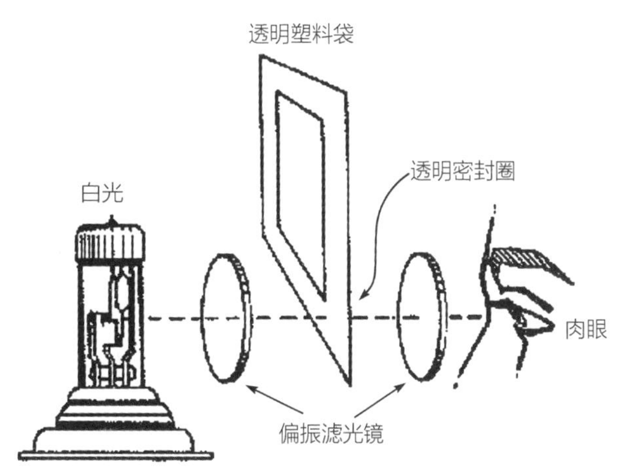

图 22C-13 用偏振光视觉观察透明封口

当热封透明或者半透明的塑料材料时，会增加能量，提供聚合链的自由移动。紧密包装，发生氢键组合增加，导致碳链的调整以及晶体结构的增加。随意性、定向性以及晶体结构之间的差异性会影响光线在这些材料中的吸收以及传送。密封样品放在 2 个极光过滤器之间会首先收到偏振光线的照射。为加强缘于晶体结构不同而引起的光线的变化，旋转另外一个过滤器，挡住大部分传送过来的光线。外观上检查熔化的封口内的结晶程度。在最初的封口内边上沿观察到的统一的颜色，就是一致性结晶，是熔化的一个标志。没有熔化到的区域出现另外一种不同的颜色。颜色因材质和厚度而异。

1) 材料

- 白炽灯泡：40W、75W、100W
- 偏振的相机滤光片：2 个
- 用来支撑滤光片的架子，并允许两者自由旋转
- 滤光片与灯泡和样品要符合

2) 步骤

取一个干净的透明封口样。打开光源。在极光过滤器之间装上封口样。旋转其中一个过滤器以获得熔化的和非封口区域之间颜色的差异。检查熔化封口区域的均一性。

d. 可见光

目的在于通过观察可见光的传输和反射，来发现包装上的漏洞。在黑暗的房间内将包装放置在低功率的灯泡上来加强视觉上的检查。铝箔会阻隔所有的光线传送，除非铝箔上有漏洞和划开的区域。仔细检查是否有薄片挡在铝箔的漏洞之上。染色测试来检测是否存在微小漏洞。化学腐蚀测试可以用来移除聚烯封口外部的材料。逆光放大观察腐蚀处理后的封口。

1）材料

- 灯泡
- 剪刀
- 带流动水的水槽
- 纸巾
- 暗室
- 非水溶的记号笔
- 染料（可选择的）

2）步骤

除去包装内容物。清洗、干燥包装。

通过漏光检测包装。在漏光的地方用记号笔做标记；在缺陷位置周围画个圈，近距离检查每一层漏洞的出现。用染料测试来证明漏洞是否存在。

3）结果

阳性：包装上检测到透过所有层的洞。

阴性：没有检测到漏光。

假阳性：铝箔层的孔洞允许光线通过。但在覆盖层上没有洞的存在，并且仍然保留着密封阻隔。

假阴性：穿过每一层的洞未对齐，以致光线不能透过。

13. 机器视觉[5]

目的是用计算机根据已设定的验收包装成像来检查密封包装上的洞。设计此系统是为了取消对包装的眼观检验。在相机前面展示一成不变的包装。视频图像是数字化的。灰度和颜色像素可以估计。电脑根据保存的可接受式样比较式样编码。有些系统一次只能估测一个画面。还有其他一些系统运用平行运行的电脑来估测很短时间内的一段录像画面的不同片段。不能符合验收标准的成像会被拒绝，而生产线则自动退出这些包装。

a. 材料

- 录像系统
- 存储符合验收标准的成像的电脑
- 脉冲光线（可选）
- 包装

b. 结果

阳性：图像和接受标准不符。

阴性：图像与接受标准相符合。

假阳性：图像未正确放置在相机前，造成与验收标准不符。

假阴性：接受标准包含缺陷。

14. 接近测试设备[5]

目的是通过测量随时间推移密封包装形状的改变来发现包装上的漏洞。带有铁件的包装可以通过磁场的强度来确定位置，由检流计来发现。通过对因时间推移得到的两种数据的比较，可以决定包装的形状是否改变。

a. 材料

- 接近检测系统
- 存储有验收标准的电脑
- 包装

b. 步骤

比较各种包装达成一个标准值。通过计算一个运转平均数以及标准偏差，确定可接收或可更换的最小限制值。对磁场表现强或弱的包装会被检流计感应到，从而超出可接收标准限制值以外。对这些包装做标记，将它们剔除包装线。

在某一位置读取单独包装的磁场，一段时间后，在下游位置再次读取。如果包装容器变化了，对这些包装做标记，并将它们从包装线剔除。通过染色测试来确认并找出包装上漏洞的位置。

c. 结果

阳性：磁场扰乱程度超越可接受的范围。

阴性：磁场扰乱程度在可接受限制范围内。

假阳性：外部对磁场的扰乱或者包装不正确的放置，导致值超过可接受的限制。

假阴性：包装的扭曲变形导致正常可接受范围内磁场的扰乱。

15. 接缝范围投影[5]

目的是测量封闭的塑料包装边缘的关键尺寸。包装在交叉结合处被切开以显示所有组件的正确厚度以及相关位置。切边通过投影机放大，以辅助测量和眼观检验。

a. 材料

- 刀、锯子或剪刀
- 微型投影仪
- 测微仪、测径器、尺或者测量镜

b. 步骤

在封口或闭合处直接用刀切下、锯下或者剪下，并去除带附联材料的部分。放大交叉结合部分。按包装或者封口机器制造商提供的接受或拒绝的标准来比较所观测到的尺寸。接受或者拒绝样品。

c. 结果

阳性：样品的尺寸超过可接受标准限制值。

阴性：尺寸在可接受标准限制值内。

假阳性：放大的倍数不正确，或者测量错误，导致可接受的样品被拒绝。

假阴性：测量错误导致接受了缺陷样品。

16. 声音[5]

超声波。旨在通过测定有无高频率声波来被动探测内部真空或压力处理的包装上小孔的空气流动。

a. 材料

- 麦克风
- 声频变压器
- 带警报系统的示波器
- 包装

b. 步骤

将包装放置在一个小室内，以消除外部的扰乱，并服从于外部压力的变化。空气通过包装上小孔的流动产生超声波，麦克风可以感应到振动。声音过滤器能消除其他所有频率。

c. 结果

阳性：包装出现超声波的响声，表明包装有泄漏，允许空气的进出。

阴性：在可检测频率范围内，包装未发出声音。

假阳性：在可检测范围内出现背景杂声。

假阴性：孔洞在可检测范围内没有出现杂声，或者被湿气或者食物堵塞了。

回声。旨在主动探测在密封的容器里回声的发生频率。当轻拍一个真空的包装的时候，紧凑的包装会产生一种声音，和没有真空的包装产生的声音有很明显的不同。由两者来掌控：振频和振幅。振频的变化（每秒的振动变化）被认为是声调（音高程度）的变化。振幅的变化被认为是两种量上的相对差。密封完整性的丧失会导致食品包装内物品在培养过程中微生物的滋生增长。声音的变化伴随着黏度的变化。因此，该方法可用于对多种产品/包装组合的无损检测。

a. 材料

- 对照样品
- 待评估的样品
- 穿刺设备（电子设备，或者没有削的铅笔被像鼓槌一样用）
- 培养箱

b. 步骤

获取样品包装，不管是刚刚包装的还是培养过的，以及一个对照包装（已知是密封良好），其包含有和样品包装所含有的同样的产品。敲打包装紧绷的部分，听回声来区别包装的好坏。可以选用检测回声的商业设备，这样就会减少主观的判定。

c. 结果

阳性：包装显示出不同声音，表明密封完整性丧失。

阴性：产生的回声与对照样品的回声频率一致。

假阳性：真空程度或者包装内容量差异导致在测试时产生不同的声音。

假阴性：在对照包装和测试包装之间产生的声音差异无法辨别。

17. 抗张强度[5]

旨在测量导致剥落或者熔化的封口的拉伸力度。通过切割封口边缘的 1/2in 或 1in 包装材料来获得封口的截面，然后将长条用反向夹具夹住，以恒力以及定向角度拉伸，直到长条被拉断。将长条拉成两半儿的峰拉力被记为封口的强度。

a. 材料

- 样品包装
- 样品切割器具
- 剪刀（样品尺寸需要很精确）
- 抗张强度测试设备

b. 步骤

见 ASTM D-882-薄塑料片拉伸展特性标准测试方法[9]。

从生产线上挑选代表性样品，切开样品并取出内容物，不要破坏待测封口。剪切封口的一部分用来做测试条。测试条必须是沿封口的垂直方向切，用夹具将测试条的两端分别固定。用螺丝刀将两个螺旋夹具分开，将封口呈 180°分离。所要求的可见的拉力要将封口完全分离。需要用来托住样品不同于 180°的各种角度的装置。

c. 结果

阳性：分开样品的顶峰拉伸力度低于建立的标准拉伸力度。

阴性：均匀分开样品的峰拉伸力比已确定的标准拉伸力大或者均等。

假阳性：分开样品的峰拉伸力低于已确定的标准拉伸力，是因为设备错误的计量刻度或者夹口很快的分隔速度。

假阴性：分割样品的拉伸力大于或者等于已确定的标准拉伸力。但是，同一样品的不同部分被低于标准的拉伸力拉断。

18. 真空测试[5]

目的是通过使用测试室内的外部真空，使空气从密封容器中泄漏出来。密封的包装被放在密闭的测试箱内，且形成真空使包装内空气被吸到外面。包装的挠度可以作为时间的一个函数来计量，以确定是否发生泄露。假如真空室有水，可以发现包装的孔洞中产生气泡。

a. 材料

- 带紧盖子的钟形罩（玻璃或者塑料的）
- 在钟形罩内用水把盒子淹没
- 在实验过程中，用重物压住盒子使其在水面以下
- 真空泵
- 真空计
- 真空管
- 黄油（密封用）

b. 过程

从生产线上获取具代表性的样本。将一个样本放在真空室内。排出压力室内空气，观察包装的膨胀和空气流动（气泡），或是从新生的或先前已有的孔洞中出来的产品。当真空释放后，观察包装，确定是否保持原有形状，抑或因大气压发生轻微挤压。

c. 结果

阳性：受测包装的裂隙使得空气或产品从容器的孔洞逸出。因密封不强而容器破裂或盖子脱开。当真空被释放的时候，包装因大气压而出现扭曲或挤压。

阴性：包装在真空中扭曲，但未见产品或空气流失。当真空被释放后，包装又恢复为原来的形状。

假阳性：黏在包装表面或者纸层内的空气易被错误当作从裂隙中逸出的气泡。

假阴性：真空下，食物颗粒能阻碍空气从容器孔洞逸出。

19. 外观检查[5]

旨在眼观检查食品包装的缺陷。从生产线上获取具代表性的样本。外表面检查是否有孔洞、磨损、脱层以及外观设计是否正确。测量其重要参数并记录观察结果。

a. 材料

- 不刺眼的光线（以便直接观察包装）
- 测量仪器，如尺子、弯脚器、测微计、刀或剪子

b. 步骤

参照下列产品的检查步骤：卡纸袋、软口袋、带热封盖的塑料包装及带二重金属卷边密封的塑料罐头。

c. 结果

阳性：肉眼看到某个缺陷。

阴性：肉眼看不到任何缺陷。

错误正向：肉眼看到的缺陷实际并不存在。

错误反向：实际上存在缺陷，但未能眼观发现。

致谢

我们感谢美国罐头公司（American Can Co.）允许使用各种有用的信息。我们感谢美国罐头公司的 Donald E. Lake、George A. Clark 和 Arnold A. Kopetz 协助我们在他们的实验室开发这个项目。

我们也感谢以下个人审阅稿件，并提出了许多宝贵的建议：Keith A. Ito, National Food Processors Association; Raymond C. Schick and Robert A. Drake, Glass Packaging Institute; Irvin J. Pflug, University of Minnesota; Fred J. Kraus, Continental Can Co.: Robert M. Nelson, W. R. Grace & Co.; Don A. Corlett, Jr., Del Monte Corp.; Harold H. Hale and J. W. Bayer, Owens-Illinois; charles S. Ochs, Anchor Hocking; Rachel A. Rosa, Maine Sardine Council; Melvin R. Wadsworth, Consultant; Tedio Ciavarini, U. S. Army Natick R&D Laboratories; Robert A. Miller, U. S. Department of Agriculture; Helen L. Reynolds (retired), Lois A. Tomlinson, Patricia L. Moe, and Dorothy H. Hughley, Technical Editing Branch, FDA; and Thomas R. Mulvaney, Division of Food Chemistry and Technology, FDA.

我们感谢下列人员对于软性和半固体包装的宝贵意见：Pete Adams, International Paper Cp.; Kent Garrett, Continental Can Co.; Donald A. Lake, Roger Genske, and Stan Hotchner, American National Can Co.; Charles Sizer, TetraPak Internaional, Sava Stefanovic, Ex-Cell-0; and Clevel Denny, Jean Anderson, Nina Parkinson, and Jenny Scott, National Food Processors Association.

22D 容器完整性的检测——术语和参考文献

2001 年 1 月
作者： Rong C. Lin， Paul H. King， Melvin R. Johnston。
更多信息请联系 Steven Simpson。

本章目录

术语

安全性　加工冷却后，垫圈已经完全放好时，留在封口上的残余的夹紧力。

半刚性容器　装满和密封后，容器的形状和外形在常温常压下不受装入的产品影响。但受到小于 0.7kg/cm^{2}外部机械压力后会变形（例如手指用力按压）。

包装底盖　包装机附加或编码的罐头底盖，也称为罐底。

不规则宽度焊缝　沿罐身接缝的一些明显的不规则宽度的焊缝。

不正常密封鼓起　在密封区域的缺陷（如嵌入食品、油脂、水分、空隙或折叠皱纹），该缺陷从食品侧密封边缘扩展⅛in，并沿密封边延伸。

槽口　在叠接处设计的小图案以助于成形或接合点的身钩。

穿过　垂直压力太大导致垫圈损坏。

搭接部　罐身接缝与二重卷边端部的交界处，或这个点是 2 个接缝相遇，也称为接合点。

大塌边　二重卷边下面有明显的卷边露出的接缝缺陷的普通术语。部分罐身翻边向罐身弯曲，无法与盖钩咬合。

底板压力　在二重卷边接缝操作中支撑罐身和对卡盘底板的力。一般来说，在接缝形成中有如下影响：低压使用短罐钩；高压使用长罐钩。

底盖　见包装底盖。

底盖　见罐盖。

叠接　盖钩与身钩折叠覆盖的距离。沿罐身接缝一些可见的未叠接是严重缺陷。

顶部接缝　罐头盖顶部的接缝。

二重卷边　罐身的翻边与盖底的卷曲部分通过卷压形成密封。一般经过 2 道工序，首先辊压初加工的金属形成 5 层折叠，然后将它们一起压平形成密封的二重卷边。

翻边　罐身端部向外翻出的部分，在二重卷边操作时形成身钩。对焊接罐头，紧靠焊接部位的翻边断裂是主要的缺陷。

分层　复合材料在封口部分的分层。

封口断面　切开二重卷边的横断面，以评估封口。

盖钩　二重卷边形成时，弯曲在罐头盖子卷边的部分。揭开盖钩可观察皱褶或其他可见缺陷。

钩，盖　见盖钩。

钩，罐身　见身钩。

钩不平　身钩或盖钩长度不一样。

固定绳切口　穿过罐底或罐身的切口或凹槽，以便于输送带的固定。

罐底　有制造商名称的一端。

罐底接缝　罐头制造商对罐底的二重卷边接缝，也被认为是工厂的最后接缝。

罐盖　见包装盖。

罐口裂口　罐口表面有一小块玻璃破碎的缺陷。

罐身　容器的主要部分，通常是最大部分，整片形成侧壁。罐身可以是圆柱形、矩形或其他形状。

罐身接缝　罐身板两端焊接接缝形成罐身。

罐头叠接处鼓起　叠接处的焊接过多，也称叠接处太厚。

焊接点凸出　超过罐身前沿或后沿 1/16in 的焊接凸出。

焊接裂纹　一级锈蚀产品有一些可见的接缝裂纹，以及一些沿焊缝延伸 25%或以上的裂纹都被认为是严重缺陷。

焊接区域污染　沿罐身接缝的一点或多点可见的烧痕。

滑封　二重卷边封罐过程中由于压头在埋头部分打滑造成局部未完全压紧。也称为滑口。

滑罐　见滑口和卷边不完全。

滑牙盖　玻璃容器爪式盖旋转过度以致盖爪越过玻璃瓶口螺纹线，可能有真空但没有安全阀。

假封　罐头二重卷边的部分身钩与盖钩没有完全互锁，也就是身钩与盖钩没有扣住。

接缝收缩　罐身接缝的焊缝两端任何一个稳定可见的焊接收缩都是严重缺陷。

接合点　二重卷边与罐身接缝的接合点部分。

金属板　用于描述制造罐头的马口铁、铝、钢板的一般术语。一般是马口铁，即黑铁皮外镀上锡层。

卷边　盖钩在二重卷边下缘形成一个或多个“V”凸起。也称牙齿。

卷边不完全　封罐机压头打滑导致二重卷边不完全。这个缺陷的部分接缝将不能完全铺开。当接缝环绕整个罐头时这个术语与滑口意思相同，也称为滑罐。

卷边厚度　二重卷边外部垂直于卷边叠层的最大尺寸。

卷边宽度　二重卷边外部平行于卷边叠层的最大尺寸。

快口　一部分底盖强压于封口压头顶部导致二重卷边顶部内侧的金属断口。这种情况常发生于接缝处。也被有些罐头制造商称为穿过。罐头制造商将快口与没有断开的归于相同情况。

拉链　沿罐身接缝部分或全部开裂。拉伸试验时观察到这种情况，就是严重缺陷。

冷焊　焊接点比一般的窄或轻，可能出现圆齿状。不能通过拉力试验，可能出现拉链或锯齿形缺陷。

埋头深度　测量封罐后二重卷边顶部到靠近卷边内壁罐盖肩胛平台的距离。

密封性　二重卷边被滚压的程度。密封性主要由盖钩上皱纹的自由程度决定。紧密度从 1%~100%，由皱纹深度决定：100%表明没有皱纹，0%表明皱纹完全延伸到盖钩的表面。在二重卷边区域环绕罐头有界线清楚的连续压印表明焊缝紧密。这个压印也称为压脊。

瓶口　玻璃容器支撑瓶盖的部分。

瓶口破裂　玻璃瓶口有实际的破坏。又称瓶口裂缝。

蠕动折叠　当两层金属弯曲，外层的看起来比内层短，因为外层经过的半径长，内层经过的半径短，有的几乎双层弯曲。也称为爬行。

软包装容器 容器装满密封后，外形受装入的产品影响。

软壳蟹 用于描述包装罐头上导致罐盖和罐身间孔洞的损坏的口头术语。

锐齿 罐身焊缝部分分隔，在一处或多处沿接缝叠接，如果拉伸试验后肉眼可观察到，可认为是严重缺陷。

上拉 指测量盖爪前缘到瓶颈环状接缝的垂直距离的术语。

身钩 在二重卷边形成时，罐身的翻边弯成钩状的长度。

填料 涂在罐底卷边部位的密封材料，由水基或溶剂基或橡胶液组成，填料用于填充二重卷边，形成真空密封。

跳封 见跳过。

跳过 滚轮经过焊缝时跳过导致二重卷边在临近接合点处未卷压紧。

铁舌 罐头二重卷边外面的光滑凸起和正常接缝底部的下部。通常发生在罐身接缝重叠区域。

卫生罐头 开顶式二片罐和二重卷边接缝底三片罐。罐装后以二重卷边接缝加上底或盖子。底部为复合衬底。或称之为空罐或开顶罐。

斜盖 盖子应与罐口和罐颈水平。

旋开盖 往里凸出的印记与玻璃容器瓶口的相同螺纹相互咬合而密封。其水平凸起切合于玻璃容器瓶口一定角度的螺纹。

压坏盖爪 封盖时强制将盖爪从玻璃螺纹线上压下，导致盖爪内弯不在玻璃螺纹线下。

压脊 罐身内部直对二重卷边反面的压印（压头压印）。

压头 封口压盖机的零件，形状应和罐盖埋头内侧吻合，承受来自封罐滚轮的卷封径向分力。

压头壁 罐头盖接触封口压头的部分（图 22A-2）。

印码切口 金属罐头底部因不当的印码压纹导致断裂。

圆边 罐盖形成后，盖子最边缘部分向里弯曲的部分。对金属罐头二重卷边来说，圆边形成二重卷边的盖钩。对玻璃容器的封口来说，圆边是封口底部金属卷曲部分（可能向里或向外）。

折叠 罐身接缝的端部由 2 层金属黏合的部分。就像这个术语表明的，两部分罐身接缝折叠形成二重卷边，而不是身钩，在罐身接缝中间。

折叠张开 折叠处没有完全焊接或因焊接时的各种扭曲导致分开或张开。

制罐商罐底 由罐头制造商附加的罐头底。

皱纹（盖钩） 盖钩的波度，决定二重卷边的密封性。

参考文献

[1] American Can Company. 1975. Test Procedures Manual（Internal Publication）. Barrington Technical Center，Barrington，IL.

[2] American Can Company. 1978. Top Double Seam Inspections and Evaluation：Round Sanitary Style Steel Cans. Book No. 4800-S. Barrington Technical Center，Barrington，IL.

[3] APHA. 1966. Recommended Methods for the Microbiological Examination of Foods，2nd ed. J. M. Sharf（ed）. American Public Health Association，New York.

[4] APHA. 1984. Chapter 55. Canned foods-tests for cause of spoilage. In：Compendium of Methods for the Microbiological Examination of Foods，2nd ed. Marvin L. Speck（ed）. American Public Health Association，Washington，DC.

[5] Arndt，G. W. 1990. Burst Testing for Paperboard Aseptic Packages with Fusion Seals. Michigan State University，School of Packaging，East Lansing，MI.

[6] ASTM. 1980. Test for leaks using the mass spectrometer leak detector in the inside out mode. E-493. Annual Book of ASTM Standards. ASTM，Philadelphia.

[7] ASTM. 1980. Test for residual gas using the mass spectrometer in the tracer mode. ASTM E - 498. Annual Book of ASTM Standards. ASTM，Philadelphia.

[8] ASTM. 1980. Method for testing for residual gas using the mass spectrometer in the detector probe mode. ASTM E-499. Annual

Book of ASTM Standards. ASTM, Philadelphia.

[9] ASTM. 1985. Tensile properties of thin plastic sheeting. ASTM D-882 A or B. Annual Book of ASTM Standards. ASTM, Philadelphia.

[10] ASTM. 1992. Method of compression testing for shipping containers D - 642 - 90. Annual Book of ASTM Standards, Vol. 15. 09. Paper; Packaging; Flexible Barrier Materials; Business Imaging Products. ASTM, Philadelphia.

[11] ASTM. 1992. Method of drop test for filled bags D-959-80-86. Annual Book of ASTM Standards, Vol. 15. 09. Paper; Packaging; Flexible Barrier Materials: Business Copy Products. ASTM, Philadelphia.

[12] ASTM. 1992. Methods for mechanical handling of unitized loads and large shipping cases and crates D-1083-91. Annual Book of ASTM Standards, Vol. 15. 09. Paper; Packaging; Flexible Barrier Materials; Business Imaging Products. ASTM, Philadelphia.

[13] ASTM. 1992. Methods for vibration testing of shipping containers D - 999 - 91. Annual Book of ASTM Standards, Vol. 15. 09. Paper; Packaging; Flexible Barrier Materials; Business Imaging Products. ASTM, Philadelphia.

[14] ASTM. 1992. Practice for conditioning containers, packages, or package components for testing D-4332-89. Annual Book of ASTM Standards, Vol. 15. 09. Paper; Packaging; Flexible Barrier Materials; Business Imaging Products. ASTM, Philadelphia.

[15] ASTM. 1992. Standard practice for performance testing of shipping containers and systems D-4169-91a. Annual Book of ASTM Standards, Vol. 15. 09. Paper; Packaging; Flexible Barrier Materials; Business Imaging Products. ASTM, Philadelphia.

[16] ASTM. 1992. Terminology of packaging and distribution environments D - 996 - 91. Annual Book of ASTM Standards, Vol. 15. 09. Paper; Packaging; Flexible Barrier Materials; Business Imaging Products. ASTM, Philadelphia.

[17] ASTM. 1992. Test method for drop test of cylindrical shipping containers D-997-80-86. Annual Book of ASTM Standards, Vol. 15. 09. Paper; Packaging; Flexible Barrier Materials; Business Imaging Products. ASTM, Philadelphia.

[18] ASTM. 1992. Test method for drop test of loaded boxes D-775-80-86. Annual Book of ASTM Standards, Vol. 15. 09. Paper; Packaging; Flexible Barrier Materials; Business Imaging Products. ASTM, Philadelphia.

[19] Bee, G. R., R. A. DeCamp, and C. B. Denny. 1972. Construction and use of a vacuum microleak detector for metal and glass containers. National Canners Association, Washington, DC.

[20] National Food Processors Association. 1989. Flexible Package Integrity Bulletin by the Flexible Package Integrity Committee of NFPA. Bulletin 41-L. NFPA, Washington, DC.

[21] Wagner, J. W., et al. 1981. Unpublished data. Bureau of Medical Devices, Food and Drug Administration, Washington, DC.

其他资料

Bernard, Dane T. 1984. Evaluating container integrity through biotesting. In: Packaging Alternatives for Food Processors. Proceedings of National Food Processors Association. NFPA, Washington, DC.

Carnation Company, Can Division. No date. Double seam standards and procedures. Oconomowoc, WI.

Code of Federal Regulations. 1991. Title 21, part 113. Thermally processed low-acid foods packaged in hermetically sealed containers. U. S. Government Printing Office, Washington, DC.

Continental Can Company. 1976. Top double seaming manual. New York. (Revisions by H. P. Milleville, Oregon State University, Corvallis, OR).

Corlett, D. A., Jr. 1976. Canned food-tests for cause of spoilage, pp. 632-673. In: Compendium of Methods for the Microbiological Examination of Foods. M. L. Speck (ed). American Public Health Association, Washington, DC.

Food Processors Institute. 1982. Canned Foods, 4th ed. FPI, Washington, DC.

Grace, W. R. & Co., Dewey and Almy. 1971. Evaluating a double seam. Chemical Division, Lexington, MA.

Lampi, R. A., G. L. Schulz, T. Ciavarini, and P. T. Burke. 1976. Performance and integrity of retort pouch seals. Food Technol. 30 (2): 38~46

National Canners Association. 1968. Laboratory Manual for Food Canners and Processors, Vol. 2. AVI Publishing, Westport, CT.

Put, H. M. C., H. Van Doren, W. R. Warner, and J. T. Kruiswijk. 1972. The mechanisms of microbiological leaker spoilage of canned foods: A review. J. Appl. Bacteriol. 35: 7-27

23 化妆品的微生物检验

2017 年 7 月

作者：Jo Huang, Anthony D. Hitchins，Tony T. Tran，James E. McCarron。
更多信息请联系 Jo Huang 或 Rebecca Bell。

修订历史：

2017年7月　修正 H.1、H. 2内容。

2017年1月　H.1、H. 2，增加1mL 稀释液用于检测。

2016年5月　H.1，将稀释范围从10^{-1}~10^{-6}改成10^{-1}~10^{-3}。

2016年5月　删除 H.4：微生物总筛选试验。

2016年5月　部分微生物鉴定更新：A.1。革兰氏阳性杆菌。鉴定从需氧平板中分离的杆菌。

2001年8月　部分：微生物鉴定。修订后的 D 部分，并添加引用2B。

2001年8月　M79提法更正。

本章目录

微生物能在化妆品中生长繁殖已经知晓多年。微生物能破坏化妆品或者改变其化学性质从而对使用者产生伤害[4,5,10,14~16,20,21]。从化妆品中分离微生物的方法有直接菌落计数法以及富集培养法。分离步骤开始前，不溶于水的样品需要先进行预处理使之易于混合，稀释法以及使用能够部分钝化防腐剂的包被介质是两种常见途径。分离出的微生物则用常规微生物学方法或商品化的试剂盒进行鉴定，分析方案如图 23-1 所示。

A. 设备与材料

1. 无菌吸管：1mL、5mL、10mL。
2. 灭菌纱布垫：4in×4in。
3. 灭菌器具：镊子、剪刀、解剖刀和刀片，抹刀及小抹刀。
4. 试管（带螺旋帽）：13mm×100mm，16mm×125mm，20mm×150mm。
5. 稀释瓶（带螺旋帽）。
6. 天平：感量 0. 01g。
7. 无菌塑料平板：15mm×100mm。

- 样品制备。
- 样品用 MLB 稀释。
- 连续吸取 0.1mL 样品接种到：

(a)	(b)	(c)	(d)
MLA48h，30℃	PDA（或 MEA）加氯霉素 7d，30℃	BP（或 VJ）琼脂 48h，35℃（可选）	厌氧菌琼脂 MLA 2~4d，35℃

- 只有当 MLA 琼脂培养基上纯培养时无菌落生长，用 MLB 增菌液 30℃ 富集培养 7d。
- 进行菌落计数，将不同类型的菌落继续划到 MLA 琼脂、麦康凯琼脂 [及 BP 或 VJ 琼脂，如果用于上述（c）中]。真菌的分离见本章 H 内容。
- 进行革兰氏染色镜检，观察细胞形态，并对纯培养的单个菌落进行触酶试验。
- 进一步的鉴定方法在本文附件中已有描述，也可以用鉴定试剂盒。

图 23-1 化妆品微生物的计数、分离和鉴定方案

注：MLB，改良 letheen 肉汤；MLA，改良 letheen 琼脂；PDA，马铃薯葡萄糖琼脂；MEA，麦芽提取物琼脂；BP，Baird-Parker；VJ，Vogel-Johnson。

8. 灭菌玻璃棒。
9. 恒温培养箱：(30±2)℃、(35±2)℃。
10. 厌氧空气发生袋、指示条、试剂瓶（BBL 或 Oxoid），厌氧培养箱 [(35±2)℃] 或厌氧罐 [(35±2)℃]。
11. 蜡烛箱或 CO_2 培养箱：(35±2)℃。
12. 带高效空气滤净器（HEPA）层流罩。
13. VITEK 或等效的自动鉴定系统。

B. 革兰氏阳性细菌和真菌计数及鉴定培养基

1. 厌氧菌琼脂（M11）。
2. 胆盐七叶苷琼脂（M18）。
3. 脑心浸出液（BHI）琼脂及脑心浸出液（BHI）肉汤（M24）。
4. 麦芽提取物琼脂（MEA）（M93）。
5. 马铃薯葡萄糖琼脂（PDA）（M127）。
6. 甘露醇盐琼脂（M97）。
7. 改良 letheen 培养基（mLA）（M78）及改良 letheen 肉汤（mLB）（M79）。
8. 氧化发酵（OF）试验培养基（M117）。
9. 沙氏葡萄糖肉汤（M133）。
10. 血琼脂基础（M20a）。
11. 淀粉琼脂（M143）。
12. 胰酪胨大豆琼脂（TSA）（M152）及胰酪胨大豆肉汤（TSB）（M154）。
13. Baird-Parker（BP）培养基（M17）。
14. 触酶试验（R12）。
15. Vogel-Johnson（VJ）琼脂（可选）（M176）。
16. 商业细菌鉴定试剂盒（API 或类似）。

C. 肠杆菌科细菌鉴定生化培养基

1. Andrade 糖类肉汤及指示剂（M13），检测是否发酵鼠李糖、甘露醇、山梨醇和阿拉伯糖。
2. 赖氨酸铁琼脂（M89）。
3. 丙二酸盐肉汤（M92）或苯丙氨酸丙二酸盐肉汤（Difco）。
4. 动力吲哚鸟氨酸（MIO）培养基（M99）。
5. MR-VP 肉汤（M104）。
6. 西蒙氏柠檬酸盐琼脂（M138）。
7. 三糖铁（TSI）琼脂（M149）。
8. 克氏尿素琼脂（M40）。
9. 麦康凯琼脂（M91）。
10. 赖氨酸脱羧酶（LDC）培养基（用于革兰氏阴性非发酵细菌）（M88）。
11. 苯丙氨酸脱氨酶琼脂（M123）（见 C.3）。
12. API 20E，Roche 肠杆菌测试管，或其他等效鉴定试剂盒。

将上述生化试验培养基（B 和 C 部分）于 35~37℃恒温培养 18~24h，丙二酸盐肉汤需 48h，MR-VP 肉汤需 48h 或更长时间。

D. 鉴定革兰氏阴性无动力（NF）杆菌的试剂和培养基

1. 乙酰胺培养基（M2）。
2. Clark 鞭毛染色液（R14）。
3. 改良胆盐七叶苷琼脂（CDC）（M53）。
4. 营养明胶（CDC）（M115）。
5. 吲哚培养基（M64）及吲哚培养基（CDC）（M65）。
6. 金氏 B 培养基（M69）。
7. 赖氨酸脱羧酶（LDC）培养基（用于革兰氏阴性非发酵细菌）（M88）。
8. 动力硝酸盐培养基（M101）。
9. 浓缩硝酸盐肉汤（CDC）（M109）。
10. 金氏 O/F 基础培养基（M70），以检测是否发酵蔗糖、乳糖、果糖、七叶苷、木糖、葡萄糖（右旋糖）、甘露醇、水杨苷、山梨醇和麦芽糖。
11. 氧化酶测试纸片。
12. 克氏尿素琼脂（M40）。
13. 脱羧酶基础培养液（用于精氨酸脱羧酶）（M44）。
14. 酵母浸出液（YE）琼脂（M181）。
15. 假单胞菌琼脂 F（M128）和假单胞菌琼脂 P（M129）（Difco）。
16. 十六烷三甲基溴化铵琼脂（Pseudosel™，BBL，Difco）或等效物（M37）。
17. 灭菌甘油（Difco 公司），或等效物。
18. API、NFT 或其他等效微生物鉴定系统。
19. Koser 柠檬酸盐肉汤（M72）。

E. 其他试剂和培养基

1. 70%酒精和 1%盐酸，或 4%碘溶于 70%酒精，或 2%戊二醛溶液。

2. 吐温-80。
3. 95%酒精。
4. 含 EDTA 的冻干凝固酶兔血浆。
5. 3%过氧化氢溶液。
6. 革兰氏染色液（R32）和芽孢染色液（R32a）。
7. 疱肉培养基（M42）。

F. 化妆品（微生物检验）样品取样

样品应尽可能在第一时间检验。如有必要，应储存于室温，检验前后不能对样品进行温育、冷藏、冷冻。打开样品包装之前必须仔细检查，记录下任何不正常的包装状态。开包取样之前应用 70%酒精和 1%盐酸，或其他消毒剂（见 E.1）对外包装进行消毒。如果可能的话，使用层流罩。干表面用灭菌纱布。取样应取代表性的量，如取1g样。

如果样品量不足 1g，检验全部样品。若只有一个样品而同时需要做多种分析（如微生物学、毒理学、化学）等，则宜先取出部分单位样品做微生物检验，再将剩余样品做其他分析。微生物检验的取样量根据其他检验项目的需要酌定。例如，总样品量是 5mL，可取 1mL 或 2mL 做微生物检验。

G. 样品前处理

检样量和稀释程度取决于可得的样品总量。如样品含有较多的包装单位，取样量可进一步增加，可通过样品复合改善工作量。检验人员应适当判断样品原料组成的量和检验时机。

1. 液体样品

量取 1mL 样品加到盛有 9mL 改良 Letheen 肉汤（mLB）的 20mm×150mm 试管（带螺旋帽）中，10 倍稀释成 10^{-1}稀释液。

2. 固体和粉剂

无菌称取 1g 加到盛有 1mL 灭菌吐温-80 的带螺旋帽试管中，用灭菌勺分散样品，加 8mL 灭菌 mLB 充分混匀成 10^{-1}稀释液。

3. 膏霜剂及油基产品

无菌称取 1g 加到盛有 1mL 灭菌吐温-80、带有 5～7 粒 5mm（或 10～15 粒 3mm）玻璃珠的带螺旋帽试管中，用均质器均质。用 mLB（8mL）调节总体积至 10mL，制成 10^{-1}稀释液。

4. 气雾型粉剂、皂类、液体类以及其他原料

用纱布垫蘸取 70%酒精对喷管头进行充分消毒，先喷出一部分以冲洗喷口，然后再喷洒适量到去皮重的稀释瓶，即取 1g 样品加到 9mL mLB 中，然后混匀。

5. 无水样品

类似于上文 G.2、G.3 处理。

H. 微生物学评价

下文中介绍的检验方法并非所有都要使用，但常规检验需要进行细菌平板菌落计数、增菌富集培养以及真菌计数等项目。

1. 需氧菌平板计数（APC）

采用平板分离技术来分辨不同类型菌落。使用 mLB 稀释液将化妆品制剂（见上文 G 节）进行稀释，得到从 10^{-1}到 10^{-3}的系列稀释度。用一个新的无菌移液管将 1mL 的当前稀释液转移到 9mL 新鲜的 mLB 中进行下一个 10 倍稀释。

将稀释液彻底混合并涂布平板（每个稀释度做两个平板）。在改良 Letheen 琼脂（mLA）培养皿上做好标记。

对于每一稀释液（10^{-1}至10^{-3}稀释），接种0.1mL到mLA。稀释系数分别为100、1000和10000。

另外，也可以将1mL 10^{-1}稀释液分成两种（每0.5mL）或三种（0.3、0.3、0.4mL）体积涂布到mLA板上。不管接种平板的数量如何，但接种体积相加应为1mL。平行样也作相同操作。稀释系数为10。

以相同的方式对H-2真菌计数进行涂布，如果需要则在H-3中进行厌氧计数。保存所有稀释液进行增菌（见下文）。

用无菌涂布器涂布接种液；每个稀释液使用一个新的涂布器。待mLA培养基完全吸收接种液后，将平板倒置30±2°C培养48h。

（注意：为了快速吸收接种物，在使用前30℃将mLA板干燥48h。）

将每个含0.1mL 10^{-1}至10^{-3}稀释液的需氧平板中计数菌落并记录数字。对于每一组总的1mL 10^{-1}稀释液，添加菌落数并记录，并对平行样进行同样的处理。根据BAM第3章中的说明计算和报告需氧菌平板计数。见第3章“需氧菌平板计数”中Ⅰ.C和Ⅰ.D。结果报告为APC/G（ML）。如果没有在mLA上获得菌落，则将APC报告为<10CFU/g（mL）。

增菌步骤：在30±3℃下培养MLB中剩余的10^{-1}、10^{-2}和10^{-3}稀释液。30±2℃持续7d，检测高致病性微生物病原体的存在。每天检查MLB增菌液的生长。培养7天后，或疑似生长时，将培养物接种到mLA和MAC平板上。在30±2℃下培养48h。

2. 真菌、酵母菌和霉菌平板计数（MOMC）

按照H-1中关于APC的涂布方法，通过使用含有40mg/L金霉素的麦芽提取物琼脂（MEA）或马铃薯葡萄糖琼脂（PDA）来确定真菌的数量。

接种物被培养基吸收后，将培养皿以±30±3℃培养。2℃（无需倒置，叠加不得超过3块平板）。下面的平板计数法是参考BAM第18章，食品中酵母和霉菌计数——稀释平板法。在培养5天后计数菌落。如果5天后没有生长，再培养48h。在培养结束之前不要对菌落进行计数，因为触动平板会导致孢子脱落而再次生长，使最终计数无效。在平板上计数菌落，并按照H-1节的说明计算它们的数量，但建议的计数范围是10-150个菌落。分别报告酵母和霉菌的计数/g（mL）。如果所有稀释液的平板没有菌落，则报告YMPC <10CFU/g（mL）。

选做：真菌的增菌，可选用沙氏葡萄糖肉汤进行十倍稀释，同上文mLB稀释液方法培养。如有生长，划线接种到在沙氏葡萄糖琼脂、MEA或PDA平板上培养。其中MEA和PDA琼脂均应含有40mg/L金霉素。

3. 厌氧平板计数（只适用于滑石粉或其他粉剂）

方法的目的主要检测破伤风梭菌，其可能存在于此类样品中。同上文APC操作，培养基采用mLA、厌氧菌琼脂、5%脱纤维绵羊血琼脂平板，血琼脂平板放在含5%~10%CO_2的培养箱（蜡烛罐或CO_2培养箱），厌氧菌琼脂放在厌氧罐中，皆培养48后计数。如无菌落生长，再继续培养2d。接种前通过将厌氧菌琼脂平板置于厌氧环境中过夜（12~16h），将厌氧菌琼脂厌氧35±2℃培养2d；将mLA在有氧条件下35±2℃培养2d；严格厌氧菌只在厌氧罐中生长。推荐采用较小的接种量（0.1mL）来最小化湿度对细菌生长分布的影响，并应短时间内放入厌氧环境来最小化暴露在氧气中的时间。可疑的厌氧菌培养物应再接种在有氧条件下和无氧条件下，进行需氧关系的确认。定期检查疱肉培养液内35℃培养2d的细菌芽孢的生长情况。利用不同的芽孢株来检测芽孢的存在是必须做的。其他方法可能会检测到无芽孢的菌株，从而浪费精力。如必须分离出产芽孢的厌氧菌，可参照A. D. Hitchins, FDA, Washington, DC 20204，以获取如何检验的信息。

附件：微生物鉴定

霉菌和酵母菌必须用试剂盒尽快纯化，酵母菌用试剂盒，如VITEK酵母菌卡和API酵母菌生化试剂条鉴定。如有必要，可将真菌分离株送 Valerie H. Tournas（FDA，Washington，DC 20204）进行分类鉴定。对于细菌，检查所有的平板，并将菌落形态不一致的菌种划线接种到麦康凯琼脂和 MLA 琼脂上。将纯培养后的不同菌落进行革兰氏染色镜检。就目前给定方法，必要时分离株应鉴定到种。检验结果须查阅伯杰氏手册（Bergey's Manual）[12] 以及 Madden 方法[14]。推荐使用商业试剂盒如 API、Roche、Vitek、Hewlett-Packard（见附录 1）鉴定从平板和增菌肉汤中分离的微生物。

A. 确认方法

1. 革兰氏阳性杆菌

为提高芽孢形成，使用淀粉琼脂平板于室温培养分离物 48h。挑取单个菌落进行革兰氏染色或芽孢染色，并记录繁殖体中芽孢的位置（中央、末端、近端）、芽孢的形状（圆形或椭圆形）以及细胞中孢子囊的形态（鼓胀状或非鼓胀状）。检验革兰氏阳性芽孢杆菌的动力用以下两种方法中的一种：

a. 培养法：穿刺接种动力试验管或动力吲哚鸟氨酸培养基。室温培养 18~24h。沿穿刺线的生长（穿刺线周围培养基混浊）说明动力试验阳性。

b. 镜检法：接种单个菌落于适宜培养液。室温培养 18~24h。取一滴培养液于洁净载玻片上，再加盖玻片。在 400 倍高倍镜或油镜下进行观察。

革兰氏阳性杆菌的进一步特性可以通过进行过氧化氢酶试验完成，请按照以下测试进行：

（1）如果产生过氧化氢酶并且观察到大的杆菌（带孢子），可能是芽孢杆菌属，则使用 VITEK BCL 卡，API 50CHB 或等效商业试剂盒来鉴定分离物到物种水平。当蜡样芽孢杆菌组被鉴定为一组时，参考 BAM 第 14 章蜡样芽孢杆菌以进一步鉴定到种。当菌落是从需氧菌平板分离，而不是从增菌液中分离时，只需要鉴定芽孢杆菌样杆。

（2）如果未产生过氧化氢酶，可能是乳杆菌，则使用 VITEC CBC 卡，API 50 CHL 或等效商业试剂盒将分离株鉴定到种。

（3）（很少）如果产生过氧化氢酶并且观察到短的球菌，进行运动试验。如果分离物在 20-25℃ 运动，在 37℃ 不运动，则可能是李斯特菌。使用 VITEK GP 卡，API 李斯特菌或等效商业试剂盒将分离株鉴定到种。

如有需要请查阅参考文献［7］和［12］。

2. 革兰氏阳性球菌

从 APC 培养基（MLA 或 BP）上划线接种到 MLA 琼脂平板，35±2℃ 培养18~24h，继而进行氧化酶试验和凝固酶试验（如果过氧化氢酶阳性）。

a. 氧化酶试验：加一滴 3% H_2O_2到单菌落上，或者先加一滴 3% H_2O_2在洁净载玻片上，再用接种环铂丝取菌落加入液滴中。如有氧气产生（即有气泡出现）为阳性结果（用镍铬丝可能出现假阳性结果。将 H_2O_2直接加到单菌落上会杀死细菌。同时需做阳性对照（葡萄球菌或肠细菌）和阴性对照（链球菌）以确证 H_2O_2的质量正常。

b. 凝固酶试验

从营养斜面上挑取少量细菌接种到加有 0.2mL BHI 肉汤的 13mm×100mm 小试管中，35±2℃ 培养 18~24h；加入 0.5mL 冻干兔血浆（含 EDTA）混匀，35±2℃ 培养 6h，观察有无凝块的产生。弱阳性的菌株可能需要培养过夜以使凝固明显。每组样品应使用已知凝固酶阳性和凝固酶阴性的菌株作对照。凝固酶阳性的菌株可判定为金黄色葡萄球菌。

如果不产生过氧化氢酶，接种到胆盐七叶苷琼脂斜面、含 6.5% NaCl 的 TSB 肉汤，以及 5%绵羊血琼脂平板。35±2℃ 培养 18~24h。如果培养物使胆盐七叶苷琼脂变黑，在含 6.5% NaCl 的 TSB 肉汤中生长，报告为“肠球菌 D 群”；如果胆盐七叶苷琼脂变黑，在含 6.5% NaCl 的 TSB 肉汤中不生长，报告为“链球菌 D

群，非肠球菌”；如果胆盐七叶苷琼脂不变黑，可报告为 α-、β-或 γ-溶血链球菌；如果没有 5%绵羊血琼脂平板，可直接报告“链球菌，非 D 群”；进行进一步的菌种鉴定可参照参考文献［7］或使用商品化的血清学试剂盒，即 Phadebact（Pharmacia Diagnostics，Piscataway，NJ）。

如果产生过氧化氢酶阳性，将新鲜的单菌落接种到下列培养基：甘露醇氯化钠琼脂，双份含葡萄糖的氧化-发酵 OF 培养基生化管（1 管用液体石蜡或矿物油覆盖，1 管松开螺旋盖不覆盖石蜡或矿物油），以及用于凝固酶试验的营养琼脂斜面。

如果菌落凝固酶试验阳性且/或发酵甘露醇，可报告检出金黄色葡萄球菌；如果氧化且发酵 OF 中葡萄糖、凝固酶阴性、甘露醇不发酵，可报告为表皮葡萄球菌（*S. epidermidis*）；如果只能氧化葡萄糖，可报告为微球菌属。

3. 革兰氏阴性棒状杆菌

所有革兰氏阴性杆菌可接种 TSI 琼脂斜面、麦康凯琼脂平板、十六烷基三甲基溴化铵琼脂以及 MLA 平板。35±2℃培养 18~24h。如果 TSI 斜面/底部反应出现 A/A 或 A/K（A 产酸，K 产碱）及硫化氢，表明是肠杆菌科分离物；出现 K/K、K/NC（NC 不变）或 NC/NC 则是非发酵（NF）革兰氏阴性杆菌。如果 TSI 上的反应被硫化氢所覆盖，接种至乳糖和葡萄糖碳水化合物肉汤，35±2℃培养 18~24h。对于肠杆菌科分离物，执行下面试验以及参照标准文献[3,6,11~13]。进行结果判定。可用 API 20E 或等价商品试剂盒来鉴定分类，相关培养基列在上文 C 中。

如果菌落可在十六烷基三甲基溴化铵琼脂上生长，或被确认为非发酵（NF）革兰氏阴性杆菌，确认荧光和非荧光色素产物，是否发酵葡萄糖、蔗糖、木糖或甘露醇需氧产酸，是否发酵无机氮原产生氮气；执行其他必需试验的培养基列在上文 D 中。乙酰胺利用、42℃生长以及明胶液化试验是确定假单胞菌属（Pseudomonas）三种细菌——铜绿假单胞菌（*Pseudomonas aeruginosa*）、荧光假单胞菌（*Pseudomonas fluorescens*）和恶臭假单胞菌（*Pseudomonas putida*）的主要试验。上述试验结果的解释可参照文献[4,11,12,19]或 API 非发酵试剂盒及数据库，用下述方法对疑似铜绿假单胞菌进行确认。

4. 疑似铜绿假单胞菌的确认方法

铜绿假单胞菌的确认特别受到关注，因为该菌存活于眼区化妆品[21]内并且与眼部感染[20]相关联。它是一种条件致病菌[10]，并且对抗菌物质如季铵化合物、青霉素以及其他广谱抗生素有高度抵抗力。

a. 初步鉴定

TSI 琼脂斜面：挑取十六烷基三甲基溴化铵琼脂上典型的单个菌落接种到 TSI 琼脂斜面，表面划线并穿刺。35±2℃培养 18~24h。菌株如果在琼脂斜面生长并出现斜面碱性（红色）反应和底部碱性（红色）反应，则可初步鉴定为假单胞菌属，继续做氧化酶和其他生化反应。部分假单胞菌在 TSI 上可产生轻微的硫化氢，但容易与一些种类产生的色素混淆。

氧化酶试验：氧化酶试纸（用于假单胞菌属）、四甲基-*p*-对苯二胺二盐酸盐 1.0g、抗坏血酸 0.1g，蒸馏水 100mL。

将滤纸（Whatman No. 40）裁成 10mm×40mm 的滤纸条，于阴暗处浸入试剂中。取出排干试剂，放于盘中的纸巾上。用纸巾遮盖，因为光可使试剂降解；35℃温箱干燥（更高的温度也可使试剂降解）。干燥后，储存于室温棕色瓶中。试剂条应避光防潮，且其必须保持白色。试剂条本身并不稳定。

用铂丝取一定量菌体于试纸条上（使用镍铬丝可能会产生假阳性结果）。10s 时观察结果，不要延长。如试纸条出现深紫色即判为阳性，而试纸条不出现颜色反应或 10s 以后出现紫色则均认为是阴性。假单胞菌属是氧化酶阳性的。

b. 生化试验

从证实氧化酶阳性的 TSI 琼脂斜面上挑取典型菌落接种至两份酵母浸出液琼脂斜面、Koser 柠檬酸盐肉汤、丙二酸盐肉汤、精氨酸脱羧酶基础培养基、动力硝酸盐琼脂、营养明胶（CDC）、假单胞菌琼脂 F 和假单胞菌琼脂 P。

酵母浸出液琼脂斜面：接种两份酵母浸出液琼脂斜面，一份 35±2℃培养 24±2h，另一份 42±2℃培养 24±2h（**注意**：接种前应预热琼脂斜面至 42℃，因为其他种类的假单胞菌可在未预热至 42℃的培养基中缓慢生长，而在已预热至 42℃的琼脂斜面中不能生长。除铜绿假单胞菌外，少数假单胞菌可在 42℃生长，但铜绿假单胞菌在酵母浸出液琼脂斜面上可产生鱼臭味的三甲胺。约 4%的培养基常常面临不能产生色素，因为它们常与产碱假单胞菌、无色菌属或其他菌属相混淆，不产色素的细菌在丢弃之前应进一步鉴定。

Koser 柠檬酸盐肉汤：接种肉汤并于 35℃培养 24h 及 48h。柠檬酸盐的利用可通过明显的混浊生长来表现。

丙二酸盐肉汤：接种丙二酸盐肉汤，35℃培养 24±2h。丙二酸盐的利用可通过观察细菌发酵单一碳源使指示剂由绿色变成蓝色（碱性）。

动力硝酸盐琼脂：接种动力硝酸盐琼脂，表面划线并底部穿刺。35℃培养 24±2h。加入数滴对氨基苯磺酸和萘胺，产生深粉红色或红色表明硝酸盐变成亚硝酸盐。无颜色反应并伴随气泡以及培养基破碎可认为阳性，表明硝酸盐变成亚硝酸盐再变成氮气。**注意**：应设置同样条件下的对照管。

精氨酸脱羧酶基础培养基：接种含精氨酸的脱羧酶培养基，旋紧螺帽以防透气。35℃培养 24±2h，检查生长情况。阳性反应为培养基维持紫色不变化，而阴性反应则为培养基变黄（产酸）。

明胶液化：接种营养明胶管并底部穿刺，25℃（室温）培养至少 72h。观察液化前先冷却培养基。阴性管培养 1 周。通常阴性管需要在丢弃前保存 6 周，但很明显这样做不切实际。然而，铜绿假单胞菌通常很快就会使明胶液化。

假单胞菌琼脂 F 和假单胞菌琼脂 P：划线接种倾注法浇成的琼脂 F 和琼脂 P 平板，25℃培养至少 3d。用黑光灯（长波紫外线）观察琼脂 F，在临近划线处出现荧光水溶色素（pyoverdines）表明有假单胞菌存在。

在琼脂 P 中加入等量蒸馏水，用玻棒打碎琼脂 P，并用力晃动使其中的色素尽可能地溶出。缓慢注入分离器，加入 5~10mL 氯仿，并用力晃动（间歇开盖释放内压），青兰色素会迁移到氯仿中。将氯仿层移入试管，加约 3mL 蒸馏水，加 1 滴 1mol/L 硫酸，青兰色素变红并迁移到水相中。将溶剂弃入氯仿专用废液处理瓶。

鞭毛染色：如果培养物符合铜绿假单胞菌所有的其他特征，包括产生色素，则无需进行鞭毛染色。用 Clark 方法或其他适用方法[7]即 Leifson 方法或 Bailey 方法。另外，已经报道一种快速的湿法固定法，用 Ryu 染色[8]。铜绿假单胞菌有一根单极鞭毛，其他荧光假单胞菌有多根鞭毛。

B. 生化试验结果

检查数据依如下顺序，不可跳过。

TSI（三糖铁）		
底部产酸，斜面产碱，+产气	–	非铜绿假单胞菌
底部产酸，斜面产碱，+产气	–	非铜绿假单胞菌
底部和斜面产碱，+ H_2S	–	疑似铜绿假单胞菌
YE 琼脂		
42℃ 不生长	–	非铜绿假单胞菌
42℃生长	–	疑似铜绿假单胞菌
精氨酸脱羧酶		
阴性	–	疑似非铜绿假单胞菌
阳性	–	疑似铜绿假单胞菌

续表

Koser 柠檬酸盐培养基		
不生长	-	疑似非铜绿假单胞菌
生长	-	疑似铜绿假单胞菌
丙二酸盐利用试验		
阴性	-	疑似非铜绿假单胞菌
阳性	-	疑似铜绿假单胞菌
硝酸盐发酵试验		
阴性，无气体	-	疑似非铜绿假单胞菌
阳性	-	疑似铜绿假单胞菌
动力试验		
阴性	-	疑似非铜绿假单胞菌
阳性	-	疑似铜绿假单胞菌
鞭毛		
端生鞭毛	-	疑似铜绿假单胞菌
其他方向鞭毛	-	非铜绿假单胞菌
假单胞菌琼脂 F		
无荧光色素	-	非铜绿假单胞菌
水溶性荧光色素（铜绿假单胞菌铁载体）	-	铜绿假单胞菌
假单胞菌琼脂 P		
无色素	-	非铜绿假单胞菌
如色素存在，确认为青兰素	-	铜绿假单胞菌

C. 说明

我们并不要求化妆品完全无菌，但它们必须不含高毒力的微生物病原菌，且每克产品中需氧细菌总数必须很低。由于没有广泛认可的数量标准，只能代之以临时标准。对于眼部化妆品，细菌菌落总数不能大于 500CFU/g；非眼部化妆品，总数不能大于 1000CFU/g。对于细菌总数处于临界值的化妆品，是否存在致病菌非常重要，如细菌总数为 400CFU/g 的眼部化妆品。致病菌和条件致病菌的检出应引起足够的重视，尤其对于眼部化妆品，包括金黄色葡萄球菌、化脓性链球菌（*Streptococcus pyogenes*）、铜绿假单胞菌及其他假单胞菌种，还有肺炎克雷伯菌。一些微生物通常认为是条件致病菌，如在伤口处就可能致病。

D. 化妆品防腐剂的功效

针对上述结果说明的指南适用于使用日期之前的化妆品。化妆品含有抗菌性防腐剂，因此可以承受使用者一定程度的滥用。之前，对于化妆品防腐剂的功效没有有效的确证试验[9]，虽然有《美国药典》[2]中的药物防腐剂功效试验或美国化妆品、盥洗用品和香水协会（Cosmetic，Toiletry and Fragrance Association CTFA）[1]技术标准中的化妆品试验。近期 CTFA 的化妆品检测方法已经被 AOAC 官方[2b]确认，可应用于液体化妆品。也提出了一种适用于固体化妆品防腐剂功效测定的方法[18]。对于那些零售化妆品，也有一种可重复使用的检测试剂盒，可以用灭菌棉签试验半定量地进行微生物学评估[17]。

参考文献

[1] Anonymous. 1985. Preservation testing of aqueous liquid and semi-liquid eye cosmetics. *In*: CTFA Technical Guidelines. The Cosmetic, Toiletry and Fragrance Association, Inc. , Washington, DC.

[2] Anonymous. 1990. Antimicrobial preservatives - effectiveness. *In*: United States Pharmacopeia, 22nd Revision, p. 1478. U. S. Pharmacopeial Convention, Rockville, MD.

[2b] . AOAC INTERNATIONAL. 2000. Official Methods of Analysis, 17th ed. , Method 998. 10. AOAC INTERNATIONAL, Gaithersburg, MD.

[3] Brenner, D. J. , J. J. Farmer, F. W. Hickman, M. A. Asbury, and A. G. Steigerwalt. 1977. Taxonomic and Nomenclature Changes in *Enterobacteriaceae*. Centers for Disease Control, Atlanta, GA.

[4] De Navarre, M. G. 1941. The Chemistry and Manufacture of Cosmetics. Van Nostrand, New York.

[5] Dunningan, A. P. 1968. Microbiological control of cosmetics. Drug Cosmet. Ind. 102: 43~45, 152~158.

[6] Ewing, W. H. 1986. Edwards and Ewing's Identification of *Enterobacteriaceae*, 4th ed. Elsevier, New York.

[7] Gerhardt, P. , R. G. E. Murray, R. N. Costilow, E. W. Nester, W. A. Wood, N. R. Krieg, and G. R. Phillips. 1981. Manual of Methods for General Bacteriology. American Society for Microbiology, Washington, DC.

[8] Heimbrook, M. E. , W. L. L. Wang, and G. Campbell. 1989. Staining bacterial flagella easily. J. Clin. Microbiol. 27: 2612~2615.

[9] Hitchins, A. D. 1993. Cosmetic preservation and safety: FDA Status. J. Assoc. Food Drug Officiald 57: 42~49.

[10] Iglewski, B. 1989. Probing *Pseudomonas aeruginosa*, an opportunistic pathogen. ASM News 55: 303~307.

[11] King, E. O. 1964 (revised 1972) . The Identification of Unusual Pathogenic Gram-Negative Bacteria. Centers for Disease Control, Atlanta, GA.

[12] Krieg, N. R. , and J. G. Holt. 1984. Bergey's Manual of Systematic Bacteriology. Williams & Wilkins, Baltimore.

[13] Balows, A., W. J. Hausler, Jr., K. L. Herrmann, H. D. Isenberg, and H. J. Shadomy. 1991. Manual of Clinical Microbiology, 5th ed. American Society for Microbiology, Washington, DC.

[14] Madden, J. M. 1984. Microbiological methods for cosmetics, pp. 573-603. *In*: Cosmetic and Drug Preservation: Principles and Practice. J. J. Kabara (ed). Marcel Dekker, New York and Basel.

[15] Morse, L. J., H. L. Williams, F. P. Grenn, Jr., E. E. Eldridge, and J. R. Rotta. 1967. Septicemia due to *Klebsiella pneumoniae* originating from a hand-cream dispenser. *N. Engl. J. Med.* 277: 472-473.

[16] Smart, R., and D. F. Spooner. 1972. Microbiological spoilage in pharmaceuticals and cosmetics. *J. Soc. Cosmet. Chem.* 23: 721-737.

[17] Tran, T. T., and A. D. Hitchins. 1994. Microbiological survey of shared-use cosmetic test kits available to the public. *J. Ind. Microbiol.* 13: 389-391.

[18] Tran, T. T., A. D. Hitchins, and S. W. Collier. 1990. Direct contact membrane method for evaluating preservative efficacy in solid cosmetics. *Int. J. Cosmet. Sci.* 12: 175-183.

[19] Weaver, R. E., D. G. Hollis, W. A. Clark, and P. Riley. 1983. Revised Tables for the Identification of Unusual Pathogenic Gram-Negative Bacteria (E. O. King). Centers for Disease Control, Atlanta, GA.

[20] Wilson, L. A., and D. G. Ahearn. 1977. *Pseudomonas*-induced corneal ulcers associated with contaminated eye mascaras. *Am. J. Ophthalmol.* 84: 112-119.

[21] Wilson, L. A., A. J. Jilian, and D. G. Ahearn. 1975. The survival and growth of microorganisms in mascara during use. *Am. J. Ophthalmol.* 79: 596-601.

25 食源性疾病相关食品的研究

2001年1月
作者：George J. Jackson，Joseph M. Madden，Walter E. Hill，Karl C. Klontz。

本章目录

引言

微生物学家通过观察和某些检测来调查引起疾病暴发的食品，进一步的分析则取决于具体病情。食品样本的总体情况至关重要，比如浓度、颜色和气味。应尽可能多地获取食品采集前后的信息（见第1章）。同时，必须进行显微镜检查和革兰氏染色，见第2章。

为确定如何处理、富集，或是否需要其他检测，微生物学家应评估以下两种信息：1）与相关食品的种类和情况相关的流行病学原因；2）感染个体的临床体征和症状。如有可能，医师应采集病人的微生物提取物（通常来自粪便）和血清样本进行生化和血清学检测。

表25-1列举了食源性疾病中主要的微生物或化学因素以及常见的食品来源。最近报道的食源性疾病暴发、病例和死亡的致病因素见表25-2。与微生物或化学因素相关的临床症状及持续时间见表25-3。检测人员可用这些表辅助判断最具可能性、较少可能性以及最少可能性的关联。不过，仅凭这些表格并不能判断唯一可能性或完全排除可能性。

表25-1　1983—1987年在美国报告给CDC的食源性疾病暴发数量、病原体、总数，以及确诊百分比

致病因素	食品来源											总数	总计/%	确诊/%
	牛肉和猪肉	家禽	其他肉类	海鲜	乳、蛋、干酪	其他乳制品	烘烤食品	水果和蔬菜	沙拉	其他	不明			
细菌														
蜡样芽孢杆菌	1	0	0	1	1	0	0	1	0	9	4	16	0.7	1.8
布鲁氏菌	0	0	0	0	2	0	0	0	0	0	0	2	0.1	0.2
弯曲菌	0	1	0	0	12	0	0	1	1	4	9	28	1.2	0.1
肉毒杆菌	1	1	10	10	0	0	0	32	0	6	14	74	3.1	8.1
产气荚膜梭菌	3	4	0	0	0	0	0	0	2	12	3	24	1.0	2.6
大肠杆菌	1	0	0	0	3	0	0	0	0	3	0	7	0.3	0.8

续表

致病因素	食品来源											总数	总计/%	确诊/%
	牛肉和猪肉	家禽	其他肉类	海鲜	乳、蛋、干酪	其他乳制品	烘烤食品	水果和蔬菜	沙拉	其他	不明			
细菌														
沙门氏菌	25	22	6	3	14	1	4	5	12	78	172	342	14.3	37.6
志贺氏菌	0	2	1	2	0	0	0	3	7	9	20	44	1.8	4.8
金黄色葡萄球菌	11	3	1	1	1	0	4	1	7	16	2	47	2.0	5.2
A 群链球菌	0	0	0	0	0	0	0	0	2	2	3	7	0.3	0.8
其他链球菌	0	0	0	0	1	0	0	0	0	1	0	2	0.1	0.2
霍乱弧菌	0	0	0	1	0	0	0	0	0	0	0	1	0	0.1
副溶血性弧菌	0	0	0	1	0	0	0	0	0	0	1	2	0.1	0.2
其他细菌	0	0	0	1	2	0	0	0	0	0	1	4	0.2	0.4
总计	**42**	**33**	**18**	**20**	**35**	**1**	**8**	**43**	**31**	**140**	**229**	**600**	**25.2**	**66**
化学因素														
雪卡毒素	0	0	0	86	0	0	0	0	0	0	1	87	3.6	9.6
重金属	0	0	0	0	0	0	0	1	0	12	0	13	0.5	1.4
谷氨酸钠	0	0	0	0	0	0	0	0	0	2	0	2	0.1	0.2
菌类	0	0	0	0	0	0	0	0	0	14	0	14	0.6	1.5
鲭毒素	0	0	0	81	0	0	0	0	0	0	2	83	3.5	9.1
贝类	0	0	0	2	0	0	0	0	0	0	0	2	0.1	0.2
其他	1	0	0	2	3	3	4	3	1	13	1	31	1.3	3.4
总计	**1**	**0**	**0**	**171**	**3**	**3**	**4**	**4**	**1**	**41**	**4**	**232**	**9.7**	**25.5**
寄生虫														
贾第鞭毛虫	0	0	0	0	0	0	0	1	0	1	1	3	0.1	0.3
旋毛虫	24	0	8	0	0	0	0	0	0	0	1	33	1.4	3.6
总计	**24**	**0**	**8**	**0**	**0**	**0**	**0**	**1**	**0**	**1**	**2**	**36**	**1.5**	**4.0**
病毒														
甲肝	1	0	0	0	0	0	0	1	2	2	22	28	1.2	3.1
诺瓦克病毒	0	0	0	1	1	0	0	1	1	4	4	12	0.5	1.3
其他病毒	0	0	0	0	0	0	0	0	0	1	0	1	0.0	0.1
总计	**1**	**0**	**0**	**1**	**1**	**0**	**0**	**2**	**3**	**7**	**26**	**41**	**1.7**	**4.5**
确诊总数	**68**	**33**	**26**	**192**	**39**	**4**	**12**	**50**	**35**	**189**	**261**	**909**	**37.9**	**–**
不明	**34**	**22**	**9**	**42**	**8**	**5**	**11**	**9**	**34**	**220**	**1094**	**1488**	**62.1**	**–**
暴发总计	**102**	**55**	**35**	**234**	**47**	**9**	**23**	**59**	**69**	**409**	**1355**	**2397**	**–**	**–**

表 25-2 由病原学家列出的 1983—1987 年在美国的 CDC 报告的食源性疾病暴发、病例及死亡的数目和百分比

致病因素	暴发		病例		死亡	
	数目	百分比/%	数目	百分比/%	数目	百分比/%
细菌						
蜡样芽孢杆菌	16	1.8	261	0.5	0	0.0
布鲁氏菌	2	0.2	38	0.1	1	0.7
弯曲菌	28	3.1	727	1.3	1	0.7
肉毒杆菌	74	8.1	140	0.3	10	7.3
产气荚膜梭菌	24	2.6	2743	5	2	1.5
大肠杆菌	7	0.8	640	1.2	4	2.9
沙门氏菌	342	37.6	31245	57.3	39	28.5
志贺氏菌	44	4.8	9971	18.3	2	1.5
金黄色葡萄球菌	47	5.2	3181	5.8	0	0.0
A 群链球菌	7	0.8	1001	1.8	0	0.0
其他链球菌	2	0.2	85	0.2	3	2.2
霍乱弧菌	1	0.1	2	0	0	0.0
副溶血性弧菌	3	0.3	11	0	0	0.0
其他细菌	3	0.3	259	0.5	70	51.1
总计	**600**	**66.0**	**50304**	**92.2**	**132**	**96.4**
化学因素						
雪卡毒素	87	9.6	332	0.6	0	0.0
重金属	13	1.4	176	0.3	0	0.0
谷氨酸钠	2	0.2	7	0.0	0	0.0
菌类	14	1.5	49	0.1	2	1.5
鲭毒素	83	9.1	306	0.6	0	0.0
贝类	2	0.2	3	0.0	0	0.0
其他	31	3.4	371	0.7	1	0.7
总计	**232**	**25.5**	**1244**	**2.3**	**3**	**2.2**
寄生虫						
贾第鞭毛虫	3	0.3	41	0.1	0	0.0
旋毛虫	33	3.6	162	0.3	1	0.7
总计	**36**	**4.0**	**203**	**0.4**	**1**	**0.7**
病毒						
甲肝病毒	29	3.2	1067	2.0	1	0.7
诺瓦克病毒	10	1.1	1164	2.1	0	0.0
其他病毒	2	0.2	558	1.0	0	0.0
总计	**41**	**4.5**	**2789**	**5.1**	**1**	**0.7**
确诊总数	**909**	**100.0**	**54540**	**100.0**	**137**	**100.0**

资料来源：Bean，N. H.，P. M. Griffin，J. S. Golding，and C. B. Ivey. 1990. *Morbid. Mortal. Weekly Rep.* Special Supplement No. 1，Vol. 39。

表 25-3 食源性疾病的发病、持续时间和症状[a1]

发病及持续时间	主要症状	相关生物或毒素
最早出现或主要的上消化道症状（恶心，呕吐）		
1h 内	恶心，呕吐，味觉异常，灼口	金属化学物质[a]
1~2h	恶心，呕吐，发绀，头痛，头晕，呼吸困难，寒战，乏力，意识丧失	亚硝酸盐[b]；并殖吸虫属（*Paragonimus* sp.）
1~6h 发病，平均2~4h，持续 1-2d	恶心，呕吐，干呕，腹泻，腹痛，虚脱	金黄色葡萄球菌及肠毒素人肉孢子虫（*Sarcocystis hominis*）
8~16h（少数 1~4h）	呕吐，腹部痉挛性疼痛，腹泻，恶心	蜡样芽孢杆菌
6~24h	恶心，呕吐，腹泻，口渴，瞳孔扩张，衰弱，昏迷	鹅膏菌属（*Amanita* species mushrooms）[c]；猪-人肉孢子虫（*Sarcocystis suihominis*）
出现咽痛及呼吸道症状		
12~72h	咽痛，发热，恶心，呕吐，流涕，有时出现皮疹	化脓性链球菌（*Streptococcus pyogenes*）［兰斯菲尔德（Lancefield）A 群］
2~5d	鼻咽部烧灼感，渗出灰白色分泌物，发热，寒战，咽痛，不适，吞咽困难，颈部淋巴结肿大	白喉棒状杆菌（*Corynebacterium diphtheriae*）
最早出现或主要的下消化道症状（腹部痉挛性疼痛，腹泻）		
2~36h，平均 6~12h	腹部痉挛性疼痛，腹泻，腐败性腹泻（产气荚膜梭菌），有时恶心呕吐	产气荚膜梭菌，蜡样芽孢杆菌，粪链球菌
4~120h，平均 18~36h，持续 1~7d	腹部痉挛性疼痛，腹泻，呕吐，发热，寒战，不适，恶心，可能伴有头痛。有时出现血性或黏液性腹泻，创伤弧菌相关的皮肤损伤和低血压；霍乱 O1 可引起脱水、休克；耶尔森氏菌小肠结肠炎则类似流感和急性阑尾炎	沙门氏菌属［包括亚利桑那菌属（*S. arizonae*）］，志贺氏菌属，致病性大肠杆菌和其他肠杆菌科，副溶血性弧菌，小肠结肠炎耶尔森氏菌，绿脓假单胞菌，嗜水气单胞菌，类志贺氏毗邻单胞菌，空肠弯曲杆菌（结肠的），霍乱弧菌（O1 和非 O1），创伤弧菌，河弧菌（*V. fluvialis*），霍氏弧菌，拟态弧菌
1~5d	腹泻，发热，呕吐，腹痛，呼吸道症状；通常无症状	肠道病毒，轮状病毒属，肠腺病毒，诺瓦克样病毒；异尖线虫，鲑隐孔吸虫（*Nanophyetus salmincola*）；小球隐孢子虫（*Cryptosporidium parvum*）
1~6 周	黏液样腹泻（脂肪便），腹痛，体重减轻	肠兰伯鞭毛虫（*Giardia Lamblia*），鲑隐孔吸虫
1 到数周，平均 3~4 周	反复出现腹痛，腹泻，便秘，头痛，嗜睡，溃疡；通常无症状	溶组织内阿米巴（*Entamoeba histdytica*），贝氏等孢子球虫（*Isospora beli*）
3~6 月	神经过敏，失眠，饥饿痛，食欲减退，体重减轻，腹痛，有时胃肠炎	牛肉绦虫（*Taenia saginata*），猪肉绦虫（*T. solium*）
出现神经系统症状（视觉障碍，眩晕，麻刺感，麻痹）		
1h 内	刺痛和麻木，眼花，眩晕，嗜睡，咽喉紧缩感，语无伦次，呼吸麻痹	水生贝壳类动物毒素[d]
	胃肠炎，神经过敏，视力模糊，胸痛，发绀，抽搐，惊厥	有机磷酸盐[e]
	唾液分泌过多，出汗，胃肠炎，脉律不齐，瞳孔收缩，哮喘样呼吸	蕈毒素[f]
	刺痛和麻木，头晕，苍白，胃肠炎，出血，皮肤脱屑，眼球固定，反射消失，抽搐，麻痹	河豚毒素[g]
1~6h	刺痛和麻木，胃肠炎，头晕，口干，肌肉痛，眼胀痛，视力模糊，麻痹	雪卡毒素[h]
	恶心，呕吐，麻刺感，头晕，乏力，食欲减退，体重下降，意识错乱	氯化氢[i]

续表

发病及持续时间	主要症状	相关生物或毒素
出现神经系统症状（视觉障碍，眩晕，麻刺感，麻痹）		
2~7d，通常 12~36h	眩晕，复视或视力模糊，对光反射消失，吞咽、语言及呼吸困难，口干，乏力，呼吸麻痹，死亡	肉毒杆菌及其神经毒素
超过 72h	麻木感，下肢无力，痉挛性麻痹，视觉损伤，失明，昏迷	有机汞[j]
	胃肠炎，下肢痛，笨拙的高跨阈步态，足和腕下垂	三甲苯磷[k]
出现过敏症状（面部发红，瘙痒）		
1h 内	头痛，头晕，恶心，呕吐，味觉辛辣，咽喉烧灼感，面部肿胀潮红，胃痛，皮肤瘙痒	组胺[l]
1~7d	口周麻木，麻刺感，面部潮红，头晕，头痛，恶心，呕吐	谷氨酸钠[m]
	面部潮红，有热感，腹痛，面部和膝部肿胀	烟酸[n]
	咳嗽，哮喘	人蛔虫（*Ascaris lumbricoides*）
出现全身感染症状（发热，寒战，不适，虚脱，疼痛，淋巴结肿大）		
4~28d，平均 9d	胃肠炎，发热，眼水肿，出汗，肌肉痛，寒战，虚脱，呼吸困难	旋毛（线）虫，颚口（线）虫属（*Gnathostoma* sp.），并殖吸虫属，背赤突（*Alaria* spp.）
7~28d，平均 14d，大于 10 个月	不适，头痛，发热，咳嗽，恶心，呕吐，便秘，腹痛，寒战，腹部玫瑰斑，血便	伤寒沙门氏菌，卫氏并殖吸虫（*Paragonimus westermani*）
10~13d	发热，头痛，肌痛，皮疹	鼠弓形体（*Toxoplasma gondii*）
10~50d，平均 25~30d	发热，不适，疲乏，食欲减退，恶心，腹痛，黄疸	病原未分离，可能是病毒（尤其是甲肝和戊肝病毒）
周期不固定（取决于具体的疾病）	发热，寒战，头或关节痛，虚脱，不适，淋巴结肿大，其他不明疾病的特殊症状	炭疽芽孢杆菌、羊布鲁菌、牛布鲁菌、猪布鲁菌、立克次体、土拉热弗朗西丝菌（*Francisella tularensis*）、单核细胞增生李斯特菌、结核分支杆菌、出血败血性巴斯德菌、念珠状链杆菌、空肠弯曲杆菌、钩端螺旋体（*Leptospira species*）

a 考虑检测锌、铜、铅、镉、砷、锑等物质。

b 考虑亚硝酸盐，做血液脱色试验。

c 考虑鹅膏属菌类中毒。鉴定所食用的蘑菇种类；检测血、尿，明确肾损伤［血清谷草转氨酶（SGOT）、血清谷丙转氨酶（SGPT）试验］。

d 考虑贝类中毒。

e 考虑有机磷杀虫剂中毒。

f 考虑毒蝇伞型蘑菇。

g 考虑河豚鱼中毒。

h 考虑雪卡鱼中毒。

i 考虑氯代烃类杀虫药。

j 考虑有机汞中毒。

k 考虑三甲苯磷。

l 考虑鲭鱼肉中毒。检测食物中是否有变形杆菌或其他可以使组氨酸脱羧成组胺的有机物，以及组胺。

m 考虑由调味剂谷氨酸钠引起的中国餐馆综合征。

n 考虑烟酸。

资料来源：Compedium of Methods for the Microbiological Examination of Foods（1984），pp. 454~457，American Public Health Association，Washington，DC。

表 25-3 的信息主要来自美国疾病控制预防中心（The Centers for Disease Control and Prevention，CDC）“可报告的”感染。CDC 是美国食源性疾病暴发流行病学数据的主要来源，在《发病率和死亡率每周报告》（*Morbidity and Mortality Weekly Report*）上定期发表总结监督报告。

大多数食源性疾病报告由国家卫生部门呈递给 CDC。CDC 将食源性疾病暴发定义为摄入相同食物后，引发两人（或两人以上）相似的疾病体验，并且流行病学分析表明该食物是致病原因的事件。当然也存在例外，如肉毒杆菌或化学因素中毒引起的暴发。尽管 CDC 的食源性疾病监督系统存在局限性（如不包括化学因素或毒素导致的疾病和未报告的散发病例），但该系统确实提供了有用的流行病学知识。1983—1987 年，上报至 CDC 的 2397 例食源性疾病中有 909 例确定了病原因素，占 38%。

随着新病原体的出现，检测方法的确立、临床及食品实验室报告工作的常规化都会不可避免地出现滞后。食品生产及加工过程的变化可能为微生物提供了生存环境，而之前这些微生物与该食品并不相关。举例来说，新的番茄品种的酸性比传统的弱，这可能有助于肉毒杆菌的生长及其毒素的产生；而为了保存味道而改良的冷冻工艺也可能保护了那些以往可被空气鼓风冷冻方法杀死的微生物。食品微生物学家应当意识到，病人的临床症状和疾病诊断对初始的食品样本分析有所帮助，但这可能只是初步的或不完整的。从表中信息的普遍性出发，微生物学家在分析过程中必须理性，多考虑且保持谨慎。

致谢

感谢以下 FDA 的微生物学家们对文中表格所做的贡献，他们是：Wallace H. Andrews，Reginald W. Bennett，Jeffrey W. Bier，Elisa L. Elliot，Peter Feng，David Golden，Vera Gouvea，Anthony D. Hitchins，E. Jeffery Rhodehamel，以及 Tony T. Tran。

一般性阅读

更详细的信息及调查食源性疾病的具体步骤可参考美国公共卫生协会发表的《食品微生物检测方法概要》。

26A 贝类中甲肝病毒的聚合酶链式反应（PCR）检测与定量

2001 年 1 月

作者： Biswendu B. Goswami。
更多信息请联系 Michael Kulka。

本章目录

甲肝病毒（hepatitis A virus，HAV）属于细小 RAN 病毒科（Picornarividae）肝病毒属（*Hepatovirus*），含单股正链 RNA，是人类传染性肝炎的主要病因。由于野生型甲肝病毒很难进行细胞培养，因此目前还无法开展针对临床或生物样品中甲肝病毒的常规性筛查；虽然部分病毒可以通过细胞培养进行快速增殖，但感染的细胞一般不会出现可检测到的细胞病变效应。正是鉴于上述原因，部分实验室开始尝试建立以核酸杂交或 PCR 为基础的甲肝病毒检测方法。以下所描述的检测贝类中甲肝病毒的反转录-PCR（RT-PCR）方法同样适用于病毒含量更高、RT-PCR 抑制物更少的临床样本。此外，该方法还介绍了合成并利用竞争性模板 RNA 对样品中 HAV 基因组 RNA 分子进行定量分析的具体操作步骤。需要特别指出的是，该方法不能提供样品中传染性病毒颗粒含量的相关信息，所检测到的仅是具有 HAV 特异性序列的 RNA 分子的数量。

A. 设备和材料

1. DNA 热循环器。
2. 琼脂糖凝胶电泳装置。
3. 凝胶电泳供应电源。
4. 凝胶成像系统。
5. 液体闪烁谱仪。
6. 计算机：用于对［^{32}P］标记核苷酸的掺入数据进行回归分析。
7. 水饱和苯酚。
8. 10mmol/L Tris-HCl（pH 8.00）-1mmol/L EDTA（TE）。
9. TE 饱和酚：氯仿：异戊醇（24：24：1）（PCIA）。

10. 质粒 DNA 纯化试剂盒（QIAGEN）。
11. Eppendorf 冷冻离心机。
12. 冷冻高速离心机。
13. 水浴。
14. 限制性内切酶 *Bam*HI and *Hin*dⅢ（见参考文献[1]）；*Eco*RI。
15. SP6 RNA 聚合酶。
16. 反转录酶。
17. 耐热 DNA 聚合酶。
18. 3mol/L 醋酸钠（pH 5.5）。
19. 不含 RNA 酶的 DNA 酶。
20. 氧钒核糖核苷复合物。
21. 上游引物 5′-ATGCTATCAACATGGATTCATCTCCTGG-3′。
22. 下游引物 5′-CACTCATGATTCTACCTGCTTCTCTAATC-3′。
23. RNA 酶抑制剂，人胎盘素。
24. Oligo（dT）$_{12-16}$。
25. 未标记的 dNTPs。
26. [^{32}P] dATP 或者 dCTP。
27. 质粒 pHAV6（由本方法作者提供）。

B. 竞争性模板 RNA 的合成

竞争性模板 RNA 是利用 SP6 RNA 聚合酶对质粒 pHAV6 进行体外转录获得的。竞争性模板 RNA 的 PCR 扩增区域缺失 63 个碱基，以便于区分同一反应管中野生型病毒 RNA 和竞争性 RNA 所产生的 PCR 扩增产物。关于质粒 pHAV6 构建的详细信息见参考文献[1]。

利用 Qiagen 质粒试剂盒纯化质粒 DNA，具体步骤按试剂盒说明书进行。采用 *Eco*RI 酶将质粒线性化，按照以前所描述的方法进行 RNA 的合成与纯化[1]。

C. 从硬壳蛤中分离组织 RNA

事实上任何能分离到高质量 RNA 的方法均可采用。首先在新鲜或冷冻贝类组织中加入 10 倍体积的 50mmol/L醋酸钠缓冲液（pH 5.5）-2mmol/L EDTA-1% SDS，以及 10 倍体积的水饱和苯酚，于混合匀浆器中高速匀浆 1min。匀浆液剧烈振荡10min后离心（无特殊说明的情况下，离心条件均为 4℃、10000×*g*、10min）。取上层液相，加入等体积的水饱和苯酚，按照上述步骤重新抽提 1 次。配制0.2mol/L的醋酸，并用 2.5 倍体积的乙醇沉淀总核酸。离心收集沉淀。用预冷的 3mol/L 醋酸钠（pH5.5）连续洗涤沉淀 3 次，以去除污染的 DNA、tRNA 和多糖成分。洗涤时用一次性塑料棒将沉淀彻底悬浮于醋酸钠溶液中，冰上放置 10~30min，然后 10000×*g* 离心 15~20min。用水彻底溶解沉淀，用 0.2mol/L 的醋酸钠和 2.5 倍体积的乙醇沉淀高分子质量 RNA。利用不含 RNA 酶的 DNA 酶去除可能残留的 DNA，具体反应条件为：10mmol/L Tris-HCl（pH 7.5）-10mmol/L $MgCl_2$-100mmol/L NaCl，5mmol/L氧钒核糖核苷复合物-50U/mL 的不含 RNA 酶的 DNA 酶，37℃ 30min（处理小量的贝类组织时无需进行 DNA 酶的消化）。用 PCIA（见 A. 9）抽提 RNA 两次，然后按上述步骤沉淀 RNA。最终用水溶解沉淀，并测定 A_{260nm}吸光度进行核酸定量。RNA 的产量约为 1mg/g 组织，A_{260nm}/A_{280nm} 比值至少达到 1.8。在 RNA 分离前进行病毒添加试验时，将病毒颗粒加入 0.5mL 10%的贝类组织匀浆液中。按照上述步骤利用苯酚抽提 RNA，所有操作均在 Eppendorf 管中进行。加入等体积苯酚后，涡旋振荡1min，离心后取上层液相。重复苯酚抽提一次。继而进行 3mol/L 醋酸钠的提取，无需进行 DNA 酶消化。

D. 反转录（RT）

20μL 的 RNA 反转录反应体系中包括 50mmol/L Tris－HCl （pH 8.3）、75mmol/L KCl、10mmol/L $mgCl_2$、1mmol/L dNTPs （4 种），10mmol/L 二硫苏糖醇、1U/μL 人胎盘 RNA 酶抑制剂、0.5μg oligo(dT)$_{16}$、15U AMV 反转录酶，以及一定量的添加或未添加阳性病毒颗粒的贝类组织 RNA 和竞争性模板 RNA。反应条件依次为：22℃ 10min，42℃ 50min，99℃ 5min，4℃ 5min。最终用 Eppendorf 离心机将反应管高速离心 5min。

E. PCR

50μL 的 PCR 扩增体系包含来自 RT 反应的 5～10μL cDNA、3mmol/L $MgCl_2$、200μmol/L dNTPs （4 种）、0.5μmol/L 上、下游引物，以及 1.5U *Taq* DNA 聚合酶。反应混合物先于 95℃ 变性 3min，然后于 94℃ 90s、63℃ 90s 和 72℃ 120s 进行 35～40 个循环，最后于 72℃ 延伸 10min。取 20μL PCR 产物进行琼脂糖凝胶电泳。当需要进行定量检测时，每个反应体系中除了未标记的 dCTP，还要加入 5μCi 的［^{32}P］dCTP。用琼脂糖凝胶电泳分离扩增产物，在液体闪烁计数仪中对野生型和竞争性模板所对应的扩增条带分别进行定量分析[1]。

F. 病毒 RNA 分子的定量

图 26A－1 显示的是对一份病毒粗提物（由亚特兰大疾病预防控制中心提供）进行 HAV RNA 分子定量的实验结果。为避免 RNA 分离过程中的损失，该病毒粗提物用不含 RNA 酶的水进行 500 倍稀释，于 95℃ 加热 5min，从而分解 RNA－蛋白复合物，然后置冰上冷却。取 1μL 加热后的病毒溶液与几个不同浓度的竞争性 RNA 混合，继而进行反转录。从得到的每份 cDNA 中取 5μL 进行 PCR 扩增，扩增体系和条件同上，只是该处以^{32}P dATP 作为标记。PCR 产物利用 3% NuSieve－1%琼脂糖凝胶电泳进行分离。分别切取对应于野生型和竞争性模板的扩增条带，并对掺入的^{32}P 进行计数。由于竞争性 RNA 缺失 63 个碱基对，导致 PCR 扩增产物中 A 和 T 数量减少，因此有必要对其^{32}P 掺入数值进行校正。分别以两种 PCR 产物^{32}P 掺入量的比值与竞争性 RNA 分子数量作为纵坐标和横坐标进行绘图，得到线形回归直线。当两种 PCR 产物^{32}P 掺入量的比值等于 1 的时候，病毒粗提物中 HAV RNA 分子的数量就等于此时加入的竞争性 RNA 分子数量。根据图 26A－1 的实验结果，该病毒粗提物中 HAV RNA 分子的数量约为 2.5×10^8/mL。

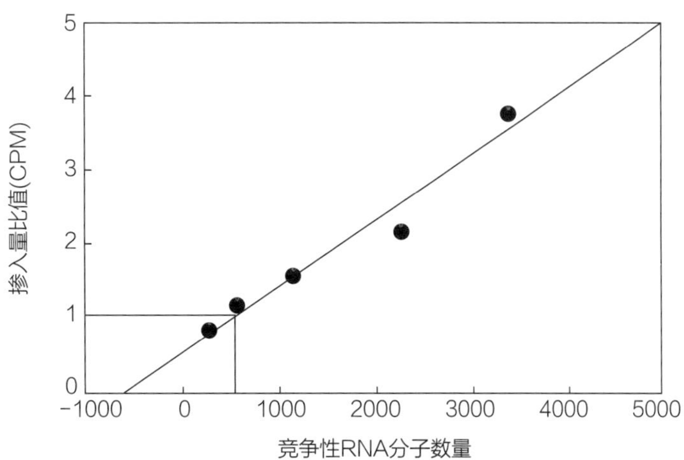

图 26A－1 竞争性 PCR 对病毒粗提物中病毒 RNA 分子的定量分析

一定浓度经加热的病毒溶液与一系列浓度逐渐增大的竞争性 RNA 分子分别混合，并进行 RT－PCR 检测。具体操作如文中所述。

为检测野生型 HAV 感染的硬壳蛤中的 HAV RNA，取 50mg 接种了 50~5000 个病毒颗粒（根据图 26A-1 估计的病毒 RNA 分子数量）的贝类组织，提取其 RNA。同时提取未接种的贝类组织 RNA 作为对照。所有的 RNA 样品按照上述方法进行反转录和 PCR 扩增，只是不添加放射性脱氧核糖核苷酸和竞争性 RNA。PCR 产物通过 1.6%的琼脂糖凝胶进行电泳分析，结果如图 26-2 所示。接种的样品非常容易检测到病毒特异性序列，而未接种的样品则检测不到，而且在反应体系中缺少反转录酶的情况下也无法检测到病毒的存在。后经研究发现，该方法大约可以检测到 2000 个病毒颗粒/g 贝类组织。HAV 的最小感染剂量虽然不清楚，但可能会小于这一数值。该方法不需要任何特殊试剂如特异性抗体，因此普遍适用于 HAV 的检测。

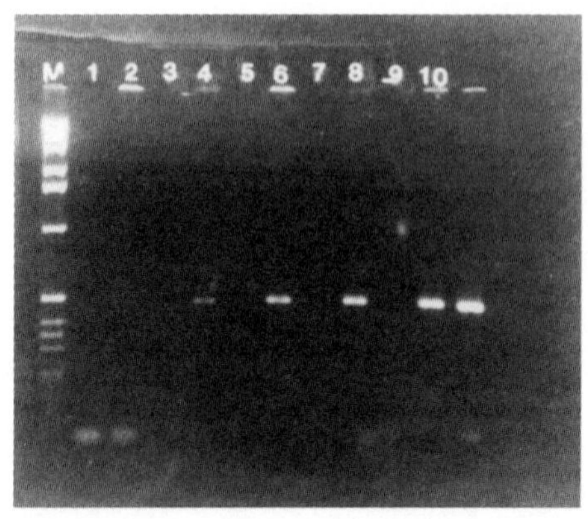

图 26A-2 野生型 HAV 感染的蛤蜊组织中 RNA HAV 序列检测

按照文中方法分别从感染和未感染的蛤蜊组织中提取 RNA。将 0~2500 个病毒颗粒的 RNA 分子进行反转录，取 1/5 的各 cDNA 进行 PCR 扩增。泳道 1 和 2：未添加的蛤蜊组织中提取的 RNA；泳道 3 和 4：相当于反转录体系中含 50 个病毒颗粒的 RNA；泳道 5 和 6：相当于 250 个病毒颗粒的 RNA；泳道 7 和 8：相当于 500 个病毒颗粒的 RNA；泳道 9 和 10：相当于 2500 个病毒颗粒的 RNA；M：1kb DNA 分子质量标准。泳道 1、3、5、7 和 9 的反应混合物中缺少反转录酶。

参考文献

[1] Goswami, B. B., W. H. Koch, and T. A. Cebula, T. A. 1994. Competitor template RNA for detection and quantitation of hepatitis A virus by PCR. BioTechniques 16: 114~121.

[2] Goswami, B. B., W. H. Koch, and T. A. Cebula. 1993. Detection of hepatitis A virus in *Mercenaria mercenaria* by coupled reverse transcription and polymerase chain reaction. Appl. Environ. Microbiol. 59: 2765~2770.

26B 食品中甲肝病毒的检测

作者：Jacquelina Williams-Woods，Gary Hartma，William Burkhardt Ⅲ。

更多信息请联系 Jacquelina Woods。

修定历史：

- 2013年10月　被 BAM 接收；2014年1月正式公布。
- 对表26B-1（2014年4月）和表26B-4（2014年6月）中的引物和探针序列进行了修改。

本章目录

Ⅰ 引言

甲肝病毒是一种无衣壳的 RNA 病毒，直径 27～32nm。该病毒为二十面体对称，属于小 RAN 病毒科，肝病毒属。HAV 感染轻无临床症状，重则因爆发性肝炎而导致死亡。典型的感染病程为自限性，不会引发慢性肝病，但由于感染后伴随较长的潜伏期和脱落期，使得 HAV 爆发通常会占用大量的公共卫生资源。HAV 通过感染者的粪便排出体外，在排泄物中达到峰值，因此感染是发生在症状出现之前（Lednar *et al.*，1985）。这些病毒被认为具有高度传染性，10 个病毒颗粒即可引发疾病（Teunis，2008）。食物传播 HAV 所引发的疾病从流行病学上大致可分为三种情况：①因食用被食品从业者污染的即食食品所产生的病例；②环境污染物引发的病例；③因食用捕捞自污染水域中的双壳贝类所引发的病例。

从食品安全和公共卫生的角度来讲，食品基质中病毒检测技术的局限性是食源性病毒最突出的问题。现今对潜在污染食品进行检测仍然是很困难的，这主要是由于食品中病毒感染量往往较低，缺乏有效的食品基质中病毒的提取和富集方法。而根据多数细菌检测方法，富集步骤对提高检出率是非常有益的，因此食品中分离的病毒也必须进行有效富集。正是这些技术上的欠缺阻碍了 FDA 对 HAV 开展有效监管和爆发研究。随着分子检测技术的发展，RT-PCR 和实时荧光 RT-qPCR（Arnal，Ferre-Aubineau *et al.* 1999；Schwab，Neill *et al.* 2000；Sair，D'Souza *et al.* 2002）为食源性致病微生物的检测提供了灵敏而特异的方法，是低剂量病毒检测的理想手段。应用这些方法进行暴发和日常检测，可缩短检测时间，加快样品通量，并节省出更多时间用以分析“不能排除”（CRO's）的可疑样品。此外，开展该研究时还没有经多家实验室验证的食品中肠道病毒快速检测方法。

Ⅱ 检测方法

该方法提供了 HAV 体外定量检测的寡核苷酸引物和双标记水解（*Taq*Man）探针。该引物是根据甲肝病毒基因组 5′非编码区序列设计的，适用于甲肝病毒的所有基因型检测（Gardner et al. 2003）。该方法还使用了一个内部扩增质控（IAC），用以监测整个扩增过程是否受到了基质来源的抑制因子的干扰。

A. 设备/耗材

1. 无 DNA 酶（DNase）和 RNA 酶（RNase）的微量离心管：0.5mL 和 1.5mL，不黏壁，低残留，经硅化处理。
2. 台式微型离心机：≥10000×*g*（适用于 0.5~2.0mL 离心管）。
3. 冰桶和冰，或者台式冷却器。
4. RNase Away®或其他去 RNA 酶的等效产品。
5. Smart Cycler 实时荧光 PCR 管架。
6. 适用于 Smart Cycler 实时荧光 PCR 管的冷却块（-20℃）。
7. 可调微量移液器（0.2~1000μL），RNA 专用。
8. 防气溶胶的微量移液器枪头（0.2~1000μL）。
9. 涡旋振荡器。
10. Smart Cycler 实时荧光 PCR 管：25μL。
11. 无粉尘的乳胶或丁腈手套。
12. Cepheid 公司的 Smart CyclerⅡ实时荧光 PCR 仪。
13. 适用于 Smart Cycler 实时荧光 PCR 管的小型离心机。

B. 试剂

1. 一步法 RT-PCR 试剂盒：Qiagen，货号 210210（25 个反应）或 210212（100 个反应）。

一步法试剂盒组成；

ⅰ. 一步法 RT-PCR 酶混合物；

ⅱ. 一步法 RT-PCR 缓冲液（5×）；

ⅲ. dNTP 混合液（10mmol/L）；

ⅳ. 无 RNase 水；

ⅴ. Q-溶液。

2. 50mmol/L $MgCl_2$。

3. RNA 酶抑制剂：Ambion Superase · In（20U/μL），货号 AM2694（2500U）或 AM2696（10000U），Life Technologies 公司。

4. 引物和探针工作液（10μmol/L，表 26B-1）。

5. 内部质控 RNA（BioGX，货号 750-0001）。

6. 阳性对照（HAV RNA—ATTC VR-1402 和鼠诺如病毒 RNA-ATCC PTA-5935）。

7. RT-qPCR 阴性对照（无核酸酶的水，Applied Biosystens，货号 AM9937）。

C. 甲肝病毒引物和探针

所有甲肝病毒引物和探针均通过商业合成（Integrated DNA Technologies，Coralville，IA）。甲肝病毒探针 5′端标记 Cy5 报告基团，3′端标记 Iowa Black RQ 作为淬灭基团。IAC 探针 5′端标记 TxRed 报告基团，3′端标记 Iowa Black RQ 作为淬灭基团。所有引物和探针均用灭菌 TE 缓冲液进行溶解（见附件 D）至 100μmol/L。进而用 100μmol/L 的储备液稀释成 10μmol/L 的工作液，并保存在-20℃的无霜冰箱中。

D. 内部质控引物、探针和 RNA

表 26B-1 HAV 和内部质控 RNA 的检测用引物和探针

标识	引物	位置[c]
GAR2F	5′-ATA GGG TAA CAG CGG CGG ATA T-3′	448~469
GAR1R	5′-CTC AAT GCA TCC ACT GGA TGA G-3′	517~537
IC46F[a,b]	5′-GAC ATC GAT ATG GGT GCC G-3′	N/A
IC194R[a,b]	5′-AAT ATT CGC GAG ACG ATG CAG-3′	N/A
	探针	
GARP	Cy5-5′AGA CAA AAA CCA TTC AAC GCC GGA GG-3′-IB-RQ[d]	483-508
IACP[a,b]	TxR-TCT CAT GCG TCT CCC TGG TGA ATG TG-IB RQ[d]	N/A

a 内部扩增质控品（IAC）引物和探针参照美国专利申请 0060166232。
b Depaola，Jones，Woods，*et al.* 2010。
c 根据 GenBank 序列号#M14707。
d IB RQ- Iowa Black RQ。

表 26B-2 扩增体系

试剂	初始浓度	体积/25μL 反应体系	终浓度
无 RNA 酶的水		11. 05μL	—
5×一步法 RT-PCR 缓冲液	5×	5. 0μL	1×
$MgCl_2$[a]	50mmol/L	0. 75μL	1. 5mmol/L
dNTP 混合液	10mmol/L	1μL	0. 4mmol/L
GAR2F	10μmol/L	0. 75μL	0. 3μmol/L
GAR1R	10μmol/L	0. 75μL	0. 3μmol/L
IC 46F	10μmol/L	0. 1875μL	0. 075μmol/L
IC 194R	10μmol/L	0. 1875μL	0. 075μmol/L
GARP	10μmol/L	0. 5μL	0. 2μmol/L
IACP	10μmol/L	0. 375μL	0. 15μmol/L

续表

试剂	初始浓度	体积/25μL 反应体系	终浓度
一步法 RT-PCR 酶混合物		1.00μL	
Superase in RNA 酶抑制剂	20U/μL	0.25μL	5U
内部扩增质控 RNA		0.2μL[b]	
RNA		3μL	

a 每个反应体系中的终浓度是 4.0mmol/L。

b 加入的体积可根据 IAC RNA 的浓度进行调节。IAC 模板量需要根据制备的储备液浓度进行调节，保证在无抑制剂干扰的情况下检测 Ct 值在 20~25。所要求的浓度需要提供给每个参与的实验室。

表 26B-3　HAV RT-qPCR 的热循环条件：Cepheid Smart Cycler Ⅱ

第 1 步			第 2 步			第 3 步		
保温			保温			温度循环		
温度/℃	时间/s	光学系统	温度/℃	时间/s	光学系统	重复 45 个循环		
50	3000	关	95	900	关	温度/℃	时间/s	光学系统
						95	10	关
						53	25	关
						64	70	开

E. 定性数据分析

在 Smart Cycler Ⅱ荧光 PCR 仪上，按如下设置 TxRd 和 Cy5 通道的分析参数。如果分析参数发生了变化，在记录结果之前应及时更新。

1. Usage：Assay。
2. Curve Analysis：Primary。
3. Threshold Setting：Manual。
4. Manual Threshold Fluorescence Units：10.0。
5. Auto Min Cycle：5。
6. Auto Max Cycle：10。
7. Valid Min Cycle：3。
8. Valid Max. Cycle：60。
9. Background subtraction：ON。
10. Boxcar Avg. Cycles：0。
11. Background Min. Cycle：5。
12. Background Max. Cycle：40。
13. Max Cycles：50。

原始荧光曲线超过阈值时记录为"POS"，超过阈值时的循环数将显示在结果表格框中（图 26B-1a）。阴性结果表示为"NEG"。TxRd 和 Cy5 通道分别对应 HAV 和 IAC 模板。结果同样可以图的形式呈现出来。如图 26B-1b 所示就是对 HAV HM175/18f 株进行检测时两个通道的扩增曲线图。

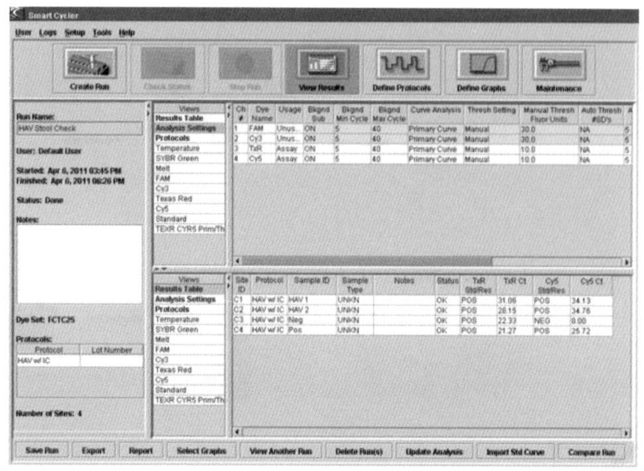

a. 分析和结果表格框

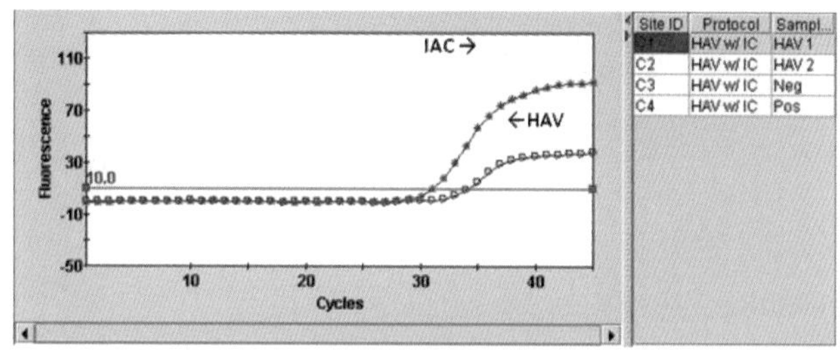

b. 检测扩增曲线图

图 26B-1 Smart Cycler Ⅱ荧光 PCR 仪的结果输出示例

1. 阴性样本

如果 RT-qPCR 的阴性对照 HAV 检测为阴性，RT-qPCR 的阳性对照 HAV 检测为阳性，未添加的样本 HAV 检测为阴性，同时 IAC 检测呈阳性，该样本即为“阴性”。无需再进行后续分析。

2. 阳性样本

如果 RT-qPCR 的阴性对照 HAV 检测为阴性，RT-qPCR 的阳性对照 HAV 检测为阳性，添加的 HAV RNA RT-PCR 样本 HAV 检测为阳性，同时 IAC 检测呈阳性，该样本即为“阳性”。

注意：如果 RT-qPCR 的阴性对照检测结果超过了 Cy5 阈值，表现为阳性，或者 IAC 检测为阴性，该分析应重复进行。

Ⅲ 富集和提取方法

对从大葱上洗脱下来的 HAV 可采用超速离心的办法进行浓缩（图 26B-2）。由于食物制品中含有更多的多糖成分，因此很难对其中的病毒进行富集和提取。利用 QIAshredder 和 QIAamp 病毒 RNA 提取试剂盒可以得到含很少量抑制因子的病毒 RNA 浓缩液。鼠诺如病毒（MNV）ATCC PTA-5935 被用作提取质控品，用来评估整个提取操作过程是否有效。

A. 设备/耗材

1. 生物安全柜（BSC-2）。
2. 无粉尘的乳胶或丁腈手套。
3. 涡旋振荡器。
4. 小型离心机：离心力≥2000×g，适用于 0.5~2.0mL 微量离心管（Labsource C90-048）。

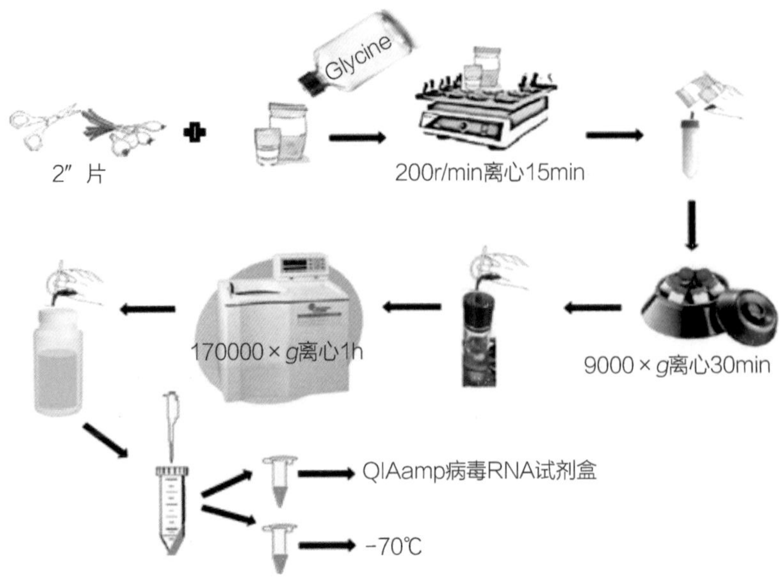

图 26B-2 大葱上 HAV 的洗脱、富集和提取流程图

5. Whirl pak 立式无菌取样袋：容积 24 oz（美国 Nasco 公司，货号 B01401WA）。
6. 台式微型离心机：≥10000×g，适用于 0.5~2.0mL 离心管。
7. 经过校准的病毒专用移液器（P10、P20、P200）。
8. 经过校准的 RNA 专用移液器（P10、P20、P200）。
9. Qiagen QIAamp 病毒 RNA 提取试剂盒：货号 52904（50）或 52906（250）。
10. Qiagen QIAshredder 离心柱：货号 79654（50）或 79656（250）。
11. Qiagen 收集管：货号 19201。
12. 具有防气溶胶滤芯的移液器枪头。
13. 台式冷却块，预冷至 4℃（理想条件）或含冰的冰桶。
14. 微量离心管：0.5~2.0mL（硅化的或低残留，无 DNase 和 RNase）。
15. 高速离心机和配用转子，适用于 Falcon 50mL 离心管（或其他等效产品）：9000~12000×g。
16. 50mL 锥形管或等效产品（可耐受≥12000×g 的离心力）（Fisher Scientific，货号 14-959-49A）。
17. Sorval WX 超速离心机或等效产品。
18. 碳纤维转子 F40L：8×100mL，货号 096-087057 或等效产品。
19. 70mL 聚碳酸酯超速离心管/铝盖管，适用于 F40L 转子（货号 010-1333 或等效产品）。
20. 振荡器（轨道式或回旋式）。
21. 天平（灵敏度 0.01g）。
22. 灭菌剪子。
23. 鼠诺如病毒（ATCC PTA-5935）。
24. 阳性对照（HAV RNA—ATCC VR-1402 和鼠诺如病毒 RNA—ATCC PTA-5935）。
25. RT-qPCR 阴性对照［无核酸酶水，美国应用生物系统（ABI），货号 AM9937］。

B. 试剂

1. 甘氨酸（Sigma G-7126 或等效产品，TLC 级或更高级）。
2. 无核酸酶水，美国应用生物系统（ABI）：货号 AM9937，10×50mL。
3. NaCl（Sigma S3014 或等效产品）。

4. 乙醇（95%~100%分子级）：Sigma，货号 E7023。

C. 富集和提取步骤

1. 将剪成 2-5" 的 50±2g 产品加入到一个 whirl-pak 塑料取样袋中。

注意：取样要包含产品的各个部分，包括根和叶子。

2. 加入 55±2mL 0.75mol/L 甘氨酸缓冲液（0.75mol/L 甘氨酸，0.15mol/L NaCl，pH 7.6——见附件 D），加入 100μL 提取质控品（见附件 G），然后密封取样袋。

3. 室温下以 200r/min 或中等速率振荡 15min。

4. 倒入一个 50mL 管中（Falcon2089 一次性离心管或类似产品），取样袋静置 2~3min，来回振荡后将袋内剩余液体倒入离心管内。

注意：不要为获得更多液体而积压取样袋，那样会产生分析抑制物。

5. 4℃（2~22℃）条件下 9000×*g* 离心 30min。

6. 将上清液倒入一个 50~70mL 超速离心管。

7. 用甘氨酸缓冲液（0.75mol/L 甘氨酸，0.15mol/L NaCl；pH 7.6）平衡离心管，平衡管和含上清液的离心管质量相差在 0.05g 范围内。

注意：使用 Fiberlite 转子和离心管进行超速离心的最小体积是 50mL，因此平衡管内甘氨酸缓冲液的体积应≥50mL。

8. 4℃条件下 37000r/min（170000×*g*）离心 60min（r/min 转速仅适用于 F40L 转子，如果使用其他不同转子，以 170000×*g* 离心）。

9. 在 QIAshredder 和 QIAamp 离心柱上标记好样品编号。

10. 弃去离心后的上清液（在管底侧应该可以看到沉淀），离心管静置 4~5min 后用微量移液器将剩余的上清液吸出弃掉。

11. 向离心管内加入 280μL 甘氨酸缓冲液，仔细地重悬沉淀，然后将样品平均分入两个无 DNase/RNase 的 1.5mL 离心管中。**如果样品沉淀大于 0.5g，参照 Qiagen QIAamp 病毒 RNA 提取试剂盒操作手册对大体积样品进行处理。**取 1 管进行 RNA 提取，另外 1 管于-70℃保存。

在开始 RNA 提取之前，先将 AVE 洗脱缓冲液置于 70℃加热块中。

12. 将 560μL 制备好的 AVL 缓冲液（见附件 D）加入到含 carrier RNA 的离心管中。

13. 室温下（15~25℃）静置 10min。

14. 通过移液器反复吹打或蜗旋振荡的方式重悬沉淀。

15. 将所有液体转移至 QIAshredder 离心柱内。

16. 以最大转速离心 2min。

17. 在离心管上标记好样品编号。

18. 仔细将收集管内离心后的上清液转移至一个新的离心管中，不要触及收集管底部的细胞碎片沉淀（可能出现）。

19. 在变清亮的裂解物中加入 560μL 乙醇（95%~100%），立即吹打混匀。不要离心，马上进行下步操作。

20. 取上述混合液 630μL 加入到一个 QIAamp 离心柱中。

21. 8000×*g*（≥10000r/min）离心 1min。将 QIAamp 离心柱取出置于一个新的收集管中，弃掉滤过液和收集管。

22. 继续将剩余样品加入 QIAamp 离心柱中，直至所有样品均通过离心柱，每次离心后都要更换新的收集管。

23. 加入 500μL AW1 缓冲液，孵育 10min。8000×*g*（10000r/min）离心 60s，弃掉滤过液和收集管。

24. 将 QIAamp 离心柱放入一个新的 2mL 收集管中，吸取 500μL AW2 缓冲液加入到 QIAamp 离心柱中。全速离心（20000×g，14000r/min）3min。弃掉滤过液和收集管。

25. 将 QIAamp 离心柱放入一个新的 2mL 收集管中，全速离心（20000×g，14000r/min）1min，甩干柱上液体。

26. RNA 的洗脱。将 QIAamp 离心柱置于一个新的 1.5mL 无 DNase/RNase 的离心管中，吸取 35μL 加热过的 AVE 缓冲液直接加到 QiaAmp 硅胶膜上，轻轻盖上管盖，≥8000×g（≥10000r/min）离心 1min。

27. 加入 25μL 加热的 AVE 缓冲液至柱中，吸取滤过的 35μL 洗脱的 RNA 重新加到柱上。轻轻盖上管盖，≥8000×g（≥10000r/min）离心 1min。

28. 标记好样品。如立即进行检测，将洗脱 RNA 置于冰上；如果需长期保存，须置于-70℃。

Ⅳ 鼠诺如病毒（Murine Norovirus，MNV）提取质控的 RT-qPCR 检测

该方法用于评估接种样品中 MNV 的回收情况，从而分析提取过程的操作是否存在问题。该分析对每个 RNA 样品同时使用 IAC 引物、探针和 MNV 引物、探针多重扩增（同时扩增）。IAC 有助于证明 MNV PCR 检测呈阴性的样品中存在可扩增的 RNA，并能证明核酸提取过程能有效去除 RT-PCR 抑制因子。

A. 设备/耗材

1. 无 DNase/RNase 的微量离心管：0.5mL 和 1.5mL，不黏壁，低残留，经硅化处理的。
2. 微型离心机（适用于 0.5~2.0mL 离心管）。
3. 冰桶和冰，或者台式冷却块。
4. RNase 清除剂。
5. Smart Cycler 实时荧光 PCR 管架。
6. 适用于 Smart Cycler 实时荧光 PCR 管的冷却块（-20℃）。
7. 可调试微量移液器（0.2~1000μL），RNA 工作专用。
8. 防气溶胶的移液器吸头（0.2~1000μL）。
9. 涡旋振荡器。
10. Smart Cycler 实时荧光 PCR 管：25μL。
11. 无 RNase、无粉尘的乳胶或丁腈手套。
12. Cepheid 公司的 Smart CyclerⅡ实时荧光 PCR 仪。
13. 适用于 Smart Cycler 实时荧光 PCR 管的小型离心机。
14. MNV 阳性对照（ATCC PTA-5935）。
15. RT-qPCR 阴性对照［无核酸酶水，美国应用生物系统（ABI），货号 AM9937］。

B. 试剂

1. 一步法 RT-PCR 试剂盒，Qiagen，货号 210210（25 个反应）或 210212（100 个反应）。

一步法试剂盒组成：

(1)一步法 RT-PCR 酶混合物；

(2)一步法 RT-PCR 缓冲液（5×）；

(3)dNTP 混合物（10mmol/L）；

(4)无 RNase 的水；

(5)Q 溶液（可直接丢弃的试剂盒成分）。

2. 50mmol/L $MgCl_2$。
3. Superase in RNA 酶抑制剂（5U/μL）：货号 2694（2500U）或 2696（10000U）。
4. 引物和探针（表 26B-4）工作液：10μmol/L。
5. 内部质控 RNA。

表 26B-4 MNV 和内部质控 RNA 的引物和探针序列

标识	引物	位置[a]
MNVF	5′- TGC AAG CTC TAC AAC GAA GG -3′	6520-6539
MNVR	5′- CAC AGA GGC CAA TTG GTA AA 3′	6645-6626
IC46F[b]	5′- GAC ATC GAT ATG GGT GCC G-3′	N/A
IC194R[b]	5′- AAT ATT CGC GAG ACG ATG CAG-3′	N/A
	探针	
MNVP	Cy5-5′CCT TCC CGA CCG ATG GCA TC 3′-IB-RQ[c]	6578-6594
IACP	TxR-5′TCT CAT GCG TCT CCC TGG TGA ATG TG -IB RQ 3′[c]	N/A

a 根据 GenBank 序列号 JF320650。
b 内部扩增质控品（IAC）引物和探针参照美国专利申请 0060166232。
c IB RQ-Iowa Black RQ。

表 26B-5 扩增体系

试剂	初始浓度	体积/25μL 反应体系	终浓度
无 RNase 水		11. 8μL	—
5×一步法 RT-PCR 缓冲液	5×	5. 0μL	1×
$MgCl_2$[a]	50mmol/L	0. 75μL	1. 5mmol/L
dNTP 混合物	10mmol/L	1μL	0. 4mmol/L
MNVF	10μmol/L	0. 50μL	0. 2μmol/L
MNVR	10μmol/L	0. 50μL	0. 2μmol/L
IC 46F	10μmol/L	0. 1875μL	0. 075μmol/L
IC 194R	10μmol/L	0. 1875μL	0. 075μmol/L
MNVP	10μmol/L	0. 25μL	0. 1μmol/L
IACP	10μmol/L	0. 375μL	0. 15μmol/L
一步法 RT-PCR 酶混合物		1. 00μL	
Superase in RNA 酶抑制剂	20U/μL	0. 25μL	5U
内部扩增质控 RNA		0. 2μL[b]	
RNA		3μL	

a 25μL 反应体系中的终浓度是 4. 0mmol/L。
b 加入的体积可根据 IAC RNA 的浓度进行调节。IAC 模板量需要根据制备的储备液浓度进行调解，保证在无抑制剂干扰的情况下检测 Ct 值为 20~25。

表 26B-6　MNV RT-qPCR 热循环条件：　Cepheid Smart Cycler Ⅱ

第 1 步			第 2 步			第 3 步		
保温			保温			温度循环		
温度/℃	时间/s	光学系统	温度/℃	时间/s	光学系统	重复 45 个循环		
50	3000	关	95	900	关	温度/℃	时间/s	光学系统
						95	15	关
						55	25	关
						64	60	开

C. 定性数据分析

在 Smart Cycler Ⅱ荧光 PCR 仪上，按如下设置 TxRd 和 Cy5 通道的分析参数。如果分析参数发生了变化，在记录结果之前应及时更新。

1. Usage：Assay。
2. Curve Analysis：Primary。
3. Threshold Setting：Manual。
4. Manual Threshold Fluorescence Units：10. 0。
5. Auto Min Cycle：5。
6. Auto Max Cycle：10。
7. Valid Min Cycle：3。
8. Valid Max. Cycle：60。
9. Background subtraction：ON。
10. Boxcar Avg. Cycles：0。
11. Background Min. Cycle：5。
12. Background Max. Cycle：40。
13. Max Cycles 50。

原始荧光曲线超过阈值时记录为“POS”，超过阈值时的循环数将显示在结果表格框中（图 26B-3）。阴性结果表示为“NEG”。TxRd 和 Cy5 通道分别对应 MNV 和 IAC 模板。结果同样可以图的形式呈现出来，如图 26B-3所示。

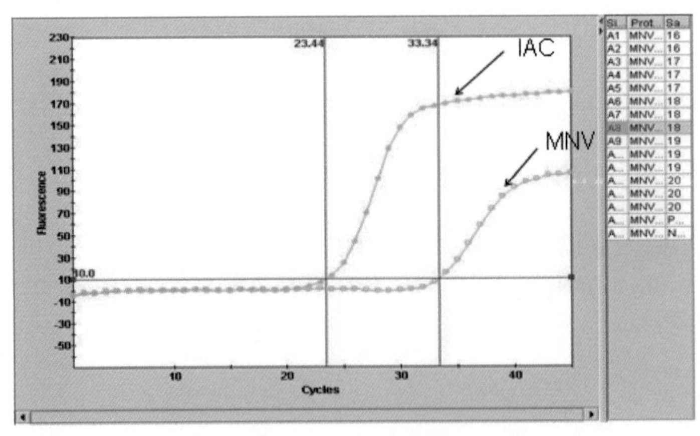

图 26B-3　MNV 和 IAC 两个通道的扩增曲线图

D. 实时荧光 RT-PCR 检测结果解释（Smart Cycler Ⅱ）

1. 阳性样本

当添加了 MNV 的质控样本 Cy5 通道的荧光信号超过阈值，IAC 在可接受的范围内呈阳性，MNV RT-qPCR 阳性对照呈阳性，RT-qPCR 阴性对照呈阴性时，该提取质控品检测结果为阳性。

2. 阴性样本

当添加了 MNV 的质控样本 Cy5 荧光通道呈未检出，MNV RT-qPCR 阳性对照呈阳性，RT-qPCR 阴性对照呈阴性，IAC 检测呈阳性时，该提取质控品检测结果为阴性。

3. 无效样本

a. 如果 RT-qPCR 阴性对照检测呈阳性，或者 IAC 检测结果为阴性，须重复进行 RT-PCR 检测。

b. 样本的 IAC 检测平均 Ct 值比阴性对照 IAC 的检测 Ct 值大于 4，应使用冻存的样本重新提取 RNA 用于 RT-PCR 检测。如果新提取 RNA 的重复检测结果产生的样品 IAC 平均 Ct 值仍大于 4，则必须使用新的食物样本重新从头开始进行检测。

注意：如果样品连续出现无效检测结果，检验员需联系相关专家对整个方法进行分析，查找原因。

Ⅴ 大葱中 HAV 的检测

利用 HAV 多重荧光 PCR 对大葱中 HAV 的 RNA 提取物进行检测。图 26B-4 中，TxRd 和 Cy5 通道分别对应 HAV 和 IAC 模板。当原始扩增曲线 HAV 荧光信号超过阈值，且 IAC 检测呈阳性时该样本可能为 HAV 阳性或无法排除（cannot rule out，CRO）。如果出现以下几种情况则该样本数据被认为是无效的：（1）样本的 IAC 平均 Ct 值比阴性对照的 IAC 检测 Ct 值大于或等于 3.5，同时 MNV 提取质控品检测为阴性。（2）对照出现假阴性或假阳性。

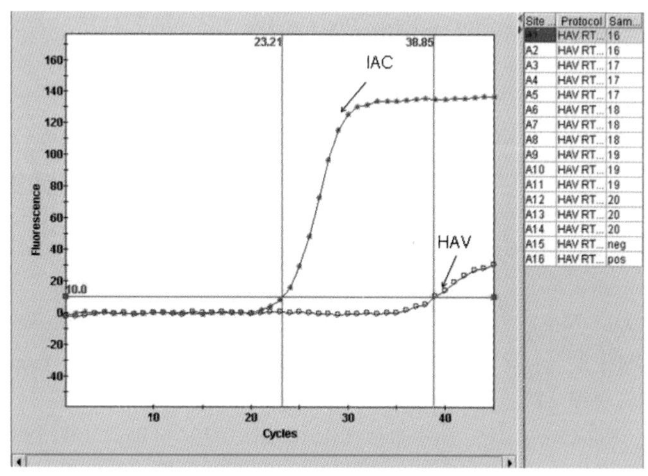

图 26B-4 结果的图形表示

A. 实时荧光 RT-PCR 检测结果解释（Smart Cycler Ⅱ）

1. 结果的解释

在该 HAV 检测中，Cy5 是 HAV 探针的荧光标记，德克萨斯红（TxR）是 IAC 探针的荧光标记。

2. 阴性样本

如果 RT-qPCR 阴性对照 HAV 检测呈阴性，RT-qPCR 阳性对照 HAV 检测呈阳性，未加标样本（如果包含）的 HAV 检测为阴性，待测样本 HAV 检测呈阴性，且 IAC 检测呈阳性，则该样本检测结果为阴性，不需再进行后续分析。

3. 阳性样本

如果 RT-qPCR 阴性对照 HAV 检测呈阴性，RT-qPCR 阳性对照 HAV 检测呈阳性，该待测样本或者添加了 HAV RNA 的 RT-PCR 样本 HAV 检测为阳性，且 IAC 检测呈阳性，则该样本检测结果为阳性。

4. 无效样本

a. 如果 RT-qPCR 阴性对照检测结果超过了 *Cy*5 ①阈值，呈阳性，或者 IAC 检测为阴性，必须重复 RT-PCR 分析。

b. 样本的 IAC 检测平均 Ct 值比阴性对照 IAC 的检测 Ct 值大于 4，应使用冻存的样本重新提取 RNA 用于 RT-PCR 检测。如果新提取 RNA 的重复检测结果产生的样品 IAC 平均 Ct 值仍大于 4，则必须使用新的食物样本重新从头开始进行检测。

注意：如果样品连续出现无效检测结果，检验员需联系相关专家对整个方法进行分析，查找原因。

5. 无法排除的可疑样品（CRO）

如果 HAV 样本为阳性，同时内部质控、阴性对照、阳性对照和提取质控的检测结果均正确，该样本为可疑样品。如果需要，采有 CRO 的分析处理预案。

参考文献

[1] Arnal C, Ferre-Aubineau V, Mignotte B, Imbert-Marcille BM, Billaudel S. 1999. Quantification of hepatitis A virus in shellfish by competitive reverse transcription-PCR with coextraction of standard RNA. *Appl. Environ. Microbiol.* Jan; 65 (1): 322~326.

[2] DePaola, A., Jones, J. L., Woods, J., Burkhardt, W., Ⅲ, Calci, K. R., Krantz, J. A., Bowers, J. C., Kasturi, K., Byars, R. H., Jacobs, E., Williams-Hill, D., & Nabe, K. 2010. Bacterial and viral pathogens in live oysters: 2007 United States market survey. *Appl. Environ. Microbiol.*, 76, (9) 2754~2768.

[3] Dentinger CM, Bower WA, Nainan OV, Cotter SM, Myers G, Dubusky LM, Fowler S, Salehi ED, Bell bp. 2001. An outbreak of hepatitis A associated with green onions. *J. Infect. Dis.* Apr 15; 183 (8): 1273~1276.

[4] European Food Safety Authority. 2012 Scientific Opinion of Norovirus (NoV) in oysters: methods, limits, and control options. *EFSA Journal* 10 (1): 2500.

[5] Fiore AE. Hepatitis A transmitted by food. 2004. *Clin. Infect. Dis.* 2004 Mar 1; 38 (5): 705~715.

[6] Gardner SN, Kuczmarski TA, Vitalis EA, Slezak TR. 2003. Limitations of TaqMan PCR for detecting divergent viral pathogens illustrated by hepatitis A, B, C, and E viruses and human immunodeficiency virus. *J. Clin. Microbiol.* Jun; 41 (6): 2417~2427.

[7] Hewitt, J. Rivera-Aban, M., and Greening, G . E. 2009. Evaluation of murine norovirus as a surrogate for human norovirus and hepatitis A virus in heat inactivated studies. *J. Appl. Microbiol.* Jul; 107 (1): 65~71.

[8] Hutin YJ, Pool V, Cramer EH, Nainan OV, Weth J, Williams IT, Goldstein ST, Gensheimer KF, Bell bp, Shapiro CN, Alter MJ, Margolis HS. 1999. A multistate, foodborne outbreak of hepatitis A. National Hepatitis A Investigation Team. *N. Engl. J. Med.* Feb 25; 340 (8): 595~602.

[9] Lednar, WM, Lemon, SM, Kilpatrick, JW, Redfield, RR, Fields, mL, Kelley, PW. 1985. Frequency of illness accociated with epidemic hepatitis A virus infection in adults. Aug; *Am. J. Epidemiol.*, 122 (2): 226~233.

[10] Martil-Latil, S., Hennechart-Collette C, Guillier L, and Perelle, S. 2012. Comparison of tow extraction methods for the detection of hepatitis A in semi dried tomatoes and murine norovirus as a process control by duplex RT-qPCR. *Food Microbiol.* 31: 246~253.

[11] Niu MT, Polish LB, Robertson BH, Khanna BK, Woodruff BA, Shapiro CN, Miller MA, Smith JD, Gedrose JK, Alter MJ, *et al.* 1992. Multistate outbreak of hepatitis A associated with frozen strawberries. *J. Infect. Dis.* Sep; 166 (3): 518~524.

[12] Pfaffl, MW. 2004. Quantification strategies in real-time PCR. A-Z of quantitative PCR. IUL. La Jolla, CA.

[13] Schwab KJ, Neill FH, Le Guyader F, Estes MK, Atmar RL. 2001. Development of a reverse transcription-PCR-DNA enzyme immunoassay for detection of "Norwalk-like" viruses and hepatitis A virus in stool and shellfish. *Appl. Environ. Microbiol.* Feb;

①此处原文有误，应该为 T*x*R*d*。——译者注

67（2）：742~749.

[14] Sair AI，D' Souza DH，Moe CL，Jaykus LA. 2002. Improved detection of human enteric viruses in foods by RT-PCR. *J. Virol. Methods*. Feb；100（1-2）：57~69.

[15] Teunis，P. F.，Moe，C. L.，Liu，P.，Miller，E.，Lindesmith，L.，Baric，R. S.，Le，P. J.，& Calderon，R. L. 2008. Norwalk virus：How infectious is it？*J. Med. Virol.*，80，（8）1468~1476.

附件：甲肝病毒富集与检测方法的多家实验室验证

附件 A　单个实验室实时荧光 RT-PCR 验证结果

实时荧光 RT-PCR 的 1A 和 1B 阶段包括了单个和多家实验室的验证。在 1A 阶段，即 HAV（ATCC VR-1402）分析方法的单个实验室验证（SLV），需要 3 个不同 HAV 株来验证方法的包容性（附件 A，表 1），11 种肠道病毒和 5 种致病性肠道细菌来验证方法的排他性（附件 A，表 2）。用该方法对来源于 CDC 的 HAV 阳性和阴性病人血清进行检测，其结果准确性达到 100%（附件 A，表 3）。在可接受的扩增效率范围内（90%~110%，Pfaffl，2004），扩增效率介于 97%~103%（附件 A，表 4）。通过内部扩增质控（IAC）和竞争性脊髓灰质炎病毒 RNA 添加试验，表明整个分析过程未受到抑制因子的干扰（附件 A，表 5）。该分析方法的动态检测范围达 7 个 log 值（附件 A，表 1），定量限和检测限分别达 0.11PFU/反应和 0.001PFU/反应（附件 A，表 6）。

1. 样品制备

检测分析的模板包括提取的 RNA 和煮沸制备的 DNA。利用 QIAmp 病毒 RNA 提取试剂盒（Qiagen，Carlsbad，CA）来提取 RNA，通过加热到 95℃促进 DNA 样品中 DNA 的释放。对于多家实验室验证（MLV）的四个步骤，每一步都需要 1~2 个月的时间才能完成。模板和 PCR 试剂需要用干冰进行过夜运输，且在使用前需一直保存于-20℃。

RAN 对照模板和临床样品

病毒核酸模板（用于包容性和排他性测试）

自储备悬液中提取 RNA，稀释后用于包容性和排他性检测。用 QIAamp 病毒 RNA 提取试剂盒（Qiagen）方法提取病毒和粪便样品中的病毒 RNA。用 60μL AVE 缓冲液（试剂盒提供）将 RNA 从离心柱上进行洗脱，使用前保存于-80℃。

2. 竞争性病毒 RNA 模板（用于竞争抑制试验）

从储备悬液中提取脊髓灰质炎病毒 RNA，稀释后添加到 HAV RT-qPCR 多重反应体系中，用以判断其他肠道病毒 RNA 的存在是否会对 HAV RNA 的检测起竞争性抑制作用。从细胞培养液中提取脊髓灰质炎病毒 RNA。用 60μL AVE 缓冲液（试剂盒提供）将 RNA 从离心柱上进行洗脱，使用前保存于-80℃。

3. 细菌模板（用于排他性测试）

取 1mL 过夜培养的胰蛋白胨大豆肉汤培养物于离心管中，12000×*g* 离心 3min，弃去上清，沉淀完全重悬于 1mL 0.85%的氯化钠中。离心管 12000×*g* 离心 3min，弃去上清，沉淀完全重悬于 1mL 灭菌水中。将离心管置于 100℃水浴或加热块中，维持 10min。继而将离心管于 12000×*g* 离心 1min，将上清吸出，转移至新的离心管中。将该细菌提取物冻于-20℃保存，以备用作质控。

表 1　HAV 检测方法特异性研究——包容性

毒株	来源 ATCC	*Ct* 平均值	标准差（SD）	IAC *Ct* 平均值	标准差（SD）	频率
HM175/18f（亚型 1B）	VR-1402	29.08	0.208	20.88	0.22	6/6
PA21（亚型 IIIA）	VR-1357	23.24	0.261	20.85	0.33	6/6
PA21（亚型ⅢA）	VR-2281	20.07	0.352	21.221	1.08	6/6

注：重复数=6。

表 2 粪便传播致病微生物的排他性测试

带 LHAV 引物/探针的排他性研究

菌/毒株	来源	结果	频率
脊髓灰质炎病毒	ATCC VR-193	阴性	6/6
星状病毒	HuAst1	阴性	6/6
圣米格尔海狮病毒 17 型	Alvin Smith 博士，俄勒冈州立大学	阴性	6/6
轮状病毒	ATCC VR 2018	阴性	6/6
腺病毒	ATCC VR-1083	阴性	6/6
猫杯状病毒	ATCC VR-2057	阴性	6/6
人副肠孤病毒	ATCC VR-1063	阴性	6/6
1 型埃柯病毒	ATCC VR-1038	阴性	6/6
柯萨奇病毒	ATCC VR-1007	阴性	6/6
GⅠ型诺如病毒	人类粪便	阴性	6/6
GⅡ型诺如病毒	人类粪便	阴性	6/6
大肠埃希氏菌	ATCC 25922	阴性	6/6
沙门氏菌	ATCC 9700	阴性	6/6
宋内氏志贺氏菌	ATCC 9290	阴性	6/6
霍乱弧菌	ATCC 14035	阴性	6/6
单核细胞增生李斯特菌	ATCC 7646	阴性	6/6

表 3 CDC 血清的实时荧光 RT-PCR HAV 分析

样品编号	HAV 检测结果	*Ct* 值	IAC *Ct* 值
17000	阳性	34. 65	23. 63
14000	阳性	32. 23	23. 16
13516	阳性	25. 67	23. 14
12010	阳性	39. 86	22. 74
12009	阳性	27. 18	23. 42
17500	阳性	37. 49	23. 53
12144	阳性	28. 74	23. 03
16000	阳性	36. 25	23. 33
12121	阳性	23. 91	22. 82
12113	阳性	28. 66	23. 65
12101	阳性	23. 27	23. 15
12112	阳性	29. 21	23. 58
13518	阳性	32. 42	23. 32
12319	阳性	29. 73	23. 61
12399	阳性	29. 75	23. 11
12320	阳性	28. 25	23. 18
12312	阳性	30. 68	23. 19

续表

样品编号	HAV 检测结果	Ct 值	IAC Ct 值
12323	阳性	28.58	23.33
12322	阳性	26.80	23.34
12305	阳性	25.12	22.87
12330	阳性	24.25	23.10
12385	阳性	28.26	23.19
12316	阳性	26.09	23.21
12346	阳性	33.88	23.18
12363	阳性	28.09	23.24
12325	阳性	22.38	23.22
12364	阳性	32.32	23.21
12359	阳性	31.70	23.12
12326	阳性	28.10	23.60
12302	阳性	29.08	23.58
12313	阳性	33.28	23.28
12352	阳性	33.74	23.40
12303	阳性	29.06	23.32
12304	阳性	26.83	23.55
12306	阳性	28.95	23.53
12329	阳性	29.44	22.75
12330	阳性	25.12	23.35
12307	阳性	31.42	23.29
12331	阳性	31.35	23.15
12345	阳性	28.54	23.12
12003	阴性[a]	-	23.41
12013	阴性[a]	—	23.34
19300	阴性[a]	—	23.23
13517	阴性[a]	—	23.28

a CDC 方法检测呈阴性。

注：由于所提供的血清样本数量有限，因而只进行了 1 次检测。

表 4　批内差异：对 HAV RNA 进行3 ~100倍稀释，每个稀释度9个重复

	测试 1			测试 2			测试 3			测试 4			测试 5		
Ct^a	高	中	低	高	中	低	高	中	低	高	中	低	高	中	低
平均值	21.09	27.85	34.37	28.24	34.82	21.38	27.92	34.70	34.73	21.26	28.24	34.82	21.38	27.92	34.70
标准差	0.182	0.320	0.243	0.250	0.599	0.249	0.338	0.523	0.347	0.350	0.250	0.599	0.249	0.338	0.523
标准误差	0.061	0.103	0.061	0.083	0.200	0.083	0.113	0.198	0.116	0.117	0.083	0.200	0.083	0.113	0.198
扩增效率		100%			103%			97%			97%			100%	
r^2		0.998			0.998			0.997			0.995			0.996	
内部质控影响		无显著性差异（$p=0.113$）			无显著性差异（$p=0.415$）			无显著性差异（$p=0.183$）			无显著性差异（$p=0.311$）			无显著性差异（p=0.939）	

a 阈值线设定为 10。

平均扩增效率：100%；$r^2=0.997$。

批内重复性：在同一次试验中对 5 个样本的高（Ct 21~22）、中（Ct 27~28）、低（Ct 33~36）三个浓度均进行 9 个重复检测，其结果表现出良好的重复性。

批间重复性：3 天内在两台经过校准的 Smart Cycler 荧光定量 PCR 仪上，对日常检测用阳性质控的 Ct 值进行分析，发现对同一样品其检测结果显示出良好的重复性。

表 5 竞争性 RNA 研究：在竞争性 RNA（脊髓灰质炎病毒；4×10^4 pfu/rxn）存在的条件下 HAV 和 IAC 的扩增；6 个反应/水平

	HAV 分析				IAC Ct 值			
	存在 IAC RNA 情况下检测 Ct 值	SD	存在竞争性 RNA 情况下检测 Ct 值	SD	存在 HAV 情况下检测 Ct 值	SD	存在 HAV 和竞争性 RNA 情况下检测 Ct 值	SD
HAV 2×10^3 pfu/rxn	27.06	0.164	26.97	0.207	22.36	0.126	22.28	0.094
HAV 20pfu/rxn	32.90	0.326	33.42	0.408	22.18	0.264	22.31	0.278
HAV 0.2pfu/rxn	41.03	0.768	40.72	1.440	22.34	0.129	22.41	0.193

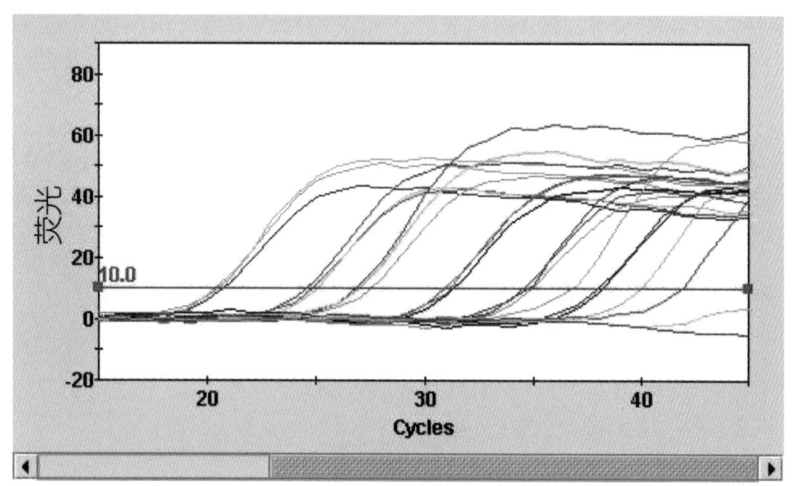

图 1 分析方法的动态范围：该分析方法检测动态范围覆盖 7 个 log 值，平均扩增效率达 99.4%

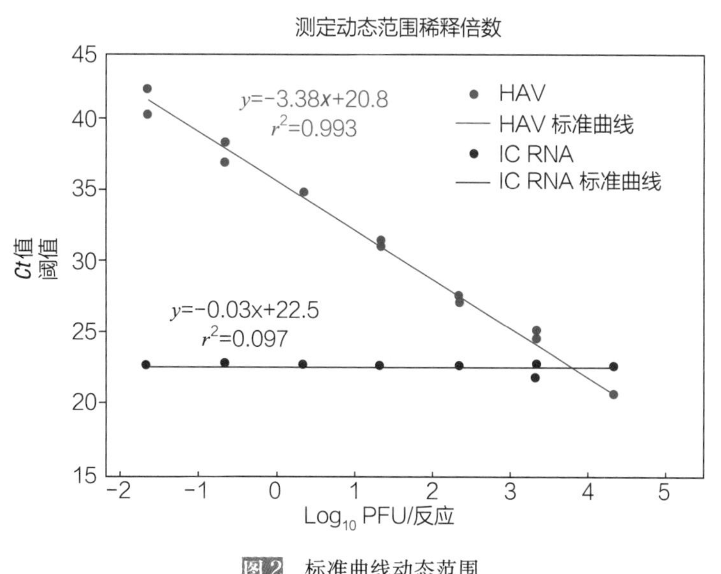

图 2 标准曲线动态范围

表 6　检测限（LOD）/定量限（LOQ）——HM175/18f

	Ct 平均值	SD[a]	阳性数量/重复总数
0.11PFU	41.13	0.55	10/10
0.01PFU	42.44	0.82	7/10
0.001PFU	43.48	1.04	8/10

a 标准差仅针对阳性样品。

LOQ = 0.11PFU/rxn

LOD = 0.001PFU/rxn

附件 B　多家实验室实时荧光 RT-PCR 验证结果

HAV 分析方法的多家实验室验证（MLV），即 1B 阶段，由 8 家 FDA 实验室（附录 B，表 1）参与。可分为 4 轮测试，其中每一轮都至少包含 4 家实验室。用于包容性和排他性测试的微生物包含了 3 株 HAV、4 种肠道病毒和肠道细菌（附件 B，表 2）。室间重复性检测结果发现有 2 家实验室的结果异常，主要是由于人员操作误差导致，跟分析方法本身无关（附录 B，表 11）。总之，MLV 结果表明该方法精度可达 99%，假阳性和假阴性率为 1%（附录 B，表 12）。这种精度水平在核酸技术（Nucleic Acid Technology，NAT）分析的可接受范围内。

样品制备

检测方法分析模板主要是利用 QIAmp 病毒 RNA 提取试剂盒（Qiagen，Carlsbad，CA）提取的 RNA。对于 MLV 的 4 轮测试，每一轮都需要 1 至 2 个月的时间完成。模板和 PCR 试剂均利用干冰运输，使用前需保存于 -20℃。

表 1　多家实验室验证所用微生物

菌/毒株
HAV HM 175/18f
HAV PA 21
HAV HAS15
脊髓灰质炎病毒
星状病毒
圣米格尔海狮病毒 17 型
GⅡ型诺如病毒
沙门氏菌

每种微生物需要进行 6 次重复，但由于某些实验室内部问题，只做了 3 个重复。

表 2　第 1 轮测试结果

利用 RT-qPCR 进行 HAV 检测				
菌/毒株	Lab#1	Lab#5	Lab#6	Lab#7
HAV HM-175	3/3	6/6	6/6	6/6
HAV PA 21	3/3	6/6	6/6	6/6
HAV HAS15	3/3	6/6	6/6	6/6
脊髓灰质炎病毒	0/3	0/6	0/6	0/6
星状病毒	0/3	0/6	0/6	0/6

续表

利用 RT-qPCR 进行 HAV 检测				
菌/毒株	Lab#1	Lab#5	Lab#6	Lab#7
诺如病毒；圣米格尔海狮病毒 17 型（SMSV-17）	0/3	0/6	0/6	0/6
GⅡ型诺如病毒	0/3	0/6	0/6	0/6
沙门氏菌	0/3	0/6	0/6	0/6

HAV：63 个测试中阳性数为 63；精确度 100%。
非 HAV：105 个测试中阴性数为 105；精确度 100%。

表 3　第 2 轮测试结果

利用 RT-qPCR 进行 HAV 检测					
菌/毒株	Lab #1	Lab #2	Lab #3	Lab #4	Lab #5
HAV HM-175	6/6	6/6	6/6	6/6	6/6
HAV PA 21	6/6	6/6	6/6	6/6	6/6
HAV HAS15	5/6	6/6	6/6	6/6	6/6
脊髓灰质炎病毒	0/6	0/6	0/6	0/6	0/6
星状病毒	0/6	0/6	0/6	0/6	0/6
诺如病毒；圣米格尔海狮病毒 17 型（SMSV-17）	0/6	2/6	0/6	0/6	0/6
GⅡ型诺如病毒	0/6	0/6	0/6	0/6	0/6
沙门氏菌	0/6	0/6	0/6	0/6	0/6

HAV：90 个测试中阳性数为 89；精确度 99%。
非 HAV：180 个测试中阴性数为 178；精确度 99%。

表 4　第 3 轮测试结果

利用 RT-qPCR 进行 HAV 检测				
菌/毒株	Lab #1	Lab #4	Lab #6	Lab #7
HAV HM-175	6/6	6/6	6/6	6/6
HAV PA 21	6/6	6/6	6/6	6/6
HAV HAS15	6/6	6/6	6/6	6/6
脊髓灰质炎病毒	0/6	0/6	0/6	0/6
星状病毒	1/6	0/6	0/6	0/6
诺如病毒；圣米格尔海狮病毒 17 型	0/6	0/6	0/6	0/6
GⅡ型诺如病毒	0/6	0/6	0/6	0/6
沙门氏菌	0/6	0/6	0/6	0/6

HAV：72 个测试中阳性数为 72；精确度 100%。
非 HAV：180 个测试中阴性数为 179；精确度 99%。

表 5　第 4 轮测试结果

利用 RT-qPCR 进行 HAV 检测					
菌/毒株	Lab #1	Lab #2	Lab #5	Lab #7	Lab #8
HAV HM-175	6/6	6/6	6/6	6/6	6/6
HAV PA 21	6/6	6/6	6/6	6/6	6/6

续表

利用 RT-qPCR 进行 HAV 检测					
菌/毒株	Lab #1	Lab #2	Lab #5	Lab #7	Lab #8
HAV HAS15	6/6	6/6	6/6	6/6	6/6
脊髓灰质炎病毒	0/6	0/6	0/6	0/6	0/6
星状病毒	0/6	0/6	0/6	0/6	0/6
诺如病毒；圣米格尔海狮病毒 17 型	0/6	0/6	0/6	0/6	0/6
GⅡ型诺如病毒	0/6	0/6	0/6	0/6	0/6
沙门氏菌	0/6	0/6	0/6	0/6	0/6

HAV：90 个测试中阳性数为 89；精确度 99%。

非 HAV：150 个测试中阴性数为 149；精确度 99%。

表 6　实验室间重复性——第 1 轮测试结果

HAV 毒株	Lab #1			Lab #5			Lab #6			Lab #7		
	平均值	标准差	标准误差	平均值	标准差	标准误差	平均值	标准差	标准误差	平均值	标准差	标准误差
HM-175	21.9	0.26	0.15	22.3*	0.20	0.08	21.9	0.21	0.09	21.9	0.26	0.11
PA 21	21.5	0.41	0.24	21.6	0.27	0.11	21.1	0.19	0.08	21.2	0.22*	0.09
HAS 15M	23.9	0.47	0.27	24.16	0.22	0.09	23.6	0.19	0.08	23.9	0.19	0.08

HAV HM-175：1.3×10^4PFU/rxn；HAV PA 21：7.3×10^4PFU/rxn；HAV HAS-15：6.3×10^4PFU/rxn。

＊实验室#5 和实验室#7 的结果有显著性差异（$p=0.012$）。

表 7 实验室间重复性——第 2 轮测试结果

HAV 毒株	Lab #1			Lab #2			Lab #3			Lab #4			Lab #5		
	Ct 平均值	标准差	标准误差	*Ct* 平均值	标准差	标准误差	*Ct* 平均值	标准差	标准误差	*Ct* 平均值	标准差	标准误差	*Ct* 平均值	标准差	标准误差
HM-175	25.1	0.21	0.09	27.9*	0.77	0.31	25.4	0.35	0.14	25.3	0.31	0.13	25.2	0.16	0.06
PA 21	24.5	0.20	0.08	27.7*	0.18	0.07	24.7	0.68	0.28	24.2	0.19	0.08	24.3	0.36	0.15
HAS 15	26.3	0.19	0.08	26.3	0.40	0.16	27.2	1.21	0.50	26.6	0.51	0.21	26.2	0.21	0.09

HAV HM-175：1.3×10^3PFU/rxn；HAV PA 21：7.2×10PFU/rxn；HAV HAS-15：1.1×10PFU/rxn。

*实验室#2 的结果相较于其他 4 家实验室具有显著性差异（$p<0.05$）。

表 8 实验室间重复性——第 3 轮测试结果

HAV 毒株	Lab #1			Lab #4			Lab #6			Lab #7		
	平均值	标准差	标准误差	平均值	标准差	标准误差	平均值	标准差	标准误差	平均值	标准差	标准误差
HM-175	30.3*	0.21	0.09	29.9*	0.46	0.19	29.4*	0.18	0.07	28.7*	0.44	0.18
PA 21	30.5	0.44	0.18	29.8	0.22	0.09	30.0	0.17	0.07	29.3	0.24	0.10
HAS-15	30.6	0.66	0.27	30.8	0.69	0.07	30.1	0.17	0.07	29.7	0.42	0.17

HAV HM-175：1.3×10^1PFU/rxn；HAV PA 21-7.3×10^1PFU/rxn；HAV HAS-15：1.1×10^2PFU/rxn。

*四家实验室结果有显著差异。

表 9　实验室间重复性——第 4 轮测试结果

HAV 毒株	Lab #1			Lab #2			Lab #5			Lab #7			Lab #8		
	平均值	标准差	标准误差	平均值	标准差	标准误差	平均值	标准差	标准误差	平均值	标准差	标准误差	平均值	标准差	标准误差
HM-175	28.2	0.59	0.24	27.7	0.27	0.11	28.0	0.42	0.17	24.5[a]	1.39	0.55	28.4	0.34	0.14
PA 21	28.7	0.33	0.14	28.7	0.44	0.18	27.99[b]	0.30	0.12	28.6	0.23	0.09	28.7	0.18	0.08
HAS 15	28.6	0.23	0.10	32.2[c]	1.02	0.42	28.4	0.22	0.09	28.4	0.18	0.07	28.9	0.23	0.10

HAV HM 175：1.3×10^2 PFU/rxn；HAV PA 21：9.5×10^2 PFU/rxn；HAV HAS-15：2.2×10^3 PFU/rxn。

a 实验室#7 的结果同其他 4 家实验室具有显著性差异（$p<0.05$）。

b 实验室#5 的结果同其他 4 家实验室具有显著性差异（$p<0.05$）。

c 实验室#2 的结果同其他 4 家实验室具有显著性差异（$p<0.05$）。

表 10　实验室间重复性测试——总结

HAV 毒株	Lab #1			Lab #2			Lab #3			Lab #4		
	Ct 平均值	标准差	标准误差	*Ct* 平均值	标准差	标准误差	*Ct* 平均值	标准差	标准误差	*Ct* 平均值	标准差	标准误差
HM-175	22.0	0.28	0.06	25.8	1.16	0.21	29.6	0.66	0.13	27.4	1.63	0.30
PA 21	21.3	0.34	0.08	25.1	1.38	0.25	29.9	0.51	0.10	28.5	0.40	0.07
HAS 15	23.9	0.31	0.07	26.5	0.72	0.13	30.3	0.65	0.13	28.6	2.44	0.45

表 11 4 轮测试中 8 家实验室包容性和排他性实验结果汇总

菌/毒株	精度	假阴性	假阳性
HAV HM-175	100%	0%	-
HAV PA 21	100%	0%	-
HAV HAS15	98%	2%	-
脊髓灰质炎病毒	100%	-	2%
星状病毒	99%	-	1%
诺如病毒；圣米格尔海狮病毒 17 型	98%	-	2%
GⅡ型诺如病毒	100%	-	0%
沙门氏菌	100%	-	0%
所有 HAV 毒株	**99%**	**1%**	
所有其他菌/毒株	**99%**	**-**	**1%**

附件 C 多家实验室对大葱中 HAV 的富集、提取和检测结果

在阶段 2，将 3 个浓度水平的 HAV 和阴性对照提取物人工添加到大葱中。在对该方法进行验证的过程中，10 家 FDA、食品安全与应用营养中心（CFSAN）或者食品应急反应网（FERN）参与实验室中有 8 家提供了可接受的数据结果，符合食品署关于三级验证的准则。对 50PFU/g 和5PFU/g人工添加 HAV 的大葱样本中 HAV 的总体检出频率分别是 97%和 75%（附录 C，表 2）。

1. 样品制备

从零售市场上购买大葱，切成 2~5in 的段，加入到一个 whirl-pak®取样袋中。对样品进行添加，运输前先于 4℃放置 3 天。进而由 CFSAN 的莫菲特（Moffett）中心食品安全与健康研究所（Moffett Center Institute of Food Safety and Health）负责制备 20 份样品，每份包括 3 个平行重复样本，通过带有冰块的冷却装置进行运输。样品接收后应在 24h 内开展检测分析。

2. 病毒接种

用于接种试验的是 HAV 疫苗株（HAV175）和鼠诺如病毒 1 型（MNV），两者分别通过 FrHK 细胞系和 RAW 264.7 细胞系实现室内繁殖扩增。验证样品包括低（5PFU/g）、高（50PFU/g）和未接种 3 个 HAV 污染水平。而所有样品中 MNV 的接种量都为 4×10^2/g RT-PCR 单位。

表 1 大葱中 HAV 检测的实验室数据

样品编号	盲样线索	实验室编号									
		1	2	3	4	5	6	7	8	9	10
1	-	-	-	-	-	+ fp	-	-	-	-	-
2	+，L	+	+	- fn	+	+	+	+	+	+	+
3	+，L	- fn	+	+	- fn	+	+	+	- fn	- fn	+
4	+，H	+	+	+	- fn	+	+	+	+	+	+
5	+，H	+	+	+	- fn	+	+	+	+	+	+
6	-	-	-	-	-	+ fp	-	-	-	-	-
7	+，L	- fn	+	+	+	+	+	- fn	- fn	- fn	- fn
8	+，H	+	+	+	+	+	+	+	+	-	+
9	+，H	+	+	+	+	+	+	+	+	error	+
10	-	-	-	-	-	+ fp	-	-	-	error	+

续表

样品编号	盲样线索	实验室编号									
		1	2	3	4	5	6	7	8	9	10
11	+，H	+	+	+	+	+	+	+	+	error	+
12	+，L	+	+	– fn	+	+	+	+	– fn	error	+
13	+，L	+	+	+	– fn	+	+	+	– fn	error	– fn
14	+，L	+	+	+	– fn	+	+	+	–	error	– fn
15	+，H	+	+	+	+	+	+	+	+	error	+
16	+，H	+	+	+	+	+	+	+	+	error	+
17	–	–	–	–	–	–	–	–	–	–	–
18	+，L	+	+	+	– fn	+	+	+	+	– fn	– fn
19	+，L	+	+	– fn	– fn	+	+	+	+	– fn	+
20	+，H	+	+	+	+	+	+	+	+	+	+
阳性对照	+	+	+	+	+	+	+	+	+	+	+
阴性对照	–	–	–	–	–	–	–	–	–	–	–

注：红色或 fp 表示假阳性、实验室数据无效或未报告；黄色或 fn 表示假阴性；粉色或 error 表示数据无效/未报告/仪器错误。

表 2　HAV 检出率

5PFU/g HAV- 低接种水平	75%
50PFU/g HAV- 高接种水平	97%
0PFU/g 阴性对照[a]	8%
实时荧光 RT-PCR 对照	
假阴性	0%
假阳性	0%

a 结果来自于一个实验室，可能存在交叉污染。

表 3　参与实验室检测结果的准确性

	检测结果正确的数量/检测样品总量；正确率/%			
	高	低	未添加	RT-PCR 对照
Lab #1	8/8；100%	6/8；75%	4/4；100%	√
Lab #2	8/8；100%	8/8；100%	4/4；100%	√
Lab #3	8/8；100%	5/8；63%	4/4；100%	√
Lab #4	6/8；75%	3/8；38%	4/4；100%	√
Lab #5	8/8；100%	8/8；100%	1/4；25%（fp）	√
Lab #6	8/8；100%	8/8；100%	4/4；100%	√
Lab #7	8/8；100%	7/8；88%	4/4；100%	√
Lab #8	8/；100%	3/8；38%	4/4；100%	√
Lab #9	3/4；75%（nv）	1/4；25%（nv）	3/3；100%（nv）	√
Lab #10	8/8；100%	4/8；50%	4/4；100%	√

注：红色或 fp 表示假阳性/实验室数据无效/未报告；粉色或 nv 表示数据无效/未报告。

3. 结论

HAV 富集和检测方法的多家实验室联合验证证明了该方法的灵敏性和特异性符合要求，适用于监管大葱的检测分析。结果表明该方法灵敏、可靠、重复性好，达到了 HAV 富集和检测的目的。实时荧光 RT-qPCR 的灵敏性为 99%，假阳性和假阴性率为 1%。对于高、低接种量样本的检出率分别为 97%和 75%。自 2005 年以来，尽管出现过几起 HAV 的暴发流行，但却从未自疾病相关的任何食物样品中分离到 HAV。2005 年，在美国多个州的甲肝爆发中，应用该检测方法从贝类提取物中成功检测到了 HAV。该富集和检测方法的检测限是 1~5PFU/g，比近期发表的方法和欧盟的标准化方法（Martin-Latil et al.，EFSA，2012）低了 2 倍。我们的结论是该技术可作为一种诊断性检测方法，用于大葱中 HAV 富集以及食品基质中 RNA 提取物的 HAV 检测。该方法将被吸纳进入 BAM 和正在施行的监管事务法律。

附件 D 缓冲液和提取试剂配方

表 1 甘氨酸/NaCl 缓冲液（0.75mol/L 甘氨酸，0.15mol/L NaCl，pH7.6）（R98）

NaCl	8.8g
甘氨酸（Sigma G-7126 或其他等效产品）	56.3g
蒸馏水	800mL H_2O
用蒸馏水补充体积至 1L	
pH 调节至 7.6	
高压灭菌后 4℃保存	

表 2 TE（10mmol/L Tris，0.1mmol/L EDTA，pH8.0）（R99）

1mol/L Tris pH 8.0	100μL
0.05mol/L EDTA	20μL
PCR 级别水（无 Dnase/Rnase）	9.88mL

表 3 AVL 缓冲液和 AVE/载体 RNA 混合物

（AVL 缓冲液和载体 RNA-AVE 混合的体积，要求 QIAamp 储存，载体 RNA 于-20℃的 30μL 等分溶液中）

样品编号	AVL 缓冲液的体积/mL	载体 RNA-AVE的体积/μL	样品编号	AVL 缓冲液的体积/mL	载体 RNA-AVE的体积/μL
1	0.56	5.6	13	7.28	72.8
2	1.12	11.2	14	7.84	78.4
3	1.68	16.8	15	8.40	84.0
4	2.24	22.4	16	8.96	89.6
5	2.80	28.0	17	9.52	95.2
6	3.36	33.6	18	10.08	100.8
7	3.92	39.2	19	10.64	106.4
8	4.48	44.8	20	11.20	112.0
9	5.04	50.4	21	11.76	117.6
10	5.60	56.0	22	12.32	123.2
11	6.16	61.6	23	12.88	128.8
12	6.72	67.2	24	13.44	134.4

附件 E　BAM 方法对包容性/排他性的要求

2011 年 4 月 19 日

BAM 方法开发者注意事项

下面所列的对包容性/排他性的要求是为了保证 BAM 方法具有足够的灵敏性和特异性，能被可靠地用于分析日常监管食品。当然，在某些情况下，在此所提出的包容性/排他性的要求并不可能得到完全满足。例如，对一些新出现的致病菌、病毒和寄生虫等，所能获得的菌/毒株资源有限，在这种情况下，发起实验室就应努力使用尽可能多的菌/毒株来对他们的方法进行验证。当 BAM 方法开发者确实无法达到该文件所提出的要求时，BAM 委员会也会同开发者一起，根据具体情况重新制定一个可实现的方案目标。

1. 定性和定量方法的菌株*

包容性验证所用菌株应能反应其遗传性、血清型和/或生化特性的多样性，同时也应包含其他方面的信息，如毒力、出现频次和可得性等。所有致病菌除沙门氏菌外，都至少需要 30 个目标菌株。对沙门氏菌则至少需要 100 个血清型，这些血清型应反映不同地理来源、包括所有亚种和大多数的 O 群沙门氏菌。

排他性验证选用的菌株应包括密切相关的、可能产生交叉污染的致病菌。同时还要考虑其他如毒力、出现频率和可得性等因素。应选择至少 30 株潜在的竞争性菌株。

所用特定菌种的来源信息一定要具备可追溯性，并对其进行详细记录。

2. 菌落总数计数方法

菌落总数计数无包容性或排他性要求。

3. RNA 食源性病毒方法*

该验证方案主要是针对分离病毒株的 PCR 鉴定方法，包括传统和实时荧光 PCR 方法。如果是对实时荧光 PCR 进行方法验证，必须明确所用的检测平台。强烈推荐同时利用 2~3 个其他检测平台对该实时荧光 PCR 分析进行验证。

病毒 PCR 定性分析的 4 个类型验证的确认标准如下：

包容性和排他性——包容性是指方法能检测到各种目标病毒株的能力。排他性是指方法将目标病毒跟相似的和存在遗传差异的非目标病毒区分开来的能力。用于包容性和排他性测试的毒株应来自食源性病毒，包含一些来自于公认毒种保藏机构且特征明确的毒株。

发起实验室应首先通过病毒基因组数据库的同源性检索，检测所有引物和/或探针序列的特异性。推荐使用 GENBANK 病毒数据库和其他等效数据库（如 Calicinet）进行 BLAST 比对分析。

制备裂解物用作 RT-PCR 模板。

模板应从临床样本（粪便、呕吐物、血清）或培养细胞的裂解物中制备。

明确整个 PCR 分析过程中阳性和阴性质控株及其反应。实时荧光 PCR 要求必须使用内部扩增质控品，而对基于琼脂糖凝胶电泳的普通 PCR 也最好选用内部扩增质控。

灵敏度水平——灵敏度水平应考虑到靶细胞数量。在包容性和排他性测试中所使用的目标分析物数量应基本相当。

分析物水平——接种水平应调节到可实现部分回收。部分回收是指样本的接种水平可保证用于比较的分析方法中至少一种可产生 25%~75%的阳性结果。这对于方法间的统计学比较是十分必要的。分析物水平可以根据多水平接种时的经验来定，同时还应包括一系列未接种的阴性对照。

动态范围——能够检测到的分析物稀释倍数的对数值。

灵敏度水平——灵敏度水平可用能扩增的完整目标病毒的最低数量（如 PFU、TCID50）或目标核酸数量（如拷贝数）来表示。

竞争株添加——添加菌/毒株主要是为了更好地模拟自然条件下的样本。在某些情况下，样本中天然存在的背景生物即可达到此目的。

与参照培养方法的比较——在可能的情况下，所验证的方法应跟已有的参照培养方法同步进行测试比较。

验证的四个类型

类型一

此为最低水平的验证，所有工作都由发起实验室完成。并已完成包容性和排他性测试。发起实验室会期望可以继续开展深入测试，从而将该方法提升至更高的验证类型。

类型二

这是一种更加稳健的研究，结果可靠性更强。发起实验室已经利用包容性/排他性毒株开展了大量的初始研究。除了发起实验室，还有两家其他的独立实验室也参与了协同验证工作。此外，发起实验室还会将 PCR 方法同另外一种参考检测方法（如血清学或传统组织培养）进行比较。

类型三

在该验证类型中，发起实验室主要依据 AOAC 验证标准，包括包容性/排他性、分析物水平、竞争株，以及同已有方法的比较。其他协同实验室也多遵循 AOAC 的协同研究准则。类型三验证采用 2 家协同实验室，而 AOAC 验证需要 10 家，这是两者的主要不同。

类型三的验证方法适用于现场检查，符合 FDA 现场科学处（Pivision of Field Science）的指导原则。该水平的验证对于提交 BAM 委员会并开展评估都是必需的。

类型四

比类型三具有更加严苛的验证标准。更能证明 PCR 方法的可靠、精确和有效。该类型验证所依据的标准等同于 AOAC 协同研究，或采用 AOAC 的协同研究。

RNA 食源性病毒定性 PCR 检测方法的验证方案——发起实验室

发起实验室研究	类型一：紧急使用	类型二：独立实验室验证	类型三：多家实验室协同验证	类型四
每种毒株重复数	1	3	6	6
同公认方法的比较[a]	不需要	需要，如果有公认方法	需要，如果有公认方法	需要，如果有公认方法

a 如果没有基于 PCR 技术的验证方法，可使用生化和/或血清分析方法。

包容性验证分型

靶病毒	类型一	类型二	类型三	类型四
诺如病毒	1 株：基因型 Ⅰ 1 株：基因型 Ⅱ	2 株：基因型 Ⅰ 5 株：基因型 Ⅱ	5 株：基因型 Ⅰ 10 株：基因型 Ⅱ	10 株：基因型 Ⅰ 20 株：基因型 Ⅱ
甲肝病毒	HM175/18f ATCC #VR-1402	5 株	10 株	20 株
肠道病毒	脊髓灰质炎病毒 1 型（减毒型） ATCC #VR-1562	5 株	15 株	30 株

诺如病毒分型：

当前诺如病毒及其核酸都可以通过商业化途径获得。验证分型的可靠性应根据具体情况来定，因为它依赖于测试用临床分离株的获得情况。然而，该分型应包括近 3 年来在美国发生并上报至 CDC 的食源性疾病相关的主要毒株。正如上表所示，代表性毒株应来自于基因型Ⅰ和Ⅱ。

甲肝病毒分型：类型二		
应包含以下毒株：	HM175/18f（亚型 1B）	ATCC #VR-1402
	HAS-15（亚型 1A）	ATCC #VR-2281
甲肝病毒分型：类型三和四；肠道病毒列表：类型二和类型三、四		
应包含以下毒株：	HM175/18f（亚型 1B）	ATCC #VR-1402
	HAS-15（亚型 1A）	ATCC #VR-2281
	LSH/S	ATCC #VR-2266
	PA219（亚型ⅢA）	ATCC #VR-1357
肠道病分型：类型二		
应包含以下毒株：	脊髓灰质炎病毒 1 型（减毒型）	ATCC #VR-1562
	柯萨奇病毒 A3 型	ATCC #VR-1007
	艾可病毒 1 型	ATCC #VR-1038
肠道病分型：类型三和四		
应包含以下毒株：	脊髓灰质炎病毒 1 型（减毒型）	ATCC #VR-1562
	脊髓灰质炎病毒 3 型（减毒型）	ATCC #VR-63
	柯萨奇病毒 A3 型	ATCC #VR-1007
	艾可病毒 1 型	ATCC #VR-1038
	艾可病毒 21 型	ATCC #VR-51

包容性分型可根据商业机构（ATCC）中毒株的购买获得情况进行部分选择。

排他性分型验证

靶病毒	类型一	类型二	类型三	类型四
诺如病毒	10 株	20 株	30 株	30 株
甲肝病毒	10 株	20 株	30 株	30 株
肠道病毒	10 株	20 株	30 株	30 株

诺如病毒分型：类型一		
必须包含 A 型：	HM175/18f（基因亚型 1B）；	ATCC #VR-1402（或其他等效株）
	脊髓灰质炎病毒（减毒型）	ATCC #VR-1562（或其他等效株）
	猫杯状病毒	ATCC #VR-2057
	小鼠杯状病毒	
诺如病毒分型：类型二、三和四		
必须包含 A **型** 代表性**分型**：B **型**：	HAV；（基因亚型 1A）	ATCC #VR-2281（或其他等效株）
	柯萨奇病毒 A3 型	ATCC #VR-1007（或其他等效株）
	艾可病毒 1 型	ATCC #VR-1038（或其他等效株）

续表

	轮状病毒	ATCC #VR-2018（或其他等效株）
	星状病毒	
	圣米盖尔海狮病毒（如果可获得）	
	大肠埃希氏菌	
	沙门氏菌	
	志贺氏菌	
	弧菌	
	李斯特菌	
甲肝病毒分型：类型一		
必须包含 C 型：	诺如病毒Ⅰ型	
	诺如病毒Ⅱ型	
	脊髓灰质炎病毒 1 型（减毒型）	ATCC #VR-1562（或其他等效株）
	柯萨奇病毒 A3 型	ATCC #VR-1007（或其他等效株）
甲肝病毒分型：类型二、三和四		
必须包含 C 型代表性**分型**：D 型	艾可病毒 1 型	ATCC #VR-1038（或其他等效株）
	轮状病毒	ATCC #VR-2018（或其他等效株）
	猫杯状病毒	ATCC #VR-2057
	星状病毒	
	大肠埃希氏菌	
	志贺氏菌	
	弧菌	
	李斯特菌	
肠道病毒**分型**：类型一		
必须包含 E **型**：	诺如病毒Ⅰ型	
	诺如病毒Ⅱ型	
	HM175/18f（基因亚型 1B）；	ATCC #VR-1402（或其他等效株）
肠道病毒**分型**：类型二、三和四		
必须包含 E **型**代表性**分型**：F 型	HAV；（基因亚型 1A）	ATCC #VR-2281（或其他等效株）
	轮状病毒；	ATCC #VR-2018（或其他等效株）
	猫杯状病毒	ATCC #VR-2057
	大肠埃希氏菌	
	沙门氏菌	
	志贺氏菌	
	弧菌	
	李斯特菌	

注：包容性和排他性测试株的选择应考虑自商业机构和美国 CDC 购买获得的情况。

RNA 食源性病毒验证方案

定性 PCR 方法——协同研究

协同研究	类型一：紧急使用	类型二：独立实验室验证	类型三：多家实验室协同验证	类型四
能提供有效数据的实验室数量[a]	n/a	2	5	10
每种毒株重复数量	n/a	3	6	6
与公认方法的比较[b]	n/a	需要，如果有公认方法	需要，如果有公认方法	需要，如果有公认方法

a 要求提供数据的实验室在同一 PCR 检测平台上开展研究。

b 如果没有基于 PCR 技术的确证方法，可使用生化和/或血清分析方法。

4. 细菌 PCR 分析方法的验证方案

该验证方案主要是针对分离菌株的 PCR 鉴定方法。

该验证方案适用于传统和实时荧光 PCR 分析。如果是对实时荧光 PCR 的验证，应明确所使用的检测平台和化学试剂，并强烈建议同时在 2~3 个其他检测平台上对该实时 PCR 分析进行验证。

细菌定性 PCR 检测四个验证类型的判定标准如下：

包容性和排他性——在上述 A 中对包容性/排他性的要求同样适用于此处。

发起实验室应首先通过细菌基因组数据库的同源性检索，检测所有引物和/或探针序列的特异性。推荐使用 GENBANK 细菌数据库进行 BLAST 比对分析。

制备细菌裂解产物用于 PCR 模板的方法：取细菌单菌落的 1/4~1/2，转移到盛有 150μL dH_2O 的 1. 5mL 离心管中。将重悬的细胞煮沸 5min，冰上冷却，于4℃或-20℃保存。自过夜培养的肉汤中取 1mL 转移至1. 5mL离心管中，5000×*g* 离心，弃去上清，沉淀重悬于 250μL dH_20 中。按上述方法进行煮沸、冷却。

特别注意：靶基因和对照（阳性和阴性）。关于靶基因，即公认的检测靶标，不管是其毒力因子还是其分类标识（如 16S DNA），都应证明对该致病菌是特异的。此外，在整个 PCR 分析过程中，还要明确指出阳性和阴性质控菌株及其扩增反应。对于实时荧光 PCR 则不需要内部扩增质控。

特别注意：不管是使用菌体细胞还是纯化的核酸，模板的数量应基本相当，并保证可以通过 PCR 产生扩增子。包容性和排他性研究中所用的目标分析物的数量也应基本相当。

同公认方法的比较——在可能的情况下，发起实验室应将该 PCR 方法同另外一种基于 PCR 的参照鉴定方法进行比较。如果没有基于 PCR 技术的参照方法，也可使用细菌学、生化和/或血清学鉴定方法。

附件 F　模板的制备

核酸模板

为了降低运输病毒、细菌等传染性微生物的费用和难度，样品通常以纯化的核酸形式进行发放，并应确保核酸的完整性和不同实验室间的均一性。

在可能的情况下，待测微生物的核酸应来自于其增殖的纯培养物，初始浓度应满足所有的测试需求。为获得适当的核酸浓度，测试株的生长密度应>1×10^6/mL。对于需要利用哺乳动物细胞增殖的病毒，需同时提取未接种的培养细胞核酸，并按推荐测试方法进行检测，以确保不存在任何交叉反应。对于那些很难或者不能通过传统的组织培养技术进行增殖的病毒（如 HAV、人诺如病毒），可利用临床样本（如血清、呕吐物、粪便）提取病毒核酸。

用于验证实验的细菌和病毒核酸可通过以下两种常规方式进行提取：

1. 对于细菌培养物，可煮沸 5min，立即于冰上冷却；4℃条件下 5000×*g* 离心 5min，吸取上清，按合适的体积进行分装后于-80℃ 保存。

2. 也可利用商业化核酸提取试剂盒提取细菌和病毒核酸。这些试剂盒通常都是利用离液剂和硅吸附柱，用于 DNA 或 RNA 的特定结合。因此，使用时应根据测试核酸的类型进行选择。

Ambion、Invitrogen、Qiagen、Roche Applied Science 和 Zymo 均有适用于核酸提取的试剂盒，当然并不仅限于上述品牌。该名单不应作为对这些公司或其产品的认可。在任何可能的情况下，纯化的核酸均应于-80℃保存，且提供的 RNA 模板中应添加 RNAse 抑制剂，从而减少 RNA 降解的风险。

附件 G 鼠诺如病毒提取质控品的制备

1. 提取质控品鼠诺如病毒（MNV）的制备

材料：稀释液-PBS（组织培养级）；配方见提取方法部分溶液列表。

a. 鼠诺如病毒——在 FDA 的海湾海岸海产品实验室（Gulf Coast Seafood Laboratory）中利用 RAW 细胞进行增殖。最终滴度为：7.7×10^6 RT-PCR 单位/mL（≈ 7.7×10^4PFU/mL）；滴度可能会有变动——如下所述。

b. MNV 储备液充分解冻，震荡 5s。

c. 瞬时离心 2s，将溶液甩至管底。

d. 取 900μL PBS，用作 MNV 的 10 倍稀释空白液。

e. 将 100μL MNV 储备液加入到 900μL 稀释空白液中，蜗旋震荡 5s。

f. 瞬时离心 2s，将溶液甩至管底。

注意：此 10 倍稀释的稀释液，其终浓度为 7.7×10^5 RT-PCR 单位/mL。

注意：可以将其冻存，用于后续的接种实验，但其滴度经多次冻融后会下降。

100μL 的 10 倍稀释的稀释液中，约含有 7.7×10^4RT-PCR 单位的病毒。将其作为步骤 2（富集和提取作业指导书）中的提取质控品。将该滴度的 MNV 添加到 50g 食品基质（大葱、草莓、贝类）中，所产生的终浓度约 1540 RT-PCR 单位/g。请注意将 MNV 添加到样品中是为了判断提取过程是否正确，而不是验证方法的灵敏性。这仅是一个定性分析方法。

注意：对于不同来源或者重新增殖后的 MNV，在将其用作提取质控品之前应重新测定其滴度。

HAV 检测方法的多家实验室验证的 1B 阶段，由 8 家 FDA 实验室（附录 B，表 1）参与，包括了 4 轮测试。每轮测试至少包含 4 家实验室。用于包容性和排他性测试的微生物包括 3 个 HAV 毒株、4 种肠道病毒和肠道细菌（附件 B，表 2）。室间重复性检测结果发现有 2 家实验室的结果异常，主要是由于人员操作误差导致，跟分析方法本身无关（附件 B，表 11）。总之，MLV 结果表明该方法精度可达 99%，假阳性和假阴性率为 1%（附件 B，表 12）。这种精度水平在核酸技术（Nucleic Acid Technology ，NAT）分析的可接受范围内。

2. 样品制备

用于检测分析的模板包括利用 QIAmp 病毒 RNA 提取试剂盒（Qiagen，Carlsbad，CA）所提取的 RAN。对于 MLV 的 4 轮测试，每一轮都需要 1~2 个月才能完成。模板和 PCR 试剂应利用干冰进行过夜运输，使用前于-20℃保存。

在第 2 阶段，大葱中人工接种 3 个水平的 HAV 和提取质控品。在对该方法进行验证的过程中，10 家 FDA、CFSAN 或 FERN 参与实验室中有 8 家提供了可接受的数据结果，符合食品办公室方法验证类型三的指导原则。对于 50PFU/g 和5PFU/g人工污染大葱样本，HAV 的总体检出频率分别是 97%和 75%（附件 C，表 2）。

3. 样品制备

大葱购自零售市场。样品被剪成 2″~5″的碎片，加入到一个 whirl-pak®取样袋中。对样品进行添加，运输前先于 4℃放置 3d。进而由 CFSAN 的莫菲特中心食品安全与健康研究所负责制备 20 份样品，每份包括 3 个平行重复样本，通过带有冰块的冷却装置进行运输。样品接收后应在 24h 内开展检测分析。

4. 病毒接种

用于接种试验的是 HAV 疫苗株（HAV175）和鼠诺如病毒 1 型（MNV），两者分别通过 FrHK 细胞系和 RAW 264.7 细胞系实现室内繁殖扩增。验证样品包括低（5PFU/g）、高（50PFU/g）和未接种 3 个 HAV 污染水平。而所有样品中 MNV 的接种量都为 4×10^2/g RT-PCR 单位。

27 干酪中磷酸酶的初筛方法

2001年1月

作者：George C. Ziobro。

本章目录

过去的十年中，因食用以生的或杀菌不当的巴氏乳为原料制成的乳制品造成的大规模食源性疾病经常爆发。牛乳巴氏消毒的方法是62.8℃ 30min或者71.7℃ 15s，在此条件下可以杀死牛乳中所有非芽孢形式的病原体，并且灭活碱性磷酸酶（ALP）。ALP（EC3.1.3.1）磷酸单酯碱性酶的耐热性比非芽孢形式的病原体好，因此，当检测ALP为阴性时即可判定液态乳和乳制品巴氏杀菌合格[1]。软干酪是由干酪发酵产生的［如：蓝干酪、瑞士干酪、卡门培尔（Camembert）干酪］，发酵过程中微生物产生ALP，因此其检测结果为阳性[2-3]。

以下介绍的是一种检测牛乳以及干酪中ALP残留的通用方法[4]。Zittle和DellaMonica改变了缓冲液，因为其发现当缓冲液中有碳酸根离子存在时会抑制牛源性ALP[5]。与原先AOAC（第16版）的方法（见946.03）不同，该方法整个分析过程在一个检测管中完成，并且所使用的试剂可以检测所有的干酪样品。

这个方法是一种筛查方法。当样品中ALP的含量超过表27-1中所列的水平时则需要按照AOAC中946.03的方法重新分析（第16版，相当于13版中的16.275~16.277，引自21CFR133.5）。

A. 仪器与材料

1. 移液管或数字式移液器：量程从100μL到1mL（Eppendorf或其他品牌）。
2. 移液器吸头。
3. 能够放置10~15mL离心管的离心机：离心速率不低于RCF 2400×g。
4. 冰浴设备。
5. 离心管：10~15mL。
6. 两个水浴锅。第一个沸水浴作为巴氏杀菌的对照；第二个为40℃，用于孵育样品。
7. 分光光度计（650nm）。

B. 试剂

1. AMP缓冲液：将10g 2-氨基-2-甲基-1-丙醇溶于水中。用6mol/L HCl调节pH至10.1，再加入10mL Tergitol type 4，用蒸馏水定容至1L。

2. 底物缓冲液：将 0.5g 无苯酚的磷酸苯二钠溶于 AMP 中并定容至 500mL。现配现用。

3. 正丁醇：沸点 116~118℃。

4. 催化剂：将 200mg $CuSO_4 \cdot 5H_2O$ 溶于 100mL 蒸馏水中。

5. CQC 溶液：将 40mg 透明的 2，6-二氯苯醌亚胺晶体溶于 10mL 甲醇并存放于棕色瓶中。或溶解 1 片 Indo-Phax 于 5mL 甲醇中，保存于冰箱中。当溶液变成棕色时停止使用，存放时间不超过 1 周。

6. CQC 催化溶液：将 CQC 溶液和催化剂等体积混合。现配现用。

7. 6mol/L HCl 溶液：将 50mL 浓盐酸加入 50mL 蒸馏水中，混匀。

8. 苯酚标准溶液。

a. 储备液——精确称量 1.000g 纯苯酚，用 0.1mol/L 的 HCl 溶于 1L 容量瓶内（1mL 储备液含 1mg 苯酚）。冰箱内可存放数月。

b. 工作液——将 100μL 储备液用 AMP 缓冲液稀释至 100mL，混匀（1mL 工作液含 1μg 苯酚）。现配现用。

c. 标准色度溶液——分别取 0.0、0.25、0.5、1.0、2.5 和 5.0mL 工作液用 AMP 缓冲液定容至 5.0mL 于一组比色管中，且每管中加入 0.5mL 水。

9. Tergitol type 4（硫酸四癸钠）：为一种阴离子表面活性剂，7-乙基-2-甲基-4-十一醇硫酸氢盐、钠盐（Sigma 公司产品 NO.4）。无替代品。

10. 水：蒸馏水或去离子水。

C. 干酪样品

1. 硬质干酪。用干净的刀在样本内部取样。

2. 软质或半软质干酪。在冰箱中将干酪冻硬。为了避免样品表面由微生物带入的磷酸酶，样品依照以下方法制备：

- 从底面或侧面取样。如果可以的话，取 5cm。如果是小块干酪，在中心的任意一点取样。横向和纵向各切 6~12mm 深的切口。该切口要超过一半的厚度。撇开该部分，露出新鲜的切面，在该切面取样。
- 用干净的刀或抹刀去除 6mm 厚的样品表面（例如，底部和相邻边）。手和设备要用热水和无苯酚的肥皂清洗，擦干。将新暴露的表面再去除相同或更厚的表层，反复清洗。在该新暴露的表层取样，小块干酪尽量从中心或靠近中心部位取样。

3. 融化干酪和涂抹干酪。用干净的刀或抹刀从表面下面取样。

D. 干酪中磷酸酶的筛查方法

按照 C 部分的取样方法取两份 0.5g 样品于检测试管中，加 0.5mL 水（取 2 支试管，一支用于检测，另一只做对照），用玻棒捣碎。沸水浴 2min 后立即冰浴。

两支试管中分别加入 5mL 底物缓冲液涡旋振荡器混匀或颠倒混匀。将测试管、对照管和标准色度溶液分别放入 40±1℃水浴 15min（允许 1min 预热时间，可以延长至 16min）。孵育时搅拌一次。

水浴后加 0.2mL CQC 催化液或 0.1mL Indo-Phax 催化液。混匀后立即放入 40℃水浴 5min，之后冰浴 5min。加 3mL 丁醇，封口后上下颠倒 6 次。冰浴 5min，2400×*g* 离心 5min。

将上层丁醇层用巴氏吸管移入比色皿，用分光光度计读取 650nm 波光处的吸光度。以微克级苯酚对应的吸光度做出的标准曲线应该是一条直线，去除空白对照中的苯酚即为干酪样品中的苯酚。若小于 0，以 0 计。

E. 结果分析

表 27-1 中列出了干酪的种类、最大允许限量的苯酚当量/干酪（g）和相应的 CFR 参考。任何样品超过表 27-1 中列出的水平是不允许的。其他没有列出的种类以 12μg 苯酚/干酪（g）为限量值。

表 27-1　CFR 21 中所列干酪[a]清单

干酪	干酪中苯酚含量/（μg/g）	CFR
砖干酪	20	133. 108（a）
切达干酪	12	133. 113（a）
科尔比氏干酪（Colby）	12	133. 118（c）
熟制干酪（Cook，Koch）	12	133. 127（a）
水洗凝乳	12	133. 136（a）
荷兰球形干酪（Edam）	12	133. 138（a）
高德干酪（Gouda）	12	133. 144（a）
格鲁耶尔干酪（Gruyere）	12	133. 149（a）
硬质干酪	12	133. 150（c）
林堡干酪（Limburger）	16	133. 152（a）
蒙特里杰克干酪（Monterey & Monterey Jack）	12	133. 153（a）
马苏里拉干酪（Mozzarella & Scamorza）	12	133. 155（a）
低水分马苏里拉干酪	12	133. 156（a）
门斯特干酪（Muenster）	12	133. 16（a）
巴氏杀菌干酪	12	133. 169（a）
混合干酪	12	133. 173（a）
牛沙特尔干酪（Pasteurized Neufchatel）、涂抹干酪	12	133. 178（a）
波萝伏洛干酪（Provolone）	12	133. 181（a）
萨姆索奶油硬干酪（Samsoe）	12	133. 185（a）
半软干酪	20	133. 187（c）
半软部分脱脂干酪	20	133. 188（c）
五香干酪	12	133. 190（a）
瑞士和艾曼塔尔干酪	12	133. 193（a）

a 表示不同的干酪有不同的水平。CFR 的值乘以 4 得到每克干酪中的苯酚含量。

参考文献

[1] Murthy, G. K., and S. Cox. 1988. Evaluation of APHA and AOAC methods for phosphatase in cheese. *J. Assoc. Off. Anal. Chem.* 71: 1195~1199.

[2] Fanni, J. A. 1983. Phosphohydrolase activities of Penicillium caseicolum. *Milchwissenschaft* 38: 523~526.

[3] Hammer, B. W., and H. C. Olson. 1941. Phosphatase production in dairy products by microorganisms. *J. Milk Technol.* 4: 83~85.

[4] AOAC International. 1995. *Official Methods of Analysis*, 15th ed., sec. 979. 13. AOAC INTERNATIONAL, Arlington, VA.

[5] Zittle, C. A., and E. S. DellaMonica. 1950. Effects of glutamic acid, lysine and certain inorganic ions on bovine alkaline phosphatases. *Arch. Biochem. Biophys.* 26: 135~143.

28 聚合酶链式反应检测食物中产肠毒素霍乱弧菌

2001年1月

作者：Walter H. Koch，William L. Payne，Thomas A. Cebula。

更多信息请联系 Angelo DePaola，Jr。

修订历史：联系信息更新。

本章目录

近年来，世界各地霍乱弧菌（*Vibrio cholerae*）的流行现状急需快速、可靠的诊断方法来进行早期检测，尤其是对食品和水体中霍乱弧菌的鉴定。传统的微生物学方法具有较好的敏感性和特异性，然而这些方法需要较长的检测周期（见第9章），进而可能会导致被检食物出现一定程度的腐烂。霍乱毒素分子（*ctxAB* 基因编码）是霍乱弧菌致病机制的主导因子，而聚合酶链式反应（polymerase chain reaction，简称 PCR）可选择性地扩增含 *ctxAB* 操纵子的 DNA 片段。目前，该检测方法已广泛地应用于多类食品检测工作[19]。

1985年，Mullis 等首次提出了 PCR 技术，自此以后该项发明掀起了多个生命科学领域的革命[25]。在 PCR 技术中，双链模板 DNA 变性成单链模板，与特异性寡核苷酸引物杂交，并伴随着引物在热稳定 DNA 聚合酶作用下进行扩增[26]。在 DNA 区域中与相交链互补的引物从 5′→3′方向延伸，如此重复循环变性、退火和延伸反应，以指数形式扩增特定的 DNA 片段。这个过程非常迅速（在某些 PCR 扩增仪上可以达到 30min 可以完成 25 个循环），并且敏感性高（单个细胞的基因亦可扩增）。因此，PCR 技术可用于对种、属或等位基因的特异性扩增。

将 PCR 用作食品中病原微生物的检测技术在 1994 年早期已出版（表 28-1），其中报道了大约 20 余种基于 PCR 的检测流程。基于 PCR 技术的检测方法目前能够检测多种食源性致病菌，包括单核细胞增生李斯特菌、产毒性大肠埃希氏菌（见第4章）、创伤弧菌、霍乱弧菌、福氏志贺氏菌、小肠结肠炎耶尔森氏菌、各种沙门氏菌和弯曲菌属，以及甲型肝炎病毒[15]（见第26章）和诺瓦克病毒。

表 28-1　食物中致病性微生物的 PCR 检测方法

生物体	靶基因/基因产物	参考文献
弯曲菌属	16S rRNA	[14]
空肠弯曲菌	*flaA*~*flaB* 基因间序列	[32]
结肠弯曲菌	*flaA*~*flaB* 基因间序列	[32]

续表

生物体	靶基因/基因产物	参考文献
大肠埃希氏菌	*MalB*、LT1、ST1	[5]
	LT	[34]
	SLT Ⅰ、SLT Ⅱ	[13]
	VT1、VT2、VTE	[23]
	质粒侵入基因（*ial*）	[120]
单核细胞增生李斯特菌	溶血素（*hly*）	[3]、[4]、[9]、[10]、[12]、[21]、[22]、[24]、[29]、[34]
	16S rRNA	[30]
	李斯特菌表面蛋白基因	[31]
沙门氏菌属	*oriC*、染色体复制起点	[11]
福氏志贺氏菌	质粒侵入基因	[20]
霍乱弧菌	*ctxAB*	[19]
创伤弧菌	致病性创伤弧菌溶血素（cytotoxin-hemolysin）	[16]
小肠结肠炎耶尔森氏菌	毒性质粒基因 *virF*	[35]
	yadA 基因	[17]
甲型肝炎病毒[a]	聚合酶基因	[2]、[15]
诺瓦克病毒[a]	聚合酶基因	[2]

a 反转录 PCR（reverse transcription PCR，RT-PCR）。

上述这些 PCR 方法依赖于从污染食物中提取的 DNA 进行检测，DNA 的提取需要几个小时，而且往往要根据不同的食物基质进行调整。PCR 的一个优点是扩增反应经常可以对粗提取物进行良好的扩增，有时只需短时煮沸的细菌上清即可。

虽然 PCR 方法原则上可以通过 50~60 个循环来检测单个细菌，但实际上 PCR 的有效灵敏度大概是 10^4个/g，这是由于反应体积的局限（25~100 μL）、在大循环数下产生的非特异性产物和许多食物基质抑制 *Taq* 酶活性等原因所导致的。因此，将菌体富集与 PCR 操作相结合可以有效地实现两个目的：1）将检测的敏感性升高至能检测到至少每克食品 0.1 个细菌；2）通过对预增菌富集和后增菌富集比较，证明待检食品中含有活性细菌。这种更高的灵敏度和菌体活性信息的获得需要额外增加 4~24h（取决于细菌生长特点）的时间，但对整个检测过程是必要的。因为该步骤可以克服 PCR 扩增包括死菌和失活菌体的全部 DNA 而产生假阳性结果的缺陷。

PCR 扩增结果可经由含有溴化乙啶（ethidium bromide，EB）的琼脂糖凝胶电泳后于紫外灯下清楚分析。包括 PCR 扩增和琼脂糖凝胶分析的整个操作时间通常需要 2~4h，由于敏感性、特异性和分析时间等原因，PCR 前进行选择性富集是一种高效快速的方法。

缺少霍乱毒素基因的 Inaba 和 Ogawa 血清型已被分离出来，这些菌株基本上是非致病性的。自从发现霍乱毒素操纵子是致病的首要因素后，各种检测霍乱弧菌致病性的 PCR 方法都用 *ctxAB* 基因作为靶基因进行扩增[8,18,28]。这些描述的 PCR 方法并不能检测无毒性的霍乱弧菌。在实际应用中，PCR 比完整的微生物鉴定方法要快得多。然而仍建议将 PCR 分析的碱性蛋白胨水（APW）富集培养液接种到 TCBS（thiosulfate-citrate-bile salts-sucrose）固体平板上（见第 9 章），用于 PCR 检测呈阳性的样品中霍乱弧菌的分离和直接确认。

A. 设备和材料

1. 用于霍乱弧菌富集的 APW（见第 9 章）。
2. 自动编程 PCR 仪。
3. 水平凝胶电泳系统。
4. 电泳所需的恒压电源。
5. 加热板。
6. 微量离心管：1.5mL 和 0.6mL。
7. 移液枪（例如 0.5~20μL，20~200μL）。
8. 带滤芯的枪头。
9. 微量离心仪。
10. 紫外透射仪。
11. 即显胶片照相机。
12. 胶片。

B. 试剂

1. 碱性蛋白胨水（APW）（见第 9 章）。
2. 霍乱毒素的 PCR 引物，10pmol/μL 储备液（5′-TGAAATAAAGCAGTCAGGTG-3′，5′-GCTATTCTGCA-CAAATCAG-3′；见参考文献[19]。
3. Taq DNA 聚合酶（从不同的供应商获得天然的或化学阻断的 *Taq* 聚合酶）。
4. 2′-脱氧核苷-5′-三磷酸盐（dTTPs、dATPs、dCTPs、dGTPs）；每种 dNTPs 储备液 1.25mmol/L。
5. 10×PCR 缓冲液（100mmol/L Tris-HCl，pH 8.3，500mmol/L KCl，15mmol/L $MgCl_2$）。
6. 石蜡油。
7. 无菌去离子水。
8. 10×TBE（0.9mmol/L Tris-BORATE，0.02mmol/L EDTA，pH 8.3）。
9. 琼脂糖（核酸电泳级）。
10. 溴化乙啶：10mg/mL。
11. 6×Loading buffer（见参考文献[27]）。
12. DNA 分子量标记（如：123bp，Bethesda Research Laboratories，Gaithersburg，MD）。

C. 利用 APW 富集增菌液扩增霍乱毒素基因序列的操作过程

食品样品和 APW 增菌液见第 9 章。

1. APW 增菌液裂解物的准备

准备 APW 洗涤液或匀浆液（见第 9 章）。取样后立即冷冻保存（约 1mL）。在增菌（6~24h）后，取 APW 增菌液 1mL 于 1.5mL 微量离心管中煮沸 5min，制备初级裂解液。裂解液可立即使用，也可储存于-20℃。注意：由于 PCR 强大的扩增能力，痕量的污染物也会导致假阳性。样品准备、PCR 反应设置、PCR 产物分析都应分开进行，以使污染的概率最小化。对于实验室 PCR 设置的讨论见《PCR 方法和应用》（*PCR Methods and Applications*）3（2）：S1~S14（1993）。另有手册增刊第一部分：实验室 PCR 方法的建立[6,7]。使用无菌技术处理 PCR 试剂和溶液是必需的。用抗气溶胶的枪头准备样品和试剂，如有可能，准备一套独立的移液枪用于 PCR 产物分析时使用。

2. PCR 反应的准备

为使 PCR 试剂的交叉污染降到最低，建议先将主要的混合液准备好，分装后冷冻保存。主要的混合液包含除了 *Taq* 酶和待扩增的裂解产物外的其他成分。最终的反应体系包括：10mmol/L Tris-HCl，pH 8.3；50mmol/L KCl，1.5mmol/L $MgCl_2$，dNTPs（dATP、dGTP、dGTP 和 dTTP）各 200mmol/L；2%~5%（体积分数）APW 裂解液；0.5 μmol/L 引物，每 100 μL 2.5U *Taq* 聚合酶；反应体积可能为 25~100μL。将 *Taq* 酶加到混合液中，分装到 0.6mL 微量离心管中后，加入 APW 裂解液，以 50~70 μL 石蜡油封存。

3. 温度循环

不同厂商的 PCR 仪，其加热和冷却的动态过程是不同的。用以下温度循环便可有效扩增 *ctx* 基因片段：94℃变性 1min，55℃退火 1min，72℃延伸 1min，至少重复 35 次。增加循环数常会导致非特异性扩增产物的出现，包括引物二聚体。

4. 琼脂糖凝胶分析 PCR 产物

取 10~20μL PCR 反应产物与 6×上样缓冲液混合。根据 Sambrook 等编写的《分子克隆实验手册》（*Moleculer Cloning：A Laboratory Manual*）中的四种通用缓冲液选择其中之一。加样至由 1×TBE 浸没的含 1μg/mL EB的 1.5%~1.8%琼脂糖凝胶中。在 5~10V/cm 恒压下适当迁移后，用 UV 透射仪照射琼脂糖凝胶，便能看见扩增条带，并与分子质量标准参照物的迁移进行比对。上述引物可扩增出 777bp 大小的片段[19]。最后拍摄照片记录结果。更多凝胶电泳分析的详细内容可参照《分子克隆实验手册》[27]。

5. 适当的控制

一些质控反应对准确阐述 PCR 结果是很重要的。对于已进行过方法优化的食物种类（例如，蔬菜、牡蛎、蟹和虾壳，见参考文献［19］），每次 PCR 分析至少应包含一个不含裂解物的预混液对照和一个产毒霍乱弧菌的 APW 阳性对照。对每种利用 PCR 方法检测的新食物，则必须确认食物中是否存在潜在的抑制效应。因此，应取 5×10^6/mL 的阳性菌液（或含有等量菌体的阳性对照裂解物）1mL 添加到 1∶10 和 1∶100 的 APW 食物后富集混合液中。将上述两个添加样品的检测结果同含有等量 ctx^+菌体细胞的 APW（不含食品基质）裂解物进行比较，可以判断两个不同浓度的食物样品中是否存在抑制效应，从而避免假阴性结果的出现。清洗食物（水果和蔬菜）不可能抑制 PCR 反应，除非水果上有伤痕，释放过量的酸性物质。

参考文献

［1］Andersen，M. R.，and C. J. Omiecinski. 1992. Direct extraction of bacterial plasmids from food for polymerase chain reaction amplification. *Appl. Environ. Microbiol.* 58：4080~4082.

［2］Atmar，R. L.，T. G. Metcalf，F. H. Neill，and M. K. Estes. 1993. Detection of enteric viruses in oysters by using the polymerase chain reaction. *Appl. Environ. Microbiol.* 59：631~635.

［3］Blais，B. W.，and L. M. Phillippe. 1993. A simple RNA probe system for analysis of *Listeria monocytogenes* polymerase chain reaction products. *Appl. Environ. Microbiol.* 59：2795~2800.

［4］Bohnert，M.，F. Dilasser，C. Dalet，J. Mengaud，and P. Cossart. 1992. Use of specific oligonucleotides for direct enumeration of *Listeria monocytogenes* in food samples by colony hybridization and rapid detection by PCR. *Res. Microbiol.* 143：271~280.

［5］Candrian，U.，B. Furrer，C. Hofelein，R. Meyer，M. Jermini，and J. Luthy. 1991. Detection of *Escherichia coli* and identification of enterotoxigenic strains by primer-directed enzymatic amplification of specific DNA sequences. *Int. J. Food Microbiol.* 12：339~351.

［6］Dieffenbach，C. W.，and G. S. Dveksler. 1993. Setting up a PCR Laboratory. *PCR Methods Appl.* 3（2）：1~7.

［7］Dragon，E. A. 1993. Handling reagents in the PCR laboratory. *PCR Methods Appl.* 3（2）:8~9.

［8］Fields，P. I.，T. Popovic，K. Wachsmuth，and O. Olsik. 1992. Use of the polymerase chain reaction for detection of toxigenic *Vibrio cholerae* O1strains from the Latin American cholera epidemic. *J. Clin. Microbiol.* 30：2118~2121.

［9］Fitter，S.，M. Heuzenroeder，and C. J. Thomas. 1992. A combined PCR and selective enrichment method for rapid detection *of Listeria monocytogenes*. *J. Appl. Bacteriol.* 73: 53~59.

[10] Fluit, A. C., R. Torensma, M. J. Visser, C. J. Aarsman, M. J. Poppelier, B. H. Keller, P. Klapwijk, and J. Verhoef. 1993. Detection of *Listeria monocytogenes* in cheese with the magnetic immuno–polymerase chain reaction assay. *Appl. Environ. Microbiol.* 59: 1289~1293.

[11] Fluit, A. C., M. N. Widjojoatmodjo, A. T. Box, R. Torensma, and J. Verhoef. 1993. Rapid detection of salmonellae in poultry with the magnetic immuno–polymerase chain reaction assay. *Appl. Environ. Microbiol.* 59: 1342~1346.

[12] Furrer, B., U. Candrian, C. Hoefelein, and J. Luethy. 1991. Detection and identification of *Listeria monocytogenes* in cooked sausage products and in milk by in vitro amplification of haemolysin gene fragments. *J. Appl. Bacteriol.* 70: 372~379.

[13] Gannon, V. P., R. K. King, J. Y. Kim, and E. J. Thomas. 1992. Rapid and sensitive method for detection of Shiga–like toxin–producing *Escherichia coli* in ground beef using the polymerase chain reaction. *Appl. Environ. Microbiol.* 58: 3809~3815.

[14] Giesendorf, B. A., W. G. Quint, M. H. Henkens, H. Stegeman, F. A. Huf, and H. G. Niesters. 1992. Rapid and sensitive detection of *Campylobacter* spp. in chicken products by using the polymerase chain reaction. *Appl. Environ. Microbiol.* 58: 3804~3808.

[15] Goswami, B. B., W. H. Koch, and T. A. Cebula. 1993. Detection of hepatitis A virus in *Mercenaria mercenaria* by coupled reverse transcription and polymerase chain reaction. *Appl. Environ. Microbiol.* 59: 2765~2770.

[16] Hill, W. E., S. P. Keasler, M. W. Trucksess, P. Feng, C. A. Kaysner, and K. A. Lampel. 1991. Polymerase chain reaction identification of *Vibrio vulnificus* in artificially contaminated oysters. *Appl. Environ. Microbiol.* 57: 707~711.

[17] Kapperud, G., T. Vardund, E. Skjerve, E. Hornes, and T. E. Michaelsen. 1993. Detection of pathogenic *Yersinia enterocolitica* in foods and water by immunomagnetic separation, nested polymerase chain reactions, and colorimetric detection of amplified DNA. *Appl. Environ. Microbiol.* 59: 2938~2944.

[18] Kobayashi, K., K. Set, S. Akasaka, and M. Makino. 1990. Detection of toxigenic *Vibrio cholerae* O1 using polymerase chain reaction for amplifying the cholera enterotoxin gene. *J. Jpn. Assoc. Infect. Dis.* 64: 1323~1329 (In Japanese with English summary).

[19] Koch, W. H., W. L. Payne, B. A. Wentz, and T. A. Cebula. 1993. Rapid polymerase chain reaction method for detection of *Vibrio cholerae* in foods. *Appl. Environ. Microbiol.* 59: 556~560.

[20] Lampel, K. A., J. A. Jagow, M. Trucksess, and W. E. Hill. 1990. Polymerase chain reaction for detection of invasive *Shigella flexneri* in food. *Appl. Environ. Microbiol.* 56: 1536~1540.

[21] Niederhauser, C., U. Candrian, C. Hofelein, M. Jermini, H. P. Buhler, and J. Luthy. 1992. Use of polymerase chain reaction for detection of *Listeria monocytogenes* in food. *Appl. Environ. Microbiol.* 58: 1564~1568.

[22] Niederhauser, C., C. Hofelein, J. Luthy, U. Kaufmann, H. P. Buhler, and U. Candrian. 1993. Comparison of "Gen–Probe" DNA probe and PCR for detection of *Listeria monocytogenes* in naturally contaminated soft cheese and semi–soft cheese. *Res. Microbiol.* 144: 47~54.

[23] Read, S. C., R. C. Clarke, A. Martin, S. A. De Grandis, J. Hii, S. McEwen, and C. L. Gyles. 1992. Polymerase chain reaction for detection of verocytotoxigenic *Escherichia coli* isolated from animal and food sources. *Mol. Cell. Probes* 6: 153~161.

[24] Rossen, L., K. Holmstrom, J. E. Olsen, and O. F. Rasmussen. 1991. A rapid polymerase chain reaction (PCR) –based assay for the identification of *Listeria monocytogenes* in food samples. *Int. J. Food Microbiol.* 14: 145~151.

[25] Saiki, R. K., S. Scharf, F. Faloona, K. B. Mullis, G. T. Horn, H. A. Erlich, and N. Arnheim. 1985. Enzymatic amplification of Beta–globulin genomic sequences and restriction site analysis for diagnosis of sickle cell anemia. *Science* 230: 1350~1354.

[26] Saiki, R. K., D. H. Gelfand, S. Stoffel, S. J. Scharf, R. Higuchi, G. T. Horn, K. Mullis, and H. A. Erlich. 1988. Primer–directed enzymatic amplification of DNA with a thermostable DNA polymerase. *Science* 239: 487~491.

[27] Sambrook, J., E. F. Fritsch, and T. Maniatis. 1989. Molecular cloning: a laboratory manual, 2nd ed. Cold Spring Harbor Laboratory, Cold Spring Harbor, NY.

[28] Shirai, H., M. Nishibuchi, T. Rammurthy, S. K. Bhattacharya, S. C. Pal, and Y. Takeda. 1991. Polymerase chain reaction for detection of the cholera entertoxin operon of *Vibrio cholerae*. *J. Clin. Microbiol.* 29: 2517~2521.

[29] Thomas, E. J., R. K. King, J. Burchak, and V. P. Gannon. 1991. Sensitive and specific detection of *Listeria monocytogenes* in milk and ground beef with the polymerase chain reaction. *Appl. Environ. Microbiol.* 57: 2576~2580.

[30] Wang, R. F. , W. W. Cao, and M. G. Johnson. 1992. 16S rRNA-based probes and polymerase chain reaction method to detect *Listeria monocytogenes* cells added to foods. *Appl. Environ. Microbiol.* 58: 2827~2831.

[31] Wang, R. F. , W. W. Cao, and M. G. Johnson. 1992. Development of cell surface protein associated gene probe specific for *Listeria monocytogenes* and detection of the bacteria in food by PCR. Mol. *Cell. Probes* 6: 119~129.

[32] Wegmuller, B. , J. Luthy, and U. Candrian. 1993. Direct polymerase chain reaction detection of *Campylobacter jejuni* and *Campylobacter coli* in raw milk and dairy products. *Appl. Environ. Microbiol.* 59: 2161~2165.

[33] Wernars, K. , E. Delfgou, P. S. Soentoro, and S. Notermans. 1991. Successful approach for detection of low numbers of enterotoxigenic *Escherichia coli* in minced meat by using the polymerase chain reaction. *Appl. Environ. Microbiol.* 57: 1914~1919.

[34] Wernars, K. , C. J. Heuvelman, T. Chakraborty, and S. H. Notermans. 1991. Use of the polymerase chain reaction for direct detection of *Listeria monocytogenes* in soft cheese. *J. Appl. Bacteriol.* 70: 121~126.

[35] Wren, B. W. , and S. Tabaqchali. 1990. Detection of pathogenic *Yersinia enterocolitica* by the polymerase chain reaction [letter; see comments] . *Lancet* 336 (8716): 693.

29 克罗诺杆菌

2012 年 3 月

作者：Yi Chen，Keith Lampel，Thomas Hammack。

修订历史：

- 2012年3月 新的章节[本章已经取代脱水婴幼儿配方乳粉中坂崎肠杆菌的分离和计数（已存档）]。
- 2012年4月 D. 1. a、D. 1. b、D. 2；更正：应在每一次退火结束时记录荧光，而不是在延伸结束时。

本章目录

Ⅰ 引言

克罗诺杆菌（*Cronobacter*）属于肠杆菌科革兰氏阴性杆菌[7]，该微生物最早被称为“产黄色素阴沟肠杆菌（*Enterobacter cloacae*）”，1980 年改称为阪崎肠杆菌（*Enterobacter sakazakii*）[6]。1961 年，Urmenyi 和 Franklin 首次报道了由阪崎肠杆菌导致的两例脑膜炎病例[11]。继而，在全世界范围内出现由阪崎肠杆菌导致脑膜炎、败血症、坏死性小肠结肠炎病例的报道[9]。尽管大多数病例涉及婴儿，但也有报告描述成年人感染阪崎肠杆菌。总的来说，致死的几率相差较大，一些高达 80%[8]。虽然阪崎肠杆菌的感染源尚未明确，但是越来越多的报道表明婴儿配方乳粉可作为感染的载体[12]。

根据扩增片段长度多态性分析、表型陈列、自动化核糖体基因分型、16S rRNA 全序列比较、DNA-DNA 杂交实验的遗传特征分析提议将阪崎肠杆菌生物群划分为一个新属，即克罗诺杆菌属，属内包括 5 个新种：阪崎克罗诺杆菌（*Cronobacter sakazakii* gen. nov.）、丙二酸盐阳性克罗诺杆菌（*Cronobacter malonaticus* sp. nov.）、苏黎世克罗诺杆菌（*Cronobacter turicensis* sp. nov.）、穆汀斯克罗诺杆菌（*Cronobacter muytjensii* sp. nov.）、都柏林克罗诺杆菌（*Cronobacter dublinensis* sp. nov.）。这些种均在先前的临床病例中有涉及。此外还包括一个新种为克罗诺杆菌基因种 I[7]，见表 29-1。

表 29-1 克罗诺杆菌不同种和亚种的生化实验[a][7]

项目	阪崎克罗诺杆菌	丙二酸盐阳性克罗诺杆菌	苏黎世克罗诺杆菌	克罗诺杆菌基因种 I	穆汀斯克罗诺杆菌	都柏林克罗诺杆菌都柏林亚种（*C. dublinensis* subsp. *dublinensis*）	都柏林克罗诺杆菌乳粉亚种（*C. dublinensis* subsp. *lactaridi*）	都柏林克罗诺杆菌洛桑亚种（*C. dublinensis* subsp. *lausannensis*）
吲哚	-	-	-	-	+	+	+	V
碳源利用试验								
卫矛醇	-	-	+	+	+	-	-	-
果糖	+	+	+	+	+	+	+	-
丙二酸盐	-	+	+	V	+	+	-	-
麦芽糖	+	+	+	+	-	+	+	-
帕拉金糖	+	+	+	+	V	+	+	+
丁二胺	+	V	+	V	+	+	+	V
松三糖	-	-	+	-	-	+	-	-
松二糖	+	+	+	V	V	+	-	V
肌醇	V	V	+	+	+	+	+	-
顺式乌头酸盐	+	+	+	+	V	+	+	+
反式乌头酸盐	-	+	-	+	V	+	+	+
甲基-α-葡萄糖苷	+	+	+	+	-	+	+	+
氨基丁酸	+	+	+	V	+	+	+	+

a +，90% 阳性；V，20%~80% 阳性；-，10% 阳性。

Ⅱ 方法

这里描述的克罗诺杆菌检测方法包含实时 PCR 快速筛查方法和常规生化检测/分离方法[3]。显色培养基用来分离培养物以进一步鉴定，一个预先增菌的步骤可将克罗诺杆菌增殖至一定数量（≥10^3CFU/mL），即可用 PCR 及显色培养基检出。该方法的培养部分是一个完整的检测/分离方法，当 PCR 技术不可用时，可以作为独立方法使用。PCR 部分是筛选方法，检测阳性的结果需要经过培养方法确认。PCR 方法可以用来确证克罗诺菌属纯培养物。该方法已经通过预协同试验和协同试验[1,2]的验证。

通过分析 51 株从食品、临床样品、环境接触面和国家、国际公认标准菌株库中代表 6 个种的克罗诺杆菌，确定该方法的包容性。各个菌株的来源信息在包容性表（附表 A）中列出。各菌株通过脑心浸出液（BHI）肉汤培养，并用蛋白胨水（BPW）10 倍稀释，稀释培养物用该方法检测。

该方法通过检测 42 株非克罗诺杆菌菌株确定了方法的排他性。各个菌株的来源信息在排他性表（附表 B）中列出。各菌株通过脑心浸出液（BHI）肉汤增菌，培养物根据该方法进行检测。

A. 设备和材料

1. 天平：量程 2kg，最小分度值为 0.1g。
2. 恒温培养箱：36±1℃。

3. 无菌锥形瓶：聚乙烯帽（铁氟龙涂层），2L。

4. 微量吸液管及吸头：1、100、150μL 及 200μL。

5. 吸管：1、5、10mL（具有 0.1mL 刻度）。

6. 无菌接种环：3mm 接种面积。

7. 玻璃涂抹棒：3~4mm 直径，涂抹 45~55mm^2面积。

8. 样品处理无菌器具（见 BAM 第 1 章）。

9. 浮筒式转头离心机：3000×*g*。

10. 微量离心机：10000×*g*。

11. 聚丙烯离心管：50mL 锥形底管；1.5mL 微量离心管。

12. 漩涡振荡器。

13. 水浴箱：100℃。

14. 热循环仪：ABI Prism 7500 Fast Sequence Detection System（Life Technologies，Inc. Carlsbad，CA 92008），SmartCycler Real-Time PCR system（Cepheid，Sunnyvale，CA 94089）。

15. 适用于 SmartCycler Ⅱ的微量样品管（最小反应体系 25μL）。

16. 96 孔微孔板。

17. 光学黏附层。

18. 无菌、塑料培养皿：15mm×150mm。

19. VITEK® 2 Compact（bioMerieux，Hazelwood，MO 63402）。

20. NanoDrop ND1000（Thermal Scientific，Wilmington，DE，19810）。

B. 培养基和试剂

1. 磷酸盐缓冲液（R59）。

2. 缓冲蛋白胨水（BPW）（M192）。

3. Brilliance 阪崎肠杆菌琼脂（DFI formulation）（Cat. No. CM1055，Oxoid，Lenexa，KS）。根据包装上标鉴的说明制备培养基。将琼脂溶解，倾倒培养皿后，室温倒置晾干，2~8℃倒置避光储存最多 2 周。

4. 阪崎肠杆菌显色培养基（R&F agar）（Cat. No. M-0700，R & F Laboratories，Downers Grove，IL）。根据生产厂家包装上的说明制备培养基。倾倒培养基，室温避光倒置 48h，晾干，2~8℃倒置避光储存最多 45d。

5. 氧化酶试剂（R54）。

6. PrepMan Ultra®样品准备试剂（Cat. No. 4318930. Life Technologies）。

7. iQ™ Supermix PCR master mix（Cat. No. 170-8860，Bio-Rad，Hercules，CA 94547）. 2×mix contains 100mmol/L KCl，40mmol/L Tris-HCl，pH8.4，0.4mmol/L each dNTP，50U/mL iTaq DNA polymerase and 6mmol/L $MgCl_2$。

8. Rapid ID 32 E 生化条（bioMerieux）。

9. VITEK 革兰氏阴性测试卡（bioMérieux）。

10. Platinum® *Taq* DNA 聚合酶（Cat. No. 10966-018，Invitrogen，Carlsbad，CA 92008）。

11. 引物探针（表 29-2）。PCR 引物为商业化合成，经过基础的去盐纯化，用 PCR 级水溶解至 100μmol/L 的储存浓度，工作液浓度为 40μmol/L。PCR 探针为商业化合成，经 HPLC 纯化，用 1×PCR 级 TE 缓冲液溶解探针至 2.5μmol/L。引物和探针需置于-70~-20℃冷冻保存。需丢弃已解冻的剩余引物，避免反复冻融。

表 29-2 PCR 检测引物及探针

引物	名称	序列（5′→3′）
克罗诺杆菌前引物	CronoF	GGGATATTGTCCCCTGAAACAG
克罗诺杆菌后引物	CronoR	CGAGAATAAGCCGCGCATT
克罗诺杆菌探针	CronoP	6FAM-AGAGTAGTAGTTGTAGAGGCCGTGCTTCCGAAAG-TAMRA
内标前引物	InCF	CTAACCTTCGTGATGAGCAATCG
内标后引物	InCR	GATCAGCTACGTGAGGTCCTAC
内标探针	InCP	Cy5-AGCTAGTCGATGCACTCCAGTCCTCCT-Iowa Black RQ-Sp.

12. 内标 DNA[3]。内标（InC）DNA 是通过人工合成 198bp 片段，插入 pZErO-2 载体转导至大肠杆菌 pD-MD801 的部分序列，内标的序列信息如图 29-1 所示（GenBank accession no. FJ357008）。内标 DNA（IAC）序列在图 29-1 中为灰色部分，T7 启动子为方框部分，M13、内标前后引物及探针序列用箭头表示。使用 Qiagen 质粒微型提取试剂盒（Cat. No. 12125，Qiagen，Valencia，CA 91355），按照说明书，从转化的大肠杆菌中提起提取质粒，通过 NanoDrop ND1000 定量。内标 DNA 也可以通过商业合成，稀释成储存溶液，当克罗诺杆菌 DNA 存在时 *Ct* 值不小于 24；当克罗诺杆菌为阴性时，*Ct* 值不超过 34。

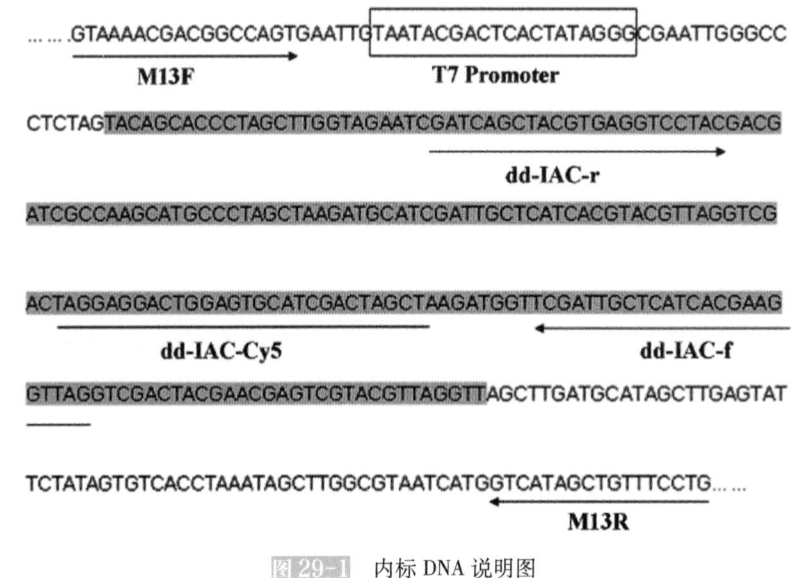

图 29-1 内标 DNA 说明图

C. 婴幼儿配方乳粉中克罗诺杆菌分离样品的制备

1. 试验全程要带双层手套。每个样品处理后清洁天平和工作区，更换外层手套。
2. 取样前，消毒容器和勺子。
3. 无菌称取 100g 乳粉加入 2L 锥形瓶中。
4. 加入 900mL（1∶10 稀释）无菌 BPW，手摇至乳粉溶解，36±1℃温育 24±2h。
5. 彻底混匀增菌液，取 4 份 40mL 增菌液分别加入 4 个 50mL 离心管中，使用浮筒式离心机，3000×*g* 离心 10min（因为脂肪分离问题，不推荐使用固定角度离心机）。
6. 吸出每个离心管中的上清液。
7. 用无菌棉签或其他等效工具移除离心管壁的脂肪沉淀。
8. 用 200μL PBS 强力振荡沉淀菌体 20s。均分为四等份，两份用于 PCR 检测，两份用于确证试验。

D. PCR 初筛克罗诺杆菌

1.5mL 离心管中离心 200μL PBS 重悬的细胞，3000×*g* 5min。根据细菌的有无和前一步去除脂肪的效果，离心后会分为 4 层，最上层为残留脂肪，第二层为上清液，第三层为棕色或黄色的细菌层，最底层为乳的颗粒。去除上清及脂肪残留，加入 400μL PrepMan Ultra®样品制备试剂，最高速强力振荡，使其全部悬浮。在沸腾的水浴或加热块上 100℃ 加热 10min，取出，冷却至室温 2min。15000×*g* 离心样品 2min。取 50μL 上清液按照 PCR 程序做检测。对每一个 DNA 提取物，均同时运行加内控和不加内控的两个 PCR 程序。如果任何一个 PCR 结果为阳性，样品即为可疑阳性或不能排除可疑（CRO），需要进行培养方法确证（见 E）。如果提取 DNA 检测 PCR 结果均为阴性，样品结果为阴性，可停止检测。

每次 PCR 检测时，将纯菌液培养物（1∶10 稀释制备克罗诺杆菌菌株，即 E604）及水分别作为阳性、空白对照。PCR 方法检测灵敏度高。增菌后细菌数量大幅度提高，PCR 结果获得高荧光值。可按 1∶10 或 1∶100 稀释 DNA，重新做 PCR。

1. Cepheid SmartCycler Thermal Cycler（软件版本 2.0d）

按照表 29-3、表 29-4 配制 PCR 试剂。SmartCycler 运行 “run”。每次运行命名唯一标识，染料选择 “FCTC25”，选择 3 步法 “3-step” PCR 程序，每个模块的运行程序按照下面描述设计。

a. 无内控（InC）的 PCR 程序设置

PCR 条件：95℃ 3min；接着 95℃ 15s、52℃ 20s、72℃ 30s，进行 40 个循环。在每个退火步骤结束时记录荧光值。

表 29-3　SmartCycler 无内控的 PCR 试剂组成

成分	体积/反应	终浓度
IQ 超混合液	12.5μL	50mmol/L KCl，20mmol/L Tris-HCl，0.2mmol/L each dNTP，0.625 U iTaq DNA 聚合酶和 3mmol/L $MgCl_2$
CronoF	0.5625μL（40μmol/L 储存液	900nmol/L
CronoR	0.5625μL（40μmol/L 储存液）	900nmol/L
CronoP	2.5μL（2.5μmol/L 储存液）	250nmol/L
Taq 酶	0.1μL（5U/μL）	0.5U
提取 DNA/内控	2μL	
PCR 级用水	补充至 25μL	

b. 带内控的 PCR 程序设置

PCR 条件：95℃ 3min；接着 95℃ 20s、50℃ 60s、72℃ 30s，进行 40 个循环。每次步骤收集荧光值。

表 29-4　SmartCycler 带内控的 PCR 试剂组成

成分	体积/反应	终浓度
IQ 超混合液	12.5μL	50mmol/L KCl，20mmol/L Tris-HCl，0.2mmol/L each dNTP，0.625 U iTaq DNA 聚合酶和 3mmol/L $MgCl_2$
CronoF	0.5625μL（40μmol/L 储存液）	900nmol/L
CronoR	0.5625μL（40μmol/L 储存液）	900nmol/L
CronoP	2.5μL（2.5μmol/L 储存液）	250nmol/L
InCF	0.625μL（40μmol/L 储存液）	1000nmol/L
InCR	0.625μL（40μmol/L 储存液）	1000nmol/L
InCP	2.5μL（2.5μmol/L 储存液）	250nmol/L

续表

成分	体积/反应	终浓度
InC DNA	1μL（0.01 pg/μL；相当于 3×10^3 质粒拷贝数/μL）	0.01 pg
Taq 酶	0.5μL（5U/μL）	2.5U
$MgCl_2$	1.5μL（50mmol/L 溶液）	3mmol/L
提取 DNA/内控	2μL	
PCR 级用水	补充至 25μL	

c. 定性结果判定

SmartCycler 仪器在 FAM 和 Cy5 通道设置分析参数。参数设计如下。如果它们在记录结束之前被改变，更新分析设置。

Usage：Assay；

Curve Analysis：Primary；

Threshold Setting：Manual；

Manual Threshold Fluorescence Units：FAM channel set at 20 units. Cy5 channel set at 30 units；

Auto Min Cycle：5；

Auto Max Cycle：10；

Valid Min Cycle：3 ；

Valid Max. Cycle：60；

Background subtraction：ON；

Boxcar Avg. Cycles：0；

Background Min. Cycle：5；

Background Max. Cycle：40。

过阈值的荧光曲线为阳性结果，被记录为“POS”，循环数在“结果表”中体现。阴性结果显示为“NEG”。FAM 和 Cy5 通道分别与克罗诺杆菌和内控相关。结果也可以图形化显示（图 29-2）。

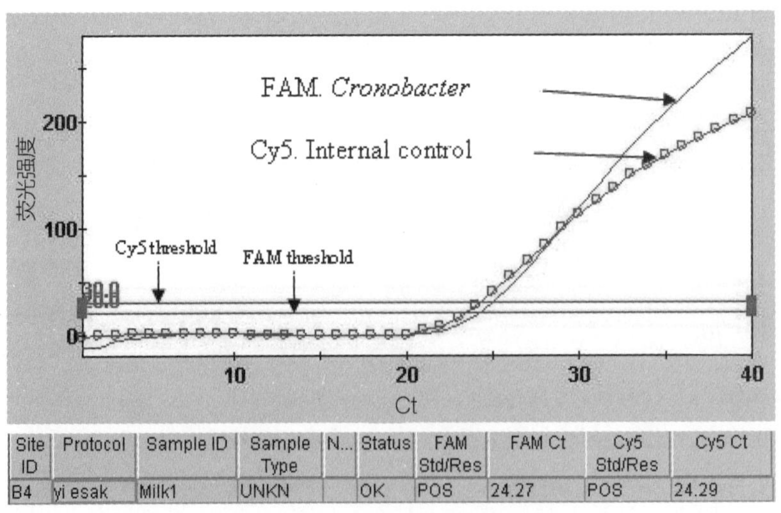

Site ID	Protocol	Sample ID	Sample Type	N...	Status	FAM Std/Res	FAM Ct	Cy5 Std/Res	Cy5 Ct
B4	yi esak	Milk1	UNKN		OK	POS	24.27	POS	24.29

图 29-2　SmartCycler 结果屏幕截图

图中显示了克罗诺杆菌（FAM 标记）和内控（Cy5 标记）的扩增曲线。结果表中显示了 *Ct* 值、阳性/阴性结果及染料标记。FCTC25 染料设置包括 FAM、Cy3、TxR 和 Cy5；Cy3 和 TxR 在 PCR 分析中不使用。

如果任一 PCR 运行（有或没有内控）结果为阳性，那么 DNA 提取物被认为也是阳性。

对于有内控的 PCR，如果 DNA 提取物有 FAM 标识的 *Ct* 值，并且有典型的 S 型扩增曲线，则认为结果可疑。如果没有 FAM 标识的 *Ct* 值，或者是没有典型的扩增 S 形曲线，需要按下列内控情况分析 DNA 提取物。

- 如果 Cy5 标记有 *Ct* 值，且有典型 S 形扩增曲线，则 DNA 提取物结果为阴性。
- 如果 Cy5 标记无 *Ct* 值，则可能样品中有抑制物质影响 PCR 反应，PCR 检测结果是无效的。将提取的 DNA 用 PCR 级水做 1/10 稀释，或是进一步离心纯化，重复 PCR 检测；或者直接进行培养确证（步骤见 E）。

对于没有内控的 PCR，若 DNA 提取物有 FAM 标识的 *Ct* 值，并且有典型的 S 型扩增曲线，则认为结果可疑，做后续的培养确证。如果在 FAM 标识没有 *Ct* 值，则提取 DNA 结果为阴性。如果无内控的 PCR 结果是阴性，但有内控的 PCR 结果提示样品中可能存在抑制物质，则需要进一步纯化提取的 DNA，重复无内控 PCR 检测。

在两种检测中，阳性对照模板必须为阳性信号，PCR 检测才有效；如果空白对照显示扩增信号，则可能 PCR 体系被污染，检测无效。重复 PCR，或者直接进行培养确证步骤。

2. ABI 7500 Fast Thermal Cycler（软件版本 2.0.4）

按照表 29-5 和表 29-6 准备 PCR 反应体系，在 7500 仪器上新建一个“new experiment”（新实验），对每次试验做唯一标识命名，选择如下参数。

a. 在“Experimental properties”（实验特性）中选择试验类型为定量标准曲线；Taqman 试剂和标准变温速度。

b. 在“Plate Setup”（板设置）中选择无参照染料，TAMRA 为克罗诺杆菌探针的淬灭基团、内控探针无淬灭基团，分配适当的孔位。

c. 在“Run Method”（运行方式），设置每孔的反应体积为 25μL。选择 PCR 反应条件：95℃ 3min；接着 95℃ 15s，52℃ 40s，72℃ 15s，40 个循环。在每个退火步骤结束时记录荧光值。带内控和不带内控的 PCR 均设置相同的 PCR 条件。

1）无内控的 PCR 设置

表 29-5　ABI 7500 Fast 不带内控 PCR 试剂组成

成分	体积/反应	终浓度
IQ Supermix	12.5μL	50mmol/L KCl，20mmol/L Tris-HCl，0.2mmol/L each dNTP，0.625 U iTaq DNA 聚合酶和 3mmol/L $MgCl_2$
CronoF	0.25μL（40μmol/L 储存液）	400nmol/L
CronoR	0.25μL（40μmol/L 储存液）	400nmol/L
CronoP	3μL（2.5μmol/L 储存液）	300nmol/L
Taq 酶	0.1μL（5U/μL）	0.5U
提取 DNA/对照	2μL	
PCR 级用水	补足至 25μL	

2）带内控的 PCR 设置

表 29-6　ABI 7500 Fast 带内控 PCR 试剂组成

成分	体积/反应	终浓度
IQ Supermix	12.5μL	50mmol/L KCl，20mmol/L Tris-HCl，0.2mmol/L each dNTP，0.625 U iTaq DNA 聚合酶和 3mmol/L $MgCl_2$
CronoF	0.25μL（40μmol/L 储存液）	400nmol/L
CronoR	0.25μL（40μmol/L 储存液）	400nmol/L

续表

成分	体积/反应	终浓度
CronoP	3μL（2.5μmol/L 储存液）	300nmol/L
InCF	0.09375μL（40μmol/L 储存液）	150nmol/L
InCR	0.09375μL（40μmol/L 储存液）	150nmol/L
InCP	1.5μL（2.5μmol/L 储存液）	150nmol/L
InC DNA	0.005pg/μL（相当于 1.5×10^3 质粒拷贝数/μL）	0.005pg
Taq 酶	0.5μL（5U/μL）	2.5 U
$MgCl_2$	1.5μL（50mmol/L 溶液浓度）	3mmol/L
提取 DNA/对照	2μL	
PCR 级用水	补足至 25μL	

分析数据，设置自动基线，对 FAM 及 Cy 均设置 550000U 的阈值。样品检测结果的图和表的抓图如图 29-3 所示。数据判读原则遵循 SmartCycler 仪器的数据解释标准。

E. 分离克罗诺杆菌

对于可疑样品，吸取 C.8 步骤中 100μL 细菌悬浮液，用无菌 L 棒分别均匀涂布在 2 个 DFI 显色培养基上和 2 个 R&F 克罗诺杆菌显色培养基上。另外，用无菌接种环取一满环的菌液接种于 2 个 DFI 和 2 个 R&F 显色培养基。36±1℃培养 18~24h。观察平皿上克罗诺杆菌典型菌落的形态（图 29-4a）。如果在平皿上生长过度，无单菌落生成，用 3mm 的接种环在新的培养基上做至少三象限划线，以期获得单菌落。

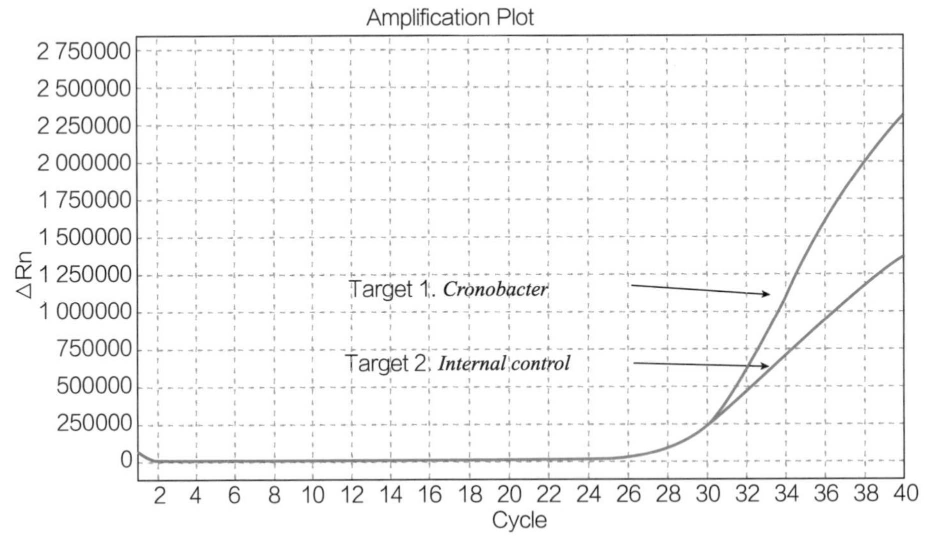

Well	Target Name	Dyes	CT
D1	Target 1	FAM-TAMRA	27.553
D1	Target 2	CY5-None	27.576

图 29-3　样品 7500 Fast 检测结果抓图

图中显示了克罗诺杆菌（标记为 target 1）和内控（标记为 target 2）的扩增曲线，并在结果表中显示了 *Ct* 值及染料标记。

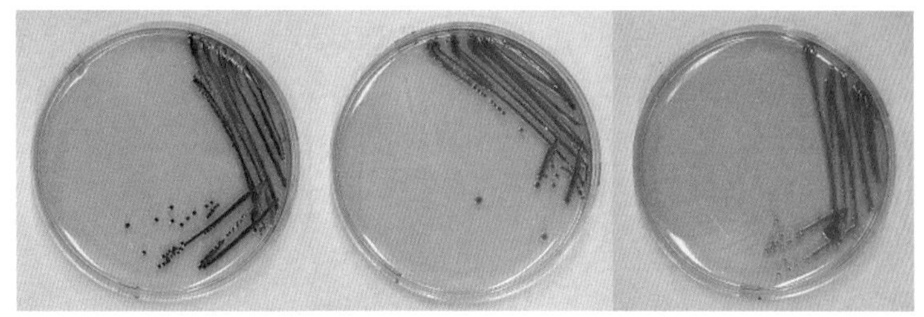

a. DFI 琼脂上克罗诺杆菌的菌落形态

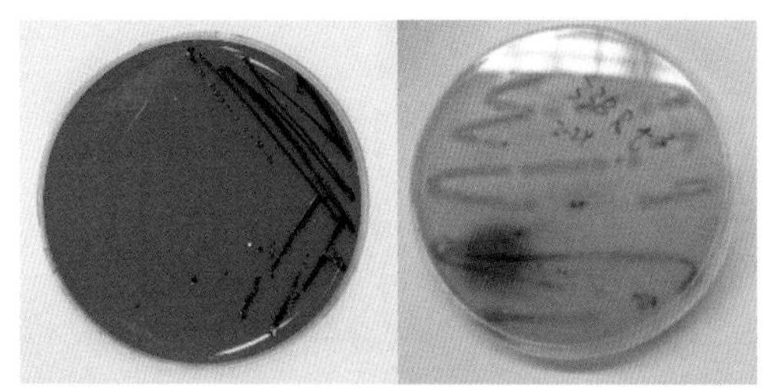

b. R&F 琼脂上克罗诺杆菌的菌落形态

右侧的平皿显示婴儿配方乳粉样品中分离到的克罗诺杆菌及背景菌群。背景菌落将琼脂的大部分背景色由红色变为黄色。克罗诺杆菌在黄色背景下为绿色菌落，在红色背景下为黑色。

图 29-4 DFI 和 R&F 琼脂上克罗诺杆菌的菌落形态

F. 克罗诺杆菌的确证

在 DFI 琼脂上可疑克罗诺杆菌的菌落形态为黑绿色、浅绿色为或褐绿色，一些菌落为中间绿色，边缘呈现白色或黄色。在 R&F 琼脂上可疑菌落显示为蓝色或黑色，或在红色背景下显示蓝灰色。在不同菌株或是不同光线下红色背景可能变成紫红色。克罗诺杆菌不能改变 R&F 琼脂的颜色，但是背景菌群可以将 R&F 琼脂从红色变为黄色，克罗诺杆菌呈现蓝色到绿色（图 29-4b）。

（1）生化确证　做生化确证试验时，菌落的培养不能超过 24h。用无菌接种环从 DFI 琼脂及 R&F 琼脂上挑取可疑菌落，按照 Rapid ID 32 E 或 ITEK 2.0 生化鉴定系统的使用说明进行鉴定。用 Rapid ID 32 E 确证为阳性的菌落必须进行氧化酶试验。

（2）PCR 确证　在 1.5mL 塑料离心管中加入 150μL PCR 级试验用水，挑取 DFI 和 R&F 琼脂上的可疑菌落加入管中，沸水浴煮沸 5min。冰浴冷却，10000×*g* 离心 2min。取 1μL 上清液作为实时荧光 PCR 的 DNA 模板，进行上述 PCR 检测。

G. 可选：克罗诺杆菌计数

使用三管法的最大可能数（MPN）程序（附录 2：由梯度稀释确定最大可能值）。无菌称取一式三份 100g、10g 及 1g 婴儿配方乳粉，分别加入 2L、250mL 及 125mL 锥形瓶中，进行样品处理、培养及鉴定。根据每个稀释度的阳性管数计算每克样品的 MPN 值。

H. 检测流程图

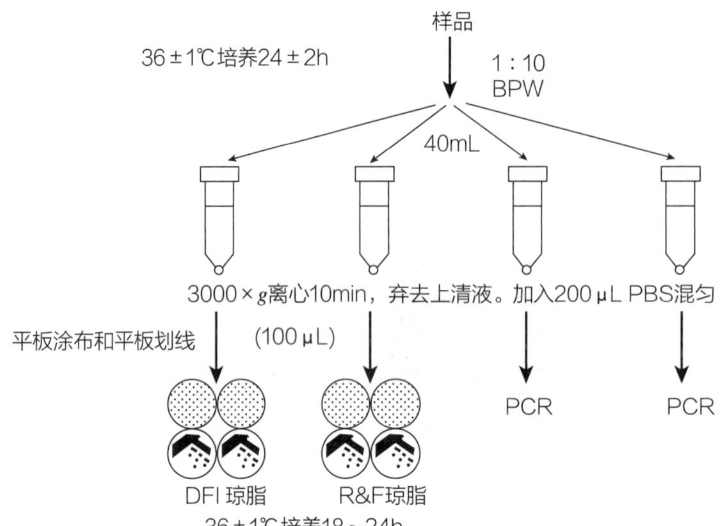

图 29-5 检测流程图

参考文献

[1] Chen, Y., K. E. Noe, S. Thompson, C. A. Elems, E. A. Brown, K. A. Lampel, and T. S. Hammack. 2011. Evaluation of a revised FDA method for the detection of *Cronobacter* in powdered infant formula: Collaborative study. *J. Food Prot.* In Press.

[2] Chen, Y., T. S. Hammack, K. Y. Song, and K. A. Lampel. 2009. Evaluation of a revised U. S. Food and Drug Administration method for the detection and isolation of *Enterobacter sakazakii* in powdered infant formula: precollaborative study. *J. AOAC Int.* 92: 862~872.

[3] Chen, Y., K. Y. Song, E. W. Brown and K. A. Lampel. 2010. Development of an improved protocol for the isolation and detection of *Enterobacter sakazakii* (*Cronobacter*) from powdered infant formula. *J. Food Prot.* 73: 1016~1022.

[4] Deer, D. M., K. A. Lampel, and N. Gonzalez-Escalona. 2010. A versatile internal control for use as DNA in real-time PCR and as RNA in real-time reverse transcription PCR assays. *Lett. Appl. Microbiol.* 50: 366~372.

[5] Druggan, P. and C. Iversen. 2009. Culture media for the isolation of *Cronobacter* spp. *Int. J. Food Microbiol.* 136: 169~178.

[6] Farmer J. J., III, M. A. Asbury, F. W. Hickman. The *Enterobacteriaceae* Study Group and D. J. Brenner. 1980. *Enterobacter sakazakii*: A new species of "*Enterobacteriaceae*" isolated from clinical specimens. *Intl. J. Syst. Evol. Microbiol.* 30: 569~584.

[7] Iversen, C., N. Mullane, B. McCardell, B. D. Tall, A. Lehner, S. Fanning, R. Stephan, and H. Joosten. 2008. *Cronobacter* gen. nov., a new genus to accommodate the biogroups of *Enterobacter sakazakii*, and proposal of *Cronobacter sakazakii* gen. nov., comb. nov., *Cronobacter malonaticus* sp. nov., *Cronobacter turicensis* sp. nov., *Cronobacter muytjensii* sp. nov., *Cronobacter dublinensis* sp. nov., *Cronobacter genomospecies* 1, and of three subspecies, *Cronobacter dublinensis* subsp. *dublinensis* subsp. nov., *Cronobacter blinensis* subsp. *lausannensis* subsp. nov. and *Cronobacter dublinensis* subsp. *lactaridi* subsp. nov. *Int. J. Syst. Evol. Microbiol.* 58: 1442~1447.

[8] Lai, K. K. 2001. *Enterobacter sakazakii* infections among neonates, infants, children, and adults. Case reports and a review of the literature. *Medicine* (Baltimore). 80: 113~122.

[9] Nazarowec-White, M. and J. M. Farber. 1997. *Enterobacter sakazakii*: a review. *Int. J. Food Microbiol.* 34: 103~113.

[10] Restaino, L., E. W. Frampton, W. C. Lionberg, and R. J. Becker. 2006. A chromogenic plating medium for the isolation and identification of *Enterobacter sakazakii* from foods, food ingredients, and environmental sources. *J. Food Prot.* 69: 315~322.

[11] Urmenyi, A. M. and A. W. Franklin. 1961. Neonatal death from pigmented coliform infection. *Lancet.* 1: 313-315.

[12] World Health Organization. *Enterobacter sakazakii* and other microorganisms in powdered infant formula: meeting report. 2004.

附表

附表 A 克罗诺杆菌试验检测结果

实验室	菌株号	微生物	来源	原产国	DFI[a]	R&F[b]	快速鉴定 32E	实时 PCR
UCD[c]/UZH[d]/NRC[e]	E265	丙二酸盐克罗诺杆菌（*C. malonaticus*）	乳粉	马来西亚	+	+	克罗诺杆菌	+
ILSI[f]	F6-036	阪崎克罗诺杆菌（*C. sakazakii*）	环境（乳粉）	马来西亚	+	+	克罗诺杆菌	+
ILSI	F6-038	*C. sakazakii*	环境（乳粉）	荷兰	+	+	克罗诺杆菌	+
ILSI	F6-040	*C. sakazakii*	环境（乳粉）	荷兰	+	+	克罗诺杆菌	+
UCD/UZH/NRC	E464	柏林克罗诺杆菌 *C. dublinensis*	环境（乳粉）	津巴布韦	+	+	克罗诺杆菌	+
ATCC[g]；NCTC[h]	ATCC 29544；NCTC 11467	*C. sakazakii*	人（咽喉）	未知	+	+	克罗诺杆菌	+
FDA[i]	607	*C. sakazakii*	未知	未知	+	+	克罗诺杆菌	+
UCD/UZH/NRC	E515	*C. dublinensis*	水	瑞士	+	+	克罗诺杆菌	+
ATCC	ATCC 12868	*C. sakazakii*	未知	未知	+	+	克罗诺杆菌	+
ATCC	ATCC 51329	*C. muytjensii*	未知	未知	+	+	克罗诺杆菌	+
HCSC[j]；FDA	SK90	*C. sakazakii*	临床(儿童医院)	加拿大	+	+	克罗诺杆菌	+
UCD/UZH/NRC	E632	*C. sakazakii*	食品	美国	+	+	克罗诺杆菌	+
HCSC	HPB 2848	*C. sakazakii*	临床	加拿大	+	+	克罗诺杆菌	+
HCSC	HPB 2873	*C. sakazakii*	临床	加拿大	+	+	克罗诺杆菌	+
HCSC	HPB 2874	*C. sakazakii*	临床	加拿大	+	+	克罗诺杆菌	+
UCD/UZH/NRC	H. Muytjens (Prague 72 26248)	*C. sakazakii*	未知	捷克	+	+	克罗诺杆菌	+
UCD/UZH/NRC	H. Muytjens 52	*C. malonaticus*	乳粉	澳大利亚	+	+	克罗诺杆菌	+
UCD/UZH/NRC	H. Muytjens 58	*C. sakazakii*	乳粉	比利时	+	+	克罗诺杆菌	+
UCD/UZH/NRC	H. Muytjens 15	*C. sakazakii*	乳粉	丹麦	+	+	克罗诺杆菌	+
UCD/UZH/NRC	H. Muytjens 8	*C. sakazakii*	乳粉	法国	+	+	克罗诺杆菌	+
UCD/UZH/NRC	H. Muytjens 35	*C. sakazakii*	乳粉	俄罗斯	+	+	克罗诺杆菌	+
UCD/UZH/NRC	H. Muytjens 26	*C. sakazakii*	乳粉	俄罗斯	+	+	克罗诺杆菌	+
UCD/UZH/NRC	H. Muytjens (Nijmegen 15)	*C. sakazakii*	脑膜炎	荷兰	+	+	克罗诺杆菌	+
UCD/UZH/NRC	H. Muytjens (Nijmegen 21)	*C. sakazakii*	脑膜炎	荷兰	+	+	克罗诺杆菌	+
CDC[k]	CDC 5960-70	*C. dublinensis*	人血	美国	+	+	克罗诺杆菌	+
CDC	CDC 3523-75	*C. malonaticus*	人骨髓	美国	+	+	克罗诺杆菌	+
NCTC	NCTC 9238	*C. sakazakii*	人腹腔脓液	英国	+	+	克罗诺杆菌	+
NCTC	NCTC 9529	克罗诺杆菌基因种（*C. genomospecies*）	水	英国	+	+	克罗诺杆菌	+
ATCC	ATCC BAA893	*C. sakazakii*	未知	美国	+	+	克罗诺杆菌	+

续表

实验室	菌株号	微生物	来源	原产国	DFI[a]	R&F[b]	快速鉴定 32E	实时 PCR
ATCC	ATCC BAA894	*C. sakazakii*	未知	美国	+	+	克罗诺杆菌	+
CDC	CDC 996-77	*C. sakazakii*	人脊髓穿刺液	美国	+	+	克罗诺杆菌	+
CDC	CDC 1058-77	*C. malonaticus*	乳腺脓液	美国	+	+	克罗诺杆菌	+
CDC	CDC 407-77	*C. sakazakii*	人痰液	美国	+	+	克罗诺杆菌	+
CDC	CDC 3128-77	*C. sakazakii*	人痰液	美国	+	+	克罗诺杆菌	+
CDC	CDC 9369-75	*C. sakazakii*	未知	美国	+	+	克罗诺杆菌	+
UZH	z3032	苏黎世克罗诺杆菌（*C. turicensis*）	脑膜炎	瑞士	+	+	克罗诺杆菌	+
HCSC ILSI	SK81 F6-023	*C. sakazakii*	人	加拿大	+	+	克罗诺杆菌	+
ILSI；RADl	F6-029	*C. sakazakii*	脑膜炎	荷兰	+	+	克罗诺杆菌	+
ILSI	01-10-2001；F6-034	*C. sakazakii*	临床	美国	+	+	克罗诺杆菌	+
ILSI	8397；F6-043	*C. sakazakii*	临床	美国	+	+	克罗诺杆菌	+
CDC；ILSI	CDC 289-81；F6-049	*C. malonaticus*	临床	美国	+	+	克罗诺杆菌	+
CDC；ILSI	CDC 1716-77；F6-052	*C. sakazakii*	人血	美国	+	+	克罗诺杆菌	+
ILSI；RAD[l]	F6-032；H. Muytjens 7	*C. sakazakii*	乳粉	乌拉圭	+	+	克罗诺杆菌	+
UCD	CFS112	*C. sakazakii*	乳粉	爱尔兰	+	+	克罗诺杆菌	+
UCD	CFS349N	*C. sakazakii*	乳粉	新西兰	+	+	克罗诺杆菌	+
UCD	CFS352N	*C. sakazakii*	乳粉	新西兰	+	+	克罗诺杆菌	+
UCD	ES187	*C. dublinensis*	乳粉	爱尔兰	+	+	克罗诺杆菌	+
CDC	CDC 9363-75	*C. sakazakii*	粪便	美国	+	+	克罗诺杆菌	+
CDC	CDC 4963-71	*C. sakazakii*	粪便	美国	+	+	克罗诺杆菌	+
CDC	CDC 1895-73	*C. malonaticus*	粪便	美国	+	+	克罗诺杆菌	+
RF[m]	ES626	*C. sakazakii*	米粉	美国	+	+	克罗诺杆菌	+

a DFI 上克罗诺杆菌显示为绿色菌落。

b R&F 上克罗诺杆菌显示为蓝-绿-黑色菌落。

c UCD：S. Fanning，Centre for Food Safety，University College Dublin，Belfield，Dublin 4，Ireland。

d UZH：R. Stefan，Institute for Food Safety，University of Zurich，Winterthurerstrasse 270，CH-8057，Switzerland。

e NRC：Nestlé Research Centre，Vers-Chez-les-Blanc，Lausanne，CH-1000，Switzerland。

f ILSI：R. Ivy，Food Safety Lab，Cornell University，412 Stocking Hall，Ithaca，NY，USA。

g ATCC：American Type Culture Collection，Manassas，VA，USA。

h NCTC：National Collection of Type Cultures，London，UK。

i FDA：R. Buchanan，FDA-CFSAN，College Park，MD，USA。

j HCSC：F. Pagotto，Health Products and Food branch，Health Canada。

k CDC：Center for Disease Control，Atlanta，GA，USA。

l RAD：Department of Medical Microbiology，University of Nijmegen，Radboud，Netherlands。

m RF：L. Restaino，R&F Laboratories，Downers Grove，IL，USA。

附表 B 克罗诺杆菌特异性试验结果

实验室来源	菌株号	微生物	来源	DFI[a]	R&F[b]	快速鉴定 32E	实时 PCR
ATCC[c]	13047	阴沟肠杆菌 (*Enterobacter cloacae*	脊髓穿刺液	-	-	非克罗诺杆菌	-
ATCC	13048	产气肠肝菌 (*Enterobacter aerogenes*)	痰	-	-	非克罗诺杆菌	-
ATCC	13182	产酸克霉伯菌 (*Klebsiella oxytoca*)	扁桃体炎	-	-	非克罗诺杆菌	-
ATCC	13880	黏质沙霉氏菌 (*Serratia marcescens*)	池塘水	-	-	非克罗诺杆菌	-
ATCC	14485	嗜热链球菌 (*Streptococcus thermophilus*)	未知	-	-	非克罗诺杆菌	-
ATCC	14807	枯草芽孢杆菌 (*Bacillus subtilis*)	土壤	-	-	非克罗诺杆菌	-
ATCC	15469	迟缓爱德华菌 (*Edwardsiella tarda*)	粪便	-	-	非克罗诺杆菌	-
ATCC	23055	醋酸钙不动杆菌 (*Acinetobacter calcoaceticus*)	未知	-	-	非克罗诺杆菌	-
ATCC	23216	非脱羧勒克菌 (*Leclercia adecarboxylata*)	饮用水	-	-	非克罗诺杆菌	-
ATCC	25830	摩根氏菌 (*Morganella morganii*)	夏季腹泻病	-	-	非克罗诺杆菌	-
ATCC	25922	大肠埃希氏菌 (*Escherichia coli*)	临床分离	-	-	非克罗诺杆菌	-
ATCC	27028	柯氏柠檬酸杆菌 (*Citrobacter koseri*)	血培养	-	-	非克罗诺杆菌	-
ATCC	27982	成团泛菌 (*Pantoea agglomerans*)	静脉液体	-	-	非克罗诺杆菌	-
ATCC	29013	肺炎杆菌 (*Klebsiella pneumoniae*)	血	-	-	非克罗诺杆菌	-
ATCC	29944	雷氏普罗威登斯菌 (*Providencia rettgeri*)	未知	-	-	非克罗诺杆菌	-
ATCC	27853	荧光假单肠菌 (*Pseudomonas fluorescens*)	未知	-	-	非克罗诺杆菌	-
ATCC	13472	蜡样芽孢杆菌 (*Bacillus cereus*)	未知	不生长	不生长	非克罗诺杆菌	-
ATCC	33105	无花果沙霉氏菌 (*Serratia ficaria*)	无花果	-	-	非克罗诺杆菌	-
ATCC	33420	普通变形杆菌 (*Proteus vulgaris*)	临床分离	-	-	非克罗诺杆菌	-
ATCC	33650	黑氏埃希氏菌 (*Escherichia hermanii*)	人脚趾	-	-	非克罗诺杆菌	-
ATCC	15246	粪产碱菌 (*Alcalgenes faecalis*)	未知	-	-	非克罗诺杆菌	-
ATCC	33832	伤口埃希氏菌 (*Escherichia vulneris*)	未知	-	-	非克罗诺杆菌	-
ATCC	29212	粪肠球菌 (*Enterococcus faecalis*)	未知	不生长	不生长	非克罗诺杆菌	-

续表

实验室来源	菌株号	微生物	来源	DFI[a]	R&F[b]	快速鉴定 32E	实时 PCR
ATCC	10054	藤黄微球菌 (*Micrococcus luteus*)	未知	不生长	不生长	非克罗诺杆菌	-
ATCC	51713	诺基亚布托菌 (*Buttiauzella noakiae*)	未知	+	+	非克罗诺杆菌	-
ATCC	25741	乳酸片球菌 (*Pediococus acidilactici*)	未知	不生长	不生长	非克罗诺杆菌	-
ATCC	8090	弗氏柠檬酸杆菌 (*Citrobacter freundii*)	未知	-	-	非克罗诺杆菌	-
ATCC	9789	地衣芽孢杆菌 (*Bacillus licheniformis*)	乳液	不生长	不生长	非克罗诺杆菌	-
UZH[d]/UCD[e]/NRC[f]	E440	瑞士肠杆菌 (*Enterobacter helveticussp. nov*)	乳粉	+	+	非克罗诺杆菌	-
UZH/UCD/NRC	E441	肠杆菌新种 (*Enterobacter novelspecies*)	乳粉	-	+	非克罗诺杆菌	-
UZH/UCD/NRC	E644	阴沟肠杆菌 (*Enterobacter cloacae*)	人粪便	-	-	非克罗诺杆菌	-
UZH/UCD/NRC	E904; 05-01-120	霍氏肠杆菌 (*Enterobacter homaechei*)	乳粉	-	-	非克罗诺杆菌	-
ILSI[g]	F6-026	阿氏肠杆菌 (*Enterobacter asburiae*)	环境样品	-	-	非克罗诺杆菌	-
ILSI	F6-033	霍氏肠杆菌 (*Enterobacter hormaechei*)	乳粉	-	-	非克罗诺杆菌	-
LMG[h]; UZH	LMG 23730	苏黎氏肠杆菌新种 (*Enterobacter turicensis, sp. nov*)	果汁粉	-	-	非克罗诺杆菌	+
LMG; UZH	LMG 23732	瑞典肠杆菌新种 (*Enterobacter helveticus, sp. nov*)	果汁粉	+	-	非克罗诺杆菌	-
UZH	1160/04;E908	肠杆菌新种 (*Enterobacter novel species*)	果汁粉	+	-	非克罗诺杆菌	-
FDA[i]		古巴沙门氏菌 (*Salmonella Cubana*)	乳	-	-	非克罗诺杆菌	-
FDA	Yp 1313	假结核耶尔森氏菌 (*Yersinia pseudotuberculosis*)	未知	-	-	非克罗诺杆菌	-
FDA	Ye 37	小肠结肠炎耶尔森氏菌 (*Yersinia enterocolitica*)	未知	-	-	非克罗诺杆菌	-
FDA	2457T	弗氏志贺氏菌 (*Shigella flexneri*)	临床	-	-	非克罗诺杆菌	-
FDA		宋内氏志贺氏菌 (*Shigella sonnei*)	临床	-	-	非克罗诺杆菌	-
假阳性				4/42	4/42	0/42	1/42

a DFI 上克罗诺杆菌显示为绿色菌落。

b R&F 上克罗诺杆菌显示为蓝-绿-黑色菌落。

c ATCC：American Type Culture Collection，Manassas，VA，USA。

d UZH：R. Stephan，Institute for Food Safety，University of Zurich，Winterthurerstrasse 270，CH-8057，Switzerland。

e UCD：S. Fanning，Centre for Food Safety，University College Dublin，Belfield，Dublin 4，Ireland。

f NRC：Nestlé Research Center，Vers-Chez-les-Blanc，Lausanne，CH-1 000，Switzerland。

g ILSI：R. Ivy，Food Safety Lab，Cornell University，412 Stocking Hall，Ithaca，NY，USA。

h LMG：BCCM/LMG Bacteria Collection，Gent，Belgium。

i FDA：K. Lampel，FDA-CFSAN，College Park，MD，USA。

附录1 食源性致病菌快速检测方法

2001年1月，内容截至2009年6月18日。

A. 引言

本部分与本手册中其他部分的不同之处在于：它列出了FDA不一定使用的方法，此外，也没有给出这些方法的详细使用步骤，请读者自行查阅试剂盒的使用说明书，其中一个原因是这些快速检测技术不断的改进和创新。

使用者应根据各自需求对这些新方法进行单独评估，也可以同等采用AOAC官方方法[1]。

下文及表格列出了许多商业上可用的快速方法；它们是根据所用程序的原则分类的。分析原则和一些详细程序在本书的其他章节和/或在表中引用的文献中进行了讨论。对已通过AOAC[1]验证或评价的快速检测方法，则作为AOAC的官方方法被采用。因为这些方法不断的修改或调整，所以发布的信息可能不是最新版本。快速方法通常用作初筛，一般情况下，阴性结果可以直接采信，而阳性结果需要通过适当的官方方法来**确认**。在其他多种情况下，快速方法并没有得到验证；因此，本章所列的方法或试剂盒并不在FDA推荐或批准之列。

B. 快速方法

确保消费者安全的关键是对食品中病原体和其他微生物污染物的快速检测。传统的检测食源性细菌的方法往往依靠长时间培养，其次是分离、生化鉴定，有时还依靠血清学。由于检测和鉴定技术快速进步，这些新方法理论上相对于传统的检测更加快速、方便、灵敏、特异。这些新方法通常被称为“快速方法”，这是一个主观术语，范围较广，包括微型化生化试剂盒、基于抗体和DNA的测试，以及对常规测试进行修改的快检[8, 15, 16,24, 36]。这些检测中的一些步骤以自动化替代了手工操作。除了少数例外，几乎所有检测食品中特定病原体的方法都需要在增菌培养基中进行增殖，然后再进行检测。

早在1981年[19]，接受调研的专家们就对用于食品微生物学方法未来的发展进行了准确预测：小型化的生化检测试剂盒用于鉴定食品中分离出的纯培养菌株。大多数试剂盒由一次性装置组成，内含15~30种培养基或底物，可鉴定一组特定的菌属或菌株。除个别试剂盒能在4h内观察结果，大部分试剂盒需要18~24h培养。一般而言，这些小型生化试验盒的原理和性能非常相似，与传统方法相比较，可达90%~99%的准确性[5, 16, 21]。当然，已经使用很久的试剂盒可能比新的试剂盒有更丰富的识别数据库。尽管多数试剂盒是用于肠道细菌的检测，但也出现了鉴定弯曲杆菌、李斯特菌、厌氧菌、非发酵型革兰氏阴性和阳性细菌的试剂盒（表1）。

表1 部分用于鉴定食源性细菌的小型生化鉴定试剂盒和自动检测系统[a] [5, 8, 15, 16, 21, 35, 36]

系统	方法	制造商	细菌种类
API[b]	生化	BioMerieux	肠杆菌、李斯特菌、葡萄球菌、弯曲杆菌、非发酵菌、厌氧菌
Cobas IDA	生化	HoffmannLaRoche	肠杆菌
Micro-ID[b]	生化	REMEL	肠杆菌、李斯特菌
EnterotubeII	生化	Roche	肠杆菌
Spectrum 10	生化	Austin Biological	肠杆菌

续表

系统	方法	制造商	细菌种类
RapID	生化	Innovative Diag.	肠杆菌
BBL Crystal	生化	Becton Dickinson	肠杆菌、弧菌、非发酵菌，厌氧菌
Minitek	生化	BD	肠杆菌科
Microbact	生化	Microgen	肠杆菌科，革兰氏阴性，非发酵菌、李斯特菌
Vitek[b]	生化[c]	BioMerieux	肠杆菌、革兰氏阴性和阳性菌
Microlog	碳氧化[c]	Biolog	肠杆菌、革兰氏阴性和阳性菌
MIS[b]	脂肪酸[c]	Microbial-ID	肠杆菌、李斯特菌、芽孢杆菌、葡萄球菌、弯曲杆菌
Walk/Away	生化[c]	MicroScan	肠杆菌、李斯特菌、芽孢杆菌、葡萄球菌、弯曲杆菌
Replianalyzer	生化[c]	Oxoid	肠杆菌、李斯特菌、芽孢杆菌、葡萄球菌、弯曲杆菌
Riboprinter	核酸[c]	Qualicon	沙门氏菌、葡萄球菌、李斯特菌、大肠埃希氏菌
Cobas Micro-ID	生化[c]	BD	肠杆菌、革兰氏阴性菌、非发酵菌
Malthus[b]	电导[c]	Malthus	沙门氏菌、李斯特菌、弯曲杆菌、大肠杆菌、假单胞菌、其他大肠菌群
Bactometer	阻抗[c]	BioMerieux	沙门氏菌

a 改自 Feng，P.，App. I.，FDA Bacteriological Analytical Manual，8A ed。

b 自动化系统。

c 选定的系统采用 AOAC 官方第一法或最终方法。

注意：此表列出已知的可用方法，并不表示已经获得 FDA 验证、认可或批准可以用于食品分析，仅供参考。

仪器的进步使小型生化学鉴定测试的自动化成为可能。这些仪器可以进行生化培养，自动监测生物化学变化以生成编码，然后与存储在计算机中的数据库进行比对以提供鉴定[8, 23, 35]。其他自动化系统根据细菌成分或特征性代谢物识别细菌，如脂肪酸图谱、碳氧化图谱[28]或其他特性（表 1）。

在 1981 年的调研中，没有能预测到免疫和遗传技术在食品微生物学中的潜在应用[19]。20 世纪 80 年代，随着“生物技术”公司涌现并在诊断领域寻求市场，基础研究领域的重大进展迅速转移到应用领域[11]。目前，许多微生物及其毒素的基于 DNA 和抗体的检测方法已可以商业应用[12]。

基于 DNA 的检测有许多种方式，但只有探针、PCR 和噬菌体商业化开发用于检测食源性病原体。探针分析通常以 RNA（rRNA）为靶标，利用细菌 rRNA 的大量复制提供天然扩增靶点，可以获得更高的检测灵敏度[6, 14, 25,37]（表 2）。

DNA 杂交的基本原理也被应用于其他技术，如聚合酶链反应（PCR）检测，将 DNA（探针）或引物与特定靶序列或模板进行杂交，然后再用热循环仪以及 Taq 聚合酶进行扩增[2, 22]。理论上，两个小时内 PCR 可以将单个拷贝 DNA 扩增一百万倍。因此，它有可能消除或大大减少对培养增菌的依赖。然而，在食品和许多培养基中存在抑制剂，可以阻止引物结合，降低扩增效率[26, 34]，因此，当检测食品时，PCR 检测所能达到的灵敏度常常降低。因此，在检测之前仍然需要培养增菌（表 2）。

表 2　部分商品化的检测食源性病原菌的核酸检测方法[a] [2, 5, 8, 12, 14, 22, 25, 36, 37]

病原菌	商品名	方法	制造商
肉毒梭菌	Probelia	PCR	BioControl
弯曲杆菌	AccuProbe	Probe	GEN-PROBE
	GENE-TRAK	探针	GEN-TRAK
大肠埃希氏菌	GENE-TRAK	探针	GRN-TRAK

续表

病原菌	商品名	方法	制造商
大肠杆菌 O157：H7	BAX	PCR[b]	Qualicon
	Probelia	PCR	BioControl
李斯特菌	GENE-TRAK[c]	探针	GENE-TRAK
	AccuProbe	探针	GEN-PROBE
	BAX	PCR	Qualicon
	Probelia	PCR	BioControl
沙门氏菌	GENE-TRAK[c]	探针	GENE-TRAK
	BAX	PCR	Qualicon
	BIND[d]	噬菌体	BioControl
	Probelia	PCR	BioControl
金黄色葡萄球菌	AccuProbe	探针	GEN-PROBE
	GENE-TRAK	Probe	GENE-TRAK
小肠结肠炎耶尔森氏菌	GENE-TRAK	探针	GENE-TRAK

a 改自：Feng，P.，App. I.，FDA Bacteriological Analytical Manual，8A ed。
b 聚合酶链反应。
c 选定的系统采用 AOAC 官方第一法或最终方法。
d 细菌冰核诊断。
注意：此表列出已知的可用方法，并不表示已经获得 FDA 验证、认可或批准可以用于食品分析，仅供参考。

噬菌体与细菌宿主的高度特异性相互作用也被用于食源性致病菌的检测[38]。例如沙门氏菌的检测，其中一个特定噬菌体被设计成带有一个可检测的标记物（冰核基因）。在沙门氏菌存在下，噬菌体将标记物赋予宿主，然后表达出来并可以检测（表 2）。抗体与抗原（特别是单克隆抗体）的高度特异性结合加上该反应的简单性和多功能性，有利于各种抗体测定和方式的设计，形成了一大类用于食品测试的快速方法[3,10,12,33]。抗体检测有 5 种基本形式[12]，最简单的是乳胶凝集法（LA），其中包被有抗体的彩色胶乳颗粒或胶体金颗粒被用于食品中分离的纯培养菌落的快速鉴定和分型。改良 LA，称为反向被动乳胶凝集（RPLA），可以用来检测可溶性抗原，主要用于检测食品提取物中的毒素或纯培养毒素[12]（表 3）。

免疫扩散试验中，将增菌的样品放置于一个存在抗体的琼脂凝胶中；如果存在特异性抗原，则形成可见的沉淀线[30]。联免疫吸附试验（ELISA）是最常用的用于食品中病原体检测的抗体检测形式[3,33]。通常被设计成“夹心法”，用附着于固相载体上的抗体从浓缩培养物中提取抗原，并且结合酶标二抗用于检测。微孔酶标板是最常用的固相载体，但也有使用试纸、试管、微孔滤膜、移液器枪头或其他固相载体的 ELISA 检测[12]（表 3）。

偶联抗体的磁珠应用于免疫磁分离（IMS）技术，可以在预增菌的培养基中捕获病原体[31]。IMS 类似于选择性增菌，用抗体来捕捉抗原，而不会像抗生素或复杂的试剂那样导致应激性损伤，这种方法较为温和。捕获的抗原可以用其他方法进行进一步检测。

还有另一种形式：免疫沉淀法和免疫层析法，这种技术逐渐发展，已经用于妊娠检测。这也是一个“夹心法”程序，所不同的是不使用酶标抗体，而采用的是标记有彩色胶乳颗粒或胶体金的抗体。只需 0.1mL 试样，样品在一系列微孔中增菌从而获得结果[9]。这些检测非常简单，在增菌培养后 10min 内即可完成，不需要清洗或其他操作（表 3）。

表 3　部分商品化的检测食源性病原菌和毒素的抗体检测方法[a] [3, 5, 8, 12, 33, 36]

病原菌/毒素	商品名	方法[b]	制造商
腊样芽孢杆菌腹泻毒素	TECRA	ELISA	TECRA
	BCET	RPLA	unipath
弯曲菌	Campyslide	LA	BD
	Meritec-campy	LA	Meridian
	MicroScreen	LA	Mercia
	VIDAS	ELFA[c]	Biomerieux
	EiaFOSS	ELISA[c]	Foss
	TECRA	ELISA	TECRA
肉毒梭菌毒素	ELCA	ELISA	Elcatech
产气荚膜梭菌肠毒素	PET	RPLA	Unipath
EHECd, gO157	RIM O157&H7	LA	REMEL
	E. coli O157	LA	unipath
	Prolex	LA	PRO-LAB
	EcolexO157	LA	Orion Diagnostica
	Wellcolex O157	LA	Murex
	E. coli O157	LA	TechLab
	O157&H7	Sera	Difco
	PetrifilmHEC	Ab-blot	3M
	WEZ COLI	Tube-EIA	Difco
	Dynabeads	Ab-beads	Dynal
	EHEC-TEK	ELISA	Organon-Teknika
	Assurance[e]	ELISA	BioControl
	HECO157	ELISA	3M Canda
	TECRA	ELISA	TECRA
	E. coli O157	ELISA	LMD Lab
	Premier O157	ELISA	MERIDIAN
	E. coli O157	ELISA	Binax
	E. coli Rapitest	ELISA	Microgen
	Transia card	ELISA	Transia
	E. coli O157	EIA/capture	TECRA
	VIP[e]	Ab-ppt	BioControl
	Reveal	Ab-ppt	Neogen
	NOW	Ab-ppt	Binax
	Quix Rapid O157	Ab-ppt	Universal Health Watch
	ImmunoCardSTAT	Ab-ppt	Meridian
	VIDAS	ELFA[c]	BioMerieux
	EiaFOSS	ELISA[c]	Foss

续表

病原菌/毒素	商品名	方法	制造商
志贺氏毒素（Stx）	VEROTEST	ELISA	MicroCarb
	Premier EHEC	ELISA	Meridian
ETEC[d]			
不耐热毒素（LT）	VET-RPLA	RPLA	Oxiod
耐热毒素（ST）	E. coli ST	ELISA	Oxiod
李斯特菌	Microscreen	LA	Microgen
	Listeria Latex	LA	Microgen
	Listeria-TEK[e]	ELISA	Organon Teknika
	TECRA[e]	ELISA	TECRA
	Assurance[e]	ELISA	BioControl
	Transia Listeria	ELISA	Transia
	Pathalert	ELISA	Merck
	Listertest	Ab-beads	VICAM
	Dynabeads	Ab-beads	Dynal
	VIP[e]	Ab-ppt	BioControl
	Clearview	Ab-ppt	Unipath
	RAPIDTEST	Ab-ppt	Unipath
	VIDAS[e]	ELFA[c]	BioMerieux
	EiaFOSS	ELISA[c]	Foss
	UNIQUE	Capture-EIA	TECRA
沙门氏菌	Bactigen	LA	Wampole Labs
	Spectate	LA	Rhone-Poulenc
	Microscreen	LA	Mercia
	Wellcolex	LA	Laboratoire Wellcome
	Serobact	LA	REMEL
	RAPIDTEST	LA	Unipath
	Dynabeads	Ab-beads	Dynal
	Screen	Ab-beads	VICAM
	CHECKPOINT	Ab-blot	KPL
	1-2 Test[e]	Diffusion	BioControl
	Salmonella TEK[e]	ELISA	Organon Teknika
	TECRA[e]	ELISA	TECRA
	EQUATE	ELISA	Binax
	BacTrace	ELISA	KPL
	LOCATE	ELISA	Rhone-Poulenc
	Assurance[e]	ELISA	BioControl
	Salmonella	ELISA	GEM Biomedical
	Transia	ELISA	Transia
	Bioline	ELISA	Bioline

续表

病原菌/毒素	商品名	方法	制造商
沙门氏菌	VIDAS[e]	ELFA[c]	BioMerieux
	OPUS	ELISA[c]	TECRA
	PATH-STIK	Ab-ppt	LUMAC
	Reveal	Ab-ppt	Neogen
	Clearview	Ab-ppt	Unipath
	UNIQUE[e]	Capture-EIA	TECRA
肠道沙门氏菌（肠炎型）	1-2 Test	Diffusion	BIOcONTROL
志贺氏菌	Bactigen	LA	Wampole Labs
	Wellcolex	LA	Laboratoire Wellcome
金黄色葡萄球菌	Staphyloslide	LA	BD
	AureusTest[e]	LA	Trisum
	Staph Latex	LA	Difco
	S. aureus VIA	ELISA	TECRA
肠毒素	SET-EIA	ELISA	Toxin Technology
	SET-RPLA	RPLA	Unipath
	TECRA[e]	ELISA	TECRA
	Transia SE	ELISA	Transia
	RIDASCREEN	ELISA	R-Biopharm
	VIDAS	ELFA[c]	BioMerieux
	OPUS	ELISA[c]	TECRA
霍乱弧菌	CholeraSMART	Ab-ppt	New Horizon
	BengalSMART	Ab-ppt	New Horizon
	CholeraScreen	Agglutination	New Horizon
	BengalScreen	Agglutination	New Horizon
肠毒素	VET-RPLA[f]	RPLA	Unipath

a 改自：Feng，P.，App. I.，FDA Bacteriological Analytical Manual，8A ed。

b 缩写：ELISA，酶联免疫吸附试验；ELFA，酶联荧光分析法；RPLA，反向被动乳胶凝集法；LA，胶乳凝集试验；Ab-ppt，免疫沉淀。

c 全自动 ELISA。

d EHEC，肠出血性大肠杆菌；ETEC，肠毒素大肠杆菌。

f 也能检测大肠杆菌 LT 肠毒素。

e 采用 AOAC 官方第一法或最终方法。

g 警告：这些血清除非特别说明只能特异性检测 O157：H7 血清型，否则大部分血清也能够和非 H7 血清型的 O157 菌株反应。而 O157 非 H7 毒株通常不会产生志贺氏毒素，并对人类无致病性。此外，O157 的某些抗体还可与柠檬酸杆菌、大肠杆菌和其他肠杆菌发生交叉反应。

注意：此表列出已知的可用方法，并不表示已经获得 FDA 验证、认可或批准可以用于食品分析，仅供参考。

最后提到的快速方法的范围包括各种各样的检测，从专门的培养基到对传统检测方法的简单修改，从而节省了人力、时间和耗材。例如，一些使用含有脱水培养基的一次性纸板，无需琼脂平板，从而节省了储存、培养和处理过程[4,5]。有的在培养基中加入了特殊的产生颜色和荧光的底物，使其能够快速检测特征性酶的活性变化[13,17,20,27,29]。也有检测细菌三磷酸腺苷（ATP）的方法，这种方法虽然不能鉴定物种，但是可以用来快速计数细菌总数（表 4）。

表4 用于检测食源性细菌的其他商业快速方法和特殊底物培养基的部分列表[a,[4,8,13,20,27,36]]

有机生物	商品名	方法[b]	制造商
细菌	Redigel[c]	培养基	RCR Scientific
	Isogrid[c]	HGMF	QA Labs
	Enliten	ATP	Promega
	Profile-1	ATP	New Horizon
	Biotrace	ATP	Biotrace
	Lightning	ATP	Idexx
	Petrifilm[c]	纸片培养基	3M
	SimPlate	培养基	Idexx
大肠菌群（含大肠杆菌）	Isogrid[c]	HGMF/MUG	QA Labs
	Petrifilm[c]	纸片培养基	3M
	SimPlate	培养基	Idexx
	Redigel	培养基	RCR Scientific
	ColiQuik[d]	MUG/ONPG	Hach
	ColiBlue[d]	培养基	Hach
	Colilert[d]	MUG/ONPG	Idexx
	LST-MUG[c]	MPN 培养基	Difco, GIBCO
	ColiComplete[c]	MUG-X-Gal	BioControl
	Colitrak	MPN-MUG	BioControl
	ColiGel, E* Colite[d]	MUG-X-Gal	Charm Sciences
	CHROMagar	培养基	CHROMagar
大肠杆菌	MUG disc	MUG	REMEL
	CHROMagar	培养基	CHROMagar
EHEC[e]	Rainbow Agar	培养基	Biolog
	BCMO157 : H7	培养基	Biosynth
	Fluorocult O157 : H7	培养基	Merck
单核细胞增生李斯特菌	BCM	培养基	Biosynth
沙门氏菌	Isogrid[c]	HGMF	QA Labs
	OSRT	培养基/动力	Unipath（Oxoid）
	Rambach	培养基	CHAROMagar
	MUCAP	C8 酯酶	Biolife
	XLT-4	培养基	Difco
	MSRV[c]	培养基	
耶尔森氏菌	Crystal violet	染色	Polysciences

a 改自：Feng，P.，APP. I.，FDA Bacteriological Analytical Manual，8a ed。

b 缩写：APC，需氧菌平板计数；HGMF，疏水网格膜过滤器；ATP，三磷酸腺苷；MUG，4-甲基伞形醇基-β-D-葡糖苷酸；ONPG，邻硝基苯基β-D-半乳糖苷；MPN，最大可能数。

c 采用 AOAC 官方第一法或最终方法。

d 水质分析应用。

e 肠出血性大肠杆菌（enterohemorrhagic Escherichia coli）。

注意：此表列出已知的可用方法，并不表示已经获得 FDA 验证、认可或批准可以用于食品分析，仅供参考。

C. 快速方法的应用及局限性

几乎所有的快速方法都是只能检测单一目标，适用于大量食品的质量控制，快速筛选样本中的病原体或毒素。但是，快速方法得到的阳性结果被认为是假阳性，必须用标准方法加以验证[11]。虽然这样一来需要几天时间才能得到确认结果，但由于食物样品的检测结果以阴性为主，只有少数的阳性结果需要进一步确认。

多数快速方法可以在几分钟到几小时内完成，所以它们比传统方法更快速。但是，在食品的直接分析检测中，快速方法仍然缺乏敏感性和特异性；因此，在检测前仍然需要增菌培养[12]。虽然增菌降低了检测速度，但也有帮助作用，如降低抑制剂的干扰作用，区分活细胞和死亡细胞，并可以修复细胞在食品加工过程中受到的应激或损伤。

对快速检测方法的评价显示有些检测方法在某些食品中的检测效果可能好于其他食品，造成这种现象的主要原因是食品成分的干扰，因为这些食品中的一些成分严重影响了快速方法所使用的技术。例如，某种成分可以抑制 DNA 杂交或 Taq 聚合酶，但对抗原抗体反应没有影响，相反的情况也可能发生[12]。由于食品成分对快速方法检测效果的影响较大，所以需要开展一些比对实验，以用来选择针对不同类型食品的有效检测方法。

DNA 检测的特异性是由探针决定的；例如使用特异性毒素基因的探针或引物得到的阳性结果，仅仅指示具有那些基因序列的细菌存在并且它们有可能产生毒素。但是，这并不能说明基因真地被表达了，毒素已经产生。同样，在梭菌毒素和葡萄球菌毒素中毒检测中，DNA 探针和 PCR 虽然可以检测到细胞的存在，但并不适合检测食物中已经产生的毒素[12]。

目前，至少有 30 种不同的商品化检测方法用于沙门氏菌属或 EHEC O157：H7 的检测。这么多的方法不仅给使用者在选择上带来了诸多不便，但更重要的是难以对所有这些方法进行评估。因此，只有少数方法通过正式验证用于食品检测[1,11]。

D. 结论

随着快速方法的使用率增加，其优缺点同时也暴露出来。本文仅简要描述了一些快速方法，以及这些方法在食品检测中所遇到的问题。然而，因为这些检测方法的设计和原理复杂，加上食品检测的固有困难，使用者应当谨慎选择这些快速方法，同时也要彻底评估这些检测方法，根据不同的检测情况或待测食品类型选择适合的检测方法。最后，随着技术持续快速发展，下一代检测方法，如生物传感器[18]和 DNA 芯片[32]已经开发出来，可以实现针对食品中的多种病原体进行实时在线监测。

附录2 连续稀释中的最大可能数

2010年10月
作者：Robert Blodgett
更多信息请联系 Stuart Chirtel 或 Guodong Zhang。

修订历史：

- 2015年4月　更新了本附录的联系信息。
- 2010年10月　替换最大可能数（MPN）图形版本；添加下载表格的解释说明。
- 2003年7月　附表5中添加每组10管、10mL 接种量，并链接到电子表格。

目录

A. 背景

连续稀释常用于测试样品中目标菌的浓度，通常将这种方法称为最大可能数（MPN）。MPN 尤其适用于微生物含量低的样品体系（<100/g），特别是牛乳和水，以及颗粒物质受其他内含物总量影响较大的食物。以下背景的论述参考了 James T. Peeler 和 Foster D. McClure 在 BAM 第七版中关于 MPN 的论述并改进后完成。

只有活的生物体系才能用 MPN 法进行计数。根据微生物学家的经验，如果细菌在准备好的样品中出现问题，则与样品的准备和稀释液的处理过程是分不开的，MPN 应该用来估计生长单元（Gus）或菌落形成单位（CFUs）以代替个体细菌。但是为了方便，本附录将用 Gus 或 CFUs 作为个体细菌。如果验证实验涉及选择性菌群，则需要使用附录中未谈论的统计判断法（见 Blodgett，2005a.）。

下面的假设是 MPN 成立的重要前提。细菌均匀分布在样品中，相互分离，而不聚集，相互之间没有影响。每一个试管或平板的接种物都是一个可以自行生长发育的体系，该体系可以发生肉眼可见的生长或变化。任何一个单独样品管都是相对独立的。

MPN 法的本质是将样品在试管中进行不同程度的稀释（接种物中的微生物不一定能够生长发育）。通过每个稀释度下样品管的数量和生长管的数量可以估计原始样品中未稀释时的细菌浓度。为了得到一个较宽的浓度范围，微生物学家通常在多个稀释度内采用多个培养管的方法。

MPN 表明的是观察结果中最可能的菌体数量。它可以用以下方程来求解 λ 和菌体浓度：

$$\sum_{j=1}^{k} \frac{g_j m_j}{1 - \exp(-\lambda m_j)} = \sum_{j=1}^{k} t_j m_j$$

此处的 exp（x）表示 e^x，另外

k——稀释的次数；

g_j——在第 j 次稀释处出现阳性管（或生长管）的数目；

m_j——在第 j 次稀释处每个培养管中原始样品的总量；

t_j——在第 j 次稀释处培养管的数量。

一般而言，这个方程可以用迭代法求解。

McCrady（1915）发表了第一篇用 MPN 法精确计算活菌数量的文章。Halvorson 和 Ziegler（1933）、Eisenhart 和 Wilson（1943），以及 Cochran（1950）发表了关于 MPN 法统计学原理的文章。Woodward（1957）建议 MPN 表中应省略阳性管的组合（如菌浓度高时选用低浓度进行菌落计数，而菌浓度低时选用高浓度进行菌落计数），这类情况未必会发生，但可能引起实验室错误误差或污染。De Man（1983）出版了一本关于置信区间方法的书，本附录就是对此进行修改而成。

B. 置信区间

表格中 95%置信区间有下列含义：在样品管被接种之前，置信区间内最终结果与样品实际浓度相吻合的几率至少为 95%。

这可能会构建很多不同的满足这个标准的区间。本指南对 De Man（1983）的方法进行了修改。De Man 多次应用最小浓度上限来迭代计算它的置信界限。因为本指南强调致病菌，所以将界限由最小浓度上限改变为最大浓度下限。

置信区间的电子数据计算表可能会与附录中的表格有所不同。MPN 法的数据计算表是利用 lg（MPN）的近似值来计算其置信区间。这个近似值与 Haldane（1939）谈到的正常近似值很像。这种近似值的计算比 De Man 的置信区间更简单，是一种更好的数据计算表。

C. 精确度、偏差以及极值结果

MPN 值和置信界限被表述为 2 个有效数字。例如，400 就是在 395~405 这个范围之内。

许多文章都注意到使用 MPN 法会造成过度估计微生物浓度的偏差。但是，Garthright（1993）发现在微生物浓度呈对数增长时，对相关数据进行分析不存在这种明显的偏差。因此，这些 MPN 值并没有为这个偏差做出调整。

每一个稀释浓度的所有样品管的结果都是阳性时没有浓度上限。本附录中表格所列出的这些 MPN 结果要高于那些至少有一个阴性管的 MPN 法的最高值；同理，所有阴性管的结果也要小于那些至少有一个阳性管的 MPN 法的最低值。

D. 注意事项

1. 不准确结果

很多潜在的问题可以导致不准确结果的出现。例如，低稀释度时检测结果容易受到干扰，或者在低稀释度时选择太少的菌落做确证试验可能会忽视目标菌的存在。如果出现问题的原因仅限于低稀释度，那么选择高稀释度的阳性管可能会取得更准确的结果。如果问题的原因不确定，那么这样的估计结果会不可靠。

在排除不可能结果时会用到德曼（1983）提出的不可能度。如果它们拥有的 MPNs 结果代表实际细菌浓度，那么这个结果将会包含在 99.985%最有可能的结果之内。因此，在这些表格中能找到 10 种不同结果的可能性至少为 99%。

2. 不确定管

在特殊情况下，不能判断培养管结果的阴、阳性（如低稀释度时平板长满杂菌），计算结果时应排除这些样品管，此时所得到的结果可能会与附录中所列出的所有结果都不相同。这时 MPN 值可用电脑运算法则或者下面的 Thomas 法则来估算。Haldane 的方法和下面介绍的 Thomas 法则可以找到置信界限。

E. 表格的使用

1. 选择三个稀释度作数据对照

一个 MPN 值可以用任何阳性稀释度中的阳性结果的试管数来估算，但是通常系列稀释会使用三个或者更多个十进制的稀释倍数（前一个稀释度为后一个稀释度的十倍）。本附录中的表格要求有三个十进制的连续稀释度才能得到最终的结果，所以参考表格选择三个连续稀释度是实验设计（每个稀释度的试管数和稀释倍数）所必需的。它们都需要十进制的稀释梯度，并且每个稀释度要选择合适试管数。如果实验设计有其他的要求，补充相应的步骤也是必要的。当 MPN 模型构建好，要选择能给出 MPN 整体结果最佳近似值的三个十进制稀释度。此外，随着稀释度的减少可以减少其他的微生物或有毒物质的干扰。本节的其他内容将讲述如何选择三个连续稀释度。

首先，当取最小样品量时，若最高稀释度和它下一稀释度的试管都是阴性，应该排除最高稀释度。只要这种情况一直保持，而且至少有四个稀释度存在，那么就要继续排除这些稀释度。

其次，如果只保留了三个稀释度，则把他们作为实例 A 的一个例子。每个实例的每个浓度都有 5 个培养管。在实例 A 中，排除两个最高稀释度（0.001g 和 0.01g）的样品管，保留另外三个。

如果保留了三个以上的浓度，并且发现最高浓度的所有管全是阳性管，那么有三种情况存在。第一种情况，都是阳性管的最高稀释度包含在需要保留的三个最高稀释度之中。那么就使用保留的三个最高稀释度。在实例 B 中，第一步是排除最高稀释度（0.001g）。如果都是阳性管的最高稀释度（1g）在需要保留的三个最高稀释度（1、0.1g 和 0.01g）之中，就应该使用这一稀释度。在实例 C 中，都是阳性管的最高稀释度（0.01g）也在需要保留的三个最高稀释度（0.1、0.01g 和 0.001g）之中。

第二种情况，都是阳性管的最高稀释度不在需要保留的三个最高稀释度之中，那么就选择它之后的两个较高稀释度，并将后面其余较高的稀释度阳性试管数的总和分配到第三个较高稀释度中。在实例 D 中，样品含量为 1g 且最高稀释度都是阳性时就需要直接选择样品含量为 0.1g 和 0.01g 的两个更高稀释度。此时，只还有一个稀释度可以将其阳性管的数量分配到样品含量为 0.001g 的阳性管的总数中作为第三个稀释度。

第三种情况，没有稀释度的样品管结果都是阳性，则需要选择两个最低的稀释度，并将其余更高稀释度阳性试管数的总和分配到第三个稀释度。在实例 E 中没有稀释度都是阳性管而两个最低的稀释度含有样品量 10g 和 1g，那么将含有 0.1、0.01g 和 0.001g 样品的三个稀释度阳性试管的总数分配到样品含量为 0.1g 的稀释度中作为第三个稀释度。

连续稀释时所选的三个稀释度不在表格中的现象不常见。在这种情况下得到的结果是不可靠的，MPN 值的基本假设存在问题。如果可能，重做试验可能是最好的选择。如果使用 MPN 法进行估计，那么就应该保留三个最高稀释度。在实例 F 中就是使用了三个最大的稀释度。如果这些稀释度没有出现在表格中，就使用出现阳性管的最高稀释度。“单一稀释度阳性管的 MPN 值”中讲述了如何计算 MPN 值。

实例表

实例	10g	1g	0.1g	0.01g	0.001g	
A	4	1	0	0	0	410xx
B	5	5	1	0	0	x510x
C	4	5	4	5	1	xx451
D	4	5	4	3	1	xx431
E	4	3	0	1	1	432xx
F	4	3	3	2	1	xx321

2. 表格单位的换算

下面的表格应用于接种 0.1、0.01g 和 0.001g 样品的情况。当选择不同的接种量作为表格参考时，使 MPN/g 与置信界限乘以相应的倍数，以使得实际接种量与表格中的接种量相匹配。例如，如果接种量为 0.01、0.001g 和 0.0001g，每稀释度对应三个试管，放大 10 倍即使得接种量与表格中的接种量相匹配。当结果为（3，1，0）时，按照表 1 中 MPN/g 的估计值为 43/g，乘以 10 得到 430/g。

3. 不在表格范围的域值或近似值

如果 MPN 的连续稀释没有出现在任何表中，比如意外缺失了一些管，可以通过下面的迭代法或不等式来计算。

$$\frac{\sum_{W} g_j}{\sum_{W}\left(t_j - \frac{g_j}{2}\right)m_j + \sum_{g}(t_j - g_j)m_j} \leqslant \lambda \leqslant \frac{\sum_{j=1}^{K} g_j}{\sum_{j=1}^{K}(t_j - g_j)m_j}$$

当所有的稀释度中缺少了 W 和 Q 两个稀释度，下限允许将所有培养管都是阳性结果的低稀释度从界限中删除。Blodgett（2005b）介绍了这些以及其他界限。

下面给出 MPN 的一个估计。首先，选择含有阴性结果与阳性结果的最低稀释度。然后，选择至少有一个阳性管的最高稀释度。最后，选择这两个稀释度中间的所有稀释度。将选择的稀释度代入 Thomas（1942）公式：

$$\text{MPN/g} = \left(\sum g_j\right)/\left(\sum t_j m_j \sum (t_j - g_j)m_j\right)^{(1/2)}$$

这里的总和是指所选稀释度的总和，其他含义如下所述。

$\sum g_j$ ——所选择的稀释度中阳性试管的数量；

$\sum t_j m_j$ ——所选择的稀释度中所有试管中加入样品的质量；

$\sum (t_j - g_j)m_j$ ——所选择的稀释度中所有阴性试管加入样品的质量。

下面的例子将进一步举例说明 Thomas 公式的应用。我们假设所选的稀释度为 1.0、0.1、0.01、0.001g 和 0.0001g。

［例 1］结果为（5/5，10/10，4/10，2/10，0/5）时，选用（-，-，4/10，2/10，-）。所以 $\sum t_j m_j = 10\times 0.01+10\times 0.001=0.11$。在 0.01g 时有 6 个阴性试管，0.001g 时有 8 个阴性试管，所以 $\sum (t_j-g_j)\ m_j=6\times 0.01+8\times 0.001=0.068$。这里共有 6 个阳性试管，所以：

MPN/g=6/（0.068×0.11）（1/2）= 6/0.086=70/g

［例 2］结果为（5/5，10/10，10/10，0/10，0/5）时，选用（-，-，10/10，0/10，-）。所以由 Thomas 公式得：

MPN/g=10/（0.01×0.11）（1/2）= 10/.0332=300/g

这两个近似 MPNs 可以与（10，4，2）和（10，10，0）的 MPNs（分别为 70/g 和 240/g）有一个很好的比较。

任何稀释度测试结果的置信区间都可以利用 Haldane 方法，由 lg（MPN）的第一标准偏差来计算。我们讲述含有 3 个稀释度的计算方法，但是它也可以简化为 2 个或扩大为任何一个整数。

用 m_1、m_2、m_3表示从最大到最小的接种量（如表格中 $m_1=0.1\text{g}$，$m_2=0.01\text{g}$，$m_3=0.001\text{g}$）。

用 g_1、g_2、g_3表示相应稀释度的阳性管的数量。

首先我们计算

$$T_1=\exp(-\text{MPN}\times m_1),\ T_2=\exp(-\text{MPN}\times m_2),\ 等$$

然后我们计算

$$B=[g_1\times m_1\times m_1\times T_1/(T_1-1)^2]+\cdots+[g_3\times m_3\times m_3\times T_3/(T_3-1)^2]$$

最后，我们计算

$$\lg(\text{MPN})=1/(2.303\times \text{MPN}\times B^{\frac{1}{2}})\ 的标准偏差$$

现在，95%的置信区间就是

$$\lg(\text{MPN})\pm 1.96*(标准偏差)$$

4. 任何阳性管单一稀释度的 MPN

如果只有一个稀释度的培养管出现阳性结果，那么有一个简单的 MPN 表达式：

$$\text{MPN/g}=(1/m)\times 2.303\times \lg\left(\sum t_j m_j/\sum(t_j-g_j)\ m_j\right)$$

m 表示在含有一个阳性培养管的稀释度下，每管中添加的样品量。

5. 特殊要求和表格

所附的电子数据表可以解决大部分专业设计。Garthright 和 Blodgett（2003）论述了这些表格。专门的计算和不同的设计将确保这些资源可用。设计一般要求三个左右的稀释度、奇数试管数以及不同的置信水平等。在这里提供了最新发表的设计，它们都附上了三个连续的十进制稀释度，如 3、5、8，每个稀释度 10 个样品管。

参考文献

[1] Blodgett, R. J. 2005a. Serial dilution with a confirmation step. Food Microbiology 22：547~552.

[2] Blodgett, R. J. 2005b. Upper and lower bounds for a serial dilution test. Journal of the AOAC international 88（4）：1227~1230.

[3] Cochran, W. G. 1950. Estimation of bacterial densities by means of the "Most Probable Number." Biometrics 6：105~116.

[4] de Man, J. C. 1983. MPN tables, corrected. Eur. J. Appl. Biotechnol. 17：301~305.

[5] Eisenhart, C., and P. W. Wilson. 1943. Statistical methods and control in bacteriology. Bacteriol. Rev. 7：57~137.

[6] Garthright, W. E. and Blodgett, R.J. 2003, FDA's preferred MPN methods for Standard, large or unusualtests, with a spreadsheet. Food Microbiology 20：439~445.

[7] Garthright, W. E. 1993. Bias in the logarithm of microbial density estimates from serial dilutions. Biom. J. 35：3, 299~314.

[8] Haldane, J. B. S. 1939. Sampling errors in the determination of bacterial or virus density by the dilution method. J. Hygiene. 39：289~293.

[9] Halvorson, H. O., and N. R. Ziegler. 1933. Application of statistics to problems in bacteriology. J. Bacteriol. 25：101-121；26：331~339；26：559~567.

[10] McCrady, M. H. 1915. The numerical interpretation of fermentation-tube results. J. Infect. Dis. 17：183~212.

[11] Peeler, J. T., G. A. Houghtby, and A. P. Rainosek. 1992. The most probable number technique, Compendium of Methods for the Microbiological Examination of Foods, 3rd Ed., 105~120.

[12] Thomas, H. A. 1942. Bacterial densities from fermentation tube tests. J. Am. Water Works Assoc. 34：572~576.

[13] Woodward, R. L. 1957. How probable is the most probable number? J. Am. Water Works Assoc. 49：1060~1068.

附表

附表 1　每克样品的 MPN 值和95%置信区间（每组3管，接种量分别为0. 1、0. 01g 和0. 001g）

阳性管			MPN	置信区间		阳性管			MPN	置信区间	
0. 10g	0. 01g	0. 001g		低	高	0. 10g	0. 01g	0. 001g		低	高
0	0	0	<3. 0	—	9. 5	2	2	0	21	4. 5	42
0	0	1	3. 0	0. 15	9. 6	2	2	1	28	8. 7	94
0	1	0	3. 0	0. 15	11	2	2	2	35	8. 7	94
0	1	1	6. 1	1. 2	18	2	3	0	29	8. 7	94
0	2	0	6. 2	1. 2	18	2	3	1	36	8. 7	94
0	3	0	9. 4	3. 6	38	3	0	0	23	4. 6	94
1	0	0	3. 6	0. 17	18	3	0	1	38	8. 7	110
1	0	1	7. 2	1. 3	18	3	0	2	64	17	180
1	0	2	11	3. 6	38	3	1	0	43	9	180
1	1	0	7. 4	1. 3	20	3	1	1	75	17	200
1	1	1	11	3. 6	38	3	1	2	120	37	420
1	2	0	11	3. 6	42	3	1	3	160	40	420
1	2	1	15	4. 5	42	3	2	0	93	18	420
1	3	0	16	4. 5	42	3	2	1	150	37	420
2	0	0	9. 2	1. 4	38	3	2	2	210	40	430
2	0	1	14	3. 6	42	3	2	3	290	90	1000
2	0	2	20	4. 5	42	3	3	0	240	42	1000
2	1	0	15	3. 7	42	3	3	1	460	90	2000
2	1	1	20	4. 5	42	3	3	2	1100	180	4100
2	1	2	27	8. 7	94	3	3	3	>1100	420	—

附表 2　每克样品的 MPN 值和95%置信区间（每组5管，接种量分别为0. 1、0. 01g 和0. 001g）

阳性管			MPN	置信区间		阳性管			MPN	置信区间	
0. 1g	0. 01g	0. 001g		低	高	0. 1g	0. 01g	0. 001g		低	高
0	0	0	<1. 8	—	6. 8	1	1	1	6. 1	1. 8	15
0	0	1	1. 8	0. 09	6. 8	1	1	2	8. 1	3. 4	22
0	1	0	1. 8	0. 09	6. 9	1	2	0	6. 1	1. 8	15
0	1	1	3. 6	0. 7	10	1	2	1	8. 2	3. 4	22
0	2	0	3. 7	0. 7	10	1	3	0	8. 3	3. 4	22
0	2	1	5. 5	1. 8	15	1	3	1	10	3. 5	22
0	3	0	5. 6	1. 8	15	1	4	0	11	3. 5	22
1	0	0	2	0. 1	10	2	0	0	4. 5	0. 79	15
1	0	1	4	0. 7	10	2	0	1	6. 8	1. 8	15
1	0	2	6	1. 8	15	2	0	2	9. 1	3. 4	22
1	1	0	4	0. 7	12	2	1	0	6. 8	1. 8	17

续表

阳性管			MPN	置信区间		阳性管			MPN	置信区间	
0.1g	0.01g	0.001g		低	高	0.1g	0.01g	0.001g		低	高
2	1	1	9.2	3.4	22	4	3	2	39	14	100
2	1	2	12	4.1	26	4	4	0	34	14	100
2	2	0	9.3	3.4	22	4	4	1	40	14	100
2	2	1	12	4.1	26	4	4	2	47	15	20
2	2	2	14	5.9	36	4	5	0	41	14	100
2	3	0	12	4.1	26	4	5	1	48	15	120
2	3	1	14	5.9	36	5	0	0	23	6.8	70
2	4	0	15	5.9	36	5	0	1	31	10	70
3	0	0	7.8	2.1	22	5	0	2	43	14	100
3	0	1	11	3.5	23	5	0	3	58	22	150
3	0	2	13	5.6	35	5	1	0	33	10	100
3	1	0	11	3.5	26	5	1	1	46	14	120
3	1	1	14	5.6	36	5	1	2	63	22	150
3	1	2	17	6	36	5	1	3	84	34	220
3	2	0	14	5.7	36	5	2	0	49	15	150
3	2	1	17	6.8	40	5	2	1	70	22	170
3	2	2	20	6.8	40	5	2	2	94	34	230
3	3	0	17	6.8	40	5	2	3	120	36	250
3	3	1	21	6.8	40	5	2	4	150	58	400
3	3	2	24	9.8	70	5	3	0	79	22	220
3	4	0	21	6.8	40	5	3	1	110	34	250
3	4	1	24	9.8	70	5	3	2	140	52	400
3	5	0	25	9.8	70	5	3	3	180	70	400
4	0	0	13	4.1	35	5	3	4	210	70	400
4	0	1	17	5.9	36	5	4	0	130	36	400
4	0	2	21	6.8	40	5	4	1	170	58	400
4	0	3	25	9.8	70	5	4	2	220	70	440
4	1	0	17	6	40	5	4	3	280	100	710
4	1	1	21	6.8	42	5	4	4	350	100	710
4	1	2	26	9.8	70	5	4	5	430	150	1100
4	1	3	31	10	70	5	5	0	240	70	710
4	2	0	22	6.8	50	5	5	1	350	100	1100
4	2	1	26	9.8	70	5	5	2	540	150	1700
4	2	2	32	10	70	5	5	3	920	220	2600
4	2	3	38	14	100	5	5	4	1600	400	4600
4	3	0	27	9.9	70	5	5	5	>1600	700	—
4	3	1	33	10	70						

附表 3　每克样品的 MPN 值和95%置信区间（每组10管，接种量分别为0.1、0.01g 和0.001g）

阳性管			MPN	置信区间		阳性管			MPN	置信区间	
0.1g	0.01g	0.001g		低	高	0.1g	0.01g	0.001g		低	高
0	0	0	<0.90	—	3.1	3	1	1	5.3	2.1	11
0	0	1	0.9	0.04	3.1	3	1	2	6.4	3	14
0	0	2	1.8	0.33	5.1	3	2	0	5.3	2.1	12
0	1	0	0.9	0.04	3.6	3	2	1	6.4	3	14
0	1	1	1.8	0.33	5.1	3	2	2	7.5	3.1	15
0	2	0	1.8	0.33	5.1	3	3	0	6.5	3	14
0	2	1	2.7	0.8	7.2	3	3	1	7.6	3.1	15
0	3	0	2.7	0.8	7.2	3	3	2	8.7	3.6	17
1	0	0	0.94	0.05	5.1	3	4	0	7.6	3.1	15
1	0	1	1.9	0.33	5.1	3	4	1	8.7	3.6	17
1	0	2	2.8	0.8	7.2	3	5	0	8.8	3.6	17
1	1	0	1.9	0.33	5.7	4	0	0	4.5	1.6	11
1	1	1	2.9	0.8	7.2	4	0	1	5.6	2.2	12
1	1	2	3.8	1.4	9	4	0	2	6.8	3	14
1	2	0	2.9	0.8	7.2	4	1	0	5.6	2.2	12
1	2	1	3.8	1.4	9	4	1	1	6.8	3	14
1	3	0	3.8	1.4	9	4	1	2	8	3.6	17
1	3	1	4.8	2.1	11	4	2	0	6.8	3	15
1	4	0	4.8	2.1	11	4	2	1	8	3.6	17
2	0	0	2	0.37	7.2	4	2	2	9.2	3.7	17
2	0	1	3	0.81	7.3	4	3	0	8.1	3.6	17
2	0	2	4	1.4	9	4	3	1	9.3	4.5	18
2	1	0	3	0.82	7.8	4	3	2	10	5	20
2	1	1	4	1.4	9	4	4	0	9.3	4.5	18
2	1	2	5	2.1	11	4	4	1	11	5	20
2	2	0	4	1.4	9.1	4	5	0	11	5	20
2	2	1	5	2.1	11	4	5	1	12	5.6	22
2	2	2	6.1	3	14	4	6	0	12	5.6	22
2	3	0	5.1	2.1	11	5	0	0	6	2.5	14
2	3	1	6.1	3	14	5	0	1	7.2	3.1	15
2	4	0	6.1	3	14	5	0	2	8.5	3.6	17
2	4	1	7.2	3.1	15	5	0	3	9.8	4.5	18
2	5	0	7.2	3.1	15	5	1	0	7.3	3.1	15
3	0	0	3.2	0.9	9	5	1	1	8.5	3.6	17
3	0	1	4.2	1.4	9.1	5	1	2	9.8	4.5	18
3	0	2	5.3	2.1	11	5	1	3	11	5	21
3	1	0	4.2	1.4	10	5	2	0	8.6	3.6	17

续表

阳性管			MPN	置信区间		阳性管			MPN	置信区间	
0. 1g	0. 01g	0. 001g		低	高	0. 1g	0. 01g	0. 001g		低	高
5	2	1	9. 9	4. 5	18	7	0	2	13	6. 3	25
5	2	2	11	5	21	7	0	3	15	7. 2	28
5	3	0	10	4. 5	18	7	1	0	12	5	22
5	3	1	11	5	21	7	1	1	13	6. 3	25
5	3	2	13	5. 6	23	7	1	2	15	7. 2	28
5	4	0	11	5	21	7	1	3	17	7. 7	31
5	4	1	13	5. 6	23	7	2	0	13	6. 4	26
5	4	2	14	7	26	7	2	1	15	7. 2	28
5	5	0	13	6. 3	25	7	2	2	17	7. 7	31
5	5	1	14	7	26	7	2	3	19	9	34
5	6	0	14	7	26	7	3	0	15	7. 2	30
6	0	0	7. 8	3. 1	17	7	3	1	17	9	34
6	0	1	9. 2	3. 6	17	7	3	2	19	9	34
6	0	2	11	5	20	7	3	3	21	10	39
6	0	3	12	5. 6	22	7	4	0	17	9	34
6	1	0	9. 2	3. 7	18	7	4	1	19	9	34
6	1	1	11	5	21	7	4	2	21	10	39
6	1	2	12	5. 6	22	7	4	3	23	11	44
6	1	3	14	7	26	7	5	0	19	9	34
6	2	0	11	5	21	7	5	1	21	10	39
6	2	1	12	5. 6	22	7	5	2	23	11	44
6	2	2	14	7	26	7	6	0	21	10	39
6	2	3	15	7. 4	30	7	6	1	23	11	44
6	3	0	12	5. 6	23	7	6	2	25	12	46
6	3	1	14	7	26	7	7	0	23	11	44
6	3	2	15	7. 4	30	7	7	1	26	12	50
6	4	0	14	7	26	8	0	0	13	5. 6	25
6	4	1	15	7. 4	30	8	0	1	15	7	26
6	4	2	17	9	34	8	0	2	17	7. 5	30
6	5	0	16	7. 4	30	8	0	3	19	9	34
6	5	1	17	9	34	8	1	0	15	7. 1	28
6	5	2	19	9	34	8	1	1	17	7. 7	31
6	6	0	17	9	34	8	1	2	19	9	34
6	6	1	19	9	34	8	1	3	21	10	39
6	7	0	19	9	34	8	2	0	17	7. 7	34
7	0	0	10	4. 5	20	8	2	1	19	9	34
7	0	1	12	5	21	8	2	2	21	10	39

续表

阳性管			MPN	置信区间		阳性管			MPN	置信区间	
0.1g	0.01g	0.001g		低	高	0.1g	0.01g	0.001g		低	高
8	2	3	23	11	44	9	3	2	32	15	62
8	3	0	19	9	34	9	3	3	36	17	74
8	3	1	21	10	39	9	3	4	40	20	91
8	3	2	24	11	44	9	4	0	29	14	58
8	3	3	26	12	50	9	4	1	33	15	62
8	4	0	22	10	39	9	4	2	37	17	74
8	4	1	24	11	44	9	4	3	41	20	91
8	4	2	26	12	50	9	4	4	45	20	91
8	4	3	29	14	58	9	5	0	33	17	73
8	5	0	24	11	44	9	5	1	37	17	74
8	5	1	27	12	50	9	5	2	42	20	91
8	5	2	29	14	58	9	5	3	46	20	91
8	5	3	32	15	62	9	5	4	51	25	120
8	6	0	27	12	50	9	6	0	38	17	74
8	6	1	30	14	58	9	6	1	43	20	91
8	6	2	33	15	62	9	6	2	47	21	100
8	7	0	30	14	58	9	6	3	53	25	120
8	7	1	33	17	73	9	7	0	44	20	91
8	7	2	36	17	74	9	7	1	49	21	100
8	8	0	34	17	73	9	7	2	54	25	120
8	8	1	37	17	74	9	7	3	60	26	120
9	0	0	17	7.5	31	9	8	0	50	25	120
9	0	1	19	9	34	9	8	1	55	25	120
9	0	2	22	10	39	9	8	2	61	26	120
9	0	3	24	11	44	9	8	3	68	30	140
9	1	0	19	9	39	9	9	0	57	25	120
9	1	1	22	10	40	9	9	1	63	30	140
9	1	2	25	11	44	9	9	2	70	30	140
9	1	3	28	14	58	10	0	0	23	11	44
9	1	4	31	14	58	10	0	1	27	12	50
9	2	0	22	10	44	10	0	2	31	14	58
9	2	1	25	11	46	10	0	3	37	17	73
9	2	2	28	14	58	10	1	0	27	12	57
9	2	3	32	14	58	10	1	1	32	14	61
9	2	4	35	17	73	10	1	2	38	17	74
9	3	0	25	12	50	10	1	3	44	20	91
9	3	1	29	14	58	10	1	4	52	25	120

续表

阳性管			MPN	置信区间		阳性管			MPN	置信区间	
0.1g	0.01g	0.001g		低	高	0.1g	0.01g	0.001g		低	高
10	2	0	33	15	73	10	7	4	170	91	350
10	2	1	39	17	79	10	7	5	190	91	350
10	2	2	46	20	91	10	7	6	220	100	380
10	2	3	54	25	120	10	7	7	240	110	480
10	2	4	63	30	140	10	8	0	130	60	250
10	3	0	40	17	91	10	8	1	150	70	280
10	3	1	47	20	100	10	8	2	170	80	350
10	3	2	56	25	120	10	8	3	200	90	350
10	3	3	66	30	140	10	8	4	220	100	380
10	3	4	77	34	150	10	8	5	250	120	480
10	3	5	89	39	180	10	8	6	280	120	480
10	4	0	49	21	120	10	8	7	310	150	620
10	4	1	59	25	120	10	8	8	350	150	620
10	4	2	70	30	150	10	9	0	170	74	310
10	4	3	82	38	180	10	9	1	200	91	380
10	4	4	94	44	180	10	9	2	230	100	480
10	4	5	110	50	210	10	9	3	260	120	480
10	5	0	62	26	140	10	9	4	300	140	620
10	5	1	74	30	150	10	9	5	350	150	630
10	5	2	87	38	180	10	9	6	400	180	820
10	5	3	100	44	180	10	9	7	460	210	970
10	5	4	110	50	210	10	9	8	530	210	970
10	5	5	130	57	220	10	9	9	610	280	1300
10	5	6	140	70	280	10	10	0	240	110	480
10	6	0	79	34	180	10	10	1	290	120	620
10	6	1	94	39	180	10	10	2	350	150	820
10	6	2	110	50	210	10	10	3	430	180	970
10	6	3	120	57	220	10	10	4	540	210	1300
10	6	4	140	70	280	10	10	5	700	280	1500
10	6	5	160	74	280	10	10	6	920	350	1900
10	6	6	180	91	350	10	10	7	1200	480	2400
10	7	0	100	44	210	10	10	8	1600	620	3400
10	7	1	120	50	220	10	10	9	2300	810	5300
10	7	2	140	61	280	10	10	10	>2300	1300	—
10	7	3	150	73	280						

附表 4　每克样品的 MPN 值和95%置信区间（每组8管，接种量分别为0.1、0.01g 和0.001g）

阳性管			MPN	置信区间	
0.10g	0.01g	0.001g		低	高
0	0	0	<1.2	—	4.3
0	0	1	1.1	0.057	4.3
0	0	2	2.3	0.42	6.7
0	1	0	1.1	0.058	4.4
0	1	1	2.3	0.42	6.7
0	2	0	2.3	0.42	6.7
0	2	1	3.4	1.0	9.1
0	3	0	3.4	1.0	9.1
1	0	0	1.2	0.064	6.7
1	0	1	2.4	0.42	6.8
1	0	2	3.6	1.0	9.1
1	1	0	2.4	0.42	7.3
1	1	1	3.6	1.0	9.1
1	1	2	4.8	1.8	12
1	2	0	3.6	1.0	9.1
1	2	1	4.9	1.8	12
1	3	0	4.9	1.8	12
1	3	1	6.1	2.8	15
1	4	0	6.2	2.8	15
2	0	0	2.6	0.47	9.1
2	0	1	3.8	1.0	9.1
2	0	2	5.1	1.8	12
2	1	0	3.9	1.0	9.9
2	1	1	5.2	1.8	12
2	1	2	6.5	2.8	15
2	2	0	5.2	1.8	12
2	2	1	6.5	2.8	15
2	2	2	7.9	3.3	18
2	3	0	6.6	2.8	15
2	3	1	7.9	3.3	18
2	4	0	8.0	3.3	18
2	5	0	9.4	4.3	19
3	0	0	4.1	1.2	12
3	0	1	5.5	1.9	12
3	0	2	6.9	2.8	15
3	1	0	5.6	1.9	13
3	1	1	7.0	2.8	15

续表

阳性管			MPN	置信区间	
0.10g	0.01g	0.001g		低	高
3	1	2	8.4	4.0	18
3	2	0	7.0	2.9	15
3	2	1	8.5	4.0	18
3	2	2	10	4.3	19
3	3	0	8.6	4.0	18
3	3	1	10	4.3	19
3	3	2	12	5.2	24
3	4	0	10	4.3	19
3	4	1	12	5.2	24
3	5	0	12	5.2	24
4	0	0	6.0	2.1	15
4	0	1	7.5	2.9	15
4	0	2	9.1	4.1	18
4	1	0	7.6	2.9	18
4	1	1	9.2	4.1	19
4	1	2	11	4.3	22
4	2	0	9.3	4.1	19
4	2	1	11	4.3	22
4	2	2	13	5.7	24
4	3	0	11	4.3	22
4	3	1	13	5.7	24
4	3	2	14	6.6	28
4	4	0	13	5.7	24
4	4	1	15	6.6	29
4	5	0	15	6.6	29
4	5	1	16	7.2	33
4	6	0	17	7.2	33
5	0	0	8.3	3.3	18
5	0	1	10	4.3	19
5	0	2	12	5.2	24
5	0	3	14	6.6	29
5	1	0	10	4.3	22
5	1	1	12	5.2	24
5	1	2	14	6.6	29
5	1	3	16	6.7	32
5	2	0	12	5.3	24
5	2	1	14	6.6	29

续表

阳性管			MPN	置信区间	
0.10g	0.01g	0.001g		低	高
5	2	2	16	7.2	33
5	2	3	18	7.2	33
5	3	0	14	6.6	29
5	3	1	16	7.2	33
5	3	2	18	7.2	33
5	4	0	16	7.2	33
5	4	1	18	7.6	33
5	4	2	21	9.0	39
5	5	0	19	7.6	33
5	5	1	21	9.0	39
5	6	0	21	9.0	39
6	0	0	11	4.3	24
6	0	1	13	5.7	25
6	0	2	16	6.6	32
6	0	3	18	7.2	33
6	1	0	14	5.8	29
6	1	1	16	6.6	32
6	1	2	18	7.2	33
6	1	3	21	9.0	39
6	2	0	16	6.7	33
6	2	1	18	7.4	33
6	2	2	21	9.0	39
6	2	3	23	11	50
6	3	0	19	7.6	35
6	3	1	21	9.0	39
6	3	2	24	11	50
6	3	3	27	12	53
6	4	0	21	9.0	40
6	4	1	24	11	50
6	4	2	27	12	53
6	6	1	31	13	69
6	7	0	31	13	69
7	0	0	16	6.6	32
7	0	1	18	7.2	33
7	0	2	21	9.0	40
7	0	3	25	11	50
7	1	0	19	7.9	39

续表

阳性管			MPN	置信区间	
0.10g	0.01g	0.001g		低	高
7	1	1	22	9.0	40
7	1	2	25	11	50
7	1	3	29	12	54
7	2	0	22	9.0	45
7	2	1	25	11	51
7	2	2	29	13	68
7	2	3	33	13	69
7	3	0	26	11	53
7	3	1	30	13	68
7	3	2	34	13	69
7	3	3	39	17	91
7	4	0	30	13	69
7	4	1	35	13	69
7	4	2	39	17	91
7	4	3	45	18	101
7	5	0	36	14	75
7	5	1	40	17	91
7	5	2	46	18	101
7	5	3	52	21	117
7	6	0	41	17	91
7	6	1	47	21	117
7	6	2	53	21	117
7	6	3	59	24	146
7	7	0	48	21	117
7	7	1	55	21	117
7	7	2	61	24	146
7	8	0	56	21	119
8	0	0	23	9.7	50
8	0	1	28	12	54
8	0	2	34	13	69
8	0	3	41	17	91
8	1	0	29	12	68
8	1	1	35	13	75
8	1	2	43	17	91
8	1	3	52	21	120
8	1	4	63	28	150
8	2	0	36	14	91

续表

阳性管			MPN	置信区间	
0.10g	0.01g	0.001g		低	高
8	2	1	45	17	100
8	2	2	55	21	120
8	2	3	67	28	150
8	2	4	81	32	190
8	3	0	47	18	120
8	3	1	58	21	150
8	3	2	72	28	150
8	3	3	87	39	190
8	3	4	102	39	190
8	3	5	118	50	240
8	4	0	62	24	150
8	4	1	77	28	190
8	4	2	94	39	190
8	4	3	110	44	220
8	4	4	130	53	250
8	4	5	150	68	280
8	5	0	84	32	190
8	5	1	100	39	220
8	5	2	120	50	250
8	5	3	140	67	280
8	5	4	170	74	340
8	5	5	190	74	340
8	5	6	210	90	400
8	6	0	110	45	240
8	6	1	140	53	280
8	6	2	160	68	340
8	6	3	190	74	340
8	6	4	220	90	400
8	6	5	250	120	490
8	6	6	290	120	520
8	7	0	160	68	340
8	7	1	190	74	400
8	7	2	230	90	490
8	7	3	270	116	520
8	7	4	310	150	710
8	7	5	370	150	720
8	7	6	430	190	1000

续表

阳性管			MPN	置信区间	
0.10g	0.01g	0.001g		低	高
8	7	7	510	190	1000
8	8	0	240	99	490
8	8	1	300	120	710
8	8	2	380	150	1000
8	8	3	510.0	190	1200
8	8	4	700	240	1700
8	8	5	980	340	2200
8	8	6	1400	490	3100
8	8	7	2100	710	5100
8	8	8	>2100	1000	—

附表5　每100mL样品的MPN值和95%置信区间（每组10管，接种量为10mL）

阳性管	MPN	置信区间	
		低	高
0	<1.1	—	3.3
1	1.1	0.05	5.9
2	2.2	0.37	8.1
3	3.6	0.91	9.7
4	5.1	1.6	13
5	6.9	2.5	15
6	9.2	3.3	19
7	12	4.8	24
8	16	5.9	33
9	23	8.1	53
10	>23	12	—

下载一个Excel表格计算（zip文件）。①

注意：表格的置信区间和与此附录相关的表格可能不同。MPN的Excel电子表格使用常态近似值（MPN）计算置信区间。这种近似值类似于Klaldane（1939）常态近似值。这种近似计算比De Man的置信区间更适合电子表格。

①下载地址：http：//www.fda.gov/food/laboratory-methods-food/bam-appendix-∂-most-probable-number-serial-dilutions。

附录3 食品和饲料中微生物病原体的分析方法验证指南（第二版）

2015年9月更新

美国食品和药物管理局（FDA）食品与兽医科学研究指导委员会（Foods and Veterinary Medicine Science and Research Steering Committee），美国FDA，食品办公室（Office of Food）

目录

文中所列表格

1.0 引言

1.1 目的

美国食品和药物管理局（FDA）负责确保管辖内的食品和兽药（Foods and Veterinary Medicine，FVM）企业对国家粮食和饲料供应的安全。FDA 通过培训、检查、采集数据、制定标准、及时调查疫情，并在适当时采取执法行动实现这一点。FVM 企业的有效监管高度依赖于美国 FDA 使用的实验室方法的质量和性能。为了确保所有的实验室方法达到最高分析标准，FDA 的食品和兽药办公室（Office of Foods and Veterinary Medicine，OFVM）通过科学研究指导委员会（Science and Research Steering Committee，SRSC）制定了所有的食品和兽药（FVM）微生物学方法标准，并应用于评估和验证。

1.2 适用范围

这些标准适用于制定和参与食品和饲料方法验证的所有 FDA 实验室，可用于实施全程监管。这包括所有的研究实验室和使用分析方法进行监管的 ORA 实验室。由 OFVM 和 SRSC 最终批准，这个文件将取代所有其他机构有关食品和饲料微生物分析方法的验证标准。另外，本指南是一个前瞻性的文件；这里所描述的要求只适用于新开发的方法和需要进行显著修改的现有方法。一旦方法通过验证，可以通过其他实验室完成以下方法验证过程。

1.3 管理权限和职责

建立分析方法验证的标准，并经 OFVM 和 SRSC 批准。“方法开发、验证和实施 SOP”（附件 3）中规定，方法验证小组委员会（Method Validation Subcommittee，MVS）将对所有协同验证研究负监督责任（见 2.2.2.3）。

1.4 方法验证小组委员会

在 SRSC 的授权下，微生物方法验证小组（Microbiology Methods Validation Subcommittee，MMVS）将监督所有微生物方法验证问题。该 MMVS 的组织结构、角色和责任管辖已在章程中细化（见附件 2）。简单地说，MMVS 将负责监督和协调合作发起实验室-美国 FDA CVM 企业的合作开发，以支持需要监管的所有合作实验室微生物学分析方法的验证研究（计划和实施）。包括单一实验室验证评价（Single Laboratory Validation，SLV）结果和任何后续的协同验证研究计划的评估。除非另有说明，方法开发者可通过以下 E-mail 地址与 MMVS 联系：microbiology. mvs@ fda. hhs. gov。

1.5 合作发起实验室的一般责任

合作发起实验室的责任是确保所有标准文件中的描述都是正确的。在协同实验室的验证过程中，合作发起实验室必须与 MAVS 和/或其指定的技术咨询小组（Technical Advisory Group，TAG）密切协商。合作发起实验室的责任，还包括他们各自的 QA/QC 经理在各个方面的验证过程中，确保遵守本文档中描述的所有标准。

1.6 方法验证的定义

方法验证是实验室通过实验的方法并提供客观证据，确认是否满足特定用途的特定要求。它证明了该方法能够检测和鉴定分析物：

- 对一个或多个基质的分析。
- 对一个或多个仪器或设备平台。
- 证明方法的灵敏度、特异性、准确性、真实性、再现性和精密度，以确保结果是有意义的。

- 可靠的预期目的。预期的目的类别包括但不局限于紧急/应急行动、快速筛选、高通量测试和确认性分析。
- 进行方法开发实验，以确定或验证一些具体的性能特点，用来定义和/或量化方法的性能。

1.7 适用性

本文件建立了检测、定性和定量分析食品和饲料中现有的或潜在的微生物分析物的方法的评价标准，如任何相关的微生物（目标生物）或遗传物质，如 DNA、RNA、毒素、抗原或其他产物。如果没有具体指明，所有的信息都包含在相应的微生物分析名录中。这种方法的开发和评估适用范围包括（但不限于）以下内容：

- 定性检测，即检测方法
- 定量检测，即实时 PCR
- 分析物特异性
  - ○细菌，例如
    - ■沙门氏菌属
    - ■致病性大肠杆菌
    - ■单核细胞增生李斯特菌
    - ■志贺氏菌属
    - ■弧菌属
    - ■弯曲菌属
  - ○微生物毒素（不包括海洋生物毒素。见“化学方法验证指南”）。
  - ○病毒性病原体，例如
    - A 型肝炎病毒
    - 诺克类病毒
    - 肠病毒
  - ○寄生虫，例如
    - 隐孢子虫
    - 环孢子虫
  - ○指示生物
- 生物工程分析，例如
  - ○基因改造食品（转基因生物）
- 应用
  - ○预选择性富集
  - ○微生物分析物的回收和浓缩
  - ○筛选，高通量，确认
- 程序
  - ○表型，例如
    - ■生化特性鉴定
    - ■抗生素耐药性的鉴定
    - ■抗原特性识别
  - ○遗传，例如
    - ■核酸分离/浓缩/纯化
    - ■聚合酶链反应

        · 普通
        · 实时
        · 逆转录
    ■测序，例如
        · 全基因组
        · 选择性测序
        · 单核苷酸多态性（SNP）分析
    ■菌株分型的应用
- 免疫
    ○抗体捕获
    ○ELISA
    ○流式细胞仪

1.8　要求

应需验证的方法有：

- 新的或替代方法。
- 主要修改现有、有效的方法（见5.0）。

2.0　FDA开发方法的制定和验证标准

本节提供了已显著修改的所有FVM开发的或任何现有、有效的方法的验证标准和指南（见5.0）。

2.1　验证的定义

2.1.1　参考方法

参考方法被定义为测量或评估待确认方法性能的一个替代方法。确认试验必须用公认的参考方法证明替代方法具有等同或更高的性能，确定其中统计学分析的意义。对于细菌分析物，参考方法通常是传统的培养基培养获得纯培养单菌落。《美国FDA食品微生物检验指南》（BAM）、美国农业部微生物实验室指南（*Microbiology Laboratory Guidebook*，MLG）和ISO培养方法都包含了认可的参考培养方法。FDA BAM参考方法优先于所有其他的参考方法，除非MMVS另有规定。但并不是所有的实例都能够使用以上提到的参考方法，此时，方法开发实验室和MMVS之间需要进行协商，以确定最合适的参考方法。所有的新方法必须使用经过商定的参考方法进行确认。

2.1.2　替代方法

替代方法是指新开发的或改进的方法，该方法通过公认的参考方法对其性能进行验证评估。

2.1.3　合作发起实验室

合作发起实验室指开发方法并已完成SLV要求的实验室。

注意：“合作发起实验室”可以超过一个。当实验室达到两个或更多时，需结合共有的资源进行开发和验证方法。在这种情况下，这些实验室可作为一个合作发起实验室群。

2.1.4　合作实验室

合作实验室是指合作发起实验室（或实验室群）以外的参与多实验室方法验证研究的实验室。

2.2　方法验证过程

FVM企业内，方法验证是通过检查并提供客观证据，确定方法的特殊要求已得到满足。FDA监管实验室使用的所有方法都必须按照 FVM 企业制定的准则进行验证。验证的三个等级定义如下，用以表明该方法可以检测，以及在适用情况下将分析物量化或定义成操作标准，验证过程中的标准层次也为该方法的实用性提供了其预期用途的一般特征。

2.2.1 应急使用（第一级）

这是最低的确认级别，所有的工作由一个或多个实验室完成。虽然对灵敏度和特异性（包容性和排他性）进行了测试，但使用的菌株数量有限。MMVS 机构相关专家（SMEs）和发起实验室可以确定附加的评价标准。一旦紧急情况过去，则必须遵守本文件中后续的程序进行进一步的验证。

适用范围：紧急需求。这些新开发的或改进的方法用于检测先前未被确认或未被定义为威胁食品安全和公众健康的分析物或基质。在某种程度上，这个级别的方法的性能，也决定了是否需要进一步确认。

注意：在爆发一级紧急事件的紧急情况下，需立即部署快速方法，在情况允许的条件下，紧急使用的标准越快越好。

2.2.2 方法验证水平（非应急使用方法）

2.2.2.1 单一实验室验证（第二级-A 部分）

如表 1 所示，发起实验室已经做了一个更全面的初步研究，并定义了包容性/排他性水平，如有可能与现有的参考方法做了比较。SLV 的结果由 MMVS 进行评估和批准。这是设计用于常规监管应用的方法的验证过程的第一步。

适用范围：验证到这个水平的审查方法，可立即用于紧急情况。存在稍高的假阳性率是可以接受的，因为所有阳性样本都需要进行确证测试。

2.2.2.2 独立实验室验证（第二级-B 部分）

指一个非方法开发实验室使用表 1 中的开发实验室提供的标准方法进行验证研究。这个级别的协同验证研究是 MMVS 审查和顺利批准的先决步骤。

用途：验证到这个水平的审查方法，可立即用于紧急情况。存在稍高的假阳性率是可以接受的，因为所有阳性样本都需要确证测试。

2.2.2.3 协同验证研究（第二级-C 部分）

协同研究是一种跨实验室的研究，各实验室使用相同的分析方法相同的部分材料进行分析研究，评估得到分析方法的性能特征（W. Horwitz，IUPAC，1987）。如果该方法可以由除开发实验室以外的其他实验室成功测试，则它可被用于确定实验室间的再现性。对于具有一个样品以上制备或富集方案的方法，需要对每个样品基质的制备或富集方案进行测试。

对于这个级别的标准审查（在开发和协作实验室中进行）都应严格遵循 AOAC、ISO 的准则。这包括灵敏度/特异性、分析物的污染水平、竞争微生物菌株、菌株老化，以及与现有的、公认的参考标准方法的比较。

适用范围：任何情况下均适用于所有方法的确认，如证实性分析、监管采样、疫情调查等。

2.3 验证标准

表 1、表 2、表 3 和表 4 包含了顺利验证一个新的或修改的方法的一般标准。

表 1 描述了常规食源性微生物致病菌进行定性检测方法的一般准则。表 2 适用于需独特分离和/或富集的难分离微生物的分析检测方法。表 3 描述了微生物鉴别和确认方法的一般准则。表 4 描述了定量检测方法的一般准则。这些表中还包含定性和定量标准方法的区别；并且对开发实验室和协作实验室进行了要求。

2.3.1 常规食源性微生物致病菌定性检测方法验证标准

2.3.1.1 定义

通过化学、生物或物理性质直接或间接确定样品中存在或不存在一定量分析物的方法。大多数定性方法至少是“半定量”检测，对当前分析物的量进行粗略估计。

2.3.1.2　标准

表1涉及的细菌病原体（和其他致病微生物），应符合以下一般特征：

- 使用菌株不限，只需完全符合灵敏度和特异性的要求。
- 培养生长能力强。
- 可以分离。

表1　微生物定性检测方法的验证指南

	应急	非应急确认过程		
标准	紧急情况下使用	单一实验室验证研究	独立实验室验证研究	协同验证研究
参与实验室	方法开发实验室	方法开发实验室	合作实验室	合作实验室
#目标生物（灵敏度）[a]	‡TBD	50（除非没有50个可用的）[b,c]	NA[k]	NA[k]
#非目标生物（特异性）[a]	‡TBD	30株[d]	NA[k]	NA[k]
#提供可用数据的实验室	1	1	1	10
#食品类型	1个或更多[e]	1个或更多[e]	1个或更多[e]	1个或更多[e]
#分析水平/食品基质	TBD[l]	两个接种水平[f]和空白对照	两个接种水平[f]和空白对照	3个水平：一个接种水平，一个高于1lg的接种水平[g]和空白对照
每个接种水平的重复数量	TBD[l]	20的倍数（空白对照和不同添加水平各5个）	20的倍数（空白对照和不同添加水平各5个）	8
样品的老化测试	不需要	需要[h]	需要[h]	需要[h]
添加竞争微生物菌群[i]	自然背景微生物	在1个食品中+1lg水平>阳性分析水平	在1个食品中+1lg水平>阳性分析水平	在1个食品中+1lg水平>阳性分析水平
与参考方法的对比[j]	TBD[l]	如果有则进行	如果有则进行	如果有则进行

a 采用纯培养物，不适用食品基质。

b 根据方法规定，每个需 10^3CFU/mL（其他方法的检测限为1lg）；或分子生物学方法为 10^3CFU/反应，例如PCR。

c 对于沙门氏菌检测需要100个血清型。

d 在一种非选择性的培养基中非目标生物的生长水平要达到 10^3CFU/mL。

e 方法仅适用于已通过FDA测试的食品类型，MMVS需要将新的方法用于食品中（见附件5）进行验证时，见5.0中有关基质扩展标准的进一步说明。

f 在这一水平，必须调整达到阳性结果的数值（一个或两个方法即参考和替代方法的阳性试验必须达到50%±25%）；可通过高水平的接种量大于1lg来实现这个结果。高接种水平的所有5个样品都应产生阳性结果。

g 这个水平的所有试验样品，必须产生100%的阳性结果。

h 老化期取决于被测试的食物。易腐的食物冷藏条件下放置48~72h。冷冻食品-20℃和储存稳定的食品在室温下，可放置至少2周。

i 适当的竞争微生物可以在检测系统中形成类似的反应。自然背景微生物可以按照其在基质中比目标分析物大1lg水平即可满足要求。

j 独立实验室和协同实验室进行验证研究时应使用最新、有效的参考方法。

k NA，不适用。

l TBD，可与方法开发实验室、MMVS和小组专家协商决定。

2.3.1.3 可单独分离或富集的微生物分析物的检测[†]

表 2 是对难以分离和不能进行纯培养，或不能及时完成提纯的病原微生物检验标准进行灵敏度和特异性的研究。

表 2 微生物分析物定性检测方法的验证通用指南——独特的分离和/或富集[a]

	应急	非应急确认过程		
标准	紧急情况下使用	单一实验室验证研究	独立实验室验证研究	协同验证研究
参与实验室	方法开发实验室	方法开发实验室	合作实验室	合作实验室
#目标生物（灵敏度）[b]	TBD[g]	TBD[g]	NA[h]	NA[h]
#非目标生物（特异性）[b]	TBD[g]	TBD[g]	NA[h]	NA[h]
#提供可用数据的实验室[c]	1	1	1	5[i]
#食品类型	1 个或更多[i]	1 个或更多[i]	1 个或更多[i]	1 个或更多[i]
#分析水平/食品基质	TBD	1 个接种水平[d]和空白对照	1 个接种水平[d]和空白对照	3 个水平：一个接种水平[d]，一个高于 1lg 的接种水平[e]和空白对照
每个接种水平的重复数量	TBD	3	3	8[i]
与参考方法的对比[f]	TBD	如果有则进行	如果有则进行	如果有则进行

a 这样的例子包括但不限于食源性 RNA 病毒和原生动物寄生虫。见附件 3 中 5 和 6 的内容。

b 采用纯培养物，不适用食品基质。

c 提供数据的实验室必须在相同的 PCR 条件下进行研究。

d 必要时进行调整，以满足阳性率（一个或两个方法即参考和替代方法提供的阳性测试达到 50%±25%），可取添加水平+1lg。

e 这个水平的所有试验样品，必须产生 100%的阳性结果。

f 独立实验室和协同实验室进行验证研究时应使用最新、有效的参考方法。

g TBD，可与方法开发实验室、MMVS 和小组专家协商决定。

h NA，不适用。

i 环境和资源允许的条件下。

2.3.2 鉴定方法的验证标准

2.3.2.1 定义

用以确认微生物分析物身份的方法，例如血清型方法。

2.3.2.2 标准

表 3 鉴定微生物分析物的方法验证指南

	非应急确认过程		
标准	单一实验室验证研究	独立实验室验证研究	协同验证研究
参与实验室	方法开发实验室	合作实验室	合作实验室
#目标生物（灵敏度）[a]	50（除非没有 50 个可用的）[b,c]	1[c]	12[c]
#非目标生物（特异性）[a]	30 株[b,c]	1[c]	12[c]
#提供可用数据的实验室	1	1	10
重复[d]	3	3	3
与参考方法的对比	如果有则进行	如果有则进行	如果有则进行

a 根据方法规定，每个需 10^3CFU/mL（其他方法的检测限为 1lg）；或分子生物学方法为 10^3CFU/反应，例如 PCR。
b 对于沙门氏菌检测需要 100 个血清型。
c 应在一个样品中一起评估灵敏度和特异性。
d 所有的重复试验必须得到正确的结果。

2.3.3 传统食源性致病菌微生物定量检测方法的验证标准

2.3.3.1 定义

对测试样品中分析物存在的量值进行估计的方法，特别适合正确度和精确度的预期。

2.3.3.2 标准

表 4 微生物分析物定量检测方法的验证指南

	非应急确认过程		
标准	单一实验室验证研究	独立实验室验证研究	协同验证研究
参与实验室	方法开发实验室	合作实验室	合作实验室
#目标生物（灵敏度）	50（除非没有 50 个可用的）	NA[e]	NA[e]
#非目标生物（特异性）	30株	NA[e]	NA[e]
#提供可用数据的实验室	1	1	10
食品类型	1 个或更多[a]	1 个或更多	1 个或更多
#分析水平/食品基质	4 级：低，中，高接种水平[b]和空白对照	4 级：低，中，高接种水平[b]和空白对照	4 级：低，中，高接种水平[b]和空白对照
每个接种水平的重复数量	每级 5 个重复 每方法共 20 个重复	每级 5 个重复 每方法共 20 个重复	每级 2 个重复 每方法共 8 个重复
样品的老化测试	需要[c]	需要[c]	需要[c]
添加竞争微生物菌群[d]	在 1 个食品中+1lg 水平>阳性分析水平	在 1 个食品中+1lg 水平>阳性分析水平	在 1 个食品中+1lg 水平>阳性分析水平
与参考方法的对比	如果有则进行	如果有则进行	如果有则进行
测试部分的确认	NA[e]	NA[e]	是的，按照参考方法

a 方法仅适用于已通过 FDA 测试的食品类型，确认扩展到其他食品时需进行进一步的验证，见 5.1。
b 低水平添加应接近检测限；中等和高水平的应选择替代方法的分析范围内。
c 老化期取决于被测试的食物。易腐的食物冷藏条件下放置 48~72h。冷冻食品在-20℃，储存稳定的食品在室温下，可放置至少 2 周。
d 适当的竞争微生物可以在检测系统中形成类似的反应。自然背景微生物可以按照其在基质中比目标分析物大 1lg 水平即可满足要求。
e NA，不适用。

2.4 方法验证的操作

2.4.1 一般注意事项

所有提交 MMVS 的信件如建议书，验证报告等，都通过电子邮件方式发送到以下地址：

Microbiology. MVS@ fda. hhs. gov.

正如标题为 SRSC 文件所界定的“方法开发，验证和实施 SOP”（见附件 3），所有的方法验证计划，必须在单一实验室方法验证工作启动前提交 MMVS。见附件 4 的建议书格式。

实验室中上述所有提交的可用数据数量表示验证研究成功的最小允许数目。因各种不可预见的情况可能会导致数据集被拒绝，建议考虑 4 个额外参与的实验室。

以下是解决方法确认研究要素的所有提案（在非紧急情况下）。

• 对被确认的方法指定用途

• 成对与不成对抽样/测试的适用性。

• 统计方法必须采用新的验证方法和参考方法（或在某些情况下选原有的验证方法）之间性能存在统计学显著改变，包括但不限于：采样装置和准确度。MVS 生物统计学家将根据提案中的具体情况提供适用的统计工具（详细参见 2.4.2 评估）。

• 使用与 MMVS 协商确定的合适参考方法。该参考方法不能被修改；使用修改后的参考方法进行验证的研究无效。

• 如果可能的话，使用独立来源的样品制备和分配。

• 进行菌种的灵敏度和特异性测试-评估替代方法的可靠性和特异性研究。

○在 FVM 企业内部的各个实验室有自己的微生物分析物保存目录。这些储存品来源于食物监控计划、食源性疾病疫情调查和临床标本的菌株和血清型，适用于所有的机构。可访问“美国食品药品监督管理局食品计划内部共享标准操作程序”（http：//inside. fda. gov：9003/downloads/OC/OfficeofFoods/UCM353743. pdf）。

○包容性（灵敏度）菌株的选择应该反映生物体所涉及的遗传、血清学和/或生化的多样性，以及其他因素（如毒性和可用性频率）。灵敏度测试应在纯培养中进行。

○排他性（特异性）菌株的选择应密切地反映相关的、潜在的存在交叉反应的生物，应予以考虑其他因素（如毒性和可用性频率）。特异性测试应在纯培养中进行。

○在灵敏度和特异性测试中必须使用指定的可溯源的菌种/株。每个菌种/菌株的来源和产地应记录在案，见附件 6 提出微生物分析的灵敏度和特异性，其不是一个详细的列表，只作为一个帮助开发者的参考资源和指南。

○可以理解的是，本文所给出的条件不一定能够满足灵敏度/特异性的要求。例如，对新出现的病原体、某些病毒或寄生虫只能提供数量有限的菌株。在这种情况下，MMVS 或其指派的人将与方法开发实验室协同工作，当开发实验室无法遵守本文件的要求，他们的测试方法应使用现有最大数量的菌株。

• 自然污染样品在研究中的合适性和可用性。

• 接种物制备，添加方法和污染的均匀性（使用人为污染的样品时）。

• 样品制备，要求自然存在的背景菌群微生物以及验证需氧菌平板计数（APC）。

• 需要选择竞争性菌群。对于自然染菌低（如确定 APC）的食品基质，验证研究将使用 AOAC 建立的参数如比测试微生物大 1lg 水平。可与 MMVS 协商，选取有竞争力的微生物菌群。

• 添加水平的选择（当使用人工污染的样品时）。

• 评估方法的稳定性。

• 微生物分析物应激反应、细胞损伤和基质衍生的富集/生长形成抑制。

• 适当的食品基质选择。根据爆发的病原体和疾病之间的流行病学联系历史记录对食品基质分别进行评估，在附件 5 中提供了一些例子。方法扩展到这些食品基质之外时将需要额外的验证研究，见 4.0 和 5.0 部分。

• 复合样品的形成。在某些情况下，可能有必要验证合成后的样品。沙门氏菌的情况下，复合试验部分是将分析测试部分 25g 添加到每个 25g 的 14 个接种物中形成复合样品总共 375g，使用基准法从 375g 复合材料中取 25g 单位用于接种试验。

• 添加阳性结果的最低限设置。参考方法和测试方法的阳性标本必须达到 50%±25%的阳性结果。（见附件 1：专业术语中对检测限的完整说明）。

2.4.2 确认的评估结果

• 与 MMVS 协商确定可接受的假阴性和假阳性率。影响包括但不局限这些因素，重复数量和预期的用途（紧急、筛选、验证）。

• 对所有协作研究的假阳性率和假阴性率进行评估（所有实验室/数据集）。

• 使用适当的统计方法。统计方法必须被用来确定测试方法的差异性（优于或等于）和取消数据资格

（见下文），统计分析的首选方法是检测相对极限（LOD）。统计方法的选择取决于研究的类型和范围，在验证研究过程中的计划阶段，方法开发实验室和 MMVS 可协商确定。

• 不符合要求被取消的数据集。包括但并不限于：

○阴性对照组（未接种对照组）呈阳性结果指标。

○偏离规定方法的。

○质量控制缺陷如均匀性和稳定性，出现统计异常值（定量方法）。

○未能达到规定范围的结果（所有实验室/数据集）。

3.0 FDA 分子分析方法的验证标准和指南

这些标准和指南的目的是用于分子测定法的方法验证，例如用于确认或排除分离的菌落身份的 PCR 方法。

本指南旨在规定以常规或进行实时 PCR 检测的方法验证研究。如果验证实时检测，必须指定仪器和条件，强烈建议在实时检测时需在两到三个其他平台即热循环仪或工作站验证。其他分子生物学方法应提供详细的化学试剂和平台的先决条件，包括可能多个平台的情况。

用于细菌定性 PCR 测定标准，确定验证的四个级别如下：

3.1 灵敏度和特异性

上述灵敏度和特异性的要求亦适用于此。模板的量，无论是使用细菌细胞或纯化的核酸，均应满足同时进行灵敏度和特异性的测定。

所有的引物和/或探针序列将由开发实验室先按预期要求在细菌基因组数据库进行同源性搜索筛选。建议在 GenBank 数据库中进行 BLAST 搜索。

3.2 靶基因和对照组（阳性和阴性）

分子的测定法确定一个特定微生物分析物基因是否有毒力因子或分类标识符（例如 16S rRNA 基因），必须有特定的病原体可证明特异性（包容性和排他性）。阳性和阴性对照菌株和反应结果应纳入试验的评价。用于实时 PCR 测定时需要调节控制食品或环境样品的放大分析。

3.3 比较的参考方法

方法开发实验室将以细菌生化和/或血清学参考方法对 PCR 的方法进行比较。当细菌生化和/或血清学参考方法不能与 PCR 的方法进行比较时，则以其他的 PCR 参考方法进行。

4.0 市售微生物诊断试剂盒和仪器的确认和验证的标准与指南

4.1 定义

4.1.1 一种替代方法的确认

替代方法即市售试剂盒，所获得的结果使用统计标准进行验证，以确认该方法等同或超过经批准的参考方法。

4.1.2 验证

• 方法验证是由一个实验室通过检查的方法并提供客观证据，证实方法的特定用途要求得到满足。它说明，该方法能够检测和（或）识别分析物：

• 通过检查和提供客观证据，完成规定要求。

• 为了评估用户对验证过程中建立实验室的方法性能。

• 为了评估包括该方法范围内和用户实验室对常规检测物品的性能。

- 为了证明该方法在用户实验室的基质上的功能不包括原始方法验证。

4.2 标准

4.2.1 市售的微生物诊断试剂盒其性能参数已被多个合作研究实验室充分验证，由独立认可机构如 AOAC-OMA，AFNOR 等进行监测和评估

而每个实验室在“首次使用”这类别的替代方法时都必须执行一个内部验证。对于后续的使用，实验室要控制每个批次都重新验证。

4.2.1.1 检验要求（每个实验室）

- 使用替代和参考方法检测 6 份相同的接种基质和 6 份相同的空白基质，证实方法的等效性。
- 如果没有假阳性或假阴性结果出现，那么需要验证新的基质。
- 所有测试商品的加标水平要与检出限接近，以确定是否有基质干扰的情况，通常每 25g 分析样品<30CFU。
- 如果观察到定义方法使用目的的假阳性或假阴性结果不能接受，则研究必须扩大到完整的单个实验室确认 SLV（表 1），用新的基质来定义该方法的操作特性。详见第五节：扩展食品基质更详细的信息。

注：上述的证实指南仅适用于独立认证机构协同研究后的食品部分。未包含在协同研究食品基质内的食品基质，使用试剂盒之前必须进行延伸研究。（见 5.1：食品基质扩展）

4.2.2 市售的微生物诊断试剂盒通过独立实验室的验证协议获得支持其性能参数的数据，然后由独立认可机构如 AOAC-RI 进行评估

所有符合开发机构（FDA）定义的微生物学方法（见 2.0）都必须按照上述标准进行确认。

5.0 对现有微生物学证实方法的方法改进和方法推广准则

需要修改一个现有、有效的方法可以有很多原因，并且可以或可能不影响原来方法建立的验证性能参数，没有“一刀切”的规则或一组固定规则来管理如何解决修改。

一些修改（如易于使用的功能，可用/替代的试剂或仪器，样品处理/样品加工调整等）只需根据章节 4.2.1.1 对原始方法进行必要的验证。可能会出现显著验证数据的其他修改，建议详细对标准验证的性能指标进行统计分析以支持修改执行。这些包括：

- 确定两个样品间准确度的 t 检验出现显著性差异，t 统计值必须小于或等于 t 临界值。
- 判断两个样品间精确度的 F 方差检验出现显著性差异，F 值必须小于或等于 F 临界值。

对可能影响方法（定量的方法）的灵敏度，特异性，精确度和准确度的更广泛修改，例如样品制备步骤的变化，浓缩介质时间/温度要求的非选择性和选择性；或者，分子生物学方法例如化学参数的改变则需要如表 1 中所述进行限定的（SLV 或独立实验室验证研究）或协同验证研究。

所有决定如何进行修改的看法和做法都将被存档在 MMVAS。

扩展现有方法基质和平台的特定标准更详细地在 5.1 和 5.2 中描述。

5.1 食品基质扩展

FDA ORA 微生物学实验室分析的食品基质种类繁多，即便如此，以监管为目的的 FDA 现场实验室使用的方法必须对每种食品进行评估。

不过很多时候，验证研究既不能满足所有不同基质也不能完全预料会发生涉及基质的必须立即进行紧急分析或疫情调查的情况。

尽管人们普遍认为待检的新食品基质与已经验证的基质关系越密切，该方法在新基质的验证中类似的概率

越大，但是该方法仍然必须验证所有新基质，这样确保新的基质既不会产生高的假阳性率（基质无交叉反应物质），也不会产生高的假阴性率（基质无抑制物质）。

如下所述，原始方法验证以外的测试食品（或基质）在研究之前必须按给定的验证方法进行验证。方法开发者，实验室管理者，质量管理体系管理者和 MVS 之间可进行协商，将有助于在给定情况下确定哪种方法更适合。

注：在 5.1.1 和 5.1.2 中所述的标准仅适用于方法中没有额外修改的情况。除如表 1 中所述的食物基质扩展外还伴随其他附加方法修改情况的，必须进行 SLV 或独立实验室验证，这由 MMVS 自行决定。

5.1.1　与原始方法基质同类别的新的食品基质扩展指导

当一个方法被用于测试与原来的基质属同类别（见附件 5）的食品（或基质）的情况，ORA 实验室将同时分析基质峰值问题。基质峰值指 25g 样品中添加含 30 个细胞或更少目标分析物的接种物。阴性峰值分析结果无效的样品必须使用常规培养方法来进行分析。

ORA 实验室在检测方法中还没有经过充分确认的单个样品基质时，可将基质的分析结果和数据输入到电脑跟踪系统（FACTS）进行评估和分类，食品基质至少进行七个阳性检测并且按阳性峰值添加后不出现阴性结果；或置信水平>95%（19~20 个阳性），则该食品将被视为通过确认。该食品以后使用该方法进行检测时可不设阳性峰值对照。

ORA 办公室将维护和更新列表，详细说明 ORA 实验室使用的方法扩展的食品基质；这些名单将在 ORA 办公室网站予以公布。

5.1.2　与原始方法基质不同类别的新的食品基质验证研究

方法被用于测试与原始方法不同类别（见附件 5）且先前未验证的食品（或基质）的，则必须按表 1 中所述的独立验证研究进行验证。

5.2　平台扩展

平台扩展是指方法中使用与原始验证研究不同的、新的、功能类似的仪器。这样的平台差异可以包括（但不限于），来自不同的制造商但具有类似的功能和能力；来自同一制造商但性能参数（即功能，能力）显著不同的；或者该类型的仪器进行新一代的技术和/或试剂重新配方。

专门仪器（在许多情况下，它们伴随试剂所有权）的使用，其性能的分析方法验证标准只是口述的，因此，它不能假定方法中任意更换仪器，其性能影响可以忽略不计，为了可比性，必须进行评估。

一般情况下，平台扩展验证必须对新平台和以前的验证平台相比来完成。验证研究的范围因情况而异，取决于的因素如缓冲液、引物、探针、可替代的专有化学品、检测灵敏度阈值等。每个案例都能通过公开访问 SMEs，方法开发者和 MMVS 输入的方法验证数据来显示检查判断。

在规划平台扩展的验证时，该方法的开发者和 MMVS 必须确定哪方面的技术研究如何进行比较。在某些情况下，平台扩展研究只需要一个简单的验证过程，然而个别可能需要如表 1 中所述进行 SLV 或独立验证研究。

附件 1　专业术语

参考水平：样品中进行定性或定量时的可靠分析物水平。

准确度：衡量一个测试结果与假设或可接受真值之间的一致程度，它包括精确度和偏差。

替代方法：新开发或修改的方法，该方法通过公认的参考方法对性能进行验证评估。

分析批次：一个分析批次包括用相同的方法顺序和同批次试剂，并且在同一时间内或连续的时间周期内对相同的每一个样品进行分析。一定采集条件下，一组测量或测试结果不随 24 小时的时间段而变化。

分析物：通过分析方法测定成分。在微生物学方法的情况下，它是微生物或微生物相关联的副产物（例如，酶或毒素）。

适用范围：以对方法进行验证为分析目的的均适用。

偏差：测试结果的期望值和可接受的参考值之间的差。

注意：偏差相对随机误差而言是指总的系统误差。一个或多个系统误差组成偏压。一个大的系统误差通过一个大的偏差值反映出来。

校准：在特定条件下的，由一个测量仪器或测量系统所指示的量值，或由实物材料或参考物质所代表的量值，与通过标准实现的相应值之间关系的一组操作。

有证标准物质（CRM）：附有证书的参考材料，由它的一种或多种属性值能建立计量溯源到准确复现的单位，并且每个认证的标准值都伴随着给定置信水平的不确定度（对 VIM04 略作修改）。

注意：术语“标准物质”（SRM）是指一个有证标准物质（CRM），这是一个通过美国国家标准与技术研究院（NIST）认证的有证标准物质。

协同研究：协同研究是每个参与实验室使用规定的分析方法分析相同材料的相同部分，分析评估该方法性能特性的实验室间研究。它用于测量实验室间的再现性，使该方法能在除开发实验室以外的其他实验室成功地确定。对于具有多个样品制备或富集方案的方法中，需要测试基质的每个样品制备或富集方案。

检测限：检测限是指样品中的分析物可被检测到的最小量。它通常被称为的检测限（LOD），它是在统计学确认的置信水平间分析物不同于空白的最低浓度水平。（见 ISO11843，CLSI EP17）。

排他性：也称特异性；是指区分目标生物和其他非目标生物的能力。它是非目标菌株相关的范围内潜在的交叉反应性，需要通过替代方法以排除相关范围的非目标菌干扰的能力。

食品类：一组特定的相关食品。附件 2 列出了 9 个推荐食品类：肉类制品，家禽，鱼和海鲜产品，水果和蔬菜产品，乳制品，巧克力/烘焙食品，动物饲料，面食及其他。

食品基质：其包含食物样品。

食物产品：通常指任何主要由碳水化合物，脂肪，水和/或蛋白质组成，动物或人可以通过食用或饮用物质得到营养或乐趣的物质。见附件 5 的代表性食品的例子。

食品类型：完全加工的，部分加工或未经加工。附件 5 列出了各类如生的、热加工、冷冻、发酵、腌制、熏制、干燥、低水分，等等。

组分分配比：一个相同的样品（如接种水平），经过测试得出部分阳性数值和部分阴性数值，阳性样本的比例应为该组总数的 50%（±25%）时则满足标准验证要求。除了有特殊规定外，参考值或分配比在（50%±25%）的范围内是可以被考虑的。例如，对测试部分的定量分析时，要求在一个较大的分配范围（即 60）是可以接受的。其他的参数则被认为是一个独立的基础。

包容性：也称灵敏度；指该方法可以检测到的目标生物的能力。例如，生物分类，免疫性，基因组成。

自然样品：自然污染的试验样品。

实验室：执行测试和/或校准的实体。实验室是执行样品制备，测试和校准活动的组织的一部分，术语中的实验室仅指该组织和参与了样品制备，测试和校准那些部分的过程。实验室的活动可以长期、临时或远程位置进行。

定量限（LOQ）：在一个给定置信水平的不确定度情况下，分析物能被定量检测的最低浓度，也被称为测定的极限。

线性：指获得的测试结果与浓度成比例的能力。

空白基质：基质不包含目标分析物的质控样品。

基质添加：通过将已知量的目标分析物添加到指定量的基质中，并进行整个样品的分析，以确定所述方法或过程是否适合于将具体的目标分析物添加到特定基质中进行分析。

方法空白：质量控制对照样品，不包含目标分析物，但经过所有样品处理操作，包括用于分析测试样品的所有试剂。

方法检测限（MDL；也称为 LOD）：通过统计分析，可以区分样品基质最低量或分析物浓度的具体方法。这依赖于灵敏度，仪器的噪声，空白变性，样品基质变性，稀释因子。

最低检出浓度（MDC）：存在样品中的分析物最小浓度，其确保所测量的响应值将超过检测阈值的估计值（即，临界值），概率（通常>95%），可以得出存在分析物的正确结论。

最低定量浓度（MQC）：存在实验室样品中的分析物最小浓度，其确保测量的相对标准偏差不超过规定值，通常是 10%。

精密度：特定测量条件下独立测试结果间的接近程度。精密度可表示为统计方法诸如标准偏差或置信限。另请参见随机误差。重复性指很短时间内在相同的操作条件下的精度。中间精密度指实验室内的变化，如不同天，不同分析，和不同的设备。再现性指实验室之间的精度。

定性方法：一种基于化学、生物或物理性质识别分析物的方法；通过直接或间接的方法分析一定量的样品，其响应可以是存在或不存在分析物。定性方法也可以进行“半定量”，粗略估计提供的分析物存在量。

定量方法：对存在于测试样品中分析物的量进行具体定值的方法，表示为适当单位的数值，符合目的的正确度与精密度。

随机误差：在使从随机变化的实验条件下，影响结果的精密度，此误差的产生通过重复测量不可再现。随机误差的分布通常遵循高斯钟形曲线。又见精密度。

范围：浓度的区间，为该方法提供了合适的精密度和准确度。

回收率：从测试样本中提取和测量的分析部分占所产生或添加的被测物的比例。

参考物质：一种或多种特性值足够均匀的材料或物质，其能用于很好地建立校准装置，测量方法的评估，或用于材料的定值。

参考标准：在一个给定的组织内，测量时通常具有最高计量质量的一个标准，具有特定的位置。注：一般情况下，这是指一个标准组织如美国国家标准与技术研究院（NIST）所提供的国家或国际溯源标准。

检测的相对限值：通过参考方法的检测限值规定替代方法的检测限值。

重复性：相同的条件下，同一分析物在一个短的时间间隔内连续测量所得结果之间的接近程度。

稳定性或持久性：是指在实验条件有微小的变化时，测定结果抵抗这种变化的能力或程度。分析过程中，环境和/或操作条件的细微变化对测定结果影响不大，表示方法的稳定性好。

筛选方法：用于检测样品中存在某些特定浓度（目标水平）以上的分析物的方法。

选择性：对基质样品中的分析物组分和其他组分之间进行区分的一种方法。

灵敏度：能够从一种物质或生物体或背景噪声中，准确地通过测试、测量的方法区分最低浓度或最小量。然而，灵敏度通常被定义为校准曲线在靠近 LOQ 水平的斜率。

来源：试验样品的来源。样品基质可以由于它的来源而具有可变性。例如，水样品具有可变特性，这种可变性取决于样品来源是饮用水，地下水，地表水或废水。

不同的商业品牌被定义为一个不同的食物来源，来自水库不同区域的水源亦定义为不同的水源。来自水体不同区域的样品，植物或土壤不同区域的亦认为是不同物质来源。

注意：用于食品方法验证研究的数目可以通过在方法验证研究中分析的基质数量和选择来确定。例如，如果选择了不同的物理和化学性质的食品基质，每个食品样品基质的来源的数量可能是一个或多个。使用方法验证研究分析食品基质，推荐 3~5 种来源的食品基质。

特异性：特异性分析是使用一种方法来测量特定分析物的存在，是预期可能会出现分析物组分的能力。

标准参考物质（SRM）：由美国国家标准与技术研究院（NIST）在美国发布的标准物质。SRM 具有特定的化学或物理性质，由 NIST 认证并发给证书，报告结果表明材料的用途（www. nist. gov/SRM）。

菌株：具有独特遗传特性的同一物种的微生物群，但不是整个物种的典型；来自相同物种的其他细菌集合，细菌间有微小但可识别的差异。

系统误差：测量误差，是指会不断在各试验中出现的错误。也可以称为偏差。

目标水平：可以可靠地从样品中定性或定量该分析物的水平。

正确度：测量预期值与真值或认可参考值之间接近的程度，其与系统误差（偏差）有关。

不确定度：测量值被赋予可存在合理的分散性，属于与测量结果有关的参数。（VIM，1993）

验证方法：通过使用具体检查和提供客观证据，确认得到满足特殊规定要求的方法。

替代方法的验证：对替代方法获得的结果与已批准的参考方法获得的那些信任数据进行统计，利用参考方法包含的验证协议标准进行比较。

验证：通过个别实验室实现检查和提供客观证据表明指定方法的性能要求已得到确认。此外，该方法用于实验室对方法中不包括原始方法基质的功能（除非适应性改变）验证。

附件 2　SRSC 方法验证小组委员会章程

FDA 食品和兽医学办公室方法验证小组委员会章程

目的

本章程的目的是介绍化学方法验证小组委员会（CMVS）和微生物方法验证小组委员会（MMVS）的结构和功能。

背景

CMVS 和 MMVS 分别是食品和兽医（FVM）化学研究协调小组（CRCG）和微生物学研究协调小组（MRCG）的执行部门，其直接向食品和兽医科学和研究指导委员会（SRSC）报告。CRCG 和 CMVS 咨询小组列表见缩略图 1，MRCG 和 MMVS 咨询小组列表见缩略图 2。

范围

方法验证小组委员会（MVS）的主要功能是监督和协调所有 FDA 食品和兽医联合实验室进行符合如下描述（见程序）标准的验证研究。这样的标准包括但不限于不断变化的监管检验分析条款中多个中心限量、交叉应用程序和高效功能。验证过程仅适用于具有监管背景的方法，不适用于不受管制限制或决定的方法。此外，该方法不包括新方法可行性的初步调查，但可包括经批准的 CARTS 项目，还包括其他少数情况下的异常例如当由 SRSC 或技术咨询组（TAG）监管的单一实验室验证（SLV）使用高效功能的方法填补监管空白。

除了 CRCG 和 MRCG 提供指导，每个 MVS 还受各种美国食品药品监督管理局（FDA 或机构）利益相关群体的监督和履约要求。从附Ⅰ和附Ⅱ中发现，TAG 列表不完全代表所有密切合作的 MVS。

职责

- 在与食品和兽医年度战略计划优先顺序相一致的基础上，制定每年方法验证的计划，并提交 SRSC 审查。
- 对多个实验室验证（MLV）的化学和微生物学方法研究进行评估推荐；这通常包括其他因素中所有相关 SLV 结果的评估。
- 确保 MLV 研究遵循食品和兽医的程序“化学方法验证指南”或“食品中病原微生物检测分析方法的验证指南”。
- 协调化学和微生物学的 MLV 研究。
- 提供化学和微生物学方法验证的指导和协调，并在必要的时候作为调解人帮助解决方法验证问题引发的争端。
- 对完整的 MLV 化学和微生物学方法报批进行评估。

组织结构

- CMVS 报告给 CRCG；在 MMVS 报告给 MRCG。
- 每个 MVS 包括含主席在内至少 6 个投票成员，食品和兽医办公室（OFVM）、食品安全与应用营养学中心（CFSAN）、兽医中心（CVM）和监管事务办公室（ORA）至少有一名代表。

- CMVS：

食品化学分析领域的主要代表：农药/污染物检测，兽药残留检测，持久性有机污染物/溯源检测，有毒元素测试。

在需要的基础上，开会讨论和/或评估提出的验证研究，完成验证研究，并听取关于方法验证发布的问题或疑惑；然而，至少每季度都要举行这样的会议。

- MMVS

食品和兽医微生物学分析领域的主要代表：微生物学，真菌学和病毒学；在委员会中至少有一个病毒学家。

MMVS至少每两个月举行会议，讨论和/或评估提出的验证研究，完成验证研究，并听取关于方法验证发布的问题或疑惑。

- 一个统计学顾问将提供咨询的需要。
- 当需要的时候，每个MVS可以采用一个SRSC项目负责人服务。
- 在特殊情况下，不论是MVS提出，还是当方法验证研究在一个专门的区域（例如Color方法验证，平台/仪器专业等）时，都在按需基础上增加一个额外的投票成员。
- 出席官方活动的成员必须达到法定人数。当至少有一半的成员都在场时，达到法定人数。至少有一名ORA成员存在或通过代理投票时的法定人数才被认可。
- 成员不在时，可以由他人代为投票。
- MVS成员的任命和主席的选择将由CRCG和MRCG与SRSC协商后作出。
- MVS主席和投票成员任期各为两年，可连选连任。
- 技术咨询小组（TAG）将被充分利用他们的专业技能。在附Ⅳ中定义了他们在方法开发和验证中的角色和责任。值得注意的，由TAG提供的任何输入/建议/评价将被视为MVS主题专家最终评估的重要意见。

程序

- 为了确保所有提交材料有效和及时的通过小组委员会主席的审查，所有的验证相关提交材料应符合MVS标准格式（见附Ⅲ）。
- 提交验证建议书信息后，由MVS的所有成员进行评估；然而，深入审查由专业的和与提交区域关系最紧密的成员执行。主席（或指定的联盟主席）将作为每一种情况下的深入审稿人。该信息能够由TAG最初提交一起推荐/评估。
- 如果主题专家（SME）被要求组外（即深入审查组）的，主席将与MVS协商确定一个具有临时性能的合适人选。
- 提案/完成审查的合理时间应该是两个到四个星期，审查的及时周转是非常重要的。
- MVS的任何成员如果在评估阶段提交关于审查的任何问题，他们可以要求主席或项目负责人直接把问题反馈提出方（主席或者TAG参与或直接提交验证者）。提出的问题和取得的答案将与MVS的所有成员共享。
- 向TAG提交的任何报告，如在项目区域推荐方法进行新的、有效方法开发或填补空白的新验证方法开发的性能进度报告，将定期通过MVS会议由MVS主席记录或备案和项目负责人共享。
- 在评估阶段结束时，MVS主席和项目负责人安排会议，讨论决定如何继续处理新的提交。
- 在MVS评估会议，深入评审专家首先提出他们的评估，然后是进行小组讨论。请注意，任何输入，建议或由TAG提供的评价将用作该组最终评估意见。
- MVS会议也可以由TAG发起，并征求同意使用对方法验证的建议。MVS决定是否需要进行上述提出加强现有方法领域/或填补分析性空白的方法验证。

验证评价标准

方法验证评估的建议

审议标准将包括以下内容：

• 代理任务的影响：该方法是否提高某些领域的监管测试，如效率，成本，规模，技术水平等？此外，提出方法验证是否与 OFVM，CVM，CFSAN 和/或 ORA 的优先事项一致的建议？

• 实验室验证研究结果的质量：如果是食品和兽医的程序“化学方法验证指南”或“食品中病原微生物检测分析方法的验证指南”中方法的性能参数，则可以接受。

• 分析策略：考虑所选择的平台有效性、易于实施、灵敏度和准确度、评估选择性和特异性，可用试剂的选择、可靠的商业来源、环境因素等。

• 方法的统一/合并：现有方法需要或可以通过完成基质扩展提出方法合并的是否是一个新的、独立的方法？

• 异常范围：方法是否将建立新领域的测试？现有方法的基质/分析物要扩大什么范围？

这项研究将经过 MVS 批准进入 CARTS 的方法验证方案，并正式跟踪其进展。

该提案将通过各中心所使用的成立审批链（见图 1）获得 CARTS 另一轮审查。一旦 CARTS 审查所有实施和批准，该项目将正式进入 CARTS 进展跟踪。

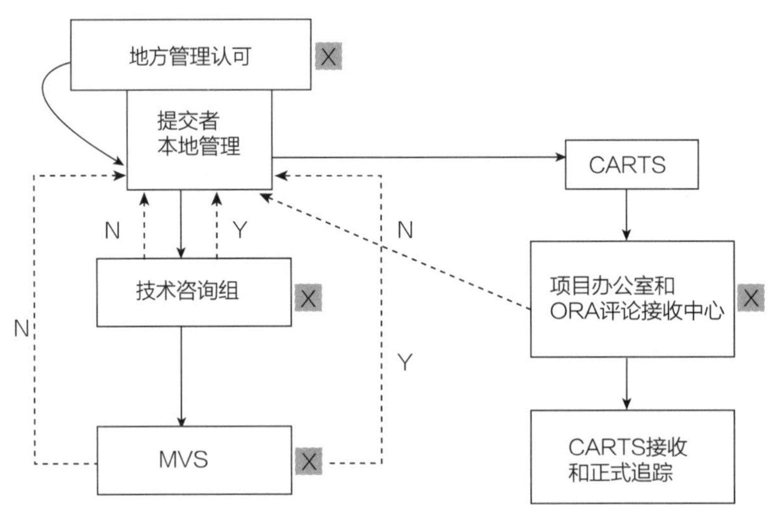

图 1 技术咨询小组验证研究方案提交过程的流程图
X：表示可能拒绝点
虚线箭头：表示沟通后返回提交

如果提出的 MLV 研究在地方管理阶段、TAG 阶段、MMVS 阶段或 CARTS 审查阶段没有得到该方法的验证好评，该项目将被驳回。提交者将根据反馈意见修改/编辑研究目标后重新提交。

MVS 的决定通过备忘录形式记录并抄送给 TAG 主席传达，如果需要，则抄送相应的 RCG 主席。

完成方法验证评价

MVS 完成评估方法验证的标准包括以下内容：

• 是否已验证研究表明该方法的“适合使用目的”？是否清楚地表明，相关检测基质的化学/生物体方法回收率和检测限的范围符合法规和/或健康/危险阈值所需的灵敏度？

• 验证研究是否遵循食品和兽医的程序“化学方法验证指南”或“食品中病原微生物检测分析方法的验证指南”？验证方法是否已经正确识别验收标准的验证要素得到有效满足？

• 如果参与审查，TAG（或其他 SMEs）是否有科学的建议？

• 是否按照已提交并通过了的原提案完成验证？如果没有可用的建议研究，则使用上面的标准。

• MLV 研究得到的结果的质量。

- 附件 4 中概述了 MVS 对 TAG 要求准则的使命，还包括了类似标准的评估建议和完成验证（见图 2）。

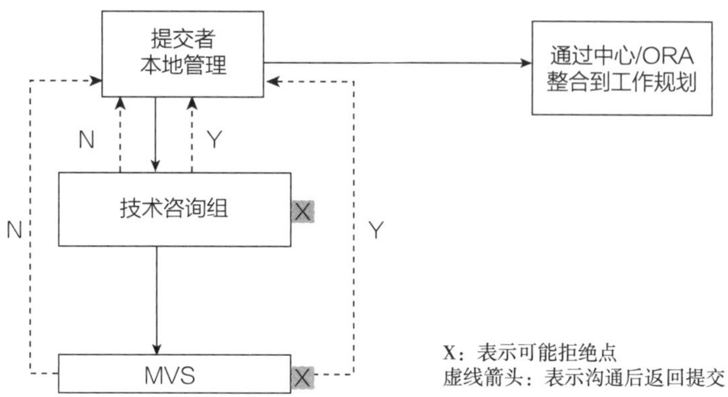

图 2　技术咨询小组完成确认提交过程的流程图

记录

- MVS 主席要确保 MVS 和 TAG 的活动，包括提交意见书，推荐信，决策，议题，活动项目和其他有关材料，根据情况记录在案并传达给高级管理人员和相关工作人员。
- 经过方法验证的所有合规测试成品将通过张贴在 FDA 的网站上提供给公众。
- 在验证方案和/或完成验证程序的评估过程中，所有内部信息/文件/决策/验证建议/生成的备忘录将被汇编到 FDA 的内部网站，以供将来参考。

尾注

MVS 将至少每半年审核本章程，必要时在获取经验的基础上进行修改。

附 I

目前的咨询小组，包括化学研究协调小组（CRCG）和化学验证小组委员会（CMVS）的 TAG。

注意：下面列出的是目前所有的委员会（截至 2014 年 3 月）。定期更新包括增加新成立的 TAG，需要时，会在 OFVM 网页发布此文档，这个更新名单可以在 OFVM 科学和研究共享网站 http：//sharepoint. fda. gov/orgs/OFVMScience/SitePages/Home. aspx 上找到。

1. 过敏原和麸质方法 TAG
2. 水产养殖研究 TAG
3. ORA 化学选择性
4. 通过 DNA 识别物种 TAG
5. 持续性有机污染物 TAG
6. 经济掺假 TAG
7. 元素分析指导委员会 TAG
8. 农作物食品/饲料委员会
9. 食品应急反应网络（FERN）
   化学合作协议计划（CCAP）
   食品应急反应网络（FERN）方法协调委员会（MCC）
10. 残留监控小组（IRCG）
11. 霉菌毒素方法 TAG
12. ORA 方法开发和验证（MDVP）
13. 农药指导委员会 TAG
14. 便携式设备 TAG

15. 海鲜方法 TAG
16. 兽药和饲料 TAG
17. 兽医实验室反应网络（VET-LRN）

附Ⅱ

目前的咨询小组，包括微生物学研究协调小组（MRCG）和微生物方法验证小组委员会（MMVS）的 TAG。

注意：下面列出的是目前所有的委员会（截至 2014 年 3 月）。定期更新包括增加新成立的 TAG，需要时，会在 OFVM 网页发布此文档，这个更新名单可以在 OFVM 科学和研究共享网站 http：//sharepoint. fda. gov/orgs/OFVMScience/SitePages/Home. aspx）上找到。

1. 细菌学分析手册理事会（BAM 委员会）
2. C-BOT TAG
3. 耐药 TAG
4. 农作物食品/饲料委员会
5. 食品应急反应网络（FERN）微生物学合作协议计划（mCAP）
6. 食品应急反应网络（FERN）方法协调委员会（MCC）
7. 高致病性病原菌 TAG
8. 李斯特菌 TAG
9. 分子流行病学 TAG
10. 下一代 PCR TAG
11. OMICS TAG
12. ORA 方法开发和验证计划
13. ORA 微生物选择性
14. 下一代 PCR TAG
15. 沙门氏菌 TAG
16. STEC TAG
17. 兽医实验室反应网络（VET-LIRN）
18. 病毒学 TAG
19. 处理控制 TAG

附Ⅲ

标准验证提案/完成品的提交模板（这只是例子，可在 OFVM 科学和研究共享网站 http：//sharepoint. fda. gov/orgs/OFVM-Science/SitePages/Home. aspx 上填写相应的 PDF）

Food & Veterinary Medicine

Science and Research Program

Application for FVM Method Validation Proposal/Finished Package Review

Method Title：	Submission Date(*dd/mmm/yyyy*)：
Title of project linked to method：	
CARTS No：	
Author(s)/Point(s)-of-Contact：	

CONTACT INFORMATION

Center:

Address:

Phone No:

Email Address:

SUPERVISORY CONCURRENCE

Immediate Supervisor:

Title:

Phone No:

Email Address:

Signature

SRSC RCG CONCURRENCE

RCG Chairperson:

Phone No:

Email Address:

Signature

方法描述

第一部分

Discipline	Chemistry-Microbiology-Nanotechnology-Toxicology （*circle one*）
Applicable Validation Level (refer to appropriate Validation guidelines)	
Target Analyte	
Food Matrix/Matrices	
Technology used（e. g. HPLC, ELISA, PCR, etc.）	

第二部分，请详细进行方法验证的所有方面，包括但不限于灵敏度，特异性，专用设备的需要，定制试剂和安全需要。所有的准备工作和/或化验单验证数据连接到这个应用程序，发起验证研究的理由也必须包含在本节。请参阅 FVM 方法验证小组委员会宪章“验证评价标准”。

附Ⅳ 利用现有的咨询技术小组（TAGs）

前阶段（这是“征集”的阶段）：

1）确定空白领域方法验证的方案-通信 SRSC/MVS。

2）SRSC/MVS 同意，征求中心和 ORA 工作领域研究人员具体确定的方法验证。

3）根据下列标准进入方法验证建议的分流和优先排序：

a. 提交的议案是否具有本地代言（即本地实验室管理）？

b. 是否提交当存在差距时解决方法的建议呢？

c. 是否有使用其他类似的方法？如果有，该方法是否可以合并到现有的方法？如果该方法是一个独立的新方法，它和现有的方法有什么不同？如果有不同，新方案存在哪些改进？当涉及威胁消费者的健康时，常规测试的操作模式是取基质和分析物在方法范围内的最小数。

d. 提交的协议是否符合方法验证指导文件？

e. 方法的范围（包括分析物和产物/基质范围）是否能充分用于其方案领域？

f. 根据预期目的能否选择合适的仪器平台？

g. 方法提交实验室是否具备执行用的必要专业知识？

h. 方法提交实验室是否已经制定了必要的合作，选定的合作者是否为合适的合作伙伴？

i. 方法提交实验室能否在提出时限内完成验证？

j. 是否提交其他 FDA 实验室对该方法有效验证的建议？

后阶段（这是“评价”阶段）：

1）分配三个人作为专题小组审查提交的验证资料，为保持客观性，应该重点选择那些没有参与验证工作的人。

2）确定一个最后期限，由专题小组完成审查，并提交评估报告到 TAG。完成提案审查的合理时间是两个星期，对验证完成的审查是四个星期。

3）专题小组与 TAG 所有成员对评估重点进行讨论，专题小组根据 TAG 注释找出任何变化/编辑作出评估。

4）提交 MVS/SRSC 专题小组的 TAG 支持性评估。

5）MVS/SRSC 将其决定通知提交者/本地管理主席时会直接抄送给相关 TAG。如果 MVS/SRSC 接受已验证完成的结果，那么将跟踪其在有关方案领域的性能有效性和使用范围，并报告给 MVS。

批准

本章程由首席科学官/研究总监批准。MVS 主席负责维护宪章，根据需要更新宪章，并将更新后的宪章传播到主要机构和其他利益相关者。

附件 3　方法开发、验证和实施 SOP

程序-食品和兽医办公室的程序范围	文件编号：FDA-OFVM-3	版本#：0 初始版本
标题：方法开发、验证和实施程序		生效日期：2014 年 10 月 16 日 修订日期：2014 年 9 月 30 日

本文档中包含的部分/（更改记录）

1 概要

2 范围/政策

3 职责

4 流程

5 记录

6 支持性文件

7 附件　文献史

1 概要　该文件规定和介绍了美国食品和药物管理局建议（FDA 或机构）实验室遵守的法规，以及食品和兽医（FVM）计划分析方法的开发实施标准作业程序（SOP）。

2 范围/政策　本SOP 适用于FVM 董事会［食品和办公室兽医（FVM），食品安全与应用营养学中心（CFSAN），以及兽药中心（CVM）］的 FDA FVM 经营单位实验室所有方法的开发活动，与食品和兽药法规事务办公室 ORA 相结合。FVM 科学和研究指导委员会（SRSC）将直接监督所有的跨中心项目协作，认为有必要时，通过研究协调组（RCG）适当的进入所有多实验室验证（MLV）的进程。

初步的、短期或侧重于探索性调查的新方法和/或技术可行性及任何后续的单实验室验证（SLV）研究，可以通过各自的中心和办公室管理机构进行整体管理，但是这类活动要在组件自动化研究跟踪系统（CARTS）内处理。

方法发研究的所有相关介绍和出版物将以电子形式连接到相应的 CARTS 条目。

FVM 程序（CFSAN，CVM 或 ORA）链条管理将确保技术咨询小组（TAG）（如细菌学分析手册（BAM）局，农药指导委员会等）之间建立适当的沟通和协作，此外 CARTS 调查评论类似研究项目应在研究之前提出并进入 CARTS。这样的方式在应急活动时特别重要。

美国食品药品监督管理局 FVM 企业用于监管的所有方法必须进行确认，证明（通过指定的验证研究）方法满足机构的要求，并符合其预期用途。然而，这个 SOP 是一个前瞻性的文件；这里所描述的要求只适用于新开发的方法，而不是现有的方法。而目前 FDA FVM 应用于监管的大多数分析方法没有被本文所述的新标准方法验证准则验证，其需要提供多年的证据记录来支持他们的可靠性。先前，开发和验证的方法满足当时能达到的优质标准定义和需求，它们展示了其预期用途而被开发和采用。无论如何，这个文档规定了方法开发和验证的标准生效日期。展望未来，现有方法的持续评估、未来的方法需要（如修改，扩展和先进技术的结合）将要求 RCGs、相关的 TAGs、以及相应的方法验证小组委员会（MVS），执行验证标准方案和对过去方法进行评估。

SOP 旨在向 FDA 工作人员和当前机构考虑这个主题的代表提供指导和指南。它不以任何方式产生或给予任何人权利和操纵管理 FDA 或公众。如果其他方法能够满足相关法令和法规的要求，可使用另一种方法。它的目的是通过 FDA 人员使用，则可能会以电子方式提供给公众。

3 职责

FVM 程序执行委员会，EPEC：

- 向 SRSC 和 FDA 食品和兽医程序组成部分（CFSAN，CVM 和 ORA）提供实时和富有远见的战略方向。
- 规定年度方法发展计划（AMDP）的批准。
- 作为一个监督机构。
- 视情况参与 FVM 管理委员会决策。

OFVM 科学和研究团队：

- 属于 OFVM。
- 负责向全国 CFSAN，CVM 提供开发活动的战略指导和主导方法，并确保中心研究和 ORA 开发方法的整合。
- 负责收集和跟踪 AMDP 进度。

FVM 程序科学研究指导委员会，SRSC：

- 在 RCG 级无法解决的情况下作为最终的决策主体。
- 一年进行方法开发和验证工作两次，以确保与 FVM 计划和机构目标一致。
- 每年向 EPEC 提供方法开发和验证活动的摘要报告。
- 保证整个 FVM 计划的方法开发和验证工作总体协调。

研究协调小组，RCG（例如微生物学，化学等）：

- 确保 AMDP 与提交给 SRSC 的 FVM 战略规划相一致。
- 保证 RCG 和 TAGs 的建议传达给各中心和办公室在线管理。

RCG 方法验证小组委员会，MVS：

• MLV 研究的监督责任。请参阅 FVM 标题文件，“FDA 食品和兽医学办公室方法验证小组委员会章程”。

• 在需要的基础上，通过相应 RCG 提出进行优先方法验证的建议。

各中心和办公室在线管理：

• 确保中心和 ORA 之间有适当的合作。

• 如果适用，任何方法的开发活动开始前，要确保研究者审查 CARTS 类似研究项目和向相应的 TAG 咨询。

• 确保 CARTS 项目登记，进度报告和跟踪活动及时完成。

技术咨询组，TAG：

• 作为技术咨询机构 RCGs，MVSS 和 SRSC，发生协同行为时中心或办公室的偏差。

• 主题专家（SME）总体代表，国家最先进的知识基础，包括美国食品药品管理局技术领域的最佳实践知识。

研究者：

• 执行方法的开发研究和方法验证研究改进方案，包括分析能力，适当时服务于利益相关者。

• 必须认识到满足任何方法的标准，要考虑监管所有的质量保证（QA）和质量控制（QC）。

4. 程序

年度列表中方法开发/验证的确认和优先排序程序；对 AMDP 审查和批准介绍如下，并通过附件 1 的 5. 简述所示，附件 1 说明了 FPEC，SRSC，RCGs 和 MVSs 在方法开发过程的协调监督作用。附件 2 至 5，提供开发企业（附件 2）整个方法更详细的描绘；程序定义了个别中心水平（附件 3）；研究 MLV 水平（附件 4），和 ORA 实施阶段（附件 5）。

4.1　一般政策和程序指导

方法开发和验证的确认和优先需求

• SRSC 将监督有关年度列表的确认和优先排序。这将包括 FVM 科学和研究企业的各个方面。这个清单将定期更新，并分发给所有 FVM 程序相关的研究中心，因为交叉中心合作验证将决定它的成功开发。建议通过特定的中心审查程序满足这些需求，然后向 CARTS 提交审议和跟踪。

• RCGs 或相关的小组委员会，在年度优先排序程序的基础上将组建一个 MDP。

• 应对紧急情况（例如，三聚氰胺，食源性疾病暴发，自然灾害等）的方法开发/验证工作优先于其他活动。

探索调查

独立中心/办事处的人员可以探索或开发新的技术，可自由制定新方法（直至并包括 SLV 研究）的独立调查和研究程序。

• 这是管理层的责任，以确保该项目具有纲领性价值。

• 在线管理将确保中心和 ORA 之间相关合作的鉴定确认方法的差距，并定义该方法“适用性”的标准，包括相关质量标准。

• 管理层将确保调查人员在执行 CARTS 时有效彻底探索和归档项目，以防止重复工作和确定合作的潜在机会。

• 建议管理层和研究者在启动新的方法工程之前，求助所有相关的 RCG（s）和/或 TAG（s）的协商。

• 建议管理层和研究者配合相应 RCG 和/或 TAG 主席建立审查，及时处理评论和提交的项目建议书。

• 所有的研究项目将通过 CARTS 提交和批准。

• 探索性研究的成果必须报告 CARTS。

交叉合作中心或 MLV 的举措

• 所有 MLV 监管活动的具体需求由 SRSC 联合合适的合作者共同开发。

• 方法按照当前的程序或研究验证协议的规定，成功地进行了单一实验室级别的验证，被认为适合监管应用。

• 相应的 MVS 负责协调和监督所有的 MLV 研究。

• 管理和研究者，配合 RCG 和/或 MVS 主席及时处理审查意见，评论和同意提交 MLV 相关的提案。

• 所有经过批准的 MLV 活动必须进入 CARTS 和进行跟踪。

• SRSC 的最后决定不能在 MVS 或 RCG 这一级别解决的情况下，争议将根据 SRSC 章程解决处理。

验证的方法执行

• 方法成功地完成了 MLV 阶段的正式分析，可以被接受。

• 如果 MLV 成功完成和批准，该方法将通过在线指导手册和符合规定的指导进行传达。

• ORA 将负责新批准方法使用于野外实验室，并负责制定和实施质量控制和培训计划；实施包括但不限于以下各项：

①计划购买仪器（如有必要）

②培训计划

③确保 QA 和 QC 的标准得到满意解决

④能力验证计划

⑤评估和报告方法的性能/方案影响

报告和监督

• 化学、微生物学、毒理学和纳米技术 RCGs 的主席将介绍至少半年的 SRSC。演讲包括 MVS 评论和评估整个方法开发和验证的进展，以确保 FVM 调整策略目标和优先事项。

• CARTS 至少半年提交一次进度报告。

• 各中心学术带头人将每年审查和评估方法开发和验证的进展和成果。各项行为可以包括重新确定或终止未取得充分进展或被认定为与当前的战略重点或 FVM 程序的需求不一致的研究。

• SRSC 每年向 FPEC 报告方法开发和验证的更新。

4.2 确定并优先方法开发和方法验证需求

• 由 FVM 董事局和 ORA 构成的中心每年负责识别和记录各自计划中战略方法开发和验证需求的优先顺序列表。每个机构将酌情按轻重缓急决定每年需确定的方法开发和验证顺序。

• SRSC 宣布每年的提交截止日期要提前于 FVM 年度计划研究会议不少于 60 天。

• 通过 FVM 董事局和 ORA 提供的方法开发和验证需求将得到科学和规划领导人的巩固，审查，讨论。

在 FVM 年度研究优先会议期间，调查人员、一线管理审批人员，需要确定和提交跨部门的建议。

紧急或意外的程序可以在全年的任何时间递交给 SRSC。

4.3 开发，评论和批准年度方法开发计划

RCGs 将按 FVM 年度计划的优先顺序列表进行方法开发研究。RCGs 将与 SRSC 合作，以确保这些方法的开发需求与 FVM 战略目标保持一致。本次活动将作为年度计划的一部分正式提交给 FPEC 审查和批准。

4.4 开发，评论和批准年度方法验证计划

MVSs 的每个 RCG 将按 FVM 年度计划的优先顺序列表进行方法验证研究。RCGs 将与 SRSC 合作，以确保这些方法的验证需求与 FVM 战略目标保持一致。本次活动将作为年度计划的一部分正式提交给 FPEC 审查和批准。

4.5 多实验室验证的方法的实施

经过多实验室成功协同完成的验证方法应符合计划要求和 ORA 实验室监管应用程序，为实施该方法提供了完整和充分的依据。ORA 应协助质量管理体系（QMS）和一线管理部门进行批准，必要时协调完成符合计划实施和监管应用基准测试新方法的修订指南。

CARTS（建议，状态和最终报告等）有关各个方法的开发和验证活动的原始数据和方法验证的文件和新方法的实施认证报告。

6. 支持文件

Office of Foods and Veterinary Medicine Method Validation Guidelines for Microbial Pathogens

Office of Foods and Veterinary Medicine Guidelines for the Validation of Chemical Methods

Office of Foods and Veterinary Medicine Microbiology Research Coordination Group Charter

Office of Foods and Veterinary Medicine Chemistry Research Coordination Group Charter

Office of Foods and Veterinary Medicine Method Validation Subcommittees Charter

Membership of Foods and Veterinary Medicine Research Coordination Groups and Technical Advisory Groups

Foods and Veterinary Medicine（FVM）Science and Research Steering Committee（SRSC）Charter

ORA Laboratory Manual

7. 附件

文档历史记录

版本#	状态（I，R，C）	批准日期	更改历史记录的位置	姓名和职务	
				作者	正式批准
0	I		N/A	SRSC MDV 程序开发小组委员会	SRSC

电子版/文件名：Methods Development-Validation-Implementation Program_ v09-30-2014. doc

最后编辑者：Nelson，Chad P.

最后编辑日期/时间：09/30/2014 11：25 PM

文档所有者：David. White@ fda. hhs. gov

协作者：William. Martin@ fda. hhs. gov；Palmer. Orlandi@ fda. hhs. gov；Gregory. Diachenko@ fda. hhs. gov；Steven. Musser@ fda. hhs. gov；David. White@ fda. hhs. gov；Chad. Nelson@ fda. hhs. gov；Philip. Kijak@ fda. hhs. gov；Donald. Zink@ fda. hhs. gov；Douglas. Heitkemper@ fda. hhs. gov

附件图文件：FDA-OFVM-3_ MDV Program_ v0 Attachments_ 02-21-2014. vsd（Microsoft Visio file）

附件图文件所有者：Nelson，Chad P.

附件 1　摘要图-第 1 部分：通过 SRSC、RCG 和 FVM 执行委员会开发和批准的食品和兽医学年度方法开发计划和监督

MDV 需求的识别和优先：

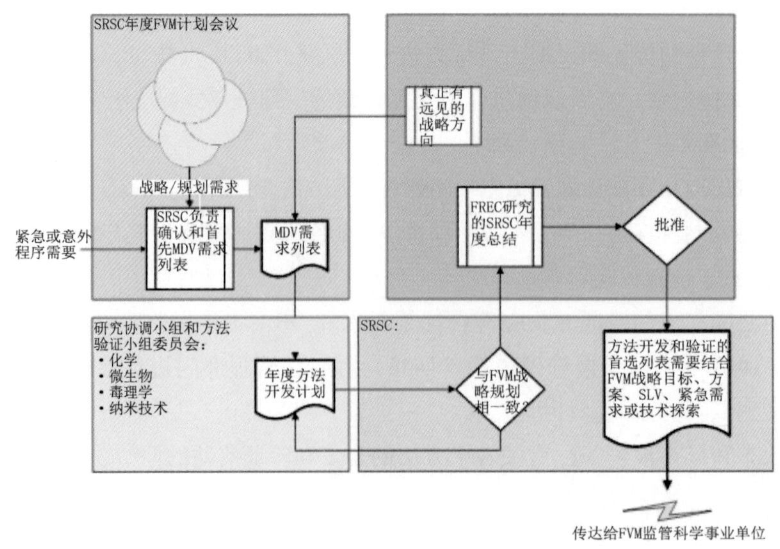

本摘要图说明了年度方法开发计划的制定和审批程序。该图还描绘了 FVM 计划执行理事会（FPEC），科学和研究指导委员会（SRSC），研究协调组（RCGs）及其验证小组委员会之间的统筹和协调关系。美国国家毒理学研究中心，国际项目办公室和首席科学家办公室的代表确定年度 FVM 计划优先大会期间的 SRSC 重点，为业务组织（CFSAN，CVM，ORA），RCGs 和 FPEC 的发展进行相当大的投入，评估和批准。

附件 2　摘要图-第 2 部分：方法开发的进程。新方法、探索技术、单一实验室验证活动和联合协作或法规/多实验室验证的独立进程

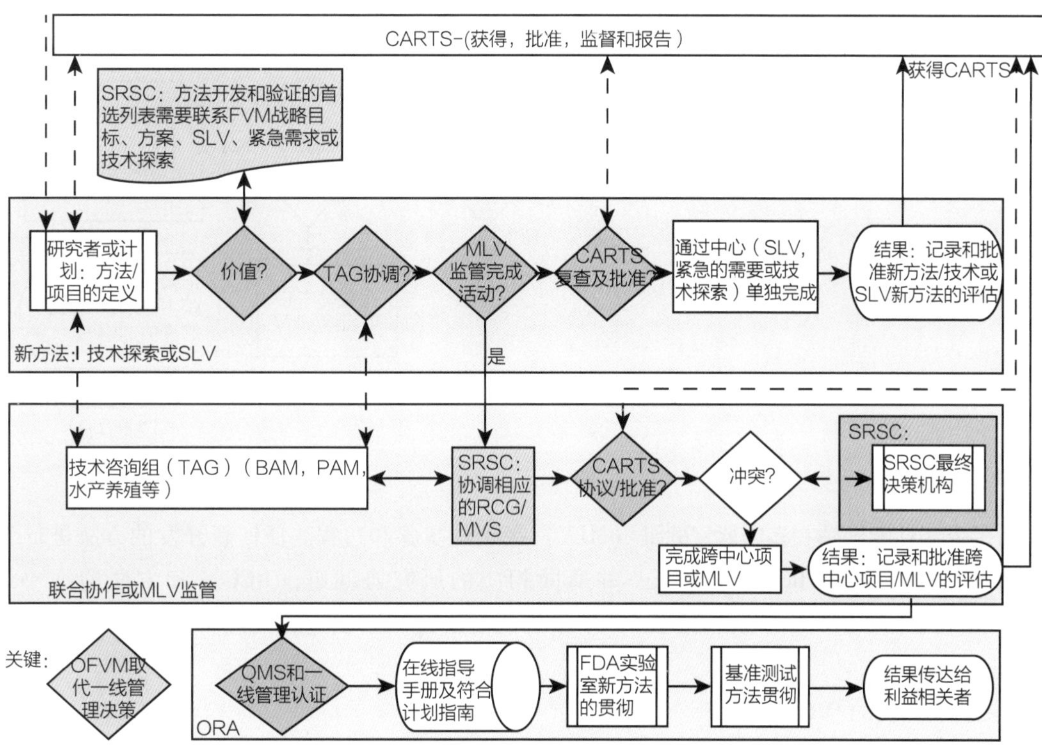

本摘要图突出显示新方法的评估顺序步骤，相关规划和研究活动，方法验证和实施过程。该图还显示了自动研究跟踪系统（CARTS）在整个过程中的总体作用。

附件 3　方法开发和验证活动的提案、审核、批准和报告：单独中心的活动

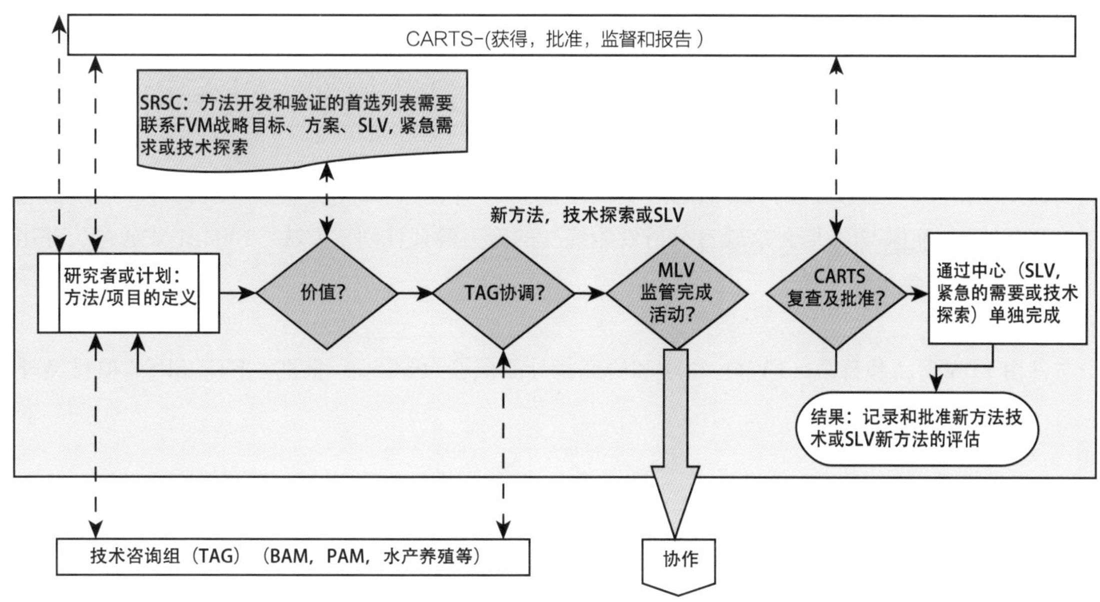

此图显示新方法、技术和/或项目在单一实验室验证级别的开发到实施。方法确定包括很多方面的协商，包括但不限于，一线管理（中心，办公室，部）及技术咨询组（S）的调查。方法的开发活动将继续通过单实验室验证（SLV）阶段关注。

附件 4 方法开发和验证活动的提案、审核、批准和报告：多实验室的验证和合作活动

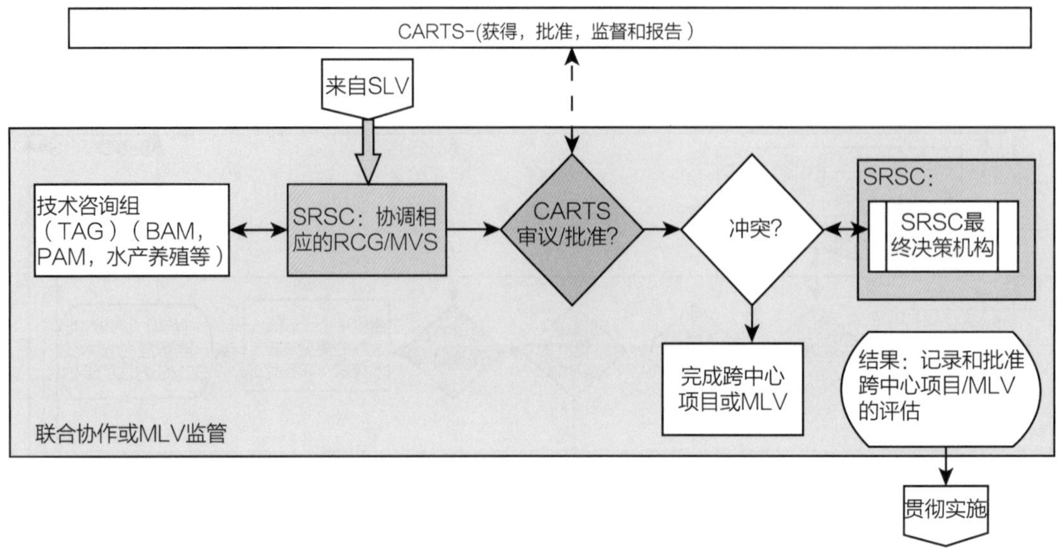

此图说明了方法性能评估在多实验室验证（MLV）级别的步骤和过程。任何新开发的方法进行 MLV 决定是科学和研究指导委员会（SRSC）的责任，并商同相应的研究协调组（RCG）和方法验证小组委员会（MVS），以及相应的 TAG 进行。争议将按照 SRSC 章程的解决冲突条款进行处理。所有的 MLVs 将由相应的 MVS 进行管理。

附件 5 执行新方法的 ORA

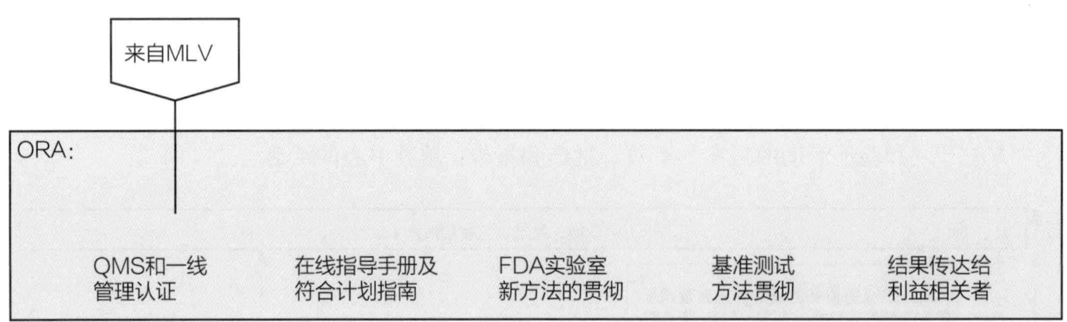

新开发的实施阶段，已验证成功的方法通过实践建立 ORA 并作为 ORA 实验室手册公布。这包括遵守质量管理体系（QMS），如确保 ORA 野外实验室分析性能统一的能力验证计划。方法：FVM 正式通过，并用于相应的分析摘要（例如细菌学分析手册）。

批准

这份文件由 FDA 食品和兽医（FVM）科学和研究指导委员会（SRSC）批准。FVM SRSC 项目经理负责更新文档。

批准：

//David White// 10/02/2014	//William T. Flynn// 10/21/2014
OFVM Chief Science Officer/Research Director	CVM, Deputy Director for Science Policy
//Palmer A. Orlandi// 10/02/2014	//John Graham// 10/09/2014
OFVM Senior Science Advisor	CVM, Director Office of Research
//Donald L. Zink// 10/20/2014	//Brian L. Baker// 09/20/2014
CFSAN Senior Science Advisor	ORA, Director Office of Regulatory Science
//Vincent K. Bunning// 09/30/2014	//Timothy McGrath// 10/07/2014
CFSAN Director Office of Regulatory Science	ORA, Director Food and Feed Scientific Staff
//Kevin Gaido// 10/08/2014	//William B. Martin// 09/30/2014
CFSAN, Director Office Of Applied Research & Safety Assessment	ORA, Member of the ORA Scientific Advisory Council

附件 4　FVM 微生物学方法验证的研究应用[①]

附件 5　食物类型和相关微生物污染物的例子

表 1　食品中相关的食源性致病菌

［AOAC 分类食品分类的， Feldsine 等（2002）， JAOACI85（5）1197 ~1198］

食品类型	耶尔森氏菌	产气荚膜梭菌	单核细胞增生李斯特菌	大肠杆菌 O157	金黄色葡萄球菌	弯曲杆菌	沙门氏菌	蜡样芽孢杆菌
肉类								
生鲜	×		×	×		×	×	×
热加工			×	×	×		×	
冰冻			×	×			×	
发酵			×	×			×	
加工处理（熏，腌）		×	×		×		×	
其他		菜/肉汁	肉酱					
家禽								
生鲜	×						×	
热加工							×	
冰冻							×	
其他		菜/肉汁						
海产品								
生鲜	×		×	×		×	×	
热加工							×	

① 因为附件 4 原文始终无法找到，这里省略附件 4 的内容，特此说明。——译者注

续表

食品类型	耶尔森氏菌	产气荚膜梭菌	单核细胞增生李斯特菌	大肠杆菌 O157	金黄色葡萄球菌	弯曲杆菌	沙门氏菌	蜡样芽孢杆菌
冰冻			×	×			×	
贝类	×			×		×	×	
熏制		×	×		×		×	
其他							×	
水果和蔬菜								
未经高温消毒				×			×	
新鲜	×		×	×		×	×	
热加工		×						
冰冻			×				×	
干制品								×
果汁/浓缩				×			×	
低湿							×	
坚果肉			×	×			×	
其他								
乳制品								
新鲜	×		×	×	×	×	×	×
热加工			×					×
冰冻			×	×	×		×	×
发酵			×	×	×		×	
干制品					×		×	×
冰淇淋			×				×	
干酪			×	×			×	
巧克力/烘焙品								
低湿							×	
干粉							×	
牛奶巧克力							×	
其他					糕点			蛋羹
动物饲料								
低湿							×	
宠物食品							×	
面食								
未烹制							×	
杂项								
调料			×	×			×	
香料		×					×	

续表

食品类型	耶尔森氏菌	产气荚膜梭菌	单核细胞增生李斯特菌	大肠杆菌 O157	金黄色葡萄球菌	弯曲杆菌	沙门氏菌	蜡样芽孢杆菌
蛋黄酱			×	×		×	×	
面粉			×			×	×	
鸡蛋/蛋制品				×			×	
谷物/米								×

表2　AOAC 食品中相关的非致病性微生物

产品	霉菌和酵母菌	乳酸菌总数	菌落总数	大肠菌群	大肠杆菌
肉类					
生鲜	×	×	×	×	×
热加工		×	×	×	
冰冻	×		×	×	×
发酵	×	×	×		
加工处理（熏、腌）		×	×		
家禽					
生鲜	×	×	×	×	×
热加工		×	×	×	
冰冻	×		×	×	×
其他			×		
海产品					
生鲜	×	×	×	×	×
热加工		×	×	×	
冰冻	×		×	×	×
熏制	×	×	×	×	
水果和蔬菜					
新鲜	×	×	×	×	×
热加工			×	×	
冰冻	×		×	×	
干制品	×		×	×	
发酵	×		×		
加工处理/盐浸	×		×		
果汁/浓缩	×	×	×		
低湿	×		×		
乳制品					
新鲜	×	×	×	×	×
热加工			×	×	
冰冻	×		×	×	×
发酵	×				×
干制品			×	×	
巧克力/烘焙品					

续表

产品	霉菌和酵母菌	乳酸菌总数	菌落总数	大肠菌群	大肠杆菌
低湿	×		×	×	
干粉			×	×	
牛奶巧克力	×		×	×	
动物饲料					
低湿	×		×	×	
宠物干饲料	×		×	×	×
面食					
未烹制	×		×	×	
杂项					
调料	×	×	×	×	×
香料			×		×
蛋黄酱	×	×	×		×
鸡蛋/蛋制品			×	×	
谷物/米			×	×	

分类中具代表性的食品

肉类：

牛肉、碎猪肉、肉类副产品、腺产品、青蛙腿、兔胴体、羊肉、香肠、法兰克福香肠、午餐肉、牛肉干、肉类替代品。

家禽：

鸡肉、火鸡肉、煮熟的鸡肉、生鸡肉。

海鲜：

生虾、鱼条、鱼糜、生鱼片、生牡蛎、生贝类、生蛤、煮好的小龙虾、烟熏鱼、巴氏杀菌蟹肉。

水果和蔬菜：

新鲜/冷冻水果或干果、橙汁、苹果汁、苹果汁、番茄汁、切块冬瓜、浆果胡桃、核桃、花生酱、椰子、杏仁生菜、菠菜、羽衣甘蓝、白菜、豆芽、花水豆芽、豌豆、蘑菇、青豆。

乳制品：

酸乳、干酪、硬和软干酪、生乳或巴氏杀菌液体乳（脱脂、2%的脂肪、全脂、酪乳）、婴幼儿配方乳粉、咖啡奶精、冰淇淋、脱脂乳粉/全脂乳粉、干酪乳、干干酪粉。

巧克力/烘焙品：

夹心糖果、糖和糖果包衣、牛奶巧克力。

动物饲料：

干的宠物食品、肉类和骨粉、鸡肉和羽毛粉。

未煮过的面食：

未煮过的面条、通心粉、面条。

其他：

带壳蛋、液态全蛋、口服或吸食的含蛋产品、干的全蛋或干蛋黄、干蛋清、辣椒、红辣椒、黑胡椒、白胡椒、芹菜种子或叶片、辣椒粉、孜然、香菜片、迷迭香、芝麻、百里香、蔬菜片、洋葱片、洋葱粉、大蒜片、五香粉小麦粉、酪蛋白、蛋糕粉、乳清粉、脱脂乳粉/全脂牛乳、玉米粉、大豆粉、干酵母、谷物、干酪乳、干干酪粉。

附件6 菌株和血清型的灵敏度和特异性（缩略版）

此附件所列举的并不代表所有的菌株和血清型，是作为方法开发人员验证方法灵敏度和特异性的一个方法指南。

FDA 官方食品菌种收藏目录所列出的微生物分析菌株和血清型受控于“美国食品药品监督管理局食品程序标准操作流程”（U. S. Food and Drug Administration Foods Program Internal Strain Sharing Standcord Operating Procedure）。

	血清型	基因型		
		*stx*1	*stx*2	*uid*A-O157：H7/H
肠出血性大肠杆菌（EHEC）	O157：H7	+	+	+
	O157：H7	+	−	+
	O157：H7	−	+	+
	O157：H7	−	−	+
	O157：H−	+	+	+
	O157：H−	−	+	+
产志贺氏毒素大肠杆菌（STEC）	O68：H−	+	+	−
	O48：			
	O45：H2			
	O137：H41			
	O111：H−			
	O22：H8			
	O15：H27			
	O4：H−			
	O26：H11	+	−	−
	O26：H−			
	O45：H2			
	O85：H−			
	O103：H2			
	O103：H6			
	O111：H11			
	O125：H−			
	O126：H27			
	O146：H21			
	E coli，插入 *stx*1			
	O14：H19	−	+	−
	O28：H35			
	O48：H21			
	O55：H7			
	O104：H21			
	O121：H19			
	O165：H25			
	E. coli，插入 *stx*2			

续表

	血清型	基因型		
		stx1	stx2	uidA-O157：H7/H
非产毒性大肠杆菌	非 O157：H7	-	-	-
	O55：H7			
	O157：H16			
	O157：H45			

I．大肠杆菌 O157 ：H7

血清型		基因型		
		stx1	stx2	uidA-O157：H7/H
痢疾志贺氏菌（*Shigella dysenteriae*）		+	-	-
蜂房哈夫尼菌（*Hafnia alvei*）		-	-	-
摩氏摩根菌（*Morganella morganii*）		-	-	-
弗氏柠檬酸杆菌（*Citrobacter fruendii*）		-	-	-
非脱羧勒克氏菌（*Leclercia adecarboxylata*）		-	-	-
宋内氏志贺氏菌（*Shigella sonnei*）		-	-	-
鲍氏志贺氏菌（*Shigella boydii*）		-	-	-
福氏志贺氏菌（*Shigella flexneri*）		-	-	-
沙门氏菌群．30（*salmonelia Crp.* 30）		-	-	-
兰辛沙门氏菌群．P（*salmonella Lansing Crp.* P）		-	-	-
肺炎克雷伯氏菌（ *Klebsiella pneumoniae*）		-	-	-
单核细胞增生李斯特菌（*Listeria monocytogenes*）		-	-	-
英诺克李斯特菌（*Listeria innocua*）		-	-	-
绵羊李斯特菌（*Listeria ivanovii*）		-	-	-
斯氏李斯特菌（*Listeria seeligeri*）		-	-	-
威氏李斯特菌（*Listeria welsnimeri*）		-	-	-
霍乱弧菌（*Vibrio cholerae*）	O1 群稻叶型	-	-	-
副溶血性弧菌（*Vibrio Parahaemolyticus*）	O4	-	-	-
创伤弧菌（*Vibrio vulnificus*）		-	-	-
金黄色葡萄球菌（*Staphylococcus aureus*）		-	-	-
马红球菌（*Rhodococcus equi*）		-	-	-
乳杆菌属（*Lactobacillus* sp.）		-	-	-
鼠伤寒沙门氏菌（*Salmonella typhimurium*）		-	-	-
化脓性链球菌（*streptococcus pyogenes*）		-	-	-
粪产碱菌（*Algaligenes faecalis*）		-	-	-
猪霍乱沙门氏菌（*salmonella cholerae suis*）		-	-	-
小肠结肠炎耶尔森氏菌（*Yersinia enterocolitica*）		-	-	-
阴沟肠杆菌（*Enterobacter cloacae*）		-	-	-

Ⅱ. 沙门氏菌

注：由来自国防高级研究计划局（Defense Advance Research Projects Agency，DARPA）系统的国防科学办公室（Defense Science Office，DSO）通过食品检验（Systems and Assays for Food Examination，SAFE）程序测定得出。

Ⅱa. 沙门氏菌：亚种集合

SAFE 名称	原名称	血清型	亚种
1	02-0061	纽波特（Newport）	Ⅰ
2	02-0062	肠炎	Ⅰ
3	02-0105	海德尔堡（Heidelberg）	Ⅰ
4	02-0115	鼠伤寒	Ⅰ
5	2433	伤寒	Ⅰ
6	CNM-1029/02	4，5，12：b：-	Ⅰ
7	CNM-3578/03	哈达尔（Hadar）	Ⅰ
8	CNM-3663/03	维尔肖（Virchow）	Ⅰ
9	CNM-3685/03	布伦登卢普（Brandenburg）	Ⅰ
10	00-0163	Ⅱ 58：l，z13，z28：z6	Ⅱ
11	00-0324	Ⅱ 47：d：z39	Ⅱ
12	01-0227	Ⅱ 48：d：z6	Ⅱ
13	01-0249	Ⅱ 50：b：z6	Ⅱ
14	CNM-169	Ⅱ 53：lz28：z39	Ⅱ
15	CNM-176	Ⅱ 39：lz28：enx	Ⅱ
16	CNM-4290/02	Ⅱ 13，22：z29：enx	Ⅱ
17	CNM-466/03	Ⅱ 4，12：b：-	Ⅱ
18	CNM-5936/02	Ⅱ 18：z4，z23：-	Ⅱ
19	01-0089	Ⅲa 41：z4，z23：-	Ⅲa
20	01-0204	Ⅲa 40：z4，z23：-	Ⅲa
21	01-0324	Ⅲa 48：g，z51：-	Ⅲa
22	02-0111	Ⅲa 21：g，z51：-	Ⅲa
23	CNM-247	Ⅲa 51：gz51：-	Ⅲa
24	CNM-259	Ⅲa 62：g，z51：-	Ⅲa
25	CNM-3527/02	Ⅲa 48：z4，z23，z32：-	Ⅲa
26	CNM-7302/02	Ⅲa 48：z4，z23：-	Ⅲa
27	01-0170	Ⅲb 60：r：e，n，x，z15	Ⅲb
28	01-0221	Ⅲb 48：i：z	Ⅲb
29	01-0248	Ⅲb 61：k：1，5，(7)	Ⅲb
30	02-0188	Ⅲb 61：l，v：1，5，7	Ⅲb
31	CNM-3511/02	Ⅲb 48：z10：e，n，x，z15	Ⅲb

续表

SAFE 名称	原名称	血清型	亚种
32	CNM-4190/02	Ⅲb 38：z10：z53	Ⅲb
33	CNM-750/02	Ⅲb 60：r：z	Ⅲb
34	CNM-834/02	Ⅲb 50：i：z	Ⅲb
35	01-0133	Ⅳ 50：g，z51：-	Ⅳ
36	01-0147	Ⅳ 48：g，z51：-	Ⅳ
37	01-0149	Ⅳ 44：z4，z23：-	Ⅳ
38	01-0276	Ⅳ 45：g，z51：-	Ⅳ
39	01-0551	Ⅳ 16：z4，z32：-	Ⅳ
40	CNM-1904/03	Ⅳ 11：z4，z23：-	Ⅳ
41	CNM-4708/03	Ⅳ 6，7：z36：-	Ⅳ
42	ST-16	Ⅳ 16：z4，z32：-	Ⅳ
43	ST-21	Ⅳ 40：g，z51：-	Ⅶ
44	ST-22	Ⅳ 40：z4，z24：-	Ⅶ
45	94-0708	Ⅴ 48：i：-	邦戈沙门氏菌（*S. bongori*）
46	95-0123	Ⅴ 40：z35：-	邦戈沙门氏菌
47	96-0233	Ⅴ 44：z39：-	邦戈沙门氏菌
48	CNM-256	Ⅴ 60：z41：-	邦戈沙门氏菌
49	CNM-262	Ⅴ 66：z41：-	邦戈沙门氏菌
50	95-0321	Ⅴ 48：z35：-	邦戈沙门氏菌
51	1121	Ⅵ 6，14，25：z10：1，(2)，7	Ⅵ
52	1415	Ⅵ 11：b：1，7	Ⅵ
53	1937	Ⅵ 6，7：z41：1，7	Ⅵ
54	2229	Ⅵ 11：a：1，5	Ⅵ
55	811	Ⅵ 6，14，25：a：e，n，x	Ⅵ

Ⅱb. 沙门氏菌：暴发种群集合

SAFE 名称	原名称	血清型
56	AM04695	鼠伤寒/DT104b
57	K0507	鼠伤寒
58	H8289	鼠伤寒
59	H8290	鼠伤寒
60	H8292	鼠伤寒
61	H8293	鼠伤寒
62	H8294	鼠伤寒
63	2009K0191	鼠伤寒
64	2009K0208	鼠伤寒
65	2009K0224	鼠伤寒
66	2009K0226	鼠伤寒

续表

SAFE 名称	原名称	血清型
67	2009K0230	鼠伤寒
68	2009K0234	鼠伤寒
69	2009K0350	鼠伤寒
70	AM03380	鼠伤寒/DT104
71	AM01797	鼠伤寒/DT104
72	AM03759	鼠伤寒/DT104
73	CDC_ 07-0708	Ⅰ4，[5]，12：i：-
74	CDC_ 08-0061	Ⅰ4，[5]，12：i：-
75	CDC_ 08-0134	Ⅰ4，[5]，12：i：-
76	CDC_ 07-835	Ⅰ4，[5]，12：i：-
77	CDC_ 07-934	Ⅰ4，[5]，12：i：-
78	CDC_ 07-922	Ⅰ4，[5]，12：i：-
79	CDC_ 07ST000857	肠炎
80	CDC_ 08-0253	肠炎
81	CDC_ 08-0254	肠炎

IIc. 沙门氏菌：食品集合

SAFE 名称	原名称	血清型
82	2105 H	萨夫拉（Saphra）
83	1465 H	鲁比斯劳（Rubislaw）
84	2069 H	密执安（Michigan）
85	2308 H	厄班那（Urbana）
86	885 H	越南（*Vietnam*）
87	3030 H	多诺沙（*Tornow*）
88	768 H	格拉（*Gera*）
89	1941 H	弗雷斯诺（*Presno*）
90	3029 H	布里斯班（*Brisbane*）
91	4000 H	阿戈纳（*Agona*）
92	1501 H	慕尼黑（*Muenchen*）
93	1097 H	山夫登量（*Senftenberg*）
94	1250 H	明斯特（*Muenster*）
95	1 H	蒙得维的亚（*Montevideo*）
96	1070 H	约翰内斯堡（Johannesburg）
97	2080 H	爪哇安纳（*Jariana*）
98	3170 H	因弗内斯（*Inverness*）
99	1061 H	古巴（*Cubana*）
100	1158 H	塞罗（*Cerro*）
101	1988 H	阿拉楚阿（*Alachua*）

Ⅲ. 李斯特菌属

微生物	分离号	分离信息	血清型
		食品分离株	
	15b42	黄瓜	4
	3365	鲭鱼	4b6
	3312	干酪	1a1
	15b27	萝卜	1
	2388	凉拌卷心菜	1
	2478	生鲜乳	1
	3313	虾	1a1
	3326	烤牛肉	1a1
	3358	乳制品	1a2
	3363	煮蟹	1a2
	3756	牛肉和肉汁	Rh-1
	15b72	苹果汁	1
	15b85	奶油和蔬菜	1
	15c14	鳄梨果肉	1
	15c22	佛提那干酪	1
	15a90	火鸡火腿	3b
	2450	蔬菜混合物	1
	2475	冷切三明治	1
单核细胞增生李斯特菌（*L. monocytogenes*）	2492	冰淇淋	1
	3291	冰棒	1a1
	3318	龙虾	1a2
	3321	生虾	4b6
	3332	墨西哥风味干酪	4b6
	3359	鱼糜扇贝	1a1
	3362	明太鱼	1a1
	3558	干酪	4b
	3644	红豆冰	4b6
	3662	干酪	4b6
	15b70	切达干酪	4
		患者分离株	
	2369		1
	2370		1
	15b55		1
	15b65		1
	3555		4
	3664		1a1
	3666		4b6
	3668		4b6
	15a82		4
	15b56		4

续表

微生物	分离号	分离信息	血清型
单核细胞增生李斯特菌	15b58		4
	15b81		1
	15b82		4
		环境分离株（拭子）	
	3315		1a1
	3286		1a2
	3308		1a2
	3360		1a1
		其他分离株	
	KC 1710		4a7，9
	ATCC 19114		4a
	V-7		1a1
	ATCC 15313		1
	Scott A		4b6
	ATCC 19116		4c
	ATCC 19115		

微生物	分离号	微生物	分离号
英诺克李斯特菌（*L. innocua*）	3107	绵羊李斯特菌（*L. ivanovii*）	3106
	3124		3417
	3516		6274
	3654		15a96
	3758		15a97
	6273		15a98
	3181		15b24
	3270		ATCC 19119
	3390	斯氏李斯特菌（*L. seeligeri*）	2232
	3392		2233
	3552		2243
	3757		2302
	15a93		3110
	15a94		3126
	15a95		3389
	15b30		3423
	15b31		3439
	15b51		3451
	15a92		3517
	ATCC 33090		3531
绵羊李斯特菌（*L. ivanovii*）	2244		3656

续表

微生物	分离号	微生物	分离号
斯氏李斯特菌（*L. seeligeri*）	6275	非脱羧勒克氏菌（*Leclercia adecar boxylata*）	13d65
	15b07	蜂房哈夫尼菌	13d66
	15b08	宋内氏志贺氏菌（*Shigella sonnei*）	13g01
	15b09	鲍氏志贺氏菌（*Shigella boydii*）	13g18
	15b26	福氏志贺氏菌（*Shigella flexneri*）	13g19
	15b28	弗氏柠檬酸杆菌	6251
	15b49	沙门氏菌属. 30（*Salmonella* Grp. 30）	6269
威氏李斯特菌（*L. weishimeri*）	2230	兰辛沙门氏菌属. P（*Salmonella lansing* Grp. P）	6270
	2231	肺炎克雷伯氏菌（*Klebsiella pneumonia*）	6271
	3425	霍乱弧菌（*Vibrio cholerae*）	6277
	3441	副溶血性弧菌（*Vibrio parahaenoly ticus*）	6278
	3659	创伤弧菌（*Vibrio vulnificus*）	6279
	15b05	金黄色葡萄球菌（*Staphylococcus aureus*）	ATCC 25923
	15b06	马红球菌（*Rhodococcus equi*）	6281
	15b16	乳酸菌属（*Lactobacillus sp.*）	6282
	15b46	乳酸菌属	6286
	15b48	鼠伤寒沙门氏菌（*Salmonella typhimurium*）	6290
	15b50	化脓性链球菌（*Streptococcus pyogenes*）	ATCC 19615
蜂房哈夫尼菌（*Hafna alrei*）	6410	粪产碱菌（*Alcaligenes faecalis*）	ATCC 8750
大肠杆菌（*E. coli*）	6365	猪霍乱沙门氏菌（*Salmonella choleraesuis*）	ATCC 6539
摩氏摩根菌（*Morganella morganii*）	13b67	小肠结肠炎耶尔森氏菌（*Yersinia entercolitica*）	1269
痢疾志贺氏菌（*Shigella dysenteriae*）	13c94	小肠结肠炎耶尔森氏菌	1270
弗氏柠檬酸杆菌（*Citro bacter freundii*）	13d26	大肠杆菌	13a80
大肠杆菌	13d64	阴沟肠杆菌（*Enterobacter cloacae*）	18g53

Ⅳ. 志贺氏菌

灵敏度

属	种（群）	血清型
大肠杆菌	大肠杆菌，侵袭性大肠杆菌	
志贺氏菌	暂定	未知
	鲍氏（*bodyii*）（C）	1
		2
		3
		4
		5
		6
		7
		8
		9
		10
		11
		12

续表

属	种（群）	血清型
	鲍氏（*bodyii*）（C）	13
		14
		15
		16
		17
		18
	痢疾（*dysenteriae*）（A）	1
		2
		3
		4
		5
		6
		7
		8
		9
		10
		11
		12
		13
		14
		15
	福氏（*flexneri*）（B）	1
		1a
		1b
		2
		2a
		2b
		3
		3a
		3c
		4
		4a
		5
		5a
		5b
		6
	福氏，暂定（B）	未知
	宋内氏（*sonnei*）（D）	

细菌菌株	菌种号	来源
鲍氏不动杆菌（*Acinetobacter baumannii*）	19606	ATCC
豚鼠气单胞菌（*Aeromonas caviae*）	15468	ATCC
嗜水气单胞菌（*Aeromonas hydrophila*）	7966	ATCC
地衣芽孢杆菌（*Bacillus licheniformis*）	12759	ATCC
球形芽孢杆菌（*Bacillus sphaericus*）	4525	ATCC
嗜热芽孢杆菌（*Bacillus stearothermophilus*）	12016	ATCC
枯草芽孢杆菌（*Bacillus subtilis*）	6633	ATCC
支气管炎博德特菌（*Bordetella bronchiseptica*）	10580	ATCC
洋葱伯克霍尔德菌（*Burkholderia cepacia*）	25608	ATCC
弗氏柠檬酸杆菌（*Citrobacter freundii*）	255	PRLSW
	食品分离	PRLSW
	68	MNDAL
杨氏柠檬酸杆菌（*Citrobacter younger*）	食品分离	PRLSW
生孢梭菌（*Clostrodium sporogenes*）	11437	ATCC
迟钝爱德华菌（*Edwardsiella tarda*）	254	PRLSW
产气肠杆菌（*Enterobacter aerogenes*）	13048	ATCC
	11	VADCLS
癌变肠杆菌（*Enterobacter cancerogenus*）	食品分离	PRLSW
阴沟肠杆菌（*Enterobacter colacae*）	260	PRLSW
	71	MNDAL
耐久肠球菌（*Enterococcus durans*）	6056	ATCC
粪肠球菌（*Enterococcus faecalis*）	7080	ATCC
猪红斑丹毒丝菌（*Erysipelothrix rhusiopathiae*）	19414	ATCC
肠产毒性大肠杆菌（Enterotoxgenic *E. coli*）	H10407	CFSAN
	C600/pEWD299	CFSAN
	65	MNDAL
大肠杆菌 O157：H7（*Escherichai coli* O157：H7）	43890	ATCC
	43888	ATCC
	43895	ATCC
	68-98	CDC
	24-98	CDC
	20-98	CDC
	16-98	CDC
	63	MNDAL
	VADCLS	4
大肠杆菌 O157：H44	26	VADCLS
大肠杆菌 O111：NM	04. SB. 00067	OCPHL

续表

细菌菌株	菌种号	来源
大肠杆菌 O143：H4	05. SB. 00141	OCPHL
大肠杆菌	8739	ATCC
	25922	ATCC
大肠杆菌（溶血+）	食品分离	PRLSW
大肠杆菌（溶血+）	28	VADCLS
大肠杆菌（山梨醇-）	食品分离	PRLSW
	食品分离	PRLSW
大肠杆菌	64	MNDAL
大肠杆菌	74	MNDAL
大肠杆菌	8	VADCLS
肺炎克雷伯氏菌（*Klebsiella pnenumoniae*）	13883	ATCC
	75	MNDAL
产酸克雷伯氏菌（*Klebsiella oxytoca*）	66	MNDAL
非脱羧勒克菌（*Leclercia adecarboxylata*）	23216	ATCC
	73	MNDAL
英诺克李斯特菌（*Listeria innocua*）	33090	ATCC
绵羊李斯特菌（*Listeria ivanovii*）	19119	ATCC
单核细胞增生李斯特菌（*Listeria monocytogenes*）	19115	ATCC
	H2446	CDC
	H8393	CDC
	H8494	CDC
	H8395	CDC
斯氏李斯特菌（*Listeria seeligeri*）	35967	ATCC
摩氏摩根菌（*Morganella morganii*）	257	PRLSW
多黏类芽孢杆菌（*Paenibacillus polymyxa*）	7070	ATCC
成团泛菌（*Pantoea agglomerans*）	食品分离	PRLSW
产气巴斯德菌（*Pasteurella aerogenes*）	27883	ATCC
类志贺氏单胞菌（*Plesiomonas shigelloides*）	51903	ATCC
奇异变形杆菌（*Proteus mirabilis*）	7002	ATCC
	食品分离	PRLSW
豪氏变形杆菌（*Proteus kauseri*）	13315	ATCC
普通变形杆菌（*Proteus vulgaris*）	69	MNDAL
产碱普罗威登斯菌（*Providencia alcalifaciens*）	51902	ATCC
雷氏普罗威登斯菌（*Providencia reffgeri*）	76	MNDAL
斯氏普罗威登斯菌（*Providencia stuartii*）	257	PRLSW
铜绿假单胞菌（*Pseudomonas aeruginosa*）	27853	ATCC

续表

细菌菌株	菌种号	来源
铜绿假单胞菌（*Pseudomonas aeruginosa*）	9027	ATCC
	67	MNDAL
门多萨假单胞菌（*Pseudomonas mendocina*）	食品分离	PRLSW
马红球菌属（*Rhodococcus equi*）	6939	ATCC
加明那拉沙门氏菌（*Salmonella Gaminara*）	8324	ATCC
亚利桑那沙门氏菌（*Salmonella diarizonae*）	12325	ATCC
马流产沙门氏菌（*Salmonella Abortusequi*）	9842	ATCC
亚利桑那沙门氏菌（*Salmonella diarizonae*）	29934	ATCC
	252	PRLSW
姆班达卡沙门氏菌（*Salmonella Mbandaka*）	253	PRLSW
田纳西沙门氏菌（*Salmonella Tennessee*）	249	PRLSW
列克星敦沙门氏菌（*Salmonella Lexington*）	248	PRLSW
哈瓦那沙门氏菌（*Salmonella Havana*）	241	PRLSW
巴尔通沙门氏菌（*Salmonella Baildon*）	61-99	CDC
沙门氏菌属（*Salmonella* spp.）	78-99	CDC
	87-03	CDC
	98-03	CDC
布伦登卢普沙门氏菌（*Salmonella Braenderup*）	H 9812	CDC
肠炎沙门氏菌（*Salmonella Enteritidis*）	59	MNDAL
海德尔堡沙门氏菌（*Salmonella Heidelberg*）	60	MNDAL
肯塔蓦沙门氏菌（*Salmonella Kentucky*）	61	MNDAL
纽波特沙门氏菌（*Salmonella Newport*）	62	MNDAL
鼠伤寒沙门氏菌（*Salmonella Typhimurium*）	30	VADCLS
液化沙雷氏菌（*Serratia liquetaciens*）	27592	ATCC
	70	MNDAL
少动鞘氨醇杆菌（*Sphingomonas paucimobilis*）	72	MNDAL
金黄色葡萄球菌（*Staphylococcus aureus*）	6538	ATCC
	25923	ATCC
表皮葡萄球菌（*Staphylococcus epidermidis*）	14990	ATCC
木糖葡萄球菌（*Staphylococcus xylosus*）	29971	ATCC
马链球菌马亚种（*Streptococcus equi* subsp. *equi*）	9528	ATCC
链球菌亚种（*Streptococcus gallolyticus*）	9809	ATCC
化脓链球菌（*Streptococcus pyogenes*）	19615	ATCC
霍乱弧菌（*Vibrio cholerae*）	14035	ATCC
	14033	ATCC
副溶血性弧菌（*Vibrio parahaemolyticus*）	17802	ATCC

续表

细菌菌株	菌种号	来源
创伤弧菌（*Vibrio vulnificus*）	27562	ATCC
小肠结肠炎耶尔森氏菌（*Yersinia enterocolitica*）	51871	ATCC
	27729	ATCC
克氏耶尔森氏菌（*Yersinia kristensenii*）	33639	ATCC

ATCC：美国典型菌种保藏中心（American Type Culture Collection）
OCPHL：奥兰治县公共卫生实验室（Orange County Public Health Laboratory），CA
CDC：美国疾病预防与控制中心（Centers for Disease Control and Prevention）
PRLSW：南太平洋西南区域实验室（Pacific Regional Laboratory Southwest），FDA
CFSAN：食品安全和应用营养中心（Center for Food Safety and Applied Nutrition），FDA
VADCLS：美国综合实验室弗吉尼亚州分部（Virginia Division of Consolidated Laboratory Services）
MNDAL：美国农业实验室明尼苏达州办公室（Minnesota Department of Agriculture Laboratory）

V. 食源性 RNA 病毒

美国 FDA 的 BAM 委员会制定并通过这些分型（2000—2008）。

灵敏度要求

靶标	一级水平	二级水平	三级水平	四级水平
诺如病毒	1 株基因型组Ⅰ 1 株基因型组Ⅱ	2 株基因型组Ⅰ 5 株基因型组Ⅱ	5 株基因型组Ⅰ 10 株基因型组Ⅱ	10 株基因型组Ⅰ 20 株基因型组Ⅱ
甲型肝炎	甲型肝炎 HM175/18f（1B 亚型） ATCC #VR-1402	5 株	10 株[b]	20 株[b]
肠道病毒	脊髓灰质炎病毒 1 型（减毒） ATCC #VR-1562	5 株	15 株[d]	30 株[d]

甲型肝炎组

二级水平（应包括以下菌株）：

甲型肝炎 HM175/18f（1B 亚型）	ATCC #VR-1402
甲型肝炎 HAS-15（1A 亚型）	ATCC #VR-2281

三级和四级水平（应包括以下菌株）：

甲型肝炎 HM175/18f（1B 亚型）	ATCC #VR-1402
甲型肝炎 HAS-15（1A 亚型）；	ATCC #VR-2281
LSH/S	ATCC #VR-2266
PA219（ⅢA 亚型）	ATCC #VR-1357

肠道病毒组

二级水平（应包括以下菌株）：

脊髓灰质炎病毒 1 型（减毒）	ATCC #VR-1562
柯萨奇病毒 A3 型	ATCC #VR-1007
埃可病毒 1 型	ATCC #VR-1038

三级和四级水平（应包括以下菌株）：

脊髓灰质炎病毒 1 型（减毒）	ATCC #VR-1562

脊髓灰质炎病毒 3 型（减毒） ATCC #VR-63
柯萨奇病毒 A3 型 ATCC #VR-1007
埃可病毒 1 型 ATCC #VR-1038
埃可病毒 21 型 ATCC #VR-51

特异性组

靶标	一级水平	二级水平	三级水平	四级水平
诺如病毒	10 株	20 株	30 株[b]	40 株
甲型肝炎	10 株	20 株	30 株[d]	40 株
肠道病毒	10 株	20 株	30 株[f]	40 株

诺如病毒组

一级水平（应包括）：

A 组

甲型肝炎 HM175/18f（1B 亚型） ATCC #VR-1402（或等同）
脊髓灰质炎病毒 1 型（减毒） ATCC #VR-1562（或等同）
猫杯状病毒 ATCC #VR-2057
鼠杯状病毒

二级、三级和四级水平（应包括）：

A 组的代表同上

B 组

甲型肝炎（1A 亚型） ATCC #VR-2281（或等同）
柯萨奇病毒 A3 型 ATCC #VR-1007 或等同）
埃可病毒 1A TCC #VR-1038（或等同）
轮状病毒 ATCC #VR-2018（或等同）
星状病毒
圣米格尔海狮病毒（如果需要）
大肠杆菌
沙门氏菌属
志贺氏菌属
弧菌属
李斯特菌属

甲型肝炎组

一级水平（应包括）：

C 组

诺如病毒基因型 I
诺如病毒基因型 II
脊髓灰质炎病毒 1 型（减毒）； ATCC #VR-1562（或等同）
柯萨奇病毒 A3 型 ATCC #VR-1007（或等同）

二级、三级和四级水平（应包括）：

C 组的代表同上

D 组

埃可病毒 1 型　　ATCC #VR-1038（或等同）

轮状病毒　　ATCC #VR-2018（或等同）

猫杯状病毒　　ATCC #VR-2057

星状病毒

大肠杆菌

沙门氏菌属

志贺氏菌属

弧菌属

李斯特菌属

肠道病毒组

一级水平（应包括）：

E 组

诺如病毒基因型Ⅰ

诺如病毒基因型Ⅱ

甲型肝炎 HM175/18f（1B 亚型）　　ATCC #VR-1402（或等同）

二级、三级和四级水平（应包括）：

E 组的代表同上

F 组

甲型肝炎（1A 亚型）　　ATCC #VR-2281（或等同）

轮状病毒　　ATCC #VR-2018（或等同）

猫杯状病毒　　ATCC #VR-2057

大肠杆菌

沙门氏菌属

志贺氏菌属

弧菌属

李斯特菌属

Ⅵ. 原生动物寄生虫

A. 环孢子虫（*Gyclospora couyetanensis*）

a. 灵敏度组

尽可能多地收集地区爆发性的分离株

b. 单独组

环孢子虫属（*Cyclospora* spp.）

猴源环孢子虫（*C. cercopitheci*）

疣猴源环孢子虫（*C. colobi*）

牛源环孢子虫（*C. papionis*）

艾美耳球虫属（*Eimeria* spp.）

堆型艾美耳球虫（*E. acervulina*）

牛艾美耳球虫（*E. bovis*）

柔嫩艾美耳球虫柯克斯体（*E. burnetti*）

巨型艾美耳球虫（*E. maxima*）

和缓艾美耳球虫（*E. mitis*）

变位艾美耳球虫（*E. mivati*）

毒害艾美耳球虫（*E. necatrix*）

尼舒尔茨艾美耳球虫（*E. nieschulzi*）

早熟艾美耳球虫（*E. praecox*）

柔嫩艾美耳球虫（*E. tenella*）

其他微生物

隐孢子虫属（*Cryptospordium* spp.）

顶复体门（*Apicomplexa*）

细菌菌株

B. 隐孢子虫属

a. 灵敏度组

人型隐孢子虫（*C. hominis*）

微小隐孢子虫（*C. parvum*）（可选多种菌株）

b. 单独组

贝氏隐孢子虫（*C. baileyi*）

犬隐孢子虫（*C. canis*）

兔隐孢子虫（*C. cuniculus*）

猫隐孢子虫（*C. felis*）

鸟隐孢子虫（*C. meleagridi*）

鼠隐孢子虫（*C. muris*）

蛇隐孢子虫（*C. serpentis*）

环孢子虫属（*Cydospora* spp.）

顶复体门（*Apicomplexa*）

细菌菌株

附录4 当前与 FDA 相关食品（饲料）微生物检测方法的确认目录*

2012 年 4 月

更多信息请联系 Thomas Hammack。

1. 食品

a. 牛乳和乳制品

• 全乳

• 干酪[a]

1. 软干酪

2. 硬干酪

3. 干酪制品

b. 产品

• 叶菜（包括袋装即食鲜切蔬菜）：罗勒、芫荽、青葱、松叶莴苣、菠菜和荷兰芹。

• 瓜类（类似香瓜）

• 木瓜

• 番茄

• 椒类：甜椒，辣椒

• 芽菜（如苜蓿、三叶草）

c. 海产品

• 鱼：新鲜，冷冻，烟熏，盐腌

• 甲克类：河虾，螃蟹和蟹肉，大龙虾，小龙虾

• 贝壳类：牡蛎，哈喇，扇贝，淡菜

d. 蛋类

e. 香料

• 胡椒粉：白，黑，红

• 丁香，牛至，桂皮

f. 水

• 加工用水（如发芽灌溉用水）

• 瓶装水

2. 饲料

• 宠物食品

• 动物饲料：家禽、牛、猎、马等掺入药物的饲料，幼小动物的饲料，饲料原料。

＊这个清单并不完整，因为随着时间变化，会有新的病原菌出现，或者已知病原菌出现在不常见的食品（饲料）基质中。虽然并没有要求对部分或全部上述食品（饲料）进行方法确认，但在上述食品和饲料中使用的验证方法可以在目前的产品安全分析中有更广泛的应用。

a 未经高温灭菌的牛乳制成的干酪特别敏感。

附录5 BAM 试剂目录及其配制

试剂目录

编号	试剂名称	
	英文	中文
R1	Ammonium Acetate，4mol/L	醋酸铵，4mol/L
R2	Ammonium Acetate，0.25mol/L	醋酸铵，0.25mol/L
R3	Basic Fuchsin Staining Solution	品红染色液
R4	Bicarbonate Buffer（0.1mol/L，pH 9.6）	碳酸氢盐缓冲液（0.1mol/L，pH9.6）
R5	Bovine Serum Albumin（BSA）（1mg/mL）	牛血清白蛋白（BSA）（1mg/mL）
R6	Bovine Serum Albumin（1%）in Cholera Toxin ELISA Buffer	含1%牛血清白蛋白的霍乱毒素ELISA缓冲液
R7	Bovine Serum Albumin（1%）in PBS	含1%牛血清白蛋白的磷酸盐缓冲液（PBS）
R8	Brilliant Green Dye Solution. 1%	1%煌绿溶液
R9	Bromcresol Purple Dye Solution. 0.2%	0.2%溴甲酚紫溶液
R10	Bromthymol Blue Indicator. 0.04%	0.04%溴酚蓝指示剂
R11	Butterfield's Phosphate-Buffered Dilution Water（BPBW）	Butterfield磷酸盐缓冲液（BPBW）
R12	Catalase Test	过氧化氢酶试验
R12a	Chlorine Solution，200mg/L，Containing 0.1% Sodium Dodecyl Sulfate	200mg/L氯水，含0.1%十二烷基硫酸钠
R13	Citric Acid（pH 4.0，0.05mol/L）	柠檬酸（pH 4.0，0.05mol/L）
R14	Clark's Flagellar Stain	Clark鞭毛染色液
R15	Coating Solution for *V. vulnificus* EIA	创伤弧菌酶联免疫试验包被液
R16	Crystal Violet Stain（for Bacteria）	结晶紫染色液（用于细菌染色）
R17	Denhardt's Solution（50X）	丹哈特氏溶液（50X）
R18	Disinfectants（for preparation of canned foods for microbiological analysis）	消毒剂（用于罐头食品微生物分析）
R19	Dulbecco's Phosphate-Buffered Saline（DPBS）	Dulbecco磷酸盐缓冲液（DPBS）
R20	EDTA，0.5mol/L	0.5mol/L乙二胺四乙酸
R21	EIA（*V. vulnificus*）Wash Solution	创伤弧菌酶联免疫试验洗涤液
R22	ELISA Buffer（for Cholera Toxin Test）	ELISA缓冲液（用于霍乱毒素试验）
R32a	Endospore Stain（Schaeffer-Fulton）	芽孢染色剂（Schaeffer-Fulton染色法）
R23	Ethanol Solution，70%	70%乙醇溶液
R24	Evans Blue Dye Solution（commercially available）	伊文思蓝染料溶液（商品化）

续表

编号	试剂名称	
	英文	中文
R25	Ferric Chloride，10%	10%氯化铁
R26	Removed from Bacteriological Analytical Manual. 1988.	已从 1988 版 BAM 中去除
R27	Physiological Saline Solution	福尔马林化生理盐水
R28	Gel Diffusion Agar，1.2%	1.2%凝胶扩散琼脂
R29	Gel-Phosphate Buffer	磷酸盐凝胶缓冲液
R30	Giemsa Stain	吉姆萨染色剂
R31	Glycerin-Salt Solution（Buffered）	甘油缓冲液
R98	Glycine/Nacl Buffer，pH 7.6	甘氨酸/ NaCl 缓冲液，pH 7.6
R32	Gram Stain（commercial staining solutions are satisfactory）	革兰氏染色液（可采用商品化试剂）
R33	Hippurate Solution，1%	1%马尿酸盐溶液
R34	Horseradish Peroxidase（color development solution）	辣根过氧化物酶（显色剂）
R35	Hybridization Mixture（6X SSC，5X Denhardt's，1mmol/L EDTA，pH 8.0）	杂交缓冲液（6×SSC，5×Denhardt's，1mmol/L EDTA，pH 8.0）
R36	Hydrochloric Acid，1mol/L	1mol/L 盐酸
R37	Kinase Buffer（10×）	激酶缓冲液（10×）
R38	Kovacs' Reagent	靛基质试剂
R39	Lithium Hydroxide，0.1mol/L	0.1mol/L 氢氧化锂
R40	Lugol's Iodine Solution	卢戈氏碘液
R94	Lysis solution（0.5M NaOH，1.5M NaCl）	裂解液（含 0.5mol/L NaOH 和 1.5mol/L NaCl）
R41	May-Grunwald Stain	迈格林华染色液
R42	McFarland Nephelometer	麦氏比浊管
R43	Removed from Bacteriological Analytical Manual. 1988.	已从 1988 版 BAM 中去除
R44	Methyl Red Indicator	甲基红指示剂
R45	Methylene Blue Stain（Loeffler's）	亚甲蓝染色液（Loeffler's）
R46	Mineral Oil	石蜡油
R95	Neutralizing solution（Maas Ⅱ）	中和液（Maas Ⅱ）
R47	Ninhydrin Reagent（commercially available）	茚三酮试剂
R48	Nitrite Detection Reagents	亚硝酸盐检测试剂
R49	North Aniline（Oil）-Methylene Blue Stain	苯胺油亚甲蓝染色剂
R50	Novobiocin Solution（100mg/mL）	新生霉素溶液（100mg/mL）
R51	O/129 Disks（2,4-Diamino-6,7-diisopropyl pteridine）	O/129 滤纸（2,4 二氨基 6,7 二异丙基蝶啶）
R52	O157 Monoclonal Antibody Solution	大肠杆菌 O157 单克隆抗体溶液
R53	ONPG Test	β-半乳糖苷酶试剂
R54	Oxidase Reagent	氧化酶试剂

续表

编号	试剂名称	
	英文	中文
R55	Penicillinase (ß-Lactamase)	青霉素酶（β-内酰胺酶）
R56	Peptone Diluent, 0.1%	0.1%蛋白胨稀释液
R97	Peptone Diluent, 0.5%	0.5%蛋白胨稀释液
R90	Peptone-Tween-salt diluent (PTS)	蛋白胨吐温稀释剂（PTS）
R57	Peroxidase Substrate for Membrane ELISA	用于膜法 ELISA 试验的过氧化物酶底物
R58	Peroxidase Substrate Solution (ABTS) (2, 2′-Azino-bis (3-ethylbenzothiazoline-6-sulfonic acid)	过氧化物酶底物溶液（ABTS）（2，2′-联氨-双（3-乙基苯并噻唑啉-6-磺酸）
R61	Phosphate Saline Buffer (0.02mol/L, pH 7.3~7.4)	磷酸盐缓冲液（0.02mol/L，pH 7.3~7.4）
R62	Phosphate Saline Solution (for Y-l LT Assay)	磷酸盐缓冲液（用于 Y-I LT 试验）
R60	Phosphate-Buffered Saline (0.01mol/L, pH 7.5)	磷酸盐缓冲液（0.01mol/L，pH 7.5）
R59	Phosphate-Buffered Saline (PBS), pH 7.4	磷酸盐缓冲液（PBS），pH7.4
R63	Physiological Saline Solution 0.85% (Sterile)	0.85%无菌生理盐水
R64	Polymyxin B Disks, 50 Units	50U 多黏菌素 B 板
R65	Potassium Hydroxide Solution, 40%	40%氢氧化钾溶液
R66	Saline Solution, 0.5% (Sterile)	0.5%无菌生理盐水
R67	Salts-Phosphate Buffered Saline Solution (Salts-PBS)	磷酸盐缓冲生理盐水
R96	10% Sarkosyl Solution	10%十二烷基肌氨酸钠溶液
R68	Scintillation Fluid	闪烁液
R69	Slide Preserving Solution	玻片保存液
R70	Sodium Bicarbonate Solution. 10%	10%碳酸氢钠溶液
R71	Sodium Chloride Dilution Water, 2% and 3%	2%和 3% NaCl 溶液
R72	Sodium Chloride, 0.2mol/L Solution	0.2mol/L NaCl 溶液
R91	Sodium desoxycholate - 0.5% in sterile dH2O (String test)	0.5%脱氧胆酸钠无菌水溶液（吞线试验）
R93	(SSC/SDS) Sodium dodecyl sulfate	十二烷基硫酸钠（SSC/SDS）
R92	(SDS) Sodium dodecyl sulfate - 10% in sterile dH2O	10%十二烷基硫酸钠（SDS）
R73	Sodium Hydroxide Solution (1mol/L)	NaOH 溶液（1mol/L）
R74	Sodium Hydroxide Solution (10mol/L)	NaOH 溶液（10mol/L）
R75	Sonicated Calf-Thymus or Salmon-Sperm DNA	小牛胸腺 DNA 或鲑鱼精子 DNA
R76	Spicer-Edwards EN Complex Antibody Solution	Spicer-Edwards 和 EN 复合体溶液
R77	Standard Saline Citrate (SSC) Solution (20%)	标准柠檬酸盐溶液（SSC）（20%）
R78	Tergitol Anionic 7	正十六烷基硫酸钠
R79	Thiazine Red R Stain (for *S. aureus* enterotoxin gel diffusion technique)	噻嗪红 R 染色液（用于金黄色葡萄球菌肠毒素凝胶扩散）
R80	Tris (1.0mol/L, pH 8.0)	Tris（1.0mol/L，pH 8.0）
R84	Tris-Buffered Saline (TABS), 1% or 3% Gelatin, or Tween 20	Tris 缓冲液（TABS），含 1%或 3%明胶或吐温-20

续表

编号	试剂名称	
	英文	中文
R81	Tris-Buffered Saline (TBS), pH7.5	Tris 缓冲液（TBS），pH7.5
R82	Tris-Buffered Saline (TBS), with Gelatin	Tris 缓冲液（TBS），含明胶
R83	Tris-Buffered Saline (TBS) -Tween	Tris 缓冲液（TBS）-吐温
R99	Tris EDTA Primer TE, pH 8.0	Tris EDTA 引物缓冲液，pH8.0
R85	Tris-EDTA-Triton X-100™ (TET) Buffer	Tris-EDTA- Triton X-100（TET）缓冲液
R86	Triton X-100	聚乙二醇辛基苯基醚
R87	Trypsin-EDTA Solution, 1×	1×胰蛋白酶 EDTA 溶液
R88	Verocytotoxin Antiserum	志贺氏毒素抗血清
R89	Voges-Proskauer (VP) Test Reagents	VP 试剂

Ⅱ 试剂配制

R1：醋酸铵，4mol/L

2001 年 1 月

醋酸铵	308.4g
蒸馏水	定容至 1L

R2：醋酸铵，0.25mol/L

2001 年 1 月

醋酸铵	19.3g
蒸馏水	定容至 1L

R3：品红染色液

2001 年 1 月

0.5g 碱性品红染料溶于 20mL 95%的乙醇中，用蒸馏水稀释至 100mL。用 31 号滤纸过滤除去未溶解的染料。

R4：碳酸氢盐缓冲液（0.1mol/L，pH9.6）

2001 年 1 月

碳酸钠（Na_2CO_3）	1.59g
碳酸氢钠（$NaHCO_3$）	2.93g
蒸馏水	1L

室温保存不超过 2 周。

R5：牛血清白蛋白（BSA）（1mg/mL）

2001 年 1 月

无核酸酶牛血清白蛋白	10mg
蒸馏水	10mL

分别取 0.5mL 分装到 1.5mL 离心管中。冷冻保存。

R6：含 1%牛血清白蛋白的霍乱毒素 ELISA 缓冲液

2001 年 1 月

牛血清白蛋白（BSA））	1g
霍乱毒素 ELISA 缓冲液，pH 7.4	100mL

牛血清白蛋白（BSA）溶于 ELISA 缓冲液中。分装，-20℃储存。

R7：含 1%牛血清白蛋白的磷酸盐缓冲液（PBS）

2001 年 1 月

牛血清白蛋白（BSA）	1g
磷酸盐缓冲溶液，pH 7.4	100mL

牛血清白蛋白（BSA）溶于 PBS 缓冲液中。分装，-20℃储存。

R8：1%煌绿溶液

2001 年 1 月

煌绿燃料	1g
无菌蒸馏水	10mL

1g 染料先溶于 10mL 无菌蒸馏水中，稀释至 100mL。使用前，利用阳性菌和阴性菌测试所有批次染料。

R9：0.2%溴甲酚紫溶液

2001 年 1 月

溴甲酚紫	0.2g
无菌蒸馏水	100mL

0.2g 染料溶于无菌蒸馏水中，稀释至 100mL。

R10：0.04%溴酚蓝指示剂

2001 年 1 月

溴酚蓝	0.2g
0.01mol/L 氢氧化钠（NaOH）	32mL

溴酚蓝溶于氢氧化钠溶液中，蒸馏水稀释至 500mL。

R11：Butterfield 磷酸盐缓冲液（BPBW）

2001 年 1 月，2013 年 2 月更新

磷酸二氢钾（KH_2PO_4）	34g
蒸馏水	500mL

用 1mol/L NaOH 溶液调节缓冲液 pH 至 7.2，蒸馏水稀释至 1L。121℃高压灭菌 15min。冷藏保存。

R12：过氧化氢酶试验

2001 年 1 月

将 1mL 3%过氧化氢滴加在斜面培养物上，有气泡产生显示阳性结果。在乳化菌落的载玻片上滴加 3%过氧化氢，立即冒泡，则为过氧化氢酶试验阳性。如果菌落是取自血平板，那么红血细胞的任何残留都可能引起假阳性反应。

R12a:200mg/L 氯水溶液,含 0.1%十二烷基硫酸钠

2001 年 1 月

商业漂白剂，即 5.25%次氯酸钠	8mL
蒸馏水：含 1g 十二烷基硫酸钠	992mL

1g 十二烷基硫酸钠溶于 992mL 蒸馏水中，加入 8mL 5.25%次氯酸钠。拌匀。现配现用。

R13:柠檬酸（pH 4.0,0.05mol/L）

2001 年 1 月

一水柠檬酸	10.5g
双蒸水	定容至 1L

柠檬酸溶于 900mL 蒸馏水中，用 6mol/L 的 NaOH 溶液调节 pH 至 4.0，并稀释至 1L。冷藏保存。

R14:Clark 鞭毛染色液

2001 年 1 月

溶液 A

碱性品红	1.2g
95%乙醇	100mL

混合，室温下静置过夜。

溶液 B

鞣酸	3.0g
氯化钠（NaCl）	1.5g
蒸馏水	200mL

混合溶液 A 和溶液 B，用 1mol/L NaOH 或 1mol/L HCl 调整 pH 至 5.0。必要时使用前冷藏 2~3d。4℃条件下可保存一个月，或可冷冻长期储存（50mL 分装）。使用时，解冻染色液，混匀后 4℃保存。不同批次的染色液最佳染色时间为 5~15min。可用已知带鞭毛的细菌按不同时间在 3 块或者更多的玻片上染色（如 5、10、15min），选择最佳染色时间。

注意事项：染色时确保玻片洁净。可在室温下用重铬酸或 3%浓盐酸（溶于 95%乙醇）浸泡 4d，自来水冲洗 10 次，在用蒸馏水冲洗 2 次。室温干燥，保存于有盖容器中。

染色程序

菌悬液制备：挑取 18~24h 培养的单克隆（菌落大小为 1mm 左右）。尽量避免挑出琼脂轻轻悬浮于 3mL 蒸馏水中。鞭毛可能脱落。悬浮液应为乳白色。

玻片制备：将洗净的玻片置于蓝色火焰上来回数次以除去残留污渍。冷却后，火焰处理过的面朝上，挑取一滴菌悬液于玻片中央，蜡笔划定的区域约 2.5cm×4.5cm 内倾斜玻片，使液体缓慢流向另一端。若液体流动不稳定，表明玻片未洗净。丢弃。玻片置于水平自然晾干。

R15:创伤弧菌酶联免疫试验包被液

2001 年 1 月

磷酸盐缓冲溶液	100mL
Triton X-100 聚氧乙烯醚	20μL

磷酸盐缓冲溶液与Triton X-100混合后，调整pH至7.4。

R16：结晶紫染色液（用于细菌染色）

2001年1月

1. 结晶紫溶于稀酒精

结晶紫	2g
95%乙醇	20mL
蒸馏水	80mL

2. 草酸铵结晶紫（Hucker's见R32）

两种溶液均适用于形态观察的简单染色。

R17：丹哈特氏溶液（50X）

2001年1月

聚蔗糖（Av. MW 400，000）	2g
聚乙烯吡咯烷酮（Av. MW 360，000）	2g
牛血清白蛋白	2g

加蒸馏水至200mL。10mL分装，-20℃储存。

R18：消毒剂（用于罐头食品微生物分析）

2001年1月

1. 碘醇溶液

碘化钾（KI）	10g
碘	10g
70%乙醇	500mL

2. 次氯酸钠溶液

次氯酸钠	5.0~5.25g
蒸馏水	100mL

也可用5.25%次氯酸钠漂白剂。

R19：Dulbecco磷酸盐缓冲液（DPBS）

2001年1月

氯化钠（NaCl）	8.0g
氯化钾（KCl）	200mg
磷酸氢二钠（Na_2HPO_4）	1.15g
磷酸二氢钾（KH_2PO_4）	200mg
氯化钙（$CaCl_2$）	100mg
六水氯化镁（$MgCl_2 \cdot 6H_2O$）	100mg
蒸馏水	1L

过滤除菌，调整pH至7.2。

R20：0.5mol/L乙二胺四乙酸

2001年1月

乙二胺四乙酸钠（Na_2EDTA）	186.12g
10mol/L 氢氧化钠（NaOH，10mol/L）	
蒸馏水	800~900mL，另需一些定容至 1L

溶于 800~900mL 蒸馏水中。用 10mol/L NaOH 溶液调整 pH 至 8.0。蒸馏水定容至 1L。

R21：创伤弧菌酶联免疫试验洗涤液

2001 年 1 月

氯化钠（NaCl）	87.65g
吐温-20	5.0mL

所有成分溶于 10L 去离子水中。

R22：ELISA 缓冲液（用于霍乱毒素试验）

2001 年 1 月

牛血清白蛋白	1.0g
氯化钠（NaCl）	8.0g
磷酸二氢钾（KH_2PO_4）	0.2g
磷酸氢二钠（Na_2HPO_4）	2.9g
氯化钾（KCl）	0.2g
蒸馏水	1L
吐温-20	0.5mL

调整 pH 至 7.4，并加入吐温-20。冷冻储存。使用前须解冻。

R32a：芽孢染色剂（Schaeffer-Fulton 染色法）

2001 年 1 月

溶液 A

孔雀石绿	10g
蒸馏水	100mL

过滤去除不溶解的染料。

溶液 B

藏红	0.25g
蒸馏水	20mL

R23：70%乙醇溶液

2001 年 1 月

95%乙醇	700mL
蒸馏水	定容至 950mL

R24：伊文思蓝染料溶液（商品化）

2001 年 1 月

伊文思蓝染料	2.0g
氯化钠（NaCl）	0.5g
蒸馏水	定容至 100mL

警告：伊文思蓝染料是一种可疑的致癌物质。

R25：10%氯化铁

2001 年 1 月

氯化铁（$FeCl_3$）	10g
蒸馏水	90mL

R26：已从 1988 版 BAM 中去除

R27：福尔马林化生理盐水

2001 年 1 月

福尔马林溶液（36%~38%）	6mL
氯化钠（NaCl）	8.5g
蒸馏水	1L

将 8.5g 氯化钠溶于 1L 蒸馏水中，121℃高压灭菌 15min，冷却至室温后加入 6mL 福尔马林。

R28：1.2%凝胶扩散琼脂

2001 年 1 月

氯化钠（NaCl）	8.5g
巴比妥钠	8.0g
硫柳汞（结晶）	0.1g
特殊琼脂	12.0g
蒸馏水	1L

将氯化钠、巴比妥钠和硫柳汞溶于 900mL 蒸馏水。用 1mol/L HCl 和/或 1mol/L NaOH 调整 pH 至 7.4，定容至 1L。加入琼脂，混匀加热溶解。趁热用 2 层分析滤纸过滤（Schleicher & Shuell 公司 588 号产品或其他公司类似产品）。分装入 4oz 处方瓶，每瓶 15~25mL。不要溶解两次以上。

R29：磷酸盐凝胶缓冲液

2001 年 1 月

明胶	2g
磷酸氢二钠（Na_2HPO_4）	4g
蒸馏水	1L

温火加热溶解，121℃高压灭菌 20min。最终 pH 为 6.2。

R30：吉姆萨染色剂

2001 年 1 月

吉姆萨染料（Matheson Coleman & Bell，Norwood，OH 45212）	1g
甘油	66mL
纯甲醇	66mL

染料于甘油中 55~60℃水浴加热 1.5~2.0h。加入甲醇。将染料存储于瓶盖紧塞的瓶，22℃下至少储存 2 周。使用前蒸馏水稀释原液（1∶9）。

R31：甘油缓冲液

2001 年 1 月

甘油（试剂级）	100mL
无水磷酸氢二钾（K_2HPO_4）	12.4g
无水磷酸二氢钾（KH_2PO_4）	4g
氯化钠（NaCl）	4.2g
蒸馏水	900mL

氯化钠溶于蒸馏水并定容至 900mL。加入甘油和磷酸盐，调节 pH 至 7.2。121℃高压灭菌 20min。对于双强度（20%）的甘油溶液，用 200mL 甘油和 800mL 蒸馏水混匀。

R98：甘氨酸/ NaCl 缓冲液，pH 7.6

2014 年 1 月

氯化钠（NaCl）	8.8g
甘氨酸	56.3g
蒸馏水	800mL

溶解后加蒸馏水至 1L，调节 pH 至 7.6。高压灭菌后 4℃储存。

R32：革兰氏染色液（可采用商品化试剂）

2001 年 1 月

溶液 A

结晶紫	2g
95%乙醇	20mL

溶液 B

草酸铵	0.8g
蒸馏水	80mL

将溶液 A 和 B 混合，放置 24h，滤纸过滤。

革兰氏碘液

碘	1g
碘化钾（KI）	2g
蒸馏水	300mL

将碘化钾置于研钵中，加入碘，研磨 5~10s。加入 1mL 蒸馏水继续研磨，再加入 5mL 蒸馏水，研磨。加入 10mL 蒸馏水，研磨。将溶液倒入试剂瓶中，用少量蒸馏水冲洗研钵和研磨棒，定容至 300mL。

Hucker's 复染剂（原液）

番红 O	2.5
95%乙醇	100mL

工作液：10mL 原液用 90mL 蒸馏水稀释。

染色步骤：

将食物样品图片中温加热固定。用结晶紫草酸铵溶液染色 1min。自来水冲洗，干燥。加革兰氏碘液染色 1min，自来水冲洗，干燥。用 95%乙醇脱色 30s，或者用酒精冲洗平板。水洗，干燥。加入番红溶液复染 10~30s。水洗，干燥后镜检。

R33：1%马尿酸盐溶液

2001 年 1 月

0.1g 钠马尿酸盐溶于 10mL 蒸馏水中。过滤除菌，冷藏储存或-20℃条件下分装成 0.4mL 保存。也可使用商业化试剂。

R34：辣根过氧化物酶（显色剂）

2001 年 1 月

溶液 A

辣根过氧化物酶显色剂	60mg
预冷甲醇	20mL

溶解混匀。避光。现配现用。

溶液 B

30%预冷过氧化氢	60mL
Tris-缓冲液	100mL

使用前现配。混匀预冷的溶液 A 和室温溶液 B，并立刻使用。

R35：杂交缓冲液（6×SSC，5× Denhardt's，1mmol/L EDTA，pH 8.0）

2001 年 1 月

20×柠檬酸钠缓冲液	15.0mL
50×Denhardt 氏溶液	5.0mL
0.5mol/L 乙二胺四乙酸	0.1mL
蒸馏水	28.9mL

对于 10×Denhardt's 的杂交，加入 10mL 50×Denhardt's，减少水量至 23.9mL。

R36：1mol/L 盐酸

2001 年 1 月

浓盐酸	89mL
蒸馏水定	容至 1L

R37：激酶缓冲液（10×）

2001 年 1 月

2.0mol/L 三羟甲基氨基甲烷（pH7.6）	2.5mL
1.0mol/L 氯化镁（$MgCl_2$）	1.0mL
0.5mol/L DTT	1.0mL
10mmol/L 亚精胺	1.0mL
0.5mol/L 乙二胺四乙酸（pH8.0）	20L
蒸馏水	4.5mL

4℃保存。

R38：靛基质试剂

2001 年 1 月

对二甲氨基苯甲	5g
正戊醇	75mL
浓盐酸	25mL

将对甲胺基苯甲醛溶于正戊醇中，慢慢加入盐酸，4℃保存。吲哚试验时，将 0.2~0.3mL 试剂添加到 5mL 24h 胰蛋白胨肉汤细菌培养物，呈暗红色为吲哚试验阳性。

R39：0.1mol/L 氢氧化锂

2001 年 1 月

无水氢氧化锂	2.395g
蒸馏水	1L

R40：卢戈氏碘液

2001 年 1 月

碘化钾（KI）	10g
碘	5g
蒸馏水	100mL

将碘化钾溶于 20~30mL 蒸馏水。添加碘，加热并轻轻地混合，直到碘溶解。用蒸馏水稀释至 100mL。储存于琥珀色玻璃塞瓶中，避光保存。

R94：裂解液（含 0.5mol/L NaOH 和 1.5mol/L NaCl）

2001 年 1 月

氢氧化钠（NaOH）	20g
氯化钠（NaCl）	87.0g
蒸馏水	1L

R41：迈格林华染色液

2001 年 1 月

迈格林华染色剂	2.5g
无水甲醇	1L

将染色剂溶于 50mL 甲醇中，定容至 1L。37℃搅拌 16h。22℃（室温）条件下可放置 1 个月。使用前过滤。

R42：麦氏比浊管

按以下步骤配制硫酸钡悬液：

1. 配制 1.0%化学纯硫酸溶液；
2. 配制 1.0%化学纯氯化钡溶液；
3. 按下表配制标准液：

加 1% $BaCl_2$溶液（mL）	至 1% H_2SO_4溶液（mL）
1	99
2	98
3	97
4	96

续表

5	95
6	94
7	93
8	92
9	91
10	90

将每个梯度的标准液密封储存于小试管中，尽可能确保每根小试管的厚度、直径和透明度等一致。

R43:已从 1988 版 BAM 中去除

R44:甲基红指示剂

2001 年 1 月

甲基红	0.10g
95%乙醇	300mL
蒸馏水	定容至 500mL

甲基红溶于 300mL 乙醇中，加蒸馏水定容至 500mL。

R45:亚甲蓝染色液（Loeffler′s）

2001 年 1 月

溶液 A

亚甲蓝	0.3g
95%乙醇	30

溶液 B

0.01%氢氧化钾	100mL

将溶液 A 和溶液 B 混合。

R46:石蜡油

2001 年 1 月

121℃高压灭菌 30min。储存于旋盖容器中，每管的量为总容积（20~50mL）的一半左右。

R95:中和液（Maas Ⅱ）

2001 年 1 月

Tris	121.14g
氯化钠（NaCl）	117g
浓盐酸	调节 pH 至 7.0
蒸馏水	定容至 1L

将 Tris 和氯化钠溶于一定量的蒸馏水中，用浓盐酸调节 pH 至 7.0，用蒸馏水定容至 1L。

R47:茚三酮试剂

2001 年 1 月

将 3.5g 茚三酮溶于 100mL 1∶1 混合的丙酮和丁醇中，冷藏。

R48:亚硝酸盐检测试剂

2001 年 1 月

A. 对氨基苯磺酸溶液

对氨基苯磺酸	1g
5mol/L 醋酸	125mL

B. 萘乙二胺溶液

萘乙二胺	0.25g
5mol/L 醋酸	200mL

C. α-萘酚溶液

α-萘酚	1g
5mol/L 醋酸	200mL

5mol/L 醋酸配制：71.25mL 蒸馏水中加入 28.75mL 冰醋酸。

将上述试剂存放于棕色玻璃塞瓶中。试验时，在液体或半固体培养物中加入 0.1～0.5mL 等量试剂 A 和试剂 B 或试剂 A 和试剂 C（按方法规定）。若加入试剂 A 和试剂 B 呈现红紫色或加入试剂 A 和试剂 C 呈现橘红色则为阳性。由于加入试剂 A 和试剂 B 显色后即会在几分钟内逐渐褪色，因此需立即观察结果。若加入试剂后无颜色反应，应在试管内加入少许锌粉，如出现红色表明硝酸盐仍存在。

肠致病性大肠杆菌硝酸盐还原试验：在 3mL 经过吲哚亚硝酸盐培养 18～24h 的培养物中分别加入 2 滴试剂 A 和试剂 B，呈红紫色则表明硝酸盐被还原成亚硝酸盐。在阴性反应中加入少量锌粉，若未出现红紫色，则表明硝酸盐未被还原。

警告：旧版 BAM 中推荐使用的 α-苯胺由于对实验操作人员具有潜在危害，请勿使用。根据美国卫生和福利部（Department of Health and Human Services）对于实验室使用可致癌试剂的严格监管规定，提供和使用 α-苯胺必须有专人登记和监管。

R49：苯胺油亚甲蓝染色剂

2001 年 1 月

苯胺油	3mL
95%乙醇	10mL
浓盐酸	1.5mL
亚甲蓝饱和溶液	30mL
蒸馏水	定容至 100mL

苯胺油与乙醇混合，边搅拌边缓慢加入浓盐酸，再加入亚甲蓝溶液，最后蒸馏水定容至 100mL，过滤。

R50：新生霉素溶液（100mg/mL）

2001 年 1 月

新生霉素（钠盐）	100mg
去离子水	1.0mL

溶解新生霉素。过滤除菌，使用 0.2μm 过滤器和注射器。可在暗瓶中于 4℃保存数月。

R51：O/129 滤纸（2，4 二氨基 6，7 二异丙基蝶啶）

2001 年 1 月

2，4-二氨基-6，7-二异丙基蝶啶或其磷酸盐
无菌蒸馏水
无菌滤纸，直径 5～6mm 或 1/4in
移液器，调节至 10L

将滤纸分别标记10g和150g两种规格，置于玻璃培养皿中灭菌。将O/129或其磷酸盐溶于蒸馏水中。在每张150g滤纸中加入10L 15mg/mLO/129或20.8mg/mL O/129-PO_4。在每张10g滤纸中加入1∶15稀释的O/129溶液，即10L 1.0mg/mLO/129或1.4mg/mL O/129-PO_4。晾干后避光干燥冷藏保存。

R52：大肠杆菌O157单克隆抗体溶液

2001年1月

将10μL腹水加入1mL 1%明胶-TBS中，再加入3μL辣根过氧化物酶标记的金黄色葡萄球菌A蛋白，4℃搅拌1h。随后用1%明胶-TBS稀释混合物至10mL。10mL配制好的溶液可满足1个疏水网格滤膜。

R53：β-半乳糖苷酶试剂

2001年1月

1.0mol/L磷酸二氢钠溶液，pH7

一水磷酸二氢钠（$NaH_2PO_4 \cdot H_2O$）	6.9g
蒸馏水	45mL
30%氢氧化钠溶液	3mL

将磷酸二氢钠溶于蒸馏水中，加入30%氢氧化钠溶液，调节pH至7.0。定容至50mL，冰箱（4℃）保存。

0.0133mol/L ONPG溶液

邻-硝基酚-β-D-半乳糖苷（ONPG）	80mg
37℃蒸馏水	15mL
1.0mol/L磷酸二氢钠溶液，pH 7	5mL

将ONPG溶于37℃预热的蒸馏水中，随后加入磷酸二氢钠溶液。ONPG溶液应为无色溶液。冰箱（4℃）保存。使用前，取适量加热至37℃。

试验步骤：将测试菌于三糖铁斜面琼脂中37℃培养18h。也可用含1.0%乳糖的营养琼脂斜面培养。取纯培养物在含有0.25mL生理盐水的13mm×100mm试管中制成浓的菌悬液。加入一滴甲苯并充分振摇，使酶释放。将试管置于37℃孵育5min。加入0.25mL 0.0133mol/L ONPG溶液，35~37℃孵育，并在24h内每隔一段时间观察结果。菌悬液呈现黄色为阳性反应。

ONPG平皿可购买商品化试剂。在装有0.2mL无菌生理盐水的13mm×100mm试管中加入含乳糖培养基培养18h的培养物，并乳化。随后将乳化物加入ONPG平皿中，按上述方法培养并判定。

R54：氧化酶试剂

2001年1月

N，*N*，*N*′，*N*′-四甲基对苯二胺·2HCl	1g
蒸馏水	100mL

现用现配，若避光冷藏可保存7d。

将现配的氧化酶试剂加入到24h琼脂培养物或斜面培养物中。阳性克隆呈粉红色并逐渐变为暗紫色。由于上述试剂对微生物有毒性，若需保存培养物，在加入上述试剂3min内完成转板。

备选方法：取少量培养基至氧化酶试剂浸润的滤纸上。10s内显现深紫色表示阳性反应。使用铂金丝或无菌木棒挑取菌落。勿使用微生物培养中常规用的接种针或接种环，因为铁离子会导致假阳性结果。

氧化酶试验也可以用1%的N，N-二甲基对苯二胺二盐酸盐。可在培养物或斜面上加入该试剂。

R55：青霉素酶（β-内酰胺酶）

2001年1月

可从Difco（Box 1058A，Detroit，MI 48232）、BBL（Division of Bioquest，P. O. Box 234，Cockeysville，MD

21030）、ICN Nutritional Biochemicals（26201 Miles Road，Cleveland，OH 44128）、Schwartz Mann（Orangeburg，NY 10962）和 Calbiochem（10933N；Torrey Pines Road，La Jolla，CA 93037）购买商品化产品氨基青霉素 G 可从 U. S. P. reference standards（12601 Twin Brook Parkway，Rockville，MD 20852）购买。

R56：0.1%蛋白胨稀释液

2001 年 1 月

蛋白胨	1g
蒸馏水	1L

121℃高压灭菌 15min。调节 pH 至 7.2±0.2。

R97：0.5%蛋白胨稀释液

2013 年 2 月

蛋白胨	5g
蒸馏水	1L

121℃高压灭菌 15min。调节 pH 至 7.2±0.2。

R90：蛋白胨吐温稀释剂（PTS）

2001 年 1 月

蛋白胨	1.0g
吐温-80	10.0g
氯化钠	30.0g
蒸馏水	1L

将上述试剂溶于蒸馏水，调节 pH 至 7.2，分装到所需体积的瓶子中。121℃高压灭菌 15min。

R57：用于膜法 ELISA 试验的过氧化物酶底物

2001 年 1 月

溶液 A

4-氯-1-萘酚	60mg
预冷甲醇	20mL

将 4-氯-1-萘酚溶于预冷甲醇中，-20℃保存。

溶液 B

30%过氧化氢	60μL
Tris 缓冲液（TBS）	100mL

室温下将 30% H_2O_2加入 TBS 中。

使用前，将冰浴的溶液 A 和室温下的溶液 B 快速混合。

R58：过氧化物酶底物溶液（ABTS）（2，2′-联氨-双（3-乙基苯并噻唑啉-6-磺酸）

2001 年 1 月

过氧化物酶底物溶液	10mg
0.05mol/L 柠檬酸	10mL
30%过氧化氢	30μL

使用前5min配制。10mL可满足一块96孔板用量。

R61：磷酸盐缓冲液（0.02mol/L，pH 7.3～7.4）

2001年1月

母液1

试剂纯无水磷酸氢二钠（Na_2HPO_4）	28.4g
试剂纯氯化钠（NaCl）	85.0g
蒸馏水	定容至1L

母液2

试剂纯1水磷酸二氢钠（$NaH_2PO_4 \cdot H_2O$）	27.6g
试剂纯氯化钠（NaCl）	85.0g
蒸馏水	定容至1L

将母液1和母液2分别以1：10稀释后即可得到0.02mol/L磷酸盐缓冲液（0.85%）。例如：

母液1	50mL	母液2	10mL
蒸馏水	450mL	蒸馏水	90mL
pH约为8.2		pH约为5.6	

使用pH计，在稀释的母液1中加入约65mL稀释的母液2，将pH调至7.3~7.4。该缓冲液可用于金黄色葡萄球菌溶菌酶敏感性试验。

注意：请勿将0.2mol/L磷酸盐缓冲液调节pH至7.3~7.4后稀释至0.02mol/L缓冲液。这样稀释会导致pH下降0.25，即使在调节pH后加入0.85%盐离子也会导致pH下降0.2。

R62：磷酸盐缓冲液（用于Y-ILT试验）

2001年1月

磷酸氢二钠（Na_2HPO_4）	1.07g
磷酸二氢钠（NaH_2PO_4）	0.24g
氯化钠（NaCl）	8.9g
蒸馏水	1L

将上述试剂溶于蒸馏水，调节pH至7.5。

R60：磷酸盐缓冲液（0.01mol/L，pH 7.5）

2001年1月

0.1mol/L母液

无水磷酸氢二钠（无水Na_2HPO_4）	12.0g
一水磷酸二氢钾（$NaH_2PO_4 \cdot H_2O$）	2.2g
氯化钠（NaCl）	85.0g
蒸馏水	1L

将上述试剂溶于蒸馏水，定容至1L。

用蒸馏水以1：9稀释母液，混匀。必要时用0.1mol/L盐酸或0.1mol/L氢氧化钠调节pH至7.5。

R59：磷酸盐缓冲液（PBS），PH7.4

2001年1月

氯化钠（NaCl）	7.650g
无水磷酸氢二钠（Na_2HPO_4）	0.724g
磷酸二氢钾（KH_2PO_4）	0.210g
蒸馏水	1L

将上述试剂溶于蒸馏水。用 1mol/L 氢氧化钠调节 pH 至 7.4，121℃高压灭菌 15min。该缓冲液可用于弧菌培养鉴定中需要 PBS 的步骤。

R63：0.85%无菌生理盐水

2001 年 1 月

氯化钠（NaCl）	8.5g
蒸馏水	1L

将 8.5g NaCl 溶解于水中。121℃高压灭菌 15min。室温保存。

R64：50U 多黏菌素 B 板

2001 年 1 月

材料：

1. 硫酸多黏菌素 B。
2. 灭菌蒸馏水。
3. 灭菌空白滤纸片：直径 5~6mm 或 1/4in。
4. 10μL 移液器。

将滤纸片置于玻璃培养皿中灭菌。将多黏菌素 B 溶于无菌蒸馏水中至终浓度为5000U/mL。每张滤纸片上滴加 10μL 5000U/mL 的多黏菌素 B 溶液，晾干后于冰箱中避光干燥保存。

多黏菌素 B 按每毫克的标准活性单位售卖。使用时检查其活性单位。若抗菌活性为 8090Usp/mg，就将 0.618mg 多黏菌素 B 溶于 1mL 无菌水中。

R65：40%氢氧化钾溶液

2001 年 1 月

氢氧化钾（KOH）	40g
蒸馏水	定容至 100mL

R66：0.5%无菌生理盐水

2001 年 1 月

氯化钠（NaCl）	5g
蒸馏水	1L

121℃高压灭菌 15min。

R67：磷酸盐缓冲生理盐水

2001 年 1 月

氯化钠（NaCl）	121g
氯化钾（KCl）	15.5g
氯化镁（$MgCl_2$）	12.7g
2 水氯化钙（$CaCl_2 \cdot 2H_2O$）	10.2g
1 水磷酸二氢钠（$NaH_2PO_4 \cdot H_2O$）	2.0g

续表

7 水磷酸氢二钠（$Na_2HPO_4 \cdot 7H_2O$）	3.9g
蒸馏水	1L

调节 pH 至 7.4。

R96：10%十二烷基肌氨酸钠溶液

2001 年 1 月

十二烷基肌氨酸钠（*N*-lauroyl-sarcosine）	10g
蒸馏水	100mL

R68：闪烁液

2001 年 1 月

2，5-二苯基噁唑	5.0g
甲苯	1L

R69：玻片保存液

2001 年 1 月

首先配制 1%醋酸溶液，即将 10mL 试剂纯冰醋酸加入 990mL 蒸馏水中。随后每 100mL 1%醋酸溶液中加入 1mL 甘油。

R70：10%碳酸氢钠溶液

2001 年 1 月

碳酸氢钠	100.0g
蒸馏水	定容至 1L

R71：2%和 3% NaCl 溶液

2001 年 1 月

2%溶液：20.0g NaCl 溶于 1L 蒸馏水中。

3%溶液：30.0g NaCl 溶于 1L 蒸馏水中。

将 NaCl 溶解于水中。121℃高压灭菌 15min，调节 pH 至 7.0。

R72：0.2mol/L NaCl 溶液

2001 年 1 月

将 11.7g NaCl 溶于 1L 蒸馏水中，分装后 121℃高压灭菌 15min。

R91：0.5%脱氧胆酸钠无菌水溶液（吞线试验）

2004 年 5 月

脱氧胆酸钠	0.5g
无菌蒸馏水	100mL

无需调节 pH，室温保存于旋塞瓶中。

R93：十二烷基硫酸钠（SSC/SDS）

2004 年 5 月

1×SSC/1% SDS

十二烷基硫酸钠	10g
1×SSC	1L

121℃高压灭菌 15min。室温保存。

3×SSC/1% SDS

十二烷基硫酸钠	10g
3×SSC	1L

121℃高压灭菌 15min，室温保存。

R92：10%十二烷基硫酸钠（SDS）

2004 年 5 月

十二烷基硫酸钠	10g
无菌蒸馏水	100mL

该溶液不灭菌也可使用。

R73：NaOH 溶液（1mol/L）

2001 年 1 月

氢氧化钠（NaOH）	40g
蒸馏水	定容至 1L

用于调节培养基的 pH。

R74：NaOH 溶液（10mol/L）

2001 年 1 月

氢氧化钠（NaOH）	400g
蒸馏水	定容至 1L

R75：小牛胸腺 DNA 或鲑鱼精子 DNA

2001 年 1 月

DNA	1g
蒸馏水	1L

搅拌溶解 3~4h（可 60℃加热溶解）。超声裂解至分子质量为 300000~500000u。分装成 1mL 冻存。

R76：Spicer-Edwards 和 EN 复合体溶液

2001 年 1 月

将 0.1mL Spicer-Edwards 和 EN 复合体溶液（Difco）加入 1mL 含 0.07mL 辣根过氧化物酶标记的金黄色葡萄球菌 A 蛋白的 1% 明胶-Tris 缓冲液（TBS）中，4℃条件下搅拌 1h。溶于 40mL 1% 明胶-TBS。几个小时内使用。能用于 4 片疏水网格滤膜。现配现用。

R77：标准柠檬酸盐溶液（SSC）（20%）

2001 年 1 月

氯化钠（试剂纯）	175.3g
柠檬酸钠	88.2g

溶解于 800mL 去离子水中，用 10mol/L 氢氧化钠调节 pH 至 7.0。去离子水定容至 1L。

6×SSC

氯化钠（试剂纯）	52.6g
柠檬酸钠	26.5g

溶解于800mL去离子水中，用10mol/L氢氧化钠调节pH至7.0。去离子水定容至1L。

3×SSC

6×SSC	500mL
去离子水	500mL

2×SSC

6×SSC	333mL
去离子水	667mL

R78：正十六烷基硫酸钠

2001年1月

正十六烷基硫酸钠为3，9-二乙基-6-十三烷醇硫酸氢钠的衍生物，是一种阴离子润湿剂。主要用于润湿剂、乳化剂、乳化树脂、橡胶、皮革和药品等电解质浓度低于1%的试剂的加湿和乳化。

R79：噻嗪红R染色液（用于金黄色葡萄球菌肠毒素凝胶扩散）

将0.1%噻嗪红R溶于1.0%醋酸中。

R80：Tris（1.0mol/L，pH 8.0）

2001年1月

三羟甲基氨基甲烷（Tris）	121.14g
浓盐酸	调节pH至8.0
蒸馏水	定容至1L

将三羟甲基氨基甲烷溶于一定量的蒸馏水中，用浓盐酸调节pH至8.0，定容至1L。

R84：Tris缓冲液（TABS），含1%或3%明胶或吐温-20

2001年1月

三羟甲基氨基甲烷（Tris）	2.42g
氯化钠（NaCl）	29.24g
蒸馏水	1L

加热搅拌溶解，用HCl调节pH至7.5，121℃高压灭菌15min。

1%和3%明胶-TABS：灭菌前分别加入10g或30g明胶，用HCl调节pH至7.5。

吐温-TABS：灭菌前加入0.5mL吐温-20，调节pH至7.5。

R81：Tris缓冲液（TBS），pH7.5

2001年1月

三羟甲基氨基甲烷（Tris）	2.42g
氯化钠（NaCl）	29.24g
双蒸水	定容至1L

溶解后，用HCl调节pH至7.5并定容至1L。

R82：Tris 缓冲液（TBS），含明胶

2001 年 1 月

1%溶液

明胶	1g
pH7.5 Tris 缓冲液（R81）	100mL

3%溶液

明胶	3g
pH7.5 Tris 缓冲液（R81）	100mL

R83：Tris 缓冲液（TBS）-吐温

2001 年 1 月

吐温-20	50μL
pH 7.5Tris 缓冲液（R81）	100mL

将吐温-20 溶于 TBS 中。

R99：Tris EDTA 引物缓冲液，pH8.0

2014 年 1 月

1mol/L Tris，pH 8.0	100μL
0.05mol/L EDTA	20μL
PCR 级水（不含 DNA 酶和 RNA 酶）	9.88mL

R85：Tris-EDTA- Triton X-100（TET）缓冲液

2001 年 1 月

聚乙二醇辛基苯基醚（Triton X-100™）	1.0mL
1.0mol/L Tris（R80）	5.0mL
0.5mol/L EDTA 二钠（R20）	12.5mL

蒸馏水定容至 100mL。

R86：聚乙二醇辛基苯基醚

2001 年 1 月

Triton X-100 是聚乙二醇辛基苯基醚的注册商标。推荐用于润湿剂、洗涤剂、分散剂、家用和工业用清洁剂、纺织品加工、洗毛以及杀虫剂和除草剂的乳化等。Triton X-100 是由 Rohm and Haas 公司（Independence Mall West，Philadelphia，PA 19105）生产的非离子表面活性剂。

R87：1× 胰蛋白酶 EDTA 溶液

2001 年 1 月

胰蛋白酶（1：250）[a]	0.05g
EDTA 二钠	0.02g
9g/L 氯化钠（NaCl）	100mL

a 1g 胰蛋白酶（1：250）标准条件下可消化 250g 干酪素基质。

将胰蛋白酶和 EDTA 二钠溶于 9g/L 氯化钠溶液中，0.22μm 过滤器过滤除菌。

R88：志贺氏毒素抗血清

2001 年 1 月

将大肠杆菌 O157：H7 于胰蛋白胨大豆肉汤中 37℃培养 18h，加入 0.5%甲醛，37℃放置 2 周。将此溶液耳静脉注射小兔。每隔五天分别注射一次，剂量为 0.5、1.0、2.0、4.0 和 4.0mL。6 周后取血分离血清。将血清 56℃灭活 30min 并按 1/20 的比例加入 10^{12}细胞/mL 热处理（121℃，1h）的 *E. coli* O157：H7 进行吸附。最终的抗血清工作浓度为 1：5000。

R89：VP 试剂

2001 年 1 月

溶液 1

α-萘酚	5g
无水乙醇	100mL

溶液 2

氢氧化钾	40g
蒸馏水	定容至 100mL

VP 试验：测试管中分别加入 1mL 48h 培养物、0.6mL 溶液 1 和 0.2mL 溶液 α，混匀。可加入少量无水肌酸以加快反应。室温作用 4h 后判定结果。

附录6 BAM 培养基目录及其配制

培养基目录

编号	培养基名称	
	英文	中文
M1	A-1 Medium	A-1 培养基
M29a	Abeyta-Hunt-Bark (AHB) Agar	Abeyta-Hunt-Bark (AHB) 琼脂
M2	Acetamide Medium	乙酰胺培养基
M3	Acetate Agar	醋酸盐琼脂
M4	Acid Broth	酸性肉汤
M5	AE Sporulation Medium, Modified (for *C. perfringens*)	改良 AE 芽孢培养基（用于产气荚膜梭菌）
M6	Agar Medium P	PM 指示琼脂
M7	AKI Medium	AKI 培养基
M8	Alkaline Peptone Agar	碱性蛋白胨琼脂
M9	Alkaline Peptone Salt Broth (APS)	碱性蛋白胨盐肉汤 (APS)
M10	Alkaline Peptone Water (APW)	碱性蛋白胨水 (APW)
M10a	ALOA (Agar *Listeria* Ottavani & Agosti) Medium	ALOA 培养基
M11	Anaerobe Agar	厌氧菌琼脂
M12	Anaerobic Egg Yolk Agar	厌氧卵黄琼脂
M13	Andrade's Carbohydrate Broth and Indicator	Andrade 糖类肉汤及指示剂
M14	Antibiotic Medium No. 1 (Agar Medium A)	1 号抗生素培养基（琼脂培养基 A）
M15	Antibiotic Medium No. 4 (Agar Medium B)	4 号抗生素培养基（琼脂培养基 B）
M16	Arginine-Glucose Slant (AGS)	精氨酸葡萄糖斜面琼脂
M17	Baird-Parker (BP) Medium, pH 7.0	Baird-Parker (BP) 培养基 (PH7.0)
M17a	Biosynth Chromogenic Medium (BCM) (for *Listeria monocytogenes*)	生物显色培养基 (BCM)（用于单核细胞增生李斯特菌）
M18	Bile Esculin Agar	胆盐七叶苷琼脂
M19	Bismuth Sulfite Agar (Wilson and Blair)	亚硫酸铋琼脂 (Wilson 和 Blair)
M20	Blood Agar	血琼脂
M20a	Blood Agar Base	血琼脂基础

续表

编号	培养基名称	
	英文	中文
M21	Blood Agar Base (Infusion Agar)	血琼脂基础（浸液琼脂）
M22	Blood Agar Base #2 (Difco)	血琼脂基质#2
M23	Brain Heart Infusion (BHI) Agar (0.7%)(for *Staphylococcal* enterotoxin)	(0.7%) 脑心浸出液（BHI）琼脂（用于葡萄球菌肠毒素）
M24	Brain Heart Infusion (BHI) Broth and Agar	脑心浸出液（BHI）肉汤及琼脂
M25	Brilliant Green Lactose Bile Broth	煌绿乳糖胆盐肉汤
M26	Bromcresol Purple Broth	溴甲酚紫肉汤
M27	Bromcresol Purple (BCP) Dextrose Broth	溴甲酚紫（BCP）葡萄糖肉汤
M52	Buffered *Listeria* Enrichment Broth, pH 7.3±0.1	缓冲李斯特菌增菌肉汤（pH 7.3±0.1）
M192	Buffered Peptone Water (BPW)	缓冲蛋白胨水（BPW）
M192a	Modified Buffered Peptone Water with Pyruvate (mBPWp) and Acriflavin-Cefsulodin-Vancomycin (ACV) Supplement	含丙酮酸脱氢酶的改良缓冲蛋白胨水（mBPWp）和吖啶黄-头孢磺啶-万古霉素（ACV）添加剂
M192b	Modified Buffered Peptone Water (mBPW)	改良缓冲蛋白胨水（mBPW）
M28a	*Campylobacter* enrichment broth (Bolton formula)	弯曲菌增菌肉汤（Bolton 配方）
M31	Cary Blair transport Medium	Cary-Blair 运送培养基
M32	Casamino Acids-Yeast Extract (CYE) Broth	酪蛋白氨基酸-酵母浸出液（CYE）肉汤
M34	Casamino Acids-Yeast Extract-Salts (CA-YE) Broth (Gorbach)	酪蛋白氨基酸-酵母浸膏-盐离子肉汤（CAYE）
M35	Cefsulodin-Irgasan Novobiocin (CIN) Agar Yersina Selective Agar (YSA)	CIA 琼脂耶尔森氏菌选择性琼脂（YSA）
M36	Cell Growth Medium	细胞生长培养基
M189	Cellobiose-Colistin (CC) Agar	纤维二糖多黏菌素（CC）琼脂
M187	Cellulase Solution	纤维素酶溶液
M37	Cetrimide Agar	十六烷三甲基溴化铵琼脂
M38	Chopped Liver Broth	碎肝肉汤
M39	Christensen Citrate Agar	克氏柠檬酸盐琼脂
M40	Christensen's Urea Agar	克氏尿素琼脂
M40a	CHROMagar *Listeria*	CHROMagar 李斯特菌显色培养基
M40b	Chromogenic *Listeria* Agar	李斯特菌显色琼脂
M41	Congo Red BHI Agarose (CRBHO) Medium	刚果红 BHI 琼脂糖（CRBHO）培养基
M42	Cooked Meat Medium (CMM)	庖肉培养基（CMM）
M43	Cooked Meat Medium (Modified)	庖肉培养基（改良）
M44	Decarboxylase Basal Medium (Arginine, Lysine, Ornithine)	脱羧酶基础培养液（含精氨酸、赖氨酸、鸟氨酸）
M193	Dey-Engley Broth	Dey-Engley 肉汤
M184	Dichloran 18% glycerol (DG18) agar	氯硝胺 18%甘油（DG18）琼脂
M183	Dichloran rose bengal chloramphenicol (DRBC) agar	孟加拉红氯霉素（DRBC）琼脂
M45	Duncan-Strong (DS) Sporulation Medium, Modified (for *C. perfringens*)	改良 Duncan-Strong（DS）芽孢培养基（用于产气荚膜杆菌）

续表

编号	培养基名称	
	英文	中文
M46	Eagle'sminimal Essential Medium (MEME) (with Earle's salts and nonessential amino acids)	MEME 培养基（含 Earle's 盐和非必需氨基酸）
M47	Earle's Balanced Salts (Phenol Red-Free)	Earle's 平衡盐（不含酚红）
M48	EB Motility Medium	EB 动力培养基
M49	EC Broth	EC 肉汤
M50	EC-MUG Medium	EC-MUG 培养基
M51	Egg Yolk Emulsion, 50%	50%卵黄乳液
M196	mEndo MF Medium (BD #274930)	mEndo 培养基（BD #274930）
M197	LES Endo Agar (BD #273620)	LES Endo 培养基（BD #273620）
M198	mTEC Agar (BD #233410)	mTEC 琼脂（BD #233410）
M53	Esculin Agar, Modified (CDC)	改良胆盐七叶苷琼脂（CDC）
M30b	Freezing medium	冻存培养基
M54	Gelatin Agar (GA)	明胶琼脂（GA）
M55	Gelatin Salt Agar (GS)	明胶盐琼脂（GS）
M57	Gentamicin Sulfate Solution	硫酸庆大霉素溶液
M58	Ham's F-10 Medium	Ham's F-10 培养基
M59	Heart infusion agar (HIA) (Difco)	心浸出液琼脂（HIA）
M60	Heart Infusion (HI) Broth and Agar (HIA) [for *Vibrio*]	心浸出液（HI）肉汤及琼脂（HIA）（用于弧菌）
M61	Hektoen Enteric (HE) Agar	HE 琼脂
M62	HC (Hemorrhagic colitis *E. coli* strains) Agar	HC（肠出血性大肠杆菌菌株）琼脂
M63	Hugh-Leifson Glucose Broth (HLGB)	Hugh-Leifson 葡萄糖肉汤（HLGB）
M64	Indole Medium	吲哚培养基
M65	Indole Medium (CDC)	吲哚培养基（CDC）
M66	Indole Nitrite Medium (tryptic Nitrate)	吲哚亚硝酸盐培养基（胰蛋白酶硝酸盐）
M67	Irgasan-Ticarcillin-Chlorate (ITC) Broth	ITC 肉汤
M68	Iron Milk Medium (Modified)	改良含铁牛乳培养基
M69	King's B Medium	金氏 B 培养基
M70	King's O/F Basal Medium	金氏 O/F 基础培养基
M71	Kligler Iron Agar	克氏双糖铁琼脂
M72	Koser's Citrate Broth	Koser 柠檬酸盐肉汤
M73	L-15 Medium (Modified) Leibovitz	改良 Leibovitz L-15 培养基
M74	Lactose Broth	乳糖肉汤
M75	Lactose-Gelatin Medium (for *C. perfringens*)	乳糖明胶培养基（用于产气荚膜梭菌）
M76	Lauryl tryptose (LST) Broth	月桂基胰蛋白胨（LST）肉汤
M77	Lauryl tryptose MUG (LST-MUG) Broth	月桂基胰蛋白胨 MUG（LST-MUG）肉汤
M78	Letheen Agar (Modified)	改良 Letheen 琼脂（mLA）
M79	Letheen Broth (Modified)	改良 Letheen 肉汤（mLB）
M80	Levine's Eosin-Methylene Blue (L-EMB) Agar	Levine 伊红美蓝（L-EMB）琼脂

续表

编号	培养基名称	
	英文	中文
M81	Lithium Chloride–Phenylethanol–Moxalactam (LPM) Medium	LPM 培养基
M82	Lithium Chloride–Phenylethanol–Moxalactam LPM Plus Esculin and Ferric Iron	含七叶苷和三价铁的 LPM 培养基
M83	Liver–Veal Agar	肝脏–牛肉琼脂
M84	Liver–Veal–Egg Yolk Agar	肝脏–牛肉–卵黄琼脂
M85	Long–term Preservation Medium	长期保存培养基
M86	Lysine Arginine Iron Agar (LAIA)	赖氨酸精氨酸铁琼脂（LAIA）
M87	Lysine Decarboxylase Broth (Falkow) (for *Salmonella*)	赖氨酸脱羧酶肉汤（Falkow）（用于沙门氏菌）
M88	Lysine Decarboxylase (LDC) Medium (for Gram–negative nonfermentative bacteria)	赖氨酸脱羧酶（LDC）培养基（用于革兰氏阴性非发酵菌）
M89	Lysine Iron Agar (Edwards and Fife)	赖氨酸铁琼脂（Edwards 和 Fife）
M90	Lysozyme Broth	溶菌酶肉汤
M91	MacConkey Agar	麦康凯琼脂
M92	Malonate Broth	丙二酸盐肉汤
M185	Malt Agar (MA)	麦芽琼脂（MA）
M93	Malt Extract Agar (MEA, Cosmetics–General Microbiology)	麦芽提取物琼脂（MEA，用于化妆品微生物检测）
M182	Malt Extract Agar (Yeasts and Molds) (MEAYM)	麦芽提取物琼脂（用于酵母和霉菌培养）（MEAYM）
M94	Malt Extract Broth (Difco)	麦芽提取物肉汤
M95	Mannitol–Egg Yolk–Polymyxin (MYP) Agar	甘露醇卵黄多黏菌素（MYP）琼脂
M96	Mannitol Maltose Agar	甘露醇麦芽糖琼脂
M97	Mannitol Salt Agar	甘露醇盐琼脂
M30a	Modified *Campylobacter* Blood–Free Selective Agar Base (mCCDA)	改良弯曲菌无血选择性琼脂基础（mCCDA）
M98	Modified Cellobiose – Polymyxin B – Colistin (mCPC) Agar	改良纤维二糖多黏菌素 B 黏菌素（mCPC）琼脂
M103a	Modified Oxford *Listeria* Selective Agar	改良牛津李斯特菌选择性琼脂
M99	Motility–Indole–Ornithine (MIO) Medium	动力吲哚鸟氨酸（MIO）培养基
M100	Motility Medium (for *B. cereus*)	动力培养基（用于蜡样芽孢杆菌）
M101	Motility Nitrate Medium (for Cosmetics)	动力硝酸盐培养基（用于化妆品检测）
M102	Motility–Nitrate Medium, Buffered [for *C. perfringens*]	动力硝酸盐缓冲培养基（用于产气荚膜梭菌）
M103	Motility Test Medium (Semisolid)	半固体动力试验培养基
M104	MR–VP Broth	MR–VP 肉汤
M105	Mucate Broth	黏液酸盐肉汤
M106	Mucate Control Broth	黏液酸盐对照肉汤
M107	Mueller–Hinton Agar	M–H 琼脂
M108	Nitrate Broth	硝酸盐肉汤

续表

编号	培养基名称	
	英文	中文
M109	Nitrate Broth, Enriched (CDC)	浓缩硝酸盐肉汤（CDC）
M110	Nitrate Reduction Medium and Reagents	硝酸盐还原培养基和试剂
M111	Nonfat Dry Milk (Reconstituted)	脱脂乳粉（复原乳）
M112	Nutrient Agar (NA)	营养琼脂（NA）
M113	Nutrient Agar (for *B. cereus*)	营养琼脂（用于蜡样芽孢杆菌）
M114	Nutrient Broth	营养肉汤
M115	Nutrient Gelatin (CDC) (for Gram-negative non-fermentative bacteria)	营养明胶（CDC）（用于革兰氏阴性非发酵菌）
M116	OF Glucose Medium, Semisolid	半固体 OF 葡萄糖培养基
M118	Oxford Medium	牛津培养基
M117	Oxidative-Fermentative (OF) Test Medium	氧化发酵（OF）试验培养基
M118a	PALCAM *Listeria* Selective Agar	PALCAM 李斯特菌选择性琼脂
M56a	Papain Solution, 5%	5%木瓜蛋白酶溶液
M119	Penicillin-Streptomycin Solution	青霉素-链霉素溶液
M120	Peptone Sorbitol Bile Broth	蛋白胨山梨醇胆汁肉汤
M121	Phenol Red Carbohydrate Broth	酚红碳水化合物肉汤
M122	Phenol Red Glucose Broth	酚红葡萄糖肉汤
M123	Phenylalanine Deaminase Agar	苯丙氨酸脱氨酶琼脂
M124	Plate Count Agar (Standard Methods)	平板计数琼脂（标准方法）
M125	PMP Broth	PMP 肉汤
M126	Potassium Cyanide (KCN) Broth	氰化钾（KCN）肉汤
M127	Potato Dextrose Agar (PDA)	马铃薯葡萄糖琼脂（PDA）
M128	Pseudomonas Agar F (for fluorescein production)	假单胞菌琼脂 F（用于产荧光素试验）
M129	Pseudomonas Agar P (for pyocyanine production)	假单胞菌琼脂 P（用于产绿脓菌素试验）
M130	Purple Carbohydrate Broth	溴甲酚紫碳水化合物肉汤
M130a	Purple Carbohydrate Fermentation Broth Base	溴甲酚紫碳水化合物发酵肉汤
M131	Pyrazinamidase Agar *	吡嗪酰胺酶琼脂
M131a	Rapid' *L. mono* Medium	单核细胞增生李斯特菌快速检测培养基
M132	Rappaport-Vassiliadis (RV) Medium	氯化镁孔雀绿（RV）肉汤
M133	Sabouraud's Dextrose Broth and Agar	沙氏葡萄糖肉汤和琼脂
M134	Selenite Cystine Broth	亚硒酸盐胱氨酸肉汤
M30d	Semisolid Medium, modified, for Biochemical Identification	生化鉴定用改良半固体培养基
M30c	Semi-Solid Medium, modified, for Culture Storage	培养保存用改良半固体培养基
M135	Sheep Blood Agar	绵羊血琼脂
M195	SHIBAM Components and Instructions	STEC 心浸出液血琼脂，含丝裂霉素 C（SHIBAM）
M136	Shigella Broth	志贺氏菌增菌肉汤
M137	SIM Motility Medium	SIM 动力培养基
M138	Simmons Citrate Agar	西蒙氏柠檬酸盐琼脂

续表

编号	培养基名称	
	英文	中文
M139	Sorbitol-MacConkey Agar	山梨醇麦康凯琼脂
M140	Sporulation Broth (for *C. perfringens*)	产芽孢肉汤（用于产气荚膜梭菌）
M141	Spray's Fermentation Medium (for *C. perfringens*)	Spray 发酵培养基（用于产气荚膜梭菌）
M142	Staphylococcus Agar No. 110	葡萄球菌选择性琼脂 110
M143	Starch Agar	淀粉琼脂
M144	T_1N_1 Medium	T_1N_1 培养基
M194	Tellurite Cefixime-Sorbitol MacConkey Agar (TC-SMAC)	头孢克肟亚碲酸盐-山梨醇麦康凯琼脂（TC-SMAC）
M145	Tetrathionate Broth (TTB)	四硫磺酸盐增菌肉汤（TTB）
M146	Thioglycollate Medium (Fluid) (FTG)	巯基乙酸液体培养基（FTG）
M147	Thiosulfate - Citrate - Bile Salts - Sucrose (TCBS) Agar	硫代硫酸盐柠檬酸盐胆盐蔗糖（TCBS）琼脂
M148	Toluidine Blue-DNA Agar	甲苯胺蓝-DNA 琼脂
M149	Triple Sugar Iron Agar (TSI)	三糖铁琼脂（TSI）
M150	Trypticase Novobiocin (TN) Broth	胰酪胨新生霉素（TN）肉汤
M151	Trypticase-Peptone-Glucose-Yeast Extract Broth (TPGY)	胰酪蛋白胨葡萄糖酵母浸出液肉汤（TPGY）
M151a	Trypticase-Peptone-Glucose-Yeast Extract Broth with Trypsin (TPGYT)	胰酪蛋白胨葡萄糖酵母浸出液肉汤，含胰蛋白酶（TPGYT）
M152	Trypticase (Tryptic) Soy Agar (TSA)	胰酪胨大豆琼脂（TSA）
M152a	Trypticase Soy Agar - Magnesium sulfate - NaCl (TSAMS)	胰酪胨大豆琼脂，含 $MgSO_4$ 和 NaCl（TSAMS）
M153	Trypticase Soy Agar with 0.6% Yeast Extract (TSAYE)	胰酪胨大豆琼脂，含 0.6%酵母浸出液（TSAYE）
M154	Trypticase (Tryptic) Soy Broth (TSB)	胰酪胨大豆肉汤（TSB）
M156	Trypticase Soy Broth Modified (mTSB)	改良胰酪胨大豆肉汤（mTSB）
M186	Trypticase (Tryptic) Soy Broth (TSB) with Ferrous Sulfate	胰酪胨大豆肉汤（TSB），含 $FeSO_4$
M155	Trypticase (Tryptic) Soy Broth (TSB) with Glycerol	胰酪胨大豆肉汤（TSB），含甘油
M154a	Trypticase (Tryptic) Soy Broth (TSB) with 10% NaCl and 1% Sodium Pyruvate	胰酪胨大豆肉汤（TSB），含 10% NaCl 和 1%丙酮酸钠
M157	Trypticase Soy Broth (TSB) with 0.6% Yeast Extract (TSBYE)	胰酪胨大豆肉汤（TSB），含 0.6%酵母浸出液（TSBYE）
M158	Trypticase Soy-Polymyxin Broth	胰酪胨大豆多黏菌素肉汤
M159	Trypticase Soy-Sheep Blood Agar	胰酪胨大豆羊血琼脂
M160	Trypticase Soy-Tryptose Broth	胰酪胨大豆胰蛋白肉汤
M164	Tryptone (Tryptophane) Broth, 1%	1%胰蛋白胨（色氨酸）肉汤
M161	Tryptone Broth and Tryptone Salt Broths	胰蛋白胨肉汤和胰蛋白胨盐肉汤

续表

编号	培养基名称	
	英文	中文
M162	Tryptone Phosphate (TP) Broth	胰蛋白胨磷酸盐（TP）肉汤
M163	Tryptone Salt (T_1N_1) Agar and T_1N_2 Agar	胰蛋白胨氨化钠琼脂（T_1N_1 和 T_1N_2）
M165	Tryptone Yeast Extract Agar	胰蛋白胨酵母浸出液琼脂
M166	Tryptose Blood Agar Base	胰蛋白胨血琼脂基础
M167	Tryptose Broth and Agar (for serology)	胰蛋白胨肉汤和琼脂（用于血清学试验）
M168	Tryptose Phosphate Broth (TPB)	胰蛋白胨磷酸盐肉汤（TPB）
M169	Tryptose-Sulfite-Cycloserine (TSC) Agar	胰蛋白胨亚硫酸盐环丝氨酸（TSC）琼脂
M170	Tyrosine Agar	酪氨酸琼脂
M188	Universal Preenrichment Broth (UPB)	通用预增菌肉汤（UPB）
M188a	Universal Preenrichment Broth (without ferric ammonium citrate)	通用预增菌肉汤（不含柠檬酸铁铵）
M171	Urea Broth	尿素肉汤
M172	Urea Broth (Rapid)	尿素肉汤（快速）
M173	Veal Infusion Agar and Broth	牛肉浸液琼脂和肉汤
M191	*Vibrio parahaemolyticus* sucrose Agar (VPSA)	副溶血性弧菌蔗糖琼脂（VPSA）
M190	*Vibrio vulnificus* Agar (VVA)	创伤弧菌琼脂（VVA）
M174	Violet Red Bile Agar (VRBA)	紫红胆汁琼脂（VRBA）
M175	Violet Red Bile-MUG (VRBA-MUG) Agar	紫红胆汁-MUG（VRBA-MUG）琼脂
M176	Vogel-Johnson (VJ) Agar	Vogel-Johnson（VJ）琼脂
M177	Voges-Proskauer Medium (Modified)	VP 培养基（改良）
M178	Wagatsuma Agar	我妻氏琼脂
M179	Xylose Lysine Desoxycholate (XLD) Agar	木糖赖氨酸脱氧胆盐（XLD）琼脂
M180	Y-1 Adrenal Cell Growth Medium	Y-1 肾上腺细胞培养基
M181	Yeast Extract (YE) Agar	酵母浸出液（YE）琼脂

Ⅱ 培养基配方

M1:A-1 培养基

2001 年 1 月

在 1L 蒸馏水中加入以下试剂：

胰蛋白胨	20g
乳糖	5g
氯化钠	5g
Triton X-100	1mL
水杨苷	0.5g
蒸馏水	1L

将试剂溶于1L蒸馏水后，调节 pH 至6. 9 ± 0. 1。对于单料培养基，分装于18mm×150mm 倒置发酵管，每管10mL；对于双料培养基，分装于22mm×175mm 倒置发酵管，每管10mL。121℃高压灭菌10min。

避光保存备用，有效期7d。（注：灭菌前可能混浊）

M29a：Abeyta-Hunt-Bark（AHB）琼脂

2001年1月

脑心浸出液琼脂	40g
酵母浸出液	2g
蒸馏水	950mL

121℃高压灭菌15min。调节 pH 至7. 4±0. 2。冷却后加入头孢哌酮钠（如下）、4mL 利福平、4mL 两性霉素 B 和50mL FBP。倒完平板后过夜干燥或置于42℃培养箱中干燥数小时。避免开盖晾干。

头孢哌酮钠：以营养肉汤配至终浓度为32mg/L，加6. 4mL 至琼脂中；或溶解0. 8g 至100mL 水中，过滤后加4mL 至琼脂中。

利福平：缓慢溶解0. 25g 至60~80mL 酒精中，颠倒混匀。充分溶解后加蒸馏水至100mL，此时终质量浓度为10mg/L。-20℃可保存一年。

两性霉素 B（Sigma Cat No. A9528）：0. 05g 溶解于蒸馏水中并定容至100mL。过滤除菌，终质量浓度为2mg/L。分装成4mL/管，-20℃可保存一年。

FBP：6. 25g 丙酮酸钠溶解于10~20mL 蒸馏水中。加入6. 25g 硫酸亚铁和6. 25g 亚硫酸钠，定容至100mL，过滤除菌。1L 琼脂加4mL FBP（注：FBP 容易氧化，推荐现配现用。10~25mL FBP 可用0. 22 μm 滤器过滤后分装为5mL/管，-70℃保存3个月或-20℃保存1个月）。

M2：乙酰胺培养基

2001年1月

基础培养基

磷酸二氢钾（KH_2PO_4）	0. 5mol/L	14mLl
磷酸氢二钾（K_2HPO_4）	0. 5mol/L	6mL
琼脂		0. 5g
蒸馏水		400mL

加热溶解琼脂。加入1mL PR-CV（500×）。

乙酰胺母液（10g/L）

乙酰胺	1g
蒸馏水	100mL

PR-CV（500×）

酚红	2g
结晶紫	0. 2g
蒸馏水	200mL

滴加5mol/L NaOH 至充分溶解。

乙酰胺培养基的配制：添加0. 8mL 基础培养基至13mm×100mm 管。加入0. 2mL 乙酰胺母液，煮沸10min。冷却。

M3:醋酸盐琼脂

2001 年 1 月

醋酸钠	2g
氯化钠（NaCl）	5g
无水硫酸镁	0.2g
磷酸铵	1g
磷酸氢二钾（K_2HPO_4）	1g
溴酚蓝	0.08g
琼脂	20g
蒸馏水	1L

将除 $MgSO_4$外的试剂加入蒸馏水中，搅拌煮沸后再加入 $MgSO_4$并调节 pH。分装于 16mm×150mm 管，每管 8mL。121℃高压灭菌 15min。倾斜成 5cm 斜角，调节 pH 至 6.7。

注意：本配方相比 Ewing（1986）的配方含有较小浓度的醋酸钠。

M4:酸性肉汤

2001 年 1 月

胨蛋白胨	5g
酵母浸出液	5g
葡萄糖	5g
磷酸氢二钾	4g
蒸馏水	1L

充分溶解后分装于 20mm×150mm 管，每管 12~15mL。121℃高压灭菌 15min。最终 pH 为 5.0。

M5:改良 AE 芽孢培养基（用于产气荚膜梭菌）

2001 年 1 月

聚蛋白胨	10.0g
酵母浸出液	10.0g
磷酸氢二钠（Na_2HPO_4）	4.36g
磷酸二氢钾（KH_2PO_4）	0.25g
醋酸铵	1.5g
7 水硫酸镁（$MgSO_4 \cdot 7H_2O$）	0.2g
蒸馏水	1L

充分溶解后利用 2mol/L Na_2CO_3调节 pH 至 7.5±0.1。分装于 20mm×150mm 螺帽管，每管 15mL，121℃高压灭菌 15min。

灭菌后，每管逐滴加入 0.6mL 10%的灭菌棉子糖、0.2mL 过滤除菌的 0.66mol/L Na_2CO_3和 0.32%氯化钴（$CoCl_2 \cdot 6H_2O$）。

检查 1 管或 2 管培养基的 pH，应为 7.8±01。使用前，煮沸 10min；冷却后，每管加入 0.2mL 过滤除菌的 1.5%维生素 C 钠（现配）。

M6:PM 指示琼脂

2001 年 1 月

牛肉浸出液	3g	氯化钠 NaCl	0. 5g
蛋白胨	5g	磷酸氢二钾 K_2HPO_4	0. 25g
胰蛋白胨	1. 7g	吐温-80	1g
大豆蛋白胨	0. 3g	溴甲酚紫	0. 06g
葡萄糖	5. 25g	琼脂	15g
蒸馏水			1L

搅拌加热溶解后，121℃高压灭菌 15min。最终 pH 为 7. 8±0. 2。

M7:AKI 培养基

2001 年 1 月

蛋白胨	15g
酵母浸出液	4g
氯化钠（NaCl）	5g
蒸馏水	970mL
10%过滤除菌的碳酸氢钠（$NaHCO_3$）	30mL

在使用的当天，将蛋白胨、酵母浸出液和 NaCl 溶于蒸馏水中，121℃高压灭菌 15min。冷却后，加入 30mL 新鲜配制的过滤除菌的 $NaHCO_3$。分装于 16mm×125mm 螺帽管，每管 15mL。最终 pH 为 7. 4±0. 2。

M8:碱性蛋白胨琼脂

2001 年 1 月

蛋白胨	10g
氯化钠	20g
琼脂	15g
蒸馏水	1L

煮沸溶解。调节 pH 使灭菌后达 8. 5±0. 2。121℃高压灭菌 15min。冷却凝固使之成斜面。

M9:碱性蛋白胨盐肉汤（APS）

2001 年 1 月

蛋白胨	10g
氯化钠	30g
蒸馏水	1L

煮沸溶解。调节 pH 使灭菌后达 8. 5±0. 2。分装成 10mL/管。121℃高压灭菌 15min。

M10:碱性蛋白胨水（APW）

2001 年 1 月

蛋白胨	10g
氯化钠	10g
蒸馏水	1L

调节 pH 使灭菌后达 8. 5±0. 2。分装于螺帽管。121℃高压灭菌 10min。

M10a：ALOA 培养基

2003 年 1 月

肉蛋白胨	18g
胰蛋白胨	6g
酵母浸出液	10g
丙酮酸钠	2g
葡萄糖	2g
甘油磷酸镁	1g
硫酸镁	0.5g
氯化钠	5g
氯化锂	10g
无水磷酸氢二钠	2.5g
5-溴-4-氯-3-吲哚-β-D-吡喃葡糖苷	0.05g
琼脂	12~18g
蒸馏水，根据抑菌剂的加入量而定	925~930mL

将以上粉状试剂或粉状基础培养基煮沸溶解。调节 pH 使灭菌后可达 7.2±0.2。121℃高压灭菌 15min。

添加物配制：溶解 2g *L*-*α*-磷脂酰肌醇（Sigma P 6636）于 50mL 冰蒸馏水中，搅拌 30min 至充分溶解。121℃高压灭菌 15min，冷却至 48~50℃。

同时分别配制如下试剂并过滤除菌：0.02g 萘啶酸钠盐溶于 5mL 水中；0.02g 头孢他定溶于 5mL 水中；76700U 多黏菌素 B 溶于 5mL 水中；0.05g 放线菌酮溶于 2.5mL 乙醇并加水 2.5mL；0.01g 两性霉素 B 溶于 2.5mL HCl（1mol/L）和 7.5mL 二甲基甲酰胺。

完全培养基配制：925mL（或 930mL）基础培养基中加入 5mL 萘啶酸溶液、5mL 头孢他定溶液、5mL 放线菌酮溶液（或 10mL 两性霉素 B）、5mL 多黏菌素 B 和50mL *L*-*α*-磷脂酰肌醇。

M11：厌氧菌琼脂

2001 年 1 月

胰蛋白胨大豆琼脂	40g
琼脂	5g
酵母浸出液	5g
L-半胱氨酸（溶于 5mL 1mol/L 氢氧化钠）	0.4g
蒸馏水	1L

加热溶解琼脂。调节 pH 至 7.5±0.2。121℃高压灭菌 15min。冷却至 50℃。

血晶素溶液：1g 血晶素溶于 100mL 蒸馏水中，121℃高压灭菌 15min，4℃保存备用。

维生素 K_1溶液：1g 维生素 K_1（Sigma Chemical Co.，St. Louis，MO）溶于 100mL 95%乙醇。搅拌溶解 2~3d。4℃保存备用。

完全培养基：1L 基础培养基中加入 0.5mL X 因子溶液和 1mL 维生素 K_1溶液。混匀后分装于 15mm×100mm 培养皿，每个培养皿 20mL。接种前须置于厌氧环境中培养 24h。

M12：厌氧卵黄琼脂

2001年1月

基础琼脂

酵母浸出液	5g
蛋白胨	5g
际蛋白胨	20g
氯化钠（NaCl）	5g
琼脂	20g
蒸馏水	1L

121℃高压灭菌15min。调节pH至7.0±0.2。

将两个新鲜鸡蛋表面清洗干净，置于70%乙醇中浸泡1h。无菌破碎后取卵黄。将卵黄囊内容物抽入无菌量筒，弃囊膜。加入相同体积的0.85%生理盐水中，颠倒混匀。

在1L基础琼脂中（48~50℃）加入80mL卵黄溶液，混匀。马上分装于平皿中，于室温干燥2~3d或于35℃干燥24h。于4℃环境下可短期保存。使用前平皿应进行无菌检验。

M13：Andrade糖类肉汤及指示剂

2001年1月

基础培养基

牛肉浸出液	3g
蛋白胨或锗溶解蛋白胨	10g
氯化钠（NaCl）	10g
蒸馏水	1L

调节pH至7.2±0.2。121℃高压灭菌15min。

Andrade指示剂

酸性品红	0.2g
1mol/L氢氧化钠（NaOH）	16mL
蒸馏水	84mL

必要时，在使用前加入1~2mL NaOH。1L基础培养基中加入10mL指示剂（注：酸性品红为潜在致癌物，避免吸入或接触皮肤）。

碳水化合物溶液

配制10%葡萄糖、乳糖、蔗糖和甘露醇溶液以及5%卫矛醇、水杨素和其他碳水化合物溶液，过滤除菌。在含有指示剂的基础培养基中加入1/10体积的上述溶液，轻轻混匀。

M14：1号抗生素培养基（琼脂培养基A）

2001年1月

Gelatone或锗溶解蛋白胨	6g
胰蛋白胨或胰酶解酪蛋白	4g
酵母浸出液	3g
牛肉浸出液	1.5g
葡萄糖	1g

续表

琼脂	15g
蒸馏水	1L

121℃高压灭菌 15min，调节 pH 至 6.5~6.6。

M15：4 号抗生素培养基（琼脂培养基 B）

2001 年 1 月

胰蛋白胨或胰酶解酪蛋白	6g
酵母浸出液	3g
牛肉浸出液	1.5g
葡萄糖	1g
琼脂	15g
蒸馏水	1L

121℃高压灭菌 15min，调节 pH 至 6.5~6.6。

M16：精氨酸葡萄糖斜面琼脂

2001 年 1 月

蛋白胨	5g
酵母浸出液	3g
胰蛋白胨	10g
氯化钠（NaCl）	20g
葡萄糖	1g
L-精氨酸	5g
柠檬酸铁铵	0.5g
硫代硫酸钠	0.3g
溴甲酚紫	0.02g
琼脂	13.5g
蒸馏水	1L

煮沸溶解，分装至 13mm×100mm 管中，每管 5mL。121℃高压灭菌 10~12min。冷却并使之成为斜面。调节 pH 至 6.8~7.0。

M17：Baird-Parker（BP）培养基（pH7.0）

2001 年 1 月

基础培养基

胰蛋白胨	10g
酵母浸出液	1g
牛肉浸出液	5g
丙酮酸钠	10g
甘氨酸	12g
氯化锂（LiCl）	5g
琼脂	20g

121℃高压灭菌 10~12min。调节 pH 至 7.0±0.2。冷却至 48~50℃时使用或可保存于(4±1)℃ 1 个月，使用

前加热溶解。

完全培养基

无菌加入5mL预热（45~50℃）卵黄亚碲酸盐增菌液至95mL基础培养基中。混匀后（避免起泡）倒入15mm×100mm平皿中，15~18mL/块。培养基确保避光保存。于20~25℃可保存5d。

M17a：生物显色培养基（BCM）（用于单核细胞增生李斯特菌）

2003年1月

单核细胞增生李斯特菌显色平板培养基含有磷脂酰胆碱特异性磷脂酶C（PLCA）的底物，PLCA能鉴别李斯特菌属的单核细胞增生李斯特菌和伊氏李斯特菌（*L. ivanovii*）。

M18：胆盐七叶苷琼脂

2001年1月

牛肉浸出液	3g
蛋白胨	5g
七叶苷	1g
牛胆汁	40g
柠檬酸铁	0.5g
琼脂	15g
蒸馏水	1L

加热溶解，分装后121℃高压灭菌15min，冷却使成斜面。调节pH至6.6±0.2。

M19：亚硫酸铋琼脂（Wilson和Blair）

2001年1月

聚蛋白胨或蛋白胨	10g
牛肉浸出液	5g
葡萄糖	5g
无水磷酸氢二钠	4g
无水硫酸亚铁	0.3g
亚硫酸铋	8g
碱性亮绿	0.025g
琼脂	20g
蒸馏水	1L

充分混匀并加热溶解。煮沸1min，使之成均匀混悬液。冷却至45~50℃。轻轻搅拌重悬沉淀，分装于15mm×100mm平皿中，20mL/块。开盖干燥2h。调节pH至7.7±0.2。

M20：血琼脂

2001年1月

胰蛋白胨	15g
植物蛋白胨或大豆蛋白胨	5g
氯化钠（NaCl）	5g
琼脂	15g
蒸馏水	1L

加热溶解琼脂，121℃高压灭菌15min。冷却至50℃，100mL中加5mL去纤维蛋白绵羊红细胞。混匀后分

装于 15mm×100mm 平皿中，20mL/块。调节 pH 至 7.3±0.2（注：胰大豆琼脂、胰大豆血琼脂基础或胰酪胨大豆琼脂均可作为基础培养基；分离鉴定霍氏弧菌时添加 1%的 NaCl）。

M20a：血琼脂基础

2001 年 1 月

牛肉浸出液	500g
际胰蛋白	10g
氯化钠（NaCl）	5g
琼脂	15g
绵羊血（无菌，去纤维蛋白）	50mL
蒸馏水	1L

将除红细胞的物质溶解后，121℃高压灭菌 15min。冷却至 45-50℃，加入 50mL 室温的红细胞，混匀后分装。调节 pH 至 6.8±0.2。

M21：血琼脂基础（浸液琼脂）

2001 年 1 月

心肌浸出液	375g
硫化蛋白胨	10g
氯化钠（NaCl）	5g
琼脂	15g
蒸馏水	1L

轻微加热溶解，121℃高压灭菌 20min。调节 pH 至 7.3±0.2。

M22：血琼脂基础#2

2001 年 1 月

际蛋白胨	15g
肝脏消化液	2.5g
酵母浸出液	5g
氯化钠（NaCl）	5g
琼脂	12g
蒸馏水	1L

121℃高压灭菌 15min。用于血平板时，加水 950mL，灭菌冷却至 48℃后加入 50mL 去纤维蛋白的马血和 4mL FBP。调节 pH 至 7.4±0.2

M23：（0.7%）脑心浸出液（BHI）琼脂（用于葡萄球菌肠毒素）

2001 年 1 月

配制适量的脑心浸出液肉汤（M24），以 1mol/L HCL 调 pH 至 5.3。加入 0.7%浓度的琼脂粉，少许加热溶解后用 25mm×200mm 管分装成 25mL/管。121℃高压灭菌 10min。

M24：脑心浸出液（BHI）肉汤及琼脂

2001 年 1 月

培养基 1

牛脑浸出液	200g
牛心浸出液	250g
胨蛋白胨或聚蛋白胨	10g
氯化钠（NaCl）	5g
磷酸氢二钠（Na_2HPO_4）	2. 5g
葡萄糖	2. 0g
蒸馏水	1L

加热溶解。

培养基 2

脑心浸出液	6g
动物组织消化液	6g
氯化钠（NaCl）	5g
葡萄糖	3g
明胶胰酶消化液	14. 5
磷酸氢二钠（Na_2HPO_4）	2. 5g
蒸馏水	1L

煮沸 1min 溶解。将培养基 1 和 2 分装至培养瓶或管中，121℃高压灭菌 15min。调节 pH 至 7. 4±0. 2。

需要 BHI 琼脂时，在 1L 肉汤中加入 15g 琼脂，加热溶解并分装后 121℃高压灭菌 15min。

M25：煌绿乳糖胆盐肉汤

2001 年 1 月

蛋白胨	10g
乳糖	10g
牛胆汁	20g
碱性亮绿	0. 0133g
蒸馏水	1L

将蛋白胨和乳糖溶于 500mL 蒸馏水中。同时将 20g 脱水牛胆汁溶于 200mL 蒸馏水中（调节 pH 至 7. 0~7. 5）。将它们混匀并加水至 975mL，调节 pH 至 7. 4。最后加入 13. 3mL 0. 1%碱性亮绿溶液并定容至 1L。分装至发酵管中，121℃高压灭菌 15min，调节 pH 至 7. 2±0. 1。

M26：溴甲酚紫肉汤

2001 年 1 月

基础培养基

蛋白胨	10g
牛肉浸出液	3g
氯化钠（NaCl）	5g
溴甲酚紫	0. 04g
蒸馏水	1L

将基础培养基分装至含有 6mm×50mm 发酵管的测试管（13mm×100mm）中，121℃高压灭菌 15min。调节 pH 至 7. 0±0. 2。

同时配制高压除菌或过滤除菌（推荐）碳水化合物母液（50g/100mL）。于 2. 5mL 基础培养基中加入

0.278±0.002mL 的该母液，使其终浓度为 5g/100mL。

M27：溴甲酚紫（BCP）葡萄糖肉汤

2001 年 1 月

葡萄糖	10g
牛肉浸出液	3g
蛋白胨	5g
溴甲酚紫（1.6%乙醇溶液）	2mL
蒸馏水	1L

溶解后用 25mm×200mm 管分装成 12~15mL/管。121℃高压灭菌 15min。调节 pH 至 7.0±0.2。

M52：缓冲李斯特菌增菌肉汤（pH 7.3±0.1）

2001 年 1 月

2013 年 2 月修改文本，配方与 2006 年 4 月版本一致。

基础培养基

胰蛋白酶大豆肉汤	30g
酵母浸出液	6g
无水 KH_2PO_4	1.35g/L
无水 Na_2HPO_4	9.6g/L
丙酮酸钠	1.11g/L
蒸馏水	1L

称量各组分后溶解于水。121℃高压灭菌 15min。调节 pH 至 7.3±0.1。

注：也可在高压灭菌后加入过滤除菌的 10%（W/V）丙酮酸钠溶液（11.1ml/L）。

选择性抗生素

盐酸吖啶黄素	10mg/L
萘啶酸（钠盐）	40mg/L
放线菌酮	50mg/L

盐酸吖啶黄素和萘啶酸母液为 0.5%（W/V）水溶液，1.0%（W/V）放线菌酮母液则溶于 40%（W/V）乙醇中。过滤除菌后 4℃保存，盐酸吖啶黄素避光保存。

无菌将 3 种选择性抗生素加至 30℃培养 4h 的增菌肉汤中。选择性抗生素的加入量视增菌肉汤使用量而定。

M192：缓冲蛋白胨水（BPW）

2005 年 9 月

蛋白胨	10g
氯化钠（NaCl）	5g
磷酸氢二钠（Na_2HPO_4）	3.5g
磷酸二氢钾（KH_2PO_4）	1.5g
蒸馏水	1L

121℃高压灭菌 15min，调节 pH 至 7.2±0.2。

M192a：含丙酮酸脱氢酶的改良缓冲蛋白胨水（mBPWp）和吖啶黄-头孢磺啶-万古霉素（ACV）添加剂

2009 年 7 月

含丙酮酸脱氢酶的改良缓冲蛋白胨水（mBPWp）

蛋白胨	10.0g
氯化钠（NaCl）	5.0g
Na_2HPO_4	3.6g
KH_2PO_4	1.5g
酪蛋白氨基酸	5.0g
酵母浸出液	6.0g
乳糖	10.0g
丙酮酸钠	1.0g
蒸馏水	1000mL（双料培养基时加水 500mL）

调节 pH 至 7.2 ± 0.2。高压灭菌。

吖啶黄-头孢磺啶-万古霉素（ACV）添加剂

添加剂	工作浓度	母液浓度	每 225mL mBPWp 加入的母液量
吖啶黄	10mg/L	1.125g/500mL	1mL
头孢磺啶	10mg/L	1.125g/500mL	1mL
万古霉素	8mg/L	0.90g/500mL	1mL

过滤除菌。过夜增菌时，在 225mL mBPWp 中分别加入 1mL 以上三种添加剂母液。

M192b：改良缓冲蛋白胨水（mBPW）

2017 年 12 月

胰酶消化明胶	5.0g
牛肉浸膏	5.0g
氯化钠（NaCl）	5.0g
Na_2HPO_4	7.0g
KH_2PO_4	3.0g
蒸馏水	1000mL

121℃高压灭菌 15min。调节 pH 至 7.2 ± 0.2。

M28a：弯曲菌增菌肉汤（Bolton 配方）

2001 年 1 月

基础肉汤

蛋白胨	10g
水解乳白蛋白	5g
酵母浸出液	5g
氯化钠（NaCl）	5g
氯化血红素	0.01g
丙酮酸钠	0.5g
α-酮戊二酸盐	1g
焦亚硫酸钠	0.5g
无水碳酸钠	0.6g
合计	27.61g
蒸馏水	1L

调节 pH 至 7.4±0.2。

将 27.61g 试剂充分溶于 1L 水中。放置 10min，重悬后 121℃高压灭菌 15min。使用前加入 2 管添加物（Oxoid NDX131 or Malthus Diagnostics X-131）或分别加入 4mL 以下抗生素。

1. 头孢哌酮钠：现配现用。将 0.5g 头孢哌酮钠溶于 100mL 蒸馏水中，过滤除菌。4℃条件下可保存 5d，-20℃可保存 14d 或-70℃可保存 5 个月。工作浓度为 20mg/L。

2. 甲氧苄氨嘧啶

i. 甲氧苄氨嘧啶乳酸盐（Sigma Cat. No. T0667）：将 0.66g 用氧苄氨嘧啶乳酸盐溶于 100mL 水中，过滤除菌。4℃条件下可保存 1 年。工作浓度为 20mg/L。

ii. 甲氧苄氨嘧啶（Sigma Cat. No. T7883）：50℃条件下，将 0.5g 用氧苄氨嘧啶溶于 30mL 0.05mol/L HCL。定容至 100mL。工作浓度为 20mg/L。

3. 万古霉素：将 0.5g 万古霉素溶于 100mL 蒸馏水中，过滤除菌。4℃保存 2 个月（半衰期短，建议每次配制少量）。工作浓度为 20mg/L。

4. 放线菌酮：将 1.25g 放线菌酮溶于 20~30mL 乙醇中，最后定容至 100mL，过滤除菌。4℃条件下保存 1 年。工作浓度为 20mg/L。

a. 两性霉素 B：将 0.05g 两性霉素 B 溶于 100mL 水中，过滤除菌，-20℃保存 1 年。工作浓度为 20mg/L。

M31：Cary-Blair 运送培养基

2001 年 1 月

巯基乙酸钠	1.5g
磷酸氢二钠（Na_2HPO_4）	1.1g
氯化钠（NaCl）	5g
琼脂	5g
氯化钙（1%溶液）	9mL
蒸馏水	991mL

加热搅拌溶解，冷却至 50℃时加入 $CaCl_2$，调节 pH 至 8.4。分装至 9mL 旋盖管中，成 7mL/管，马上蒸汽灭菌 15min。冷却，盖紧盖子。

M32：酪蛋白氨基酸-酵母浸出液（CYE）肉汤

2001 年 1 月

酪蛋白氨基酸	30g
酵母浸出液	4g
磷酸氢二钾（K_2HPO_4）	0.5g
蒸馏水	1L

充分溶解，调节 pH 至 7.4±0.2。分装至 50mL 培养瓶中，每瓶 10mL，121℃高压灭菌 15min。

M34：酪蛋白氨基酸-酵母浸膏-盐离子肉汤（CAYE）

2001 年 1 月

酪蛋白氨基酸	20g
酵母浸膏	6g
氯化钠（NaCl）	2.5g
磷酸氢二钾（K_2HPO_4）	8.71g
盐离子溶液	1mL
蒸馏水	1L

调节 pH 使之在灭菌后达到 8.5±0.2。121℃高压灭菌 15min。

盐离子溶液

硫酸镁（$MgSO_4$）	50g
氯化锰（$MnCl_2$）	5g
氯化亚铁（$FeCl_2$）	5g
蒸馏水	1L

悬浮以上试剂，滴加适量 0.1mol/L H_2SO_4充分溶解，过滤除菌（0.45μm）。在 1L 肉汤中加入 1mL 盐离子溶液。分装至 50mL 培养瓶中，每瓶 10mL。

M35：耶尔森氏菌选择性琼脂（YSA）

2001 年 1 月

基础培养基

特殊蛋白胨	20g
酵母浸出液	2g
甘露醇	20g
丙酮酸（Na 盐）	2g
氯化钠（NaCl）	1g
七水硫酸镁	1mL
琼脂	12g
蒸馏水	756mL

Irgasan 溶液

0.40% Irgasan（溶于 95%乙醇）	1mL

-20℃条件下可保存 4 周。

去氧胆酸盐溶液

去氧胆酸钠 S	0.5g
蒸馏水	200mL

煮沸搅拌，冷却至 50~55℃。

D. 氢氧化钠 NaOH，［5mol/L］1mL

E. 中性红（Neutral red），［3mg/mL］10mL

F. 结晶紫（Crystal violet），［0.1mg/mL］10mL

G. 头孢磺啶（Cefsulodin）（Abbott Labs），［1.5mg/mL］10mL

H. 新生霉素（Novobiocin），［0.25mg/mL］10mL

I. 氯化锶（Strontium chloride），［10%；filter-sterilized］10mL

-70℃保存备用。使用前解冻平衡至室温。

培养基配制：溶液 A 煮沸搅拌溶解，冷却至 80℃（50℃水浴 10min）时加入溶液 B，混匀。冷却至 50~55℃时加入溶液 C，此时溶液应为澄清透明。加入溶液 D~H，最后边搅拌边缓慢加入溶液 I。滴加 5mol/L NaOH 调节 pH 至 7.4，分装成 15~20mL/平皿。

M36：细胞生长培养基

2001 年 1 月

MEM（Hank's 液）	1L
L-15 培养基（每毫升含 100 U 青霉素 G，100 μg 链霉素和 50μg 庆大霉素）	1L

磁力搅拌器混匀，0.20μm 过滤除菌，分装至锥形烧瓶。调节 pH 至 7.5，5℃保存。

使用前加入以下物质：

胎牛血清（FBS）	200mL
碳酸氢钠（$NaHCO_3$，7.5%）	50mL

M189：纤维二糖多黏菌素（CC）琼脂

2004 年 5 月

溶液 1：

蛋白胨	10g
牛肉浸出液	5g
氯化钠（NaCl）	20g
1000×染料母液	1mL
琼脂	15g
蒸馏水	900mL

调节 pH 至 7.6，煮沸溶解。冷却至 48~55℃。

1000×染料母液：

溴酚蓝	4g
甲酚红	4g
95%乙醇	100mL

将染料溶于乙醇配制 40% 母液。在 1L mCPC 培养基中加入 1mL 此母液，使溴酚蓝和甲酚红的终浓度为 40mg/L。

溶液 2

纤维二糖	10g
黏菌素 E	400000U
蒸馏水	100mL

加热溶解纤维二糖，冷却后再加入黏菌素 E，过滤除菌。

将溶液 2 加至预冷的溶液 1 中，分装。最终颜色为墨绿至棕绿色。（注：无需高压灭菌。4℃冷藏 2 周。）

M187：纤维素酶溶液

2001 年 1 月

1g 纤维素酶溶于 99mL 灭菌蒸馏水中，过滤除菌（0.45μm）。2~5℃可保存两周。

M37：十六烷三甲基溴化铵琼脂

2001 年 1 月

明胶水解液	20.0g
氯化镁（$MgCl_2$）	1.4g
硫酸钾（K_2SO_4）	10.0g
琼脂	13.6g
溴化十六烷基三甲铵	0.3g

溶于1L水中，加10mL甘油，充分混匀，搅拌煮沸1min。118℃高压灭菌15min。调节pH至7.2±0.2。

M38：碎肝肉汤

2001年1月

新鲜牛肝	500g
蛋白胨	10g
磷酸氢二钾（K_2HPO_4）	1g
可溶淀粉	1g
蒸馏水	1L

肝脏研磨后煮沸1h。冷却后调节pH至7.0，煮沸10min。粗沙过滤，挤压，液体中加入其余物质，调节pH至7.0，定容至1L。滤纸过滤。

肉汤和肉分别冷藏保存。在18mm×150mm或20mm×150mm管中分别加入1.2~2.5cm肝脏碎片和10~12mL肉汤，121℃高压灭菌15min。

M39：克氏柠檬酸盐琼脂

2001年1月

柠檬酸钠	3g
葡萄糖	0.2g
酵母浸出液	0.5g
L-半胱氨酸盐酸盐	0.1g
柠檬酸铁铵	0.4g
磷酸二氢钾（KH_2PO_4）	1g
氯化钠（NaCl）	5g
硫代硫酸钠	0.08g
酚红	0.012g
琼脂粉	15g
蒸馏水	1L

充分混匀，加热溶解，并煮沸1min。加入16mm×150mm管中约1/3量，121℃高压灭菌15min。调节pH至6.9±0.2。凝固前，将管子倾斜以形成4~5cm斜面。

M40：克氏尿素琼脂

2001年1月

基础培养基

蛋白胨	1g
氯化钠（NaCl）	5g
葡萄糖	1g
磷酸二氢钾（KH_2PO_4）	2g
酚红，6mL 1：500溶液	0.012g
琼脂	15g
蒸馏水	900mL

将以上物质溶于900mL 水中（对于嗜盐弧菌，再加入 15g NaCl），121℃高压灭菌 15min。冷却至 50～55℃。

尿素溶液

尿素	20g
蒸馏水	100mL

过滤除菌后加入基础培养基中，混匀，调节 pH 至 6.8±0.1。分装至无菌管或培养皿中。配制斜面培养基时保证 3cm 的斜面。

M40a：CHROMagar 李斯特菌显色培养基

2003 年 1 月

CHROMagar 选择性培养基中含有显色底物，可区分鉴定单核细胞增生李斯特菌、伊万诺夫李斯特菌（*L. ivanovii*）和其他李斯特菌种。

M40b：李斯特菌显色琼脂

2003 年 1 月

李斯特菌显色琼脂含有显色底物、卵磷脂，可将单核细胞增生李斯特菌、伊万诺夫李斯特菌（*L. ivanovii*）和其他李斯特菌种区分鉴定。英国 Oxoid 公司提供该商品化基础培养基以及含有选择性抗生素的卵磷脂。

M41：刚果红 BHI 琼脂糖（CRBHO）培养基

脑心浸出液（M20）	37g
氯化镁（$MgCl_2$）	1g
琼脂糖	12g
刚果红，375mg/100mL 蒸馏水	20mL

充分溶解，121℃高压灭菌 15min，分装成 20mL/平皿。

M42：疱肉培养基（CMM）

2001 年 1 月

牛心	454g
胨蛋白胨	20g
葡萄糖	2g
氯化镁（NaCl）	5g
蒸馏水	1L

配制同 M38 或将 12.5g 商品化疱肉培养基干粉溶于 100mL 预冷蒸馏水中，混匀并放置 15min。或在 20mm×150mm 管中将 1.25g 干粉溶于 10mL 预冷蒸馏水。121℃高压灭菌 15min，调节 pH 至 7.2±0.2。使用前加热溶解。

M43：疱肉培养基（改良）

2001 年 1 月

a. 疱肉培养基（商品化）

牛心	454g
胨蛋白胨	20g
葡萄糖	2g
氯化钠（NaCl）	5g

b. 稀释液

胰蛋白胨	10g
巯基乙酸钠	1g
可溶淀粉	1g
葡萄糖	2g
中性红，1%溶液	5mL
蒸馏水	1L

调节 pH 6.8±0.2。在 20mm×150mm 管中加入 1g（a）和 15mL（b）。121℃高压灭菌 15min。

M44：脱羧酶基础培养液（含精氨酸、赖氨酸、赖氨酸）

2001 年 1 月

基础培养液

蛋白胨	5g
酵母浸出液	3g
葡萄糖	1g
溴甲酚紫	0.02g
蒸馏水	1L

调节 pH 使之在灭菌后达到 6.5±0.2。用 16mm×125mm 管分装成 5mL/管，121℃高压灭菌 10min。保存或接种后盖紧旋盖。

根据需要配制：	1L 基础培养基中加入：
精氨酸肉汤	5g *L*-精氨酸 *L*-arginine
赖氨酸肉汤	5g *L*-赖氨酸 *L*-lysine
鸟氨酸肉汤	5g *L*-鸟氨酸 *L*-ornithine

用于嗜盐弧菌培养时，添加 NaCl 至终浓度为 2%～3%。

121℃高压灭菌 15min，pH 7.2±0.2。

M193：Dey-Engley 肉汤

2005 年 12 月

胰蛋白胨	5g
酵母浸出液	2.5g
葡萄糖	10g
巯基乙酸钠	1g
硫代硫酸钠（$Na_2S_2O_3$）	6g
亚硫酸氢钠（$NaHSO_3$）	2.5g
吐温-80	5g
大豆卵磷脂	7g
溴甲酚紫	0.02g
蒸馏水	1L

121℃高压灭菌 15min，调节 pH 至 7.6±0.2。

M184:氯硝胺 18%甘油（DG18）琼脂

2001 年 1 月

葡萄糖	10g
蛋白胨	5g
磷酸氢二钾（K_2HPO_4）	1g
硫酸镁（$MgSO_4$）	0.5g
二氯硝基苯胺，2g/L 乙醇溶液	1mL
琼脂	15g
氯霉素	0.1g
蒸馏水	800mL

混匀，加热溶解，定容至 1000mL。加入 220g 甘油，121℃高压灭菌 15min，调节pH 至 5.6。a_w0.955.

M183:孟加拉红氯霉素（DRBC）琼脂

2001 年 1 月

葡萄糖	10g
细菌蛋白胨	5g
磷酸氢二钾（K_2HPO_4）	1g
硫酸镁（$MgSO_4$）	0.5g
玫瑰红，50g/L	0.5mL
二氯硝基苯胺溶液，2g/L 乙醇溶液	1mL
氯霉素	0.1g
蒸馏水	1L
琼脂	15g

调节 pH 至 5.6。加热溶解，121℃高压灭菌 15min。水浴至（45±1）℃分装平皿。

注意：1. DRBC 特别适合用于含扩散菌落的霉菌（毛霉菌属，酒曲菌属等）。二氯硝基苯胺和玫瑰红能有效抑制生长较快的真菌，因此可用于鉴定其他生长较慢的霉菌繁殖体。

2. 玫瑰红对光敏感，曝光后易形成抑制性物质，因此琼脂应避光保存于阴凉处。

M45:改良 **Duncan-Strong**（**DS**）芽孢培养基（用于产气荚膜杆菌）

2001 年 1 月

脲蛋白胨	15g
酵母浸出液	4g
巯基乙酸钠	1g
七水合磷酸氢二钠（$Na_2HPO_4 \cdot 7H_2O$）	10g
棉子糖	4g
蒸馏水	1L

充分溶解，121℃高压灭菌 15min。以过滤除菌的 0.66mol/L Na_2CO_3调节 pH 至7.8±0.1。

M46：MEME 培养基（含 Earle's 盐和非必需氨基酸）

2001 年 1 月

L-丙氨酸	8.9mg	*L*-缬氨酸	46mg
精氨酸（HCl）	126mg	酪氨酸（二钠盐）	52.1mg
天冬酰胺（含水分子）	150mg	D-泛酸钙	1mg
天冬氨酸	13.3mg	氯化胆碱	1mg
胱氨酸（2 HCl）	31.29mg	叶酸	1mg
谷氨酸	14.7mg		2mg
谷氨酰胺	292mg	烟酰胺	1mg
甘氨酸	7.5mg	维生素 B_6	1mg
组氨酸 HCl·H_2O	42mg	维生素 B_2	0.1mg
异亮氨酸	52mg	维生素 B_1	1mg
亮氨酸	52mg	葡萄糖	1000mg
赖氨酸	72.5mg	二水合氯化钙（$CaCl_2·2H_2O$）	265mg
左旋甲硫氨酸	15mg	氯化钾（KCl）	400mg
苯丙氨酸	32mg	七水硫酸镁（$MgSO_4·7H_2O$）	200mg
脯氨酸	11.5mg	氯化钠（NaCl）	6800mg
丝氨酸	10.5mg	碳酸氢钠（$NaHCO_3$）	2200mg
苏氨酸	48mg	水合磷酸二氢钠（$NaH_2PO_4·H_2O$）	140mg
色氨酸	10mg	酚红	10mg
蒸馏水			1L

溶于蒸馏水中，过滤除菌。调节 pH 至 7.2±0.2。

M47：Earle's 平衡盐（不含酚红）

2001 年 1 月

氯化钠（NaCl）	6.8g
氯化钾（KCl）	400mg
二水合氯化钙（$CaCl_2·2H_2O$）	265mg
七水硫酸镁（$MgSO_4·7H_2O$）	200mg
七水合磷酸二氢钠（$NaH_2PO_4·7H_2O$）	140mg
葡萄糖	1g
碳酸氢钠（$NaHCO_3$）	2.2g
蒸馏水	1L

充分溶解，过滤除菌。调节 pH 至 7.2±0.2。

M48：EB 动力培养基

2001 年 1 月

牛肉浸出液	3g
蛋白胨或凝胶蛋白胨	10g
氯化钠（NaCl）	5g
琼脂	4g
蒸馏水	1L

加热搅拌混匀，煮沸 1~2min。用 16mm×150mm 管分装成 8mL/管，121℃高压灭菌 15min。调节 pH 至 7.4

±0.2。

M49：EC 肉汤

2001 年 1 月

胰酶解酪蛋白或胰蛋白胨	20g
胆盐 3	1.5g
乳糖	5g
磷酸氢二钾（K_2HPO_4）	4g
磷酸二氢钾（KH_2PO_4）	1.5g
氯化钠（NaCl）	5g
蒸馏水	1L

用 16mm×150mm 管（内含 10mm×75mm 发酵管）分装成 8mL/管，121℃高压灭菌 15min。调节 pH 至 6.9 ±0.2。

M50：EC-MUG 培养基

2001 年 1 月

在 1L EC 肉汤（M49）中加入 50mg MUG（4-methylumbelliferyl-*β*-*D*-glucuronide），121℃高压灭菌 15min。

M51：50%卵黄乳液

2001 年 1 月

将鸡蛋表明清洗干净，置于 70%乙醇中浸泡 1h。破碎后无菌取卵黄，并加入相同体积的 0.85%生理盐水，混匀。4℃保存备用。

M196：mEndo 培养基（BD#274930）

2013 年 2 月

胰蛋白胨或多聚蛋白胨	10.0g
硫化蛋白胨	5.0g
酪蛋白胨	5.0g
酵母浸出液	1.5g
乳糖	12.5g
氯化钠（NaCl）	5.0g
磷酸氢二钾（K_2HPO_4）	4.375g
磷酸二氢钾（KH_2PO_4）	1.375g
十二烷基硫酸钠	0.05g
脱氧胆酸钠	0.10g
硫酸钠（Na_2SO_3）	2.10g
碱性品红	1.05g
琼脂（必要时）	15.0g
试剂级水	1L

琼脂配制：将以上所有试剂溶于含有 20mL 95%乙醇的蒸馏水中。加热至即将沸腾使琼脂溶解，冷却至 45~50℃。分装 5~7mL 至 60mm 无菌培养皿中；若使用其他规格培养皿，分装入同等厚度的琼脂量。避免高压灭菌。调节 pH 至 7.0 ± 0.2。冷藏避光可保存 2 周。

肉汤配制：配制同上，去除琼脂。分装液体培养基（每个培养皿至少 2.0mL）至吸收垫上，并小心去除多余培养基。培养基中可能存在沉淀，但不影响培养基效用，只要确保吸收垫不含亚硫酸盐或其他能抑制细菌生长的毒性物质。冷藏可保存4天。

M197:LES Endo 培养基（BD#273620）

2013年2月

酵母浸出液	1.2g
硫化蛋白胨	3.7g
胰蛋白际或多聚蛋白胨	3.7g
酪蛋白胨	7.5g
乳糖	9.4g
磷酸氢二钾（K_2HPO_4）	3.3g
磷酸二氢钾（KH_2PO_4）	1.0g
氯化钠（NaCl）	3.7g
脱氧胆酸钠	0.1g
十二烷基硫酸钠	0.05g
硫酸钠（Na_2SO_3）	1.6g
碱性品红	0.8g
琼脂	15.0g
试剂级水	1L

将以上所有试剂溶于含有20mL 95%乙醇的蒸馏水中。勿使用变性乙醇，后者会抑制菌落大小。加热至即将沸腾使琼脂溶解，冷却至45~50℃。避免高压灭菌。调节pH至7.0±0.2。分装5~7mL至60mm无菌培养皿中，若使用其他规格培养皿，确保琼脂厚度为4~5mm。置于塑封袋中避光、冷藏保存。保存2周后若发现琼脂水分丢失、污染或颜色变深时，请勿继续使用。

M198:mTEC 琼脂（BD#233410）

2013年2月

示蛋白胨3号	5.0g
酵母浸出液	3.0g
乳糖	10.0g
氯化钠（NaCl）	7.5g
磷酸二氢钾（KH_2PO_4）	1.0g
磷酸氢二钾（K_2HPO_4）	3.3g
十二烷基硫酸钠	0.2g
脱氧胆酸钠	0.1g
溴甲酚紫	0.08g
溴酚红	0.08g
琼脂	15.0g
去离子水	1000mL

调节pH 7.3±0.2

121℃高压灭菌15min

M53：改良七叶苷琼脂（CDC）

2001 年 1 月

肉浸液琼脂	40g
七叶苷	1g
柠檬酸铁	0.5g
蒸馏水	1L

加热搅拌溶解，冷却至 55℃。调节 pH 至 7.0±0.2。用 13mm×100mm 管分装成 4mL/管，121℃高压灭菌 15min，倾斜放置冷却。

M30b：冻存培养基

2001 年 1 月

Bolton 肉汤基础	9.5mL
胎牛学清（FBS）	1mL（0.22μm 过滤除菌）
10%甘油	1mL

使用前混匀。

M54：明胶琼脂（GA）

2001 年 1 月

蛋白胨	4g
酵母浸出液	1g
明胶	15g
琼脂	15g
蒸馏水	1L

持续搅拌混匀，以避免明胶硫化，煮沸溶解。调节 pH 至 7.2±0.2，121℃高压灭菌 15min，冷却至 45~50℃，分装。

M55：明胶盐琼脂（GS）

1L 明胶琼脂中（M54）加入 30g NaCl。煮沸溶解明胶和琼脂，调节 pH 至 7.2±0.2，121℃高压灭菌 15min，冷却至 45~50℃，分装。必要时琼脂的量加至 25~30g/L，以抑制弧菌的散布。

M57：硫酸庆大霉素溶液

2001 年 1 月

硫酸双生霉素	500000μg
蒸馏水	100mL

0.20μm 滤膜过滤除菌，-20℃保存。

M58：Ham's F-10 培养基

2001 年 1 月

L-丙氨酸	8.91mg	丙酮酸钠	110mg
精氨酸，HCl	211mg	胸腺嘧啶	0.727mg
天冬酰胺（含水分子）	15mg	维生素 H	0.024mg
天冬氨酸	13.30mg	氯化胆碱	0.698mg
半胱氨酸，2 HCl	35.12mg	叶酸	1.32mg

续表

谷氨酰胺	146.2mg	Isoinositol	0.541mg
谷氨酸	14.7mg	烟酰胺	0.615mg
甘氨酸	7.51mg	D-泛酸钙	0.715mg
组氨酸，HCl·H_2O	21mg	维生素 B_6	0.206mg
异亮氨酸	2.6mg	维生素 B_2	0.376mg
亮氨酸	13.1mg	维生素 B_1	1.01mg
赖氨酸	29.3mg	维生素 B_{12}	1.36mg
左旋蛋氨酸	4.48mg	二水合氯化钙（$CaCl_2 \cdot 2H_2O$）	44.10mg
苯丙氨酸	4.96mg	五水硫酸铜（$CuSO_4 \cdot 5H_2O$）	0.0025mg
脯氨酸	11.5mg	七水硫酸亚铁（$FeSO_4 \cdot 7H_2O$）	0.83mg
丝氨酸	10.5mg	氯化钾（KCl）	285mg
苏氨酸	3.57mg	磷酸二氢钾（KH_2PO_4）	83mg
色氨酸	0.6mg	七水硫酸镁（$MgSO_4 \cdot 7H_2O$）	152.8mg
酪氨酸	1.81mg	氯化钠（NaCl）	7400mg
L-缬氨酸	3.5mg	碳酸氢钠（$NaHCO_3$）	1200mg
葡萄糖	1100mg	水合磷酸二氢钠（$NaH_2PO_4 \cdot H_2O$）	290mg
次黄嘌呤	4.08mg	七水硫酸锌（$ZnSO_4 \cdot 7H_2O$）	0.028mg
硫辛酸	0.2mg	酚红	1.2mg
蒸馏水			1L

充分溶解，过滤除菌。调节 pH 至 7.0±0.2。使用前进行无菌检验。

M59：心浸出液琼脂（HIA）

2001年1月

牛心浸出液	500g
胰蛋白胨	10g
氯化钠（NaCl）	5g
琼脂	15g
蒸馏水	1L

或

血琼脂基础2号	1L
朊蛋白胨	15g
肝脏水解液	2.5g
酵母浸出液	5g
氯化钠（NaCl）	5g
琼脂	12g

121℃高压灭菌15min。配制血平板时，加蒸馏水至950mL，灭菌，冷却至40℃后，另加50mL去纤维蛋白马血和4mL FBP。调节 pH 至 7.4±0.2。

M60：心浸出液（HI）肉汤及琼脂（HIA）（用于弧菌）

2001 年 1 月

500g 牛心的浸出液	1L
胰蛋白脲	10g
氯化钠（NaCl）	5g

溶解分装至管中（用于嗜盐弧菌时每升肉汤再加 15g NaCl）。121℃高压灭菌15min。调节 pH 至 7.4±0.2。

配制 HIA 时，每升加入 15g 琼脂，煮沸溶解，分装灭菌。

M61：HE 琼脂

2001 年 1 月，2013 年 8 月更新

蛋白胨	12g	氯化钠（NaCl）	5g
酵母浸出液	3g	硫代硫酸钠	5g
胆盐 3 号	9g	柠檬酸铁铵	1.5g
乳糖	12g	溴酚蓝	0.065g
蔗糖	12g	酸性品红	0.1g
水杨苷	2g	琼脂	14g
蒸馏水			1L

搅拌、煮沸溶解（不超过 1min，勿过热）。水浴冷却，分装至 15mm×100mm 平皿中，20mL/平皿。部分开盖干燥 2h，调节 pH 至 7.5±0.2。

4±2℃可保存 30d。

M62：HC（肠出血性大肠杆菌菌株）琼脂

2001 年 1 月

胰蛋白胨	20g
3 号胆盐	1.12g
氯化钠（NaCl）	5g
山梨醇	20g
MUG 试剂	0.1g
溴甲酚紫	0.015g
琼脂	15g
去离子蒸馏水	1L

加热搅拌溶解，121℃高压灭菌 15min，调节 pH 至 7.2±0.2。（注：在酶标单抗试验时可不用 MUG 试剂）。

DNA 探针杂交时，如果菌落未被分离出，可不用 MUG 试剂。平皿在 4℃可包装后保存 3~4 周。而且若平皿过于干燥，菌落就难以黏附至杂交膜上。

M63：Hugh-Leifson 葡萄糖肉汤（HLGB）

2001 年 1 月

蛋白胨	2g
酵母浸出液	0.5g
氯化钠（NaCl）	30g

续表

葡萄糖	10g
溴甲酚紫	0.015g
琼脂	3g
蒸馏水	1L

加热搅拌溶解，调节 pH 至 7.4±0.2，121℃高压灭菌 15min。

M64:吲哚培养基

2001 年 1 月

L-色氨酸	1g
氯化钠（NaCl）	1g
磷酸氢二钾（K_2HPO_4）	3.13g
磷酸二氢钾（KH_2PO_4）	0.27g
蒸馏水	200mL

充分溶解，用 13mm×100mm 管分装成 1mL/管，121℃高压灭菌 15min。调节 pH 至 7.2±0.2。

M65:吲哚培养基（CDC）

2001 年 1 月

胰蛋白胨或胰酶解酪蛋白	20g
蒸馏水	1L

调节 pH 7.3±0.2，用 13mm×100mm 管分装成 4mL/管，121℃高压灭菌 15min。调节 pH 至 7.2±0.2。

M66:吲哚亚硝酸盐培养基（胰蛋白酶硝酸盐）

2001 年 1 月

胰酶解酪蛋白	20g
磷酸氢二钠	2g
葡萄糖	1g
硝酸钾（KNO_3）	1g
琼脂	1g
蒸馏水	1L

加热搅拌溶解，用 16mm×150mm 管分装成 11mL/管，118℃高压灭菌 15min。调节 pH 至 7.2±0.2。

M67:ITC 肉汤

2001 年 1 月

胰蛋白胨	10g
酵母浸出液	1g
六水氯化镁（$MgCl_2 \cdot 6H_2O$）	60g
氯化钠（NaCl）	5g
氯酸钾（$KClO_3$）	1g
0.2%孔雀绿	5mL
蒸馏水	1L

调节 pH 至 7.6±0.2，121℃高压灭菌 15min。

然后加入以下物质：

替卡西林	（1mg/mL）	1mL
二氯苯氧氯酚	（1mg/mL）	1mL

M68：改良含铁牛乳培养基

2001 年 1 月

新鲜全脂牛乳	1L
七水硫酸亚铁（$FeSO_4 \cdot 7H_2O$）	1g
蒸馏水	50mL

将 $FeSO_4 \cdot 7H_2O$ 溶于 50mL 蒸馏水中。缓慢加入至 1L 牛乳中，磁力搅拌混匀。用 16mm×150mm 管分装成 11mL/管，118℃高压灭菌 12min。

M69：金氏 B 培养基

2001 年 1 月

际蛋白胨 3	20g
甘油	10mL
磷酸氢二钾（K_2HPO_4）	1.5g
硫酸镁（$MgSO_4$）	1.5g
琼脂	15g
蒸馏水	1L

加热溶解除 $MgSO_4$的其他物质。调节 pH 至 7.2±0.2。缓慢加入 $MgSO_4$，混匀。用 13mm×100mm 管分装成 4mL/管，121℃高压灭菌 15min。倾斜放置，使之成为一半斜面一半柱状。

M70：金氏 O/P 基础培养基

2001 年 1 月

基础培养基

胰酶解酪蛋白或酪胨	2g
1.5%酚红溶液	2mL
琼脂	3g
蒸馏水	1L

加热搅拌溶解，调节 pH 至 7.3±0.2。分装成 100mL/瓶，121℃高压灭菌 15min。冷却至 50℃。

10%碳水化合物溶液：

10g 碳水化合物溶于 100mL 蒸馏水中。0.22μm 滤膜过滤除菌。在 90mL 基础培养基中加入 10mL 此溶液，混匀。用 13mm×100mm 管无菌分装成 3mL/管。

M71：克氏双糖铁琼脂

2001 年 1 月

多蛋白胨	20g
乳糖	20g
葡萄糖	1g
氯化钠（NaCl）	5g

续表

柠檬酸铁铵	0.5g
硫代硫酸钠（$Na_2S_2O_3$）	0.5g
琼脂	15g
酚红	0.025g
蒸馏水	1L

加热搅拌溶解。分装至 13mm×100mm 管中，121℃高压灭菌 15min。倾斜冷却。调节 pH 至 7.4±0.2。用于嗜盐弧菌时，NaCl 终浓度为 2%~3%。

M72：Koser 柠檬酸盐肉汤

2001 年 1 月

4 水磷酸氢铵钠（$NaNH_4HPO_4 \cdot 4H_2O$）	1.5g
磷酸二氢钾（KH_2PO_4）	1g
七水硫酸镁（$MgSO_4 \cdot 7H_2O$）	0.2g
二水合枸橼酸钠	3g
蒸馏水	1L

根据需要分装至旋盖管中，121℃高压灭菌 15min。调节 pH 至 6.7±0.2。

M73：改良 Leibovitz L-15 培养基

2001 年 1 月

D-半乳糖 · $2H_2O$	90mg	*L*-酪氨酸	300mg
酚红，Na	10mg	*L*-缬氨酸	200mg
丙酮酸钠	550mg	*D*-泛酸钙	1mg
DL-丙氨酸	450mg	氯化胆碱	1mg
L-精氨酸，游离基	500mg	维生素 B_{11}	1mg
L-天冬酰胺 · H_2O	250mg	肌醇	2mg
L-半胱氨酸，游离基	120mg	烟酰胺	1mg
L-谷氨酰胺	300mg	维生素 B_6	1mg
甘氨酸	200mg	维生素 B_2	0.1mg
L-组氨酸，游离基	250mg	维生素 B_1	1mg
L-异亮氨酸	250mg	无水氯化钙	140mg
L-亮氨酸（HCl）	125mg	氯化钾（KCl）	400mg
DL-甲硫氨酸	150mg	磷酸二氢钾（KH_2PO_4）	60mg
L-苯丙氨酸	250mg	无水氯化镁	93.68mg
L-丝氨酸	200mg	氯化钠（NaCl）	8000mg
DL-苏氨酸	600mg	无水磷酸氢二钠（Na_2HPO_4，anhydrous）	190mg
L-色氨酸	20mg	蒸馏水	1L

0.20μm 滤膜过滤除菌，分装至 2L 锥形瓶中。调节 pH 至 7.5，5℃保存。

M74：乳糖肉汤

2001 年 1 月

牛肉浸出液	3g
蛋白胨	5g
乳糖	5g
蒸馏水	1L

分装 225mL 至 500mL 锥形瓶中。使用前 121℃高压灭菌 15min，无菌定容至 225mL，调节 pH 至 6.9±0.2。

M75：乳糖明胶培养基（用于产气荚膜梭菌）

2001 年 1 月

胰蛋白胨	15g
酵母浸出液	10g
乳糖	10g
1%酚红溶液（溶于 95%酒精）	5mL
明胶	120g
蒸馏水	1L

将胰蛋白胨、酵母浸出液和乳糖溶于 400mL 蒸馏水中加热溶解。明胶于 50~60℃时溶于 600mL 蒸馏水。将两种溶液混匀。调节 pH 至 7.5±0.2。加入酚红溶液。用 16mm×150mm 管分装成 10mL/管，121℃高压灭菌 10min。若 8h 内不使用，在使用前 50~70℃加热 2~3h。

M76：月桂基胰蛋白胨（LST）肉汤

2001 年 1 月

胰蛋白胨或胰酶解酪蛋白	20g
乳糖	5g
磷酸氢二钾（K_2HPO_4）	2.75g
磷酸二氢钾（KH_2PO_4）	2.75g
氯化钠（NaCl）	5g
硫酸月桂酯钠	0.1g
蒸馏水	1L

用 20mm×150mm 管（内含 10mm×75mm 发酵管）分装成 10mL/管。121℃高压灭菌 15min。pH 6.8±0.2。

M77：月桂基胰蛋白胨 MUG（LST-MUG）肉汤

2001 年 1 月

胰蛋白胨或胰酶解酪蛋白	20g
乳糖	5g
磷酸氢二钾（K_2HPO_4）	2.75g
磷酸二氢钾（KH_2PO_4）	2.75g
氯化钠（NaCl）	5g
硫酸月桂酯钠	0.1g
MUG	50mg
蒸馏水	1L

在LST培养基中加入MUG。用20mm×150mm管（含10mm×75mm发酵管）分装成10mL/管。121℃高压灭菌15min。调节pH至6.8±0.2。

M78：改良Letheen琼脂（mLA）

2001年1月

Letheen琼脂（Difco or BBL）	32g
胰酶解酪蛋白	5g
硫化蛋白胨	10g
酵母浸出液	2g
氯化钠（NaCl）	5g
亚硫酸氢钠（$NaHSO_3$）	0.1g
琼脂	5g
蒸馏水	1L

加热搅拌溶液，121℃高压灭菌15min。用15mm×100mm管无菌分装成20mL/平皿。调节pH至7.2±0.2。

M79：改良Letheen肉汤（mLB）

2001年1月

Letheen肉汤	25.7g
胰酶解酪蛋白	5g
硫化蛋白胨	10g
酵母浸出液	2g
亚硫酸氢钠	0.1g
蒸馏水	1L

分装成90mL/瓶，121℃高压灭菌15min。调节pH至7.2±0.2。

M80：Levine伊红美蓝（L-EMB）琼脂

2001年1月

蛋白胨	10g
乳糖	10g
磷酸氢二钾（K_2HPO_4）	2g
琼脂	15g
伊红Y	0.4g
美蓝	0.065g
蒸馏水	1L

煮沸溶解蛋白胨、磷酸盐和琼脂，定容至1L。分装成100或200mL/份，121℃高压灭菌15min。调节pH至7.1±0.2。

使用前，融化琼脂，每100mL加入以下物质：

a. 5mL灭菌20%乳糖溶液；

b. 2mL 2%伊红Y溶液；

c. 4.3mL 0.15%美蓝溶液。

若使用的为完全培养基，直接煮沸溶解于1L蒸馏水中。分装成100或200mL/份，121℃高压灭菌15min。调节pH至7.1±0.2。

M81：LPM 培养基

2001 年 1 月

苯基乙醇琼脂	35.5g
甘氨酸酐，注：非甘氨酸	10g
氯化锂（LiCl）	5g
羟羧氧酰胺菌素母液，溶于 1%磷酸盐缓冲液，pH 6.0	2mL
蒸馏水	1L

将培养基（不含羟羧氧酰胺菌素）121℃高压灭菌 15min。冷却至 48~50℃后加入过滤除菌的羟羧氧酰胺菌素溶液。

羟羧氧酰胺菌素母液：

1g 羟羧氧酰胺菌素（氨盐或钠盐）溶于 100mL 0.1mol/L K_2HPO_4中，pH 6.0。过滤除菌后分装成 2mL/份冷冻保存。

M82：含七叶苷和三价铁的 LPM 培养基

2001 年 1 月

七叶苷	1.0g
柠檬酸铁铵	0.5g

将它们加入至 LPM（M81）中，121℃高压灭菌 15min。冷却至 48~50℃后加入过滤除菌的羟羧氧酰胺菌素溶液。

M83：肝脏-牛肉琼脂

2001 年 1 月

肝脏浸出液	50g	可溶淀粉	10g
牛肉浸出液	500g	中性酪蛋白	2g
际蛋白胨	20g	氯化钠（NaCl）	5g
新蛋白胨	1.3g	硝酸钠（$NaNO_3$）	2g
胰蛋白胨	1.3g	明胶	20g
葡萄糖	5g	琼脂	15g
蒸馏水			1L

加热搅拌溶解，121℃高压灭菌 15min。调节 pH 至 7.3±0.2。

M84：肝脏-牛肉-卵黄琼脂

2001 年 1 月

新鲜卵黄	2 或 3 个
牛肉肝脏琼脂	48.5g
蒸馏水	500mL

加热搅拌溶解，121℃高压灭菌 15min，冷却至 50℃。

卵黄溶液：

500mL 琼脂中加入 40mL 卵黄盐溶液（制备见 M51）。充分混匀，分装至 15mm×100mm 平皿中。室温干燥 2d 或 35℃干燥 24h。无菌检验后冷藏保存。有时可直接使用无卵黄的培养基。

M85:长期保存培养基

2001年1月

0.3%酵母浸出液	3g
蛋白胨	10g
氯化钠（NaCl）	30g
琼脂	3g
蒸馏水	1L

加热溶解，用13mm×100mm管分装成4mL/管，121℃高压灭菌15min。不需调节pH。

M86:赖氨酸精氨酸铁琼脂（LALA）

2001年1月

蛋白胨	5g
酵母浸出液	3g
葡萄糖	1g
L-赖氨酸	10g
L-精氨酸	10g
柠檬酸铁铵	0.5g
硫代硫酸钠	0.04g
溴甲酚紫	0.02g
琼脂	15g

pH 6.8。煮沸溶解，用13mm×100mm管分装成5mL/管，121℃高压灭菌12min。倾斜冷却。

M87:赖氨酸脱羧酶肉汤（Falkow）（用于沙门氏菌）

2001年1月

锗溶解蛋白胨或蛋白胨	5g
酵母浸出液	3g
葡萄糖	1g
L-赖氨酸	5g
溴甲酚紫	0.02g
蒸馏水	1L

加热溶解。用16mm×125mm管分装成5mL/管，121℃高压灭菌15min。调节pH至6.8±0.2。用于嗜盐弧菌时，添加终浓度为2%~3%的NaCl。

M88:赖氨酸脱羧酶（LDC）培养基（用于革兰氏阴性非发酵菌）

2001年1月

L-赖氨酸盐酸盐	0.5g
葡萄糖	0.5g
磷酸二氢钾（KH_2PO_4）	0.5g
蒸馏水	1L

充分溶解。调节 pH 至 4.6±0.2。121℃高压灭菌 15min，用 13mm×100mm 管无菌分装成 1mL/管。

M89：赖氨酸铁琼脂（**Edwards 和 Fife**）

2001 年 1 月

锗溶解蛋白胨或蛋白胨	5g
酵母浸出液	3g
葡萄糖	1g
L-赖氨酸，HCl	10g
柠檬酸铁铵	0.5g
无水硫代硫酸钠	0.04g
溴甲酚紫	0.02g
琼脂	15g
蒸馏水	1L

加热溶解。用 13mm×100mm 管分装成 4mL/管，121℃高压灭菌 12min，倾斜冷却使之形成 2.5cm 斜面。调节 pH 至 6.7±0.2。

M90：溶菌酶肉汤

2001 年 1 月

基础：配制营养肉汤，用 170mL 瓶分装成 99mL/瓶，121℃高压灭菌 15min。使用前冷却至室温。

溶菌酶溶液：0.1g 溶菌酶溶于 65mL 无菌 0.01mol/L HCl 中。煮沸 20min。定容至 100mL。也可以将 0.1g 溶菌酶溶于 100mL 蒸馏水中，0.45μm 滤膜过滤除菌。使用前进行无菌检验。最后在 99mL 营养肉汤中加入 1mL 溶菌酶溶液，混匀后用 13mm×100mm 管分装成 2.5mL/管。

M91：麦康凯琼脂

2001 年 1 月

际蛋白胨或多蛋白胨	3g
蛋白胨或锗溶解蛋白胨	17g
乳糖	10g
胆盐 3 号或胆盐混合物	1.5g
氯化钠（NaCl）	5g
中性红	0.03g
结晶紫	0.001g
琼脂	13.5g
蒸馏水	1L

加热搅拌溶解，煮沸 1～2min。121℃高压灭菌 15min，冷却至 45～50℃，用 15mm×100mm 平皿分装成 20mL/平皿，盖上盖子室温干燥。调节 pH 至 7.1±0.2。请勿使用潮湿的平皿。

M92：丙二酸盐肉汤

2001 年 1 月

酵母浸出液	1g
硫酸铵（$(NH_4)_2SO_4$）	2g
磷酸氢二钾（K_2HPO_4）	0.6g

续表

磷酸二氢钾（KH_2PO_4）	0.4g
氯化钠（NaCl）	2g
丙二酸钠	3g
葡萄糖	0.25g
溴酚蓝	0.025g
蒸馏水	1L

加热溶解。用 13mm×100mm 管分装成 3mL/管，121℃高压灭菌 15min。调节 pH 至 6.7±0.2。

M185：麦芽琼脂（MA）

2001 年 1 月

麦芽浸膏、干粉状	20g
琼脂	20g
蒸馏水	1L

加热溶解，121℃高压灭菌 15min。冷却至 45℃无菌分装至平皿。

制备斜面琼脂时分装至 16mm×125mm 管，5~6mL/管，高压灭菌，倾斜冷却。（MA 为主要的维持培养基）

M93：麦芽提取物琼脂（MEA，用于化妆品微生物检测）

2001 年 1 月

麦芽浸膏	30g
琼脂	20g
蒸馏水	1L

煮沸溶解（避免过热，否则会导致琼脂软化、颜色变暗）。121℃高压灭菌 15min，用 15mm×100mm 平皿分装成 20~25mL/平皿。调节 pH 至 5.5±0.2。

用于化妆品微生物检测时，将灭菌培养基冷却至 47~50℃，在 1L 此培养基中加入 4mL 过滤除菌的盐酸氯四环素溶液（1g/100mL）（浓度为 40mg/L）。充分混匀，用 15mm×100mm 平皿分装成 20mL/平皿。

M182：麦芽提取物琼脂（用于酵母和霉菌培养 MEAYM）

2001 年 1 月

麦芽浸膏	20g
葡萄糖	20g
蛋白胨	1g
琼脂	20g
蒸馏水	1L

混匀，加热溶解，121℃高压灭菌 15min。冷却至 45℃，无菌分装。调节 pH 至 5.4。

MEAYM 建议用于曲霉和青霉菌鉴定。

M94：麦芽提取物肉汤

2001 年 1 月

麦芽浸出液基础	6g
麦芽糖	1.8g

续表

葡萄糖	6g
酵母浸出液	1.2g
蒸馏水	1L

调节 pH 至 4.7±0.2。

M95:甘露醇卵黄多黏菌素（MYP）琼脂

2001 年 1 月

基础培养基

牛肉浸膏	1g
蛋白胨	10g
甘露醇	10g
氯化钠（NaCl）	10g
1%中性红溶液，溶于 95%乙醇	2.5mL
琼脂	15g
蒸馏水	900mL

加热搅拌溶解，调节 pH 使之在灭菌后能到达 7.2±0.2。分装 225mL 至 500mL 锥形瓶中，121℃高压灭菌 15min。冷却至 50℃。

0.1%多黏菌素 B 溶液：500000U 硫酸多黏菌素 B 溶于 50mL 蒸馏水中，过滤除菌，4℃保存备用。

50%卵黄乳液：配制方法见 M51。

完全培养基：225mL 基础培养基中加入 2.5mL 多黏菌素 B 溶液和 12.5mL 卵黄乳液。用 15mm×100mm 平皿混匀分装至 18mL/平皿，室温干燥 24h。

M96:甘露醇麦芽糖琼脂

2001 年 1 月

植物蛋白胨	5g
多蛋白胨	5g
牛肉浸膏	5g
D-甘露醇	10g
麦芽糖	10g
氯化钠（NaCl）	20g
琼脂	13g
1000×染料母液	1mL
蒸馏水	1L

煮沸溶解，调节 pH 至 7.8±0.2。121℃高压灭菌 15min。

1000×染料母液：配制方法见 M98。

M97:甘露醇盐琼脂

2001 年 1 月

牛肉浸膏	1g
多蛋白胨	10g

续表

氯化钠（NaCl）	75g
甘露醇	10g
酚红	0.025g
琼脂	15g
蒸馏水	1L

加热搅拌溶解并煮沸1min。用15mm×100mm平皿分装成20mL/平皿，121℃高压灭菌15min。调节pH至7.4±0.2。

M30a：改良弯曲菌无血选择性琼脂基础（mCCDA）

2001年1月

CCDA琼脂	45.5g
酵母浸出液	2g
蒸馏水	1L

121℃高压灭菌15min。调节pH至7.4±0.2。冷却后加入头孢哌酮（肉汤加6.4mL，A-H琼脂加4mL），4mL利福平和4mL两性霉素B。

M98：改良纤维二糖多黏菌素B黏菌素（mCPC）琼脂

2001年1月

溶液1

蛋白胨	10g
牛肉浸出液	5g
氯化钠（NaCl）	20g
1000×染料母液	1mL
琼脂	15g
蒸馏水	900mL

调节pH至7.6，煮沸溶解琼脂，冷却至48~55℃。

1000×染料母液

溴酚蓝	4g
甲酚红	4g
95%乙醇	100mL

为了确保培养基颜色均一，建议使用染料溶液，而非每次加入染料干粉。将染料溶于乙醇中配制4%（W/V）母液。并于1L mCPC琼脂中加入1mL此母液，使染料终浓度均为40mg/L。

溶液2

纤维二糖	10g
黏菌素E	400000U
多黏菌素B	100000U
蒸馏水	100mL

加热溶解纤维二糖，冷却后加入抗生素。

最终将溶液 2 加入预冷的溶液 1 中，分装至平皿中。溶液颜色为墨绿至棕褐色。（注：无需高压灭菌，4℃可保存 2 周）

M103a：改良牛津李斯特菌选择性琼脂

2003 年 1 月

哥伦比亚血液琼脂基础	39.0~44.0g（不同品牌用量有所不同）
琼脂	2g
七叶灵	1g
柠檬酸铁铵	0.5g
氯化锂，Sigma L0505 或同等质量产品	15g
黏菌素甲烷磺酸盐溶液，1%（W/V）	1mL
蒸馏水	1L

搅拌溶解基础培养基。若需要，调节 pH 至 7.2±0.1。121℃高压灭菌 10min。混匀，水浴冷却至 46℃。加入 2mL 1%过滤除菌的羟羧氧酰胺菌素，分装成 12mL/平皿。

1%黏菌素 E 溶液

黏菌素甲烷磺酸盐溶液	1g
0.1mol/L 磷酸氢二钾（0.1 M K_2HPO_4，pH 6.0±0.1）	100mL

分装成 5mL/份，-20°C 保存。

1%羟羧氧酰胺菌素溶液

羟羧氧酰胺菌素（钠盐或铵盐）	1g
0.1mol/L 磷酸氢二钾（0.1mol/L K_2HPO_4，pH 6.0±0.1）	100mL

过滤除菌，分装成 2mL/份，-20°C 保存。

M99：动力吲哚鸟氨酸（MIO）培养基

2001 年 1 月

酵母浸出液	3g
蛋白胨	10g
胰蛋白胨	10g
L-鸟氨酸，HCl	5g
葡萄糖	1g
琼脂	2g
溴甲酚紫	0.02g
蒸馏水	1L

用 13mm×100mm 管分装成 4mL/管，121℃高压灭菌 15min。调节 pH 至 6.5±0.2。

M100:动力培养基（用于蜡样芽孢杆菌）

2001年1月

胰酶解酪蛋白	10g
酵母浸出液	2.5g
葡萄糖	5g
磷酸氢二钠（Na_2HPO_4）	2.5g
琼脂	3g
蒸馏水	1L

加热搅拌溶解，分装100mL于170mL瓶中。121℃高压灭菌15min。调节pH至7.4±0.2。冷却至50℃。用13mm×100mm管无菌分装成2mL/管。使用前室温保存2d。

M101:动力硝酸盐培养基（用于化妆品检测）

2001年1月

胰蛋白胨	10g
心浸出液琼脂	8g
硝酸钾（或钠盐）	1g
葡萄糖	0.5g
蒸馏水	1L

加热搅拌溶解，用13mm×100mm管分装成4mL/管，121℃高压灭菌15min。

注意：硝酸盐中应不含亚硝酸盐。

M102:动力硝酸盐缓冲培养基（用于产气荚膜梭菌）

2001年1月

牛肉浸膏	3g
蛋白胨	5g
硝酸钾（KNO_3）	1g
磷酸氢二钠（Na_2HPO_3）	2.5g
琼脂	3g
半乳糖	5g
甘油	5mL
蒸馏水	1L

溶解，调节pH至7.3±0.1，加入琼脂粉后加热溶解。用16mm×150mm管分装成11mL/管，121℃高压灭菌15min。若4h后使用，沸水中加热10min，冷却后再使用。

M103:半固体动力试验培养基

2001年1月

牛肉浸膏	3g
蛋白胨	10g
氯化钠（NaCl）	5g
琼脂	4g
蒸馏水	1L

加热搅拌溶解并煮沸1~2min。用16mm×150mm管分装成8mL/管，121℃高压灭菌15min。调节pH至7.4±0.2。

用于李斯特菌试验的培养基经密封后可冷藏保存两周。

用于沙门氏菌试验时，用20mm×150mm管分装20mL/管，121℃高压灭菌15min，冷却至45℃后旋紧瓶盖，

5~8℃保存。使用时煮沸溶解，冷却至 45℃后将培养基倒入 15mm×100mm 的平皿中。并于当天使用。调节 pH 至 7.4±0.2。

用于嗜盐弧菌时，NaCl 终浓度提高至 2%~3%。

M104:MR-VP 肉汤

2001 年 1 月

培养基 1

缓冲蛋白胨水干粉（Difco 或 BBL）	7g
葡萄糖	5g
磷酸氢二钾（K_2HPO_4）	5g
蒸馏水	1L

培养基 2

酪蛋白胰酶消化物	3.5g
动物组织胃蛋白酶消化物	3.5g
葡萄糖	5g
磷酸氢二钾（K_2HPO_4）	5g
蒸馏水	1L

溶于蒸馏水中，用 16mm×150mm 管分装成 10mL/管，118~121℃高压灭菌15min。调节 pH 至 6.9±0.2。

培养基 3

蛋白胨	5g
葡萄糖	5g
磷酸盐缓冲液	5g
蒸馏水	1L

用 16mm×150mm 管分装成 10mL/管，121℃高压灭菌 15min。调节 pH 至 7.5±0.2。

用于沙门氏菌时用 16mm×150mm 管分装成 10mL/管，121℃高压灭菌 15min。

用于嗜盐弧菌时 NaCl 终浓度提高至 2%~3%。

M105:黏液酸盐肉汤

2001 年 1 月

蛋白胨	10g
黏酸	10g
溴酚蓝	0.024g
蒸馏水	1L

溶解蛋白胨后，缓慢加入 5mol/L NaOH 搅拌溶解黏酸，用 13mm×100mm 管分装成 5mL/管，121℃高压灭菌 15min。调节 pH 至 7.4±0.1。

M106:黏液酸盐对照肉汤

2001 年 1 月

蛋白胨	10g
溴酚蓝	0.024g
蒸馏水	1L

充分溶解。用 13mm×100mm 管分装成 5mL/管，121℃高压灭菌 15min。调节 pH 至 7.4±0.1。

M107:M-H 琼脂

2001 年 1 月

牛肉的浸出液	300g
蛋白胨或酪蛋白氨基酸（BBLDifco）	17.5g
淀粉	1.5g
琼脂	17g
蒸馏水	1L

加热煮沸 1min，116℃高压灭菌 15min。调节 pH 至 7.3±0.2。

用于嗜盐弧菌时，NaCl 终浓度提高至 2%~3%。

M108:硝酸盐肉汤

2001 年 1 月

牛肉浸出液	3g
蛋白胨	5g
硝酸钾（不含亚硝酸盐）KNO_3	1g
蒸馏水	1L

充分溶解。用 16mm×125mm 管分装成 5mL/管，121℃高压灭菌 15min。调节 pH 至 7.0±0.2。

M109:浓缩硝酸盐肉汤（CDC）

2001 年 1 月

牛肉浸膏	25g
硝酸钾（不含亚硝酸盐）KNO_3	2g
蒸馏水	1L

用 13mm×100mm 管分装成 4mL/管，121℃高压灭菌 15min。调节 pH 至 7.3±0.2。

M110:硝酸盐还原培养基和试剂

2001 年 1 月

培养基：制备硝酸盐肉汤（M108）。

试剂 A：0.5g α-萘胺（致癌物）溶于 100mL 5mol/L 乙酸中，轻微加热。5mol/L 醋酸即为 28.7mL 冰醋酸（17.4mol/L）加至 100mL 蒸馏水中。

试剂 B：0.8g 磺胺酸溶于 100mL 5mol/L 醋酸中。

试剂 C：1g α-萘酚溶于 200mL 醋酸中。

锌粉。含镉试剂：将锌柱置于 20%硫酸镉溶液中数小时。弃去沉淀的镉并加入1mol/L HCl。

M111:脱脂乳粉（复原乳）

2001 年 1 月

脱脂乳粉	100g
蒸馏水	1L

用于沙门氏菌时，将 100g 脱脂乳粉溶于 1L 蒸馏水中，搅拌溶解。121℃高压灭菌 15min。

用于猴肾细胞培养时，分装 500mL 于 1L 锥形瓶中。

M112:营养琼脂（NA）

2001 年 1 月

牛肉浸膏	3g
蛋白胨	5g
琼脂	15g
蒸馏水	1L

加热煮沸溶解，分装后 121℃高压灭菌 15min。调节 pH 至 6.8±0.2。若作为血液琼脂基础，加入 8g NaCl 以防止溶血。

M113:营养琼脂（用于蜡样芽孢杆菌）

2001 年 1 月

制备斜面琼脂时配制营养琼脂并用 16mm×125mm 管分装成 6.5mL/管，121℃高压灭菌 15min。制备平皿时，分装 100~500mL 至瓶中灭菌。冷却至 50℃并分装18~20mL至 15mm×100mm 平皿中。使用前室温干燥 24~48h。

M114:营养肉汤

2001 年 1 月

牛肉浸膏	3g
蛋白胨	5g
蒸馏水	1L

加热溶解，分装 10mL/管或分装 225mL 于 500mL 锥形瓶中。121℃高压灭菌 15min。调节 pH 至 6.8±0.2。

M115:营养明胶（CDC）（用于革兰氏阴性非发酵菌）

2001 年 1 月

肉浸液	25g
明胶	120g
蒸馏水	1L

加热溶解，冷却至 55℃后调节 pH 至 7.4±0.2。用 13mm×100mm 管分装成 4mL/管，121℃高压灭菌 15min。

M116:半固体 OF 葡萄糖培养基

2001 年 1 月

胰蛋白胨（胰酶解酪蛋白）	2g
氯化钠（NaCl）	5g
磷酸氢二钾（K_2HPO_4）	0.3g
溴酚蓝	0.03g
琼脂	2g
葡萄糖	10g
蒸馏水	1L

煮沸溶解。用 13mm×100mm 管分装成 5mL/管，121℃高压灭菌 15min。调节 pH 至 6.8±0.2。

用于嗜盐弧菌时，再加 15g NaCl（终浓度为 2%）。

制备含其他糖类的培养基时，灭菌不含葡萄糖的 900mL 培养基，冷却至 45~50℃后加入 100mL 过滤除菌的 10%糖溶液。用 13mm×100mm 管无菌分装成 5mL/管。

用于弯曲杆菌时，含葡萄糖和不含葡萄糖的培养基各配制一半。

M118：牛津培养基

2001年1月

哥伦比亚血琼脂基础	39.0g
秦皮甲素	1.0g
枸橼酸铁铵	0.5g
氯化锂（LiCl）	15.0g
放线菌酮	0.4g
硫酸黏杆菌素	0.02g
吖啶黄	0.005g
头孢替坦	0.002g
磷霉素	0.010g
蒸馏水	1L

将前四种试剂（基础培养基）溶于1L蒸馏水中。煮沸溶解。121℃高压灭菌15min。冷却至50℃后无菌加入其他试剂，混匀，分装至无菌平皿中。将放线菌酮、硫酸黏杆菌素、吖啶黄和磷霉素溶于10mL乙醇中（1∶1溶于蒸馏水），使用前过滤除菌。

M117：氧化发酵（OF）试验培养基

2001年1月

基础培养基

蛋白胨	2g
氯化钠（NaCl）	5g
磷酸氢二钾（K_2HPO_4）	0.3g
溴酚蓝	0.03g
琼脂	2.5g
蒸馏水	1L

加热搅拌溶解，用13mm×100mm管分装成3mL/管，121℃高压灭菌15min。冷却至50℃。调节pH至7.1。

碳水化合物溶液：10g碳水化合物溶于90mL蒸馏水中，0.22μm滤膜过滤除菌。在2.7mL基础培养基中加入0.3mL此溶液，混匀冷却至室温。

培养时做重复管，其中一管加一层无菌石蜡油。35℃培养48h。

培养嗜盐弧菌时，NaCl的浓度加至2%~3%。

M118a：PALCAM李斯特菌选择性琼脂

2001年1月

基础培养基

蛋白胨	23g
淀粉	1g
氯化钠（NaCl）	5g
哥伦比亚琼脂	13g
甘露醇	10g
柠檬酸铁铵	0.5g
七叶苷	0.8g

续表

葡萄糖	0.5g
氯化锂（LiCl）	15g
酚红	0.08g
蒸馏水	1L

选择性试剂

硫酸多黏菌素 B	10mg
吖啶黄	5mg
头孢他啶	20mg
蒸馏水	2mL

将 34.4g 基础培养基溶于 500mL 蒸馏水中，121℃高压灭菌 15min。同时将终浓度为 17.5mg/mL 选择性试剂过滤除菌，并取 1mL 加入至 50℃的 500mL 基础培养基中，轻轻混匀，分装。调节 pH 至 7.2±0.1。

M56a：5%木瓜蛋白酶溶液

2001 年 1 月

木瓜蛋白酶	5g
蒸馏水	95mL

将蛋白酶加入至灭菌蒸馏水中，搅拌溶解。分装 100mL/瓶。

M119：青霉素-链霉素溶液

青霉素 G	500000IU
链霉素	500000μg
蒸馏水	100mL

过滤除菌，5℃保存。

用于霍乱弧菌时，可选用商品化产品。将 5mL 溶液加至 500mL 培养基中，-20℃保存。

M120：蛋白胨山梨醇胆汁肉汤

2001 年 1 月

磷酸氢二钠（Na_2HPO_4）	8.23g
水合磷酸二氢钠（$NaH_2PO_4 \cdot H_2O$）	1.2g
胆盐 3 号	1.5g
氯化钠（NaCl）	5g
山梨醇	10g
蛋白胨	5g
蒸馏水	1L

分装 100mL/瓶，121℃高压灭菌 15min，调节 pH 至 7.6±0.2。

M121：酚红碳水化合物肉汤

2001 年 1 月

胰酶解酪蛋白或际蛋白胨 3 号	10g
氯化钠（NaCl）	5g
牛肉浸膏（可选用）Beef extract	1g
酚红或 7. 2mL 0. 25%酚红溶液	0. 018g
蒸馏水	1L
碳水化合物	

将 5g 卫矛醇或 10g 乳糖或 10g 蔗糖（用于沙门氏菌试验）溶于培养基中。

用 13mm×100mm 管（含 6mm×50mm 发酵管）分装成 2. 5mL/管，118℃高压灭菌 15min。调节 pH 至 7. 4±0. 2。

或：先将不含碳水化合物的基础培养基用 13mm×100mm 管（含 6mm×50mm 发酵管）分装成 2mL/管，118℃高压灭菌 15min，冷却。同时将碳水化合物溶于 200mL 蒸馏水中，过滤除菌，并在冷却的基础培养基中加入 0. 5mL 碳水化合物溶液，轻轻混匀。调节 pH 至 7. 4±0. 2。

嗜盐弧菌试验时，NaCl 的终浓度加至 2%～3%。

M122：酚红葡萄糖肉汤

2001 年 1 月

际蛋白胨 3 号	10g
氯化钠（NaCl）	5g
牛肉浸膏，可选用	1g
葡萄糖	5g
酚红或 7. 2mL 0. 25%酚红溶液	0. 018g
蒸馏水	1L

用 13mm×100mm 管分装成 2. 5mL/管，118℃高压灭菌 10min。调节 pH 至 7. 4±0. 2。

嗜盐弧菌试验时，NaCl 的浓度加至 2%～3%。

M123：苯丙氨酸脱氨酶琼脂

2001 年 1 月

酵母浸出液	3g
L-苯丙氨酸	1g　或　*DL*-苯丙氨酸　2g
磷酸氢二钠（Na_2HPO_4）	1g
氯化钠（NaCl）	5g
琼脂	12g
蒸馏水	1L

轻微加热溶解，分装，121℃高压灭菌 10min。倾斜冷却。调节 pH 至 7. 3±0. 2。

M124：平板计数琼脂（标准方法）

2001 年 1 月

胰蛋白胨	5g
酵母浸出液	2. 5g
葡萄糖	1g

续表

琼脂（Agar）	15g
蒸馏水	1L

加热溶解，分装，121℃高压灭菌 15min。调节 pH 至 7.3±0.2。

用于酵母和霉菌时，分装至 15mm×100mm 无菌平皿中，20~25/平皿。

M125：PMP 肉汤

2001 年 1 月

磷酸氢二钠（Na_2HPO_4）	7.9g
磷酸二氢钠（NaH_2PO_4）	1.1g
蛋白胨	2.5g
D-甘露醇	2.5g
蒸馏水	1L

调节 pH 至 7.6。121℃高压灭菌 15min。

M126：氰化钾（KCN）肉汤

2001 年 1 月

氰化钾（KCN）	0.5g
际蛋白胨 3 号或多蛋白胨	3g
氯化钠（NaCl）	5g
磷酸二氢钾（KH_2PO_4）	0.225g
磷酸氢二钠（Na_2HPO_4）	5.64g
蒸馏水	1L

溶解除氰化钾外的物质，121℃高压灭菌 15min。冷却并 5~8℃保存。调节 pH 至 7.6±0.2。

KCN 母液：0.5g KCN 溶于 100mL 灭菌蒸馏水中，5~8℃保存。

利用球吸管吸取 15mL 预冷 KCN 母液至 1L 预冷培养基中。混匀后，用 13mm×100mm 管无菌分装成 1.0~1.5mL/管。利用 2 号软木塞和石蜡油封口，即将木塞于石蜡中煮沸 5min，使得盖紧塞子时，石蜡不会流入肉汤但能起到良好的密封效果。5~8℃可保存两周。

注：请勿用嘴吸取。佩戴手套操作。

M127：马铃薯葡萄糖琼脂

2001 年 1 月

马铃薯浸出液	200g
葡萄糖	20g
琼脂	20g
蒸馏水	1L

将 200g 带皮马铃薯切片于 1L 蒸馏水中煮沸 30min，纱布过滤，滤液即为马铃薯浸出液。加入其他试剂，煮沸溶解。121℃高压灭菌 15min。用 15mm×100mm 平皿分装成 20~25mL/平皿。调节 pH 至 5.6±0.2。

请勿再次煮沸使用。若使用商品化培养基，还需要加入 20g/L 的琼脂。（BBL 和 Difco 公司产品加 5g 琼脂）

配制马铃薯葡萄糖盐离子琼脂时，另外加入 75g/L NaCl。

用于化妆品中微生物检测时，将灭菌后的培养基冷却至47~50℃，加入终浓度为40mg/L金霉素，即在1L培养基中加入4mL过滤除菌的盐酸金霉素母液（1g/100mL）。混匀后用15mm×100mm平皿分装成20mL/平皿。每升培养基中加入4mL过滤除菌的盐酸氯四环素。

M128：假单胞菌琼脂F（用于产荧光素试验）

2001年1月

脲蛋白胨3号	20g
胰蛋白胨	10g
磷酸氢二钾（K_2HPO_4）	1.5g
硫酸镁（$MgSO_4$）	0.73g
甘油	10g
琼脂	15g
蒸馏水	1L

将培养基干粉和甘油加至蒸馏水中，混匀，煮沸溶解。121℃高压灭菌15min。调节pH至7.0。

M129：假单胞菌琼脂P（用于产绿脓菌素试验）

2001年1月

蛋白胨	20g
硫酸钾（K_2SO_4）	10g
氯化镁（$MgCl_2$）	1.4g
甘油	10g
琼脂	15g
蒸馏水或去离子水	1L

配制同M128。

M130：溴甲酚紫碳水化合物肉汤

2001年1月

脲蛋白胨3号	10g
牛肉浸膏	1g
氯化钠（NaCl）	5g
溴甲酚紫	0.02g
蒸馏水	1L

配制如M121。调节pH至6.8±0.2。嗜盐弧菌试验时，NaCl浓度提高至2%~3%。

M130a：溴甲酚紫碳水化合物发酵肉汤

2001年1月

溴甲酚紫碳水化合物基础	15g
蒸馏水	900mL

溶解，用16mm×125mm管（含Durham管）分装成9mL/管。121℃高压灭菌15min。同时配制5%糖溶液（除了七叶灵），过滤或高压灭菌。加1mL碳水化合物溶液至9mL肉汤基础培养基中。

直接将七叶灵加入到基础肉汤中，115℃高压灭菌15min。室温条件下，5%七叶灵溶液为胶样，难以吸取。

M131：吡嗪酰胺酶琼脂

2001 年 1 月

胰蛋白酶大豆肉汤，M152	30g
酵母浸出液	3g
吡嗪酰胺	1g
0.2mol/L Tris-马来酸，pH 6.0	1L

加热煮沸，用 16mm×125mm 平皿分装成 5mL/平皿。121℃高压灭菌 15min。倾斜冷却。

M131a：单核细胞增生李斯特菌快速检测培养基

2001 年 1 月

蛋白胨类	30g
肉浸膏	5g
酵母浸出液	1g
氯化锂（LiCl）	9g
选择性试剂	20mL
D-木糖	10g
酚红	0.12g
琼脂	13g
显色底物	1mL
蒸馏水	1000mL

调节 pH 至 7.3±0.1。2~8℃避光保存 4 个月。此培养基含有 *D*-木糖和酚红，因此能区分鉴定伊诺卡和单核细胞增生李斯特菌。

M132：氯化镁孔雀绿（RV）肉汤

2001 年 1 月

基础肉汤

胰蛋白酶	5g
氯化钠（NaCl）	8g
磷酸二氢钾（KH_2PO_4）	1.6g
蒸馏水	1L

氯化镁溶液

六水氯化镁（$MgCl_2 \cdot 6H_2O$）	400g
蒸馏水	1L

孔雀绿溶液

孔雀绿	0.4g
蒸馏水	1L

将 1000mL 基础肉汤、100mL 氯化镁溶液和 10mL 孔雀绿溶液混合配制完全培养基（总体积 1110mL）。基础肉汤现配现用。用 16mm×150mm 平皿分装成 15mL/平皿。115℃高压灭菌 15min。调节 pH 至 5.5±0.2。冷藏

保存，1 个月内使用。

氯化镁溶液于棕色瓶中可室温保存 1 年。且由于该物质吸水性非常强，在配制时将新开的整瓶氯化镁全配成溶液。

孔雀绿溶液于棕色瓶中可室温保存 6 个月。推荐使用默克公司分析纯孔雀绿。

不推荐使用商品化产品，且特别注意此培养基的配方和保存温度。

M133：沙氏葡萄糖肉汤和琼脂

2001 年 1 月

多聚蛋白胨或新蛋白胨	10g
葡萄糖	40g
蒸馏水	1L

充分溶解，分装至旋盖瓶中，40mL/瓶。调节 pH 至 5. 8。118～121℃高压灭菌 15min，勿超过 121℃。

Sabouraud 葡萄糖琼脂即在肉汤中加入 15～20g 琼脂。调节 pH 至 5. 6±0. 2。分装，118～121℃高压灭菌 15min。

M134：亚硒酸盐胱氨酸肉汤

2001 年 1 月

培养基 1（改良 Leifson 亚硒酸盐肉汤）

胰蛋白胨或多蛋白胨	5g
乳糖	4g
亚硒酸氢钠（$NaHSeO_3$）	4g
磷酸氢二钠（Na_2HPO_4）	10g
L-胱氨酸	0. 01g
蒸馏水	1L

煮沸溶解。用 16mm×150mm 管分装 10mL/管，蒸汽加热 10min。勿高压灭菌。调节 pH 至 7. 0±0. 2。培养基未灭菌，当天使用。

培养基 2

多蛋白胨	5g
乳糖	4g
亚硒酸氢钠（$NaHSeO_3$）	4g
磷酸氢二钠（Na_2HPO_4）	5. 5g
磷酸二氢钾（KH_2PO_4）	4. 5g
L-胱氨酸	0. 01g
蒸馏水	1L

煮沸溶解。用 16mm×150mm 管分装 10mL/管（16mm×150mm），蒸汽加热 10min。勿高压灭菌。调节 pH 至 7. 0±0. 2。培养基未灭菌，当天使用。

M30d：生化鉴定用改良半固体培养基

2001 年 1 月

基础培养基

弯曲杆菌增菌肉汤	27. 6g
琼脂	1. 8g
蒸馏水	1000mL
中性红溶液	10mL

混匀，煮沸溶解，分装成 4 瓶，250mL/份。在其中 3 瓶中加入 2. 5mL 中性红溶液以及甘氨酸、NaCl 和半胱氨酸。另外一瓶中加入硝酸钾。调节 pH 至 7. 4±0. 2，用 16mm×125mm 管分装成 10mL/管，121℃高压灭菌 15min。

生化试剂

0. 2%中性红溶液：0. 2g 中性红溶于 10mL 乙醇中，最后定容至 100mL。

硝酸钾溶液（终浓度 1g/100mL）：2. 5g 溶于 250mL（10g/L）不含中性红的半固体培养基中。

甘氨酸（终浓度 1g/100mL）：2. 5g 溶于 250mL（10g/L）含中性红半固体培养基中。

NaCl（终浓度 3. 5g/100mL）：7. 5g 溶于 250mL（30g/L）含中性红半固体培养基中。

盐酸半胱氨酸（终浓度 0. 02g/100mL）：0. 0. 5g 溶于 250mL（0. 2g/L）含中性红半固体培养基中。

M30c：培养保存用改良半固体培养基

2001 年 1 月

弯曲杆菌增菌肉汤	27. 6g
琼脂	1. 8g
柠檬酸钠	0. 1g
蒸馏水	1000mL

混匀，调节 pH 至 7. 4±0. 2，煮沸并用 16mm×125mm 管分装成 10mL/管。121℃高压灭菌 15min。

M135：绵羊血琼脂

血琼脂基础（OXOID NO. 2）	95mL
无菌绵羊血，去纤维蛋白	5mL

溶解并按产品说明灭菌。45~46℃时将琼脂基础和绵羊血混匀，分装至平皿。

M195：**STEC** 心浸出液血琼脂，含丝裂霉素 **C**（**SHIBAM**）

2001 年 1 月

心浸出液琼脂基础

10mmol/L 氯化钙（$CaCl_2$）

4% 脱纤维绵羊血（洗涤五次，配制如下）

0. 5μg/mL 丝裂霉素 C（配制成 1mg/mL 母液）

琼脂配制：

心浸出液琼脂基础	48g
胰蛋白胨	6g
1M 氯化钙（$CaCl_2$）	12mL
蒸馏水	1. 14L

加热煮沸。121℃高压灭菌 15min。调节 pH 至 7. 3 ± 0. 2。水浴冷却至 45℃。加入洗涤后的绵羊血和 600μg 丝裂霉素 C（600μL 1mg/mL 的丝裂霉素 C 母液），混匀，分装 20mL 至每个 15mm×100mm 无菌平皿中。盖上盖子，

室温干燥。4℃避光保存，3 个月内使用。

绵羊血准备：

- 分装 48mL 脱纤维绵羊血至 50mL 离心管中，每管 2~24mL。
- 4℃ ，740g 离心 6min（非新鲜绵羊血需要更长时间的离心分离）。
- 吸走上清液，加入等体积过滤除菌的预冷 1×PBS。
- 重复以上步骤，洗涤 5 次。
- 最终将红细胞重悬至 48mL PBS 中。

也可以购买商品化绵羊血，洗涤 5 次，重悬于 1×PBS 中。

M136：志贺氏菌增菌肉汤

2001 年 1 月

基础肉汤

胰蛋白胨	20g
磷酸氢二钾（K_2HPO_4）	2g
磷酸二氢钾（KH_2PO_4）	2g
氯化钠（NaCl）	5g
葡萄糖	1g
吐温-80	1. 5mL
蒸馏水	1L

121℃高压灭菌 15min。调节 pH 至 7. 0±0. 2。

新生霉素溶液：50mg 溶于 1L 蒸馏水中。0. 45μm 膜过滤除菌后加 2. 5mL 至 225mL 基础肉汤中。

M137：SIM 动力培养基

2001 年 1 月

酪蛋白胰酶消化物，酪胨	20g
动物组织胃蛋白酶消化物（牛肉浸膏）	6. 1g
硫酸亚铁铵	0. 2g
硫代硫酸钠（$Na_2S_2O_3$）	0. 2g
琼脂	3. 5g

溶解后用 16mm×150mm 管分装成 6mL/管。按产品说明灭菌。调节 pH 至 7. 3±0. 2。商品化琼脂可从 BBL 公司购买。请勿使用 Difco 公司的 SIM 培养基。

M138：西蒙氏柠檬酸盐琼脂

2001 年 1 月

柠檬酸钠	2g
氯化钠（NaCl）	5g
磷酸氢二钾（K_2HPO_4）	1g
磷酸二氢铵（$NH_4H_2PO_4$）	1g
硫酸镁（$MgSO_4$）	0. 2g
溴酚蓝	0. 08g
琼脂	15g
蒸馏水	1L

加热搅拌溶解，煮沸 1~2min。分装至 13mm×100mm 或 16mm×150mm 管中，每管加 1/3，121℃高压灭菌 15min。倾斜冷却以形成 4~5cm 斜面。调节 pH 至 6.8±0.2mm。

M139：山梨醇麦康凯琼脂

2001 年 1 月

蛋白胨或锗溶解蛋白胨	17g
蛋白酶蛋白胨 3 号或多蛋白胨	3g
山梨醇	10g
胆盐	1.5g
氯化钠（NaCl）	5g
琼脂	13.5g
中性红	0.03g
结晶紫	0.001g
蒸馏水	1L

加热搅拌溶解，121℃高压灭菌 15min。调节 pH 至 7.1±0.2。

M140：产芽孢肉汤（用于产气荚膜梭菌）

2001 年 1 月

多蛋白胨	15g
酵母浸出液	3g
可溶淀粉	3g
无水硫酸镁（$MgSO_4$）	0.1g
巯基乙酸钠	1g
磷酸氢二钠（Na_2HPO_4）	11g
蒸馏水	1L

调节 pH 7.8±0.1。分装至 20mm×150mm 旋盖管中，15mL/管，121℃高压灭菌 15min。

M141：Spray 发酵培养基（用于产气荚膜梭菌）

2001 年 1 月

胰蛋白胨	10g
新蛋白胨	10g
琼脂	2g
巯基乙酸钠	0.25g

调 pH 至 7.4±0.2，加入琼脂，加热搅拌溶解。用 16mm×125mm 管分装成 9mL/管，121℃高压灭菌 15min。使用前，煮沸 10min，在 9mL 培养基中加入 1mL 10%无菌碳水化合物溶液。

M142：葡萄球菌选择性琼脂 110

2001 年 1 月

明胶	30g
胰酶解酪蛋白	10g
酵母浸出液	2.5g

续表

乳糖	2g
甘露醇	10g
氯化钠（NaCl）	75g
磷酸氢二钾（K_2HPO_4）	5g
琼脂	15g
蒸馏水	1L

M143：淀粉琼脂

2001年1月

营养琼脂	23g
马铃薯淀粉	10g
蒸馏水	1L

加热溶解琼脂于500mL蒸馏水中，同时将淀粉溶于250mL水中，混合并定容至1L，121℃高压灭菌15min。

注：使用Difco公司淀粉琼脂时另加3g琼脂。

M144：T_1N_1培养基

2001年1月

胰酶解酪蛋白	10g
氯化钠（NaCl）	10g
琼脂（固体培养基时）	20g
蒸馏水	1L

加热溶解，分装至16mm×125mm管中，121℃高压灭菌15min。倾斜冷却或冷却至50℃时分装至15mm×100mm平皿中。调节pH至7.1±0.2。

M194：头孢克肟亚碲酸盐-山梨醇麦康凯琼脂（TC-SMAC）

2010年8月

先配制山梨醇麦康凯琼脂（M139），高压灭菌且冷却后，加入以下过滤除菌的亚碲酸钾和头孢克肟。

亚碲酸钾	2.5mg/L（250μL的1%母液）[a]
头孢克肟	0.05mg/L（1mL 50mg/L溶于95%乙醇的溶液）

a. 1%亚碲酸钾母液4℃可保存1个月。

M145：四硫磺酸盐增菌肉汤（TTB）

2001年1月

四硫磺酸盐增菌肉汤基础

多蛋白胨	5g
胆盐	1g
碳酸钙（$CaCO_3$）	10g
五水硫代硫酸盐	30g
蒸馏水	1L

加热煮沸溶解，勿高压灭菌。冷却至45℃以下，5~8℃保存。调节pH至8.4±0.2（沉淀可能难以完全溶解）。

I_2-KI 溶液

碘化钾（KI）	5g
碘	6g
无菌蒸馏水	20mL

将 KI 溶于 5mL 无菌蒸馏水中，加入碘后搅拌溶解，定容至 20mL。

碱性亮绿溶液

亮绿染料（无菌）	0.1g
蒸馏水	100mL

使用当天，加 20mL I_2-KI 溶液和 10mL 亮绿溶液至 1L 基础培养基中。轻微搅拌溶解沉淀并无菌用 20mm×150mm 管或 16mm×150mm 管分装成 10mL/管。在加入 I_2-KI 溶液和 10mL 亮绿溶液后请勿加热。

M146：硫基乙酸液体培养基（FTG）

2001 年 1 月

L-胱氨酸	0.5g
琼脂	0.75g
氯化钠（NaCl）	2.5g
葡萄糖	5g
酵母浸出液	5g
胰蛋白酶	15g
巯基乙酸钠或巯乙酸	0.5g
刃天青（钠）溶液，1：1000	1mL
蒸馏水	1L

1L 蒸馏水中加入 *L*-胱氨酸、NaCl、葡萄糖、酵母浸出液和胰蛋白酶，蒸汽或水浴加热溶解。随后加入巯基乙酸钠或巯乙酸并调节 pH 使其在灭菌后为 7.1±0.2。加入刃天青（钠）溶液，121℃高压灭菌 15min。若使用商品化产品，用 16mm×150mm 管分装成 10mL/管，121℃高压灭菌 15min。

M147：硫代硫酸盐柠檬酸盐胆盐蔗糖（TCBS）琼脂

酵母浸出液	5g	牛胆汁	5g
蛋白胨	10g	氯化钠（NaCl）	10g
蔗糖	20g	柠檬酸铁	1g
五水硫代硫酸钠（$Na_2S_2O_3 \cdot 5H_2O$）	10g	溴酚蓝	0.04g
二水合柠檬酸钠	10g	百里酚蓝	0.04g
牛胆酸钠	3g	琼脂	15g
蒸馏水			1L

配制在 3 倍于培养基体积的瓶中。加热溶解，当煮沸时马上移走。勿高压灭菌。冷却至 50℃后分装平皿。使用前干燥过夜或 37~45℃干燥。

M148:甲苯胺蓝-DNA琼脂

2001年1月

(DNA)	0.3g
琼脂	10g
无水氯化钙($CaCl_2$)	1.1g
氯化钠(NaCl)	10g
甲苯胺蓝	0.083g
Tris氨基甲烷	6.1g
蒸馏水	1L

将Tris氨基甲烷溶于1L蒸馏水中，调节pH至9.0。加入除甲苯胺蓝的其余物质，煮沸溶解后加入甲苯胺蓝。分装至具橡胶塞的瓶子中。马上使用时无需灭菌。灭菌后的培养基室温可保存4个月并可溶解后使用。

M149:三糖铁琼脂(TST)

2001年1月

培养基1		培养基2	
多蛋白胨	20g	牛肉浸膏	3g
氯化钠(NaCl)	5g	酵母浸出液	3g
乳糖	10g	蛋白胨	15g
蔗糖	10g	际蛋白胨	5g
培养基1		培养基2	
葡萄糖	1g	葡萄糖	1g
六水硫酸亚铁铵[$Fe(NH_4)_2(SO_4)_2 \cdot 6H_2O$]	0.2g	乳糖	10g
硫代硫酸钠($Na_2S_2O_3$)	0.2g	蔗糖	10g
酚红	0.025g	硫酸亚铁($FeSO_4$)	0.2g
琼脂	13g	氯化钠(NaCl)	5g
蒸馏水	1L	硫代硫酸钠($Na_2S_2O_3$)	0.3g
		酚红	0.024g
		琼脂	12g
		蒸馏水	1L

两种培养基可交换使用。

将培养基1中的物质溶于蒸馏水中，混匀并加热溶解。煮沸1min。分装1/3量至16mm×150mm管中，118℃高压灭菌15min。调节pH至7.3±0.2。

培养基2配制同培养基1，并121℃高压灭菌15min。倾斜冷却以形成4~5cm斜面。调节pH至7.4±0.2。

嗜盐弧菌试验时，NaCl浓度提高至2%~3%。

M150:胰酪胨新生霉素(TN)肉汤

2001年1月

胰酪胨大豆肉汤	30g
胆盐3号	1.5g
磷酸氢二钾(K_2HPO_4)	1.5g
新生霉素	20mg
蒸馏水	1L

除新生霉素外，加热溶解其余组分，121℃高压灭菌 15min。

并配制 20mg/mL 新生霉素（一钠）母液，过滤除菌。现配现用或-10℃避光保存 1 个月。在 1L 培养基中加入 1mL 新生霉素母液。

M151：胰酪蛋白胨葡萄糖酵母浸出液肉汤（TPGY）

2001 年 1 月

胰酶解酪蛋白	50g
蛋白胨	5g
酵母浸出液	20g
葡萄糖	4g
巯基乙酸钠	1g
蒸馏水	1L

充分溶解，用 20mm×150mm 管分装成 15mL/管，121℃高压灭菌 15min。调节 pH 至 7.0±0.2。5℃条件下保存。

M151a：胰酪蛋白胨葡萄糖酵母浸出液肉汤，含胰蛋白酶（TPGYT）

2001 年 1 月

基础肉汤

胰酶解酪蛋白	50g
蛋白胨	5g
酵母浸出液	20g
葡萄糖	4g
巯基乙酸钠	1g
蒸馏水	1L

溶解以上组分。分装 15mL 至 150mm 试管或 100~170mL 药瓶中。121℃分别灭菌 10min（试管）和 15min（药瓶）。调节 pH 至 7.2±0.2。5℃条件下保存。

胰蛋白酶溶液

胰蛋白酶，1∶250	1.5g
蒸馏水	100mL

搅拌溶解，0.45μm 滤膜过滤除菌。

使用前，蒸汽或煮沸加热基础培养基 10min 以排除溶解氧。并在 15mL 基础中加入 1mL 胰蛋白酶溶液或在 100mL 基础中加入 6.7mL 胰蛋白酶溶液。

M152：胰酪胨大豆琼脂（TSA）

2001 年 1 月

胰酶解酪蛋白	15g
植物蛋白胨	5g
氯化钠（NaCl）	5g
琼脂	15g
蒸馏水	1L

加热搅拌溶解，煮沸1min。分装入合适的试管或瓶子中，121℃高压灭菌15min。调节pH至7.3±0.2。

用于嗜盐弧菌时，NaCl浓度提高至2%~3%。

M152a：胰酪胨大豆琼脂，含 $MgSO_4$ 和 NaCl（TSAMS）

2001年1月

胰酶解酪蛋白	15g
植物蛋白胨	5g
氯化钠（NaCl）	20g
七水硫酸镁（$MgSO_4$ $7H_2O$）	1.5g
琼脂	15g
蒸馏水	1L

加热搅拌溶解琼脂，煮沸1min。分装入合适的试管或瓶子中，121℃高压灭菌15min。调节pH至7.3±0.2。

M153：胰酪胨大豆琼脂，含6%酵母浸出液（TSAYE）

2001年1月

胰酪胨大豆琼脂	40g
酵母浸出液	6g
蒸馏水	1L

混匀后121℃高压灭菌15min。灭菌后搅拌混匀溶解的琼脂。调节pH至7.3±0.2。

M154：胰酪胨大豆肉汤（TSB）

2001年1月

胰酶解酪蛋白	17g
植物蛋白胨	3g
氯化钠（NaCl）	5g
磷酸氢二钾（K_2HPO_4）	2.5g
葡萄糖	2.5g
蒸馏水	1L

加热搅拌溶解，分装225mL至500mL锥形瓶中，121℃高压灭菌15min。调节pH至7.3±0.2。

若需要不含葡萄糖胰酪胨大豆肉汤，配法如上，不加葡萄糖。

用于嗜盐弧菌时，NaCl浓度提高至2%~3%。

M156：改良胰酪胨大豆肉汤（mTSB）

2002年1月

胰酪胨大豆肉汤	30g
胆盐3号	1.5g
磷酸氢二钾（K_2HPO_4）	1.5g
新生霉素溶液，R50	0.2mL
去离子水	1L

高压灭菌不含新生霉素的mTSB，冷却至室温。调节pH至7.3±0.2。必要时加入新生霉素溶液。

M186:胰酪胨大豆肉汤（TSB），含 $FeSO_4$

2001 年 1 月

胰酶解酪蛋白	17g
植物蛋白胨	3g
氯化钠（NaCl）	5g
磷酸氢二钾（K_2HPO_4）	2. 5g
葡萄糖	2. 5g
硫酸亚铁（$FeSO_4$）	35mg
蒸馏水	1L

加热搅拌溶解，分装 225mL 至 500mL 锥形瓶中，121℃高压灭菌 15min。调节pH 至 7. 3±0. 2。

M155:胰酪胨大豆肉汤（TSB），含甘油

2001 年 1 月

胰蛋白胨	17g
植物蛋白胨	3g
氯化钠（NaCl）	15g
磷酸氢二钾（K_2HPO_4）	2. 5g
甘油	240mL
蒸馏水	1L

加热溶解，分装至瓶或试管中，121℃高压灭菌 15min。调节 pH 至 7. 3±0. 2。

M154a:胰酪胨大豆肉汤（TSB），含 10% NaCl 和 1%丙酮酸钠

2001 年 1 月

胰蛋白胨或胰蛋白际	17g
植物蛋白胨	3g
氯化钠（NaCl）	100g
磷酸氢二钾（K_2HPO_4）	2. 5g
葡萄糖	2. 5g
丙酮酸钠	10g
蒸馏水	1L

在 1L 胰酪胨大豆肉汤中再加入 95g NaCl 和 10g 丙酮酸钠。调节 pH 至 7. 3。必要时加热溶解。用 16mm×150mm 管分装成 10mL/管。121℃高压灭菌 15min。调节pH 至 7. 3±0. 2。(4±1)℃下可保存 1 个月。

M157:胰酪胨大豆肉汤（TSB），含 6%酵母浸出液（TSBYE）

2001 年 1 月

胰酪胨大豆肉汤	30g
酵母浸出液	6g
蒸馏水	1L

混匀后 121℃高压灭菌 15min。调节 pH 至 7. 3±0. 2。

M158：胰酪胨大豆多黏菌素肉汤

配制胰酪胨大豆肉汤（M154），用20mm×150mm管分装成15mL/管，121℃高压灭菌15min。

0.15%多黏霉素B溶液：500000U硫酸多黏菌素B溶于33.3mL蒸馏水中，过滤除菌，4℃保存备用。

使用前，在15mL胰酪胨大豆肉汤中加入0.1mL 0.15%多黏菌素B溶液，混匀。

M159：胰酪胨大豆羊血琼脂

2001年1月

配制胰酪胨大豆琼脂（M152），灭菌后冷却至50℃。在100mL琼脂中加入5mL绵羊血。混匀后用15mm×100mm平皿分装成20mL/平皿。

M160：胰酪胨大豆胰蛋白白肉汤

2001年1月

胰酪胨大豆肉汤	15g
胰蛋白肉汤	13.5g
酵母浸出液	3g
蒸馏水	1L

将以上成分加到1L水中，并均匀加热熔解。用16mm×150mm管分装成5mL/管中，121℃高压灭菌15min。调节pH至7.2±0.2。

M164：1%胰蛋白胨（色氨酸）肉汤

2001年1月

胰酶解酪蛋白或胰蛋白胨	10g
蒸馏水	1L

溶解后分装成5mL/管于16mm×125mm或16mm×150mm管中，121℃高压灭菌15min，调节pH至6.9±0.2。

M161：胰蛋白胨肉汤和胰蛋白胨盐肉汤

2001年1月

胰酶解酪蛋白或胰蛋白胨	10g
氯化钠（NaCl）	0、10、30、60、80或100g
蒸馏水	1L

将上述物质溶解于水后，分装到16mm×125mm的螺帽管中，盖紧盖子以保证管中盐浓度的准确性。121℃高压灭菌15min，调节pH至7.2±0.2。

T_1N_0，不加NaCl。

T_1N_1，加入10g NaCl（1% NaCl）。

T_1N_3，加入30g NaCl（3% NaCl）。

以此类推。

M162：胰蛋白胨磷酸盐（TP）肉汤（用于肠致病性大肠杆菌）

2001年1月

胰蛋白胨	20g
磷酸氢二钾（K_2HPO_4）	2g
磷酸二氢钾（KH_2PO_4）	2g

续表

氯化钠（NaCl）	5g
聚山梨醇酯，吐温-80	1.5mL
蒸馏水	1L

121℃高压灭菌 15min，调节 pH 至 7.0±0.2。

M163:胰蛋白胨氯化钠琼脂（T_1N_1和 T_2N_2）

2001 年 1 月

胰酶解酪蛋白或胰蛋白胨	10g
氯化钠（NaCl）	10g
琼脂	20g
蒸馏水	1L

加热熔解琼脂。用于斜面琼脂时，分装到管中制成斜面。121℃高压灭菌 15min，凝固后成为斜面。用于平皿时，冷却至 45~50℃后，倒入培养皿中。调节 pH 至 7.2±0.2。

配制 T_1N_2琼脂时，加入 20g NaCl。

M165:胰蛋白胨酵母浸出液琼脂

2001 年 1 月

胰蛋白胨	10g
酵母浸出液	1g
糖类	10g
溴甲酚紫	0.04g
琼脂	2g
蒸馏水	1L

加热并温和搅拌溶解琼脂，调节 pH 至 7.0±0.2，分装到 16mm×125mm 管的 2/3 处，121℃高压灭菌 20min。使用之前，将培养基煮 10~15min，再于冰上冷却。

在鉴定金黄色葡萄球菌时添加葡萄糖或甘露醇。

M166:胰蛋白胨血琼脂基础

2001 年 1 月

胰蛋白胨	10g
牛肉浸出液	3g
氯化钠（NaCl）	5g
琼脂	15g
蒸馏水	1L

将上述成分加到水中，混匀，加热并搅拌溶解。煮沸 1min 后，分装到 16mm×150mm 管的 1/3 处，并盖上盖子或塞子以保证需氧环境。121℃高压灭菌 15min，在培养基凝固之前，斜置管子制成 4~5cm 的斜面。

M167:胰蛋白胨肉汤和琼脂（用于血清学试验）

2001 年 1 月

胰蛋白胨	20g
氯化钠（NaCl）	5g
葡萄糖	1g
琼脂	15g
蒸馏水	1L

溶解混匀，121℃高压灭菌 15min。调节 pH 至 7.2±0.2。

配制肉汤时，不加琼脂即可。

M168：胰蛋白胨磷酸盐肉汤（TPB）（用于细胞培养）

2001 年 1 月

胰蛋白胨	20g
葡萄糖	2g
氯化钠	5g
磷酸氢二钠（Na_2HPO_4）	2.5g
蒸馏水	1L

0.20μm 滤膜过滤除菌。

M169：胰蛋胨亚硫酸盐环丝氨酸（TSC）琼脂

2001 年 1 月

胰蛋白胨	15g
酵母浸出液	5g
大豆蛋白胨	5g
柠檬酸铁铵	1g
亚硫酸钠（Na_2SO_3）	1g
琼脂	20g
蒸馏水	900mL

加热搅拌溶解，调节 pH 至 7.6±0.2。分装 250mL 于 500mL 锥形瓶中，121℃高压灭菌 15min。使用前保持在 50℃。

D-环丝氨酸溶液：1g *D*-环丝氨酸溶于 200mL 蒸馏水中，过滤除菌，4℃保存备用。

在 250mL 基础培养基中加入 20mL *D*-环丝氨酸溶液。若需要，可加入 20mL 50%卵黄溶液（M51）。充分混匀，用 15mm×100mm 平皿分装成 18mL/平皿。室温干燥过夜。

M170：酪氨酸琼脂

2001 年 1 月

基础培养基：将营养琼脂（M112）分装成 100mL/瓶到 170mL 的瓶中，121℃高压灭菌 15min，冷却至 48℃。

酪氨酸悬液：在 20×150mm 试管中，将 0.5*g* *L*-酪氨酸溶于 10mL 蒸馏水，漩涡振荡混匀，121℃高压灭菌 15min。

完全培养基：取 100mL 基础培养基和酪氨酸悬液混合，上下颠倒 2~3 次，温和混匀。用 13mm×100mm 管无菌分装成 3.5mL/管，其间并不断的晃动。斜置管子，迅速冷却以防止酪氨酸的析出。

M188:通用预增菌肉汤（UPB）

2001 年 1 月

胰蛋白胨	5g
际蛋白胨	5g
磷酸二氢钾（KH_2PO_4）	15g
磷酸氢二钠（Na_2HPO_4）	7g
氯化钠（NaCl）	5g
葡萄糖	0.5g
硫酸镁（$MgSO_4$）	0.25g
柠檬酸铁铵	0.1g
丙酮酸钠	0.2g
蒸馏水	1L

搅拌加热溶解，121℃高压灭菌 15min。调节 pH 至 6.3±0.2。

M188a:通用预增菌肉汤（不含柠檬酸铁铵）

2007 年 12 月

胰蛋白胨	5g
际蛋白胨	5g
磷酸二氢钾（KH_2PO_4）	15g
磷酸氢二钠（Na_2HPO_4）	7g
氯化钠（NaCl）	5g
葡萄糖	0.5g
硫酸镁（$MgSO_4$）	0.25g
丙酮酸钠	0.2g
蒸馏水	1L

搅拌加热溶解，121℃高压灭菌 15min。调节 pH 至 6.3±0.2。

M171:尿素肉汤

2001 年 1 月，2008 年 2 月更新

尿素	20g
酵母浸出液	0.1g
磷酸钠（Na_2PO_4）	9.5g
磷酸二氢钾（KH_2PO_4）	9.1g
酚红	0.01g
蒸馏水	1L

将上述物质在蒸馏水中溶解，不能加热。0.45μm 滤膜过滤除菌，无菌分装成 1.5~3.0mL/管到无菌的 13mm×100mm 管中。调节 pH 至 6.8±0.2。

M172:尿素肉汤（快速）

2001 年 1 月

尿素	20g
酵母浸出液	0.1g
磷酸二氢钾（KH_2PO_4）	0.091g
磷酸钠（Na_2PO_4）	0.095g
酚红	0.01g
蒸馏水	1L

制备方法同M171。

M173：牛肉浸液琼脂和肉汤

2001年1月

牛肉浸出物	500g
3号朊蛋白胨	10g
氯化钠（NaCl）	5g
琼脂（Agar）	15g
蒸馏水	1L

搅拌并加热溶解，分装成7mL/管到无菌的16mm×150mm管中，121℃高压灭菌15min，斜置以获得6cm的斜面，最终pH为7.3±0.2。

M191：副溶血性弧菌蔗糖琼脂（VPSA）

2004年5月

胰蛋白际	5g
胰蛋白胨	5g
酵母浸出液	7g
蔗糖	10g
氯化钠（NaCl）	30g
3号胆盐	1.5g
溴酚蓝	0.025g
琼脂	15g
蒸馏水	1L

加热溶解，冷却至50~55℃后，用0.1mol/L NaOH调整pH至6.8，再无菌分装到灭菌的培养皿中。

M190：创伤弧菌琼脂（VVA）

2004年5月

溶液1

蛋白胨	20g
氯化钠（NaCl）	30g
100X染料母液	10mL
琼脂	25g
蒸馏水	900mL

调节pH为8.2，加热溶解琼脂。121℃高压灭菌15min，冷却至50℃。

100X 染料储存液

溴酚蓝	0.6g
70%乙醇	100mL

为了使培养基的颜色均匀，利用染料储存液比干粉更有效。

溶液 2

纤维二糖	10g
蒸馏水	100mL

加热溶解纤维二糖，冷却后过滤除菌。

将溶液 2 加到冷却的溶液 1 中，混匀，分装到培养皿中，最后的颜色为淡蓝色。

培养基可冷藏保存 2 周。

M174：紫红胆汁琼脂（VRBA）

2001 年 1 月

酵母浸出液	3g
蛋白胨或锗溶解蛋白胨	7g
氯化钠（NaCl）	5g
胆盐或 3 号胆盐	1.5g
乳糖	10g
中性红	0.03g
结晶紫	0.002g
琼脂	15g
蒸馏水	1L

将上述成分加到水中，并放置几分钟。混匀后，调节 pH 为 7.4±0.2。搅拌加热，煮沸 2min，不需要灭菌。使用之前，冷却至 45℃，再用于倾注平板。凝固以后，加入一层 3~4cm 厚覆盖层，防止表面细菌的生长或扩散。

M175：紫红胆汁-MUG（VRBA-MUG）琼脂

2001 年 1 月

加入 0.1g 4-甲基伞形基-β-D-氨基葡糖苷（MUG）到 1L VRBA（M174）中，其余同 VRBA。

M176：Vogel-Johnson（VJ）琼脂

2001 年 1 月

胰酶解酪蛋白	10g
酵母浸出液	5g
甘露醇	10g
磷酸氢二钾（K_2HPO_4）	5g
氯化锂（LiCl）	5g
甘氨酸	10g
酚红	0.025g
琼脂	15g
蒸馏水	1L

加热溶解以上物质，121℃高压灭菌15min，冷却到50℃后，加入20mL 1% Chapman亚碲酸盐溶液（Difco Laboratories）。混匀后再倾倒平板，调节pH至7.2±0.2。

M177：VP培养基（改良）

2001年1月

胨蛋白胨	7g
氯化钠（NaCl）	5g
葡萄糖	5g
蒸馏水	1L

将上述成分溶解于水后，再调整pH（如果有必要的话）。分装成5mL/管到20mm×150mm管中，121℃高压灭菌10min，调节pH至6.5±0.2。

M178：我妻氏琼脂

2001年1月

酵母浸出液	3g
蛋白胨	10g
氯化钠（NaCl）	70g
磷酸氢二钾（K_2HPO_4）	5g
甘露醇	10g
结晶紫	0.001g
琼脂	15g
蒸馏水	1L
新鲜人或兔红细胞（24h内），含抗凝剂	50mL

将人或兔红细胞（24h内采样）与等量或更多的生理盐水混合，4000×*g*，4℃离心15min，弃去生理盐水，再洗涤细胞两次。随后用相同体积的生理盐水重新悬浮细胞。

除红细胞外的其他成分均溶解于蒸馏水，煮沸溶解琼脂。调整pH至8.0±0.2，蒸煮30min。不要高压灭菌。冷却至45~50℃后，加入50mL洗涤后的红细胞，混匀再倾注到平皿中。彻底干燥后立即使用。如果只需要少数的平板，则可以制备少量的培养基（只需较少的红细胞）。

M179：木糖赖氨酸去氧胆酸盐（XLD）琼脂

2001年1月，2018年8月更新

酵母浸出液	3g	柠檬酸铁铵	0.8g
L-赖氨酸	5g	硫代硫酸钠（$Na_2S_2O_3$）	6.8g
木糖	3.75g	氯化钠（NaCl）	5g
乳糖	7.5g	琼脂	15g
蔗糖S	7.5g	酚红	0.08g
胆酸钠	2.5g	蒸馏水	1L

搅拌并加热至煮沸，但不要过度加热。冷却至50℃后，用于倾倒平板。将盖子部分打开，干燥2h左右，然后盖好平板。最终pH为7.4±0.2。4±2℃可保存30d。

M180：Y-1 肾上腺细胞培养基

2001 年 1 月

	大肠杆菌	霍乱弧菌
Ham's F-10 培养基	90mL	500mL
胎牛血清	10mL	75mL
青链霉素（M119）	1mL	5mL

以上试剂均能直接购买商品化产品，过滤除菌后保存于 4~5℃。

M181：酵母浸出液（YE）琼脂

2001 年 1 月

豚蛋白胨	10g
酵母浸出液	3g
氯化钠（NaCl）	5g
琼脂	15g
蒸馏水	1L

调节 pH 至 7.2~7.4，121℃高压灭菌 15min。